# ブラウン生化学

Biochemistry  T. A. Brown 著  新井洋由 監訳

化学同人

# Biochemistry

**T. A. Brown**
University of Manchester, UK

Copyright © Scion Publishing Ltd, 2017

This translation of Biochemistry is published by Kagaku Dojin in arrangement with Scion Publishing Ltd through Japan UNI Agency, Inc., Tokyo.

# 簡易目次

第1章 近代社会における生化学 ............................................. 1

## PART I 細胞, 生物, および生体分子

第2章 生物とその細胞 ............................................. 13
第3章 タンパク質 ................................................... 33
第4章 核 酸 ........................................................ 61
第5章 脂質と生体膜 ............................................... 79
第6章 糖 質 ........................................................ 103

## PART II エネルギー生成と代謝

第7章 酵 素 ........................................................ 117
第8章 エネルギーの産生：解糖系 .................................. 145
第9章 エネルギーの産生：TCA回路と電子伝達系 ................. 167
第10章 光 合 成 ................................................... 191
第11章 糖 代 謝 ................................................... 213
第12章 脂質代謝 ................................................... 235
第13章 窒素代謝 ................................................... 263

## PART III 生体情報およびタンパク質の合成

第14章 DNAの複製と修復 ......................................... 289
第15章 RNAの合成 ................................................ 317
第16章 タンパク質の合成 ......................................... 343
第17章 遺伝子発現の制御 ......................................... 377

## PART IV 生体分子の研究

第18章 タンパク質, 脂質, 糖質を研究する ....................... 401
第19章 DNAとRNAの解析 .......................................... 423

# 目次

まえがき ... xi
略号一覧 ... xv
本書の使い方 ... xvii

## 第1章 近代社会における生化学 ... 1

### 1.1 生化学とは何か？ ... 1

- 1.1.1 生化学は生物学の中心をなす ... 1
- 1.1.2 化学も生化学において重要である ... 4
- 1.1.3 生化学は非常に大きな生体分子の研究にかかわる ... 4
- 1.1.4 生化学は代謝を学ぶ学問でもある ... 8
- 1.1.5 生物学的な情報を蓄え利用することは生化学で重要な役割である ... 10
- 1.1.6 生化学は実験科学である ... 11

**Box** 1.1 生化学の起源 5／1.2 シュレーディンガーと生物学 6／1.3 原子，同位体，分子量 8／1.4 "オーム"は生命物質の集合体をいう 10

参考文献 11

## PART I 細胞，生物，および生体分子

## 第2章 生物とその細胞 ... 13

### 2.1 細胞——生命の基本単位 ... 13

- 2.1.1 細胞には2種類が存在する ... 14
- 2.1.2 原核生物 ... 15
- 2.1.3 真核生物 ... 17
- 2.1.4 ウイルスとは何か？ ... 24

### 2.2 生命の進化と統一性 ... 25

- 2.2.1 生命は40億年前に誕生した ... 26
- 2.2.2 3億5千万年の進化 ... 28

**Box** 2.1 測定単位について 14／2.2 生物種の命名法 15／2.3 細菌はバイオフィルムのなかで互いに意思疎通を行う 18／2.4 微生物叢（マイクロバイオーム）19／2.5 そのほかの感染性粒子 25／2.6 大量絶滅の歴史 29

参考文献 30／章末問題 30

## 第3章 タンパク質 ... 33

### 3.1 タンパク質はアミノ酸でできている ... 33

- 3.1.1 タンパク質は20種類のアミノ酸からできている ... 33
- 3.1.2 アミノ酸の生化学的な特性 ... 34
- 3.1.3 アミノ酸のなかにはタンパク質合成後に修飾されるものがある ... 40

### 3.2 タンパク質の一次構造と二次構造 ... 42

| | | | |
|---|---|---|---|
| 3.2.1 | ポリペプチドはアミノ酸のポリマーである ····· 42 | 3.2.2 | ポリペプチドがとることのできる規則的な構造単位 ································· 44 |

## 3.3 繊維状タンパク質と球状タンパク質 ································· 47

| | | | |
|---|---|---|---|
| 3.3.1 | 繊維状タンパク質：ケラチン，コラーゲン，シルク（絹） ······················· 47 | 3.3.2 | 球状タンパク質は三次構造，さらには四次構造をもつ ····························· 49 |

## 3.4 タンパク質の折りたたみ（フォールディング） ································· 52

| | | | |
|---|---|---|---|
| 3.4.1 | 小さなタンパク質は正しい三次構造に自発的に折りたたまれる ············· 52 | 3.4.3 | タンパク質のフォールディングは生命科学の基本原理の一つである ············· 56 |
| 3.4.2 | タンパク質フォールディング経路 ········· 53 | | |

**Box 3.1** どのアミノ酸にもD体，L体の二つのバージョンがある？ 36／**3.2** 水分子のイオン化とpHスケール 39／**3.3** 化学結合の種類 41／**3.4** ペプチド結合の珍しい性質 45／**3.5** 左巻きヘリックスと右巻きヘリックスはどう違う？ 46／**3.6** アミノ酸配列からポリペプチドの二次構造を予測する 47／**3.7** コラーゲンを利用した絶滅動物の同定 49／**3.8** 複数のドメインからなるタンパク質の例 51／**3.9** タンパク質のフォールディングの研究法 55

参考文献　57／章末問題　57

# 第4章　核　酸 ································································ 61

## 4.1 DNAとRNAの構造 ································································ 61

| | | | |
|---|---|---|---|
| 4.1.1 | ポリヌクレオチド構造 ························· 61 | 4.1.3 | RNAはさまざまな種類の化学修飾を示す ····· 71 |
| 4.1.2 | DNAとRNAの二次構造 ······················· 64 | | |

## 4.2 DNAのパッケージング ································································ 71

| | |
|---|---|
| 4.2.1 | ヌクレオソームとクロマチン繊維 ············· 72 |

**Box 4.1** 塩基の積み重なり（スタッキング） 66／**4.2** 二重らせんの発見 67／**4.3** 糖パッカー 68／**4.4** 核酸の長さの単位 70／**4.5** 細菌におけるDNAパッケージング 74

参考文献　75／章末問題　76

# 第5章　脂質と生体膜 ································································ 79

## 5.1 脂質の構造 ································································ 79

| | | | |
|---|---|---|---|
| 5.1.1 | 脂肪酸とその誘導体 ······························· 80 | 5.1.2 | 多様な機能をもつ多様な脂質 ················· 86 |

## 5.2 生体膜 ································································ 90

| | | | |
|---|---|---|---|
| 5.2.1 | 膜の構造 ················································ 90 | 5.2.2 | 選択的障壁としての膜 ··························· 93 |

**Box 5.1** 脂肪酸の構造表記法 82／**5.2** 必須脂肪酸 85／**5.3** ポリテルペン 86／**5.4** プロスタグランジン 90／**5.5** 膜の糖質成分である糖鎖 94／**5.6** 電位依存性イオンチャネルと神経インパルス（活動電位） 95／**5.7** 嚢胞性線維症の生化学 96

参考文献　99／章末問題　100

# 第6章　糖　質 ································································ 103

## 6.1 単糖，二糖，オリゴ糖 ································································ 103

6.1.1　単糖は糖質の構成単位である ……………… 103
6.1.2　二糖は単糖どうしの結合によってつくられる‥ 108
6.1.3　オリゴ糖は単糖のつながった短い
　　　　ポリマーである ……………………………… 110

**6.2　多　糖** ……………………………………………………………………………………………………… 111

6.2.1　デンプン，グリコーゲン，セルロース，
　　　　キチンはホモ多糖である ………………… 111
6.2.2　ヘテロ多糖は細胞外マトリックスや細菌の
　　　　細胞壁に存在する ……………………………… 113

**Box 6.1**　単糖構造の表記方法　105 / **6.2**　糖構造に関連した別の異性体　107 / **6.3**　近年，人類のいくつかの種族は牛乳を消化できるように進化した　109 / **6.4**　デンプンの還元末端と非還元末端　113

参考文献　115 ／章末問題　115

# PART II　エネルギー生成と代謝

## 第7章　酵　素 ……………………………………………………………………… 117

**7.1　酵素とは何か？** ………………………………………………………………………………………… 118

7.1.1　大部分の酵素はタンパク質である ………… 118
7.1.2　補因子を必要とする酵素 …………………… 122
7.1.3　酵素はその機能により分類される ………… 125

**7.2　酵素はどのようにはたらくか** ……………………………………………………………………… 127

7.2.1　酵素は生理学的触媒である ………………… 127
7.2.2　酵素触媒反応の速度に影響を及ぼす因子 …… 131
7.2.3　阻害剤とその酵素への影響 ………………… 134

**Box 7.1**　金属タンパク質と金属酵素　125 / **7.2**　酸化還元反応　126 / **7.3**　可逆反応　130 / **7.4**　基質結合の特異性　131 / **7.5**　バイオ燃料の生産における耐熱性酵素の利用　135 / **7.6**　ミカエリス・メンテン式　137 / **7.7**　アロステリック酵素　141

参考文献　141 ／章末問題　142

## 第8章　エネルギーの産生：解糖系 ……………………………………… 145

**8.1　エネルギー産生の概略** ………………………………………………………………………………… 145

8.1.1　活性化担体分子は生化学反応に使うエネルギーを
　　　　貯蔵する ……………………………………… 146
8.1.2　生化学的エネルギー産生は2段階過程である‥ 147

**8.2　解　糖　系** …………………………………………………………………………………………………… 148

8.2.1　解糖系の経路 ………………………………… 148
8.2.2　酸素非存在下での解糖系 …………………… 152
8.2.3　グルコース以外の糖ではじまる解糖系 ……… 155
8.2.4　解糖系の調節 ………………………………… 158

**Box 8.1**　エネルギーの単位　146 / **8.2**　ATPの生化学的合成　153 / **8.3**　好気性菌と嫌気性菌　154 / **8.4**　ホスホフルクトキナーゼはなぜADPではなくAMPによって調節されるのか？　160 / **8.5**　グルカゴンによるフルクトース6-リン酸レベルの制御　162

参考文献　163 ／章末問題　164

# 第9章　エネルギーの産生：TCA 回路と電子伝達系 ・・・・・・・・・・・・・・・ 167

## 9.1　TCA 回路 ・・・・・・・・・・・・・・・・・・・・・・・・・・・・・・・・・・・・・・・・・・・・・・・・・・・ 167
- 9.1.1　TCA 回路へのピルビン酸の移行 ・・・・・・・・・・・ 167
- 9.1.2　TCA 回路のステップ ・・・・・・・・・・・・・・・・・・・・ 169
- 9.1.3　TCA 回路の調節 ・・・・・・・・・・・・・・・・・・・・・・・・・・・・・・・・ 173

## 9.2　電子伝達系および ATP の合成 ・・・・・・・・・・・・・・・・・・・・・・・・・・・・・・・・・・・・・・・・・・・・・・・・・・・・・ 174
- 9.2.1　電子伝達系に沿って電子が通過するあいだにエネルギーが放出される ・・・・・・・・・・・・・・・・・・・・・・・ 175
- 9.2.2　電子伝達系の構造と機能 ・・・・・・・・・・・・・・・・・ 177
- 9.2.3　ATP の合成 ・・・・・・・・・・・・・・・・・・・・・・・・・・・・ 180
- 9.2.4　電子伝達系の阻害剤および脱共役剤 ・・・・・・・・・・ 184
- 9.2.5　細胞質 NADH は電子伝達系に接近することができない ・・・・・・・・・・・・・・・・・・・・・・・・・・・・・・・・・・・ 185

**Box 9.1**　ミトコンドリアのピルビン酸輸送体タンパク質の同定　170／**9.2**　スクシニル CoA シンテターゼ　173／**9.3**　酸化還元電位　176／**9.4**　電子伝達系の位置　178／**9.5**　なぜ ATP をつくるタンパク質は ATP アーゼとよばれるのか？　181／**9.6**　$F_0F_1$ ATP アーゼの回転　183／**9.7**　ザゼンソウの香り　187

**参考文献**　188／**章末問題**　188

# 第10章　光 合 成 ・・・・・・・・・・・・・・・・・・・・・・・・・・・・・・・・・・・・・・・・・・・・・・・・・・・・・・・・・・・・・・・・・・・・・・ 191

## 10.1　光合成の概要 ・・・・・・・・・・・・・・・・・・・・・・・・・・・・・・・・・・・・・・・・・・・・・・・・・・・・・・ 191
- 10.1.1　光合成は光によって糖質を合成する ・・・・・・・・・ 191
- 10.1.2　光合成は葉緑体で起こる ・・・・・・・・・・・・・・・・・・・・ 192

## 10.2　明 反 応 ・・・・・・・・・・・・・・・・・・・・・・・・・・・・・・・・・・・・・・・・・・・・・・・・・・・・・・・・・・・・・・・・・・・・・・ 193
- 10.2.1　太陽光は光合成色素によって捕捉される ・・・・・ 193
- 10.2.2　電子伝達と光リン酸化 ・・・・・・・・・・・・・・・・・・・・・・・ 196

## 10.3　暗 反 応 ・・・・・・・・・・・・・・・・・・・・・・・・・・・・・・・・・・・・・・・・・・・・・・・・・・・・・・・・・・・・・・・・・・・・・・ 199
- 10.3.1　カルビン回路 ・・・・・・・・・・・・・・・・・・・・・・・・・・・ 199
- 10.3.2　スクロースおよびデンプンの合成 ・・・・・・・・・・・ 205
- 10.3.3　$C_4$ 植物と CAM 植物による炭酸固定 ・・・・・・・・・・・・ 207

**Box 10.1**　紅葉　194／**10.2**　電子軌道　197／**10.3**　光防御におけるカロテノイド色素の役割　198／**10.4**　Z スキーム　199／**10.5**　細菌における光合成　200／**10.6**　穀物の光合成能力を高めるために　209

**参考文献**　210／**章末問題**　210

# 第11章　糖 代 謝 ・・・・・・・・・・・・・・・・・・・・・・・・・・・・・・・・・・・・・・・・・・・・・・・・・・・・・・・・・・・・・・・・・・・・・・ 213

## 11.1　グリコーゲン代謝 ・・・・・・・・・・・・・・・・・・・・・・・・・・・・・・・・・・・・・・・・・・・・・・・・・・・・ 213
- 11.1.1　グリコーゲンの合成と分解 ・・・・・・・・・・・・・・・・ 213
- 11.1.2　グリコーゲン代謝の制御 ・・・・・・・・・・・・・・・・・・・・・・ 217

## 11.2　糖 新 生 ・・・・・・・・・・・・・・・・・・・・・・・・・・・・・・・・・・・・・・・・・・・・・・・・・・・・・・・・・・・・・・・・・・・・・・ 222
- 11.2.1　糖新生の経路 ・・・・・・・・・・・・・・・・・・・・・・・・・・・ 222
- 11.2.2　糖新生の制御 ・・・・・・・・・・・・・・・・・・・・・・・・・・・・・・・・・ 226

## 11.3　ペントースリン酸経路 ・・・・・・・・・・・・・・・・・・・・・・・・・・・・・・・・・・・・・・・・・・・・・・・・・・・・・・・・・・・・・・・・ 227
- 11.3.1　酸化的ペントースリン酸経路と非酸化的ペントースリン酸経路 ・・・・・・・・・・ 227

**Box 11.1**　血糖　217／**11.2**　無益回路の回避　219／**11.3**　グリコーゲン代謝のカルシウムによる制御　221／**11.4**　肝細胞におけるグリコーゲン代謝のアロステリック制御　221／**11.5**　糖新生のエネルギー収支　225／**11.6**　ピタゴラスはペントースリン酸経路を知っていてソラマメを食べることを禁止したのだろうか？　231

**参考文献**　232／**章末問題**　232

## 第12章　脂質代謝 ……………………………………………………… 235

### 12.1　脂肪酸とトリアシルグリセロールの合成 ………………………………… 235
- 12.1.1　脂肪酸合成 …………………… 235
- 12.1.2　トリアシルグリセロール合成 …… 241

### 12.2　脂肪酸とトリアシルグリセロールの分解 ………………………………… 244
- 12.2.1　トリアシルグリセロールの脂肪酸とグリセロールへの分解 ……… 244
- 12.2.2　脂肪酸の分解 ………………… 246

### 12.3　コレステロールとその誘導体の合成 ……………………………………… 253
- 12.3.1　コレステロールの合成 ………… 253
- 12.3.2　コレステロール誘導体の合成 … 256

**Box 12.1** 脂肪酸合成におけるエネルギーの必要性　239／**12.2** リポタンパク質　243／**12.3** 脂肪酸の構造のギリシャ表記法　249／**12.4** グリオキシル酸回路　250／**12.5**『ロレンツォのオイル』の生化学　252

参考文献　259／章末問題　259

## 第13章　窒素代謝 ……………………………………………………… 263

### 13.1　無機的な窒素からのアンモニアの生合成 ………………………………… 263
- 13.1.1　窒素固定 ……………………… 264
- 13.1.2　硝酸還元 ……………………… 266

### 13.2　窒素を含む生体分子の生合成 ……………………………………………… 267
- 13.2.1　アミノ酸の生合成 …………… 267
- 13.2.3　テトラピロールの合成 ………… 277
- 13.2.2　ヌクレオチドの合成 ………… 275

### 13.3　窒素含有化合物の分解 ……………………………………………………… 278
- 13.3.1　アミノ酸の分解 ……………… 279
- 13.3.2　尿素回路 ……………………… 282

**Box 13.1** 共生シアノバクテリアによる窒素固定　265／**13.2** 正しい光学異性体をもったグルタミン酸の生合成　268／**13.3** 芳香族アミノ酸合成を阻害する除草剤への耐性をもつ遺伝子組換え作物　274／**13.4** ヌクレオチド合成はがん化学療法の標的である　277／**13.5** 窒素代謝欠陥にかかわる病気　284

参考文献　286／章末問題　286

# PART III　生体情報およびタンパク質の合成

## 第14章　DNAの複製と修復 …………………………………………… 289

### 14.1　DNAの複製 ………………………………………………………………… 290
- 14.1.1　DNA複製の開始 ……………… 290
- 14.1.3　複製の終結 …………………… 303
- 14.1.2　DNA複製の伸長段階 ………… 293

### 14.2　DNAの修復 ………………………………………………………………… 305
- 14.2.1　DNA複製の誤りの修正 ……… 307
- 14.2.3　DNA切断の修復 ……………… 313
- 14.2.2　損傷したヌクレオチドの修復 … 310

**Box 14.1** 超らせんDNA　296／**14.2** DNAポリメラーゼ　299／**14.3** DNAポリメラーゼはなぜプライマーを要求するのか？　301／**14.4** Tusタンパク質とレプリソームの相互作用　306／**14.5** テロメラーゼとがん　307／**14.6** 塩基の互変異性化は複製の誤りを引き起こす可能性がある　309／**14.7** シクロブチル二量体の光回復修復　313／

| 14.8 DNA 修復の欠損は多くの重要なヒト疾患の原因となる　314

参考文献　314／章末問題　315

# 第15章　RNA の合成　317

## 15.1　DNA から RNA への転写　317

### 15.1.1　コーディング RNA とノンコーディング RNA　318
### 15.1.2　転写の開始　318
### 15.1.3　転写での RNA 合成段階　322
### 15.1.4　転写の終結　326

## 15.2　RNA プロセシング　329

### 15.2.1　切断とエンドトリミングによるノンコーディング RNA のプロセシング　329
### 15.2.2　真核生物の mRNA 前駆体からイントロンを除去する　332
### 15.2.3　ノンコーディング RNA（ncRNA）への化学修飾　336

Box 15.1　RNA ポリメラーゼ I および RNA ポリメラーゼ III のプロモーター　321／15.2　リファマイシンは細菌の RNA 合成を阻害する重要な抗生物質である　325／15.3　密度勾配遠心分離法　330／15.4　エステル交換反応　336／15.5　マイナースプライソーム　337／15.6　選択的スプライシング　338

参考文献　338／章末問題　339

# 第16章　タンパク質の合成　343

## 16.1　遺伝暗号　343

### 16.1.1　遺伝子暗号の特徴　344
### 16.1.2　遺伝暗号はタンパク質合成時にどのように翻訳されるのか　346

## 16.2　タンパク質合成の機序　351

### 16.2.1　リボソーム　351
### 16.2.2　mRNA のポリペプチドへの翻訳　353

## 16.3　タンパク質の翻訳後修飾　361

### 16.3.1　タンパク質切断による処理　361
### 16.3.2　タンパク質の化学修飾　364

## 16.4　タンパク質ターゲティング　367

### 16.4.1　タンパク質ターゲティングにおけるソーティング配列の役割　367

Box 16.1　異なる tRNA を区別する表記法　349／16.2　ゆらぎと非 AUG 開始コドン　350／16.3　内部リボソーム進入部位：スキャニングを必要としない真核生物の翻訳開始　356／16.4　細菌のリボソームを標的とした抗生物質　359／16.5　Gag と Gag-Pol 融合ポリタンパク質の合成　364／16.6　細菌のタンパク質輸送　373

参考文献　373／章末問題　373

# 第17章　遺伝子発現の制御　377

## 17.1　遺伝子発現経路の調節　378

### 17.1.1　細菌における転写開始の調節　379
### 17.1.2　真核生物における転写開始の調節　385

17.1.3　転写開始後の遺伝子調節・・・・・・・・・・・・・・・・・389
**17.2**　mRNA とタンパク質の分解・・・・・・・・・・・・・・・・・・・・・・・・・・・・・・・・・・・・・・・・・・・・・・・・・・・・・・・・・・・・・・・・・・・・・・・・・・・392
17.2.1　RNA の分解・・・・・・・・・・・・・・・・・・・・・・・392　　17.2.2　タンパク質の分解・・・・・・・・・・・・・・・・・・394

**Box 17.1**　トランスクリプトミクス：遺伝子発現パターンの変化に関する研究　382 ／ **17.2**　アロラクトースの逆説　384 ／ **17.3**　抑制オペロン　386 ／ **17.4**　ジンクフィンガー　388 ／ **17.5**　タンパク質と mRNA の半減期　396

参考文献　397 ／章末問題　397

## PART Ⅳ　生体分子の研究

### 第 18 章　タンパク質，脂質，糖質を研究する・・・・・・・・・・・・・・・・・・・・・・401
**18.1**　タンパク質の研究方法・・・・・・・・・・・・・・・・・・・・・・・・・・・・・・・・・・・・・・・・・・・・・・・・・・・・・・・・・・・・・・・・・・・・・・・・・・・・・・401
18.1.1　特定のタンパク質の存在を検出する方法・・・・・・401　　18.1.3　タンパク質の構造の研究・・・・・・・・・・・・・・・・・412
18.1.2　プロテオームの研究・・・・・・・・・・・・・・・・・・407
**18.2**　脂質と糖質の研究・・・・・・・・・・・・・・・・・・・・・・・・・・・・・・・・・・・・・・・・・・・・・・・・・・・・・・・・・・・・・・・・・・・・・・・・・・・・・・・・・・416
18.2.1　脂質を研究するための手法・・・・・・・・・・・・・・・416　　18.2.2　糖質の研究・・・・・・・・・・・・・・・・・・・・・・・・419

**Box 18.1**　免疫グロブリンと抗体の多様性　403 ／ **18.2**　電気泳動　406 ／ **18.3**　クロマトグラフィー　410 ／ **18.4**　円偏光　413 ／ **18.5**　NMR スペクトルの解釈　415 ／ **18.6**　メタボロミクス　417

参考文献　420 ／章末問題　421

### 第 19 章　DNA と RNA の解析・・・・・・・・・・・・・・・・・・・・・・・・・・・・・・・・・・・・・・・・・423
**19.1**　精製酵素による DNA と RNA の操作・・・・・・・・・・・・・・・・・・・・・・・・・・・・・・・・・・・・・・・・・・・・・・・・・・・・・・・・・・423
19.1.1　DNA および RNA 研究に使用されている　　　　　19.1.2　ポリメラーゼ連鎖反応・・・・・・・・・・・・・・・・・429
　　　　酵素の種類・・・・・・・・・・・・・・・・・・・・・・・424
**19.2**　DNA シークエンシング・・・・・・・・・・・・・・・・・・・・・・・・・・・・・・・・・・・・・・・・・・・・・・・・・・・・・・・・・・・・・・・・・・・・・・・・・432
19.2.1　DNA シークエンシングの方法論・・・・・・・・・・433　　19.2.2　次世代シークエンシング・・・・・・・・・・・・・・・436
**19.3**　DNA のクローニング・・・・・・・・・・・・・・・・・・・・・・・・・・・・・・・・・・・・・・・・・・・・・・・・・・・・・・・・・・・・・・・・・・・・・・・・・・・438
19.3.1　DNA クローニングの手法・・・・・・・・・・・・・・439　　19.3.2　DNA クローニングを用いて組換え
　　　　　　　　　　　　　　　　　　　　　　　　　　　　　　　タンパク質を得る・・・・・・・・・・・・・・・・・・444

**Box 19.1**　"制限"の意味するところは何か？　425 ／ **19.2**　PCR による遺伝子中のコドン組換え　433 ／ **19.3**　ネアンデルタール人と近代人は出会って異種交配したのか？　437 ／ **19.4**　酵母プラスミドの染色体への取り込み　444 ／ **19.5**　組換え第Ⅷ因子タンパク質の合成　447

参考文献　448 ／章末問題　448

用 語 集　451
索　　引　475

# まえがき

　生化学は，生物科学のどの学位課程においても必須である．これまでも生物学の生体分子や細胞に焦点をあてるコースでは必須だったが，構造生物学，メタボロミクス，それらと関連した生化学的手法における最近の進歩により，動物学や植物学，生態学，環境生物学などの科目においても，生化学はますます重要なものになっている．これまで，生物学の全分野の学生が生化学の基礎を学んでおく必要性はそれほど大きくなかった．このことは生物学の学生や教師にとって課題となっている．なぜなら，化学のような自然科学にあまり興味を示さない学生が生物学に魅了されるという傾向がよく見受けられてきたためだ．生化学には，誰もが化学的背景があると考えるだろう．したがって，多くの生物系の学生は，生化学を難しい科目として認識しがちになる．この点は残念なことである．なぜなら，生化学は，好きだと思って勉強すれば，最もやりがいのある科目の一つだし，生命を分子基盤からとらえることは，生物学のあらゆる面の理解を深めることにつながると考えられるからだ．

　生化学では，優れた分厚い教科書がたくさん出版されている．これらの書籍の大半は，すべての学部レベルまたある程度の大学院レベルでの生化学課程に対してきめ細かく学習を支援し，大規模で包括的な教科書となっている．こうした書籍は，生化学を専門とする学生にとっては優れているが，研究のほんの一部に生化学を含むような，入門的な生化学のコースをとっている学生にとってはあまり役に立たず，いくつかの点でむしろ気を重くさえするようだ．私がこのたび生化学の教科書を執筆した意図は，後者のニーズに応えることだった．したがって，本書は主題の基本だけを取り上げている．つまり，生化学の先端研究を支援しようというものではなく，幅広いコースの一部として，生化学における確かな知識を習得する必要がある学生を支援することを目指している．本書では，化学の原理の広範な基礎知識をとくに前提としていないが，読者の生化学の段階的な理解に関連するものにかぎり，化学の原則も紹介していく．さらに，本文中や囲み記事（Box）で具体例を紹介しながら，生化学は生物学のほかの分野の基盤となることを本書では一貫して強調している．

　本書を執筆するにあたり，草稿段階で多くの人たちから鋭くて価値のある査読をいただけたのは幸運で，教科書の最終版をつくるうえでおおいに役立った．とくに，本書のあらゆる側面を検討し，不十分な点や，単純な概念をあまりに複雑にしてしまっていた点に関してご指摘いただいた，デイビッド・ヘイムズに感謝する．素晴らしい挿絵は，マシュー・マックレメントによるものだ．また，サイオン出版のジョナサン・レイ，サイモン・ワトキンス，そしてクレア・ブーマーは，執筆過程の全般にわたって卓越した支援をしてくれたし，何週間，ときには何カ月も締め切りに遅れたときに辛抱強く対応してくれた．さらに，妻のケリにも感謝しなければならない．彼女もまた，夕方や週末，ときには休暇全部を終わりの見えない締め切りに対応すべく費やした際，忍耐強く待ってくれた．

T. A. ブラウン
マンチェスターにて

# 監訳者まえがき

　本書は，生化学という視点で，生命現象および生物の世界を統括的に捉えることに重点が置かれている．さまざまな図および反応スキームが簡潔でわかりやすく記載され，代謝反応も理解しやすいように工夫して表現されている．また，最先端の知見や研究成果を盛り込みながら，生化学の基盤が基礎から丁寧に記述されている．原著者の専門である遺伝子発現に関する情報も，分子生物学的な視点を養うために過不足なく盛り込まれている．

　本書は，四つのPARTに分かれて構成されている．PART Iでは，細胞と，生体を構成するタンパク質，核酸，脂質，糖質などの主要な分子の構造と機能を中心に取り上げている．PART IIでは，生命活動の中心をなすエネルギー産生のしくみと代謝反応について，全体像を理解できるよう図解を交えながら丁寧に解説されている．PART IIIでは，遺伝子からタンパク質へ，生体情報がどのような流れで発現していくかを，DNAおよびRNA，タンパク質のそれぞれの役割を整理しながら，その分子機構を明らかにしていく．PART IVでは，生化学の発展とともに進展してきた非常に基本的な実験手法や原理を紹介している．

　各章のはじめに「本章の目標」が明確に掲げられているので，読者はこれらを確認しながら学習を進めると，確実に知識を習得できると考える．また，各章に散りばめられているBoxは，本文の流れを邪魔することなく，生化学の重要なコンセプトや本文で触れられた具体例を中心に紹介しているので，興味をもって取り組むことができるだろう．詳しくは「本書の使い方」を参照されたい．

　一見していただくとわかるように，本書はほかの生化学の教科書に比べてたいへんコンパクトにできているが，生化学の世界の全体をバランスよく見渡せるように工夫されており，まさに生化学をはじめて学ばれる学生諸君にとって入門しやすい教科書といえよう．

　分子生物学は現代生物学のもう一つの普遍的な領域である．たとえば，分子生物学を使って改変した分子が希望の機能をもつようになったかを評価するには，生化学の知識や技術が必要である．さらに，本書を読んで理解してもらえるように，生化学の知識，考え方，方法論は，医学や薬学はいうまでもなく，農業生産，進化論，人類学など，思わぬ研究領域まで大きな波及効果をもたらしている．ぜひ生物系に進む学生諸君に，本書を読み，理解し，現代生化学の基礎をしっかりと学んでいただきたい．

　最後に，本書は第一線で活躍中のそれぞれのご専門の研究者に，ご多忙ななか，貴重な時間を割いて翻訳していただいた．ここに感謝申し上げる．

　2019年　初春

新井　洋由

❖ 監 訳 者

新井　洋由（東京大学大学院薬学系研究科）


❖ 訳者一覧（50音順）

新井　洋由（東京大学大学院薬学系研究科）
池ノ内順一（九州大学理学研究院）
稲田　利文（東北大学大学院薬学研究科）
今井　浩孝（北里大学薬学部）
久保　健雄（東京大学大学院理学系研究科）
河野　　望（東京大学大学院薬学系研究科）
紺谷　圏二（明治薬科大学薬学部）
酒井　寿郎（東北大学大学院医学系研究科／東京大学先端科学技術研究センター）
坂本　太郎（北里大学薬学部）
菅澤　　薫（神戸大学バイオシグナル統合研究センター）
田口　英樹（東京工業大学科学技術創成研究院）
原　　俊太郎（昭和大学薬学部）
村田　茂穂（東京大学大学院薬学系研究科）
山本　一夫（東京大学大学院新領域創成科学研究科）
矢守　　航（東京大学大学院理学系研究科）

# 略号一覧

| | | | |
|---|---|---|---|
| ABC | ATP結合カセット（ATP-binding cassette） | EGFR | 上皮成長因子受容体（epidermal growth factor receptor） |
| ACP | アシルキャリヤータンパク質（acyl carrier protein） | ELISA | 酵素結合免疫吸着測定法（enzyme-linked immunosorbent assay） |
| ALA | δ-アミノレブリン酸（δ-aminolevulinate） | FAD | フラビンアデニンジヌクレオチド（flavin adenine dinuclleotide） |
| ALD | 副腎白質ジストロフィー（adrenoleukodystrophy） | FMN | フラビンモノヌクレオチド（flavin mononucleotide） |
| ATP | アデノシン 5′-三リン酸（adenosine 5′-triphosphate） | G | ギブズの自由エネルギー（Gibbs free energy） |
| cAMP | 3′,5′-環状 AMP（3′,5′-cyclic AMP） | HAT | ヒストンアセチルトランスフェラーゼ（histone acetyltransferase） |
| CAP | カタボライト活性化タンパク質（catabolite activator protein） | HDAC | ヒストンデアセチラーゼ（histone deacetylase） |
| CD | 円二色性（circular dichroism） | HDL | 高密度リポタンパク質（high density lipoprotein） |
| cDNA | 相補的 DNA（complementary DNA） | | |
| CF | 嚢胞性線維症（cystic fibrosis） | HIV/AIDS | ヒト免疫不全ウイルス/後天性免疫不全症候群（human immunodeficiency virus and acquired immunodeficiency syndrome） |
| CFTR | 嚢胞性線維症膜貫通調節因子（cystic fibrosis transmembrane regulator） | | |
| CIEP（CIP） | クロスオーバー免疫電気泳動（crossover immunoelectrophoresis） | HPLC | 高速液体クロマトグラフィー（high performance liquid chromatography） |
| CoQ | コエンザイム Q（coenzyme Q） | HRP | ホースラディッシュペルオキシダーゼ（horseradish peroxidase） |
| CPSF | 切断・ポリアデニル化特異的因子（cleavage and polyadenylation specifying factor） | ICAT | 同位体コードアフィニティータグ法（isotope-coded affinity tags） |
| CRE | cAMP 応答配列（cAMP response element） | IDL | 中間比重リポタンパク質（intermediate density lipoprotein） |
| CREB | cAMP 応答因子結合（cAMP response element binding） | IPTG | イソプロピル-β-D-チオガラクトシド（isopropyl-β-D-thiogalactoside） |
| CstF | 切断促進因子（cleavage stimulation factor） | IRES | 内部リボソーム進入部位（internal ribose entry site） |
| CTD | C 末端ドメイン（C-terminal domain） | ITAF | IRES トランス作用因子（IRES trans-acting factor） |
| Dam | DNA アデニンメチラーゼ（DNA adenine methylase） | JAK | ヤヌスキナーゼ（Janus kinase） |
| Dcm | DNA シトシンメチラーゼ（DNA cytosine methylase） | LDL | 低密度リポタンパク質（low density lipoprotein） |
| ddNTP | ジデオキシヌクレオチド（dideoxynuceotide） | MALDI-TOF | マトリックス支援レーザー脱離イオン化-飛行時間型（matrix-assisted laser desorption ionization time of flight） |
| DNA | デオキシリボ核酸（deoxyribonucleic acid） | | |
| DNase I | デオキシリボヌクレアーゼ I（deoxyribonuclease I） | MAP | 分裂促進因子活性化タンパク質（mitogen activated protein） |

| | | | |
|---|---|---|---|
| miRNA | マイクロRNA（microRNA） | rRNA | リボソームRNA（ribosomal RNA） |
| mRNA | メッセンジャーRNA（messenger RNA） | SAM | $S$-アデノシルメチオニン（$S$-adenosyl methionine） |
| NAD$^+$ | ニコチンアミドアデニンジヌクレオチド（nicotinamide adenine dinucleotide） | SDS | ドデシル硫酸ナトリウム（sodium dodecyl sulfate） |
| NADP$^+$ | ニコチンアミドアデニンジヌクレオチドリン酸（nicotinamide adenine dinucleotide phosphate） | SDS‐PAGE | SDS-ポリアクリルアミドゲル電気泳動（sodium dodecyl sulfate polyacrylamide gel electrophoresis） |
| NHEJ | 非相同末端連結（nonhomologous end-joining） | siRNA | 低分子干渉RNA（small interfering RNA） |
| NMR | 核磁気共鳴（nuclear magnetic resonance） | snoRNA | 核小体低分子RNA（small nucleolar RNA） |
| ORF | オープンリーディングフレーム（open reading frame） | snRNA | 核内低分子RNA（small nuclear RNA） |
| PABP | ポリアデニル酸結合タンパク質（polyadenylate-binding protein） | snRNP | 核内低分子リボ核タンパク質（small nuclear ribonucleoprotein） |
| PC | プラストシアニン（plastocyanin） | SRP | シグナル認識粒子（signal recognition particle） |
| PCNA | 増殖細胞核抗原（proliferating cell nuclear antigen） | SSB | 1本鎖結合タンパク質（single strand binding protein） |
| PCR | ポリメラーゼ連鎖反応（polymerase chain reaction） | STAT | シグナル伝達兼転写活性化因子（signal transducers and activators of transcription） |
| PNPase | ポリヌクレオチドホスホリラーゼ（polynucleotide phosphorylase） | TAF | TBP関連因子（TBP-associated factor） |
| PQ | プラストキノン（plastoquinone） | TBP | TATA結合タンパク質（TATA-binding protein） |
| PRPP | ホスホリボシルピロリン酸（phosphoribosyl pyrophosphate） | TCA | トリカルボン酸（tricarboxylic） |
| PSE | 近位配列因子（proximal sequence element） | TFIID | 転写因子ⅡD（transcription factor ⅡD） |
| qPCR | 定量的PCR法（quantitative PCR） | tRNA | トランスファーRNA（transfer RNA） |
| RISC | RNA誘導サイレンシング複合体（RNA-induced silencing complex） | UBF | 上流結合因子（upstream binding factor） |
| RNA | リボ核酸（ribonucleic acid） | UCE | 上流調節配列（upstream control element） |
| RRF | リボソームリサイクル因子（ribosome recycling factor） | UTR | 非翻訳領域（untranslated region） |
| | | VLDL | 超低密度リポタンパク質（very low density lipoprotein） |

# 本書の使い方

　教科書が学生にとって有用なものとなるには，できるだけ使い勝手がいいことが要求される．そのため，本書は読者の理解を助けるたくさんの工夫をこらし，より効果的な教材としたつもりである．

### 本の構成
　本書はPART Ⅰ～Ⅳの4部からなる．

**PART Ⅰ——細胞，生物，および生体分子**　ここでは生化学に必要な生物学の知識を学ぶ．第2章では，生命にとっての細胞基盤について解説し，真核生物の細胞がいかに独自の特異的な生化学機能をもつサブコンパートメントに分けられるかを述べる．第3章～第6章では，おもな生体分子のうち，タンパク質，核酸，脂質，そして糖質（炭水化物）の4種類について，構造的特徴とおもな機能について取り扱う．生化学の入門的コースでは，これらの化合物がどのように代謝反応に関与しているのかを説明する前に，これらの化合物の構造および機能的特徴を明確にしておくことが大切である．化学にあまり慣れていない学生は，生体触媒やエネルギー生成の基礎となる化学の原理を扱う前に，結合，イオン化，極性といった項目に注力でき，理解できるようになっている．

**PART Ⅱ——エネルギー生成と代謝**　生体分子の構造や機能から，生体分子の合成や分解に関与するエネルギー生成や代謝経路の本質にとって重要な生化学の中心へと話を移そう．このPARTは，酵素の役割や作用様式の説明からはじまる．それには，生化学反応の熱力学的基礎，基質濃度が反応速度に与える影響，および異なる種類の阻害剤の影響が含まれる．三つの章をエネルギー生成に充て，第8章で解糖系，第9章でTCA回路と電子伝達系，第10章で光合成について述べる．次の章からはおもな代謝経路を取り上げ，第11章で糖質（炭水化物），第12章で脂質，第13章で窒素含有化合物について述べる．第11章～第13章のそれぞれでは，化合物がどのように合成されるかを述べたあと，それらがどのように分解されるかを述べる．たとえば，第12章は，脂肪酸とトリアシルグリセロールの合成からはじまり，これらの化合物の分解へと続く．これはおもに個人の好みによるが，より多くの学生にとって，分解のあとに合成がくるよりも，合成のあとに分解がくるほうが論理的で，すんなりと理解できるようである．PART Ⅱでは，これらの章における題材の理想的な配置を見つけようと，筆者は多くの時間を費やした．そのかいあって，一部の題材をほかの教科書とは違う順で並べたことのよさを理解していただけるだろう．たとえば，第8章と第9章では，解糖系，TCA回路，電子伝達系を通して基質の動きに焦点をあてることが重要と考えた．したがって，関連するトピックである糖新生は，糖代謝の一面ととらえ，第11章で取り上げている．同様に，ケトン体の生成についても，脂質ではなくケト原性アミノ酸の分解と同時に考えたことで，より適切なものとなったように思う．

**PART Ⅲ——生体情報およびタンパク質の合成**　これまでの慣例にのっとってできごとを順に並べ，第14章でDNAの複製と修復，第15章でRNAの合成，第16章でタンパク質の合成，第17章で遺伝子発現の制御について説明する．これらの章では，DNA複製や遺伝子発現の分子遺伝学的側面にあまり重点を置かずに，DNA・RNA・タンパク質合成におけるこれらの役割を重要視した．この理由は，RNAやタンパク質のプロセシング，タンパク質ターゲティング，RNAやタンパク質の代謝回転といった主題は，生化学の教科書ではなく，遺伝学の教科書でより重要視されるのがふさわしいからである．PART Ⅲの主題を，生化学

か遺伝学，はたまた両方の一部として教えるかは，教員にとって最も難しい判断の一つだ．

**PART IV──生体分子の研究** 生化学で用いられる多くの手法のうち，より重要なものについて概要を説明する．この部分でとても難しかったのは，もちろんどの手法を含むべきかについて決めることだった．いくつかの技術は前の章で記述されることを心に留めておいて，第18章では"脂質と糖質（炭水化物）に関するオミックス技術"とともに，タンパク質研究のための免疫学的，プロテオミクス的，および構造的手法について，第19章ではPCR，シークエンシング，クローニングを重点的に，DNAの手法について焦点をあてた．そのためこれらの章は，生化学者のツールキットの包括的な概観を意図するものではない．その代わりに，生物学研究のあらゆる分野で広く使われている免疫測定法やPCRなどのような生化学的手法はもちろん，生物学の研究者は研究プロジェクトの一部として自分では行わないかもしれないが，その結果を頻繁に利用することがある．または認識しておくべきであるオミックスやタンパク質の構造解析，次世代DNAシークエンシングなどのほかの技術も取り上げている．

## それぞれの章の構成

できるだけ使いやすい教科書にするため，それぞれの章の構成を読者が学習しやすいように心がけた．

## 本章の目標

それぞれの章のはじめに「本章の目標」を設けた．これらには二つの役割がある．第一に，その章にどんなことが書かれているかの概要を示してあり，読者は，その章のすべての要点を確実にするための復習段階での手っ取り早い確認として使うことができる．第二に，学生がその章から得るべき知識のレベルや種類の目安となることを意図している．たとえば，経路を記述できるか，二つ以上の関連した過程を区別できるか，あるいは何かがなぜそうであるかを理解できるか，ということである．「本章の目標」によって，学生は正確にそれぞれの章から得るべきことを知り，また彼らが題材に十分に対応したかどうかに関して確認もできるのである．

## 化学の原理，リサーチ・ハイライト，そのほかの囲み記事（Box）

それぞれの章の本文は，理解を促したり発展的内容を紹介したりする囲み記事（Box）によって補足されている．囲み記事には3種類あり，内容によって色が違う．

**化学の原理**（橙色）は，生化学に対する化学の基礎の重要な面を記述している．本文から化学のすべてを排除することはできないし，好ましくないが，これらの主題のいくかを囲み記事として扱うことは有益だと考えている．なぜなら，これによって化学の概念の基礎を探求することで教科書の流れを邪魔することを防げるからである．また，本文とは独立した個別の囲み記事は，学生たちが本文中からその情報を引きださなくても，きわめて重要な化学の原理について知っておくべき情報に注力できるよう一役買っている．

| | |
|---|---|
| Box 1.3 原子，同位体，分子量 | Box 7.2 酸化還元反応 |
| Box 3.2 水分子のイオン化とpHスケール | Box 8.1 エネルギーの単位 |
| Box 3.3 化学結合の種類 | Box 9.3 酸化還元電位 |
| Box 3.4 ペプチド結合の珍しい性質 | Box 10.2 電子軌道 |
| Box 4.1 塩基の積み重なり（スタッキング） | Box 15.4 エステル交換反応 |
| Box 4.3 糖パッカー | |

**リサーチ・ハイライト**（赤色）は，生化学研究に用いられる戦略のいくつかおよび医学研究と生物工学における生化学のより広範な応用を説明するのに充てている．それぞれのリサーチ・ハイライトは，一つもしくはいくつかの研究論文に基づいており，実際の研究がどのように実施されるか，生化学上のトピックに関する情報がどのように得られるかを示すものである．

| | | | |
|---|---|---|---|
| Box 2.3 | 細菌はバイオフィルムのなかで互いに意思疎通を行う | Box 11.6 | ピタゴラスはペントースリン酸経路を知っていてソラマメを食べることを禁止したのだろうか？ |
| Box 3.6 | アミノ酸配列からポリペプチドの二次構造を予測する | Box 12.5 | 『ロレンツォのオイル』の生化学 |
| Box 3.7 | コラーゲンを利用した絶滅動物の同定 | Box 13.3 | 芳香族アミノ酸合成を阻害する除草剤への耐性をもつ遺伝子組換え作物 |
| Box 3.9 | タンパク質のフォールディングの研究法 | Box 14.4 | Tus タンパク質とレプリソームの相互作用 |
| Box 4.2 | 二重らせんの発見 | Box 14.5 | テロメラーゼとがん |
| Box 5.7 | 囊胞性線維症の生化学 | Box 16.4 | 細菌のリボソームを標的とした抗生物質 |
| Box 6.3 | 近年，人類のいくつかの種族は牛乳を消化できるように進化した | Box 17.1 | トランスクリプトミクス：遺伝子発現パターンの変化に関する研究 |
| Box 7.5 | バイオ燃料の生産における耐熱性酵素の利用 | Box 19.3 | ネアンデルタール人と近代人は出会って異種交配したのか？ |
| Box 9.1 | ミトコンドリアのピルビン酸輸送体タンパク質の同定 | Box 19.5 | 組換え第VIII因子タンパク質の合成 |
| Box 9.6 | $F_0F_1$ ATP アーゼの回転 | | |
| Box 10.6 | 穀物の光合成能力を高めるために | | |

**一般的な囲み記事**（緑色）は，内容を強調するため，あるいは化学の原理のように本文の流れを邪魔しないように，本文から省いた情報で，独立した内容となっている．いくつかの囲み記事は，本文でも取り上げた話題の詳しい記述や発展的な内容，その章の本文では中心とはならなくとも学生が疑問に思うかもしれない課題，または単に興味深い話題（しかも望ましくは，教育的な）を扱う．たとえば，第9章では，本文にもあるTCA回路や電子伝達系について理解を促す四つの囲み記事がある．これらのうち二つは，スクシニルCoA合成酵素と電子伝達系の局在についてであり，前述の三つの分類のうちの最初に該当し，本文で扱った話題を発展させ詳細に述べている．三つ目の囲み記事は，なぜATPを合成する酵素がATPアーゼとよばれるかについてであり，二つ目の分類に該当する．エネルギー生成の理解には必要ではないが，鋭い学生が疑問に思う要点を扱う．最後に，ザゼンソウにかかわる囲み記事は，一般的な電子伝達系とは異なる種類があることを述べるものではあるが，興味深い話題の範疇に入ってくる．ついでに，標準とは異なる電子伝達系に関する興味深い例として文献を探したのち囲み記事を本書に盛り込んだ．また，ザゼンソウを見たとき，筆者自身うれしかったものであるが，あとでそれがすべての教科書に含まれる標準的な例であると知った．

## 参考文献

それぞれの章には，その章で取り上げた話題に関する書籍，総論，主要な研究論文を含む参考文献一覧がある．タイトルが記事との関連を明白に表していない場合，1行で簡単に概

要を追記した．参考文献一覧は，すべてを含んでいるわけではないので，ほかの書籍や論文についてインターネット（さらにいえば図書館）で探す時間を割くように読者におすすめする．これはあなたが気づいたことのなかった興味を発見する優れた方法だ．

### 章末問題

それぞれの章には，自習用の3種類の問題を用意した．

**四択問題** よくある形式で，それぞれの問いに対して正しい答えを一つだけ選ぶようになっている．解答は，化学同人のHP：https://www.kagakudojin.co.jp/book/b378577.html に掲載されている．

**記述式問題** 100〜500語で答えるようになっており，場合によっては注釈つきの図表が求められる．問題はそれぞれの章の全内容を扱っていて，ほかの書籍などは必要としない．そのため，問題は，本書の関連した部分と照合することによって，簡単に答えられるようになっている．学生は章を通して体系的に学ぶために記述式問題を使ってもよいし，特定の話題についての問題に答えられるか評価するために個々の問題を選択してもよい．記述式問題はまた，本を見ないで試験するのにも使うことが可能である．

**自習用問題** さまざまな形式や難易度の問題を含んでいる．それらは計算，ほかの文献や書籍，はたまた簡単な調査が必要なこともある．やや簡単で文献調査を必要とするだけの問題もある．これらは，学生が本書から離れてさらに発展的なことを学べるよう意図している．いくつかの場合，この種の問題ではあとで学ぶ単元が先にでてくることもある．しかしその場合，学生はのちに論じるより前にその特定の概念を教えられる．いくつかの問題では，学生は関連する論文を読んで，ある程度思考し批判的な目で論述や仮説を評価しなければならない．問題のうちいくつかはとても難しくて，絶対的な答えがないものもある．それらには，それぞれの学生の知識を伸ばし，それらの論述を注意深く考えさせる討論や推論を促す意図がある．自習用問題の多くは，問題解決型学習における集団討議や個別授業にぴったりであろう．解答を提供してしまうと目的が果たされなくなるため，巻末には解答を掲載していない．答えは自分自身で見つけよう！

### 用語集

理解を助けてくれる用語集を私はとても気に入っているし，本書にも豊富な用語集を掲載した．本書で太字になっているそれぞれの用語，および文献一覧にある書籍や論文を参照したとき，読者が遭遇するかもしれないいくつかの項目について，用語集に簡単に解説している．読者を混乱させないように，用語集における定義は，本書における用語の使い方をほぼ反映している．その定義は，いわゆる生化学辞典にあるような包括的で広範囲にわたる説明を意図しているものではない．

# 第 1 章
# 近代社会における生化学

## ◆本章の目標

- 「生化学」という言葉が何を意味するかを理解する.
- 生物学における生化学の中心的な位置づけを認識する.
- 生化学を理解するためには,化学も学ぶ必要があることを理解する.
- タンパク質,核酸,脂質,糖質の四つの大きな分子が生化学でとくに重要であることを理解する.
- 代謝がすべての生き物で必要不可欠な役割を果たしていることを理解する.
- 代謝反応とは,分子をエネルギーに変えたり,小さい分子から成り立っている大きな分子を異化する過程などであることを理解する.
- 生物情報はDNAに保存されており,遺伝子発現をとおして細胞に還元されることを知る.
- 生化学は実験科学であり,実験で使われる手法の理解は生化学者になるための鍵となることを理解する.

　表1.1にあるような,数キロの酸素,炭素,水素,窒素,カルシウム,リン,そして53個ほどのアルミニウムからジルコニウムまでの少量の元素を混ぜ合わせた状態を想像してみてほしい.何が得られるだろうか.固体や液体,気体の化学物質の奇妙な混合物となるが,不思議なことに,標準的な成人男性はこれと同じ元素が同じ割合で存在している.しかし,オカルト映画とは異なり,どんなに加熱や電気ショック,放射線照射をしても,この混合物から生きているヒトにはならない.**生化学**(biochemistry)は,そうした理由を私たちに教えてくれる.

## 1.1 生化学とは何か？

　筆者が,大学で生化学(biochemistry)を学んでいた頃,bio-chemistryと書かれるように,単語のあいだにハイフンが挿入されていた.長い名前である"**biological chemistry**"は今日でも使用されている.これが意図することは,"biochemistry"は二つの単語の組合せであり,化学を生物学にあてはめた,つまり生命の化学である.biochemistryは二つの単語を半分ずつ組み合わせて表した言葉であるが,近代の生化学では,実をいうと生物に存在する化学物質を研究するばかりではない.では,一緒に"生化学"ではどういうことを目的としているのかを考えてみよう.

### 1.1.1 生化学は生物学の中心をなす

　生化学は現代,**生命科学**(life sciences)や**生物学**(biology)とよばれる学問の一部である.生命科学のなかでは,生化学は中心的な役割を果たしている.なぜなら生化学は,体内を形づくる分子構造やその合成,そして生きるのに必要なエネルギーを生命体に供給する化学反応にかかわるからだ.したがって,生化学は,表1.1に記載されているような原子の混合物がどのように結合し,ヒトをつくりあげるかを説明することができる.それゆえ,生化学は生物学のすべての側面を理解するための土台となり,自分を生化学者だと考えていない生物学者でさえも,その学問を理解すること,そして,生化学を自分の研究で使用することがしばしば必要となる.

● 表1.1　成人男性の平均的な元素構成

| 組成 | 70 kgのヒトにおける量 |
|---|---|
| 酸素 | 43 kg (61%) |
| 炭素 | 16 kg (23%) |
| 水素 | 7 kg (10%) |
| 窒素 | 1.8 kg (2.5%) |
| カルシウム | 1.0 kg (1.4%) |
| リン | 780 g (1.1%) |
| カリウム | 140 g (0.20%) |
| 硫黄 | 140 g (0.20%) |
| ナトリウム | 100 g (0.14%) |
| 塩素 | 95 g (0.14%) |
| マグネシウム | 19 g (0.03%) |
| 鉄 | 4.2 g |
| フッ素 | 2.6 g |
| 亜鉛 | 2.3 g |
| ケイ素 | 1.0 g |
| ルビジウム | 0.68 g |
| ストロンチウム | 0.32 g |
| 臭素 | 0.26 g |
| 鉛 | 0.12 g |

銅，アルミニウム，カドミウム，セリウム，ヨウ素，スズ，チタン，ホウ素，ニッケル，セレン，クロム，マンガン，ヒ素，リチウム，セシウム，水銀，ゲルマニウム，モリブデン，コバルト，アンチモン，銀，ニオブ，ジルコニウム，ランタニウム，ガリウム，テルル，イットリウム，ビスマス，タリウム，インジウム，金，スカンジウム，タンタル，バナジウム，トリウム，ウラン，サマリウム，ベリリウム，タングステンは微量（100 mg未満）．
赤字で示した元素はヒトにおける生化学的な役割がはっきりしているものである．ほかの多くの元素は外から吸収されてくるものであり，体内での役割はまだよくわかっていない．
データは，J. Emsley, "The Elements, 3rd edn.", Clarendon Press (1998) より．

　生命科学の領域からも，生化学の知識がなぜ重要なのか簡単に理解できる．たとえば，生きた細胞の性質や構造を学んだ生物学者は，細胞に存在する分子を考慮せずに彼らの研究を迅速に進めることはできない．これらの分子は細胞の構造をつくり，それぞれの細胞の特定の性質に重要であるからである（図1.1）．したがって，生化学と細胞生物学のあいだには多くの共通点が存在する．それは，遺伝子に含まれる情報に注目する遺伝学においても同じことがいえる．遺伝子はDNAから成り立っており，遺伝子がどのようにはたらくかを理解することは，DNAの構造とDNAに含まれる情報を細胞が利用できるように，DNAとほかの分子がどのように相互作用しているかを理解することである．これらはちょうど，生化学が着目する論点であり，遺伝学の大部分は"DNAの生化学"として表現される．

　近代的な生化学は，細胞よりは生命体に着目した生物学の分野にも根ざしている．たとえば生態学では，生態系は光合成によってエネルギーが生成され，そして草食動物から肉食動物に行き着く食物連鎖に従った**食物網**（food web）という言葉でよく表される（図1.2）．エネルギーの生成は生化学の中心的な話題であり，そして，実はこの生態系生態学は個々の生物より生物種といった集団にあてはめた生化学である．同様に，私たちは進化論を議論するときに，すぐには生化学を考えたりしない．しかし，現在では種の進化的な関係を議論するとき，それらの種の形態だけでなく，骨格も比較する．今日，その関連性は生体内に含まれる分子の構造を比較することで証明される傾向にある（図1.3）．したがって，進化論学者は分子的な構造を解き明かすために生化学的な手法を学ばないといけないし，彼らが行った比較が確固たる根拠に基づいてなされたことを確認するために生化学を理解しなければならない．

　生化学は生命科学のかなり中心的な学問であるため，本書では，分子やそれらの反応につ

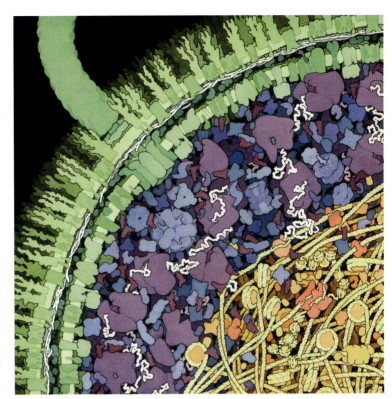

● 図 1.1 大腸菌の構成について
おもに糖質とタンパク質からできている細胞壁、細胞膜、そしてそこから伸びる鞭毛は緑色で示されている。鞭毛はタンパク質で成り立っており、プロペラのように回り、微生物はそれによって秒速 100 μm の速さで泳げる。細胞内には、微生物の DNA である黄色の紐が描かれている。それは黄色で描かれた樽形のタンパク質の周囲を巻いている。オレンジ色のものは酵素であり、DNA から RNA をつくる。この RNA をメッセンジャー RNA（mRNA）とよび、白色で表されている。mRNA は紫色のリボソーム（RNA とタンパク質で成り立っている）に移動し、新しいタンパク質の合成にかかわる。これらから合成される青色で示されたタンパク質には、細菌内で起こる生化学反応を触媒する酵素が含まれている。
The Scripps Research Institute, David S. Goodsell による．

いての背景となる知識を習得するために、まず生物学の基本原理をおさらいする。第 2 章では、この星に存在するさまざまな生物に着目し、細胞の構造を調べ、膨大な生命の多様性がどのように生まれてきたのかを考えていきたい。

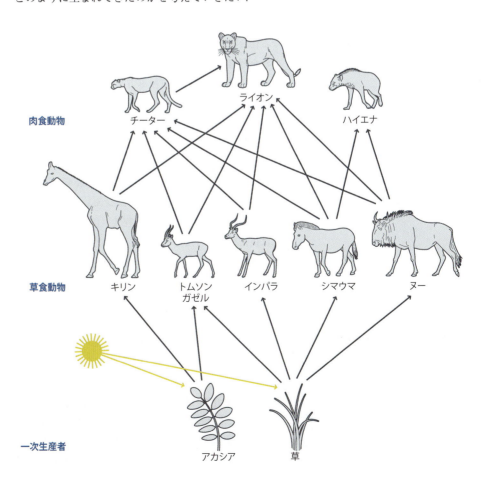

● 図 1.2 アフリカのサバンナにおける食物連鎖を介したエネルギーの移り変わり
太陽からのエネルギーは、一次生産者が行う光合成によって受け取られる。そして、草食動物が一次生産者を摂取することでエネルギーを得て、肉食動物が次に草食動物を食べることでエネルギーを得る。このように太陽からの光はだんだんと食物連鎖に沿って移り変わっていく。

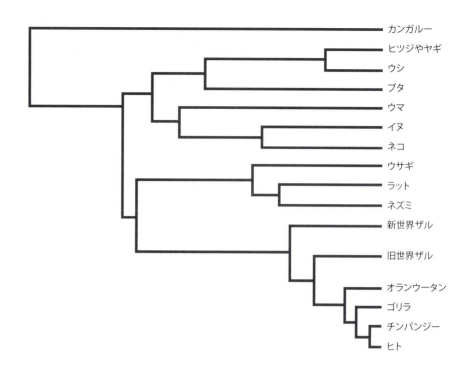

● 図 1.3　哺乳類間の進化の関係
この系統樹は形態学的な情報から形成されている．しかし，今日では研究されてきた種の DNA やタンパク質の構造から比較することで推測されているようである．

### 1.1.2　化学も生化学において重要である

　生化学は生命科学の一部であるが，大部分が**化学**（chemistry）の分析手法や原理に依拠している．生化学は，化学者が生物のなかで引き起こされる化学反応に興味をもって研究したことにはじまる．19 世紀にさかのぼるが，これらの化学者は生化学特有の課題が提起されることに気がついた．その多くは生きている細胞のなかに存在する分子群の複雑性についてである．科学者はいまもそうであるが，化学的な構成がはっきりしている比較的簡易な溶液のなかで起こる化学反応を研究することが多い．細胞や細胞からの抽出物はさまざまな異なる化合物を含み，そして，そのうちのどの成分がある一つの生化学反応にかかわっているのかを理解するのにはかなりの困難をともなう．この問題を解決するには，生化学に独特な新しい手法と科学的な取組み方を開発する必要がある．一方で，化学は伝統的な無機化学，有機化学，そして物理化学に沿って構築されなければならない．生化学はこれらのどのカテゴリーにも属さず，それ自体が学問となった．

　生化学は単独の学問となったが，化学の基本的な概念を理解することなしに生化学を学べないし，生化学者になることはできない．生物学に興味をもっていることで，生化学に翻弄されている若い生化学者にとって，化学を学ぶことは気おくれしてしまう．筆者が大学ではじめて受けた授業は物理化学で，シュレーディンガー方程式について扱ったものであった．その授業は，はじめに黒板に方程式（何種類あるうちの一つを）を書くことからはじまった．私は控えめにいったとしても，気おくれしていた．その頃筆者は，それらの記号の半分も理解できていなかった．その物理化学の授業を終えてから，再びシュレーディンガー方程式について触れることは二度となかったのも本当である．本書では筆者の学部の経験に沿うことはしないし，化学の深いところまで迫ることもない．代わりに，生化学で重要な化学の一部についてのみ取り上げ，関連性があるときにのみそういった内容を扱うことにする．これらの多くの化学的な内容は，本を読み進めていくうえで適切な場所に配置されている橙色のボックス"化学の原理"にわかりやすく掲載されている．

> xviii ページに化学の原理の一覧がある．

### 1.1.3　生化学は非常に大きな生体分子の研究にかかわる

　初期の生化学者が生細胞内の分子の混合物を調べようとしたとき，彼らはすぐにそれらのなかに非常に大きな分子が存在していることに気がついた．分子の大きさは**分子量**（molecular mass）で表され[†]，**ダルトン**（Daltons, Da）で量られる．1 Da は炭素原子の

[†] 訳者注：定義上，molecular mass（分子質量）と molecular weight（分子量）は概念としては異なるが，一般的には分子量として代表される．

## ● Box 1.1　生化学の起源

　ドイツの生化学者であるカール・ノイベルグ（Carl Neuberg）は生化学の父として考えられている．ノイベルグは1903年に生化学という言葉を生みだし，いまは *FEBS Journal* とよばれる，生化学に注目したはじめての学術論文誌，*Boichemische Zeitschrift* を設立，編集することで生化学を独立した学問として広めた．しかし，生化学の起源は，科学者が生体内の化合物と化学的過程を研究しはじめた1700年代中頃までさかのぼる．その頃から，生物には化学や物理では説明できない"生命原理"が存在する，という長いあいだの考えが覆えされるようになった．1900年までには，生命も化学や物理の法則に従っており，生化学だけでなく生物学のすべての分野が，今日では私たちがよく知っている厳密で科学的な規則に沿ったものであるとして発展していった．

　1900年までの生化学の鍵となる発展を追っていくと次のようになる．

**1770年代**　カール・ウィルヘルム・シェーレ（Carl Wilhelm Scheele）がレモンから酢酸を単離し，リンゴからリンゴ酸を単離し，ミルクからラクト酸を単離した．これらの炭水化物は，有機化合物としてはじめて同定されたものである．

**1780年代**　アントワーヌ・ラボアジエ（Antoine Lavoisier）とピエール・ラプラス（Pierre Laplace）は，呼吸によって生じる熱と二酸化炭素は燃焼時に生じるものと同じであることを証明した．ラボアジエは光合成時に，植物が二酸化炭素を吸収し酸素を排出することを提唱した．これらの実験から，生物におけるエネルギーの生産は，化学反応によるエネルギーの生産と同じ化学的な法則に則っていることを示唆した．

**1811〜1823年**　ミシェル・ウジェーヌ・シュヴルール（Michel Eugene Chevreul）は動物の脂肪について化学的に研究した．彼の研究は生体分子に対して，はじめて化学や物理的な手法をあてはめたものだった．

**1820年代**　ウィリアム・プラウト（William Prout）は食べ物についてはじめて，糖質性，動物性，油性といった分類を行っており，それは大雑把にいえば糖質，タンパク質，脂質の分類に等しい．

**1827年**　ハンス・フィッシャー（Hans Fisher）はポルフィリンを合成し，これが赤血球で酸素に結合していることを示した．

**1833年**　アンセルム・ペイアン（Anselm Payen）とジャン–フランソワ・ペルソー（Jean-Francois Persoz）ははじめて酵素"ジアスターゼ（diastase）"を単離し研究した．これはいまではアミラーゼとよばれ，デンプンを糖に変えることができる．アミラーゼのはたらきについては7.1節で詳しく見ていくことにする．

**1850年代**　クロード・ベルナール（Claude Bernard）はグリコーゲンが肝臓でグルコースから生成されることを証明した．これが，生物が生体分子を壊すと同時に合成をもできることをはじめて示した事例の一つである．

**1877年**　モーリッツ・トラウベ（Moritz Traube）は酵素がタンパク質の一つであることを提案した．

**1880〜1900年**　エミール・フィッシャー（Emil Fisher）は多くの重要な生体分子の構造を同定した．なかには16種類のグルコースの異性体やDNA，RNAを構成するプリン体が含まれている．その後，彼はアミノ酸がペプチドを形成するためにどのように化学結合しているかを証明した．

**1895〜1900年**　最初のホルモンが発見された．ナポレオン・チブルスキー（Napoleon Cybulski）や高峰譲吉などがアドレナリン（エピネフリンともよばれる）を同定した．

質量の1/12に等しい．自然界で知られる多くの化合物や科学者によって合成される人工的な物質は，ほとんど1,000以下の分子量である．たとえば水は18.02 Daであり，エタノールは46.07 Da，フェノールは94.11 Daである．マラリアの特効薬として用いられる有機化合物のキレーネですら，324 Daの分子量しかない．対照的に，生細胞内の多くの分子の分子量は**キロダルトン**（kiloDaltons, **kDa**）とよばれる1,000 Daで量られる．これらの**高分子**（macromolecule）の比較的簡単な例として，血液の凝固にかかわる**トロンビン**（thrombin）は37,400 Da，つまり37.4 kDaであり，唾液のなかに含まれる**デンプン**（starch）を**糖**（sugar）まで分解する**α-アミラーゼ**（alpha-amylase）とよばれる酵素は55.4 kDaの分子量をもつ．デンプン自体の分子量は，採取してきた植物の種類によって190〜227,000 kDaとさまざま

## ●Box1.2 シュレーディンガーと生物学

エルヴィン・シュレーディンガー（Erwin Schrodinger）は量子学的な理論の研究で有名であるが，彼は20世紀はじめにおける生物学にとりわけ興味を抱いていた物理学者の一人である．ほかにも，マックス・デルブリュック(Max Delbruck)がおり，彼は人生半ばで理論物理学から遺伝学，そして**バクテリオファージ**（bacterlopharge；微生物に感染するウイルス）について先駆的に研究を行い，遺伝子がDNAでできていることを発見した．

シュレーディンガーは物理学者として名を残しているが，1944年に彼が書いた『生命とは何か』とよばれる著書には，遺伝子の継承と構造について推察している．いま，その本を読んでみると，シュレーディンガーの多くの考えはありえそうにない．彼は，遺伝子が結晶構造をしていて，20世紀に入る前の生物学で考えられていた"生命原理"の存在を再び唱えるような，まだ知られていない物理的な法則に従っていることを提唱していた．それは間違いであったものの，『生命とは何か』は，20世紀の生化学の発展における重要な金字塔となった．遺伝子が，生物の発生・分化および生体内で行う生化学反応を規定する情報を含んでいることはすでに確立されていた．シュレーディンガーは，この情報が遺伝子の構造内に内包されているべきだと主張した．繰り返すが，遺伝子がどのようにはたらいているかについての彼の考えは間違っているが，生物が情報を読むための**遺伝暗号**（genetic code）のようなものあるはずであるという彼の主張は，次の20年の遺伝子研究に課題を提唱する重要な洞察であった．16.1節では，遺伝子がどのようにコードされているか，そしてどのように情報が利用されているかを見ていく．

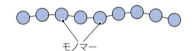

●図1.4 直鎖的なポリマー

である．

多くの生体内の分子は，**モノマー**（単量体，monomer）とよばれる非常に小さい同一の化学物質が長く連なることで構成される**ポリマー**（重合体，polymer）である（図1.4）．デンプンは，モノマーである**グルコース**（glucose）からなり，ポリマーはグルコースのモノマーが分枝した鎖として連なることでできている．グルコースが多ければ多いほど，デンプンの分子量も大きくなる．分子量が190 kDaほどの小さなデンプンの分子は，1,050個ほどのグルコースを含んでおり，大きな分子ともなると百万ものグルコースで構成される．

デンプンは，グルコースかほかの似た糖分子で構成される**多糖類**（polysaccharide）の一例である．多糖類には生細胞内で大きく二つの役割がある．一つ目は，デンプン（植物中）や**グリコーゲン**（glycogen；動物中）といった糖質で，エネルギーの貯蔵物としてはたらく．それは，ポリマーから単糖をつくりだせて，化学エネルギーを生みだすためにさらに分解できるからである．二つ目は，多糖類の構造体としての役割である．**セルロース**（cellulose）は植物細胞を頑丈なものにする多糖であり（図1.5），昆虫やカニ，ロブスターといった動物の外骨格を構成する**キチン**（chitin）も同様である．

生化学で大切な大きな生体物質が多糖類のほかに3種類存在する．一つ目として，**アミノ酸**（amino acid）が直鎖に連なったポリマーとして存在する**タンパク質**（protein）があげられる．タンパク質は生体内で非常に大きい役割を果たしており，生化学の反応を触媒する**酵素**（enzyme）の多くはタンパク質である．デンプンから糖を切りだす化学反応を触媒するα-アミラーゼは酵素の一例である．ほかにも，血液が凝固する過程でフィブリノーゲン（これ自体がタンパク質であるが）を結合させて不溶性なフィブリン・ポリマーに変える反応を触媒するトロンビンがあげられる（図1.6）．

二つ目の大きな生体物質は**核酸**（nucleic acid）である．これには，DNAとよばれる**デオキシリボ核酸**（deoxyribonucleic acid）と**RNA**（ribonucleic acid）とよばれるリボ核酸の2種類が存在する．DNAは染色体に存在し，生命の情報が含まれている．いいかえれば，DNAによって遺伝子が形づくられている．RNAはDNAに含まれる情報が細胞内で読まれる過程で利用される．

最後は，**脂質**（lipid）である．多糖類のように脂質は多様性のある生体物質の一つで，生体内の構造的な役割を担うとともに，エネルギーの貯蔵としても役に立つ．また，いくつかの**ホルモン**（hormone）が脂質であるように，脂質のなかには制御因子として多くの役割を果たしているものもある．

1.1 生化学とは何か？ 7

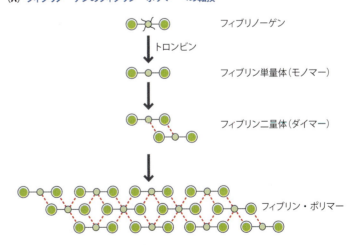

●図1.5 植物の細胞壁におけるセルロースの役割
セルロースの分子が直線に並び，次つぎに結びついて微小繊維をつくることで，植物の細胞壁を強固なものにしている．

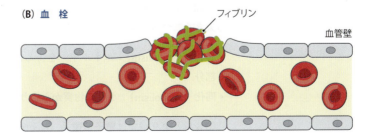

●図1.6 血栓形成におけるトロンビン，フィブリノーゲン，フィブリンの役割
（A）トロンビンは，フィブリノーゲンをフィブリンに変える生化学的な反応を触媒する．フィブリンは互いに結合し合いポリマーを形成する．（B）フィブリン・ポリマーは赤血球を捕らえることで破裂した血管を塞ぐ．この構造体により血栓が形成される．

### ● Box 1.3　原子，同位体，分子量

原子は，正電荷をもつ陽子とそれを取り囲む負電荷の電子雲によって構成されている．元素の化学的な特徴は**原子番号**（atomic number）とよばれる陽子の数で決まる．この数は，その元素のすべての原子において同じである．たとえば，すべての水素原子は陽子をただ一つもっており，原子番号は1である．また，炭素原子は陽子を六つもっており，原子番号は6である．

陽子の数は不変であるが，同じ元素でも中性子の数が異なる場合がある．これら元素の構成が異なる物質を**同位体**（isotope）とよぶ．たとえば，炭素は自然界には3種類の同位体がある．6個の陽子を含むのは同じであるが，それぞれ6，7または8個の中性子を含む．原子核内に含まれる中性子と陽子の数の和を**質量数**（mass number）とよぶ．したがって，炭素の3種類の同位体は12，13，14といった質量数をもち，それぞれ，$^{12}C$，$^{13}C$，$^{14}C$とよばれる．これらは自然界で発見されている炭素の同位体である．$^{12}C$は存在しているすべての炭素の98.93%を占め，$^{13}C$は残りの1.07%であり，$^{14}C$はほんの微量である．さらに，$^{8}C$〜$^{22}C$といった12種類の自然界で検出できない存在量の同位体が存在する．これらは人工的につくることができる．すべてではないが，多くの元素が自然界に同位体をもっており，最も同位体が多いのは9種類のキセノンと10種類のスズである．

$^{12}C$はちょうど12 Daの分子量で定義されている．ほかの原子の分子量を計算するときには$^{12}C$の質量との相対量を考える．分子量は，ただそれを構成する原子量の和で求められる．

---

これらの四つの生体物質すなわち，タンパク質，核酸，脂質，そして多糖類を含む**糖質**（carbohydrate；炭水化物の一つ）の構造や役割を理解することが，第3章〜第6章の目標である．

### 1.1.4　生化学は代謝を学ぶ学問でもある

多くの細胞からなる生体は，動的な構造体である．これは，生体がさまざまな活動を行うときにエネルギーを必要としていることや，必要なときに新たな生体物質を生みだせることを意味している．これらが生命を形成する活動である．生化学の基本的な考え方は，これらの生命の営みが化学反応によって行われていることである．非常に多くの反応があり，互いに複雑な経路でつながっている（図1.7）．しかし，それぞれの反応を学ぶことで，生命の分子的な基本を理解することはできる．これはPart IIにおける目標だ．

どんな化学反応も同時に起こりうるが，しかしその速度は非常に遅いと考えられる．試験管のなかで化学反応を起こすとき，反応速度を上げるために**触媒**（catalyst）がよく添加される．たとえば，接触法を利用して，二酸化硫黄と酸素から硫酸を工業的につくるときは酸化バナジウムを使う（図1.8）．二酸化硫黄と酸素といった二つの気体が触媒の表面に吸収され互いに接近することで，水と反応して硫酸となる三酸化硫黄が形成されるように結合が促進される．生化学的な反応も金属ではないが，触媒を利用する．それらは酵素とよばれ，ほとんどがタンパク質であるが，RNAで構成されるものも知られている．第7章では酵素がどのように触媒としてはたらくかを学ぶことにする．

**代謝**（metabolism）という用語は生体内で起こる化学反応を表す．これらの反応は昔から大きく二つのグループに分けられている．

- **異化**（catabolism）：エネルギーを得るために化学物質を分解しようとする代謝反応の一部分．
- **同化**（anabolism）：小さな物質からより大きな分子をつくり上げる生化学反応．

第8章と第9章では**電子伝達系**（electron transport chain）や**TCA回路**（TCA cycle），

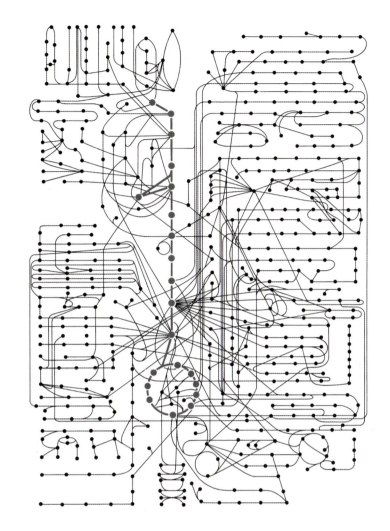

●図 1.7　典型的な動物細胞における代謝経路
それぞれの点は異なる化学物質を表している。線はネットワークにおける過程を表している。それぞれの過程において，一つの化合物が別の化合物に変化している。

**解糖系**（glycolysis）とよばれる細胞内の中心的なエネルギー生成過程を学ぶ．第10章では光合成によって日光から得る特別なエネルギー生成について学ぶ．第11章〜第13章では，糖質，脂質，タンパク質や核酸のモノマーなどの窒素含有化合物を，壊したり合成したりする代謝経路について詳しく見ていくことにする．

　これらの章では，さまざまな代謝経路がどのように生細胞内で制御されているかについて疑問を投げかける．生化学の反応は無秩序に起こっているわけではない．連動して動いている代謝経路のなかで，基質が効率的に最終的な生成物となるように，個々の反応は綿密に制御されている．生成物の量は制御できて，全体的に止めることも可能である．必要に応じて

●図 1.8　触媒の役割
接触法では，二酸化硫黄と酸素が酸化バナジウムの粒子の層を通過する．二つの気体が粒子の表面に吸収されることで，三酸化硫黄をつくる結合が促進される．酸化バナジウムは反応を触媒するが，それ自体は変化しない．

ほかの基質が利用できるように，代謝経路が修正されることもある．代謝経路を制御する情報伝達は，代謝が起きているその細胞内に由来するものもあり，外部に由来するものもある．シグナルは，多段階の反応経路のなかで特異的に一つの反応にのみはたらくものもあったり，またより広範ないくつかの経路を同時に制御することもある．これらのさまざまな現象については，それを扱う第8章〜第13章で見ていくことにする．

### 1.1.5 生物学的な情報を蓄え利用することは生化学で重要な役割である

ある一連の生化学反応は，厳密にいえば同化反応というべきであるが，細胞内の代謝とはかけ離れた特別な性質をもっている．その反応とはDNAやRNA，そしてタンパク質をつくることである．ここでは，生化学と遺伝学が重複する．なぜなら，遺伝子に含まれる**生物学的な情報**（biological information）の複製や利用は同じ反応によって果たされているからである．このような情報は，生物が成長したり繁殖したり，すべての代謝反応を遂行するために必要なものである．この遺伝子情報は，近年の遺伝学で注目されている部分であり，この本のPart IIIでも見るように，生化学がよく扱う内容でもある．

まず，細胞が分裂するときや組織が再生するときに，それぞれの遺伝子が正確に複製されるために，DNAがどのように複製されるかを見ていこう．これは第14章で詳しく扱う．次に，遺伝子に含まれる生物学的な情報がどのように細胞で利用できるのかについて見ていこう．この過程は**遺伝子発現**（gene expression）とよばれ，すべての遺伝子がRNAをつくることからはじまる（図1.9）．第15章では，DNAとRNAの分子構造が非常に似ているので，遺伝子発現を**転写**（transcription）とよぶことは化学的にも明快であることがわかるであろう．また，第15章ではRNAが転写の過程でつくられ，役割によって異なるグループに分かれていること学ぶ．これらのグループのなかに**メッセンジャーRNA**（messenger RNA, mRNA）とよばれるRNAが含まれており，**翻訳**（translation）とよばれる過程でタンパク質を生成することにかかわる．第16章ではタンパク質の生成について学ぶ．

すべての遺伝子が，いつも活性化しているわけではない．多くの遺伝子は長いあいだ発現せず，必要とされたときにだけ，そのRNAやタンパク質がつくられる．したがって，すべての生物は遺伝子発現を制御することができ，その遺伝子からつくられるRNAやタンパク質が必要でないときは，遺伝子発現は抑制される．第17章では遺伝子の発現を制御する多くの経路を学ぶ．

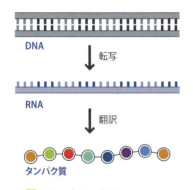

● 図1.9　遺伝子発現
DNAはRNAに転写される．タンパク質をコードする遺伝子として，RNAはタンパク質に翻訳される．

---

### ●Box1.4　"オーム"は生命物質の集合体をいう

生物学的な系において存在しているタンパク質の総体をいうプロテオームは，生化学者が研究している生体分子のいくつかの総体のうちの一つである．これらには漠然と"オーム（ome）"という語尾がつく．具体例を次にあげる．

- **ゲノム**（genome）：細胞内のDNAの総体で，生物のすべての遺伝子を含んでいる．
- **トランスクリプトーム**（transcriptome）：細胞あるいは組織に存在しているRNAの総体であり，その名前は，RNAが転写物であることを表す"トランスクリプト（transcript）"からきている．
- **リピドーム**（lipidome）：細胞あるいは組織に存在している脂質の総体．
- **グリコーム**（glycome）：細胞あるいは組織に存在している糖質の総体．

最後に，**メタボローム**（metabolome）の構成成分はより複雑である．メタボロームは特定の状況における細胞あるいは組織に存在している代謝物の総体である．これらの代謝物は，細胞内で起こっている同化や異化反応の中間体や生成物，基質のことである．したがって，メタボロームは細胞内の生化学的な活動を反映している．これらの活動はプロテオームによって規定されており，また，リピドームやグリコーム，トランスクリプトームにある程度影響を受けている．そのため，細胞内の生化学的な活動はこれらの"オーム"間の相互関係から理解することができる．

### 1.1.6 生化学は実験科学である

Part I～IIIでは生化学の基礎事項について学ぶ．Part IVでは，このような基礎事項がどのように発見されてきたかについて見ていく．生化学はいまも，またこれまでも実験科学であり，今後，生化学実験を行う可能性があることは，生化学を新しく学ぶ学生にとって魅力であろう．この本におけるPart I～IIIでは，生化学の理解を深める鍵となるいくつかの実験に触れる．Part IVでは近年の生化学で最もよく取り上げられる研究戦略と手法に注目する．

これらの手法にはまず，タンパク質といった大きな分子の解析方法がある．タンパク質は酵素としての役割があるために，重要な研究分野である．酵素の詳しい構造を理解することは，その酵素がどのようにして特異的な生化学反応を触媒しているか，細胞内または細胞外からの化学シグナルに応答して酵素の活性やそれに続く化学反応をどのように制御しているかを理解するための最も良い方法である．長いあいだ，生化学者は**核磁気共鳴**（nuclear magnetic resonanse, **NMR**）や **X 線結晶構造解析**（X-ray crystallography）などの手法を使ってタンパク質の構造を解析してきた．これらの技術については第18章で扱う．

第18章では，細胞や組織に存在しているタンパク質の総体である**プロテオーム**（proteome）を知るためのさまざまな手法についても見ていく．プロテオームを知ることで細胞における生化学的な特徴を決めることができ，これは**プロテオミクス解析**（proteomics）とよばれるが，プロテオームの個々の要素をそれぞれ同定する手法は生化学研究において重要である．第18章におけるプロテオミクス解析の学習のあとに，脂質や糖質を解析する同じような技術についても少し見ていきたい．

二つ目に，DNAやRNAを研究する生化学的な研究手法を扱う．最も重要なのは **DNA シークエンシング**（DNA 配列決定法，DNA sequencing）である．これはDNAで成り立っている遺伝子の構造を決定するのに用いられる．DNAの配列を読むことで，生物に含まれる遺伝子情報の本質やそれが発現する方法を理解できる．次に重要なのは，**DNA クローニング**（DNA cloning）である．これは，別べつの生物間で，遺伝子を移動させたり，インスリンといった薬剤的に重要なタンパク質を遺伝子工学的に微生物で生成したりすることを可能にする技術である．DNAやRNAを学ぶためのこれらの手法やほかの手法は第19章で扱う．

### ● 参考文献

N. G. Coley, "History of biochemistry," *Encyclopedia of Life Sciences*, Wiley Online Library, DOI: 10.1038/npg.els.0003077 (2001).

K. R. Dronamraju, "Erwin Schrödinger and the origins of molecular biology," *Genetics*, 153, 1071 (1999).

D. Hui, "Food web: concept and applications," *Nature Education Knowledge*, 3 (12), 6 (2012).

G. K. Hunter, "Vital Forces: the discovery of the molecular basis of life," Academic Press (2000). 生化学の発展と歴史について．

G. J. Patti, O. Yanes, G. Sluzdak, "Metabolomics: the apogee of the omics trilogy," *Nature Reviews Molecular Cell Biology*, 13, 263 (2012).

M. S. Springer , M. J. Stanhope, O. Madsen, W. W. de Jong, "Molecules consolidate the placental family tree," *Trends in Ecology and Evolution*, 6, 430 (2004). 分子構造の比較がどのように系統樹の作成に利用されるかについて．

# 第2章
# 生物とその細胞

> **◆本章の目標**
>
> - 生命は多様であるが，かぎられたしくみに基づいてつくられており，すべての種で同様の生化学的反応が起こることを理解する．
> - 原核生物と真核生物のおもな特徴を説明できる．
> - 原核生物は細菌と古細菌とよばれる2種類の生物からなることを理解する．
> - 原核細胞は複雑な内部構造を欠いていることを理解する．
> - 真核細胞のおもな細胞小器官を理解し，それらの機能を説明できる．
> - 細胞の構造における膜の重要性を理解する．
> - ウイルスが宿主細胞への感染によってのみ自己再生産できる偏性細胞内寄生体であることを学ぶ．
> - 地球上の生命の起源に関する現在の理論を知る．
> - すべての生物種の形態や生化学的反応における共通した性質が存在することは，すべての生物種が単一の共通の起源から進化したことを意味すると理解する．

　この惑星は生命で満ちあふれている．最新の推定によると，約870万種の動物，植物，および菌類，さらに少なくとも1,000万種の細菌が存在することが示唆されている．どちらの数字もあくまで推定である．なぜなら，大多数の種がいまだ見つかっていないと考えられるからである．かつてパナマのわずか19本の樹木に，1,200種類以上のカブトムシが一度に見つけられたことがあったが，そのうち約1,000種類が新種だった．地球上には少なくとも10の11乗の動物個体が生息しており，ある研究によれば10の30乗個の細菌が存在するといわれている．これらの数字はほとんど天文学的で，すべてを把握することは困難である．

　このように，地球上の生物の種類が天文学的な数字であることが明らかになった一方で，深刻な問題がある．それは，このような膨大な数の異なる生物種が存在する場合，生化学者は生物のなかで起こっている化学反応をどうやって理解できるのだろうかという問題である．幸いにも，生物の膨大な多様性は，かぎられたしくみに基づいてつくられている．生物学における生化学の果たす役割は，地球上の無数の生物に存在する違いよりむしろ類似点を引きだすことによって，生物に共通して存在するしくみを明らかにすることである．

## 2.1　細胞――生命の基本単位

　すべての生物は細胞でできている．いくつかの生物は**単細胞**（unicellular）であり，たった一つの細胞からなる．ほかの多くの生物は**多細胞**（multicellular）である．肉眼で見ることができるほぼすべての生物は多細胞生物である．細胞の構造は非常に小さく，ほとんどの単細胞生物は顕微鏡で拡大しなければ見えない．たとえば，池や河床などの淡水環境で見られるふつうのゾウリムシは，かなり大きな部類に属する単細胞生物だが，それでも長さはわずか120 µmである．1 µm（マイクロメートルまたはミクロン）は1,000分の1 mmなので，120 µmはたった0.12 mmである．

　細胞はすべての生物の基本単位である．この点をしっかり踏まえたうえで，生物の多様性の根幹をなすしくみについて調べていこう．

## ● Box 2.1　測定単位について

　国際単位系の長さに関する標準単位（SI）はメートル（m）である．それよりも小さい単位は次のとおり．

$$1\ cm = 10^{-2}\ m\ (100\ cm\ で\ 1\ m)$$
$$1\ mm = 10^{-3}\ m\ (1000\ mm\ で\ 1\ m)$$
$$1\ \mu m = 10^{-6}\ m\ (1000000\ \mu m\ で\ 1\ m)$$
$$1\ nm = 10^{-9}\ m\ (1000000000\ nm\ で\ 1\ m)$$

　生化学者は長さに関して二つの SI ではない単位を使うことがある．

$$1\ ミクロン = 1\ \mu m$$
$$1\ オングストローム（Å）= 10^{-10}\ m\ (10\ Å\ で\ 1\ nm)$$

　国際単位系の接頭辞は，ほかの測定単位に対しても同様である．

- 体積についての標準単位はリットル（L）であり，より少量の体積の単位には mL，μL などがある．
- 重量についての標準単位はグラム（g）であり，より少量の重量の単位には mg，μg などがある．

### 2.1.1　細胞には 2 種類が存在する

　地球上の多数の生物は，それらの細胞の構造に基づいて二つのグループに分けられる．これらのグループは，**原核生物**（prokaryote）および**真核生物**（eukaryote）とよばれる．この 2 種類の細胞は，電子顕微鏡写真を見ると明確に区別できる（図 2.1）．原核細胞は，細胞の DNA を含む**核様体**（nucleoid）とよばれる淡く染色される中心領域以外に，目に見える内部の特徴はほとんどない．対照的に，典型的な真核細胞は，大部分の DNA を含む**核**（nucleus）や，**ミトコンドリア**（mitochondria）や**ゴルジ体**（Golgi apparatus）のような細胞膜でできた**細胞小器官**（オルガネラ，organelle）をもち，より大きくそして複雑である．

　ほとんどの原核生物は単細胞生物であるが，いくつかの種においては個々の細胞が互いに連結して，より大きな構造を形成する．一つの例は，アナベナのつくる細胞の鎖である（図 2.2）．真核生物には単細胞生物と多細胞生物の両方が存在する．植物，動物，および菌類のような目で見える大きさの生物は真核生物に属する．

　1977 年まで，すべての原核生物は互いに類似していると考えられていた．原核生物には多様な生物が含まれているが，その違いは同じ基本的なしくみの上につくられた多様性に過ぎないと考えられていた．現在，この考え方は覆されており，原核生物には二つの異なるグループ，すなわち**細菌**（bacteria）と**古細菌**（archaea）が存在すると理解されている．細菌はヒトに結核を引き起こす結核菌（*Mycobacterium tuberculosis*），コレラの原因となるコレラ菌（*Vibrio cholerae*）など，病原菌として知られている原核生物の大部分を構成する．土壌，草木の表面，空気中などあらゆる場所に生息する無害な種類の細菌も数多く存在する．

　古細菌もまた広範囲な生息地に住んでいる．たとえば，湖底やそのほかの水域，温度が 60℃ 以上の温泉，塩水プール，死海のような高塩湖，古い鉱山作業地から生じる酸性河川などである．これらの環境は，ほかのほとんどの生物にとって生存に適していない．

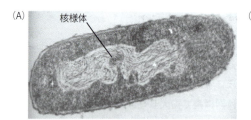
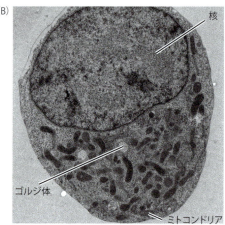

● 図 2.1　(A) 原核細胞，(B) 真核細胞の透過型電子顕微鏡写真

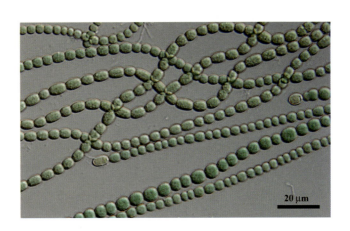

● 図 2.2 アナベナ，細胞が鎖を形成する原核生物
独立栄養生物の培養コレクション（CCALA）より．

細菌と古細菌はともに原核生物であり，それらの細胞は非常によく似ている．その区別は，あとで示すように，それらの生化学的性質の違いである．地球上のすべての生物は，細菌，古細菌，および真核生物のたった三つのグループに分けることができる．分類学的には，これらは生命の三つの**ドメイン**（domain）とよばれている．各グループにはさまざまな形状，生息地，およびそれぞれの特色をもつ多様な種が含まれているが，各グループ内にはその生化学的性質において大きな共通性が存在する．

### 2.1.2 原核生物

大部分の原核細胞は，球状〔**球菌**；coccus（複数形は cocci）〕，棒状〔**桿菌**；bacillus（複数形は bacilli）〕，コイル状〔**らせん菌**；spirillum（複数形は spirilla）〕のいずれかの形状をとる（図 2.3）．サイズが 10 µm を超えることはほとんどない．たとえば，大腸菌（*Escherichia coli*）は直径約 0.5 µm，長さ 2.0 µm の棒状の生物である．これは，ヒトを含む温血動物の腸内に生息する細菌の一種であり，ときに食中毒の原因となる．無毒性の大腸菌株は，研究室において"代表的な"細菌として使用されている．このような研究室で用いる生物のことを研究者は**モデル生物**（model organism）とよぶ．したがって，大腸菌の生化学的経路はほかの細菌種のものとそれほど大きく異ならないだろうという仮定のもと，大腸菌の生化学は詳しく研究されている．ほかのいくつかの細菌が，光合成をしたり**抗生物質**（antibiotic）をつくったりする能力のような重要かつ特殊な特徴をもっていることを意識していれば，このような仮定は一般的には適切であるとされている．大腸菌には光合成をしたり抗生物質をつくったりする能力がないので，これらを可能にする生化学反応は，ほかの種類の細菌を用いて研究する必要がある．

球菌

桿菌

らせん菌

● 図 2.3 3 種類の原核細胞の形状

#### 原核生物の細胞は複雑な内部構造を欠いている

細菌の細胞は，**細胞膜**（cell membrane）または**形質膜**（plasma membrane）によって取り囲まれている．細胞膜は，脂質とタンパク質から構成され，細胞の内部と外部環境とのあいだを分け隔てる障壁としてはたらく（図 2.4）．細胞膜には，**メソソーム**（mesosome）と

> 膜の構造については，5.2 節に記載されている．

---

● Box 2.2 **生物種の命名法**

細菌にかぎらずすべての生物種の命名には，**二名法**（binomial nomenclature）が用いられる．名前の最初の部分はその生物種が属する**属**（genus）（たとえば，マイコバクテリウム属，ビブリオ属，ヒト属）を示し，2 番目の部分で種を特定する（たとえば，結核菌，コレラ菌，サピエンス）．二名法においては属名も種名もイタリック体で表記し，属名の最初の文字は常に大文字を使う．たとえば，結核菌 *Mycobacterium tuberculosis*，コレラ菌 *Vibrio cholerae*，ホモ・サピエンス *Homo sapiens* と表示する．すでに属名が前に完全な名称で記載されていて，そのあとに簡略に表示する際には，*M. tuberculosis*, *V. cholerae*, および *H. sapiens* と略す．

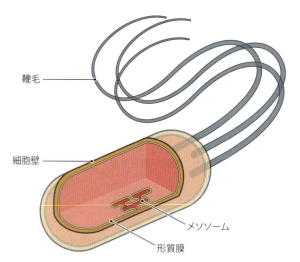

●図2.4 細菌の細胞エンベロープ
細胞エンベロープは形質膜および細胞壁から構成される．いくつかの細菌では，細胞壁の外側に第二の細胞膜が存在する．

よばれる小さな膜の陥入部位が観察されるが，現在，メソソームは，電子顕微鏡で観察するときに，細菌を化学的に処理する際に生じるアーチファクト（人為的な結果）であると考えられている．大部分の細菌は，**ペプチドグリカン**（peptidoglycan）とよばれる修飾された多糖類でおもに構成された**細胞壁**（cell wall）を細胞膜の外側にもつ．いくつかの種では，この細胞壁の外側に第二の細胞膜が存在する．形質膜，外膜，および細胞壁からなる全体の構造を細胞エンベロープとよぶ．**細胞エンベロープ**（cell envelope）は細胞に機械的強度を与え，細菌が特徴的な形状をとることを可能にする．細胞エンベロープはまた，大きな分子が細胞の内外へ拡散する際の障壁としてもはたらく．しかし，細胞エンベロープは決して何も通さない障壁ではなく，必要なときに糖などの栄養素を細胞内へ輸送できる．これは，細胞エンベロープが細菌と細菌が生息する環境との関係を制御するうえで重要な役割を果たすことを意味する．

いくつかの細菌種は，その表面に別な構造をもつ．これらのうち最も明らかなものは，1本または複数の**鞭毛**〔特異的鞭毛；flagellum（複数形は flagella）〕である．これらは長い繊維状の構造をしており，しばしば細胞の長さよりも長く，フラジェリンとよばれるタンパク質からできている．鞭毛は細菌が前に進む推進力を得る手段であり，液体または半液体培地のなかを泳ぐことを可能にする．各鞭毛の基部には，内側の細胞膜に埋め込まれた回転モータがついている（図2.5）．鞭毛が回転すると，プロペラのようにはたらくらせん状構造をとり，細胞を前方に動かす．鞭毛は1分間に最大1,000回転し，これによって細菌は毎秒100 μm の速度で泳ぐことができる．

**線毛**（pili）と**繊毛**（fimbriae）は，いくつかの細菌種の表面に存在する鞭毛とは異なる種類の繊維状の構造である（図2.6）．これらは，ピリンとよばれるタンパク質でできており，鞭毛よりも短い．線毛によって細菌は別の細菌に結合することができる．この過程は**コンジュゲーション**（接合，conjugation）とよばれ，片方の細菌が自分自身の DNA の一部を別の細菌に受け渡す．このとき，DNA が中空のチューブのような線毛の内部を通って受け渡されると考えられていたが，これはまだ実証されていない．繊毛は，細菌がほかの細菌を含むさまざまな物体の表面に付着することを可能にする．この繊毛の性質によって，固体表面に付着した細菌が互いに接着して，粘り強いマトリックスに埋め込まれた**バイオフィルム**（biofilm）の形成が起こる．バイオフィルムの形成は自然界ではありふれた現象であるが，カテーテルなどの医療用具の内部に形成されると，患者間で細菌感染が伝染するリスクが増大するため，病院では大きな問題になる．

細菌の最も顕著な特徴は，細胞を電子顕微鏡で観察したときに，目に見えるような内部構造が存在しないことである．細胞の内部は，明るい中央部分を取り囲む暗い粒状領域として観察される（図2.1参照）．この暗い領域は，細胞の生化学反応の多くが起こる**細胞質**

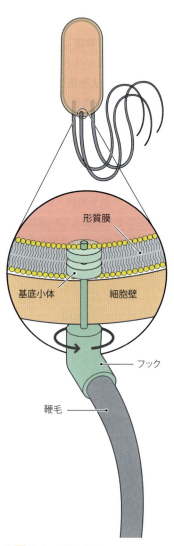

●図2.5 細菌の鞭毛
鞭毛の基部に位置する構造は，形質膜に埋め込まれた回転モータである．

● 図 2.6　線毛および繊毛
http://theultimateimatebacteria.blogspot.co.uk より．

（cytoplasm）である．より明るい領域は核様体で，遺伝子を含む DNA が存在する場所である．DNA は非常に長くて細く（DNA は大腸菌で 1.6 mm の長さである），それを核様体に収めるために，DNA をしっかり巻いた状態を保持するようにタンパク質に付着させている．

**古細菌は際立った生化学的特徴をもつ**

　古細菌はすべて**好極限性細菌**（extremophile）であり，温泉や酸性河川などの厳しい環境に住んでいると考えられていた．現在，古細菌ははるかに一般的であり，人間の腸のような，それほど極端ではない環境にも存在していることが知られている．これは，古細菌が細菌と異なる点や古細菌を特徴づけている性質に関して，多くの研究が蓄積したためである．

　細胞の解剖学的な観点から，古細菌と細菌のあいだには大きな差異はない．これは，両方の生物が原核生物として分類されているため，予想どおりである．いくつかの古細菌は球形であり，棒状のものもあれば，さまざまな形態をとるものもある．大部分の古細菌は平均的な細菌よりも小さく，最大の古細菌でも直径が 1.0 μm 以下であるが，それを除けば，細菌について述べた構造的特徴は古細菌にもあてはまる．

　原核生物の二つのグループの違いは，構造的特徴ではなく生化学的特徴にある．これらには，細胞膜および細胞壁の両方における生化学的な違いが含まれる．細菌および真核生物の細胞膜は非常に類似した生化学的組成をもつのに対して，古細菌の細胞膜に存在する脂質は特徴的な構造をもつ．この特徴的な構造のおかげで古細菌脂質は大きな熱安定性をもち，これはいくつかの種が温泉のような極端な環境で生きることを可能にしている要因の一つかもしれない．古細菌の細胞壁は，細菌の細胞壁の主成分であるペプチドグリカンを含まない点でも独特である．ほとんどの古細菌では，ペプチドグリカンの代わりを果たす分子は**シュードムレイン**（pseudomurein）であり，これも修飾された多糖類であるが，わずかに化学構造が異なっている．最後に，古細菌の鞭毛は細菌の鞭毛とは異なるタンパク質から構成され，異なる様式で組み立てられている．

　上記の違いは，細菌と古細菌の生化学的性質における違いである．ほかの違いは，DNA 複製および遺伝子発現の過程にもある．古細菌における DNA 複製に関連して起こる一連の事象は，細菌の様式よりも真核生物の様式に似ている．また，遺伝子発現経路のいくつかの段階についても同様のことがいえる．そのため最初は，古細菌と細菌が類似の細胞の構造をもつことから，古細菌と細菌を互いに近縁の生物であると微生物学者は考えていたが，生化学的および遺伝子的特徴により，これらの原核生物は実際には非常に異なる種類の生物であることが明らかになった．

### 2.1.3　真核生物

　多細胞生物におけるそれぞれの細胞は，特別な構造や形態に反映された特殊化した機能を

## ●Box 2.3　細菌はバイオフィルムのなかで互いに意思疎通を行う

リサーチ・ハイライト

　バイオフィルムのなかで，細菌はバイオフィルムの構造を維持するために互いに連絡をとりあう．細菌の集団密度が高すぎる場合は，バイオフィルムから細菌が離脱をするための連絡を行う．たとえば，コレラ菌によるコレラの発症の鍵となる段階は，患者の腸におけるバイオフィルムの形成にある．バイオフィルムを形成することで，細菌は患者の免疫システムから守られ，病気を治す目的で投与された抗生物質に対してもある程度の抵抗性を獲得する．抗生物質は，バイオフィルムの粘性の高い細胞外マトリックスを浸透して細菌に到達することができない．バイオフィルム内の集団密度が一定の規模に到達すると，細菌は腸のなかに放出されて排泄され，ほかの人に感染するようになる．

　どのようにして細菌は，バイオフィルムのなかの集団密度がある閾値に達し，いつ拡散すべきであるか感知しているのだろうか．その答えは，**クオラムセンシング**（集団感知，quorum sensing）とよばれる方法で，細菌が互いに連絡をとりあうからである．細菌は**自己誘導物質**（autoinducer）とよばれるシグナル化学物質を放出する．環境中における自己誘導物質の濃度を感知することによって，それぞれの細菌は自身の近くの集団密度を評価できるようになる．異なる細菌種は，異なる種類の化学物質を自己誘導物質として用いる．いくつかの細菌種では，**オリゴペプチド**（oligopeptide）とよばれる小さなタンパク質であるのに対し，別の細菌種では N-アシルホモセリンラクトンとよばれる化合物を自己誘導物質として用いている．

　細菌は自己誘導物質が周囲に存在することを，自己誘導物質が結合する**受容体タンパク質**（receptor protein）を介して感知している．オリゴペプチド型の自己誘導物質は細菌の細胞膜を通り抜けることができるため，その受容体タンパク質は細菌の細胞内部に存在する．ラクトン型の自己誘導物質は細胞のなかに入ることができないため，細胞表面に存在する受容体に結合する．集団密度が低いときは，細菌の周囲に自己誘導物質がほとんど存在しないため，個々の細菌の細胞内部もしくは細胞表面の受容体は自己誘導物質が結合していない．逆に，集団密度が高く，したがって自己誘導物質の濃度が高いときは，これらの受容体に自己誘導物質が結合し

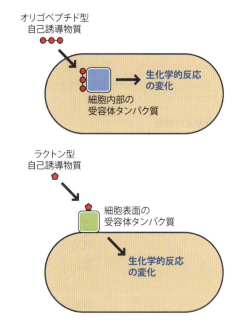

ている．自己誘導物質が受容体に結合すると，細菌の細胞内部で起こる生化学的反応に変化が生じる．バイオフィルムのなかでは，このような生化学的反応の変化によってバイオフィルム構造からの細菌の一部の離脱が引き起こされる．

　クオラムセンシングは異なる細菌間に起こる情報伝達過程の重要な性質を例示しているのみならず，動物のような多細胞生物において細胞どうし間で起こる情報伝達過程についても重要な示唆を与える．動物において多くの細胞は異なる種類の受容体をもち，それによって細胞はさまざまな種類のシグナル分子に応答することができる．これらのシグナル分子のなかにはインスリンやグルカゴンのような**ホルモン**（hormone）が含まれる．これらのホルモンは，体に貯蔵された脂質や糖質からエネルギーを引きだす過程を制御している．別のシグナル分子として**サイトカイン**（cytokine）も存在する．サイトカインは細胞分裂のような細胞の活動を制御する．あとの章で，私たちは多細胞生物において細胞間の情報伝達がいかに生化学的反応を制御するかの例を学ぶ．

もつため，典型的な真核生物の細胞（真核細胞）の特徴を定義することは難しい．たとえば，成人に存在する $10^{13}$ 個の細胞は，400種類を超える特徴的な種類の細胞に分類される．大きさなどの基本的な特徴を考慮する必要もあり，大部分の真核細胞は原核生物の細胞よりも大きく，直径は 10〜100 μm であるのが一般的である．球の直径が 10 μm から 100 μm に増大すると，体積は 100 倍増大するので，最大の真核細胞は平均的な細菌よりもかなり大きいことに注意しよう．

### 真核細胞は複雑な構造をしている

　すべての真核細胞は細胞膜で囲まれ，植物，真菌および藻類の細胞は細胞壁ももつ．植物

● Box 2.4　微生物叢（マイクロバイオーム）

　人間の腸内に存在する古細菌は，ヒトの**腸内細菌叢**（microbiome）とよばれる細菌，古細菌，菌類からなるより広い共同体の一つである．これらは人体の表面や内部に生息する微生物である．ヒトの微生物叢は約 1,000 種類を超える微生物で構成されており，体重全体の 3％ の重量を占めている．これらの微生物のほとんどは無害であり，ヒトが特定の感染症にかかったときにだけ病原体がヒトの微生物叢に重要な影響をもたらす．一方で，ヒトの微生物叢には，日和見感染症を引き起こす病原体も多数含まれている．これらの病原体は健康なヒトでは無害であるが，病気のときや免疫系の機能が低下したときには感染症を引き起こす可能性がある．

　長いあいだ，微生物叢の重要性は無視されてきたが，微生物叢に含まれる一部の微生物が宿主にとって有益な活動を行っていることが徐々に明らかになってきた．消化管では，細菌がある種の糖質を分解して，宿主の腸の細胞が消化できる代謝物に変えてくれる．細菌の活動がなければ，宿主であるヒトはこれらの糖質を栄養素として利用することができない．現在，ヒトの微生物叢にはどのような微生物が存在するのか，異なるヒトのあいだで，あるいは地球上の異なる地域でヒトの微生物叢がどの程度異なるのか，そしてヒトの微生物叢がどのようにヒトの健康に影響を与えているかなどについて精力的に研究が行われている．

の細胞壁は，セルロース，ヘミセルロース，およびペクチンなどの多糖類で構成された複雑な構造体であり，多糖類ではない強靭な架橋されたポリマーであるリグニンを内層にもつ．植物に特徴的な剛性構造を与えるのは，細胞壁の剛性である．真菌細胞壁は，異なる種類の多糖類からなる複雑な構造をもち，その一つは昆虫の外骨格にも存在するキチンである．大部分の藻類の細胞壁も多糖類でできているが，ケイ藻類の細胞壁はかなり異なる．これらの単細胞生物は，シリカからつくられた細胞壁をもっており，生体分子ではなく鉱物質からできている．

　真核細胞を電子顕微鏡で見ると，原核生物と比較して最も顕著な違いは，**細胞小器官**（organelle）と総称される多様な形をした内部の構造の存在である（図 2.1 参照）．ほとんどの細胞小器官は膜で囲まれており，いくつかの細胞小器官は内膜と外膜の 2 枚の膜で囲まれている．多くの細胞小器官は，慎重に細胞を破壊すればそのまま回収することが可能である．細胞小器官にはさまざまな種類があり，それぞれ独自の機能をもっている（図 2.7）．いくつかの機能は非常に特殊化されており，それらを実行する細胞小器官は特定の細胞にのみ存在する．細胞小器官には，ほぼすべての細胞に必要な機能を担っているものも存在する．これらの細胞小器官のなかで最も重要なものは，細胞の DNA を内包する**核**（nucleus），エネルギーの産生を行う**ミトコンドリア**〔mitochondrion（複数形は mitochondria）〕，**ゴルジ体**（Golgi apparatus）および**小胞体**（endoplasmic reticulum），ならびに植物においては光合成を行う**葉緑体**（chloroplast）である．次に，これらの重要な細胞小器官の構造と役割を見

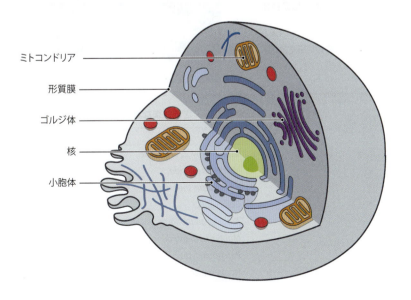

● 図 2.7　動物細胞に存在する重要な細胞小器官

### 細胞核は DNA を含む

核は，ほとんどの真核細胞で最も大きな細胞小器官であり，おそらく細胞体積の 1/10 を占めている．それは，**二重膜**（double membrane）からなる**核膜**（nuclear envelope）に囲まれており，二つの膜は内膜と外膜とよばれる．核膜には**核膜孔複合体**（pore complex）が点在している．核膜孔複合体は，核の外側の細胞質と核の内部の**核質**（nucleoplasm）を結ぶ小さなチャネルである（図 2.8）．

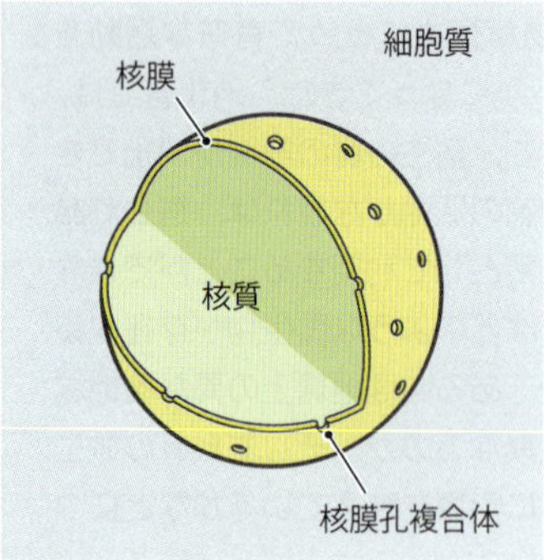

核には細胞の DNA の大部分が含まれている．原核生物と同様に，これらの DNA は細胞の直径よりもはるかに長いため，核内に収まるようにタンパク質に結合することによって詰め込まれなければならない．真核生物では DNA の詰め込みにかかわるタンパク質は**ヒストン**（histone）とよばれ，ヒストンと DNA との複合体が**染色体**（chromosome）を構成する．細胞が分裂していないかぎり，染色体はまとまりのない形をしており，それぞれの染色体は区別できない．しかしながら，それぞれの染色体は，**染色体領域**（chromosome territory）とよばれる核内の固有の領域に存在することが知られている．細胞が分裂するときには，染色体はよりコンパクトになり，光学顕微鏡でも観察することができる（図 2.9）．

異なる染色体の数，つまり異なる DNA の数はそれぞれの生物種の特徴であるが，生物の生物学的特徴とは無関係である（表 2.1）．いくつかの単細胞の真核生物は，16 本の染色体をもつ出芽酵母のように複数の染色体をもつ．一方，いくつかの多細胞生物はより少数の染色体しかもたない．アリの一種のキバハリアリはただ一つの染色体をもち，ホエジカ（インドキョン）は四つしかもたない．ヒトは 24 種類の染色体をもつ[†]．染色体の DNA はそれぞれ異なっており，異なる遺伝子のセットをもっている．これらの異なる種類の染色体がまとまって，生物の**ゲノム**（genome）を構成する．

核は，細胞の DNA の保管室であるだけでなく，遺伝子発現の第一段階として，DNA 上の遺伝子が RNA に複写される細胞小器官でもある．この複写の過程は**転写**（transcription）

● 図 2.8　細胞の核

DNA がどのように染色体に組み込まれているかについては，4.2 節に記載されている．

† 訳者注：ヒトは 23 対の染色体（22 対の常染色体と 1 対の性染色体）をもつ．本書では 22 種類の常染色体と X，Y の 2 種類の染色体を合わせて，染色体数 24 と表現している．

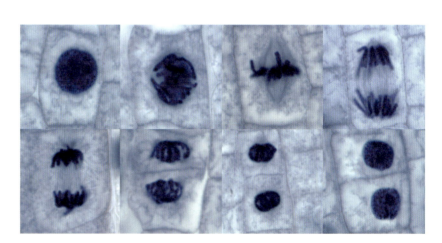

● 図 2.9　分裂中の細胞では染色体を見ることができる
細胞分裂（有糸分裂）を起こしているタマネギ（アリウム属）の根端細胞の光学顕微鏡写真．
© SPL/PPS 通信社

● 表 2.1　さまざまな真核生物の染色体数

| 種 | 生物の種類 | 染色体数 |
|---|---|---|
| *Saccharomyces cerevisiae* | 酵母 | 16 |
| *Myrmecia pilosula* | アリ | 1 |
| *Agrodiaetus shahrami* | チョウ | 135 |
| *Gallus gallus* | ニワトリ | 40 |
| *Arabidopsis thaliana* | 植物 | 5 |
| *Muntiacus muntjak* | シカ | 4 |
| *Pan troglodytes* | チンパンジー | 25 |
| *Homo sapiens* | ヒト | 24[†] |

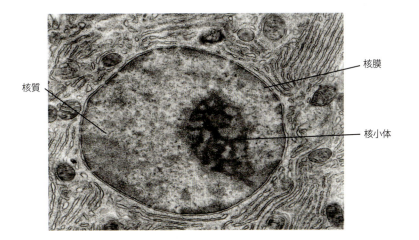

● 図 2.10 核小体が明確な動物細胞の核の透過型電子顕微鏡写真
トビイロホオヒゲコウモリの膵臓の腺房細胞の核.
© SPL/PPS 通信社

とよばれる．特定の遺伝子については，**核小体**〔nucleolus（複数形は nucleoli）〕とよばれる核内部の異なる領域で転写される．電子顕微鏡写真では，核小体は暗い領域（図 2.10）として見え，高倍率で観察した場合，繊維状の構造をもつことがわかる．詳細に観察すれば，カハール体，ジェム，スペックルなどと名づけられた核内部の別の小さな構造物が見つかる．これらの小さな構造物の大部分は，転写に関与しているか，または RNA が核から細胞質に運ばれる前に RNA に構造的変化を起こすことに関与している．細胞質では遺伝子発現の第二段階として，タンパク質の合成が起こる．

### ミトコンドリアは細胞のエネルギー生成の発電所である

真核細胞を電子顕微鏡で観察したときに，ミトコンドリアは核に次いで最も顕著な細胞小器官である（図 2.1 参照）．ミトコンドリアは約 1.0 μm の直径と 2.0 μm の長さの棒状構造をしており，その数は細胞によって異なる．いくつかの単細胞真核生物はミトコンドリアを一つしかもたないが，ほとんどの動物細胞にはミトコンドリアが 500 〜 2,000 個存在し，細胞の全体積の約 20% を占める．

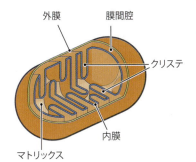

● 図 2.11　ミトコンドリア

> ミトコンドリアでのエネルギー生成に関与する生化学的反応は，第 9 章に記載されている．

> ATP とほかのエネルギーを運ぶ分子に関する情報については，8.1.1 項に記載されている．

ミトコンドリアには二重の膜が存在する（図 2.11）．**ミトコンドリア外膜**（outer mitochondrial membrane）は，ミトコンドリアの表面を形成し，棒状の形態を与える．**ミトコンドリア内膜**（inner mitochondrial membrane）は，断面を見たときに細い指のように見える**クリステ**（cristae）とよばれる構造を形成しているが，実際には平板様の構造である．外膜と内膜の間の領域は**膜間腔**（intermembrane space）とよばれる．内膜によって囲まれた中央の領域は**ミトコンドリアマトリックス**（mitochondrial matrix）とよばれる．

ミトコンドリアのおもな機能は，細胞のエネルギーを生成することである．ミトコンドリア内で起こる生化学反応は，酸素を消費して二酸化炭素を生成するので，**細胞呼吸**（cellular respiration）とよばれる．それらはまた，細胞のおもなエネルギーの貯蔵形態である**アデノシン 5′-三リン酸**（adenosine 5′-triphosphate, **ATP**）を合成する．ATP の合成により，ATP が分解されたときに放出されうるエネルギーを分子内に閉じ込める．したがって，ミトコンドリアで生成されるエネルギーは ATP として貯蔵され，細胞のほかの部分に輸送され，そこでエネルギーが放出され，さまざまな生化学反応を駆動するために利用される．

ATP 合成をもたらす反応は，ミトコンドリア内膜に埋め込まれたタンパク質によって起こり，合成された ATP ははじめにミトコンドリアマトリックス中に放出される．ミトコンドリア内膜が折りたたまれてクリステを形成することにより，ミトコンドリア内膜の表面積が増大し，ATP 合成能が増大する．最も多くのエネルギー産生を必要とする細胞は，ミトコンドリアを多数もつだけでなく，密に集積したクリステで形成されるミトコンドリアをもつ．たとえばヒトの肝臓の細胞では，ミトコンドリア内膜の表面積は，ミトコンドリア外膜の表面積の約 5 倍大きい．

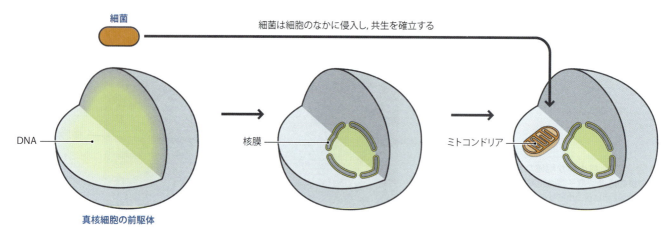

●図 2.12　ミトコンドリアの起源についての細胞内共生説
この理論によると，進化の初期段階では，まず真核細胞の前駆体のなかで DNA を含む核の構造が発達した．その後，細胞が別の生きた細菌を包み込み，共生を確立した．何回もの細胞分裂を経て，この細菌の末裔は現在私たちがミトコンドリアとよんでいるものへと進化した．

　私たちが考慮すべきミトコンドリアの重要な性質がほかにもある．ミトコンドリアは，細胞核の染色体に存在しない遺伝子をもつ小さな DNA を複数含んでいる．ヒトの核には 45,500 種類の遺伝子を含む DNA が存在するのに対して，ヒトのミトコンドリア DNA に含まれる遺伝子はわずか 37 個しかない．しかし，それらのなかには ATP 生成に関与するいくつかの重要な遺伝子が存在する．ミトコンドリアに独自の DNA が存在する事実から，ミトコンドリアは進化の非常に初期の段階で真核細胞の前駆体との共生関係を確立した細菌の遺物であるという考えにいたった（図 2.12）．ミトコンドリアに比べて，細胞内共生の初期段階にとどまっている生物が発見されたことにより，**細胞内共生説**（endosymbiont theory）はいっそう支持されている．そのような例として，ミトコンドリアを欠く代わりに共生細菌をもつアメーバの 1 種であるペロミクサ（*Pelomyxa*）があげられる．しかしながら，共生細菌がアメーバにエネルギーを与えているかについてはまだわかっていない．

### 光合成は葉緑体内で起こる

　植物の最も顕著な生化学的特徴は**光合成する**（photosynthesize）能力であろう．光合成により太陽光を化学エネルギーに変換し，それをデンプンなどの糖質として保存している．植物では，**葉緑体**（chloroplast）とよばれる特別な細胞小器官で光合成が起こる（図 2.13）．

　葉緑体は，直径約 2.5 μm，長さ 5.0 μm でミトコンドリアよりも大きい．一方，ミトコンドリアに比べて葉緑体の細胞内の数は少なく，一つの細胞内では 100 個を超えることはほとんどない．ミトコンドリアのように，内膜と外膜があり，**ストロマ**（stroma）とよばれる内部空間もある．ミトコンドリアとは異なり，ストロマ内部には**チラコイド**（thylakoid）

> 光合成については第 10 章に記載されている．

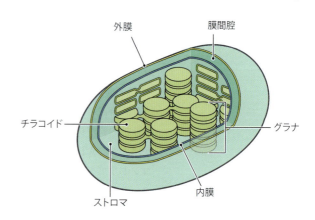

●図 2.13　葉緑体

とよばれる第三の膜システムがある．チラコイドは，皿の積み重なりのように互いの上に積み重なって，**グラナ**（grana）とよばれる構造を形成する．チラコイドは光合成を実際に行う場所である．チラコイドには，太陽光を吸収する**クロロフィル**（chlorophyll）などの色素や，吸収した太陽光エネルギーをATPに変換するさまざまなタンパク質を含む．

　葉緑体とミトコンドリアは別の点においても類似している．葉緑体も，200個程度の遺伝子をコードしている独自のDNAをもつ．このDNAは共生した細菌によってもち込まれたと考えられている．葉緑体にいたった細胞内共生の初期段階は，原虫のシアノフォラ・パラドキサ（*Cyanophora paradoxa*）に見ることができる．シアノフォラ・パラドキサはシアネレとよばれる光合成のための構造をもつが，葉緑体とは異なっており，細菌に似ている．これは，植物が光合成できる唯一の生物ではないということを意味する．原核生物のいくつかの種類が光合成を行うことができる．たとえば，**シアノバクテリア**（cyanobacteria）は，フィコシアニンとよばれる青色光吸収色素をもつ，植物細胞のチラコイドに類似した折りたたまれた膜構造をもつ．シアノフォラのシアネレは，シアノバクテリアをうまく取り込むことによってできたのかもしれない．真核生物である藻類は植物と同様に光合成を行う．藻類には葉緑体とクロロフィルが含まれ，なかには細胞が赤色になるようなほかの色素を含む藻類も存在する．

### ゴルジ体と小胞体はタンパク質のプロセシングと分泌に関与する

　ゴルジ体は，真核細胞の電子顕微鏡写真では，ゴルジ嚢(のう)（cisterna）とよばれる膜でできた板状構造の積み重なったもの（ゴルジ層板）として観察される（図2.14）．動物細胞は，典型的には約50個のゴルジ層板をもち，各々は5〜10個のゴルジ嚢から構成される．しばしば電子顕微鏡写真において，ゴルジ層板は**小胞**（vesicle）とよばれる球状の膜構造によって取り囲まれている．生きている細胞では，小胞はシス面とよばれるゴルジ層板（シス嚢）の一方からゴルジ嚢と融合する．一方，小胞は反対側のゴルジ嚢，すなわちトランス面（トランス嚢）から出芽する．ゴルジ層板と融合する小胞は，新たに合成されたタンパク質を運び，これはゴルジ嚢からゴルジ嚢に移され，徐々にゴルジ層板を通過する．ゴルジ層板を通過するあいだに，タンパク質は新たな生化学反応によって修飾を受ける．多くのタンパク質は**グリコシル化**（glycosylation）とよばれる短い糖鎖が付加される過程を経る．その結果，糖鎖が付加されたタンパク質を**糖タンパク質**（glycoprotein）とよぶ．これらの分子は，ゴルジ体で修飾されるほかの多くのタンパク質とともに，細胞から分泌される．これらのタンパク質はゴルジ層板のトランス面に達すると小胞の内部に取り込まれ，続いて小胞が形質膜と融合することによって小胞の内容物は細胞外に分泌される．

　いくつかの分泌タンパク質は細胞外の空間にとどまり，**細胞外マトリックス**（extracellular matrix）を形成する．細胞外マトリックスは組織の構築に必要であり，細胞間のシグナル伝達にかかわる繊維状タンパク質のネットワークを形成する．ほかのタンパク質は，それらがつくられた細胞から離れて別の場所で機能を発揮するものもある．たとえば，ペプシンは胃の**主細胞**（chief cell）内でつくられ，胃内部の空間に分泌され，動物が食べた食物のなかのタンパク質を分解する．これらの分泌タンパク質と同様に，ゴルジ体は形質膜に挿入されるタンパク質も合成する．ある種の膜タンパク質はイオンなどの小分子を細胞の内と外のあいだで輸送する役割を担う．また別の膜タンパク質は細胞表面受容体としてはたらき，細胞外部からのシグナルに応答する役目を担う．

　タンパク質を含みゴルジ層板と融合する小胞はどこからやって来たのだろうか？　答えは，これらのタンパク質が合成される**粗面小胞体**（rough endoplasmic reticulum）である（図2.15）．粗面小胞体は，細胞全体に広がる膜のシート状構造をとる．「粗面」は，シートの外面上の**リボソーム**（ribosome）とよばれる小さな構造物の存在に由来する．リボソームはタンパク質を合成し，合成されたタンパク質は小胞体の内腔に移行する．次いで，小胞が小胞体から出芽して，タンパク質をゴルジ体に運ぶ．粗面小胞体以外に，**滑面小胞体**（smooth

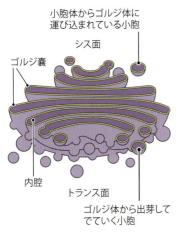

● 図2.14　ゴルジ体

タンパク質の分泌については，16.4節で学ぶ．

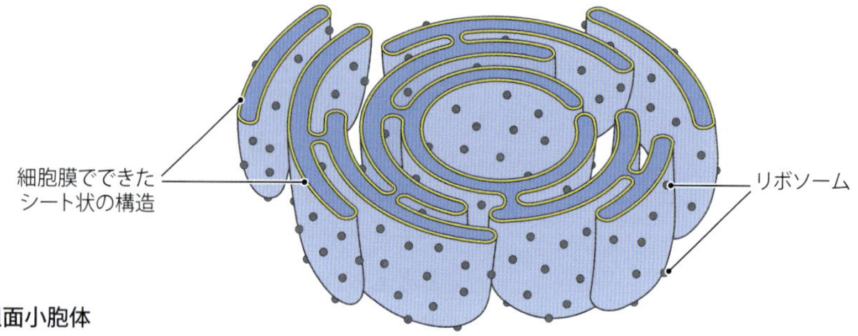

●図2.15 粗面小胞体

endoplasmic reticulum）とよばれる小胞体も存在する．滑面小胞体は，シート状ではなく管状の構造をしており，その名前が示すように，リボソームが結合しておらず平滑な表面をしている．滑面小胞体はタンパク質合成に関与しないが，代わりに脂質の合成および貯蔵などのさまざまな役割を担っている．

### 2.1.4 ウイルスとは何か？

本章の冒頭で，すべての生物は細胞でつくられていると述べた．ウイルスは生物ではないという見地に立つと，これは真実である．ほとんどの生物学者はこの見解に同意するだろう．それは，ウイルスが細胞でつくられていないからという理由もあるが，しかしおもにはウイルスの生活環の本質に理由がある．ウイルスは，最も極端な偏性寄生体である．ウイルスは宿主細胞への感染によってのみ自己を複製でき，その複製サイクルを完了するために宿主の生体分子の多くを利用する．ほとんどのウイルスは，宿主以外の生物種の生体分子を利用できないため，ウイルスは特定の生物種にしか感染できない．ウイルスは，HIV/AIDS（ヒト免疫不全ウイルス感染および後天性免疫不全症候群），いくつかの種類のがん，および風邪などの多くの疾患の原因となるため，生物学において重要である．したがって，ウイルスの構造やほかの重要な性質を私たちはよく理解する必要がある．

ウイルスはおもに二つの成分，タンパク質および核酸から構築される．このタンパク質は，ウイルス遺伝子をコードする核酸を包む外殻または**カプシド**（capsid）を形成する．核酸は細胞で構成される生物のように多くはDNAであるが，いくつかのウイルスではRNAである．

カプシドの構造には三つの一般的な構造が存在する（図2.16）：

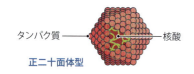

- **正二十面体型**（icosahedral）ウイルス：個々のタンパク質サブユニット〔**プロトマー**（protomer）〕が三次元幾何学的構造に配置されていて，内部に核酸を含む．その名称にもかかわらず，このタイプの多くのウイルスは，カプシドに非常に多くのプロトマーをもち，まるで球形のように見える．正二十面体型ウイルスの例は，ヒトヘルペスウイルスおよびポリオウイルスである．

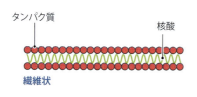

- **繊維状**（filamentous）ウイルス：プロトマーがらせん状に配置され，棒状構造を形成する．例としてタバコモザイクウイルスがある．

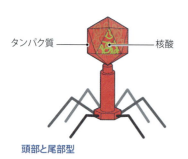

- **頭部と尾部型**（head-and-tail）ウイルス：頭部と尾部をもつ構造は，細菌に感染するウイルスである**バクテリオファージ**（bacteriophage）にのみ見いだされ，核酸を含む正二十面体の頭部と，核酸を細菌へ進入させる繊維状の尾部を含む．大腸菌バクテリオファージのT4がもつ〝足〟のようなほかの構造をもつものも存在する．

いくつかの真核生物ウイルスでは，新しいウイルス粒子が宿主の細胞から放出される際に，宿主細胞の細胞膜によってカプシドが包まれる．さらに，この膜にウイルス特異的タンパク質が挿入される場合もある．

ウイルスは細胞よりもはるかに小さく，ほとんどの正二十面体型ウイルスは直径25〜250 nmである．ウイルスの生活環はさまざまであるが，基本的な戦略はすべて同じである（図

●図2.16 ウイルスのカプシド構造の一般的な3種類のタイプ

## Box 2.5 そのほかの感染性粒子

ウイルスのほかにも，非細胞性の感染性粒子は存在する．現在のところ，4種類の**サブウイルス粒子**（subviral particle）が知られている．

- **サテライト RNA ウイルス**（satellite RNA virus）と**ウイルソイド**（virusoid）は，小さな RNA である．これらはカプシドのタンパク質をつくる遺伝子をもたないが，代わりにヘルパーウイルスのカプシドを使って，細胞から細胞へと移動する．サテライト RNA ウイルスはヘルパーウイルスのゲノムとカプシドを共有するのに対して，ウイルソイドの RNA はそれ自身のみでカプセル化される．これらはおもに植物において見つかる．
- **ウイロイド**（viroid）は，遺伝子を含まない短い RNA 分子である．ウイロイドはカプセル化されず，宿主となる細胞のあいだを裸の RNA の状態で拡散する．これもおもに植物において見つかる．
- **プリオン**（prion）は，感染性で病気を引き起こす粒子であるが，タンパク質のみでできている．プリオンは，ヒツジやヤギのスクレイピー病とヒトのクロイツフェルト・ヤコブ病の原因となる．プリオンタンパク質は二つの形で存在する．正常型プリオンは哺乳類の脳に存在するが，その役割はわかっていない．感染型プリオンは正常型プリオンとは少し異なる構造をしており，感染した組織では繊維状の凝集体をつくる．いったん細胞のなかに入ると，感染型プリオンは正常型プリオンを感染型プリオンに変換することができる．したがって，感染型プリオンが新たな動物に移ると，脳にさらに感染型プリオンが蓄積し，結果として病気が伝播することになる．

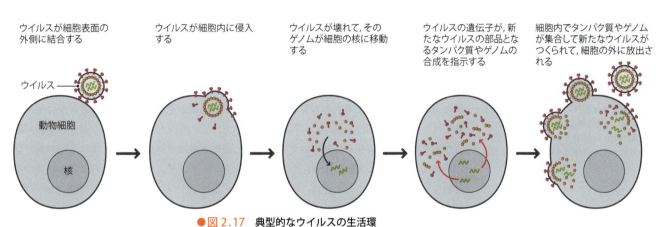

●図 2.17　**典型的なウイルスの生活環**
この例では，感染するウイルスが細胞に侵入している．ほかのウイルスはその DNA または RNA を細胞内に注入する．

2.17）．ウイルスは細胞の表面に付着し，そのまま細胞に入るか，またはウイルスの DNA または RNA を細胞のなかに注入する．ウイルス遺伝子はすぐに活性化し，宿主細胞の DNA 複製およびタンパク質合成過程を妨害しながら，新しいウイルスをつくるのに必要なウイルスゲノムの複製とカプシドタンパク質の産生が起こる．新しくできたウイルスが細胞内で増えると細胞が破裂し，新しいウイルスは細胞外に放出され，ほかの細胞に感染する．ウイルスゲノムが，独立した DNA または RNA として，もしくは宿主の染色体のどこかに挿入されて，しばらくのあいだ細胞内にとどまることもある．この場合，細胞は新しいウイルスを継続的に生成し続けるか，もしくはウイルス生成を休止したあとに，感染サイクルを再開して新たなウイルスを生成しはじめることもある．

## 2.2　生命の進化と統一性

私たちは，すべての生物がその多様性にもかかわらず，細胞の構造に基づいて二つのグループに分けられることを学んだ．しかし，原核生物と真核生物をより詳しく見ると，とくにそれらの生化学を研究すると，両方の生物が同じ設計図に従って構築されていることがわかる．分子レベルでは，細胞レベルと同様に，原核生物と真核生物を区別する固有の特徴があるものの，基本的な設計は同じである．すべての生物は遺伝情報を保存するために DNA を使い，

その情報は遺伝子としてDNA内に組み込まれ，非常によく似た方法で細胞がその情報を読みとる．原核生物と真核生物においてエネルギーが生成される過程は，タンパク質，核酸，脂質，および糖質の合成経路と同様に非常に類似している．古細菌固有の特徴も，単なる改変版に過ぎない．

　すべての生物によって共有されている基本的な類似点は，生物学者に二つのことを教えている．まず，すべての生物は単一の起源から生まれたということである．第二に，生物の起源以来，進化の過程は種の多様化をもたらしたということである．生物を理解するうえで生化学の果たす役割を理解するために，次の項では生命の起源とその後の進化を学ぶ．

### 2.2.1 生命は40億年前に誕生した

　宇宙理論によれば，私たちが知っている宇宙は約137億年前に出現したと考えられている．最初は，宇宙は特徴のない膨張するガス雲に過ぎなかったが，約40億年後に銀河が形成されはじめた．それらの銀河のなかで，ガスの凝縮は恒星と惑星を形成した．このようにして，太陽と太陽系は約46億年前に誕生した．

　はじめ地球は水に覆われていた．大陸は最初の十億年のあいだは出現しなかった．この間，最初の細胞は惑星の海のなかで進化した．オーストラリアの34億年前の岩石では，細菌に似た小さな微化石が発見されており，これが最初の細胞であると考えられている（図2.18）．非常に初期の化石記録は解釈が難しく，岩石のなかに存在する天然の微細な構造と，化石化された細胞の残骸の区別はつきにくい．しかし，地球の歴史の最初の10億年のあいだに，生物が進化したと科学者を納得させるほかの証拠がある．それは何だろうか？

　答えは，地球の初期の大気の化学組成にある．初期の地球の大気は，現在の大気と非常に異なっていた．とくに酸素含有量がはるかに低く，最初の光合成生物が数百万年後に現れるまではとても低い状況が続いた．初期の大気中では，メタンとアンモニアがおそらく最も豊富なガスであり，海洋もこれらのガスを溶解した形で含んでいただろう．これらの初期の化学的条件を再現する実験により，たとえば，メタン，アンモニア，水素，および水蒸気の混合物中での火花放電（たとえば，稲妻）を起こすと，いくつかの種類のアミノ酸（タンパク質を構成する成分）の自発的な合成が起こることが示された（図2.19）．また，シアン化水素およびホルムアルデヒドを含むほかの生成物も形成された．それにより，より多くの種類のアミノ酸や，核酸を構成するヌクレオチドの一部であるプリンやピリミジンを生みだす，

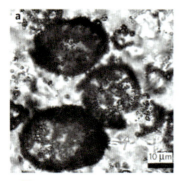

●図2.18　現在までに知られている最古の化石
これらの微化石は最古の原核細胞の残骸であると考えられている．西オーストラリアの34億年前の岩石で見つかった．Macmillan Publishers Ltd；Wacey et al., *Nature Geoscience*, 4, 698（2011）より．

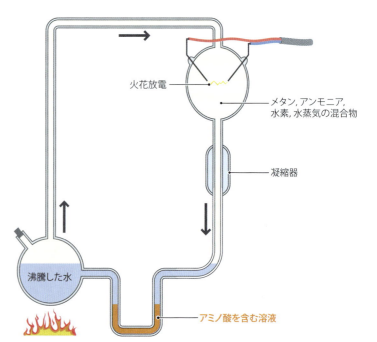

●図2.19　初期の大気の化学条件を再現した実験
1952年にスタンリー・ミラーとハロルド・ユーリーによって行われたこの実験では，メタン，アンモニア，水素，水蒸気の混合物（水蒸気は沸騰した水から供給される）のなかで，雷を模倣した火花放電を起こした．気体の混合物を凝縮器に通すことにより，生成した物質を集めた．得られた溶液の分析により，二つのアミノ酸，グリシンとアラニンが存在することが明らかになった．2007年に，より感度のよい手法を用いてこの溶液を再分析すると，20種類のアミノ酸を含む有機物が検出された．

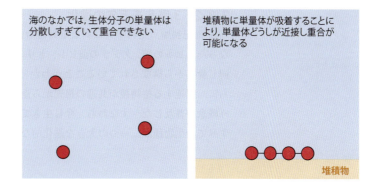

● 図 2.20 初期の地球の海のなかで生体分子の重合を可能にしたかもしれないメカニズム

さらなる化学反応が開始される．同じようにして糖がつくられた可能性もある．糖は，最初の細胞で進化したエネルギーを発生させる経路の基質であるため，とくに重要である．

　したがって，生物のなかに存在する多量体の生体高分子を構成する化合物の多くは，地球の初期の大気や海洋で起こる化学反応によって生成した可能性がある．多量体分子の組み立ては，海洋で可能であったかもしれないし，海底の堆積物に吸着した単分子どうしで起こったかもしれない．後者の理論は，海洋中の材料となる単分子の濃度が非常に低い可能性を考えるとたいへん魅力的である．単分子どうしを一緒にするなんらかの方法が必要になるが，固体粒子へ吸着することにより単分子どうしを近接させることが可能になる（図2.20）．あるいは，雲のなかで水滴の凝縮および乾燥が繰り返されて単分子の重合が促進された可能性がある．

　いうまでもなく，生体高分子の合成は細胞様の構造をもつ生命の進化の第一歩である．生体分子は，適切な割合で，脂質に囲まれた構造内で組み立てられなければならない．さらに，これらの構造はエネルギーを生成し，自らを再生産する能力を獲得しなければならない．現在，最初の細胞様の生化学系は，脂質小胞に封入された自己複製能をもったRNAではないかと考えられている．このようなRNAは，今日におけるRNAのおもな機能である，タンパク質のアミノ酸配列を規定する能力を進化させてきた可能性がある（図2.21）．徐々に，初期の細胞は，糖を分解することでエネルギー獲得を可能にするタンパク質などの有用なタンパク質群を獲得していったのかもしれない．ある時点で，そのようなタンパク質を合成するための情報は，自己複製RNAから原始的なゲノムであるDNAに移った．

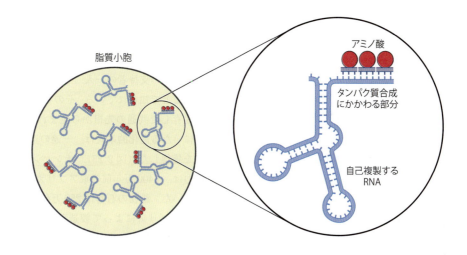

● 図 2.21 初期に出現した細胞様の生化学システムに関する想像
アミノ酸をタンパク質に重合させる能力を進化させた自己複製するRNAが，脂質の小胞に封入されている．

### 2.2.2　3億5千万年の進化

19世紀初頭，生物学者は異なる動物の体の設計図の類似性について次第に気づくようになった．ヒトの腕，クジラの前ヒレ，トリの羽などの外見上は同じようには見えない構造は，同じ骨格から構成されていることがわかった（図2.22）．この事実は洞察力のある科学者たちに，関連する生物種が共通の祖先から進化したことを気づかせ，徐々に「生命の木」という概念が普及した．すなわち，今日生きているすべての生物種と化石記録から知られているすべての生物種が，一つの大きな進化的な枠組みのなかで系統づけられた．

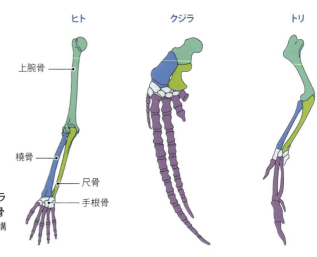

●図2.22　ヒトの腕，クジラの前ヒレ，およびトリの羽の骨
それぞれの前肢は同じ骨格から構成されている．

私たちが34億年前の初期の微化石から時間的に進化の歴史を追うと，最初の真核細胞が出現するまでに約20億年の空白の期間がある．最初の真核細胞は，単細胞藻に似た構造をしており，おそらくそのなかのいくつかは，光合成能力を進化させ，大気の酸素含有量を増加させ，今日のものとそれほど変わらない大気環境をつくりだした．化石記録を調べると，多細胞藻類は約9億年前に最初のものが現れ，多細胞動物は6億4千万年前に出現した．しかしながら，動物がこれよりも早く出現していた可能性もある．5億3千万年前にカンブリア爆発が起こった．斬新な形態をもつ無脊椎動物が増えたが，数百万年後にはそれらの多くが消滅した．それ以来，進化は多様性を増しながら引き続き起こり，規模は異なるものの何度かの大量絶滅によって中断されている．最初の陸生の昆虫，動物，および植物は3億5千万年前に出現し，恐竜は6,500万年前の白亜紀末までに消滅し，5千年前には哺乳類が地球の支配的な動物となった．

私たち自身の種についてはどうだろうか？　サミュエル・ウィルバーフォース大司教は，チャールズ・ダーウィンの支持者の一人，トマス・ハクスリーに，サルの家系というのは父方か母方かと尋ねたことで知られている．その答えは，両方ともである．人間とチンパンジーは約600万年前に生存した共通の先祖から生まれた．人間とチンパンジーが分かれて以来，ホモ・サピエンスにいたる進化的系は，一連の進化を経て，徐々に私たちが人間に特徴的とみなされる属性を獲得した（図2.23）．チンパンジーの歩行運動のナックル歩行とは対照的に，直立歩行能力は，4,400万年前の東アフリカに住んでいたアルディピテクス・ラミドゥスが最初に獲得していた．最初の石器は250万年前，私たち自身の属のなかで最も初期のメンバーであるホモ・ハビリスによって製造された．ホモ・サピエンスは，19万5千年前にアフリカで初めて現われ，徐々に世界中に広まった．言語能力がいつ進化したのかは不明であるが，人間は5万年前に実用のためではなく芸術として彫刻をはじめ，同時に音楽をつくっていたと考えられる．そして約130年前，人間ははじめて生化学を研究しはじめた．

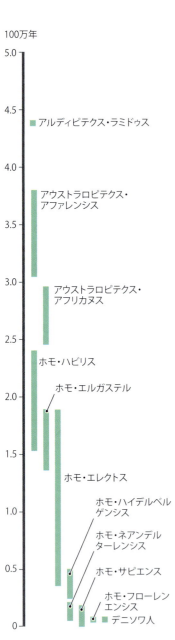

●図2.23　人間の進化に関する年表

● Box 2.6　大量絶滅の歴史

　カンブリア大爆発の期間に進化した新しい無脊椎動物種の多くは，大量絶滅が続いたことでほとんどが消滅してしまった．これらの大量絶滅は，5億1,700万年前，5億200年前，および4億8,500万年前に起こったとされる．これらの期間の証拠となる化石はあまりに少なく，地質学者はこの大量絶滅が起こった理由を特定するにはいたっていないが，当時はほぼすべての生物種が海のなかで生きていたため，海洋における酸素不足が一つの要因だったのではないかと考えられている．

　カンブリア紀以来，5回にわたる大量絶滅のできごとがあった．どの大量絶滅も，海洋や陸地において当時支配的だった動物種に劇的な変化をもたらした．

- 4億3,300万年前のオルドビス紀－シルル紀の大量絶滅 (Ordovician-Silurian event) では，当時生息していた生物種の65%が絶滅した．この大量絶滅は，地球規模の寒冷期に発生した．寒冷期は大規模な氷河の形成，海水面の低下と海洋の化学的組成の大きな変化をもたらした．
- デボン紀後期の大量絶滅 (Late Devonian mass extinction) は3億7,500万年から3億5,500万年前の長期にわたって起こり，70%の動物種が失われた．その原因は明らかになっていないが，小惑星の衝突を含む複数のできごとが連続して起こったのかもしれない．
- ペルム紀の大量絶滅 (Permian mass extinction) は2億5,000万年に起こり，最大規模の大量絶滅であった．この大量絶滅の結果，たった4%の生物種しか生き残ることができなかった．この大量絶滅の原因に関しても，複数の要因が考えられるが，一つの可能性として，火山活動が活発化したことによって，有毒なガスが大気中に放出されたことがあげられる．
- 三畳紀－ジュラ紀の大量絶滅 (Triassic-Jurassic event) は2億年前に起こり，この大量絶滅も複数の要因によるものと考えられている．おそらく小惑星の爆発と火山活動の組合せによって起こったと考えられる．約75%の生物種が消滅した．
- 白亜紀－第四紀の大量絶滅 (Cretaceous-Tertiary mass extinction) は，最も有名な大量絶滅である．この大量絶滅の結果，恐竜が絶滅した．これは6,600万年前に起こった．原因は小惑星の衝突であり，衝突によってメキシコ湾のチクソウラク火口ができた．この大量絶滅によって75%の生物種が失われた．

　大量絶滅は，生物にとって壊滅的なできごとであるが，一方で生命の進化にとって重要な進化を加速させる要因でもある．大量絶滅によって多くの生物種が取り除かれ，生き残った生物種が空白となった生態学的なニッチを埋めるべく多様化することを可能にした．

　最もわかりやすい例は，白亜紀－第四紀の大量絶滅における恐竜の絶滅である．恐竜が絶滅することにより哺乳類の進化が加速した．白亜紀のあいだ，恐竜は地上において支配的な生物種であり，哺乳類はあまり大きな存在ではなかった．しかしながら，体の小さな哺乳類の多くがこの大量絶滅を乗り越えたため，それまで恐竜が占めていた地上のニッチを引き継ぐことが可能となった．

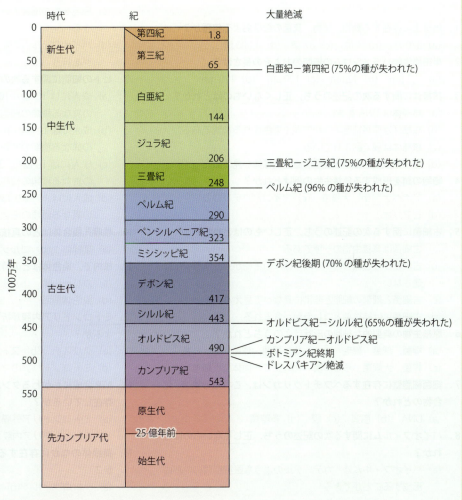

## ● 参考文献

A. Aguzzi, A. K. K. Lakkaraju, "Cell biology and prions and prionoids: a status report," *Trends in Cell Biology*, 26, 40 (2016).

M. J. Benton, "When Life Nearly Died: the greatest mass extinction of all time," Thames and Hudson (2015).

P. J. K. Butler, A. Klug, "The assembly of a virus," *Scientific American*, 239 (5), 52 (1978). ウイルスの構造の基本的な特徴について記述している.

C. J. Cela-Conde, F. J. Ayala, "Human Evolution: trails from the past," Oxford University Press (2007).

T. O. Diener, "Viroids," *Trends in Biochemical Sciences*, 9, 133 (1984).

R. M. Donlan, "Biofilms: microbial life on surfaces," *Emerging Infectious Diseases*, 8, 881 (1999).

R. M. Macnab, "The bacterial flagellum: reversible rotary propellor and type III export apparatus," *Journal of Bacteriology*, 181, 7149-53 (1999).

C. M. Paleos, "A decisive step towards the origin of life," *Trends in Biochemical Sciences*, 40, 487 (2015). 生命の起源に関する最近の研究成果を要約している.

C. D. Sifri, "Quorum sensing: bacteria talk sense," *Clinical Infectious Diseases*, 47, 1070 (2008).

C. Sato, "Prion hypothesis: the end of the controversy," *Trends In Biochemical Sciences*, 36, 151 (2011).

L. K. Ursell, J. L. Metcalf, L. W. Parfrey, R. Knight, "Defining the human microbiome," *Nutrition Reviews*, 70, S38 (2012).

B. B. Ward, "How many species of prokaryotes are there?," *Proceedings of the National Academy of Sciences USA*, 90, 10234 (2002).

C. R. Woese, G. E. Fox, "Phylogenetic structure of the prokaryotic domain: the primary kingdoms," *Proceedings of the National Academy of Sciences USA*, 74, 5088 (1977). 細菌と古細菌の違いに関する最初の記載の一つ.

V. Zimorski, C. Ku, W. F. Martin, S. B. Gould, "Endosymbiotic theory for organelle origins," *Current Opinion in Microbiology*, 22, 39 (2014).

## ● 章末問題

### 四択問題

各質問に対して正しい答えは一つだけである．答えは化学同人HP：https://www.kagakudojin.co.jp/book/b378577.html にある．

1. 地球上に存在する動物，植物，真菌の数はおよそ何種か？
   (a) 870 万  (b) 1 億  (c) 87 億  (d) 1,000 億

2. 単細胞生物パラメシウムの細胞のおよその長さは？
   (a) 1.2 µm  (b) 12 µm  (c) 120 µm  (d) 120 mm

3. 核様体に関する次の記述のうち，正しくないものはどれか？
   (a) 核様体は DNA を含む
   (b) 核様体は原核細胞のなかで淡く染色される領域である
   (c) 核様体は膜で囲まれている
   (d) 電子顕微鏡で細胞を観察すると核様体が見える

4. 細胞の鎖を形成する原核生物の例はどれか？
   (a) アナベナ  (b) 大腸菌  (c) マイコバクテリウム  (d) ビブリオ

5. 古細菌に関する次の記述のうち，正しいものはどれか？
   (a) 古細菌は真核生物の一種である
   (b) 古細菌が住む環境の多くは，ほかの生物が生息するのには適さない
   (c) 古細菌と細菌の細胞と非常に異なって見える
   (d) 古細菌には結核菌とコレラ菌が含まれる

6. 原核生物の典型的な細胞の形状は次のうちどれか？
   (a) 桿菌，球菌，鞭毛  (b) 桿菌，球菌，らせん菌
   (c) 桿菌，大腸菌，らせん菌  (d) 正二十面体型と繊維状

7. 細菌細胞壁に存在するペプチドグリカンは，これらの構造/化合物のどれか？
   (a) DNA  (b) 脂質  (c) 膜  (d) 多糖類

8. バイオフィルムに関する次の記述のうち，正しくないものはどれか？
   (a) バイオフィルムは，カテーテルのような医療用具の内部に形成することができる
   (b) バイオフィルムの細菌は通常，粘り気のあるマトリックスに包埋される
   (c) 繊毛をもつ細菌のみがバイオフィルムを形成することができる
   (d) バイオフィルムのなかで，細菌どうしはクオラムセンシングを行う

9. ヒトの細胞に関する次の記述のうち，正しいものはどれか？
   (a) 成人には 10 個の 10 乗個の細胞が存在し，400 種類以上の異なる種類の細胞から構成されている
   (b) 成人には 10 個の 10 乗個の細胞が存在し，1,000 種類以上の異なる種類の細胞から構成されている
   (c) 成人には 10 個の 13 乗個の細胞が存在し，400 種類以上の異なる種類の細胞から構成されている
   (d) 成人には 10 個の 13 乗個の細胞が存在し，1,000 種類以上の異なる種類の細胞から構成されている

10. 核膜孔複合体はどの真核細胞の細胞小器官の特徴か？
    (a) 葉緑体  (b) ゴルジ体  (c) ミトコンドリア  (d) 核

11. 核内で，染色体はどの特定の領域が占有するか？
    (a) カハール体  (b) 核小体  (c) スペックル  (d) 染色体領域

12. ミトコンドリア内膜が折りたたまれてつくる皿状の構造を何とよぶか？
    (a) クリステ  (b) ストロマ  (c) チラコイド  (d) ミトコンドリアのマトリックス

13. ATP 合成にかかわるタンパク質はミトコンドリアのどの部位に存在しているか？
    (a) ミトコンドリア外膜  (b) 膜間腔
    (c) ミトコンドリア内膜  (d) ミトコンドリアのマトリックス

14. 葉緑体のなかに存在するチラコイドの積み重なりを何とよぶか？
    (a) クロロフィル  (b) ゴルジ嚢  (c) グラナ

(d) ストロマ
15. ゴルジ体を構成している膜でできた皿状構造の積み重なりを何とよぶか？
    (a) ゴルジ嚢　(b) グラナ　(c) 内腔　(d) 小胞
16. ゴルジ体で起こるグリコシル化に関する次の記述のうち，最も正しいものはどれか？
    (a) ゴルジ体の膜への短い糖鎖の付加
    (b) タンパク質への短い糖鎖の付加
    (c) デンプンなどの多糖からの単糖の除去
    (d) 上記のいずれでもない
17. ゴルジ体のシス面と融合する小胞はどこからくるか？
    (a) ミトコンドリア　(b) ゴルジ体のほかの構造
    (c) 粗面小胞体　　　(d) 滑面小胞体
18. ウイルスの外側の被覆を構成するタンパク質は何か？
    (a) バクテリオファージ　(b) カプシド　(c) プロトマー
    (d) ウイルソイド
19. 次のうち，プリオンの特徴ではないものはどれか？
    (a) プリオンはタンパク質のみでできている
    (b) 感染型プリオンは正常型プリオンを感染型プリオンに変換することができる
    (c) 正常型プリオンは哺乳類の脳に存在する
    (d) 感染型プリオンと正常型プリオンの構造は区別がつかない
20. 細菌と類似した小さな微化石は，何年前の岩石で発見されたか？
    (a) 340万年　(b) 3,400万年　(c) 3億4千万年
    (d) 34億年
21. 1952年にミラーとユーリーによって行われた実験において，メタン，アンモニア，水素，および水蒸気から何が合成されたか？
    (a) アミノ酸　(b) ヌクレオチド　(c) RNA　(d) 糖
22. 化石記録において，最初の多細胞藻類は何年前に出現したか？
    (a) 34億年前　(b) 9億年前　(c) 6億4千万年前
    (d) カンブリア爆発のあいだの5億3千万年前
23. 恐竜の絶滅をもたらした大量絶滅は何か？
    (a) カンブリア爆発　(b) 白亜紀-第三紀のできごと
    (c) ペルム紀絶滅　　(d) 第三紀-ジュラ紀のできごと
24. ホモ・サピエンスがアフリカに最初に現れたのはいつか？
    (a) 440万年前　(b) 250万年前　(c) 19万5千年前
    (d) 紀元前4004年10月22日18時

### 記述式問題

これらの質問の答えは本文中に記載されている．

1. 原核細胞および真核細胞を電子顕微鏡で調べたときに観察される細胞構造のおもな違いについて説明せよ．
2. 細菌と古細菌の類似点と相違点は何か？
3. 原核生物の細胞構造を指すときに，「細胞エンベロープ」という用語の意味するものを説明し，細胞エンベロープの成分について説明せよ．
4. 細菌の鞭毛，線毛，および繊毛の機能的な役割の違いを説明せよ．
5. 真核細胞の核の構造について説明せよ．真核生物の核と原核生物の核様体の構造のあいだに類似点があるとすれば，それはどこか？
6. ミトコンドリアと葉緑体の構造に関して，両者で似た機能を担うそれぞれの構成成分をあげて，比較せよ．細胞内共生理論によれば，これらの細胞小器官の起源は何か？
7. ゴルジ体の役割を概説せよ．
8. ウイルスがもつカプシド構造の種類の違いを説明せよ．
9. 最初の生体高分子が初期の地球上で進化した過程に関する現在の理論について説明せよ．
10. 地球上での進化は大量絶滅によってどのような影響を受けてきたかを説明せよ．

### 自習用問題

次の質問に答えるためには，自分で計算してみたり，ほかの文献を読んでみたり，あるいはインターネットで調べる必要がある．

1. かつて古細菌は原核生物の原始的な種類であり，おもに温泉や塩分の多い湖のような極限環境で生息していると考えられてきた．現在の細菌と古細菌に関する知見に照らし合わせて，この見解はどの程度支持できるだろうか？
2. 細菌の鞭毛の回転運動のための構造は複雑で特殊であり，また，生きた細胞のほかの構造との類似性が見いだされないため，進化によって生じたのではなく，生物が知的に設計された証拠であると提案する人たちもいる．この提案について論じよ．
3. ミトコンドリアおよび葉緑体に独自のDNAが存在することは，これらの細胞小器官が，真核細胞の前駆体との共生関係を形成した生きた細菌の痕跡であるという示唆につながった．しかし，これらのDNAは，典型的な細菌のDNAが何千もの遺伝子を含むのに比較して，多くてもせいぜい数百の遺伝子しか含んでいない．このような遺伝子の数の違いは，細胞内共生理論が間違っていることを示唆するだろうか？
4. ウイルスは生命の一形態と考えることができるか？
5. 19世紀初め，生物学者はヒトの腕，クジラの前ヒレ，トリの羽など外見上まったく似ていない構造がすべて同じ骨格で構成されていることを認識した．この相同性に関する原則は生体分子についても拡張できるか？

# 第 3 章
# タンパク質

### ✦ 本章の目標

- タンパク質はアミノ酸からできていることを理解し，アミノ酸の一般的な構造について知る．
- 多様なアミノ酸側鎖の性質が，タンパク質の生化学的な特性にどのように寄与しているかを理解する．
- 立体異性，イオン化，極性といったアミノ酸の構造や化学的な性質について議論できる．
- タンパク質合成後に起こるアミノ酸への修飾について理解する．
- タンパク質の"一次構造"，"二次構造"，"三次構造"，"四次構造"の違いを知る．
- ペプチド結合の構造を学習したうえで，ポリペプチドの構造における psi（サイ）および phi（ファイ）で表現される二面角などの重要性を理解する．
- αヘリックスやβシートなどの二次構造を記述できる．
- 繊維状タンパク質および球状タンパク質について，例とともに理解する．
- 二つ以上のポリペプチドが会合してできる複合体（四次構造）について，重要な特徴を例を示しながら理解する．
- タンパク質がアミノ酸配列によって決まる立体構造にどのように折りたたまれる（フォールディングする）のかを理解する．
- タンパク質の多様な化学的性質と細胞内での役割の関連について説明できる．

第 2 章で，生物の多様性や原核細胞や真核細胞の重要な特徴について学んだ．本章では，細胞内の生体分子についてより詳しく見ていくことにしよう．

生体分子はおもにタンパク質，核酸，脂質，多糖の 4 種類であり，いずれも単量体のユニットが直鎖状もしくは枝分かれしてつながった高分子（ポリマー）である（図 3.1）．それぞれの単量体の化学的性質はかなり異なっていて，それらから構成される生体分子は特有の性質をもつ．このあとで見ていくように，そういった特有の性質がそれぞれの生体分子が担う細胞内での役割の基盤となる．まずはタンパク質から見ていこう．

## 3.1 タンパク質はアミノ酸でできている

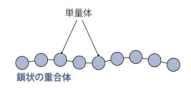
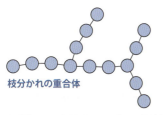

●図 3.1　直鎖状および分枝状高分子（ポリマー）

タンパク質の単量体ユニットはアミノ酸である．タンパク質内でのアミノ酸は枝分かれすることなく直鎖状につながっていて，**ポリペプチド**（polypeptide）とよばれている．ほとんどのポリペプチドは数百のアミノ酸がつながっているが，50 アミノ酸以下という短いポリペプチドも存在する〔短いポリペプチドは**ペプチド**（peptide）というのがより正確ないい方である〕．これまでに知られている最も長いポリペプチドは，ヒトの筋肉を構成するタンパク質の一つのタイチン（titin）で，33,445 アミノ酸からなる（表 3.1）．

### 3.1.1　タンパク質は 20 種類のアミノ酸からできている

ポリペプチドは 20 種類の異なったアミノ酸からなる（表 3.2）．アミノ酸のよび方はそれぞれのアミノ酸が最初に見つかった経緯にちなんだ名前になっていることがほとんどである．たとえば，アスパラギンは化学物質としての名称は 2-アミノ-3-カルバモイルプロピオン酸（2-amino-3-carbamoylpropanoic acid）であるが，1806 年にアスパラガスの葉からはじめて抽出されたことからアスパラギンと名づけられた．アミノ酸には 3 文字もしくは 1 文

● 表 3.1　ヒトのタンパク質の例

| タンパク質 | アミノ酸の数 | 機能 |
| --- | --- | --- |
| サルコリピン | 31 | 筋肉細胞へのカルシウムイオン輸送 |
| ソマトトロピン | 51 | 成長ホルモン |
| リボヌクレアーゼ A | 124 | RNA の切断 |
| 炭酸デヒドラターゼ | 130 | 組織からの二酸化炭素の除去 |
| β-グロビン | 146 | ヘモグロビンの構成要素として血流内で酸素を運搬 |
| ミオグロビン | 154 | 筋組織での酸素の活用 |
| 組織プラスミノーゲン活性化因子（t-PA） | 527 | 血液凝固システムの構成成分 |
| 熱ショックタンパク質 70（Hsp70） | 641 | ほかのタンパク質が正しい構造をとるのを助ける分子シャペロン |
| II 型ケラチン | 644 | 髪の毛や細胞骨格の構成成分 |
| 1 型コラーゲン | 1,464 | 腱、靱帯、骨の構成成分 |
| ジストロフィン | 3,685 | 筋肉細胞の内骨格の構成成分 |
| タイチン | 33,445 | 筋肉の構造構成成分 |

● 表 3.2　アミノ酸

| アミノ酸 | 略号 | |
| --- | --- | --- |
| | 3 文字表記 | 1 文字表記 |
| アラニン | Ala | A |
| アルギニン | Arg | R |
| アスパラギン | Asn | N |
| アスパラギン酸 | Asp | D |
| システイン | Cys | C |
| グルタミン酸 | Glu | E |
| グルタミン | Gln | Q |
| グリシン | Gly | G |
| ヒスチジン | His | H |
| イソロイシン | Ile | I |
| ロイシン | Leu | L |
| リシン | Lys | K |
| メチオニン | Met | M |
| フェニルアラニン | Phe | F |
| プロリン | Pro | P |
| セリン | Ser | S |
| トレオニン | Thr | T |
| トリプトファン | Trp | W |
| チロシン | Tyr | Y |
| バリン | Val | V |

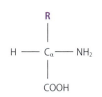

● 図 3.2　アミノ酸の一般的な構造
中央の C（炭素）は α 炭素とよばれる。

字で表記する省略形がある。3 文字表記のほとんどは，アミノ酸の最初の 3 文字を使っているだけなので覚えやすい。例外はトリプトファン（tryptophan）の "Trp"（"Try" とするとチロシンの "Tyr" と混同しやすい），アスパラギン（asparagine）の "Asn" とグルタミン（glutamine）の "Gln" である（"Asp" と "Glu" は，それぞれアスパラギン酸とグルタミン酸で使われている）。

アミノ酸の 1 文字表記は覚えにくい。アミノ酸 11 種類はアラニン（alanine）の A のように頭文字で表記するが，残りの 9 アミノ酸は重複もあるので頭文字ではない。アルギニン（a$\underline{r}$ginine）の R とチロシン（t$\underline{y}$rosine）の Y は 2 文字目を使っている。それら以外は独特の命名である。フェニルアラニンの F は発音に近いからだし，トリプトファンの W はおそらくは舌足らずの発音で "twptophan" となるからだろう。1960 年代初頭，マーガレット・オークレー・デイホフ（Margaret Oakley Dayhoff）がアミノ酸に 1 文字表記を割りあてたのには理由がある。タンパク質の重要な性質はアミノ酸がつながる順番，すなわち**配列**（sequence）である。たとえば，300 アミノ酸からなるタンパク質があったとして，メチオニン－グリシン－アラニン－ロイシン－グリシン－…以下 295 アミノ酸が続く。もし誰かがこの配列をコンピュータに入力してほかのタンパク質の配列と比較しようとしたとき，省略せずに入力するのは時間がかかってたいへんである。3 文字表記ですらたいへんである。そこで，デイホフによって 1 文字表記が考案され，入力が簡便化されたというわけだ。彼女は，はじめてコンピュータを使ってタンパク質の配列を解析したという点で最初の**生命情報学者**（bioinformatician）といえるだろう。

アミノ酸には共通の構造がある（図 3.2）。中央にあって四つの結合の手をもつ炭素原子は α 炭素とよばれる。α 炭素に結合する四つとは，水素原子，カルボキシ基（－COOH），アミノ基（－$NH_2$），側鎖〔**R 基**（R group）ともよばれる〕である。側鎖はアミノ酸によって大きく異なっている。グリシンでの側鎖は水素原子だが，フェニルアラニン，トリプトファン，チロシンでは大きな有機分子が側鎖についている（図 3.3）。一つ，特殊なのはプロリンで，α 炭素に結合するアミノ基の窒素原子が側鎖に含まれている。このようにプロリンはほかのアミノ酸とは違う性質をもつので，ポリペプチド鎖にねじれを生じさせることができる。

### 3.1.2　アミノ酸の生化学的な特性

アミノ酸の基本的な構造は共通ではあるが，側鎖が違うためにそれぞれが固有の化学的な性質をもつ。このように多様なアミノ酸がさまざまな配列のなかで一緒になって，化学的性質が大きく異なるタンパク質を形成しており，これは生化学において重要な点である。この

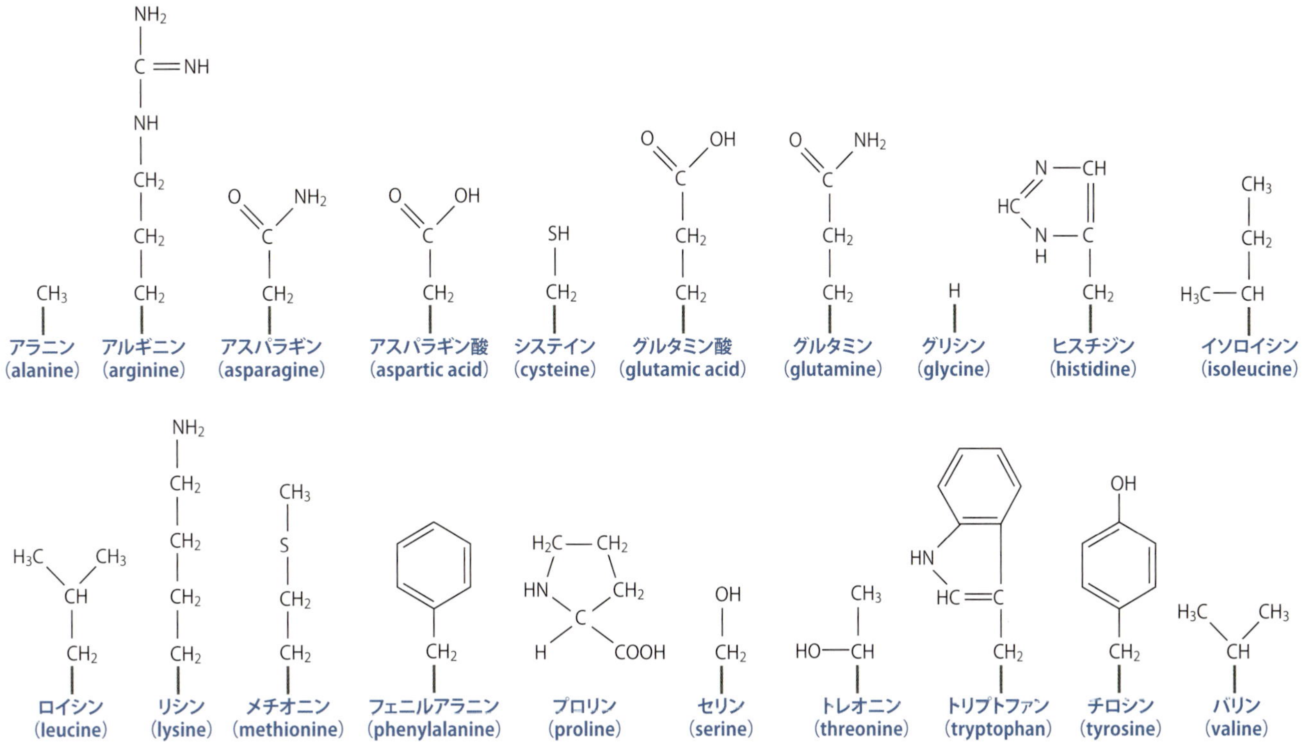

●図 3.3 アミノ酸側鎖の構造

プロリンのみ, 側鎖だけでなく, アミノ酸全体が表示されていることに注目しよう. これによってプロリンはほかと違う変わった構造をしているのがわかるだろう. つまり, プロリンの側鎖はα炭素と結合しているだけでなく, アミノ基とも結合している.

章の後半で, タンパク質の化学的性質の違いにより, タンパク質が細胞内でさまざまな機能を発揮できることを学ぶが, まずはアミノ酸の性質についてより詳しく理解する必要がある.

### アミノ酸にはL体とD体がある

まずはアミノ酸の正確な構造について知っておく必要がある. 図3.2ではアミノ酸は平面で示されているが, 実際のアミノ酸には立体配置がある. この立体配置は, 炭素原子における化学結合の向きと関係がある. 炭素は4価 (valency) の原子であり, 四つの単結合を形成できる. これら四つの結合の手は四面体の配置をとるため, 炭素原子周りの結合基の配置によって, アミノ酸には2種類の異なる形が存在することになる (図3.4A). これらは鏡像体とよばれ, 図の左右の分子で四つの結合基の種類が同じ組合せだったとしても, 配置の違いによって分子を回転させても重ならない2種類の立体配置が可能である.

このように, まったく同一の化学組成なのに構造が違う二つの分子を **異性体** (isomers)

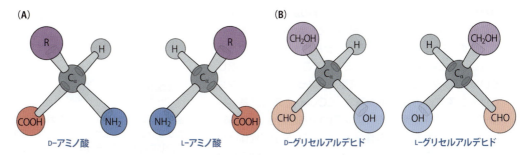

●図 3.4　D 異性体および L 異性体

アミノ酸 (A) とグリセルアルデヒド (B) のD体とL体の鏡像異性体. D体とL体の組合せは鏡像の関係にあり, 重ね合わせられないことに注意しよう.

とよぶ．とくに，アミノ酸の立体配置として鏡像関係にある異性体は**光学異性体**（optical isomers）もしくは**エナンチオマー**（enantiomers）とよばれる．

アミノ酸の二つのエナンチオマーはL体およびD体とよばれる．そうよばれるようになったのには次の理由がある．最初に研究されたエナンチオマーはグリセルアルデヒドで，その中心には水素，ヒドロキシ基（−OH），ホルミル基（−CHO），およびヒドロキシメチル基（−CH$_2$OH）基を結合した炭素原子がある（図3.4B）．ほかのエナンチオマーのペアと同様に，同一の化学的組成をもつエナンチオマーを区別するためには特殊な表記を使用しなければならない．一つには，化合物の溶液に平面偏光を照射する方法がある（図3.5）．グリセルアルデヒドの一方のエナンチオマーは，その平面偏光を左に回転させ，他方は右に回転させる．前者はlaevo-またはL-グリセルアルデヒド（*laevus*はラテン語で"左"），後者はdextro-またはD-グリセルアルデヒド（*dexter*はラテン語で"右"）とよばれるようになった．グリセルアルデヒドのように，四つの異なる基を結合している炭素原子は，ギリシャ語で"手"を意味する**キラル**（chiral）であるという．

アミノ酸の場合，側鎖の効果が複雑なので，平面偏光（直線偏光ともいう）の回転を直接測定してアミノ酸のD型およびL型を識別するのは難しい．代わりに，アミノ酸のα炭素周囲の基の配置をグリセルアルデヒドのキラル炭素での配置と比較することによって区別できる（図3.4参照）．

細胞内にはL-アミノ酸およびD-アミノ酸の両方が見いだされるが，L型のみがタンパク質をつくるために使用される．わずかな例外は，細菌の細胞壁に見いだされる短いペプチドにD-アミノ酸が少し含まれることがあるくらいである．

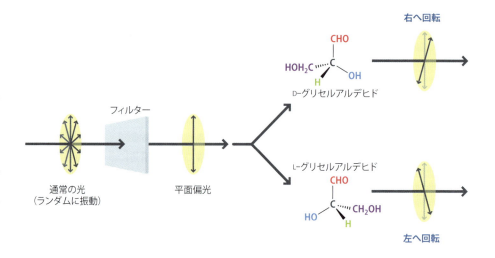

● 図3.5　グリセルアルデヒドのD体とL体を区別する方法
通常の光では波はランダムに全方向に振動している．光を特殊なフィルターに通すと，ある平面方向にだけ振動している光（平面偏光）が残る．鏡像異性体を含む溶液に平面偏光をあてると，平面偏光は右（図の上側），もしくは左（図の下側）に回転する．D-グリセルアルデヒドは右へ，L-グリセルアルデヒドは左側へ回転する．

● Box 3.1　どのアミノ酸にもD体，L体の二つのバージョンがある？

ある一つの分子に四つの異なった官能基が結合して，重ね合わせられないのが鏡像（キラル）分子の定義である．α炭素に四つの別べつの官能基が結合していないこともあるので，必ずしもすべてのアミノ酸がキラルなα炭素をもつわけではない．これは最も単純なアミノ酸であるグリシンを指している．グリシンでは側鎖が水素原子になっている．グリシンではα炭素に，カルボキシ基（−COOH），アミノ基（−NH$_2$），二つの水素原子（−H）の四つの基が結合している．したがって，グリシンは鏡像分子ではなく，光学異性体はない．グリシンでは，D-グリシンとかL-グリシンというものはなく，単に「グリシン」である．

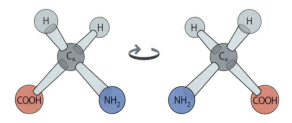

図3.4Aに示されたD-アミノ酸およびL-アミノ酸の同じ向きで表示したグリシン．この二つのグリシンは，垂直方向で回転させたとき互いに同じになるので，光学異性体ではない．

### すべてのアミノ酸はイオン性基をもつ

アミノ酸の第二の特徴は，イオンになることができる官能基をどのアミノ酸も少なくとも二つはもっていることである．化学において，**イオン化**（ionization）とは，電荷をもたない原子または分子を，**イオン**（ion）とよばれる電荷をもった形態に変換することである．イオン化は，プロトンまたは電子を添加または除去することによって起こる．たとえば，プロトンは正の電荷をもつので，ある分子にプロトンを添加すると，+1の正電荷をもつイオン化された分子が得られる．逆に，プロトンを取り除くと−1の負電荷をもつイオン化された分子となる．

●図3.6 アミノ酸のイオン化

図3.6に示したアミノ酸では，イオン性基が二つあることがわかる．カルボキシ基（−COOH）はプロトンを失うと陰イオン（−COO⁻）になり，アミノ基（−NH₂）はプロトンを得ると陽イオン（−NH₃⁺）となる（図3.6）．正と負にイオン化された官能基をもっているのに正味の電荷をもたない分子は**双性イオン**（zwitterion）とよばれる．化学的にいえば，アミノ酸にはイオン化可能なカルボキシ基およびアミノ基が存在するので，アミノ酸は弱酸および弱塩基の両方として作用でき，そのような化合物のことを**両性**（amphoteric）であるという．

アミノ酸のカルボキシ基とアミノ基がイオン化するか否かはpHに依存する．図3.7は，グリシンのイオン化のpH依存性を示している．この図を見ると，pH4〜8のあいだでグリシン分子はすべて両性イオンであり，カルボキシ基およびアミノ基の両方がイオン化されていることがわかる．この範囲の中点は**等電点**（isoelectric point）または**pI**とよばれ，等電点となるpHで分子は電荷をもたない．pHが4より小さくなると，−COO⁻基にプロトンが添加されて−COOHに変換し，これらの分子は正の電荷をもつようになる．イオン化およびイオン化されていないカルボキシ基をもつ分子が半々となるpH（この時点でカルボキシ基は半分解離しているといわれる）は，カルボキシ基の**p$K_a$**とよばれる．そのp$K_a$より低いpHでは，イオン化されていないカルボキシ基をもった分子が優勢となる．次に，高いpHのほうを見てみよう．pHが8より上の領域では，アミノ基はプロトンを失って負電荷を帯びるようになる．アミノ基のp$K_a$では，イオン化されたアミノ基をもった分子とイオン化されていない分子の数は同じであり，p$K_a$を超えるpH値では非イオン化型が優勢である．

ほとんどのヒトおよび植物組織のpHは7.4である．この"生理的なpH"においてアミノ酸はどのようなイオン化状態となっているのだろうか．図3.7を見ればわかるように，最も単純なアミノ酸であるグリシンにおいて，pH 7.4では両性イオンが優勢である．ほかの

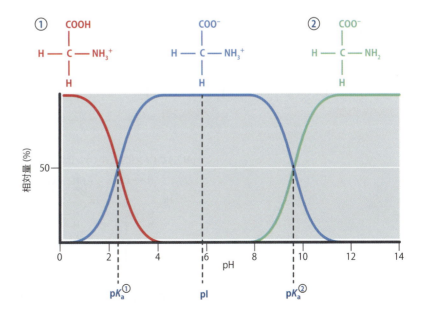

●図3.7 さまざまなpHでのアミノ酸のイオン化
グリシンがとることのできる3通りのイオン化状態のpH 0〜14での相対量を表示している．

● 表3.3 アミノ酸のp$K_a$値

| アミノ酸 | p$K_a$ | | |
|---|---|---|---|
| | カルボキシ基 | アミノ基 | 側鎖 |
| アラニン | 2.34 | 9.69 | |
| アルギニン | 2.01 | 9.04 | 12.48 |
| アスパラギン | 2.02 | 8.80 | |
| アスパラギン酸 | 2.10 | 9.82 | 3.86 |
| システイン | 2.05 | 10.25 | 8.00 |
| グルタミン酸 | 2.10 | 9.47 | 4.07 |
| グルタミン | 2.17 | 9.13 | |
| グリシン | 2.35 | 9.78 | |
| ヒスチジン | 1.82 | 9.17 | 6.00 |
| イソロイシン | 2.32 | 9.76 | |
| ロイシン | 2.33 | 9.74 | |
| リシン | 2.18 | 8.95 | 10.53 |
| メチオニン | 2.28 | 9.21 | |
| フェニルアラニン | 2.58 | 9.24 | |
| プロリン | 2.00 | 10.60 | |
| セリン | 2.21 | 9.15 | |
| トレオニン | 2.09 | 9.10 | |
| トリプトファン | 2.38 | 9.39 | |
| チロシン | 2.20 | 9.11 | 10.07 |
| バリン | 2.29 | 9.72 | |

アミノ酸でのカルボキシ基およびアミノ基のp$K_a$値を見ればわかるように（表3.3），pH 7.4 ではすべてのアミノ酸が両性イオンである．p$K_a$値はアミノ酸側鎖の構造によって影響を受けるため同じではなく，カルボキシ基のp$K_a$値は1.8〜2.6，アミノ基のp$K_a$値は8.9〜10.6の範囲に収まる．つまり，すべてのアミノ酸でカルボキシ基およびアミノ基のイオン化パターンは，図3.7におけるグリシンのパターンに似ているといえる．しかし，ここでア

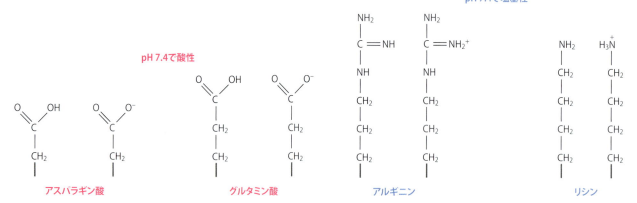

● 図3.8　pH 7.4でイオン化しているアミノ酸の側鎖

## Box 3.2　水分子のイオン化とpHスケール

水はイオン化可能な分子の一つである．その化学反応は以下のように示せる．

$$H_2O \longrightarrow H^+ + OH^-$$

実際には，$H^+$イオン，すなわちプロトンは，すぐにもう一つの水分子と結合して，**ヒドロニウムイオン**（hydronium ion, $H_3O^+$）となる．

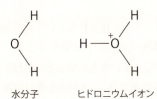

水分子　　　ヒドロニウムイオン

25℃の純水では，$10^9$分子ごとに約2分子がイオン化されている．これは濃度に換算するとヒドロニウムイオン濃度$10^{-7}$ Mとなる．

**酸**（acid）とは余分な$H^+$イオンを水中に放出する物質のことである．例は塩酸で，イオン化するとプロトンと塩化物イオンになる．

$$HCl \longrightarrow H^+ + Cl^-$$

**塩基**（base）は酸とは逆に，ヒドロニウムイオン濃度を下げる効果をもつ．塩基のなかには，ヒドロニウムイオンと直接結合してヒドロニウムイオン濃度を下げる場合がある．アンモニアはその一例で，アンモニア（$NH_3$）とヒドロニウムイオンが結合してアンモニウムイオン（$NH_4^+$）となる．

$$NH_3 + H_3O^+ \longrightarrow NH_4^+ + H_2O$$

ほかにもヒドロニウムイオンに対して間接的な効果をもつ塩基がある．たとえば，水酸化ナトリウムはイオン化して水酸化物イオンを放出する．

$$NaOH \longrightarrow Na^+ + OH^-$$

これらの水酸化物イオンがヒドロニウムイオンと結合して，イオン化されていない水分子を生じる．

$$H_3O^+ + OH^- \longrightarrow 2H_2O$$

溶液の**pH**はヒドロニウムイオン濃度の逆数の対数である．

$$pH = -\log_{10}[H_3O^+]$$

ここで，$[H_3O^+]$はヒドロニウムイオンの濃度を意味する．純水でヒドロニウムイオン濃度は$10^{-7}$Mなので，pHは7となる．酸性水溶液は純水よりヒドロニウムイオン濃度が高いので，pHは7より小さくなる．逆に，塩基性水溶液はヒドロニウムイオン濃度が低いので，pHは7より大きくなる．

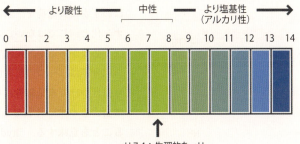

pH 7.4：生理的なpH

人体のほとんどの組織でのpH，つまり生理的pHは7.4である．この生理的pHからほんの少し外れるだけでも非常に有害である．たとえば，血液のpHが6.9〜7.9以外になると，昏睡または死にいたる．組織内のpHがきわめて重要な理由はいろいろあり，本書を通して学んでいくが，おそらく最も重要なのは，pHの変化がある種の化学結合の安定性に影響することであろう．とくにタンパク質を含む生体分子の立体構造に関与する多くの結合に影響を及ぼす．したがって，pHを変化させると，タンパク質の立体構造が破壊され，それらのタンパク質が細胞内で機能を果たせなくなる．

ミノ酸によっては側鎖のイオン化についても考慮する必要がある（表3.3）．7種類のアミノ酸の側鎖はイオン化可能であり，pH 7.4で正または負の電荷をもつことができる（図3.8）．これらのアミノ酸のうち，アスパラギン酸およびグルタミン酸は側鎖にカルボキシ基をもち，その$pK_a$値はそれぞれ3.86，4.07と非常に低いので，pH 7.4ではすべてがイオン化されている．よって，アスパラギン酸とグルタミン酸は生体内で酸としての性質をもつ（図3.8）．逆に，アルギニンとリシンの側鎖はpH 7.4でプロトン化，すなわち陽イオン化している．これらは塩基としてはたらき，生化学的反応のあいだ，ほかの分子にプロトンを供与できる．システインとチロシンもイオン化可能な側鎖をもつが，pH 7.4ではほとんどがイオン化していない．すなわち，この二つのアミノ酸は生理的条件では電荷をもたない．イオン化される側鎖をもつ最後のアミノ酸であるヒスチジンは興味深い性質を示す．ヒスチジンの側鎖は，pH 7.4でイオン化されているものとそうでないものが共存している．すなわち，タンパク質内でヒスチジンはプロトンの供与体，受容体のどちらにもなることができる．このヒスチジンの特性は，さまざまな重要な生化学反応において利用されている．

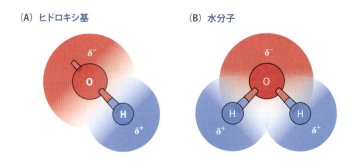

● 図3.9 ヒドロキシ基 (A) と水分子 (B) の極性
酸素原子は水素原子から電子を引き寄せる傾向にある．これにより，酸素原子は少しだけ電気陰性 ($δ^-$) に，水素原子は電気陽性 ($δ^+$) となる．

● 図3.10 セレノシステインとピロリシンの側鎖構造
茶色で示した部分が，セレノシステインではシステインと，ピロリシンではリシンとそれぞれ違う部分である．

遺伝暗号がタンパク質のアミノ酸配列を指定する方法は，16.1節で学ぶ．

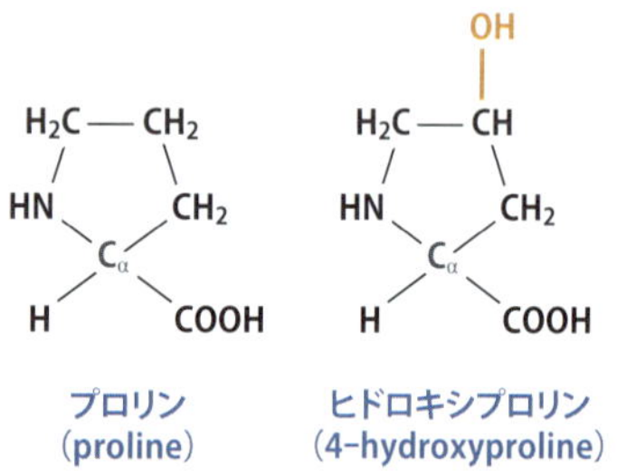

● 図3.11 プロリンと4-ヒドロキシプロリン

### アミノ酸には極性側鎖をもつものがある

これまでに，いくつかのアミノ酸では側鎖がイオン化されるという化学的特性をもつことを見てきた．次は，側鎖R基の性質として**極性**（polarity）を見ていこう．

極性は，電子が側鎖のなかで均一に分布していないときに生じる．極性アミノ酸の例はセリンおよびトレオニンであり，両方ともヒドロキシ基（−OH）を含む側鎖をもつ．酸素原子は水素から電子を引き寄せる傾向があるので，ヒドロキシ基は極性をもつ．そこで，酸素はわずかに負電荷を，水素はわずかに正電荷を帯び，極性が生まれる（図3.9A）．極性はイオン化と同じではないことを理解するのは重要である．ヒドロキシ基のイオン化には電子を失う必要があるが，極性では電子の数は同じままで，違うのは電子の分布である．

水分子は，一つの酸素原子に二つの水素原子が結合してできている．酸素は電子を水素から引きつけて電気陰性になるので，水はそれ自体が極性分子といえる（図3.9B）．極性分子は会合しやすい性質をもつ．これは極性側鎖をもつアミノ酸は**親水性**（hydrophilic）であることを意味する．"hydrophilic"とは「水を愛する」という意味であり，水溶液に溶けやすい性質をもつ．極性アミノ酸には，セリンおよびトレオニン以外に，極性チオール基（−SH）をもつシステイン，側鎖にアミド（−$CONH_2$）を含むアスパラギンおよびグルタミンが含まれる．

非極性アミノ酸は，側鎖内で電子が均一に分布しているアミノ酸である．非極性アミノ酸には，アラニン，グリシン，イソロイシン，ロイシン，メチオニン，フェニルアラニン，プロリン，トリプトファン，チロシン，およびバリンがある．非極性化合物は**疎水性**（hydrophobic；「水を恐れる」という意味）であり，これらのアミノ酸は（水に露出する）タンパク質の表面に存在しない傾向がある．代わりに，ポリペプチドが立体構造に折りたたまれたときに，水から離れるようにタンパク質内にクラスターを形成する．

### 3.1.3 アミノ酸のなかにはタンパク質合成後に修飾されるものがある

ここまで見てきた20種のアミノ酸は，**遺伝暗号**（genetic code）によって指定されたアミノ酸である．生命は遺伝暗号を通じて遺伝子に含まれる情報をタンパク質のアミノ酸配列に翻訳しているので，これら20種類のアミノ酸がタンパク質合成で使用できるアミノ酸というわけである．実際には，遺伝暗号は20アミノ酸以外にも二つのアミノ酸を指定できる．とはいえ，その二つはごくまれにしか使用されないため，通常は標準の遺伝暗号表には含めない．これら二つの一般的でないアミノ酸はセレノシステインとピロリシンである（図3.10）．セレノシステインを含むタンパク質はヒトを含むほとんどの生物種に見られるが，ピロリシンは古細菌によってのみ使用されるようである．

タンパク質合成後に，アミノ酸のいくつかは新しい化学基の付加による修飾を受けることもある．翻訳後修飾の最も単純なタイプは，ヒドロキシ基（−OH），メチル基（−$CH_3$），またはリン酸基（−$PO_4^{3-}$）のような小さな化学基を通常はアミノ酸側鎖に付加する．これらの翻訳後修飾により，タンパク質で使われるアミノ酸の種類は150以上に増加することになる．このように修飾を受けたアミノ酸は，わずかに化学的性質が変化するので，ひいてはタンパク質の機能に微妙な変化をもたらす可能性がある．また，修飾の多くは一過性で容易

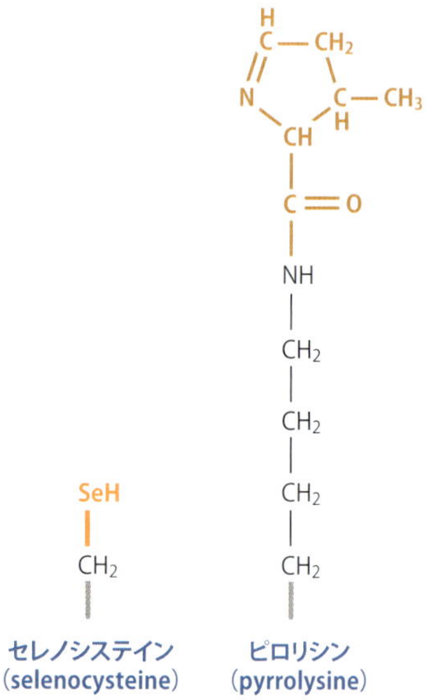

これらの修飾については，16.3.2項で述べる．

に除去されて，タンパク質はまたもとの機能に戻る．したがって，アミノ酸の修飾は，タンパク質の活性を調節する方法である．ただ，タンパク質のなかには，アミノ酸の修飾がタン

### ●Box 3.3　化学結合の種類　　　　　　　　　　　　　　　　　　　　　　　　　　　　　化学の原理

化学結合は，生化学において重要なすべての分子構造の本質的で必須の要素である．

- 化学結合は，アミノ酸やタンパク質といった分子内の原子をつなげる．
- 化学結合は，高分子の異なる部分間に相互作用を形成することを可能にする．これによって，高分子はらせん状またはほかの立体構造をとれるようになり，さらにはもっと複雑な三次構造に折りたためるようになる．
- 化学結合は，二つ以上の分子が互いに結合することを可能にし，たとえば，複数のサブユニットからなるタンパク質を生じる．

本書でタンパク質やほかの生体分子の構造を学習する際，さまざまな種類の化学結合がでてくる．これらのなかで最も重要なものについてここで述べる．

#### 共有結合

ペプチド結合中の結合がそうであるように，アミノ酸内に含まれるすべての結合は共有結合である．核酸，脂質，および多糖類におけるおもな結合も共有結合である．共有結合は生化学において非常に一般的であり，「結合」という用語が形容詞なしで使用される場合，その結合は共有結合であると見なせる．

共有結合は，二つの原子が電子を共有するときに形成される．二つの原子が十分に接近すれば，二つ，もしくはそれ以上の電子対が二つの原子間で共有されるようになる．化学的にいえば，共有された電子は両方の原子の**軌道**（orbital）を占める．二つの原子はともにしっかりと保持され，結合を形成する．

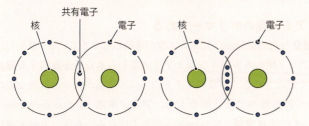

1対の電子が共有される場合，**単結合**（single bond）が形成される．原子のどちらも単結合の周りを回転でき，結合の向きを変えることができる．一方，**二重結合**（double bond）は2対の共有電子を含み，回転できない．

共有結合の強さは**結合エネルギー**（bond energy）に依存し，結合エネルギーはそれを破壊するのに必要なエネルギー量の尺度である．強度は，一緒に結合している原子が何であるかに依存し，また二重結合は単結合よりも強い．二つの炭素原子（C–C）間の単結合は 348 kJ mol$^{-1}$ の結合エネルギーをもつが，炭素–炭素二重結合（C=C）は 1.75 倍強く，614 kJ mol$^{-1}$ ものエネルギーをもつ．C–H 結合は 413 kJ mol$^{-1}$，C–N 結合は 308 kJ mol$^{-1}$ のエネルギーをもつ．

#### 静電結合

静電結合は，正および負に帯電した化学基間の相互作用である．タンパク質では，正に帯電した側鎖をもつアミノ酸（リシンまたはアルギニンなど）と，負に帯電した側鎖をもつアミノ酸（アスパラギン酸またはグルタミン酸）間に形成される．静電結合の結合エネルギーは 6〜12 kJ mol$^{-1}$ であり，共有結合よりかなり弱い．静電結合はタンパク質内部の構造を安定化するだけでなく，タンパク質表面上でも重要であり，いくつものポリペプチドが会合した多量体タンパク質の形成に関与する．

#### 水素結合

水素結合は，極性基中でわずかに電気陽性となった水素原子と，電気陰性となった原子間に形成される相互作用である．水素結合は分子内でできる場合も，分子間でできる場合もある．電気陽性となった原子の電荷は δ$^+$，電気陰性となった原子の電荷は δ$^-$ と表示する．

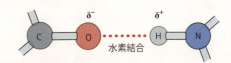

水素原子は二つの化学基間で共有される．水素原子がより強く結合している化学基（図の例では–NH 基）は「供与（ドナー）」基，結合が弱いほうの化学基（この例では水素結合を形成する–CO 基）は「受容（アクセプター）」基とよばれる．水素結合は関与する原子に応じて結合エネルギーが変化するが，ほとんどは比較的弱い結合である．生体分子中での水素結合の結合エネルギーは 8〜29 kJ mol$^{-1}$ である．しばしば，複数の水素結合が二つの分子間，または分子内の二つの部分間の同じ相互作用に関与する．したがって，個々の結合が比較的弱くても，生理的温度で安定する可能性がある．タンパク質の α ヘリックスや β シート，DNA の二重らせんが水素結合で安定化される例である．

#### ファンデルワールス力

ファンデルワールス力は，気体と液体において最初にこの結合を研究したオランダの物理学者ヨハネス・ファン・デル・ワールス（Johannes van der Waals, 1837〜1923 年）

にちなんで名づけられた弱い引力である．ファンデルワールス力は，原子の周りの電子分布がランダムに変動したときに生じる一時的な電荷の偏りによって起こる．通常，電子は均一に分布していて，その場合，原子は電荷をもたない．しかし，たまたま電子雲が不均一になり，原子の一方に多くの電子が偏在する場合がある．このとき，原子のある側がわずかに電気陽性,他方がわずかに電気陰性という**双極子**（dipole）をもたらす．

二つの双極子原子が十分に接近していれば，それらは互いに約 2〜4 kJ mol$^{-1}$ の結合エネルギーで引き寄せられる．

ファンデルワールス力は，双極子を生じさせる電子雲の偏在が維持されているときだけ持続する．しかし，タンパク質のような生体分子内では，十分に近接した双極子対候補が常に多数存在するので，生体分子の構造を安定化させるのに十分である．どこで双極子対ができているかはいつも変化するが，常に多くの双極子対が存在している．

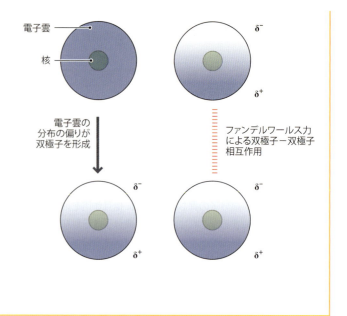

パク質の正しい立体構造をとるために必要な場合がある．一例は 4-ヒドロキシプロリン（図 3.11）とよばれる修飾プロリンであり，これは動物の骨や腱にあるコラーゲンに存在する．コラーゲンにおける 4-ヒドロキシプロリンの役割についてはあとの章でまた触れる．

## 3.2　タンパク質の一次構造と二次構造

伝統的にタンパク質は四つの異なるレベルの構造をもつと見なされている．これらのレベルは階層的であり，より高いレベルの構造はその下の構造に依存する（図 3.12）．

- **一次構造**（primary structure）：ポリペプチド中のアミノ酸配列．
- **二次構造**（secondary structure）：ヘリックス，シート，ターンといった一連のコンホメーションでポリペプチドの異なる部分で構造を形成．
- **三次構造**（tertiary structure）：タンパク質の全体的な立体構造．
- **四次構造**（quaternary structure）：同一または異なるポリペプチド間の複合体でマルチサブユニット（多量体）のタンパク質複合体を形成．

ここではまず，最初の二つの構造から見ていこう．

### 3.2.1　ポリペプチドはアミノ酸のポリマーである

ポリペプチドは**ペプチド結合**（peptide bond）でアミノ酸が連結してできている（図 3.13）．ペプチド結合は，隣接するアミノ酸のカルボキシ基とアミノ基から水分子を放出する**縮合**（condensation）反応によって形成される．ポリペプチドの二つの末端が化学的に異なることに注目しよう．末端の一つは遊離のアミノ基をもち，**アミノ末端**（amino terminus），**NH$_2$ 末端**（NH$_2$ terminus），または **N 末端**（N terminus）とよばれる．もう一方の末端は遊離カルボキシ基をもち，**カルボキシ末端**（carboxyl terminus），**COOH 末端**（COOH terminus），または **C 末端**（C terminus）とよばれる．したがって，ポリペプチドは，N→C（図 3.13 に示すジペプチドの場合，左から右へ）または C→N（図 3.13 の場合，右から左へ）のいずれかで表現できる化学的な方向性をもつ．タンパク質の合成は N 末端→C 末端の向きに起こる．これは，新たに結合するアミノ酸が，伸長中のポリペプチドの遊離カルボキシ基に付加されることを意味する．したがって，アミノ酸配列を書きだしたり，コンピュータに入力したりするときには，N→C の向きに書くことになっている．

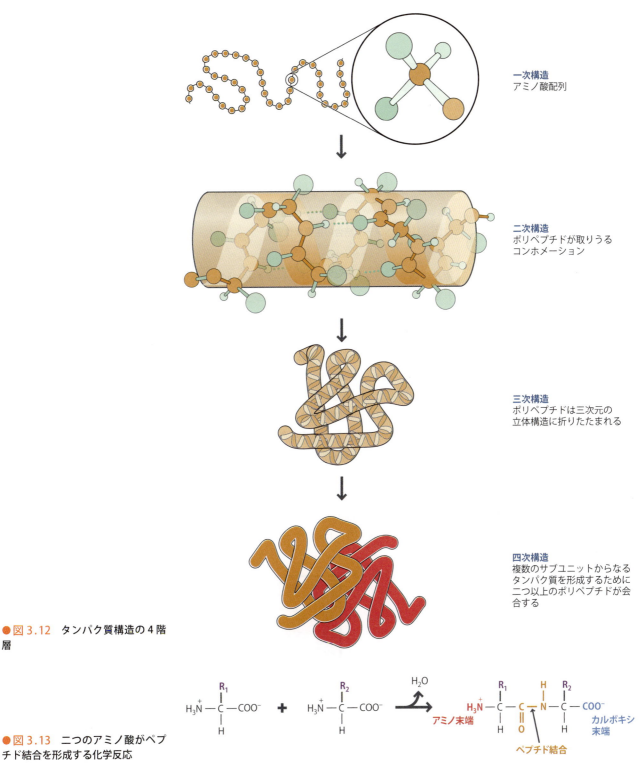

● 図 3.12 タンパク質構造の 4 階層

● 図 3.13 二つのアミノ酸がペプチド結合を形成する化学反応

　二つのα炭素およびそれらのあいだをつなぐ**ペプチド基**（peptide group）の四つの原子（C, O, N, H）は平面構造をとる．つまり，その六つの原子はすべて同じ平面上にあるということである（図 3.14A）．ペプチド結合はほとんど回転できないので，この部分はしっかり固定されている．ペプチド結合は単結合として書かれているが，実際のペプチド結合は回転できないなど，二重結合的な性質をもつ．

　ペプチド結合自体は回転できないが，ペプチド結合の両側はいずれも回転できる．この回転によってペプチド結合そのものの平面性は変わらないが，ポリペプチド鎖全体の構造には影響を及ぼす．ポリペプチド全体でまったく回転できる部分がなければ，ポリペプチドは剛

(A) ペプチド基は平面構造をとる　　　　　　　　　　　　　　　(B) *psi*(プサイ)と*phi*(ファイ)からなる二面角

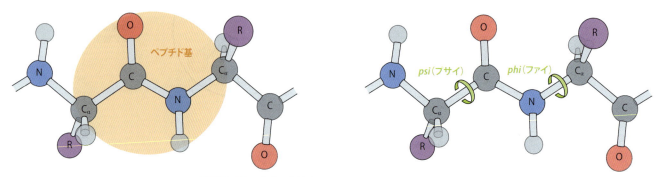

● 図3.14　ペプチド結合の重要な性質

　直な直鎖でしかないだろう．ポリペプチドに回転できる余地があるためにポリペプチドは折れ曲がり，さまざまな二次構造をとることができる．したがって，最終的にポリペプチドのとることができる立体構造を学習する前に，タンパク質の構造にとってこれらの回転について詳細に理解する必要がある．$C_\alpha$-C 結合での回転角は *psi*（ψ：プサイ），N-$C_\alpha$ 結合での角度は *phi*（φ：ファイ）とよばれる（図3.14B）．隣接する二つのペプチド基が同じ平面内に配向する場合，*psi* および *phi* はどちらも 180°である．どちらかが（もう一方の端からα炭素に向かって見たとき）時計回りに回転すると，*psi* または *phi* に割りあてられた角度は大きくなる．回転が反時計回りの場合には角度は小さくなる．あるα炭素における *psi* および *phi* の値を正確に組み合わせることで，タンパク質のある部位での立体構造が決定する．

　**立体障害**（steric effect）のために，*psi* と *phi* の可能な組合せの 77％は決して出現しないことがわかっている．立体障害によって二つの原子が互いに接近しすぎることが妨げられ，分子がとりうる立体配置が制限される．許容される *psi* と *phi* の組合せは，1963年にこのデータをまとめた G. N. Ramachandran の名前をとって**ラマチャンドランプロット**（Ramachandran plot）とよばれる（図3.15）．

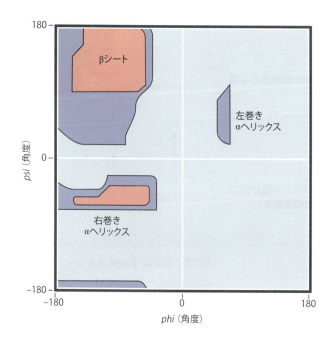

● 図3.15　ラマチャンドランプロット
濃い青色と赤色の領域は，立体障害なしで可能な *psi* と *phi* の組合せを示す．赤色の領域は最も好まれる領域で，この領域のほとんどは実際のポリペプチドに見られる結合角の組合せである．プロット内の異なる領域に由来する二次構造の種類が示されている．

## 3.?? ポリペプチドがとることのできる規則的な構造単位

　α炭素のいずれかの側の *psi* および *phi* 角度の一方または両方が 180°と異なる場合，ポリ

## 3.2 タンパク質の一次構造と二次構造

### ● Box 3.4　ペプチド結合の珍しい性質　｜化学の原理｜

ふつうペプチド結合は単結合として書かれるが，二重結合的な特徴をいくらかもつ．とくに，ペプチド結合の回転できない性質はペプチド基が平面になることに寄与している．このような特性は，分子内の隣接する原子間の電子の再分布を伴う**共鳴**（resonance）とよばれる過程から生じる．これにより，単結合を二重結合に置き換えることができ，その逆も可能である．ペプチド結合の二つの共鳴構造を示す．

この二つの構造間で連続的に共鳴が起こり続けるということは，ペプチド結合は単結合と二重結合を行き来していることになる．単結合性が優勢ではあるが，十分に二重結合性をもつのでペプチド結合は回転できないのである．

---

ペプチドはその点で向きを変える．この結果できるαヘリックスとβシートとよばれる，タンパク質に共通の二次構造を学ぼう．

### αヘリックスは一般的な二次構造の一つである

αヘリックスは，1940年代後半にライナス・ポーリング（Linus Pauling），ロバート・コリー（Robert Corey），ヘルマン・ブランソン（Herman Branson）によって発見された．ただ，実験的な証拠にまったく基づいていなかったので，いま考えると珍しいタイプの発見である．当時，すでにある種のらせん構造が多くのタンパク質に共通の特徴であることがX線結晶構造解析から示唆されていたので，ポーリングは紙にポリペプチド鎖のモデルを描くところからはじめて，らせん構造の研究に着手した．**モデル構築**（model-building）は現在でもX線結晶構造解析データを解釈するために使用されているが，近年ではモデルは紙ではなくコンピュータプログラムで行われる．

ポーリングらは，ポリペプチドの異なる部分間に形成される水素結合がヘリックスを安定化するに違いないと考えて研究を進めた．αヘリックスでは，あるペプチド結合のCO基から四つ先のペプチド結合のNH基とのあいだに水素結合を形成する（図3.16）．NH基には極性がありNH基の水素は電気陽性，CO基の酸素は電気陰性なので水素結合を形成できる．

αヘリックスは1周期3.6アミノ酸からなり，このとき側鎖は外側を向いている．αヘリックスの長さは通常10〜20アミノ酸だが，ときには40アミノ酸にも及ぶ場合もある．αヘリックスは右巻きおよび左巻きらせんの両方を形成できるが，ほんのわずかに安定な右巻きらせんがタンパク質中ではほとんどを占める．右巻きαヘリックスの $psi$ と $phi$ 角度はそれぞれ $-47°$ と $-57°$ で，ラマチャンドランプロットで最も頻出する領域の一つとなっている（図3.15参照）．

ポリペプチドの特定の領域にαヘリックスが形成されるかどうかを決定する要素は何だろう．答えは，ポリペプチド内のアミノ酸の種類である．側鎖の性質がα炭素の $psi$ および $phi$ の角度に影響して，αヘリックス形成能を左右する．アラニンはとくに"ヘリックス形成剤"に適しており，ポリペプチドがαヘリックスに折りたたむのを助ける．また，異なるアミノ酸の側鎖間の相互作用もらせん形成を促進し，形成したらせんを安定化させることができる．このような相互作用が起こるためには，二つの側鎖がポリペプチドにおいて3〜4アミノ酸離れていて，かつ，らせんの同一面上に存在しなければならない．離れた位置での正および負に帯電した側鎖間の静電結合は，しばしばαヘリックスを安定化させる．

アミノ酸のなかには，ヘリックスが形成されにくかったり，形成されるヘリックスの長さが制限されたりするので"ヘリックス破壊剤"とよばれるアミノ酸もある．なかでもプロリンはヘリックス破壊剤として知られている．プロリンはN–$C_α$結合が回転できない珍しい側鎖をもつので（図3.3参照），プロリンに隣接する $phi$ 角度は不変となって，αヘリック

> X線結晶構造解析がどのようにタンパク質構造研究に使用されるかは18.1.3項で学ぶ．

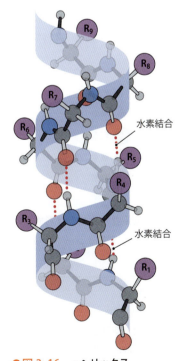

● 図3.16　αヘリックス
ポリペプチド鎖は青色のリボンで示されている．水素結合はペプチド内のあるCO基とそこから四つ離れたNH基とのあいだに形成される．

スを形成するのに必要な回転角をとれない．しばしばプロリンはαヘリックスの末端のどちらかに見いだされ，ヘリックスの終了点となる．

### βシートはもう一つの一般的な二次構造である

βシートも，モデル構築実験でポーリングらが最初に予測した構造である．αヘリックスと同様に，βシートも異なるペプチド基のCO部分とNH部分とのあいだの水素結合によって形成される．αヘリックスと違って，βシートでは水素結合を形成するペプチド基のポリペプチド内での距離は関係ない．代わりに重要なのは，2本のポリペプチドが並び，ポリペプチド間で水素結合を形成することである（図3.17）．このときの1本の単位はストランドとよばれ，15までのアミノ酸からなる．ストランドが並んでいくと板（sheet）状となり，10以上のストランドからシートができることがある．**平行βシート**（parallel β-sheet）内では，すべてのストランドは同じ方向（N→CまたはC→N）で並ぶが，**逆平行βシート**（antiparallel β-sheet）では，隣接ストランドは反対方向に並ぶ．平行と逆平行の両方の混合物も単一のシートで可能である．シート自体は，少し右巻きにひねるような曲率になることがある．

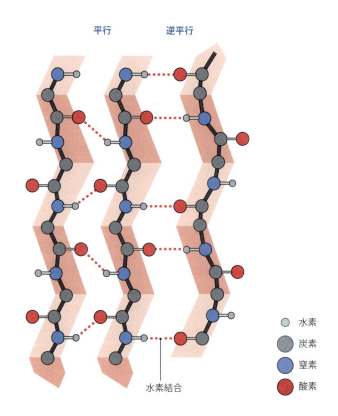

●図3.17　βシート
ポリペプチド鎖は赤色の輪郭で示され，アミノ酸側鎖は省略されている．右と中央のストランドはポリペプチド鎖が反対方向で，逆平行βシートを形成している．中央のストランドと左側のストランドは平行なβシートを形成している．シートのひだ状の外観に注意しよう．

ポリペプチドが完全に伸長した場合，隣接するストランド間に安定な水素結合は形成されず，二つの回転角 *psi* および *phi* はいずれも180°である．実際には，平行βシートで *psi* が

---

### ●Box 3.5　左巻きヘリックスと右巻きヘリックスはどう違う？

この質問に答える最も簡単な方法は，ヘリックスがらせん階段であり，その階段を登っていると想像することであろう．ヘリックスが右巻きの場合は，右手で外側のレールをもつことになる．それが左巻きのヘリックスの場合，外側のレールを左手でもつ．有名ならせん階段として知られているニューメキシコ州サンタフェのロレット教会（聖ヨセフによって奇跡的に建造されたと主張されている）は，左巻きのらせんである．同じくらい有名なバチカン美術館のらせん階段（1932年にジュゼッペ・モモによって設計された）は，右巻きである．

約113°で、phiが約-119°、または逆平行βシートでは135°および-139°となるようにα炭素の周りの結合は回転している。これらの回転のために、βシートでポリペプチドはジグザグ形状となり、シート全体でひだ（プリーツ）があるように見える（図3.17参照）。側鎖はシートの平面に対して直角に外側を向く。

βシートでは、ポリペプチドのアミノ酸側鎖間にほとんど相互作用がない。そのため、αヘリックスと違って、どのアミノ酸がβシートを形成しやすいのか、また逆に形成しにくいのかに関する制限はほとんどない。ただ、プロリンはβシートでもやはり好まれないアミノ酸であり、存在しても、端のストランドに限定されやすい。また、大きな側鎖をもつアミノ酸はシートの中央に位置する傾向がある。あるβストランドの末端から次のストランドがはじまるまでのアミノ酸の数についての決まりもほとんどない。最小はヘアピンターンに必要な4アミノ酸だが、ストランド間にはαヘリックス、さらには別のβストランドのような構造モチーフも挿入可能である（図3.18）。

## 3.3 繊維状タンパク質と球状タンパク質

タンパク質は、大きく二つのタイプ、すなわち**繊維状**（fibrous）および**球状**（globular）タンパク質に分けられる。球状タンパク質はほとんどが可溶性であり、細胞内できわめて多くの機能を担う。次で学習するように、球状タンパク質はαヘリックスやβシートを含む複雑な三次元の**三次構造**（tertiary structure）に折りたたまれる。繊維状タンパク質は不溶性であり、通常は細胞内の構造タンパク質としてはたらく。繊維状タンパク質は複雑な三次構造をとらず、基本的には二次構造レベルである。

### 3.3.1　繊維状タンパク質：ケラチン，コラーゲン，シルク（絹）

繊維状タンパク質の三つの例は、ケラチン、コラーゲン、およびシルクである。ケラチンは、動物の髪、角、爪、および皮膚に存在する。ケラチンは二つのポリペプチドで構成され

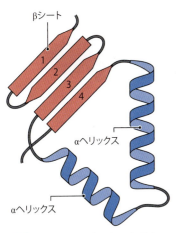

● 図3.18　αヘリックスとβシートの典型的な組合せ

この例では、4本のストランドからなるβシートと2本のαヘリックスを示す。βストランド1～3は逆並行βシート、ストランド3と4は並行βシートを形成しており、ストランド3と4のあいだに2本のαヘリックスがつながっている。

---

### ● Box 3.6　アミノ酸配列からポリペプチドの二次構造を予測する

リサーチ・ハイライト

遺伝暗号表を用いて、遺伝子のDNA配列からアミノ酸配列を導きだせるので、タンパク質の三次構造を決定するよりアミノ酸配列を決めるほうが容易である。19.2節で学ぶように、DNA配列の決定は比較的容易だが、X線結晶構造解析や核磁気共鳴法（NMR；18.1.3項）などでタンパク質の三次構造を決定するのは困難で時間もかかる。このように考えると、アミノ酸配列はわかっているが、三次構造が決まっていないタンパク質のほうが多いことがわかる。細胞内でアミノ酸配列がタンパク質の三次構造を決めることはわかった。では、アミノ酸配列を調べるだけで、タンパク質の三次構造を予測することは可能だろうか。

生化学者は、1960年代からタンパク質の立体構造を予測するための規則を開発しようと試みてきた。初期の方法は、どのアミノ酸がヘリックスになりやすいのか、もしくはなりにくいのかに関する理論と、当時、立体構造が実際に解かれていたごくわずかなタンパク質の情報を使って、ポリペプチド鎖中のαヘリックスの位置を推定することに注力した。このようにして、60～70％の精度でαヘリックスの位置を同定できるようになった。同様にして、βシートも、αヘリックスほどの精度ではないが予測できた。

アミノ酸配列
MQEKPVVWKWKKVLPPNSTQKSPAAVMTELAYQEETILLWWNSND
-----HHHHHHHH-------HHHHHHH-----SSSSSSS-

予測されたαヘリックスの位置　　予測されたβシートの位置

これらの方法は、タンパク質の二次構造のある程度での推定が可能なだけで、αヘリックスやβシートを含むポリペプチドがどのような三次構造に折りたたまれるかを予測することははるかに困難である。徐々に、立体構造既知のタンパク質の数が増えて、類似の配列をもつ関連タンパク質間での比較が可能な段階に達した。そうして、新規のアミノ酸配列を既知の立体構造すべてと比較し、タンパク質全体または一部を予測するコンピュータプログラムの開発が可能となった。今日でもこういった予測法はまだ完全ではないが、X線結晶構造解析やNMR解析の結果が得られる前に、タンパク質の立体構造の特徴を迅速に提供できるようになっている。

● 図 3.19　ケラチン
1本1本のポリペプチドは，超らせん構造をとるようコンパクトなαヘリックス構造になっている．2本のポリペプチドが互いに巻きついている様子を示す．
ⓒPDBj Licensed under CC-BY-4.0 International/PDBID：4ZRY

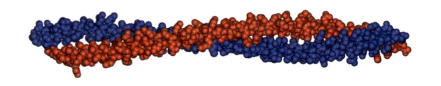

ており，ほぼ全長にわたりコンパクトなαヘリックスから構成されている．このヘリックスは1回転につき3.6アミノ酸ではなく3.5アミノ酸からなる．このコンパクト化によって，右巻きαヘリックスから左巻きの**超らせん**（superhelix）構造が生じる（図3.19）．ケラチンの超らせん構造は，2本のポリペプチド間の**ファンデルワールス力**（van der Waals force）とよばれる弱い結合，さらに隣接するシステイン残基間に形成される**ジスルフィド結合**（disulfide bond）という共有結合によっても安定化される（図3.20）．この超らせん構造は**コイルドコイル**（coiled coil）とよばれ，コイルドコイルを形成する別のタンパク質と会合して張力に強い微小繊維を形成する．張力に強いとは両端を引っ張っても壊れにくいという意味なので，ケラチンのらせん構造は，毛髪などの物理的性質に直接関係する．

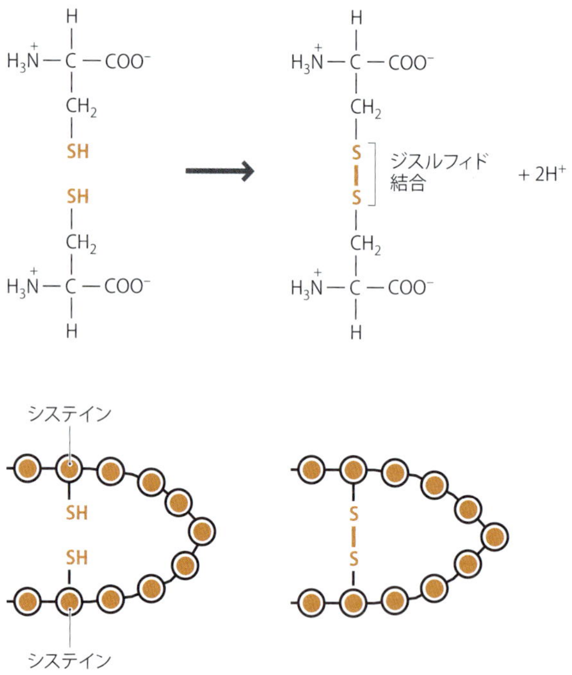

● 図 3.20　ジスルフィド結合
上は化学式で示されたジスルフィド結合，下はジスルフィド結合の形成がタンパク質の構造に与える影響を示す．

コラーゲンもらせん構造がとるが，ケラチンにはない特徴がある．コラーゲンは，グリシン−X−Yという配列が何度も反復する比較的単純な一次構造をもつ．ここで，Xはたいていプロリン，Yは4-ヒドロキシプロリンとよばれる修飾プロリンである（図3.11参照）．したがって，この繰り返しはグリシン−プロリン−プロリンとして合成され，そのなかの2番目のプロリンは，タンパク質合成後に4-ヒドロキシプロリンへ変換される．プロリン含有量が高いことによって，コラーゲンは1周期3.3アミノ酸からなる左巻きのらせん構造を形成する．これには，プロリンではN−C$_\alpha$結合で回転できないこと，またプロリンの側鎖が互いに反発してできるだけ遠く離れようとする性質が関係している．このらせん構造をとったポリペプチド3本が互いに巻きついて，右巻き**三重らせん**（triple helix）を形成する（図3.21）．この三重らせん構造では，各ポリペプチド中の3アミノ酸ごとに三重らせんの中央部分に配置される必要がある．この中央部分にはまり込める唯一のアミノ酸は，側鎖が最も小さいグリシンである．このような理由から，コラーゲンのアミノ酸配列でグリシンが

● 図 3.21　コラーゲン
コラーゲンは 3 本の左巻きヘリックスが三重らせん構造をとっている．
©PDBj Licensed under CC-BY-4.0 International/PDBID：1Q7D

三つごとに出現するのである．三重らせんでは，あるポリペプチド中のグリシンの NH とそれ以外の 1 本のポリペプチドの CO 間で水素結合が形成される．ケラチンの場合と同様に，コラーゲン三重らせんも互いに会合して束となり，骨や腱などの結合組織で必要とされる強度をもてるようになる．

シルクはさらに違う様式で繊維状となる．シルクはさまざまな昆虫によって産生され，私たち人類はそれを高品質な生地をつくるために活用している．シルクのなかで繊維となる成分は，フィブロインとよばれるタンパク質であるが，らせん構造をとらない．フィブロインはグリシンおよびアラニンの含量が高く，広範囲にβシートを形成できる．グリシンおよびアラニンは側鎖のサイズが小さいため，シートは何層にもなる．個々のβシートは張力に寄与するが，層状シートはそれほど強く結合していない．このような分子構造がシルク繊維の強靭かつしなやかな性質をつくりだしている．

### 3.3.2　球状タンパク質は三次構造，さらには四次構造をもつ

球状タンパク質は，伸びた繊維状の構造ではなく球状であり，たいていは水溶性である．球状タンパク質は多様な生化学的役割をもつが，それは多様な構造をもつということに等しい．実際，過去 20 年間の生化学研究の大きな目標は，異なる球状タンパク質内に共通の構造的特徴を見いだし，それらの特徴を個々のタンパク質の機能に関連づけることであった．

球状タンパク質は繊維状タンパク質と違って，より高いレベルの階層で立体構造を形成す

---

**リサーチ・ハイライト**

● Box 3.7　コラーゲンを利用した絶滅動物の同定

コラーゲンは脊椎動物において骨，腱およびほかの構造組織に存在する最も重要なタンパク質の一つである．骨では，コラーゲン繊維は乾燥重量の約 20％を占め，バイオアパタイトとよばれるミネラルマトリックスに埋め込まれている．コラーゲンは非常に安定したタンパク質で，容易に分解されないため，動物が死んだあとも，骨に保存されることが多い．6,800 万年前の恐竜の化石の脚骨から，少量のコラーゲンが同定されたという報告すらある．

コラーゲンはグリシン，プロリン，および 4-ヒドロキシプロリンを主成分とする規則的な構造をもつが，異なる動物種のコラーゲン分子間には化石がどの動物であるのかを同定するのに十分な違いがある．この方法は**コラーゲンフィンガープリント法**（collagen fingerprinting）とよばれている．最近，この方法で，ラクダがかつて北極地方に住んでいたことが示された．高緯度の北極圏であるカナダのエルズミーア島で 350 万年前の小さな骨のかけらが発見された．この骨から採取されたコラーゲンを調べたところ，地球が温暖だった鮮新世（Pliocene）半ばに絶滅した巨大なラクダに由来することがわかった．北極圏は当時も冬には猛吹雪が降り，雪が深く積もりはしたが，森林もあって大きな動物に食糧や寒さから身を守る場所を提供していた．とはいえ，ラクダが北極圏にいたという発見は，氷河期直前の時代に北米に生息していた生物種に関する考え方を変えた．

Julius Csotonyi より．

る．それらは，**三次構造**（tertiary structure）と**四次構造**（quaternary structure）とよばれ，それらを理解することが球状タンパク質の重要性を理解するための鍵となる．

### 三次構造とはタンパク質の三次元の立体構造である

　球状タンパク質の三次構造は，ポリペプチドの二次構造が三次元の立体構造に折りたたまれて生じる．ほとんどのタンパク質はαヘリックスとβシートの組合せでできている．その一例は，炭酸デヒドラターゼで，この酵素は，10本のβストランドからなるβシートが5本のαヘリックスに囲まれた構造をとる（図3.22A）．タンパク質によってはもっと単純な三次構造の場合もある．たとえば，ミオグロビンは八つのαヘリックスのみから構成され，βシートをもたない（図3.22B）．一方，コンカナバリンAはβシートのみでできている（図3.22C）．いずれの組合せでも，αヘリックスやβシートを特定の位置に配置して三次構造を形成させるためには，連結部位が必要である．その一例は，グリシンとプロリンを含むことが多いβターンである．βターンは4アミノ酸からなり，1番目のペプチド結合のCO基と3番目のペプチド結合のアミノ基が水素結合を形成し，結果としてこのターンで180°回転する（図3.23）．βターンはβシートを構成するストランドをつないで，球状タンパク質の表面またはその近くに位置する傾向がある．

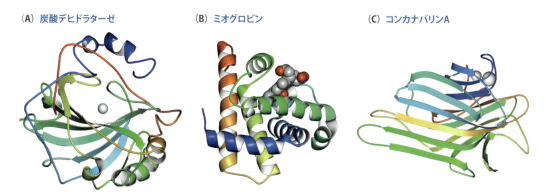

●図3.22　三つの球状タンパク質
(A) 炭酸デヒドラターゼ．このタンパク質は，10本のストランドからなるβシート（青色）を5本のαヘリックスが囲んでいる．亜鉛原子も含む．(B) ミオグロビン．二次構造はすべてαヘリックスで，ヘム分子も含む．(C) コンカナバリンA．すべての二次構造はβシートである．
ⓒPDBj Licensed under CC-BY-4.0 International/ (A) PDBID：1CA2, (B) PDBID：IMBN, (C) PDBID：3CNA

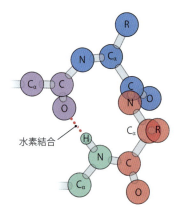

●図3.23　βターン
ターンを形成する四つのアミノ酸を示す．わかりやすくするために，水素結合に関与する水素原子以外は省略されている．

　球状タンパク質の構造は非常に多様であるが，共通の特徴が知られている．これらの特徴のうち最も一般的なのは，ポリペプチド鎖の「水を嫌う（疎水）」領域と「水を好む（親水）」領域の分布である．ほとんどの球状タンパク質では，非極性アミノ酸側鎖はすべて構造の内側に位置する．これらの側鎖は疎水性であり，タンパク質が三次構造に折りたたまれたときにタンパク質内に埋もれるのは予想どおりである．同様に，ポリペプチドの極性部分および帯電部分は，タンパク質が細胞の内部などの水性環境にあるとすると，水分子と接触できるよう通常は表面に存在する．ポリペプチドの極性部分は親水性アミノ酸の側鎖だけでなく，αヘリックスやβシートで水素結合を形成していないペプチド結合のCO基およびNH基も含まれる．したがって，水素結合に関与していないペプチド結合は，タンパク質の表面上に存在する傾向がある．これらのさまざまな力が相まって，ポリペプチドの三次構造への折りたたみ（フォールディング）が規定される．いったん折りたたまれると，三次構造はファンデルワールス力などさまざまな相互作用，場合によってはシステインどうしの架橋形成によって安定化される．

　二次構造ユニットの組合せを調べることによって，球状タンパク質に共通の特徴がわかっ

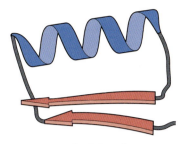

● 図 3.24　βαβループ

てきた．そのなかには多くの異なったタンパク質に見いだされる特有の折りたたまれ方があり，それは**モチーフ**（motif）とよばれる．モチーフのなかで最も頻繁に使用されるものは，αヘリックスを 2 本の平行な β ストランドが挟み込んだ **βαβループ**（βαβ loop）である（図 3.24）．二つ目の例は，**ααモチーフ**（αα motif）であり，2 本の αヘリックスが互いの側鎖が絡み合うように逆平行に並んでいる．各モチーフは，さまざまな機能をもった異なるタンパク質に見いだされるので，モチーフは機能のためではなく構造のために必要なユニットであることを示唆している．

より大きな球状タンパク質では，三次構造は**ドメイン**（domain）とよばれる別べつの領域に分割され，それらが特定の構造をもたない短いポリペプチド鎖によって連結されていることがある．ドメインは，同一または類似の構造から構成されることもある．たとえば，CD4 とよばれる哺乳動物細胞表面タンパク質の四つのドメインは互いによく似ている．ドメイン構造が異なる場合，各ドメインはタンパク質がもつ総合的な機能を部分ごとに担っている．

### 四次構造は複数のポリペプチド鎖が会合して形成する多量体タンパク質の構造である

タンパク質構造の第四のレベルは，三次構造に折りたたまれた二つ以上のポリペプチドが会合して多量体を形成する場合である．多量体のなかのポリペプチド一つ一つをサブユニットとよぶことがある．すべてのタンパク質が四次構造を形成するわけではないが，複雑な機能をもつ多くのタンパク質は四次構造を形成する．四次構造のなかには，異なるポリペプチドがジスルフィド結合によってつながって，容易に解離しない安定な多量体を形成するものがある．また，水素結合のように比較的弱い相互作用によってサブユニット間が緩く安定化されて多量体を形成することもある．この場合，細胞の状況に応じて，多量体が解離して単量体サブユニットに戻ったり，サブユニット組成が変化したりすることがある．

ヘモグロビンは，四次構造をもつタンパク質の例である．ヘモグロビンは脊椎動物の赤血球に含まれており，肺からの酸素を体内の組織に運ぶ．ヘモグロビンは α サブユニットと β サブユニットがそれぞれ 2 本の合計 4 本のポリペプチドからなる四量体である（図 3.25）．ヘモグロビンを構成するポリペプチドはグロビンとよばれ，サブユニットはそれぞれ α グロビンおよび β グロビンである．各グロビンには，酸素に結合する非タンパク質性化合物であるヘムが結合している．ヘモグロビンの四次構造は，グロビンサブユニット間の水素結合および静電結合によって安定化される．

---

### ● Box 3.8　複数のドメインからなるタンパク質の例

血液凝固に関与するヒト組織プラスミノーゲン活性化因子（TPA）は，マルチドメインタンパク質の好例である．TPA には五つのドメインがある．

- 二つの"クリングル"構造：TPA がほかのタンパク質や血液凝固におけるメディエーターとしてはたらく脂質に結合することを可能にする．各クリングル構造には，三つのジスルフィド結合によって安定化された大きなループがある．
- "フィンガー"モジュール：小さな β シート構造で，凝固した血液中に存在する繊維状タンパク質であるフィブリンタンパク質に結合する．
- 成長因子モジュール：二つのジスルフィド結合によって位置が決まる三つのループからなるこのモジュールは，TPA による創傷治癒反応の一部として細胞増殖を刺激する．

- 大きなプロテアーゼドメイン：β シートおよび αヘリックスを含むプロテアーゼドメインは，プラスミノーゲンとよばれる不活性タンパク質をプラスミンとよばれる活性型に変換する機能をもつ．プロテアーゼは，プラスミノーゲンポリペプチド内のペプチド結合を 1 カ所切断することで活性型に変換する．プラスミンは未使用のフィブリンを分解し，血液凝固が血流に広がらないようにする．

これらのドメインとよく似た構造は，ほかのタンパク質においても見つかる．クリングルおよびフィンガードメインは，血液凝固に関与するタンパク質では一般的であり，成長因子ドメインは，細胞増殖を刺激するいくつかのタンパク質において見いだされる．その一つである上皮成長因子（EGF）は，成長因子ドメインのみから構成されている．

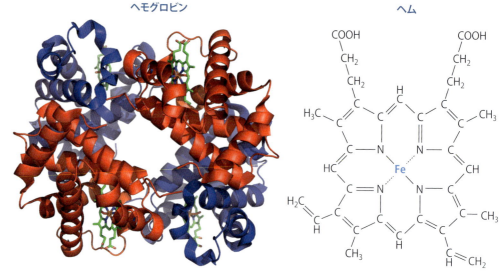

● 図 3.25　ヘモグロビン
このタンパク質は，二つの同一のαサブユニットおよび二つの同一のβサブユニットの四量体である．ヘム基をタンパク質構造中に緑色で示す．ヘムは，酸素を可逆的に結合する鉄原子を含む有機化合物であり，赤血球内のヘモグロビンが肺から身体のほかの部分に酸素を運べるようにする．（左図）PDBID：1GZX を Richard Wheeler（Zephyris）が改変．

● 図 3.26　タバコモザイクウイルスキャプシド

ウイルスの被膜またはキャプシドを構成するタンパク質は大きな四次構造を形成する．たとえば，タバコモザイクウイルス（TMV）のキャプシドは，2,130 の同一サブユニットで構成されている．各サブユニットは，158 個のアミノ酸からなる小さな球状タンパク質であり，四つのαヘリックスをもつ三次構造をとる．これらのサブユニットは，密に詰まったらせん構造をとり，1周 16.3 サブユニットからなり，内部に RNA ゲノムを格納する．TMV のキャプシドは，事実上，単一のサブユニットの多量体からなる四次構造のタンパク質である（図 3.26）．TMV を繊維状ウイルスの例であるが，同じ原理が正二十面体ウイルスのキャプシドにもあてはまる．ヒトポリオウイルスは正二十面体のキャプシドをもつ．各面は，VP1，VP2，VP3，および VP4 がそれぞれ 3 個の計 12 個のポリペプチドサブユニットで構成されている．したがって，キャプシド全体では 240 サブユニット，四つの VP サブユニットはそれぞれ 60 個からなる．

## 3.4　タンパク質の折りたたみ（フォールディング）

タンパク質に関する最も基本的な考え方は，二次構造および三次構造がポリペプチドのアミノ酸配列によって規定されることである．つまり，ある特定のアミノ酸配列は，ただ一つの三次構造に折りたたまれ，ほかの三次構造にならない．これは 1950 年代に行われた実験ではじめて実証され，折りたたみ過程の詳細なモデルや，**分子シャペロン**（molecular chaperone）という，ほかのタンパク質の折りたたみ（フォールディング）を助けるタンパク質の細胞内での役割についての研究につながっている．

### 3.4.1　小さなタンパク質は正しい三次構造に自発的に折りたたまれる

アミノ酸配列には，ポリペプチドが正しい三次構造に折りたたまれるために必要な全情報が含まれているという概念は，1950 年代にクリスチャン・アンフィンセン（Christian Anfinsen）によって行われた実験に由来する．彼は，124 アミノ酸からなるリボヌクレアーゼという小さなタンパク質で研究した．リボヌクレアーゼは，αヘリックスとβシートからなるタンパク質で四つのジスルフィド結合を形成している．アンフィンセンは，ウシの膵臓から精製したリボヌクレアーゼ溶液に尿素を加えた．尿素は水素結合を壊す試薬である．尿

素の添加によって、リボヌクレアーゼは RNA を切断する酵素活性を失っていった（図 3.27）．このとき同時に溶液の粘性が増大したことから，タンパク質は構造をもたない状態にほぐれること，すなわち**変性**（denatured）していることがわかった．

次に，**透析**（dialysis）により尿素を溶液から除去したところ，粘性が低下するとともに，タンパク質は徐々に RNA を切断する能力を回復した．したがって，変性剤が除去されると，タンパク質は自発的に再度折りたたんだ（リフォールディングした）ということである．

尿素はジスルフィド結合を切断しないので，前述の実験でジスルフィド結合はそのまま残っている．第二の実験では，還元剤としてジスルフィド結合を切断する β-メルカプトエタノールを尿素と一緒に加えた．この実験でも尿素を溶液から除去すると，リボヌクレアーゼは再度折りたたまれ，酵素活性が回復した．この実験により，ジスルフィド結合はタンパク質が折りたたまれるために必須ではないことがわかった．三次構造が形成されたあと，ジスルフィド結合は三次構造を単に安定化するだけである．

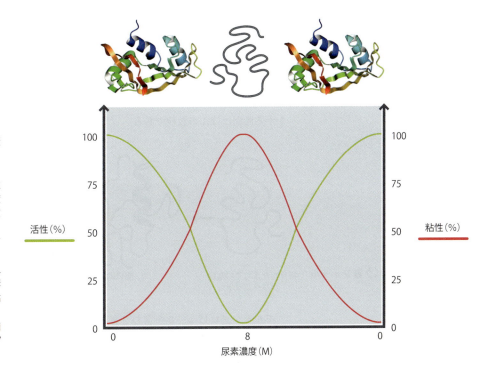

● 図 3.27　リボヌクレアーゼの変性と自発的な構造形成
グラフは，尿素濃度を増大または減少させたときのリボヌクレアーゼの酵素活性および溶液粘度の変化を示す．尿素濃度が 8 M に増えるにつれて，タンパク質は形がほぐれて変性する．それに伴って，酵素活性が低下し，溶液の粘度が増大する．尿素を透析によって除去すると，この小さなタンパク質は再び折りたたまれた立体配置をとり戻す．タンパク質の酵素活性はもとのレベルに戻り，溶液の粘度は低下する．
リボヌクレアーゼの構造は，© PDBj Licensed under CC-BY-4.0 International/PDBID：5RSA.

### 3.4.2　タンパク質フォールディング経路

タンパク質が三次構造を自発的に形成することが明らかになると，フォールディング過程そのものに注目が移った．すぐにわかったのは，フォールディング過程はランダムに起こるのではないということであった．タンパク質が正しい三次構造に到達するまでに，とりうるすべての可能な立体構造を探索することは不可能である．このことは，1969 年にサイラス・レヴィンタール（Cyrus Levinthal）によって明らかにされた．その議論は次のとおりである．タンパク質の三次構造は，ポリペプチドの三次元の立体配座によって規定される．これはすなわち，ポリペプチド鎖内の α 炭素の両端の *psi* および *phi* 値によって三次構造が決定されるということである．前に見たように，ポリペプチド鎖が方向を変えることができるのは，α 炭素の両側の結合周りの回転だけである．そこでレヴィンタールは，*psi* と *phi* の角度ごとに少なくとも三つの可能な値が存在すると考えた（もちろん過小推定である）．これは，100 アミノ酸のポリペプチドが $3^{198}$ 個の異なる立体構造をとれることを意味する．$3^{198}$ 個はおよそ $10^{100}$ である．タンパク質が毎秒 $10^{13}$ 個の立体構造を探索することができたとしても（過大推定である可能性が高い），すべての立体構造を探索するには約 $10^{87}$ 秒を要する．これは，宇宙の歴史よりも長い（実際，はるかに長い）膨大な時間である．したがって，タンパク質

は立体構造をランダムに探索するだけでは正しい三次構造を見つけることはできない．この問題は**レヴィンタールのパラドックス**（Levinthal's paradox）とよばれている．

### フォールディング過程にはなんらかの順序がある

レヴィンタールのパラドックスは，フォールディング過程はランダムではなく，なんらかの順序に基づいて起こらなければならないことを示している．これにより生化学者は，タンパク質にはそれぞれ**フォールディング経路**（folding pathway）があり，各ステップでポリペプチドの小さな部分が関与すると結論づけた（図3.28）．このようにして，タンパク質はありうるすべての立体構造を試すことなく，正しい三次構造に到達できるのである．これらの考察は，タンパク質フォールディングに関する実験的研究と相まって，**モルテングロビュール**（molten globule）というモデルにつながった．このモデルによると，フォールディングの最初のステップはコンパクトな構造への急速な凝縮である．この凝縮は，疎水性アミノ酸側鎖が水を排除して集まる性質によって駆動される．モルテングロビュールは最終的な三次構造よりもわずかに大きい．モルテングロビュールへ凝縮することで，ポリペプチドの一部は自発的にαヘリックスおよびβシートに折りたたまれる．球状（グロビュール）構造は準安定な（molten）構造†をしているので，速やかに立体構造が変化して，正しい三次構造が少しずつ出現する．大きなタンパク質の場合，まずはドメインごとにフォールディングが起こり，それらがまとまって最終的な三次構造をつくりだす．フォールディング過程全体にかかる時間はほんの数秒である．

†訳者注：タンパク質内の二次構造は安定に形成されているが，それぞれの側鎖はまだ動的である状態．

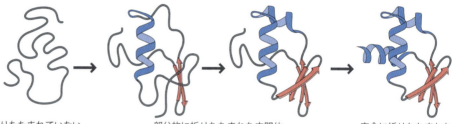

● 図3.28　タンパク質フォールディング経路

折りたたまれていないポリペプチド　　部分的に折りたたまれた中間体　　完全に折りたたまれたタンパク質

モルテングロビュールを含むさまざまなタンパク質フォールディング研究が進んだ結果，想定されたのが**フォールディングファネル**（漏斗，folding funnel）モデルである（図3.29）．フォールディングファネルでは，折りたたまれていない状態から少しずつランダムさがなくなっていき，最終的な三次構造に到達する．タンパク質が徐々に構造を形成するにつれて最終的な三次構造へいたる選択肢が減っていくのが，漏斗が下に行くにしたがって狭まることに対応している．漏斗には側面にも落ち込む部分があり，これはタンパク質が正しくない立体構造に折りたたまれることを意味している．この正しくない構造が部分的または完全に広がれば，フォールディングファネルの主経路に戻ってもう一度正しいフォールディング経路に戻れる可能性がある．

熱力学的に，ランダムさの減少は**自由エネルギー**の減少によるものである（7.2.1項参照）．

### 細胞内でのタンパク質のフォールディングは分子シャペロンによって助けられる

精製タンパク質を使った実験は，タンパク質のフォールディングを理解するのに非常に役立ったが，このタイプの試験管内（in vitro）の研究には二つの限界がある．一つ目は，分子量が小さくて構造が複雑でないタンパク質のみが試験管内で自発的にフォールディングするということである．大きいタンパク質は，フォールディング途上の中間状態に陥りがちで，しかも，その状態が安定なために間違った構造から抜けだせなくなることが多い．二つ目は，精製タンパク質のフォールディングは，細胞内（in vivo）でのフォールディングと同等ではないかもしれないことである．なぜなら，細胞内のタンパク質は翻訳過程で合成が完了する前にフォールディングを開始する可能性があるからである．

## 3.4 タンパク質の折りたたみ（フォールディング）

### ●Box 3.9　タンパク質のフォールディングの研究法

リサーチ・ハイライト

　生化学者は個々のタンパク質のフォールディングをどのように研究するのだろうか．当時，アンフィンセン（Anfinsen）の実験は革命的だったが，それは60年前にさかのぼり，彼ができたことはリボヌクレアーゼ溶液の粘度と酵素活性を測定してタンパク質の変性とフォールディングを追跡したに過ぎない．彼はフォールディング経路そのものに関する情報を得ることはできなかった．

　生化学者は今日，タンパク質フォールディングを研究するのにおもに三つの手法を用いている．

- いくつかのタンパク質では，フォールディングをある時点で停止させ，NMRを使用して中間体の構造を直接研究できる．これによって，フォールディング経路に関する非常に重要な情報を得ることができる．しかし，これまでのところわずかなタンパク質でしか使用されておらず，フォールディングを途中で止めることが常に可能であるとはかぎらないため一般的には適用できない．

- フォールディングの程度は，**円二色性**（circular dichroism）のような方法によってリアルタイムで追跡できる．これは原理的にはアンフィンセンが用いたアプローチと同じだが，現代的に改良された方法を使うことにより，より多くの情報を得られる．円二色性は，タンパク質による偏光の吸収を測定する．αヘリックスやβシートなどの二次構造は偏光を吸収するため，円二色性を測定すればこれらの二次構造が形成される速度を測定できる．アンフィンセンの実験と同様に，通常は変性させたタンパク質が構造を徐々に回復する過程を実験するのだが，現在では，フォールディングを注意深く慎重に制御できるようになったので，溶液中の変性タンパク質について，まったく同一の時間からフォールディングを開始させることができる．フォールディング過程が同期されているため，研究や解析がはるかに容易になっている．いまでは，レーザーを応用した**光ピンセット**（optical tweezer）法を用いて個々のタンパク質1分子のフォールディングさえ研究することもできる．

- 第3のアプローチは，タンパク質のアミノ酸配列を変化させ，これがフォールディング経路に及ぼす影響を見ることである．配列の変化は通常，タンパク質をコードする遺伝子に**変異**（mutation）を導入することによってもたらされる（19.1.2項参照）．このようにして，タンパク質の特定の部分がその構造をとる際のフォールディング経路を同定できる．たとえば，特定のαヘリックスがフォールディング経路の初期に形成されているかどうかを調べたいと考えているとしよう．これを行うために，ヘリックス形成するのに不可欠であると予測されるアミノ酸を，ヘリックスが形成できないようなアミノ酸に置換する．もしそのαヘリックスがフォールディング経路の初期に重要であるならば，変異が入ったタンパク質はある段階を超えてフォールディングできないことが予想される．

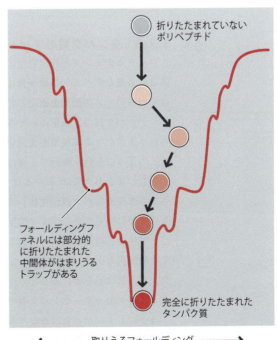

●図3.29　フォールディングファネルモデル

漏斗の上部が広いのは，変性したポリペプチドははじめに多くの初期中間体構造のいずれかをとりうるためである．タンパク質が徐々にフォールディングして，その後のフォールディング経路の選択肢が減少するにつれて，漏斗はだんだん狭くなる．フォールディング経路の選択肢が減少して，タンパク質が完全にフォールディングしたら，タンパク質は一番底の注ぎ口から現れる．漏斗の側面にある落とし穴にはまると，フォールディングは行き止まりになる．タンパク質がこれらの落とし穴からおもな漏斗の経路に戻るには，折りたたみ構造を部分的にほどく必要がある．

細胞内でのタンパク質フォールディングの研究は，ほかのタンパク質のフォールディングを助けるタンパク質の発見につながった．これらは**分子シャペロン**（molecular chaperone）とよばれ，二つのタイプがある．一つは**Hsp70タンパク質**（Hsp70 protein）である．Hsp70は，合成途上のタンパク質を含むフォールディングしていないタンパク質の疎水性領域に結合する．Hsp70は，タンパク質がフォールディング後には相互作用して隠れてしまうような領域に結合して，タンパク質を折りたたまれていない立体構造に保持することでフォールディングを助ける．どのような分子機構でこのような過程が達成されるのかについて正確には理解されていないが，Hsp70がタンパク質に繰り返し結合，解離することで達成されているようである．

　もう一つのタイプの分子シャペロンは**シャペロニン**（chaperonin）とよばれ，おもなものは**GroEL/GroES複合体**（GroEL/GroES complex）である．シャペロニンは，中央に空洞をもつ中空の弾丸のように見える多量体構造をしている（図3.30）．シャペロニンでは，空洞内に折りたたまれていないタンパク質を格納することでフォールディングを助ける．このとき，シャペロニンの空洞内部の表面が疎水性から親水性に変化する．この変化によって，タンパク質内の疎水性領域が制御されながら内部に埋め込まれてフォールディングが進みやすくなる．

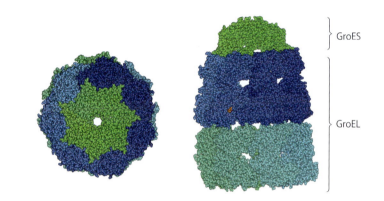

●図3.30　GroEL/GroESシャペロニン
左は上から見た図であり，右は横から見た図である．GroES部分は，七つの同一のタンパク質サブユニットで構成され，緑色で示す．GroEL部分は，14個の同一タンパク質が二つのリング（青色と青緑色）に配置されて構成され，それぞれ七つのサブユニットを含む．中央の空洞への入口は，右側に示す構造の底部にある．
ⒸPDBj Licensed under CC-BY-4.0 International/PDBID：1AON

### 3.4.3　タンパク質のフォールディングは生命科学の基本原理の一つである

　フォールディング過程は完全には理解されていないが，アミノ酸配列にタンパク質の高次構造に必要なすべての情報が含まれていることは明らかである．当然の結果として，遺伝子は一つのアミノ酸配列を指定して，さまざまな高次構造，ひいてはさまざまな特異的機能をもつタンパク質の合成を指示できる．これらの機能がまとまって一体となったときに，私たちが「生命」とよぶ現象が成立するのである．

　このように生命を解釈する鍵は，タンパク質の機能的な多様性にある．異なるアミノ酸配列をもつタンパク質は，異なる化学的性質をもったまったく異なる構造をとる．これにより，さまざまなタンパク質が生体システムにおいていろいろな役割を果たせるようになる．私たちはすでにいくつかのアミノ酸配列が，ケラチンやコラーゲンなど強靱な繊維タンパク質となって生物に構造と剛性を与えることを見てきた．ほかに，柔軟性のある構造をとりうるアミノ酸配列もあり，それらの一つは**モータータンパク質**（motor protein）である．モータータンパク質は形を変えることで，生物を動かす．筋肉タンパク質のミオシン，繊毛や鞭毛のダイニンがモータータンパク質の例である．

　ほかにもタンパク質はかなり多岐にわたる機能をもつ．酵素は，そのアミノ酸配列が生化学反応を触媒できるタンパク質であり，たとえば代謝に関与する．また，生体内で化合物を輸送する機能をもつタンパク質がある．この例としてすでに，肺からほかの組織に酸素を運ぶヘモグロビンについて学んだ．輸送タンパク質の別の例としては，脂質の構成成分でありエネルギー源としても使われる脂肪酸を輸送する血清アルブミンがある．

いくつかのタンパク質は，分子を貯蔵して，生物が必要なときに使用するのに役立つ．例としては，卵白にアミノ酸を貯蔵するオボアルブミン，肝臓に鉄を貯蔵するフェリチンがあげられる．また，ある一群のタンパク質は，哺乳動物の免疫グロブリンのように外来のタンパク質と複合体を形成して，ウイルスや細菌などの感染から身を守るはたらきをもつ．

細胞の生理活性を制御する**調節タンパク質**（regulatory protein）も存在する．これらには，脊椎動物におけるグルコース代謝を調節するインスリン，成長ホルモンであるソマトスタチンおよびソマトトロピンのようなよく知られているホルモンが含まれる．ホルモンは細胞内でつくられるが，細胞外に分泌されてあちこち移動して，制御シグナルをほかの細胞に伝えることができる．ほかにも，細胞内でだけ機能して，細胞外からのホルモンに応答するような制御タンパク質もある．たとえば，MAPキナーゼ経路を構成するタンパク質は外部シグナルに応答して細胞分裂などを制御する．

これらの多様な機能はすべて，個々のタンパク質の三次構造によって決まる化学的性質に依存している．タンパク質の三次構造はアミノ酸配列によって決定されることを考えると，タンパク質のフォールディングによる正しい三次構造の形成は生命科学の重要な基礎の一つである．

● 参考文献

H. H. Bragulla, D. G. Homberger, "Structure and functions of keratin proteins in simple, stratified, keratinized and cornified epithelia." *Journal of Anatomy*, **214**, 516 (2009).

A. K. Covington, R. G. Bates, R. A. Durst, "Definition of pH scales, standard reference values, measurement of pH and related terminology," *Pure and Applied Chemistry*, **57**, 531 (1985). pHについて知るべきすべてが書かれている．

D. Eisenberg, "The discovery of the α-helix and β-sheet, the principal structural features of proteins," *Proceedings of the National Academy of Sciences USA*, **100**, 11207 (2003).

J. R. Jungck, "harnessing the computer revolution (Margaret Oakley Dayhoff)," *The American Biology Teacher*, **47**, 9 (1985). 最初の生命情報学に関する研究総論．

A. Klug, "The tobacco mosaic virus particle: structure and assembly," *Philosophical Transactions of the Royal Society of London*, series B, **354**, 531 (1999).

M. P. Mayer, "Hsp70 chaperone dynamics and molecular mechanism," *Trends in Biochemical Sciences*, **38**, 507 (2013).

L. Pauling, R. B. Corey, "The pleated sheet, a new layer configuration of polypeptide chains," *Proceedings of the National Academy of Sciences USA*, **37**, 251 (1951). 最初のβシートに関する記述．

L. Pauling, R. B. Corey, H. R. Branson, "The structure of proteins: two hydrogen-bonded helical configurations of the polypeptide chain," *Proceedings of the National Academy of Sciences USA*, **37**, 205 (1951). 最初のαシートに関する記述．

G. N. Ramachandran, C. Ramakrishnan, V. Sasisekharan, "Stereochemistry of polypeptide chain configurations," *Journal of Molecular Biology*, **7**, 95 (1963). psi および phi 結合角とラマチャンドランプロットに関する記述．

L. Römer, T. Scheibel, "The elaborate structure of spider silk," *Prion*, **2**, 154 (2008).

B. Rost, "Protein secondary structure prediction continues to rise," *Journal of Structural Biology*, **134**, 2014 (2001).

N. Rybczynski, J. C. Gosse, R. Harington, R. A. Wogelius, A. J. Hidy, M. Buckley, "Mid-Pliocene warm-period deposits in the High Arctic yield insight into camel evolution," *Nature Communications*, **4**, 1550 (2013). コラーゲンフィンガープリントによる北極圏のラクダの同定．

M. D. Shoulders, R. T. Raines, "Collagen structure and stability," *Annual Review of Biochemistry*, **78**, 929 (2009).

H. Yébenes, P. Mesa, I. G. Muñoz, G. Montoya, J. M. Valpuesta, "Chaperonins: two rings for folding," *Trends in Biochemical Sciences*, **36**, 424 (2011).

● 章末問題

**四択問題**

各質問に対して正しい答えは一つだけである．答えは化学同人HP：https://www.kagakudojin.co.jp/book/b378577.html にある．

1. 知られているなかで最も長いポリペプチドであるタイチンはアミノ酸何個からなるか？
   (a) 1,464  (b) 3,685  (c) 21,075  (d) 33,445

2. 1文字表記で"A"のアミノ酸はどれか？
   (a) アラニン  (b) アルギニン  (c) アスパラギン
   (d) アスパラギン酸

3. α炭素に結合しているアミノ基の窒素原子が側鎖に含まれる点でほかと違うアミノ酸はどれか？
   (a) アスパラギン  (b) プロリン  (c) トリプトファン
   (d) チロシン

4. アミノ酸のD体およびL体は何の例か？
   (a) エナンチオマー  (b) 異性体  (c) 光学異性体
   (d) (a)〜(c)のすべて

5. 二つのイオン化された化学基をもつ分子は何とよばれるか？
   (a) エナンチオマー　(b) 親水性分子　(c) 両性イオン
   (d) (a)～(c) のいずれでもない
6. アミノ酸の等電点に関する次の記述のうち，正しくないものはどれか？
   (a) アミノ酸が電荷をもたない pH
   (b) 等電点では，カルボキシ基とアミノ基はどちらもイオン化されている
   (c) アミノ基の $pK_a$ よりも大きい pH 値
   (d) グリシンにおける等電点は pH 6.0 より低い
7. 次のうち，pH 7.4 で正に荷電した側鎖をもつアミノ酸はどの二つか？
   (a) アルギニンおよびリジン
   (b) アスパラギン酸およびグルタミン酸
   (c) システインおよびチロシン
   (d) ヒスチジンおよびプロリン
8. 極性基でわずかに電気陽性となった水素原子と電気陰性の原子とのあいだに形成される化学結合はどれか？
   (a) 共有結合　(b) 静電結合　(c) 水素結合
   (d) ファンデルワールス結合
9. 疎水性アミノ酸の特徴は次のうちどれか？
   (a) 非常に（水に）可溶性である
   (b) 通常，タンパク質の表面上に見いだされる
   (c) 非極性側鎖をもつ
   (d) しばしばほかの疎水性アミノ酸と水素結合を形成する
10. 次の化合物のうち，コラーゲンに見いだされる修飾アミノ酸の例はどれか？
    (a) 4-ヒドロキシプロリン　(b) ピロリシン
    (c) セレノシステイン　(d) セレノプロリン
11. ペプチド結合に関する次の記述のうち，正しくないものはどれか？
    (a) ペプチド結合は回転できる
    (b) ペプチド結合は縮合反応によって形成される
    (c) ペプチド結合は，カルボキシ基と隣接するアミノ酸のアミノ基とのあいだの結合である
    (d) ペプチド結合は単結合であるが，共鳴によって二重結合的な性質を示す
12. 立体障害のために，psi と phi が決してとることのできない結合角の割合はどのくらいか？
    (a) 7%　(b) 57%　(c) 77%
    (d) psi と phi はすべての組合せで可能
13. αヘリックスはどのようなタイプの相互作用によって安定化されるか？
    (a) システイン間の共有結合
    (b) 相補的なアミノ酸間の水素結合
    (c) ポリペプチドに沿って四つ離れた位置にあるペプチド基間の水素結合
    (d) ポリペプチドに沿って四つ離れた位置にあるペプチド基間の疎水性相互作用
14. βシートはどのようなタイプの相互作用によって安定化されるか？
    (a) βシートの開始点と終了点に位置するプロリン間の共有結合
    (b) 相補的なアミノ酸間の水素結合
    (c) ポリペプチドの二つの領域が隣り合って並ぶように形成する水素結合
    (d) βシートの異なる部分間の疎水性相互作用
15. コラーゲンポリペプチドはどのタイプの二次構造を形成するか？
    (a) αヘリックス　(b) βシート　(c) 二重らせん
    (d) 左巻きヘリックス
16. 絹のフィブロインに関する次の記述のうち，正しくないものはどれか？
    (a) 広範なβシートを形成する
    (b) グリシンおよびアラニン含量が高い
    (c) 非常に密に詰まった構造をしている
    (d) フィブロインポリペプチドは，張力を生みだす三重らせんを形成する
17. 二つのαヘリックスが，逆平行方向に横に並んで，側鎖がかみ合っている構造は何とよばれるか？
    (a) αα モチーフ　(b) βαβ ループ　(c) β ターン
    (d) CD4 ドメイン
18. 次のなかで四次構造をもつタンパク質はどれか？
    (a) 炭酸デヒドラターゼ　(b) コンカナバリン A
    (c) ヘモグロビン　(d) ミオグロビン
19. タバコモザイクウイルスキャプシドは，いくつのサブユニットから構成されているか？
    (a) 158　(b) 240　(c) 2,130　(d) 5,200
20. タンパク質の立体構造がほぐれる現象は何とよばれるか？
    (a) 変性　(b) 透析　(c) 酸化　(d) 再生
21. タンパク質フォールディングにおけるモルテングロビュールモデルとは何か？
    (a) グロビュールは準安定状態にあるので，迅速に立体構造を変化させることができる
    (b) モルテングロビュールへの凝縮によって，ポリペプチドの一部は自発的にαヘリックスやβシートにフォールディングする
    (c) フォールディングの初期段階は，ポリペプチドがコンパクトな構造に急速に凝縮することである
    (d) (a)～(c) の記述はすべてモルテングロビュールモデルの一部である
22. Hsp70 タンパク質は何の例か？
    (a) シャペロニン　(b) 分子シャペロン
    (c) モルテングロビュール　(d) モータータンパク質
23. GroEL/GroES 複合体は何の一種か？
    (a) シャペロニン　(b) Hsp70 タンパク質
    (c) モルテングロビュール　(d) モータータンパク質
24. 次のうち，分子の貯蔵に使われるタンパク質の一例はどれか？
    (a) ダイニン　(b) フェリチン　(c) インスリン
    (d) ケラチン

### 記述式問題
これらの質問の答えは本文中に記載されている．

1. アミノ酸の一般構造式を描き，ペプチド結合の形成に関与する化学基を示せ．

2. アミノ酸の L 型と D 型の違い，および二つの配置がどのように実験的に同定されたかを説明せよ．

3. $pK_a$ という用語を定義し，なぜいくつかのアミノ酸は二つや三つの $pK_a$ 値をもつのか理由を説明せよ．また，これらの $pK_a$ 値はどのようにアミノ酸の化学的性質に影響を及ぼすか？

4. 共有結合，静電結合，水素結合の違いを説明せよ．

5. ラマチャンドランプロットがどのようにして psi と phi 結合角の組合せで異なるポリペプチドの立体配置を決めることができるのかを説明せよ．

6. α ヘリックスと β シートの構造を区別せよ．

7. フィブロインタンパク質の構造を説明し，この構造がどのようにして絹を強靱かつしなやかな性質にしているのかを説明せよ．また，フィブロインの構造はほかの繊維タンパク質の構造とどのくらい似ているか？

8. 球状タンパク質において"三次"構造および"四次"構造が意味することを，例を用いて説明せよ．

9. タンパク質フォールディングにおけるモルテングロビュールモデルを要約せよ．

10. タンパク質フォールディングにおける Hsp70 タンパク質およびシャペロニンの役割を説明せよ．

### 自習用問題

次の質問に答えるためには，自分で計算してみたり，ほかの文献を読んでみたり，あるいはインターネットで調べる必要がある．

1. ヘンダーソン・ハッセルバルヒ（Henderson–Hasselbalch）式は pH と $pK_a$ との関係を次のように定義する．

$$pH = pK_a + \log \frac{[A^-]}{[HA]}$$

ここで $[A^-]$ および $[HA]$ はそれぞれ，化学基のイオン化および非イオン化状態での濃度である．ヘンダーソン・ハッセルバルヒ式が図 3.7 に示すグリシンのイオン化のグラフとどのように関係するかを説明せよ．

2. さまざまな pH 範囲におけるアルギニンの異なるイオン化型の相対量を示すグラフを描け．関連する $pK_a$ 値は，カルボキシ基で 2.01，アミノ基で 9.04，側鎖で 12.48 である．

3. ほとんどのタンパク質は約 50℃ 以上の温度で変性する．これは，熱が二次および三次構造を安定化させる化学結合に破壊的な影響を与えるためである．しかしながら，細菌のなかには温泉など高温で生育できるものがいて，その細菌のタンパク質は 90℃ でも三次構造を保持する．タンパク質がそのような高温に耐えることができる構造的特性を推測せよ．

4. 分子量 380 kDa のタンパク質を β メルカプトエタノールで処理して，再び分子量を測定したところ，190 kDa であった．この結果について説明せよ．

5. 分子シャペロンの存在は，ポリペプチドのアミノ酸配列が正しい三次構造に折りたたまれるのに必要な情報をすべて含むという考え方に反するか？

# 第4章

# 核 酸

### ◆ 本章の目標

- 生細胞における生物情報の格納庫としてのDNAの重要さを認識する．
- 核酸がポリヌクレオチドであることを理解し，ヌクレオチドの基本構造を説明できる．
- 異なるヌクレオチド間の違いは，窒素を含む塩基の構造によることを理解する．
- ホスホジエステル結合の構造を記述し，なぜこの結合が，ポリヌクレオチドの化学的に異なる2種類の末端を生みだすのか説明できる．
- DNAの二重らせん構造の重要な特徴を知り，"塩基対"とは何か，またなぜ塩基対形成が生物学において根本的に重要なのか知る．
- 二重らせんには異なる異型があることを知り，それらの構造的な違いを説明できる．
- RNAがしばしば分子内"塩基対"を形成することを知り，塩基対を形成したRNAの実例を説明できる．
- 化学的修飾がどのようにRNA内のヌクレオチドの多様性を増大させるか理解する．
- DNAは，それらが含まれる染色体（クロモソーム）よりはるかに長いことを知る．
- このDNAを収納する問題が，DNAとヒストンとの会合や30 nmクロマチン（染色質）ファイバーなどのより高次な組織化によって，どのように解決されているかを理解する．

核酸は私たちが学ぶ二つ目の生体分子である．生細胞には，**デオキシリボ核酸**（deoxyribonucleic acid, **DNA**）と，**リボ核酸**（ribonucleic acid, **RNA**）の2種類の核酸が存在する．DNAは，細胞からなるすべての生命体と多くのウイルスにおいて遺伝情報の格納庫である．RNAはいくつかのウイルスの遺伝情報の格納庫であるが，もっと重要なことは，RNAが細胞からなるすべての生命体において，DNAとタンパク質合成の仲介役としてはたらくことである．

## 4.1 DNAとRNAの構造

DNAとRNAの構造は非常によく似ているので，私たちはそれを一緒に扱うことができる．ここで二つの質問をしなくてはならない．一つ目は，DNAやRNAのポリマーの分子構造はどのようなものか，二つ目は，生細胞におけるこれらのポリマーの三次元構造はどのようなものか，である．二つ目の質問に答えることは，1953年にジェームズ・ワトソン（James Watson）とフランシス・クリック（Francis Crick）によって発見され，20世紀の生物学史上，最も重要なブレイクスルーとなったDNAの有名な構造，**二重らせん**（double helix）を知ることである．

### 4.1.1 ポリヌクレオチド構造

核酸は**ヌクレオチド**（nucleotide）とよばれる単量体ユニットからなる多量体の分子である．ヌクレオチドは互いに連結し，RNAでは数千ユニット，DNAでは数百万ユニットの長さの**ポリヌクレオチド**（polynucleotide）鎖を構成する．

### ヌクレオチドは核酸の単量体ユニットである

ヌクレオチドは，糖と窒素原子を含む塩基（窒素含有塩基）およびリン酸基の三つの異なる成分から構成される（図 4.1）．

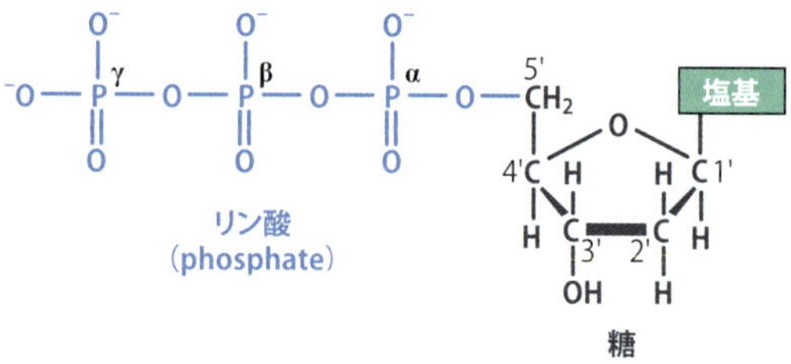

● 図 4.1 DNA ヌクレオチドの構成要素

> ペントースと，関連する糖の構造については 6.1.1 項で学習する．

ヌクレオチドの糖の構成成分は**ペントース**（pentose）である．ペントースは五つの炭素原子をもち，ヌクレオチドのなかでは，それらに $1'$ 〜 $5'$ の番号がつけられている．ダッシュ（′）は「プライム」とよばれており，それぞれの番号は「1-プライム」，「2-プライム」などとよぶ．このプライムは糖の炭素原子を，1, 2, 3 と番号づけされている窒素を含むプリン，ピリミジンなどの塩基の炭素原子や窒素原子と区別するために用いられる．RNA のヌクレオチドはリボース，DNA のヌクレオチドは $2'$-デオキシリボースとよばれるペントースを含んでいる．この名称は，$2'$-デオキシリボースはリボース構造のなかで $2'$-炭素原子に結合したヒドロキシ基（−OH）が水素原子（−H）に置換していることを示している（図4.2）．

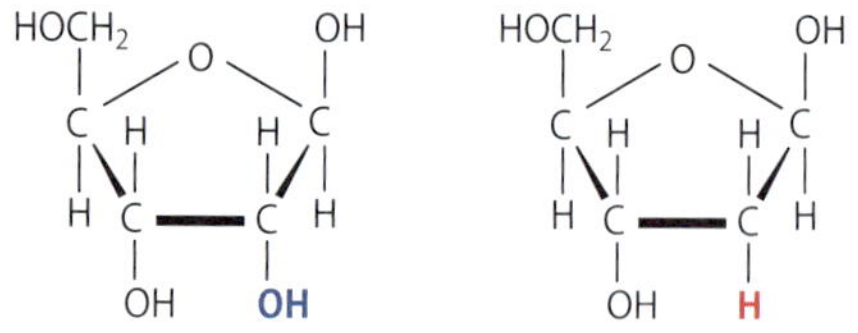

● 図 4.2 リボースと $2'$-デオキシリボース
これら二つの糖の違いは $2'$-炭素原子へ結合した官能基の種類による．この官能基はリボースではヒドロキシ基，$2'$-デオキシリボースでは水素原子である．

ヌクレオチドの二つ目の成分は窒素含有塩基である．これらは一つか二つの環状構造をもち，糖の $1'$-炭素原子に結合している．DNA では四つの異なる窒素含有塩基のどれもが，この位置の炭素原子に結合できる．それらは二つの環状構造をもつ**プリン**（purine）である**アデニン**（adenine）と**グアニン**（guanine），および一つの環状構造をもつ**ピリミジン**（pyrimidine）である**シトシン**（cytosine）と**チミン**（thymine）である．このうちのアデニン，グアニン，シトシンの三つは RNA にも含まれるが，4 番目のチミンは RNA では**ウラシル**（uracil）とよばれる異なるピリミジンに置き換えられている．これら五つの塩基の構造を図 4.3 に示す．これらの塩基は，ピリミジンの 1 番目か，プリンの 9 番目の窒素原子についた**β-N-グリコシド結合**（β-N-glycosidic bond）により，糖に結合している．

塩基に結合している糖からなる分子を**ヌクレオシド**（nucleoside）とよぶ．ヌクレオシドは糖の $5'$-炭素原子にリン酸基が結合することで，ヌクレオチドとなる．この $5'$-炭素原子にはリン酸基が三つまでつながって結合することができる．これらのリン酸基は直接，糖に結合しているものを α リン酸基とし，順に α，β，γ とよばれる（図 4.1 参照）．

ヌクレオチドの完全な名称を表 4.1 に示す．通常，それらは略称を用いて，DNA につい

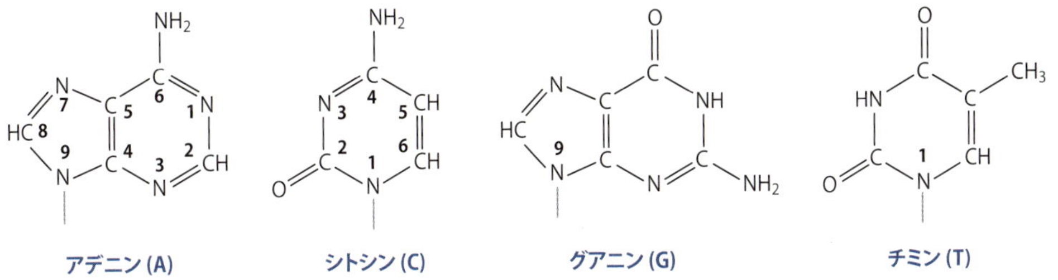

アデニン (A) シトシン (C) グアニン (G) チミン (T) ウラシル (U)

● 図 4.3　DNA と RNA に見られる五つの窒素含有塩基

● 表 4.1　核酸に含まれるヌクレオチド

| ヌクレオチド | 塩基成分 | 略称 | | 含まれる分子 |
|---|---|---|---|---|
| | | 3 文字 | 1 文字 | |
| 2′-デオキシアデノシン 5′-3 リン酸 | アデニン | dATP | A | DNA |
| 2′-デオキシグアノシン 5′-3 リン酸 | グアニン | dGTP | G | DNA |
| 2′-デオキシシチジン 5′-3 リン酸 | シトシン | dCTP | C | DNA |
| 2′-デオキシチミジン 5′-3 リン酸 | チミン | dTTP | T | DNA |
| アデノシン 5′-3 リン酸 | アデニン | ATP | A | RNA |
| グアノシン 5′-3 リン酸 | グアニン | GTP | G | RNA |
| シチジン 5′-3 リン酸 | シトシン | CTP | C | RNA |
| ウリジン 5′-3 リン酸 | ウラシル | UTP | U | RNA |

てはdATP, dGTP, dCTP, dTTPで，RNAについてはATP, GTP, GTP, UTPで表す．また，DNAやRNAのなかでこれらのヌクレオチドの配列を記述する際には，DNAについてはA, G, C, Tを，RNAについてはA, G, C, Uという1文字の略語を用いる．両方のヌクレオチドの組合せに対して同じ略語を用いても，配列に含まれるTやUが，それがDNAかRNAのどちらかなのかを示すので混乱することはほとんどない．たとえばATCGAGCGACGTという配列は明らかにDNAである．

**ヌクレオチドはホスホジエステル結合により互いに結合される**

　核酸の構造をつくりあげる次のステップは，それぞれのヌクレオチドをポリマーとして互いに結合させることである．このポリマーはポリヌクレオチドとよばれ，一つのヌクレオチドを，リン酸基を介して別のヌクレオチドに結合させてつくられる．

　三つの個々のヌクレオチドからなる短いDNAであるDNAトリヌクレオチドの構造を図4.4に示す．RNAポリヌクレオチドはもちろん，RNAヌクレオチドが用いられていることを除いて同じ構造をもつ．ヌクレオチドモノマーは，一つのヌクレオチドの5′-炭素原子に結合したα-リン酸基が，鎖のなかの次のヌクレオチドの3′-炭素原子に結合してつなぎ合わされる．通常，ポリヌクレオチドはヌクレオシド三リン酸のユニットからつくりあげられるので，重合の過程でβ-とγ-リン酸基は切り離される．二つ目のヌクレオチドの3′-炭素原子に結合していたヒドロキシ基もまた失われる．できた結合は**ホスホジエステル結合**（phosphodiester bond）とよばれ，"ホスホ"はリン原子が存在することを示し，"ジエステル"はそれぞれの結合のなかの二つのエステル（C–O–P）結合を表している．正確には，糖のどの炭素原子が結合するかがわかるように，3′-5′ ホスホジエステル結合とよばなくてはならない．

　ポリヌクレオチドの重要な特徴の一つは，この分子の両末端は同じではないことである．これは図4.4を見れば明らかである．このポリヌクレオチドの上端は，5′-炭素原子に結合している三リン酸基がホスホジエステル結合を形成しておらず，β-とγ-リン酸基が残っているヌクレオチドで終わっている．この末端は，**5′ 末端**（5′ end），または**5′-P 末端**（5′-P terminus）とよばれる．

> ポリヌクレオチド合成の詳細は14.1.2項で詳しく学ぶ．

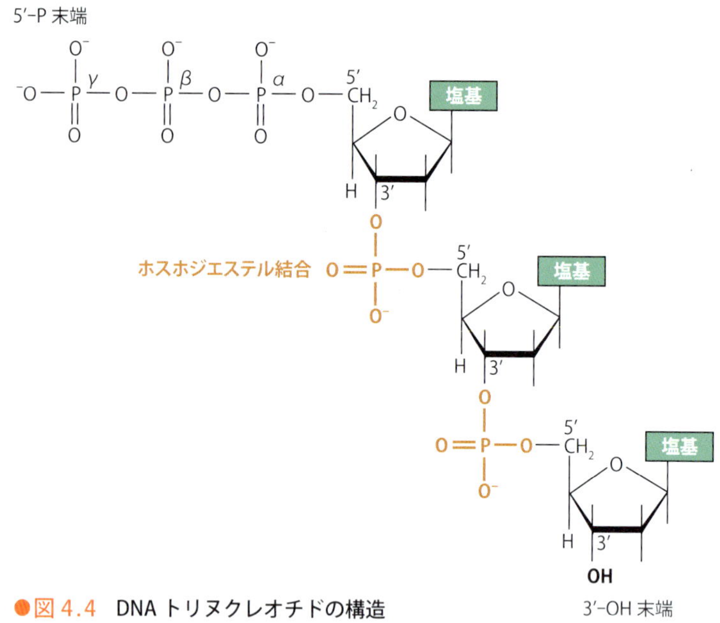

●図4.4 DNA トリヌクレオチドの構造

　もう片方の末端では，未反応の官能基は 3′-ヒドロキシ基である．この末端は **3′末端**（3′ end），または **3′-OH 末端**（3′-OH terminus）とよばれる．

　二つの末端が化学的に区別できることは，ポリヌクレオチドが 5′→3′（図 4.4 では下向き），または 3′→5′（図 4.4 では上向き）に見てとれる方向性をもつことを意味している．この末端の違いはまた，DNA や RNA ポリマーを 5′→3′ 方向に伸長させるために必要な反応が，3′→5′ 方向に伸ばすために必要な反応とは異なることを意味している．生細胞では，ポリヌクレオチドは遊離の 3′ 末端にヌクレオチドを付加することにより，常に 5′→3′ の方向に伸長する．DNA や RNA を逆の方向，3′→5′ に伸長させる化学反応を触媒できる酵素は発見されていない．

　ポリヌクレオチドをつくるためにつなぎ合わせることができるヌクレオチドの数には，限度がないようだ．数千ヌクレオチドを含む RNA が知られているし，染色体のなかの DNA はそれよりはるかに長く，しばしば数百万ヌクレオチドの長さに達する．しかも，DNA や RNA のなかでどのようなヌクレオチド配列であってもなんら化学的制約はない．

### 4.1.2　DNA と RNA の二次構造

　DNA も RNA も，異なるポリヌクレオチド間や，単一のポリヌクレオチドの異なる部位間の化学的相互作用による二次構造をとる．DNA におけるこの二次構造は，ジェームズ・ワトソンとフランシス・クリックにより 1953 年に発見された有名な二重らせんである．二重らせんは複雑な構造であるが，その鍵となる事実はそれほど理解し難いものではない．

**二重らせんの特徴**

　二重らせんでは，2 本のポリヌクレオチドはその糖−リン酸"骨格"がらせんの外側，塩基が内側を向くよう配置される（図 4.5）．塩基は互いの上部にちょうど層をなす板，あるいはらせん階段の階段面のように積み重なっている．2 本のポリヌクレオチドは**逆平行**（antiparallel）で，これは一つが 5′→3′ の方向に向くと，他方は 3′→5′ の方向に向くように，異なる方向に伸びていることを意味している．

　ポリヌクレオチドは安定ならせんを形成するためには逆平行である必要があり，2 本のポリヌクレオチドが同じ方向に向かって伸びる分子は天然には知られていない．二重らせんは右巻きであるが，絶対的に同じ構造の繰り返しではない．むしろ，ポリヌクレオチド鎖に沿って 2 種類の溝がらせん状になっている．これらの溝のうち，一つは比較的広くて深く，**大き**

4.1 DNAとRNAの構造　65

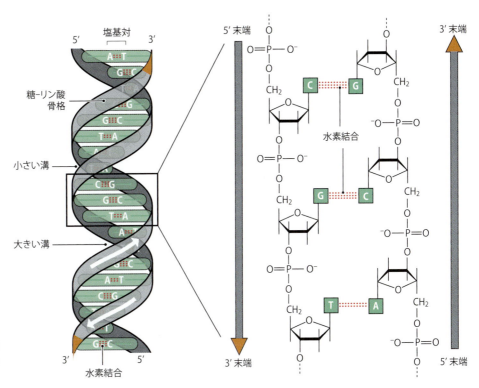

● 図 4.5　**DNA の二重らせん構造**
左に，二重らせんのそれぞれのポリヌクレオチドの糖-リン酸骨格を灰色のリボン，塩基対を緑色で示す．右に，三つの塩基対の化学構造を示す．

い溝（**主溝**；major groove），他方は狭くてより浅く，**小さい溝**（**副溝**；minor groove）とよばれる．これらの二つの溝は図4.5を見ればよくわかる．

　らせん構造は二つのタイプの化学的相互作用により安定化されている．一つは，らせんの2本の鎖のなかの互いに隣接する塩基間に形成される水素結合である．この**塩基対形成**（base paring）は，一つの鎖のアデニンともう一つの鎖のチミンか，シトシンとグアニンのあいだでのみ起きる（図4.6）．その理由は，一つにはヌクレオチドの塩基の配置と水素結合にかかわりうる原子の相対的位置にあり，もう一つには塩基対はプリンとピリミジン間に形成される必要があるからである．つまり，プリン-プリンの塩基対では大きすぎてらせん内に収まらず，ピリミジン-ピリミジンの塩基対では小さすぎることによる．この塩基対形成により，らせんの2本のポリヌクレオチドは**相補的**（complementary）となり，一つのポリヌクレオチドの配列は他方の配列に対合するものになる（図4.5参照）．

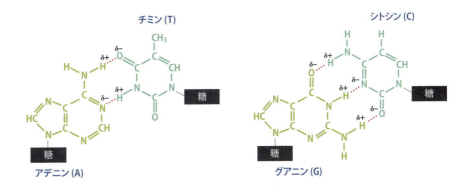

● 図 4.6　**塩基対**
水素結合を赤色の点線で示す．G-C塩基対には三つの水素結合があるのに対し，A-T塩基対には二つしかないことに注目しよう．

　二重らせんをつなぎ止める二つ目の相互作用は**塩基の積み重なり**（base stacking）とよばれている．これには塩基対間の引き合う力がかかわり，いったん2本鎖が水素結合でつなぎ合わされると，二重らせんの安定性が増す．

　塩基対形成と塩基の積み重なりはともに2本のポリヌクレオチドをつなぎ止めるのに重要だが，塩基対形成はその生物学的意味合いのため，より重要性が高い．AはTとのみ塩基

### ● Box 4.1　塩基の積み重なり（スタッキング） — 化学の原理

　二重らせんのなかで起きる塩基の積み重なり（スタッキング）は，ヌクレオチドの塩基の芳香環どうしの引き合う力によっている．この引き合う力は，隣り合う芳香環が同一平面上にあるときに最大となるが，それらはらせん構造のなかではわずかに垂直方向に変位している．

　塩基の積み重なりにかかわる引き合う力の根本的な性質はよくわかっていない．この現象には，二重または三重結合に関連するp電子がかかわっているだろうとの推論から，しばしばpiスタッキングともよばれる．塩基の積み重なりはもともと，隣り合う芳香環のp電子の相互作用により生じると考えられたのである．しかし，この推論は現在では疑問視されており，塩基の積み重なりには一種の静電的相互作用がかかわっている可能性が探究されている．

---

> 二重らせんの複製における鋳型依存的 DNA 合成の役割については，14.1.2 項で学ぶ．

対を形成でき，GはCとのみ塩基対を形成できるという制約により，DNA複製ではすでに存在する鎖（"鋳型"）の配列を新しい鎖の配列を指令するのに用いるという簡単な方法により，親分子の二つの完全なコピーが生みだされることが可能になる（図4.7）．これが**鋳型依存的DNA合成**（template-dependent DNA synthesis）であり，細胞のなかで新しいDNAをつくりだすほとんどすべての酵素で利用されているシステムである．

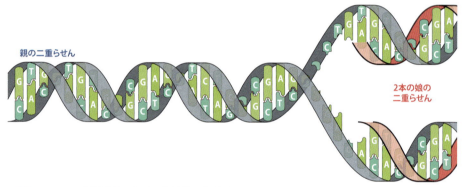

● 図 4.7　DNA 複製過程における相補的な塩基対形成の役割
AはTとのみ塩基対を形成し，GはCとのみ塩基対を形成するという制約があることで，鋳型依存的な DNA 複製では親二重らせんの二つの完全なコピーが生みだされる．親二重らせんのポリヌクレオチドを灰色，新しく合成された鎖をピンク色で示す．

#### 二重らせんにはいくつかの異なる型が存在する

　図4.5に示す二重らせんはDNAの**B型**（B-form）とよばれる．その特徴は，らせんの直径が2.37 nm，1塩基対ごとに0.34 nm進み，ピッチ（つまり，らせんが完全に1回転するのに要する距離）は1回転ごとに10塩基に対応する3.4 nmとなっている．生細胞のなかのDNAはおもにB型であると考えられているが，いまではDNAが完全に同じ構造ではないこともわかっている．これはおもに，らせんのなかのそれぞれのヌクレオチドが，少し異なる分子形状を取りうる柔軟性をもつためである．この異なる立体構造をとるためには，ヌクレオチドのなかの原子の相対的位置を少し変える必要がある．これを可能にするには多くの要因があるが，最も重要なものは次のことである．

- β-*N*-グリコシド結合の周りの回転：糖に対する塩基の配向を変え（図4.8），2本のポリヌクレオチドの相対的位置に影響を与える．
- **糖パッカー**（sugar pucker）[†]：C2′-エンド（endo）かC3′-エンドの立体配置をとる，糖の三次元的形状．この立体配置は，糖−リン酸骨格の立体構造に影響を与える．

[†] 訳者注："pucker" とは「しわ，ひだ」の意

● 図 4.8 *anti*-および *syn*-アデノシンの構造

二つの構造は，ヌクレオシドの糖成分に対する塩基の配向が異なる．β-N-グリコシド結合周りの回転により，一つの型からもう一つの型に転換する．ほかの三つのヌクレオシドも同様に *anti*- と *syn*- の立体構造をとる．

### ● Box 4.2　二重らせんの発見

1953年のイギリス・ケンブリッジ大学のジェームズ・ワトソンとフランシス・クリックによる二重らせんの発見は，20世紀の生物学における最も重要なブレイクスルーとなった．1953年にいたるまでの歳月で，遺伝子はDNAでできていることは示されていた．遺伝子の重要な特徴の一つはその複製能力であり，それゆえにそのコピーを細胞分裂の際に娘細胞に，生殖の際に子孫に受け渡すことができる．そのため，もし遺伝子がDNAでできているのであれば，DNAは複製できなくてはならない．二重らせんが知られる前はこの複製過程はまったくの謎であったが，いったん二重らせんが解明され，2本の鎖が相補的な塩基対でつなぎ止められていることがわかると，その複製過程が明らかになった．

ワトソンとクリックが研究をはじめたとき，ヌクレオチドの構造と，それらがどのようにつなぎ合わされて1本のポリヌクレオチド鎖をつくるのかは知られていた．わかっていなかったのは，生細胞のなかでのDNAの構造であった．それは単一のポリヌクレオチド鎖なのだろうか，あるいはDNAには2本かそれ以上のポリヌクレオチド鎖が含まれるのだろうか？　この疑問に取り組むための一つの方法は，DNA溶液を塩と混ぜたときに得られる半結晶性繊維のなかのDNA密度を測定することであった．多くのDNA鎖密度の計測が報告されたが，それらは一致しなかった．いくつかの計測は一つの分子中に3本のポリヌクレオチド鎖の存在を示唆したが，ほかの結果は2本鎖を示唆していた．以前にαヘリックスとβシートのポリペプチドの立体構造を解いたライナス・ポーリング（Linus Pauling）は，間違った三重らせん構造を考案していた．ワトソンとクリックは，一つのDNAには2本の鎖が存在する可能性が高いと結論づけていた．

#### X線回析法によるDNA構造の研究

DNA鎖のなかでは，個々の分子は規則正しく配向している．これは，それらの構造が **X線回析法**（X-ray diffraction analysis）で調べられることからわかる．この技術では，DNAの半結晶性繊維にX線を照射し，その一部がDNA分子内の原子によって回折する．X線に対して垂直に置かれたX線感受性の感光フィルムには，X線回析像とよばれる一連のスポットが検出される．その像の主要な点の位置と強度から，DNAの構造に関する情報が推測される．

DNA鎖のX線回析像は，キングス・カレッジ・ロンドンのロザリンド・フランクリン（Rosalind Franklin）によって得られた．その像はDNAがらせんであることと同時に，DNAのいくつかの長さも示していた．0.34 nmの周期はそれぞれの塩基対間の間隔を，もう一つの3.4 nmの周期はらせんが1回転するのに必要な距離を示していた．ワトソンとクリックはモデルを組み立てて，これらの長さをもつらせんがちょうど2本のポリヌクレオチド鎖をもつのであれば，その糖-リン酸骨格は分子の外側にあり，2本の鎖は逆平行で，らせんは右巻きである必要があることを示した．これがさまざまな原子が適切に配置されるためのたった一つの方法であった．

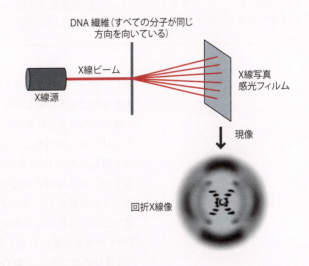

#### シャルガフの塩基比の重要性

フランクリンはもう少しで二重らせんの構造を解くところ

だったが，このパズルを完成させたのはワトソンとクリックであった．その理由は，彼らが2本の鎖は相補的な塩基対でつなぎ止められる必要があることを理解していたからだ．アメリカ・コロンビア大学のエルヴィン・シャルガフ（Erwin Chargaff）は，異なる生物から得られたDNAの四つの塩基のそれぞれの量を示すデータを報告していた．彼は抽出したDNAを弱酸で処理し，その分子をヌクレオチド成分にまで分解した．次いで，それぞれのヌクレオチドを**ペーパークロマトグラフィー**（paper chromatography）により分離した．この方法では，ヌクレオチドの混合物を紙片の片方の端に配置し，n-ブタノールのような有機溶媒が紙片に沿って染み込むようにする．溶媒が紙片のなかを一方向に拡散していくと，ヌクレオチドを一緒に運ぶが，各ヌクレオチドの移動速度はそれらがどのくらい強く紙のマトリックスに吸着されるかによって異なる．したがって，各ヌクレオチドはフィルター紙上に別べつのスポットを形成する．それぞれのスポットからヌクレオチドを抽出したあと，紫外吸光光度法を用いて試料のなかの各ヌクレオチドの相対量を決定する．

これらの実験は，どのようなDNA試料にも見られるヌクレオチドの割合における簡単な関係を明らかにした．その関係とは，アデニンの数はチミンの数と等しく（A＝T），グアニンの数はシトシンの数と等しい（G＝C）というものである．

この関係が二重らせん構造を解く鍵となった．ワトソンは

**ペーパークロマトグラフィー**

**シャルガフにより得られた代表的な結果**

| ヒト細胞 | | 大腸菌 | |
|---|---|---|---|
| 塩基比 | | 塩基比 | |
| A:T | 1.00 | A:T | 1.09 |
| G:C | 1.00 | G:C | 0.99 |

1953年3月7日の土曜日の朝に，アデニンとチミン，グアニンとシトシンからなる塩基対がほとんど同じ形をしていることを理解した．これらの塩基対は二重らせんのなかにちょうど収まり，外側に膨らむことなく規則的ならせんをつくるだろう．そして，もしこれらがたった一つの許される対合であれば，Aの量はTの量と等しく，Gの量はCの量と等しくなるだろう．こうしてすべてのつじつまが合い，生物学史上最大の謎であった「遺伝子はどのように複製できるのか」が解かれたのだ．

---

● **Box 4.3　糖パッカー**　　　　　　　　　　　　　　　　　　　　　化 学 の 原 理

糖パッカー（しわ，ひだ）は，リボースの糖が平面な構造をとらないことが原因で生じる．側面から見ると，一つか二つの炭素原子が糖の平面の上か下に位置する．C2′-エンド立体配置では2′-炭素原子が平面の上にあり，3′-炭素原子が少し下にあるが，C3′-エンド立体配置では3′-炭素原子が平面の上にあり，2′-炭素原子が下にある．3′-炭素原子は隣のヌクレオチドとのホスホジエステル結合にかかわるので，

これら二つのパッカーの立体配置は，糖－リン酸骨格の立体構造に異なる影響を与える．

C2′-エンド（endo）　　　　C3′-エンド（endo）

---

したがって，個々のヌクレオチドのなかでの立体構造の変化は，らせんの全体的な構造に大きな変化をもたらしうる．1950年代から，繊維状のDNAが異なる相対湿度に曝されると，二重らせんの長さに変化が生じることが知られていた．たとえば，**A型**（A-form）（図4.9）とよばれる二重らせんの変形版は直径2.55 nmで，1塩基対ごとに0.23 nm進み，ピッチは1回転あたり11塩基対に相当する2.5 nmである（表4.2）．B型同様，A型DNAも右巻きで，塩基は糖に対して *anti*-の立体配置をとる．おもな違いは糖のパッカーにあり，B型のなかの糖がC2′-エンド立体配置をとるのに対し，A型DNAの糖はC3′-エンド立体配置をとる．これらの立体配置の相違が糖－リン酸骨格の立体構造を変え，結果としてA型DNAの大きな溝はB型より深くなり，小さい溝はより浅く幅が広くなる．

3番目の型である**Z型DNA**はさらに著しく異なっている．この構造におけるらせんは，A型とB型のらせんが右巻きであるのとは異なり，左巻きである．糖－リン酸骨格は不規則なジグザグ立体構造をとり，二つの溝のうちの一つは事実上存在しないが，もう一つは非

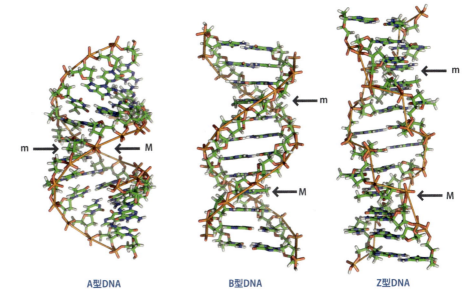

● 図 4.9 A 型，B 型，および Z 型の二重らせん
各分子の大きい溝と小さい溝を，それぞれ "M" と "m" で示す．
ⓒ Richard Wheeler（Licensed under CC BY 4.0）https://creativecommons.org/licenses/by/4.0/

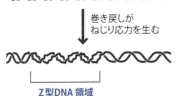

● 図 4.10 Z 型 DNA の細胞内での考えられるはたらき
Z 型 DNA 領域は，生じたねじり応力を排除するために，より緩く巻いている B 型 DNA 領域に接して形成されるのかもしれない．

● 表 4.2　DNA 二重らせんの異なる立体構造の特徴

| 特　徴 | A 型 | B 型 | Z 型 |
| --- | --- | --- | --- |
| らせんのタイプ | 右巻き | 右巻き | 左巻き |
| 塩基の配向 | *anti* | *anti* | 両方 |
| 糖パッカー | C3′-エンド | C2′-エンド | 両方 |
| 1 回転あたりの塩基対数 | 11 | 10 | 12 |
| 塩基対間の距離（nm） | 0.23 | 0.34 | 0.38 |
| 1 回転あたりの距離（nm） | 2.5 | 3.4 | 4.6 |
| 直径（nm） | 2.55 | 2.37 | 1.84 |
| 大きい溝 | 狭く，深い | 広く，深い | 平たい |
| 小さい溝 | 浅い | 狭く，浅い | 狭く，深い |

タンパク質合成における tRNA の役割については，16.1.2 項で学ぶ．

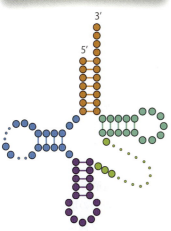

● 図 4.11　塩基対形成した tRNA のクローバーリーフ構造
四つの塩基対形成した構造を異なる色で示す．小さい点はヌクレオチド数が tRNA 間で異なる領域を示す．薄緑色のヌクレオチドは 4 番目のループを形成するが，このループは塩基対を含まない．

常に狭く，深い（図 4.9）．Z 型 DNA はよりきつく巻かれており，1 回転で 12 塩基進み，直径はわずか 1.84 nm である（表 4.2）．Z 型 DNA は，GC モチーフの繰り返し（つまり，それぞれの鎖の配列は…GCGCGCGC…）を含む二重らせんの領域に生じることが知られている．これらの領域ではヌクレオチド G および C はそれぞれ，*syn* と C3′-エンド，*anti* と C2′-エンドの立体配置をとる．Z 型 DNA は，細胞の DNA のなかで遺伝子が RNA にコピーされた際に生じる，少し巻き戻された B 型 DNA の部分に隣接して形成されると考えられている．巻き戻しはねじり応力を生みだすが，この応力はよりコンパクトな Z 型らせんを形成することである程度緩和されるのかもしれない（図 4.10）．

### RNA はしばしば分子内塩基対を形成する

RNA 内のヌクレオチドも，A は U と，G は C と塩基対をつくるという規則にのっとり塩基対を形成できる．いくつかの RNA 二重らせんが知られているが，塩基対は通常，異なるポリヌクレオチド間でつくられることはない．代わりに，典型的な RNA では，同じ分子内のヌクレオチドどうしが形成する分子内塩基対で結びつけられた折りたたみ構造をとる．この例として，すべての生物に存在する RNA でタンパク質合成にかかわる**転移 RNA**（transfer RNA，**tRNA**）の構造を見てみよう．

転移 RNA は比較的小さく，ほとんどは 74〜95 ヌクレオチドの長さである．生物は多くの異なる tRNA について，それぞれコピーを複数合成する．しかし，生物においては，すべての tRNA は**クローバーリーフ**（cloverleaf）とよばれる塩基対を形成する同様の構造に折りたたまれている（図 4.11）．クローバーリーフは中心部から放射状に伸びる 4 枚の "葉"

## ● Box 4.4　核酸の長さの単位

塩基対（base pair, **bp**）は2本鎖のDNAの長さの単位である．

- 1000 bp ＝ 1 キロ塩基対（1 kb）
- 1000000 bp ＝ 1000 キロ塩基対 ＝ 1 メガ塩基対（1 Mb）

多くの天然のDNAは 1 Mb を超える長さをもつ．たとえば，ヒトの1番染色体の単一のDNAの長さは 247 Mb である．

多くのRNAは1本鎖なので，その長さは単に「〇〇ヌクレオチド」と表記される．数千ヌクレオチドより長いRNAはほとんどないので，「キロヌクレオチド」といった用語が使われることはまれである．

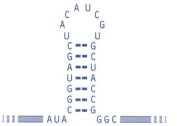

● 図 4.12　典型的な RNA のステムループ構造

> miRNA がどのように遺伝子発現を制御するかは 17.2.1 項で述べる．

をもつ．これらの葉のうちの三つは，ポリヌクレオチドを折り曲げてつくられる**ステムループ**（stem-loop）構造をとり，その立体構造を可能にするステム（幹）とよばれる短い塩基対をもつ（図4.12）．この構造を形成するためには，ステムの二つの部分のヌクレオチド配列が相補的である必要がある．クローバーリーフのような複雑な構造をつくるためには，これらの塩基対の相補的な配列の単位が，RNA配列のなかに適切な順番で配置されなくてはならない．

ステムループは多くのタイプのRNAに見いだされ，そのステムはわずか三つか四つの塩基対から100塩基対くらいにまでに及ぶ．長いステムでは，少しの**ミスマッチ**（mismatch）は構造を不安定化することなく許容されるので，すべての塩基対が相補的である必要はない．水素結合はGとUのあいだでも起こる可能性があり，標準的ではない塩基対を形成するし，ステムの片方で一つか複数のヌクレオチドが欠損することで，少し不規則な塩基対構造になることもある．これらの特徴を，遺伝子発現を制御するRNAの一種である**マイクロRNA**（microRNA, miRNA）の構造を例に図4.13に示す．

● 図 4.13　ヒト miRNA の構造
miRNA はステムループ構造をとる．ステムのなかには2カ所のミスマッチ（緑色）と，1カ所の不規則な塩基対形成の実例が見られる（紫色）．また，3カ所の標準的でない G−U 塩基対が存在する．

ループもまた全体的な構造の安定性に寄与している．ループは少なくとも，ポリヌクレオチドが180°曲がるために最低限必要な三つのヌクレオチドを含まなくてはならない．5′-UUCG-3′の四つのヌクレオチドの配列はとくに一般的である．なぜなら，これにより生じる**テトラループ**（tetraloop）とよばれる構造が，この配列のなかに形成される強力な塩基の重なりのために比較的安定だからである．さらに大きいループは塩基の重なりを欠く傾向にあり，そのためより不安定になる．

クローバーリーフはtRNA構造を描くための便利な方法であるが，それはある表現に過ぎず，細胞のなかではtRNAは異なる三次構造をもつ．X線結晶構造解析により明らかにされたtRNAの構造を図4.14に示す．クローバーリーフのステムのなかの塩基対は三次構造のなかにもやはり存在するが，いくつかの新たな塩基対が異なるループ間に形成され，それらはクローバーリーフのなかに広く分散しているように見える．これにより分子がコンパクトなL字型の立体構造に折りたたまれる．同じことがほかのRNAにもあてはまる．それらはステムとループをもつスッキリした構造として二次元で描くことができるが，実際にはそれらの三次構造はもっとずっと複雑である．

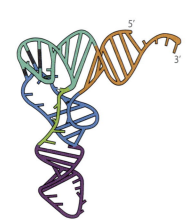

● 図 4.14　tRNA の三次構造
tRNA の異なる部分は図 4.11 と同様に着色されている．

### 4.1.3 RNAはさまざまな種類の化学修飾を示す

tRNAは私たちが検討すべき，RNAに共通な二つ目の特徴をもつ．tRNAのいくつかのヌクレオチドは，ポリヌクレオチドの合成後，さまざまな化学修飾によりつくり変えられる．これは，tRNAが多くのほかのRNAと同様，いままで私たちが見てきた四つの標準的なヌクレオチドよりはるかに多くのヌクレオチドを含むことを意味している．

最も一般的な修飾は次のようなものである（図4.15）．

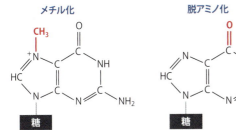
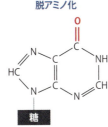
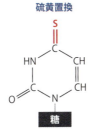
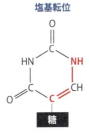
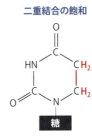

● **図4.15　RNA内で生じる化学修飾の例**
これらの修飾された塩基と，そのもととなる標準的塩基の違いを赤色で示す．

- **メチル化**（methylation）：一つかそれ以上のメチル基（−CH$_3$）のヌクレオチド中の塩基か糖への付加．一つの例が，グアニンの7-メチルグアニンへの変換である．
- **脱アミノ化**（deamination）：アミノ基（−NH$_2$）の除去．脱アミノ化によりアデニンはヒポキサンチンに，グアニンはキサンチンに変換する．シトシンはウラシルに変換する．チミンとウラシルは両方ともアミノ基をもたないので，脱アミノ化が起こることはない．
- **硫黄置換**（thio substitution）：酸素原子が硫黄原子に置換される．硫黄置換を受けた塩基の例が4-チオウラシルで，ウラシルの硫黄置換で生じる．
- **塩基転位**（base isomerizarion）：プリンかピリミジン環の原子の位置が変化する．最もよく知られた例はウラシルのシュードウラシルへの変換である．
- **二重結合の飽和**（double bond saturation）：塩基の二重結合が単結合に変化する．これもウラシルで起こることがあり，ジヒドロウラシルを生じる．

これまでに各種のRNAについて，50を超える化学修飾が発見されている．これらの修飾を行う酵素は特別なヌクレオチド配列か，RNA内の塩基対の構造，またはおそらくその両方を認識することで，適切なヌクレオチドのみを修飾すると考えられている．いくつかの場合ではその役割が見いだされているが，多くの修飾についてはその役割は不明である．tRNAでは，修飾された塩基のいくつかが，アミノ酸を分子の3′末端に付加する酵素によって認識される．この反応は，tRNAがタンパク質合成において果たす仲介的な役割にとって重要である．正しいアミノ酸が正しいtRNAに付加されなければならず，RNA内の修飾はこれが起きることを保証する一部を提供すると考えられている．

> RNAの化学修飾については，15.2.3項でより詳しく学ぶ．

## 4.2　DNAのパッケージング

これまでに見てきたように，DNAはその長さが数百万ヌクレオチドになることもある．たとえば，ヒトゲノムは24本の二重らせんDNAからなる[†1]．最も短いもので47 Mb，最も長いもので247 Mbとなっている[†2]．B型DNAで1塩基対あたり0.34 nm進むことを考えると，簡単な計算で47 MbのDNAは47,000,000 × 0.34 nmとなり，1.6 cmに等しい．実際，24本のヒトDNAの平均は4 cmを超える．それぞれのDNAは染色体に含まれており，それは細胞分裂の際には，わずか数マイクロメートル（μm）の長さのコンパクトな構造をとる．そのように長いDNAを小さい構造に納めるための，高度に組織化されたパッケージ

†1　訳者注：第2章p.20の訳者注を参照．

†2　訳者注：最近のデータでは，最も短いものは21番染色体で約47 Mb，最も長いものは1番染色体で約249 Mbとされている．

ングシステムが存在するはずである．

### 4.2.1 ヌクレオソームとクロマチン繊維

DNAがどのように染色体に詰め込まれているかについての根拠となる研究は，DNAの構造が知られる何年も前にはじまった．19世紀の終わりにかけて細胞学者は，ある種の色素によって強く染まる核の構成成分を発見した．彼らはこの実体を**クロマチン**（chromatin，染色質）とよんだ．"*Chroma*"は"color（色）"に相当するギリシア語である．「染色体」という用語は同じ語源からきており，文字どおり「染色された物質」を意味する．

クロマチンはのちに，DNAとタンパク質の複合体であることが示された．これらのタンパク質が，長いDNAが小さい染色体に納めることを可能にする梱包（パッケージング）システムを提供している．

#### ヒストンはDNA結合タンパク質である

クロマチンのタンパク質成分はおもに**ヒストン**（histone）である．これらは100〜220アミノ酸からなるかなり小さなタンパク質のファミリーであり，どれも塩基性アミノ酸含量が比較的高い（表4.3）．

● 表4.3 ヒストン

| ヒストン | アミノ酸の数 | 塩基性アミノ酸の含量 |
|---|---|---|
| H1 | 194〜346 | 30% |
| H2A | 130 | 20% |
| H2B | 126 | 22% |
| H3 | 136 | 23% |
| H4 | 103 | 25% |

"アミノ酸の数"はヒトのヒストンについて示している．H1はH1a–H1eとH1°，H1t，H5を含むヒストンのファミリーである．
"塩基性アミノ酸の含量"は，それぞれのタンパク質におけるリシン，ヒスチジン，アルギニンの含量比を示す．

クロマチンのなかでヒストンタンパク質がDNAと会合する様式は最初，**ヌクレアーゼ保護**（nuclease protection）実験により調べられた．この方法ではDNA–タンパク質複合体を，ホスホジエステル結合を切断する酵素である**エンドヌクレアーゼ**（endonuclease）で処理する．その一例がウシの膵臓から精製できるデオキシリボヌクレアーゼⅠ（DNase Ⅰ）である．DNase ⅠはDNA内部のどのホスホジエステル結合をも切断するので，処理時間を長くすると，DNAはその構成成分であるヌクレオチドにまで分解される．しかしながら，エンドヌクレアーゼがDNAを切断するためには，DNAに接近しなくてはならない．もしDNAの一部がタンパク質と会合することでマスク（"保護"）されていれば，酵素はそこに到達することができない．したがって，これらの保護された領域は，エンドヌクレアーゼ処理によって影響を受けることはなく，酵素を作用させたあとに不活性化し，結合していたタンパク質をDNAから除けば無傷で回収することができる．

クロマチンをさまざまな条件下でヌクレアーゼ処理することにより，ヒストンの配置のきわめて重要な二つの特徴を推察することができる．

- ヌクレアーゼ処理を長くすると，146 bpの長さのDNA断片を生じる．この結果は，ヒストン，あるいはヒストンのグループが，この長さのDNA断片と密接に会合していることを示唆する（図4.16）．
- DNAのなかのいくつかのホスホジエステル結合だけを切断するように計画したヌクレアーゼの限定処理では約200 bpと，その倍数の長さの断片を生じる．この結果から，ヒストンはDNAと規則正しく会合しており，それぞれのヒストンまたはヒストンのグルー

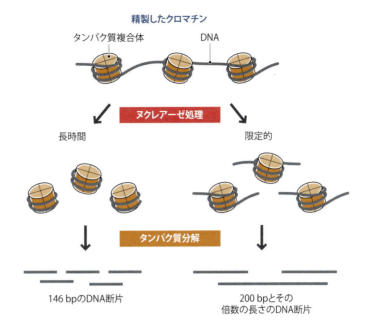

● 図 4.16 精製したクロマチンを用いたヌクレアーゼ保護実験の結果

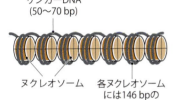

● 図 4.17 ヌクレオソーム
(A) ヌクレオソームは DNA の糸上にビーズを形成する．(B) リンカーヒストン．

いかにヒストン修飾が遺伝子発現に影響するかについては，16.3.2 項でより詳しく見る．

プはおおよそ 200 bp 離れて並んでいると結論できる．

これら二つの推論のうち，2 番目についてはクロマチンの電子顕微鏡解析により立証された．複合体は**糸に通したビーズ**（beads-on-a-string）構造をとり，それぞれのタンパク質のビーズは DNA に沿って約 200 bp 間隔で並んでいることが示された．このビーズは**ヌクレオソーム**（nucleosome）とよばれる．それぞれのヌクレオソームは八つのヒストンタンパク質，すなわちそれぞれ二つずつの H2A，H2B，H3，H4 を含み，樽型の**コアオクタマー**（core octamer）を形成する．DNA は 146 bp でコアオクタマーと会合してヌクレオソームの外側に 2 回巻きついており，それぞれのヌクレオソームはタンパク質で保護されていない 50〜70 bp の**リンカー DNA**（linker DNA）で分離されている（図 4.17A）．

コアオクタマーのなかのヒストンに加えて，ヌクレオソームの外側に結合しているもう一つのヒストン，H1 がある．構造解析により，このヒストンはコイルを巻いた DNA がヌクレオソームから離れるのを防ぐ締め具としてはたらいていることが示唆された（図 4.17B）．現在ではヒストン H1 は単一なタンパク質ではなく，互いによく似た**リンカーヒストン**（linker histone）と総称されるタンパク質の一群であることがわかっている．脊椎動物ではこれらは H1a–H1e，H1°，H1t，H5 とよばれるヒストンである．

### より高次な DNA パッケージング

"糸に通したビーズ" 構造は DNA の長さを約 1/6 に減少させるので，4 cm の直線状の分子はこれで実質，0.67 cm の長さにまで短くなったことになる．しかし，これも染色体の長さに比べるとはるかに長い．明らかに，そこにはより高いレベルの DNA パッケージングが存在する．

私たちはいまでは，"糸に通したビーズ" の構造はクロマチンの収納されていない形であり，生細胞ではごくまれにしか生じないと考えている．あまりコンパクトでない染色体試料の電子顕微鏡解析の結果より，核 DNA のほとんどは，その直径が約 30 nm であることから名づけられた **30 nm 繊維**（30 nm fiber）の形で存在することが示された．30 nm 繊維のなかでヌクレオソームがどのように配置されるかはわかっていないが，ほとんどの研究者は "ソレノイド" モデル（図 4.18）を支持している．30 nm 繊維のなかで個々のヌクレオソームは，リンカーヒストン間の相互作用によりつなぎ合わされているか，あるいはその結合には N 末端領域がヌクレオソームの外側に伸びたコアヒストンがかかわっているのかもしれない（図 4.19）．N 末端領域の化学修飾は 30 nm 繊維を広げ，そのなかに含まれる遺伝子の活性

## ● Box 4.5　細菌における DNA パッケージング

細菌もまた，その DNA を比較的小さな空間に収納しなくてはならない．大腸菌の核様体は約 1.6 mm の長さの輪郭線（つまり外周）に相当する，4,639 bp の単一の環状分子を含んでいる．これと比較して，大腸菌の細胞はおよそ 1 μm × 2 μm の大きさである．DNA 二重らせんに，新たなひねりが導入されたり（正の超らせん形成），ひねりが除かれたり（負の超らせん形成）することで生じる**超らせん形成**（supercoiling）によって，DNA はきつく折りたたまれる．環状 DNA は，それ自身の周りに巻きついてよりコンパクトな構造をとることで，超らせん形成を可能にする．したがって，超らせん形成は，環状分子を小さな空間に収納するための理想的な方法である．

超らせん構造をとった細菌の DNA はタンパク質のコアに結合し，そこから細胞内に向かってそれぞれ 10 〜 100 kb の DNA を含むループが放射状に配置されている．パッケージングにかかわるさまざまなタンパク質が同定されている．これらのうち，最も豊富に存在するタンパク質は HU とよばれ，その周りに約 60 bp の DNA が巻きついた四量体を形成する．大腸菌 1 細胞あたり，DNA の約 1/5 をカバーするのに足りる約 60,000 分子の HU タンパク質が存在するが，この四量体が DNA に沿って均等に配置されているのか，それとも核様体のコア領域にだけ限定して存在するのかはわかっていない．

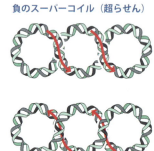

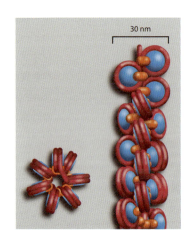

● 図 4.18　30 nm クロマチン繊維のソレノイドモデル
DNA が繊維のなかにコイルを巻く様子．左図は繊維の軸に沿った眺め，右図は側面からの眺め．DNA を赤い紐で，コアオクタマーを青い球で示す．
ⓒ SPL/PPS 通信社．

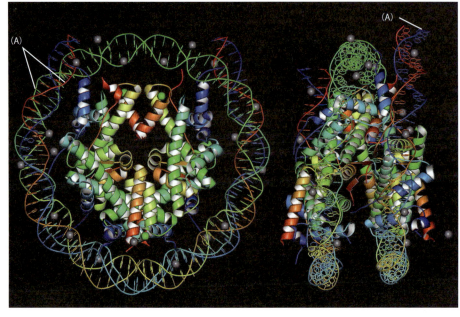

● 図 4.19　ヌクレオソームコアオクタマーの構造
左図は樽型をしたオクタマーの頂点からの眺めで，右図は側面からの眺めである．コアオクタマーに巻きつく DNA 二重らせんの 2 本鎖を（A）で示す．コアオクタマーを構成する H2A，H2B，H3，H4 をそれぞれリボンモデルで示す．
ⓒ PDBj Licensed under CC-BY-4.0 International/PDBID：5ONW．

化を可能にするので，後者の仮説は魅力的である．

　30 nm 繊維は"糸に通したビーズ"構造の長さを約 1/7 にまで減少させるので，4 cm の長さからはじまった直鎖状 DNA は，1 mm にまで短くなる．この長さを染色体の長さにまで減少させる，さらに高次レベルのパッケージングはよくわかっていない．一つの可能性は，30 nm 繊維の異なるループに存在するヒストンが互いに相互作用することで，その立体構造をさらにコンパクトなものに引き絞るというものである．より凝縮されたパッケージングは細胞分裂の際にしか起きず，中期の染色体は可視化できる．これらの構造は光学顕微鏡で見ることができ，通常は"クロモソーム（染色体）"という用語を連想させる外観をもつ（図 4.20）．細胞分裂の**間期**（interphase）では DNA はあまりコンパクトでなくなり，その多くは 30 nm 繊維として存在する．

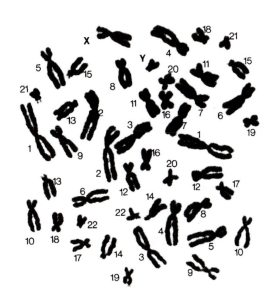

● 図 4.20　ヒトの分裂中期の染色体
分裂中期の染色体は細胞分裂の際にのみ出現し，各染色体は最もコンパクトな形態をとる．染色体 1 ～ 22 のそれぞれ 2 コピーずつと，X と Y が存在する．
www.contexo.info/DNA_Basics/chromosomes.htm より複製．

## ● 参考文献

C. Altona, M. Sundaralingam, "Conformational analysis of the sugar ring in nucleosides and nucleotides: a new description using the concept of pseudorotation," *Journal of the American Chemical Society*, **94**, 8205 (1972). 糖パッカーに関する情報．

G. R. Björk, J. U. Ericson, C. Gustafsson et al., "Transfer RNA modification," *Annual Review of Biochemistry*, **56**, 263 (1987). tRNA の修飾塩基に関する情報．

B. F. C. Clark, "The crystallization and structural determination of tRNA," *Trends in Biochemical Science*, **26**, 511 (2001). tRNA の三次構造の決定．

A. R. Cutter, J. J. Hayes, "A brief review of nucleosome structure," *FEBS Letters*, **589**, 2914 (2015).

P. J. Hagerman, "RNA 'tetraloops': living in *syn*," *Current Biology*, **1**, 50 (1991).

S. W. Harshman, N. L. Young, M. R. Parthun, M. A. Freitas, "H1 histones: current perspectives and challenges," *Nucleic Acids Research*, **41**, 9593 (2013).

R. W. Holley, J. Apgar, G. A. Everett et al., "Structure of a ribonucleic acid," *Science*, **147**, 1462 (1965). tRNA のクローバーリーフ構造の発見．

A. Rich, S. Zhang, "Z-DNA: the long road to biological function," *Nature Reviews Genetics*, **4**, 566 (2003).

P. J. J. Robinson, D. Rhodes, "Structure of the '30 nm' chromatin fibre: a key role for the linker histone," *Current Opinion in Structural Biology*, **16**, 336 (2006). 30 nm 繊維の構造のモデルについての総説．

J. D. Watson, "The Double Helix," Atheneum (1968). ドラマティックに描かれた 20 世紀生物学の最も重要な発見．

J. D. Watson, F. H. C. Crick, "Molecular structure of nucleic acids: a structure for deoxyribose nucleic acid," *Nature*, **171**, 737 (1953). DNA の二重らせん構造の発見についての科学的報告．

P. Yakovchuk, E. Protozanova, M. D. Frank-Kamenetskii, "Base-stacking and base-pairing contributions into thermal stability of the DNA double helix," *Nucleic Acids Research*, **34**, 564 (2006).

## ● 章末問題

### 四択問題

各質問に対して正しい答えは一つだけである．答えは化学同人HP：https://www.kagakudojin.co.jp/book/b378577.html にある．

1. ヒドロキシ基は DNA のデオキシリボース糖のどの炭素に結合しているか？
   (a) 1′　(b) 2′　(c) 3′　(d) 4′

2. DNA に存在するのはどの二つのプリンか？
   (a) アデニンとシトシン　(b) アデニンとグアニン
   (c) アデニンとチミン　(d) シトシンとチミン

3. ヌクレオチドの窒素含有塩基と糖成分間の結合は何とよばれているか？
   (a) 塩基対　(b) β–N–グリコシド結合
   (c) 水素結合　(d) ホスホジエステル結合

4. DNA には存在し，RNA には存在しない窒素含有塩基は何とよばれているか？
   (a) アデニン　(b) グアニン　(c) チミン　(d) ウラシル

5. ポリヌクレオチドのなかで，隣り合うヌクレオチド間の結合はどの組合せの炭素間で形成されるか？
   (a) 1′と2′　(b) 1′と3′　(c) 1′と5′　(d) 3′と5′

6. 次の技術のなかで，DNA の二重らせん構造の発見にいたる研究で使われなかったものはどれか？
   (a) モデル構築　(b) 核磁気共鳴スペクトル
   (c) ペーパークロマトグラフィー　(d) X 線回折法

7. DNA らせんの 2 本鎖間の対合にかかわるものは次のうちどれか？
   (a) 共有結合　(b) イオン相互作用
   (c) 水素結合　(d) 疎水結合

8. 塩基の積み重なりに関する次の記述のうち，正しいものはどれか？
   (a) それは，アデノシンの anti– と syn– の立体構造を生じさせる
   (b) それは，リボース糖が平面的構造を取らないために起こる
   (c) それは，AとT，GとCのあいだでだけ起こる
   (d) それは，ヌクレオチド塩基の芳香環どうしの引き合う力の結果として生じる

9. ヌクレオチドの C2′–エンドと C3′–エンドの立体構造を生じさせるものは何か？
   (a) 塩基対　(b) 塩基の積み重なり
   (c) ポリヌクレオチド間の相補性　(d) 糖パッカー

10. どのタイプの DNA 型が，1 回転あたり 12 bp 進み，わずか 1.84 nm の直径をもつ左巻きらせんを形成するか？
    (a) A 型　(b) B 型　(c) Z 型
    (d) (a)～(c) のどれでもない

11. 1,000,000 塩基対の DNA について述べるとき，どの略号が使われるか？
    (a) kb　(b) Mb　(c) Gb
    (d) 1,000,000 bp の DNA は存在しない

12. tRNA に関する次の記述のうち，正しくないものはどれか？
    (a) すべての生物は多数の異なる tRNA を合成する
    (b) tRNA の中では G–T 塩基対が生じることもある
    (c) ほとんどの tRNA の長さは 74〜95 ヌクレオチドである
    (d) ほとんどの tRNA はクローバーリーフ構造に折りたたまれる

13. 5′–UUGC–3′ の四つのヌクレオチドが形成する比較的安定な構造を何とよぶか？
    (a) マイクロ RNA　(b) ステムループ
    (c) テトラループ　(d) tRNA

14. 次のうち，tRNA に見られる化学修飾としては一般的ではないものはどれか？
    (a) 塩基転位　(b) 脱アミノ化
    (c) 二重結合の飽和　(d) リン酸化

15. 47 Mb の DNA の長さはいくらか？
    (a) 6 μm　(b) 1.6 mm　(c) 6 mm　(d) 1.6 cm

16. クロマチンのなかでタンパク質が DNA と会合していることを示した実験で用いられた酵素の種類は次のどれか？
    (a) エンドヌクレアーゼ　(b) エキソヌクレアーゼ
    (c) パンクレアーゼ　(d) プロテアーゼ

17. クロマチンの糸に通したビーズ構造の "ビーズ" をつくりあげるタンパク質の名前を何というか？
    (a) ヒストン　(b) ヌクレアーゼ
    (c) ヌクレオソーム　(d) オクタマー

18. H1a–H1e，H1°，H1t，H5 とよばれる脊椎動物のタンパク質は何か？
    (a) コアオクタマータンパク質　(b) リンカーヒストン
    (c) ヌクレオソーム　(d) HU タンパク質のタイプ

19. 次の記述のうち，正しいものはどれか？
    (a) 間期にはほとんどの DNA は 30 nm クロマチン繊維の状態で存在する
    (b) 30 nm クロマチン繊維はヌクレオソームを含まない
    (c) 30 nm クロマチン繊維は糸に通したビーズ構造の長さを約 1/6 に減少させる
    (d) クローバーリーフは 30 nm クロマチン繊維の構造の一般的なモデルである

20. 細菌の核様体では DNA はどのような過程により，コンパクトな構造に折りたたまれるか？
    (a) 変性　(b) ヒストン修飾　(c) 重合　(d) 超らせん形成

### 記述式問題

これらの質問の答えは本文中に記載されている．

1. いろいろな炭素，窒素，リン原子の番号も含めたヌクレオチドの構造を書け．

2. なぜ，ホスホジエステル結合の構造が，ポリヌクレオチドの二つの末端が化学的に異なることを示すのかを述べよ．

3. 生物情報の格納庫としての DNA の役割にとってとくに重要な特徴を強調して，DNA の二重らせん構造の鍵となる特徴を述べよ．

4. ワトソンとクリックによる二重らせん構造の発見にいたる研究のなかで用いられた異なる種類の実験データについて述べ，これらのデータ一式のなかでそれぞれがらせん構造の詳細の理解

にどのような特別な貢献をしたか要約せよ．

5．"塩基対"と"塩基の積み重なり"という用語を区別して，二重らせん構造における，これら2種類の相互作用の役割について述べよ．

6．A型，B型，およびZ型DNAの特徴を表にして示せ．

7．転移RNAの構造に焦点をあて，RNAの構造における分子内塩基対形成の役割に関する小論文を書け．

8．RNAのヌクレオチドに見られる，化学修飾の種類についてまとめよ．

9．ヌクレオソームの構造について述べよ．

10．30 nm クロマチン繊維の構造と，より高次レベルのDNAパッケージングに関する私たちの現在の知識の概要を述べよ．

### 自習用問題

次の質問に答えるためには，自分で計算してみたり，ほかの文献を読んでみたり，あるいはインターネットで調べる必要がある．

1．二重らせんはなぜ，DNAの正しい構造であると直ちに広く受け入れられたのかを考察せよ．

2．ポリペプチドが多くの多様な構造をとることができるのに対し，ポリヌクレオチドはとれない理由を考察せよ．

3．あるtRNAは，5′-GGGCGUGUGGCGUAGUCGGUAGCGCGCUCCCUUAGCAUGGGAGAGGUCUCCGGUUCGAUUCCGGACUCGUCCACCA-3′ というヌクレオチド配列をもつ．このtRNAがとることができるクローバーリーフ構造を描け．

4．ある75ヌクレオチドの長さのRNAは二つのステムループ構造を形成できる．これらの構造のうち，一つは15 bpの長さのステムをもち，（ループを含めて）ヌクレオチド15〜51で構成される．もう一方は，ヌクレオチド40〜64から構成される9 bpのステムループ構造を形成する．これら二つの構造のステムは似たようなGC含量をもち，ミスマッチもG-U塩基対も含まない．これら二つの構造は重複するので，これらが同時に形成されるのは不可能である．通常の状況では，これら二つのステムループのうち，どちらが形成されると期待されるか？ 細胞ではどのようなことが起これば，もう一つのステムループの形成にいたると考えられるか？

5．ヌクレオソームの存在が個々の遺伝子の発現に及ぼす影響の可能性について考察せよ．

# 第 5 章
# 脂質と生体膜

## ◆ 本章の目標

- 脂質はさまざまな化合物群から構成され，多様な生化学的役割を担うことを理解する．
- 脂肪酸の基本構造を説明できる．
- 飽和脂肪酸と不飽和脂肪酸の違いを理解し，ヒトの健康を保つ食生活の一部として特定の脂肪酸が必要な理由を理解する．
- どのように脂肪酸が組み合わされてトリアシルグリセロールが生成するのか，またトリアシルグリセロールからどのようにセッケンやワックスがつくられるかを理解する．
- グリセロリン脂質やスフィンゴ脂質などの構造的特徴を理解する．
- テルペン，ステロール，およびステロイドの構造を書くことができ，これらの化合物の生物学における重要性を知る．
- イコサノイドと脂溶性ビタミンの構造と機能について深く理解する．
- 特定の脂質がもつ両親媒性の性質が，どのように脂質二重膜の形成を可能にしているかを理解する．
- 膜構造の流動モザイクモデルを書くことができ，その膜構造中に存在する脂質ラフトの重要性を認識する．
- 内在性膜タンパク質と表在性膜タンパク質の違いを理解し，どちらのタイプの膜タンパク質についても例をあげて説明できる．
- 輸送体タンパク質の有無にかかわらず，化合物が膜を通過するさまざまな方法を区別して説明できる．
- 受容体タンパク質がどのようにして細胞膜を越えて細胞外シグナルを細胞内へ伝達するかを概説できる．

　脂質とは，脂肪，油，ワックス，ステロイド，およびさまざまな樹脂を含む幅広い化合物の一群を指す．それらは多様な機能をもつが，なかでもとりわけ二つの機能が生化学においては重要である．脂質の第一に重要な機能は，エネルギーの貯蔵である．脂肪や油を異化することによって，多くの生物，とくにヒトのような動物は，生命活動に必要なエネルギーの大部分を得ている．自分のライフスタイルに応じて必要となるエネルギー量を超えて栄養を摂取した場合，体には"脂肪"が蓄積する．脂質の第二に重要な機能は，膜を構成する要素としての機能である．膜は生物に普遍的な構造であるため，この機能もすべての生物種に関係している．生物の種類によって膜を構成する脂質組成は大きく異なるが，すべての生物種の膜にはある種の脂質が共通して含まれている．

　エネルギーの貯蔵と膜の構造形成は脂質の二つの最も重要な役割であるが，決してそれだけではない．ワックスは，植物の葉や果実の表面に分泌され，脱水を防ぎ，昆虫などの小さな捕食者による攻撃から植物を保護する役目を担う．一部の動物や鳥類は，毛皮や羽毛に同様の保護機能をもつワックスやほかの脂質を分泌する．多くの重要なホルモンは，ビタミンA，ビタミンD，ビタミンE，およびビタミンKのように脂質である．脂質の一つのグループである**テルペン類**（terpenes）は，天然化合物のなかで最も大きなグループであり，植物によっておもに合成され，約25,000種類の異なる化合物が含まれている．これらの化合物には耐病性，シグナル伝達，および捕食者からの攻撃に対する防御を含むさまざまな機能があり，光合成などの重要な生理学的過程にも関与している．

## 5.1 脂質の構造

　ほとんどの脂質は疎水性であり親油性である．つまり，それらは水に不溶性であるが，ア

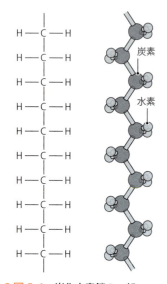

● 図 5.1　炭化水素鎖の一部
左図は炭化水素鎖の一部の簡略化した表示法を，右図は炭素原子と水素原子の相対位置を示す．炭素原子の周りの四つの結合は四面体の配置を示すことに注意．

セトンおよびトルエンのような有機溶媒に可溶性である．それ以上のことに関して，脂質の構造や化学的性質について一般的な記述をすることは難しい．多様な脂質の化学的性質は，それぞれの脂質が示す機能と同じように多様である．とりわけ重要な脂質の多くは，**脂肪酸**（fatty acid）または脂肪酸の誘導体である．これらの誘導体には，エネルギーの貯蔵を行う脂質ならびに生体膜を構成する脂質が含まれる．したがって，この重要な化合物群から見ていこう．

### 5.1.1　脂肪酸とその誘導体

脂肪酸はタンパク質や核酸よりはるかに小さいが，大きな分子集合体構造をとる．第3，第4章で学んだタンパク質と核酸の多量体では，単量体がそれ自身複雑な分子であった（タンパク質の場合はアミノ酸，DNA と RNA の場合はヌクレオチド）．脂肪酸はそれらに比較して単純であり，炭素原子4～36個と水素原子が結合した単純な**炭化水素**（hydrocarbon）鎖である（図5.1）．

#### 脂肪酸は炭化水素の多量体である

化学的には，脂肪酸はカルボン酸の一種である．カルボン酸は，中心の炭素原子に対して，二重結合によって酸素原子が結合してカルボニル基（C=O）を形成し，単結合によってヒドロキシ基（−OH）が結合し，単結合によってR基（炭化水素基）が結合した化合物を指す．ここで，R基はそれぞれのカルボン酸において異なっている（図5.2A）．カルボン酸の一般式はR−COOHであり，COOHはカルボキシ基とよばれる．最も単純なカルボン酸はよく知られた天然の化合物である．たとえば，アリの咬傷やハチの唾液中に存在するギ酸（R基が水素原子であり，H−COOHとなる）や酢に含まれる酢酸（$CH_3$−COOH）である．もちろんこれらは水溶性化合物であり，脂質ではない．脂肪酸において，R基は炭化水素鎖である．非常に疎水性の高いR基のために，脂肪酸は水にほとんど不溶であるが，多くの有機溶媒に容易に溶解する．

脂肪酸は，炭化水素鎖の構造に応じて二つのクラスに分けられる．隣接する炭素間のすべての結合が単結合であれば，脂肪酸鎖のすべての炭素が二つの水素原子をもつことを意味し，脂肪酸は**飽和**（saturated）しているという（図5.2B）．一方，二重結合で結合した炭素の対が一つ以上ある場合は，その脂肪酸は**不飽和**（unsaturated）である（図5.2C）．

二重結合が存在しないことは，飽和脂肪酸の炭化水素鎖が直鎖状構造であることを意味する（図5.3A）．これらの直鎖状分子は隙間なく密着することができる．この互いに堅く密着する性質によって，飽和脂肪酸の大部分が40℃以上の融点をもつ．このため，飽和脂肪酸は室温で固体である．一方，炭化水素鎖に二重結合が存在すると，炭化水素鎖に曲がった部分が生じて（図5.3B），飽和脂肪酸どうしのように密着することができなくなる．したがっ

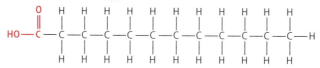

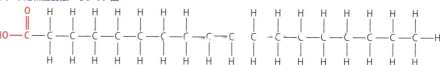

● 図 5.2　脂肪酸の構造

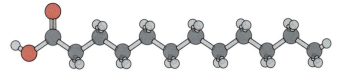

(A) 飽和脂肪酸：ラウリン酸

(B) 不飽和脂肪酸：オレイン酸

● 図 5.3　飽和脂肪酸および不飽和脂肪酸の配置
二重結合が存在するため，炭化水素鎖に折れ曲がりが生じる．炭素原子は濃い灰色，水素は薄い灰色，酸素は赤色で示している．

て，不飽和脂肪酸はより低い融点をもち，大部分は室温で液体である．

　脂肪酸は理論上，非常に多くの種類が存在するが，そのすべてが自然界にあるわけではない．脂肪酸の合成経路の性質を反映して，ほとんどの脂肪酸は炭素数が偶数である．脂肪酸が不飽和脂肪酸である場合，炭化水素鎖には四つより多い二重結合をもつ脂肪酸はまれである．また脂肪酸鎖の 9 位，12 位または 15 位の炭素の直後に二重結合が存在する（図 5.4）．

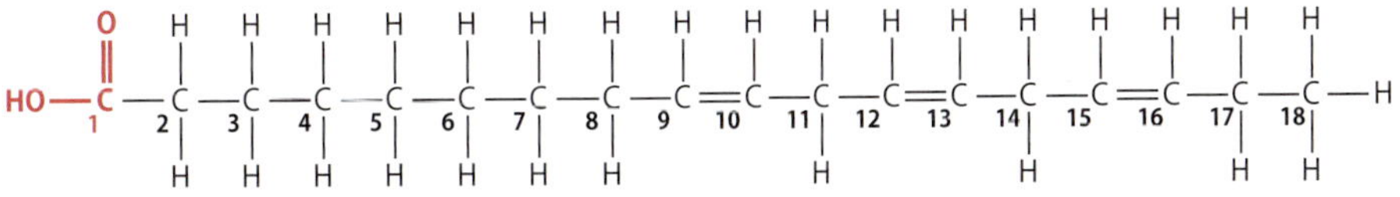

脂肪酸の合成経路は 12.1.1 項に記載されている．

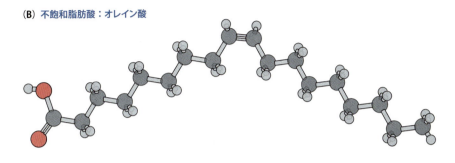

● 図 5.4　脂肪酸中の炭素の数え方
炭素鎖の 9 位，12 位，または 15 位の炭素の直後に二重結合が入ることが多い．

　脂肪酸の例を表 5.1 に示す．脂肪酸はそれぞれ一般的な名称をもち，多くの場合，化合物のおもな天然源を反映する．たとえばラウリン酸は，月桂樹の種子鞘から抽出される．別の脂肪酸の表記法として脂肪酸は，M：N（$\Delta^{a, b, \cdots}$）方式に基づく表記法によっても区別される．この式において，M は脂肪酸鎖の炭素数であり，N は二重結合の数である．ラウリン酸は 12 個の炭素をもち，二重結合がないため，12：0 と記載される．一つ以上の二重結合が存在する場合，（$\Delta^{a, b, \cdots}$）の部分が追加される．ここで，a, b, … は二重結合の直前の炭素の番号を

● 表 5.1　脂　肪　酸

| 構造式 | 名　　称 |
|---|---|
| **飽和脂肪酸** | |
| 12：0 | ラウリン酸（ドデカン酸） |
| 14：0 | ミリスチン酸（テトラデカン酸） |
| 16：0 | パルミチン酸（ヘキサデカン酸） |
| 18：0 | ステアリン酸（オクタデカン酸） |
| 20：0 | アラキジン酸（イコサン酸） |
| 22：0 | ベヘン酸（ドコサン酸） |
| 24：0 | リグノセリン酸（テトラコサン酸） |
| **モノ不飽和脂肪酸** | |
| 16：1（$\Delta^9$） | パルミトレイン酸 |
| 18：1（$\Delta^9$） | オレイン酸 |
| **多価不飽和脂肪酸** | |
| 18：2（$\Delta^{9,12}$） | リノール酸 |
| 18：3（$\Delta^{9,12,15}$） | α-リノレン酸 |
| 18：3（$\Delta^{6,9,12}$） | γ-リノレン酸 |
| 20：4（$\Delta^{5,8,11,14}$） | アラキドン酸 |

## ●Box 5.1　脂肪酸の構造表記法

脂肪酸構造を記述するために本文中で使用されているM：N（$\Delta^{a, b, \ldots}$）方式に基づく表記法は，図5.4に示すように，カルボキシ基の炭素を1番目の炭素と指定した標準法に基づいている．別の表記法である**オメガ系**〔omega（ω）system〕とよばれる表記法は，炭化水素鎖のメチル末端の炭素を1番目として示す．

#### 脂肪酸のオメガ（ω）表記

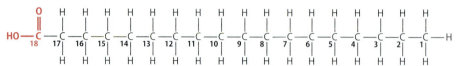

この表記法では，オレイン酸は18：1ω9であり，二重結合はメチル末端から数えて9番目の炭素の直後にある．リノール酸は18：2ω6, ω9であり，ω-6ファミリーの脂肪酸である．ω-6ファミリーの脂肪酸とは，最初の二重結合がメチル末端から6番目の炭素の直後に位置する脂肪酸を総称した表現である．二重結合の両側の炭素がシス配置かトランス配置かを区別することも重要である．なぜなら，炭化水素鎖の形に影響するからである．

#### シス配置　　　　　　　　　　　トランス配置

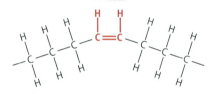 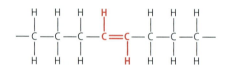

シス配置が炭化水素鎖に折れ曲がりを生じさせるのに対して，トランス配置は折れ曲がりが生じない．オレイン酸は18：1（$cis$-$\Delta^9$）であり，γ-リノレン酸は18：3（$cis, cis, cis$-$\Delta^{6, 9, 12}$）である．すべての二重結合がシス配置である場合，「オールシス（$all$-$cis$）」の表記が使用される．したがって，γ-リノレン酸は$all$-$cis$-9, 6, 12-オクタデカトリエン酸とよばれる．

---

示す．オレイン酸は，オリーブ油の主要成分であるが，18：1（$\Delta^9$）と表現する．これは，オレイン酸が18個の炭素をもち，炭素数9（9番目の）炭素の直後に一つの二重結合をもつためである．さまざまな植物油に存在するリノール酸は18：2（$\Delta^{9, 12}$）である．リノール酸は18個の炭素をもち，9番目と12番目の炭素の直後の計2カ所に二重結合をもつためである．

### トリアシルグリセロールは，真核生物において重要なエネルギー貯蔵のための化合物である

ほとんどの天然油脂は，脂肪酸と脂肪酸の誘導体の**トリアシルグリセロール**（triacylglycerol）または**トリグリセリド**（triglyceride）とよばれる化合物の混合物である．トリアシルグリセロールという名称は，三つの脂肪酸がグリセロールに結合してトリアシルグリセロールができていることを意味する．グリセロールは，三つのヒドロキシ基をもつ小さな有機化合物である（図5.5A）．トリアシルグリセロールでは，グリセロールのヒドロキシ基と三つの脂肪酸のカルボキシ基がエステル結合を形成している（図5.5B）．

いくつかのトリアシルグリセロールにおいて，脂肪酸鎖は三つとも同じ種類の脂肪酸である．たとえば，トリパルミチンは三つの16：0の脂肪酸をもつトリアシルグリセロールであり，トリオレインは三つの18：1（$\Delta^9$）の脂肪酸をもつトリアシルグリセロールである（表5.2）．これらは**単純トリアシルグリセロール**（simple triacylglycerol）とよばれる．自然界では，単純トリアシルグリセロールに比べて，2, 3種類の異なる脂肪酸を含む**混合トリアシルグリセロール**（complex triacylglycerol）のほうが一般的である．遊離脂肪酸の場合と同様に，脂肪酸がすべて飽和脂肪酸のトリアシルグリセロールは高い融点をもち，一部は室

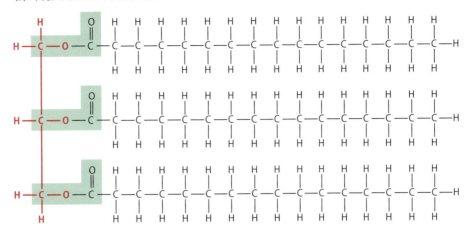

● 図 5.5 トリアシルグリセロールの構造
(A) グリセロールの構造，(B) 単純トリアシルグリセロールの構造．グリセロール骨格と三つの脂肪酸とのあいだのエステル結合は緑色で示している．

● 表 5.2 トリアシルグリセロール

| 脂肪酸組成 | 名 称 |
|---|---|
| **単純トリアシルグリセロール** | |
| 12：0，12：0，12：0 | トリラウリン |
| 16：0，16：0，16：0 | トリパルミチン |
| 18：0，18：0，18：0 | トリステアリン |
| 18：1 ($\Delta^9$)，18：1 ($\Delta^9$)，18：1 ($\Delta^9$) | トリオレイン |
| **混合トリアシルグリセロール** | |
| 18：1 ($\Delta^9$)，18：1 ($\Delta^9$)，16：0 | オリーブオイルの成分 |

温で固体の脂肪である．一つ以上の不飽和脂肪酸鎖をもつトリアシルグリセロールは，通常，液体の油である．

　トリアシルグリセロールは，ほとんどの動物および多くの植物にとって重要なエネルギー貯蔵化合物である．動物には**脂肪細胞**（adipocyte）とよばれる脂肪蓄積に特化した細胞があり，白色脂肪組織や褐色脂肪組織に存在する．白色脂肪細胞は一つの脂肪滴を含むのに対して，褐色脂肪細胞は複数の脂肪滴をもつ（図5.6）．白色脂肪細胞は，ヒトが肥満になると大きくなり，数も増える．植物では，トリアシルグリセロールは種子に貯蔵され，発芽後に新しい種子が使用するエネルギーの供給源になる．

　植物種子に貯蔵されるトリアシルグリセロールおよび脂肪酸は，調理や栄養素として使用する植物油の成分でもある．植物由来の脂質と動物由来の脂質の，有益な側面と有害な影響については広く議論されている．現時点での知見では，食肉および牛乳の主要成分である二

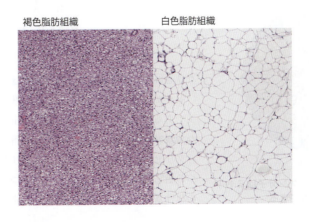

● 図 5.6 褐色脂肪組織と白色脂肪組織
褐色脂肪細胞が多くの脂肪滴を含むのに対し，白色脂肪細胞は一つの脂肪滴を含む．

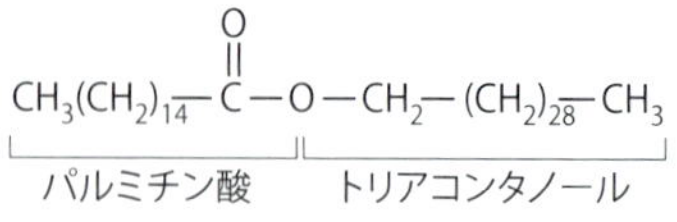

●図 5.7 蜜蝋

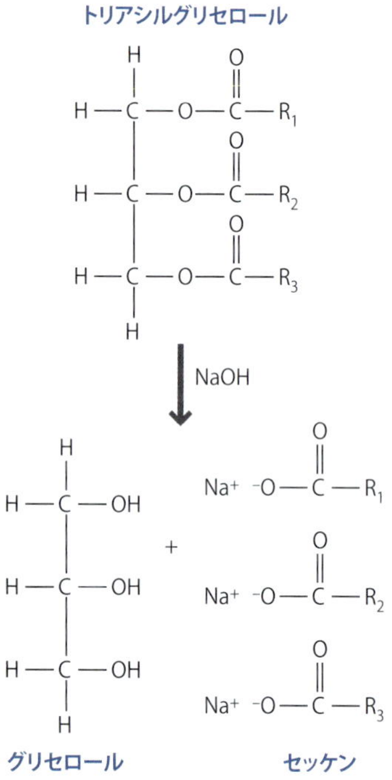

●図 5.8 セッケンの形成
図では，脂肪酸の炭化水素鎖は $R_1$，$R_2$，$R_3$ と表記されている．

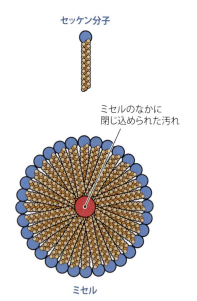

●図 5.10 セッケン分子はミセルを形成することができる

重結合をもたない飽和脂肪酸が，とくに心臓血管疾患のリスクを高めるため体に悪いとされている．複数の二重結合をもつ多価不飽和脂肪酸は，一般的には体に良いとされているが，どの多価不飽和脂肪酸が最も良いかについては議論がある．多価不飽和脂肪酸は，植物や魚油に多く含まれている．多価不飽和脂肪酸は，心臓病や脳卒中のリスクを軽減するだけでなく，がん，関節リウマチ，自閉症，およびほかのさまざまな疾病を予防し，さらには幼児の知力を高めるという報告もある．

### ワックスおよびセッケンは，脂肪酸の誘導体である

トリアシルグリセロールは，脂肪酸の唯一の重要な誘導体ではない．脂肪酸はまた，長鎖アルコール化合物と反応して生成物を得る．アルコールは $R-CH_2-OH$ をもつ化合物である．最も簡単なアルコールはメタノール（$H-CH_2-OH$）であり，その次は発酵・蒸留生成物から得られるエタノール（$CH_3-CH-OH$）である．脂肪酸と反応するアルコールは，はるかに長いR基をもつ．たとえば，トリアコンタノールのようなアルコールの構造式は $CH_3-(CH_2)_{28}-CH_2-OH$ である．これらのアルコールは，脂肪酸のカルボキシ基とエステル結合を形成する．トリアコンタノールとパルミチン酸（16：0脂肪酸）とのエステル化生成物は，はたらきバチによってつくられ，新しいハチのコロニーが育つハチの巣を形成する蜜蝋（図5.7）である．ワックスは一般に，脂肪酸またはトリアシルグリセロールよりも融点が高く，おもに60～100℃の範囲である．

セッケンも脂肪酸誘導体であり，トリアシルグリセロールを水酸化ナトリウムのようなアルカリで加熱することによって形成される．この工程を**ケン化**（saponification）という．この処理はエステル結合を破壊し，トリアシルグリセロールを脂肪酸に分解する．分解によって生じた脂肪酸がアルカリのカチオン（水酸化ナトリウムの場合はナトリウム）と塩を形成する（図5.8）．最初のセッケンは4,000年以上前に動物の脂肪を使ってつくられた．近年，オリーブ油に由来する"カスティールセッケン"のような植物油を用いた質の良いセッケンや，オリーブ油，松根油，パーム油を用いた液体セッケンなどがつくられるようになった．

セッケンのなかのカチオンは，脂肪酸のカルボキシ末端の親水性を増大させる．これに対して，脂肪酸の炭化水素鎖は疎水性のままである．したがって，セッケン分子は，親水性と疎水性の双方の性質をもつ**両親媒性**（amphiphile）化合物である（図5.9）．この両親媒性の性質のために，セッケンは**ミセル**（micelle）とよばれる集合体を形成することができる．セッケンのミセルは，表面にカルボキシ基を配置し，周囲の水から隔離された内側に炭化水素鎖が埋め込まれた球状構造である（図5.10）．セッケンのもつ洗浄性は，汚れのもととなる水に不溶な化合物をミセルのなかに補足することで溶液から取り除く能力に起因する．

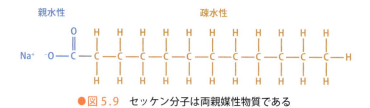

●図 5.9 セッケン分子は両親媒性物質である

### グリセロリン脂質とスフィンゴ脂質は両親媒性の脂質である

セッケンは両親媒性の性質をもつ唯一の脂肪酸誘導体ではない．脂質の二つの重要なクラスである**グリセロリン脂質**（glycerophospholipid）と**スフィンゴ脂質**（sphingolipid）もまた両親媒性化合物である．これらの脂質は膜に存在する．

グリセロリン脂質はトリアシルグリセロールに似ているが，トリアシルグリセロールの三つの脂肪酸のうちの一つが，グリセロールにホスホエステル結合によって結合した親水性の極性基によって置き換えられた構造をしている（図5.11）．この親水性の極性基は，分子

## ● Box 5.2　必須脂肪酸

　ヒトやほかの哺乳動物は，ある種の脂肪酸を合成することができる（12.7.1項参照）が，炭化水素のメチル末端から3番目と4番目の炭素，または6番目と7番目の炭素間に二重結合を入れることができない．

　これは，ヒトが多価不飽和脂肪酸のオメガ-3脂肪酸およびオメガ-6脂肪酸を産生できないことを意味する．これらの脂肪酸には，オメガ-3脂肪酸のα-リノレン酸（18：3ω3，ω6，ω9），オメガ-6脂肪酸のリノール酸（18：2ω6，ω9），およびγ-リノレン酸（18：3ω6，ω9，ω12）が含まれる．オメガ-3脂肪酸およびオメガ-6脂肪酸は，アラキドン酸およびイコサノイドホルモンを含むほかの重要な脂質の前駆物質である．したがって，リノレン酸とリノール酸は，ヒトが食事から得なければならない必須脂肪酸である．それらはおもに緑黄野菜やさまざまな種類の植物油から得られるので，食事が不健康でないかぎり，これらの脂肪酸の欠乏は起こりにくい．

　ヒトは，リノール酸とリノレン酸をアラキドン酸とオメガ-3脂肪酸に変換することができるが，この変換はあまり効率的ではない．したがって，栄養学者は，アラキドン酸とオメガ-3脂肪酸を食事から摂取することを推奨している．赤肉，鶏肉，卵はアラキドン酸を含み，オメガ-3脂肪酸は青魚に多く含まれる．オメガ-3脂肪酸は缶詰のマグロ（ツナ缶）には含まれていないので（缶詰工程中に魚油が除かれる），多くの人びとがオメガ-3脂肪酸不足に陥る危険性がある．これが要因となって，オメガ-3脂肪酸およびオメガ-6脂肪酸のサプリメントは絶大な人気があるが，魚油成分を含むこれらのサプリメントは必須脂肪酸や半必須脂肪のすべてを含んでいるわけではないことに注意が必要である．

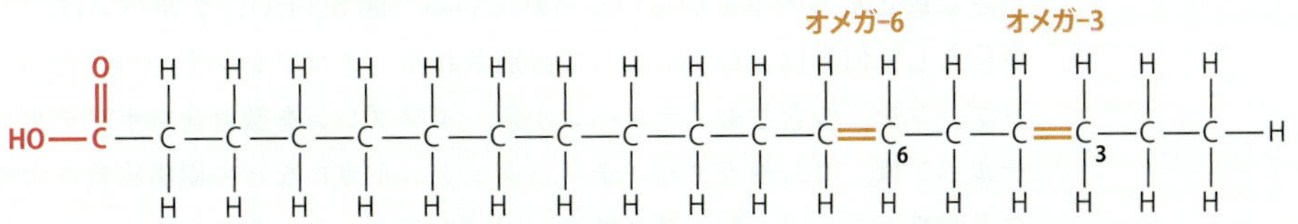

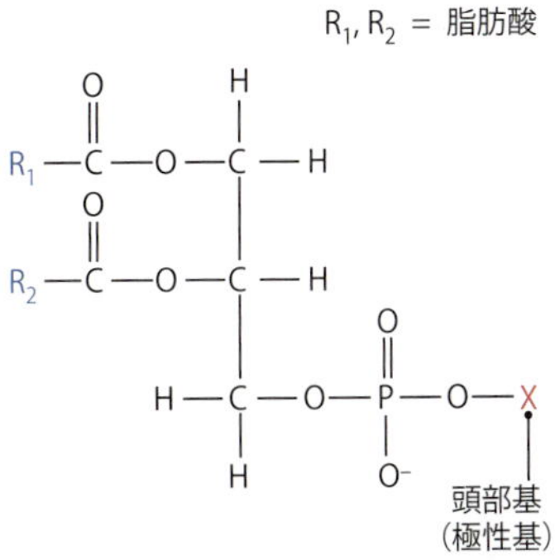

● 図 5.11　グリセロリン脂質の一般的な構造
$R_1$ および $R_2$ は二つの脂肪酸の炭化水素鎖であり，Xは親水性の頭部基（極性基）である

　の頭部に位置しているので「頭部基」とよばれる．最も単純な構造をしたグリセロリン脂質は，**ホスファチジン酸**（phosphatidic acid）である．ホスファチジン酸の極性基は水素原子である．ほかのグリセロリン脂質はより複雑であり，たとえば**ホスファチジルセリン**（phosphatidylserine）というグリセロリン脂質の極性基はアミノ酸のセリンである．**ホスファチジルグリセロール**（phosphatidylglycerol）は，極性基にグリセロールをもつ．ホスファチジルグリセロールのグリセロール部分がさらに修飾を受けて，ほかの脂質分子種に変化することもある（図5.12）．

　スフィンゴ脂質はグリセロリン脂質と類似した形をしているが，異なる化学構造を示す．スフィンゴ脂質の基本単位は**スフィンゴシン**（sphingosine）である．スフィンゴシンは内部にヒドロキシ基（−OH）をもった長鎖炭化水素誘導体である（図5.13）．スフィンゴ脂質では，親水性の極性基がスフィンゴシンの炭化水素鎖の最後の炭素に結合し，別の脂肪酸が最後から2番目の炭素に結合している．したがって，スフィンゴ脂質は，一つの親水性の極性基と二つの疎水性の尾部をもつ．尾部は，脂肪酸およびスフィンゴシン由来の炭化水素

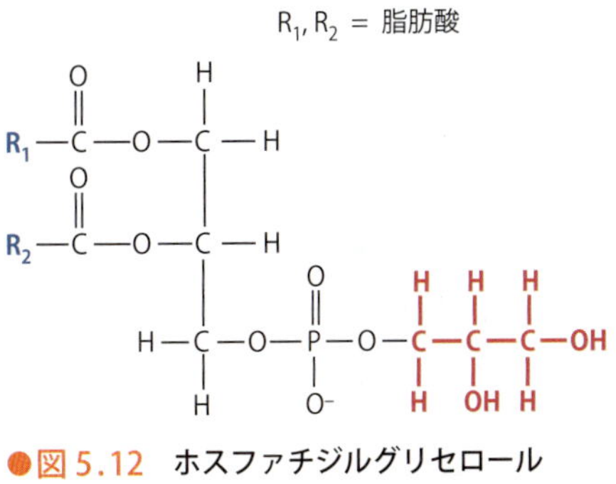

● 図 5.12　ホスファチジルグリセロール

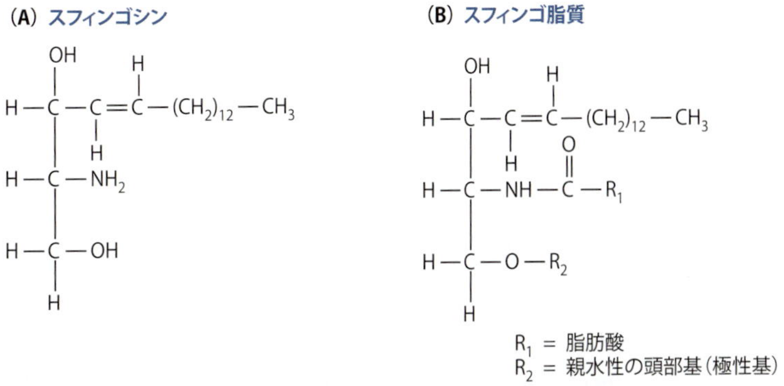

● 図 5.13　スフィンゴシンおよびスフィンゴ脂質

鎖である．スフィンゴ脂質の極性基は，ホスホコリンなどのリン酸含有化合物か，グルコースなどの単糖，またはより複雑な糖鎖構造のいずれかである．単糖を極性基にもつスフィンゴ脂質は**セレブロシド**（cerebroside）とよばれる．複雑な糖鎖を極性基にもつスフィンゴ脂質は**ガングリオシド**（ganglioside）とよばれる．

### 5.1.2 多様な機能をもつ多様な脂質

ここまで脂肪酸とその誘導体についてみてきたが，ここではほかの脂質を扱う．私たちはさまざまな構造をもつ脂質，とりわけそれらの脂質が担う多様な機能について学ぶ．

#### 自然界に広く存在するテルペン類

まず，テルペン類について学ぶ．テルペン類はあらゆる種類の天然化合物のなかで最も多様な化合物であり，25,000種類以上の化合物が知られている．ほとんどのテルペンは植物によってつくられており，その多くは一つのまたは少数の植物種にのみ特異的に存在する．木およびほかの植物によって分泌される樹脂はおもにテルペンを含み，これらは接着剤，ワニス，およびいくつかの種類の香料の成分である．

テルペン類は多様な化合物の一群であるが，すべてが**イソプレン**（isoprene）とよばれる小さな炭化水素の単位からつくられている（図5.14A）．テルペンは，イソプレンを一つの単位として何単位含むかによって区別される．イソプレンを一つ含むヘミテルペンおよびイソプレンを二つ含むモノテルペンから，イソプレンを数百含むポリテルペンまである．ポリテルペンは，ゴムやガタパーチャ（グッタペルカ）などの樹脂物質を含む．このような鎖長の多様性がテルペン類の多様性の一因であるが，それぞれのテルペンに多くの構造的な誘導体が存在することによって，さらに多様性が拡大する．たとえば，二つのイソプレン単位から構成されるモノテルペンのいくつか代表的な例をあげて考えてみよう（図5.14B）．ミルセンおよびゲラニオールは，それぞれベイおよびバラ植物の油から得られる香気のある化合

---

### ● Box 5.3 ポリテルペン

ポリテルペンは，多くのイソプレン単位で構成された長鎖高分子化合物である．例にはゴムとガタパーチャ（グッタペルカ）がある．南米およびアフリカに固有のさまざまな樹木から得られるゴムは，*cis*-1,4-ポリイソプレンであり，個々の分子は10,000〜200,000個のイソプレンを含有する．ガタパーチャは，東南アジアで発見されたパラキウム属の樹木に由来する．ガタパーチャは*trans*-1,4-ポリイソプレンである．したがって，ゴムおよびガタパーチャは，ポリマー骨格中に存在する炭素―炭素間の二重結合の配置のみ異なる．

ゴムとガタパーチャはある種の**ラテックス**（latex），すなわちおもに傷に応答して樹木から分泌される樹液である．このような樹液は，草食動物による攻撃から樹木を保護するために分泌されると考えられている．ラテックスには，毒性の化合物が含まれているものもあるが，ラテックスの粘着性は樹木の傷ついた部分を昆虫や小さなほかの草食動物から防ぐ機能を担っている．

ラテックスを回収し，凝固させてから乾燥させることができる．このようにして製造されたゴムは多くの有用な性質をもっているが，粘着性が残っており，低温で脆くなる．**加硫**（vulcanization）を行うことで，個々のポリイソプレン鎖間が架橋されて，弾性と機械的安定性が向上する．車のタイヤ，ホース，ボーリングのボールなど日常的に使われているほとんどのゴム製品は加硫材料でつくられている．ガタパーチャは，非加硫ゴムよりも弾性があり，生物学的に不活性である．これは，極限環境における電気絶縁体（たとえば大西洋を横断する電信ケーブルの初期の電気絶縁体）として使用されていた．前世紀末には，これらの天然産物の代わりに，石油化学製品でつくられたプラスチックや合成ゴムのような代替品が使われるようになった．

天然ゴム (*cis*-1,4-ポリイソプレン)

ガタパーチャ (*trans*-1,4-ポリイソプレン)

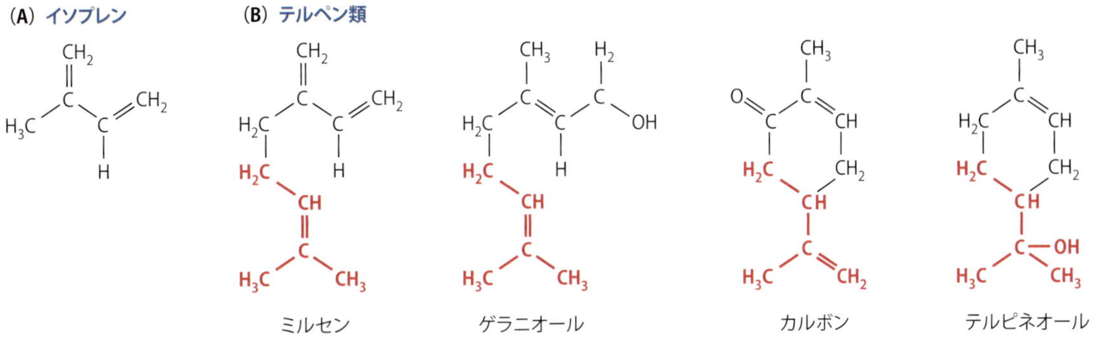

### 5.1 脂質の構造

**(A) イソプレン**　　**(B) テルペン類**

ミルセン　　ゲラニオール　　カルボン　　テルピネオール

● 図 5.14　テルペン類
(A) テルペン構造の基本単位であるイソプレン，(B) 四つのモノテルペン．それぞれ二つの修飾されたイソプレン単位から構成されている．各分子において，二つのイソプレン単位は異なる色で示されている．

物である．これらの化合物の構造は比較的単純で，基本単位となるイソプレン骨格は容易に判別できる．キャラウェイ（ヒメウイキョウ）から得られるカルボンや松根油から得られるテルピネオールのような，炭化水素環成分をもつテルペンの誘導体ではイソプレン骨格を判別することは難しい．

　ある種のテルペンは，先史時代の人びとによって使用された最初の生物由来の製品の一つであった．それらはマツ，トウヒ，およびバーチ樹の樹脂テルペンである．マツとトウヒの樹脂は大部分が四つのイソプレン単位を含むジテルペンで構成されている．なかでも重要なジテルペンは，アビエチン酸とピマール酸である（図 5.15）．これら二つの化合物はよく似ており，いずれも 4 単位イソプレン骨格に由来する三つの六員環を含む．バーチ樹皮の樹脂はベツリンとルペオールを含む．これらは五つの環構造を含むトリテルペンである．無酸素条件下で木材を高温に加熱することによって得られる樹脂由来のタールおよびピッチの製造は，おそらく 1 万年前よりも以前から行われていた．タールやピッチの製造は金属加工のはるか前のことであり，化学工業のはじまりである．タールは，さまざまな用途に使用されてきたが，とくに石の矢頭を木の軸に取りつけるための接着剤として利用された．今日，ベツリンおよび関連化合物は，抗炎症剤として臨床の場で用いられている．先史時代の人びとのなかにも同じ目的で使った人がいたかもしれない．

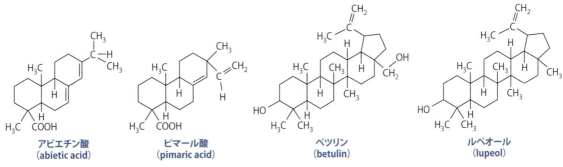

アビエチン酸
(abietic acid)　　ピマール酸
(pimaric acid)　　ベツリン
(betulin)　　ルペオール
(lupeol)

● 図 5.15　樹脂に由来する重要なテルペン類

#### ステロールとステロイドはテルペンの誘導体である

> ステロールの合成経路は，12.3.1 項に記載されている．

　ここでは，前項とは異なるテルペンの環化誘導体について学ぼう．**ステロール**（sterol）は，六つのイソプレン単位を含むトリテルペンであるスクアレンの環化によって生成される．スクアレンの環化によって生成されるステロールの中心部分の構造は，四つの炭化水素環をもつ．そのうち三つは六つの炭素をもち，一つは五つの炭素をもつ（図 5.16）．

　ステロールは細胞膜の主要な脂質成分の一つである．ほかの膜の構成成分と同様に，ステロールも両親媒性物質である．炭素番号 3 の炭素に結合したヒドロキシ基が親水性頭部基で

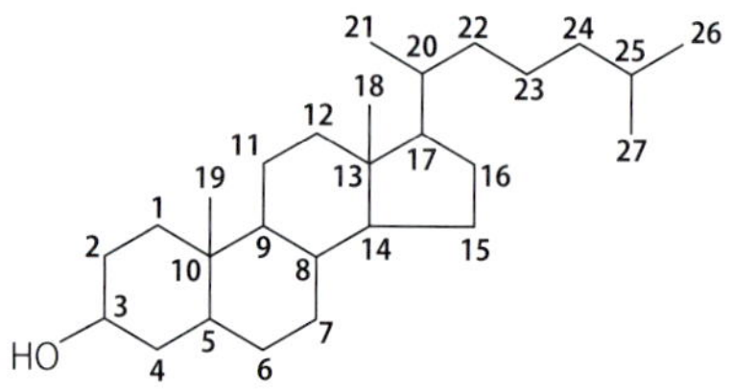

● 図 5.16　ステロールの核となる構造
炭素数の数え方が示されている.

あり，ほとんどの場合，炭素番号 20 〜 27 の一部または全部が疎水性炭化水素鎖（ここでは R 基とよぶ）を形成している．**コレステロール**（cholesterol）は最もよく知られている動物性ステロールであり，この種類の脂質の典型的な例である．8 個の炭素からなる R 基は直鎖状に 6 個の炭素を含み，残りの二つの炭素（メチル基）は分枝鎖となっている（図 5.17）．植物に存在する代表的なステロールは，**スティグマステロール**（stigmasterol）である．スティグマステロールの R 基はコレステロールの R 基と類似しているが，わずかに炭化水素の配置が異なる．いくつかのステロールは親水性の R 基をもち，水に容易に溶解する．親水性のステロールとして，カルボキシ基を側鎖末端にもつ**胆汁酸**（bile acid）があり，最も単純な例は**コール酸**（cholic acid）である．**グリココール酸**（glycocholate）や**タウロコール酸**（taurocholate）のようなコール酸の誘導体は，肝臓で合成され小腸に分泌されて，そこで食事中の脂肪を乳化することで分解を助ける役割を担う．

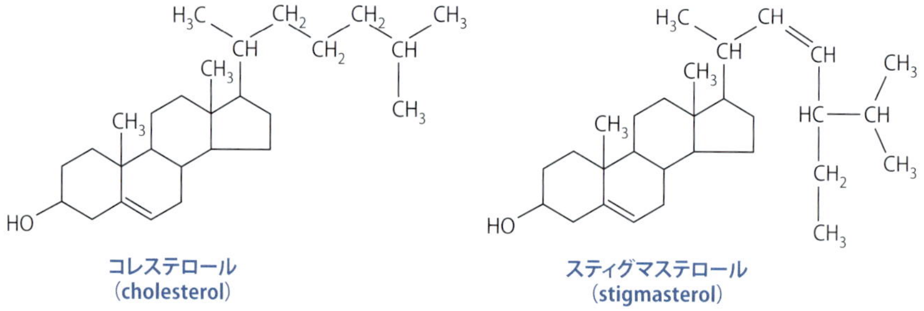

● 図 5.17　コレステロールとスティグマステロール

**ステロイド**（steroid）はステロール誘導体であり，それ自体が脂質の別の大きなクラスである．ステロールでは炭素番号 3 の炭素にヒドロキシ基が結合していたが，ステロイドでは別の化学基が結合している点を除けば，ステロイドの基本単位はステロールの単位と同じである．ステロール類は厳密にはステロイドのサブクラスであり，二つの名称は時に同じ意味で使用される．ステロイドがもつ R 基は一般的には親水性であり，そのためステロイドは比較的水溶性である．ステロイドには男性ホルモンと女性ホルモンを含む．ヒトやほかの哺乳動物の男性ホルモンや女性ホルモンといった性ホルモンもステロイドである（表 5.3）．タンパク質同化作用をもつステロイドには，骨や筋肉の合成を調節する役割を担う**テストステロン**（testosterone）などが含まれる．

● 表 5.3　ステロイドホルモン

| 種　類 | 例 | 合成部位 | 機　能 |
| --- | --- | --- | --- |
| 糖質コルチコイド | コルチゾール，コルチゾン | 副腎皮質 | 代謝におけるさまざまな作用 |
| 鉱質コルチコイド | アルドステロン | 副腎皮質 | 体内の塩分および水分バランスの調節 |
| エストロゲン | エストロン，エストラジオール，エストリオール | 副腎皮質，性腺 | 女性ホルモン |
| アンドロゲン | テストステロン | 副腎皮質，性腺 | 男性ホルモン |
| 黄体ホルモン | プロゲステロン | 卵巣，胎盤 | 生理周期および妊娠の制御 |

### イコサノイドと脂質ビタミン

天然に存在する脂質の重要なものについてはすでに述べたので，ここでは，重要な生物学的機能を担う二つの脂質分子種について見ていこう．

第一に，**イコサノイド**（icosanoid）[†]は 20 : 4（$\Delta^{5,8,11,14}$）脂肪酸，すなわちアラキドン酸から誘導される化合物である．イコサノイドは，ホルモン刺激に応答して細胞膜に存在するグリセロリン脂質から放出されるアラキドン酸から合成され，それ自身がホルモンのような活性を示し，生殖や疼痛反応を含む多くの生物学的過程を制御する．よく知られている鎮痛剤のアスピリンとイブプロフェンは，特定のイコサノイドの生成を抑制することによって作用する．イコサノイドは血流に乗って体の各部まで循環することなく，合成された組織のなかにとどまるので，定義上ホルモンではない．イコサノイドの例として，**プロスタグランジン**（prostaglandin）や**トロンボキサン**（thromboxane）があげられる．

† 訳者注：イコサノイド（icosanoid）はかつてはエイコサノイド（eicosanoid）とよばれていたが，IUPAC/IUBMB ではエイコサンの名称がイコサンに変更されたため，イコサノイドの名称を推奨している．イコサノイドは C20 のアルカンであるイコサン（icosane）に由来しており，かつてこのアルカンがエイコサン（eicosane）とよばれていた．http://goldbook.iupac.org/html/I/I02932.html も参照のこと．

ビタミン A，D，E，および K は脂質（正確には，脂溶性ビタミン）である（図 5.18）．ビタミン A，E，および K はテルペノイドの一種であり，またビタミン D はステロイド構造をもつが炭化水素環の一つが開裂している．次にそれぞれの脂溶性ビタミンを概説する．それぞれのビタミンは関連する一群の化合物の総称である．

- ビタミン A はさまざまな機能をもっているが，眼の網膜の光受容体タンパク質ロドプシンとイオドプシンの合成に必要なレチノールがビタミン A に含まれることは注目に値する．視覚にビタミン A が必要であるという事実は，ニンジン（ビタミン A を含む）をたくさん食べると暗闇のなかでの視力が改善されるという神話のもとになっている．
- ビタミン D は食事から得られるが，日光を浴びることで皮膚でも合成される．その機能のなかには，健康な骨の発達がある．ビタミン D の欠乏は，くる病とよばれる小児期の骨疾患の発症の原因となる．最近のくる病の事例は，日焼け止め剤の過度の使用によるものである．
- ビタミン E は細胞内の酸化的損傷の予防に関与する．ビタミン E は野菜に豊富に含まれているため，食事からの摂取の欠乏はほとんど起こらない．しかし，胃腸からのビタミン E の取込みが低下する遺伝性疾患が知られており，その場合，適切な治療を行わないと神経系の障害を発症する．

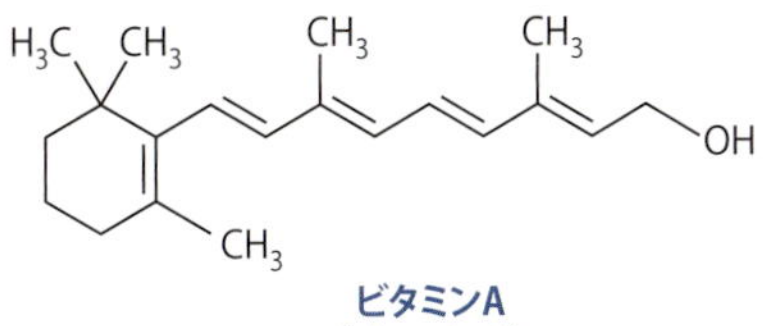

ビタミンA
(vitamin A)

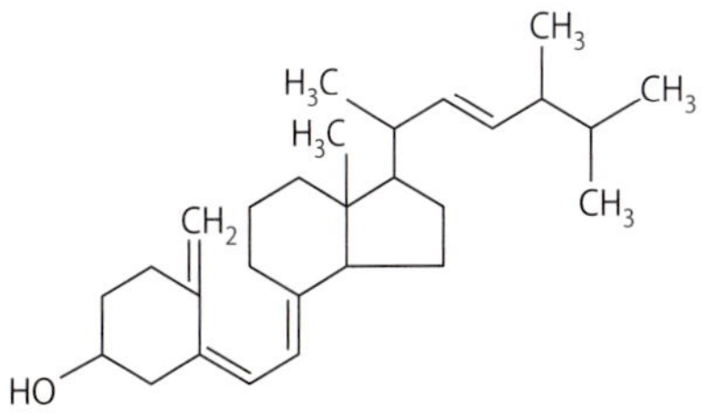

ビタミンD$_2$
(vitamin D$_2$)

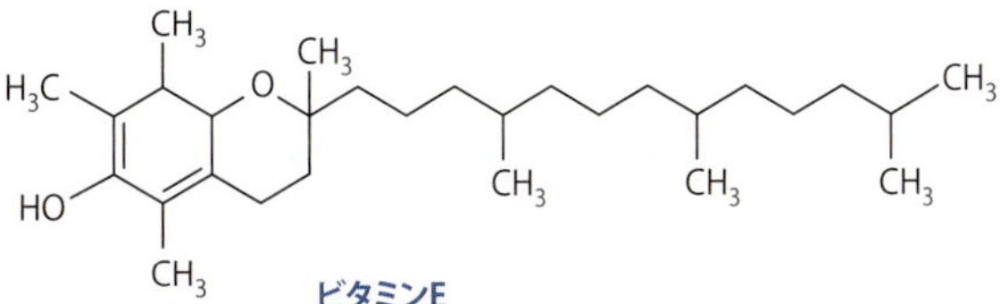

ビタミンE
(vitamin E)

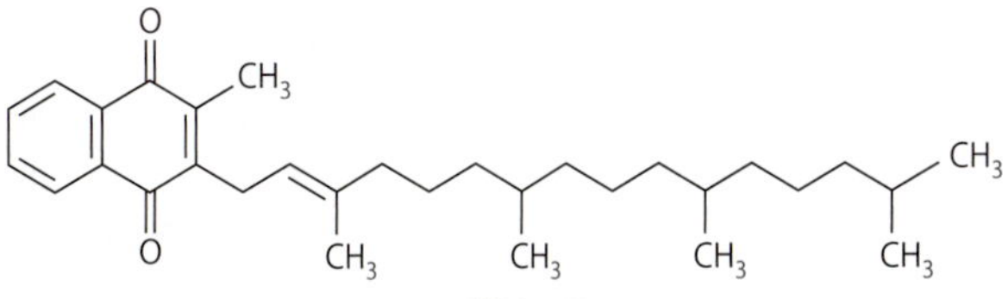

ビタミンK$_1$
(vitamin K$_1$)

**●図 5.18 ビタミン A，D，E，および K の構造**
各ビタミンは一群の関連分子を含む．ここに示す例は，レチノール（食事中に最も多く含まれるビタミン A），エルゴカルシフェロール（ビタミン D$_2$），トコフェロール（ビタミン E），およびフィロキノン（ビタミン K$_1$）である．

### ●Box 5.4　プロスタグランジン

プロスタグランジンはイコサノイド化合物に属する一群の化合物であり，それぞれ五つの炭素からなる芳香族環と1対の炭化水素の尾部をもつ．

プロスタグランジン$A_2$（prostaglandin $A_2$）

プロスタグランジン$E_1$（prostaglandin $E_1$）

プロスタグランジン$F_{3α}$（prostaglandin $F_{3α}$）

プロスタグランジンは合成された細胞から細胞外に放出され，次いで同じ組織中の別の細胞の表面上の受容体タンパク質に結合する．受容体に結合すると，標的となった細胞の内部で一連の生化学的反応が活性化される．私たちは，細胞表面受容体タンパク質の一般的な特徴や，プロスタグランジンのようなシグナル分子の結合が細胞の内部にどのように影響を与えるかについて，この章の後半で学ぶ．さまざまなプロスタグランジン類に結合する，少なくとも10種類以上のプロスタグランジン受容体が存在する．受容体が異なれば細胞内に惹起される応答も異なり，プロスタグランジンは血管拡張，血液凝固，炎症，排卵，胃酸分泌を含むさまざまな生化学的および生理学的機能を制御する．

プロスタグランジンはおもに動物に存在するが，プロスタグランジンに関連した化合物であるジャスモン酸は植物が合成する．

ジャスモン酸（jasmonic acid）

ジャスモン酸も一種のシグナル分子であり，開花，葉分裂，および創傷への応答など植物のさまざまな生命現象の制御にかかわっている．

- ビタミンKは多くの葉野菜に豊富に含まれている．キャベツが健康に良い理由の一つである．ビタミンKは，正常な血液凝固反応に必要である．

## 5.2　生体膜

膜は，すべての生体系にとって基本であり必須のものである．膜は，細胞内外の分子の移動や細胞小器官内外の分子移動を制御する選択的な障壁としてはたらく．膜は，脂質，タンパク質，場合によっては糖などから構成されている．まず，膜の構造について学んだのち，どのように膜が選択的な障壁として機能するかについて見ていこう．

### 5.2.1　膜の構造

膜の機能に依存して，膜中の脂質，タンパク質，および糖質の相対的含有量の比は変化する（表5.4）．たとえばミトコンドリア内膜は，ミトコンドリア外膜よりもタンパク質含量

●表5.4　ヒト細胞の異なる膜の構成（質量別）

| 膜 | 脂質 | | | | | タンパク質 | 糖質 |
|---|---|---|---|---|---|---|---|
| | 合計 | GPP | スフィンゴ脂質 | ステロール | その他 | | |
| 赤血球形質膜 | 43% | 19% | 8% | 10% | 6% | 49% | 8% |
| 肝細胞形質膜 | 36% | 23% | 7% | 6% | 0% | 54% | 10% |
| 小胞体 | 28% | 17% | 1% | 1% | 9% | 62% | 10% |
| ミトコンドリア外膜 | 45% | 41% | 0% | 0% | 3% | 55% | 0% |
| ミトコンドリア内膜 | 22% | 20% | 0% | 0% | 2% | 78% | 0% |

GPP：グリセロリン脂質

が50％多い．この違いは，エネルギーの産生にかかわる電子伝達系のタンパク質がミトコンドリア内膜に豊富に存在するという事実を反映している．また，タンパク質含量だけでなく，グリセロリン脂質，スフィンゴ脂質，ステロール，およびほかの脂質について，その種類や相対的含有量の比も異なっている．次ではまず，これらのさまざまな種類の脂質が，膜を形成するために互いにどのように会合するかについて学ぼう．

### 膜は脂質二重層である

グリセロリン脂質，スフィンゴ脂質，およびステロールに共通の特徴は，これらの脂質は両親媒性物質であることである．両親媒性分子は疎水性成分と親水性成分のどちらももつことを思いだそう．グリセロリン脂質およびスフィンゴ脂質の疎水性尾部（水を嫌う）は，水から離れた脂質豊富な環境に存在することを好む．セッケンはミセルを形成することによって疎水性の部分を水から隔離する（図5.10参照）．セッケン分子はただ一つの疎水性尾部をもつが，グリセロリン脂質またはスフィンゴ脂質は二つの疎水性尾部をもつ．二つの疎水性尾部があるため，これらの脂質は球状のミセルを形成することができない．なぜなら，ミセルには脂質の二つの疎水性尾部を押し込められるほど十分な空間がないからである．代わりに，グリセロリン脂質およびスフィンゴ脂質は，**二重層**（bilayer）に集合することによって水から疎水性尾部を保護する（図5.19）．グリセロリン脂質およびスフィンゴ脂質の疎水性尾部は周囲の水から離れた二重層の内部に埋め込まれ，親水性頭部基は二重層の上下の面に配置される．したがって生体膜は，グリセロリン脂質，スフィンゴ脂質，およびステロールなどのほかの両親媒性脂質からなる脂質二重層である．

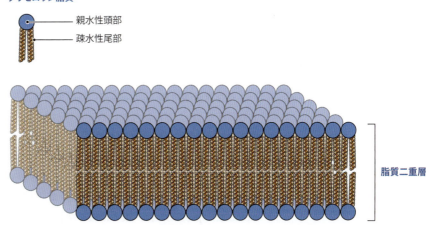

● 図 5.19　脂質二重層

膜中の個々の脂質は互いに強固な結合を形成しない．脂質は，細胞内や細胞間の空間に存在する水に富んだ環境から離れたいという疎水性尾部の要求を満たすことを優先して，その配置を決めている．これらの疎水性効果は，脂質二重層の2枚のシートを互いに近接して保持するのに十分強く，弾性および柔軟性の両方を兼ね備えた安定な構造を形成する．膜は，破損することなく2〜4％引き延ばせて，真核細胞の内部の膜構造を構成する球状小胞や管状構造に湾曲させることができる．

脂質分子が脂質二重層の一方の側から他方の側へ移動することは困難である．なぜなら，この動きには親水性の頭部基が脂質二重層の疎水性部分を通過する動きが含まれるからである．一方，脂質二重層において，自身が存在している層内の脂質分子の横の動きにはほとんど制限がない（図5.20）．したがって，膜のそれぞれの単層は，脂質分子が絶えず動いている二次元流体として見ることができる．このことは，1972年にシンガーとニコルソンによって最初に提案された膜の構造に関する**流動モザイクモデル**（fulid mosaic model）の基礎をなしている．人工膜を用いた研究から，個々の脂質分子は毎秒2 μmに近い速度での動きが

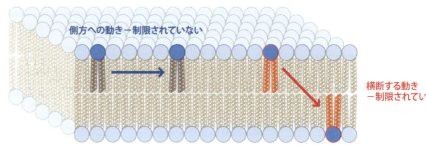

● 図 5.20　膜内における脂質の横方向への動きと膜を横断する動き
側方への運動にはほとんど制限がないが，膜を横切る動きは頻繁には起こらない．これは，脂質が膜を横断するためには，脂質の親水性部分が膜のなかを通過しなければならないからである．

可能であることが明らかになった．これは，真核細胞の膜の外層の全周を回るのに1分もかからないほど十分に速い．拡散速度は，脂質分子の構造を含むいくつか要素によって変化する．長い疎水性尾部をもつ脂質分子は，互いにより密着するため，流動性の低い膜を形成する．逆に，脂質の疎水性尾部の脂肪酸に一つ以上の二重結合が存在すると，分子に折れ曲がりが生じて互いに密着することができず，その結果，流動性の高い膜が形成される．

### 膜にはタンパク質も含まれている

脂質二重層は生体膜の重要な構造的特徴であるが，膜は脂質のみでつくられているわけではない．ほとんどの膜にはタンパク質も含まれている．生体膜の流動モザイクモデルの"モザイク"部分は，膜にタンパク質が存在している様子を指す．タンパク質は脂質分子よりも膜に存在する分子数は少ないが，サイズが大きいため，膜全体の重量のかなりの部分をタンパク質が占める．たとえば，ヒトのほとんどの細胞の形質膜は，重量の点からいえば脂質よりもタンパク質のほうが多くを占めるが，分子数では脂質のほうが50倍多い．

私たちは，脂質二重層への結合の強さによって，膜に存在するタンパク質を2種類の膜タンパク質に区別する．一方のグループは**内在性膜タンパク質**（integral membrane protein）である．内在性膜タンパク質は膜と密着しており，脂質二重層の構造を破壊しないかぎり膜から取りだすことができない．実験的には，膜を含む細胞抽出物をドデシル硫酸ナトリウムのような**界面活性剤**（detergent）で処理すれば，内在性膜タンパク質を取りだすことができる（図5.21）．界面活性剤はそれ自体が脂肪酸誘導体であり，セッケンと同様に，疎水性尾部および強力な親水性頭部基をもつ．界面活性剤の疎水性尾部は脂質二重層に浸透し，界面活性剤が十分な量で存在する場合，界面活性剤分子は，脂質や内在性膜タンパク質を含むミセルを形成する．このように，脂質二重層を壊せば，内在性膜タンパク質を取りだすことができる．対照的に，もう一方のグループである**表在性膜タンパク質**（peripheral membrane protein）は，膜とは緩く結合している．表在性膜タンパク質は界面活性剤を使うことなく，したがって脂質二重層を破壊することなく，膜を含む細胞抽出物を穏やかに洗浄するだけで表在性膜タンパク質を取りだすことができる．

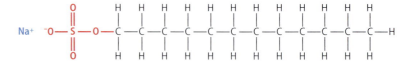

● 図 5.21　ドデシル硫酸ナトリウム

すべてではないが多くの内在性膜タンパク質は，脂質分子の脂肪酸鎖と相互作用する疎水性アミノ酸残基の連続した部分をもち，この部分で脂質二重層全体を貫通している．これらの**膜貫通タンパク質**（transmembrane protein）のいくつかは樽のようなバレル構造をとり，樽の壁の部分はβシートで構成されている（図5.22）．ほかの膜貫通タンパク質では，一つもしくは複数のαヘリックスが膜を貫通している．膜貫通タンパク質は細胞質側の面において，しばしば表在性膜タンパク質と結合する．この結合は一過性の結合であることもある．ほかの表在性タンパク質は，脂質二重層の途中までαヘリックスかほかの構造を挿入するか，

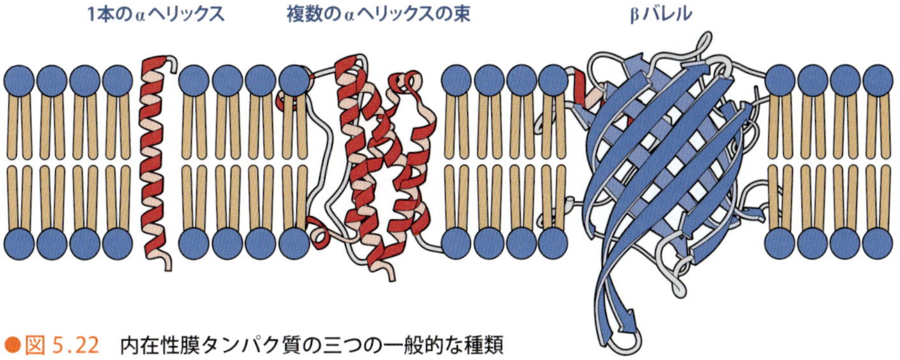

● 図 5.22　内在性膜タンパク質の三つの一般的な種類

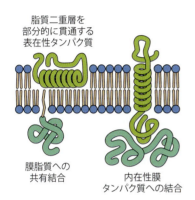

● 図 5.23　表在性タンパク質が膜と結合するさまざまな方法

または膜脂質と共有結合によって結合することによって、脂質二重層のいずれかの側に直接結合している（図5.23）。膜脂質と共有結合した表在性タンパク質は、**脂質修飾タンパク質**（lipid-linked protein）とよばれる。脂質との共有結合によって膜に存在しているので、脂質二重層の内部に埋まらずに膜の表面に存在するにもかかわらず、脂質修飾タンパク質を内在性膜タンパク質として分類する生化学者もいる。

　流動モザイクモデルは、脂質の"海"のなかを浮遊する膜タンパク質を想定している。このような状況は、タンパク質が機能するうえで問題とならないだろうか？　私たちがよく知っているように、二つ以上の膜タンパク質がその生化学的機能を発揮するために協働しなければならない場合、それらのタンパク質が膜のなかでランダムに運動すると、非常に効率が悪い。もしこのようなことが起こっているとしたら、それらのタンパク質が膜のなかを自由に動き回って、偶然互いに接近したときにのみ機能を発揮できることになる。流動モザイクモデルが1970年代の初頭に提案されたとき、一緒に機能する一群のタンパク質を膜のなかの同じ領域に配置することを可能にする比較的安定した膜ドメインが存在しなければならないと推測された。これらの膜ドメインは現在、**脂質ラフト**（lipid raft）とよばれている。脂質ラフトは、直径が 10 ～ 100 nm の脂質二重層の小さな領域であり、互いに密着する性質をもった脂質がこの膜領域を占める割合が高いと考えられている（図5.24）。ステロールは、とくに脂質ラフトに多く存在すると考えられている。なぜなら、ステロールは不飽和脂肪酸をもつグリセロリン脂質どうしの空間にきちんと収まるので、脂質どうしの隙間をなくして、膜構造を硬くするためである。脂質ラフトは膜全体よりも安定性が高く、運動性の高い脂質二重層の"海"のなかに浮かぶ"筏(raft)"のように浮遊する。

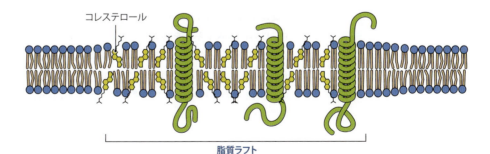

● 図 5.24　脂質ラフト

### 5.2.2　選択的障壁としての膜

　脂質二重層を通過できる化合物はごくわずかである。膜の内部に存在する疎水性領域を直接通過するためには、分子は小さくて非極性でなければならない。それ以外の化合物は、内在性膜タンパク質の助けがある場合のみ膜を通過することができる。したがって、生体膜は**選択的障壁**（selective barrier）でありいくつかの化合物を通過させるが、ほかの化合物の通過を妨げる。これは、形質膜が細胞内部の化学組成を制御できることを意味する。さらに、

### ● Box 5.5　膜の糖質成分である糖鎖

ほとんどの形質膜および一部の細胞内膜は，糖鎖成分をもつ（表5.4参照）．糖鎖は，脂質およびタンパク質への共有結合によって，**糖脂質**（glycolipid）および**糖タンパク質**（glycoprotein）をそれぞれ形成し，形質膜の細胞外表面上に位置する．

本文中ですでに述べたように，単糖を頭部基（極性基）としてもつスフィンゴ脂質として，セレブロシドとガングリオシドがあげられる．これらの名称は，これらの糖脂質が脳の神経細胞の膜に豊富に存在することに由来する．糖タンパク質において，糖質成分はアミノ酸のセリン，トレオニンまたはアスパラギンに結合した短い糖鎖である．糖タンパク質については，6.1.3項でより詳しく学ぶ．

細胞表面に存在する糖脂質および糖タンパク質の糖鎖による細胞表面の被覆は，細胞を保護する役割を果たし，また細胞どうしの認識を助ける．糖鎖による細胞どうしの認識は，発生過程における細胞どうしの相互作用に重要な役割を果たす．また，糖鎖による細胞どうしの認識は感染症に対する生体防御メカニズムの一部として，外来の細胞を認識し破壊することを可能にする．

---

細胞小器官の表面を構成する膜は，その細胞小器官の内部環境を細胞質の内部環境とは異なる状態で維持することを可能にしている．

膜を通過できないいくつかの化合物は，**シグナル伝達**（signal transduction）とよばれる過程を経て，細胞内の事象に影響を及ぼすことができる．これらの化合物は，膜貫通受容体タンパク質の**受容体タンパク質**（receptor protein）に結合する制御分子であり，一連の細胞内生化学反応を開始することによって応答する．たとえばいくつかの増殖因子は細胞分裂を誘導するために受容体タンパク質に結合する．

輸送およびシグナル伝達における膜の役割をより詳細に見ていこう．

### 拡散に依存する輸送はエネルギーを必要としない

輸送タンパク質の助けがなくとも脂質二重層を通過できる物質は，水，いくつかの気体（酸素，窒素，二酸化炭素など），および尿素やエタノールなどの少数の有機分子である．これらの分子は，膜の両側の化合物の濃度差に比例する速度で，単純な拡散によって膜を通過する．

脂質二重層を通過できない物質には，アミノ酸および糖ならびに $Na^+$（ナトリウムイオン）および $K^+$（カリウムイオン）などのイオンが含まれる．これらの分子は，内在性膜タンパク質によって膜を横切って輸送される．これらの輸送過程のなかで最も簡単なものは，**単輸送体**（uniporter）とよばれるタンパク質が基質濃度の高い側から低い側に基質を移動させる**促進拡散**（facilitated diffusion）である（図5.25A）．濃度勾配に本来備わっているエネルギー以外のエネルギーを必要としない．

促進拡散の一例は，哺乳類の赤血球で見られるGLUT1とよばれる**糖輸送体**（glucose transporter）による赤血球へのグルコースの輸送である．GLUT1は，赤血球の形質膜を貫通する12本のαヘリックスで構成された典型的な膜貫通タンパク質である．赤血球の外表

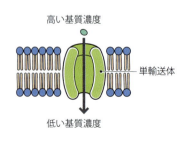
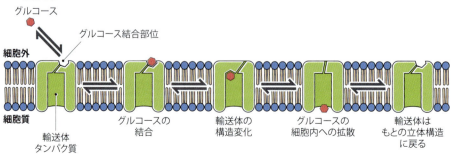

● 図 5.25　単輸送体を介した膜を横切る促進拡散
（A）単輸送体の一般的な作動様式，（B）糖輸送体を介した赤血球へのグルコースの輸送．

面に露出した GLUT1 の領域にグルコースが結合すると，タンパク質の構造変化が起こり，GLUT1 の構造中に存在するチャネルのなかにグルコースが移動する（図 5.25B）．このチャネルは赤血球の内部につながっているため，グルコースは，本来通過できない脂質二重層の疎水性部分に遭遇することなく，膜を通過できる．

　グルコース輸送過程は可逆的なので，赤血球内のグルコース濃度が周囲の血漿中のグルコース濃度よりも高い場合，グルコースは細胞外に移動する．細胞内に取り込まれたグルコー

● Box 5.6　電位依存性イオンチャネルと神経インパルス（活動電位）

　細胞膜には膜を隔てて電荷の偏りがあり，これを**膜電位** (membrane potential) とよぶ．$Na^+/K^+$ ATP アーゼは膜電位を維持するのに役立つ．この ATP アーゼは，三つの $Na^+$ を細胞外に汲みだすたびに $K^+$ を二つしか細胞内に移動させないため，膜を隔てて電荷の偏りが生じて，正に帯電したイオンの濃度は細胞外のほうが細胞質に比べて高くなる．したがって，細胞内は負に帯電し，通常，細胞外と比較して $-40$ mV と $-80$ mV のあいだの値を示す．

　ほとんどの細胞では，膜電位は経時的に変化しない．しかし神経細胞は例外である．神経細胞は，電位依存性イオンチャネルとよばれる膜貫通タンパク質をもち，この膜タンパク質は膜電位の変化に応答してその構造を変化させることができる．**電位依存性イオンチャネル** (voltage-gated ion channel) が活性化されると，$Na^+$ または $K^+$ のいずれかがその濃度勾配に従った拡散を可能にするチャネルを開く．

　$Na^+$ が開口すると膜の脱分極が起こる．なぜなら，濃度勾配に従って $Na^+$ が細胞内に入ってくるため，細胞内の負電荷を解消させてしまうからである．実際の $Na^+$ の流入は非常に速いため，ちょうど電気的に中性になる点を超えてしまい，細胞の内部が正電荷を獲得し，1 ミリ秒以内に膜電位が約 $-60$ mV から $+40$ mV に変化する．細胞内部の正電荷は，次に電位依存性 $K^+$ チャネルの開口を刺激するので，$K^+$ は濃度勾配に従って細胞外にでていく．これにより，細胞内は再び急速に負に帯電する．

　電位依存性 $Na^+$ チャネルは，チャネルが閉鎖したあとしばらくのあいだ膜電位に対する感受性を失う．これは，細胞内の負の帯電が回復したあとは，電位依存性 $Na^+$ チャネルが直ちに再活性化しないことを意味する．この性質は，ニューロンの軸索に沿った神経インパルスの伝達を可能にしている．軸索は長くて細い円柱構造であり，神経インパルスは細胞体から軸索の先まで移動する．一時的に静止状態にある電位依存性 $Na^+$ チャネルが再活性化しないため，脱分極の波（活動電位）が軸索から細胞体のほうに戻ることができず，細胞体から軸索の一方向に活動電位が伝導する．

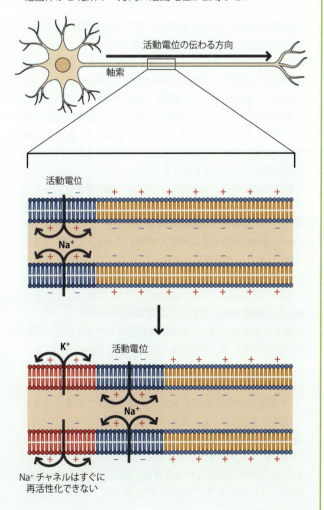

スはただちに代謝されてエネルギーを生成するため，このような状況は起こりえない．したがって，細胞内部のグルコース濃度は低いままであり，グルコースは赤血球に連続的に輸送され，細胞に絶えずエネルギーを供給する．GLUT1と同様の単輸送体は，ほとんどの哺乳類動物細胞の形質膜に存在し，さまざまな糖およびアミノ酸を濃度勾配に従って輸送することができる．

● 表5.5 典型的な哺乳類の細胞における細胞内および細胞外のイオン濃度

| イオン | 細胞内濃度 (mM) | 細胞外濃度 (mM) |
|---|---|---|
| $K^+$ | 140 | 5 |
| $Na^+$ | 10 | 145 |
| $Ca^+$ | 0.0001 | 5 |
| $Cl^-$ | 4 | 110 |

ATPの加水分解が，どのように能動輸送やほかの生化学的過程に必要なエネルギーを放出するかについては，8.1.1項で学ぶ．

### 能動輸送はエネルギーを必要とする

拡散に基づく輸送は，輸送の方向性が基質の濃度勾配に従っている場合にかぎり，膜を横切って基質を輸送できる．しかしながら，細胞または細胞小器官が濃度勾配に逆らって分子またはイオンを輸送しなければならない場合もある．これは，細胞内のイオン組成を適切に維持する際に最も重要である．たとえば，哺乳類の細胞は，細胞外環境と比較して細胞内部の$K^+$濃度が高く，$Na^+$，$Ca^{2+}$（カルシウムイオン），およびほかのイオンの濃度は低い（表5.5）．これらのイオン濃度の差異を維持するためには，細胞は濃度勾配に逆らって細胞膜を横切ってイオンを移動させ，細胞に$K^+$を送り込み，$Na^+$および$Ca^{2+}$を細胞から汲みださなければならない．これは**能動輸送**（active transport）とよばれ，エネルギーを必要とする．

能動輸送のためのエネルギーは，二つの方法で得られる．一つ目は，ATPの加水分解である．ATPを，ADPおよび無機リン酸に変換することでエネルギーを得られる．二つ目は，あるイオンの濃度勾配に逆らった輸送を，別のイオンの濃度勾配に従ったイオンの移動と共

**リサーチ・ハイライト**

● Box 5.7　嚢胞性線維症の生化学

　嚢胞性線維症（cystic fibrosis, CF）の患者は，イギリスで約8,000人，アメリカで30,000人存在する．この疾患のおもな症状は，肺における粘液の蓄積であり，呼吸器が閉塞されるのを避けるために粘液を継続的に除去しなければならない．この疾患はまた，膵臓，肝臓，腎臓，および腸にも影響を及ぼす．根治的な治療法がなく，CF患者の死因は多くの場合，肺不全か感染症である．しかし，CF患者の介護技術の進歩によって，2010年代にこの疾患で生まれた子どもの平均余命は50歳を超える．

　嚢胞性線維症は，単一のタンパク質の機能不全によって引き起こされる．これは，ATP結合カセット（ABC）輸送体の一つである**嚢胞性線維症膜貫通調節因子**（cystic fibrosis transmembrane regulator, **CFTR**）である．CFTRは塩素イオン（$Cl^-$）の細胞外への輸送に関与しているが，大部分のABC輸送体とは異なり，能動輸送過程によってこれを行わない．代わりにATPの結合は，CFTRの構造変化を引き起こし，細胞内から細胞外への電気化学的勾配に従って$Cl^-$を通すチャネルを開く．肺の上皮細胞におけるCFTRの$Cl^-$輸送機能の消失は，呼吸器系の内腔を覆う細胞外液のイオン組成の変化をもたらす．細胞外液はより粘性になると，粘液の蓄積が起こり，細菌感染から肺を保護する能力が低下する．

　CFを生じさせるCFTRタンパク質に生じた欠陥とは正確には何だろうか？　CF患者の大部分では，CFTRタンパク質の508番目のアミノ酸，フェニルアラニンを欠く．通常，CFTRタンパク質は合計で1,480個のアミノ酸でできている．この患者に認められる変異は，ΔF508とよばれ，508番目のフェニルアラニン（F）の欠損（Δ）を示す．このアミノ酸の欠損によって，正しい折りたたみが行われなくなり，間違って折りたたまれたCFTRタンパク質は形質膜へ挿入される前に分解される．CFの第二のタイプの変異は，患者集団全体ではあまり一般的ではないが，G551Dとよばれ，正常ならば551番目に存在するグリシン（G）がアスパラギン酸（D）に置き換わっている．この変化は，CFTRの折りたたみおよび形質膜に挿入される過程に影響を及ぼさない．しかし，$Cl^-$チャネルの開閉にかかわる過程が障害を受けており，ATPがタンパク質に結合しているときでもチャネルが開かない．正常なCFTRがATPがなくても少量の$Cl^-$を輸送できるように，この変異型CFTRも完全に閉鎖していない．しかし，活性の大きな低下によって，この疾患の症状が現れる．

　異なるタイプのCFに対する生化学的基礎を理解することは，この疾患に対する治療法を考案するうえで重要である．たとえば，G551D変異をもつ患者では形質膜にCFTRタンパク質が存在するが，$Cl^-$チャネルがほとんど閉鎖されていることがわかれば，このタイプのCFはCFTRの活性増強剤による治療が奏功する可能性がある．CFTRの活性増強剤とは，CFTRタンパク質に直接結合し，チャネル開口を誘導する化合物である．一方，ΔF508型の患者は，形質膜にCFTRタンパク質が存在していないため，明らかにこの治療に反応しないであろう．ΔF508型の患者については，アスピレーターを使って，肺組織へ正常なCFTRの遺伝子を導入するという，**遺伝子治療**（gene therapy）の一種が適用できる可能性がある．

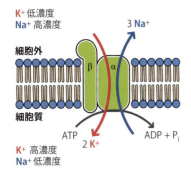

● 図 5.26 Na$^+$/K$^+$ ATP アーゼによる形質膜を横切る能動輸送
ATP アーゼは，α と β とよばれる二つのタンパク質の二量体である．

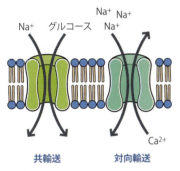

● 図 5.27 共輸送体と対向輸送体の役割

役させる方法である．

ATP の加水分解は，いくつかの酵素が生化学反応を引き起こすために利用できるエネルギーを放出する．濃度勾配に逆らって膜を横切るイオンを輸送するタンパク質にも，ATP を利用するものがある．このような ATP 依存性輸送タンパク質はおもに 2 種類ある．

- **P 型ポンプ**（P-type pomp）：ATP 加水分解によって放出されたリン酸は，P 型ポンプとよばれる輸送タンパク質と一時的に結合する．重要な例は，哺乳動物の **Na$^+$/K$^+$ ATP アーゼ**（Na$^+$/K$^+$ ATPase）である．この P 型ポンプは，細胞内の高い K$^+$ 濃度および低い Na$^+$ 濃度を維持する．ATP を 1 分子加水分解すると，ATP アーゼは K$^+$ 2 分子を細胞内に移動させ，Na$^+$ 3 分子を細胞外に汲みだす（図 5.26）．
- **ATP 結合カセット輸送体**〔ATP-binding cassette（**ABC**）transporter〕：この種類の輸送タンパク質は，さまざまな小分子の膜を横切った輸送を行う．ヒトには 48 種の異なる ABC 輸送体があり，それぞれが異なる化合物または関連化合物群を特異的に輸送すると考えられている．ほかの種にはもっと多くの ABC 輸送体が存在し，たとえば植物にはおそらく 150 種類程度の ABC 輸送体が存在する．

能動輸送のためにエネルギーを得る第二の方法は，濃度勾配に逆らって分子またはイオンを輸送する際に，第二のイオン〔通常は H$^+$（プロトン）または Na$^+$〕の濃度勾配に従った移動を共役させる方法である．イオンを濃度勾配に従って移動させたときに放出されるエネルギーは，共役輸送系の能動輸送を駆動するのに利用される（図 5.27）．輸送タンパク質が**共輸送体**（symporter）である場合，両方の基質は膜を横切って同じ方向に移動する．一つの例は，哺乳類の **Na$^+$/グルコース共輸送体**（Na$^+$/glucose transporter）である．このタンパク質は，腸から腸上皮細胞へナトリウムが流入することと，食物由来のグルコースを腸から腸上皮細胞に取り込むことを共役させる．対照的に，**対向輸送体**（antiporter）は，共役した 2 種類の分子を逆の方向に輸送させる．多くの細胞は，細胞内 Ca$^{2+}$ 濃度を低く維持するために対向輸送体を利用している．たとえば，**Na$^+$/Ca$^{2+}$ 交換タンパク質**（Na$^+$/Ca$^{2+}$ exchange protein）は，1 分子の Ca$^{2+}$ の細胞外への汲みだしを駆動するために，3 分子の Na$^+$ の細胞内流入によって生じるエネルギーを使用する．

### 受容体タンパク質は，細胞膜を越えてシグナルを伝達する

細胞外の化合物の多くは，その親水性のため細胞膜を通過できず，また細胞はそれらを取り込むための特異的な輸送機構を欠いている．しかし，これらの化合物は，シグナル伝達とよばれる過程を経れば，細胞の内で起こる事象に影響を及ぼすことができる．シグナル伝達にかかわる細胞外化合物には，体内での糖や脂肪の利用を制御するインスリンおよびグルカゴンなどのホルモンや，細胞分裂を含むさまざまな細胞の活動を制御する**サイトカイン**（cytokine）とよばれる物質が含まれる．

これらの物質の一つが膜貫通型受容体タンパク質の細胞外領域に結合すると，しばしば受容体タンパク質の構造変化が起こるとともに，二つのサブユニットが結合して二量体を形成する．これを可能にしているのが，膜タンパク質の側方運動を可能にする細胞膜の液体のような流動性の高さである．膜タンパク質が脂質ラフトのドメインに存在する場合であっても，受容体の二つのサブユニットが細胞外の物質の受容体への結合状態に応じて，会合もしくは解離できる．受容体の構造変化は，細胞質に存在するタンパク質へのリン酸基の付加など，細胞内の生化学的変化を誘導する．このリン酸化は，ホルモンまたはサイトカインによって惹起される細胞活動の変化をもたらす一連の反応を開始する．

**MAP キナーゼ経路**（MAP kinase system）は，シグナル伝達経路の典型的な例である．"MAP" は「分裂促進因子活性化タンパク質」を意味する．分裂促進因子は細胞の分裂を特異的に惹起する分子の一種であり，分裂促進因子に結合して応答する特定の細胞表面受容体が存在する．分裂促進因子が結合すると，受容体タンパク質の二量体化が起こり，受容体タ

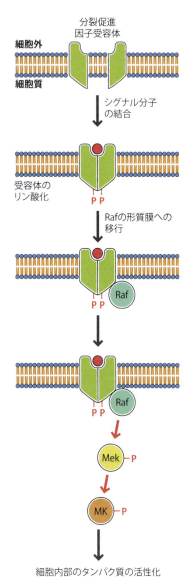

●図 5.28　MAP キナーゼシグナル伝達経路

> 代謝調節における cAMP の役割の重要な例は，哺乳動物の"闘争または逃走"反応中に起こる（11.1.2 項参照）．

ンパク質のサブユニットがリン酸化される（図 5.28）．このリン酸化は，Raf とよばれるタンパク質の受容体タンパク質の細胞質側領域への結合を引き起こす．その後，Raf は Mek とよばれる第三のタンパク質をリン酸化する．リン酸化された Mek は次に，MAP キナーゼをリン化する．リン酸化された MAP キナーゼは活性化される．MAP キナーゼは形質膜から離れて移動し，細胞のほかの場所で，さまざまなタンパク質を活性化する．これらのタンパク質のなかには，重要な生化学的経路を触媒する酵素もあれば，特定の遺伝子の発現のオン・オフを調節するタンパク質もある．したがって，受容体タンパク質への分裂促進因子の結合は，細胞内で起こる多様な生化学的変化をもたらすカスケード反応を開始させる．脊椎動物細胞は MAP キナーゼ経路を用いているが，ほかの生物においても哺乳類で同定された MAP キナーゼ経路を構成する分子群とよく似た分子を使った，同等のシグナル伝達経路が存在することが知られている．

　ほかのシグナル伝達経路のなかには，タンパク質のカスケード反応によってシグナルを直接伝達する代わりに，細胞内に直接的でない方法で影響を与える経路も存在する．細胞外の化合物（第一のメッセンジャー）の受容体タンパク質への結合は，**セカンドメッセンジャー**（second messenger，第二のメッセンジャー）の細胞内濃度の一過性の増大を惹起する．セカンドメッセンジャー濃度の急上昇は酵素活性の急激な変化を引き起こし，細胞活動の変化をもたらす．

　重要なセカンドメッセンジャーとして，核酸の **3′, 5′-環状 AMP**（3′,5′-cyclic AMP，cAMP）および **3′, 5′-環状 GMP**（3′,5′-cyclic GMP，cGMP）がある．これらはそれぞれ**シクラーゼ**（cyclase，環化酵素）とよばれる酵素によって ATP および GTP から合成され，**デシクラーゼ**（decyclase）によって ATP および GTP に変換される（図 5.29）．いくつかの細胞表面受容体はグアニル酸シクラーゼ活性を示し，したがって GTP を cGMP に変換する．しかし，このファミリーのほとんどの受容体は，細胞質のシクラーゼおよびデシクラーゼの活性に影響を及ぼすことによって間接的に cGMP の細胞内濃度を調節する．シクラーゼおよびデシクラーゼは cGMP および cAMP の細胞内濃度を決定し，それらの濃度がさまざまな酵素の活性を制御する．

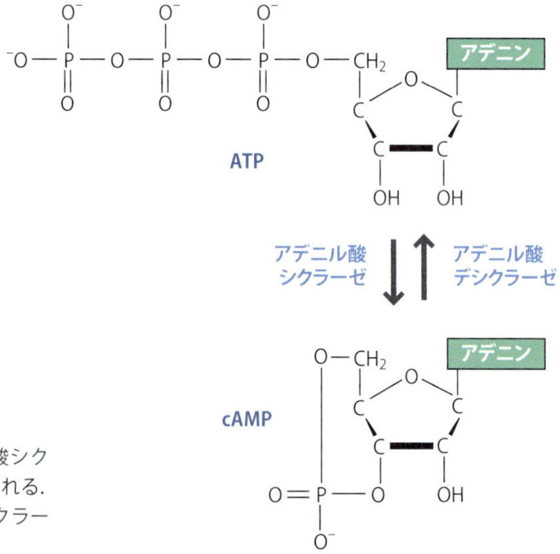

●図 5.29　環状 AMP
環状 AMP は，ATP からアデニル酸シクラーゼ（環化酵素）によって合成される．ATP への変換は，アデニル酸デシクラーゼによって行われる．

　もう一つのセカンドメッセンジャーは，小胞体に存在する $Ca^{2+}$ 輸送タンパク質を活性化することによって細胞質の $Ca^{2+}$ 濃度を上げる．小胞体の内腔内の $Ca^{2+}$ の濃度は細胞質よりも高いので，輸送タンパク質のチャネルが開くことにより，$Ca^{2+}$ が細胞質に流入する．このシグナル伝達経路では，第一のメッセンジャーは細胞表面の受容体タンパク質を活性化し，細胞膜の脂質成分の一つである**ホスファチジルイノシトール 4,5-ビスリン酸**

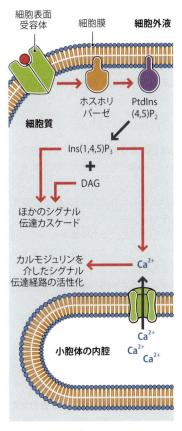

〔phosphatidylinositol-4,5-bisphosphate, PtdIns(4,5)P$_2$〕を分解するリン脂質分解酵素の活性化を引き起こす．その結果，ホスファチジルイノシトール 4,5-ビスリン酸は，**イノシトール 1,4,5-トリスリン酸**〔inositol-1,4,5-trisphosphate, Ins(1,4,5)P$_3$〕および **1,2-ジアシルグリセロール**（1,2-diacylglycerol, **DAG**）に分解される．イノシトール 1,4,5-トリスリン酸は，Ca$^{2+}$ 輸送タンパク質を活性化させる（図 5.30）．細胞質に放出された Ca$^{2+}$ は，**カルモジュリン**（calmodulin）とよばれるタンパク質に結合して活性化させる．活性化されたカルモジュリンはさまざまな酵素の活性を制御し，細胞内の生化学反応の変化をもたらす．さらに，Ins(1,4,5)P$_3$ および DAG は，別のシグナル伝達カスケードを活性化させることもできる．

● 図 5.30　Ca$^{2+}$ セカンドメッセンジャー経路の活性化

## ● 参考文献

D. Atlas, "Voltage-gated calcium channels function as Ca$^{2+}$-activated signaling receptors," *Trends in Biochemical Sciences*, **39**, 45（2014）.

J. L. Bobadilla, M. Macek, J. P. Fine, P. M. Farrell, "Cystic fibrosis: a worldwide analysis of *CFTR* mutations-correlation with incidence data application to screening," *Mutation Research*, **19**, 575（2002）.

S. M. Claypool, C. M. Koehler, "The complexity of cardiolipin in health and disease," *Trends in Biochemical Sciences*, **37**, 32（2012）. カルジオリピンというグリセロリン脂質の機能に関する詳しい総説．

E. A. Dennis, P. C. Norris, "Eicosanoid storm in infection and inflammation," *Nature Reviews Immunology*, **15**, 511（2015）. イコサノイドの生理的機能に関する最近の知見．

A. Kusumi, K. G. N. Suzuki, R. S. Kasai, K. Ritchie, T. K. Fujiwara, "Hierarchical mesoscale domain organization of the plasma membrane," *Trends in Biochemical Sciences*, **36**, 493（2011）. 膜におけるタンパク質の集合についてさまざまな階層性があることを記述している．

A. G. Lee, "Biological membranes: the importance of molecular detail," *Trends in Biochemical Sciences*, **36**, 604（2011）. 膜における脂質とタンパク質の相互作用について議論している．

G. A. Nicholson, "The fluid-mosaic model of membrane structure: still relevant to understanding the structure, function and dynamics of biological membranes after more than 40 years," *Biochimica et Biophysics Acta*, **1838**, 1451（2014）.

C.-L. Schengrund, "Gangliosides: glycerophospholipids essential for normal neural development and function," *Trends in Biochemical Sciences*, **40**, 8（2015）.

R. Seifert, "cCMP and cUMP: emerging second messengers," *Trends in Biochemical Sciences*, **40**, 8（2015）.

A. P. Simopoulos, "The importance of the omega-6/omega-3 fatty acid ratio in cardiovascular disease and other chronic diseases," *Experimental Biology and Medicine*, **233**, 674（2008）.

B. Singh, R. A. Sharma, "Plant terpenes: defense responses, phylogenetic analysis, regulation and clinical applications," *3 Biotech*, **5**, 129（2015）.

J. ter Beek, A. Guskov, D. J. Slotboom, "Structural diversity of ABC transporters," *Journal of General Physiology*, **143**, 419（2014）.

## ● 章末問題

### 四択問題

各質問に対して正しい答えは一つだけである．答えは化学同人HP: https://www.kagakudojin.co.jp/book/b378577.html にある．

1. 次の記述のうち，典型的な脂質について述べているものはどれか？
   - (a) 親水性および親油性
   - (b) 親水性および疎油性
   - (c) 疎水性および親油性
   - (d) 疎水性および疎油性

2. 脂肪酸に関する次の記述のうち，正しくないものはどれか？
   - (a) 脂肪酸はカルボン酸の一種である
   - (b) 脂肪酸は水にほとんど不溶であるが，多くの有機溶剤に容易に溶ける
   - (c) 脂肪酸の高分子部分は炭化水素鎖である
   - (d) (a)〜(c) の記述はすべて正しい

3. 不飽和脂肪酸に関する次の記述のうち，正しくないものはどれか？
   - (a) 低融点であり，したがって室温で油状の液体である
   - (b) 炭化水素鎖は少なくとも一つの二重結合を含む
   - (c) 互いに密着できる直鎖状分子である
   - (d) (a)〜(c) の記述はすべて正しい

4. 次の化合物のうち，どれがオメガ-6脂肪酸の例か？
   - (a) ラウリン酸
   - (b) リノール酸
   - (c) α-リノレン酸
   - (d) パルミチン酸

5. 単純トリアシルグリセロールと混合トリアシルグリセロールの違いは何か？
   - (a) 単純トリアシルグリセロールでは，三つの脂肪酸は同一であり，混合トリアシルグリセロールでは異なる
   - (b) 単純トリアシルグリセロールでは三つの脂肪酸は飽和しており，混合トリアシルグリセロールでは不飽和脂肪酸である
   - (c) 単純トリアシルグリセロールでは三つの脂肪酸は 16:0 の脂肪酸であり，混合トリアシルグリセロールでは 18:1 ($\Delta^9$) の脂肪酸である
   - (d) (a)〜(c) の記述はどれも正しくない

6. トリアシルグリセロールを水酸化ナトリウムのようなアルカリとともに加熱するとできる化合物を何とよぶか？
   - (a) 油  (b) セッケン  (c) スフィンゴ脂質  (d) ワックス

7. グリセロリン脂質とほかのトリアシルグリセロールの違いは何か？
   - (a) グリセロリン脂質はスフィンゴシンを含む
   - (b) グリセロリン脂質はトリアシルグリセロールのアルカリ誘導体である
   - (c) グリセロリン脂質は，トリアシルグリセロールとトリアコンタノールとのエステル化生成物である
   - (d) グリセロリン脂質では，脂肪酸の一つがリン酸ジエステル結合によってグリセロール骨格に結合した親水性基によって置き換えられている

8. 次の化合物のうち，グリセロリン脂質の例ではないのはどれか？
   - (a) ホスホスフィンゴシン
   - (b) ホスファチジン酸
   - (c) ホスファチジルグリセロール
   - (d) ホスファチジルセリン

9. ガングリオシドとは何か？
   - (a) 複合糖類の頭部基をもつスフィンゴ脂質
   - (b) 単糖の頭部基をもつスフィンゴ脂質
   - (c) スフィンゴシンを欠いたスフィンゴ脂質
   - (d) アミノ酸の頭部基をもつスフィンゴ脂質

10. テルペン類は，何とよばれる小さな炭化水素化合物に基づいて合成されているか？
    - (a) アビエチン酸  (b) イソプレン  (c) モノテルペン  (d) スクアレン

11. ステロールの核となる構造はどのように構成されているか？
    - (a) 四つの炭化水素環であり，そのうち三つは六つの炭素をもち，一つは五つの炭素をもつ
    - (b) 四つの炭化水素環であり，そのうち三つは五つの炭素をもち，一つは六つの炭素をもつ
    - (c) 四つの炭化水素環であり，すべて六つの炭素をもつ
    - (d) 四つの炭化水素環であり，そのうち二つは五つの炭素をもち，二つは六つの炭素をもつ

12. 次の化合物のうち，ステロイドホルモンの一種でないものはどれか？
    - (a) アンドロゲン  (b) イコサノイド  (c) 糖質コルチコイド  (d) プロゲスチン

13. ビタミンD欠乏に起因する疾患は何か？
    - (a) クッシング病  (b) くる病  (c) バセドウ病  (d) ポンペ病

14. 次に示す真核生物の細胞膜の種類のなかで，タンパク質の含有量が最も高いものはどれか？
    - (a) 小胞体  (b) ミトコンドリア内膜  (c) ミトコンドリア外膜  (d) 形質膜

15. 1972年にシンガーとニコルソンによって提案された膜構造に関するモデルは何か？
    - (a) 流動モザイクモデル  (b) 脂質二重層モデル  (c) 脂質ラフトモデル  (d) 係留タンパク質モデル

16. 内在性膜タンパク質に関する次の記述のうち，正しいものはどれか？
    - (a) 脂質二重層の構造を破壊することによってのみ膜から取りだすことができる
    - (b) 膜と密着して結合している
    - (c) 大半の内在性膜タンパク質は脂質二重層を完全に貫通している
    - (d) (a)〜(c) の記述はすべて正しい

17. βシートで樽の壁ができているような樽状の構造は，どのようなタンパク質の典型的な特徴か？
    - (a) 脂質修飾タンパク質  (b) 表在性膜タンパク質  (c) 膜貫通タンパク質  (d) (a)〜(c) のうちいずれのタンパク質でもない

18. 赤血球に存在する糖輸送体は次のどれに属するか？
    - (a) 対向輸送体  (b) P型ポンプ  (c) 共輸送体  (d) 単輸送体

19. 哺乳動物の $Na^+/K^+$ ATPアーゼタンパク質は次のどれに属するか？
    - (a) 対向輸送体  (b) P型ポンプ  (c) 共輸送体  (d) 単輸送体

20. 哺乳類の $Na^+$/グルコース共輸送体は次のどれに属するか？
    - (a) 対向輸送体  (b) P型ポンプ  (c) 共輸送体  (d) 単輸送体

21. Na$^+$/Ca$^{2+}$ 交換タンパク質は次のどれに属するか？
    (a) 対向輸送体　(b) P型ポンプ　(c) 共輸送体
    (d) 単輸送体
22. 嚢胞性線維症で最もよく見つかる遺伝子の変異は次のうちどれか？
    (a) ΔF508　(b) G542X　(c) G551D　(d) N1303K
23. MAPキナーゼ経路において，カスケードに含まれる個々のタンパク質は何によって活性化されるか？
    (a) Ca$^{2+}$の添加　(b) 脂質基の付加　(c) メチル化
    (d) リン酸化
24. カルモジュリンに関する次の記述のうち，**正しくないもの**はどれか？
    (a) カルモジュリンはCa$^{2+}$によって活性化される
    (b) カルモジュリンはホスファチジルイノシトール 4,5-ビスリン酸の切断によって影響を受ける
    (c) カルモジュリンは膜タンパク質である
    (d) カルモジュリンは多様な酵素を調節する

### 記述式問題

これらの質問の答えは本文中に記載されている．

1. 例をあげて，飽和脂肪酸と不飽和脂肪酸の構造の違いを説明せよ．
2. 脂肪酸の構造について記述する際に，「オメガ3」および「オメガ6」という用語が意味するところを説明せよ．なぜ私たちの食事にこれらの種類の脂肪酸が必要なのだろうか？
3. 次の化合物の構造について記述せよ．(a) 単純トリアシルグリセロール，(b) 混合トリアシルグリセロール，(c) セッケン，(d) ワックス
4. グリセロリン脂質，スフィンゴ脂質およびイコサノイドの重要な特徴を概説せよ．
5. なぜステロールとステロイドがテルペン誘導体に分類されるのかについて説明せよ．
6. 脂質が会合して脂質二重層を形成するしくみについて説明せよ．
7. 膜構造に関する流動モザイクモデルの重要な特徴について概説せよ．また，「脂質ラフト」とは何か？
8. 内在性膜タンパク質と表在性膜タンパク質の特徴の違いを説明せよ．
9. タンパク質が，小分子の脂質二重層を横切る輸送を助けるさまざまな方法について例をあげて要約せよ．
10. 細胞外のシグナル伝達化合物が膜貫通受容体タンパクに結合することによって活性化される細胞内のさまざまな事象について説明せよ．

### 自習用問題

次の質問に答えるためには，自分で計算してみたり，ほかの文献を読んでみたり，あるいはインターネットで調べる必要がある．

1. 数年前，ココナッツオイルは飽和脂肪酸の含有量が高いため，健康でないと考えられていた．いまやココナッツオイルは光沢のある髪から病気に対する抵抗性の獲得などの多くの健康に良い作用をもつとされている「スーパーフード」である．食事におけるココナッツオイルの価値に関してこのように見方が変更された理由について妥当かを評価せよ．
2. なぜ流し台の詰まりを防ぐための商品の多くにアルカリが含まれているのかを説明せよ．
3. 次のテルペン類のなかに存在するイソプレン単位を同定せよ．

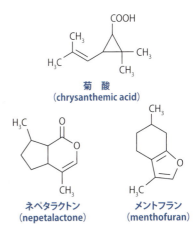

4. 動物細胞に発現しているある膜タンパク質について，形質膜の表面に露出している部分を同定するためにどのような方法を用いることができるか？
5. MAPキナーゼカスケードは，リン酸化を用いてタンパク質の活性を変化させる生化学的経路の例である．リン酸化はまたほかの細胞内現象，とくに解糖系のような代謝経路における酵素の調節において，タンパク質の活性を調節するためにも使用される．通常，リン酸化されるアミノ酸残基は，セリン，トレオニン，チロシン，またはヒスチジンの一つである．これらのアミノ酸の一つにリン酸基を付加すると，タンパク質の活性に重大な影響を与えることができる理由について説明せよ．

# 第6章
# 糖質

### ◆本章の目標

- "単糖","二糖","オリゴ糖","多糖"の違いを理解する.
- 鎖状構造と環状構造を含む炭素数の異なるアルドースとケトースの構造の違いが区別できる.
- 糖の立体構造に関する,エナンチオマー,ジアステレオマー,エピマー,アノマーなどのさまざまな用語を理解する.
- 単糖どうしがどのように結合して二糖や長い糖鎖を形成するかを知る.
- 糖タンパク質やプロテオグリカンなどの側鎖に結合した糖鎖の重要性を知る.
- ホモ多糖とヘテロ多糖を区別し,それぞれ列挙できる.
- 植物や動物の組織において,エネルギー源としての多糖と構造多糖の重要性を知る.

　糖質は生細胞に存在する第四の生体高分子である.この多糖類にはデンプンやグリコーゲンが含まれ,それぞれ植物および動物においてエネルギー源として使われている.一方,構造物としての多糖類もあり,植物細胞の構造を強固にするためのセルロースは最もよく知られた例である.昆虫の外骨格を構成するキチンも多糖類の一種であり,また動物組織の細胞間隙に存在する細胞外マトリックス中にも多糖が存在している.

## 6.1 単糖,二糖,オリゴ糖

　厳密な定義では,糖とは炭素,水素,酸素で構成され,水素と酸素の比率が水分子と同じ2:1である物質をいう.生化学で最も重要な糖は糖質(saccharide)とよばれ,この単語は糖に対応するラテン語(saccharum)に由来する.デンプンやそのほかの高分子の糖を**多糖**(polysaccharide)といい,これらの単分子ユニットが**単糖**(monosaccharide)である.単糖にはグルコースやガラクトースが含まれ,それ自身重要な分子であり,細胞のさまざまな過程にエネルギー源そのものとしてかかわっている.**二糖**(disaccharide)は単糖が2分子結合したものであり,代表例としてはスクロース(ショ糖)やラクトース(乳糖)が自然界に多く存在している.比較的短い多糖は**オリゴ糖**(oligosaccharide)とよばれ,タンパク質の側鎖に結合し,別の重要な役割を担っている.

　糖に関しては,高分子多糖およびその構成要素の単糖,また多糖に比べて短い二糖やオリゴ糖に注目する必要がある.これらのさまざまな化合物間の関係を理解するには,まず単糖からはじめ,徐々にデンプンやセルロースなどの高分子多糖を理解していくのが近道である.

### 6.1.1 単糖は糖質の構成単位である

　単糖は多数の類似の化合物から構成されており,RNAやDNAヌクレオチドの一部であるリボースや2-デオキシリボース,解糖系の基質であり大部分の生物にとってエネルギー産生の中心となるグルコースなどがある.

グリセルアルデヒド

ジヒドロキシアセトン
(dihydroxyacetone)

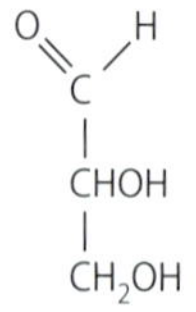

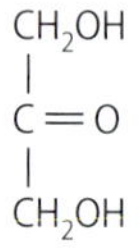

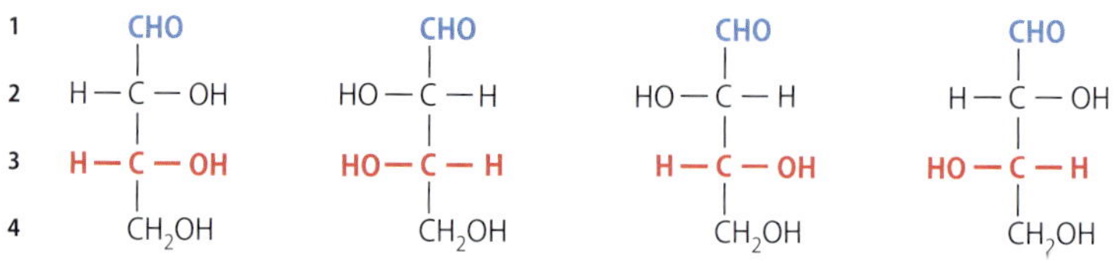

●図 6.1　グリセルアルデヒドとジヒドロキシアセトン

D-グリセルアルデヒド

L-グリセルアルデヒド

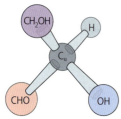

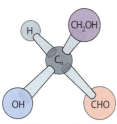

●図 6.2　D-グリセルアルデヒドとL-グリセルアルデヒド

## 最も単純な二つの単糖はグリセルアルデヒドとジヒドロキシアセトンである

単糖とは少なくとも三つの炭素を含み，その一つには酸素（=O）が，また残りの炭素にはヒドロキシ基が結合している．この単糖の定義では，酸素がどの炭素に結合しているかによって，二つのきわめて異なる分子に大別できる．この重要な点を理解するために，炭素三つからなる最も単純な単糖であるグリセルアルデヒドとジヒドロキシアセトンを見てみよう（図 6.1）．グリセルアルデヒドでは末端の炭素原子の一つにオキソ基が結合しており，**アルデヒド**（aldehyde）とよばれる化合物の特徴であるホルミル基（−CHO）を形成している（−CHO 基は総称してアルデヒド基とよばれる）．グリセルアルデヒドはアルデヒド基をもつ単糖，すなわち**アルドース**（aldose）の一つであり，より正確には炭素原子を三つもつので**アルドトリオース**（aldotriose）という．

一方，ジヒドロキシアセトンは真ん中の炭素に酸素が結合しており，それにより生じる C=O 構造は**ケトン**（ketone）の特徴の一つであることから，ケトン体あるいは**ケトース**（ketose）とよばれる．また，ジヒドロキシアセトンは炭素を三つもつことから，**ケトトリオース**（ketotriose）という．

3.1.2 項においてアミノ酸の光学異性体，すなわちエナンチオマーを学んだ際にもグリセルアルデヒドに触れた．図 6.1 にグリセルアルデヒドを平面構造式として表記したが，実際の構造は正四面体である．この構造式では，中央の炭素に−H，−OH，−CHO，$-CH_2OH$ 基が結合している（図 6.2）．アミノ酸と同じように，これら四つの官能基を中央の不斉炭素の周りに配置する方法は 2 通りある．2 通りとは，一つはもう一方の鏡像体にあたり，一つが右旋性エナンチオマー，もう一方が左旋性エナンチオマーである．この二つの異性体，すなわち D-グリセルアルデヒドと L-グリセルアルデヒドは，同一の化学的性質をもつが直線偏光に対する効果のみが異なる性質を示す（図 3.5 参照）．

一方，ジヒドロキシアセトンはこれとは異なっている．ジヒドロキシアセトンは不斉炭素をもっておらず，エナンチオマーは存在しない．この性質はグリセルアルデヒドだけでなく，ほかの単糖とも異なる点である．なぜなら，炭素を四つ以上もつ単糖は，アルドースであろうとケトースであろうと必ず一つ以上の不斉炭素をもっており，多くの場合，複数の不斉炭素をもつからである．これら複数の不斉炭素をもつことに起因する構造的な特徴について述べることにしよう．

## 単糖の多くはエナンチオマーやジアステレオマーをもつ

四つの炭素原子とアルデヒドをもつ単糖の**アルドテトロース**（aldotetrose）について詳しく調べてみよう．これらの化合物は不斉炭素を一つ以上もつ**ジアステレオマー**（diastereomer）である．アルドテトロースは二つの不斉炭素をもち，それぞれの不斉炭素に関して 2 種類のエナンチオマーの組合せが存在するため，4 種類の異なる異性体が存在する．すなわち，D-エリトロース，L-エリトロース，D-トレオース，L-トレオースである（図 6.3）．エリトロースとトレオースの構造はヒドロキシ基の相対的な位置関係が異なっており，鏡像体の関係にはないことに注意しよう．それゆえ，エリトロースとトレオースは化学的な性質も異なる化合物である．

次に五つの炭素を含む五炭糖の**アルドペントース**（aldopentose）を見てみよう（図 6.4）．この糖は三つの不斉炭素をもち，全部で 4 種類の組合せの鏡像異性体をもつアルドペントー

D-エリトロース (D-erythrose)　L-エリトロース (L-erythrose)　D-トレオース (D-threose)　L-トレオース (L-threose)

●図 6.3　アルドテトロース
アルデヒド基を青色で，また各分子の不斉中心を赤色で示す．炭素原子の番号は左側に示す．

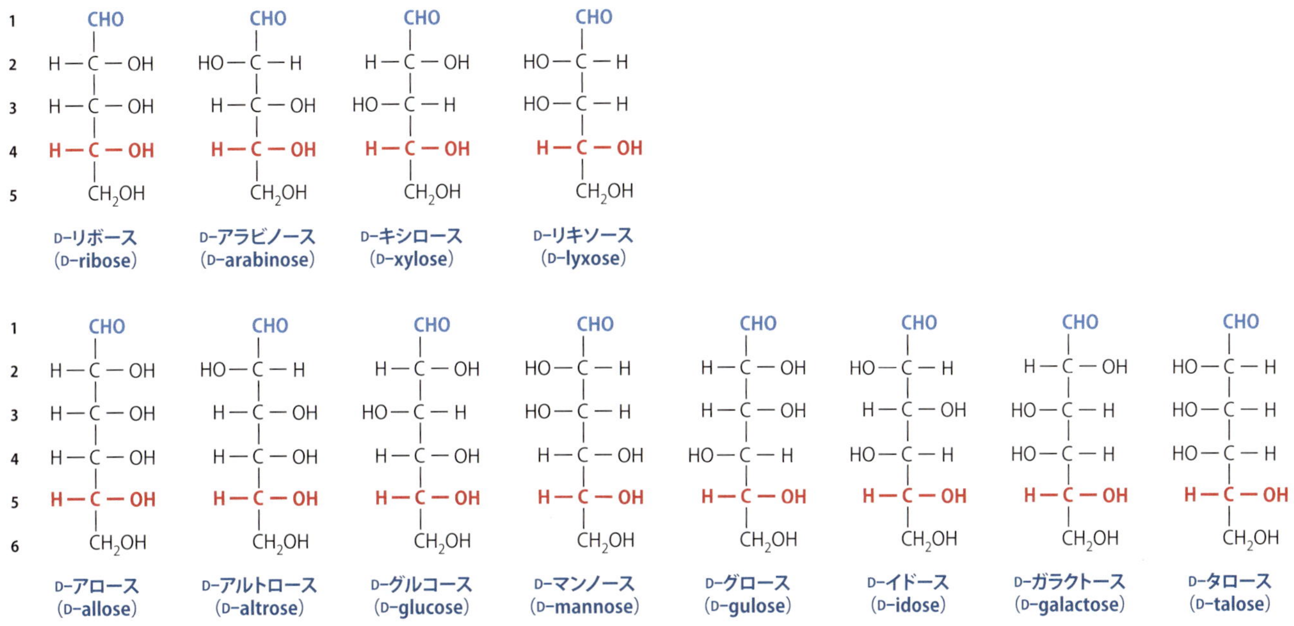

## アルドペントースとアルドヘキソース

(上段: アルドペントース)
- D-リボース (D-ribose)
- D-アラビノース (D-arabinose)
- D-キシロース (D-xylose)
- D-リキソース (D-lyxose)

(下段: アルドヘキソース)
- D-アロース (D-allose)
- D-アルトロース (D-altrose)
- D-グルコース (D-glucose)
- D-マンノース (D-mannose)
- D-グロース (D-gulose)
- D-イドース (D-idose)
- D-ガラクトース (D-galactose)
- D-タロース (D-talose)

● 図 6.4　アルドペントースとアルドヘキソース
アルデヒド基を青色で，また各分子の不斉中心を赤色で示す．炭素原子の番号は左側に示す．それぞれの糖にはL体のエナンチオマーも存在するが，ここでは省略する．

---

### ● Box 6.1　単糖構造の表記方法

　炭素原子の周りに正四面体構造をとるように四つの残基が配置しているので，単糖の構造を平面の紙面上に正確に書くことは難しい．そこで，**フィッシャー投影式**（Fischer projection）とよばれる表記法が，この問題を解決してくれる．化合物をこの投影式で記述する場合には，中心の炭素原子から紙面に水平の結合はそのまま書き，紙平面に対して上向きの結合や垂直に伸びた結合は紙平面に投影した形で書く．

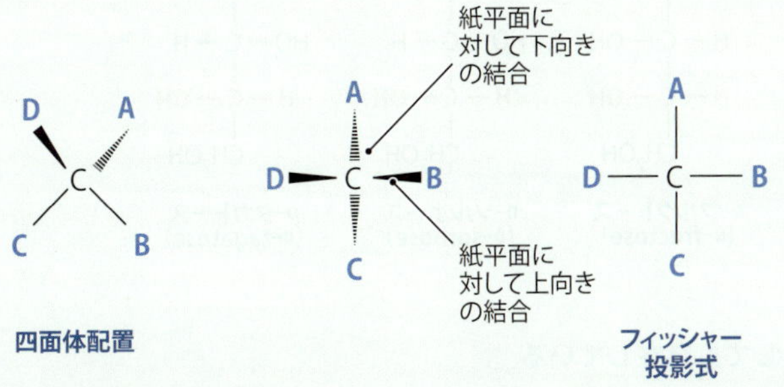

2種類のグリセルアルデヒドのエナンチオマーは，次のように書くことができる．

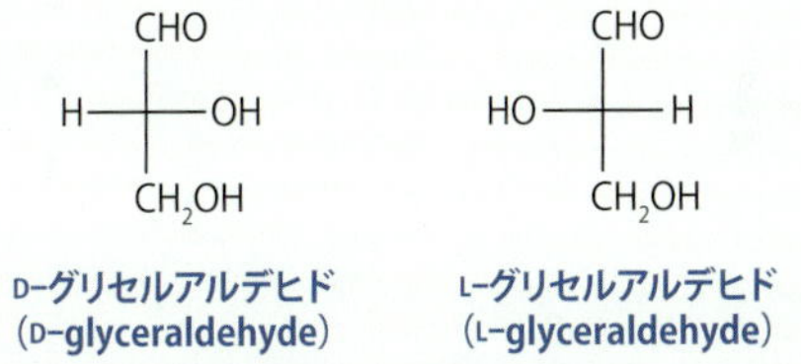

- D-グリセルアルデヒド (D-glyceraldehyde)
- L-グリセルアルデヒド (L-glyceraldehyde)

　単糖に二つの不斉炭素が存在する場合は，アルデヒド基（ケトースの場合はケトン基）から最も遠く離れた不斉炭素に結合した官能基の立体配置から，D体とL体のエナンチオマーが特定される．この不斉炭素は不斉中心とよばれる．フィッシャー投影式では，D体エナンチオマーはヒドロキシ基を不斉中心の右側に書き，L体は左側に書く．たとえば，エリトロースのD体とL体のエナンチオマーは次のように書かれる．

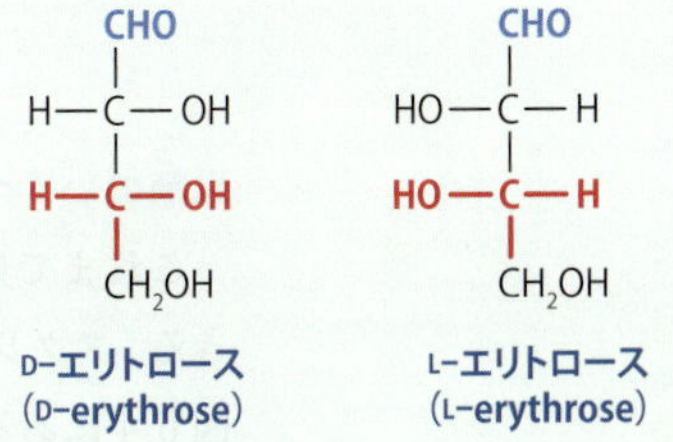

- D-エリトロース (D-erythrose)
- L-エリトロース (L-erythrose)

この図ではアルデヒド基を青色で，不斉中心を赤色で記した．

スから構成される．このなかには，自然界に広く存在する3種類の糖，すなわちリボース（ヌクレオチド中に存在する），アラビノース，キシロースが含まれる．アラビノースは，自然界では大部分がL体のエナンチオマーとして存在する唯一の単糖である．残りの糖はおもにD体で存在している．六単糖にはそれぞれエナンチオマー対をもつ8種類の**アルドヘキソース**（aldohexose）が存在し，グルコース，マンノース，ガラクトースが含まれる．また，炭素数が7，8，9，10個と増えるごとに，アルドヘプトース，アルドオクトース，アルドノノース，アルドデコースと総称する．これらの糖は自然界にはまれであり，詳しく知らなくてもよい．

4〜6個の炭素からなる同様のケトースについて考えてみよう．これらのケトースは不斉炭素が一つ少ないので，アルドースに比べてより単純である．**ケトテトロース**（ketotetrose）には，D-エリトルロースとL-エリトルロースの1組のエナンチオマーが存在するだけである．**ケトペントース**（ketopentose）にはリブロースとキシルロースの二つのケトペントースが，ケトヘキソースには四つの糖が存在する（図6.5）．**ケトヘキソース**（ketohexose）には，グルコース様のフルクトースが含まれており，これは多くの果物や野菜から摂取される重要な糖である．

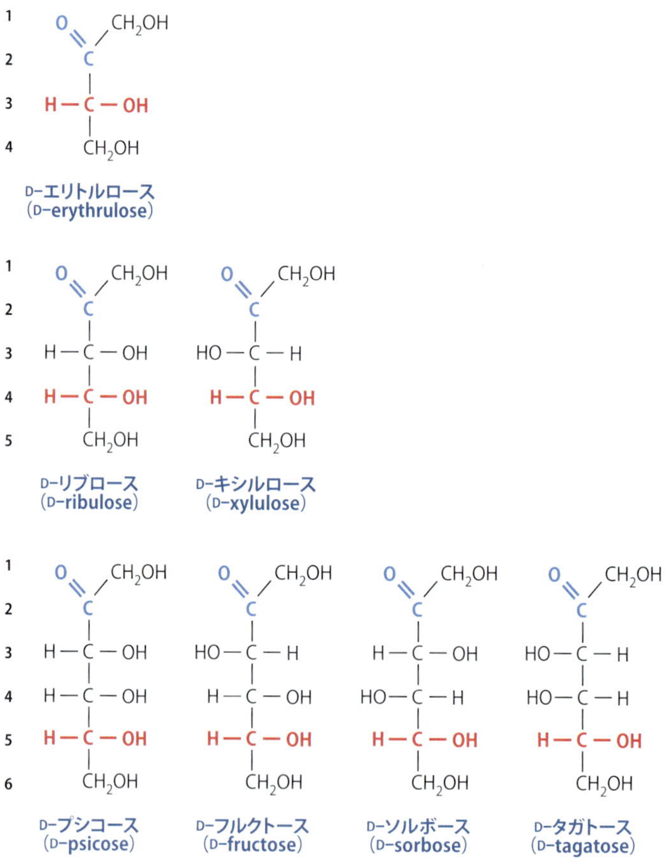

●図6.5 **炭素数4〜6のケトース**
ケトン基を青色で，また各分子の不斉中心を赤色で示す．炭素原子の番号は左側に示す．それぞれの糖にはL体のエナンチオマーも存在するが，ここでは省略する．

### 単糖のいくつかは環状構造としても存在している

これまで見てきた糖の鎖状構造と同様に，五つ以上の炭素をもつ単糖は環状構造を形成できる．ヌクレオチドに含まれる五単糖のリボースの構造が環状構造をしており（図4.1参照），図6.4にあるような鎖状構造ではないことから，すでにこのことについては気づいているだろう．このような五単糖の環状構造は類似の構造をもつ有機化合物のフランに類似していることから，リボースの**フラノース**（furanose）型として知られている．リボースの環状構造は，C1のアルデヒド基とC4のヒドロキシ基との反応により生成する（図6.6）．同様の反応は，グルコースのようなアルドヘキソースについても起こり，有機化合物のピランと類似

## ●Box 6.2 糖構造に関連した別の異性体

糖質に関して異性体に関する異なった表現が使われ，しばしば混乱することがある．そこで，次に異性体に関する重要な単語をまとめる．それぞれの定義により名前は異なっていても，異性体は同一の化学組成をもっている．

- **ステレオマー**（stereomer）：原子は同じ配列で結合しているが，一つあるいは複数の不斉中心（不斉炭素など）に結合する元素の配置が異なっている異性体．次に列挙した異性体はすべてステレオマーである．
- **エナンチオマー**（enantiomer）：構造が互いに鏡像体にあたる場合の異性体．D-グリセルアルデヒドとL-グリセルアルデヒドはエナンチオマーの関係にある．
- **ジアステレオマー**（diastereomer）：二つ以上の不斉炭素をもつ化合物．エリトロースとトレオースはジアステレオマーである．
- **エピマー**（epimer）：複数の不斉炭素のうち一つのみが構造的に異なるジアステレオマー．
- **アノマー**（anomer）：環状構造の糖において，アノマー炭素に結合する官能基の配置が異なるもの．アルドースにおいてアノマー炭素はC1であり，ケトースにおいてはC2がそれに相当する．アルドースの例をあげれば，α-D-グルコピラノースとβ-D-グルコピラノースがアノマーである．

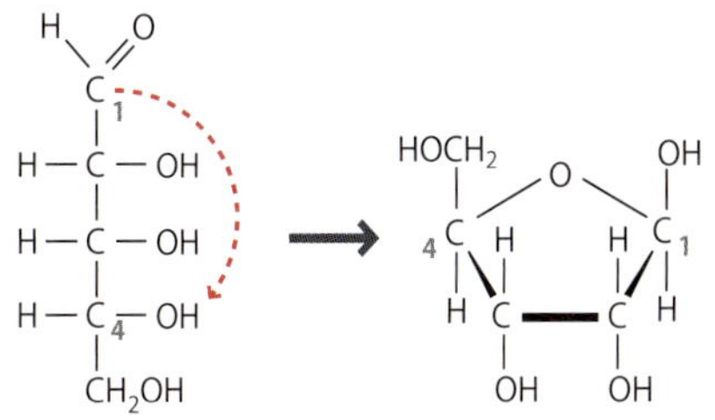

●図 6.6 **環状型リボースの生成**
C1のアルデヒド基とC4のヒドロキシ基が反応して環状構造が形成される．

の構造をとることから，アルドヘキソースの環状構造を**ピラノース**（piranose）型という．それゆえ，環状構造をしたグルコースを，とくにグルコピラノースという．

環状構造の形成は，単糖の構造にさらに多様性をもたらす．たとえば，D-グルコースの環状構造は，C1に結合しているヒドロキシ基の向きの違いによって，αとβのエピマーが存在する．エピマー形成にかかわる炭素はもともと鎖状構造のアルデヒド基に存在する炭素であり，環状構造の形成にかかわっている（図6.7）．この二つの構造，すなわちα-D-グルコピラノースとβ-D-グルコピラノース間では，光学的な性質は異なるが，ほかの化学的性質は同一である．これらは**アノマー**（anomer）とよばれる．溶液中では，α型は容易にβ型へ変換することができ，また逆も同じである．それゆえ，D-グルコースの溶液中にはこの二つのアノマーが混在しており，通常は少量であるが，開環した鎖状構造のグルコースも含ま

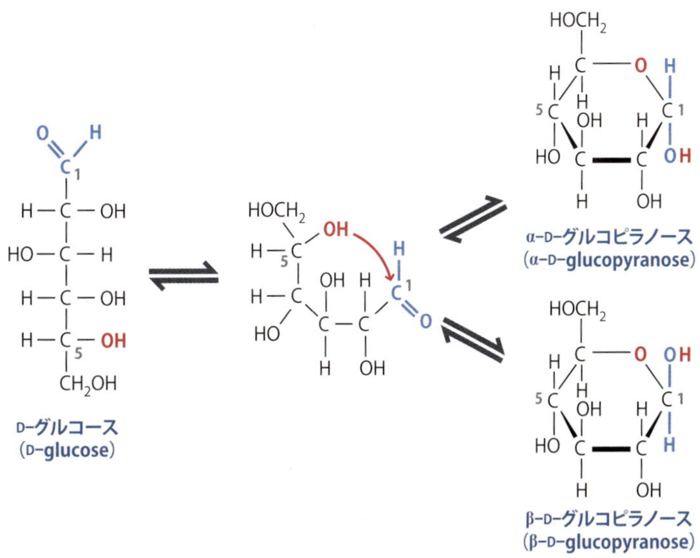

●図 6.7 **2種類のグルコースアノマーの形成**
C1に結合しているアルデヒド基（青色）とC5に結合しているヒドロキシ基（赤色）が反応して環状構造が形成される．この反応の結果，C5に関して二つの異なる官能基の配置，すなわちαアノマーとβアノマーが生じる．環状形成反応は可逆的であり，二つのアノマーが形成される頻度は同等である．また，D-グルコースの溶液中には，二つのアノマーに加えて一部，鎖状構造のD-グルコースも含まれる．

れている．このようなアノマー間での変換を**変旋光**（mutarotation）という．

　五炭糖および六炭糖の単糖であるケトースは，アルドースと同様に環状構造を形成できる．C2のケトン基とC5のヒドロキシ基とのあいだで環を形成し，五員環のフラノース環をつくる（図6.8）．フルクトースの環状構造をした誘導体は，フルクトフラノースという．グルコピラノースと同様に，αとβのアノマーが存在する．

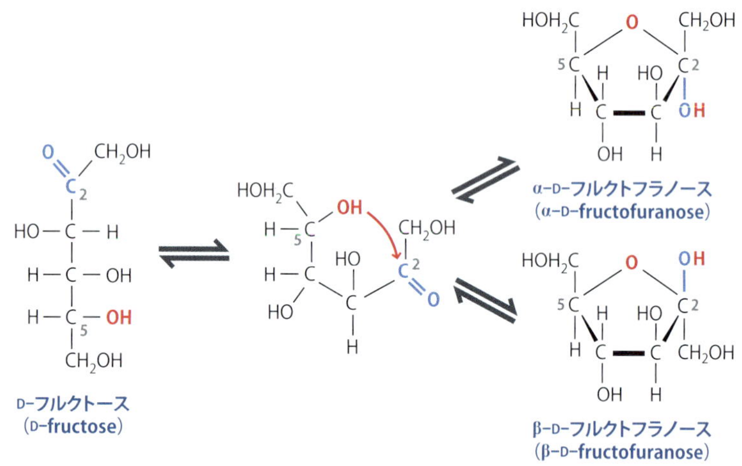

●図6.8　環状型フルクトースの形成
C2に結合しているケトン基（青色）とC5に結合しているヒドロキシ基（赤色）が反応して環状構造が形成される．グルコースと同じように，2種類のαアノマーとβアノマーが生成する．

### 6.1.2　二糖は単糖どうしの結合によってつくられる

　次に，環状構造をもつ単糖が結合して，より長い糖を形成する様式を考えてみよう．これらのなかで最も簡単な糖は，単に単糖が二つ結合した**二糖**（disaccharide）である．いくつかの二糖はきわめて共通した性質をもっている（表6.1）．二糖の例としては，サトウキビやテンサイから採れるスクロース（ショ糖）があり，コーヒーに入れる砂糖である．牛乳に含まれるラクトースは，グルコースとガラクトースからなり，オオムギに含まれるマルトースはグルコース2分子からなる二糖である．

●表6.1　二糖の代表例

| 名　称 | 糖組成 | 備　考 |
| --- | --- | --- |
| スクロース | グルコース ＋ フルクトース | サトウキビやテンサイ由来 |
| ラクトース | グルコース ＋ ガラクトース | 乳糖 |
| マルトース | グルコース ＋ グルコース | 麦芽糖，発芽中の穀類由来 |
| トレハロース | グルコース ＋ グルコース | 植物や真菌でつくられる |
| セルビオース | グルコース ＋ グルコース | セルロースの分解物 |

　二糖における2分子の単糖どうしの結合を**O-グリコシド結合**（O-glycosidic bond）とよぶ．この結合様式はそれぞれの単糖由来のヒドロキシ基どうしで形成され，さまざまな結合様式が可能である．2分子のグルコースからなるマルトースでは，グルコピラノースのC1に結合したヒドロキシ基ともう一方のグルコピラノースのC4に結合したヒドロキシ基との間でグリコシド結合をしている（図6.9）．このグリコシド結合は"1→4"と標記する．C1はアノマー炭素なので，αかβかについても記述しなければならない．マルトースの場合はαなので，正しい化学名は，α-D-グルコピラノシル-(1→4)-D-グルコピラノースとなる．

　マルトースの場合，2番目のグルコピラノースのC1はグリコシド結合に関与していないため，自由にαとβのアノマーを行き来することができる．このような例はすべてにあてはまるわけではない．たとえば，トレハロースは2分子のグルコースからなる二糖であるが，C1どうしでグリコシド結合を形成している（図6.9参照）．そのため，トレハロースはα-D-グルコピラノシル-(1→1)-α-D-グルコピラノースと表される．もちろん，これら二糖

## 6.1 単糖，二糖，オリゴ糖

**マルトース**
〔α-D-グルコピラノシル-(1→4)-α-D-グルコピラノース〕

**トレハロース**
〔α-D-グルコピラノシル-(1→1)-α-D-グルコピラノース〕

**スクロース**
〔α-D-グルコピラノシル-(1→2)-β-D-フルクトフラノース〕

●図 6.9　3 種類の二糖
マルトースは α アノマーを示す．

---

### ●Box 6.3　近年，人類のいくつかの種族は牛乳を消化できるように進化した

リサーチ・ハイライト

　牛乳と乳製品は近代の西洋の食事において最も重要な位置を占めているが，そもそも私たちの祖先が牛乳を消化できなかった事実には驚かされる．牛乳にはラクトースが多く含まれているが，この糖は単糖であるグルコースとガラクトースに分解されてはじめて栄養素として利用できるようになる．ラクトースの単糖への分解は，小腸の上皮細胞に存在するラクターゼによって触媒される．多くの哺乳動物では，母乳から大部分の栄養を獲得している生後間もない数週間だけラクターゼが合成される．離乳後にはラクターゼは産生されず，ラクトースを分解(牛乳を消化)する能力は徐々に消失していく．そのため哺乳動物では，大部分の大人がラクターゼを産生できないために，ラクトース(を消化できない)不耐性となる．

　今日，ヒトの成人の 65% はラクトース不耐症である．ラクトース不耐症の人が牛乳を飲んだりラクトースを除去していない食事を摂取したりすると，胃が痙攣(けいれん)して腸で下痢を起こす．しかし，右の図が示すように，北ヨーロッパ，アフリカの一部，中東，南アジアの多くの人びと(およびこれらの地域を祖先とする人びと)は，牛乳を消化できる．なぜなら，彼らは離乳後もラクターゼを産生し続けているからである．このことを，**ラクトース寛容** (lactose tolerance) あるいは**ラクターゼ持続** (lactase persistence) という．

　ラクトース寛容の人と不耐症の人では，ラクターゼ酵素の構造に違いはないので，ラクターゼの持続をもたらすタンパク質を知らなければならない．両者の相違は，ラクターゼをコードする遺伝子に隣接する領域にある DNA 配列に存在する．この塩基配列の変化は，ラクターゼ合成に必要な遺伝子の発現パターンを変化させる．そのため，正常な制御下では離乳後は遺伝子発現がオフになるが，その制御が機能しなくなり，ラクターゼ遺伝子がずっと活性化されたまま維持されて大人になっても産生し続ける．

　ラクトース寛容の人とそうでない人のこの制御領域における DNA 配列を比較すると，ラクターゼ持続の進化に関するいくつかの知見を得ることができる．これらの研究によると，ヨーロッパにおけるラクターゼ持続にかかわる決定的な塩基配列の変化は，7,500 〜 12,500 年前に起こったと考えられる．この時期はほかの研究者の見解と一致しており，9,000 年前の調理道具や保存容器の破片に酪農由来の脂質がわずかに検出されている．つまり，ラクターゼ持続の獲得は，ミルクを広範囲に利用するようになった時期と一致している．DNA 配列の変化は酪農を初期に営んだバルカン半島や中央ヨーロッパで起こり，その後，徐々に北ヨーロッパへ広がったと考えられる．酪農がいったん広がりはじめると，ラクターゼ持続がきわめて有利になるという考えと一致する．

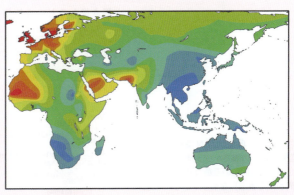

高い　　　　　　　　　　　　　　　　　　　低い

ラクトース摂取の頻度

*BMC Evolutionary Biology*, 10, 36 (2010) より.

の構成糖がグルコースだけとはかぎらない．スクロースはα-D-グルコピラノシル-(1→2)-β-D-フルクトフラノースであり，この二糖の場合，グルコースのC1アノマー炭素のα型がフルクトースC2アノマー炭素のβ型と結合している（図6.9参照）．

### 6.1.3　オリゴ糖は単糖のつながった短いポリマーである

　二糖は**オリゴ糖**（oligosaccharide）のなかで最も短いものであるが，2～20個程度の単糖から構成される比較的短い多糖をオリゴ糖という．植物ではフルクトースまたはキシロースから構成されるオリゴ糖が合成されるほかに，ヒト母乳中に含まれるグルコースを含むガラクトオリゴ糖などがある．これらのオリゴ糖は健康増進に効果があるとされており，注目が集まっている．たとえば，オリゴガラクトースは幼児において胃や腸管における細菌感染の防御にはたらくといわれている．

　ある種のタンパク質ではアミノ酸の側鎖にオリゴ糖が修飾されており，生化学的に重要な位置づけにある．この修飾は**糖鎖修飾**（**グリコシル化**，glycosylation）とよばれ，真核細胞ではポリペプチド鎖が形成されたあとにゴルジ体内で起こる†．オリゴ糖すなわち**糖鎖**（glycan）は，セリンまたはトレオニンのヒドロキシ基，あるいはアスパラギンのアミノ基に結合している（図6.10）．これら2種類の糖鎖修飾を，それぞれ**O型糖鎖修飾**（*O*-linked glycosylation），**N型糖鎖修飾**（*N*-linked glycosylation）という．

†訳者注：正しくは，N型糖鎖は小胞体内で，O型糖鎖はゴルジ体内で修飾される．小胞体内ではフォールディングがされていない状態で修飾がなされ，ゴルジ体ではフォールディング後に起こる．

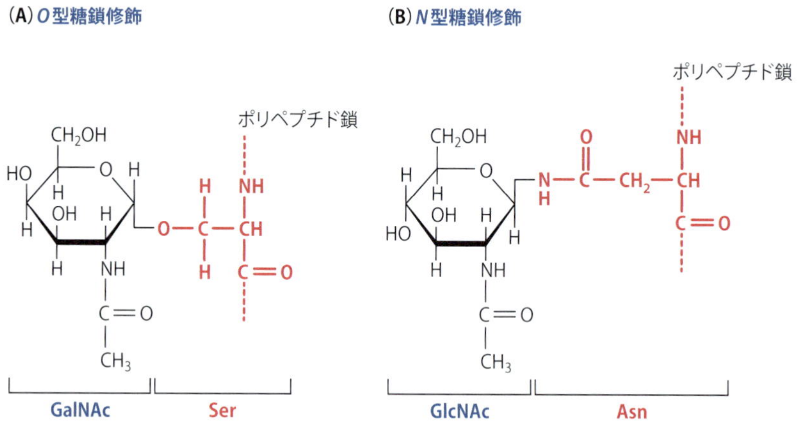

●図6.10　**タンパク質の糖鎖修飾（グリコシル化）**
ポリペプチド鎖には，（A）O型糖鎖修飾と（B）N型糖鎖修飾の2種類の様式で糖鎖が付加される．O型糖鎖はセリンまたはトレオニンのOH基に結合した糖鎖であり，N型糖鎖はアスパラギンのNH₂基に結合した糖鎖をいう．この図では，*N*-アセチルガラクトサミンをGalNAc，*N*-アセチルグルコサミンをGlcNAcと示す．

タンパク質を修飾する糖鎖の構造はさまざまであるが，代表的な例を図6.11に示す．重要な特徴は，糖鎖を構成する単糖のいくつかがこれまで述べてきたアルドースやケトースとは異なっている点である．この糖鎖には，一つあるいは複数のヒドロキシ基がほかの化学基と置き換わるという修飾を受けた単糖が一部含まれている．たとえば，グルコサミンはグルコースのC2のヒドロキシ基がアミノ基に置換された糖である．これにさらにアセチル基が付加すると，グルコサミンは*N*-アセチルグルコサミンとなる（図6.10参照）．同様にガラ

●図6.11　**典型的なN型糖鎖**
N型糖鎖はその構造から3種類に分類され，いずれも同一の五糖コア構造（図中に網かけで表示）をもっている．一方，多くのO型糖鎖はN型糖鎖に比べて小さく，四糖程度である．略語は次のとおり．Fuc：フコース，Gal：ガラクトース，GalNAc：*N*-アセチルガラクトサミン，GlcNAc：*N*-アセチルグルコサミン，Sia：シアル酸．

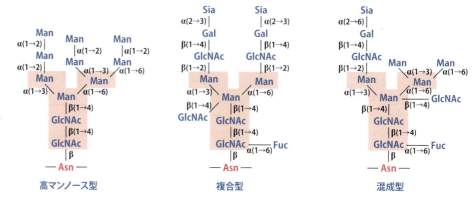

クトースの $N$-アセチルガラクトサミンがあり，また 9 個の炭素からなるケトースであるノイラミン酸の $N$-アセチル化体は $N$-アセチルノイラミン酸（シアル酸の一種）である．

タンパク質の糖鎖修飾の生物学的意義については，十分にはわかっていない．あるタンパク質では，修飾された糖鎖が ZIP コードとして機能し，細胞内の特定の区画へ輸送する役割を担っている．また，糖鎖修飾はタンパク質を安定化して，プロテアーゼによる分解を受けにくくしている．糖鎖修飾によりタンパク質ホルモンの血中の滞留時間が長くなり，活性が持続する．また，別の糖タンパク質ホルモンでは，糖鎖修飾が活性発現に必須であることも知られている．

別の興味深い糖鎖修飾の例として，凍結からの回避がある．極地に生息する魚類の多くは，$O$ 結合型の β ガラクトシル-(1→3)-α-$N$-アセチルガラクトサミン糖鎖が多数含まれる抗凝固タンパク質をもっている．これらのタンパク質は血流を循環しながら小さな氷の結晶に結合すると考えられており，その結果として氷の結晶の成長を阻害して魚の組織に障害を与えることを阻止している．

## 6.2 多 糖

次に，最も大きな多糖について触れよう．多糖は環状の単糖がグリコシド結合でつながってできている．多糖は直鎖状または枝分かれの構造をもち，単糖は同一のものまたはいくつかの種類の単糖から構成されている．同一の単糖からなる多糖を**ホモ多糖**(homopolysaccharide) といい，複数種の単糖からなる多糖を**ヘテロ多糖**（heterosaccharide）という．

### 6.2.1 デンプン，グリコーゲン，セルロース，キチンはホモ多糖である

デンプンは D-グルコースのみからなるホモ多糖である．**アミロース**（amylose）と**アミロペクチン**（amylopectin）とよばれる 2 種類のデンプンがある．これらの違いは，アミロースはグルコースが α(1→4) グリコシド結合によって D-グルコースがつながった直鎖状の多糖であるのに対して，アミロペクチンは α(1→4) 結合した直鎖状のところどころに α(1→6) 結合した枝分かれ構造をもつ点である．後者の枝分かれは 24〜30 糖の直鎖に 1 か所の頻度で見いだされる（図 6.12）．すべての植物はアミロースやアミロペクチンを産生するが，アミロペクチンが主要な成分を占めている．

多糖は長さに関してさまざまなものがある．アミロースはグルコースが数百〜2,500 残基つ

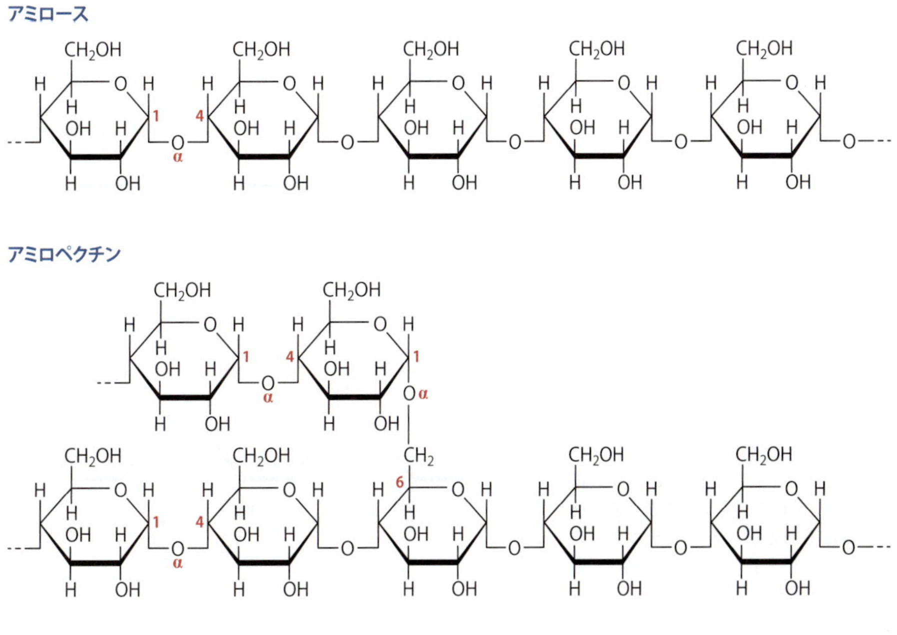

● 図 6.12 アミロースおよびアミロペクチンの高分子構造
アミロースは直鎖状の D-グルコースの多量体であり，α(1→4) グリコシド結合で重合している．アミロペクチンは α(1→4) 結合と α(1→6) 結合からなる枝分かれ構造をもつ．

ながった構造をしており，アミロペクチンも同様の大きさをもつが，より高分子のものが多く，上限は6,000残基程度に及ぶ．それぞれの分子の大きさを決める要因はよくわかっていない．

　デンプンはさまざまな構造をとることができるが，最も安定なα(1→4)結合したグルコース鎖はかなりきつく湾曲している．そのため，アミロースやアミロペクチンはコンパクトなコイル構造をとっており，それが植物の光合成を行う細胞内に見いだされるような球状の顆粒に密集して蓄積することを可能にしている．

　デンプンは貯蔵多糖であり，構成単糖のグルコースはアミロースやアミロペクチンの末端から切りだされて，エネルギー産生に利用される．非アノマー炭素のC4位の遊離ヒドロキシ基をもち，グリコシド結合を形成していない"非還元"末端側が加水分解される（図6.13）．アミロースは直鎖状なので，還元末端と非還元末端はそれぞれ一つずつしか存在しないが，アミロペクチンは1分子に多くの非還元末端をもっているために，同時に加水分解を受けることができる．非還元末端はβ-アミラーゼおよびほかのグリコシダーゼなどの酵素のはたらきにより，グルコースへと分解される．なお，この反応はマルトース（二糖）やマルトトリオース〔三糖，3分子のグルコースがα(1→4)結合でつながっている〕を経由して，最終的にグルコースへと分解される．

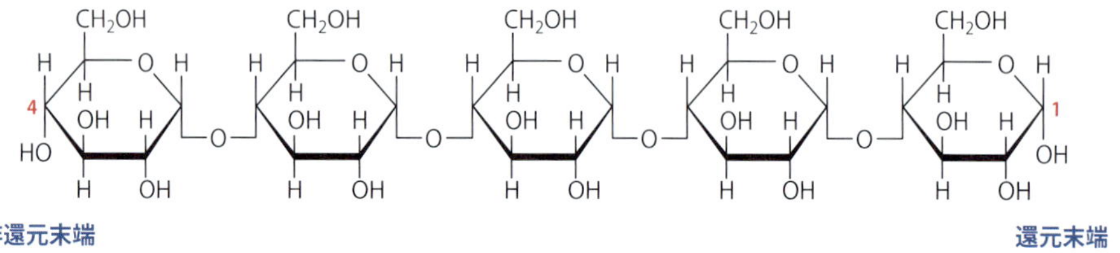

● 図6.13　デンプンの非還元末端と還元末端

　グリコーゲンは動物における主要な貯蔵多糖であり，アミロペクチンと類似の構造をもつが，さらに枝分かれの頻度が多い．セルロースはD-グルコースの直鎖状のホモ多糖であるが，結合様式はβ(1→4)結合である（図6.14A）．構造はアミロースとの微妙な違いはあるが，分子の性質としては大きな違いがある．セルロースの最も安定な構造は直鎖状であり，アミロースのコイル状の構造とは異なる．個々のセルロース鎖は並列することができ，互いに水素結合によって結合している．その結果，強固なネットワークを形成し，植物細胞の細胞壁として重要な役割を果たしている．キチンは$N$-アセチルグルコサミン（グルコースにアセチルアミノ基が修飾された単糖）がβ(1→4)結合したホモ多糖であり，セルロースときわめて類似した構造をしている（図6.14B）．アセチルアミノ基は水素結合をさらに増やすこ

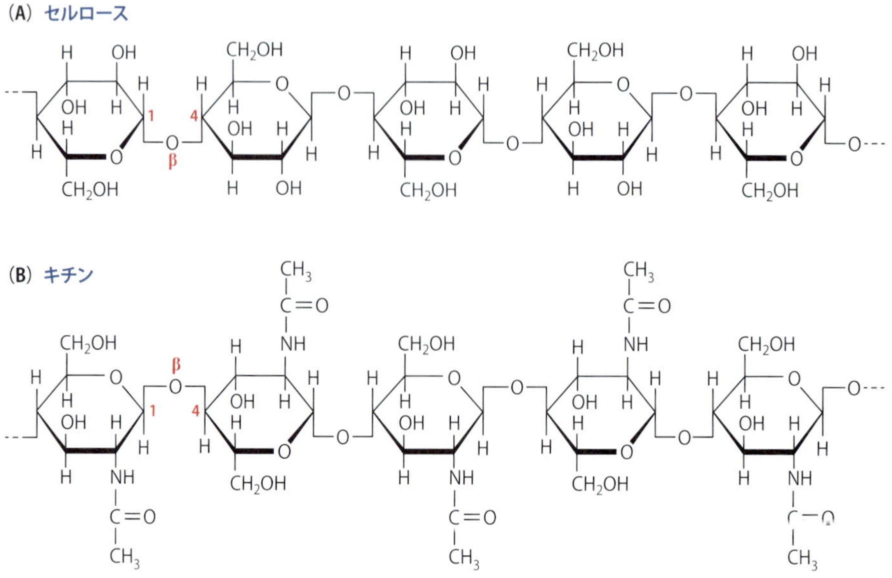

● 図6.14　セルロース（A）およびキチン（B）の高分子構造
セルロースは直鎖状のD-グルコースの多量体であり，β(1→4)グリコシド結合で重合している．キチンもまた直鎖状の多量体であるが，$N$-アセチルグルコサミンがβ(1→4)グリコシド結合で重合したものである．

## ●Box 6.4　デンプンの還元末端と非還元末端

デンプンの還元末端とは，アノマー炭素をもつ末端のことである．この還元末端のグルコース残基は開環して鎖状構造をとり，アルデヒド基を再生することができる．

**デンプン（多糖）の還元末端**

アルデヒド基は還元剤として作用し，電子をほかの化合物へ与えることができる．たとえば，アルデヒド基は二価の銅イオン（$Cu^{2+}$）を一価の銅イオン（$Cu^+$）に還元する．この反応は**還元糖**（reducing sugar；鎖状構造をとる糖は還元能をもつ）の検出に使われるフェーリング・ベネディクト試験の原理となっている．

一方，デンプン多糖の非還元末端は還元末端の反対側であり，C4が非アノマー炭素になっている．この末端のグルコース残基の環状構造は開いて鎖状構造になることはできず，還元能を獲得できない．

デンプンは還元末端と非還元末端をもつ唯一の糖ではない．置換を受けていないアノマー炭素をもつ還元糖を末端にもつ二糖，オリゴ糖，多糖も同様に，還元末端と非還元末端をもつ．すでに学んできた単純なアルドース単糖は（図6.3および6.4参照）アルデヒド基をもつことから，いずれも還元糖である．一方，ケトースは（図6.5参照），それ自身に還元能はない．しかし，鎖状構造をとると，ケトースは対応するアルドースと平衡が成り立つ（たとえば，フルクトースはグルコースと平衡関係にある）．この平衡関係によりケトースをアルドース（またその逆）に変換する異性化がもたらされる．

D-フルクトース　　エンジオール中間体　　D-グルコース

この相互転換はpHが高い場合によく起こるが，生理的な条件下では容易には起こらない．しかし，ケトースの溶液中では，常に少量ではあるが対応するアルドースを含んでいる．そのため，ケトースそれ自身が還元糖ではなくても，ケトースの溶液はある程度の還元能を示す．

---

とに寄与しており，キチンはさらに固い構造体となり，セルロースよりも強固な構造をつくっている．キチンは昆虫や甲殻類のような節足動物の外骨格に含まれている．

### 6.2.2　ヘテロ多糖は細胞外マトリックスや細菌の細胞壁に存在する

ヘテロ多糖はまた，生体にも広く存在している．動物では，ヘテロ多糖は細胞外マトリックスの重要な成分であり，糖質，タンパク質，およびそのほかの化合物とともに細胞間隙を満たしている．細胞外マトリックスのヘテロ多糖の好例は**ヒアルロン酸**（hyaluronic acid）である．ヒアルロン酸は関節の滑液や，眼球内のゼリー様物質である硝子体液に含まれている．ヒアルロン酸は$N$-アセチルグルコサミンとD-グルクロン酸（グルコースのC6がカルボキシ基に置換）の二糖の繰り返し単位からなる（図6.15）．分岐をもたないこの多糖は，長いものでは10万回繰り返し単位をもつものが存在し，関節における滑液の役割である動きを滑らかにする性質を担っている．

ヒアルロン酸は細胞外マトリックスに存在する**グリコサミノグリカン**（glycosaminoglycan）とよばれる多糖の一つである．グリコサミノグリカンの大部分は，$N$-アセチル基やカルボキシ化された単糖からなる二糖の繰り返し単位をもつ．また，カルボキシ基と同様の負電荷の硫酸基をもつこともある．これらの負電荷は多糖に沿って分布し，当然ながら互いの分子を反発する．そのため，この分子は伸長した棒状の構造をとり，タンパク質と結合してマトリックス構造を形成し，組織や器官に剛性を付与する．

最後に，真核生物から離れて，細菌に見いだされるヘテロ多糖の重要な例について触れよ

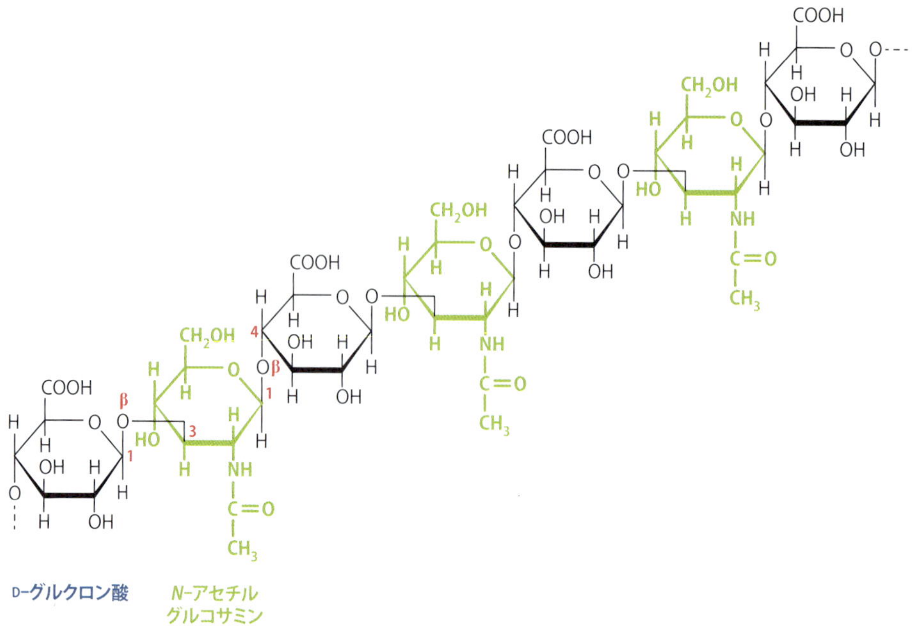

● 図6.15 ヒアルロン酸の高分子構造
ヒアルロン酸は，β(1→3) 結合した D-グルクロン酸と β(1→4) 結合した N-アセチルグルコサミンの二糖が交互に結合している．

う．細菌の細胞壁の主要な構成成分である**ペプチドグリカン**（peptidoglyacan）は，ヘテロ多糖である．ペプチドグリカンの多糖部分は N-アセチルグルコサミンと N-アセチルグルコサミンの C3 に乳酸が結合した N-アセチルムラミン酸の繰り返し単位からなる（図6.16）．それぞれの多糖分子は互いに短いペプチドによって架橋されており，巨大なマトリックスをつくり細菌全体を包み込んでいる．実際には，細胞壁は一つの巨大な分子である．涙，唾液，粘液中に含まれる酵素のリゾチームは，細菌細胞壁を構成するペプチドグリカンの β(1→4) グリコシド結合を切断することにより，細菌感染を防御する役割を担っている．ペニシリンも同様の防御効果をもっており，ペプチドグリカンの多糖部分のペプチドによる架橋を阻害することにより，細菌の増殖を妨げている．古細菌もまたペプチドグリカンからなる細胞壁をもっているが，古細菌では N-アセチルグルコサミンのほかに，高度に修飾を受けた珍しい単糖で，古細菌にのみ見いだされる N-アセチルタロサミヌロン酸によって構成されている．

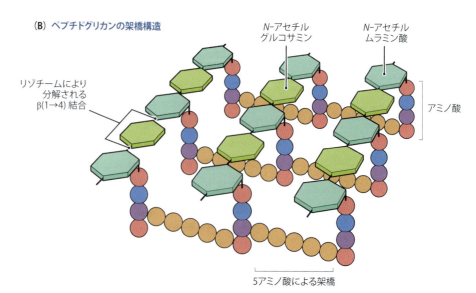

● 図6.16 ペプチドグリカン
(A) N-アセチルムラミン酸の構造．(B) ペプチドグリカンは，多糖が短いペプチドによって架橋された構造をしている．β(1→4) 結合した多糖は，リゾチームによって加水分解される．

## 参考文献

J. K. Bang, J. H. Lee, R. N. Murugan et al., "Antifreeze peptides and glycopeptides, and their derivatives: potential uses in biotechnology," *Marine Drugs*, 11, 2013 (2013).

Y. Itan, A. Powell, M. A. Beaumont, J. Burger, M. G. Thomas, "The origins of lactase persistence in Europe," *PLoS Computational Biology*, 5(8), e1000491 (2009).

J. P. Martínez, M. P. Falomir, D. Gozalbo, "Chitin: a structural biopolysaccharide with multiple applications," *eLS*, DOI: 10.1002/9780470015902.a0000694.pub3 (2014).

K. W. Moremen, M. Tiemeyer, A. V. Nairn, "Vertebrate protein glycosylation: diversity, synthesis and function," *Nature Reviews Molecular Cell Biology*, 13, 448 (2012).

J. K. Mouw, G. Ou, V. M. Weaver, "Extracellular matrix assembly: a multiscale deconstruction," *Nature Reviews Molecular Cell Biology*, 15, 771 (2014). 細胞外マトリックスの構成成分とそれらの組織化について書れている.

S. Pérez, E. Bertoft, "The molecular structures of starch components and their contribution to the architecture of starch granules: a comprehensive review," *Starch*, 62, 389 (2010).

W. Vollmer, D. Blanot, M. A. de Pedro, "Peptidoglycan structure and function," *FEMS Microbiology Reviews*, 32, 149 (2008).

## 章末問題

### 四択問題

各質問に対して正しい答えは一つだけである．答えは化学同人HP：https://www.kagakudojin.co.jp/book/b378577.html にある．

1. グリセルアルデヒドとは何か？
   (a) アルデヒドをもつ糖　(b) アルドトリオース
   (c) 三炭糖　　　　　　　(d) (a)～(c) のすべて

2. 不斉炭素をもたない化合物はどれか？
   (a) ジヒドロキシアセトン　(b) エリトロース
   (c) グリセルアルデヒド　　(d) トレオース

3. アルドペントースはどれか？
   (a) エリトロース　(b) ガラクトース　(c) グルコース
   (d) リボース

4. アルドヘキソースでないものはどれか？
   (a) ガラクトース　(b) グルコース　(c) マンノース
   (d) リブロース

5. エナンチオマーに関する次の記述のうち，最も適切なものはどれか？
   (a) 二つ以上の不斉炭素をもつ物質
   (b) 不斉炭素のうち，一つだけ構造の異なるステレオマー
   (c) アノマー炭素に結合する官能基の配置のみが異なる環状の単糖
   (d) 互いに鏡像体になっている構造異性体

6. アノマーに関する次の記述のうち，最も適切なものはどれか？
   (a) 二つ以上の不斉炭素をもつ物質
   (b) 不斉炭素のうち，一つだけ構造の異なるジアステレオマー
   (c) アノマー炭素に結合する官能基の配置のみが異なる環状の単糖
   (d) 互いに鏡像体になっている構造異性体

7. エリトロースとトレオースの関係は次のどれか？
   (a) アノマー　(b) ジアステレオマー　(c) エナンチオマー
   (d) エピマー

8. D-グルコースとD-ガラクトースの関係は次のどれか？
   (a) アノマー　(b) ジアステレオマー　(c) エナンチオマー
   (d) エピマー

9. グルコースのαアノマーとβアノマー間の変換を何というか？
   (a) 環状化　(b) エピマー化　(c) 糖鎖修飾　(d) 変旋光

10. ラクターゼ持続に関する次の記述のうち，正しくないものはどれか？
    (a) 7,500～12,500年前にヨーロッパで起こった
    (b) 大人がラクトースを消化することを可能にする現象
    (c) ラクトース不耐症ともいう
    (d) ラクターゼ遺伝子の発現パターンに変化が生じた結果である

11. 二つの単糖間に形成される結合を何というか？
    (a) エステル結合　　　(b) $N$-グリコシド結合
    (c) $O$-グリコシド結合　(d) ホスホジエステル結合

12. マルトースの正しい化学名はどれか？
    (a) α-D-グルコピラノシル-(1→4)-D-グルコピラノース
    (b) β-D-グルコピラノシル-(1→4)-D-グルコピラノース
    (c) α-D-グルコピラノシル-(1→6)-D-グルコピラノース
    (d) β-D-グルコピラノシル-(1→6)-D-グルコピラノース

13. スクロースは二糖だが，どの二つの単糖からなるか？
    (a) グルコースとガラクトース
    (b) グルコースとフルクトース
    (c) グルコースとリボース　(d) 2分子のグルコース

14. 糖タンパク質の O 型糖鎖はどの2種類のアミノ酸に結合しているか？
    (a) アスパラギンとトレオニン　(b) グリシンとロイシン
    (c) グリシンとイソロイシン　　(d) セリンとトレオニン

15. 次の単糖のなかで，修飾された糖ではないものはどれか？
    (a) $N$-アセチルグルコサミン　(b) セロビオース
    (c) グルコサミン　　　　　　　(d) シアル酸

16. デンプンの枝分かれ構造をもつものを何というか？
    (a) アミロペクチン　(b) アミロース　(c) ヒアルロン酸
    (d) マルトトリオース

17. デンプンの枝分かれ構造はどのような結合様式か？
    (a) α(1→4)　(b) α(1→6)　(c) β(1→4)　(d) β(1→6)

18. デンプンの還元末端は何で終わっているか？
    (a) C4　(b) C6　(c) アノマー炭素　(d) 非アノマー炭素

19. キチンはどのような糖のホモ多糖か？
    (a) $N$-アセチルグルコサミン　(b) ガラクトース
    (c) グルコース　　　　　　　　(d) シアル酸

20. ヘテロ多糖の例は次のどれか？
    (a) セルロース　(b) グリコーゲン　(c) ヒアルロン酸
    (d) デンプン

### 記述式問題

これらの質問の答えは本文中に記載されている．

1. アルドースとケトースの違いは何か？
2. アルドテトロースに属する単糖の構造を書き，不斉炭素の位置とどの構造がエナンチオマーを形成するかを示せ．
3. リボースの鎖状構造と環状構造を比較せよ．
4. 単糖に存在する4種類の構造異性体を，例をあげて記せ．
5. マルトース，トレハロース，スクロースの構造を記載し，これらの正式な化学名がどのようにこれらの構造〔たとえば α-D-グルコピラノシル-(1→4)-D-グルコピラノース〕を示すかを説明せよ．
6. O型糖鎖とN型糖鎖の構造を記述し，これら糖鎖の鍵となる構造の相違を記せ．
7. アミロースとアミロペクチンの構造上の違いは何か？
8. デンプンの二つの末端を還元末端，非還元末端という理由を説明せよ．
9. グリコーゲン，セルロース，キチンの構造を書け．
10. ヘテロ多糖の生物学的な役割について簡単に作文せよ．

### 自習用問題

次の質問に答えるためには，自分で計算してみたり，ほかの文献を読んでみたり，あるいはインターネットで調べる必要がある．

1. 次の単糖における不斉炭素および不斉中心はどれか示せ．

   D-グルコヘプトース　　D-セドヘプツロース　　D-マンノヘプトース

2. (a) ガラクトース，(b) タガトースの鎖状構造の，α アノマー，β アノマーへの変換様式を書け．

3. 次の二糖の構造式を書け．
   - イソマルトース：α-D-グルコピラノシル-(1→6)-α-D-グルコピラノース
   - ソホロース：β-D-グルコピラノシル-(1→2)-α-D-グルコピラノース
   - ツラノース：α-D-グルコピラノシル-(1→3)-α-D-フルクトフラノース
   - メリビオース：α-D-ガラクトピラノシル-(1→6)-β-D-グルコピラノース
   - ルチノース：α-L-ラムノピラノシル-(1→6)-β-D-グルコピラノース

4. 次の二糖のうち還元糖はどれか？
   マルトース，トレハロース，スクロース，ラクトース

5. アミラーゼはデンプンをさまざまな分解様式で加水分解する酵素ファミリーである．α-アミラーゼはデンプンの内側のα(1→4)結合を切断する活性をもっている．一方，β-アミラーゼは非還元末端側の2番目のα(1→4)結合を切断する活性をもち，二糖のマルトースを生成する．アミロペクチンに対して次の(a)～(c)の酵素処理を長時間行った場合，どのような最終産物が得られるか？
   (a) α-アミラーゼ　(b) β-アミラーゼ
   (c) α-アミラーゼとβ-アミラーゼ

# 第7章 酵素

### ◆ 本章の目標

- 生化学において，生化学反応の触媒として酵素がいかに重要な役割を担っているかを十分に理解する．
- タンパク質からなる酵素とRNAからなる酵素の両方について，例をあげて説明できる．
- 酵素が触媒する反応における補因子の役割を理解し，さまざまな補因子の例をあげることができる．
- 酵素が触媒する生化学反応の種類に基づき，どのように酵素を分類できるかを知る．
- 発エルゴン反応と吸エルゴン反応を理解し，生化学反応の際に生じる自由エネルギー変化を説明できる．
- 酵素が，どのように遷移状態における自由エネルギーを低下させて，生化学反応の速度に影響を及ぼすかを理解する．
- $\Delta G$と$\Delta G^{\ddagger}$で表される熱力学の用語の違いを知り，これらの用語の生化学的関連性を説明できる．
- エネルギー共役が，発エルゴン反応により生じたエネルギーにより，どのように吸エルゴン反応を駆動できるかを理解する．
- 温度やpHが，酵素触媒反応の速度に一般的にどのように影響を及ぼすか理解する．
- 基質濃度が反応速度に及ぼす影響を理解し，$V_{max}$と$K_m$という用語の意味を説明できる
- ラインウィーバー・バークプロットが，どのように酵素触媒反応の$V_{max}$と$K_m$を決める視覚的手段を提供してくれるかを理解する．
- 不可逆的および可逆的酵素阻害剤を，両方の例をあげて違いを説明できる．
- 酵素が触媒する反応の速度論に及ぼす競合阻害と非競合阻害の効果の違いを知る．

ここで話を，生体内で生じるおもな生化学反応に進めることにする．これらの**代謝**（metabolic）反応は，次の二つのグループに分けられる．

- **異化**（catabolism）：エネルギーを生みだすために，化合物を分解する代謝の一部．
- **同化**（anabolism）：小さな分子から，より大きな分子を構築していく生化学反応と称されるもの．

細胞内の代謝活性をつくる生化学反応は多様であり，さまざまな化合物が関与している．これらの化合物には，単に，タンパク質，核酸，脂質，糖質のみならず，エネルギーを生みだしたり，より大きな生体分子の合成にかかわる反応において，基質，中間体，生成物となる多くの低分子が含まれる．本書のこれからあとの七つの章を通じて話を進めていく際に，これらの化合物の重要性に触れていくことになるだろう．

このように，広範な分子と多様な目的を果たすのに役立つ多くの生化学反応を考えると，これらに共通のテーマを見いだすのは難しいように思える．しかし実際は，すべての代謝を一体化する基礎となる一つの共通のテーマが存在する．それが**酵素**（enzyme）の役割である．酵素は，生化学的経路の個々の段階を触媒するタンパク質で，きわめてまれにRNAであることもある（図7.1）．細胞の内側あるいは外側からのシグナルに応答して，酵素は個々の生化学反応が生じる反応速度を調節することもある．こうして酵素は，細胞内における全体的な代謝活性を調和させている．そして，酵素が存在する細胞が単細胞生物であるときは細胞が置かれた環境にとって，多細胞生物の一部分であるときは細胞がもつ特有の機能にとって，代謝活性を適切なものとなるようにしている．

そこで，この本のPARTⅡでは，酵素そのものと酵素がいかにしてはたらくかについて

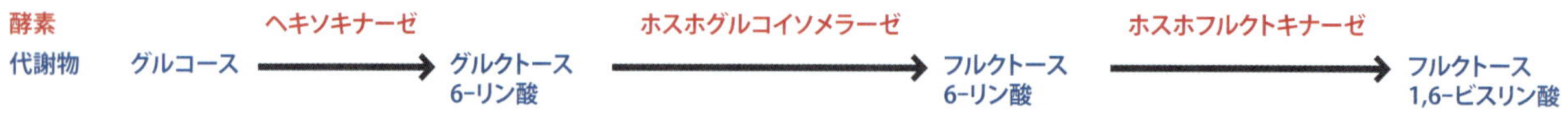

```
酵素       ヘキソキナーゼ           ホスホグルコイソメラーゼ        ホスホフルクトキナーゼ
代謝物  グルコース ──────→  グルコース  ──────→  フルクトース  ──────→  フルクトース
                          6-リン酸                6-リン酸                 1,6-ビスリン酸
```

●図7.1　**酵素は生化学的過程の各段階の反応を触媒する**
解糖系における最初の3段階の反応を示している．これは生細胞がエネルギーをつくりだす過程の最初の段階である．それぞれの段階の反応は異なる酵素により触媒される．

の学習からはじめよう．

## 7.1　酵素とは何か？

　私たちがいま酵素とよんでいるものが最初に科学的に認識されたのは，1833年のことであった．この年に，フランス人の化学者アンセルム・パヤン（Anselm Payen）とジーン-フランソワ・ペルソ（Jean-François Persoz）は，醸造に用いられる発芽穀物の麦芽から水層への抽出物を調製し，さらにこの抽出物をアルコールで処理して乳白色の沈殿物を得た．この沈殿物はデンプンを糖に変換する活性を示し，この活性は沈殿物を熱で処理すると失われた．彼らは，この活性がデンプンから糖を"分離"するものと考え，"分離"を意味するギリシア語からこの活性を「ジアスターゼ」と名づけた．

　パヤンとペルソの発見はその時代には早すぎたため，彼らにはジアスターゼが何であるかほとんどわからなかった．現在の知識で考えれば，彼らが麦芽の抽出物にアルコールを加えたときに得られた乳白色の沈殿物はおもに，アルコールに不溶なタンパク質からなっていたことがわかる．私たちは，タンパク質の酵素活性がその三次構造により決まり，タンパク質を熱して変性させると，この構造が失われることも知っている．こうして考えると，ジアスターゼが現在，**アミラーゼ**（amylase）とよんでいるタンパク質であることがわかる．一方で，パヤンとペルソの乳白色の沈殿物には，麦芽の抽出物に存在する多様なアルコールに不溶なほかの化合物と，さまざまなほかの酵素などの多くの異なるタンパク質が含まれていることも知っている．

　このあと生化学の技術が進歩し，抽出物に含まれるすべてのタンパク質とそのほかの分子を分離し，個々の酵素を純粋な形で得ることができるようになるまでには，ほぼ1世紀の時間を要した．これを最初に成し遂げたのは，1926年にタチナタマメ（ジャックビーン）から**ウレアーゼ**（urease）を精製したコーネル大学のジェームズ・サムナー（James Sumner）であった．彼は，尿素を二酸化炭素とアンモニアに変換するこの酵素がタンパク質であることを示した．続く10年のあいだに，サムナーとほかの生化学者たちはいくつかの酵素を精製し，それぞれの酵素がタンパク質であることを示した．1946年に，サムナーがノーベル賞を受賞する頃には，酵素がタンパク質であるという事実は科学的定説となっていた．

### 7.1.1　大部分の酵素はタンパク質である

　多くの科学的定説と同様に，酵素はタンパク質であるという定説もまた，結局のところ部分的に正しいということがわかった．大多数の酵素は確かにタンパク質であるが，いくつかの酵素はRNAからなる．

**タンパク質からなる酵素の例**

　まず，タンパク質からなるほとんどの酵素について，いくつか例を見てみよう．タンパク質性の酵素にはさまざまな大きさのものがあり，最も小さいものは150アミノ酸より小さい．3.4.1項でタンパク質の変性と復元について学ぶときに取り上げた**リボヌクレアーゼA**（ribonuclease A）は，124アミノ酸からなる典型的な低分子の酵素である．この酵素が触媒する生化学反応は，RNAポリマーの内部に存在するホスホジエステル結合の一つを切断す

ることにより，RNAポリマーをより短い二つの分子へと変換するものである（図7.2A）．この反応を繰り返し行うことで，最終的にRNAはそれを構成するヌクレオチドにまで分解される．リボヌクレアーゼAの三次構造を見ると，αヘリックスとβシートが混じり合い，U字型をつくっていることがわかる．ポリペプチド鎖の12番目と119番目に位置する二つのヒスチジン残基（これらを"His-12"，"His-119"と表す）が，生化学反応が生じる**活性部位**（active site）に隣接している（図7.2B）．RNAが活性部位に入り込み，ホスホジエステル結合は二つのヒスチジンが関与する化学反応により切断される（図7.2C）．いったん切断が起こると，より短い二つのRNAは酵素から離れていく．

(A) リボヌクレアーゼAにより触媒される反応

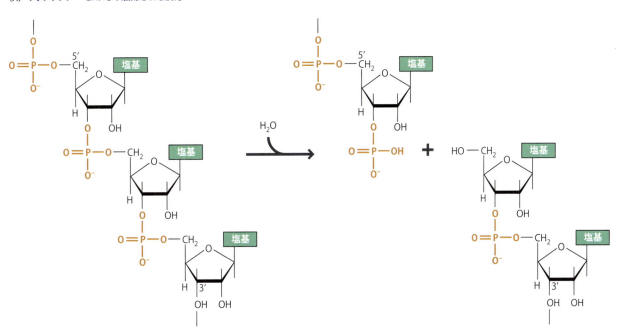

(B) 活性部位における二つのヒスチジン残基

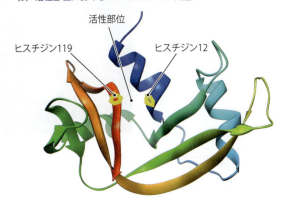

(C) 酵素に結合したRNA

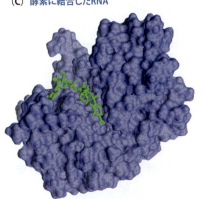

●図7.2 リボヌクレアーゼA
(A) リボヌクレアーゼAにより触媒される生化学的反応．この反応は水1分子を必要とし，ホスホジエステル結合と隣接するヌクレオチドの5'炭素との間を切断する．(B) 活性部位に隣接している二つのヒスチジン残基の位置を示す，リボヌクレアーゼA構造の模式図．(C) 活性部位にRNA（緑色）が結合したリボヌクレアーゼA（青色）のモデル．コンピュータによりつくられたこのモデルは，三次構造におけるすべての原子の半径と相対的な位置に基づいており，酵素の実際の形を示している．
(B) © Vossman (Licensed under CC BY-SA 2.5) https://creativecommons.org/licenses/by-sa/2.5/ より改変，(C) *J. Phys. Chem B.*, 114 (21), 7371 (2010) より．

リボヌクレアーゼAは，ほかの小さな酵素と同様に，特徴がはっきりした一つの生化学反応を触媒する．より大きな酵素のなかには，酵素タンパク質の別の部分が異なる反応を触媒するような，もっと複雑な活性を担うものもある．大腸菌由来の **DNAポリメラーゼI**（DNA polymerase I）とよばれる酵素は，よい例である．リボヌクレアーゼAと同様にDNAポリメラーゼIは単一のポリペプチドからなるが，リボヌクレアーゼAより大きく，全体で928アミノ酸を含んでいる．DNAポリメラーゼは，個々のヌクレオチドを結合させ，新たなDNAをつくりだす酵素である．このため，DNAポリメラーゼによる生化学反応ではホスホジエステル結合が形成される．DNAポリメラーゼIはこの反応を鋳型依存的に行う．この酵素は，すでに存在しているDNA鎖（鋳型鎖）のヌクレオチドの配列を読み，塩基対合則に従って新しく合成されるポリヌクレオチドの配列を決めていく．ヌクレオチドは，つくられていくポリヌクレオチドの3′末端に，一つずつ付加される（図7.3A）．DNAポリメラーゼ活性は，DNAポリメラーゼIのポリペプチド鎖の521番目と928番目のあいだのアミノ酸が担っている（図7.3B）．鋳型からの複製は非常に正確に行われるが，約9,000ヌクレオチドが付加されるごとに，ポリメラーゼIはまれに誤り（エラー）をおかし，間違ったヌクレオチドを結合させる．この誤りを修正するためにDNAポリメラーゼIは，ちょうどつくったばかりのホスホジエステル結合を壊し，間違ったヌクレオチドを切り離すことができる．このエラー修復機構は，ポリヌクレオチド末端からヌクレオチドを取り除くという，まったく異なる生化学反応であり，**エキソヌクレアーゼ**（exonuclease）活性とよばれる．このエキソヌクレアーゼ活性は，324～517番目までのアミノ酸が担っている．すなわち，DNAポリメラーゼIは多機能酵素であり，この酵素のポリペプチドの別の部分に異なる活性をもつ．

そのほか，多数のサブユニットからなり，それぞれのサブユニットが異なる酵素反応を担っている多機能酵素もある．大腸菌における例が，**トリプトファンシンターゼ**（トリプトファ

> DNAポリメラーゼの作用に関するさらなる詳細は，14.1.2項を参照．

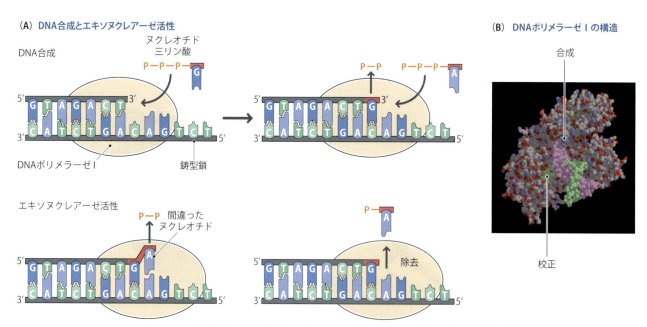

● 図7.3 大腸菌DNAポリメラーゼIのDNA合成およびエラー修復活性
(A) DNAポリメラーゼIは，つくられていくポリヌクレオチドの3′末端にヌクレオチドを付加していき，新しいDNA鎖を合成する．この酵素は反応にヌクレオチド三リン酸を用いるが，ヌクレオチドが付加されるときには二つのリン酸基がはずれる．エキソヌクレアーゼ活性により，この酵素はヌクレオチドが誤って付加されたとき，これを取り除くことができる．(B) 大腸菌由来のDNAポリメラーゼを示している．ポリメラーゼ活性とエキソヌクレアーゼ活性は，DNAポリメラーゼタンパク質の異なる部分が担っている．この図では，DNAの短い断片が酵素に結合した形で示されており，鋳型鎖を紫色，新しくつくられる鎖を緑色で示している．
(B) スクリプス研究所のDavid S. Goodsellによる．

> フェニルアラニン，チロシン，およびトリプトファンの合成経路については，13.2.1項で述べる．

ン合成酵素，tryptophan synthase）とよばれる酵素である．その名前が意味するように，トリプトファンシンターゼは，アミノ酸であるトリプトファンの合成につながる同化経路に関与する．この経路は**コリスミ酸**（chorismate）とよばれる芳香族化合物にはじまり，その後，トリプトファンになる経路と，フェニルアラニンとチロシンになる経路に分岐する．トリプトファンになる分岐の最後の2段階が，トリプトファンシンターゼにより触媒される．この2段階のうち最初の反応では，インドール-3-グリセロールリン酸が，3位の炭素に結合したグリセロールリン酸からなる側鎖がはずれてインドールへと変換され，2番目の反応ではセリンがこの位置に結合しトリプトファンが生成する（図7.4A）．トリプトファンシンターゼは，二つのαサブユニットと二つのβサブユニットの合計四つのサブユニットから構成される．αサブユニットは，八つのβシート鎖とそれを囲む八つのαヘリックスでつくられるバレル様の構造をもつ．インドール-3-グリセロールリン酸は，αサブユニットのなかでこのバレルに入り込み，49番目のグルタミン酸と60番目のアスパラギン酸に結合する．その後，インドール-3-グリセロールリン酸は切断され，インドールと3-グリセルアルデヒドリン酸がつくられる．この3-グリセルアルデヒドリン酸は外にだされ，インドールは約2.5 nm離れたβサブユニットの活性部位につながるトンネルへと受け渡される（図7.4B）．ここでセリンがインドールに結合し，トリプトファンがつくられる．多機能酵素における一つのサブユニットからもう一つのサブユニットへの，2段階の生化学反応における中間体の移動は，中間体が酵素から拡散せずに，すぐに反応の過程の次の段階へ確実に進んでいくようにするための共通の手法である．

**(A) トリプトファンの生合成経路**

**(B) トリプトファンシンターゼ α および β サブユニット**

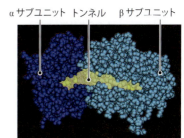

●図7.4　トリプトファンシンターゼ
(A) トリプトファン合成につながる生化学的経路の最後の二つの段階．(B) 大腸菌トリプトファンシンターゼのαおよびβサブユニットの構造．インドールが移動していく二つのサブユニット間のトンネルを示している．トリプトファンシンターゼが，二つのαサブユニットと二つのβサブユニットの，四つのサブユニットから構成されることに注意しよう．そのため，αβ二量体でそれぞれ一つずつ，二つの反応が同時に生じる．
(B) © PDBj Licensed under CC-BY-4.0 International/PDBID：1K7F.

### ある種の酵素はRNAである

1980年代初頭まで，すべての酵素はタンパク質であると信じられていた．この常識は，エール大学のシドニー・アルトマン（Sidney Altman）とコロラド大学のトーマス・チェック（Thomas Cech）により，最初の**リボザイム**（ribozyme）が発見されたときに覆された．リボザイムはRNAからつくられる酵素である．

多くのリボザイムは酵素としての機能を発揮するためにタンパク質と連動してはたらくが，現在知られているすべての例において，触媒活性はRNA部分が担っている．そのよい例が，細菌の酵素**リボヌクレアーゼP**（ribonuclease P）で，この酵素は前述したタンパク質のリボヌクレアーゼAとは異なる酵素である．リボヌクレアーゼPは，RNA内をランダムに切断するというよりはむしろ，ごく少数の細胞内のRNAの特定の位置を1カ所切断するという，より特定の機能をもつ酵素である．細胞内RNAの一つとしてtRNAがあるが，このtRNAはタンパク質合成を助ける成熟型のtRNAではなく，最初にRNA前駆体として

つくられるもので成熟型より長い．tRNA 前駆体はプロセシング酵素であるリボヌクレアーゼ P によりプロセシングを受け，クローバーリーフ構造のどちらかの側に伸びたポリヌクレオチドが取り除かれる．このプロセシング酵素の一つがリボヌクレアーゼ P であり，成熟 tRNA の 5′ 末端を 1 カ所切断する（図 7.5A）．

> tRNA のプロセシングにおけるリボヌクレアーゼ P の役割については，15.2.1 項でふれる．

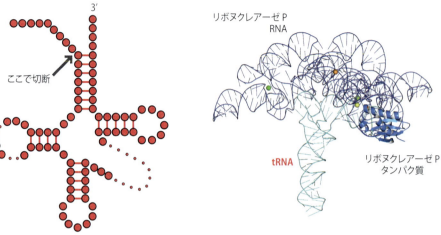

● 図 7.5　リボヌクレアーゼ P
（A）リボヌクレアーゼ P の役割．（B）tRNA に結合したリボヌクアーゼ P．リボヌクレアーゼ P における RNA の構成成分を濃い青色，タンパク質をリボンで青色，tRNA を水色で示す．
（B）© PDBj Licensed under CC-BY-4.0 International　PDBID：3Q1R．

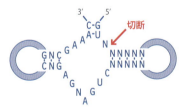

● 図 7.6　ウイロイドおよびウイルソイドの複製における連鎖状ゲノムの自触媒的切断
（A）複製経路．（B）それぞれの切断部位で形成し，酵素活性をもつハンマーヘッド型構造．N にはどのヌクレオチドがきてもかまわない．

> 自己複製する RNA をもっていたと考えられる，最初の細胞の起源に関する理論については，2.2.1 項で述べた．

リボヌクレアーゼ P は二つのサブユニットからなる．そのうちの一つは約 120 アミノ酸からなるタンパク質で，もう一つは約 400 ヌクレオチドからなる RNA である．この RNA は分子内塩基対をもち，この塩基対により RNA は tRNA 前駆体に結合し，これを切断できるような三次構造に折りたたまれる（図 7.5B）．細菌では，酵素が tRNA 前駆体と結合するのにこの RNA とタンパク質のどちらも必要とするが，*in vitro* の実験によると，触媒活性はすべて RNA による．タンパク質は，酵素と tRNA 前駆体の相互作用を安定化していると考えられているが，それ自体がリボヌクレアーゼ活性を発揮することはない．

これまでに発見されたリボザイムの多くは，リボヌクレアーゼである．これらは **RNA ワールド**（RNA world）に起源をもつと考えられる．RNA ワールドとは，DNA とタンパク質が存在する以前，すべての生化学系が RNA を中心としていた，進化の非常に初期の段階を示す．この理論によると，これら進化の初期に存在していた RNA のなかには遺伝子情報を伝えていたものもあったと考えられる．現在地球上では，すべての細胞生物の遺伝子は DNA に収容されているが，わずかなウイルスはいまなお RNA からなるゲノムをもっている．これらのウイルスには**ウイルソイド**（virusoid）や**ウイロイド**（viroid）が含まれ，そのゲノムはおよそ 200 〜 400 ヌクレオチドの長さをもつ RNA である．ある種のウイルソイドやウイロイドにおける複製過程では，単一の長い RNA の端と端がつながった一連のゲノムのコピーを生じる．この RNA はリボザイムであり，それ自体を切断し，自己触媒反応により個々のゲノムのコピーを切りだすことができる（図 7.6A）．リボヌクレアーゼ P の場合と同様に，この酵素活性は分子内塩基対により形成された三次構造のなかに含まれる．この構造はすべてのウイルソイドやウイロイドにおいて同一ではないが，共通の性質として**ハンマーヘッド**（hammerhead）型構造をしている（図 7.6B）．

## 7.1.2　補因子を必要とする酵素

酵素のなかの特定のアミノ酸が，酵素により触媒される生化学反応において，いかに中心的な役割を担うかについて見てきた．たとえば，リボヌクレーゼ A においては，ポリペプチド中の 2 番目と 119 番目の二つのヒスチジンはホスホジエステル結合を切断する生化学反応にかかわっている．同様に，トリプトファンシンターゼの α サブユニットの 49 番目のグルタミン酸と 60 番目のアスパラギン酸は，インドールと 3-グリセルアルデヒドリン酸を生

じるインドール-3-グリセロールリン酸の分解に関与している．これらの例やそのほかの多くの酵素において，その触媒活性はタンパク質内部の特定のアミノ酸に存在する化学的官能基によって生みだされる．しかし，すべての場合が必ずしもそうとはかぎらず，多くの酵素はその触媒機能を発揮するためにさらに**補因子**（cofactor）とよばれるイオンや分子を必要とする．

最もよく用いられる補因子は金属イオンであり，これまでに知られている酵素の約1/3がその活性に金属イオンを必要とする（表7.1）．これらの金属イオンとしては$Cu^{2+}$，$Fe^{2+}$，$Fe^{3+}$，$Mg^{2+}$，$Mn^{2+}$，$Ni^{2+}$，$Zn^{2+}$があり，これらは酵素内の特定部位に結合している．これらのイオンが触媒過程に直接かかわることができるように，通常，この結合は活性部位かその近傍に形成される．金属イオンを含む酵素は**金属酵素**（metalloenzyme）とよばれるが，金属酵素はヒトの細胞のいたるところに存在するため，食事に微量元素が必要となる．

● 表7.1 補因子の例

| 補因子 | 補因子を必要とする酵素 |
|---|---|
| **補因子となる金属イオン** | |
| $Cu^{2+}$ | シトクロムオキシダーゼ |
| $Fe^{2+}$, $Fe^{3+}$ | カタラーゼ，ニトロゲナーゼ |
| $Mg^{2+}$ | ヘキソキナーゼ |
| $Mn^{2+}$ | アルギナーゼ |
| $Ni^+$ | ウレアーゼ |
| $Zn^{2+}$ | カルボキシペプチダーゼ，カルボニックアンヒドラーゼ |
| **補因子となる有機化合物（補酵素）** | |
| $NAD^+$ | オキシドレダクターゼ |
| $NADP^+$ | 脂肪酸合成酵素 |
| FAD | コハク酸デヒドロゲナーゼ |
| FMN | NADHデヒドロゲナーゼ |
| コエンザイムA | 脂肪酸合成酵素 |
| アスコルビン酸 | 抗酸化防御酵素 |

ほかの補因子としては，さまざまな有機化合物がある．その多くは食事に含まれるビタミンに由来する．補因子のもととなるビタミンとしては次のようなものがある．

- **ナイアシン**（niacin，ビタミン$B_3$；図7.7A）：補因子である**ニコチンアミドアデニンジヌクレオチド**（nicotinamide adenine dinucleotide，$NAD^+$）と**ニコチンアミドアデニンジヌクレオチドリン酸**（nicotinamide adenine dinucleotide phosphate，$NADP^+$）の前駆体．$NAD^+$と$NADP^+$はそれぞれ，エネルギー産生と同化にかかわるさまざまな酵素の活性に必要とされる．

- **リボフラビン**（riboflavin，ビタミン$B_2$；図7.7B）：**フラビンアデニンジヌクレオチド**（flavin adenine dinucleotide，**FAD**）と**フラビンモノヌクレオチド**（flavin mononucleotide，**FMN**）の前駆体．FADとFMNは，$NAD^+$と$NADP^+$と類似した機能をもつ．

- **パントテン酸**（panthothenic acid，ビタミン$B_5$；図7.7C）：脂質代謝に加えてエネルギー産生にもかかわる**コエンザイムA**（coenzyme A）へと変換される．

- **アスコルビン酸**（ascorbic acid，ビタミンC；図7.7D）：それ自体が補因子．コラーゲンは腱，靱帯，軟骨や骨といった結合組織において三重らせん構造をとる．とくに，コラーゲンが三重らせん構造を形成することができるように，コラーゲンのポリペプチド内のアミノ酸を修飾する反応において補因子としてはたらく．食事中にビタミンCが不足すると，この反応にかかわる酵素の作用が制限され，コラーゲンの三重らせん構造を正しく形成できなくなる．不完全なコラーゲン繊維は結合組織に深刻な影響を与え，壊血病とよばれる疾患につながる．

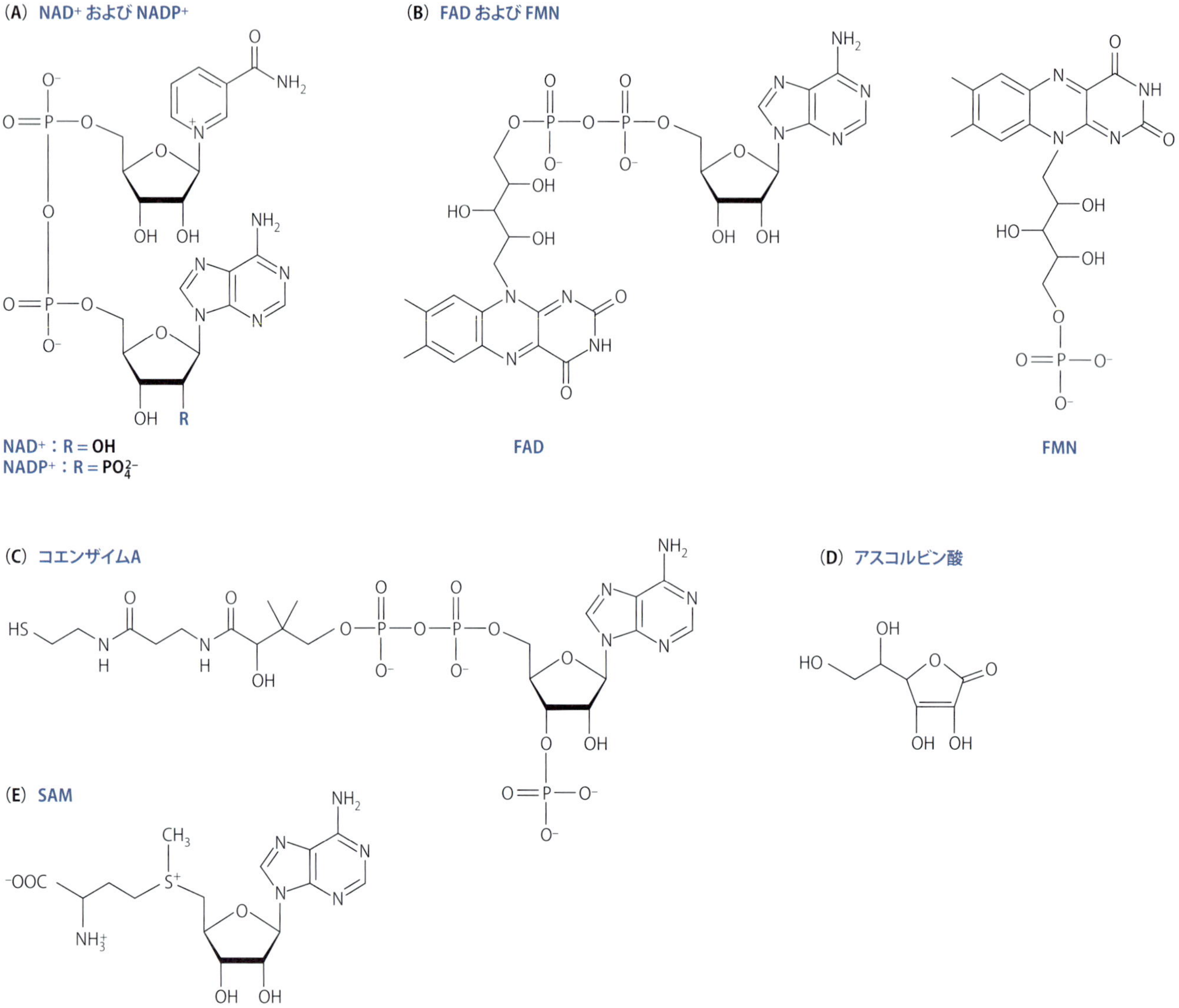

**(A)** NAD⁺ および NADP⁺

**(B)** FAD および FMN

NAD⁺：R = OH
NADP⁺：R = PO₄²⁻

FAD

FMN

**(C)** コエンザイム A

**(D)** アスコルビン酸

**(E)** SAM

● 図 7.7　さまざまな補因子となる有機化合物の構造

　ヒトのそのほかの補因子は，私たちの細胞のなかでつくりだすことができる．そのような補因子の一つは，修飾されたアミノ酸の **S-アデノシルメチオニン**（S-adenosyl methionine, SAM；図 7.7E）である．

　酵素反応の補因子となる有機化合物は，**補酵素**（coenzyme）とよばれることもある．ある種の補酵素は，その補酵素が手助けをする酵素に一時的に結合することにより，触媒反応に関与する．また，永続的あるいは半永続的に結合し，その結果，本質的に酵素構造の一部分となるような補酵素もある．このような補酵素は**補欠分子族**（prosthetic group）とよばれる．補因子としてはたらく金属イオンの大部分は本質的には酵素構造の一部分であり，これらもまた補欠分子族として分類される．

　補因子の結合した酵素は**ホロ酵素**（holoenzyme）とよばれる．補因子がない酵素は**アポ酵素**（apoenzyme）として知られる．最後に，補因子を必要とするのはタンパク質からなる酵素だけではないことに気をつけなくてはならない．リボヌクレアーゼ P などのある種のリボザイムは，酵素反応を実行するために $Mg^{2+}$ イオンを必要とする．

● Box 7.1　金属タンパク質と金属酵素

　金属イオンは，さまざまな**金属タンパク質**（metalloprotein）中に存在するが，金属タンパク質のなかには，触媒機能をもたず，そのために酵素でないものもある．ほとんどすべての金属タンパク質において，金属イオンは一つまたは複数の**配位結合**（coordinate bond）により適当な場所に維持されている．配位結合は共有結合の特別な型で，金属イオンと，側鎖に存在するヒスチジン，システイン，グルタミン酸などのアミノ酸の窒素，酸素や硫黄を含む官能基とのあいだに形成される．たとえば右図に示すように，カルボキシペプチダーゼ（膵臓から分泌されるタンパク質分解酵素）内における$Zn^{2+}$イオンは，二つのヒスチジンと一つのグルタミン酸と配位結合することにより適当な場所に維持されており，そのおかげで水分子と結合できるようになっている．

　こうして得られる構造は**配位圏**（coordination sphere）とよばれ，ここで金属イオンは**配位中心**（coordination center）を形成している．

　ある種の金属タンパク質において，金属イオンは非タンパク質性の有機化合物の一部を形成している．その最も一般的な例は，ヘムとよばれる鉄を含むポリフィリンである（図3.25参照）．ヘムは，四つのピロールのサブユニットが互いにつながった環状構造から構成され，$Fe^{2+}$イオンがその中心に配位している．ヘムは，赤血球中の酸素運搬タンパク質であるヘモグロビン（3.3.2項参照）や，電子伝達系の構成成分であるシトクロムタンパク質（9.2.2項参照）に見いだされる．

### 7.1.3　酵素はその機能により分類される

　どれくらいの数の酵素が存在するのだろうか．もしもそれぞれの種がもつ酵素を別べつに考えた場合，たとえば，パヤンとペルソが1833年に発見したオオムギ麦芽のアミラーゼの酵素と，コムギやライムギといったほかの穀物のアミラーゼの酵素を別べつに数えると，その数は十億程度になる．しかし，実際のところ異なる酵素活性をもつものだけを考えた場合，すなわち，オオムギ，コムギ，ライムギのいずれの由来かによらず，すべてのアミラーゼを一つの酵素として数えると，いくつになるのだろうか．この基準を用いると，およそ3,200の異なる酵素が存在する．

　長い年月をかけて，これらの異なるすべての酵素を分類するさまざまな方法が提案されてきた．現在は誰もが，1961年に国際生化学分子生物学連合（IUBMB）に最初に合意された単一の標準的な手法を用いている．この分類では，3,200すべての酵素はまず次の六つの大きなグループに分けられる．

- 酵素分類グループ1（EC1）：**オキシドレダクターゼ**（**酸化還元酵素**，oxidoreductase）．このグループに属する酵素は酸化反応あるいは還元反応を触媒する．
- EC2：**トランスフェラーゼ**（**転移酵素**，transferase）．ある一つの化合物からもう一つの化合物へ化学的官能基を転移させる酵素．
- EC3：**ヒドロラーゼ**（**加水分解酵素**，hydrolase）．加水分解反応を行い，水の作用により化学的結合を切断する．
- EC4：**リアーゼ**（**脱離酵素**，lyase）．酸化や加水分解によらず，化学的結合を壊す酵素．
- EC5：**イソメラーゼ**（**異性化酵素**，isomerase）．分子内で原子を再編成する酵素．この再編成は**異性化**（isomerization）とよばれる．
- EC6：**リガーゼ**（**連結酵素**，ligase）．分子どうしを連結させる．

　それぞれのグループの酵素はさらに細分され，すべての個々の酵素には固有の四つの数字からなる**EC番号**（EC number）がつけられる．たとえば，パヤンとペルソにより発見されたアミラーゼは，EC3.2.1.2という番号がつく．この番号は酵素のもつ活性の正確な特徴を示している（図7.8）．

## Box 7.2 酸化還元反応 —— 化学の原理

オキシドレダクターゼ（酸化還元酵素）により触媒される酸化還元反応は，生化学のさまざまな領域で重要である．とりわけ酸化還元反応は，第8章や第9章で説明するように，糖質や脂質からエネルギーを放出させる生化学的過程の根底にある．

化学の分野ではしばしば，酸化は物質から酸素を獲得するもの，還元は酸素を失うものと定義される．たとえば，酸化銅をマグネシウムの金属とともに加熱すると，次の反応が生じる．

$$CuO + Mg \longrightarrow Cu + MgO$$

マグネシウムは酸素を獲得するので，この場合，酸化されており，一方，銅は酸素を失うので，還元されている．大部分の酸化還元反応はこのように関連づけられており，一つの化合物が酸素を失えば，もう一つの化合物が酸素を獲得する．そのために，このような反応を**レドックス反応**（redox reaction）とよぶ．

生化学の分野では，通常，レドックス反応を少し異なった視点からとらえる．酸素の移動というよりむしろ，反応のあいだに生じる電子の獲得と損失と考える．たとえば，酸素の部分を省けば，酸化銅とマグネシウムの反応は，次のように書き直すことができる．

$$Cu^{2+} + Mg \longrightarrow Cu + Mg^{2+}$$

反応をこのように表すと，次のことがわかる．
- 反応の酸化の部分は，マグネシウムが二つの電子を失うことであり，その結果，Mg 原子は $Mg^{2+}$ イオンへ変換される．
- 反応の還元の部分は，$Cu^{2+}$ イオンが二つの電子を獲得することであり，$Cu^{2+}$ イオンは Cu 原子へ変換される．

「酸化は損失，還元は獲得（Oxidation Is Loss, Reduction Is Gain）」には次の便利な憶え方がある．

OIL RIG（石油掘削装置）

酸化は損失，還元は獲得（Oxidation Is Loss, Reduction Is Gain）

---

- EC3 の 3 は，アミラーゼが EC グループ 3，すなわち，水を用いて化学結合を切断する加水分解酵素に属することを示す．この反応こそ，パヤンとペルソが麦芽抽出物で見いだした，デンプンを糖へと変換させる生化学反応の根本的な性質を表している．
- EC3.2 の 2 は，アミラーゼが**グリコシダーゼ**（glycosidase）という，グリコシド結合を切断する酵素であることを示している．グリコシド結合とは，二つの糖どうしあるいは糖と別の分子をつなぐ結合である．EC 番号のこの部分は，エステル結合（エステル結合に作用する酵素は EC3.1 というグループを形成し，ここに RNA のホスホジエステル結合を切断するリボヌクレアーゼが含まれる）やペプチド結合（ペプチド結合に作用する酵素は EC3.4 となり，このグループにはタンパク質のペプチド結合を切断するプロテアーゼが含まれる）といった別の結合に作用するタイプの加水分解酵素と，アミラーゼを区別している．
- EC3.2.1 の 1 は，アミラーゼがグリコシダーゼのなかでも $O$-あるいは $S$-グリコシド結合を加水分解するサブグループに属することを示している．$O$-あるいは $S$-グリコシド結

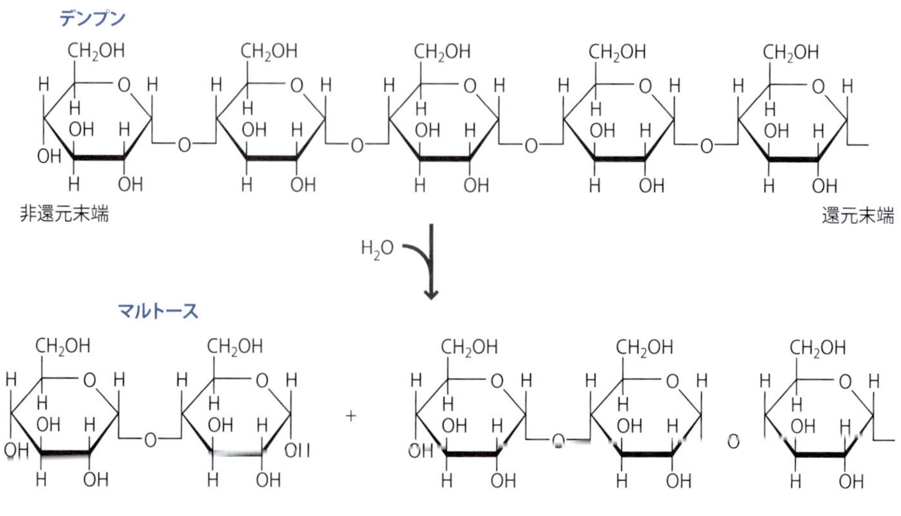

● 図 7.8 β-アミラーゼ（EC3.2.1.2）の反応

合では，糖と第二の分子との結合に酸素あるいは硫黄原子が含まれる．この段階での第二のサブグループ 3.2.2 は，結合に窒素原子が含まれる $N$-グリコシド結合に作用する酵素からなる．そのため，3.2.2 のサブグループには，糖とヌクレオチドの塩基間の結合を切断する酵素が含まれる．

- EC3.2.1.2 の最後の 2 は，β-アミラーゼに固有の番号である．β-アミラーゼとは，デンプン，グリコーゲンや関連した多糖類において，糖のユニット間の α(1→4) 結合を加水分解し，多糖類ポリマーの非還元末端から二糖類のユニットであるマルトースを切りだす酵素である．

EC3.2.1 のサブグループには 135 個の酵素が含まれ，それらのすべての酵素が，糖のユニットどうしあるいは糖と別の分子間の $O$-あるいは $S$-グリコシド結合を加水分解する．このリストの最初にくる EC3.2.1.1 は α-アミラーゼであり，この α-アミラーゼもまた，デンプンの α(1→4) $O$-グリコシド結合やほかのグルコースからなる多糖類の α(1→4) 結合を加水分解するが，この酵素は非還元末端ではなくむしろ，ポリマー鎖内のこの結合をランダムに切断していく．この型のアミラーゼはヒトやそのほかの哺乳類の唾液や膵液に見いだされ，この酵素のおかげで私たちは食事に含まれるオリゴ糖や多糖類を消化することができる．

α-アミラーゼと β-アミラーゼの区別が，この EC 分類の手法の重要性を説明してくれる．この分類の手法を用いれば，単一の生物における異なる酵素を区別するだけでなく，異なる生物のあいだでも同じ機能をもった**相同性**（homologous）を示す酵素を認識できるようになる．β-アミラーゼであれば，その酵素がどの穀物から得られたかによらず相同性があると見なされる．細菌においても β-アミラーゼ活性をもつ酵素は存在するが，この酵素もまた EC3.2.1.2 の番号が割りあてられている．α-アミラーゼは，触媒する生化学反応が異なるために別の型の酵素と見なされる．このため，α-アミラーゼは異なる EC 番号をもつが，この場合も同様に，いかなる種の α-アミラーゼにもこの EC 番号が用いられる．

## 7.2 酵素はどのようにはたらくか

ここまでで，酵素とは何か，またその生化学的活性によりどのように分類されるかについて理解できたことだろう．次に，生きている細胞のなかで酵素がどのようにはたらくかに話を移すことにする．まず，酵素の基本的特性，すなわち，生理学的触媒として機能する能力について検討しよう．

### 7.2.1 酵素は生理学的触媒である

すでに，酵素が生理学的触媒であることについては明確である．触媒とは，化学的反応の速度を高める一方，それ自体は反応の結果として消費されない物質のことである．酵素は，触媒する反応が生化学反応であることを除けば，ほかの種類の触媒となんら変わらない．

したがって，酵素がどのようにはたらくかを理解するには，触媒の原理をいくつか学ばなければならない．このために，生化学反応のあいだに生じる事象，とくに反応の**エネルギー論**（energetics）に関連した事象について検討することにしよう．

#### ほとんどすべての生化学反応は自由エネルギーの変化をもたらす

トランスフェラーゼ（転移酵素；EC のグループ 2 に含まれる）により触媒され，ある一つの化合物から別の化合物への化学的官能基の移動をもたらす典型的な生化学反応について考えてみよう（図 7.9）．この反応では，化学反応式は次のように書くことができる．

$$A-R + B \longrightarrow A + B-R$$

この反応式では，化学的官能基 "R" が，化合物 "A" から化合物 "B" へと移動する．

開始時の化合物 $A-R$ と $B$ は反応の**基質**（substrate）であり，$A$ と $B-R$ は**生成物**（product）である．

● 図 7.9 トランスフェラーゼ（転移酵素）反応
(A) トランスフェラーゼ反応の一般式．
(B) ペントースリン酸経路（11.3 節参照）で生じるトランスフェラーゼ反応の一例．トランスアルドラーゼは，セドヘプツロース 7-リン酸からグリセルアルデヒド 3-リン酸へのジヒドロキシアセトンの転移を触媒する．

この化学反応式はここで生じる反応をまとめているが，実際に生じることの多くを物語ってはいない．反応の本質をさらに深く掘り下げるには，反応が**自由エネルギー**（free energy）の変化をもたらすかどうかを考えなければならない．$G$ で表されるギブズの自由エネルギーは，1873 年にアメリカ人科学者ジョサイア・ウィラード・ギブズ（Josiah Willard Gibbs）により考案された，きわめて有用な熱力学の関数である．簡単にいえば，ギブズの自由エネルギーは"系"におけるエネルギー量の大きさのことである．小さなエネルギー量，すなわち $G$ 値が小さな系は，より大きなエネルギー量でより大きな $G$ 値の系より安定な状態にある．ここで取り上げた典型的な生化学反応では，基質の $A-R + B$，および生成物の $A + B-R$ の二つの"系"が存在する．

生化学反応について考える際，私たちが関心をもつのは，基質および生成物がもつ実際の $G$ 値ではなく，むしろこれら二つの系の $G$ 値の差である．二つの系の $G$ 値の差を表すのには，ギリシア文字の Δ（大文字の"デルタ"）を用いる．したがって，生化学反応のあいだに生じる自由エネルギーの変化は，$\Delta G$ として表される．

反応の $\Delta G$ が負の値を示した場合，それは生成物の自由エネルギーは基質の自由エネルギーより小さいことを意味する（図 7.10A）．この反応は自発的に生じることとなり，$\Delta G$ 値と等しい量のエネルギーが放出される．このような反応を**発エルゴン**（exergonic）反応とよぶ．ある種の化学反応は大きな負の $\Delta G$ 値を示し，大きなエネルギーを発生する．高校の化学の授業で人気があるナトリウムと水との反応が，その一例である．この反応では生成物として，水酸化ナトリウム，水素ガスに加え，大量のエネルギーが熱として発生する．この熱のために水素が発火し，金属ナトリウムは炎を放ちながらビーカーの水の表面を速いスピードで動き回る．多くの生化学反応は負の $\Delta G$ 値を示し，このために反応が生じるとエネルギーを放出する．これが，エネルギーの産生をもたらす代謝における異化反応の基盤である．

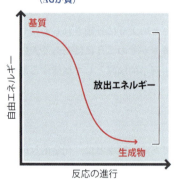

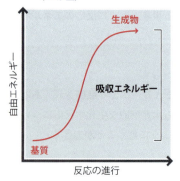

● 図 7.10 発エルゴン反応と吸エルゴン反応の違い

生成物の自由エネルギーが基質の自由エネルギーより大きい場合には，どうなるだろう（図 7.10B）．この場合，$\Delta G$ は正の値を示し，反応はエネルギーを必要とする．このような反応を**吸エルゴン**（endergonic）反応という．生化学において，多くの同化反応は吸エルゴン反応である．これらの反応では，小さな分子からより大きな生成物が得られる．吸エルゴン反応が生じるには必ずエネルギーの流入が必要であるため，自発的に生じることはない．

## 基質と生成物のあいだにはエネルギー障壁が存在する

化学反応の基質と生成物における自由エネルギーの差を，いかに $\Delta G$ として表すかについてふれてきた．次に考えるべきなのは，反応の過程の途中で形成される中間体構造の自由エネルギーについてである．"中間体構造"とは，多段階の反応過程のあいだに形成されたり，単独に精製できるような実際の化合物を意味するのではない．それよりむしろ，単一の反応のあいだに一時的に形成される構造を意味している．

この重要な点をはっきりさせるために，前述の典型的なトランスフェラーゼ（転移酵素）反応について，もっと掘り下げて検討してみよう．この反応については，先ほど次の反応式を書いた．

$$A-R + B \longrightarrow A + B-R$$

さらにもっと注意深くこの反応について考えると，この反応にはおそらく官能基Rが分子Aから分子Bへと受け渡されつつある，まさにそのときに形成される中間体構造がかかわっていることに気づくだろう．したがって，このような構造の存在を示すには，次のように反応式を書き直すべきである．

$$A-R + B \longrightarrow A\cdots R\cdots B \longrightarrow A + B-R$$

ここでは，分子AおよびBと官能基Rをつなぐ結合が壊れつつ（$A\cdots R$の場合），あるいは形成されつつ（$R\cdots B$）ある過程にあることを示すために，点線 "$\cdots$" を使うことにする．この中間体構造はきわめて不安定であり，すなわち大きな自由エネルギーをもっている．反応過程におけるこのような構造が形成される時点を，**遷移状態**（transition state）とよぶ．

遷移状態の存在は，反応中に生じる自由エネルギーの変化について考えるとき，基質と生成物の単純な比較により得られる $\Delta G$ 値の先を思い描かなくてはならないことを意味している．すなわち，基質と遷移状態とのあいだの第二の $\Delta G$ も考慮しなくてはならない．この自由エネルギーの差を**活性化エネルギー**（activation energy）とよび，$\Delta G^{\ddagger}$ で示す．しばしば $\Delta G^{\ddagger}$ は $\Delta G$ よりはるかに大きくなり，反応が先に進むためには乗り越えなくてはならない重要な障壁を形成する．このエネルギー障壁の存在が，ほとんどすべての生化学反応の速度を限定する．

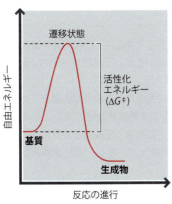

● 図 7.11 遷移状態とそのエネルギー論的意味合い
遷移状態により示された障壁を越えて反応を推し進めるには，活性化エネルギーが必要である．

## 酵素は遷移状態の自由エネルギーを小さくする

ここでは，酵素あるいはほかの型の触媒が，どのように化学反応速度を上げることができるのか検討しよう．触媒は，基質や生成物の自由エネルギーの値には影響を及ぼさず，すなわち $\Delta G$ を変化させることはない．その代わりに，通常は遷移状態で形成される中間体構造を安定化させることにより，$\Delta G^{\ddagger}$ を減少させる（図7.12）．その結果，触媒は，基質を生成物へと変換するために越えなくてはならないエネルギー障壁を低くする．エネルギー障壁を越えやすくなるので，反応速度は増す．

酵素は触媒する反応の遷移状態をどのように安定化するのだろうか．答えは，**エントロピー**（entropy）を減少させることによって安定化させている．熱力学では，エントロピーとは系の乱雑さの程度の尺度を示す．エントロピーは自由エネルギー値に寄与する．酵素は遷移状態のエントロピーを減少させ，$\Delta G^{\ddagger}$ 値を小さくする．複雑だと思うかもしれないが，実はその根底にある原理は非常にわかりやすい．エントロピーは系に秩序をもたらすことにより小さくなる．ここで先ほどからよく用いられている

$$A-R + B \longrightarrow A\cdots R\cdots B \longrightarrow A + B-R$$

という生化学反応においては，反応開始時の"系"は $A-R + B$ である．細胞のなかでは100分子の $A-R$ と100分子の $B$ が存在し，これらすべてが水性の細胞質中，互いにすぐ近くを浮遊しているかもしれない．しかし，$A-R$ と $B$ の分子は互いに自然に引きつけ合うこ

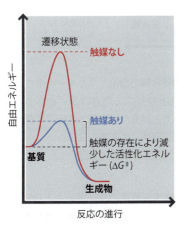

● 図 7.12 触媒は遷移状態の自由エネルギーを減少させる

## ● Box 7.3　可逆反応

多くの生化学反応は可逆的である．これは，反応の生成物が互いに反応し，基質が再形成されうることを意味している．したがって，可逆的なトランスフェラーゼ（転移酵素）反応は，**正反応**（forward reaction）と**逆反応**（reverse reaction）とよばれる二つの反応から成り立つ．

$$\text{正反応} \quad X{-}R + Y \longrightarrow X + Y{-}R$$
$$\text{逆反応} \quad X + Y{-}R \longrightarrow X{-}R + Y$$

通常，次のように，全体としての反応が可逆的であることを示すために両向き矢印を用い，これら二つの反応を一つの式にまとめて示す．

$$X{-}R + Y \rightleftharpoons X + Y{-}R$$

可逆反応において，生成物が形成される速度は，生成物を変換して基質へと戻す速度によって相殺される．この反応が進むと，平衡状態に達する．平衡状態に達したあと，ある一定の時間で生成物へと変換される基質分子の数は，逆反応により再形成される基質分子の数と等しくなる．正反応と逆反応のいずれも生じ続けるが，基質と生成物の相対的な濃度はもはや変化しない．

可逆反応は，基質と生成物の自由エネルギーの値の違いが比較的小さく，エネルギー論的にいうと，正反応が逆反応に比べてごく少しだけ優位にある．

酵素をさらに加えると，可逆反応にどのような影響を及ぼすだろうか．酵素が平衡状態には影響を及ぼさないことを知っておくことが重要である．これは，正反応と逆反応がたとえ二つの反応の $\Delta G^{\ddagger}$ 値が異なっていても，同じ遷移状態を示すことによる．

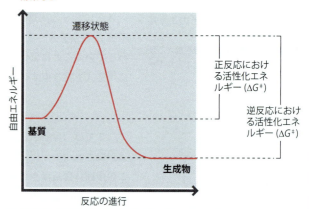

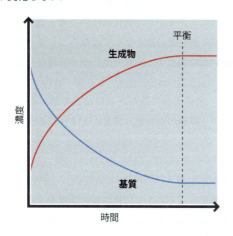

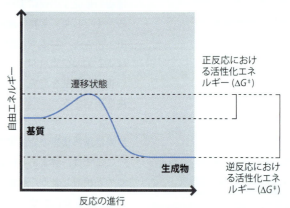

平衡状態における生成物と基質の比は，正反応と逆反応の相対的な速度に依存する．逆反応と比べて正反応がかなり速い場合は，平衡状態における基質濃度は小さくなる．一方，正反応と逆反応の速度にほとんど差がない場合は，平衡状態において基質と生成物はほとんど同じ濃度になる．大部分の

酵素をさらに加えると，遷移状態の自由エネルギーは小さくなるが，このとき，正反応と逆反応の両方の $\Delta G^{\ddagger}$ 値への影響は同じである．したがって，酵素は正反応と逆反応の速度を速めるが，基質と生成物の平衡には影響しない．

とはなく，酵素がないときには，ほかの分子とは偶然に衝突する程度のランダムな方向に拡散している（図 7.13A）．ときどき，$A{-}R$ の 1 分子と $B$ の 1 分子は，遷移状態の構造を形成するのに求められる正しい向きでちょうどでくわし，そのときには $A + B{-}R$ への変換が可能になるかもしれない．しかし，系の乱雑さ（系の高いエントロピー）のため，このようにでくわす機会はとてもまれである．$A{-}R + B$ から $A + B{-}R$ への変化の反応速度は非常に遅い．

ここで，この系に，この反応を触媒するトランスフェラーゼ（転移酵素）を取り入れてみることにする．この酵素は，$A{-}R$ の 1 分子と $B$ の 1 分子が遷移状態構造を形成するのに必

## 7.2 酵素はどのようにはたらくか

**(A) 衝突の可能性が低い**　　　　　　**(B) 酵素が反応すべき物質をつなぎ合わせる**

● 図 7.13　酵素は反応の遷移状態を安定化させる
(A) 反応物のランダムな混合物においては，遷移状態が形成されるには偶然の衝突が必要である．(B) 反応物を結合させることにより，酵素は系のエントロピーを減少させ，反応物から生成物への変換速度を速める．

要とする正しい相対的な位置および向きにこれら二つの分子を結合させて，エントロピーを減少させる（図7.13B）．このように基質を結合させると，酵素は系に秩序をもたらし，その結果，$\Delta G^{\ddagger}$値が減少する．こうして，$A{-}R + B$から$A + B{-}R$への変換速度は速くなる．

したがって，酵素は基質と遷移状態とのあいだのエネルギー障壁を低くするが，基質と生成物の自由エネルギーの値に影響を及ぼさない．熱力学の関係においては，酵素は$\Delta G^{\ddagger}$を減少させるが，$\Delta G$には影響しない．もしも反応が負の$\Delta G$を示す発エルゴン反応ならば，その反応は熱を放出しながら進行する．しかし，もしも反応が吸エルゴン反応で，基質より生成物がより大きな自由エネルギー量をもっているときは，何が反応を進行させるのだろうか．吸エルゴン反応が完成するためにはエネルギーの流入が必要である．多くの酵素はこのエネルギーを，エネルギーを生じる第二の反応である発エルゴン反応と共役することにより獲得する．これを**エネルギー共役**（energy coupling）とよぶ．多くの場合，この第二の反応は，ADPと無機リン酸を生じるヌクレオチドであるATPの加水分解反応である（図7.14）．この発エルゴン反応から放出されたエネルギーは，酵素により利用され，共役する吸エルゴン反応を駆動させる．

> ATPがいかにエネルギーを貯蔵するかについては，8.1.1項でより詳しく学ぶ．

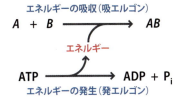

● 図 7.14　エネルギー共役
この例では，反応物の$A$と$B$を結合させて生成物の$AB$を形成する吸エルゴン反応が必要とする自由エネルギーが，ATPのADPと無機リン酸（$P_i$）への加水分解反応によって供給される．

### 7.2.2　酵素触媒反応の速度に影響を及ぼす因子

触媒の原理を学び，酵素が基質と生成物間のエネルギーの障壁を低くして，反応速度を増大させることが理解できたであろう．触媒がない場合，ほとんどすべての生化学反応は取るに足らないような速度でしか生じず，生成物の合成はきわめて遅くなる．酵素により触媒さ

---

● **Box 7.4　基質結合の特異性**

ほぼすべての酵素は，基質に対し高い特異性があり，非常に似た構造をもつ分子を識別し，酵素が触媒する反応にとって正しい基質にだけ結合できる．この特異性の基盤はどんなものだろう．

生化学の黎明期に，エミール・フィッシャー（Emil Fischer）は，基質と酵素の相互作用は鍵が鍵穴に適合するのと同じようなものだと示唆した．この**鍵と鍵穴モデル**（lock and key model）によれば，酵素の表面に存在する結合ポケットは，その基質の形に厳密に適合する形をしている．基質だけがこの結合ポケットに適合できる形をもち，ほかの化合物はそのような形をもたないために特異性が得られる．

より最近の説では，酵素の結合部位は固定された硬い構造ではなく，それよりむしろある程度柔軟性のあるものだとされる．基質がつくことにより結合ポケットの変化が誘導され，その結果，基質は酵素により厳密に包み込まれるようになる．正しい基質だけが結合ポケットの構造を必要な形に変化させ，酵素の基質への特異性を高めることができる．このモデルは**誘導適合モデル**（induced fit model）とよばれる．

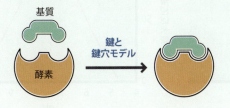
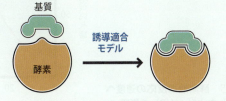

れると，同じ反応がはるかに迅速に進行し，細胞の要求に応えるのに十分な速度で生成物が産生される．しかしこれは，生化学反応において生じうる反応速度には，酵素がないためにスイッチがオフになっているときと，酵素により反応が触媒されスイッチがオンになっているときの2種類しかないことを意味しているわけではない．触媒反応の速度は，与えられた時間内にどれだけ迅速に生成物が生じるかを決定するさまざまな因子により影響を受ける．ここで，これらの因子について検討すべく，それぞれの因子が酵素の触媒する生化学反応の速度に及ぼす影響について見てみよう．

### 温度とpHは酵素触媒反応の速度に影響を及ぼす

すべての化学反応は熱の影響を受け，高い温度ほどより速く起こる．これは，加熱により熱エネルギーが増大し，その結果，基質がより速く動き回るようになって，基質どうしが互いにでくわす頻度が増加するからである．熱力学の用語を用いると，熱エネルギーの増大が，基質が遷移状態のエネルギー障壁を越えるのを助けてくれるのである．この点については，酵素触媒反応とほかの化学反応に違いはなく，温度が上昇するほどより迅速に起こるようになる．しかし，これは比較的低い温度でのみ成り立つ．なぜなら，より高い温度では第二の因子が関係してくるからである．第二の因子とは，温度が化学結合の安定性に及ぼす効果であり，とくに，タンパク質分子内の二次構造をつくり上げている比較的弱い水素結合のことをいう．温度が上昇していくと，水素結合が壊れ，タンパク質の二次構造の折りたたみが崩れ（変性し）て，酵素活性が失われていく．そのために，尿素のような化学的変性剤と同様に，高温はタンパク質を変性させる．したがって，典型的な酵素触媒反応の速度は温度の上昇とともに徐々に増していくが，至適温度に達すると，そのあとはおそらく非常に速やかに酵素活性は低下していく（図7.15A）．なぜなら，ちょっとした温度の上昇が，酵素構造の比較的大きな崩壊を生じさせるからである．

> 尿素のタンパク質の活性への影響については3.4.1項で検討した．

脊椎動物では大部分の酵素が，温血動物の組織内の温度である37℃あたりに**至適温度**（temperature optimum）をもつ．脊椎動物の表面や体内で生育する多くの細菌の酵素も同じような至適温度をもつが，ほかの環境中に生育する細菌のなかにはこの点でまったく異なっているものもある．温泉に自然に生育している好熱性細菌がよい例である．温泉内の温度は沸点に達することもあるので，これらの細菌のタンパク質は高温にも耐えうる必要がある．これらの細菌に常在する**耐熱性**（thermostable）酵素は75～80℃の至適温度を示す．

タンパク質は極端なpHにおいても変性するが，反応速度に対するpHの効果はむしろ酵素構造の単純な破壊ではなく，もっと緻密なものである．しばしば酵素の活性部位に存在するアミノ酸はイオン化された側鎖をもち，これらの側鎖がなんらかの機構で酵素反応に関与する．アミノ酸のイオン化がpHによりどのような影響を受けるかを思いだせれば，pHの変化が酵素反応の速度においていかに重要であるか，すぐに理解できるだろう．ほとんどすべての酵素は**至適pH**（pH optimum）を6.8～7.4にもつが，このpHは生きている細胞や

> アミノ酸のイオン化に及ぼすpHの影響については，3.1.2項で述べた．

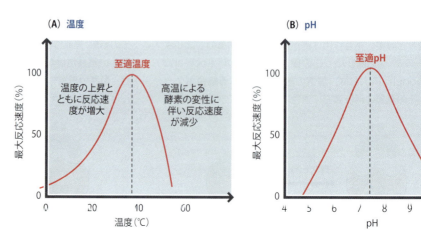

●図7.15　酵素触媒反応の速度への温度(A)およびpH(B)の影響

組織に見られる生理的 pH に一致している（図 7.15B）．しかし温度の効果と同様に，ここにも例外がある．胃においてタンパク質の分解を行う酵素の一つであるペプシンは，至適 pH がおよそ 2.0 である．これは，この酵素が機能しなくてはならない強い酸性の環境を反映している．

### 基質濃度は反応速度に大きな影響を及ぼす

pH と温度は酵素触媒反応に大きな影響を及ぼすが，ほとんどすべての生命体は細胞内の pH を確実に一定に保つ機構をもっており，脊椎動物もまた体内の温度をめったに 37℃ からはずれないように制御している．このため，温度や pH はそれ自体が個々の生化学反応が生じる際の実際の速度の重要な決定因子となることはない．より重要なのは，反応に基質をどれだけ利用できるかである．

基質濃度の重要な影響を説明するために，単一の基質と単一の生成物からなる，最も簡単な生化学反応を検討してみよう．これは EC のグループ 5 にあたるイソメラーゼ（異性化酵素）により触媒される型の反応である．この反応は次のように書くことができる．

$$S \longrightarrow P$$

ここで $S$ は基質，$P$ は生成物である．イソメラーゼを精製し，これを基質と混合したと考える．酵素は基質の生成物への変換を触媒しはじめるので，順次，間隔をとりながらその時点で存在する生成物の量を測定することにより反応を追いかける．その結果をグラフにプロットしていくと，図 7.16 のようなパターンが得られる．この曲線の形は，最初のうちは反応が線形速度で進行することを教えてくれる．この線形速度を**初速度**（initial velocity）とよび，$V_0$ で表す．しかしながら，徐々に反応速度は減少していき，ある時点で新たな生成物が生じなくなり，グラフは横ばいとなる．このとき，反応速度はもはや 0 となることを示している．

図 7.16 に示すようにグラフが横ばいになることを最も簡単に説明しようとすれば，すべての基質を使い切って生成物の合成が止まったということになる．これは完全な説明ではないが，差しあたり，目的にかなう答えとしては十分である．重要な点は，反応速度は基質の量が減るにつれて遅くなっていくことを，グラフが示している点である．つまり，反応速度は基質濃度に依存しているということである．

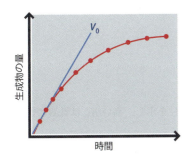

●図 7.16　**典型的な酵素触媒反応における経時変化**
初速度（$V_0$）は反応が線形に進行している部分から推定して示される．

### 基質濃度の影響は酵素の作用様式の特徴を明らかにする

基質濃度と反応速度との関係は**酵素反応速度論**（enzyme kinetics）の基盤となる．これは重要な課題である．なぜなら，酵素がどのようにはたらくかについて推論するのに，酵素が触媒する反応の速度論を利用することができるからである．

まずは，異なる基質濃度における反応速度を比較する必要がある．どうすればこれを行うことができるかは，図 7.16 の実験が示してくれる．異なる基質濃度における反応速度を比較するためには，同じ酵素量で異なる基質量を用いる一連の実験を組み立て，それぞれの基質濃度における $V_0$ を測定するだけでよい（図 7.17A，p. 134）．その結果をグラフにプロットすれば，曲線が得られる（図 7.17B，p. 134）．この曲線は，酵素の活性と関係がある次の二つのパラメーターを明らかにしてくれる．

- $V_{max}$：最大反応速度．曲線が最終的に安定期に達するとき，反応速度は $V_{max}$ に到達する．このパラメーターは酵素がその反応で成し遂げられる最大の反応速度を示している．
- $K_m$：**ミカエリス定数**（Michaelis constant）．反応速度が最大値の半分（すなわち $0.5 \times V_{max}$）になるときの基質濃度である．この曲線はどの酵素に対しても，$K_m$ として数値を与えてくれる．しかし，$K_m$ は酵素について何を教えてくれるのだろうか．$K_m$ は，酵素−基質複合体の安定性の尺度であり，さらに正確にいうと，酵素の基質に対する"親和性"

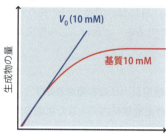
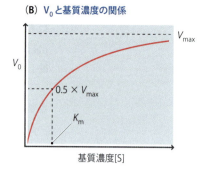
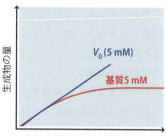

● 図 7.17 **異なる基質濃度における，酵素触媒反応の速度の比較**
(A) 異なる基質濃度（基質 2.5 mM，5 mM，および 10 mM）における $V_0$ の測定．
(B) $V_0$ の値を用いて，酵素の $V_{max}$ と $K_m$ を求める．

である．ここには逆数の関係があり，低い $K_m$ は高親和性を示し，高い $K_m$ は低親和性を示す．

基質濃度，$V_{max}$ と $K_m$ とのあいだの正確な関係については，1913 年にレオノール・ミカエリス（Leonaor Michaelis）とモード・メンテン（Maud Menten）により最初に解明された．**ミカエリス・メンテン方程式**（Michaelis-Menten equation）は次のように示される．

$$V_0 = \frac{V_{max} \times [S]}{K_m + [S]}$$

この式で，大括弧 [ ] は"濃度"を示す．すなわち，[S] は基質濃度を示す．

実験的には，どのように酵素の $V_{max}$ と $K_m$ を測定するのだろうか．図 7.17B に示すグラフの曲線は完全には $V_{max}$ に到達しないため，このグラフからこれらの値を測定することはできない．曲線の進み方から"推測で見積もる"のである．$K_m$ の数値もまた反応速度が $V_{max}$ の半分になるときの値であるから，この値も同様に"推測で見積もる"必要がある．より多くの基質を用いて実験することは可能ではあるが，$V_{max}$ を完全に正確に測定するには無限大の基質濃度が必要であり，もちろんそのような基質濃度を与えることは不可能である．幸いにも，図 7.17B に示すような曲線は，初速度と基質濃度のいずれも逆数をプロットすれば，直線に変えられる（図 7.18）．これが**ラインウィーバー・バークプロット**（Lineweaver-Burk plot）である．直線のプロットのよい点は，好きなだけどこまでも外挿できる点である．この場合，直線を $x$ 軸と交わる点まで伸ばせば，$K_m$ の値を求められる．さらに，$y$ 軸の切片は $V_{max}$ を与えてくれる．

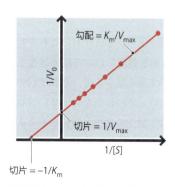

● 図 7.18 **ラインウィーバー・バークプロット**

## 7.2.3 阻害剤とその酵素への影響

酵素の機能の仕方についての学習を完結するために，この章の最後で，酵素が**阻害剤**

## 7.2 酵素はどのようにはたらくか

### ●Box 7.5　バイオ燃料の生産における耐熱性酵素の利用

リサーチ・ハイライト

　ここ数十年にわたり，精製した酵素が工業プロセスに利用されるようになってきた．その例としては，仔ウシの胃の内側から得られるプロテアーゼで，チーズの製造に用いられるキモシン（レンニンともよばれる）や，スクロースをグルコースとフルクトースに分解し，タフィーやそのほかのキャンディをつくるためのシロップの製造に用いられる酵母由来のインベルターゼがある．近年になり，生物工学者たちは，ほとんどのタンパク質が変性してしまうような高温で行われる工業プロセスに，耐熱性酵素を応用できないか検討をはじめた．その一例が，植物原料からの**バイオ燃料**（biofuel）の生産である．

　バイオ燃料は，化石燃料に由来せず有害物質をほとんど生じない，より環境に優しいエネルギーを求めるなか，ますます注目を集めている．さまざまなバイオ燃料が世界中のいろいろな地域で生産されつつあるが，最も広く用いられているのは，植物原料から糖質を分解して得られるエタノールに基づく．このバイオ燃料の生産では，まず植物のセルロースからグルコースに変換され，これに続き，グルコースがエタノールと二酸化炭素へと分解される．後半の過程については，8.2.2項でより詳細に学ぶ．

　セルロースは，セルラーゼという酵素の調製液を植物原料に加えることでグルコースに変換される．セルラーゼはいくつかの酵素の混合物であるが，なかでも重要なのは次の酵素である．

- エンドグルカナーゼ：セルロースの内部に存在するβ-グリコシド結合を切断し，セルロースの重合体をより小さな断片へと分解する．
- セロビオヒドロラーゼ：エンドグルカナーゼの処理により生じた断片の末端から，連続的にセロビオースを切りだしていく．セロビオースは，二つのグルコースがβ(1→4)結合でつながった二糖類である．
- β-グルコシダーゼ：β(1→4)結合を切断し，セロビオースをグルコースへと変換する．

　したがって，これらの三つの酵素はセルロースからグルコースを放出するために協働する．

　バイオ燃料の生産に現在用いられているセルラーゼは菌類から得られたもので，耐熱性ではない．そのため，60℃以上の温度では変性してしまう．このセルラーゼの性質は工業プロセスを困難なものにしている．なぜなら，グルコースへと分解できないリグニンのような生体高分子からセルロースを含むものだけを取りだすために，植物原料を75℃まで加

熱しなくてはならないからである．このため，これまで確立されたプロセスは，それぞれを異なるバイオリアクター内で行う二つの段階からなる．すなわち，最初の段階で，植物原料を加熱しセルロースを取りだし，次の段階では，セルラーゼを冷やした抽出物に加え，このセルロースをグルコースへと変換する．二つの段階からなるために，このプロセスを終えるのに必要な時間が長くかかるうえ，さらに重要なことに，全体としての費用の増大につながる．

したがって，セルロースを取りだす過程と分解する過程を，単一の段階の工程として行うことを可能にしてくれる耐熱性のセルラーゼは，バイオ燃料の生産費用を下げると考えられる．安定で耐熱性の酵素は好熱細菌中によく見られるものではないが，いくつかの例が知られ，酵素に代わるものとして解析が進みつつある．おもな問題は，好熱細菌を培養しその酵素を抽出する費用が，その酵素の利用を不経済なものにしないかどうかである．

もう一つの可能性として，**タンパク質工学**（protein engineering）を用い，菌類由来のセルラーゼの熱安定性を増す方法がある．タンパク質工学では，Box 19.2 で学ぶ技術を用い，タンパク質のアミノ酸配列を変化させる．ここで目指すのは，菌類由来の一連のセルロース分解酵素がより耐熱性になるように，それらのアミノ酸配列を変化させることである．この取組みの問題は，なぜ耐熱性酵素が高温でも変性せずにもちこたえられるかについて，まだ完全にはわかっていないことにある．別の耐熱性酵素において，ほかの酵素とは異なるさまざまな構造が見いだされてきており，その構造の特徴はすべての耐熱性酵素に存在するものではないものの，その耐熱性を説明してくれるかもしれない．また，耐熱性酵素の非常にコンパクトな構造は革新的である．ポリペプチドが比較的高い割合で，ループ構造やターン構造という開かれた状態よりも，αヘリックスやβシートとして折りたたまれた構造をしている．しばしば，それぞれの二次構造の単位が，非耐熱性酵素よりも多くの水素結合とファン・デル・ワールス相互作用により結びつき，互いにつながっている．耐熱性酵素の表面構造の特徴もまた重要である．タンパク質の周囲に存在する水分子は，タンパク質が高温に曝された際に，タンパク質がほどかれる容易さに影響を及ぼす．タンパク質の表面構造は，この周囲の水分子といかにタンパク質が相互作用するかを決めているからである．耐熱性酵素の鍵となる特徴がたとえ明らかになったとしても，非耐熱性酵素にそのような構造上の特徴をもたらすために，どのようにアミノ酸配列を変化させればよいかについて答えるのは難しいだろう．

菌類由来のセルラーゼ酵素にどのようなアミノ酸の改変をすればよいかを予測するのは難しいので，生物工学者たちは**指向進化**（directed evolution）とよばれるタンパク質工学を検討している．この取組みでは，タンパク質のアミノ酸配列をランダムに変化させ，その後，得られた変異体が改良された性質をもつか検討するものである．バイオ燃料の生産においては，菌類由来のセルラーゼ酵素の一つのアミノ酸配列を変化させ，その後，それぞれの新たな変異体について，偶然に耐熱性が増したものがないかを同定する．耐熱性の増大はわずかかもしれないが，さらにランダムに変異させていき，それぞれの段階で最も耐熱性を示した変異体の変異を進めれば，バイオ燃料の生産プロセスを単一段階で行えるようになるほど，最終的には十分に耐熱性をもったセルラーゼを得られるかもしれない．

（inhibitor）によってどのような影響を受けるかを検討しなければならない．阻害剤とは，酵素の活性を妨げ，触媒速度を低下させる化合物である．酵素の活性に阻害剤として影響を及ぼす，広範囲にわたる化合物が存在するが，それらすべての化合物は，その阻害作用が可逆的であるか否かによって大きく二つのグループに分類できる．まず，この効果が恒久的である**不可逆的阻害剤**（irreversible inhibitor）について取り上げよう．

### 不可逆的阻害剤は酵素活性を永続的に低下させる

ほとんどすべての阻害剤は，酵素がもはや基質に結合できないように酵素の活性部位を変化させる化合物である．しばしば阻害剤となる化合物は，活性部位のアミノ酸の一つと共有結合を形成し，基質が入り込むことができないように活性部位を遮断する．通常，この変化は永続的かつ不可逆的な変化である．なぜなら，酵素のポリペプチド鎖とのあいだにちょうど形成された共有結合が切断されないかぎり，阻害剤は活性部位から取り除かれないからである．側鎖にヒドロキシ基（－OH）やスルフヒドリル基（－SH）をもつアミノ酸はしばしば不可逆的阻害剤の標的となる．このため，活性部位にセリン，トレオニン，チロシン，システインをもつ酵素はこれらの型の阻害に対してとりわけ感受性が高い．

ジイソプロピルフルオロリン酸（DIFP）は，不可逆的阻害剤の一例である．DIFP はセリンなど，ヒドロキシ基をもつ多くの化合物と反応する（図 7.19）．DIFP が活性部位に存在するセリン側鎖に結合すると基質の侵入が遮断され，酵素により触媒される生化学反応におけるセリン側鎖の機能が妨げられる．そのため，DIFP が結合する酵素の活性は，完全に

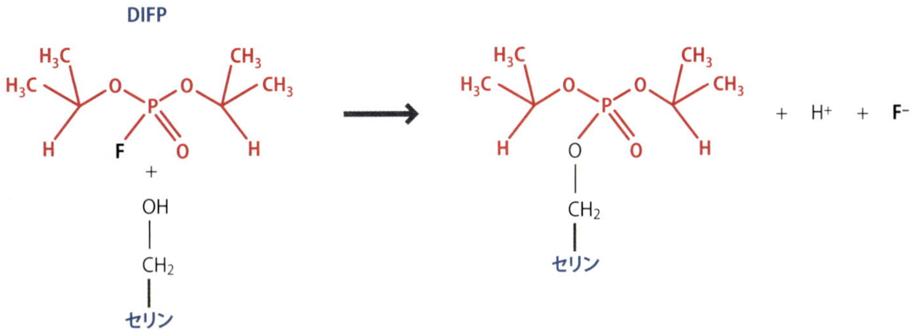

● 図 7.19 ジイソプロピルフルオロリン酸（DIFP）とセリンの反応

かつ不可逆的に阻害される．多くのプロテアーゼ（ペプチド結合を切断し，その結果としてポリペプチドをアミノ酸に分解する酵素）は活性部位にセリンをもつため，DIFP は多くのプロテアーゼを阻害する．その一例が**キモトリプシン**（chymotrypsin；図 7.20）である．キモトリプシンは膵臓から分泌され，十二指腸におけるタンパク質の分解にかかわる．

---

### ●Box 7.6 ミカエリス・メンテン式

ミカエリス・メンテン式は，酵素の学習の中心となるものであり，どのようにこの式が導かれるかを理解することは重要である．ミカエリス・メンテン式は，酵素触媒の次の概念に基づく．

$$E + S \underset{k_2}{\overset{k_1}{\rightleftharpoons}} ES \overset{k_3}{\longrightarrow} E + P$$

この図式において，酵素 $E$ はその基質である $S$ と結合し，酵素-基質複合体 $ES$ を形成する．この $ES$ 複合体は再び解離し $E + S$ を形成できるし，反応を進行させて $E$ と生成物 $P$ を形成できる．$k_1$，$k_2$，および $k_3$ という記号は**速度定数**（rate constant）であり，この酵素反応過程のそれぞれの段階に伴う速度を示している．ここでは，$E + P \longrightarrow ES$ という逆反応の速度は無視できるものと仮定する．

このモデルによれば，$[ES]$ で表される酵素-基質複合体の濃度は，ほとんどすべての基質が使い切られるまでのあいだ，ほぼ一定である．これは反応の過程の大部分を通じて，$ES$ が合成される速度と消費される速度は同一であることを意味している．つまり，$[ES]$ は**定常状態**（steady state）を保っている．

基質濃度が低い場合の初速度（$V_0$）は基質濃度 $[S]$ と正比例するが，一方，基質濃度が高くなると速度は $[S]$ に依存しなくなり，最終的に最大値である $V_{max}$ に到達する．ミカエリス・メンテン式は，$[S]$ に対して $V_0$ をプロットした際に得られる双曲線を示している（図 7.17B）．この式は次のとおりである．

$$V_0 = \frac{V_{max} \times [S]}{K_m + [S]}$$

この式を導くにあたり，ミカエリスとメンテンは新しい定数として，ミカエリス定数 $K_m$ を次のように定義している．

$$K_m = \frac{k_2 + k_3}{k_1}$$

よって，$K_m$ は $ES$ の分解速度（$k_2 + k_3$）をその生成速度（$k_1$）で除した値と等しくなる．これは，酵素の $K_m$ が $ES$ 複合体の安定性を示していることを意味する．しかしながら，多くの酵素において，$k_2$ は $k_3$ と比べてはるかに大きい．この場合，$K_m$ は $k_1$ と $k_2$ の相対値に依存するが，$k_1$ と $k_2$ はそれぞれ $ES$ の形成と解離の速度定数にあたる．この条件下では，$K_m$ は酵素の基質に対する親和性の尺度となる．

- 酵素が基質に対し弱い親和性を示す場合，$k_2$（$ES$ の $E$ と $S$ への解離）は $k_1$（$ES$ が形成される $E$ と $S$ の会合）に対し優勢になる．そのため，$K_m$ 値は高くなる．
- これとは逆に，酵素が基質に対し強い親和性を示す場合，$k_1$ が $k_2$ に対し優勢になるため，低い $K_m$ 値を示す．

最後に，ミカエリス・メンテン式において逆数を用いると，何が起こるか検討してみよう．この場合，次のような式が得られる．

$$\frac{1}{V_0} = \frac{K_m + [S]}{V_{max}[S]} = \frac{K_m}{V_{max}} \cdot \frac{1}{[S]} + \frac{1}{V_{max}}$$

これは，1934 年にハンス・ラインウィーバー（Hans Lineweaver）とディーン・バーク（Dean Burk）により表された式である．$1/V_0$ を $1/[S]$ に対してプロットすると，直線が得られる．この直線の傾きは $K_m/V_{max}$ と等しくなり，$y$ 切片（$1/[S] = 0$ のときの $y$ 軸の値）は $1/V_{max}$ を示し，$x$ 切片（$1/V_0 = 0$ のときの $x$ 軸の値）は $-1/K_m$ を与えてくれる．このグラフはラインウィーバー・バークプロットとよばれる（図 7.18 参照）．

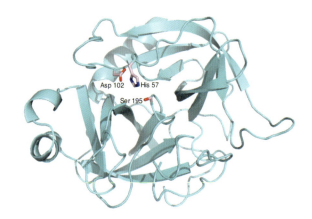

● 図7.20　キモトリプシン
キモトリプシンの活性部位は，セリン，ヒスチジン，アスパラギン酸の三つのアミノ酸の"触媒三残基"とよばれる構造からなる．セリンとDIFPの反応は，キモトリプシンの不可逆的阻害をもたらす．
https://commons.wikimedia.org/wiki/File:Chymotrypsin.png, Jcwhizzより改変．

　ジイソプロピルフルオロリン酸は，**アセチルコリンエステラーゼ**（acetylcholinesterase）とよばれる酵素も阻害する．アセチルコリンエステラーゼは神経細胞に存在し，アセチルコリンを分解する．アセチルコリンは神経伝達物質であり，神経伝達物質とは，隣り合った神経細胞や**ニューロン**（neuron）のあいだで**シナプス**（synapse）の向こう側へと神経インパルスを伝えていく化合物のことである（図7.21）．いったん神経インパルスが伝えられると，神経伝達物質は壊されなくてはならない．さもないと，神経細胞はほかの細胞へとシグナルを伝え続けることになってしまう．そのため，DIFPによるアセチルコリンエステラーゼの阻害は，アセチルコリンが神経伝達物質として機能しているシナプスにおいてその分解を阻害することにより，神経系を破壊する．DIFPはある種の神経ガスの構成成分として悪名高い物質である．

　次に進む前に，酵素活性の不可逆的な阻害と，熱，pHや変性剤のような化学物質による一般的な酵素活性の不活化とを注意深く区別しなくてはならない．いずれも，酵素活性の大部分もしくは完全な損失という同様の結果をもたらす．その違いは，熱，pHや化学的変性剤はその作用が非特異的であるということである．これらはすべての酵素に影響を及ぼす．なぜなら，その作用形式が，タンパク質の三次構造を安定化している非共有化学結合を破壊

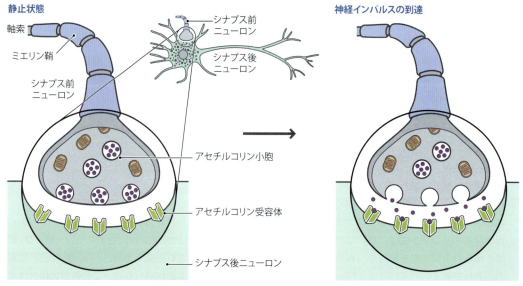

● 図7.21　コリン作動性シナプス
神経インパルスが到達すると，シナプス前ニューロンから神経伝達物質であるアセチルコリンが遊離される．アセチルコリンが，シナプス後ニューロンの表面にある受容体タンパク質に結合すると，シナプスを経てインパルスが伝達される．伝達が生じるとすぐに，アセチルコリンはアセチルコリンエステラーゼにより分解され，その結果，シナプスは静止状態へと戻る．

するからである．一方，阻害剤は，単一の酵素に対してだけ，あるいは活性部位の構造が類似しているために阻害剤が反応できるような一群の類似した酵素に対し，特異的な効果を示す．同じ化合物は，活性部位の構造が異なるほかの酵素と反応できず，このために阻害効果を示すことはない．

### 可逆的阻害は競合的および非競合的のいずれの場合もある

**可逆的阻害剤**（reversible inhibitor）とは，少なくともある程度は，基質の存在によってその阻害効果がもとに戻りうる化合物のことである．可逆的阻害は，**競合的可逆的阻害**（competitive reversible inhibition）と**非競合的可逆的阻害**（non-competitive reversible inhibition）に分類できる．

競合的可逆的阻害では，阻害剤は活性部位に結合するが，その結合は非可逆的阻害剤の場合のような永続的なものではない．その代わりに可逆的阻害剤は，活性部位に存在するアミノ酸とのあいだに比較的弱い非共有結合を形成するだけである．この結合は共有結合を介していないため，酵素の基質は阻害剤と置き換わることができる．そのため，基質と阻害剤は活性部位への到達を競合することになる．これは，酵素反応が進行する速度が，存在する基質と阻害剤の相対的な量に依存することを意味している．比較的大量の阻害剤が存在すると反応速度は遅くなるが，この阻害は基質濃度を増大させて打ち消すことができる（図7.22A）．この関係は反応の速度論に特異的な効果を示す．十分に基質を加え完全に阻害剤に取って代われれば，酵素はなお最大の触媒活性に達することが可能なので，反応の $V_{max}$ は変化しない．しかし，阻害剤が存在すれば酵素の基質に対する親和性は減少するので，$K_m$ は大きくなる．したがって，可逆的阻害剤が競合的に作用するか否かは，酵素が触媒する反応のラインウィーバー・バークプロットに対する影響を検討すればわかる（図7.22B）．阻害剤が存在しても $V_{max}$ に相当するプロットの $y$ 切片は変化しないが，$K_m$ を与えてくれる $x$ 切片の位置は移動する．

**非競合的可逆的阻害剤**（non-competitive reversible inhibitor）は直接，基質と競合することはない．なぜなら通常，この阻害剤は活性部位から離れた酵素のほかの場所に結合するからである．このような阻害は**アロステリック阻害**（allosteric inhibition）とよばれ，阻害剤が結合する部位を**アロステリック部位**（allosteric site）とよぶ．阻害剤のアロステリック部位への結合は酵素の触媒活性の低下につながる構造変化をもたらす．基質に対する酵素の親和性は変わらない（そのため，$K_m$ は変わらない）が，触媒活性の低下により $V_{max}$ が減少する（図7.23A，p.140）．基質の量が増えると反応速度が増すが，基質と阻害剤のあいだに直接的な競合はない．なぜなら，基質だけが活性部位に入り込むことができ，この型の阻害が非競合的であるからである．よって，非競合的阻害反応の速度論は競合阻害の結果に生じる速度論とは異なる．基質を加えても阻害剤に取って代わることはないために反応の $V_{max}$ は減少する．これはどんなに基質を加えても，常に同様の阻害効果が示されることを意味している．阻害剤により基質の結合が影響を受けることはないため，酵素の基質への親和性を示す $K_m$ は変化しない．この場合もまた，ラインウィーバー・バークプロットにより，そこからこの型の阻害であることが同定できる（図7.23B，p.140）．

### アロステリック阻害は代謝経路の制御において重要である

可逆的阻害は，細胞内の代謝経路の制御過程において重要であり，この制御機構により，細胞内の代謝経路は正しい量の最終生成物が合成されるように調節されている．多くの経路は一種の**フィードバック制御**（feedback regulation）で調節されている．フィードバック制御では，ある経路の初期の段階を触媒する酵素の一つの可逆的阻害剤として，最終生成物がはたらくことにより，それ自身の合成速度を調節している（図7.24A，p.140）．通常，ある経路の生成物の構造は基質の構造とはまったく異なっているため，生成物が酵素の活性部位に入り込めず，競合的可逆的阻害を起こすことはできない．したがって，この種の調節は

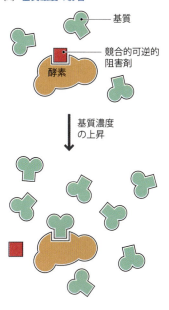

(A) 基質濃度の影響

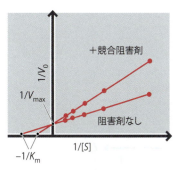

(B) $V_{max}$ および $K_m$ に対する影響

● 図7.22 競合的可逆的阻害
(A) 基質と阻害剤は活性部位への到達を競合し，そのために，この阻害は基質濃度を増加させて打ち消すことができる．(B) ラインウィーバー・バークプロットにより明らかになる，反応の $V_{max}$ および $K_m$ に対する影響．

ほとんどいつもアロステリック調節により行われる．

フィードバック制御は通常，ある経路の方向を決定する段階（**決定段階**[†]，commitment step）ではたらく．この段階は，その経路に特有の中間体をつくりだす経路における1段階目である．このため，この中間体の合成はその経路だけに影響を及ぼし，細胞内の代謝ネットワークの別の経路には影響を及ぼさない．エネルギーの用語を用いれば，これこそ最も経済的な戦略である．なぜなら，必要としない中間体の合成にエネルギーが消費されないことを意味しているからである．

代謝経路が分枝しており，最初の基質が複数の生成物へと変換されていく場合，フィードバック制御はとくに有用である．アロステリック阻害は，一方の経路に特有の最終生成物が適当量存在すると，その経路へ向かうスイッチを切り，その結果，基質はすべて第二の経路の生成物の合成へと向かう（図7.24B）．経路の両方の最終生成物が十分量存在する場合，この経路の中間体は経路が枝分かれする前のところに蓄積していく．この中間体がさらに上流の経路の方向を決める決定段階を阻害すると，そのときは経路全体が終了する．あとの章で個々の代謝経路についてふれていくが，フィードバック制御のさまざまな例に出合うことになるだろう．

[†] 訳者注：一連の反応過程のなかで，律速段階などの反応全体に大きく影響を与える段階．一般的用語ではない．

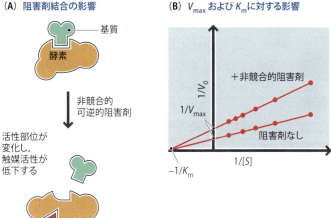

● 図7.23 **非競合的可逆的阻害**
（A）阻害剤の酵素のほかの部分への結合は，活性部位の変化をもたらし，その結果，触媒活性の低下につながる活性部位の変化をもたらす．（B）ラインウィーバー・バークプロットにより明らかになる，反応の $V_{max}$ および $K_m$ に対する影響．

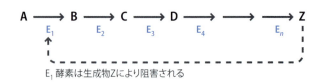

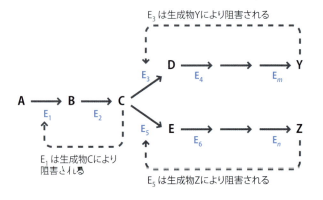

● 図7.24 **生化学経路におけるフィードバック阻害**
（A）線形経路の制御．最終生成物 Z は，この経路の初期の段階を触媒する酵素 $E_1$ の可逆的阻害剤としてはたらいて，それ自身の合成速度を調節する．（B）分枝経路の制御．最終生成物 Y は酵素 $E_3$ の可逆的阻害剤としてはたらいて，それ自身の合成速度を調節し，最終生成物 Z は酵素 $E_5$ にはたらいて，それ自身の合成速度を制御する．十分な量の Y と Z が存在すると，その際に中間体 C が蓄積し，この分枝経路全体にとって方向を決定する段階で，酵素 $E_1$ を阻害する．

## Box 7.7　アロステリック酵素

アロステリック阻害は，酵素に**エフェクター**（effector）分子が結合することにより媒介される幅広い制御過程の一つである．非競合的可逆的阻害について触れてきたように，多くのエフェクターは標的酵素の活性に対しマイナスの影響を及ぼすが，プラス効果を示すエフェクターもあり，これらはアロステリック部位に結合したとき酵素活性を上昇させる．**アロステリック酵素**（allosteric enzyme）とは，エフェクターの効果が酵素を刺激（活性化）するか〔この場合は，**正のアロステリック調節**（positive allosteric control）〕，阻害するか〔この場合は，**負のアロステリック調節**（negative allosteric control）〕にかかわらず，アロステリック・エフェクターによりその活性が影響を受ける酵素のことである．

正のアロステリック調節は，基質の利用効率の小さな変化にも敏感に対応できるので，いくつかの酵素で用いられている．このような酵素では，一つの活性部位への基質分子の結合が，酵素内のほかの活性部位への基質の結合を促進させるように立体構造変化をもたらす．したがってこの場合，基質結合は**協同的**（cooperative）に生じる．この効果を説明するために二つのモデルが提唱されている．次のように，いずれのモデルもアロステリック酵素がマルチサブユニット・タンパク質であると仮定している．

- **協奏モデル**（concerted model）：ジャック・モノー（Jacques Monod），ジェフリーズ・ワイマン（Jeffries Wyman），ジャン-ピエール・シャンジュー（Jean-Pierre Changeux）により最初に提唱された．このモデルでは，それぞれのサブユニットは二つの立体構造のどちらかをとりうる．そのうちの一つは，基質に対して低親和性の"伸張型"立体構造であり，もう一方は，基質に対しより高い親和性を示す"弛緩型"立体構造である．基質がないとき，それぞれのサブユニットは伸張型立体構造をとっている．基質分子がサブユニットの一つに結合すると，すべてのサブユニットの弛緩型立体構造への変換がすぐに引き起こされる．よって，最初の基質分子の結合が，そのほかの基質分子に対する酵素の親和性を増大させる．
- **逐次モデル**（sequential model）：ダニエル・コシュランド（Daniel Koshland）により最初に提唱され，このモデルにおいても，伸張型と弛緩型という立体構造があると仮定している．このモデルの違いは，最初の基質分子の結合が，酵素のすべてのサブユニットではなく，隣のサブユニットの基質親和性にだけ影響を及ぼす点である．

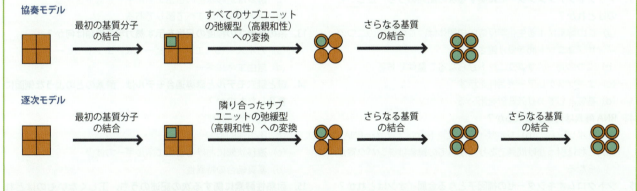

多数のアロステリック酵素について検討すると，厳密に正しいモデルは存在しないことがわかる．大部分の酵素は，協奏型と逐次型，それぞれから予測されるものの中間に位置するような形で，最初の基質分子の結合に対し応答する．

## 参考文献

P. Atkins, "*The Laws of Thermodynamics: a very short introduction*", Oxford University Press (2010).

W. W. Cleland, "The kinetics of enzyme-catalyzed reactions with two or more substrates or products. Ⅱ. Inhibition: nomenclature and theory," *Biochimica et Biophysica Acta*, **67**, 173 (1963).

M. B. Čolović, D. Z. Krstić, T. D. Lazarević-Pašt, A. M. Bondžić, V. M. Vasić, "Acetylcholinesterase inhibitors: pharmacology and toxicology," *Current Neuropharmacology*, **11**, 315 (2013).

A. Cornish-Bowden, "Current IUBMB recommendations on enzyme nomenclature and kinetics," *Perspectives in Science*, **1**, 74 (2014). 酵素の命名における EC 分類について述べ，さらに，酵素の速度論についても細かく示している．

A. Cornish-Bowden, "Understanding allosteric and cooperative interactions in enzymes," *FEBS Journal*, **281**, 621 (2014).

O. H. Hashim, N. A. Adnan, "Coenzyme, cofactor and prosthetic group-ambiguous biochemical jargon," *Biochemical Education*,

22, 93 (1994). 補酵素，補因子，補欠分子族という用語の正確な意味に関して生じる混同について考察している.

R. M. Jimenez, J. A. Polanco, A. Luptak, "Chemistry and biology of self-cleaving ribozymes," *Trends in Biochemical Sciences*, 40, 648 (2015).

K. A. Johnson, R. S. Goody, "The original Michaelis constant: translation of the 1913 Michaelis-Menten paper," *Biochemistry*, 50, 8264 (2011).

D. E. Koshland, "The key-lock theory and the induced fit theory," *Angewandte Chemie*, 33, 23 (1995). 酵素と基質の結合に関するモデルを示している.

S. Kumar, R. Nussinov, "How do thermophilic proteins deal with heat?," *Cellular and Molecular Life Sciences*, 58, 1216 (2001).

H. Lineweaver, D. Burk, "The determination of enzyme dissociation constants," *Journal of the American Chemical Society*, 56, 658 (1934).

R. M. Yennamalli, A. J. Rader, A. J. Kenny, J. D. Wolt, T. Z. Sen, "Endoglucanases: insights into thermostability for biofuel applications," *Biotechnology for Biofuels*, 6, 136 (2013).

## ● 章末問題

### 四択問題

各質問に対して正しい答えは一つだけである．答えは化学同人HP：https://www.kagakudojin.co.jp/book/b378577.html にある．

1. タンパク質であることが示された最初の酵素は何か？
   (a) アミラーゼ  (b) ジアスターゼ  (c) リボヌクレアーゼ A  (d) ウレアーゼ

2. リボヌクレアーゼ A の活性部位は何というアミノ酸を二つ含んでいるか？
   (a) グリシン  (b) ヒスチジン  (c) イソロイシン  (d) ロイシン

3. トリプトファンシンターゼに関する次の記述のうち，正しいものはどれか？
   (a) この酵素による生化学反応の中間体は，この酵素の二つのサブユニット間を受け渡される
   (b) 二つの同一のサブユニットからなる二量体である
   (c) エキソヌクレアーゼ活性を示す
   (d) 基質としてコリスミ酸を用いる

4. RNA 酵素は何とよばれるか？
   (a) リボソーム  (b) リボザイム  (c) トランスファー RNA
   (d) これは引っかけ問題であり，すべての酵素はタンパク質からなる

5. シトクロムオキシダーゼの補因子となる金属イオンはどれか？
   (a) $Cu^{2+}$  (b) $Fe^{2+}$  (c) $Mg^{2+}$  (d) $Zn^{2+}$

6. リボフラビン（ビタミン $B_2$）は補因子となるどの有機化合物の前駆体か？
   (a) コエンザイム A  (b) FAD と FMN  (c) $NAD^+$ と $NADP^+$
   (d) S-アデノシルメチオニン

7. 酵素と補因子が組み合わさったものを表すのに用いられる用語とは何か？
   (a) アポ酵素  (b) ホロ酵素  (c) マルチサブユニット酵素  (d) リボザイム

8. レドックス反応に関する次の記述のうち，正しいものはどれか？
   (a) 酸化も還元も，電子の獲得である
   (b) 酸化も還元も，電子の損失である
   (c) 酸化は電子の損失であり，還元は電子の獲得である
   (d) 酸化は電子の獲得であり，還元は電子の損失である

9. 異なる生物由来であっても同じ機能をもつ酵素を何とよぶか？
   (a) アロステリック酵素  (b) 相同酵素  (c) イソ酵素（アイソザイム）  (d) バイオカム酵素

10. エネルギーを放出する酵素反応を表すのに用いられる用語は何か？
    (a) 吸エルゴン的  (b) エネルギー共役  (c) 発エルゴン的  (d) 可逆的

11. 酵素反応における基質と遷移状態とのエネルギーの差を示すのに用いられる用語とは何か？
    (a) $\Delta G$  (b) $\Delta G^{\ddagger}$  (c) $\Delta G'$  (d) $\Delta G^0$

12. 次の記述のうち，正しくないものはどれか？
    (a) 酵素は基質および生成物の $\Delta G$ 値を変化させる
    (b) 酵素は反応速度を増大させる
    (c) 酵素は遷移状態の自由エネルギーを低下させる
    (d) 以上の記述はすべて誤りである

13. 系の乱雑さの程度の尺度を示す熱力学の用語は何か？
    (a) カオス  (b) エンタルピー  (c) エントロピー  (d) 自由エネルギー

14. 鍵と鍵穴モデルと誘導適合モデルは，酵素のどのような側面に言及したものか？
    (a) 協同的基質結合
    (b) 不可逆的阻害
    (c) 遷移状態における自由エネルギーの減少
    (d) 基質結合の特異性

15. 耐熱性酵素に関する次の記述のうち，正しくないものはどれか？
    (a) 変性せずに高温にも耐えられる
    (b) 好熱細菌より得られる
    (c) 至適温度は 75～80℃である
    (d) (a)～(c) の記述はいずれも誤りである

16. 酵素の反応速度が最大値の半分になるときの基質濃度を示すのに用いられる用語とは何か？
    (a) $k_1$  (b) $K_m$  (c) $[S]$  (d) $V_0$

17. ラインウィーバー・バークプロットにおいて，$x$ 切片は何を示すか？
    (a) $K_m$  (b) $\frac{1}{V_{max}}$  (c) $-\frac{1}{K_m}$  (d) $\frac{1}{K_m}$

18. ジイソプロピルフルオロリン酸（DIFP）はどのような型の酵素阻害剤の一例か？
    (a) アロステリック  (b) 競合的  (c) 不可逆的  (d) 非競合的

19. DIFP により阻害され，神経インパルスの伝達にかかわる酵素の名称は何か？
    (a) アセチルコリンエステラーゼ  (b) キモトリプシン

(c) ノイラミニダーゼ　　　　(d) シナプサーゼ

20. $V_{max}$ は変化せずにそのままで，$K_m$ が増大するのは何という阻害形式においてか？
    (a) 競合的可逆的　　　(b) 不可逆的
    (c) 非競合的可逆的　　(d) このような状況は決して生じない

21. $V_{max}$ が減少するのに，$K_m$ は変化せずにそのままなのは何という阻害形式においてか？
    (a) 競合的可逆的　　　(b) 不可逆的
    (c) 非競合的可逆的　　(d) このような状況は決して生じない

22. アロステリック部位とは，何をする酵素の部分か？
    (a) 阻害剤あるいはほかのエフェクター分子を結合する
    (b) 基質を結合する
    (c) 酵素から離れる前に生成物を結合する
    (d) 酵素の二つのサブユニット間で中間体を受け渡す

23. その経路に固有の中間体をつくりだす，代謝経路の1段階目に与えられた名称は何か？
    (a) アロステリック段階　(b) 決定段階
    (c) 協奏段階　　　　　　(d) 協同段階

24. 協奏モデルと逐次モデルとは，酵素の挙動のどのような側面に言及したものか？
    (a) 協同的基質結合　(b) 不可逆的阻害
    (c) 遷移状態における自由エネルギーの減少
    (d) 基質結合の特異性

### 記述式問題
これらの質問の答えは本文中に記載されている．

1. リボヌクレアーゼ A, DNA ポリメラーゼ I, およびトリプトファンシンターゼの構造を比較し，それぞれ酵素の構造がいかにその活性と関係するかを説明せよ．

2. リボヌクレアーゼ P の構造は，どのような点が独特か？

3. できるだけ多くの例をあげ，酵素の補因子のカテゴリーを述べよ．

4. EC 酵素分類システムの概略を説明せよ．

5. "自由エネルギー" という用語が意味するものは何かを説明し，発エルゴン的および吸エルゴン的生化学反応における基質と生成物との間の自由エネルギーの違いについて述べよ．

6. 遷移状態の自由エネルギーが，酵素が触媒する反応について議論するにあたり中心となるのはなぜか？

7. 酵素が触媒する反応の速度に，基質濃度はどのような影響を及ぼすか？

8. ラインウィーバー・バークプロットはミカエリス・メンテン方程式からどのように導かれるか述べよ．さらに，(a) 競合的可逆的阻害剤，あるいは (b) 非競合的可逆的阻害剤の存在下ならびに非存在下において予想されるラインウィーバー・バークプロットの例を書け．

9. ジイソプロピルフルオロリン酸が神経インパルスの伝達を邪魔するのはなぜかを説明せよ．

10. "アロステリック阻害" という用語を定義し，アロステリック阻害が代謝経路の制御において重要なのはなぜかを述べよ．

### 自習用問題
次の質問に答えるためには，自分で計算してみたり，ほかの文献を読んでみたり，あるいはインターネットで調べる必要がある．

1. リボザイムの存在は，RNA がタンパク質より前に進化しており，かつて進化の非常に初期の段階では，すべての酵素は RNA により構成されていたことの証拠と見なされている．この仮説が正しいと仮定した場合，現在まである種のリボザイムが残ってきたかのはなぜかを説明せよ．

2. (a) リボヌクレアーゼ A, (b) DNA ポリメラーゼ I, および (c) トリプトファンシンターゼの EC 番号を示せ．

3. 二つの異なる酵素により触媒される反応の速度定数が，次のように与えられている．それぞれの酵素の $K_m$ を計算し，どちらの酵素が基質に対する親和性が高いかを示せ．

|  | $k_1$ | $k_2$ | $k_3$ |
| --- | --- | --- | --- |
| 酵素 A | $5 \times 10^6$ M$^{-1}$sec$^{-1}$ | $2 \times 10^3$ sec$^{-1}$ | $5 \times 10^2$ sec$^{-1}$ |
| 酵素 B | $2 \times 10^7$ M$^{-1}$sec$^{-1}$ | $5 \times 10^3$ sec$^{-1}$ | $2 \times 10^2$ sec$^{-1}$ |

4. 酵素−基質複合体が形成される反応の速度定数 $k_1$ が M$^{-1}$sec$^{-1}$ の単位で示される一方で，酵素−基質複合体が分解される反応の速度定数 $k_2$ と $k_3$ が sec$^{-1}$ の単位で示されるのはなぜかを説明せよ．

5. 二つの異なる阻害剤の存在下および非存在下において，異なる基質濃度における酵素が触媒する反応について初速度を測定した．下表におけるデータを用いて，阻害剤の存在下および非存在下におけるこの酵素の $V_{max}$ 値および $K_m$ 値を決定し，それぞれの場合において生じる阻害の型を示せ．

| 基質濃度（mM） | 初速度（μM sec$^{-1}$） | | |
| --- | --- | --- | --- |
|  | 阻害剤なし | 阻害剤 1 | 阻害剤 2 |
| 1.0 | 2.0 | 1.1 | 1.0 |
| 2.0 | 3.3 | 2.0 | 1.7 |
| 5.0 | 5.9 | 4.0 | 3.0 |
| 10.0 | 7.7 | 5.9 | 4.0 |
| 20.0 | 10.0 | 8.3 | 5.0 |

# 第 8 章
# エネルギーの産生：解糖系

### ◆本章の目標

- エネルギー貯蔵における活性化担体分子の役割を理解し，これらの担体のなかで最も重要なものを説明できる．
- 生化学的なエネルギー産生の経路は 2 段階からなることを知り，各段階で産生される ATP，NADH，および FADH$_2$ の量を列挙できる．
- 解糖系のステップを説明でき，各ステップに関与する基質，生成物および酵素を知る．
- ATP は解糖系の初期段階では消費されるが，その後の段階で正味の ATP が増加することを認識する．
- 一部の生物が酸素非存在下で解糖系を行う方法を知り，これらの生物が解糖系で生じる NADH を再酸化する方法を説明できる．
- グルコース以外の糖がどのように解糖系に入るかを説明できる．
- 解糖系における重要な制御点として，ホスホフルクトキナーゼによって触媒されるステップの重要性を理解し，ATP，AMP，クエン酸，および水素イオンによってこの酵素の活性がどのように調節されるかを説明できる．
- フルクトース 6-リン酸がどのようにホスホフルクトキナーゼを調節するか，そしてこの調節効果が血液中のグルコース量にどのように応答するかを説明できる．
- 解糖系におけるさらなる制御点としてのヘキソキナーゼおよびピルビン酸キナーゼの重要性を理解する．

生理学的活動を行い，増殖・分裂するために細胞が必要とするエネルギーを提供する代謝反応はきわめて重要である．ヒトやほかの動物は，食物として摂取する有機分子の分解によってエネルギーを得る．糖質（とくにグルコース），脂質，およびアミノ酸は，すべてエネルギー源として利用することができる．

この章と次章では，グルコースの化学結合に含まれる自由エネルギーがどのように放出され，細胞によって利用されるかを考察する．この過程は，さまざまな酵素およびグルコースが徐々に分解される際に生成する一連の中間化合物を含む，多段階の代謝経路であることがわかるだろう．経路における個々のステップを学ぶことは重要であるが，経路全体の目的を見失わないことも同様に重要である．したがって，代謝過程の概要からはじめて，次の二つの章を通じて学習する個々の反応に関する幅広い背景を知ろう．

## 8.1 エネルギー産生の概略

グルコース 1 分子が完全に分解されると，6 分子の二酸化炭素と 6 分子の水が生成する．

$$C_6H_{12}O_6 + 6O_2 \longrightarrow 6CO_2 + 6H_2O$$

この反応では酸素が消費されるので，化学的にこの過程は酸化である．

グルコースの酸化は高いエネルギーを放出する発エルゴン反応であり，分解されるグルコース 1 モルあたり 2,870 kJ のエネルギーを生じる．生化学的にいえば，これはかなりのエネルギーである．典型的な吸エルゴン性の酵素触媒反応は，1 モルの基質を 1 モルの生成物に変換するために約 10 kJ のエネルギーしか必要としない．したがって，細胞はグルコースを徐々に分解し，それぞれの段階でエネルギーを少しずつ放出する．これらのエネルギーは，**活性化担体分子**（activated carrier molecule）に蓄えられる．

### ● Box 8.1　エネルギーの単位

　生化学において，エネルギーの量は**1モルあたりのキロジュール**（kilojoules per mole）として表され，**kJ mol$^{-1}$** で表記される．キロジュールとモルは標準SI単位であり，次のように定義される．

- 1キロジュールは1000**ジュール**（joules）であり，1ジュールは，1ニュートンの力がその力の方向に1メートルの距離を移動するときの仕事である．

- 1モルは，0.012 kgの炭素12（$^{12}$C）中の原子数と同数の原子，分子，イオン，またはほかの基本単位を含む物質の量である．

　グルコースの完全な酸化は2870 kJ mol$^{-1}$のエネルギーを生じる．つまり，この反応の$\Delta G$は$-2,870$ kJ mol$^{-1}$であり，これは発エルゴン反応であることを示す負の値である（7.2.1項参照）．

## 8.1.1　活性化担体分子は生化学反応に使うエネルギーを貯蔵する

　7.2.1項では，吸エルゴン性の生化学反応を引き起こすのに必要なエネルギーは，たいていATPの加水分解によって得られることを学んだ．ATPは活性化担体分子の一例であり，グルコースおよびほかの有機化合物の分解によって放出される自由エネルギーの一時的貯蔵場所として作用する分子である．

　ATPは最も重要な生物学的エネルギー担体であり，典型的なヒト細胞は約10$^9$分子のATPを含み，いくつかの細胞では数分で完全に使い果たされる（そして新しいATPに置き換えられる）．ATPの加水分解は30.84 kJ mol$^{-1}$のエネルギーを放出し，ADPおよび無機リン酸を生じる（図8.1）．

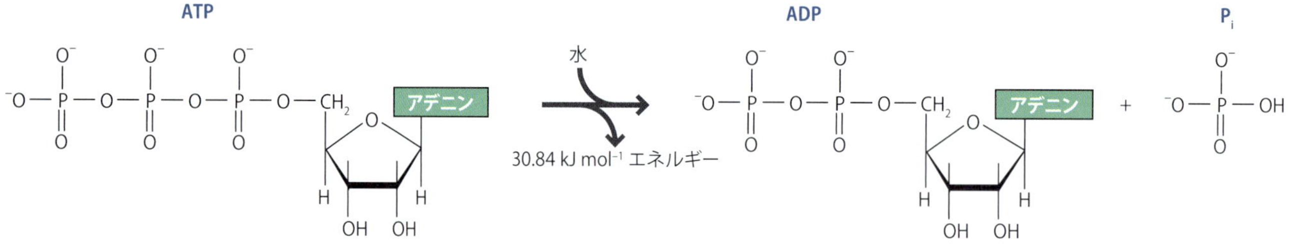

● 図8.1　**ATPの加水分解**
ATP：アデノシン 5′-三リン酸，ADP：アデノシン 5′-二リン酸，P$_i$：無機リン酸

　ATPの加水分解中に開裂するリン酸-リン酸結合は，しばしば「高エネルギー」結合とよばれるが，これは混乱を招く表現であり，ATPが加水分解されるときに放出されるエネルギー源の正しい説明になっていない．放出されるエネルギーは，リン酸-リン酸結合の分裂から直接には得られず，その結合の結合エネルギーではない．すべての化学反応の場合と同様に，反応物質と生成物とのあいだの$\Delta G$のため，自由エネルギーが生じる．この場合，ATPとADPの共鳴（電子の分布）と溶媒和（水との相互作用）の違いにより，反応物（ATPと水）と生成物（ADPと無機リン酸塩）のあいだの$\Delta G$は比較的大きい．これらの電子分布および溶媒和の相違のために，熱力学的にはADPはATPに比べて安定であり，その自由エネルギー含量は低い．したがって，ATPからADPへの変換では，エネルギーが放出される．

　ATPは，生細胞において最も重要な活性化担体分子であるかもしれないが，唯一の活性化担体分子というわけではない．もう一つのヌクレオチドであるGTPも，とりわけタンパク質の合成を行う反応におけるエネルギー担体として機能している．

> タンパク質合成におけるGTPの役割については16.2.2項で見る．

　いくつかの酵素補因子も，活性化担体分子である．これらはNAD$^+$およびNADP$^+$であり，それぞれ1対の電子およびプロトン（H$^+$イオン）の形でエネルギーを運び，それぞれの分子をNADHおよびNADPHとよばれる還元型に変換する．したがって，NAD$^+$およびNADP$^+$の還元に関する化学式は次のとおりである．

$$NAD^+ + H^+ + 2e^- \longrightarrow NADH$$
$$NADP^+ + H^+ + 2e^- \longrightarrow NADPH$$

これらの反応を逆転させると，蓄積されたエネルギーが放出される．次に示すように，NADHはエネルギー発生経路のいくつかの段階のエネルギー担体として機能するが，NADPHはより小さいものから大きな有機分子を合成する同化反応におもに使用される．

> NADHとNADPHの構造は図7.7Aを，FADおよびFMNは図7.7Bを参照．

FADとFMNは同様の様式で機能するが，一つではなく二つのプロトンと反応する．

$$FAD + 2H^+ + 2e^- \longrightarrow FADH_2$$
$$FMN + 2H^+ + 2e^- \longrightarrow FMNH_2$$

FADとFMNはいずれもNAD$^+$と同様，エネルギー発生経路に関与している．

### 8.1.2 生化学的エネルギー産生は2段階過程である

グルコースに含まれるエネルギーを段階的に放出し，それをATPに転移させる一連の反応は，2段階過程として説明できる（図8.2）．1段階目は**解糖系**（glycolysis）とよばれる．炭素数6のグルコース1分子は，**ピルビン酸**（pyruvate）とよばれる三炭糖2分子に分解される．解糖系は酸素を必要としないため，すべての生物のすべての細胞に起こりうる．しかしながら，それが発するエネルギーは，グルコースの全自由エネルギー含有量の7%未満である．この放出されたエネルギーは，2分子のATPを合成するために使用される．さらに，グルコース1分子の代謝で，2分子のNADHが生成する．

2段階目は酸素を必要とするため，**呼吸**（respiration）を行うことができる細胞の好気的条件下でのみ起こる．この段階は，二つの連関した経路からなる．はじめに，**トリカルボン酸回路**〔tricarboxylic acid（TCA）cycle〕が，解糖に由来するピルビン酸の分解を完了する．TCA回路に入る前に，ピルビン酸は**アセチルCoA**（acetyl CoA）に変換され，その際，NADHが生成する．次いで，TCA回路はアセチルCoAを分解し，3分子のNADHと1分子のFADH$_2$，および1分子のATPが生成する．アセチルCoAはまた，貯蔵脂肪の分解から得られ，これはTCA回路がほかの貯蔵されているエネルギーを利用できることを意味する．もう一つの経路は**電子伝達系**（electron transport chain）であり，そこではNADHおよびFADH$_2$に含まれるエネルギーを用いてATPを，NADHあたりさらに三つ，FADH$_2$あたり二つ生成する．

> TCA回路はクエン酸回路，あるいは1937年にこの回路を発見したハンス・クレブス（Hans Krebs）にちなんでクレブス回路ともよばれる．TCA回路は9.1節で，電子伝達系は9.2節で学ぶ．

要約すると，1分子のグルコースから，38分子のATPが生成する．

- 解糖系では，解糖系で直接生成した2分子と，解糖系で生成するNADHから生じる6分子の合計8分子のATPが生成する．
- 解糖系で生じる二つのピルビン酸が二つのアセチルCoAに変換されるときに生成する2分子のNADHから，さらに6分子のATPが得られる．

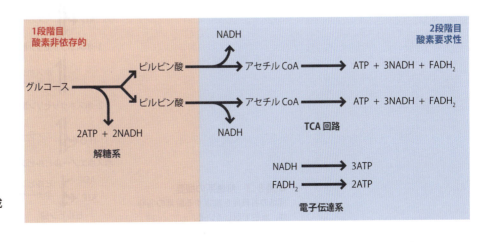

●図8.2　生化学的エネルギー生成過程の2段階

- TCA回路において，2分子のアセチルCoAからさらに2分子のATPが生成する．
- 最後の22分子のATPは，TCA回路で生じるNADHおよび$FADH_2$から生成する．

38分子のATPは，$38 \times 30.84 = 1,173$ kJ $mol^{-1}$のエネルギーに相当する．これは，グルコースに含まれる総エネルギーのわずか41%である．では残りの部分はどうだろうか？それは熱として失われ，ヒトのような温血生物で体温を維持するのに役立っている．

## 8.2 解糖系

いままで見てきたように，グルコースからエネルギーを放出する過程の1段階目は解糖系とよばれる．この章の残りの部分では，この過程を四つの角度から検討する．まず，解糖系の各段階，とくにエネルギーをATPに転移させる経路を重点的に見る．次に，呼吸することができないため，その主要なエネルギー源を解糖系に依存する嫌気性生物における解糖系の役割を研究する．三つ目に，グルコース以外の糖が解糖系にどのように進入するのかを調べ，最後に，消費されるグルコース量が細胞のエネルギー需要に適切なものとなるよう，解糖系がどのように調節されているかを調べる．

### 8.2.1 解糖系の経路

解糖系の概要を図8.3に示す．まず経路のそれぞれの段階に目を通し，次に主要な機能を

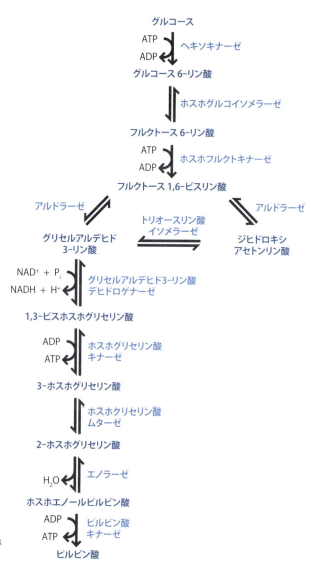

●図8.3 解糖系の概要
経路の各段階を触媒する酵素の名称は，水色で示している．

より詳細に見ていこう.

### 解糖系では，1分子のグルコースが2分子のピルビン酸に変換される

解糖系における各ステップは次のとおりである.

**ステップ1.** 解糖系を開始するために，グルコースはATPを利用してリン酸化され，グルコース6-リン酸とADPを生じる．反応は，酵素**ヘキソキナーゼ**（hexokinase）によって触媒される．

グルコース（glucose） + ATP →[ヘキソキナーゼ] グルコース6-リン酸（glucose 6-phosphate） + ADP + H⁺

**ステップ2.** グルコース6-リン酸は，**ホスホグルコイソメラーゼ**（phosphoglucoisomerase）によってフルクトース6-リン酸に変換される.

グルコース6-リン酸 ⇌[ホスホグルコイソメラーゼ] フルクトース6-リン酸（fructose 6-phosphate）

グルコース6-リン酸はアルドースであり，フルクトース6-リン酸はケトースである．したがって，一方を他方に変換することは異性化反応であり，二つの化合物の直鎖型に対するその影響を見れば，一目瞭然である．

グルコース6-リン酸 ⇌ フルクトース6-リン酸

**ステップ3.** フルクトース6-リン酸はATPを利用してリン酸化され，フルクトース1,6-ビスリン酸およびADPを生じる．この段階を触媒する酵素は**ホスホフルクトキナーゼ**（phosphofructokinase）である．

フルクトース6-リン酸 + ATP →[ホスホフルクトキナーゼ] フルクトース1,6-ビスリン酸（fructose 1,6-bisphosphate） + ADP + H⁺

**ステップ4.** **アルドラーゼ**（aldolase）は六炭糖であるフルクトース1,6-ビスリン酸を，二

つの炭素数3の化合物に分解する．それらの化合物は，グリセルアルデヒド3-リン酸およびジヒドロキシアセトンリン酸である．

**ステップ5．** ジヒドロキシアセトンリン酸自体は解糖系のそのあとの経路に使用できない．したがって，**トリオースリン酸イソメラーゼ**（triose phosphate isomerase）によって触媒される異性化反応によって，グリセルアルデヒド3-リン酸に変換される．

**ステップ6．** グリセルアルデヒド3-リン酸は1,3-ビスホスホグリセリン酸に変換される．この反応は，**グリセルアルデヒド3-リン酸デヒドロゲナーゼ**（glyceraldehyde 3-phosphate dehydrogenase）によって触媒され，無機リン酸（$P_i$）およびNAD$^+$を使用する．それによって1分子のNADHが生成するので，もとのグルコースのエネルギー含量の一部が，活性化担体に貯蔵される経路の1段階目といえる．

**ステップ7．ホスホグリセリン酸キナーゼ**（phosphoglycerate kinase）は，1,3-ビスホスホグリセリン酸からADPへのリン酸基の転移を触媒し，ATPおよび3-ホスホグリセリン酸を生成する．

**ステップ8．** 3-ホスホグリセリン酸は，**ホスホグリセリン酸ムターゼ**（phosphoglycerate mutase）によって2-ホスホグリセリン酸に変換される．この反応は，3-ホスホグリセリン酸に存在するリン酸基を，同一分子内の異なる炭素原子に移動させる．

[3-ホスホグリセリン酸] ⇌(ホスホグリセリン酸ムターゼ) [2-ホスホグリセリン酸 (2-phosphoglycerate)]

**ステップ9.** エノラーゼ (enolase) は，2-ホスホグリセリン酸からの水分子の除去を触媒し，ホスホエノールピルビン酸を生じる．

[2-ホスホグリセリン酸] ⇌(エノラーゼ, $H_2O$) [ホスホエノールピルビン酸 (phosphoenolpyruvate)]

**ステップ10.** 経路の最終反応において，**ピルビン酸キナーゼ** (pyruvate kinase) は，ホスホエノールピルビン酸から ADP へのリン酸基の転移を触媒して，ATP およびピルビン酸を生じる．

[ホスホエノールピルビン酸] →(ピルビン酸キナーゼ, ADP + $H^+$ → **ATP**) [ピルビン酸 (pyruvate)]

### 解糖系は，より多くの ATP を生成するために ATP を消費する

　解糖系は2段階に分けることができる．1段階目はグリセルアルデヒド 3-リン酸の合成を終結する**ステップ 1〜5** から構成され，2段階目は，グリセルアルデヒド 3-リン酸がピルビン酸に代謝される**ステップ 6〜10** から構成される．1段階目は ATP を生成しない．実際，逆は真なりで，1分子のグルコース（リン酸基をもたない）を2分子のグリセルアルデヒド 3-リン酸（いずれも単一のリン酸をもつ）に変換するために2分子の ATP を必要とする．グリセルアルデヒド 3-リン酸の各分子について二つ，したがって出発物質であるグルコース 1 分子について四つ（図 8.4）の ATP が生成されるのは，解糖系の2段階目のみである．したがって経路全体では，グルコース 1 分子あたり正味2分子の ATP を獲得する．解糖系が電子伝達系につながっている呼吸生物においては，**ステップ6**で生成された NADH に含まれるエネルギーを用いて，さらに3分子の ATP を合成できるため，正味8分子の ATP を獲得する．ここでも，出発物質であるグルコース 1 分子から得られる ATP の数を求めるためには，3分子を2倍して計算する．

　ホスホエノールピルビン酸がピルビン酸に変換される最終段階で，解糖系の1段階目で消費された2分子の ATP が回収される．解糖系の最初の段階で二つの ATP を使用するのはなぜだろうか？　それには二つの理由がある．一つは，最初のリン酸化はグルコースが細胞内に流入し続けることを保証している．5.2.2 項で，GLUT1 輸送体が細胞膜を介してグルコースをどのように輸送するのかを学習したことを思いだそう．グルコース輸送は促進拡散

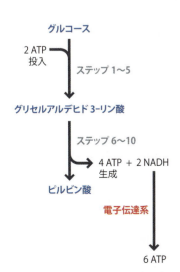

● 図 8.4　解糖系のエネルギーバランス

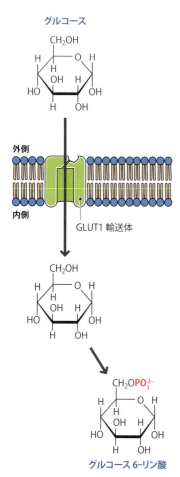

●図8.5 リン酸化はグルコースを細胞内に捕捉する
細胞への輸送の直後に，グルコースはグルコース6-リン酸に変換される．後者はGLUT1輸送体を通って戻ることができず，外部グルコース濃度が低下しても細胞内に留まる．

の一例であり，グルコースが細胞内に輸送されるためには内部グルコース濃度は細胞の外側の濃度よりも低くなければならない．グルコースがGLUT1輸送体の基質ではないグルコース6-リン酸に変換されると，ただちに内部グルコース濃度は低く保たれる（図8.5）．実際には，グルコースはリン酸化されることにより細胞内のエネルギー源として蓄えられるので，外部グルコース濃度が低下してもエネルギー源が細胞内から失われることはない．

解糖系の前半部におけるリン酸化の二つ目の理由は，これらが**ステップ6**および**ステップ7**において生じる反応に有利にはたらくことによる．これらの二つのステップは，グリセルアルデヒド3-リン酸を3-ホスホグリセリン酸に変換し，1分子のATPおよびNADHを生成する．したがって，これらのステップは，正味のエネルギー獲得が達成されるので，解糖系の重要な部分である．グリセルアルデヒド3-リン酸は，その名称が示すようにアルデヒドであり，3-ホスホグリセリン酸は一種のカルボン酸である．一方から他方への変換は酸化反応である．この変換に関与する二つの酵素のうちの最初のグリセルアルデヒド3-リン酸デヒドロゲナーゼは，1,3-ビスホスホグリセリン酸を生成する酸化反応のための酸素の供給源として無機リン酸を使用する（**ステップ6**を参照）．置換された水素は，$NAD^+$をNADHに還元するために使用され，酸化反応によって放出されるエネルギーの一部を捕捉する．1,3-ビスホスホグリセリン酸は，2番目の酵素であるホスホグリセリン酸キナーゼにただちに渡されて，そのリン酸基はADPに移行してATPが生じる（**ステップ7**を参照）．これらの反応は，グリセルアルデヒド3-リン酸の代わりに基質としてグリセルアルデヒドを使用できるが，グリセルアルデヒドでは酸化を完了するために克服しなければならないエネルギー障壁が大きい．グリセルアルデヒドを基質とした場合，その酸化に必要なエネルギーが大きく，これら二つのステップの全体的なエネルギーバランスが低下し，ATPまたはNADHを生成するためのエネルギーが不足する．したがって，解糖系の1段階目における二つのリン酸化は，エネルギー障壁を減少させることで，酸化反応のあいだに放出されるエネルギーがATPおよびNADHの生成を促進することを可能としている．

### 8.2.2 酸素非存在下での解糖系

解糖系は酸素分子の存在を必要としないので，嫌気的条件下で進行しうる．解糖系は正味のATP産生をもたらすので，嫌気的条件下で活動する細胞はエネルギーを生成できるが，**ステップ6**で生じるNADHに含まれる追加分のエネルギーを利用することはできない．これは不利な状況であるが，嫌気的細胞が直面する最大の問題は，これらのNADHが再酸化されなければ$NAD^+$の供給が低下する可能性があることである．$NAD^+$は解糖系の**ステップ6**の基質であるので，この化合物の不足は，正味のATP生成が達成される前に，解糖系をこのステップで失速させることになるだろう．次で見ていくように，生物種ごとにNADHを$NAD^+$に変換するためのさまざまな戦略を進化させてきた．

#### 活動中の筋肉ではピルビン酸は乳酸に変換される

動物では長時間の運動後に利用できる筋肉内の酸素はかぎられてくる．このとき，TCA回路および電子伝達系は，解糖系を最大速度で維持するのに必要な$NAD^+$を再生するほどには迅速にはたらくことができない．この問題を軽減するために，筋肉細胞に蓄積しているピルビン酸の一部は**乳酸デヒドロゲナーゼ**（lactate dehydrogenase）によって乳酸に変換される．

ピルビン酸 → 乳酸デヒドロゲナーゼ（NADH + H$^+$ → NAD$^+$）→ 乳酸（lactate）

### ● Box 8.2　ATPの生化学的合成

ATPは最も重要な活性化担体分子であり，その合成をもたらす反応は細胞に利用可能なエネルギーの供給を維持するために重要である．ATPが生成されうる二つの方法は，**基質レベルのリン酸化**（substrate-level phosphorylation）および**酸化的リン酸化**（oxidative phosphorylation）である．

基質レベルのリン酸化においては，ADPからATPを生成するために使用されるリン酸は，反応の基質の一つであるリン酸化中間体に由来する．この中間体はR$-$OPO$_3^{2-}$と表すことができ，ここで「R」は化合物の糖成分である．

$$R-OPO_3^{2-} \xrightarrow{ADP \quad ATP} R-OH$$

中間体からリン酸基が解離したときに放出されるエネルギーは保存され，ADPへのリン酸基の移動を促進するために使用される．解糖系の**ステップ7**および**ステップ10**は，いずれも基質レベルのリン酸化である．

酸化的リン酸化において，ATPシンターゼは，ADPおよび無機リン酸からATPを合成する．

$$ADP + P_i \longrightarrow ATP$$

この反応を引き起こすのに必要なエネルギーは，NADHまたはFADH$_2$の酸化によって得られる．この過程については，9.2.3項で詳しく説明する．呼吸する細胞は，酸化的リン酸化によって大部分のATPを得る．基質レベルのリン酸化は，低酸素状態に陥っている組織や，酸素が欠乏している自然環境に住む生物において，より重要である．

---

ピルビン酸から乳酸への変換は還元であり，したがってNADHのNAD$^+$への酸化と共役して，NAD$^+$が供給されて解糖系は持続する．

このとき生成した乳酸はどうなるだろうか？　乳酸はほかの有用な化合物に代謝できないので，それを取り除く唯一の方法はピルビン酸に戻すことである．この逆反応も乳酸デヒドロゲナーゼによって触媒されうるが，もちろん筋肉においてはNAD$^+$を消費するであろう．その代わりに，乳酸は嫌気的な筋肉の環境から血流を介して，運動による影響を受けずに好気的環境で活動する肝臓へと運ばれる．そして，乳酸デヒドロゲナーゼによって，乳酸は酸化されてピルビン酸に戻される．

肝臓のピルビン酸はすぐにTCA回路に入りそうだが，通常，これは起こらない．その理由は，肝臓はピルビン酸をTCA回路へ導入せず，肝臓に必要なエネルギーを十分に産生できるからである．代わりに，**糖新生**（gluconeogenesis）とよばれる過程でピルビン酸をグルコースに変換し，グルコースはその後，ほかの組織で使用するために血流に送られる．運動により肝臓内での糖新生がはじまるが，運動が長時間で激しい場合には，糖新生の継続にはグルコースを受け取っている筋肉細胞に依存するかもしれない．筋肉における解糖系と乳酸の産生，および肝臓における（乳酸から）ピルビン酸とグルコースの再生のサイクルは**コリ回路**（Cori cycle）とよばれる（図8.6）．この回路とそれが支える筋肉運動は，正味の

> 糖新生に関しては11.2節で学ぶ．

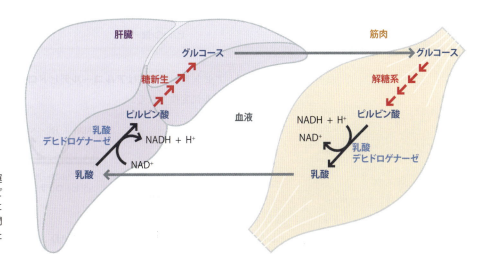

● 図8.6　コリ回路
運動中の筋肉で生成した乳酸は肝臓に運ばれ，乳酸デヒドロゲナーゼによってピルビン酸に変換されて，糖新生経路によってグルコースに変換される．長時間運動すると筋細胞で解糖系を維持するために，グルコースは筋肉に戻される．

## ● Box 8.3　好気性菌と嫌気性菌

微生物は，酸素要求性に応じて分類することができる．

- **偏性好気性菌**（obligate aerobe）：生育するために酸素を必要とする．これらの生物は酸化的リン酸化でATPの大部分を得るため，酸素を必要とする．大部分の真菌および藻類は，多くの細菌と同様に，偏性好気性菌である．
- **通性嫌気性菌**（facultative anaerobe）：酸素を用いてATPを生成できるが，酸素の非存在下でも増殖することが可能である．酵母 *Saccharomyces cerevisiae* は典型的な通性嫌気性菌である．酸素が利用できない場合，酵母は発酵を利用してNAD$^+$を再生し，解糖系の基質レベルのリン酸化によってATPを得ることができる．
- **偏性嫌気性菌**（obligate anaerobe）：決して酸素を利用しない．実際，酸素はこの種の多くの生物にとって致死的である．その理由は，細胞内に蓄積して酵素や膜に酸化的損傷を与えるスーパーオキシド（$O_2^-$）や過酸化水素（$H_2O_2$）などの化合物を，それらの生物は解毒できないからである．いくつかの偏性嫌気性菌は，解糖系由来のピルビン酸を乳酸やほかの化合物に変換することで，解糖系で使用されるNAD$^+$を再生している．ほかの菌では，酸素以外の化合物が最終的な電子受容体として使用されるよう電子伝達系を改変し，NAD$^+$を再生してATPを合成する．たとえば，デスルフォバクター（*Desulfobacter*）は，最終的な電子受容体として硫酸塩を使用しており，硫酸還元細菌の一種である．

ATPの損失があるため無限には続かない．なぜなら糖新生では，ピルビン酸がグルコースに変換される際に6個のATPが消費されるが，グルコースが解糖系でピルビン酸に変換されるときには，ATPは2個しか回収されないからである．

### 酵母はピルビン酸をアルコールと二酸化炭素に変換する

酵母 *Saccharomyces cerevisiae* を含むさまざまな微生物は，酸素を欠く自然環境で生育できる．したがってこれらの種は，生育のために酸素を必須とする生物である**偏性好気性菌**（obligate aerobe）と区別するために，**通性嫌気性菌**（facultative anaerobe）とよばれている．酸素が利用可能な場合には，酵母はTCA回路と電子伝達系を含む完全なエネルギー発生経路を使っている．しかし，酸素供給があるレベル以下に低下すると，TCA回路と電子伝達系は一時的に停止され，酵母細胞は解糖系のみに依存してATPを供給する．

嫌気的条件下では，酵母は**アルコール発酵**（alcoholic fermentation）とよばれる2段階過程によって，解糖系で生じたNADHをNAD$^+$に再生する（図8.7）．

**ステップ1．** ピルビン酸は，**ピルビン酸デカルボキシラーゼ**（pyruvate decarboxylase）によってアセトアルデヒドに変換される．

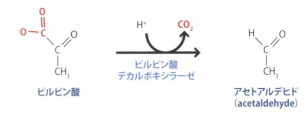

**ステップ2．** アセトアルデヒドは**アルコールデヒドロゲナーゼ**（alcohol dehydrogenase）によってエタノールに変換される．

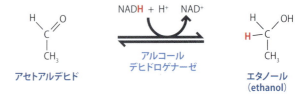

● 図8.7　アルコール発酵

したがって，アルコール発酵の生成物はNAD$^+$，エタノール，および二酸化炭素である．

酵母細胞の場合，アルコール発酵の目的は，解糖系で用いるためのNAD$^+$を再生することである．ヒトにとって，この経路の商業的重要性は副産物であるエタノールの合成であり，この化合物を産生するための酵母の使用は，先史時代のバイオテクノロジー（生物工学）の最も初期の例である．ブドウや大麦などの天然産物に含まれる砂糖のアルコール発酵を酵母に行わせることで，ワインやビールといったアルコール飲料が製造される．考古学的な記録によると，約9,000年前に中国で一種の酒がつくられていたのとほぼ同時期に，メソポタミアでビールが醸造されていた．アルコール発酵のあいだに生じる二酸化炭素は，パンの製造に利用される．小麦粉に酵母を添加すると二酸化炭素が発生し，その結果，パン生地が膨らんで弾力のあるパンができる．酵母の代わりに，焼いているあいだに二酸化炭素を放出する重曹（重炭酸ナトリウム）などの特定の化学物質を使用することができる．パン生地を膨らませる酵母や重曹などの薬剤を膨張剤といい，得られたパンを発酵パンという．古代エジプト人は2,500年前に酵母でパンをつくっており，またこの種のパン製造はギリシャでさらにその約1,000年前に実施されていたという証拠もある．今日，アルコール飲料およびパンの生産は世界中の重要産業である．

### 8.2.3 グルコース以外の糖ではじまる解糖系

グルコース，フルクトース，およびガラクトースの三つの糖は，消化中に吸収され血流に入る．グルコースの場合を考えながら，これらのほかの糖がどのように解糖系に入るかをこれから見ていこう．

**フルクトースはそれぞれ異なる組織で使用される解糖系への二つの代謝経路をもつ**

フルクトースはヒトの食生活でよく見られ，多くの果実や根菜に存在し，またハチミツの主要な糖である．スクロースはフルクトースとグルコースからなる二糖類なので，スクロースが消化されると，食事由来の別のフルクトースの供給源となる．

ほとんどの組織で，グルコースではなくフルクトースが存在しても問題にならないのは，グルコースをグルコース6-リン酸に変換するヘキソキナーゼが，フルクトースを基質として使用することができるからである（図8.8）．結果として得られたフルクトース6-リン酸は解糖系の**ステップ3**に入る．

肝細胞では，ヘキソキナーゼの代わりに酵素**グルコキナーゼ**（glucokinase）を用いてグルコースをリン酸化する別手段を利用するため，困難が生じる．つまり，グルコキナーゼはフルクトースを基質として認識しないので，フルクトースは異なる経路で解糖系に移行しなければならない．これは，**フルクトース1-リン酸経路**（fructose 1-phosphate pathway）によって実現される（図8.9）．この経路には三つのステップがある．

**ステップ1．** フルクトキナーゼ（fructokinase）はフルクトースをリン酸化し，フルクトース1-リン酸に変換する．

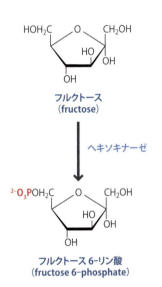

●図8.8 フルクトースはヘキソキナーゼによって触媒されてフルクトース6-リン酸になる

（図中反応式：フルクトース + ATP →[フルクトキナーゼ] フルクトース1-リン酸（fructose 1-phosphate）+ ADP + H$^+$）

**ステップ2．** フルクトース1-リン酸アルドラーゼ（fructose 1-phosphate aldolase）は，フルクトース1-リン酸をグリセルアルデヒドとジヒドロキシアセトンリン酸に分解する．

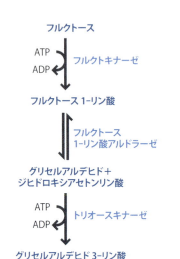

● 図 8.9　フルクトース 1-リン酸経路

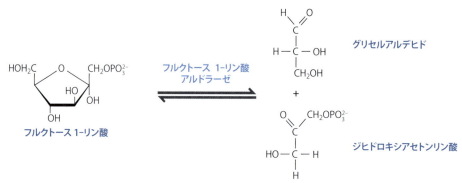

ジヒドロキシアセトンは解糖系の**ステップ 5**に入り，トリオースリン酸イソメラーゼによってグリセルアルデヒド 6-リン酸に変換される．

**ステップ 3．**　トリオースキナーゼ（triose kinase）はグリセルアルデヒドをリン酸化してグリセルアルデヒド 3-リン酸にする．

したがって，フルクトース 1-リン酸経路は，通常の解糖系の 1 段階目と同様に，2 分子のグリセルアルデヒド 3-リン酸を産生する．

### ガラクトースは解糖系で利用されるときにグルコースに変換される

ガラクトースは果物や野菜においてグルコースやフルクトースほど一般的ではないが，サトウダイコンには存在する．ヒトの食事における主要な供給源は，ガラクトースとグルコースからなる二糖類のラクトースを含む牛乳や乳製品である．赤ちゃんはラクターゼを用いてラクトースを構成糖に分解することができ，その結果として生じるグルコースおよびガラクトースは血流に吸収される．成人になっても，ラクターゼ活性をもつ，いわゆるラクターゼ持続性を示すヒトも，同様にラクトースを代謝することができる．

ガラクトースとグルコースの分子構造は，C4 の−H と−OH 基の配置が異なるだけである（図 8.10）．したがって，一方を他方に変換するには，異性化反応，具体的にはエピマー化とよばれる種類の異性化が必要であり，この場合，官能基は不斉炭素原子の周りで再配置される．**ガラクトース-グルコース相互変換経路**（galactose-glucose interconversion pathway；図 8.11）は，このエピマー化を 4 段階で行う．

**ステップ 1．**　ガラクトキナーゼ（galactokinase）は，ガラクトースをガラクトース 1-リン酸にリン酸化する．

> 人類のいくつかの種族におけるラクターゼ持続性の進化については Box6.3 で詳しく見る．

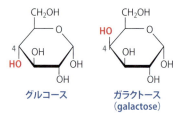

● 図 8.10　グルコースとガラクトースはエピマーである
二つの糖は，C4 に結合した−H および−OH 基の配置のみ異なる．

**ステップ2.** ガラクトース 1-リン酸ウリジリルトランスフェラーゼ（galactose 1-phosphate uridylyl transferase）は，UDP-グルコースからガラクトース 1-リン酸にウリジル酸基を転移する．これにより UDP-ガラクトース 1 分子とグルコース 1-リン酸 1 分子が生じる．

**ステップ3.** UDP-ガラクトース 4-エピメラーゼ（UDP-galactose 4-epimerase）は，UDP-ガラクトースを UDP-グルコースに変換する．したがってこのステップでは，**ステップ2**で使用された UDP-グルコースが再生する．

**ステップ4.** ホスホグルコムターゼ（phosphoglucomutase）は，**ステップ2**で生成したグルコース 1-リン酸のリン酸基を再配置する．

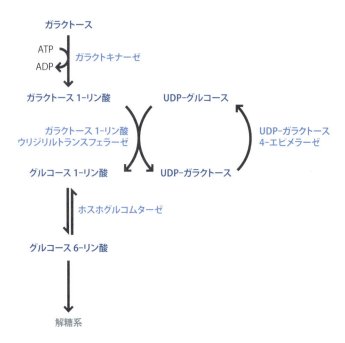

● 図 8.11　ガラクトース-グルコース相互変換経路

この反応によりグルコース 6-リン酸が生成し，これは標準的な解糖系の**ステップ 2** に入る．

### 8.2.4　解糖系の調節

　解糖系の考えるべき最後の点は，経路がどのように調節されるかである．解糖系には二つの主要な役割がある．それは，グルコースを分解して ATP を産生すること，また，脂肪酸の合成のような生合成経路の前駆体として利用される中間体を生成することである．したがって，これらの二つの役割が確実に果たされるように，解糖系は調節されなければならない．

**フルクトース 6-リン酸のフルクトース 1,6-ビスリン酸への変換は，解糖系における主要な制御点である**

　解糖系のおもな制御点は，フルクトース 6-リン酸が ATP によってリン酸化されてフルクトース 1,6-ビスリン酸と ADP に変換される**ステップ 3** である．真核生物でこの過程を触媒する酵素であるホスホフルクトキナーゼは，異なる生理学的条件に応答して経路全体が調節されるように，解糖系の三つの産物（ATP，クエン酸，水素イオン）によって阻害される（図 8.12）．

　ホスホフルクトキナーゼに対する阻害効果の最も直接的なものは，ATP によるものである．細胞が ATP を欠乏している場合には，解糖系が起こる速度を増大させる必要があり，逆に ATP が豊富な場合には，経路の速度を遅くすべきである．これは，ホスホフルクトキナーゼの表面に結合する ATP によってなされる．この結合部位は，酵素が触媒するリン酸化反応のために ATP が結合する酵素活性部位から離れている（図 8.13）．よって，ATP はホスホフルクトキナーゼのアロステリック調節因子として作用する．AMP は，このアロステリック部位への結合に関して ATP と競合し，ATP の阻害効果を抑制する．したがって，ホスホフルクトキナーゼ反応の速度，つまり解糖系のその後の段階における代謝産物の流れは，細胞中の AMP と ATP の相対量に応じて調節される．ATP が豊富になると，ATP プールが過剰にならないように速度が低下し，ATP が不足すると，速度が増大して ATP 供給が補充される．

　クエン酸は，ホスホフルクトキナーゼのアロステリック部位への ATP の結合を促進することによってホスホフルクトキナーゼ活性に影響を与える．したがって，クエン酸レベルが上昇すると，ホスホフルクトキナーゼ活性が低下し，解糖系が減速する．これはクエン酸が TCA 回路の中間体の一つであり，その細胞内での蓄積は，エネルギー発生経路全体が過活

> 7.2.3 項において，アロステリック阻害剤が酵素活性を調節する様式について学習した．

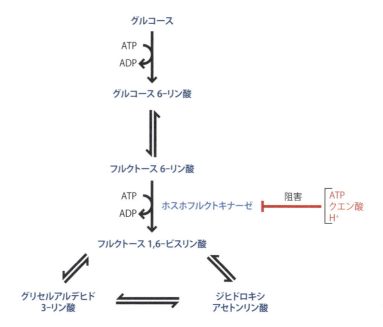

● 図 8.12 ホスホフルクトキナーゼは解糖系における主要な制御点である
解糖系の最初の五つのステップが示され，ホスホフルクトキナーゼによって触媒されるステップが強調表示されている．

12.1.1 項で，TCA 回路と脂肪酸合成との関係性を学ぶ．

動であることを示すことを考えると，理にかなっている．しかし，生細胞におけるクエン酸阻害の役割については少しばかり懐疑的である．ホスホフルクトキナーゼに対するその効果は試験管内で研究されてきたが，細胞内で TCA 回路から生じる過剰のクエン酸は脂肪酸合成のためのアセチル CoA 源としてただちに使用される可能性がある．この場合，クエン酸はホスホフルクトキナーゼ活性に有意な効果を与えるほど十分に蓄積しそうにない．

水素イオンもまた，ATP のアロステリック効果を増大させることによってホスホフルクトキナーゼを阻害する．これは，低い pH 値ではホスホフルクトキナーゼ活性が低下し，解糖系が遅くなることを意味する．pH が解糖系の速度に重要な影響を与えるのはなぜだろうか？ 答えは，活動的な筋肉組織で起こる乳酸の蓄積にある．過剰量の乳酸は筋肉組織に損傷を与え，また，血液 pH が危険なほど低いレベルにまで低下すると，アシドーシスを引き起こす可能性がある．水素イオンによるホスホフルクトキナーゼの阻害は，低 pH で解糖系が遅くなり，乳酸の生成が抑えられ，その危険な効果が改善されることを意味する．これは，過剰な運動を無期限に継続できない理由の一つである．筋肉細胞では，酸素供給が制限されると嫌気性呼吸に切り換わり，産生される乳酸の一部は肝臓に輸送されてピルビン酸とグルコースに戻されるが，ある時点では乳酸の蓄積速度が身体の適応しようとする試みを上まわり，エネルギー生産は水素イオン効果のために減少しはじめるであろう．

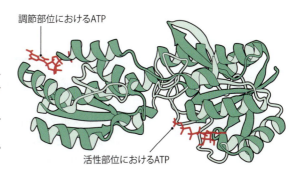

● 図 8.13 ホスホフルクトキナーゼの活性部位および調節部位における ATP の結合
ホスホフルクトキナーゼは，四つの同一のサブユニットからなる四量体であり，そのうちの一つがこの図に示されている．

### 基質レベルもホスホフルクトキナーゼ活性を調節する

これまでに，ホスホフルクトキナーゼの活性が解糖系の産物によってどのように阻害されうるかを見てきたが，それらはつまり ATP，クエン酸，または乳酸がどれくらい生産されるかによって，経路を通る代謝産物の流れが増減するというものである．ホスホフルクトキ

● Box 8.4　ホスホフルクトキナーゼはなぜ ADP ではなく AMP によって調節されるのか？

　ATP 加水分解の産物は AMP ではなく ADP であるため，ADP をホスホフルクトキナーゼの正の調節因子であると論理的には考えるだろう．しかし，ADP のレベルは必ずしも細胞のエネルギー要求の正確な指標ではなく，実際には AMP がその役割を果たしている．これは，**アデニル酸キナーゼ**（adenylate kinase）により ADP を直接 ATP に変換することができるためである．

$$\text{ADP} + \text{ADP} \xrightleftharpoons[]{\text{アデニル酸キナーゼ}} \text{ATP} + \text{AMP}$$

　ATP が急速に使いつくされたような場合には，この変換反応により細胞内の ADP が減少し，ATP を供給する．したがって，ADP は，ATP が必要なときにその濃度が低下するため，ホスホフルクトキナーゼの正の調節因子としてはたらくことができないのである．一方，アデニル酸キナーゼによって産生される AMP は通常，細胞内ではごく低いレベルで存在している．したがって，ADP から生じる AMP 濃度の大幅な増加は，AMP がホスホフルクトキナーゼの正の調節因子として作用することを可能にする．AMP はアロステリック部位への結合において ATP を打ち負かすので，酵素は活性化されて，解糖系を通過する代謝産物の流れが増え，ATP 合成が増加する．

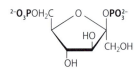

● 図 8.14　フルクトース 1,6-ビスリン酸およびフルクトース 2,6-ビスリン酸の構造

ナーゼは，存在する基質の量によっても調節される．この効果は，ホスホフルクトキナーゼ活性により産生されるフルクトース 1,6-ビスリン酸とわずかに異なる構造をしたリン酸化糖であるフルクトース 2,6-ビスリン酸（図 8.14）によって媒介される．

　フルクトース 2,6-ビスリン酸は，フルクトース 6-リン酸から**ホスホフルクトキナーゼ 2**（phosphofructokinase 2）とよばれる酵素によって合成される．これは，解糖系に関与するホスホフルクトキナーゼとは異なる酵素であるが，同様の反応を触媒する．

　二つの種類のホスホフルクトキナーゼの活性間の唯一の差異は，リン酸基が結合している炭素の位置である．ホスホフルクトキナーゼ 2 はこのリン酸を C2 に結合するが，ホスホフルクトキナーゼは C1 を用いる．

　フルクトース 2,6-ビスリン酸をフルクトース 6-リン酸に変換する逆反応は，**フルクトースビスホスファターゼ 2**（fructose bisphosphatase 2）によって触媒される．

　ホスホフルクトキナーゼ 2 およびフルクトースビスホスファターゼ 2 は異なる酵素活性であるが，どちらも同じタンパク質によって触媒される．このタンパク質の活性は，フルクトース 6-リン酸によって二つの異なる方法で調節される（図 8.15）．

- フルクトース 6-リン酸は，ホスホフルクトキナーゼ 2 の活性を<u>刺激</u>するので，それ自身がフルクトース 2,6-ビスリン酸に変換されるのを促進する．
- フルクトース 6-リン酸は，フルクトースビスホスファターゼ 2 の活性を<u>阻害</u>するので，フルクトース 2,6-ビスリン酸が脱リン酸化されてフルクトース 6-リン酸になるのを減弱させる．

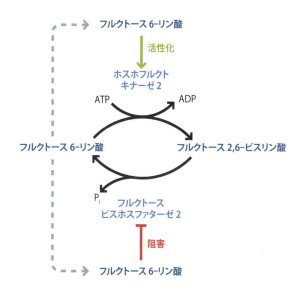

● 図 8.15 フルクトース 6-リン酸は細胞内におけるそのレベルを自己調節する

　これらの二つの相補的な調節活性の正味の結果は，フルクトース 6-リン酸が細胞内のその濃度を自己制御することである．フルクトース 6-リン酸のレベルが増加すると，その過剰分は，ATP の過剰生産の可能性を伴う解糖系を進行させるのではなく，フルクトース 2,6-ビスリン酸へと変換される．フルクトース 6-リン酸のレベルが低下すると，フルクトース 2,6-ビスリン酸プールからより多く変換されるので，解糖系の速度は維持される．

　フルクトース 6-リン酸は，解糖系の**ステップ 1** および**ステップ 2** でグルコースから生成するため，フルクトース 6-リン酸およびフルクトース 2,6-ビスリン酸による調節は，細胞で利用可能なグルコースの量に敏感である．グルコースはまた，この調節ネットワークに直接的な影響を与える．血流中のグルコース量が低下すると，**グルカゴン**（glucagon）とよばれるホルモンが膵臓から放出される．グルカゴンは，ホスホフルクトキナーゼ 2/フルクトースビスホスファターゼ 2 タンパク質を修飾する一連の反応を誘発する．その修飾を受けたタンパク質では，フルクトースビスホスファターゼ 2 活性は増加し，ホスホフルクトキナーゼ 2 活性は減少する（図 8.16）．これは，より多くのフルクトース 2,6-二リン酸がフルクトース 6-リン酸に変換され，グルコースのレベルが低くなっても解糖系の速度が維持されることを意味する．

　これまで，ホスホフルクトキナーゼ 2/フルクトースビスホスファターゼ 2 制御システムをある程度詳細に見てきたが，それは単にその調節システムが解糖系の制御の鍵となる一面だからという理由のためだけでなく，このシステムが，生物において調節ネットワークの複雑性および適応度のよい例となっているからである．グルコースおよびフルクトース 6-リン酸は直接的および間接的に，解糖系にとって不可欠な部分ではないこの多機能酵素に影響を及ぼすが，その影響により解糖系の速度が正確に設定され，細胞に利用可能な基質の量から，最も効率的な使い方が決まる．

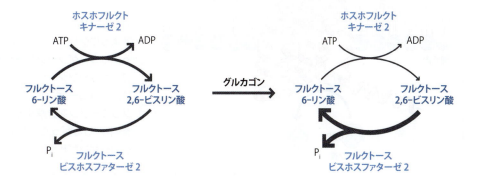

● 図 8.16 グルカゴンはフルクトースビスホスファターゼ 2 の活性を高め，ホスホフルクトキナーゼ 2 の活性を低下させる．

● Box 8.5　グルカゴンによるフルクトース 6-リン酸レベルの制御

　グルカゴンが細胞のフルクトース 6-リン酸含量を制御する過程は，シグナル伝達経路の典型的な例である（5.2.2 項参照）．グルカゴンは細胞外シグナル伝達物質であり，細胞膜から標的酵素へのシグナルは，cAMP を含むセカンドメッセンジャー系を介して伝達される．

　シグナル伝達経路の 1 段階目は，細胞外シグナル伝達物質の細胞表層への結合である．グルカゴンは，七つの α ヘリックスがバレル（樽）型構造を形成してこれが膜を貫通しているタンパク質であるグルカゴン受容体に結合する．

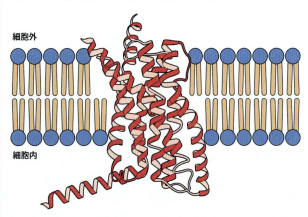

　このクラスの受容体は，それらの構造に基づいて，**7 回膜貫通ヘリックス**（seven-transmembrane-helix）または **7TM タンパク質**（7TM protein）とよばれる．

　受容体の外表面へのグルカゴンの結合は，タンパク質内部のループの配置の構造変化を誘導する．これにより，受容体に共役する **G タンパク質**（G protein）が活性化される．G タンパク質は，GDP または GTP のいずれかを結合する小さなタンパク質である．GDP が結合した状態では，G タンパク質は不活性である．グルカゴン受容体の立体構造の変化により，GDP は GTP に置換され，G タンパク質は活性型に変換される．グルカゴン受容体は G タンパク質を介してはたらくので，**G タンパク質共役受容体**（G-protein coupled receptor）とよばれる．

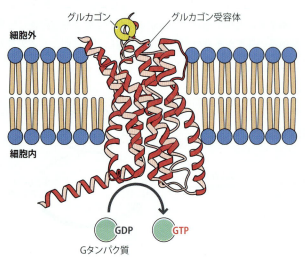

　ひとたび活性化されると，G タンパク質は，受容体タンパク質と同様に活性部位を細胞質側に向けた細胞膜タンパク質であるアデニル酸シクラーゼと相互作用する．G タンパク質との相互作用により，アデニル酸シクラーゼは立体構造が変化して活性型に変換され，ATP を cAMP に変換する（図 5.29 参照）．細胞内で増大した cAMP のレベルは，**プロテインキナーゼ A**（protein kinase A）を活性化し，ホスホフルクトキナーゼ 2/フルクトースビスホスファターゼ 2 酵素のあるセリン残基にリン酸基を付加する．このリン酸化は，フルクトースビスホスファターゼ 2 活性を増大させ，ホスホフルクトキナーゼ 2 活性を低下させる修飾である．

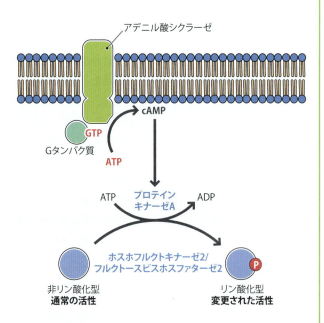

　血糖値が上昇すると，もはやグルカゴンは膵臓から放出されず，シグナル伝達経路はスイッチがオフとなる．ある種の**ホスファターゼ**（phosphatase）が，ホスホフルクトキナーゼ 2/フルクトースビスホスファターゼ 2 からリン酸基を除去するので，フルクトースビスホスファターゼ 2 の活性は低下し，ホスホフルクトキナーゼ 2 の活性が増大した状態に戻る．

　解糖系とともにグルカゴンは，細胞のグルコース量の増加または減少をもたらすほかの代謝経路をも制御する．のちほど解説する例としては，動物におけるグルコース貯蔵の高分子蓄積体であるグリコーゲンの合成および分解である．グルカゴンに応答してプロテインキナーゼ A は，その名前が示すようにグリコーゲン合成に関与する重要な酵素の一つであるグリコーゲンシンターゼをリン酸化する．リン酸化はグリコーゲンシンターゼを不活性化する．プロテインキナーゼ A は，グリコーゲンホスホリラーゼに対して逆の効果を示し，グリコーゲンを分解するこの酵素を活性化する（11.1.2 項参照）．したがって，血糖値を補完するために備蓄されたグリコーゲンが利用される．

## ヘキソキナーゼおよびピルビン酸キナーゼも解糖系における制御点である

ホスホフルクトキナーゼは解糖系における主要な制御点であるが，ほかの二つの酵素も経路の調節に重要な役割を果たす．これらはヘキソキナーゼおよびピルビン酸キナーゼであり，経路の最初および最後の段階をそれぞれ触媒する．

ヘキソキナーゼはその生成物，グルコース 6-リン酸によって阻害される．グルコース 6-リン酸がホスホグルコイソメラーゼによってフルクトース 6-リン酸に変換される解糖系の**ステップ 2** は，可逆反応である．これは，細胞内のグルコース 6-リン酸とフルクトース 6-リン酸の量のバランスがとれていることを意味し，それらの相互変換の可逆的性質によって相対量が平衡状態に保たれる．つまり，経路の**ステップ 3** の酵素であるホスホフルクトキナーゼが阻害され，フルクトース 6-リン酸が蓄積すると，グルコース 6-リン酸も蓄積する．後者は，その合成に関与する酵素であるヘキソキナーゼを阻害するので，追加のグルコースは必要になるまで経路に進入しない（図 8.17）．

なぜホスホフルクトキナーゼは解糖系の主要な制御点であり，経路の最初の酵素であるヘキソキナーゼはそうではないのだろうか？ 答えは，グルコース 6-リン酸が解糖系の基質として使用されるだけではないからである．グルコース 6-リン酸は，グリコーゲンを合成するためにも使用され，また脂肪酸およびほかの生体分子の合成に必要な NADPH を生成するペントースリン酸経路によっても使用される．ヘキソキナーゼが解糖系の主要な制御点であった場合，グルコース 6-リン酸レベルは，これらのほかの代謝経路における必要性とは関係なく，これらの代謝経路を調節してしまうことになる（図 8.18）．したがって，ホスホフルクトキナーゼは，解糖系における第一の決定段階であり，したがって，主要な制御ステップである．

解糖系の最後のステップを触媒するピルビン酸キナーゼは，ピルビン酸が二酸化炭素と水に完全に分解される前に入る TCA 回路と解糖系のあいだの連結を調節するものと見なせる．ピルビン酸キナーゼはフルクトース 1,6-二リン酸によって活性化され，ATP によって阻害されるが，その現象は，解糖系の制御に対する基質および生成物のそれぞれの影響についてこれまでに学んだことから想定できる．ピルビン酸キナーゼはグルカゴンによっても阻害されるので，血糖値が低い場合にこのホルモンが解糖系を減速させる 2 番目の作用部位である．最後に，ピルビン酸キナーゼは，アミノ酸アラニンによって阻害される．アミノ酸は，TCA 回路中に合成される中間体からつくられるいくつかの生体分子の一つである．比較的多量のアラニンが存在することは，細胞内にアミノ酸類が豊富に供給されていることを意味し，ピルビン酸が TCA 回路に供給される必要性を減じる．

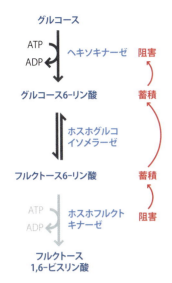

● 図 8.17 解糖系へのグルコースの流入に関する制御
ホスホフルクトキナーゼが阻害されると，フルクトース 6-リン酸およびグルコース 6-リン酸が蓄積する．後者は，ヘキソキナーゼを阻害し，追加のグルコースが解糖系に入らないようにする．

これらのグルコースの代替的な使用は，11.1.1 項（グリコーゲン合成）および 11.3 節（ペントースリン酸経路）で述べる．

アミノ酸合成の詳細については 13.2.1 項を参照．

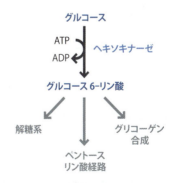

● 図 8.18 グルコース 6-リン酸は三つの重要な代謝経路の基質である

## 参考文献

F. Authier, B. Desbuquois, "Glucagon receptors," *Cellular and Molecular Life Sciences*, 65, 1880 (2008).

X. Guo, H. Li, H. Ku et al., "Glycolysis in the control of blood glucose homeostasis," *Acta Pharmaceutica Sinica*, 2, 358 (2012).

S. Lenzen, "A fresh view of glycolysis and glucokinase regulation; history and current status," *Journal of Biological Chemistry*, 289,

12189 (2014).
X.-B. Li, J.-D. Gu, G.-H. Zhou, "Review of aerobic glycolysis and its key enzymes-new targets for lung cancer therapy," *Thoracic cancer*, 6, 17 (2015). ワーブルグ効果（Box 9.1 参照）と，その知見が抗がん剤開発においてどのように活用されうるか議論している．
M. Müller, M. Mentel, J. J. van Hellemond et al., "Biochemistry and evolution of anaerobic energy metabolism in eukaryotes," *Microbiology and Molecular Biology Reviews*, 76, 444 (2012).
M. C. Scrutton, M. F. Utter, "The regulation of glycolysis and gluconeogenesis in animal tissues," *Annual Review of Biochemistry*, 37, 249 (1968).
M. Sola-Penna, D. Da Silva, W. S. Coelho, M. M. Marinho-Carvalho, P. Zancan, "Regulation of mammalian muscle type 6-phosphofructo-1-kinase and its implication for the control of metabolism," *IUBMB Life*, 62, 791 (2010).

## ● 章末問題

### 四択問題

各質問に対して正しい答えは一つだけである．答えは化学同人 HP：https://www.kagakudojin.co.jp/book/b378577.html にある．

1. 1モルのグルコースが完全に酸化されると，どのくらいのエネルギーが生成されるか？
    (a) 287 cal  (b) 287 kJ  (c) 2,870 cal  (d) 2,870 kJ
2. 解糖系で生成される活性化担体分子は何か？
    (a) ATP と NADH   (b) ATP と FADH$_2$
    (c) ATP, NADH と FADH$_2$  (d) ATP と NADPH
3. 1分子の NADH が電子伝達系に入ったとき，何分子の ATP を生成するか？
    (a) 1  (b) 2  (c) 3  (d) 4
4. 解糖系では，正味で何分子の ATP が得られるか？
    (a) 2  (b) 4  (c) 6  (d) 8
5. 解糖系の最初のステップを触媒する酵素はどれか？
    (a) アルドラーゼ  (b) エノラーゼ  (c) ヘキソキナーゼ
    (d) ホスホグルコイソメラーゼ
6. 分解により，1分子のグリセルアルデヒド 3-リン酸と1分子のジヒドロキシアセトンリン酸を生じる化合物はどれか？
    (a) フルクトース 1,6-ビスリン酸
    (b) フルクトース 2,6-ビスリン酸
    (c) フルクトース 6-リン酸
    (d) グルコース 6-リン酸
7. ピルビン酸キナーゼによって，ピルビン酸に変換される化合物はどれか？
    (a) アセチル CoA    (b) 2-ホスホグリセリン酸
    (c) 3-ホスホグリセリン酸  (d) ホスホエノールピルビン酸
8. ホスホグリセリン酸キナーゼによる ATP 生成は何とよばれるか？
    (a) 活性化  (b) キナーゼ  (c) 酸化的リン酸化
    (d) 基質レベルのリン酸化
9. 運動中の筋細胞において，過剰なピルビン酸は何に変換されるか？
    (a) アセチル CoA  (b) アルコールと二酸化炭素
    (c) 乳酸  (d) ホスホエノールピルビン酸
10. コリ回路に関する次の記述のうち，正しいものはどれか？
    (a) アセチル CoA を基質として用いる
    (b) 筋肉からの乳酸は肝臓に運ばれ，そこでグルコースに変換される
    (c) 酵母によるアルコール産生を担う
    (d) 正味の ATP の増加をもたらす
11. *Saccharomyces cerevisiae* とはどのような微生物か？
    (a) 通性嫌気性菌  (b) 偏性好気性菌  (c) 偏性嫌気性菌
    (d) (a)〜(c) 以外
12. アルコール発酵に関与する二つの酵素は何か？
    (a) 乳酸デヒドロゲナーゼおよびアルコールデヒドロゲナーゼ
    (b) 乳酸デヒドロゲナーゼおよびピルビン酸デカルボキシラーゼ
    (c) ピルビン酸デカルボキシラーゼおよびアルコールデヒドロゲナーゼ
    (d) ピルビン酸デカルボキシラーゼおよびトリオースキナーゼ
13. 解糖系で使用するために，フルクトースが最初に変換される化合物はどれか？
    (a) フルクトース 1,6-ビスリン酸
    (b) フルクトース 1-リン酸  (c) フルクトース 6-リン酸
    (d) グルコース
14. 次のうち，UDP-グルコースが関与するのはどれか？
    (a) 解糖系へのフルクトースの流入
    (b) ガラクトース-グルコース相互変換経路
    (c) 解糖系の調節  (d) コリ回路
15. 解糖系における主要な制御点では，何が合成されるか？
    (a) フルクトース 1,6-ビスリン酸
    (b) フルクトース 6-リン酸  (c) グルコース 6-リン酸
    (d) ピルビン酸
16. ホスホフルクトキナーゼの阻害剤でないものは次のうちどれか？
    (a) ADP  (b) ATP  (c) クエン酸  (d) 水素イオン
17. 基質の可用性に応じて，ホスホフルクトキナーゼ活性を調節する化合物はどれか？
    (a) フルクトース 1,6-ビスリン酸
    (b) フルクトース 2,6-ビスリン酸  (c) グルコース 6-リン酸
    (d) グルコース 1,6-ビスリン酸
18. グルカゴン受容体タンパク質とはどのようなものか？
    (a) G タンパク質共役型受容体  (b) 膜内在性タンパク質
    (c) 7 回膜貫通ヘリックスタンパク質
    (d) (a)〜(c) のすべて
19. ヘキソキナーゼは，どの化合物によって阻害されるか？
    (a) ADP  (b) グルコース  (c) グルコース 1-リン酸
    (d) グルコース 6-リン酸
20. ピルビン酸キナーゼの調節にかかわっているものはどれか？
    (a) ATP による活性化およびフルクトース 1,6-ビスリン酸による阻害
    (b) フルクトース 1,6-ビスリン酸による活性化および ATP に

よる阻害
(c) ATP およびフルクトース 1,6-ビスリン酸の両方による活性化

(d) ATP およびフルクトース 1,6-ビスリン酸の両方による阻害

### 記述式問題

これらの質問の答えは本文中に記載されている.

1. 例をあげながら，活性化担体分子の生化学的役割を記述せよ.
2. どのようにして 1 分子のグルコースから 38 分子の ATP が産生されるかを詳細に説明せよ.
3. 解糖系の概要を述べ，各段階の基質，生成物，酵素を示せ.
4. ATP を消費または合成する解糖系のステップの詳細を説明せよ. また，その説明に基づいて，解糖系でグルコース 1 分子あたり二つの ATP が純増加する理由を説明せよ.
5. 解糖系における GLUT1 輸送体の役割は何か？
6. (a) 運動中の筋肉，や (b) 嫌気性条件下で増殖する酵母細胞，での解糖系の特殊な特徴を説明せよ.
7. フルクトースやガラクトースがどのように解糖系に入るかを概説せよ.
8. フルクトース 6-リン酸からフルクトース 1,6-ビスリン酸への変換が，解糖系における主要な制御点である理由を説明せよ.
9. 基質レベルがホスホフルクトキナーゼ活性をどのように調節するかを説明せよ.
10. グルカゴンが影響を及ぼしうるシグナル伝達経路の概要を説明せよ.

### 自習用問題

次の質問に答えるためには，自分で計算してみたり，ほかの文献を読んでみたり，あるいはインターネットで調べる必要がある.

1. 解糖系，TCA 回路および電子伝達系において，1 分子のグルコースあたり 38 分子の ATP を産生できるが，ほとんどの細胞はグルコース 1 分子あたり 30 〜 32 個の ATP しか産生しないと推定されている. この不一致が生じる理由は何か？
2. ピルビン酸のいずれの炭素原子が，解糖系に入ったグルコースの C1 と C4 に対応するのかを同定せよ. この質問に答えるためには，どのような前提が必要か？
3. ヒ酸イオン（$AsO_4^{3-}$）は，グリセルアルデヒド 3-リン酸デヒドロゲナーゼによって触媒されるものを含む，多くの生化学的反応においてリン酸と置換できる. 得られる化合物は不安定であり，ただちに分解して 3-ホスホグリセリン酸を与える. ヒ酸が解糖系のエネルギー産生に及ぼす影響を記述せよ.
4. ピルビン酸キナーゼ欠損症（PKD）は，白人百万人あたり 51 人の割合で存在すると推定される. この疾患の患者は一連の症状を示すが，通常は貧血が最も一般的である. もし治療されなければ，患者は重度の致命的な合併症を経験することがあるが，貧血が管理されていれば，ほとんどの人は比較的良好な健康状態を維持できる. より軽度の PKD 型の患者では，まったく症状がでない場合もある. ピルビン酸キナーゼが解糖系に果たす重要な役割を念頭に置いて，なぜ PKD がすべての患者に致命的ではないのか，そしてなぜ重度と軽度の症状が見られるのかを説明せよ.
5. コリ回路（8.2.2 項および図 8.6）について得られた情報から，解糖系および糖新生が同じ細胞内で同時に進行した場合に起こることを予測せよ.

# 第9章

# エネルギーの産生：TCA 回路と電子伝達系

## ◆本章の目標

- TCA 回路と電子伝達系により，どのように ATP が生成されるかを理解する．
- ピルビン酸がアセチル CoA へどのように変換されるかを説明できる．また，ピルビン酸がアセチル CoA に変換される前にミトコンドリアに輸送される必要があることを知る．
- TCA 回路の各ステップにおける基質，生成物，酵素を知る．とくに ATP，NADH，$FADH_2$ が生成されるステップを示すことができる．
- ピルビン酸デヒドロゲナーゼ複合体が TCA 回路の調節における主要な対象であることを知る．とくに，アセチル CoA，NADH，ATP，ピルビン酸がどのようにこの酵素複合体を制御するかを説明できる．
- 電子伝達における酸化還元電位差の重要性について理解し，なぜ NADH や $FADH_2$ 1 分子の酸化により複数の ATP が生みだされるのかを説明できる．
- 電子伝達系の構成を知り，NADH と $FADH_2$ の電子伝達系への入り口を示すことができる．
- プロトン輸送が電気化学的勾配を生みだす機構を理解する．
- 電気化学的勾配がどのようにして ATP 合成に使われるのかを説明できる．とくに $F_0F_1$ ATP アーゼの構造と，それらが ATP 合成においてどのように協働するのかを理解する．
- 電子伝達系における電子の流れの制御における ADP の役割について理解する．
- 電子伝達系の阻害剤と脱共役剤について具体例を示すことができる．
- 解糖系で合成された NADH に含まれるエネルギーを，ミトコンドリアシャトルがどうやって ATP 合成に利用するのかを知る．

　解糖系により生成したピルビン酸は，エネルギー生成経路の2段階目において二酸化炭素と水に分解され，そして ATP が合成される．この2段階目はさらに二つの部分に分けることができる．一つは TCA 回路からなり，1分子のピルビン酸が完全に分解されることで，1分子の ATP，3分子の NADH，1分子の $FADH_2$ としてエネルギーが貯蔵される．もう一つは電子伝達系であり，NADH と $FADH_2$ を酸化することでさらに ATP が生みだされる．

## 9.1　TCA 回路

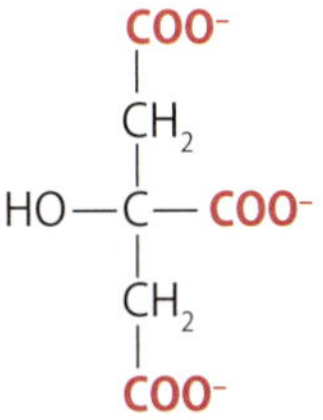

　トリカルボン酸回路（tricarboxylic acid cycle）は最初のステップで三つのカルボキシ基をもったクエン酸（トリカルボン酸）を生成することから名づけられた（図9.1）．**クエン酸回路**（citric acid cycle）ともよばれ，また1937年にこの回路を最初に発見したハンス・クレブス（Sir Hans Krebs）にちなんで**クレブス回路**（Krebs cycle）ともよばれる．

　解糖系によって生成したピルビン酸はどうやって TCA 回路に入るのだろうか？　TCA 回路ではどのような反応が起こり，それらは独立してあるいは連動して起こるのだろうか？　TCA 回路はどのように制御されるのだろうか？　TCA 回路について理解するために，この三つの疑問を解いていこう．

●図 9.1　クエン酸はトリカルボン酸である

### 9.1.1　TCA 回路へのピルビン酸の移行

　解糖系の最終産物はピルビン酸である．解糖系に入った1分子の六炭糖グルコースからは2分子の三炭糖ピルビン酸が生成される（図8.3参照）．これらのピルビン酸は，TCA 回路

に入る前に細胞内のある場所に輸送されなければならない．

### TCA回路はミトコンドリア内で起こる

真核細胞において TCA 回路にかかわる酵素はミトコンドリアの内部にある．その大部分はミトコンドリアマトリックスに存在しているが，**コハク酸デヒドロゲナーゼ**（succinate dehydrogenase）だけはミトコンドリア内膜に結合している（図9.2）．一方，解糖系は細胞質で起こるため，ピルビン酸が TCA 回路に入るためには細胞質からミトコンドリア内部に輸送される必要がある．

ピルビン酸は負に帯電しているため，二重膜の疎水性部分を通過して直接ミトコンドリア内に入ることはできない．ミトコンドリア外膜では**ポーリン**（porin）とよばれる膜貫通型タンパク質がこの問題を解決する．バレル様の形状をしたこのタンパク質が膜にチャネルを形成することで，ピルビン酸のような帯電した分子でも単純拡散により通過することができる（図9.3）．

ピルビン酸のミトコンドリア内膜の通過はさらに厳密である．ミトコンドリアマトリックスは重要な生化学反応が行われる特殊な場であり，それらの反応は厳密に制御される必要がある．そのため，ミトコンドリア内膜は，生化学反応に必要な物質がマトリックスに移行するのを限定するための選択性の高い障壁となる．ミトコンドリア内膜にはさまざまな化合物が自由に通過できてしまうポーリンは存在せず，その代わりに，単一あるいはわずかな関連物質だけを運び入れる特殊な輸送タンパク質が存在する．その一つに，近年発見された**ミトコンドリアピルビン酸輸送体**（mitochondrial pyruvate carrier）がある．大きさ約 15 kDa の二つの小さなタンパク質サブユニットが多数結合して，それらが膜貫通型のタンパク質を形成する．ミトコンドリア内膜の外表側でピルビン酸と結合し内表側に輸送することで，ミトコンドリアマトリックス内にピルビン酸を移行させると考えられている．

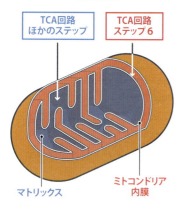

● 図9.2　解糖系と TCA 回路の細胞内局在
解糖系は細胞質で行われ，TCA 回路はミトコンドリアで行われる．TCA 回路のほとんどの反応はミトコンドリアマトリックスで行われるが，コハク酸デヒドロゲナーゼ（本文の**ステップ6**）のみミトコンドリア内膜に存在する．

● 図9.3　ポーリンの構造
ヒト細胞のミトコンドリア外膜のポーリンを示す．βシートによるバレル様構造で，ピルビン酸などの代謝物を通過させる．
© PDBj Licensed under CC-BY-4.0 International/PDBID：2JK4

### ピルビン酸は TCA 回路に入る前にアセチル CoA に変換される

ミトコンドリアマトリックスに入るとピルビン酸は**アセチルCoA**（acetyl CoA）に変換される（図9.4）．アセチル CoA は，アセチル基（$CH_3CO-$）がコエンザイム A とよばれるパントテン酸（ビタミン $B_5$）由来のコファクターに結合した構造をしている．この反応では1分子の二酸化炭素が生成し，1分子の $NAD^+$ が NADH に変換される．

ピルビン酸 (pyruvate) → アセチルCoA (acetyl CoA)
CoA + $NAD^+$ → NADH + $CO_2$

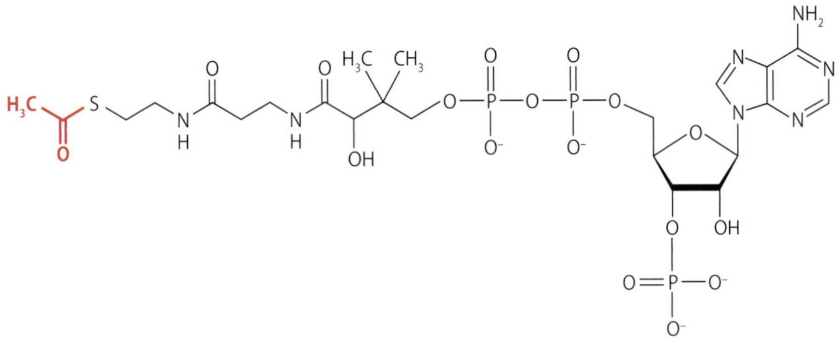

● 図 9.4 アセチル CoA
アセチル基部分を赤色で強調.

　NADH が生成するということはこの反応がエネルギー生成過程の重要な段階の一つであることを意味し，そのエネルギーは担体分子である NADH に捕捉される．電子伝達系に移行した NADH は 3 分子の ATP を生みだすので，出発分子である 1 分子のグルコースは ATP 6 分子に相当することになる．これはグルコース 1 分子が解糖系でつくりだす正味 8 分子の ATP に匹敵する．

　ピルビン酸のアセチル CoA への変換は**ピルビン酸デヒドロゲナーゼ複合体**（pyruvate dehydrogenase complex）によって触媒される．この複合体は三つの異なる酵素で構成され，それらが協働することで複雑な生化学反応をなしている．それら三つの構成酵素の役割は次のとおりである．

- **ピルビン酸デヒドロゲナーゼ**（pyruvate dehydrogenase）：ピルビン酸に結合して酢酸に変換し，二酸化炭素を放出する．
- **ジヒドロリポ酸トランスアセチラーゼ**（dihydrolipoyl transacetylase）：ピルビン酸デヒドロゲナーゼからアセチル基を捕捉しコエンザイム A と結合させることでアセチル CoA を形成する．
- **ジヒドロリポ酸デヒドロゲナーゼ**（dihydrolipoyl dehydrogenase）：ピルビン酸から酢酸への変換時に放出された電子対を使って NADH を生成する．

　基質であるピルビン酸が電子対を失って酸化され，さらに二酸化炭素を放出して脱炭酸されるため，この反応は**酸化的脱炭酸反応**（oxidative decarboxylation）の一種である．

### 9.1.2　TCA 回路のステップ

　TCA 回路はその名が示すように環状の経路であり，基質の一つである**オキサロ酢酸**（oxaloacetate）が回路の最後に再生する（図 9.5）．回路は次の 8 ステップで構成される．

**ステップ 1.**　ピルビン酸由来のアセチル CoA のアセチル基が，オキサロ酢酸とよばれる四炭素ジカルボン酸に転移する．この反応により六炭素トリカルボン酸であるクエン酸が生成する．この反応は**クエン酸シンターゼ**（citrate synthase）により触媒される．

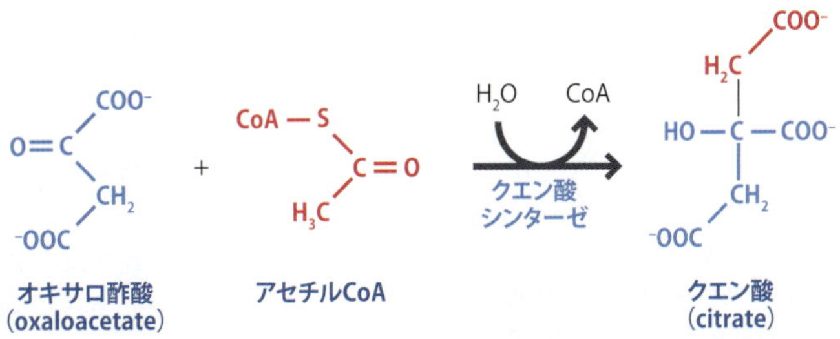

**ステップ 2.**　アコニターゼ（aconitase）が触媒する異性化反応により，クエン酸がイソクエン酸に変換される．

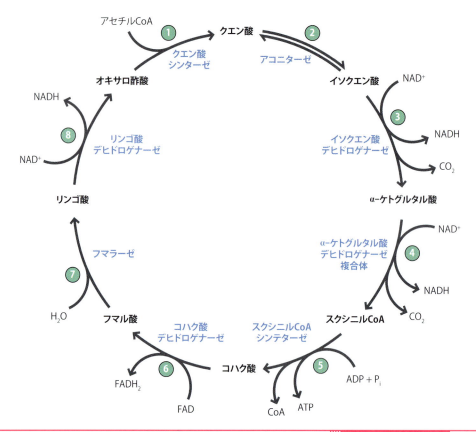

● 図 9.5　TCA 回路
本文の各ステップの番号を緑の円数字で示す．

### ● Box 9.1　ミトコンドリアのピルビン酸輸送体タンパク質の同定

**リサーチ・ハイライト**

　ピルビン酸のミトコンドリア内への輸送は真核細胞のエネルギー生成における鍵であり，細胞質で行われる解糖系とミトコンドリア内で行われる TCA 回路をつないでいる．ピルビン酸の輸送はきわめて重要であるが，その輸送体タンパク質の発見に 40 年あまりを要し，2012 年になってようやく見つかったのは驚くべきことだろう．

　1970 年代，最初に議論された問題は，ピルビン酸のミトコンドリア内への輸送に特異的輸送体が本当に必要かどうか，ということだった．非解離型のピルビン酸は拡散により膜を通過するため，当初，輸送体タンパク質は不要であると考えられた．その後，細胞内のピルビン酸のほとんどがイオン型で存在すること，そして負の電荷のため単純拡散により膜を通過できないことがわかった．また，ピルビン酸の取り込みに関する速度論研究も，ピルビン酸輸送に輸送体タンパク質が介在していることを示唆していた．その後，ピルビン酸に構造が類似した α-シアノ-4-ヒドロキシケイ皮酸とよばれる化合物が，ミトコンドリアへのピルビン酸輸送を阻害することが発見された．これはピルビン酸が単純拡散により膜を通過するのではなく，ある種の輸送体タンパク質によって通過することを示す強い証拠となった．

　1980 年代には，リポソーム再構成実験を用いることで，ピルビン酸輸送体の発見へ向けて前進する．この技術では，部分精製されたタンパク質を脂質と混ぜて，親水性領域を内部にもつ脂質二重膜からなる**リポソーム** (liposome) という微細小胞を形成し，その生化学活性を測定することによりタンパク質の機能が推定された．ウシの心臓やトウゴマ（の膜タンパク質）から再構成したリポソームはピルビン酸を取り込むことができたが，どちらもタンパク質混合物としては複雑であり，トウゴマから再構成した場合には少なくとも六つの主要なタンパク質が含まれていた．そして当時はそこが技術的な限界であった．

　ミトコンドリアピルビン酸輸送体の発見に向けたその後の試みは，その構造に対する間違った仮説によって妨げられてしまう．細胞膜にもピルビン酸の細胞内取り込みを担うピルビン酸輸送体が存在する．この輸送体タンパク質も α-シアノ-4-ヒドロキシケイ皮酸によって阻害されることから，細

クエン酸 ⇌(アコニターゼ) イソクエン酸 (isocitrate)

**ステップ3.** イソクエン酸デヒドロゲナーゼ (isocitrate dehydrogenase) がイソクエン酸をα-ケトグルタル酸に酸化する. この反応により二酸化炭素が放出され, 1分子の$NAD^+$がNADHに変換される. そのため, この反応も酸化的脱炭酸反応の一種である.

イソクエン酸 →(イソクエン酸デヒドロゲナーゼ, $NAD^+$ → NADH + $CO_2$) α-ケトグルタル酸 (α-ketoglutarate)

---

胞膜ピルビン酸輸送体とミトコンドリアピルビン酸輸送体は類似したタンパク質であると考えられた. しかし, 細胞膜ピルビン酸輸送体に関するさらなる研究から, 細胞膜型を阻害するほかの化合物がミトコンドリア型には効果を示さないことがわかった. このことは, 二つのピルビン酸輸送体はまったく異なるタンパク質であることを示しており, 細胞質型から得られた知見はミトコンドリアピルビン酸輸送体の発見にはほとんど役立たなかった.

2012年, ついに二つの独立した研究グループがミトコンドリアピルビン酸輸送体を発見する. いずれの発見も偶然によるものであり, どちらのグループもこのとらえどころのない輸送体タンパク質を発見するために研究をはじめたわけではなかった. 一方のグループは, 機能は未知だが構造はヒト, 酵母, ハエで類似したミトコンドリアタンパク質をいくつか発見し, このように生物種を超えて類似した構造をもつタンパク質は重要な生化学的機能をもつはずであると解釈した. そのなかで, のちにMpc1とMpc2と命名される二つのタンパク質が, 細胞質ピルビン酸のアセチルCoAへの変換に関与することが示された. この変換にはピルビン酸のミトコンドリア内への輸送が必要である. また, 重要な結果として, Mpc1のあるアスパラギン酸がグリシンに変異した酵母株はα-シアノ-4-ヒドロキシケイ皮酸と関連した阻害剤に対して耐性を示すことが証明された.

ミトコンドリアピルビン酸輸送体タンパク質の発見は, 解糖系とTCA回路のつながりに対する学術的な理解として重要なだけでなく, がん研究においてもおおいに意義がある. 1927年, オットー・ワールブルグ (Otto Warburg) は多くのがん細胞はおもに解糖系によりエネルギーを得ており, その結果生じるピルビン酸は, ミトコンドリアに輸送されてTCA回路と電子伝達系で代謝されるのではなく, むしろ細胞質で乳酸へと変換されることを示した.

この"ワールブルグ効果"におけるピルビン酸輸送体の役割は, そのタンパク質構造が明らかになったことで, より直接的に研究することが可能となった. この重要な代謝変化におけるピルビン酸輸送体の役割を理解することで, がん形成の生化学的基盤に新しい光が当てられ, がんの進行を抑制する治療法の探索に役立つだろう.

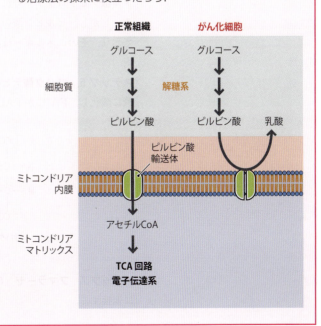

**ステップ 4.** α-ケトグルタル酸からスクシニル CoA への酸化的脱炭酸反応により，さらに NADH が生成する．この反応は**α-ケトグルタル酸デヒドロゲナーゼ複合体**（α-ketoglutarate dehydrogenase complex）によって触媒される．この酵素複合体も三つの異なる酵素が協働することで一つの生化学反応をなしている．

† 訳者注：シンターゼ（synthase）とシンテターゼ（synthetase）：ATP の分解を利用して化合物を合成する場合，シンテターゼということがある．この場合，逆反応をとって命名されている．シンターゼとシンテターゼは酵素分類上は，それぞれ EC4 群（リアーゼ）と EC6 群（リガーゼ）と異なる．歴史的な流れもあり，必ずしも統一されていない．

**ステップ 5.** スクシニル CoA シンテターゼ（succinyl CoA synthetase）† がスクシニル CoA をコハク酸に変換する．酵素名が示すとおり，逆反応であるコハク酸からスクシニル CoA への変換も触媒することができる．TCA 回路においてこの酵素はコハク酸と CoA の結合を切断し，1 分子の ADP を ATP にリン酸化するのに十分なエネルギーを放出する．

この反応では GDP から GTP を生成することも可能であり，GTP という第二のヌクレオチドエネルギー担体の生成経路にもなる．**ステップ 4** は TCA 回路における第二の脱炭酸反応であり，クエン酸は 2 回の脱炭酸反応により四炭素化合物となった．これはもともとのピルビン酸が，ピルビン酸デヒドロゲナーゼ，イソクエン酸デヒドロゲナーゼ，α-ケトグルタル酸デヒドロゲナーゼによる 3 回の脱炭酸反応により完全に分解されたことを意味している．しかし，ピルビン酸の分解により生じたエネルギーのいくらかはまだコハク酸に残されており，そのエネルギーは残りのステップで利用される．

**ステップ 6.** コハク酸デヒドロゲナーゼ（succinate dehydrogenase）がコハク酸をフマル酸に酸化し，$FAD^+$ が $FADH_2$ に変換される．

**ステップ 7.** フマラーゼ（fumarase）が水分子を用いた水和反応によりフマル酸をリンゴ酸に変換する．

9.1 TCA回路　173

フマル酸　　　　リンゴ酸
(malate)

**ステップ8.** リンゴ酸デヒドロゲナーゼ（malate dehydrogenase）がリンゴ酸をオキサロ酢酸に酸化し，$NAD^+$ が NADH に変換される．

リンゴ酸　　　　オキサロ酢酸
(oxaloacetate)

　回路の最終ステップではオキサロ酢酸が産生（再生）される．そのため，次のアセチル CoA 分子と再生されたオキサロ酢酸を利用することで再び回路が進行する．1サイクルで1分子の ATP もしくは GTP，3分子の NADH，1分子の $FADH_2$ が生成される．電子伝達系では，さらに各 NADH から3分子の ATP が，$FADH_2$ から2分子の ATP が生成される．
　エネルギー生成に加えて，TCA 回路は多くの生合成経路の出発点としても重要である．

- オキサロ酢酸はアスパラギン酸，そのほかのアミノ酸，プリン，ピリミジン生成の出発点である．
- クエン酸は脂肪酸合成におけるアセチル CoA の供給源となる．
- α-ケトグルタル酸はグルタミン酸，そのほかのアミノ酸，プリン合成の基質である．
- スクシニル CoA はヘムやクロロフィルといったポルフィリン類生成の出発点である．

> これらの生合成経路についてはそれぞれ，脂肪酸合成は 12.1.1 項で，アミノ酸合成は 13.2.1 項で，テトラピロール合成は 13.2.3 項で学ぶ．

### 9.1.3　TCA 回路の調節
　TCA 回路への移行という重要な役割をもつことから，当然ながらピルビン酸デヒドロゲ

---

● **Box 9.2　スクシニル CoA シンテターゼ**

　スクシニル CoA シンテターゼによる基質レベルのリン酸化では，ADP，GDP ともに基質として用いられる．多くの細胞で ATP，GTP はどちらも合成されるが，その相対量は異なる．筋肉において ATP は GTP よりかなり多く合成されるが，肝臓では GTP のほうが ATP よりも著しく多く合成される．ATP と GTP の合成バランスは，細胞の代謝活性全体に影響されると考えられている．とくに運動時の筋肉はエネルギー要求量が高く，スクシニル CoA シンテターゼによる ATP 合成がそれを満たす一助となっている．一方，肝臓はエネルギー要求量が低いため，スクシニル CoA シンテターゼによるグルコースから ATP 2分子の追加合成を必要としない．その代わりに，スクシニル CoA シンテターゼは GDP から GTP を合成し，タンパク質合成におけるエネルギーとして GTP を用いている（16.2.2 項参照）．
　スクシニル CoA シンテターゼの二つの酵素活性は，近縁の二つの異なるタンパク質に見いだされる．ヌクレオチド二リン酸の基質レベルのリン酸化を伴ったスクシニル CoA からコハク酸への変換という同じ生化学反応を触媒することから，どちらもスクシニル CoA シンテターゼとよばれる．二つのシンテターゼのアミノ酸配列のわずかな違いが，それらの基質選択性に違いをもたらす．この二つのスクシニル CoA シンテターゼは**アイソザイム**（isozyme）とよばれる．多くの酵素はアイソザイムとして存在し，スクシニル CoA シンテターゼのように，アイソザイムファミリーの異なるメンバーが異なる組織で活性化していたり，異なる発生段階で活性化していたりする．

ナーゼ複合体は TCA 回路の調節のおもな対象となる．この酵素複合体は直接の生成物であるアセチル CoA と NADH によって，また ATP によっても阻害される．しかし，これらの化合物はアロステリック阻害を起こすわけではなく，**ピルビン酸デヒドロゲナーゼキナーゼ**（pyruvate dehydrogenase kinase）と**ピルビン酸デヒドロゲナーゼホスファターゼ**（pyruvate dehydrogenase phosphatase）という二つの酵素を介して阻害効果を示す．これらの酵素はピルビン酸デヒドロゲナーゼの三つのセリン残基に対してそれぞれがリン酸化あるいは脱リン酸化を起こす．リン酸化されたピルビン酸デヒドロゲナーゼは不活性化型である．アセチル CoA，NADH，ATP はピルビン酸デヒドロゲナーゼキナーゼを刺激することでリン酸化型の割合を増やし，その結果，ピルビン酸デヒドロゲナーゼは不活化される（図 9.6）．

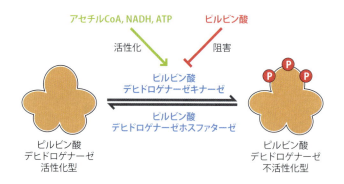

● 図 9.6　アセチル CoA，NADH，ATP，ピルビン酸によるピルビン酸デヒドロゲナーゼの調節
アセチル CoA，NADH，ATP はピルビン酸デヒドロゲナーゼキナーゼを活性化し，リン酸化されたピルビン酸デヒドロゲナーゼは不活性となる．ピルビン酸はピルビン酸デヒドロゲナーゼキナーゼを阻害する．

一方で，ピルビン酸はピルビン酸デヒドロゲナーゼの活性を増大させる．これはピルビン酸がキナーゼを阻害し，その結果，ホスファターゼがピルビン酸デヒドロゲナーゼを脱リン酸化することで活性化するためである．解糖系の中間体の一つであるホスホエノールピルビン酸も同様にピルビン酸デヒドロゲナーゼを刺激するが，これはホスファターゼを活性化することによるものである．

TCA 回路本体には，生成物による酵素反応のフィードバック阻害が起こる部分がさらに 3 カ所存在する（図 9.7）．

- クエン酸シンターゼはクエン酸と ATP により阻害される．
- イソクエン酸デヒドロゲナーゼは NADH と ATP により阻害される．
- α-ケトグルタル酸デヒドロゲナーゼはスクシニル CoA と NADH により阻害される．

細胞が貯蔵エネルギーを適度に補給できているとき，ATP や NADH の蓄積がシグナルとなってアセチル CoA の TCA 回路への移行が阻害される．また回路内においても上記の 3 カ所で進行が阻害される．その結果，いくつかの制御過程全体の効果として TCA 回路は遅くなる．

## 9.2　電子伝達系および ATP の合成

解糖系と TCA 回路によって 1 分子のグルコースが完全に分解されると，4 分子の ATP，10 分子の NADH，2 分子の FADH$_2$ を合成するのに十分なエネルギーが生みだされる．電子伝達系では一時的に NADH と FADH$_2$ 分子に転移したエネルギーから，さらに 34 分子の ATP が次のように生成される．

- TCA 回路で生成した 8 分子の NADH はミトコンドリア内に存在しており，NADH 1 分子につき 3 分子の ATP，つまり 24 分子の ATP が生成する．
- TCA 回路で生成した 2 分子の FADH$_2$ もミトコンドリア内に存在しており，FADH$_2$ 1 分子につき 2 分子の ATP，つまり 4 分子の ATP が生成する．

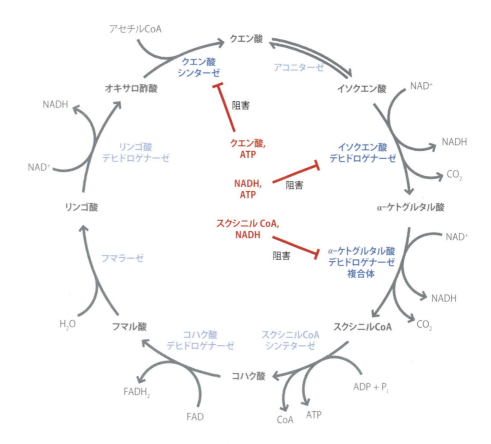

●図 9.7　TCA 回路の調節点

- 解糖系に由来する 2 分子の NADH は細胞質に存在する．ミトコンドリア内膜の非透過性によりこれら 2 分子の NADH は細胞質にとどまるが，電子伝達系を間接的に利用することで 6 分子の ATP が生成される．

ここでは電子伝達系によって ATP が合成される三つの経路，つまり，ミトコンドリア内での NADH からの合成と $FADH_2$ からの合成，そして細胞質での NADH からの合成，について見ていく．まずはいつものように経路の全体像からはじめよう．

### 9.2.1　電子伝達系に沿って電子が通過するあいだにエネルギーが放出される

電子伝達系がどのように ATP を生成するのかを理解するために，はじめに生化学反応の背景にあるエネルギーについて考えよう．

#### NADH や $FADH_2$ の酸化は複数の ATP を生成するのに十分なエネルギーを生みだす

NADH から $NAD^+$ への変換は次の化学式で表される．

$$NADH + H^+ + 1/2\, O_2 \longrightarrow NAD^+ + H_2O$$

これは NADH が $NAD^+$ に酸化され，酸素が水に還元される酸化還元反応である．そのため，この反応には NADH から酸素への 2 電子の移動がかかわっている．電子への親和性が酸素に比べ NADH では弱いため，NADH は電子の供与体（ドナー）となり，電子の受容体（アクセプター）である酸素に電子が移動する．供与体から受容体に電子が移動するあいだにエネルギーが放出されるが，その量は供与体と受容体の電子親和性の差に依存している．

酵素が触媒する反応における自由エネルギーの変化を示す用語である $\Delta G$ について，私たちはすでによく知っている．異なる反応を比較する際にはどちらの反応物も等モル存在し，pH を 7.0 にした標準条件における $\Delta G$ を測定する．このときの $\Delta G$ を**標準自由エネルギー変化**（standard free energy change）または $\Delta G^{0\prime}$ とよぶ．NADH の酸化における $\Delta G^{0\prime}$ は

## ● Box 9.3 酸化還元電位 　　　　　　　　　　　　　　　化学の原理

NADHのような化合物の電子への親和性は，その**酸化還元電位**（redox potential）として表され，水素の酸化還元電位と比較して測定される．

- 酸化還元電位が正の化合物は，電子に対する親和性が水素よりも高く，そのため水素から電子を受け取る．
- 酸化還元電位が負の化合物は，電子に対する親和性が水素よりも低く，そのため$H^+$イオンに電子を与え，水素を生じる．

反応式では次のようになる．

$$NADH + H^+ + 1/2\, O_2 \longrightarrow NAD^+ + H_2O$$

NADHは強力な還元剤であり，負の酸化還元電位をもち，電子を与える傾向がある．酸素は強力な酸化剤であり，正の酸化還元電位をもち，電子を受け取る傾向がある．そのため，電子の移動は，NADHから酸素への移動という方向になる．

物質の**標準酸化還元電位**（standard redox potential, $E_0'$）はpH 7という標準条件下で測定され，単位はボルトで表される．pH 7で起こる反応の標準自由エネルギー変化（$\Delta G^{0'}$）は，基質と生成物の酸化還元電位の変化（$\Delta E_0'$）から算出できる．

$$\Delta G^{0'} = -nF\Delta E_0'$$

$n$は移動した電子の数，$F$はファラデー定数（96.485 $kJV^{-1}mol^{-1}$）を示す．式の右辺のマイナス記号のため，$\Delta E_0'$が正となる反応では$\Delta G^{0'}$は負となり，発エルゴン反応ということになる．NADHから酸素への電子移動において，$\Delta E_0'$値は1.14 Vであり，$\Delta G^{0'}$は$-220.2$ kJ $mol^{-1}$となる．

---

$-220.2$ kJ $mol^{-1}$である（図9.8）．$\Delta G$が負の値であるとき，エネルギーが生みだされることを意味する．$FADH_2$からFADへの酸化反応における$\Delta G^{0'}$は$-181.7$ kJ $mol^{-1}$である．

NADHや$FADH_2$の$\Delta G^{0'}$値はATP分子の生成に利用できるエネルギー量を表している．実際にはどのくらいのエネルギー量がいるのだろうか．ADPと無機リン酸からATPを合成する反応の化学式は次のように表される．

$$ADP^{3-} + HPO_4^{2-} + H^+ \longrightarrow ATP^{4-} + H_2O$$

この反応はエネルギー要求反応であり，$\Delta G^{0'}$は正の値で30.6 kJ $mol^{-1}$となる．

NADHもしくは$FADH_2$の酸化反応によって放出されるエネルギーは30.6 kJ $mol^{-1}$よりも著しく大きく，多数のATPを合成するのに十分な量である．実際は放出されたすべてのエネルギーが利用可能なわけではなく，非効率的な転移のために熱として失われてしまうが，平均するとNADH 1分子の酸化により最大でATP 3分子，$FADH_2$ 1分子の酸化によりATP 2分子が生みだされる．NADHや$FADH_2$の酸化がATP合成を駆動することから，連結したこれらの反応は**酸化的リン酸化反応**（oxidative phosphorylation）とよばれる．

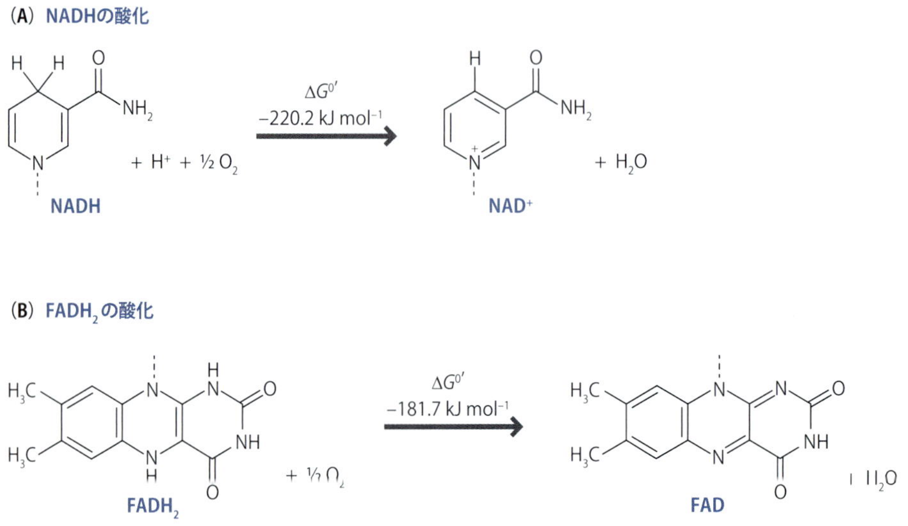

● 図9.8 NADH（A）と$FADH_2$の酸化（B）
化合物の全体構造については図7.7を参照．

### NADHやFADH₂からの酸素への電子の移動は中間体を経由する

NADHやFADH₂の酸化において，もし電子が酸素へと直接移動した場合，利用可能なすべてのエネルギーは1回の直接的な反応で放出されることになる．そのうちのいくつかはATP合成を駆動するために捕捉されるが，大部分は消失してしまうだろう．NADHやFADH₂ 1分子の酸化から，たった1分子のATPを合成することも不可能なほど電子の移動は非効率的なものとなってしまう．

電子は直接酸素に移動するのではなく，電子伝達系に入ることで効率を改善する．電子伝達系は一連の化合物からなり，順に電子に対する親和性が増すように並んでいる（図9.9）．そのため，最後に電子が酸素に供与され酸化過程が終了するまで，電子伝達系に沿って電子が移動するたびに少量のエネルギー量子が放出される．これは電子伝達系に沿って制御された増加性のエネルギー放出であり，NADHやFADH₂の酸化がATP合成を駆動することを可能にしている．

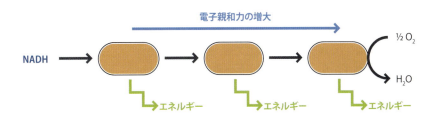

●図9.9　電子伝達系の原理
電子伝達系は電子に対する親和性が高くなるように複合体が並んでおり，電子が複合体を移動するたびに少量のエネルギーが放出される．

### 9.2.2　電子伝達系の構造と機能

次に，電子伝達系の構成成分について，また，NADHやFADH₂由来の電子がどのように電子伝達系を通過するのか正しく理解しよう．

#### 電子伝達系の構成成分

電子伝達系は複合体Ⅰ～Ⅳとよばれる四つの巨大構造を形成し，ミトコンドリア内膜に局在している．NADHに由来する電子は複合体Ⅰから伝達系に入り，FADH₂に由来する電子は複合体Ⅱから伝達系に入る（図9.10）．複合体Ⅰと複合体Ⅱから複合体Ⅲへの電子の伝達，複合体Ⅲから複合体Ⅳへの電子の伝達では，それぞれ**ユビキノン**（ubiquinone）または**コエンザイムQ**〔補酵素Q（coenzyme Q, **CoQ**）〕，**シトクロムc**（cytochrome c）とよばれる中間電子伝達体を必要とする．複合体Ⅳでは電子が酸素に伝達される．

四つの複合体はマルチサブユニットタンパク質であり，複合体Ⅱは少ないもので四つのサブユニットから，複合体Ⅰは多いもので44のサブユニットから構成される．しかし，電子の伝達を考えるとき，タンパク質自体は重要ではない．いくつかのアミノ酸は電子の受容体あるいは供与体として機能できるが，ポリペプチド鎖においてそれらのアミノ酸は電子への親和性領域をもっておらず，代わりに非タンパク質性の補欠分子族が電子と結合する．それらの特徴は次のとおりである．

- 複合体Ⅰはフラビンモノヌクレオチド（FMN）と八つの**鉄－硫黄クラスター**（iron-sulfur）〔**Fe-Sクラスター**（Fe-S cluster）〕を含む．後者は無機硫黄原子および複合体ポ

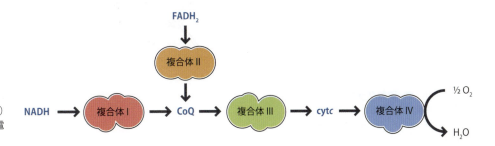

●図9.10　電子伝達系の構造
電子伝達系ではコエンザイムQ（CoQ）とシトクロムc（cytc）の二つが中間電子伝達体としてはたらく．

## ●Box 9.4　電子伝達系の位置

　真核生物の電子伝達系の四つの複合体はミトコンドリア内膜に局在している．第5章で学んだように，膜は脂質とタンパク質の流動的なモザイク状態である（5.2.1項参照）．これは，四つの複合体と中間電子伝達体がそれぞれ順番に整列しているより，むしろ膜のなかを別べつに漂う状態にあることを意味している．たとえば，複合体ⅠとCoQのように電子供与体と受容体が偶然接触したときにだけ電子の伝達が起こることになり，電子の伝達効率に制限をかけてしまう．たとえ電子伝達系の構成要素が膜中に高濃度に存在していたとしても，電子供与体と受容体の接触はそれほど高頻度には起こらないだろう．

　脂質ラフトのように，協調してはたらく膜タンパク質群が共局在する膜の場があることが理解されるにつれ，電子伝達系のモデルも新しくなっている．現在では，NADHの酸化に必要な複合体Ⅰ，Ⅲ，Ⅳと中間電子伝達体（CoQとシトクロム $c$）が会合して，呼吸鎖超複合体あるいは**レスピラソーム**（respirasome）とよばれる構造を形成していると考えられている．右図に示すように，レスピラソーム内で複合体は決まった方向で配置され，複合体間での電子移動はCoQやシトクロム $c$ が移動することによって仲介される．

　$FADH_2$ の導入点である複合体Ⅱも同様にレスピラソームに局在しているかは明らかになっていない．酵母では複合体ⅡとⅢが安定に会合することが証明されているが，それも確定的ではなく，哺乳類細胞における再現もまだ行われていない．

　多くの原核生物も，TCA回路と電子伝達系によってエネルギーを産生する．電子伝達系の複合体は真核生物と少し異なっており，偏性嫌気性菌では電子の最終受容体として酸素以外の物質を用いる（Box 8.3参照）．原核生物はミトコンドリアをもたないが，では一体，電子伝達系はどこに存在するのだろうか？　TCA回路の酵素は細胞質に存在し，電子伝達系複合体は細胞膜に局在する．ATPを合成する $F_0F_1$ ATPアーゼも細胞膜に局在し，プロトンはATPアーゼを通過して細胞外から細胞内へと流入する．真核生物と同様に，原核生物の電子伝達系複合体もレスピラソームとして会合していると考えられている．

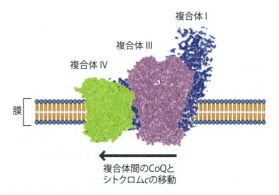

*PNAS*, 108 (37), 15196 (2011) より．

---

リペプチドサブユニット内のシステイン残基の硫黄が配位した鉄原子からなる（図9.11）．鉄－硫黄クラスターをもつポリペプチドは**鉄－硫黄タンパク質**（iron-sulfur protein）〔**Fe-Sタンパク質**（Fe-S protein）〕とよばれる．

- 複合体Ⅱには，三つの鉄－硫黄クラスターをもった鉄－硫黄タンパク質が一つ含まれる．
- 複合体Ⅲは一つの鉄－硫黄タンパク質と三つの**シトクロム**（cytochrome）をもつ．シトクロムは一つあるいはそれ以上のヘム補欠分子族をもったタンパク質であり，アミノ酸配列とヘム基の構造の違いから数多くの種類が存在する．複合体Ⅲがもつシトクロムは，二つのヘム基をもったシトクロム $b_{562}$ とシトクロム $b_{566}$，一つのヘム基をもったシトクロム $c_1$ とよばれる．
- 複合体Ⅳはシトクロム $a$ とシトクロム $a_3$ を含み，前者は $Cu_A$ と表記される二つの銅イオ

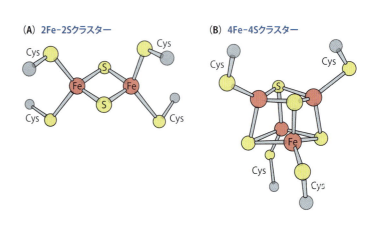

●図9.11　鉄－硫黄クラスター
電子伝達系複合体は構造内に（A）2Fe-2Sクラスターと（B）4Fe-4Sクラスターをもつ．

ンと会合し，後者は$Cu_B$と表記される第三の銅イオンと会合する．

#### 電子伝達系に沿った電子の移動

ここまでで電子伝達系は四つの複合体から構成されること，複合体IからIII，複合体IIからIIIへの電子の移動はCoQが介すること，複合体IIIからIVへの電子の移動はシトクロム$c$が介すること学んだ（図9.10参照）．これらの過程をそれぞれの複合体に対応した三つのステップに分けて，それぞれを詳細に見ていこう（図9.12）．

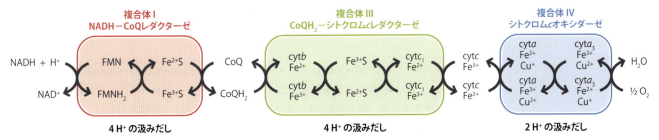

● 図9.12 電子伝達系内での電子の移動
簡略化のためにいくつかのステップはまとめて書かれている．複合体IIIのシトクロム$b$回路には実際にはシトクロム$b_{562}$とシトクロム$b_{566}$の二つが関与する．複合体IVでは，電子はシトクロム$a$のCuイオンからFeイオンへ移動し，次にシトクロム$a_3$のCuイオンに移動し，さらにシトクロム$a_3$のFeイオンに移動する．

**ステップ1.** NADH-CoQ レダクターゼ複合体（NADH–CoQ reductase complex；複合体I）．NADHが複合体Iに結合することで二つの電子がFMNに渡り，$FMNH_2$に還元される．電子の伝達は水溶性であるミトコンドリアマトリックスから$H^+$イオンの取り込みを伴う．電子は複合体Iの鉄–硫黄クラスターへと渡り，クラスター内の$Fe^{3+}$イオンを$Fe^{2+}$イオンに還元し，同時にFMNが$FMNH_2$から再生する．最終的に電子は鉄–硫黄クラスターからCoQへと渡り，この化合物の還元型である**ユビキノール**（ubiquinol，$CoQH_2$）が生じる．そのため，**ステップ1**の反応全体は，NADHからの$H^+$イオン一つとマトリックスからの$H^+$イオン一つのCoQへの移行として表される．

$$NADH + CoQ + H^+ \longrightarrow NAD^+ + CoQH_2$$

この反応の$\Delta G^{0'}$は$-69.5$ kJ mol$^{-1}$であり，それはミトコンドリア内膜を横切って，マトリックスから膜間腔へ四つの$H^+$イオンを移動させるのに使われる（図9.13）．つまり，複合体Iは**プロトンポンプ**（proton pump）として機能する．

**ステップ2.** $CoQH_2$-シトクロム$c$レダクターゼ複合体（$CoQH_2$–cytochrome $c$ reductase complex；複合体III）．$CoQH_2$は脂溶性であるためミトコンドリア内膜のなかを移動し，電子伝達系の次の構成成分である複合体IIIに電子を渡すことができる．複合体IIIにおいて電子はまずシトクロム$b_{562}$のヘム基に渡り，その$Fe^{3+}$イオンを$Fe^{2+}$イオンに還元する（図9.12）．電子はシトクロム$b_{566}$に渡り，次いで順に，複合体IIIの鉄–硫黄クラスター，シトクロム$c_1$のヘム基，そして最終的にシトクロム$c$へと渡る．反応全体は次のように表すことができる．

$$CoQH_2 + 2cytc^{3+} \longrightarrow CoQ + 2H^+ + 2cytc^{2+}$$

$cytc^{3+}$と$cytc^{2+}$は，それぞれシトクロム$c$の酸化型と還元型である．**ステップ2**で放出されるエネルギーは，さらに四つの$H^+$イオンをマトリックスから膜間腔へと移動させるのに十分である．

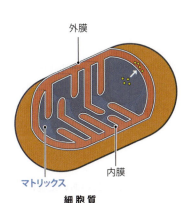

● 図9.13 ミトコンドリア内膜にまたがるプロトンポンプ
黄色の点で表された四つの$H^+$イオンがミトコンドリアマトリックスからミトコンドリア内膜と外膜の間腔に汲みだされる．

**ステップ3.** シトクロム$c$オキシダーゼ複合体（cytochrome $c$ oxidase complex；複合体IV）．

シトクロム $c$ は複合体IIIとIVをつなぐ．はじめに $Cu_A$ イオンへと電子を渡し，$Cu^{2+}$ イオンを $Cu^+$ イオンへと還元する（図9.12参照）．電子はシトクロム $a$ のヘムを介して $Cu_B$ イオン，シトクロム $a_3$ のヘムに渡り，最終的に酸素に渡って水が生成する．反応全体は次のように表される．

$$2\text{cyt}c^{2+} + 2H^+ + 1/2O_2 \longrightarrow 2\text{cyt}c^{3+} + H_2O$$

この反応で最初のNADHの酸化が完了し，二つの $H^+$ イオンがミトコンドリア内膜を通過するのに十分なエネルギーが放出される．

あとは電子伝達系の最初に戻って，$FADH_2$ がどのようにこの経路に入るのか確認しよう（このステップは**ステップ1***とよぶことにする）．

**ステップ1***．**コハク酸-CoQレダクターゼ複合体**（succinate-CoQ reductase complex；複合体II）．TCA回路の**ステップ6**では，コハク酸デヒドロゲナーゼによりコハク酸がフマル酸に酸化される（図9.5参照）．この酵素はミトコンドリア内膜に局在し，複合体IIと密着している．コハク酸の酸化により放出された二つの電子は $FADH_2$ を生成し，$FADH_2$ はその電子をすぐに複合体IIの鉄－硫黄クラスターへと渡す（図9.14）．電子は鉄－硫黄クラスターからCoQへと渡り，次いで複合体III，IVへと渡るが，これらはNADHの場合とまったく同じである．コハク酸デヒドロゲナーゼと複合体IIの密接な連結から，$FADH_2$ の電子伝達系への移行は反応全体として次のように表される．

$$\text{コハク酸} + CoQ \longrightarrow \text{フマル酸} + CoQH_2$$

この反応でもエネルギーは放出されるが，$H^+$ イオンがミトコンドリア内膜を通過するのに十分な量ではない．複合体IIがプロトン輸送としての機能をもたないことが，$FADH_2$ とNADHにより生成するATP数の違いを説明する．

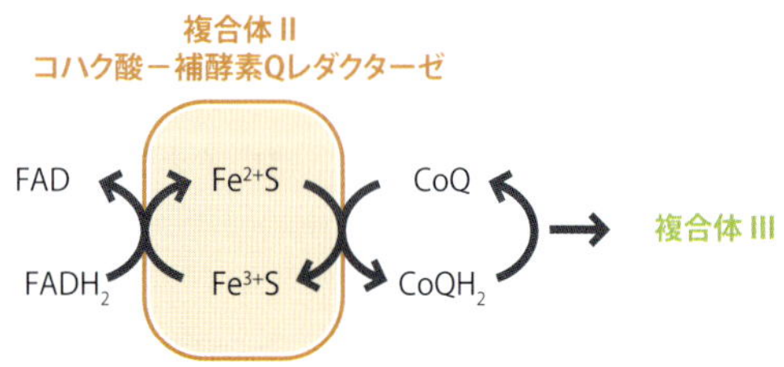

● 図9.14　電子伝達系の $FADH_2$ から複合体IIへの電子の移動

### 9.2.3　ATPの合成

ここまでで，電子がどのように電子伝達系を通過して，四つの複合体からエネルギーが漸増的に放出されるか，そして放出されたエネルギーがどのようにしてミトコンドリア内膜にまたがるプロトン輸送に使われるのかを見てきた．次に，この過程がどのようにATPの合成を生じるのかについて見ていく．

**プロトン輸送は電気化学的勾配を生みだす**

電子伝達系を電子が通過することでどのようにATPが合成されるかは長いあいだ謎に包まれていた．電子の伝達により放出されたエネルギーは，ATPの合成に使われる前に高エネルギー化合物として蓄えられる必要があると生化学者たちは考えていたが，ミトコンドリア内に大量に存在するはずの高エネルギー化合物を発見することはできなかった．そんななか，1961年，ピーター・ミッチェル（Peter Mitchell）は**化学浸透圧説**（chemiosmotic theory）として，ミトコンドリア内膜にまたがるプロトン輸送がATP合成に必要な**電気化学的勾配**（electrochemical gradient）を生みだすという急進的なアイデアを唱えた．

少なくともその頃，電子伝達系の複合体I，III，IVを電子が通過するあいだに，$H^+$ イオ

ンが実際にミトコンドリア内膜を横切って移動するのかは知られておらず，最初に発表されたとき，化学浸透圧説にはまだ議論の余地があった．現在では化学浸透圧説はATP合成の謎を解く正しい答えと認識されており，ミッチェルは20世紀生化学界の巨人の1人とみなされている．

二つの場所で帯電したイオンに濃度差がある場合，すなわちイオンが不均等に分布すると，電気化学的勾配が生じ，電位差ができる．電子伝達系に沿ったプロトン輸送により，ミトコンドリア内膜をはさんでマトリックス側に比べ内膜と外膜の間腔のほうが$H^+$イオン濃度が高くなり，電気化学的勾配が生じる（図9.15A）．

電気化学的勾配は自然に平衡状態に戻ろうとする．そのため，ミトコンドリア膜間腔にある$H^+$イオンはマトリックスに戻り，ミトコンドリア内膜を隔てて生じた電位差はなくなる．マトリックス内に戻るために$H^+$イオンは，**$F_0F_1$ ATPアーゼ**（$F_0F_1$ ATPase）とよばれるマルチサブユニットタンパク質を通過する（図9.15B）．$H^+$イオンがATPアーゼを通過するとATPが合成される．NADHやFADH$_2$に由来する電子が電子伝達系を通過し続けると，より多くのプロトンがマトリックス側から汲みだされ電気化学勾配は維持される．その結果，プロトンがATPアーゼを通過してマトリックスに戻る流れも維持される．そのため，ATPアーゼはNADHやFADH$_2$の酸化に直接応答してATPを合成する．

### $F_0F_1$ ATPアーゼはプロトンによって駆動する分子モーターである

私たちはまだATPを生みだすエネルギーをすべて把握していない．ATPアーゼはどのようにしてATPを合成するのだろうか？　その答えは$F_0F_1$ ATPアーゼタンパク質の優れ

---

● **Box 9.5**　なぜATPをつくるタンパク質はATPアーゼとよばれるのか？

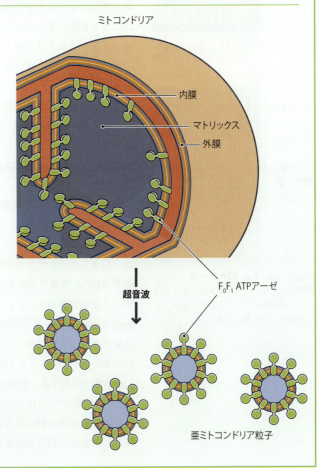

ATPアーゼという略称はATPの加水分解，別のいい方をすれば，ATPをADPと無機リン酸に分解する酵素を意味する．これは$F_0F_1$ ATPアーゼが触媒する反応の真逆であり，本来はATPシンターゼとよばれるべきである．それではなぜATPアーゼとよぶのだろうか？

その答えは$F_0F_1$ ATPアーゼの発見につながる一連の研究にある．その一つとして，生きた細胞からミトコンドリアを単離する研究では，単離したミトコンドリアを超音波により破壊していた．超音波処理により，$F_0F_1$ ATPアーゼの球構造が外向きになった亜ミトコンドリア粒子が形成された．

1960年，オーストリアの生化学者エフレイム・ラッカー（Efraim Racker）は，亜ミトコンドリア粒子からはずれた球構造にATPをADPに変換するATPアーゼ活性があることを示した．球構造はこのマルチタンパク質構造の$F_1$成分であり，その活性は$F_1$ ATPアーゼとよばれた．$F_1$ ATPアーゼが$F_0$成分と接着した場合だけ$F_1$成分は逆反応を触媒し，ATPアーゼはATPシンターゼとなる．

ATP合成における生理的機能のため，また混乱を避けるため，$F_0F_1$ ATPアーゼは$F_0F_1$ ATPシンテターゼとよばれることもあるが，生化学的には正しいよび方ではない．$F_1$ ATPアーゼが膜にまたがった$F_0$ユニットと接着した構造をしていることを示すという意味において，$F_0F_1$ ATPアーゼという命名のほうがより正しいといえる．

(A) 電気化学的勾配

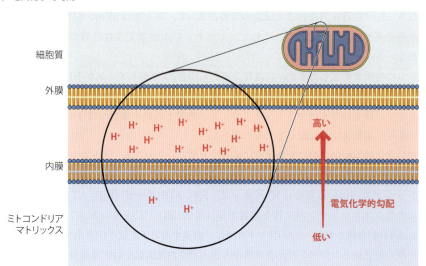

(B) $F_0F_1$ ATPアーゼの役割

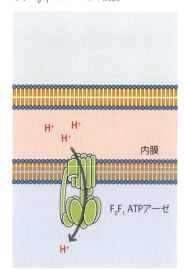

● 図9.15　プロトン輸送はミトコンドリア内膜をまたいで電気化学的勾配を生みだす
(A) 電気化学的勾配，(B) プロトンは $F_0F_1$ ATPアーゼを通ってミトコンドリアマトリックスに戻る．

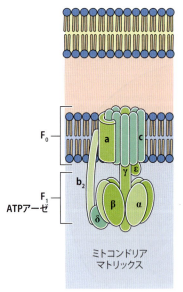

● 図9.16　$F_0F_1$ ATPアーゼ
各サブユニットの名称を記す．b サブユニットは隣接して二つ存在するが，ここでは一つだけ描いてある．

た構造に隠されている．

　その名が示すとおり，$F_0F_1$ ATP アーゼは二つの成分から構成されており，$F_0$ と $F_1$ の各要素はさらに複数のサブユニットタンパク質からなる．$F_0$ 成分は 10～14 コピーの c サブユニットがミトコンドリア内膜にまたがるバレル構造を形成する（図9.16）．バレル構造は膜内で回転することができる．c サブユニットのバレル構造と並ぶかたちで，一つの a サブユニットが膜にまたがって存在している．プロトンは a サブユニットが形成するチャネルを通ってミトコンドリアマトリックスに戻る．

　ATP アーゼの $F_1$ 成分は球と軸構造から成る．この成分の最も重要な部位はそれぞれ三つの α, β サブユニットからなる六つのサブユニットが形成する球構造である．球構造は γ サブユニットが形成する軸構造の先端に結合し，ミトコンドリア内膜の内側，つまりマトリックス側に伸びた軸の先端に球構造が位置する．一方，軸の反対側では $F_0$ バレルの内部に収まっている．γ サブユニットは $F_0$ バレル内で回転することができるが，αβ サブユニットは 2 コピーからなる b サブユニットと δ サブユニットによって固定されているため回転することができない．

　軸構造は回転するが球構造は回転しないことが，ATP アーゼの構造における鍵となる特徴である．前述のとおり，プロトンは a サブユニットを介してミトコンドリア膜を通過し，それが原因となって c サブユニットのバレル構造とそこに接着した γ サブユニットが回転する．静止した αβ サブユニットのなかで γ サブユニットが回転することにより，ATP アーゼが ADP と無機リン酸から ATP を合成するのに必要な力学的エネルギーが生みだされる．その正確な機構は明らかになっていないが，現在のモデルは**結合回転機構**（binding-change mechanism）である．このモデルでは，γ サブユニットの回転が β サブユニットの立体構造を変化させ，その結果，ADP 結合，リン酸化，ATP の産生・放出という一連の反復反応が起こる．γ サブユニット 1 回転につき 3 分子の ATP，つまり各 β サブユニットから ATP が 1 分子ずつ生成する．回転の最大速度は毎秒 300 回転以上と見積もられている．

　$F_0F_1$ ATP アーゼはプロトンによって駆動し ATP を生成する分子モーターである．エネルギー生成経路の終点となって，グルコースやそのほかの栄養素に含まれるエネルギーを取りだし，容易に利用できるかたちとして完結させる．

### ATP 合成の調節

解糖系と TCA 回路について学んだことで，エネルギー生成経路における代謝物の流れを制御する特異的な調節点が明らかになった．電子伝達系や $F_0F_1$ ATP アーゼの速度は基質の利用能，とりわけ ADP の利用能の影響を受けるが，その制御は鍵となる酵素に対する単なるアロステリック阻害よりもさらに巧妙である．

この制御の基盤は，電子伝達系における電子の流れと ATP 合成とのあいだの強固な共役にあり，それは単離したミトコンドリアを用いて証明可能である．ADP が添加されるとミトコンドリアによる酸素利用が増加する．すべての ADP が ATP に変換されるまで高いレ

---

#### ● Box 9.6　$F_0F_1$ ATP アーゼの回転　　　　　リサーチ・ハイライト

$F_0F_1$ ATP アーゼの大きな特徴は，$F_0$ バレル構造とそこに結合した $F_1$ ATP アーゼのγサブユニットが回転することにより，ADP から ATP への変換に必要な力学的エネルギーを生みだすことにある．a サブユニットをプロトンが通過することが駆動力となって $F_0$ バレル構造は回転するが，プロトンの通過がどのようにして回転運動に変換されるのかについての正確な機構は明らかではない．最新のモデルは，a サブユニットと c サブユニットのアミノ酸が，プロトンの通過と回転をつなぐ最も重要な役割を果たすという発見に基づいている．変異解析の結果から，最も重要なアミノ酸残基は c サブユニットの 61 番目のアスパラギン酸（Asp-61）であることがわかっており，このアスパラギン酸をアスパラギンに置換すると ATP アーゼの回転が完全に停止した．アスパラギン酸は負に帯電した側鎖をもっており，それがプロトンの受容体になると考えられる．プロトンが ATP アーゼを通過する際に Asp-61 が一過的にプロトン化されることが，プロトンの通過を $F_0$ バレル構造の回転運動に変換する鍵となる．

らのプロトンの入口とマトリックスへのプロトンの出口がわずかにずれているというものである．

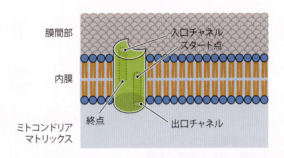

このわずかなずれのため，プロトンは入口チャネルの終点から出口チャネルのスタート点に飛び移らないかぎりチャネルを通過することができない．a サブユニットと c サブユニットの構造から考えると，$F_0$ バレルが回転すると c サブユニットの Asp-61 は a サブユニットの出口チャネルのスタート点を通り過ぎ，次いで入口チャネルの終点を通り過ぎるようである．そのため，提唱されたモデルでは，c サブユニットの Asp-61 は a サブユニットの入口チャネル付近にあるときにプロトン化され，$F_0$ バレルが完全に回転すると Asp-61 は出口チャネルの近くに移動することになり，そこで脱離したプロトンがマトリックス側に入っていく．

Asp-61 のプロトン化は a サブユニットの入口と出口のチャネルをつなぐと考えられるが，

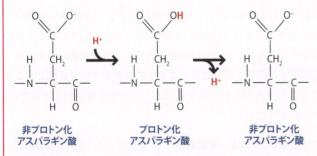

非プロトン化アスパラギン酸　　プロトン化アスパラギン酸　　非プロトン化アスパラギン酸

c サブユニットは 1 対のαヘリックスがほぼ平行に並んだ構造で構成され，Asp-61 はこれらαヘリックス構造のうち片方の真ん中に位置している．$F_0F_1$ ATP アーゼにおいて，このヘリックス構造は a サブユニット内の第三のヘリックス構造と近接している．あるモデルでは，Asp-61 がプロトン化されると c サブユニットのヘリックス構造が変化し，それにより近接する a サブユニットのヘリックス構造を押し，その結果 c サブユニットが回転するとされている．

第二のモデルでは $F_0$ バレルの回転について異なる機構が提唱されている．a サブユニットが形成するプロトン透過チャネルは連続的なものではなく，ミトコンドリア膜間腔か

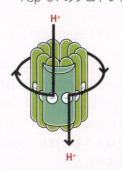

どうしてプロトン化すると回転が促されるのだろう？　これを理解するには，プロトン化がアスパラギン酸分子の性質にどう影響するかを考える必要がある．プロトン化はアスパラギン酸側鎖の負電荷を中和するため，荷電した親水性アミノ酸が無電荷の疎水性のアミノ酸に変わる．いったんプロトン化されると，アスパラギン酸は a サブユニット入口側の親水性環境に反発し，次いで a サブユニットと $F_0$ バレルが埋め込まれた膜の疎水環境に誘引される．反発と誘引を繰り返すことで，プロトン化された Asp-61 は a サブユニットの入口から遠のき，結果として $F_0$ バレルは回転する．

ベルを維持し，その後酸素利用は低下する（図9.17A）．この実験はADPの利用能が電子伝達系における電子の流れを制御することを示している．ADPをリン酸化してATPを合成できるとき電子はその伝達系を流れるが，ADPが利用できないとき電子は流れず酸素利用も減少する（図9.17B）．化学浸透圧説はこういった観測結果を次のように説明する．

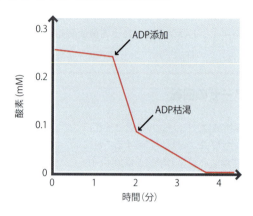

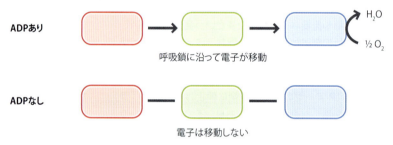

● 図9.17　単離ミトコンドリアによる酸素消費に対するADPの影響
（A）単離ミトコンドリアにADPを添加すると酸素利用率が上昇する．（B）ADPが利用可能なとき，電子伝達系を電子が流れ，酸素が消費される．ADPが利用できないとき電子は流れない．

- ADPが利用可能なとき電子伝達系は活発であり，ミトコンドリア内膜をまたいでプロトンが膜間腔に汲みだされる．結果として生じる電気化学的勾配が$F_0F_1$ ATPアーゼを介したプロトンのマトリックス側への移動を駆動し，ADPを使い切るまでATPが生成する．
- ADPを使い切りATPを合成できなくなると，$F_0F_1$ ATPアーゼを介したプロトンの移動が起こらなくなる．移動がなくなるとプロトンは膜間腔に蓄積し，電気化学的勾配が強くなる．勾配が高い状態ではプロトンの汲みだしにさらに多くのエネルギーを必要とするため，瞬く間にさらなるプロトンの汲みだしができなくなる．プロトン輸送が止まるため，電子伝達系における電子の流れも停止する．

ADPの利用能による電子伝達系の制御は，**呼吸制御**（呼吸調節ともいう，respiratory control）あるいは**受容体制御**（アクセプター制御，acceptor control）とよばれる．後者はATP生成のためにリン酸化を受ける（アクセプトする）というADPの役割を反映している．呼吸制御による電子の流れの阻害はNADHやFADH$_2$を増加させ，さらにエネルギー生成経路をさかのぼり，クエン酸を蓄積する（図9.18）．その結果，解糖系，TCA回路ともに阻害される．

### 9.2.4　電子伝達系の阻害剤および脱共役剤

細胞の生化学的な活性における電子伝達系の重要性から明らかなように，その阻害剤の多くは強力な毒物として作用する．最も悪名高いのがシアン化合物である．ミステリー作家が好んで使うこの化合物は，シトクロム$a_3$のヘム内の鉄と結合することでシトクロム$c$オキシダーゼを阻害し，結果的に複合体Ⅳで電子の伝達を終結させる．殺虫剤や農薬として使わ

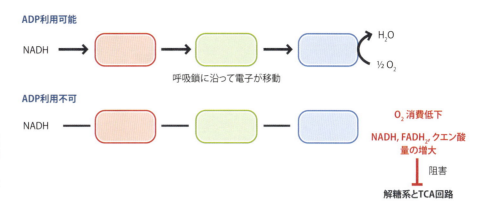

●図 9.18　呼吸制御
ADP の利用能が電子伝達系の流れを制御する．ADP が利用できないとき，電子の流れは止まる．そのため，NADH, $FADH_2$, クエン酸が蓄積し，解糖系と TCA 回路が阻害される．

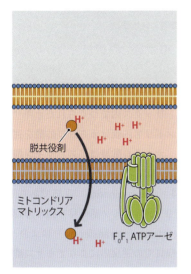

●図 9.19　ATP 合成に対する脱共役剤の影響
脱共役剤はミトコンドリア内膜をまたいで直接プロトンを移動させるため，$F_0F_1$ ATP アーゼは迂回され ATP は合成されない．

れるロテノンは複合体 I から CoQ への電子の伝達を阻害することで NADH の酸化を阻害するが，$FADH_2$ の酸化は阻害しない．

**脱共役剤**（アンカップラー，uncoupler）は，NADH や $FADH_2$ の酸化を ATP 生成から脱共役させて電子伝達系に干渉する化合物である．脱共役剤は典型的には脂溶性の低分子化合物であり，$H^+$ イオンと結合できる．脂溶性であるため，脱共役剤は結合した $H^+$ イオンとともに膜を通過できる．この種の化合物は**イオノホア**（ionophore）とよばれ，プロトン輸送によって汲みだされたプロトンを直接マトリックスに戻すことでミトコンドリア内の電子伝達系と ATP 合成を脱共役する．つまり ATP アーゼというチャネルを迂回する（図 9.19）．電子伝達系からエネルギーは放出され続けるが，それは ATP を合成することなく熱として消失する．脱共役剤の一例である **2,4-ジニトロフェノール**（2,4-dinitrophenol）は，今日のようにその副作用が理解されるまではやせ薬として使われていた．

脱共役はある種の生理的条件下でも自然に起こりうる．褐色脂肪組織のミトコンドリア内膜では**サーモゲニン**（thermogenin）というプロトン輸送タンパク質がプロトン勾配を戻すことで，電子伝達系によって生成されたエネルギーを熱に変換する．産生された熱は，新生仔や冬眠期間の低温感受性臓器において褐色脂肪組織が保護的役割を果たす．

### 9.2.5　細胞質 NADH は電子伝達系に接近することができない

この章ではエネルギー生成経路について学んできたが，解糖系で産生された NADH についてはまだ説明していない．解糖系では出発物質のグルコース 1 分子につき NADH が 2 分子生成する．解糖系は細胞質で行われるため，これら 2 分子の NADH はミトコンドリアの外に存在する．ミトコンドリア内膜は NADH がマトリックス内に入るのを防ぐため，解糖系で生成した NADH は電子伝達系に直接入ることができない．では NADH がもつエネルギーはどのようにして ATP 合成に使われるのだろうか？

NADH の電子がミトコンドリア内膜を通過できる別の分子に移動する，というのがその答えである．この**ミトコンドリアシャトル**（mitochondria shuttle）という分子が内膜を通過したあとに酸化されることにより，NADH あるいは $FADH_2$ がミトコンドリアマトリックス内で生成し電子伝達系へと入る（図 9.20）．

#### ほとんどの哺乳類組織ではリンゴ酸-アスパラギン酸シャトルがはたらく

ヒトにおいて最も重要なミトコンドリアシャトルは**リンゴ酸-アスパラギン酸シャトル**（malate-aspartate shuttle）であり，そこにはリンゴ酸，オキサロ酢酸，アスパラギン酸が関与する．NADH は細胞質において，**リンゴ酸デヒドロゲナーゼ**（malate dehydrogenase）によるオキサロ酢酸からリンゴ酸への還元に利用される（図 9.21）次いで，リンゴ酸と α-ケトグルタル酸に特異的な輸送体によって，リンゴ酸はミトコンドリア内膜を通過する．いったんマトリックス内に入ると，ミトコンドリア型のリンゴ酸デヒドロゲナーゼによってリンゴ酸はオキサロ酢酸に酸化される（細胞質型の逆反応）．この酸化はミトコンドリア内での

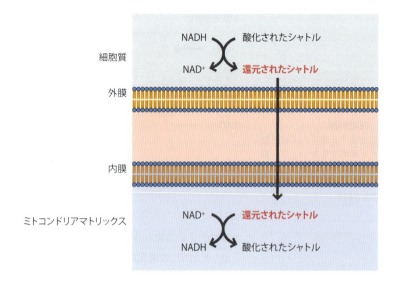

●図 9.20　ミトコンドリアシャトルの作用機序

$NAD^+$ から NADH への変換と共役しており，生成した NADH は電子伝達系へと入る．

　このサイクルを完成させるためには，ミトコンドリアマトリックス内でつくられたオキサロ酢酸は細胞質に戻らなければならない．しかし，ミトコンドリア内膜はオキサロ酢酸を運ぶことのできる輸送タンパク質をもたない．その代わりに，オキサロ酢酸はアスパラギン酸に変換され，アスパラギン酸－グルタミン酸輸送体を介してミトコンドリア内膜を通過する．オキサロ酢酸からアスパラギン酸への変換は**アミノ基転移**（transamination）反応であり，オキサロ酢酸のカルボニル基がアミノ基に置換される（図 9.22）．アミノ基転移を担う酵素である**アスパラギン酸アミノトランスフェラーゼ**（aspartate aminotransferase）により，ミトコンドリア内でアスパラギン酸が合成され，その後細胞質での逆反応によりオキサロ酢酸が再生する．

　ミトコンドリアでのアミノ基転移反応では，グルタミン酸のアミノ基が使われる．グルタミン酸は α-ケトグルタル酸へと変換され，α-ケトグルタル酸は細胞質でオキサロ酢酸が再生するときのアミノ基受容体となるため細胞質に輸送される．α-ケトグルタル酸にアミノ基が転移してできたグルタミン酸は，このサイクルを継続するためにミトコンドリア内へと戻る．

### グリセロール 3-リン酸シャトルは褐色脂肪組織に限局している

　ヒトの第二のミトコンドリアシャトルは，褐色脂肪組織だけで起こる**グリセロール 3-リ**

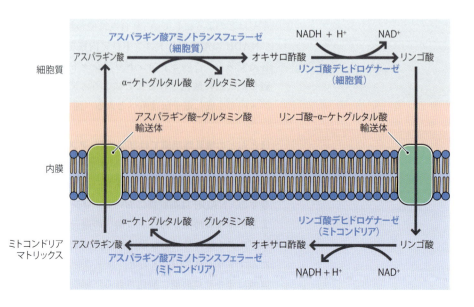

●図 9.21　リンゴ酸-アスパラギン酸シャトル
リンゴ酸もアスパラギン酸もミトコンドリア外膜のポリンを自由に通過するため，ここでは内膜だけ示す．

● 図 9.22 アスパラギン酸アミノトランスフェラーゼはアミノ基転移反応を触媒する

グルタミン酸 + オキサロ酢酸 ⇌(アスパラギン酸アミノトランスフェラーゼ) α-ケトグルタル酸 + アスパラギン酸

ン酸シャトル（glycerol 3-phosphate shuttle）である．グリセロール 3-リン酸デヒドロゲナーゼ（glycerol 3-phosphate dehydrogenase）により細胞質でジヒドロキシアセトンリン酸がグリセロール 3-リン酸に変換され，NADH の電子が転移する（図 9.23）．ミトコンドリア型のグリセロール 3-リン酸デヒドロゲナーゼはミトコンドリア内膜の外表側に存在するため，グリセロール 3-リン酸は輸送タンパク質を必要としない．ミトコンドリア型のグリセロール 3-リン酸デヒドロゲナーゼによってジヒドロキシアセトンリン酸が再生し，酵素に結合した FAD に電子が移動する．生成した $FADH_2$ は複合体Ⅱから電子伝達系に入り，ジヒドロキシアセトンリン酸は細胞質に拡散して戻る．

$FADH_2$ は電子伝達系の直接的な電子供与体であり，NADH により 3 分子の ATP ができるのに対し，$FADH_2$ からは 2 分子の ATP が生成する．しかし，（ATP へと変換されない）エネルギーは単純に消失するわけではなく，グリセロール 3-リン酸シャトルはリンゴ酸−アスパラギン酸シャトルよりも多くの熱を産生することを意味する．電子伝達系の脱共役と同様に，グリセロール 3-リン酸シャトルが生成する熱は，身体の低温感受性部位や冬眠期

● Box 9.7　ザゼンソウの香り

ザゼンソウ（アメリカミズバショウ，Skunk cabbage）Symplocarpus foetidus は北米の湿地に生える多年草である．その名が示すとおり，芳香臭というよりは刺激臭というべき匂いを発するが，ジメチルジスルフィドに富んだそれはハエやハチといった植物の花粉媒介者にとっては非常に誘因性が高い．

ザゼンソウの注目すべき特徴はその匂いだけではない．ザゼンソウは熱を産生する数少ない植物の一つである．熱を産生することで苗木の周辺の土は外気温より 10 〜 30℃高くなり，土がまだ凍結しているような寒い時期での発芽と開花を可能にする．早く開花するということは，開花時期の遅い植物よりも早いうちに資源を活用できるということである．また，熱を産生することによって匂い成分を拡散させ，より強く花粉媒介者を誘引することもできる．

ザゼンソウやそのほかの植物で見られる熱産生は，電子伝達系が変化することによって起こる．通常，NADH や $FADH_2$ の電子は，複合体Ⅰとあるいは複合体ⅡとⅢをつなぐ中間電子伝達体である CoQ へと移動する．しかし，熱産生植物では CoQ は電子を複合体Ⅲに与えることなく，代替オキシダーゼというタンパク質を介して直接酸素へと受け渡す．このような電子伝達系は**シアン耐性呼吸**（cyanide-resistant respiration）とよばれる．シアン化合物はシトクロム $a_3$ のヘム基に結合することで複合体Ⅳを不活化するが，シアン耐性呼吸では複合体Ⅳが迂回されるためシアン耐性となる．一方，ヒトのように，通常の電子伝達系に依存した生物に対してシアン化合物はきわめて高い毒性を示す．複合体ⅢとⅣを迂回するということは，シアン耐性呼吸を使う植物にとって ATP 産生が低下することを意味する．ATP 産生に使われなかったエネルギーは熱として失われ，植物は熱を産生することになる．

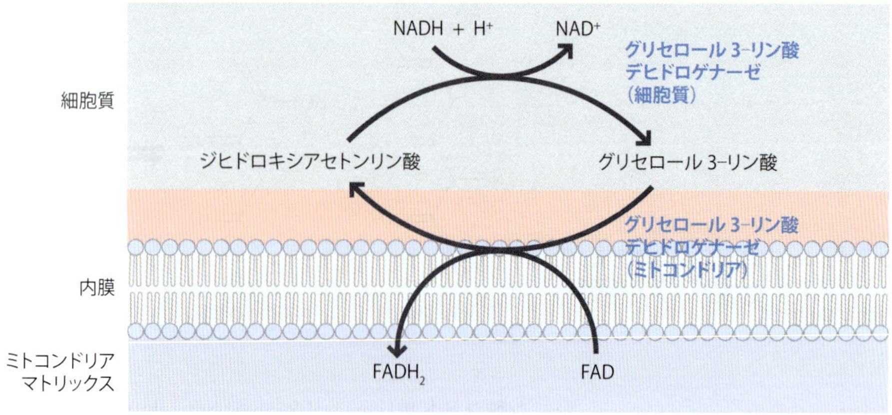

● 図 9.23　グリセロール 3-リン酸シャトル

間における褐色脂肪組織の保護的役割に貢献する．

## ● 参考文献

M. Akram, "Citric acid cycle and role of its intermediates in metabolism," *Cell Biochemistry and Biophysics*, **68**, 475 (2014).

Y. Anraku, "Bacterial electron transport chains," *Annual Review of Biochemistry*, **57**, 101 (1988).

D. S. Bendell, W. D. Bonner, "Cyanide-insensitive respiration in plant mitochondria," *Plant Physiology*, **47**, 236 (1971). ザゼンソウについて．

M. D. Brand, M. P. Murphy, "Control of electron flux through the respiratory chain in mitochondria and cells," *Biological Reviews*, **62**, 141 (2008).

A. P. Halestrap, "The mitochondrial pyruvate carrier: has it been unearthed at last?," *Cell Metabolism*, **16**, 141 (2012).

H. Kornberg, "Krebs and his trinity of cycles," *Nature Reviews Molecular Cell Biology*, **1**, 225 (2000).

W. Kühlbrandt, K. M. Davies, "Rotary ATPases: a new twist to an ancient machine," *Trends in Biochemical Sciences*, **41**, 106 (2016).

P. Mitchell, "Coupling of phosphorylation to electron and hydrogen transfer by a chemiosmotic type of mechanism," *Nature*, **191**, 144 (1961). 化学浸透圧説について．

A. Palou, C. Picó, M. L. Bonet, P. Oliver, "The uncoupling protein, thermogenin," *International Journal of Biochemistry and Cell Biology*, **30**, 7 (1998).

M. S. Patel, N. S. Nemeria, W. Furey, F. Jordan, "The pyruvate dehydrogenase complexes: structure-based function and regulation," *Journal of Biological Chemistry*, **289**, 16615 (2014).

M. H. Saier, "Peter Mitchell and his chemiosmotic theories," *ASM News*, **63**(1), 13 (1997).

L. A. Sazanov, "A giant molecular proton pump: structure and mechanism of respiratory complex I," *Nature Reviews Molecular Cell Biology*, **16**, 375 (2015).

J. C. Schell, J. Rutter, "The long and winding road to the mitochondrial pyruvate carrier," *Cancer and Metabolism*, **1**, 6 (2013).

D. R. Winge, "Sealing the mitochondrial respirasome," *Molecular and Cellular Biology*, **32**, 2647 (2012).

## ● 章末問題

### 四択問題

各質問に対して正しい答えは一つだけである．答えは化学同人 HP：https://www.kagakudojin.co.jp/book/b378577.html にある．

1．TCA 回路では 1 分子のピルビン酸から次のそれぞれの分子がいくら合成されるか？
   (a) ATP 1 分子，NADH 1 分子，FADH$_2$ 1 分子
   (b) ATP 1 分子，NADH 3 分子，FADH$_2$ 1 分子
   (c) ATP 3 分子，NADH 3 分子，FADH$_2$ 1 分子
   (d) ATP 3 分子，NADH 1 分子，FADH$_2$ 1 分子

2．TCA 回路の酵素はミトコンドリアのどこに局在するか？
   (a) ミトコンドリア内膜
   (b) ミトコンドリア内膜と膜間腔
   (c) ミトコンドリア内膜とミトコンドリアマトリックス
   (d) ミトコンドリアマトリックス

3．ピルビン酸はどのようにしてミトコンドリア外膜を通過するか？
   (a) 脂質二重膜を直接通過する
   (b) ミトコンドリアピルビン酸輸送体タンパク質によって輸送される
   (c) ポーリンによって通過する
   (d) (a) 〜 (c) はすべて誤りである

4．ピルビン酸はどのようにしてミトコンドリア内膜を通過するか？
   (a) 脂質二重膜を直接通過する
   (b) ミトコンドリアピルビン酸輸送体タンパク質によって輸送される
   (c) ポーリンによって通過する
   (d) (a) 〜 (c) はすべて誤りである

5．ピルビン酸デヒドロゲナーゼ複合体はピルビン酸を何に変換するか？

(a) アセチル CoA　(b) クエン酸　(c) イソクエン酸
(d) オキサロ酢酸

6．TCA 回路で ATP はどの酵素により合成されるか？
(a) イソクエン酸デヒドロゲナーゼ
(b) コハク酸デヒドロゲナーゼ
(c) スクシニル CoA シンセターゼ
(d) (a)〜(c) のすべて

7．TCA 回路の最初のステップで使われるオキサロ酢酸を再生する酵素はどれか？
(a) アコニターゼ　(b) フマラーゼ
(c) リンゴ酸デヒドロゲナーゼ
(d) コハク酸デヒドロゲナーゼ

8．TCA 回路の中間体のうち，グルタミン酸，そのほかのアミノ酸，プリン合成の基質となるものはどれか？
(a) クエン酸　(b) α-ケトグルタル酸　(c) オキサロ酢酸
(d) スクシニル CoA

9．ピルビン酸デヒドロゲナーゼキナーゼを活性化する化合物はどれか？
(a) アセチル CoA，ATP，NADH
(b) アセチル CoA，ATP，ピルビン酸
(c) アセチル CoA，ATP，オキサロ酢酸
(d) アセチル CoA，NADH，オキサロ酢酸

10．ピルビン酸デヒドロゲナーゼキナーゼを阻害する化合物はどれか？
(a) アセチル CoA　(b) ATP　(c) オキサロ酢酸
(d) ピルビン酸

11．標準自由エネルギー変化を表す記号はどれか？
(a) $G$　(b) $\Delta G^{\ddagger}$　(c) $\Delta G'$　(d) $\Delta G^{0'}$

12．NADH の酸化における標準自由エネルギー変化はいくつか？
(a) $-220.2\ cal\ mol^{-1}$　(b) $220.2\ cal\ mol^{-1}$
(c) $-220.2\ kJ\ mol^{-1}$　(d) $220.2\ kJ\ mol^{-1}$

13．NADH が電子伝達系に入るときの複合体はどれか？
(a) 複合体 I　(b) 複合体 II　(c) 複合体 III　(d) 複合体 IV

14．$FADH_2$ が電子伝達系に入るときの複合体はどれか？
(a) 複合体 I　(b) 複合体 II　(c) 複合体 III　(d) 複合体 IV

15．一つかそれ以上の鉄-硫黄タンパク質をもった複合体はどれか？
(a) 複合体 I　(b) 複合体 II　(c) 複合体 III
(d) (a)〜(c) のすべて

16．電子伝達系による NADH 1 分子の酸化により汲みだされるプロトンはいくつか？
(a) 4　(b) 8　(c) 10　(d) 12

17．プロトン輸送はどこからどこへプロトンを移動させるか？
(a) ミトコンドリア膜間腔から細胞質へ移動させる
(b) ミトコンドリアマトリックスから細胞質へ移動させる
(c) ミトコンドリア膜間腔からマトリックスへ移動させる
(d) ミトコンドリアマトリックスから膜間腔へ移動させる

18．10 から 14 コピーからなる $F_0F_1$ ATP アーゼのサブユニットで，ミトコンドリア内膜にまたがるバレル構造を形成するのはどれか？
(a) a サブユニット　(b) b サブユニット
(c) c サブユニット　(d) d サブユニット

19．ATP 合成効率はどの化合物の供給量によって制御されるか？
(a) ADP　(b) クエン酸　(c) NADH　(d) ピルビン酸

20．電子伝達系の典型的な脱共役剤に関する次の記述のうち，正しくないものはどれか？
(a) $H^+$ イオンに結合できる
(b) ミトコンドリア内膜を通過できる
(c) 脂溶性の低分子化合物である
(d) ATP を過剰生産させる

21．次の化合物のうち，電子伝達系の脱共役剤はどれか？
(a) シアン化合物　(b) ジイソプロピルフルオロリン酸
(c) 2,4-ジニトロフェノール　(d) グリセロール 3-リン酸

22．サーモゲニンに関する次の記述のうち，正しいものはどれか？
(a) 運動時の ATP 合成刺激に重要である
(b) プロトン輸送の効果をもとに戻すプロトン輸送タンパク質である
(c) 筋肉に存在する
(d) グルカゴンにより合成が調節される

23．リンゴ酸-アスパラギン酸シャトルにおいて，細胞質でオキサロ酢酸をリンゴ酸に変換する酵素はどれか？
(a) アスパラギン酸アミノトランスフェラーゼ
(b) リンゴ酸デヒドロゲナーゼ
(c) リンゴ酸シンターゼ
(d) オキサロ酢酸デヒドロゲナーゼ

24．グリセロール 3-リン酸シャトルが起こる組織はどれか？
(a) 褐色脂肪組織　(b) 肝臓　(c) 筋肉　(d) 白色脂肪組織

### 記述式問題

これらの質問の答えは本文中に記載されている．

1．ピルビン酸がどのようにミトコンドリア内に輸送されるかを述べよ．

2．ピルビン酸デヒドロゲナーゼ複合体の構造の概要を述べ，なぜこの酵素がエネルギー生成において中心的な役割を担うのかを説明せよ．ピルビン酸デヒドロゲナーゼの活性制御についても含めて述べよ．

3．TCA 回路の概要について，各ステップの基質，生成物，酵素を示して述べよ．

4．スクシニル CoA シンセターゼが ATP と GTP の両方を合成できるのはなぜか？

5．電子伝達系における酸化還元電位の重要性について述べよ．

6．電子伝達系の構造の概要を図示し，NADH と $FADH_2$ が入る位置に印をつけよ．また，各ステージで汲みだされるプロトンの数について示せ．

7．プロトン輸送がどのように ATP 合成を誘発するかを詳しく説明せよ．

8．$F_0F_1$ ATP アーゼの構造とこの分子モーターの動き方に関する現在の説の概要を述べよ．

9．電子伝達系に沿った電子の流れが ADP の利用率によってどのように調節されるかを説明せよ．2,4-ジニトロフェノールのような脱共役剤は電子伝達系の流れにどのように影響するか？

10. 解糖系で合成された2分子のNADHに含まれるエネルギーは，どのようにATP合成に使われるか？

> [!NOTE] 自習用問題
> 次の質問に答えるためには，自分で計算してみたり，ほかの文献を読んでみたり，あるいはインターネットで調べる必要がある．

1. なぜミトコンドリアピルビン酸輸送体タンパク質の発見には長い年月を要したのか？

2. ビタミン$B_1$欠乏症（チアミン欠乏症）である脚気の患者では，血中や尿中のピルビン酸量が高いことがある．この現象について説明せよ．

3. 1937年にノーベル賞を受賞したアルベルト・セント-ジョルジ（Albert Szent-Györgyi）は，TCA回路の解明につながる数多くの初期研究を行った．そのうちの一つとして，ハトの胸筋抽出物にコハク酸を添加すると$CO_2$の産生が促進されること，どんなモル数のコハク酸を加えた場合でも産生される$CO_2$のモル数のほうが多いことを明らかにした．つまり，添加したコハク酸が分解されることで得られる$CO_2$量よりも，さらに多くの$CO_2$が産生されるということである．この現象はどう説明できるか？

4. コハク酸デヒドロゲナーゼは，三炭素化合物であるマロン酸やさまざまなキノン類化合物などで阻害される．なぜこのように多様な物質で阻害されるのかを説明せよ．

5. あなたは電子伝達系の構成要素を精製し，人工膜中でいろいろな組合せの再構成実験を行った．次の組合せについて，(a) NADHを加えた場合，(b) コハク酸を加えた場合で，電子の最終受容体は何になると予想されるか？
   - 複合体Ⅰ，複合体Ⅱ，複合体Ⅲ，複合体Ⅳ，シトクロム$c$，ユビキノン
   - 複合体Ⅰ，複合体Ⅲ，複合体Ⅳ，シトクロム$c$，ユビキノン
   - 複合体Ⅱ，複合体Ⅲ，複合体Ⅳ，シトクロム$c$，ユビキノン
   - 複合体Ⅰ，複合体Ⅱ，複合体Ⅲ，複合体Ⅳ，シトクロム$c$
   - 複合体Ⅰ，複合体Ⅱ，複合体Ⅲ，複合体Ⅳ，ユビキノン
   - 複合体Ⅰ，複合体Ⅱ，複合体Ⅲ，シトクロム$c$，ユビキノン

# 第 10 章

# 光合成

## ◆本章の目標

- すべての生物が利用する主要なエネルギー源として，光合成の重要性を理解する．
- 光合成の明反応（チラコイド反応）と暗反応（炭酸固定反応）の違いを説明できる．
- 陸上植物，藻類，ある種の細菌が光合成を行うことを理解し，これらの生物における光合成反応のおもな違いを知る．
- 光合成におけるクロロフィルやそのほかの集光性色素の役割を理解する．
- 二つの光化学系の構造（構成成分間の関係性）を書き，これらの光化学系によってどのように光エネルギーが捕捉されるのかを説明できる．
- 光合成電子伝達系の構造を知り，電子伝達反応がどのようにNADPHとATPの合成につながるのかを説明できる．
- 循環的光リン酸化経路（循環的電子伝達経路）の特殊機能と役割とを説明できる．
- 炭酸固定におけるリブロースビスリン酸カルボキシラーゼ/オキシゲナーゼ（ルビスコ）の中心的役割を理解し，この酵素活性がどのように調節されているかを知る．
- カルビン回路の重要な反応（各反応の基質，生成物，酵素など）を理解し，とくに，カルビン回路がどのように二酸化炭素（$CO_2$）をグリセルアルデヒド 3-リン酸に変換するのかを説明できる．
- カルビン回路の調節におけるフェレドキシンとチオレドキシンの役割を説明できる．
- スクロースとデンプンがどのようにグリセルアルデヒド 3-リン酸から合成されるのかを説明できる．
- ルビスコによって触媒されるオキシゲネーション反応による不利益を理解し，$C_4$植物およびCAM植物がその不利益をどのように回避しているのかを説明できる．

生物に使用される多くのエネルギーの源は太陽である．太陽からの光エネルギーは**光合成**（photosynthesis）を行うことのできる生物によって直接利用される．植物，藻類，ある種の細菌を含むこれらの生物は，**一次生産者**（primary producer）または**独立栄養生物**（autotrophs）とよばれ，地球上の全生物種の5%未満を占める．ほかの生物は，一次生産者を捕食することにより直接的に，あるいは**食物網**（food chain）を通じて間接的に太陽からの光エネルギーを利用している（図1.2参照）．

光合成は，これまでの章で学習したエネルギー産生経路の前段階にあたる．光合成反応では，太陽からの光エネルギーは，二酸化炭素と水から糖質（炭水化物）†を合成する一連の吸エルゴン反応を駆動するために使用される．得られた糖質はエネルギー源として貯蔵され，その後，光合成生物またはそれを捕食する別の生物のどちらかによって解糖系，TCA回路，電子伝達系を介して利用される．

† 訳者注：光合成の分野では，用語として「炭水化物」を使うが，本書では「糖質」で統一した．

## 10.1 光合成の概要

光合成に関する生化学的基盤を詳しく学ぶ前に，光合成が細胞内のどこで行われるか，また，光合成とはどのような反応かについて学習する．

### 10.1.1 光合成は光によって糖質を合成する

光合成生物は太陽光を利用して糖質を合成する．全体の反応は，次のように表すことができる．

$$CO_2 + H_2O \xrightarrow{太陽光} (CH_2O)_n + O_2$$

この式における，$(CH_2O)_n$ は糖質の一般式であり，矢印の上の"太陽光"は光合成反応が太陽からの光エネルギーを必要とすることを示す．

光合成は，**明反応**（light reaction）と**暗反応**（dark reaction）とよばれる二つの段階に分けることができる．明反応と暗反応という名称は昔から使われているよび方であり，また本書においても使用するが，具体的な光合成の機構を指す用語ではないことに注意しよう．なぜなら，明反応と考えられてきた反応において光の関与しない反応があり，また，暗反応と考えられてきた反応において光によって活性化される酵素が存在するからである．したがって，明反応と暗反応という名称は，光合成の二つの段階を理解するための概念的な用語としてとらえるのがよいだろう．光合成のこれらの二つの段階は大きく異なっている（図10.1）．

- **明反応**（light reaction）：太陽エネルギーを利用して ATP および NADPH を合成する．
- **暗反応**（dark reaction）：ATP および NADPH に含まれるエネルギーによって，二酸化炭素と水から糖質を合成する．

暗反応によって生じる産物はグルコース 1-リン酸やフルクトース 6-リン酸であり，これらが結合し，スクロース（ショ糖）が合成される．スクロースは植物にとっておもなエネルギー供給源であり，光合成器官からほかの器官へ輸送され，そこでグルコースやフルクトースへと分解され，解糖系で消費される．余分なグルコースはデンプンへと重合し，貯蔵される．草食動物はスクロースと貯蔵デンプンをエネルギー源として利用し，生態系のなかでは高次消費者である肉食動物との食物連鎖がはじまる．

### 10.1.2 光合成は葉緑体で起こる

植物および藻類では，光合成は葉緑体とよばれる特別な細胞小器官で起こる．葉緑体はミトコンドリアと同じく，透過性のある外膜と不透過性の内膜をもち，これらが**ストロマ**（stroma）とよばれる内部マトリックスを取り囲んでいる（図10.2）．また，ミトコンドリアとは異なり，ストロマ内部には**チラコイド**（thylakoid）とよばれる互いに結合した構造を形成する第三の膜系が存在する．チラコイドは円板状で，チラコイド膜で完全に閉ざされた内腔〔**チラコイド内腔**（thylakoid space）〕を含む．また個々のチラコイドは，皿の山のように互いに積み重なり，**グラナ**（grana）とよばれる構造を形成する．光合成の明反応はチラコイドで，暗反応はストロマで行われる．

葉緑体とミトコンドリアのほかの共通点については，明反応と暗反応を詳細に学習する際に改めて述べることにする．共通点の一つは，光合成反応にチラコイド膜上の電子伝達系が関与することである．光合成の電子伝達系に沿った電子の流れはプロトンポンプ（$H^+$ ポンプ）を駆動し，チラコイド内腔に過剰な $H^+$ を蓄積する．$H^+$ は ATP を産生する ATP シンターゼを介して，チラコイド内腔からストロマに戻る．第9章ですでにミトコンドリアで行われる呼吸反応について学習してきた．葉緑体とミトコンドリアという異なる細胞小器官で生じる反応でも多くの基礎的な過程はよく似ているため，葉緑体における光合成反応も理解しやすいだろう．

多くの細菌もまた光合成を行うことができる．それらの細菌のなかには，かつてはラン藻類とよばれた**シアノバクテリア**（cyanobacteria；藻類はいまではおもに真核生物を指すようになったため，名称が変更された），**紅色細菌**（purple bacteria），および**緑色細菌**（green bacteria）が含まれる．細菌の名称からもこれらの生物が着色しており，その色素が光合成生物の特徴であることがわかる．シアノバクテリアはチラコイド膜に相当する内部膜構造をもっているが，紅色細菌や緑色細菌では原形質膜で明反応が起こる．とくに，紅色細菌では，原形質膜が陥入してできた内膜の小胞体状の光合成器官〔**クロマトフォア**，**色素胞**

● 図 10.1　光合成の明反応と暗反応

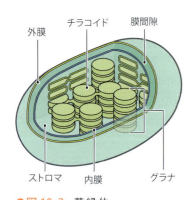

● 図 10.2　葉 緑 体
光合成において重要な構造名を示す．

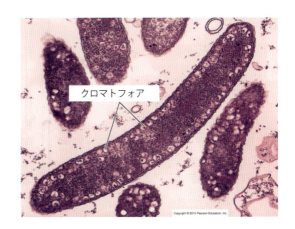

● 図 10.3　クロマトフォア
紅色細菌において，光合成に必要な成分を多くもつ光合成器官．MSU/Biological PhotoService/ H. S. Pankratz, R. L. Uffen より．

（chromatophore）〕で光合成の明反応が行われる（図10.3）．

# 10.2　明反応

明反応において，太陽光は高エネルギーの電子を発生させるために利用される．この電子は，チラコイド膜にある電子伝達系を通過することによって，エネルギーを徐々に放出する性質をもつ．放出されたエネルギーは，ATP合成を駆動する電気化学的勾配の形成と，$NADP^+$をNADPHに変換するために使用される．したがって，明反応について理解するには，太陽からの光エネルギーを捕捉し電子を発生する経路と，電子伝達系とATPシンターゼの成分と機能の二つの側面について学習する必要がある．

### 10.2.1　太陽光は光合成色素によって捕捉される

植物やほかの光合成生物は，光合成を行うために太陽からの光エネルギーを吸収しなければならない．これは**光捕捉**（light harvesting）とよばれており，光合成組織では光合成色素が担っている．

#### クロロフィルは植物における主要な集光性色素である

植物が緑色であること，そしてそのために光合成反応が進行することは周知の事実である．植物の色と光合成能力との関連性は，植物組織において光合成色素である**クロロフィル**（chlorophyll）の存在と密接に関係する．具体的には，クロロフィルは可視光スペクトルの両端，すなわち，赤色－橙色－黄色と，青色－藍色－紫色の二つの領域において光をよく吸収する（図10.4）．これにより，緑色光（可視光スペクトルの中間）は吸収されず反射されて，私たちの目には植物が緑色に映るのである．クロロフィルが光捕捉時に緑色を吸収できないという制限は，私たちにとってありがたいことである．もし光スペクトルのすべての領域が吸収されていたら，植物は真っ黒になり，世界は物悲しい場所として私たちの目に映っていたことだろう．

クロロフィルは**ポルフィリン**（porphyrin）の一種であり，これはシトクロムタンパク質やヘモグロビンに見られるヘムと同じ種類の化合物である．ヘムでは，ポルフィリンの中心に鉄イオンを含むが，クロロフィルの中心にはマグネシウムイオンを含む．クロロフィルにはいくつかの種類があり，少し異なった構造をもつため光の吸収スペクトルも異なる．植物における主要なクロロフィルはクロロフィル$a$と$b$である（図10.5）．いくつかの藻類は，クロロフィル$b$に加えて，$c1$と$c2$を含む．光合成細菌では，同等の化合物が**バクテリオクロロフィル**（bacteriochlorophyll）である（表10.1）．

また，植物は**補助色素**（accessory pigment）とよばれる集光性化合物をもつ．そのなかには，クロロフィルが吸収できない緑色領域の光を吸収できる補助色素も存在し，クロロフィ

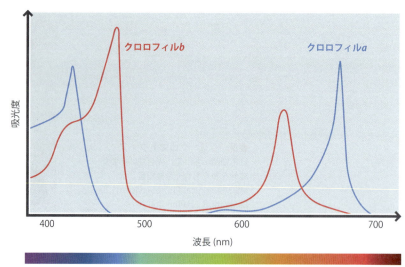

● 図 10.4　クロロフィル $a, b$ の吸収スペクトル

● 図 10.5　クロロフィル $a, b$ の構造

クロロフィル $a$　　R = –CH$_3$
クロロフィル $b$　　R = –CHO

● 表 10.1　クロロフィルの種類と分布

| 生物種 | 集光性色素 |
| --- | --- |
| 陸上植物，緑藻 | クロロフィル $a$，クロロフィル $b$ |
| 紅藻 | クロロフィル $a$ |
| 褐藻，ケイ藻 | クロロフィル $a$，クロロフィル $c1$，クロロフィル $c2$ |
| 光合成細菌 | バクテリオクロロフィル |

● Box 10.1　紅　葉

　秋になると葉が緑色から橙色，赤色，黄色などのさまざまな色調へと変化するのは，葉に含まれる補助色素の存在に起因する．多くの植物種において，クロロフィルが最も多量に含まれる光合成色素であり，そのために葉は緑色に見える．夏の後半には，葉に含まれるクロロフィル含量が減少しはじめる一方，多くの補助色素の含量は葉が枯死して，落葉するまでそのまま残る．したがって，クロロフィル量が減少するにつれて，それまで隠れていた補助色素の色が表にでてくるため，北アメリカやヨーロッパのような温帯地域の落葉広葉樹林で見られる壮大な秋の風景をもたらすのである．

ⓒ FRANS LANTING PHOTOGRAPHY/amanaimages

● 図 10.6　β-カロテンとキサントフィルの構造
キサントフィルの分子構造はカロテンが基本であるが，カロテンとは違い，水素原子のいくつかがヒドロキシ基（−OH），または同じ炭素原子に結合する水素原子のペアがオキソ基（＝$O_2$）と置換した構造をもつ．

β-カロテン　　R=−H
キサントフィル　R=−OH

ルによる光の吸収制限をある程度補うことができる．これらの補助色素には，赤色の**β-カロテン**（β-carotene）や黄色の**キサントフィル**（xanthophyll）などの**カロテノイド**（carotenoid）が含まれる（図 10.6）．カロテノイドはイソプレン単位から構成されているので，脂質の一種といえる．カロテノイドの一種である**フコキサンチン**（fucoxanthin）は，褐藻類がもつ褐色の集光性色素である．また多くの光合成細菌には，クロロフィルと類似しているが金属イオンのない**フィコビリン**（phycobilin）も含まれる．

### 太陽エネルギーは二つの光化学系に存在するクロロフィルによって捕捉される

クロロフィルと補助色素のカロテノイドは，チラコイド膜に埋め込まれた**光化学系**（photosystem）とよばれる大きなタンパク質複合体に存在する．植物には，**光化学系Ⅰ**（photosystem Ⅰ）と**光化学系Ⅱ**（photosystem Ⅱ）という異なる二つの光化学系が存在する．二つの光化学系の構造は非常によく似ているが，光化学系Ⅰはより大きな複合体を形成している．どちらの光化学系も，**反応中心**（reaction center）と**アンテナ複合体**（antenna complex）とよばれる複合体から構成されている．アンテナ複合体はクロロフィルと補助色素に富み，太陽からの光エネルギーを捕捉するために，チラコイド膜の表面に配置されている（図 10.7A）．その名称が示すように，反応中心はアンテナの中央に位置する．

太陽からの光エネルギーは，最初にアンテナ複合体中のクロロフィルやカロテノイドによって捕捉される．太陽光の光量子がアンテナ複合体に当たると，その光量子に含まれるエネルギーはクロロフィル分子に移動する．エネルギー量がある一定の大きさであれば，そのエネルギーはクロロフィル分子中の電子を励起し，この電子は電子殻内のより高い軌道に移動する．その後，エネルギーは隣接するクロロフィル分子に移動し，段階的に反応中心に移動する（図 10.7B）．このエネルギー移動は，次の二つの方法のいずれかで生じる．

- **共鳴エネルギー移動**（resonance energy transfer）：**励起子移動**（exciton transfer）ともよばれ，励起した電子のエネルギー量子のみを隣接するクロロフィルに渡し，エネルギーを受け取ったクロロフィルは励起し，エネルギーを与えたクロロフィルを基底状態に戻す．
- **直接電子移動**（direct electron transfer）：高エネルギー状態の（励起した）電子を隣接したクロロフィル分子に渡し（電荷分離反応），低エネルギー状態（基底状態）の電子を別の分子から奪い取ってもとに戻る．

補助色素分子もまた光を吸収することで励起されるが，その波長はクロロフィル分子とは異なるため，アンテナ複合体のエネルギー捕捉能力を拡張できる．補助色素がひとたび励起されると，そのエネルギー量子を最も近いクロロフィル分子に渡し，反応中心に沿ってエネルギーが移動する．

反応中心には，近接する 2 対のクロロフィル分子が含まれており，それはクロロフィル $a$ の異性体である．光化学系Ⅰの反応中心のクロロフィル分子は，波長 700 nm で最も効率的に光を吸収する．このような特性のため，光化学系Ⅰの反応中心は **P700** とよばれる．同じ理由から，光化学系Ⅱの反応中心は **P680** とよばれる．温和な条件下では，それぞれの反応中心のクロロフィル分子が，アンテナ色素によって太陽光から捕捉されたエネルギーの最終受容体となる．一方で，強光条件下では，光化学系をダメージから防御するために，過剰な

(A) 光化学系の構造

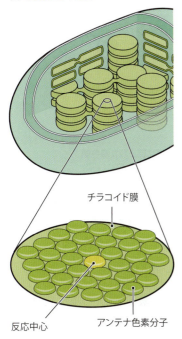

(B) 反応中心へのエネルギー移動

● 図 10.7　光化学系の構造と機能
(A) 光化学系は集光性色素を含むタンパク質複合体である．緑色で示したアンテナ複合体は，反応中心を囲っている．
(B) 太陽からの光エネルギーはアンテナ複合体を介して反応中心に送られる．

エネルギーがカロテノイドに移動する場合もある.

### 10.2.2 電子伝達と光リン酸化

P680 および P700 反応中心において励起されたクロロフィル分子は,光合成の電子伝達反応によって,NADPH と ATP の合成をもたらす.電子伝達反応は光によって駆動するので,この経路による ATP 合成を**光リン酸化**（photophosphorylation）とよぶ.

#### 電子は光化学系 II から NADPH に流れる

光合成における電子伝達系は,光化学系 II の反応中心である P680 からはじまる.光化学系 II という名称は,電子伝達系において光化学系 I のあとに続く反応という意味ではなく,二つの光化学系のうち,あとから発見されたためにこのようによばれている.

集光性色素からアンテナ複合体を経由して,P680 はエネルギーを受け取り,励起される.この励起状態は P680* と示され,P680* ではじまる一連の電子伝達系は次のとおりである（図10.8）.

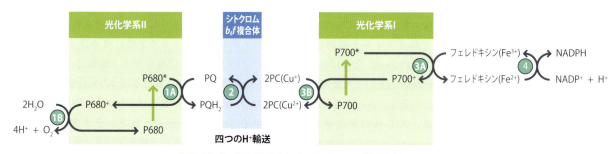

● 図 10.8 光化学系 II から NADPH への電子伝達
緑色の丸で示すそれぞれの反応は,本文中で詳細に説明されている.垂直に囲まれた緑色領域は P680 と P700 の反応中心を示す.PC：プラストシアニン,PQ：プラストキノン.

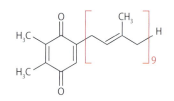

● 図 10.9 プラストキノン
角括弧で囲まれたところは,同じ構造が 9 回繰り返されることを示す.

**ステップ 1A.** 電子が P680* から**プラストキノン**（plastoquinone,**PQ**）へ移動する.PQ はベンゼン環をもつ脂溶性化合物であり,チラコイド膜内を移動できる（図 10.9）.二つの電子と 1 対の $H^+$ はプラストキノンを還元型 $PQH_2$（プラストキノール）に変換する.

$$P680^* + PQ + 2H^+ \longrightarrow P680^+ + PQH_2$$

PQ に電子を受け渡した P680* の電子は,本来もつべき電子数よりも一つ少なく,P680$^+$ とよばれる.

**ステップ 1B.** P680$^+$ は,失われた電子を水から奪って P680 に戻る.P680$^+$ は,水から合計四つの電子を引き抜いて,光合成の特徴の一つである酸素発生をもたらす.

$$2H_2O \longrightarrow 4e^- + 4H^+ + O_2$$

**ステップ 2.** 電子伝達系では,$PQH_2$ から**シトクロム $b_6f$ 複合体**（cytochrome $b_6f$ complex）へ電子を伝達する.シトクロム $b_6f$ 複合体は,二つの鉄含有シトクロム,シトクロム $b_6$ とシトクロム $f$,および鉄−硫黄（FeS）タンパク質を含む.この複合体から銅イオンを含むタンパク質**プラストシアニン**（plastocyanin,**PC**）に電子を伝達する.

$$PQH_2 + 2PC(Cu^{2+}) \longrightarrow PQ + 2PC(Cu^+) + 2H^+$$

**ステップ 3A.** P700 は,アンテナ複合体からの電子を受け取って,励起状態の P700* に変換される.P700* は FeS タンパク質の一種である**フェレドキシン**（ferredoxin）に電子を伝達し,P700$^+$ となる.

$$P700^* + フェレドキシン(Fe^{3+}) \longrightarrow P700^+ + フェレドキシン(Fe^{2+})$$

**ステップ 3B.** ステップ 2 で形成された $PC(Cu^+)$ からの電子が $P700^+$ へ伝達されて，P700 が再生される．

**ステップ 4.** フェレドキシン-NADP$^+$ レダクターゼ（フェレドキシン-NADP$^+$ 還元酵素，ferredoxin-NADP$^+$ reductase）はフェレドキシンから電子を受け取り，二つの電子を使って NADP$^+$ を NADPH に変換する．

$$2フェレドキシン(Fe^{2+}) + NADP^+ + H^+ \longrightarrow 2フェレドキシン(Fe^{3+}) + NADPH$$

### 光合成電子伝達は電気化学的勾配を形成する

ミトコンドリアの電子伝達系では，H$^+$ を膜間腔に輸送し，生じる電気化学的勾配を用いて ATP が合成される．光リン酸化（光合成における ATP 合成）も，電子伝達のあいだにつくられる電気化学的勾配によって駆動される．ミトコンドリアと葉緑体で行われる電子伝達における唯一の大きな違いは，この電気化学的勾配の形成方法である．

光合成の電子伝達系の一つの成分であるシトクロム $b_6f$ 複合体は，ミトコンドリア呼吸鎖の複合体 I，III，および IV と同様に H$^+$ ポンプとして機能する．シトクロム $b_6f$ 複合体は，ストロマからチラコイド内腔に能動的に H$^+$ を移動する（図 10.10）．チラコイド膜内外における H$^+$ 勾配の形成には，電子伝達反応で起こる次の二つの反応も寄与する．

- P680$^+$ により水が酸化され（前述の**ステップ 1B**），その際に放出される H$^+$ がチラコイド内腔に蓄積することによって，チラコイド内腔の正電荷が増加する．
- フェレドキシン-NADP$^+$ レダクターゼによって NADP$^+$ を NADPH に変換するとき，チラコイド膜のストロマ側で H$^+$ が消費されるため（**ステップ 4**），ストロマ側の負電荷が増

---

### ●Box 10.2　電子軌道　　　　　　　　　　　　　　　　　　　　　　　　　　　　　化学の原理

原子核は，負に帯電した電子雲によって取り囲まれている．核周辺の電子の動きを，星を周回する惑星の軌道と等しく考えがちであるが，それぞれの電子の軌道ははるかに複雑であり，正確には予測できない．個々の軌道を明らかにしようとするというよりも，原子核の周りの特殊な電子をみいだす**軌道**（orbital）とよばれる空間領域について明らかにしようとしている．

元素のなかで最も小さな水素はたった一つの電子をもち，この電子は 1s 軌道を占める．専門的にいうと，この軌道は最も低いエネルギー準位 1 を表し，原子核を中心とした球状の形をしている．2s 軌道もまた球状であるが，1s 軌道よりも高いエネルギー準位であり，原子核からより遠くに分布している．1s 軌道から 2s 軌道へ移動するには，電子はエネルギーを獲得して**励起される**（excited）必要がある．励起された電子が 1s 軌道に戻るには，エネルギーを消失することになる．軌道の種類として p 軌道も存在する．p 軌道は 1 対の風船のような形をしていて，原子核の両側にそれぞれの風船が存在する．p 軌道のうち最も低いエネルギー準位は 2 である．エネルギー準位が高くなればなるほど，1 対の風船はより大きくなる．

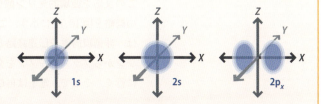

二つの原子が互いの軌道を重ねるように近づいたときを考えてみる．この場合，一つまたは複数の電子を原子どうしで共有する（共有電子）．これらの原子は結合し（Box 3.3 参照），共有電子は分子軌道を占める．この分子軌道は原子軌道と同じように，特徴的な形状をし，原子単独とは異なるエネルギー準位として存在できる．

光合成の光捕捉段階では，クロロフィル分子内の電子は，太陽光の光量子からエネルギーを得ることで，もとの分子軌道からより高いエネルギー準位へ跳躍できる．隣接するクロロフィル分子への共鳴エネルギー移動によって，電子がもとの軌道に戻り，次のクロロフィル分子中の電子がただちに励起される．または，直接的電子移動の場合，電子は隣接するクロロフィル分子のより高レベルの軌道に直接移動し，電子がクロロフィル中の低い軌道からもとのクロロフィルへ移動する．

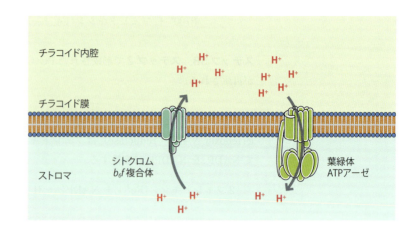

● 図 10.10 葉緑体におけるプロトン輸送と ATP 合成
シトクロム $b_6f$ 複合体はチラコイド膜を介してチラコイド内腔へプロトン（$H^+$）を放出する．チラコイド内腔とストロマのあいだに形成されたプロトンの濃度勾配によって，ATP アーゼが ATP を合成する．

加する．

　シトクロム $b_6f$ 複合体によるプロトンポンプ（$H^+$ ポンプ）のみならず，水の酸化および $NADP^+$ の還元によって，ATP を合成するのに十分な電気化学的勾配を形成できる．

　ADP と無機リン酸からの ATP 合成は，ミトコンドリアと同様のやり方で行われる．葉緑体の ATP アーゼ（ATP シンターゼともいう）は，ミトコンドリアの $F_0F_1$ ATP アーゼと構造的に非常に似ており，チラコイド内腔からストロマへ $H^+$ を輸送する際に ATP を合成する．

### 光リン酸化は NADPH 合成と切り離すことができる

　これまで学習してきた電子伝達系では，ATP 合成と NADPH 合成が共役していた．図 10.8 に示すしくみからもわかるように，光リン酸化を行うための電気化学的勾配を形成するには，$NADP^+$ を NADPH に還元する必要がある．これは，葉緑体において $NADP^+$ の供給が不足してしまったとき，NADPH 合成が停滞する可能性を示す．しかし，ATP 合成が必要な場合に，どのようにしてこの問題を回避しているのだろうか．

　答えは，光リン酸化を NADPH 合成から切り離し別の電子伝達経路を駆動する，である．この反応を**循環的光リン酸化**（cyclic photophosphorylation，循環的電子伝達）とよび，その概略を図 10.11 に示す．この循環的電子伝達系において，P700 反応中心の励起状態（P700*）は，非循環的電子伝達経路と同様に電子をフェレドキシンに受け渡すが，電子はフェレドキシンからプラストキノンを介してシトクロム $b_6f$ 複合体に流れ，そこからプラストシアニンに行く．そして，電子は再び $P700^+$ に戻って反応中心を基底状態に戻す．このように循環

---

● Box 10.3　光防御におけるカロテノイド色素の役割

　カロテノイド色素は，強光ストレスによるダメージから光化学系を保護しており，光捕捉に関与するだけでなく**光防御**（photoprotection）にも重要な役割を果たすことが明らかになってきた．強光条件下では，光合成色素に吸収された光エネルギーが過剰になり，光合成反応で消費可能なエネルギー量を超える状態に陥る．このような状況では，葉緑体内において潜在的に有害であるエネルギーが酸素分子に渡り，今度は**一重項酸素**（singlet oxygen，$^1O_2$，訳者注：原著では O* と表現している）へと変換し，過酸化水素のような**活性酸素種**（reactive oxygen species）を生じる．活性酸素は強力な酸化剤であり，膜損傷や酵素の不活性化を引き起こして細胞機能を損なう．

　一重項酸素の発生を抑制するために，強光条件下においてクロロフィルに吸収された過剰なエネルギーは，アンテナ複合体のなか，またはその付近に存在するカロテノイドに移行する．強光によって**キサントフィル回路**（xanthophyll cycle）が誘導され，その結果，エネルギー消去系を誘導するための特定のカロテノイドの化学修飾が行われる．この一例として，ビオラキサンチンからゼアキサンチンへの変換があげられる．励起されたクロロフィル分子からゼアキサンチンへエネルギーが移動することによって，エネルギーを熱として安全に散逸できる．この経路を**非光化学的消光**（non-photochemical quenching，NPQ）とよぶ．

### ● Box 10.4　Zスキーム

光合成電子伝達系は **Zスキーム**（Z scheme）とよばれる．この名称は，電子伝達成分を酸化還元電位に従って並べたグラフの形に由来する．つまり，そのグラフは光化学系IIの反応中心であるP680の励起ではじまり，フェレドキシン-NADPレダクターゼによるNADP$^+$からNADPHへの還元で終わる経路である．通常，酸化還元電位は，右図に示すように$y$軸にプロットされるが，これによって得られるグラフはZ字型というよりもN型である．このグラフから，P680の励起によって酸化還元電位が減少（還元力は上昇）し，その後，電子がプラストキノン，シトクロム$b_6f$複合体，プラストシアニンへ伝達されるとともに，酸化還元電位が上昇（還元力は減少）していくことがわかる．そして，プラストシアニンにおける電位の変化後，光化学系Iの反応中心であるP700の励起によって，再び酸化還元電位が上昇し，その後，電子がフェレドキシンとフェレドキシン-NADP$^+$レダクターゼに伝達されるとともに，酸化還元電位が穏やかに減少する．

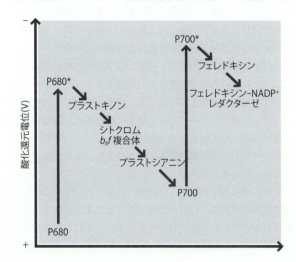

● **図10.11　循環的光リン酸化経路（循環的電子伝達経路）**
この経路では，電子はフェレドキシンからシトクロム$b_6f$複合体を介してプラストシアニンへ伝達され，その結果，チラコイド内腔へプロトン（H$^+$）が放出され，ATPが合成される．プラストシアニンはP700*からP700を再生するため，NADPHは合成されない．

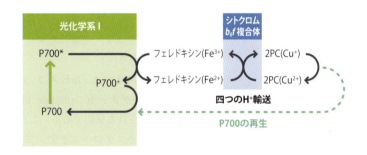

電子伝達経路では，シトクロム$b_6f$複合体のプロトンポンプ（H$^+$ポンプ）が駆動し，電気化学的勾配の形成に寄与するため，継続的にATPを合成できる．そして，電子をプラストシアニンからフェレドキシン-NADP$^+$レダクターゼに伝達せず，P700$^+$に戻すため，NADP$^+$を使用する必要はない．さらに，循環的電子伝達は光化学系IIにおける電子伝達に関与していないので，酸素発生も起こらない．

## 10.3　暗反応

†訳者注：原著ではcarbon fixation（炭素固定）だが，carbon dioxide fixation（炭酸固定）もよく使われている．本書では炭酸固定という用語で統一する．

光合成の2段階目は，明反応によってつくられたNADPHとATPを用いて，二酸化炭素と水から糖質を合成する反応である．これは，無機物の二酸化炭素を有機物（糖質）に変換するため，**炭酸固定**（carbon fixation）†とよばれる．この反応はストロマで起こり，最終産物はスクロースとデンプンである．

### 10.3.1　カルビン回路

暗反応の中心は，カリフォルニア大学バークレー校のメルビン・カルビン（Melvin Calvin）にちなんで名づけられた**カルビン回路**（Calvin cycle）である．彼は同僚のアンドリュー・ベンソン（Andrew Benson）とジェームズ・バッシャム（James Bassham）とともに，1949〜1953年にかけて出版された一連の論文において，カルビン回路の実体について発表した．カルビン回路では，3分子の二酸化炭素から1分子の三炭糖リン酸のグリセルアルデヒド3-リン酸が生成する．この炭酸固定には，6分子のNADPHと9分子のATPが

## ● Box 10.5　細菌における光合成

　光合成は植物や藻類の葉緑体にかぎらず，いくつかの細菌もまた光エネルギーを化学エネルギーに変換できる．

　シアノバクテリアでは，光エネルギーから化学エネルギーへの変換は葉緑体で行われる過程と非常によく似ている．シアノバクテリアはチラコイドに似た膜構造をもち，フィコシアニンとよばれる青色の色素で光を捕捉する．シアノバクテリアは，植物や藻類とほぼ同じ光化学系Ⅰおよび Ⅱの反応中心，そして電子伝達系をもつ．細菌と植物および藻類の光合成過程はよく似ているため，進化の過程（2.1.3項参照）で，シアノバクテリアが真核細胞に内部共生し，それが葉緑体へと進化したと考えられる．

　ほかの光合成原核生物には紅藻，緑藻，ヘリオバクテリアの仲間などがある．これらの種はバクテリオクロロフィルとよばれる一つもしくは複数の種類のポルフィリンをもっており，その構造は葉緑体のクロロフィルのものに似ているが，より広範囲の波長の光を吸収する．光エネルギーは，キノンおよびシトクロムを含む電子伝達系と連結した単一の光化学系に送られる．その際，$H^+$が原形質膜を介してポンプ輸送され，電気化学的勾配を生成し，その結果として ATP が合成される．重要な違いの一つは，これらの細菌は光化学系を動かすための電子供与体として水を使わないことである．つまり，これらの細菌は，酸素発生を伴わない，**非酸素発生型光合成**（anoxygenic photosynthesis）を行うことを意味する．紅色硫黄細菌や緑色硫黄細菌は，その名が示すように，どちらもおもな電子供与体として硫化水素を用い，硫黄発生を伴う．ほかの種では，電子供与体として水素ガスもしくは鉄イオン（$Fe^{2+}$）を用いるものもいる．

---

必要である．したがって，全体の反応は次のようになる．

$$3CO_2 + 6NADPH + 9ATP \longrightarrow グリセルアルデヒド 3\text{-}リン酸 + 6NADP^+ + 9ADP + 8P_i$$

$P_i$ は無機リン酸を表す．生成したグリセルアルデヒド 3-リン酸を用いて，スクロースやデンプンが合成される．

　カルビン回路の出発点は，**ルビスコ**（Rubisco）と略される**リブロースビスリン酸カルボキシラーゼ/オキシゲナーゼ**（ribulose bisphosphate carboxylase/oxygenase）[†]とよばれる酵素によって触媒される反応である．これは，炭酸固定を直接的に担う反応である．カルビン回路全体の反応やスクロースとデンプンがグリセルアルデヒド 6-リン酸から合成される経路について学習する前に，ルビスコの反応について学ぼう．

[†] 訳者注：原著ではリブロースビスリン酸カルボキシラーゼ（ribulose bisphosphate carboxylase）と表現している．

### 炭素はリブロースビスリン酸カルボキシラーゼ/オキシゲナーゼ（ルビスコ）によって固定される

　暗反応における重要な反応は，炭素の固定に直接関与することである．この反応では，1分子の $CO_2$ が五炭糖のリブロース 1,5-ビスリン酸と結合する（図 10.12）．この反応によって，3-ケト-2-カルボキシアラビニトール 1,5-ビスリン酸とよばれる不安定な六炭糖が合成され，ただちに 2 分子の 3-ホスホグリセリン酸に分解される．

　この反応を触媒する酵素のルビスコは，大サブユニット 8 個と小サブユニット 8 個からなるヘテロ 16 量体構造をもつ．それぞれの大サブユニットは，二酸化炭素をリブロース 1,5-

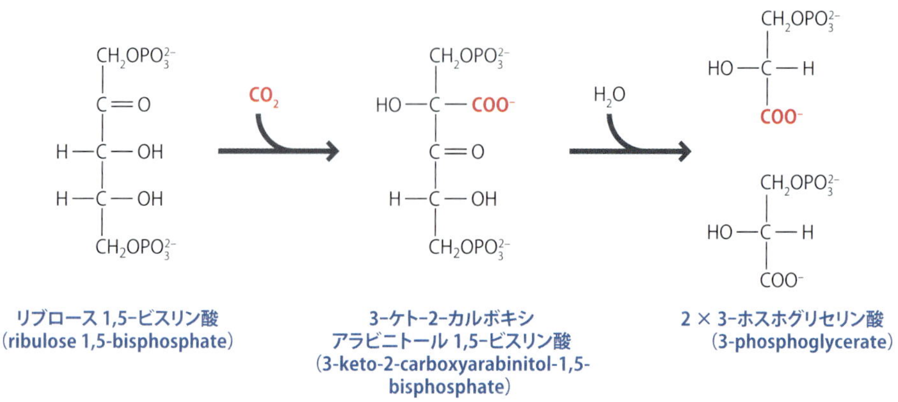

● 図 10.12　ルビスコによって触媒される反応

ビスリン酸に結合する活性部位をもつ. 活性部位の一部には, **カルバモイル** (carbamoyl) 誘導体となるカルボキシ基の付加を受けるリシン残基がある (図10.13). このリシンはマグネシウムイオン ($Mg^{2+}$) と結合することによって, 活性部位へと反応物を結合させる中心的役割を担い, 炭酸固定反応が起こるために正しい相対的位置に配置される.

ルビスコの反応速度は非常に遅く, 25℃で1秒間にたった3回しか反応しない. この反応の遅さを補うために, 葉緑体には大量のルビスコが含まれている. この酵素の特徴は, 生物学の驚くべき事実の一つである. ルビスコは, 葉緑体中の全タンパク質のうち15〜50%を占め, 地球上で最も多いタンパク質である. 概算によると, 生物圏内において1秒ごとに1,000 kgのルビスコが合成され, また, 人間1人が生きるためには44 kg相当のルビスコが必要であるとされている.

しかし, 上述の概算の正確さには, まだ議論の余地がある. より正確に解明されているのは, ルビスコが暗反応をおもに制御していて, とくに太陽光からの光量に対応しており, 光量が少ないときにはルビスコ活性が抑制されるということである. つまり, 暗反応による炭水化物の合成速度が, 明反応におけるNADPHとATPの合成速度と均衡がとれていることを示す.

弱光環境下では, 二つの異なる経路によってルビスコの活性部位が阻害される. 一つ目は, 活性部位のリシンがまだ二酸化炭素によってカルバモイル化されていないときに, リブロース 1,5-ビスリン酸が結合して, ルビスコが不活性型となることである (図10.14A). 光量が増加すると, **ルビスコアクチベース** (Rubisco activase) とよばれる第二の酵素がリブロース 1,5-ビスリン酸を除去するので, リシンのカルバモイル化修飾が再び起こり, ルビスコの炭酸固定反応が進む. すでにリシンがカルバモイル化されたルビスコであっても, 不活性化する場合もある. それは, リブロース 1,5-ビスリン酸との結合による不活性化ではなく, ルビスコ活性の中間体として産生される 2-カルボキシ-D-アラビニトール 1-リン酸であり, この化合物はリブロース 1,5-ビスリン酸と構造のよく似た不安定な六炭糖の類似体である (図10.14B). 2-カルボキシ-D-アラビニトール 1-リン酸がルビスコに結合してしまった場合には, ルビスコアクチベースがそれを除去する. このように, 不活性型ルビスコの活性部位から阻害剤を取り除くには, ルビスコアクチベースがATPを消費しながら機能する. したがって, ルビスコアクチベースの酵素活性は, 葉緑体ストロマ中に存在するATP量に依存する.

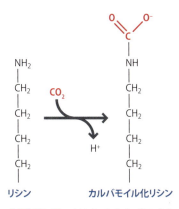

● 図 10.13 リシンのカルバモイル誘導体の形成

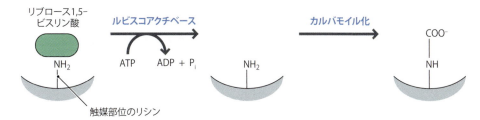

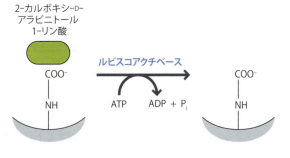

● 図 10.14 弱光環境におけるルビスコの阻害様式
(A) リブロース 1,5-ビスリン酸がカルバモイル化されていないルビスコに結合することによって生じる酵素の阻害を示す.
(B) 2-カルボキシ-D-アラビニトール 1-リン酸がカルバモイル化されたルビスコに結合して生じる酵素の阻害を示す. ルビスコアクチベースは, このような不活性型のルビスコから阻害剤を解離し, 活性化型に転換する反応を触媒する.

光強度が低く光リン酸化がほとんど行われずに葉緑体内の ATP 量が少ない場合には，ルビスコアクチベースの活性は抑制される．そのため，ルビスコの活性部位から阻害剤を除去できない．一方で，光強度が増加し，ストロマ中の ATP 量が増加すると，ルビスコアクチベースの活性が促進され，ルビスコの活性部位から阻害剤が積極的に除去される．

また，ルビスコの活性は，マグネシウムイオン（$Mg^{2+}$）濃度を介して光によっても制御される．$Mg^{2+}$ は活性部位における基質結合に必要なので，$Mg^{2+}$ はルビスコ活性にとって必須の補因子といえる．ルビスコが存在するストロマの $Mg^{2+}$ 濃度は，明反応の電子伝達反応によって形成されたプロトン勾配によって影響を受ける．チラコイド内腔と比較してストロマの電位が低い場合に，$Mg^{2+}$ はチラコイド内腔からストロマに流出し，ルビスコの酵素反応を促進する（図 10.15）．一方で，電子伝達反応が抑制された場合，チラコイド内腔と比較してストロマの電位差が小さくなるため，$Mg^{2+}$ のストロマへの流出が減り，最終的にルビスコ活性が低下する．つまり，$Mg^{2+}$ 濃度は，ルビスコ活性を明反応の電子伝達反応と結びつけるための手段となっている．

● 図 10.15　マグネシウムイオン（$Mg^{2+}$）は電気化学的勾配に応答してストロマに入る
チラコイド膜には膜を介した $Mg^{2+}$ 輸送タンパク質が存在すると仮定されているが，まだこのタンパク質は同定されていない．

### カルビン回路のステップ

前述したように，カルビン回路は 3 分子の二酸化炭素から 1 分子のグリセルアルデヒド 3-リン酸を合成する．この回路の全体像を図 10.16 に示す．カルビン回路では，各ステップの**化学量論**（stoichiometry）を考えることが重要で，反応前の反応物の分子数と，反応後の生成物の分子数に注意を払う必要がある．化学量論的な観点からいうと，最終的に 1 分子のグリセルアルデヒド 3-リン酸を生成するには，3 分子の二酸化炭素の固定，つまり 3 回のルビスコ反応による炭酸固定反応が必要であると理解できる．

カルビン回路の各ステップを次に示す．

**ステップ1．** ルビスコが炭酸固定を行う．このステップは図 10.12 に示した．

**ステップ2．** 3-ホスホグリセリン酸は，**ホスホグリセリン酸キナーゼ**（phosphoglycerate kinase）によって 1,3-ビスホスホグリセリン酸に変換される．その際，3-ホスホグリセリン酸の分子ごとに，1 分子の ATP を使用する．

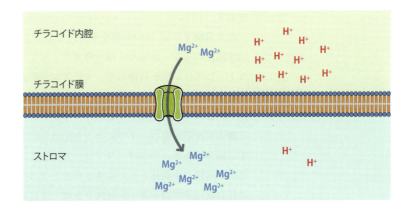

**ステップ3．** グリセルアルデヒド 3-リン酸デヒドロゲナーゼ（glyceraldehyde 3-phosphate

10.3 暗反応

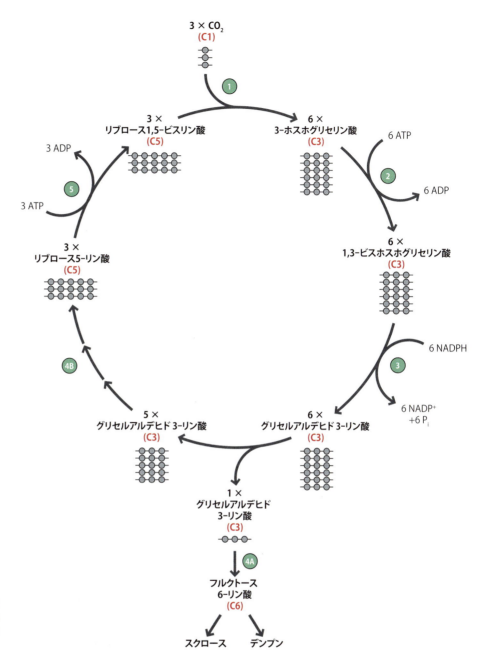

● 図 10.16　カルビン回路
緑色の丸で示すそれぞれの反応は，本文中で詳細に説明されている．C3, C5, C6などの略語は，それぞれの代謝産物の炭素数を表す．

dehydrogenase) は，1,3-ビスホスホグリセリン酸をグリセルアルデヒド 3-リン酸に変換する．その際，反応に必要なエネルギーは NADPH から供給される．

ホスホグリセリン酸キナーゼおよびグリセルアルデヒド 3-リン酸デヒドロゲナーゼはまた，8.2.1 項で説明したとおり，それぞれ 8 章の図 8.3 に示す**ステップ 7** および **ステップ 6** を触媒しながら解糖系の反応にも関与する．つまり，カルビン回路の反応は，解糖系の逆反応であるといえる．ただし唯一の違いは，解糖系の反応において，図 8.3 の**ステップ 6** で放出されたエネルギーは NADH として貯蔵される一方，カルビン回路では**ステップ 3** に必要

なエネルギーとして NADPH が使用される点である．

**ステップ 4A．** 6 分子のうち 1 分子のグリセルアルデヒド 3-リン酸が，カルビン回路から放出され，その後，スクロースおよびデンプンの合成に用いられる．

**ステップ 4B．** 残り 5 分子のグリセルアルデヒド 3-リン酸は，3 分子の五炭糖リン酸のリブロース 5-リン酸に変換される．この反応には，アルドラーゼ，トランスケトラーゼ，および五つのほかの酵素によって触媒され，八つの中間体が関与する複雑な一連の反応が存在している．ここで，中間体を無視すると，反応は次のように要約できる．

$$5 \times \text{グリセルアルデヒド 3-リン酸} \longrightarrow 3 \times \text{リブロース 5-リン酸}$$

**ステップ 5．** リブロース 5-リン酸は，**リブロース 5-リン酸キナーゼ**（ribulose 5-phosphate kinase）によってリブロース 1,5-ビスリン酸に変換される．この際，ATP が消費される．

$$\text{リブロース 5-リン酸} \xrightarrow[\text{リブロース 5-リン酸キナーゼ}]{\text{ATP} \quad \text{ADP}} \text{リブロース 1,5-ビスリン酸}$$

この段階で，次に続くカルビン回路に必要なリブロース 1,5-ビスリン酸を再生したことになる．

### フェレドキシン-チオレドキシン系を介した明反応経路がカルビン回路を制御する

ルビスコの炭酸固定反応が，ルビスコアクチベースおよびストロマの $Mg^{2+}$ 濃度によって，間接的に光の制御を受けていることを見てきた．それに続くカルビン回路周辺の代謝物の動態は，カルビン回路のいくつかの酵素活性の制御によって調節される．関与する酵素を次に示す．

- ホスホグリセリン酸キナーゼおよびグリセルアルデヒド 3-リン酸デヒドロゲナーゼ：それぞれ**ステップ 2** および**ステップ 3** を触媒する．
- リブロース 5-リン酸キナーゼ：**ステップ 5** を触媒する．
- フルクトース 1,6-ビスホスファターゼおよびセドヘプツロース 1,7-ビスホスファターゼ：これらは**ステップ 4B** で述べた複雑な一連の反応を触媒する．

これらの酵素の触媒活性は，さらなるジスルフィド結合の形成によって阻害される．ジスルフィド結合自体が酵素の活性部位に形成されるわけではないが，ジスルフィド結合の存在そのものが活性部位を阻害するので，触媒反応が起こらなくなる（図 10.17A）．したがって，これらのジスルフィド結合の有無を制御することは，酵素活性を調節する重要な手段となる．

フェレドキシンは光化学系において P700* のすぐ下流の電子伝達体であり，カルビン回路酵素のジスルフィド結合の形成に間接的に関与する．明反応の電子伝達系が機能すると，酸

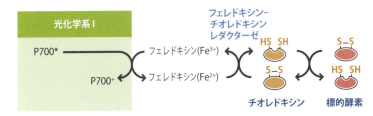

●図 10.17 ジスルフィド結合の形成によるカルビン回路酵素の活性制御
(A) いくつかの酵素は，ジスルフィド結合の形成によって不活性化する．(B) フェレドキシン($Fe^{2+}$)がチオレドキシンのジスルフィド結合を切断し，チオレドキシンを還元する．そして，還元型チオレドキシンは標的とする酵素のジスルフィド結合を切断し，酵素を活性化する．

化型フェレドキシンから還元型フェレドキシン（$Fe^{2+}$）に変換する．還元型フェレドキシン（$Fe^{2+}$）は，**フェレドキシン-チオレドキシンレダクターゼ**（フェレドキシン-チオレドキシン還元酵素，ferredoxin-thioredoxin reductase）による触媒反応によって，**チオレドキシン**（thioredoxin）タンパク質を還元型へと変換する（図10.17B）．還元型チオレドキシンはジスルフィド結合を切断し，明反応におけるカルビン回路の酵素活性を調節する．チオレドキシンの作用は，ほかの酵素がジスルフィド結合を再形成しようとするので，継続的である．これはつまり，明反応が鈍化すれば，ジスルフィド結合が起こり，カルビン回路も鈍化するということである．

### 10.3.2 スクロースおよびデンプンの合成

暗反応では，カルビン回路によって合成されたグリセルアルデヒド 3-リン酸を用いて，フルクトース 6-リン酸およびグルコース 6-リン酸が合成され，最終的に，スクロースおよびデンプンが生成する．スクロースは植物体のほかの器官に輸送（転流）され，すぐにエネルギー源として利用される．一方で，デンプンは余剰なエネルギーを貯蔵する役割をもつ．

#### スクロースは細胞質で合成される

カルビン回路によって合成されたグリセルアルデヒド 3-リン酸の大部分は，スクロース合成に使用される．このプロセスの 1 段階目は葉緑体で起こり，グリセルアルデヒド 3-リン酸の一部がトリオースリン酸イソメラーゼによってジヒドロキシアセトンリン酸に変換される（図10.18）．この反応は，第 8 章の図 8.3 に示す解糖系の**ステップ 5** の逆反応である．次いで，グリセルアルデヒド 3-リン酸およびジヒドロキシアセトンリン酸が，葉緑体から細胞質中に移動する．葉緑体の内膜を横切る物質輸送には特別な膜貫通型輸送タンパク質を必要とするが，より透過性の高い葉緑体の外膜においてはどちらの化合物も直接通過できる．

細胞質に局在するアルドラーゼは，グリセルアルデヒド 3-リン酸とジヒドロキシアセトンリン酸からフルクトース 1,6-ビスリン酸を合成し，**フルクトース 1,6-ビスホスファターゼ**（fructose 1,6-bisphosphatase）がその代謝産物をフルクトース 6-リン酸に変換し，ホスホグルコイソメラーゼがさらにそれをグルコース 6-リン酸へと変換する．解糖系の一部の逆反応，この場合は図 8.3 の**ステップ 4 ～ ステップ 2** において，これらの反応は繰り返される．

解糖系では見られない二つの反応がある．**ホスホグルコムターゼ**（phosphoglucomutase）がグルコース 6-リン酸のリン酸基を移動し，グルコース 1-リン酸へと変換する（図10.19A）．次に，**UDP-グルコースピロホスホリラーゼ**（UDP-glucose pyrophosphorylase）によってリン酸をウリジン二リン酸（UDP）に置換し，UDP-グルコースを合成する．そし

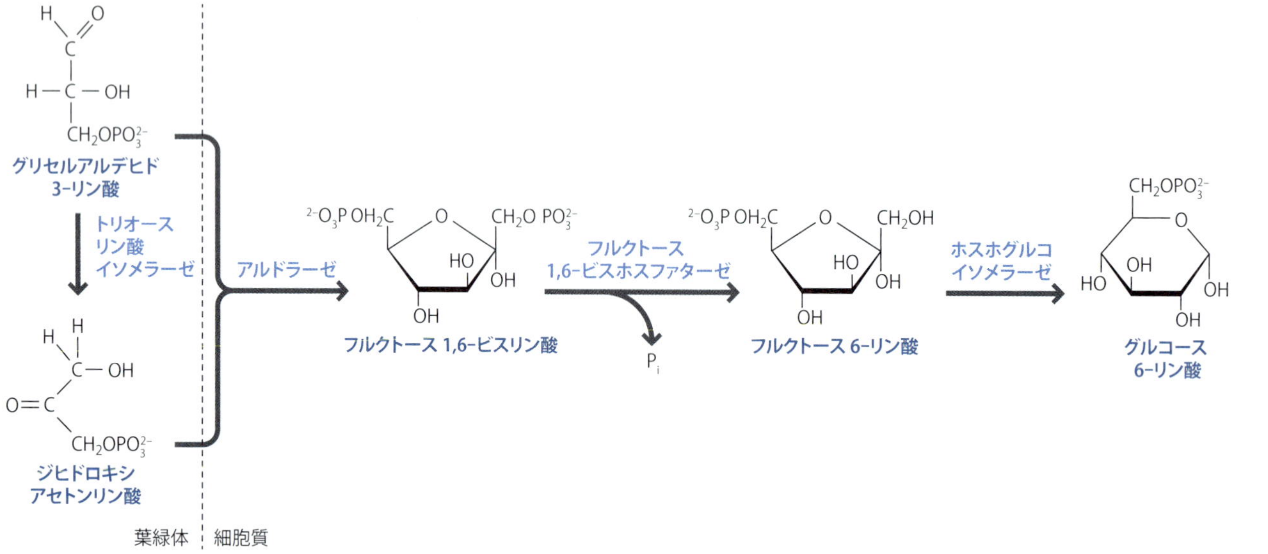

●図 10.18 スクロース合成の最初のステップ

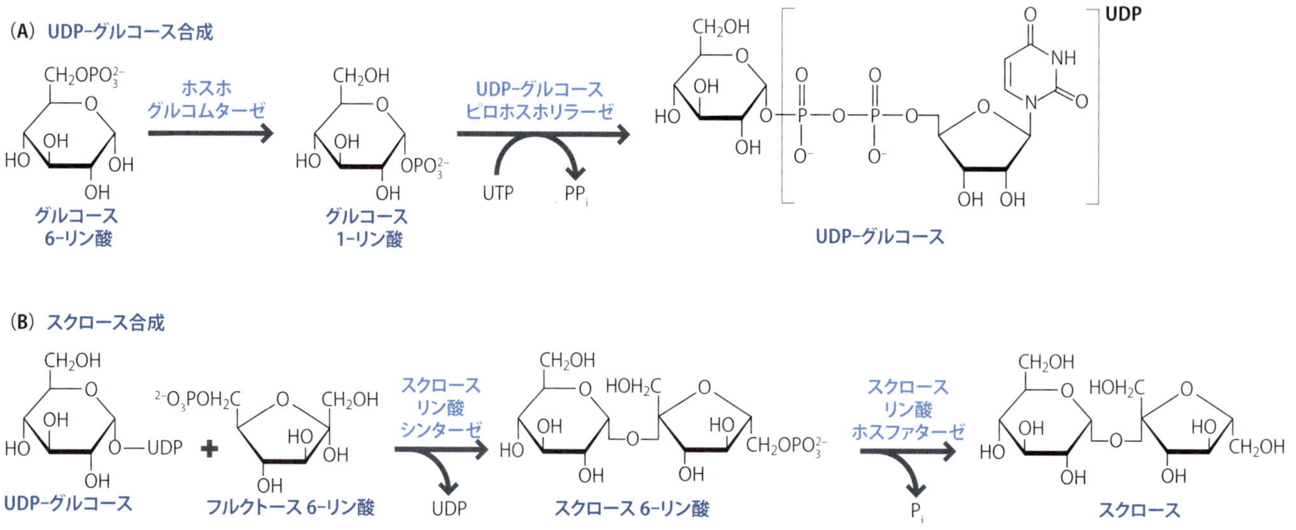

●図 10.19 スクロース合成の最後の 2 ステップ

† 訳者注：スクロースホスファターゼ（sucrose phosphatase）ともよばれる．

て，**スクロースリン酸シンターゼ**（sucrose phosphate synthase）によって，UDP-グルコースからフルクトース 6-リン酸にグルコース残基を転移し，スクロース 6-リン酸を合成する．次いで，**スクロースリン酸ホスファターゼ**（sucrose phosphate phosphatase）†がこれを脱リン酸化して，最終生成物のスクロースが合成される（図 10.19B）．

### デンプンは葉緑体およびアミロプラストで合成される

デンプンはまたグルコース中間体からも合成される．デンプン合成には，UDP-グルコースではなく，**ADP-グルコース**（ADP-glucose），もしくは，CDP-グルコースか GDP-グルコースが用いられる．葉緑体のストロマにおいて，ADP-グルコースは，ADP-グルコースピロホスホリラーゼによってグルコース 1-リン酸と ATP から合成される．ADP-グルコースのグルコース残基は**デンプンシンターゼ**（starch synthase）によって伸長中のアミロースやアミロペクチンの末端に付加されていく（図 10.20）．この反応の生化学的研究において，アノマー炭素 C1 位（還元末端）か非アノマー炭素 C4 位（非還元末端）であるかによって還元糖か非還元糖かが決まるように，デンプンには二つの異なる末端が存在しているため，最近まで議論の余地がある問題になっていた．長年にわたって，デンプンシンターゼは還元

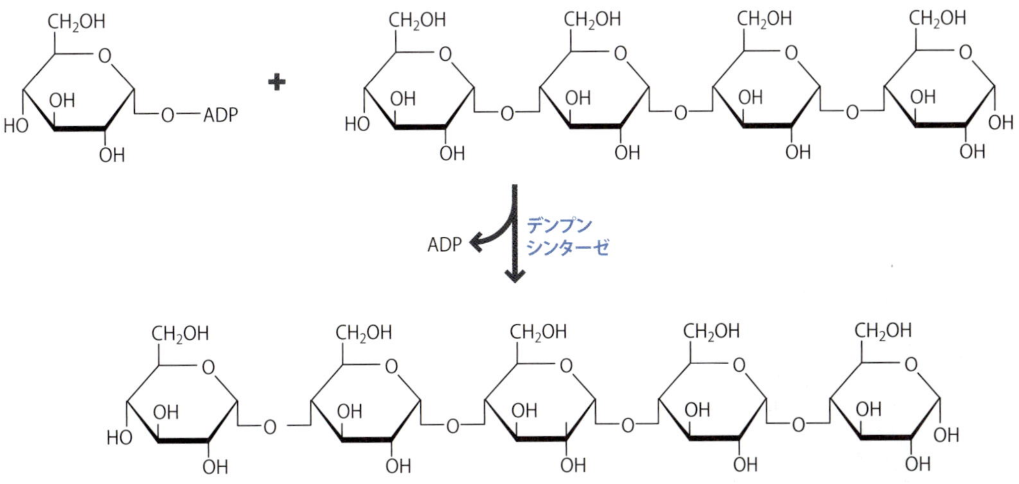

●図 10.20　デンプン合成
デンプンの非還元末端へのグルコース単位の付加を示す.

末端にグルコース単位を付加するだけと思われていたが，現在その酵素は非還元末端への転移も触媒することが示されている．デンプンのアミロペクチンの分枝構造をもたらす $\alpha(1 \to 6)$ 結合の形成を担う**デンプン分枝酵素**（starch branching enzyme）もある（図 6.12 参照）．

このように，デンプンは葉緑体で合成されるが，これらの反応は"一時的なデンプン合成"〔transient (transitory) starch synthesis〕とよばれる．貯蔵デンプンは短命であり，大部分は夜間のエネルギー供給に消費される．これとは対照的に，葉緑体ではなく，根や種子および貯蔵器官（たとえば，果実および塊茎）に存在する**アミロプラスト**（amyloplasts）では，**貯蔵デンプン合成**（stored starch synthesis）がとても盛んで，多くのデンプンを貯蔵している．貯蔵デンプンの合成に使用されるグルコースは，光合成が活発に行われる葉から，これらの貯蔵器官に輸送（転流）される．

### 10.3.3　$C_4$ 植物と CAM 植物による炭酸固定

ルビスコのおもな機能は，二酸化炭素をリブロース 1,5-ビスリン酸に付加し，2 分子の 3-ホスホグリセリン酸を生成することである（カルボキシレーション反応）．しかし，ルビスコは二酸化炭素の代わりに酸素と反応し，1 分子の 3-ホスホグリセリン酸と 1 分子の 2-ホスホグリコール酸を合成する代替反応も行う（オキシゲネーション反応；図 10.21）．2-ホスホグリコール酸はカルビン回路の酵素を阻害するので，2-ホスホグリコール酸の生成は植物にとって望ましくない．オキシゲネーション反応で生成するホスホグリコール酸の代謝経路を**光呼吸**（photorespiration）とよぶ．光呼吸という名前の由来は，光照射下において通常の呼吸経路とは異なる方法で酸素を消費し，二酸化炭素を生成することに起因する．この反応は，ATP および NADPH を使って，2-ホスホグリコール酸を 3-ホスホグリセリン酸に変換するため，エネルギー的に無駄な経路であると考えられている．

酸素と二酸化炭素はルビスコ活性部位で競合し，約 75% のルビスコが二酸化炭素と反応

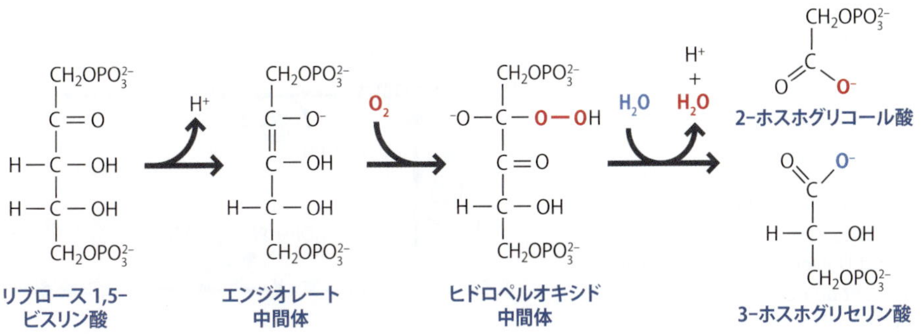

●図 10.21　光呼吸の最初の反応では，2-ホスホグリコール酸を合成する

し，残りの約25%が酸素と反応する．この比率はほとんどの植物にあてはまるが，**$C_4$植物**（$C_4$ plants）および**CAM植物**（crassulacean acid metabolism plants）は，ルビスコのオキシゲネーション反応が促進するような環境下で生育しているため，ルビスコに二酸化炭素を効率よく供給する新たな機構を進化させてきた．

### $C_4$植物は固定した炭素を異なる細胞間で輸送する

ルビスコによる二酸化炭素と酸素の利用比が75：25であることは，大気中における二酸化炭素と酸素の相対量に依存しており，世界中のどの地域でも同じ値を示す．しかし，高温地域では，植物は水不足を回避するために水を節約する必要がある．その一つの節約法が，一時的に気孔を閉鎖することである（図10.22）．しかし，気孔を閉鎖すると，水分の損失を軽減できたとしても，植物の内部組織と外部環境とのあいだのガス交換も停止させてしまう．植物の内部組織へのガス供給が減少すると，光合成反応が進行するにつれて，ますます二酸化炭素が枯渇し，結果的に光呼吸を促進する状態に陥る．

このような光呼吸の増大を避けるために，**葉肉細胞**（mesophyll cell）に囲まれた**維管束鞘細胞**（bundle sheath cell）に限定して，ルビスコによる炭酸固定とカルビン回路反応を行っている植物がいる（図10.23）．それが$C_4$植物である．$C_4$植物の葉肉細胞では，**ホスホエノールピルビン酸カルボキシラーゼ**（phosphoenolpyruvate carboxylase）によって，二酸化炭素とホスホエノールピルビン酸からオキサロ酢酸を合成する．酸素は，ホスホエノールピルビン酸カルボキシラーゼによる二酸化炭素の固定に影響を及ぼさないので，二酸化炭素濃度が低い場合でもこの反応は効率よく起こる．合成されたオキサロ酢酸は，**NADP-リンゴ酸デヒドロゲナーゼ**（NADP-linked malate dehydrogenase）によってリンゴ酸に変換され，リンゴ酸は葉肉細胞から維管束鞘細胞へ輸送される．維管束鞘細胞で，**NADP-リンゴ酸酵素**（NADP-linked malate enzyme）によってリンゴ酸から二酸化炭素が放出されると，ルビスコによって再固定されて3-ホスホグリセリン酸が合成される．こうして生じた3-ホスホグリセリン酸はカルビン回路反応の出発物質となる．このように維管束鞘細胞において，ルビスコへ二酸化炭素が直接的に供給されることによって，ほかの組織内の二酸化炭素濃度が低くても，カルビン回路反応が最大速度で進行する．

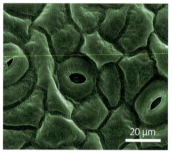

●図10.22　サクラ葉の気孔開閉
www.deviantart.com. より．

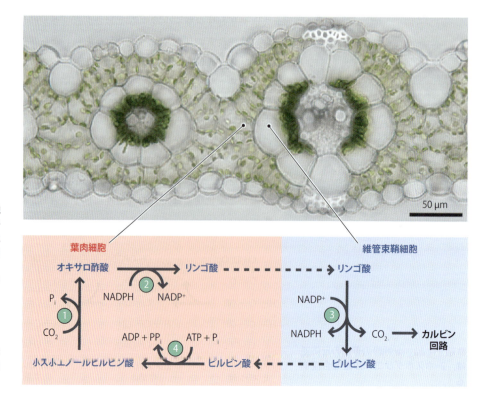

●図10.23　$C_4$光合成回路
シコクビエの切片像から，維管束鞘細胞が葉肉細胞に囲まれていることがわかる．$C_4$光合成回路において，それぞれの反応を触媒する酵素は次のとおりである．
1. ホスホエノールピルビン酸カルボキシラーゼ；
2. NADP-リンゴ酸デヒドロゲナーゼ；
3. NADP-リンゴ酸酵素；
4. ピルビン酸-$P_i$ジキナーゼ．
Oxford University Press: M. Yamada et al., *Plant and Cell Physiology*, 50, 1736 (2009) より．

### ●Box 10.6 穀物の光合成能力を高めるために

植物学者にとって，ルビスコがなぜカルボキシレーション反応だけでなく，オキシゲネーション反応を触媒するのかについては未解明の問題である．ルビスコは，大気の酸素濃度が非常に低い地質学的先史時代に進化したため，ルビスコが酸素と二酸化炭素を区別する必要がなかったのかもしれない．どのような理由であれ，今日の地球において，現在の光合成反応は本質的に非効率的な過程であるといえる．自然環境下では，たいていの植物はルビスコがオキシゲネーション反応を触媒することで，ルビスコ機能のうち約25％を損失している．オキシゲネーション反応が起こると光合成効率が悪化するので，作物の生産性を制限する重要な要因として考えられる．したがって，植物学者は，耕作地1エーカー（約4,050 m$^2$）あたりに得られる植物性タンパク質量の増大を目的として，生物工学者は技術を駆使してルビスコ機能の改善に取り組んでいる．

作物においてルビスコ機能を改善するための戦略の一つは，シアノバクテリアのルビスコが陸上植物のルビスコよりも高い触媒反応を示すという発見に基づいている．つまり，シアノバクテリアのルビスコは，真核生物よりも迅速に3-ホスホグリセリン酸を合成できる．もしも，遺伝子工学的手法（19.3.1項参照）を用いて，シアノバクテリア由来のルビスコ遺伝子を植物体に導入できれば，遺伝子組換え植物は高い光合成速度と高い生産性を示すようになるかもしれない．この仮説を検証するために，シアノバクテリアの一種である *Synechococcus elongates* のルビスコ遺伝子が植物のタバコに導入された．異なる量の重炭酸ナトリウムを含む抽出緩衝液中で葉片を粉砕，抽出することによって，遺伝子組換え植物の光合成活性が解析された．

これらの分析結果から，遺伝子組換え植物における二酸化炭素固定速度が，野生型のタバコに比べて，最大3倍も上昇することが明らかとなった（左下のグラフ）．つまり，シアノバクテリアのルビスコは新しい宿主で発現された場合でも，より高い反応速度を保持することを示す．しかし，これだけではまだ本プロジェクトが成功したとはいえない．植物が成熟するにつれて，遺伝子組換えタバコの成長速度は野生型よりも遅延することがわかり，植物生産性の向上を期待できなかったからである．しかし，この結果は想定内のことであった．ルビスコの活性と特異性とのあいだにトレードオフ（二律背反）の関係があることはよく知られている．つまり，ルビスコの触媒活性が高いと，ルビスコは酸素と二酸化炭素とを識別しにくくなるのである．シアノバクテリアのルビスコは陸上植物のルビスコよりも触媒速度は速いけれど，ルビスコによる触媒反応における生産性を低下させるオキシゲネーション活性の割合が増えることを意味する．シアノバクテリアは，ルビスコを**カルボキシソーム**（carboxysome）とよばれる構造内に集積することによって，この問題を緩和している．カルボキシソームはタンパク質からなる球状をしており，その内部には，重炭酸イオン（二酸化炭素の水への溶解によって生じる）を二酸化炭素に変換する酵素であるカルボニックアンヒドラーゼを含む．シアノバクテリア内において，重炭酸イオンはカルボキシソームに拡散し，そこで二酸化炭素に変換される．カルボキシソーム内では局所的に二酸化炭素濃度が高くなることによって，酸素よりも多くの二酸化炭素が存在し，ルビスコによる触媒反応の大部分がカルボキシレーション反応となっている．

遺伝子組換え穀物において，シアノバクテリア由来の光合成効率を上昇させるためには，シアノバクテリア由来のルビスコ遺伝子を穀物に導入するだけでなく，カルボキシソーム遺伝子群やカルボニックアンヒドラーゼ遺伝子も同時に導入する必要がある．これは難題ではあるが，カルボキシソームが遺伝子組換え植物において合成され，これらのタンパク質がシアノバクテリアに存在するカルボキシソームに似た構造体を示す結果がすでに得られている．将来的には，穀物の生産性を高めるために，シアノバクテリア由来のルビスコ機能を利用できるかもしれない．

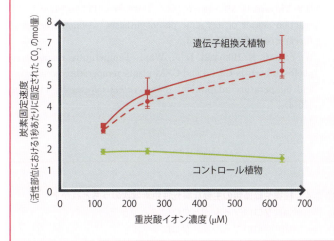

このような二酸化炭素の濃縮機構を完結させるために，炭酸固定の最初に利用したホスホエノールピルビン酸を再生する経路がある．まず，NADP-リンゴ酸酵素の反応によって生じたピルビン酸が葉肉細胞に輸送される．そして，葉肉細胞において，**ピルビン酸-$P_i$ジキナーゼ**（pyruvate-$P_i$ dikinase）によってピルビン酸がホスホエノールピルビン酸に変換されることで，再びホスホエノールピルビン酸カルボキシラーゼの基質となる．二酸化炭素を取り込んで最初に合成される物質の炭素数が四つのオキサロ酢酸であるため，このような二酸化炭素輸送システムを利用する植物を$C_4$植物とよぶ．一方で，ルビスコが最初の炭酸固定を

行うと，炭素数が三つの 3-ホスホグリセリン酸を生じるため，このような植物を **$C_3$ 植物**（$C_3$ plants）とよぶ．陸上植物種の 5% 未満に相当する約 7,500 種のかぎられた植物が $C_4$ 植物であり，一般的な例として，トウモロコシやソルガム，そしてさまざまな雑草などがあげられる．

### CAM 植物は炭酸固定を時間的に制御する

サボテンやランを含むいくつかの熱帯植物もまた，$C_4$ 植物と同様に二酸化炭素濃縮機構を利用して，二酸化炭素をルビスコに効率よく供給している．これらの植物では，日中に葉肉細胞から維管束鞘細胞へリンゴ酸を輸送しないで，$C_4$ 植物で見られた二つの反応を葉肉細胞において 1 日の異なる時間に行っている．気温が低い夜間には，これらの植物の気孔が開き，二酸化炭素を取り込む．この二酸化炭素はただちにリンゴ酸に固定され，液胞に貯蔵される．日中，気孔が閉鎖されると，リンゴ酸は液胞から葉緑体に運ばれ，そこで二酸化炭素が放出され，ルビスコによって再固定される．

この経路を利用する植物は CAM 植物とよばれる．"CAM" は "ベンケイソウ型有機酸代謝" の略であるが，ベンケイソウ型有機酸の構造と性質については生化学の教科書を調べても何も載っていない．ベンケイソウ型有機酸という名称は，リンゴ酸代謝を中心とした経路が最初に発見されたベンケイソウ科植物の有機酸代謝に由来する．

## ● 参考文献

J. F. Allen, "Cyclic, pseudocyclic and noncyclic photophosphorylation: new links in the chain," *Trends in Plant Science*, **8**, 15（2003）.

I. Andersson, A. Backlund, "Structure and function of Rubisco," *Plant Physiology and Biochemistry*, **46**, 275（2008）.

R. J. Cogdell, N. W. Isaacs, T. D. Howard, K. McLuskey, N. J. Fraser, S. M. Prince, "How photosynthetic bacteria harvest solar energy," *Journal of Bacteriology*, **181**, 3869（1999）.

B. Denning-Adams, W. W. Adams, "Photoprotection and other responses of plants to high light stress," *Annual Review of Plant Physiology and Plant Molecular Biology*, **43**, 599（1992）.

C. J. Law, A. W. Roszak, J. Southall, A. T. Gardiner, N. W. Isaacs, R. J. Cogdell, "The structure and function of bacterial light-harvesting complexes," *Molecular Membrane Biology*, **21**, 183（2004）.

M. T. Lin, A. Occhialini, P. J. Andralojc, M. A. J. Parry, M. R. Hanson, "A faster Rubisco with potential to increase photosynthesis in crops," *Nature*, **513**, 547（2014）.

N. Nelson, A. Ben-Shem, "The complex architecture of oxygenic photosynthesis," *Nature Reviews Molecular and Cell Biology*, **5**, 971（2004）. 光合成電子伝達系.

A. R. Portis, C. Li, D. Wang, M. E. Salvucci, "Regulation of Rubisco activase and its interaction with Rubisco," *Journal of Experimental Botany*, **59**, 1597（2008）.

I. J. Tetlow, M. J. Emes, "A review of starch-branching enzymes and their role in amylopectin biosynthesis," *IUBMS Life*, **66**, 546（2014）.

D. J. Vinyard, G. M. Ananyev, G. C. Dismukes, "Photosystem II: the reaction center of oxygenic photosynthesis," *Annual Review of Biochemistry*, **82**, 577（2013）.

W. Yamori, K. Hikosaki, D. A. Way, "Temperature response of photosynthesis in C3, C4 and CAM plants: temperature acclimation and temperature adaptation," *Photosynthesis Research*, **119**, 101（2014）.

## ● 章末問題

### 四択問題

各質問に対して正しい答えは一つだけである．答えは化学同人 HP：https://www.kagakudojin.co.jp/book/b378577.html にある．

1. "一次生産者" と同義語なのは次のうちどれか？
   (a) 両生類　(b) 抗菌剤　(c) 独立栄養生物
   (d) 栄養要求株

2. 光合成電子伝達系が存在する場所はどこか？
   (a) 葉緑体内膜　(b) ストロマ　(c) チラコイド膜
   (d) チラコイド内腔

3. 光合成を行う細菌は次のうちどれか？
   (a) シアノバクテリア　(b) 緑色細菌　(c) 紅色細菌
   (d) (a)～(c) すべて

4. 植物や緑藻類の主要な集光性色素は次のうちどれか？
   (a) クロロフィル $a$ とクロロフィル $b$
   (b) クロロフィル $a$ とクロロフィル $c$
   (c) クロロフィル $b$ とクロロフィル $c$
   (d) クロロフィル $d$ とクロロフィル $f$

5. 補助色素でない化合物は次のうちどれか？
   (a) β-カロテン　(b) フェレドキシン　(c) フコキサンチン
   (d) キサントフィル

6. クロロフィル分子から隣接するクロロフィル分子に電子のエネルギーが移動する過程を何とよぶか？
   (a) 直接電子移動　(b) 軌道移動　(c) フォトニクス
   (d) 共鳴エネルギー移動

7．光化学系Ｉの反応中心を何とよぶか？
   (a) P600　(b) P680　(c) P690　(d) P700
8．光化学系ＩＩの反応中心を何とよぶか？
   (a) P600　(b) P680　(c) P690　(d) P700
9．キサントフィル回路が関与するのはどの過程か？
   (a) 光捕集　(b) 光リン酸化　(c) 光防御
   (d) キサントフィル合成
10．光合成電子伝達系における光化学系ＩＩとＩのあいだの電子運搬体を何とよぶか？
   (a) フェレドキシン　　(b) プラストシアニン
   (c) シトクロム $b_6f$ 複合体　(d) キサントフィル
11．循環的光リン酸化（循環的電子伝達）に関する次の記述のうち，正しくないものはどれか？
   (a) フェレドキシンからシトクロム $b_6f$ 複合体に電子が流れる
   (b) 酸素が発生する
   (c) シトクロム $b_6f$ 複合体のプロトンポンプが作動し続ける
   (d) P700 反応中心で励起状態になった電子はフェレドキシンに受け渡される
12．ルビスコの炭酸固定反応では，$CO_2$ 1分子をどの五炭糖に結合するか？
   (a) リブロース 1,2-ビスリン酸
   (b) リブロース 1,5-ビスリン酸
   (c) リブロース 1,6-ビスリン酸
   (d) リブロース 2,5-ビスリン酸
13．ルビスコの活性部位に含まれるリシンはどのような修飾を受けるか？
   (a) カルバモイル化　(b) メチル化　(c) 酸化
   (d) リン酸化
14．ルビスコ活性を制御する酵素を何とよぶか？
   (a) ホスホリブロキナーゼ　(b) ルビスコアクチベース
   (c) ルビスコレギュレータ
   (d) ルビスコ活性は基質と産物によってのみ制御されるので，そのような酵素は存在しない
15．ATP を使用して，リブロース 1,5-ビスリン酸を合成する酵素を何とよぶか？
   (a) グリセルアルデヒド 3-リン酸デヒドロゲナーゼ
   (b) ホスホグリセリン酸キナーゼ
   (c) リボース 5-リン酸キナーゼ　(d) ホスホグルコムターゼ
16．ジスルフィド結合を切断することによってカルビン回路酵素を活性化する化合物は何か？
   (a) 酸化型フェレドキシン　(b) 還元型フェレドキシン
   (c) 酸化型チオレドキシン　(d) 還元型チオレドキシン
17．スクロースは植物細胞のどこで合成されるか？
   (a) アミロプラスト　(b) 葉緑体　(c) 細胞質
   (d) ミトコンドリア
18．デンプン合成に使用される中間体は次のうちどれか？
   (a) ADP-グルコース　(b) ADP-フルクトース
   (c) UDP-グルコース　(d) UDP-フルクトース
19．貯蔵型デンプンの合成は植物細胞のどこで行われるか？
   (a) アミロプラスト　(b) 葉緑体　(c) 細胞質
   (d) ミトコンドリア
20．$C_4$ 植物に関する次の記述のうち，正しくないものはどれか？
   (a) カルビン回路反応は維管束鞘細胞で起こる
   (b) 二酸化炭素は葉肉細胞で固定されている
   (c) 二酸化炭素はホスホエノールピルビン酸カルボキシラーゼによって固定される
   (d) 炭素固定とカルビン回路は，1日の異なる時間に起こる

### 記述式問題

これらの質問の答えは本文中に記載されている．

1．葉緑体の内部構造を描き，葉緑体内において二つの異なる光合成反応が行われる場所をそれぞれ図示せよ．
2．光合成におけるクロロフィルと補助色素のそれぞれの役割を区別して説明せよ．
3．光化学系アンテナ複合体がどのように光エネルギーを捕捉し，どのように反応中心にエネルギーを伝達するかを説明せよ．
4．光リン酸化の過程における光化学系ＩとＩＩの役割を区別して説明せよ．
5．循環的リン酸化（循環的電子伝達）とは何か，また，それはなぜ重要かを説明せよ．
6．ルビスコによって触媒される反応について説明し，ルビスコ活性の調節機構について概説せよ．
7．カルビン回路の概略図を描き，重要な反応の基質，産物，および酵素をそれぞれ示せ．
8．フェレドキシンはどのようにしてカルビン回路の酵素活性を制御するかを記述せよ．
9．植物細胞における (a) スクロースと (b) デンプンの合成をもたらす生化学経路についてそれぞれ区別して説明せよ．
10．ルビスコのオキシゲネーション反応は光合成にどのような不利益をもたらすか，また $C_4$ 植物と CAM 植物はこの不利益をどのように回避しているのかを説明せよ．

### 自習用問題

次の質問に答えるためには，自分で計算してみたり，ほかの文献を読んでみたり，あるいはインターネットで調べる必要がある．

1．「赤潮」は海水中の渦鞭毛藻類およびほかの藻類の増殖によってもたらされる．これらの藻類におけるおもな集光性色素の予想される吸光度スペクトルを描け．
2．ゼアキサンチンを多く含む植物の摂取は，眼の疾患である加齢性黄斑変性に対して保護効果があると主張されている．この主張を裏づける根拠をあげよ．
3．チラコイド膜はミトコンドリア内膜よりも $Mg^{2+}$ と $Cl^-$ に対する透過性が高い．その結果として，光合成電子伝達におけるチラコイド膜を介したプロトン輸送は，ある一定量の $Mg^{2+}$ と

Cl⁻の移動を伴う．ATP合成を駆動する電気化学的勾配が葉緑体内で形成されるなかで，これらのイオン輸送の影響について論ぜよ．

4．9.2.4項では，ミトコンドリア電子伝達系に対するさまざまな阻害剤の効果について述べた．光リン酸化に対する(a)シアン化合物と(b)2,4-ジニトロフェノールの効果について論ぜよ．

5．適切な栄養素と水分，そして光環境の密閉容器内で，$C_3$植物と$C_4$植物とを隣り合わせて栽培した場合に，$C_3$植物は徐々に枯死するが$C_4$植物は成長を続けると仮定する．この観察結果について考察せよ．

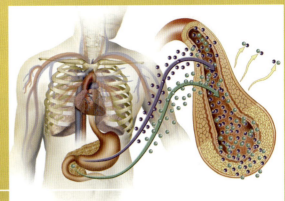

# 第11章

# 糖代謝

## ◆ 本章の目標

- グリコーゲンの合成や分解の経路を説明できる.
- ホルモンやアロステリック制御を介して, グリコーゲン代謝がどのように制御されているかを理解する.
- "無益回路"とは何か, また細胞はなぜ無益回路を避けなければならないのかを知る.
- 空腹時および過度の運動時のグルコース供給源としての糖新生の役割を理解する.
- 糖新生経路の各反応段階を説明できる.
- さまざまな基質が糖新生へ流入する反応段階を知る.
- どのように糖新生と解糖系が協調しているかを理解する.
- ペントースリン酸経路のさまざまな役割を知る.
- ペントースリン酸経路の酸化的条件と非酸化的条件の違いを区別できる.
- ペントースリン酸経路における各反応段階を説明できる.

次の三つの章では, 生細胞における主要な生体分子である糖質, 脂質, タンパク質や核酸などの窒素化合物の代謝経路について見ていくことにしよう. この章では, まず糖質に関して触れる.

糖代謝に関する多くをすでに取り扱ってきた. 解糖系や TCA 回路は糖質の分解にかかわる代謝経路であり, また光合成の暗反応は糖質を合成する代謝経路である. しかしながら, 糖代謝に関するほかの重要な三つの概念についてはまだ学んでいない. それらは, 次のとおりである.

- **グリコーゲン代謝** (glycogen metabolism): 動物細胞におけるグリコーゲンの合成と分解.
- **糖新生** (gluconeogenesis): 糖質以外の前駆物質からのグルコースの合成.
- **ペントースリン酸経路** (pentose phosphate pathway): さまざまな機能を担っているが, なかでも重要なのは細胞の NADPH の主要な供給源としての機能.

## 11.1 グリコーゲン代謝

植物がグルコースをデンプンとして蓄えるのと同じように, 動物もグルコースをポリマーであるグリコーゲンとして貯蔵する. グリコーゲンのおもな貯蔵場所は筋肉と肝臓であり, 筋肉に蓄積されたグリコーゲンは筋収縮のエネルギーとして用いられ, 肝臓に蓄積されたグリコーゲンはおもにほかの組織にエネルギーを供給するために用いられる. そこで, 肝臓や筋細胞におけるグリコーゲンの合成と分解の経路を調べ, グリコーゲン合成と分解のサイクルを制御する過程を詳しく見る必要がある. これらの制御過程は, 筋肉や脳などの組織が適切なエネルギー供給を確実に受けるのに必須であり, 生命の維持に重要である.

### 11.1.1 グリコーゲンの合成と分解

グリコーゲンは α(1→4) 結合した鎖と α(1→6) 結合した枝分かれからなる多糖であり, グルコースの直鎖約 10 個ごとに 1 カ所の枝分かれが存在する (図 11.1). そのため, グリコーゲンの構造はデンプン由来のアミロペクチンの構造と類似しており, またグリコーゲンの合成や分解はアミロペクチンの合成・分解と同様である.

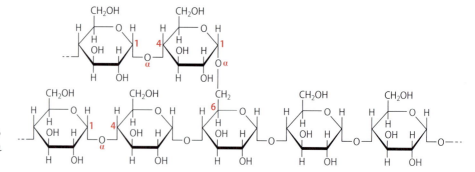

● 図 11.1　グリコーゲンの構造
グリコーゲンはアミロペクチンと同じような構造をしているが、より頻繁に枝分かれをしている。

### グリコーゲンは活性型グルコースから合成される

　葉緑体でのデンプンの生合成に触れた際に，多糖は活性型グルコース中間体，すなわちADP-グルコースから合成されることを学んだ．同じことがグリコーゲンの合成に関してもあてはまるが，グリコーゲン合成の場合はUDP-グルコースが用いられる．UDP-グルコースは，UDP-グルコースピロホスホリラーゼの触媒により，グルコース1-リン酸とUTPから合成される．この反応は，スクロース合成におけるUDP-グルコースの合成反応と同じである（図10.19A参照）．活性型グルコースはその後，**グリコーゲンシンターゼ**（glycogen synthase）によりグリコーゲンの非還元末端に付加されてグリコーゲンを伸長させるが，この反応はデンプン合成と同じ反応様式である（図10.20参照）．

　デンプン合成とグリコーゲン合成の二つ目の相違点は，デンプン合成の場合，最初の数個のグルコースからなるオリゴマーが集合することにより合成が開始されるが，グリコーゲン合成はすでに存在しているグリコーゲンが伸長することによってのみ合成が進行する．グリコーゲン合成において既存のグリコーゲンが必要であるとすると，はじめの合成はどのようにして開始されるのであろうか．答えは別の**グリコゲニン**（glycogenin）という酵素によって説明される．この酵素は同一のサブユニットからなるホモ二量体であり，それぞれのサブユニットが少なくとも8個の直鎖グルコースからなる**プライマー**（primer）を合成する．これら2組のプライマーの非還元末端が，グリコーゲンシンターゼを介したグルコース重合の開始点となる．プライマーのグルコースオリゴマーはグリコゲニンタンパク質に結合したままであり，グリコーゲンを伸長するグリコーゲンシンターゼは，グリコーゲンの核となるグリコゲニンと物理的に接触すると，最大の酵素活性を示す．これは，グリコーゲンがある大きさに成長した際に，グリコーゲンシンターゼとグリコゲニンとの接触が断たれ，それ以上の伸長が停止することを意味している．すなわち，グリコーゲンの大きさは，グリコゲニンとグリコーゲンシンターゼの接触によって規定される（図11.2）．

　グリコーゲンは枝分かれした多糖であり，その枝分かれは分枝点において α(1→6) 結合を形成する**グリコーゲン分枝酵素**（glycogen branching enzyme）が担っている．分枝酵素においてはUDP-グルコースを基質に用いない．その代わりに，この酵素は合成したグリコーゲンからグルコース単位七つからなるオリゴマーを切断し，これをグリコーゲン直鎖の内側に α(1→6) 結合で結合させて枝分かれ構造をつくる（図11.3）．この転移の際に，切断されたグルコース単位はグリコーゲン分枝酵素のアスパラギン酸に一過性に共有結合するので，失われることはない．

### グリコーゲンの分解は解糖系へグルコースを供給する

　グリコーゲン分解の経路は，本質的にはグリコーゲン合成の逆反応である．グルコースは，**グリコーゲンホスホリラーゼ**（glycogen phosphorylase）によって1分子ずつグリコーゲンの非還元末端から切断される．この酵素名にはリン酸という言葉が含まれているように，無機リン酸を個々の遊離されたグルコースに付加し，グルコース1-リン酸を生成する．

　グリコーゲンホスホリラーゼは α(1→4) 結合した直鎖のみに作用し，α(1→6) 結合の

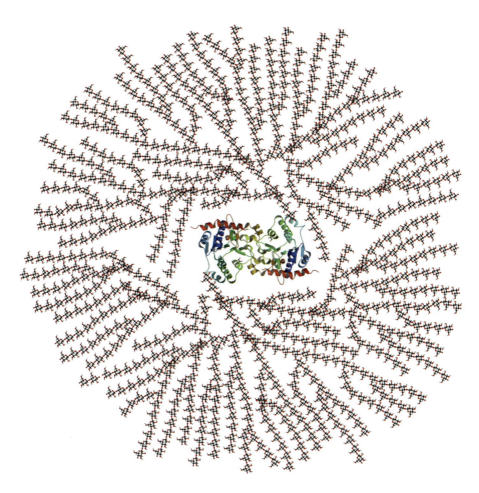

● 図 11.2 グリコーゲンの横断面
グリコーゲン合成のプライマーとなるグリコゲニンタンパク質の二量体が,グリコーゲンの中心に存在する.グリコーゲンシンターゼの活性発現にはグリコゲニンと接触する必要があるため,グリコーゲンの大きさは限定される.

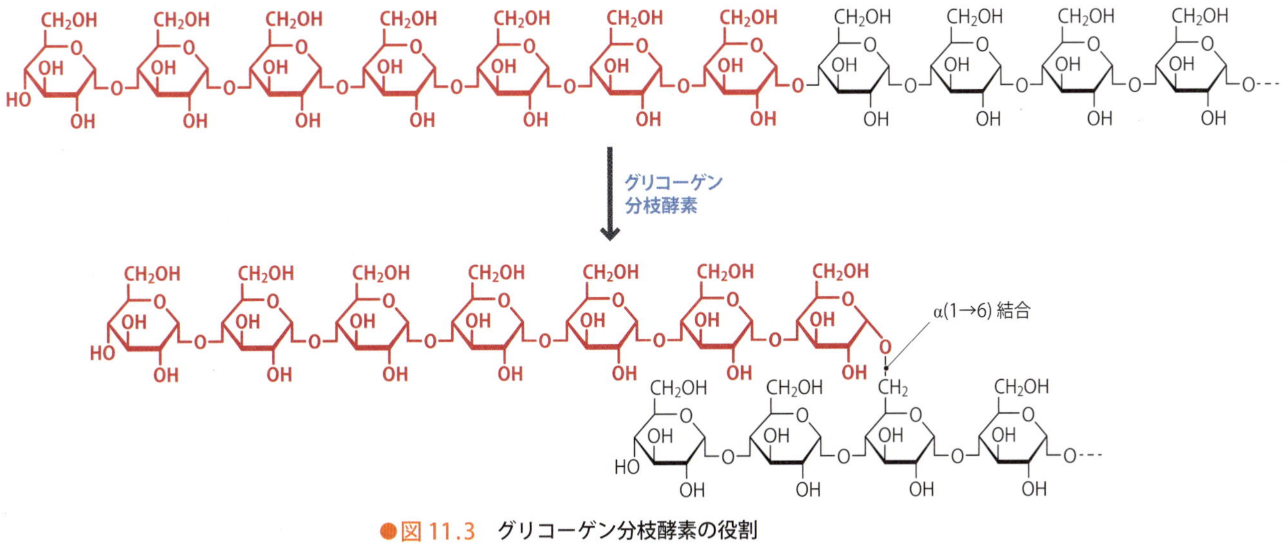

● 図 11.3 グリコーゲン分枝酵素の役割

分枝点に達すると作用できなくなる.このため,α(1→6) 結合の枝分かれ側鎖から 4〜6 糖の短い鎖が残る（図 11.4）.短い鎖を残したグリコーゲンは,さらに**グリコーゲン脱分枝酵素**（glycogen debranching enzyme）によって消化されるが,これはグリコーゲン分枝酵素の合成活性と同様の過程で行われる.その反応では,まずグリコーゲン脱分枝酵素が分枝点から 1 番目と 2 番目のグルコース間の α(1→4) 結合を切断する.この反応により,1 分子のグルコースが α(1→6) 結合によりグリコーゲンに結合した形で残り,これに加えて 3〜5 個のグルコースが α(1→4) 結合した短いオリゴマーが生成される.その際に,脱分枝

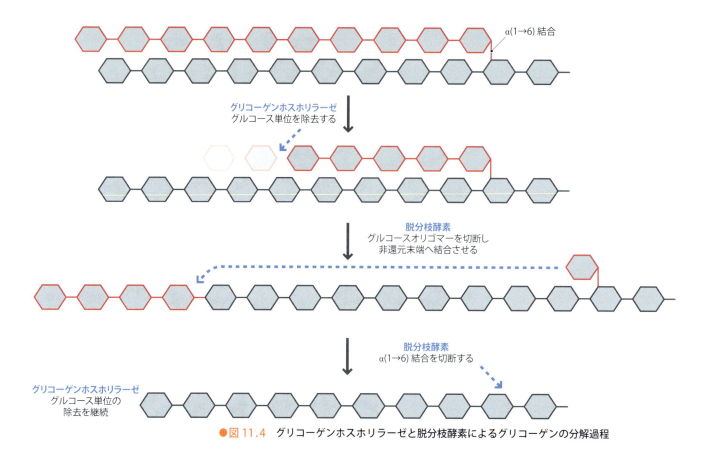

● 図 11.4　グリコーゲンホスホリラーゼと脱分枝酵素によるグリコーゲンの分解過程

　酵素はこのオリゴマーをグリコーゲンの別の非還元末端に転移させる．転移したオリゴマーが結合した側鎖は，グリコーゲンホスホリラーゼの触媒によって分解される．最後に，脱分枝酵素は主鎖に α(1→6) 結合している最後のグルコースを除去し，最終的に分枝構造は完全になくなる．
　そのため，グリコーゲン脱分枝酵素は次の二つの反応を触媒する活性をもつ．

- **糖転移酵素**（transferase）：枝分かれした側鎖のグルコースオリゴマーを別の側鎖の非還元末端に転移させる
- **α(1→6) グルコシダーゼ**〔α(1→6) glucosidase〕：分枝点をつくっているグルコース残基を切断する

　二つ目の活性はグルコシダーゼ活性であり，ホスホリラーゼではないので，脱分枝酵素によって切断された α(1→6) 結合のグルコースはグルコース 1-リン酸ではなく，グルコースそのものである．
　グリコーゲン分解の目的は，解糖系に用いるグルコースを供給することであり，エネルギー産生のために用いられる．グリコーゲン分解によって得られるグルコース 1-リン酸は，**ホスホグルコムターゼ**（phosphoglucomutase）によってグルコース 6-リン酸へと変換される（図 11.5）．筋細胞では蓄積したグリコーゲンを自分自身のエネルギー源として用いるので，グルコース 6-リン酸はその後，解糖系の 2 段階目の反応に用いられる（図 8.3 参照）．一方，肝細胞では，グリコーゲンは単に肝細胞のエネルギー源としてではなく，からだ全体のエネルギー源として貯蔵される．そのため，肝臓ではグルコース 6-リン酸は**グルコース 6-ホスファターゼ**（glucose 6-phosphatase）によりグルコースに変換される．このグルコースは血流に乗って，エネルギー源として肝臓からほかの組織へ輸送される．

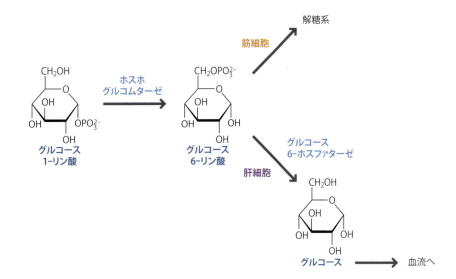

● 図 11.5 組織の違いにおけるグルコース 1-リン酸の代謝の相違

### 11.1.2 グリコーゲン代謝の制御

グリコーゲンの合成と分解のバランスは，動物がエネルギー産生に用いることのできるグルコースの量を決める一次決定因子である．そのため，グリコーゲン代謝は厳密に制御されなければならない．この制御は，ホルモンによる制御とアロステリック制御によって行われている．ホルモンによる制御には，次のホルモンが関与している．

- **インスリン**（insulin）と**グルカゴン**（glucagon）：同時にはたらいて，血中のグルコース濃度を 75 〜 110 mg/dL に保つホルモン．ただし，食後は一過的にグルコース濃度が上昇する．
- **エピネフリン**（epinephrine）〔**アドレナリン**（adrenaline）〕：このホルモンが協調することにより，"闘争または逃走" 反応においてグルコースの利用を促進する．

ホルモンによる制御は，からだ全体に広く作用する．一方，アロステリック制御は，筋細胞や肝細胞内でグルコース 6-リン酸，AMP，ATP などの代謝物の産生量に応答して，き

● Box 11.1 血　糖

血糖値とは血液中のグルコース濃度のことであり，通常，mg/dL で表される．健常人では，グルカゴンとインスリンなどのホルモンの相反的な効果によって，血中濃度が 75 〜 110 mg/dL の範囲内に維持されているが，食後には一過的にこの値を超える．

血糖値が正常値より高い場合あるいは低い場合〔それぞれ**高血糖**（hyperglycemia），**低血糖**（hypoglycemia）という〕にさまざまな病態を示唆することから，血糖値の測定は臨床症状の把握に有益である．高血糖を引き起こす主要な原因は**糖尿病**（diabetes）である．I 型糖尿病は膵臓がインスリンを十分に産生することができず，血糖値を制御できない疾患であり，II 型糖尿病ではインスリン産生は正常であるが，インスリンの作用する細胞のインスリンに対する感受性の低下によって引き起こされる．いずれの場合にもインスリン投与による治療が可能であるが，投与量や処方の時間を注意深く管理しなければならない．実際には低血糖の最も一般的な原因は糖尿病治療におけるインスリンの過剰投与であるが，肝臓や腎臓の病気の症状として低血糖症を呈することがある．

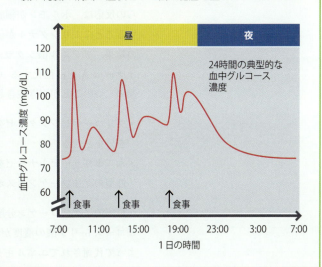

きわめて局所的に作用する．

### ホルモンはグリコーゲンホスホリラーゼとグリコーゲンシンターゼを制御している

　グリコーゲン代謝制御の鍵となる二つの標的分子は，グリコーゲンホスホリラーゼとグリコーゲンシンターゼである．これら二つの酵素は，グリコーゲンの分解と合成においてそれぞれ中心的な役割を担っている．この二つの酵素はホモ二量体からなり，どちらも $a$ 型と $b$ 型のいずれかで存在している．通常，$a$ 型とは活性型のことであり，$b$ 型は不活性型を意味する．$a$ 型と $b$ 型のあいだの変換は，それぞれのサブユニット中の一つのアミノ酸にリン酸基が修飾されることによりもたらされる．しかし，このリン酸基の付加は，この二つの酵素で異なる効果を示す（図 11.6）．

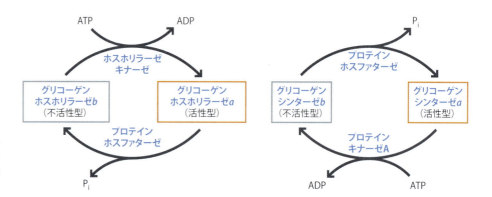

●図 11.6　リン酸化（リン酸基の付加）によるグリコーゲンホスホリラーゼとグリコーゲンシンターゼの活性制御

- グリコーゲンホスホリラーゼのリン酸化は，この酵素を活性化する．つまり，リン酸化はホスホリラーゼを $b$ 型から $a$ 型へと変換する．この反応は**ホスホリラーゼキナーゼ**（phosphorylase kinase）によって引き起こされる．
- グリコーゲンシンターゼのリン酸化は，この酵素を不活性化する．つまり，リン酸化はグリコーゲンシンターゼを $a$ 型から $b$ 型へと変換する．この反応は**プロテインキナーゼ A**（protein kinase A）によって引き起こされる．

**プロテインホスファターゼ**（protein phosphatase）という一つの酵素がこれらのリン酸化の逆反応を担っており，グリコーゲンホスホリラーゼおよびグリコーゲンシンターゼの二つの酵素からリン酸基を除去し，前者を不活性型に，後者を活性型に導く．

　"闘争または逃走" 反応の一部として，エピネフリンはグリコーゲン合成を阻害してグリコーゲン分解を促進することにより，からだ全体が用いるグルコース量を増大させる．これらの反応は，ホルモンが細胞表面の **βアドレナリン受容体**（β-adrenergic receptor）に結合することによりシグナルが伝達されて行われる．受容体タンパク質は構造変化を起こし，その結果，アデニル酸シクラーゼを活性化し，細胞内の cAMP の濃度が増大し，プロテインキナーゼ A を活性化する（図 11.7）．いったんプロテインキナーゼ A が活性化されると，次の二つのことが引き続き起こる．

- グリコーゲンシンターゼを直接リン酸化して，この酵素を不活性化し，グリコーゲン合成を停止させる．
- ホスホリラーゼキナーゼをリン酸化することによってこの酵素を活性化し，間接的に不活性型のグリコーゲンホスホリラーゼ $b$ を活性型のグリコーゲンホスホリラーゼ $a$ にする．

　最終的にグリコーゲン分解が亢進し，その結果，肝細胞のグルコースレベルと筋細胞のグルコース 6-リン酸の濃度が増大する．筋細胞で増大したグルコース 6-リン酸は，解糖系によって代謝されてエネルギーを産生するので，動物は闘争あるいは逃走することができる．

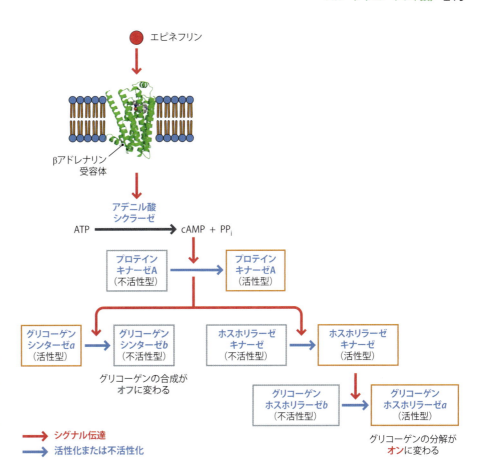

● 図 11.7 エピネフリンがグリコーゲン合成を抑制しグリコーゲン分解を促進するシグナル伝達経路

ここに示す反応の流れはカスケード反応である．エピネフリン1分子がβアドレナリン受容体に結合すると，多くのcAMPが合成され，その一つのcAMPが多くのプロテインキナーゼAを活性化する．これは，わずかなホルモンが細胞内のグリコーゲン代謝に大きな効果をもたらすことを意味する．

肝臓で産生されたグルコースは血流を介して脳などのほかの臓器へと輸送される．いったん危機が過ぎ去ると，エピネフリンの濃度は低下して，βアドレナリン受容体は初期の立体構造へ戻る．アデニル酸シクラーゼはもはや刺激されることはなく，cAMPはAMPへと変換されてcAMPの濃度は低下する．次に，プロテインキナーゼAは不活性化され，プロテインホスファターゼがグリコーゲンシンターゼとホスホリラーゼキナーゼからリン酸基を除去し，グリコーゲン合成と分解が当初のバランスへ回復する．

グルカゴンは血糖値が許容範囲から逸脱して低下することを防ぐ機能を担っており，エピ

---

### ●Box 11.2　無益回路の回避

エネルギー産生に用いられるグルコース量を制御するのと同様に，グリコーゲン代謝を制御する過程もまた，**無益回路 (futile cycle)** の出現を阻止しなければならない．逆方向への可逆反応からなる二つの代謝経路が存在すれば，無益回路が成立しうる．グリコーゲン代謝に関して，もし細胞内でグルコースからグリコーゲンを合成するのと同時に，ほかのグリコーゲンを分解してグルコースを産生すれば，無益回路が成り立つ．このグリコーゲンの無益回路はエネルギーを浪費する．なぜならグリコーゲン合成のあいだはUTPが消費されるが，グリコーゲンを分解してもUTPは補填されないからである．

いくつかの無益回路が存在する．この章の後半で，グルコース産生経路においてピルビン酸からグルコースが合成されることを学ぶが，この反応は解糖系の逆反応である．グリコーゲン代謝で学んだように，解糖系や糖新生にかかわる酵素はそれぞれ一つのみであり，これらの酵素は厳密に制御されており，二つの反応が同時に動くことなく，どちらか一方の経路が特定の時期に機能するようになっている（図11.16参照）．

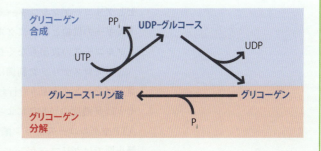

ネフリンと同様に血糖値の維持に作用しているが，突然のストレス時に応答するというよりは継続的に維持する際にはたらいている．インスリンはグルカゴンとは逆の相補的な作用をもち，過剰なグルコースをグリコーゲンへ変換して血糖値が高くなりすぎるのを阻止している．インスリンは肝細胞上のインスリン受容体に結合して**インスリン応答性プロテインキナーゼ**（insulin-responsive protein kinase）を活性化し，さらにその標的分子であるプロテインホスファターゼをリン酸化することにより活性化する（図11.8）．インスリンがこのキナーゼを活性化することにより，ホスファターゼが活性化され，最終的にグリコーゲンシンターゼの活性化とグリコーゲンホスホリラーゼの不活性化をもたらす．これらの事象が組み合わさって，グリコーゲン合成の亢進とグリコーゲン分解の低下が起こり，血中のグルコース量が低下する．グルカゴンとインスリンの効果の均衡が保たれることにより，血中のグルコース濃度は正常の範囲に維持される．

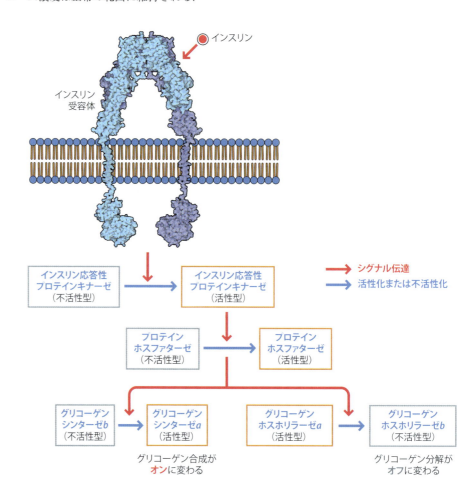

● 図11.8 インスリンがグリコーゲン合成を促進しグリコーゲン分解を抑制するシグナル伝達経路
インスリン受容体の立体構造：Molecule of the Month ⓒ David S. Goodsell and RCSB PDB licensed under CC-BY-4.0 International.

### アロステリック制御もグリコーゲンホスホリラーゼとグリコーゲンシンターゼではたらく

エピネフリン，グルカゴン，インスリンにより発揮されるグリコーゲン代謝の広範な制御と同様に，筋細胞におけるAMPとATPの相対的な濃度もまたグリコーゲンホスホリラーゼとグリコーゲンシンターゼの活性に影響を及ぼす．これは，筋細胞においては運動中にエネルギーの供給とともにグルコースが放出され，運動が終わりエネルギーの消費がなくなるとグルコースの放出もなくなることを意味している．

このアロステリック制御は，ともに不活性型であるグリコーゲンホスホリラーゼ$b$とグリコーゲンシンターゼ$b$で行われている．肝臓とは違って，筋肉ではグリコーゲンホスホリラーゼ$b$は高濃度のAMPによって活性化されるが，静止期の筋肉に蓄積されている高濃度のATPやグルコース6-リン酸によって逆の効果，すなわち活性の抑制がもたらされる．これは，静止期ではグリコーゲンホスホリラーゼ$b$は活性をもたず，運動をすることによりATPや

### ● Box 11.3 グリコーゲン代謝のカルシウムによる制御

筋細胞において，グリコーゲンホスホリラーゼはカルシウムイオン（$Ca^{2+}$）濃度によっても影響を受ける．$Ca^{2+}$ はグリコーゲンホスホリラーゼのもう一つの活性化因子であり，グリコーゲン分解を促進させる．

なぜ $Ca^{2+}$ がこのような効果をもっているのであろうか．答えは，筋収縮における $Ca^{2+}$ の役割に関係している．筋細胞が神経の活動電位によって活性化を受けると，$Ca^{2+}$ が**筋小胞体**（sarcoplasmic reticulum）とよばれる特殊な滑面小胞体から遊離されて，細胞質の $Ca^{2+}$ 濃度が 10 倍に上昇する．$Ca^{2+}$ は**トロポニン**（troponin）タンパク質をつくる三つのポリペプチドのうちの一つに結合して，構造変化を引き起こす．この構造変化は一連の反応を開始させ，筋収縮をもたらす．筋収縮にはエネルギーが必要であり，グリコーゲンホスホリラーゼの活性を直接刺激する効果をもたらし，上昇した $Ca^{2+}$ 濃度はエネルギー需要が増大したまさにそのときに，細胞内のグルコースの供給を増大させる．

---

グルコース 6-リン酸の濃度が低下して，逆に AMP の濃度が増大すると，ホスホリラーゼ b が刺激されてより多くのグルコース 6-リン酸がグリコーゲンからつくられて，エネルギーの供給が増大することを意味している（図 11.9）．また予想されるように，グリコーゲン合成はこれとは逆に抑制される．一方，静止期では，高濃度のグルコース 6-リン酸がグリコーゲンシンターゼ b を活性化し，グリコーゲン合成を促進する．運動がはじまると，グルコース 6-リン酸が減少してグリコーゲンシンターゼを不活性型へと導き，グルコースが絶えず供給されこれが解糖系において利用され，グリコーゲン合成へ転用されることはない．より多くのエネルギーを産生するためのグリコーゲン分解は，筋収縮におけるカルシウムによっても促進される．

グリコーゲン代謝におけるアロステリック制御はホルモンによる制御とは異なり，グリコーゲンホスホリラーゼ b やグリコーゲンシンターゼ b のリン酸化や脱リン酸化は伴わない．その代わり，アロステリック化合物がグリコーゲンホスホリラーゼに結合することにより二つのサブユニット間の位置が変化し，その結果，"弛緩した"活性状態と"緊張した"不活性型の立体構造のあいだの遷移状態を保つ．緊張した立体構造では，基質は酵素の活性部位

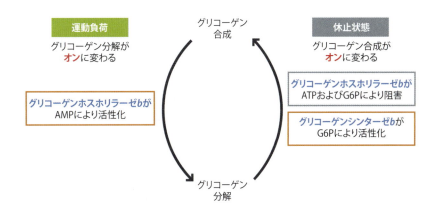

● 図 11.9 運動負荷時および静止期筋細胞によるグリコーゲン合成と分解のアロステリック制御
G6P：グルコース 6-リン酸．

### ● Box 11.4 肝細胞におけるグリコーゲン代謝のアロステリック制御

肝臓では，グリコーゲンホスホリラーゼ b は AMP では活性化されない．このことは筋肉とは状況が異なり，肝臓におけるグリコーゲンの分解は肝細胞自身のエネルギー状態に関係がないことを意味している．一方，グリコーゲンホスホリラーゼ a はグルコースによって阻害される．これは肝細胞におけるグリコーゲン貯蔵の役割と関連しており，具体的には血中のグルコース濃度の維持に肝臓のグリコーゲンが寄与していることを意味する．グルコースの血中濃度が増大すると，グリコーゲンホスホリラーゼ a が阻害され，その結果，肝臓におけるグリコーゲン分解がオフになる．グルコース濃度が低下すると反応は逆に進行し，グリコーゲン分解のスイッチがオンになる．

に結合できない．グリコーゲンシンターゼのアロステリック制御の構造的基盤に関してはそれほど詳細に解析がなされているわけではないが，グリコーゲンホスホリラーゼときわめて似た構造をしており，同様の弛緩した立体構造と緊張した立体構造をもつものと考えられる．

## 11.2 糖新生

糖新生とは，さまざまな糖質以外の前駆体からグルコースを合成する過程である．飢餓状態や過度の運動など，糖のもととなる材料の少ない極端な場合には，体内でエネルギー産生のためのグルコースの供給が維持される．肝臓はグリコーゲンを十分に蓄えられて，12時間にいたる飢餓状態でも脳にエネルギーを供給できる唯一の臓器である．12時間を超過すると，肝臓は糖新生を用いて脳をできるかぎり長く機能できるように保つ．よって，糖新生が非常に重要な生化学反応の過程であることは明らかであり，この過程の各反応段階とその制御は必ずおさえておこう．

### 11.2.1 糖新生の経路

通常，糖新生はピルビン酸からはじまりグルコースで終わる複数の反応段階からなる．実際には，いくつかの非糖質化合物が糖新生の基質として使われるが，これらがピルビン酸を介して代謝されることはなく，後半の段階で糖新生経路に流入する．そこで，まずピルビン酸からグルコースになる糖新生の各過程について調べ，この経路のさまざまな基質のなかで最も重要な物質の流入点について見ていこう．

#### ピルビン酸からグルコースへの変換は，解糖系の逆反応の一部である

ピルビン酸からグルコースへいたる糖新生に着目する理由は，逆反応のグルコースからピルビン酸を産生する解糖と直接比較したいからである．しばしば糖新生は解糖系の逆反応であるといわれるが，これは部分的には正しい．それはなぜかを理解するには，解糖系におけるグルコースからピルビン酸への反応の各段階において，どの反応段階は容易に逆反応が起こり，どの段階は違うのかを区別する必要がある（図11.10）．解糖系の中間の反応経路には，フルクトース1,6-ビスリン酸からはじまりホスホエノールピルビン酸にいたる一連の反応があるが，これらの個々の反応は$\Delta G$値がほぼゼロに等しい．これらの反応段階では，反応物と生成物が1:1に近い平衡関係にあり，同一の酵素が正反応と逆反応の両方を触媒できる．これらの反応は解糖系の逆反応，すなわち糖新生においても用いられる．

"解糖系の逆反応"は，ホスホエノールピルビン酸からフルクトース1,6-ビスリン酸へいたる糖新生経路の一部について正しいことが理解できた．しかし，解糖系において反応を進行させるためには（すなわち解糖系の正方向への反応において），三つの大きな負の$\Delta G$値をもつ反応段階が存在する．細胞の置かれた状況によっては，これらの反応は不可逆的である．三つの反応のうち二つは解糖系の開始点の反応であり，ヘキソキナーゼによりグルコースがグルコース6-リン酸へ変換される反応と，ホスホフルクトキナーゼによりフルクトース6-リン酸がフルクトース1,6-ビスリン酸へ変換される反応である．残り一つの反応は解糖系の最後の段階の反応であり，ピルビン酸キナーゼの触媒によりホスホエノールピルビン酸からピルビン酸へいたる反応である．もしこれら三つの反応が解糖系の正反応のみで進行するのであれば，糖新生において解糖系の逆反応の生成物を得ることはできないであろう．

しかしその逆反応が起こる理由は，これら三つの反応段階に関して異なる化学反応を用いた別の反応を利用することにより迂回しているからある．すなわち，生成物B→Aを得るための過程は，A→Bを生成する際に用いられる反応とは異なる化学反応を用いている．B→AとA→Bの二つの反応式は異なる化学反応であり，同一の反応の正反応と逆反応に相当するわけではない．それらは異なる反応なので，異なる$\Delta G$値をもっている．そのため，A→Bの反応は大きな負の$\Delta G$値をもち不可逆反応であるが，B→Aの反応は適切な酵素

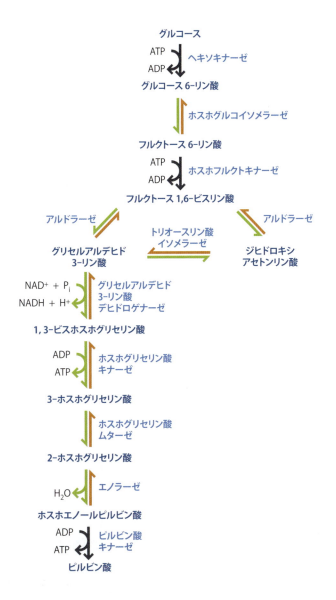

● 図 11.10　解糖系の逆反応
色付矢印で示した反応は ΔG 値がほぼゼロに等しく，反応物と生成物とのあいだに平衡が成り立ち，ほぼ 1：1 で存在している．この正反応と逆反応のいずれもが，同一の酵素によって触媒される．

の触媒を用いることにより反応可能な ΔG 値をもつことになり，反応が進行する．これが，糖新生において行われていることである．

### 解糖系における不可逆反応は，糖新生においては迂回されている

　まず，糖新生のピルビン酸からグルコースへいたる一連の反応の 1 段階目，すなわちピルビン酸がホスホエノールピルビン酸になる反応について考えてみよう．解糖系では，ピルビン酸キナーゼがリン酸基をホスホエノールピルビン酸から ADP へ転移させ，ピルビン酸と ATP を産生した．糖新生では，ピルビン酸からホスホエノールピルビン酸が産生されるが，リン酸基は 2 段階の反応，すなわち**ピルビン酸カルボキシラーゼ**（pyruvate carboxylase）**とホスホエノールピルビン酸カルボキシキナーゼ**（phosphoenolpyruvate carboxykinase）によって触媒される．またリン酸基は GTP から供給され，そのエネルギーは ATP の加水分解によってまかなわれる．最終的な全体の反応は次のとおりである．

$$\text{ピルビン酸} + GTP + ATP + H_2O \longrightarrow$$
$$\text{ホスホエノールピルビン酸} + GDP + ADP + P_i + 2H^+$$

　この反応式には，この反応のあいだに起こるいろいろな重要な事象が隠れている．オキサロ酢酸が中間体として形成されるが，その前後の反応においてカルボキシ基（−COOH 基）が付加され，そして除去される（図 11.11）．カルボキシ基の由来は炭酸イオン（$HCO_3^-$）

として溶液中に存在する二酸化炭素であり，はじめにピルビン酸カルボキシラーゼの補欠分子族として結合している**ビオチン**（biotin，ビタミン $B_7$）に捕捉される．

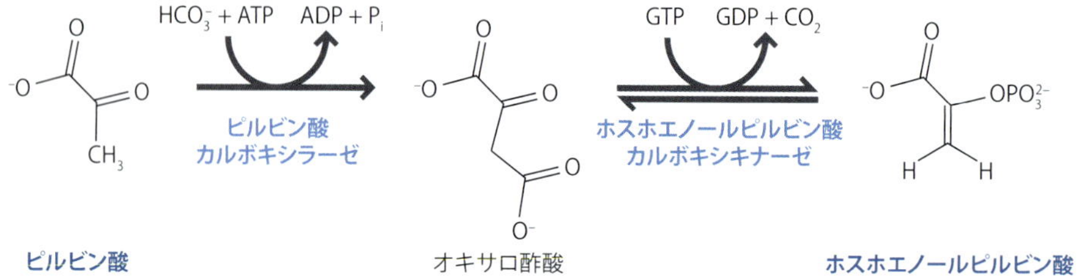

● 図 11.11 糖新生におけるピルビン酸からホスホエノールピルビン酸の合成

ピルビン酸カルボキシラーゼはミトコンドリアの酵素であり，この反応はミトコンドリアのマトリックス内で進行する．この反応によって生成するオキサロ酢酸は，次にミトコンドリア内から細胞質へ輸送され，オキサロ酢酸の脱炭酸によるホスホエノールピルビン酸の生成が進行する．この反応には一つの障壁がある．それは，オキサロ酢酸がミトコンドリア内膜を通過できないからである．そこで，オキサロ酢酸はリンゴ酸に変換されて，リンゴ酸輸送体を介してミトコンドリアの外へ輸送される（図11.12）．細胞質へ輸送されるとリンゴ酸は速やかにオキサロ酢酸へと変換され，それはさらに変換されてホスホエノールピルビン酸カルボキシキナーゼによってホスホエノールピルビン酸となる．

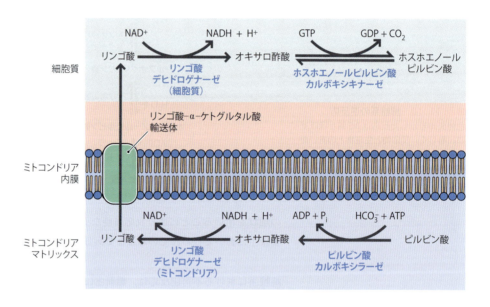

● 図 11.12 糖新生におけるリンゴ酸の輸送

ピルビン酸カルボキシラーゼによって産生されるオキサロ酢酸は，ミトコンドリアに存在するリンゴ酸デヒドロゲナーゼによってリンゴ酸に変換される．このリンゴ酸はその後，リンゴ酸-α-ケトグルタル酸輸送体によって，ミトコンドリアマトリックスの外へと輸送される（図9.21参照）．リンゴ酸はその後，細胞質に存在するリンゴ酸デヒドロゲナーゼによって再びオキサロ酢酸へと変換される．

次に，糖新生経路の最後の段階に進むことにしよう．この最後の段階には，解糖系においてヘキソキナーゼとホスホフルクトキナーゼによって触媒される二つの反応が存在する．これらの二つの酵素は，ATPからそれぞれの基質に対してリン酸基を転移する酵素である．糖新生においては，リン酸基をADPへ転移することはエネルギー的に不利であるために起こらない．その代わりに，リン酸基は加水分解によって除去され，生成物の一つとして無機リン酸が得られる（図11.13）．これらの反応を触媒する酵素が**フルクトース 1,6-ビスホスファターゼ**（fructose 1,6-bisphosphatase）と**グルコース 6-ホスファターゼ**である．これらの反応段階の二つ目の反応は，小胞体内腔で起こる．生成されたグルコースは小胞内に留まって，その後，小胞が細胞膜と融合して放出されるか，あるいは細胞質に戻ったあとにグルコース輸送体によって形質膜を通過して放出される．細胞外へ放出されたグルコースは，グルコースを必要とする脳やほかの組織へ取り込まれる．エネルギーの危機が解除されると，糖新生はグルコース 6-リン酸合成の段階で停止し，このグルコース 6-リン酸は肝細胞の細胞質でグリコーゲンの貯蔵に再び使われる．

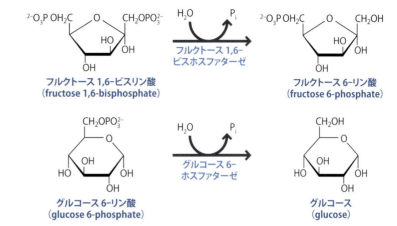

●図 11.13 糖新生におけるフルクトース 1,6-ビスホスファターゼとグルコース 6-ホスファターゼにより触媒される反応

### 糖新生の主要な基質は異なる反応段階で経路に流入する

ピルビン酸は糖新生の出発点に見えるが，この経路の主要な基質は炭水化物ではない化合物であり，これらの基質は細胞内にあり，飢餓状態の際に犠牲になった物質，あるいは強度の運動によりエネルギー源を絶たれた際につくられた物質である．

糖新生の主要な基質は乳酸，アミノ酸，トリアシルグリセロールである．乳酸は，強度の運動をした際など，酸素の足りない嫌気呼吸によって筋肉で産生され，糖新生を必要とするストレスの一つである．乳酸は筋肉から肝臓へと運ばれ，そこで乳酸デヒドロゲナーゼによってピルビン酸へと直接変換される（図 8.6 参照）．その後，ピルビン酸は先述のように糖新生へと使われる（図 11.14）．

糖新生のためのアミノ酸は食事から得られるが，より極端な場合としてタンパク質の分解があり，その多くは筋肉で起こる．20 種類の標準的なアミノ酸のほとんどはオキサロ酢酸へと変換されて，ホスホエノールピルビン酸カルボキシキナーゼにより触媒された段階で糖新生の経路に入る．いくつかのアミノ酸では，直接オキサロ酢酸へ導かれるが，そのほかのアミノ酸では TCA 回路における中間体の一つに変換されてからオキサロ酢酸へと誘導される．後者の場合は，TCA 回路の酵素がこれらの中間体をオキサロ酢酸へと変換する．

最後のトリアシルグリセロールは脂肪酸とグリセロールに分解される．脂肪酸は糖新生には利用できないが，グリセロールはグリセロールキナーゼによりグリセロール 3-リン酸へと代謝され，その後，グリセロール 3-リン酸はグリセロール 3-リン酸デヒドロゲナーゼによりジヒドロキシアセトンリン酸へ変換される（図 11.15）．次に，ジヒドロキシアセトンリン酸が糖新生の後半のフルクトース 1,6-ビスリン酸合成の経路に入る．

---

### ●Box 11.5　糖新生のエネルギー収支

糖新生経路の次の反応段階には，エネルギーを必要とする．

- ピルビン酸からオキサロ酢酸への変換（ピルビン酸カルボキシラーゼにより触媒）：1 分子の ATP が消費される．
- オキサロ酢酸からホスホエノールピルビン酸への変換（ホスホエノールピルビン酸カルボキシキナーゼにより触媒）：1 分子の GTP が必要．
- 3-ホスホグリセリン酸から 1,3-ビスホスホグリセリン酸の変換（ホスホグリセリン酸キナーゼにより触媒）：1 分子の ATP が必要．

それに加えて，糖新生への方向づけがなされたとき，グリセルアルデヒド 3-リン酸デヒドロゲナーゼは細胞質の NADH を 1 分子消費する．NADH 1 分子は電子伝達系においては 3 分子の ATP の産生に用いられる（9.2.5 項参照）．

1 分子のグルコースを産生するのに 2 分子のピルビン酸が必要であり，糖新生によって 1 分子のグルコースを産生するのに必要なエネルギーを計算するには，先に示した ATP などの数を 2 倍しなければならない．よって，全体で 10 分子の ATP と 2 分子の GTP を必要とする．一方，解糖系ではちょうど 2 分子の ATP が得られる．そのため，細胞は解糖系と糖新生の無益回路（Box 11.2 参照）を避けなければならない．なぜなら，この回路は実質的なエネルギーの浪費につながるからである．

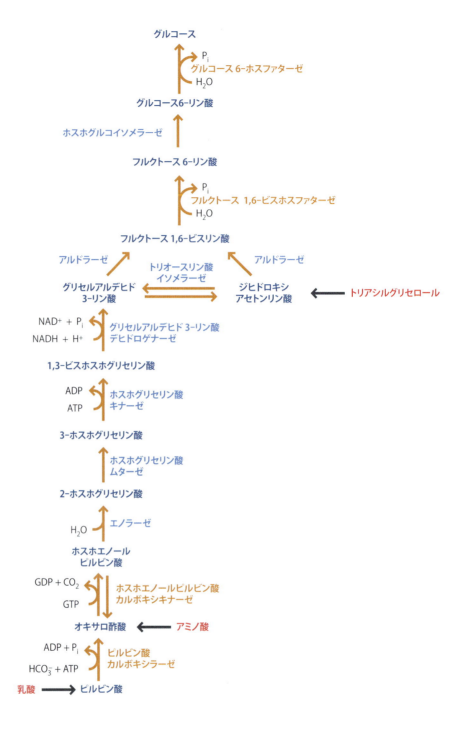

● 図 11.14 糖新生における主要な基質の流入点
糖新生の経路は解糖系の逆反応として示され，糖新生でのみ見られる酵素を橙色で示す．乳酸，アミノ酸，トリアシルグリセロールのそれぞれの流入点を黒矢印で示す．

● 図 11.15 グリセロールからジヒドロキシアセトンリン酸の合成
この変換はトリアシルグリセロールからの分解物を糖新生に利用することを可能にする．

### 11.2.2 糖新生の制御

　糖新生はエネルギー供給の破綻が起こった際に，切り替えがなされるように制御されなければならない．肝臓はそれに応答してグルコースを産生し，脳へと供給する必要がある．それゆえ，糖新生の制御は，糖新生が起こっているときに解糖系が阻害されるような協調が必要である．

糖新生と解糖系の協調は，ホスホフルクトキナーゼ（図11.10）とフルクトース1,6-ビスホスファターゼ（図11.14）に対する相反する制御によって達成されている．これら二つの酵素は，それぞれ解糖系と糖新生において，フルクトース6-リン酸とフルクトース1,6-ビスリン酸の相互変換を担っている酵素である．解糖系の制御を学んだ際に，ホスホフルクトキナーゼがAMPによって活性が促進され，逆にATPやクエン酸によって阻害されることを学んだ．それゆえ，エネルギー供給が少ない場合には高濃度のAMPによってシグナルが伝えられて，解糖系の速度が促進されるのに対して，適切なエネルギーが蓄積されてATPやクエン酸の濃度が高い場合には解糖系の速度は遅くなる．AMPとクエン酸は糖新生に対して相補的な効果をもっている．解糖系が駆動しなければならない場合，AMPはフルクトース1,6-ビスホスファターゼを阻害して糖新生を停止させ，逆に解糖系の阻害時には，クエン酸はフルクトース1,6-ビスホスファターゼを活性化して糖新生を開始させる（図11.16）．

制御分子であるフルクトース2,6-ビスリン酸（8.2.4項参照）も同様に，解糖系と糖新生を協調させている．この分子はホスホフルクトキナーゼを活性化して，フルクトース1,6-ビスホスファターゼを阻害する．飢餓状態ではグルカゴンが血中に放出されるが，グルカゴンの血中濃度の増大による効果の一つに，フルクトース2,6-ビスリン酸を分解し，糖新生を解糖系よりも優勢にすることがある．

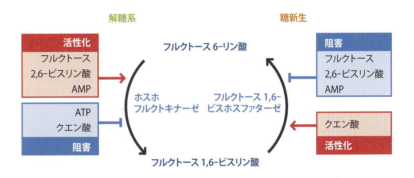

● 図11.16 解糖系と糖新生の相互の制御

## 11.3 ペントースリン酸経路

> これらの生合成経路は次の二つの章（12.1.1項 脂肪酸合成，12.3節 ステロール合成，13.2.1項 アミノ酸合成，13.2.2項 ヌクレオチド合成）で詳細を学ぶ．

ペントースリン酸経路は，ほかに**ヘキソースリン酸経路**（hexose monophosphate shunt）あるいは**ホスホグルコン酸経路**（phosphogluconate pathway）ともよばれ，三つのおもな役割がある．

- NADPHの主要な供給源であり，脂肪酸やステロールの生合成反応におけるエネルギー供与体として用いられる．
- この経路の中間体の一つであるリボース5-リン酸は，ヌクレオチド合成の前駆体であり，またヒスチジンやトリプトファン合成の前駆体でもある．
- ほかの中間体であるエリトロース4-リン酸は，フェニルアラニン，トリプトファン，チロシンの合成にかかわる中間体である．

ペントースリン酸経路はとくに乳腺，副腎皮質，脂肪組織などの脂肪酸やステロイドホルモンを産生する組織において，その細胞質で活発にはたらいている．

### 11.3.1 酸化的ペントースリン酸経路と非酸化的ペントースリン酸経路

ペントースリン酸経路は二つの段階に分けられる．1段階目は酸化的経路であり，グルコース6-リン酸からはじまり，リボース5-リン酸と2分子のNADPHを産生する．その後，非酸化的経路，すなわち三〜七炭糖が合成される段階が続く．

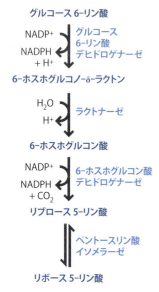

●図 11.17 酸化的ペントースリン酸経路

### 酸化的経路により NADPH が合成される

酸化的ペントースリン酸経路の全反応は次のとおりである．

グルコース 6-リン酸 + 2NADP$^+$ + H$_2$O ⟶ リボース 5-リン酸 + 2NADPH + 2H$^+$ + CO$_2$

経路を図 11.17 にまとめて示す．各段階の詳細は次のとおりである．

**ステップ 1.** グルコース 6-リン酸は，**グルコース 6-リン酸デヒドロゲナーゼ**（glucose 6-phosphate dehydrogenase）により酸化されて，6-ホスホグルコノ-δ-ラクトンになる．この反応により 1 分子の NADPH が産生される．

**ステップ 2.** 6-ホスホグルコノ-δ-ラクトンは**ラクトナーゼ**（lactonase）により加水分解されて，6-ホスホグルコン酸になる．

**ステップ 3.** **6-ホスホグルコン酸デヒドロゲナーゼ**（6-phosphogluconate dehydrogenase）による酸化的脱炭酸では，6-ホスホグルコン酸（六炭糖）がリブロース 5-リン酸（五炭糖）へ変換されるとともに，1 分子の NADPH が得られる．

**ステップ 4.** **ペントースリン酸イソメラーゼ**（phosphopentose isomerase）の触媒により，リブロース 5-リン酸は異性化してリボース 5-リン酸になる．

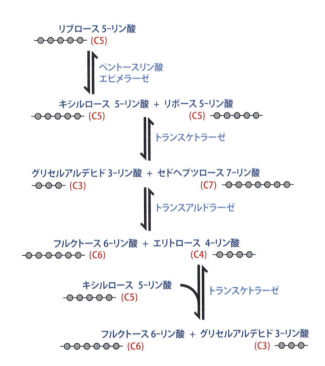

リブロース 5-リン酸 ⇌(ペントースリン酸イソメラーゼ) リボース 5-リン酸 (ribose 5-phosphate)

酸化的ペントースリン酸経路の最終段階では，おもな目的の二つが達成されたことになる．すなわち，脂肪酸およびステロール生合成のためのNADPH産生と，ヌクレオチドおよびアミノ酸を合成するためのリボース 5-リン酸の合成である．

### 非酸化的経路によりさまざまな物質がつくられる

酸化的ペントースリン酸経路によって生成したリボース 5-リン酸がヌクレオチドやアミノ酸合成にすべて使われなかった場合，非酸化的ペントースリン酸経路が作動する．この第二の経路によって，さまざまな糖質の中間体や最終産物がつくられる（図 11.18）．

**リブロース 5-リン酸** (C5)
⇌ ペントースリン酸エピメラーゼ
**キシルロース 5-リン酸 + リボース 5-リン酸** (C5) (C5)
⇌ トランスケトラーゼ
**グリセルアルデヒド 3-リン酸 + セドヘプツロース 7-リン酸** (C3) (C7)
⇌ トランスアルドラーゼ
**フルクトース 6-リン酸 + エリトロース 4-リン酸** (C6) (C4)
**キシルロース 5-リン酸** (C5) ⇌ トランスケトラーゼ
**フルクトース 6-リン酸 + グリセルアルデヒド 3-リン酸** (C6) (C3)

● 図 11.18　非酸化的ペントースリン酸経路

**ステップ5.** リブロース 5-リン酸（**ステップ3**より）はペントースリン酸エピメラーゼ（phosphopentose epimerase）により，異性体のキシルロース 5-リン酸へ変換される．

リブロース 5-リン酸 ⇌(ペントースリン酸エピメラーゼ) キシルロース 5-リン酸 (xylulose 5-phosphate)

**ステップ6.** トランスケトラーゼ（transketolase）により，2個の炭素がキシルロース 5-リン酸からリボース 5-リン酸の側鎖へと転移される．その結果，三炭糖であるグリセルアル

デヒド 3-リン酸と七炭糖のセドヘプツロース 7-リン酸が得られる．

**ステップ 7．** トランスアルドラーゼ（transaldolase）はもう一つの分子間転移反応を触媒し，グリセルアルデヒド 3-リン酸とセドヘプツロース 7-リン酸からフルクトース 6-リン酸（六炭糖）とエリトロース 4-リン酸（四炭糖）を生成する．

**ステップ 8．** 最後に，トランスケトラーゼの触媒によりエリトロース 4-リン酸ともう一つのキシロース 5-リン酸（**ステップ 5** より）とのあいだで転移反応が起こり，フルクトース 6-リン酸とグリセルアルデヒド 3-リン酸が再生する．

非酸化的ペントースリン酸経路では，最終的に次の反応が成立する．

$$2 \times キシロース5\text{-}リン酸 + リボース5\text{-}リン酸 \longrightarrow$$
$$2 \times フルクトース6\text{-}リン酸 + グリセルアルデヒド3\text{-}リン酸$$

中間体にはエリトロース 4-リン酸も含まれており，これは芳香族アミノ酸の合成に用いられる．最終生成物であるフルクトース 6-リン酸とグリセルアルデヒド 3-リン酸は解糖系

## Box 11.6　ピタゴラスはペントースリン酸経路を知っていてソラマメを食べることを禁止したのだろうか？

ギリシャの哲学者，ピタゴラスは三平方の定理で最もよく知られているが，数学，天文学，医学，そのほかの初等科学の領域においても多くの貢献をした．彼の残したさまざまな言葉には謎めいたものがあり，その一つに「ソラマメを食することなかれ」というものがある．はるか昔から，学者たちによってこの言葉の意味について議論がなされてきた．ソラマメは死者の霊を宿しているように見えるからであろうとか，形が男性のある臓器に似ていて汚れていると考えたからであろうとか，あるいは食べたあとの腹部膨満感が哲学的思考に有害であると考えたからではないかなど，さまざまな説がある．ピタゴラスのソラマメに対する忌避は強く，刺客に追跡された際にソラマメ畑に逃げることを拒み，死を選んだことからも窺える．

最近の議論では，ピタゴラスのソラマメに関する見解は確固とした科学的根拠に基づいており，その原因の一つにペントースリン酸経路が関係していることがわかってきた．世界中で約4億人の人びとがソラマメ中毒で苦しんでおり，ソラマメ（fava beanともよばれた）の名前から **favism**（**ソラマメ中毒**）という病名がつけられている．ソラマメ中毒とは，ソラマメを食べたあとに赤血球が破壊されることで特徴づけられる疾患である．この溶血反応はソラマメ中に含まれているビシンなどの配糖体が原因であり，この物質が還元剤として作用して，赤血球内の酸素を過酸化水素などの活性酸素種に変換するために引き起こされる．これらの活性酸素種が赤血球の細胞膜に傷害を与え，溶血を引き起こすのである．

ソラマメ中毒の患者は還元型**グルタチオン**（glutathione）（GSH）を十分に合成できないために，過酸化水素の毒性に対して抵抗性をもたない．グルタチオンとはグルタミン酸，システイン，グリシンからなるトリペプチドであるが，1残基目と2残基目のアミノ酸間が通常とは異なる結合でつながっている．酸化型グルタチオン（GSSG）では，2分子のポリペプチドがジスルフィド結合でつながって二量体を形成している．

過酸化水素は次の反応を触媒する．**グルタチオンペルオキシダーゼ**（glutathione peroxidase）によって解毒される．

$$2\text{GSH} + \text{H}_2\text{O}_2 \longrightarrow \text{GSSG} + 2\text{H}_2\text{O}$$

酸化型グルタチオン（GSSG）から再び還元型グルタチオン（GSH）を再生するのは，**グルタチオンレダクターゼ**（glutathione reductase）の役割である．

還元型グルタチオンが抗酸化物質として恒常的に機能するには，赤血球内でNADPHの供給が維持される必要がある．NADPHを供給する経路はいくつかしかなく，ペントースリン酸経路以外はすべてがミトコンドリア内で起こる．ミトコンドリアを欠損した赤血球では，NADPHの供給は唯一ペントースリン酸経路のみに依存している．

生化学的視点からすれば，ソラマメ中毒はペントースリン酸経路に障害があるために，赤血球のNADPH供給が枯渇して起こると考えられる．ソラマメ中毒の患者では特異的に**グルコース 6-リン酸デヒドロゲナーゼ欠損症**〔glucose 6-phosphate dehydrogenase（**G6PD**）deficiency〕が認められ，この酵素をコードする遺伝子に変異をもつ．この遺伝子はX染色体上に存在するために，この疾患はX染色体を一つしかもたない男性に高頻度で見られる．女性においては，片方のX染色体上の遺伝子が正常であれば，もう一方の活性を失った変異遺伝子を補完することができるので，症状は穏やかである．

地中海地方ではこの疾患がより高頻度に認められるが，おそらくピタゴラスやその周りの人たちにとっては身近な病気であり，それゆえソラマメを食べることを禁じたのかもしれない．

の中間体であり，解糖系の基質として用いることもできる．トランスケトラーゼとトランスアルドラーゼの反応は可逆的であり，解糖系の中間体をリボース5-リン酸合成のための基質として用いれば，非酸化的ペントースリン酸経路の反応を逆方法へ進行できることを意味している．つまり，NADPHを生成することなくリボース5-リン酸を生成できることを意味し，細胞がNADPHの十分な供給が可能であるが，ヌクレオチドやアミノ酸生合成のためのリボース5-リン酸が不足している場合に役立つ経路である．

## ● 参考文献

E. Beutler, "Glucose-6-phosphate dehydrogenase deficiency: a historical perspective," *Blood*, **111**, 16 (2008).

J. E. Gerich, C. Meyer, H. J. Woerle, M. Stumvoll, "Renal gluconeogenesis: its importance in human glucose homeostasis," *Diabetes Care*, **24**, 382 (2001).

T. E. Jensen, E. A. Richter, "Regulation of glucose and glycogen metabolism during and after exercise," *Journal of Physiology*, **590**, 1069 (2012).

S. Jitrapakdee, M. StMaurice, I. Rayment, W. W. Cleland, J. C. Wallace, P. V. Attwood, "Structure, mechanism and regulation of pyruvate carboxylase," *Biochemical Journal*, **413**, 369 (2008).

F. Q. Nuttal, A. Ngo, M. C. Gannon, "Regulation of hepatic glucose production and the role of gluconeogenesis in humans: is the rate of gluconeogenesis constant?," *Diabetes/Metabolism Research and Reviews*, **24**, 438 (2008).

K. C. Patra, N. Hay, "The pentose phosphate pathway and cancer," *Trends in Biochemical Sciences*, **39**, 34 (2014).

P. J. Roach, A. A. Depaoli-Roach, T. D. Hurley, V. S. Tagliabracci, "Glycogen and its metabolism: some new developments and old themes," *Biochemical Journal*, **441**, 763 (2012).

C. Smythe, P. Cohen, "The discovery of glycogenin and the priming mechanism for glycogen biogenesis," *European Journal of Biochemistry*, **200**, 625 (1991).

R. B. Stein, J. J. Blum, "On the analysis of futile cycles in metabolism," *Journal of Theoretical Biology*, **72**, 487 (1978).

E. Van Schaftingen, I. Gerin, "The glucose-6-phosphatase system," *Biochemical Journal*, **362**, 513 (2002).

## ● 章末問題

### 四択問題

各質問に対して正しい答えは一つだけである．答えは化学同人HP：https://www.kagakudojin.co.jp/book/b378577.html にある．

1．グリコーゲンの構造はどれか？
  (a) α(1→6) 鎖と α(1→4) 分枝構造
  (b) α(1→4) 鎖と β(1→6) 分枝構造
  (c) α(1→4) 鎖と α(1→6) 分枝構造
  (d) β(1→6) 鎖と α(1→6) 分枝構造

2．グリコーゲン合成の際の主要な基質はどれか？
  (a) ADP-グルコース　(b) UDP-グルコース
  (c) ADP-ガラクトース　(d) グルコース 1-リン酸

3．グリコゲニンの役割は何か？
  (a) グリコーゲンを合成する酵素
  (b) グリコーゲン合成の際のプライマーをつくる
  (c) グリコーゲンの分枝構造をつくる
  (d) 過度に長鎖の枝分かれした糖鎖を分解してグリコーゲンの大きさを規定する

4．グリコーゲンの非還元末端からグルコースを除去する酵素を何というか？
  (a) グリコーゲンホスホリラーゼ　(b) グリコゲニナーゼ
  (c) ホスホグルコムターゼ　(d) グリコーゲン脱分枝酵素

5．血中グルコース濃度を正常の 75～110 mg/dL に維持する 2 種類のホルモンはどれか？
  (a) インスリンとエピネフリン
  (b) インスリンとアドレナリン
  (c) インスリンとグルカゴン
  (d) グルカゴンとエピネフリン

6．グリコーゲンホスホリラーゼに関する次の記述のうち，正しくないものはどれか？
  (a) グリコーゲンホスホリラーゼはリン酸化により活性化される
  (b) グリコーゲンホスホリラーゼはホスホリラーゼキナーゼによって活性化される
  (c) グリコーゲンホスホリラーゼはプロテインキナーゼ A によって活性化される
  (d) グリコーゲンホスホリラーゼ *b* は不活性型である

7．β アドレナリン受容体タンパク質に関する次の記述のうち，正しくないものはどれか？
  (a) インスリンの受容体タンパク質である
  (b) エフェクター分子（リガンドとしてはたらく）が結合すると構造変化を起こす
  (c) アデニル酸シクラーゼを活性化する
  (d) 細胞膜に存在する

8．グリコーゲン代謝のアロステリック制御における AMP の役割は何か？
  (a) AMP はグリコーゲンホスホリラーゼ *a* を活性化する
  (b) AMP はグリコーゲンホスホリラーゼ *b* を活性化する
  (c) AMP はグリコーゲンホスホリラーゼ *b* を阻害する
  (d) AMP はグリコーゲンシンターゼ *b* を活性化する

9．グリコーゲン代謝のアロステリック制御におけるグルコース 6-リン酸の役割は何か？
  (a) グルコース 6-リン酸はグリコーゲンホスホリラーゼ *a* を

活性化する
(b) グルコース 6-リン酸はグリコーゲンホスホリラーゼ b を活性化する
(c) グルコース 6-リン酸はグリコーゲンホスホリラーゼ b を阻害する
(d) グルコース 6-リン酸はグリコーゲンシンターゼ b を活性化する

10. 糖新生において，ピルビン酸とリン酸基からホスホエノールピルビン酸の合成を触媒する酵素はどれか？
    (a) ピルビン酸キナーゼとピルビン酸カルボキシラーゼ
    (b) ピルビン酸キナーゼとホスホエノールピルビン酸カルボキシキナーゼ
    (c) ピルビン酸カルボキシラーゼとホスホエノールピルビン酸カルボキシキナーゼ
    (d) ピルビン酸キナーゼとピルビン酸エノラーゼ

11. 糖新生において，ピルビン酸とリン酸基からホスホエノールピルビン酸を合成する際に利用されるミトコンドリアの輸送タンパク質はどれか？
    (a) リンゴ酸-α-ケトグルタル酸輸送タンパク質
    (b) アスパラギン酸-グルタミン酸輸送タンパク質
    (c) オキサロ酢酸輸送タンパク質
    (d) (a)〜(c) のいずれでもない

12. 糖新生に流入する前にピルビン酸へ変換されるのは，次の化合物のうちどれか？
    (a) 乳酸            (b) アミノ酸
    (c) トリアシルグリセロール    (d) グルコース

13. 糖新生に流入する前にオキサロ酢酸へ変換されるのは，次の化合物のうちどれか？
    (a) 乳酸            (b) アミノ酸
    (c) トリアシルグリセロール    (d) グルコース

14. 糖新生の制御に関する次の記述のうち，正しいものはどれか？
    (a) クエン酸はホスホフルクトキナーゼを活性化する
    (b) AMP はホスホフルクトキナーゼを阻害する
    (c) フルクトース 2,6-ビスリン酸はホスホフルクトキナーゼを阻害する
    (d) ATP はホスホフルクトキナーゼを阻害する

15. 糖新生の制御に関する次の記述のうち，正しくないものはどれか？
    (a) クエン酸はフルクトース 1,6-ビスホスファターゼを活性化する
    (b) AMP はフルクトース 1,6-ビスホスファターゼを阻害する
    (c) フルクトース 2,6-ビスリン酸はフルクトース 1,6-ビスホスファターゼを阻害する
    (d) ATP はフルクトース 1,6-ビスホスファターゼを阻害する

16. ペントースリン酸経路の別名は次のうちのどれか？
    (a) 糖新生            (b) ホスホグルコン酸経路
    (c) ヘキソースニリン酸経路    (d) (a)〜(c) のすべて

17. ペントースリン酸経路の役割でないものはどれか？
    (a) NADPH の主要な供給源
    (b) 解糖系のためのグルコースの供給源
    (c) リボース 5-リン酸の供給源
    (d) (a)〜(c) のすべて

18. 次の酵素のうち，酸化的ペントースリン酸経路に関係しないものはどれか？
    (a) ペントースリン酸エピメラーゼ
    (b) グルコース 6-リン酸デヒドロゲナーゼ
    (c) ペントースリン酸イソメラーゼ
    (d) ラクトナーゼ

19. 非酸化的ペントースリン酸経路の開始点の化合物はどれか？
    (a) キシルロース 5-リン酸
    (b) セドヘプツロース 7-リン酸
    (c) フルクトース 6-リン酸
    (d) リボース 5-リン酸

20. もしかしたらペントースリン酸経路が原因かもしれないために，ソラマメを食することを禁じた哲学者は誰か？
    (a) ソクラテス        (b) ピタゴラス
    (c) アリストテレス    (d) ジャックスパロー船長

### 記述式問題

これらの質問の答えは本文中に記載されている．

1. グリコーゲン合成の経路を記載せよ．合成されるグリコーゲンの大きさを規定しているものは何か？
2. グリコーゲンはどのように単糖であるグルコースへ分解され解糖系へ導入されるかを説明せよ．
3. インスリン，グルカゴン，エピネフリンはどのようなメカニズムでグリコーゲン代謝を制御するかを説明せよ．
4. グリコーゲン代謝がどのようにアロステリック制御を受けているかを記述せよ．
5. "無益回路"とは何か，またなぜ細胞はこの無益回路を避けなければならないのかを記述せよ．
6. 糖新生の経路の概略を記載し，なぜ糖新生はしばしば"解糖系の逆反応"といわれるかを説明せよ．
7. 問題 6 で解答した糖新生経路の概略図中に，どのような基質がどの位置で糖新生へ流入するかを書き加えよ．
8. 糖新生と解糖系の経路がどのように協調しているかについて記述せよ．
9. ペントースリン酸経路のさまざまな役割を列挙せよ．
10. 酸化的ペントースリン酸経路と非酸化的ペントースリン酸経路の違いを明確にして，ペントースリン酸経路の各ステップを記載せよ．

### 自習用問題

次の質問に答えるためには，自分で計算してみたり，ほかの文献を読んでみたり，あるいはインターネットで調べる必要がある．

1. フォン・ギールケ病はグルコース 6-ホスファターゼの欠損に特徴づけられる遺伝性疾患である．この欠損をもつ患者の生化

学的な機能にはどのような影響があると考えられるか，またどのような症状が予想されるか？

2．糖新生では，グルコースの D-エナンチオマーが合成される．糖新生のどのステップにおいてキラリティー（鏡像異性体）が生じるか，またどのようにして D-エナンチオマーの合成のみが達成されるのか？

3．糖新生過程において，糖新生を保証する反応の決定段階はどれか？　また，そう考えた理由を説明せよ．

4．グルコース 6-リン酸デヒドロゲナーゼ欠損症の人は，マラリアに対して耐性を示すことがしばしばある．その理由はなぜかを説明せよ．

# 第 12 章
# 脂質代謝

## ◆ 本章の目標

- 脂肪酸合成に利用される前に，どのようにアセチル CoA がミトコンドリアから搬出されるかを理解する．
- 炭素数 16 の脂肪酸の逐次的な合成を説明できる．
- 長鎖脂肪酸がどのようにつくられ，二重結合をもった脂肪酸がどのように合成されるかを知る．
- 動物細胞と植物細胞における脂肪酸合成過程の違いを理解できる．
- 脂肪酸合成の主要な制御点としてのマロニル CoA 合成の役割を理解できる．
- どのようにトリアシルグリセロールが合成および分解されるかを知る．
- トリアシルグリセロールの分解が脂肪分解の主要な制御点であることを理解する．
- 脂肪酸の分解経路の各段階を説明できる．
- 脂肪酸の分解によるエネルギーの獲得量を知る．
- ペルオキシソームにおける脂肪酸分解の特徴を理解する．
- 不飽和脂肪酸や奇数炭素鎖脂肪酸がどのように分解されるかを知る．
- コレステロールがどのように合成されるか，その概要を説明できる．
- 生体のエネルギー状態や細胞のステロール量が，コレステロールの合成速度にどのような影響を与えるかを知る．
- コレステロールの重要な誘導体がどのように合成されるか，その概要を説明できる．

　脂質は，生細胞内において多くの重要な機能を担っている．脂肪酸とトリアシルグリセロールは動物の主要なエネルギー貯蔵物質であり，グリセロリン脂質，コレステロール，そのほかさまざまな脂質は，生体膜の主要な構成成分である．コレステロールは，**グルココルチコイド**（glucocorticoid）や**エストロゲン**（estrogen），**プロゲステロン**（progesterone）を含む**ステロイドホルモン**（steroid hormone）の前駆体でもある．本章では，さまざまな種類の脂質がどのように合成されるか，またエネルギー貯蔵物質としてはたらく脂質が，細胞のエネルギーとして利用されるためにどのように分解されるかを見ていこう．

## 12.1　脂肪酸とトリアシルグリセロールの合成

　第5章で，脂肪酸は一般式 R−COOH（R は炭素数 5 〜 36 の炭化水素鎖）で表されるカルボン酸であることを学んだ．炭化水素鎖の炭素のほとんどは単結合でつながっているが，ある種の脂肪酸は一つ以上の二重結合をもつ（図 5.2 参照）．トリアシルグリセロールは，グリセロールに三つの脂肪酸が結合した脂質である．はじめに，どのように脂肪酸が合成され，これらの脂肪酸鎖がどのようにグリセロールと結合し，トリアシルグリセロールがつくられるかを見ていこう．

### 12.1.1　脂肪酸合成

　脂肪酸の炭化水素鎖は，アセチル CoA から供与される 2 炭素のアセチル単位からなる．このポリマー化の過程を少し詳しく見なければならないが，まず，一見新しいようだが以前にも遭遇した問題を解決する必要がある．つまりアセチル CoA はミトコンドリアで合成されるが，脂肪酸は細胞質でつくられる，という問題である．したがって，アセチル CoA を

ミトコンドリアから細胞質に運ぶ必要があるが、アセチル CoA はミトコンドリア内膜を通過できない。

### クエン酸はミトコンドリア内膜を越えてアセチル単位を運ぶ

アセチル CoA は、解糖系と TCA 回路のあいだの接続部で、ピルビン酸からピルビン酸デヒドロゲナーゼ複合体を介して合成される（9.1.1 項参照）。ピルビン酸デヒドロゲナーゼ複合体はミトコンドリア内で機能するが、脂肪酸合成は細胞質で起こる。脂肪酸それ自体はミトコンドリア内膜を越えて輸送されうるが、アセチル CoA はこの障壁を越えることができない。

この特有の輸送問題は、アセチル CoA のアセチル基をオキサロ酢酸に転移し、クエン酸を生成することで解決される（図 12.1）。これは TCA 回路の最初の段階で起こる反応と同じであるが、エネルギー生成に使われるのではなく、生成したクエン酸はミトコンドリア内膜に存在する**クエン酸輸送**（citrate carrier）**タンパク質**（クエン酸トランスポーターともいう）を介してミトコンドリア外へと輸送される。ひとたび細胞質にでると、アセチル基はコエンザイム A に転移し、アセチル CoA が再生する（より正確には、細胞質にアセチル CoA が供給される）。

このとき、細胞質に生じたオキサロ酢酸はミトコンドリアに戻らなければならない。ここで再び輸送の問題がでてくる。なぜなら、ミトコンドリア内膜はオキサロ酢酸の輸送タンパク質をもたないからである。オキサロ酢酸は、そのためまずリンゴ酸デヒドロゲナーゼによりリンゴ酸へと変換され、その後 $NADP^+$ －リンゴ酸酵素により酸化的脱炭酸されピルビン酸へと変換される。リンゴ酸とピルビン酸はどちらもミトコンドリア内に戻す輸送タンパク質が存在する。それではなぜ、リンゴ酸をピルビン酸に変換する二つ目の段階があるのだろう。その答えは、この二つ目の反応が NADPH 1 分子も産生することにある。NADPH は、アセチル単位をつなげて脂肪酸鎖を形成するのに必要なので、この反応は重要である。リンゴ酸の酸化的脱炭酸は、脂肪酸合成で使われる NADPH の一部を供給しており、残りはペントースリン酸経路から供給される。

ミトコンドリアで消費されるオキサロ酢酸を補充することも必要なので、ミトコンドリア内にピルビン酸が戻ったあと、**ピルビン酸カルボキシラーゼ**（pyruvate carboxylase）によ

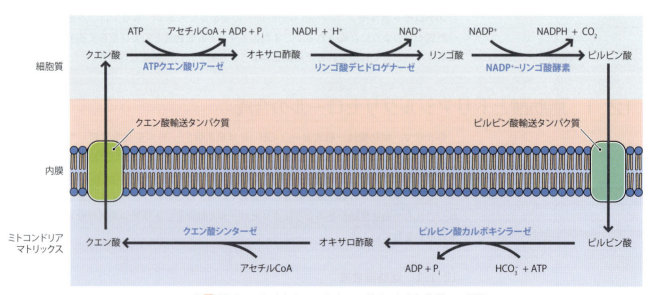

●図 12.1 **アセチル CoA のミトコンドリアから細胞質への運搬**
運搬は、アセチル CoA のアセチル基がオキサロ酢酸に転移して生じたクエン酸が、クエン酸輸送タンパク質を介して細胞質へ移動することからはじまる。その後、クエン酸がオキサロ酢酸に逆変換されることで、アセチル CoA が細胞質に生じる。運搬の残りの過程は、ミトコンドリアのオキサロ酢酸量を維持するのに必要である。

り炭酸イオンがカルボキシ基（−COOH）として付加され，オキサロ酢酸に変換される．

### 脂肪酸は連続的な 2 炭素単位の付加によりつくられる

脂肪酸合成は，伸長している炭化水素鎖の端に 2 炭素単位が付加されていく反復過程である．この過程は**アセチル CoA カルボキシラーゼ**（acetyl CoA carboxylase）という，アセチル CoA をカルボキシ化し，マロニル CoA を合成する酵素によって開始される（図 12.2）．これら二つの化合物由来のアセチル基とマロニル基は，それぞれ別の**アシルキャリヤータンパク質**（acyl carrier protein，**ACP**）に転移される．ACP は小さい非酵素タンパク質で，ポリペプチド鎖の一つのセリン残基に**ホスホパンテテイン**（phosphopantetheine）という補欠分子族が結合している．ホスホパンテテインはビタミン $B_5$ 由来で，コエンザイム A の構成要素でもある（図 12.3）．転移反応は，単純にコエンザイム A 中のホスホパンテテイン構造からアセチル単位やマロニル単位が離れ，ACP 中の同じ構造に再結合して起こる．転移反応は，**アセチルトランスアシラーゼ**（acetyl transacylase）と**マロニルトランスアシラーゼ**（malonyl transacylase）という酵素によりそれぞれ触媒される．

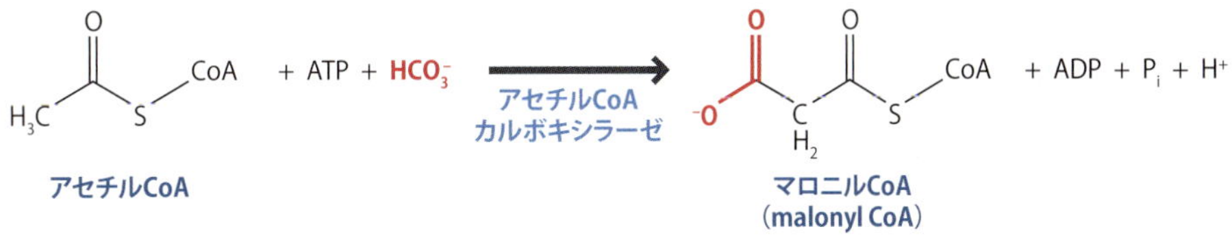


●図 12.2 マロニル CoA の合成

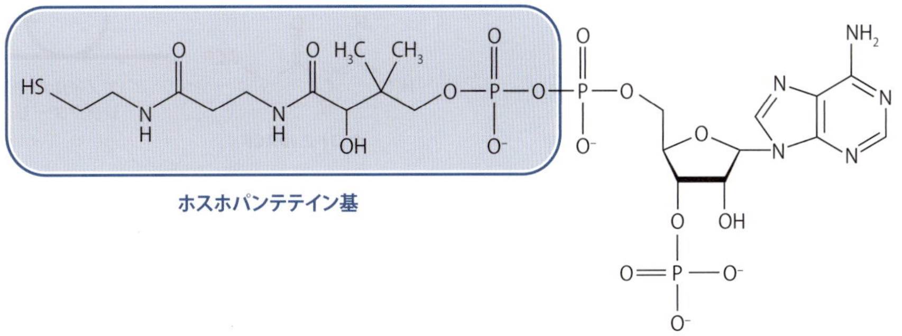


●図 12.3 ホスホパンテテイン基を強調表示した CoA の構造
ホスホパンテトテイン補欠分子族はアシルキャリアータンパク質のセリン残基にも結合している．

その後，脂肪酸の合成段階がはじまるが，各 2 炭素単位を付加するのに次の 4 ステップを必要とする（図 12.4）．

**ステップ 1．** アセチル ACP とマロニル ACP が結合し，アセトアセチル ACP が生成する．アセチル基が結合していた ACP は放出される．この反応は，二つの分子からより大きな分子ができる縮合反応の一種であり，**アシル-マロニル ACP 縮合酵素**（acyl-malonyl-ACP condensing enzyme）により触媒される．

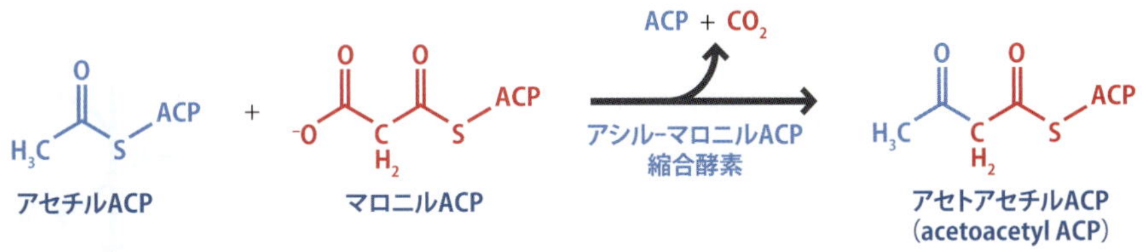


**ステップ 2．** アセトアセチル ACP は還元され，D-3-ヒロドキシブチリル ACP となる．この反応は NADPH を必要とし，**β-ケトアシル ACP レダクターゼ**（β-ketoacyl-ACP reductase）により触媒される．

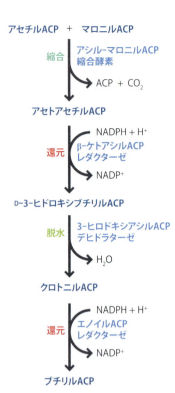

●図 12.4　脂肪酸合成の概略
縮合，還元，脱水，2 回目の還元という四つの反応からなるサイクルにより，各 2 炭素単位が付加される．

**ステップ 3.** 脱水反応（水の除去）により，D-3-ヒドロキシブチリル ACP はクロトニル ACP へと変換される．この反応は **3-ヒドロキシアシル ACP デヒドラターゼ**（3-hydroxyacyl-ACP dehydratase）という酵素により触媒される．

**ステップ 4.** 2 回目の還元では，もう 1 分子の NADPH が使われ，クロトニル ACP がブチリル ACP へと変換される．この反応は**エノイル ACP レダクターゼ**（enoyl-ACP reductase）により触媒される．

　ブチリル ACP は炭素数 4 の脂肪酸が ACP に結合したものである．これで 1 サイクル目の合成が完了する．2 サイクル目は**ステップ 1** からはじまるが，アセチル ACP の部分がブチリル ACP に置き換わる．そのため 2 サイクル目は炭素数 6 の脂肪酸が生成し，これは 3 サイクル目の基質として使われる．このように各サイクルにつき 2 炭素単位が付加される．
　動物では，炭素数 16 の脂肪酸であるパルミチン酸が生成するまで合成サイクルが継続する．パルミチン酸はまだ ACP に結合しているので，より正確にはパルミトイル ACP である．アシル－マロニル ACP 縮合酵素はパルミトイル ACP を基質にできないので，この段階で

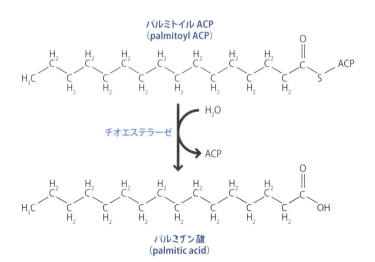

●図 12.5　チオエステラーゼによるパルミトイル ACP からパルミチン酸への変換

脂肪酸鎖の伸張は止まる．最後に**チオエステラーゼ**（thioesterase）により，脂肪酸がACPから切断され，合成が完了する（図12.5）．

### パルミチン酸以外の脂肪酸の合成

生細胞に存在する脂肪酸はパルミチン酸だけではない．異なる鎖長のものや，二つの炭素をつなぐ二重結合を一つ以上もつものなど，たくさんの種類の脂肪酸が存在する．どのようにこれらの脂肪酸がつくられるのだろう．

主要な脂肪酸のほとんどは炭素数が偶数だが，奇数の脂肪酸も少し存在する．これらも逐次的な2炭素単位の付加によってつくられるが，最初の過程でマロニルACPの代わりにプロピオニルACPが使われる（図12.6）．プロピオニルACPはマロニルACPよりも1炭素分長いので，合成の1サイクル目では炭素数5の脂肪酸ができる．その後，炭素数15の脂肪酸であるペンタデカン酸ができるまで，合成は偶数脂肪酸とまったく同様に続き，ペンタデカン酸はパルミチン酸と同じようにACPから切断される．

炭素数15のペンタデカン酸もしくは炭素数16のパルミチン酸よりも長い炭素鎖をもつ脂肪酸は，滑面小胞体の外表に存在する酵素群によって合成される．この合成をはじめるために，ペンタデカン酸やパルミチン酸にACPではなくコエンザイムAが付加され，マロニルCoA由来のアセチル単位を使って炭素鎖が伸長される．

炭化水素鎖への二重結合の導入は，**NADH-シトクロム$b_5$レダクターゼ**（NADH-cytochrome $b_5$ reductase），**シトクロム$b_5$**（cytochrome $b_5$），**不飽和化酵素**（desaturase）からなる酵素複合体の酸化反応によりなされる．この複合体も滑面小胞体の外表に存在しており，脂肪酸CoAを基質として使う．酸化を行うために，電子が複合体のタンパク質間を受け渡される（図12.7）．哺乳動物は，二重結合を脂肪酸の5，6，9位の炭素の直後に導入する．$\Delta^5$，$\Delta^6$，$\Delta^9$とよばれる3種の異なる不飽和化酵素をもっている．これは，哺乳動物がリノール酸とα-リノレン酸〔構造上，それぞれ18:2（$\Delta^{9,12}$），18:3（$\Delta^{9,12,15}$）と表記される〕を合成できないことを意味する．これらの脂肪酸は，イコサノイドの原料となるアラキドン酸（Box5.2参照）など，ほかの重要な脂肪酸の前駆体となるので，哺乳動物はリノール酸

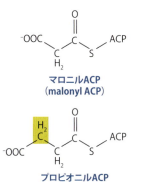

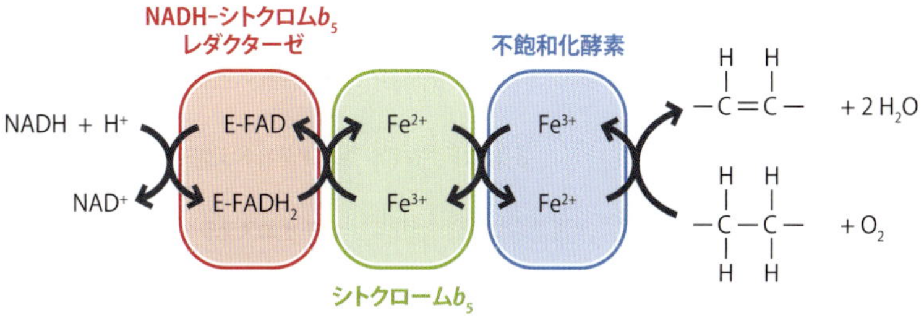

● 図12.6　マロニルACPとプロピオニルACPの違い

● 図12.7　脂肪酸への二重結合の導入

電子はNADHからNADH-シトクロム$b_5$レダクターゼのFAD部分に移され，次にシトクロム$b_5$のヘムに移され，$Fe^{3+}$から$Fe^{2+}$に還元される．すると同じ還元反応が不飽和化酵素に存在する非ヘム鉄で起こり，不飽和化酵素の標的となるC-C結合が酸化される．

---

### ● Box 12.1　脂肪酸合成におけるエネルギーの必要性

脂肪酸の合成にはATPとNADPH両方を必要とする．このエネルギーの必要性の程度を計算するには，合成経路をよく見なければならない．パルミチン酸1分子をつくるには，7周の合成サイクルが必要である．これら7周の合成サイクルの基本的な反応式は次のとおりである．

アセチルCoA ＋ 7マロニルCoA ＋ 14NADPH ＋ 20H$^+$
⟶ パルミチン酸 ＋ 7$CO_2$ ＋ 14NADP$^+$ ＋ 8CoA ＋ 6$H_2O$

この反応式をより包括的にするには，七つのマロニルCoAがどのように合成されるかを考慮しなければならない．

7アセチルCoA ＋ 7$CO_2$ ＋ 7ATP ⟶
7マロニルCoA ＋ 7ADP ＋ 7$P_i$ ＋ 14H$^+$

これらの二つの反応式を合わせると，パルミチン酸1分子の合成のための全体的な反応式がわかる．

8アセチルCoA ＋ 7ATP ＋ 14NADPH ＋ 6H$^+$ ⟶
パルミチン酸 ＋ 14NADP$^+$ ＋ 8CoA ＋ 6$H_2O$ ＋ 7ADP ＋ 7$P_i$

と α-リノレン酸を食事から摂取しなければならない．アラキドン酸は 20：4（$\Delta^{5,8,11,14}$）と表される．哺乳動物はリノール酸に対して，2 炭素単位の付加とその前後で $\Delta^5$ 不飽和化酵素と $\Delta^6$ 不飽和化酵素による二重結合のさらなる導入を行うことにより，アラキドン酸を合成できる．

　動物は，ペンタデカン酸という炭素数 15 の鎖長をもつ脂肪酸より短い鎖長の脂肪酸を合成できない．一方，植物は，炭素数 15 よりも短い脂肪酸も含め，より多彩な脂肪酸を合成できる．たとえば，月桂樹の種子の莢，ココナッツオイル，パームオイルではラウリン酸（炭素数 12）が，ナツメグではミリスチン酸（炭素数 14）が見られる．植物は脂肪酸合成にかかわる酵素の編成の違いにより，これらの短い脂肪酸を合成できる．哺乳動物では，六つの重要な酵素活性（トランスアシラーゼ，アシル−マロニル−ACP 縮合酵素，β-ケトアシル ACP レダクターゼ，3-ヒロドキシアシル ACP デヒドラターゼ，エノイル−ACP レダクターゼ，チオエステラーゼ）はすべて単一の多機能タンパク質に含まれる．**脂肪酸シンターゼ**（fatty acid synthase）とよばれるこのタンパク質のなかには，六つの酵素活性がポリペプチド鎖の異なる部分に存在している（図 12.8）．

　脂肪酸の合成中，炭化水素の伸張端はある活性部位から次の活性部位へと動かされる．この転移は，脂肪酸と結合しているキャリアータンパク質のホスホパンテイン基が形成するアームの柔軟性によって助けられている．伸張中の脂肪酸は，炭素数 15 か 16 の段階に達するまで脂肪酸シンターゼから遊離せず，したがってそれより短い脂肪酸はつくられない．植物では脂肪酸シンターゼは存在せず，それとは異なるタンパク質群が酵素活性を担っている．これらのタンパク質群のあいだでの結合は緩いので，伸張中の脂肪酸は異なる酵素間を行き来しなければならない．これらの酵素群は，動物と同様に炭素数 15 か 16 鎖長以内の脂肪酸しかつくらないが，伸張中の脂肪酸は単一のタンパク質内で合成されるわけではないので，必要に応じてより短い鎖長の脂肪酸が伸張サイクルから遊離しうる．

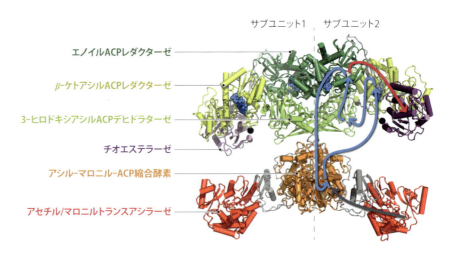

●図 12.8　**哺乳動物の脂肪酸合成**
このタンパク質は二つの同一のサブユニットの二量体である．左のサブユニットには，脂肪酸合成にかかわる六つの酵素活性のおおよその位置を示している．右では，このサブユニット中での合成途中の脂肪酸の往来を矢印で示している．アセチル単位とマロニル単位のアシル化に必要な最初のステップは右下において起こり，その生成物は次いで縮合酵素に運ばれる（灰色の矢印）．脂肪酸を伸張させる縮合−還元−脱水−還元のサイクル反応は青色の矢印で示している．合成が完了すると，パルミトイル ACP はチオエステラーゼに運ばれ（赤色の矢印），パルミチン酸が ACP 輸送体から切り離される．個々の脂肪酸の合成は，異なるサブユニット上の酵素活性間を往来して行われる可能性があり，実際の経路は，正確にはここに示したものと異なる可能性がある．
T. Maier et al., *Science*, 321, 1315（2008）より．

### マロニル CoA の合成は脂肪酸合成の主要な制御ステップである

マロニル CoA は，細胞において脂肪酸合成の前駆体としての役割以外はほとんどない．したがって，脂肪酸の合成経路の制御が，おもにアセチル CoA からマロニル CoA への変換の制御によってなされていることは不思議ではない．これは，ある経路が初発の決定段階，つまりこの場合ではマロニル CoA の生成で制御されるよい例である．この制御システムにより，細胞が豊富なエネルギーを供給されていて，その一部を脂肪酸とトリアシルグリセロールの形での貯蔵できるときに脂肪酸合成が起こる．

エネルギー供給の豊富な状態は，ATP の余剰と AMP の欠乏が合図となる．このような状態では，アセチル CoA をマロニル CoA に変換するアセチル CoA カルボキシラーゼが十分に活性化する．一方で，もし細胞内の ATP が減り，AMP が増加すると，カルボキシラーゼは増加した AMP により阻害されるが，これは **AMP 活性化プロテインキナーゼ**（AMP-activated protein kinase）によって媒介される．AMP 活性化プロテインキナーゼは，カルボキシラーゼのセリン残基をリン酸化し，カルボキシラーゼを不活化させる．エネルギー供給が再び多くなると，AMP 量は減少し，キナーゼは高濃度の ATP により阻害される（図 12.9）．その結果，カルボキシラーゼのさらなるリン酸化は起こらなくなり，さらに**プロテインホスファターゼ 2A**（protein phosphatase 2A）によりセリン残基のリン酸基が除去され，この酵素は再活性化される．

アセチル CoA カルボキシラーゼのリン酸化体は，リン酸基が外れることなく部分的に再活性化される可能性もある．この効果は，TCA 回路のはじめでアセチル CoA から直接つくられるクエン酸によってもたらされる．そのためクエン酸の高いレベルは，脂肪酸合成に使うことのできる余剰のアセチル CoA の存在を示している．逆に，余剰のパルミトイル CoA は，脂肪酸量が多く，さらなる合成が必要ないことを示している．それゆえパルミトイル CoA はクエン酸の効果を打ち消すことにより，脂肪酸合成のスイッチを切る．

アセチル CoA カルボキシラーゼのリン酸化状態は，グルカゴン，エピネフリン，インスリンといった血中グルコース量を制御し体全体のエネルギー状態を監視しているホルモンにより，より広く影響を受けている．グルカゴンやエピネフリンは低いエネルギーレベルに応じて，プロテインホスファターゼ 2A を阻害し，脂肪酸合成が起こらないようにカルボキシラーゼを不活性化状態に保つ．インスリンは逆の作用をもち，血中グルコース濃度が高い場合はホスファターゼを活性化することで，脂肪酸合成を増加させている．

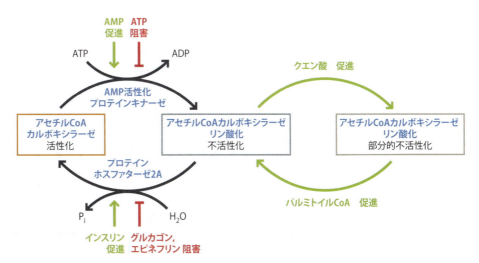

● 図 12.9 アセチル CoA カルボキシラーゼの制御
クエン酸がどのようにリン酸化されたアセチル CoA カルボキシラーゼを活性化するのかはわかっていないが，活性化は球形の八量体からフィラメント状の多量体への酵素の立体配置変化が関連しているという実験結果が得られている．この立体配置変化が酵素の活性化の原因なのか，活性化の結果なのか，はたまた実験の人工物なのかは，はっきりしていない．

### 12.1.2 トリアシルグリセロール合成

トリアシルグリセロールは，解糖系で生成する中間体の一つであるジヒドロキシアセトンリン酸をまずグリセロール 3-リン酸に変換し，その後，アシル CoA を基質として脂肪酸鎖

●図 12.10　**トリアシルグリセロール合成の概要**

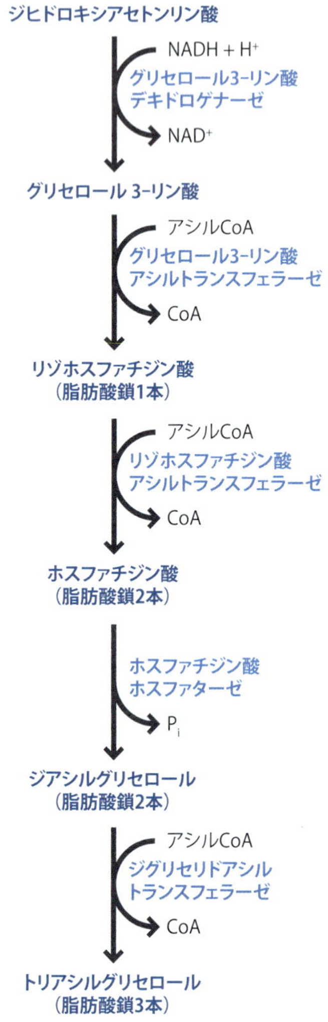

を一つずつ付加する，という短い経路により合成される（図 12.10）.

ステップ 1.　**グリセロール 3-リン酸デヒドロゲナーゼ**（glycerol 3-phosphate dehydrogenase）がジヒドロキシアセトンリン酸を還元し，グリセロール 3-リン酸を生成する.

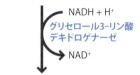

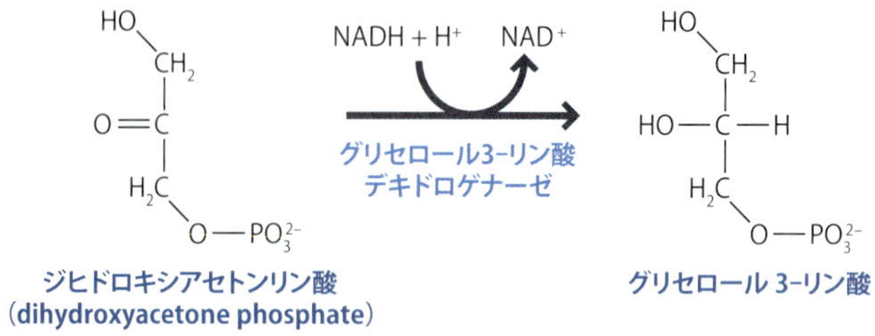

ステップ 2.　最初の脂肪酸がコエンザイム A 担体からグリセロール 3-リン酸の 1 位の炭素（リン酸が結合している炭素が 3 位の炭素である）に転移する．この反応を触媒する酵素は**グリセロール 3-リン酸アシルトランスフェラーゼ**（glycerol 3-phosphate acyltransferase）で，生成物はリゾホスファチジン酸とよばれる.

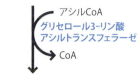

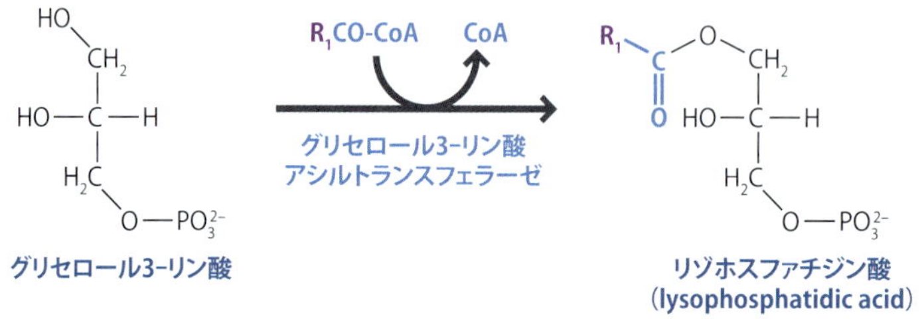

ステップ 3.　二つ目の脂肪酸が 2 位の炭素に付加され，ホスファチジン酸が生成する．これは**リゾホスファチジン酸アシルトランスフェラーゼ**（lysophosphatidic acid acyltransferase）により触媒される.

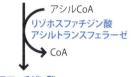

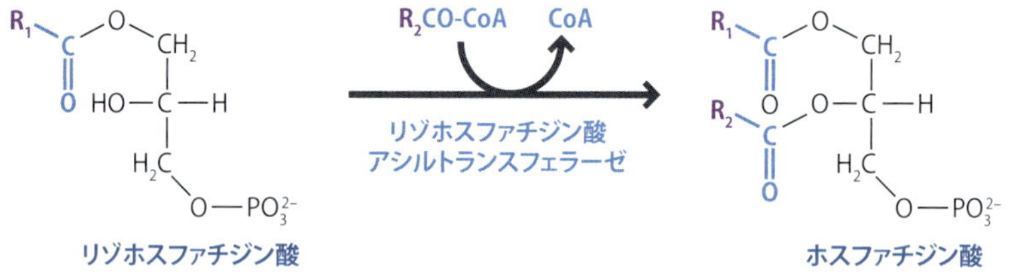

ホスファチジン酸は単純なグリセロリン脂質であり，生体膜に見られるより複雑なグリセロリン脂質の合成にも使用される.

ステップ 4.　**ホスファチジン酸ホスファターゼ**（phosphatidate phosphatase）が 3 位の炭素からリン酸基を除き，ジアシルグリセロールが生成する.

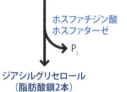

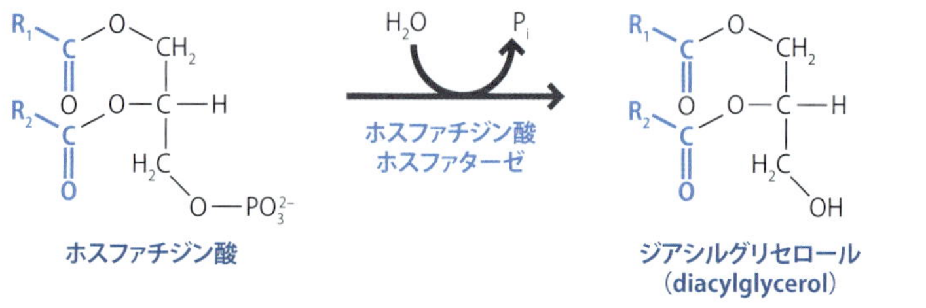

ステップ 5.　三つ目の脂肪酸が付加され，トリアシルグリセロールの合成が完了する.

## 12.1 脂肪酸とトリアシルグリセロールの合成

[反応式：ジアシルグリセロール → トリアシルグリセロール（triacylglycerol）、ジアシルグリセロールアシルトランスフェラーゼにより、R₃CO-CoA が CoA に変換される]

### ●Box 12.2　リポタンパク質

トリアシルグリセロール，リン脂質，およびコレステロールは，血液やリンパ液のような水溶液に比較的不溶である．そのためそれらは**リポタンパク質**（lipoprotein）という多分子構造体として体内を輸送される．リポタンパク質はミセル様粒子であり，両新媒性の脂質とそのあいだに埋まっているさまざまなタンパク質からなる球状の脂質単層が，トリアシルグリセロールとコレステロールを含む疎水性のコアを取り囲んだ構造をしている．

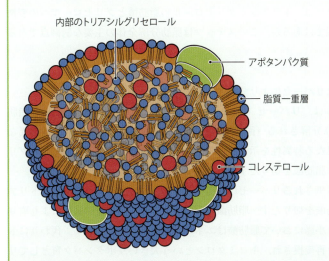

（内部のトリアシルグリセロール／アポタンパク質／脂質一重層／コレステロール）

**アポリポタンパク質**（apolipoprotein）もしくは**アポタンパク質**（apoprotein）とよばれるタンパク質成分は，細胞表面の受容体によって認識され，それによりリポタンパク質が適切な組織に取り込まれることを保証している．リポタンパク質には次の三つのグループが存在する．

- **キロミクロン**（chylomicron）：400 kDa 以上の分子量をもち，最も大きいリポタンパク質である．食事由来のトリアシルグリセロールとコレステロールを小腸からほかの組織へと運ぶ．小腸から放出されたあと，キロミクロンは最初に筋肉と脂肪組織へと運ばれ，**リポタンパク質リパーゼ**（lipoprotein lipase）の作用によりトリアシルグリセロールが脂肪酸とモノアシルグリセロールに分解される．この酵素は筋肉や脂肪細胞の外側に存在しており，キロミクロンの表面に存在するアポタンパク質の一つである**アポC-Ⅱ**（apo-CⅡ）により活性化される．脂肪酸とモノアシルグリセロールは組織に取り込まれ，エネルギー産生に使われるか，もしくは貯蔵のためにトリアシルグリセロールに再変換される．トリアシルグリセロール量が減るにしたがって，キロミクロンは小さくなっていき，コレステロールが豊富な**キロミクロンレムナント**（chylomicron remnant）となる．キロミクロンレムナントは肝臓へと運ばれ，細胞表面の受容体に結合し，エンドサイトーシスによって取り込まれる．

- **超低密度リポタンパク質**（very low density lipoprotein, **VLDL**），**中間比重リポタンパク質**（intermediate density lipoprotein, **IDL**），および**低密度リポタンパク質**（low density lipoprotein, **LDL**）：三つはすべて互いに関係し合っている．VLDL は肝臓で合成され，さまざまな脂質を筋肉や脂肪組織に運ぶ．キロミクロンと同様に，VLDL 中のトリアシルグリセロールはリポタンパク質リパーゼにより分解され，遊離した脂肪酸は筋肉や脂肪組織に運ばれる．VLDL レムナントは血中に IDL として残り，やがてアポ B 以外のほとんどのアポタンパク質が失われ LDL となる．LDL はその後，さまざまな細胞によって取り込まれ，LDL の内包物は**リソソーム**（lysosome）とよばれる細胞小器官に存在する酵素によって代謝される．

- **高密度リポタンパク質**（high density lipoprotein, **HDL**）は，LDL と反対の機能をもち，コレステロールを肝臓に運び戻す．HDL は，おもにほかのリポタンパク質の分解により生じた脂質とアポタンパク質から，血中で合成される．HDL はその後，細胞膜からコレステロールを引き抜き，肝臓へと運ぶ．肝臓は過剰なコレステロールを**胆汁酸**（bile acid）として排泄する（5.1.2 項と 12.3.2 項を参照）．

血中コレステロール量は心血管系疾患のリスクと関連している．なぜなら，LDL 由来のコレステロールやほかの脂質が血管の内皮細胞下に堆積すると，**動脈硬化**（atherosclerosis； "hardening of arteries"）を促進すると考えられているからである．白血球はコレステロールの沈着部に集積し，炎症を引き起こすとともに，最終的に閉塞を起こす．心血管の閉塞は，西欧先進国で最も一般的な死因である**心筋梗塞**（myocardial infarction）もしくは**心臓発作**（heart attack）を引き起こす可能性がある．脳動脈の血栓は脳卒中を誘発し，一方，それが手足の末梢血管で起こると壊疽となりうる．したがって LDL は，「悪い」コレステロールとして見られており，血中からの脂質を取り除くため「善い」コレステロールとして見られている HDL と対照的である．

このステップの酵素，ジアシルグリセロールアシルトランスフェラーゼ（diacylglycerol acyltransferase）は，ホスファチジン酸ホスファターゼと複合体を形成しており，この二つの活性を合わせてトリアシルグリセロールシンテターゼ（triacylglycerol synthetase）とよぶこともある．

トリアシルグリセロール合成はおもに肝臓の小胞体において起こる．トリアシルグリセロールはその後，タンパク質と合わさって**リポタンパク質**（lipoprotein）を形成し，脂肪組織中の**脂肪細胞**（adipocyte）とよばれる貯蔵細胞に輸送されるか，筋肉に送られエネルギーを取りだすために再び分解される．

## 12.2 脂肪酸とトリアシルグリセロールの分解

これまでに，どのように脂肪酸がアセチル CoA からつくられるか，またどのように脂肪酸がグリセロール 3-リン酸と合わさってトリアシルグリセロールがつくられるかを見てきた．ここからは，**脂肪分解**（lipolysis）という，トリアシルグリセロールと脂肪酸に蓄えられているエネルギーを放出するために分解される過程を調べていこう．

### 12.2.1 トリアシルグリセロールの脂肪酸とグリセロールへの分解

脂肪分解の最初のステップは，トリアシルグリセロールの脂肪酸とグリセロールへの変換である．かなり単純な過程ではあるが，このステップは脂肪分解全体の主要な制御点であるため，重要である．

#### トリアシルグリセロールはリパーゼにより分解される

トリアシルグリセロールは，**リパーゼ**（lipase）というグリセロール骨格から三つの脂肪酸を切りだす酵素群により分解される（図 12.11）．個々のリパーゼはグリセロールの異なる炭素に特異的であり，異なる特異性を示す三つの酵素の組合せが，一つのトリアシルグリセロールから三つすべての脂肪酸を切りだすのに必要である．

哺乳動物では，膵臓で産生されるリパーゼは小腸へと分泌され，食事より摂取したトリアシルグリセロールから脂肪酸を切りだす．脂肪酸はその後，小腸内腔に並ぶ細胞により取り込まれる．しかしながら，小腸において脂肪酸はエネルギー源として使われず，代わりにトリアシルグリセロールへと再変換され，キロミクロンという大きいリポタンパク質としてリンパ系および血流へと放出される．これらの新たに合成されたトリアシルグリセロールは筋肉へと運ばれ，エネルギーの供給源として使われるか，脂肪組織に運ばれ貯蔵される（図 12.12）．

脂肪組織中の脂肪細胞では，異なるリパーゼがトリアシルグリセロールの分解を担っている．これらのリパーゼによって産生された脂肪酸とグリセロールは，血流を通って筋肉やほかの組織に運ばれる．これらの組織のなかでは，脂肪酸は次の項目で学ぶ**β酸化**（β-oxidation）というエネルギーを生成する過程によりさらに分解される．グリセロールは肝臓に取り込まれ，グリセロール 3-リン酸，次いでジヒドロキシアセトンリン酸へと変換さ

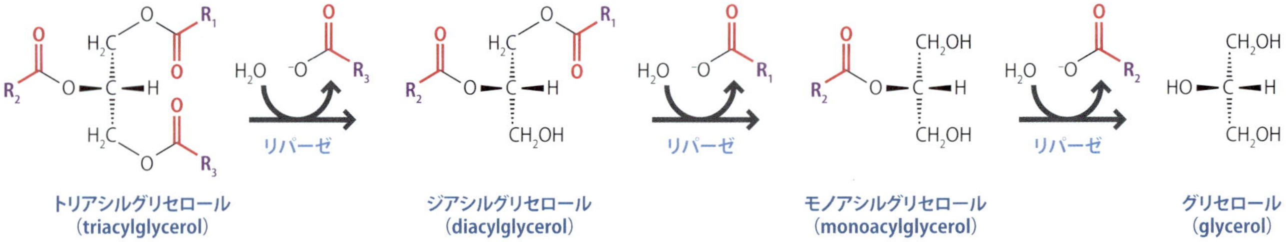

●図 12.11 　一連のリパーゼ酵素によるトリアシルグリセロールの分解
$R_1$，$R_2$，$R_3$ は脂肪酸の炭化水素鎖を示している．

れる（図12.13）．この2ステップからなる短い経路は**グリセロールキナーゼ**（glycerol kinase）とグリセロール 3-リン酸デヒドロゲナーゼによりそれぞれ触媒される．二つ目のステップはトリアシルグリセロール合成経路の最初のステップの逆反応である．ジヒドロキシアセトンリン酸は解糖系の中間体であり，したがってトリアシルグリセロール構成成分である脂肪酸とグリセロールの両方がエネルギー生成に利用される．

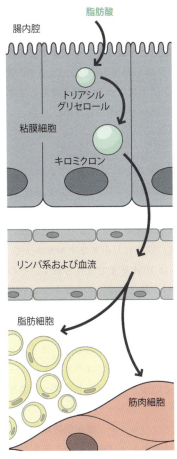

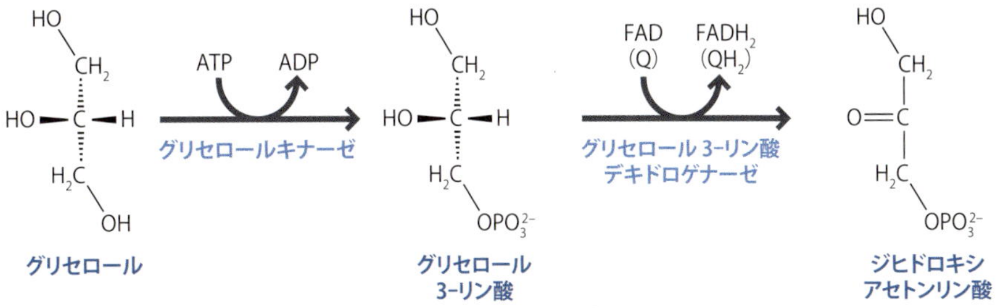

● 図 12.12　小腸から筋肉，脂肪組織への脂肪酸の輸送
脂肪酸は，小腸粘膜細胞によって吸収されたのち，トリアシルグリセロールに変換され，キロミクロンに組み込まれる．キロミクロンはリンパ系および血流を介して，筋肉細胞および脂肪組織に運ばれる．

● 図 12.13　トリアシルグリセロール分解によって生成したグリセロールの利用

### トリアシルグリセロール分解は，脂肪分解の主要な制御点である

個々の脂肪酸が分解されるβ酸化の経路は主要な制御点がなく，脂肪酸の酸化速度は脂肪酸の供給にのみ依存している．これは，ある時間に貯蔵脂質から生成されているエネルギー量が，トリアシルグリセロールの脂肪酸への変換速度によりほぼ完全に決定されることを意味する．したがって，リパーゼ活性は脂肪分解の経路全体を制御する重要な事象である．

脂肪細胞のリパーゼ活性は，血流中のさまざまなホルモンで制御されている．グルカゴン，エピネフリン，**ノルエピネフリン**（norepinephrine）および**副腎皮質刺激ホルモン**（adrenocorticotropic hormone, ACTH）はそれぞれリパーゼ活性を促進し，脂肪酸がトリアシルグリセロールから放出される速度を増大させる．インスリンはリパーゼを阻害し，トリアシルグリセロールの分解を減らす逆の効果をもつ．これら五つすべてのホルモンは，これまでに学んだ作用機構ではたらく．これらのホルモンは間接的にプロテインキナーゼの活性を制御し，それによりリパーゼの活性を調節する（図12.14）．リパーゼのリン酸化体は活性型酵素であり，脱リン酸化体は不活性型となる．グルカゴン，エピネフリン，ノルエピネフリン，および副腎皮質刺激ホルモンはアデニル酸シクラーゼを活性化し，細胞内 cAMP の濃度を増大させる

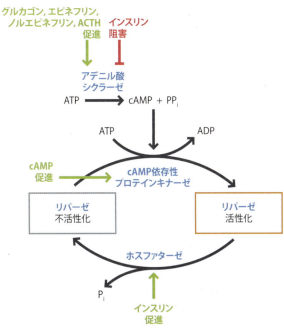

● 図 12.14　トリアシルグリセロール分解の制御
ACTH：副腎皮質刺激ホルモン．

ことによりプロテインキナーゼを活性化する．cAMP の増大に応答して，プロテインキナーゼはリパーゼをリン酸化し，トリアシルグリセロールの分解が増す．これは，血糖値が低く，エネルギーが必要な場合に起こる．一方，インスリンは脂肪分解を減らすことによって，高血糖に対応する．したがって，インスリンはアデニル酸シクラーゼを不活化して cAMP 量を低下させ，キナーゼ活性をオフにする．また，インスリンはホスファターゼを促進してキナーゼによって付加されたリン酸基を除去し，それによりリパーゼを不活化する．

### 12.2.2 脂肪酸の分解

従来，ミトコンドリアのマトリックスは脂肪酸分解の場所と見なされていた．これは，ユージン・ケネディ（Eugene Kennedy）とアルバート・レニンジャー（Albert Lehninger）が 1949 年に実施した重要な実験の結論による．いまでは私たちは，彼らの仕事が明らかにしたことは脂肪酸分解のすべてではなく，脂肪酸分解の一部は**ペルオキシソーム**（peroxisome）でも起こることを知っている．ペルオキシソームは，単一の膜に囲まれた小さなオルガネラで，すべての真核生物の細胞質に見られる．ペルオキシソームは 1954 年まで発見されず，そのあと何年もその生化学的役割については不明であった．今日，私たちは，ペルオキシソームの役割に，脂肪酸分解のいくつかの要素が含まれていることを知っている．実際，植物やほかのいくつかの真核生物では，脂肪酸分解はもっぱらペルオキシソームで起こり，ミトコンドリアはまったく関与していない．ヒトのような動物を含むほかの真核生物では，ほとんどの脂肪酸はミトコンドリアで分解されるが，長い炭素鎖の脂肪酸に関してはペルオキシソームでまずより短い炭素鎖の脂肪酸に分解される．脂肪酸はその後，ミトコンドリアへ輸送され，そこで完全に分解される．

まず，脂肪酸分解におけるミトコンドリアの役割について，パルミチン酸が動物細胞内でどのように分解されるかを考えながら見ていく．その後，ペルオキシソームで起こる少し異なる分解過程を調べる．合成のときと同様に，二重結合をもつ脂肪酸や炭素数が奇数の脂肪酸を分解する特別なやり方も考える必要がある．

#### 脂肪酸は，ミトコンドリアに輸送される前にアシル CoA に変換される

脂肪酸分解の前置きとして，血流から取り込まれた脂肪酸はコエンザイム A と結合し，アシル CoA 誘導体となる（図 12.15）．この反応は ATP の加水分解によって供給されるエネルギーを必要とし，**アシル CoA シンテターゼ**（acyl CoA synthetase）とよばれる酵素によって触媒される．注目すべきは，ATP が AMP に変換される点であり，これは，二つの"高エネルギー"結合が切断されていることを意味する．これまでに学んできた ATP 要求性の反応のほとんどでは，ただ一つの切断だけであり，その生成物は ADP であった．

アシル CoA シンテターゼはミトコンドリア外膜に結合しているので，ミトコンドリア表面で生成した"活性化"脂肪酸は，分解されるためにミトコンドリア内に運ばれなければならない．炭素数 10 の長さまでの短い飽和脂肪酸は，CoA 誘導体のまま，直接ミトコンドリアの膜を通過して，マトリックス内に入ることができる．一方，それよりも長い脂肪酸 CoA や同様の長さの不飽和脂肪酸 CoA は，何の助けもなしにはミトコンドリア内膜を通過できない．これらの分子に関しては，CoA 基が除去され，**カルニチン**（carnitine）に置換される．カルニチンはリシンとメチオニンから合成された小さな極性分子であり，体脂肪を減らすとされるその効能から，とくにボディービルのためのサプリメントとして，いくらか悪名高い分子でもある．実際には，カルニチンは，体内で必要とされる十分な量が肝臓や腎

●図 12.15 分解前に起こる脂肪酸への CoA の付加
R は脂肪酸の炭化水素鎖を示している．

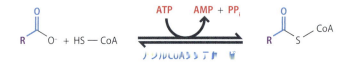

臓で合成され，また赤肉と牛乳に含まれる自然食成分であり，カルニチンのサプリメントが運動能を向上させるという説得力のある証拠はない．

CoAのカルニチンへの置換は，ミトコンドリア内膜の外表面に結合している**カルニチンアシルトランスフェラーゼ**（carnitine acyltransferase）によって触媒される（図12.16）．アシルカルニチン誘導体はその後，ミトコンドリア内膜の膜貫通タンパク質である**カルニチン／アシルカルニチントランスロカーゼ**（carnitine/acylcarnitine translocase）によってミトコンドリア内膜を通過し，ミトコンドリアマトリックスへと運ばれる．マトリックス内に運ばれると，ミトコンドリア内膜の内側に結合している第二のカルニチンアシルトランスフェラーゼがカルニチン基を除去し，CoAに置換し，もとのアシルCoAを再合成する．このステップ中に放出されたカルニチンは，トランスロカーゼのはたらきでミトコンドリア内膜を通過して戻り，脂肪酸輸送の次のサイクルに加わることができるようになる．

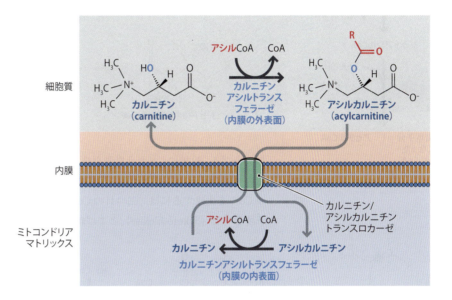

●図12.16 カルニチン誘導体としてミトコンドリア内膜を通過する脂肪酸
この過程には10炭素より長鎖の不飽和脂肪酸および飽和脂肪酸のみが必要である．短い飽和脂肪酸は直接，ミトコンドリア内膜を通過する．

### 脂肪酸は逐次的なアセチルCoA単位の除去により分解される

ミトコンドリアのマトリックスのなかでは，脂肪酸は一連の反応によって炭化水素鎖の端からアセチルCoA単位で逐次的に除去され，分解される．これらの反応の二つは酸化反応であり，全体のプロセスを「β酸化」経路とよぶこともある．アシルCoAの末端からアセチルCoA単位を除去するのに必要なステップは次のとおりである（図12.17）．

**ステップ1.** 2位と3位の炭素（それぞれαとβ炭素）間の単結合を二重結合に変換する．これは，**アシルCoAデヒドロゲナーゼ**（acyl CoA dehydrogenase）によって触媒される酸化反応であり，$FADH_2$を生成する．

この反応により，$\Delta^2$型の脂肪酸ができる．化学用語では，この脂肪酸はエノイル化合物の一種である（図12.18）ので，$trans$-$\Delta^2$-エノイルCoAと表記される．アシルCoAデヒドロゲナーゼには三つのタイプがあり，それぞれ異なる長さの脂肪酸CoA鎖に活性をもつ．

**ステップ2.** β炭素にヒドロキシ基を加えて，二重結合を単結合に変換する．これは**エノイ**

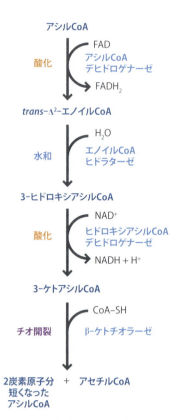

● 図 12.17　脂肪酸の分解の概要

● 図 12.18　酸化された脂肪酸はエノイル化合物である

ル CoA ヒドラターゼ（enoyl CoA hydratase）によって触媒され，水が利用されるので水和反応である．得られた化合物は，3-ヒドロキシアシル CoA である．

**ステップ 3.** 第二の酸化は，NADH$^+$ 1 分子を生成し，ヒドロキシ基をカルボニル基に変換する．触媒する酵素は**ヒドロキシアシル CoA デヒドロゲナーゼ**（hydroxyacyl CoA dehydrogenase）であり，3-ケトアシル CoA が得られる．

**ステップ 4.** 最後に，α と β 炭素を結ぶ結合の開裂によりアセチル CoA 単位が取り除かれ，この一連の反応に入ったときよりも 2 炭素短い新しいアシル CoA が生成する．新しいアシル CoA を生成するには，二つ目の CoA を必要とする．この反応を触媒する酵素は**β-ケトチオラーゼ**（β-ketothiolase）とよばれる．

これは，**チオ開裂**（thiolysis）反応であり，CoA の末端に存在するチオール（−SH）基によって駆動される開裂である．それ以後の反応サイクルにより，さらにアセチル CoA 単位が取り除かれ続ける．四つの炭素を含むアシル CoA からはじまる最終サイクルは，2 分子のアセチル CoA を生成し，もとの脂肪酸の分解が完了する．

### パルミチン酸の分解により正味 129 個の ATP が得られる

脂肪酸の分解の目的は，脂肪酸に含まれているエネルギーの放出であり，エネルギーを必要とする組織に ATP の形でそのエネルギーを利用できるようにすることである．したがって，脂質分解のエネルギー収支を考えることは重要であり，この収支は，ATP の収量から分解の過程で消費される ATP 量の差し引きで表される．長い炭素鎖のほうが短いものより多くのアセチル CoA 単位をもたらし，そのため多くのエネルギーを生みだすので，エネルギー収支は分解される脂肪酸が何かによって変わる．そこで，一般的な炭素数 16 の飽和脂肪酸であるパルミチン酸のエネルギー収支について検討してみよう．

パルミチン酸の β 酸化の全体の反応は次のとおりである．

$$\text{パルミトイル CoA} + 7\text{FAD} + 7\text{NAD}^+ + 7\text{CoA} + 7\text{H}_2\text{O} \longrightarrow$$
$$8 \text{アセチル CoA} + 7\text{FADH}_2 + 7\text{NADH} + 7\text{H}^+$$

● Box 12.3　脂肪酸の構造のギリシャ表記法

「β酸化」という用語は，切断された結合が炭化水素鎖のβ炭素の直前のものであることを示している．M：N（Δ^{a, b, …}）という表記と同様に，脂肪酸をカルボキシ基の端から数えている（図5.4参照）．M:N（Δ^{a, b, …}）表記では，番号づけ（1位，2位など）はカルボキシ基の炭素からはじまるが，ギリシャ表記（α炭素，β炭素など）は炭化水素鎖のみを指す．したがって，下に示すように，α炭素は脂肪酸鎖の2位の炭素であり，β炭素は3位の炭素である．

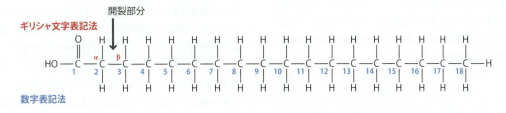

この反応式から，パルミチン酸の分解によりATPが生成する三つの異なる方法があることがわかる．

- NADHは電子伝達系に入ることができ，それぞれが3個のATPを生みだす．7個のNADHがあるので，このルートで21個のATPを取得できる．
- 7個のFADH$_2$もまた電子伝達系に入ることができ，それぞれに2個のATP，パルミチン酸の1分子あたり合計14個のATPを与える．
- 各アセチルCoAはTCA回路に入ることができ，12個のATPが得られる．8分子のアセチルCoAは，合計96個のATPを生成できる．

したがってパルミチン酸の1分子あたりのエネルギー収量は，21 + 14 + 96 = 131 ATPとなる．しかし，最終的な収支を得るために，ここから2分子のATPを取る必要がある．これは，脂肪酸分解の開始の段階でパルミチン酸がコエンザイムAと結合し"活性化"されたときに，ATPを1分子使用したためである（図12.15参照）．パルミチン酸1分子を活性化するためにATPを1分子使用した場合，なぜ最終的な収量から二つのATPを取らなければならないのだろうか．これは，活性化反応を見たときに指摘したように，パルミトイルCoAが合成されたときに使用されるATPはADPではなく，AMPに変換されるからである．つまり，ATPの"高エネルギー"結合は一つだけではなく，二つ壊れたのである．

したがって，パルミチン酸1分子の分解は129個のATPという純利を与える．より長い脂肪酸はより多くのATPを与え，より短い脂肪酸はより少ないATPを与える．比較として，グルコース1分子は，解糖系とTCA回路全体を通してわずか38個しかATPを生成しない．このことは，なぜ脂肪が動物にとってよいエネルギー貯蔵物質であるかを説明するだろう．

### ペルオキシソームにおける脂肪酸分解

さて，第二の脂肪酸分解の場所である，ペルオキシソームに戻ろう．ペルオキシソームの脂肪酸分解の過程は，ミトコンドリアで行われるものと非常に類似しているものの，一つ重要な違いがある．それは，β酸化経路のなかで，α炭素とβ炭素を結ぶ単結合が二重結合に変換される1番目のステップにかかわる．ミトコンドリアでは，この酸化反応はアシルCoAデヒドロゲナーゼによって触媒され，電子伝達系を介して二つのATPを生成できるFADH$_2$を1分子もたらす．ペルオキシソームでは，この酸化過程は別の方法で行われる．アシルCoAデヒドロゲナーゼはここでも関与するが，ペルオキシソームでは，この酵素は電子をFADに移さず，水に移して過酸化水素に変換する（図12.19）．その後，**カタラーゼ**（catalase）とよばれる酵素が，過酸化水素を水と酸素に戻す．この反応は，フェノールやアルコールなどのさまざまな有毒化合物の酸化と連動できる．とくに肝臓では，これらの解

## ● Box 12.4　グリオキシル酸回路

　動物では，脂肪酸の分解で生成するアセチルCoAのほとんどはTCA回路に入り，エネルギー生成に利用されるか，またはコレステロールとその誘導体の合成に使用されている．植物および多くの微生物は，グルコースを含む四および六炭糖を合成するための基質としても，アセチルCoAを使用できる．これは**グリオキシル酸回路**（glyoxylate cycle）によってなされ，植物では**グリオキシソーム**（glyoxysome）とよばれる特別な細胞小器官で行われる．

　グリオキシル酸回路はTCA回路に似ているが，アセチルCoAを$CO_2$に変換する二つの脱炭酸反応を含む，イソクエン酸からリンゴ酸への一連の反応を迂回する．これらのステップは，二つの異なる反応に置き換えられる．すなわち，**イソクエン酸リアーゼ**（isocitrate lyase）によってイソクエン酸がコハク酸とグリオキシル酸に変換され，**リンゴ酸シンターゼ**（malate synthase）により二つ目のアセチルCoAとグリオキシル酸からリンゴ酸が生成する．

　したがって，この経路の生成物はコハク酸であり，1サイクルの全体の反応式は次のようになる．

$$2\ \text{アセチル CoA} + \text{NAD}^+ + 2\text{H}_2\text{O} \longrightarrow \text{コハク酸} + 2\text{CoA} + \text{NADH} + 2\text{H}^+$$

　コハク酸は，さまざまな糖質合成のための基質として使用できる．その一つとして，TCA回路を介してオキサロ酢酸にし，糖新生によってグルコースに変換する経路がある．これは，グリオキシル酸回路をもっている生物は，動物が行えない脂肪酸からグルコースへの変換ができることを意味する．植物におけるグリオキシル酸回路のおもな役割は，発芽種子に貯蔵されている脂質の一部を糖質に変換し，苗がエネルギー合成やセルロースなどの構造多糖類の合成のために利用できるようにすることである．油は糖質より高い炭素含有量をもっているので，油の形で種子に炭素を貯蔵することは，糖質を貯蔵するよりも効率的である．多くの細菌は，酢酸をアセチルCoAに変換する能力をもっている．グリオキシル酸回路と組み合わせることにより，この能力は，細菌が唯一の炭素源として酢酸を使用可能にしている．

## 12.2 脂肪酸とトリアシルグリセロールの分解

●図 12.19 **ペルオキシソームにおけるβ酸化の最初のステップ**
ペルオキシソームのアシル CoA デヒドロゲナーゼは電子を水に受け渡し，過酸化水素を生成する．過酸化水素はカタラーゼにより水と酸素に戻される．"1/2O$_2$"の表記は，過酸化水素2分子が酸素1分子を生成するのに必要であることを示している．そのため，カタラーゼが触媒する反応は 2 H$_2$O$_2$ ⟶ 2H$_2$O + O$_2$ である．
"R"は脂肪酸の残りの炭化水素鎖を示している．

毒反応は，ペルオキシソームの重要な役割であるようである．

その後のβ酸化経路のステップは，ミトコンドリアとペルオキシソームで同一であり，NADH とアセチル CoA がペルオキシソームから外に輸送される．しかし，ペルオキシソームにおける1サイクルのβ酸化は，ミトコンドリアよりも少ない ATP しか生じない．これには二つの理由がある．第一に，最初の酸化過程の違いにより FADH$_2$ が生じないことである．第二に，NADH はミトコンドリア内膜を越えられず，電子伝達系のあるミトコンドリアマトリックスに入ることができない．つまり，電子伝達系に直接入ることができない．ミトコンドリア内膜を横断するためには，リンゴ酸－アスパラギン酸シャトル，もしくはグリセロール 3-リン酸シャトルを使わなければならない．後者を使用する場合は，FADH$_2$ としてミトコンドリア内で再生されるので，NADH のままの場合よりも少ない ATP しか得られない．

植物や酵母などのいくつかのほかの生物では，すべての脂肪酸の分解は，ペルオキシソームで行われる．動物では，長鎖脂肪酸のみがペルオキシソームで処理されて，炭素数8のオクタノイル CoA まで分解される．その後，オクタノイル CoA はミトコンドリアに輸送され，完全に分解される．いくつかの長い鎖長の脂肪酸は，直接ペルオキシソーム膜を通過し，オルガネラ内の CoA と結合する．そのほかはペルオキシソームの外表面で活性化され，ペルオキシソーム膜の輸送タンパク質を介して内部に運ばれる．

### 不飽和脂肪酸と奇数脂肪酸の処理

脂肪酸合成の場合と同様に，二重結合を含む脂肪酸の分解や奇数の炭素数の脂肪酸を処理するためには特別な機構を要する．不飽和脂肪酸は，二重結合がある位置に到達するまで通常の方法で分解される．

二重結合が奇数の位置（たとえば，Δ$^5$ や Δ$^9$）にあるか，または偶数の位置（Δ$^4$ や Δ$^6$ など）にあるかどうかによって，次に起こることが異なる．二重結合が奇数の位置にある場合，β酸化の連続したサイクルにより，最終的に二重結合は3位と4位の炭素間に位置するようになる（図12.20）．この分子は，β酸化経路のステップ1でアシル CoA デヒドロゲナーゼの基質とならない．その代わりに，イソメラーゼ酵素が二重結合を CoA 末端に近い位置に一つだけ移動させ，α炭素とβ炭素間に二重結合がくる．これにより，*trans* Δ$^2$-エノイル CoA が生成し，通常の方法で処理される．

二重結合が偶数の位置にある場合は，わずかだがより複雑な反応が必要である．β酸化の連続したサイクルのあと，この二重結合は4位と5位の炭素間に位置するようになる（図12.21）．アシル CoA デヒドロゲナーゼはこの分子を酸化して，2位と3位の炭素間に第二の二重結合を導入し，Δ$^{2,4}$-ジエノイル CoA を生成する．二つの二重結合は，**Δ$^{2,4}$-ジエノイル CoA レダクターゼ**（Δ$^{2,4}$-dienoyl CoA reductase）によって還元され，3位と4位の炭素

---

これらのシャトルは 9.2.5 項に記載されている．

β酸化の連続的なサイクル

3位と4位の炭素間に位置する二重結合

イソメラーゼ

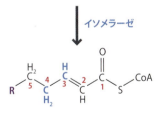

2位と3位の炭素間に位置する二重結合

β酸化サイクルに続く

●図 12.20 **奇数位に二重結合がある不飽和脂肪酸の分解**
"R"は脂肪酸の残りの炭化水素鎖を示している．

## ●Box 12.5 『ロレンツォのオイル』の生化学

リサーチ・ハイライト

『ロレンツォのオイル』は1992年に公開された映画であり，オドーネ夫妻（オーギュストとミケーラ）が，息子のロレンツォを苦しめていた病気の治療法を見つけるために試行錯誤した，という実話をもとに描かれたドラマである．この病気は遺伝病の**副腎白質ジストロフィー**（adrenoleukodystrophy, **ALD**）で，長鎖脂肪酸を分解する前にペルオキシソームに輸送する，**ALDP** というペルオキシソームの膜タンパク質をコードする遺伝子の欠陥によって引き起こされる．ソラマメ中毒（Box11.6参照）と同様に，この膜トランスポーターの遺伝子はX染色体上にあり，そのため女児よりも男児に重篤な影響を及ぼす．長鎖脂肪酸の蓄積は，ほとんどの組織で検出できるが，有害な効果は脳および副腎皮質に最も現れる．

「白質ジストロフィー」という名称は，病気がニューロンの軸索を囲むミエリン鞘を破壊することを示している．

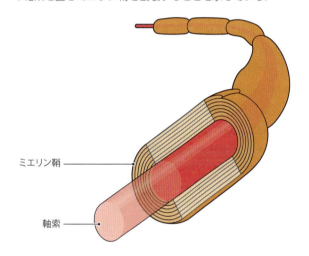

脱髄は，冒された軸索に沿ったシグナル伝達の遮断を起こし，初期症状としてかすみ目や筋力低下を導き，進行後は脳機能が喪失し，最終的に死にいたる．

ロレンツォのオイルは，オレイン酸とエルカ酸の4：1の混合物であり，オドーネ夫妻がALDと脱髄の研究者との議論ののち，配合したものである．

脚色された話では，オドーネ夫妻が旧来の保守的な医学的常識に立ち向かって苦闘する姿が描かれているが，現実には，彼らは研究者コミュニティと協力して動いていた．とくに世界中の専門家を集めるための学会を立ち上げ，議論することで，研究の新たな道を促した．それらのなかで，ロレンツォのオイルの摂取は，ALDの治療につながる可能性がでてきた．最初の結果は有望だった．ロレンツォの血清中の長鎖脂肪酸含量は，その配合オイルで治療したあとに正常に近いレベルに戻った．ロレンツォの神経変性は遅くなったが，完全には停止せず，彼は2008年に30歳で逝去した．ロレンツォのように子どものときにALDと診断された人の通常の寿命は，3〜10年である．

ロレンツォのオイルの作用機序は確かではないが，長鎖脂肪酸の合成経路を妨げるのかもしれない．治療後は，そもそも長鎖脂肪酸が合成されないので蓄積も起こらない．これは，ロレンツォのオイルが，遺伝的欠陥をもってはいてもALDの症状がでていない男児に最も効果的である理由を説明するかもしれない．これらの無症候性の子どもでは，ロレンツォのオイルを摂取することにより，発症する可能性が約半分に低減される．悲しいことに，すでに病気を発症している子どもには，ロレンツォのオイルに長期的な利点はないようだ．それがロレンツォのオイルが最初に導入されて以来，行われている詳細な研究の結論である．

現在，ALDを緩和するための別の種類の治療法が検討されている．症状が副腎皮質の破壊にかぎられている患者は，ホルモン補充によって病気を制御できる．脳の場合は，もし十分に早期に診断されれば，**造血幹細胞移植**（hematopoietic stem cell transplant）によって治療することができる．この方法では，すべての血液細胞のもととなる造血幹細胞は，患者の自身の細胞からALDではないドナー由来の細胞に置き換えられる．移植後，幹細胞は分裂し，欠陥のないALD遺伝子をもつ血液細胞を産生し，それゆえ長鎖脂肪酸を分解できるようになる．この治療を受けた患者のフォローアップテストでは，脱髄過程がそれほど進んでおらず，造血幹細胞移植は神経変性を停止できることが示されている．

---

間に一つの二重結合が形成される．そうすると，イソメラーゼは，この$\Delta^3$-エノイルCoAを$\Delta^2$の分子に変換できて，再びβ酸化は通常どおり継続できるようになる．

炭素数が奇数の脂肪酸は，β酸化によって最後のサイクルまで分解され，そこではアセチルCoA 1分子とプロピオニルCoA 1分子が生成する．後者は，TCA回路の中間体であるスクシニルCoA（図12.22）に代謝されうる．この経路は，プロピオニルCoAをメチルマロニルCoAという中間代謝物に変換する酵素である**プロピオニルCoAカルボキシラーゼ**（propionyl CoA carboxylase）と，スクシニルCoAを生成する酵素である**メチルマロニルCoAムターゼ**（methylmalonyl CoA mutase）の二つの酵素が関与している．

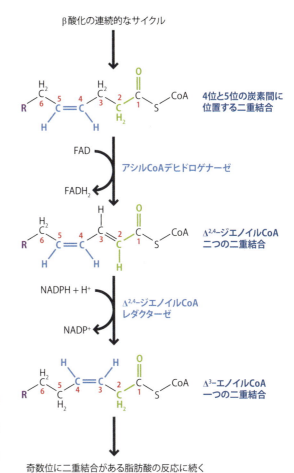

● 図 12.21 偶数位に二重結合がある不飽和脂肪酸の分解
ここに示した一連の反応のあと，脂肪酸の分解は図 12.20 に示すように続く．"R" は脂肪酸の残りの炭化水素鎖を示している．

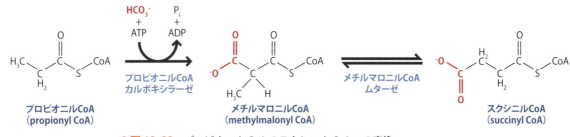

● 図 12.22 プロピオニル CoA のスクシニル CoA への変換

## 12.3 コレステロールとその誘導体の合成

私たちが学ぶべき 3 番目かつ最後の脂質代謝はコレステロール，およびビタミン D やステロイドホルモンを含むコレステロール誘導体の合成である．

### 12.3.1 コレステロールの合成

コレステロールは細胞膜の重要な構成成分である．動物は食餌から必要なコレステロールのいくらかを得るが，合成することもでき，合成はおもに肝細胞でなされる．

コレステロールは四つの炭化水素環からなり，そのうち三つの炭化水素環はそれぞれ六つの炭素から，残りの一つは五つの炭素からなる．八つの炭化水素からなる頭部は，五炭素環に結合している（図 5.17 参照）．この複雑な構造が，単にアセチル CoA をつなげて合成されていることには驚かされる．

コレステロールの合成経路の全体を 3 段階に分割しよう．1 段階目は，ステロール構造の基本的な構成単位となる**イソペンテニルピロリン酸**（isopentenyl pyrophosphate）の合成

である.2段階目は,環状化するとステロール類を形成する直線状分子であるスクアレンの合成で終了し,3段階目では,スクアレンの環状化と環状生成物の修飾が起こり,コレステロールが合成される.

1段階目は,**アセトアセチルCoA**(acetoacetyl CoA)を生成するために2分子のアセチルCoAをつなげて一緒にする酵素**チオラーゼ**(thiolase)からはじまる(図12.23A).1分子のアセチルCoAは,1分子のアセトアセチルCoAと結合し,**3-ヒドロキシ-3-メチルグルタリルCoA**(3-hydroxy-3-methylglutaryl CoA,**HMG CoA**)が生成する.**HMG CoAレダクターゼ**(HMG CoA reductase)による還元反応でメバロン酸が生成するが,この反応はNADPHを2分子必要とし,コエンザイムAを放出する(図12.23B).その後,ATPを必要とする三つの一連の反応により,イソペンテニルピロリン酸が生成する(図12.23C).

では2段階目に進もう.イソペンテニルピロリン酸の一部はジメチルアリルピロリン酸に異性化している.二つの化合物(イソペンテニルピロリン酸とジメチルアリルピロリン酸)は結合して,ゲラニルピロリン酸を生成する.その後,ゲラニルピロリン酸は,もう1分子のイソペンテニルピロリン酸と結合し,ファルネシルピロリン酸を生成する(図12.24).最後に,2分子のファルネシルピロリン酸が結合し,スクアレンが生成する.

最終段階はスクアレンの酸化からはじまり,**スクアレンエポキシド**(squalene epoxide;図12.25)が生成する.この分子は環状化し,すべてのステロールに特徴的な四環構造をもつ**ラノステロール**(lanosterol)を生成する.ラノステロールはその後,三つのメチル基の水素への置換,一つの二重結合の単結合への還元,もう一つの二重結合の位置の移動という一連の反応により,コレステロールへと変換される.

この長い経路の決定段階は,HMG CoAレダクターゼによるメバロンへのHMG CoAへの変換である.この酵素の活性は,生体の全般的なエネルギー状態と個々の細胞のステロー

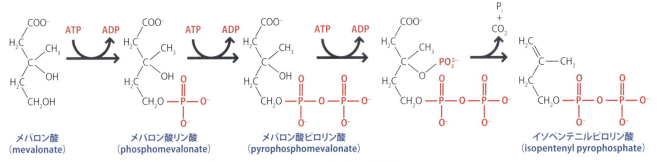

● 図 12.23 コレステロール合成の1段階目
経路のこの部分において,アセチルCoAからイソペンテニルピロリン酸が合成される.

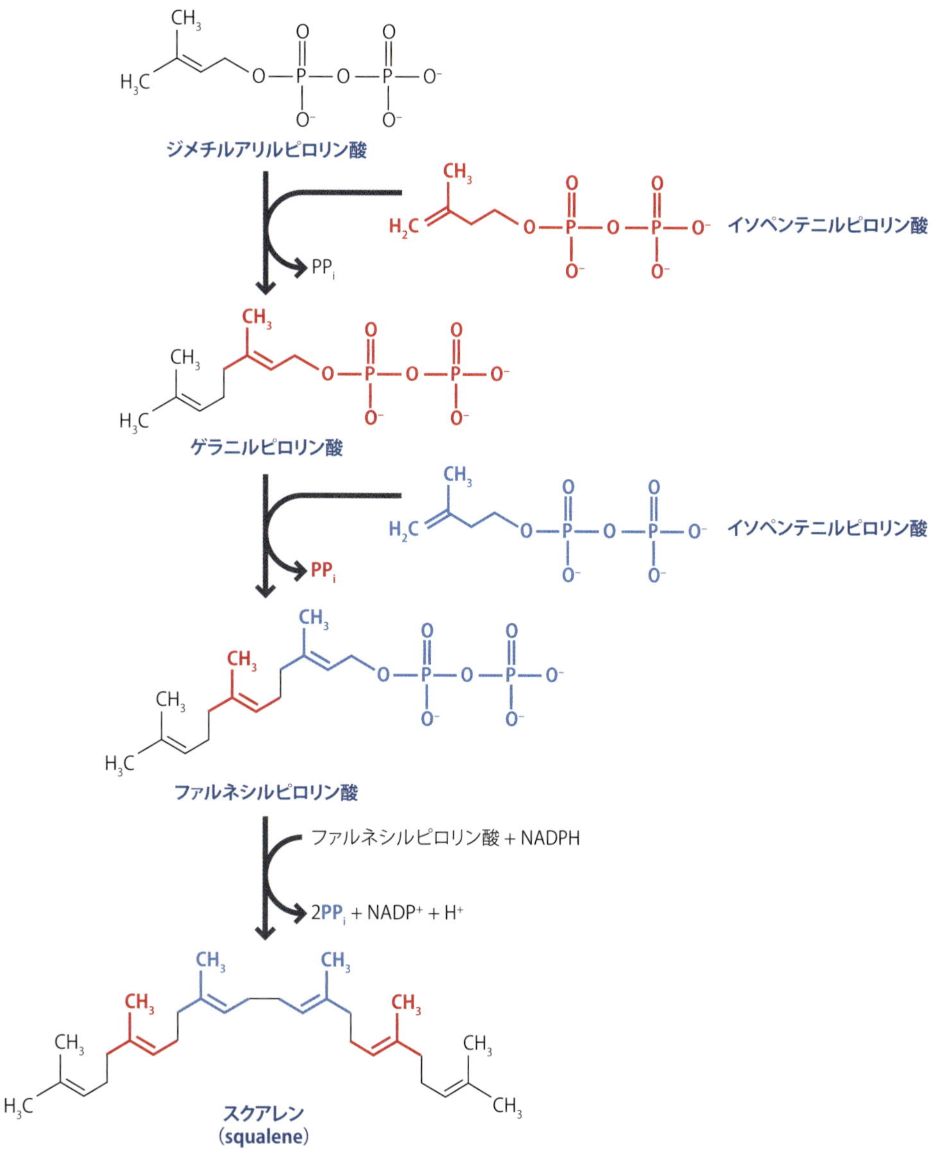

● 図12.24 コレステロール合成の2段階目
イソペンテニルピロリン酸は一連の反応の基質となり，スクアレンが合成される．

ル含量の両方に応じて，さまざまなしくみで制御されている．AMPの高値で示されるエネルギー枯渇状態おいては，AMP活性化プロテインキナーゼによるHMG CoAレダクターゼのリン酸化が起こり，活性の阻害をもたらす（図12.26）．これは，脂肪酸の合成を調節するためにアセチルCoAカルボキシラーゼをリン酸化するのと同じ酵素である．したがって，コレステロールと脂肪酸の合成の両者は同時に制御されており，AMP量が高く，エネルギー産生の必要性があるときには両方の経路ともスイッチが切れる．エネルギーの要求性が満た

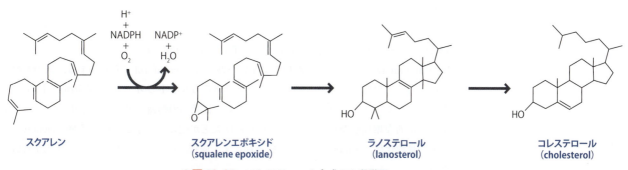

● 図12.25 コレステロール合成の3段階目
スクアレンは環状化し，さらなる修飾がなされ，コレステロールが生成する．

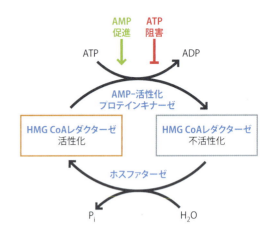

● 図 12.26　リン酸化による HMG CoA レダクターゼの制御

されると，ATP 量の増加によりキナーゼが阻害され，HMG CoA 還元酵素はホスファターゼによって再び活性化される．したがって，コレステロール合成は再びスイッチが入る．

コレステロールおよびほかのステロールもまた HMG CoA レダクターゼ活性を阻害する．この制御にはタンパク質分解が関与しているが，これはこれまでに触れたことがない酵素活性の制御機構である．HMG CoA レダクターゼは，小胞体に結合しておく膜結合ドメインと，細胞質に伸びる触媒ドメインの二つのドメインをもっている．膜結合ドメインは，膜中のステロール含量が一定のレベルに達すると，構造を変化させる．この構造変化はリシン残基を曝露させ，そのリシン残基に**ユビキチン**（ubiquitin）とよばれる小さなタンパク質が結合する．タンパク質へのユビキチンの結合はタンパク質分解のためのシグナルとして機能し，したがって HMG CoA レダクターゼは膜から取り除かれて短いペプチドに切断され，最終的に個々のアミノ酸にまで分解される．すなわち，HMG CoA レダクターゼが細胞内に存在しなくなったという単純な理由により酵素活性が低下する．

> タンパク質分解におけるユビキチンの役割は 17.2.2 項で学ぶ．

### 12.3.2　コレステロール誘導体の合成

いくつかのステロールとステロイドはコレステロール誘導体であり，細胞内でコレステロールの修飾によって合成される．三つの最も重要な誘導体である胆汁酸，**ビタミン D**（vitamin D）およびステロイドホルモンを見ていこう．

胆汁酸は両親媒性分子であるため，界面活性剤としてはたらき，食事由来の脂質や脂溶性のビタミン A，D，E，および K の可溶化に使われる．また胆汁酸は，過剰なコレステロールが体内から排泄されるときのおもな分子形態でもある．胆汁酸の合成は，CoA との結合によるコレステロールの活性化にはじまり，**コリル CoA**（cholyl CoA）が生成する．コリル CoA とグリシンのアミノ基との反応により**グリココール酸**（glycocholate）が生成し，またシステインから派生したタウリンとの反応により**タウロコール酸**（taurocholate）が生成する（図 12.27）．これらは，二つの主要な胆汁酸である．肝臓での合成後，グリココール酸とタウロコール酸は胆嚢に貯蔵され，そのあと小腸に放出される．

ビタミン D は，日光の紫外線に反応して皮膚で合成される．7-デヒドロデスモステロールとよばれるコレステロールの修飾体は光分解を受け，六つの炭素環の一つが開環する（図 12.28）．最初の生成物である**プレビタミン $D_3$**（previtamin $D_3$）は異性体化して，**ビタミン $D_3$**（vitamin $D_3$）または**コレカルシフェロール**（cholecalciferol）を生成する．次の水酸化反応は肝臓と腎臓で起こり，活性ホルモンである**カルシトリオール**（calcitriol；1,25-ジヒドロキシコレカルシフェロール）が生成する．日光への曝露が低く，食事中のビタミン D 量の補償的な増加がない場合にはビタミン D 欠乏が起こり，子どもの**くる病**（rickets）や大人の**骨軟化症**（osteomalacia）を引き起こす．両疾患は，骨の軟化または弱体化が特徴である．

最後に，ステロイドホルモンは，コレステロールから得られる**プレグネノロン**（pregnenolone）

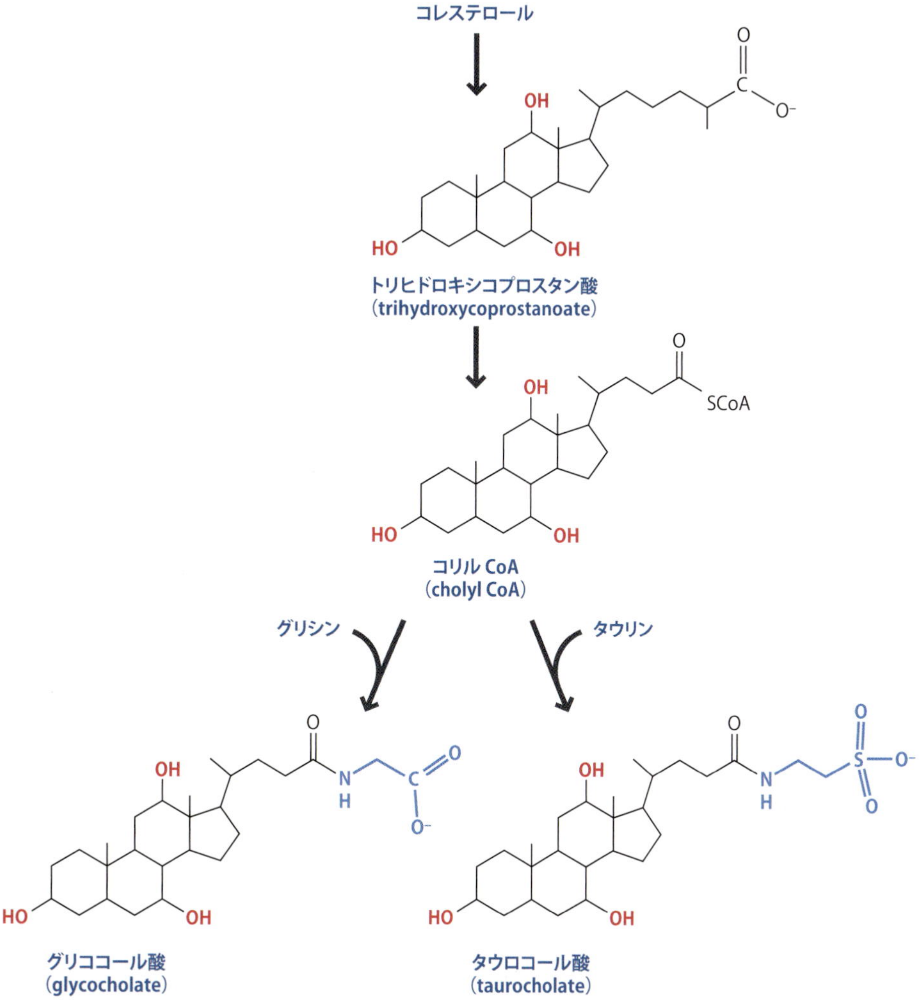

● 図 12.27 胆汁酸であるグリコール酸とタウロコール酸の合成

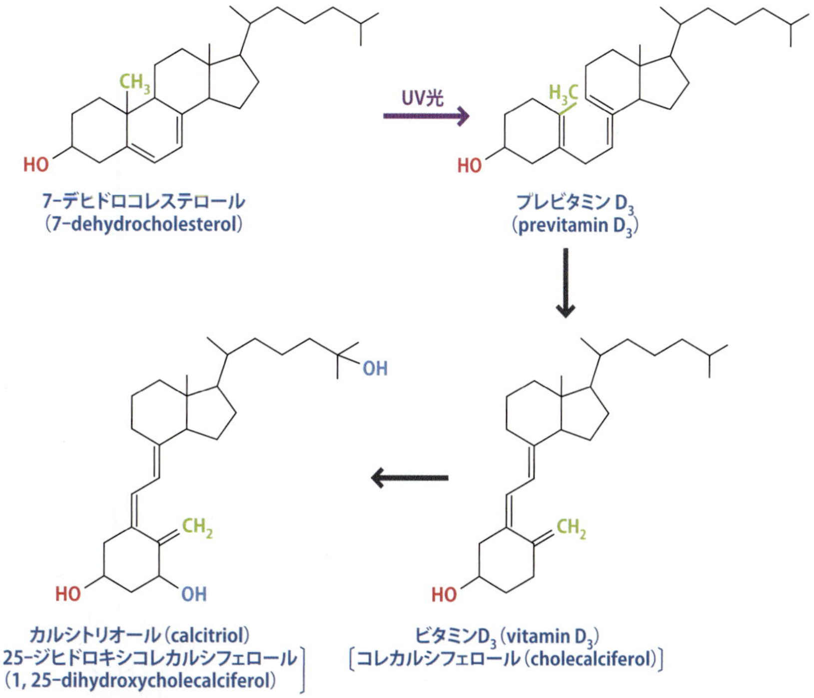

● 図 12.28 ビタミン D の合成

から合成される．ステロイドホルモンファミリーのさまざまな分子を与えるプレグネノロンの化学修飾は，ヘム含有酵素である**シトクロム P450**（cytochrome P450）群によってなされる．表 5.3 にステロイドホルモンとその機能の例を示したが，その合成の詳細は次のとおりである（図 12.29）．

- **プロゲステロン**（progesterone）：3 位のヒドロキシ基のケト基への酸化と，5 位と 6 位の炭素間の二重結合の 4 位と 5 位の炭素間への転移によってプレグネノロンから合成される．
- **コルチゾール**（cortisol）：11 位，17 位，21 位の炭素のヒドロキシ化によりプロゲステロンから生成する．
- **アルドステロン**（aldosterone）：11 位と 21 位の炭素のヒドロキシ化と 18 位のメチル基の酸化により，プロゲステロンから生成する．
- **テストステロン**（testosterone）：プロゲステロンから合成され，まずプロゲステロンの 17 位の炭素がヒドロキシ化され，その後，20 位と 21 位の炭素を含む側鎖（17 位の炭素に結合している）が除去される．これによりアンドロステンジオンが生成し，側鎖の除去の結果生成した 17 位のケト基が還元されて，アンドロステンジオンからテストステロンへと変換される．
- **エストロゲン類**（estrogens）：19 位のメチル基の除去と，それに続く A 環内の結合の再編成により，アンドロステンジオンやテストステロンから生成する．この方法でアンドロ

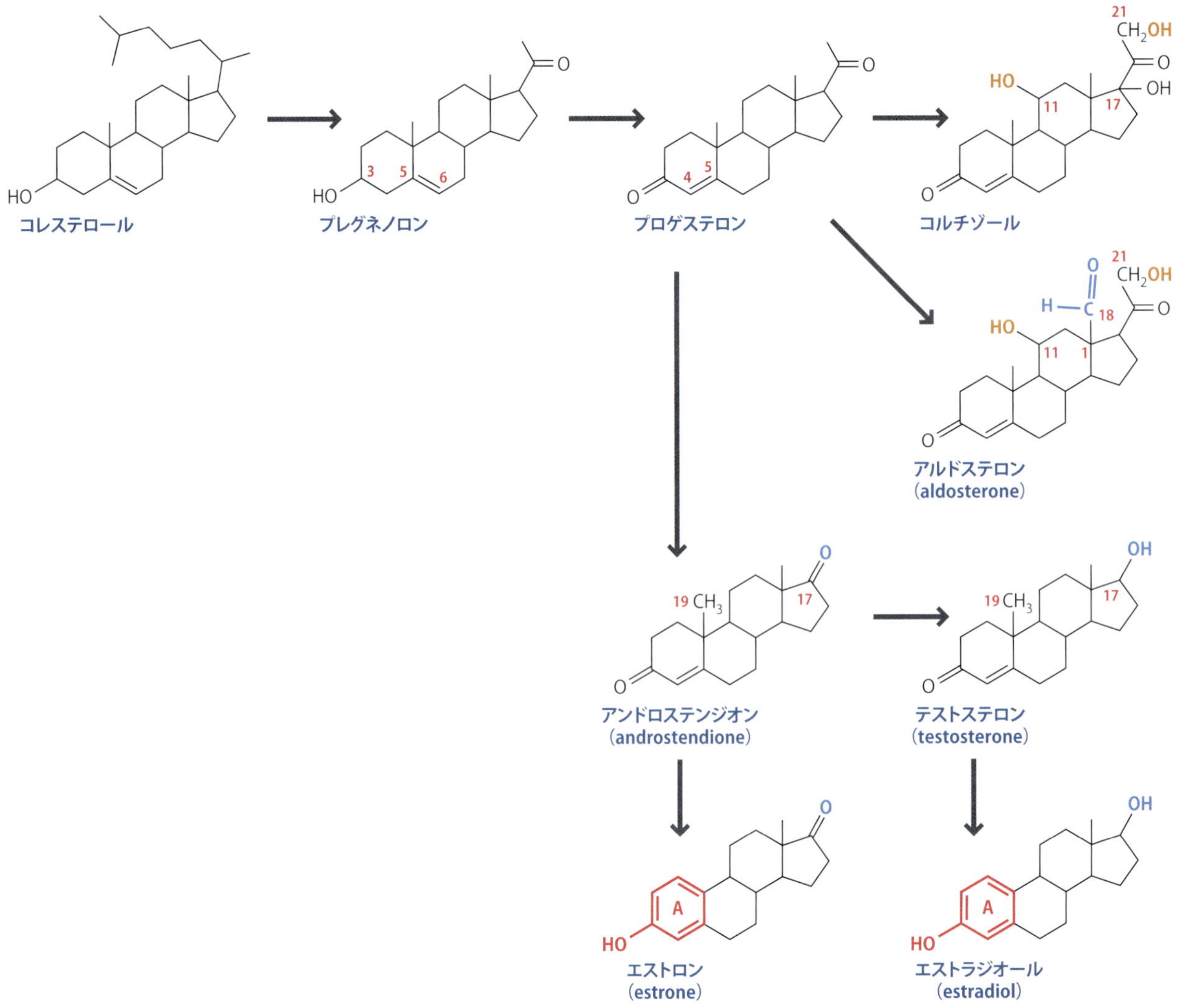

● 図 12.29　**ステロイドホルモンの合成**
炭素の番号づけに関しては，図 5.16 を参照．

ステンジオンの修飾によりエストロンが，テストステロンの修飾により**エストラジオール**（estradiol）が生成する．

## ● 参考文献

J. Beld, D. J. Lee, M. D. Burkart, "Fatty acid biosynthesis revisited: structure elucidation and metabolic engineering," *Molecular BioSystematics*, 11, 38 (2015). バイオ燃料としての脂肪酸の商業生産を目的とした微生物工学的手法についての議論.

D. M. Byers, H. Gong, "Acyl carrier protein: structure-function relationships in a conserved multifunctional protein family," *Biochemistry and Cell Biology*, 85, 649 (2007).

J. Y. L. Chiang, "Bile acids: regulation of synthesis," *Journal of Lipid Research*, 50, 1955 (2009).

R. A. Coleman, D. P. Lee, "Enzymes of triacylglycerol synthesis and their regulation," *Progress in Lipid Research*, 43, 134 (2004).

H. K. Ghayee, R. J. Auchus, "Basic concepts and recent developments in human steroid hormone biosynthesis," *Reviews in Endocrine and Metabolic Disorders*, 8, 289 (2007).

S. M. Houten, S. Violante, F. V. Ventura, R. J. A. Wanders, "The biochemistry and physiology of mitochondrial fatty acid β-oxidation and its genetic disorders," *Annual Review of Physiology*, 78, 23 (2016).

E. Ikonen, "Cellular cholesterol trafficking and compartmentalization," *Nature Reviews Molecular Cell Biology*, 9, 125 (2008).

M. N. R. Johnson, C. H. Londergan, L. K. Charkoudian, "Probing the phosphopantetheine arm conformations of acyl carrier proteins using vibrational spectroscopy," *Journal of the American Chemical Society*, 136, 11240 (2014).

H. Kornberg, "Krebs and his trinity of cycles," *Nature Reviews Molecular Cell Biology*, 1, 225 (2000). グリオキシル酸回路の発見.

C. M. Mansbach. S. A. Siddiqi, "The biogenesis of chylomicrons," *Annual Review of Physiology*, 72, 315 (2010).

H. W. Moser, G. V. Raymond, S-E. Lu et al., "Follow-up of 89 asymptomatic patients with adrenoleukodystrophy treated with Lorenzo's Oil," *Archives of Neurology*, 62, 1073 (2005). 無症候性の ALD 患者におけるロレンツォのオイルの有益な効果を示している.

Y. Poirier, V. D. Antonenkov, T. Glumoff, J. K. Hiltunen, "Peroxisomal β-oxidation-a metabolic pathway with multiple functions," *Biochimica et Biophysica Acta*, 1763, 1413 (2006).

S. J. Wakil, J. K. Stoops, V. C. Joshi, "Fatty acid synthesis and its regulation," *Annual Review of Biochemistry*, 52, 537 (1983).

R. J. Wanders, E. G. van Grunsven, G. A. Jansen, "Lipid metabolism in peroxisomes: enzymology, functions and dysfunctions of the fatty acid alpha- and beta-oxidation systems in humans," *Biochemical Society Transactions*, 28, 141 (2000).

J. Ye, R. A. DeBose-Boyd, "Regulation of cholesterol and fatty acid synthesis," *Cold Spring Harbor Perspectives in Biology*, 3, a004754 (2011).

## ● 章末問題

### 四択問題

各質問に対して正しい答えは一つだけである．答えは化学同人HP：https://www.kagakudojin.co.jp/book/b378577.html にある．

1. 脂肪酸の合成の前に，アセチル単位はどのような形でミトコンドリア内膜を通過して運搬されるか？
   - (a) クエン酸　(b) オキサロ酢酸　(c) リンゴ酸
   - (d) ピルビン酸

2. アシルキャリアータンパク質に含まれる補欠分子族の名称は？
   - (a) ビタミン $B_5$　　　(b) コエンザイム Q
   - (c) ホスホパントテイン　(d) リボフラビン

3. 次の反応のうち，飽和脂肪酸の合成サイクルに関与して<u>いない</u>のはどれか？
   - (a) リン酸化　(b) 還元　(c) 凝縮　(d) 脱水

4. 完成した脂肪酸をキャリアータンパク質から切断する酵素の名前は何か？
   - (a) エノイル ACP レダクターゼ　(b) チオエステラーゼ
   - (c) ACP デリパーゼ　(d) アシル-マロニル-ACP 縮合酵素

5. どの化合物が，炭素数が奇数の脂肪酸の合成時にマロニル ACP の代わりとなるか？
   - (a) プロピオニル ACP　　(b) アセチル ACP
   - (c) アセトアセチル ACP　(d) パルミトイル ACP

6. どの酵素複合体が脂肪酸に二重結合を導入するか？
   - (a) NADH-シトクロム $b_5$ オキシダーゼ，シトクロム $b_5$，および不飽和化酵素
   - (b) NADH-シトクロム $b_5$ レダクターゼ，シトクロム c，および不飽和化酵素
   - (c) NADH-シトクロム $b_5$ オキシダーゼ，シトクロム c，および不飽和化酵素
   - (d) NADH-シトクロム $b_5$ レダクターゼ，シトクロム $b_5$，および不飽和化酵素

7. 脂肪酸合成の制御に関する次の記述のうち，<u>正しくない</u>ものはどれか？
   - (a) マロニル CoA の合成はおもな制御段階である
   - (b) 制御は AMP 活性化プロテインキナーゼによりなされる
   - (c) AMP は脂肪酸合成を促進する
   - (d) 脂肪酸合成は細胞のエネルギー供給が豊富な場合にのみ起こる

8. 脂肪酸合成を阻害するホルモンはどれか？
   - (a) グルカゴンとインスリン
   - (b) インスリンとエピネフリン
   - (c) グルカゴンとエピネフリン
   - (d) (a)〜(c) のいずれでもない

9. 脂肪組織中の油脂を蓄える細胞は何とよばれるか？
   (a) 脂肪細胞　(b) リポタンパク質　(c) サルコメア
   (d) 脂質細胞

10. トリアシルグリセロールの分解に関する次の記述のうち，正しくないものはどれか？
    (a) 脂肪分解経路全体の主要な制御点である
    (b) その過程はβ酸化とよばれている
    (c) トリアシルグリセロールは，リパーゼ酵素によって分解される
    (d) 異なる特異性をもつ三つの酵素の組合せが，一つのトリアシルグリセロールから三つの脂肪酸すべてを取り除くのに必要である

11. トリアシルグリセロール分解によって放出されるグリセロールは，解糖系のどの中間体に変換されるか？
    (a) ピルビン酸　(b) ジヒドロキシアセトンリン酸
    (c) ホスホエールピルビン酸
    (d) グリセルアルデヒド 3-リン酸

12. どのグループのホルモンがトリアシルグリセロールの分解速度を増すか？
    (a) グルカゴン，インスリン，ノルエピネフリン，および副腎皮質刺激ホルモン
    (b) グルカゴン，インスリン，および副腎皮質刺激ホルモン
    (c) インスリン，ノルエピネフリン，および副腎皮質刺激ホルモン
    (d) グルカゴン，エピネフリン，ノルエピネフリン，および副腎皮質刺激ホルモン

13. 脂肪酸の分解の前に，コエンザイム A に脂肪酸を結合するためにどのようにエネルギーが供給されるか？
    (a) ATP の ADP への加水分解　(b) ATP の AMP への加水分解
    (c) GTP の GDP への加水分解
    (d) エネルギーを必要としない

14. ミトコンドリア内膜を通過するために脂肪酸が結合する化合物の名称は何か？
    (a) カルニン　(b) カプリン　(c) カルニトレオニン
    (d) カルニチン

15. 飽和脂肪酸の分解サイクルに関与していない反応はどれか？
    (a) チオ分解　(b) 酸化　(c) 水和　(d) 還元

16. パルミチン酸の完全分解によって，何分子の ATP が得られるか？
    (a) 38　(b) 92　(c) 120　(d) 129

17. ペルオキシソームにおける脂肪酸の分解に関する次の記述のうち，正しくないものはどれか？
    (a) カタラーゼとよばれる酵素が関与している
    (b) 植物ではこの過程は起こらない
    (c) 動物では，長鎖脂肪酸のみペルオキシソームで分解される
    (d) 脂肪酸分解により得られた NADH とアセチル CoA はペルオキシソームから搬出される．

18. 不飽和脂肪酸の分解に関する次の記述のうち，正しくないものはどれか？
    (a) 奇数と偶数の位置にある二重結合は異なる方法で取り扱われる
    (b) アシル CoA デヒドロゲナーゼは，二つ目の二重結合を導入する可能性がある
    (c) イソメラーゼ酵素は二重結合の位置を動かすのに必要な可能性がある
    (d) 不飽和脂肪酸の分解は常にプロピオニル CoA を産生する

19. コレステロール合成経路の開始時にアセチル CoA を縮合するのはどの酵素か？
    (a) チオラーゼ　(b) HMG CoA レダクターゼ
    (c) エノラーゼ　(d) アセトアセチル CoA シンターゼ

20. 環状化してステロール類を生成する線形分子の名称は何か？
    (a) ラノステロール　　　　(b) スクアレン
    (c) ファルネシルピロリン酸　(d) HMG CoA

21. コレステロール合成における決定段階はどれか？
    (a) ステロール環の形成　(b) アセトアセチル CoA の生成
    (c) スクアレンからラノステロールへの変換
    (d) HMG CoA からメバロン酸への変換

22. コレステロールはどうやって HMG CoA レダクターゼの活性を調節しているか？
    (a) リン酸化 HMG CoA レダクターゼをリン酸化するプロテインキナーゼ A を活性化することにより
    (b) 分解を促進することにより
    (c) 酵素を活性化させる構造変化を誘導することにより
    (d) 細胞内の cAMP 量に影響を与えることにより

23. コレステロールの誘導体ではないものは次のうちどれか？
    (a) 胆汁酸　(b) ビタミン D　(c) ステロイドホルモン
    (d) ヘム

24. 次の化合物のうち，ステロイドホルモンではないものはどれか？
    (a) プロゲステロン　(b) コルチゾール
    (c) テストステロン　(d) インスリン

### 記述式問題

これらの質問の答えは本文中に記載されている．

1. 脂肪酸合成経路の開始時にミトコンドリアからアセチル CoA がどのように搬出されるかを述べよ．

2. 不飽和脂肪酸を合成する反応サイクルの詳細を記述せよ．このプロセスは，動物と植物でどのように異なるか？

3. どのように長鎖脂肪酸と二重結合をもつ脂肪酸が動物でつくられるかを説明せよ．

4. 脂肪酸合成が制御される方法の概要を述べよ．

5. 脂肪分解がどのように調節されるかを述べよ．

6. 脂肪酸分解の前に脂肪酸がどのようにミトコンドリアに運ばれるかを説明せよ．

7. 脂肪酸分解のためのβ酸化経路について述べよ．

8. コレステロールの合成過程の概要を述べよ．

9. コレステロールの合成が，生体の全体的なエネルギー状態や細胞内のステロール量にいかに応じているかを述べよ．

10. コレステロールの主要な誘導体がどのように合成されるかその概略を述べよ．

### 自習用問題

次の質問に答えるためには，自分で計算してみたり，ほかの文献を読んでみたり，あるいはインターネットで調べる必要がある．

1. 本章と第11章の情報から，ヒトにおけるエネルギー貯蔵と利用に対するホルモンの制御を説明する図を描け．

2. マラソンを走る直前に高糖飲料を摂取するのはなぜ得策でないのか？

3. （A）12：0 ラウリン酸，（B）18：0 ステアリン酸，（C）24：0 リグノセリン酸のβ酸化による ATP の正味の収率はいくらか？

4. グリオキシル酸回路は，植物や多くの細菌に存在するが，一般的に動物では欠損していると見なされている．しかし，その回路が新生児ラットの肝臓のようないくつかの動物に存在することを示唆する科学的文献が長年にわたって時折報告されている．動物がグリオキシル酸回路をもっているという仮説を検証するために計画された研究の概要を説明せよ．

5. スタチンは HMG CoA レダクターゼの阻害剤であるスタチンが，（A）心血管疾患のリスクを軽減するために使用される理由，および（B）家族性高コレステロール血症の治療法として使用される理由を説明せよ．

# 第13章
# 窒素代謝

## ◆本章の目標

- 無機窒素をアンモニアに変換して取り込むための経路である，窒素固定と硝酸還元の重要性を理解する．
- 窒素固定を行う生物の主要な種類と，マメ科植物と根粒菌との共生関係の重要な特色を説明できる．
- 窒素がニトロゲナーゼ複合体によってどのように固定されているかを理解する．
- 硝酸還元経路の概略を知る．
- 非必須アミノ酸と必須アミノ酸の違いを理解し，アミノ酸をそれぞれのグループにまとめることができる．
- アンモニアがどのようにしてグルタミン酸やグルタミンに変換されるかを説明できる．
- グルタミン酸とグルタミン以外の九つのヒトの非必須アミノ酸の生合成経路を知る．
- 必須アミノ酸の細菌による生合成経路の概略を説明できる．
- 一部のアミノ酸生合成経路の分岐点が最終生成物によってどのように制御されているかを理解する．
- ヌクレオチド生合成の経路であるサルベージ経路と新生経路を述べることができる．
- ヘムなどのテトラピロールがどのように生合成されるかを理解する．
- ヌクレオチドやテトラピロールがどのように分解されるかの概略を知る．
- アミノ酸が分解されるときに，窒素成分がどのようにアンモニアに変換されるかを説明できる．
- アミノ酸の炭素骨格がどのようにして分解されるかを知り，糖原性アミノ酸とケト原性アミノ酸の違いを理解する．
- 過剰なアンモニアを排出する方法の生物種による違いを区別できる．
- 尿素回路の段階を知り，回路がどのように制御されているかを理解する．
- 尿素回路で消費されたエネルギーの一部が，TCA回路と連結することによってどのように回復するのかを知る．

私たちが生合成と分解について学ぶべき最後のグループは，窒素含有化合物である．窒素含有化合物の主要な生体分子にはアミノ酸，ヌクレオチドで見られるプリンおよびピリミジン塩基，クロロフィルや補因子の一つであるヘムを含む**テトラピロール**（tetrapyrrole）化合物がある．本章では，おもにこれらの化合物が生合成され，その後，不要になったときに分解される経路を説明する．しかし，考慮すべき窒素代謝はこれだけではない．一部の植物や微生物が，環境のなかにある無機的窒素をアンモニアに変換する方法も知らなければならない．それらが供給するアンモニアは，生物のなかのあらゆる有機的窒素含有化合物の生合成の基質となるので，この経路はたいへん重要である．

## 13.1 無機的な窒素からのアンモニアの生合成

本書の冒頭で，ヒトの成人の元素組成を見て，これらの元素の混合物から私たちの大好きな映画俳優をつくりだすには何が必要かたずねた．三つの最も豊富な元素（炭素，酸素，水素）についていえば答えの一つは，無機的な炭素，酸素，水素を糖質に変換する光合成である．糖質はエネルギー源になるのみならず，光合成生物や光合成生物を食べる生物に，タンパク質や脂質や核酸などの生体分子を構築するのに必要な有機的炭素／酸素／水素基を供給する．しかし，タンパク質のアミノ酸や核酸のヌクレオチドは，ヒトのなかで4番目に多い元素である窒素も含んでいる．窒素はどのようにして獲得されているのだろうか．

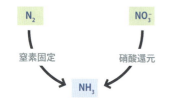

●図 13.1 無機的窒素をアンモニアに取り込む二つの方法

その答えは，ほとんどの植物や多くの微生物が無機的窒素源からアンモニアを生合成できるためである．アンモニアの窒素原子は，生物に必要なすべての窒素含有有機物の合成に利用できる．動物は炭素，酸素，水素と同様に，窒素を最初に同化する役割をもつ植物を食べることで窒素を獲得している．

無機的な窒素をアンモニアに取り込むには二つの方法がある（図 13.1）．

- **窒素固定**（nitrogen fixation）：無機的な窒素を大気中の窒素ガスから取り込む
- **硝酸還元**（nitrate reduction）：土壌中の無機的な硝酸イオンが使われる

硝酸還元よりも複雑な窒素固定を先に学ぶとしよう．

### 13.1.1 窒素固定

窒素固定は，**ジアゾ栄養生物**（diazotroph）とよばれる少数の細菌や古細菌の種でしか行われていない．これらの種の多くは自由生活性で，ほかの生物と共生しないで独立して生活している．一方，少数の窒素固定を行う細菌は特定の植物の根で共生している．この共生により，植物は細菌窒素固定の生成物である有機的窒素化合物を獲得する．窒素固定の生化学を学習する前に，共生について触れておこう．

#### 共生細菌は根粒で窒素を固定する

共生して窒素固定をする細菌はおもに次の二つのグループに分けられる（図 13.2）．

- **根粒菌**（rhizobia）：リゾビウム属，ブラジリゾビウム属，バークホルデリア属など．
- フランキア属の仲間：**放線菌**（actinomycete）や糸状性細菌の一種．

フランキア属のジアゾ栄養生物は十分に研究されていないが，共生における生理学的および生化学的な特徴は二つの集団で酷似している．おもな違いは共生する植物の種類である．根粒菌が共生する植物はもっぱらマメ科の植物である．根粒菌が共生する**マメ科植物**（legume）の"legume（マメ科）"という言葉は「窒素固定する」を意味していると思われがちだが，実は果実の構造を示している．マメ科にはダイズ，エンドウマメ，ムラサキウマゴヤシ，落花生，クローバーなど重要な農作物が含まれる．一方，フランキア属は八つの科の植物と共生し，**根粒形成**（actinorhizal）植物とよばれていて，ハンノキ属やヤマモモ属などの草木が含まれる．

窒素固定をする細菌は，はじめ土壌中で自由生活をしているが，共生に適している植物から分泌される**フラボノイド**（fravonoid）という有機物の存在を感知する．細菌は根に向かって移動して，植物に細菌の存在を知らせる**ノッド因子**（nod factor；脂肪鎖側鎖がついた短いオリゴ糖）を分泌する．この双方向のシグナル伝達は，共生する二つの生物が共生をはじ

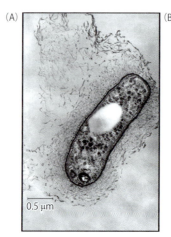
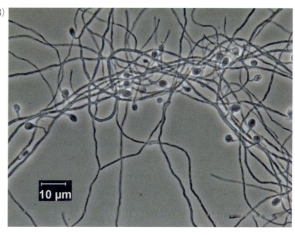

●図 13.2 2種の窒素固定をする細菌
(A) クローバー根粒菌．ミシガン州立大学 Frank Dazzo 教授より．(B) フランキア．コネチカット大学 David Benson 教授より．

## Box 13.1　共生シアノバクテリアによる窒素固定

いろいろな種類のシアノバクテリアも多様な種の植物と共生しながら窒素固定しており，よく研究されている根粒菌とマメ科の関係とは異なる形の共生も行っている．とりわけ興味深い三つの例がある．

アカウキグサ属の水田の写真．
INTEGRATED RURAL DEVELOPMENT ORGANIZATION より．

- **アカウキグサ属**（azolla）は世界中の池や小さな湖の水面に生息している小さな水生シダ類である．アカウキグサ属はアナベアという窒素固定を行うシアノバクテリアと共生しており，アナベアはアカウキグサ属の葉の空洞のなかに繊維のようになって住んでいるのが観察できる．西南アジアの多くの地域では，アカウキグサ属は"緑肥"として水田に撒かれている．固定された窒素化合物の一部が稲に取り込まれて収穫量が上がる．
- **地衣類**（lichen）のいくつかは窒素固定を行う構成因子をもっている．すべての地衣類は菌類と光合成細菌もしくは藻類とからなる共生を行うが，カブトゴケ属やツメゴケ属などのいくつかの種では三者からなる共生を行っており，ネンジュモのような窒素固定をするシアノバクテリアを3番目の共生者としてもっている．この種の地衣類はセコイヤ林などの生態系の重要な窒素源である．
- ケイ藻のハフケイソウ科は1歩進んだ共生をしている．この単細胞生物は，窒素固定を行うシアノバクテリア由来の細胞小器官をもつ．この関係は内部共生の一部であり，ミトコンドリアや葉緑体と似ている．

めるための準備となる．細菌は根毛を経由するか，単純に根の表面の細胞間に押し入って植物の根のなかに入る．細菌の感染は植物の細胞分裂を誘導し，**根粒**（root nodule）という特殊な構造をつくり，そこで窒素固定が行われるようになる（図13.3）．

根粒のなかで細菌は植物細胞内に侵入して，ミトコンドリアと同じくらいの大きさの細胞小器官である**バクテロイド**（bacteroid）に分化する．植物は細菌にエネルギー源としてコハク酸やリンゴ酸を供給し，細菌は植物にアンモニアを供給する．これは**相利共生**（mutualism）という種類の共生の一例であり，共生をしている両方の生物が得をしている協力的な関係である．

### 窒素固定では窒素のアンモニアへの還元が行われている

窒素固定は，大気の窒素分子を細胞内のアンモニアにする還元反応である．この反応は，

● 図 13.3　ウマゴヤシの根粒
根粒にはレグヘモグロビンが含まれているためピンク色に見える．
Wikimedia Commons, © Ninjatacoshell
(Licensed under CC BY-SA 3.0).
https://creativecommons.org/licenses/by-sa/3.0

N≡N から HN=NH, さらに $H_2N-NH_2$ から最終的に 2 分子の $NH_3$ へと段階的に還元するために六つの電子を必要とする．この還元は，細菌の二つの酵素から構成されている**ニトロゲナーゼ複合体**（nitrogenase complex）により行われている．

- **レダクターゼ**（reductase）：Fe-S（鉄-硫黄）クラスターをもつ同一のタンパク質の二量体で，呼吸鎖の構成因子を学んだときに最初にでてきた電子に結合する補因子と同じ種類である．
- **ニトロゲナーゼ**（nitrogenase）：二つの α サブユニットと二つの β サブユニットからなる四量体であり，**モリブデン-鉄（Mo-Fe）活性中心**（molybdenum-iron center）を一つもっている．このタイプの電子を結合する補因子については，まだ学習していない．

窒素からアンモニアへの還元に必要な電子は，光合成時に植物の葉緑体から産生される還元型フェロドキシンから供給される．電子はフェロドキシンからレダクターゼの Fe-S クラスターへ一つずつ引き渡されてニトロゲナーゼの Mo-Fe 活性中心に移り，最終的に窒素分子に到達する（図 13.4）．レダクターゼからニトロゲナーゼへの電子伝達にはエネルギーを要する．エネルギーは ATP の加水分解により供給され，1 電子が移動するのに 2 分子の ATP が必要である．1 分子の窒素を 2 分子のアンモニアに還元するために必要な電子は六つしかないが，ニトロゲナーゼ複合体は少し非効率的で，1 分子の窒素を還元するたびに平均二つの電子を無駄にしている．つまり，1 分子の窒素を還元するには八つの電子，すなわち 16 分子の ATP が必要となる．大気中の窒素原子の三重結合はとても安定なので，窒素固定全体の反応は吸エルゴン反応である．窒素からアンモニアに還元する同等の化学反応は**ハーバー法**（Haber process）とよばれており，窒素と水素の混合物を鉄触媒とともに 500℃に加熱して 300 気圧（$3.04 \times 10^7$ Pa）にする．窒素を還元するには実験室ではそのような極端な条件が必要なのに，生物学的条件下では還元反応のすべてが可能なのは驚きである．

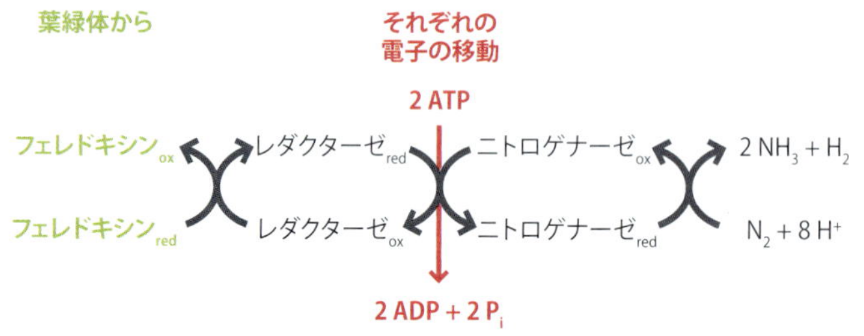

● 図 13.4　窒素固定のときの電子伝達

ニトロゲナーゼ複合体は酸素によって不可逆的に不活化されるため，酸素から守られなければならない．酸素からの保護は，ヘモグロビンと構造がとても似ているが，酸素との親和性がより高い**レグヘモグロビン**（leghemoglobin）というタンパク質によって行われている．レグヘモグロビンを構成するタンパク質とヘム補因子は，どちらも植物でつくられる．レグヘモグロビンはヘモグロビンのように赤く，根粒をカミソリで切ったときの切り口がピンク色であることから，レグヘモグロビンの存在がわかり，切られていない根粒でも（レグヘモグロビンが大量に合成されていれば）色がわかる場合もある（図 13.3 参照）．

### 13.1.2　硝酸還元

硝酸還元は，無機的な窒素がアンモニアに変換される二つ目の方法である．ほとんどの植物と多くの細菌が硝酸還元を行うことができる．

植物では硝酸を土から根に移すことから硝酸還元がはじまる．吸収された硝酸は次に硝酸還元が行われる苗条へと移動する．硝酸還元はおもに苗条で行われ，根は苗条ほど硝酸還元を行わない．還元反応には 2 段階あり，最初の段階では細胞質で硝酸イオン（$NO_3^-$）が亜硝酸イオン（$NO_2^-$）に，2 段階目では葉緑体で亜硝酸イオンがアンモニアに還元される（図 13.5）．

細胞質での硝酸イオンから亜硝酸イオンへの還元は，同一のタンパク質の二量体で FAD,

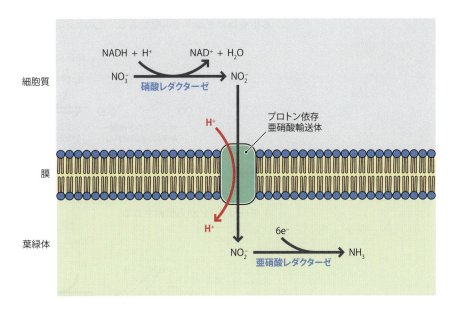

●図 13.5 植物内での硝酸からアンモニアへの還元
硝酸還元では電子供給源として NADH（図示されている）または NADPH が使われる．

ヘム，モリブデンなどの補因子からなる**硝酸レダクターゼ**（nitrate reductase）によって触媒される．酵素活性部位の二つのメチオニンがモリブデンと硝酸イオンとの相互作用を安定化し，それによって NADH か NADPH から電子が供給されて亜硝酸イオンへと還元する．亜硝酸はプロトン共役型のトランスポーターを介して葉緑体へと移動して，**亜硝酸レダクターゼ**（nitrite reductase）によって亜硝酸からアンモニアへと還元される．亜硝酸レダクターゼは，Fe-S クラスターと**シロヘム**（siroheme）補因子からなる単量体タンパク質である．シロヘムは，窒素や硫黄を含む化合物の還元を行ういくつかの酵素で見つかっているヘム様物質である．窒素固定のように，一つの硝酸をアンモニアに還元するのに六つの電子を要する．電子はフェレドキシンから供給されるが，この電子伝達にはエネルギーが必要ないため，ATP は消費されない．

## 13.2 窒素を含む生体分子の生合成

窒素固定と硝酸還元は，細胞内のすべての窒素含有生体分子の生合成につながる代謝経路の最初の基質となるアンモニアを生物に供給する．次に，重要な化合物であるアミノ酸，ヌクレオチドの塩基，テトラピロールの生合成経路を学ぼう．

### 13.2.1 アミノ酸の生合成

ヒトの細胞はタンパク質合成に使われる 20 種類のアミノ酸のうち，11 種類のアミノ酸を生合成する酵素しかもっていない．残る九つの酵素は食事から得なければならないので，**必須アミノ酸**（essential amino acid）とよばれている（表 13.1）．11 種類の非必須アミノ酸のうち 10 種類は比較的短い経路で生合成されており，出発物質は TCA 回路，解糖系，ペントースリン酸回路の中間体である．残る一つのチロシンはフェニルアラニンから生合成されている．

**グルタミン酸とグルタミンは α-ケトグルタル酸とアンモニアから生合成される**

まず，アンモニアから直接，生合成されるグルタミン酸とグルタミンから見ていこう．もう一つの基質は，TCA 回路の中間体である α-ケトグルタル酸である．この経路には二つの段階がある．

**ステップ 1.** **グルタミン酸デヒドロゲナーゼ**（glutamate dehydrogenase）はアミノ基（-NH₂）の原料としてアンモニアを使い，α-ケトグルタル酸に付加する．結果として生じ

●表 13.1 ヒトの必須アミノ酸と非必須アミノ酸

| 必 須 | 非必須 |
|---|---|
| ヒスチジン | アラニン |
| イソロイシン | アルギニン |
| ロイシン | アスパラギン |
| リシン | アスパラギン酸 |
| メチオニン | システイン |
| フェニルアラニン | グルタミン酸 |
| トレオニン | グルタミン |
| トリプトファン | グリシン |
| バリン | プロリン |
|  | セリン |
|  | チロシン |

る生成物はグルタミン酸である．この反応は還元反応であり，NADPH が使われている．

**ステップ 2．** グルタミンシンテターゼ（glutamate synthetase）は二つ目のアンモニアをグルタミン酸に付加して，二つ目のアミノ基にすることでグルタミンを生合成している．エネルギーは ATP から供給される．

植物ではグルタミン酸とグルタミンの生合成は窒素固定や硝酸還元と連携しており，根粒のバクテロイド，根粒や硝酸還元を行う細胞のなかの葉緑体で行われる．ヒトなどのほかの

---

### ● Box 13.2　正しい光学異性体をもったグルタミン酸の生合成

アミノ酸には L 体と D 体の二つの光学異性体があり，これらは不斉炭素原子である α 炭素の周りの原子配置で区別される（図 3.4 参照）．ほかのすべてのアミノ酸と同様に，グルタミン酸も L 体が細胞内の多くを占めていて，タンパク質合成に使われている．グルタミン酸生合成の基質である α-ケトグルタル酸は光学異性体をもたず，L 体や D 体が存在しない．酵素はどのようにして L-グルタミン酸だけを生合成しているのだろうか．

グルタミン酸デヒドロゲナーゼによる反応は 2 段階からなる．まず，アンモニアのアミノ基が α 炭素となる炭素原子に転移する反応である．

この反応段階では，注目している炭素はまだ不斉ではない．重要なのは，2 段階目の水素原子が NADPH から転移するときである．この転移で α 炭素の周りが L 体の立体配置にならなければならない．

L 体の立体配置を得るのに重要なのは，NADPH とアミノ化された中間体のグルタミン酸脱水素酵素の活性部位内の相対的な配置である．正しい配置により，NADPH から水素原子を受け取った α 炭素の周りが L 体の立体配置をとることができる．

したがって，活性部位の構造が α 炭素周りの基の配置を決める．その活性部位のために，グルタミン酸デヒドロゲナーゼは L-グルタミン酸を合成できるのである．

グルタミン酸がグルタミンシンテターゼによりグルタミンになるときや，グルタミン酸がプロリンやアルギニンに代謝されるときに，α 炭素周りの基の配置は維持されている（図 13.6 参照）．しかし，ほかのアミノ酸の α 炭素はグルタミン酸由来ではなく，それらの立体配置はそれぞれの生合成経路で独立的に制御されなければならない．立体配置を決める段階はすべて，グルタミン酸から α 炭素にアミノ基が供与されるアミノ基転移である（図 13.7A のセリン合成経路の 2 段階目を参照）．それぞれのアミノ基転移は類似した酵素が担っていて，電子は NADPH ではなく酵素活性部位にあるリシン残基から供与される．基質と酵素のリシン残基の配置により，α 炭素の周りに L 体の立体配置ができるようになっている．

生物は，食事や窒素化合物の分解産物から得られたアンモニウムイオンからグルタミン酸やグルタミンを生合成している．

### ヒトが生合成するほかの九つの非必須アミノ酸の生合成経路

ヒトが生合成している九つのほかの非必須アミノ酸の生合成経路について見ていこう．

グルタミン酸は，プロリンとアルギニンの生合成の出発物質である．まず，グルタミン酸はリン酸化された中間体を経てグルタミン酸γ-セミアルデヒドになる．グルタミン酸γ-セミアルデヒドはさらに次の二つの経路のいずれかを通る．

- プロリンの生合成では，グルタミン酸γ-セミアルデヒドは自発的に環化し，生成物Δ$^1$-ピロリン-5-カルボン酸はさらに還元される（図13.6A）．
- アルギニンの生合成では，グルタミン酸γ-セミアルデヒドのカルボニル基（−C＝O）がもう一つのグルタミン酸からの**アミノ基転移**（transamination）によってアミノ基（−NH$_2$）に変わることで，**オルニチン**（ornithine）となる．オルニチンはさらにアルギニンへと代謝される（図13.6B）．

グルタミン酸γ-セミアルデヒドのアミノ基転移が，ヒトのアルギニンの主要な生合成経路であるかについては議論が分かれる．プロリンを生成する環化反応がとても速く，アミノ基転移を受けるグルタミン酸γ-セミアルデヒドがあまり残っていないと考えられるからである．さらに，ヒトはアルギニンを**尿素回路**（urea cycle）から生合成できる．尿素回路は本章の後半で学ぶ．

セリン，グリシン，システインは解糖系の中間体である3-ホスホグリセリン酸から生合成される（図13.7）．ここでもグルタミン酸からのアミノ基転移があり，最初にセリンが生成する．セリンの側鎖である−CH$_2$OHを水素に置換するとグリシンが生成し，側鎖のヒド

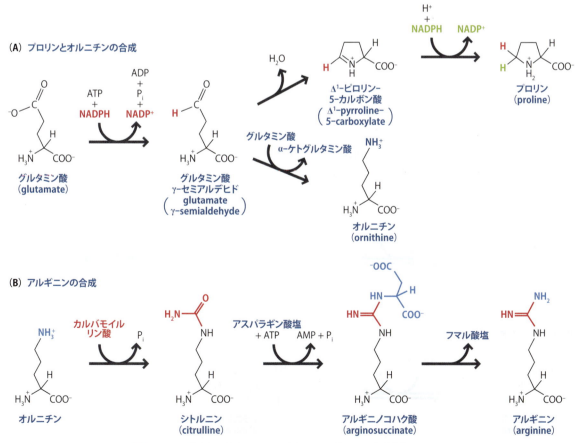

● 図13.6　プロリンとオルニチン（A），アルギニンの合成（B）

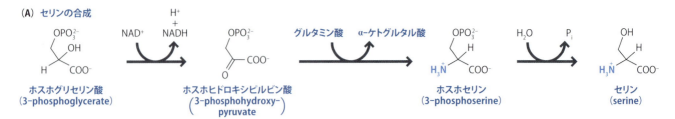

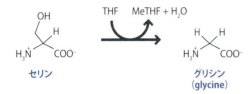

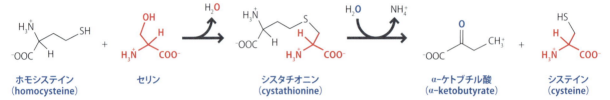

● 図 13.7　セリン(A)，グリシン(B)，システイン(C) の合成
MeTHF：5,10-メチレンテトラヒドロ葉酸，THF：テトラヒドロ葉酸．THF は多様な生化学反応で，炭素骨格の供与体や受容体となる補因子である．セリンからグリシンに変換する反応では，THF は二つの H$^+$ イオンを放出し，−CH$_2$ をセリンから受け取る．この反応で THF は MeTHF に変わる．

ロキシ基部分をチオール基（−SH）に置換するとシステインになる．

　アミノ基転移はオキサロ酢酸とピルビン酸から 1 段階で，それぞれアスパラギン酸とアラニンを生成する（図 13.8）．アスパラギンはアスパラギン酸のアミド化により生成し，アミノ基はグルタミンから供給される．

　非必須アミノ酸生合成について，残るはチロシンだけである．チロシンはヒトの体内ではフェニルアラニンのヒドロキシ化によって生合成される（図 13.9）．ヒトはフェニルアラニンを生合成できないので，チロシン生合成の出発物質は食事から得られる．フェニルアラニンの摂取量が低下すると，体内のチロシンが欠乏するので，チロシンは必須アミノ酸として

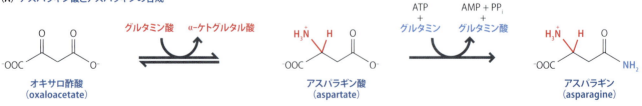

● 図 13.8　アスパラギン酸とアスパラギン(A)，アラニン(B) の合成

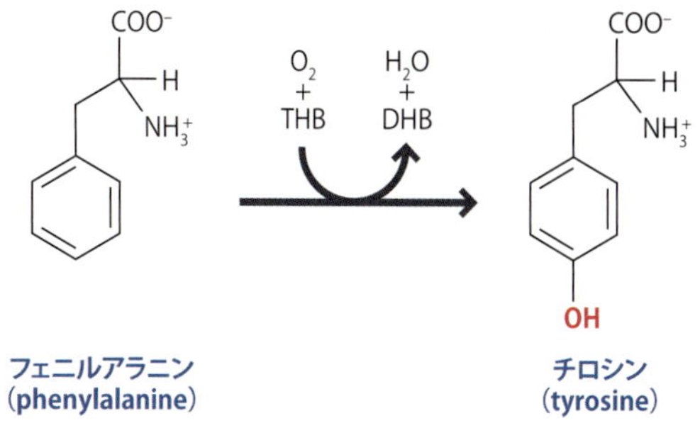

● 図 13.9　チロシンのフェニルアラニンからの合成
DHB：ジヒドロビオプテリン，THB：テトラヒドロビオプテリン．THBはこの反応で$H^+$供与体としてはたらく補因子である．

とらえられることもある．

### 必須アミノ酸の生合成経路は長い

　ヒトには食事から摂取しなければならない必須アミノ酸が9種類ある（表13.1参照）．植物は20種類のアミノ酸すべてを生合成し，ここから必須アミノ酸を摂取することもでき，また，一部の必須アミノ酸は卵，魚，および乳製品からでも摂取できる．それぞれの必須アミノ酸の生合成経路は長く，また種によって異なっている．ここでは，必須アミノ酸生合成経路の基礎研究に使われた，大腸菌で行われている必須アミノ酸の生合成経路について説明する．

　イソロイシン，リシン，メチオニン，トレオニンの四つの必須アミノ酸は，アスパラギン酸から合成できる．アスパラギン酸をオキサロ酢酸のアミノ基転移からつくるのは，ヒトも細菌も同じである．オキサロ酢酸から二つの反応を経て，アスパラギン酸βセミアルデヒドとなり，ここで生合成経路が分かれる．一つ目の経路では，ここから七つの中間体を経てリシンになる．二つ目の経路では，ホモセリンが生成し，ここからさらにメチオニンとトレオニンの生合成経路に分かれる（図13.10A）．トレオニンを脱アミノ化すると，α-ケトブチル酸が生成する．これがピルビン酸と結合して五つの反応を経て，イソロイシンが生成する．これらの五つの反応を触媒する酵素はほかの反応も触媒する．2分子のピルビン酸を結合させα-アセト酢酸を生成し，そこからバリンを生成する（図13.10B）．この反応の中間体であるα-ケトイソ吉草酸が生成し，そこから四つの反応を経てロイシンが生成する．

　先ほどの経路と類似した枝分かれする経路から，三つの芳香族アミノ酸であるフェニルアラニン，トリプトファン，チロシンが生成する．ただ，これらの経路は先ほどの経路より複雑ではいない．この生合成経路の最初の反応は，解糖系の中間体であるホスホエノールピルビン酸と，ペントースリン酸回路の中間体であるエリトロース4-リン酸との縮合である．ホスホエノールピルビン酸とエリトロース4-リン酸からできた直鎖化合物の環化反応からはじまる六つの反応を経てコリスミ酸が生成し（図13.11），ここで生合成経路が分岐する．一方の経路では，コリスミ酸が異性化してプレフェン酸になる．プレフェン酸はフェニルアラニンまたはチロシンになる．もう一方の経路では，コリスミ酸が五つの反応中間体を経てトリプトファンになる．トリプトファンの側鎖には二つの環がある．二つ目の環は**ホスホリボシルピロリン酸**（phosphoribosyl pyrophosphate，**PRPP**）から生合成される．PRPPはリボースの1番目の炭素にピロリン酸基がついており，5番目の炭素にリン酸基がついている（図13.12）．

　もう一つ，ヒスチジンに関しての説明が残っている．ヒスチジン合成経路においてもPRPPが基質となるが，リボース5-リン酸が通常，合成経路の1番目に位置する前駆物質と見なされている．このリボース5-リン酸はペントースリン酸回路における中間体であるが，リボースリン酸ジホスホキナーゼによってPRPPに変換される．それぞれ異なる酵素によって触媒され，途中にATPとグルタミンを必要とする九つの段階を経て，最終的にヒスチジンとなる（図13.12）．

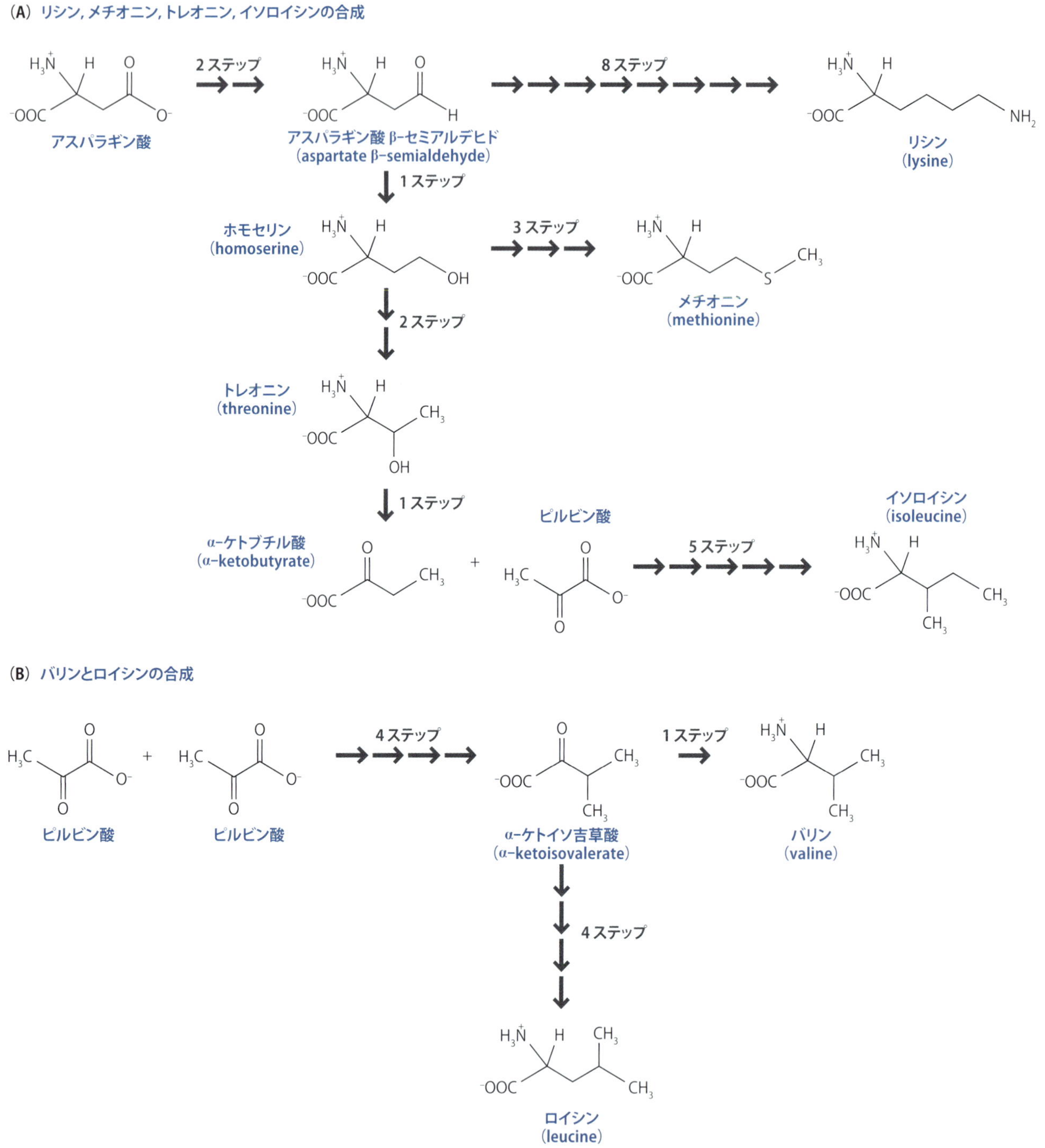

**(A) リシン，メチオニン，トレオニン，イソロイシンの合成**

アスパラギン酸 →(2ステップ)→ アスパラギン酸 β-セミアルデヒド（aspartate β-semialdehyde） →(8ステップ)→ リシン（lysine）

アスパラギン酸 β-セミアルデヒド →(1ステップ)→ ホモセリン（homoserine） →(3ステップ)→ メチオニン（methionine）

ホモセリン →(2ステップ)→ トレオニン（threonine） →(1ステップ)→ α-ケトブチル酸（α-ketobutyrate） ＋ ピルビン酸 →(5ステップ)→ イソロイシン（isoleucine）

**(B) バリンとロイシンの合成**

ピルビン酸 ＋ ピルビン酸 →(4ステップ)→ α-ケトイソ吉草酸（α-ketoisovalerate） →(1ステップ)→ バリン（valine）

α-ケトイソ吉草酸 →(4ステップ)→ ロイシン（leucine）

●図 13.10 リシン，メチオニン，トレオニン，イソロイシン（A），バリン，ロイシン（B）の合成

### 経路の分岐には慎重な制御が必要である

アミノ酸生合成の目的は，タンパク質合成のための基質を十分に供給することにある．それぞれのアミノ酸が過不足なく適切な量で利用されるには，供給量も調節されなければならない．多くの生物はアミノ酸の生合成過程において，酵素の合成を制御したり，これらの酵素の活性をフィードバック阻害したりするなど，緻密な制御機構によってこの調節を成し遂げている．酵素合成の制御についてはあとの章で学ぶことにして，ここではフィードバック制御について見ていこう．

ほかの代謝経路で見たように，制御機構の多くは，経路における最初の"決定"段階に位置する酵素に対して行われる．この1段階目で，最終生成物の合成のためだけに使われる中間体が生成される．そのため，この中間体を1分子合成するということは，確実に最終生成

> 細胞内に存在する個々の酵素量を制御する遺伝子発現制御については，第17章で述べる．

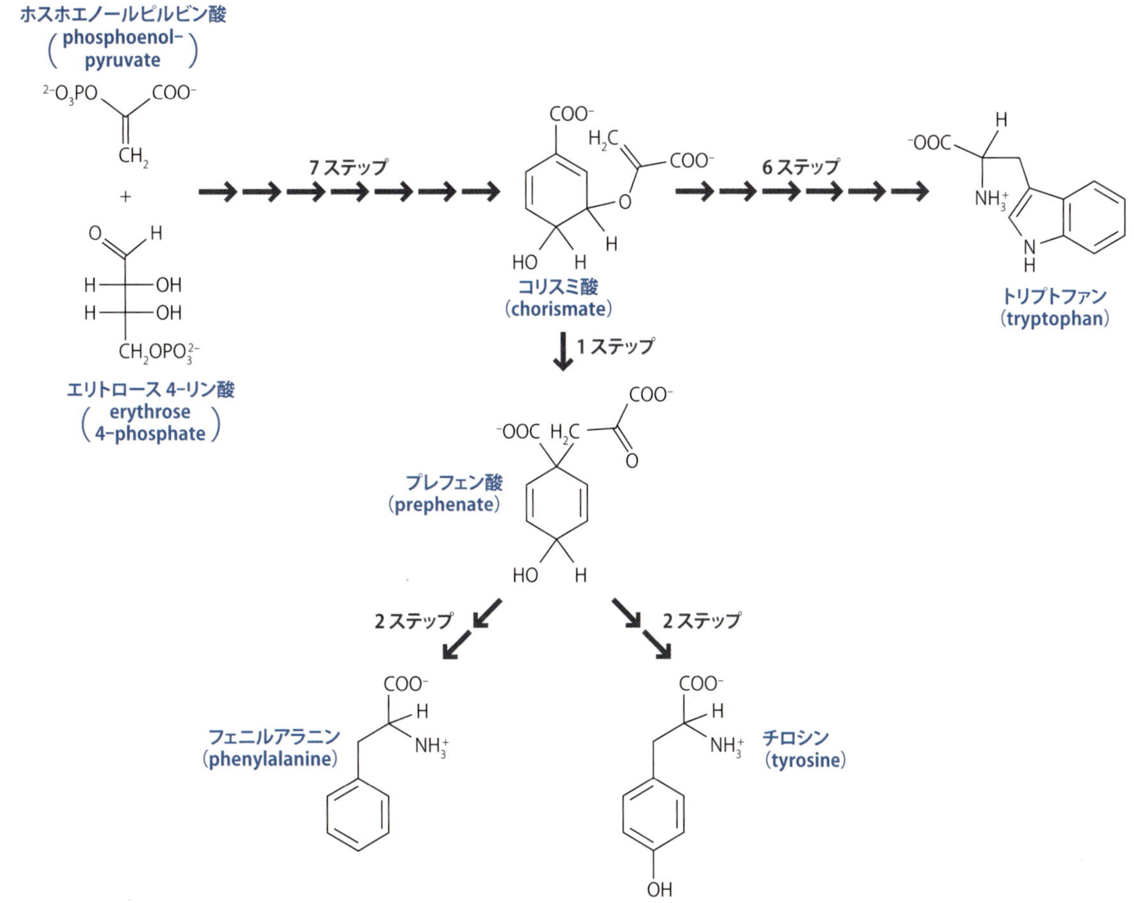

●図 13.11　フェニルアラニン，チロシン，トリプトファンの合成

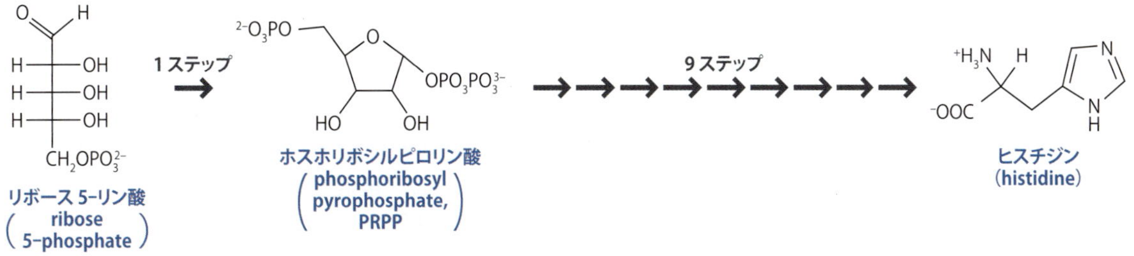

●図 13.12　ヒスチジンの合成

　物が1分子つくられることを意味する．トレオニンからのイソロイシンの合成を例にとると，この経路における最初の決定段階は，図 13.10A で見たように，トレオニンの脱アミノ化によるα-ケト酪酸の生成である．この反応は**トレオニンデヒドラターゼ**（threonine dehydratase）により触媒される．この酵素はアロステリックな制御機構により，イソロイシンにより阻害される（図 13.13A）．イソロイシンが多いほど，トレオニンデヒドラターゼの活性はより阻害される．つまり，イソロイシンは自身の合成をフィードバック阻害する．

　経路が分岐する場合は，さらに高い緻密さが要求される．芳香族アミノ酸の分岐経路については予想できるように，三つの生成物フェニルアラニン，トリプトファン，チロシンそれぞれが，それぞれの合成にかかわる決定段階でフィードバック調節が行われていることがわかる．たとえば，コリスミ酸をトリプトファンに導く分岐経路の酵素群のなかで，1番目に位置する酵素のアントラニル酸シンターゼをトリプトファンは阻害する（図 13.13B）．しかし，これら三つのフィードバック系はいずれもコリスミ酸の下流ではたらく．これは，過剰量のフェニルアラニン，トリプトファン，チロシンが存在する際に，コリスミ酸合成のため

## ● Box 13.3　芳香族アミノ酸合成を阻害する除草剤への耐性をもつ遺伝子組換え作物

　除草剤は，雑草を除き作物や観賞植物を守る目的で農家や園芸家に広く使われている．広く使われている除草剤の一つに，グリホサートがある．この除草剤は昆虫や動物に無毒で，土壌中に存在する時間が短く数日で無害な物質に分解されるため，環境に優しいと見なされている．グリホサートはエノールピルビルシキミ酸 3-リン酸合成酵素（EPSPS）の競合的阻害剤である．この酵素は，ホスホエノールピルビン酸とエリトロース 4-リン酸からコリスミ酸を合成する経路の，最後から 2 番目の段階を触媒する酵素である．したがって，グリホサート処理は植物がコリスミ酸をつくるのを妨げ，フェニルアラニン，チロシン，トリプトファンが合成されないようにする．これらのアミノ酸がないと植物は生存できない．

ホスホエノールピルビン酸 + エリトロース 4-リン酸 → → → → シキミ酸 5-リン酸 →[EPSPS (ホスホエノールピルビン酸, Pi)]→ エノールピルビルシキミ酸 3-リン酸 → コリスミ酸

グリホサート —| 阻害

　グリホサートは昆虫や動物には無害であるが，雑草だけでなくどんな植物でも殺すため，作物に害を与えないよう注意して使わなければならない．これは農家にとって，作物をつくるうえで費用の面でかなりの負担となる．そのため植物生物工学者は，遺伝子工学を用いてグリホサートの毒性への耐性をもつ作物の作成法を模索している．

　はじめは，何も手を加えていない植物に比べてより多くのグリホサートにさらされても生存できるだろうという予測のもと，遺伝子工学でふつうより多くの EPSPS 酵素を合成できる植物の作成が試みられた．しかし，この手法はうまくいかなかった．ふつうよりも 80 倍多くの EPSPS 酵素をつくる植物が作成されたが，グリホサート耐性は実際の農地で除草剤を使ったときに植物が生きるには十分ではなかった．

　そのため，グリホサート阻害へ耐性のある EPSPS 酵素をもつ生物の探索が行われ，耐性を与える目的でその EPSPS 遺伝子が植物へ組み込まれた．グリホサート耐性を示すペチュニアの変異体と同様に，さまざまな細菌の EPSPS 酵素が調べられ，アグロバクテリウム CP4 株の EPSPS 酵素が選ばれた．この酵素は高い触媒活性と除草剤への耐性をもつ．19.3.1 項で学ぶ技術を用いて，アグロバクテリウムのEPSP 酵素遺伝子がクローニングされ，ダイズ植物に組み込まれた．これらの植物は，除草剤の商品名にちなんで"ラウンドアップ・レディー"とよばれており，ふつうのダイズ植物に比べて 3 倍ものグリホサート耐性をもつ．ラウンドアップ・レディーのダイズとトウモロコシは，現在ではアメリカや世界のほかの地域で日常的につくられている．

　ラウンドアップ・レディー植物はグリホサート耐性ではあるが，実際にはグリホサートを解毒しているわけではない．これは，除草剤が植物中の組織に蓄積することを意味する．グリホサートは人間やほかの動物にとっては無毒であるため，それらの植物の食料や飼料としての使用は問題ではない．しかし，除草剤の蓄積は植物の繁殖を妨げる．そのため，遺伝子工学においてグリホサート耐性を強化するための新たな方法が模索されている．一つの手法として，バチルス・リケニホルミス（*Bacillus licheniformis*）がもつ酵素のグリホサート N-アセチルトランスフェラーゼ（GAT）があげられる．この酵素は，除草剤にアセチル基を付加することによりグリホサートを解毒する．

グリホサート (glyphosate) ／ アセチルグリホサート (acetylglyphosate)

　別の細菌株では違った GAT を合成する．しかし，遺伝子組換え作物に導入されたときにグリホサートを十分に解毒できる酵素は，これらのなかには存在しない．そのため，高い活性をもつ GAT 酵素をコードした人工遺伝子をつくるために，**DNA シャッフリング**（DNA shuffling）とよばれる技術が用いられる．DNA シャッフリングでは，別の細菌株から遺伝子の一部を取ってきてこれらを再構築し，新たな遺伝子変異体を生みだす．新たな変異体について，より活性の高い GAT 酵素をもっているかを調べる．活性の高い酵素は 2 回目のシャッフリングに用いられる．11 回のシャッフリングが終了したのち，もともとのバルチス・リケニホルミスと比較して 1 万倍の活性をもつ GAT が得られた．

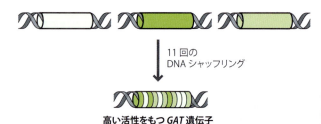

もとの *GAT* 遺伝子

↓ 11 回の DNA シャッフリング

高い活性をもつ *GAT* 遺伝子

　新しい *GAT* 遺伝子はトウモロコシに導入された．できた植物は，生産量に影響を与えることなく，農家が雑草を処理するのに使う量の 6 倍ものグリホサートに対して耐性をもつことがわかった．この新たなグリホサート耐性の設計は，除草剤耐性のダイズとキャノーラ（油料種子の採れるセイヨウアブラナの品種）に現在，活用されつつある．

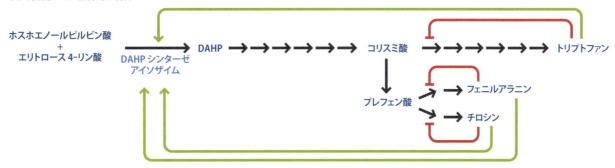

● 図 13.13 アミノ酸合成のフィードバック制御
(A) トレオニン合成の制御．(B) 芳香族アミノ酸合成の制御．赤色の線は，合成経路中の決定段階での三つのアミノ酸それぞれによるフィードバック阻害を，緑色の線は，DAHP シンターゼアイソザイムのフィードバック制御を表している．

にエネルギーや基質が無駄にされていないかを確認する機構が必要であることを意味している．そのため，それぞれのアミノ酸は 2-ケト-3-デオキシ-7-ホスホヘプツロン酸シンターゼ，いわゆる **DAHP シンターゼ**（DAHP synthase）の活性も制御する．この酵素はホスホエノールピルビン酸とエリトロース 4-リン酸の縮合を触媒し DAHP を合成するが，これはコリスミ酸シンターゼにおける決定段階となっている．

DAHP シンターゼの制御によりコリスミ酸合成のフィードバック阻害が達成されるが，一つのアミノ酸は過剰にあり，残りの二つのアミノ酸が不足しているときはどうなるのだろう．たとえば，フェニルアラニンが過剰にあり，コリスミ酸合成が止められているためトリプトファンとチロシンの欠乏が回復されない状況が考えられる．しかし，DAHP シンターゼは 3 種類あるため，このような状況は起こらない．これらの**アイソザイム**（isozyme）は似たアミノ酸配列と三次構造をもち，また同じ反応を触媒してホスホエノールピルビン酸，エリトロース 4-リン酸を DAHP に変換する．フェニルアラニンは一つ目のアイソザイムを制御し，トリプトファンは二つ目を，チロシンは三つ目を，というようにそれぞれのアイソザイムは違うアミノ酸からフィードバック阻害を受ける．以上のように，この分岐した生合成経路の最終生成物である三つのアミノ酸は，それぞれの経路が適切にはたらくよう制御している．

### 13.2.2 ヌクレオチドの合成

ヌクレオチドは，DNA，RNA の構成単位であり，リボヌクレオチド（RNA 中に見られるヌクレオチド）には，エネルギー担体としてこれまでに何度も見てきた ATP も含まれる．ヌクレオチドの構成要素であるプリンあるいはピリミジンは，窒素原子を含む単環あるいは二環構造をもつ．ヌクレオチドは窒素含有化合物であり，それらは細胞中の有機窒素源からどのようにしてつくられているのだろうか．

ヌクレオチド合成には二つの異なる経路がある．一つ目は**サルベージ経路**（salvage pathway）である．この経路では，ヌクレオチドが分解され，放出されたプリンとピリミジンが新しいヌクレオチドを合成するために再利用される．新しいヌクレオチドの糖リン酸は，PRPP とよばれるリン酸化リボースから供給される．PRPP の 1 位の炭素についた二リン酸がプリンもしくはピリミジンに置換されると，ヌクレオシド一リン酸ができる（図 13.14）．

もしそれがAMPなら，**アデニル酸キナーゼ**（adenylate kinase）によりATPを使い，AMPをADPに変換できる．生成されたADPは解糖系あるいは電子伝達系でリン酸化される．ATPは，ほかのヌクレオシド一リン酸を二リン酸に変換する（たとえば，GMPからGDP）過程にも利用される．これには別の酵素である**ヌクレオシド一リン酸キナーゼ**（nucleoside monophosphate kinase）がかかわっている．生成したヌクレオシド二リン酸は三つ目の酵素，**ヌクレオシド二リン酸キナーゼ**（nucleoside diphosphate kinase）によりリン酸化を受け三リン酸となる．この酵素はどんなヌクレオシド三リン酸でもリン酸基供給源として使うことができるが，細胞内に高濃度で存在するATPが最もよく使われる．PRPPからはじまるこれらの反応は，RNA中に存在し，またエネルギー担体にも用いられるリボヌクレオチドの合成に使われる．DNAの構成要素であるデオキシリボ核酸は，**リボヌクレオチドレダクターゼ**（ribonucleotide reductase）によってリボヌクレオチドのリボース糖の2位の炭素が還元されることにより得られる．

リボヌクレオチドの塩基部分は，**新生合成**（*de novo* synthesis）によってもつくられる．この経路では，既存のプリンやピリミジン塩基を使わず，代わりに小さな前駆体分子からつくられる．単環のピリミジンであるシトシンおよびウラシルは，アスパラギン酸と**カルバモイルリン酸**（carbamoyl phosphate）から合成される．カルバモイルリン酸は，炭酸水素塩，グルタミン中のアミノ基，ATP中のリン酸基によってつくられる（13.3.2項参照）．**アスパラギン酸カルバモイルトランスフェラーゼ**（aspartate carbamoyl transferase）はアスパラギン酸とカルバモイルリン酸を結合させ，直鎖状の中間体分子であるオロチン酸を生じる

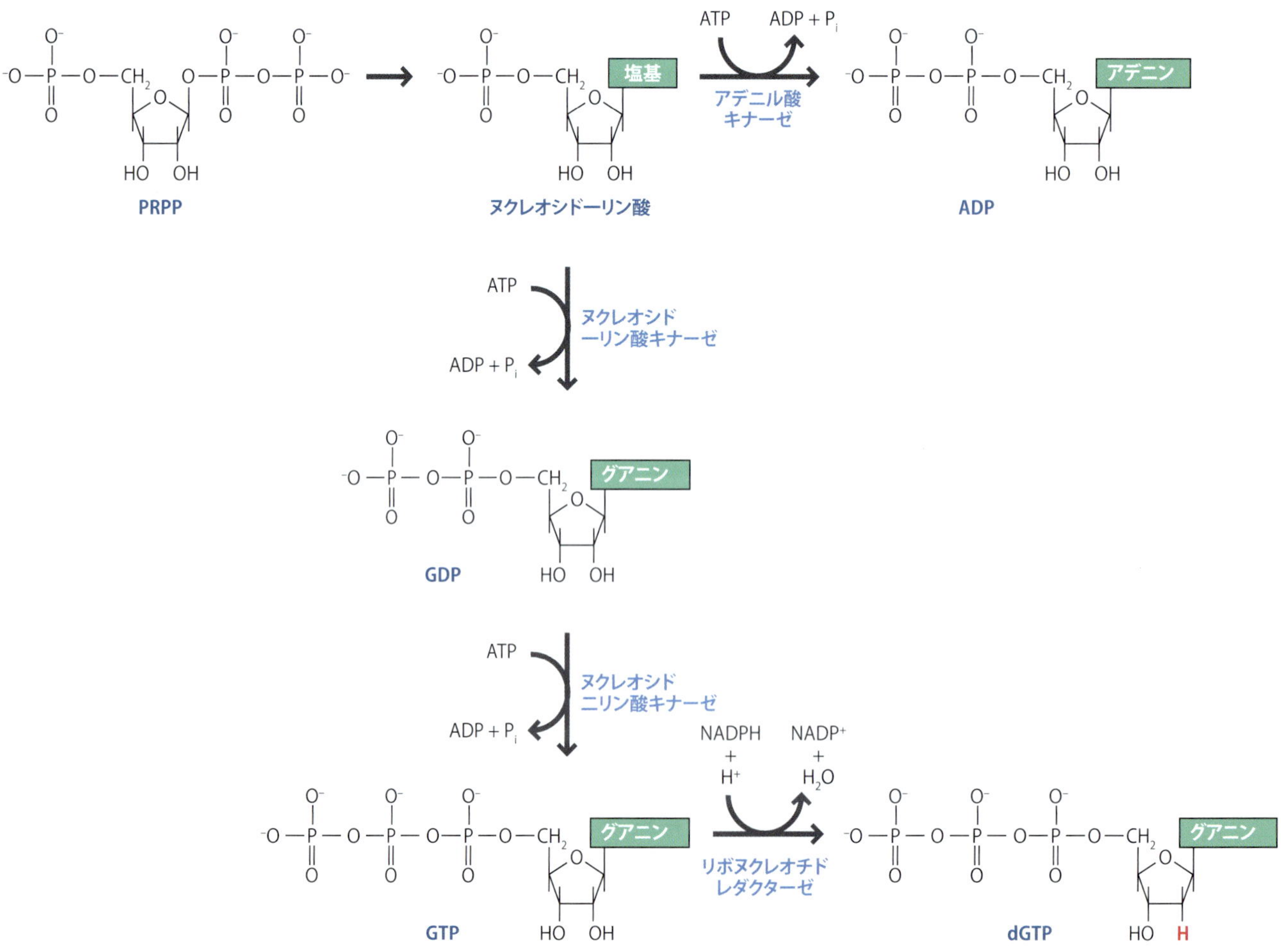

● 図 13.14　**サルベージ経路によるヌクレオチドの合成**
GMPからGDP，GTP，dGTPへの変換の詳細．アデニル酸キナーゼによりADPからATPおよびdATPが合成されるのと同様の経路で，シトシン，チミンヌクレオチドも合成される．

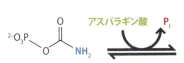
五つのヌクレオチド塩基の構造は図4.3参照.

（図 13.15）．オロチン酸は PRPP と結合し，カルボキシ基が水素原子に置換されて UMP が生成する．キナーゼがこれを UTP に変換する．UTP の一部は，**シチジル酸シンテターゼ**（cytidylate synthetase）によりさらに代謝を受け，グルタミンのアミノ基が付加され CTP となる．

二環をもつプリンの新生合成には，アスパラギン酸，グリシン，ギ酸，グルタミン，炭酸イオンに由来する炭素原子と窒素原子が用いられる．この経路は長く，新生ピリミジン合成とは異なり完全な環状構造をとってから PRPP と結合するのではない．プリン環は，PRPP 上で段階的に合成される．

新生合成でつくられたリボヌクレオチドの一部は，サルベージ経路で述べたとおり，リボース糖の 2 位の炭素がリボヌクレオチドレダクターゼにより還元されることで，デオキシリボヌクレオチドに変換される．この経路において合成されるヌクレオチドは，dATP, dGTP, dCTP および dUTP であり，チミン含有デオキシリボヌクレオチド（dTTP）を合成するには，もう 1 段階必要である．この段階は，**チミジル酸シンターゼ**（thymidylate synthase）がウラシルにメチル基を付加することで行われ，チミンが合成される．

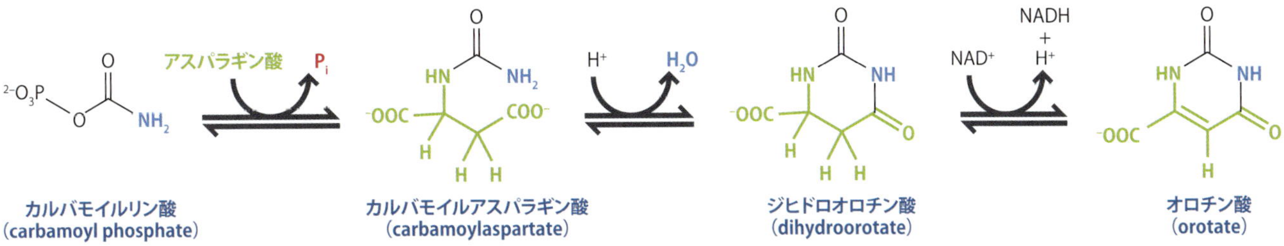

● 図 13.15　ピリミジンヌクレオチド合成の新生経路の一部，オロチン酸の合成

### 13.2.3　テトラピロールの合成

テトラピロールには，ヘモグロビンやシトクロムファミリー群の酵素などのタンパク質の補因子であるヘム，および光合成の中心物質であるクロロフィルが含まれる．テトラピロールは 1 窒素，4 炭素を含むピロール環を四つもち，四つのピロールで一つの環構造をとり，中心の金属イオンは四つの窒素原子と相互作用する．金属は，ヘムでは鉄，クロロフィルではマグネシウムである．

ヘムの構造については図3.25，クロロフィルについては図10.5参照.

テトラピロールの合成反応は 2 段階からなる．1 段階目ではピロールが合成され，2 段階目で四つのピロール環がつながってテトラピロールが合成される．動物では，ピロール合成の基質は窒素源としてはたらくグリシンとスクシニル CoA である．これらに **ALA シンターゼ**（ALA synthase）が作用し，δ-アミノレブリン酸（ALA）ができる（図 13.16）．植物

---

● Box 13.4　**ヌクレオチド合成はがん化学療法の標的である**

がん治療に用いられる最も一般的な化学療法剤は，5-フルオロウラシルである．この化合物はウラシルの類縁体である．

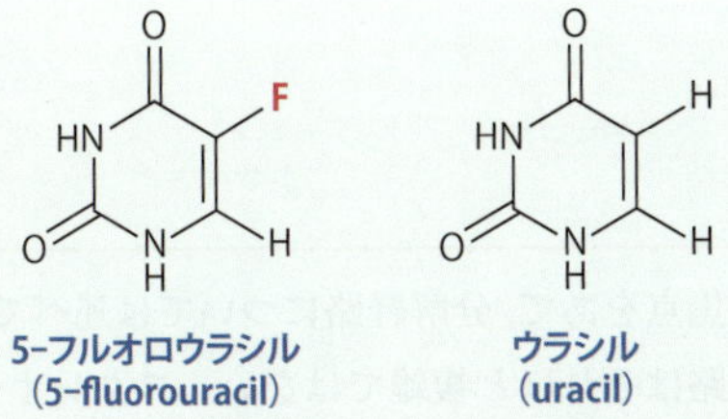

投与後，5-フルオロウラシルはデオキシリボヌクレオチドーリン酸に代謝される．dUMP の類縁体として 5-フルオロウラシルヌクレオチドは，チミジル酸シンターゼと 5,10-メチレンテトラヒドロ葉酸補因子との安定な複合体をつくって，チミジル酸合成を不可逆的に阻害する．5-フルオロウラシル処理により dTTP 欠損を引き起こし，細胞の DNA 複製あるいは修復が阻害される．これはいわゆる "チミン飢餓死" につながる．5-フルオロウラシルはたいてい全身に投与されるが，健康な組織の細胞の多くはそれほど活発に分裂しないため，比較的影響を受けない．そのため，薬は活発に分裂するがん性組織特異的にはたらく．

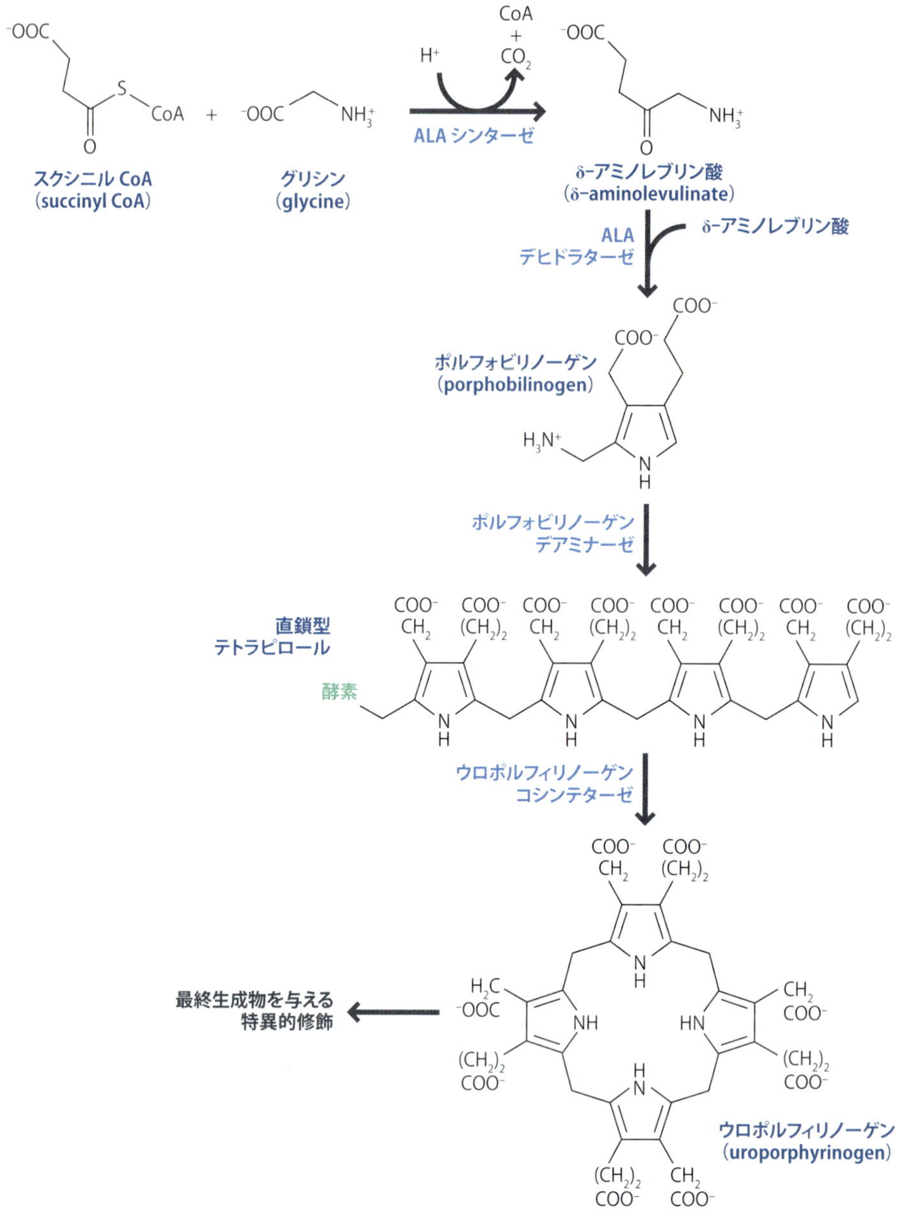

● 図 13.16 テトラピロールの合成
直鎖テトラピロールは環化するまでポルフィリノーゲンデアミナーゼと結合しているが，環化にはコシンテターゼの活性も必要となる．

ではこの過程は少し異なり，グリシンの代わりにグルタミン酸を基質として用いる．2分子の ALA は **ALA デヒドラターゼ**（ALA dehydratase）により連結され，ピロールの一種であるポルフォビリノーゲンを得る．

2段階目は，**ポルフォビリノーゲンデアミナーゼ**（porphobilinogen deaminase）に触媒された一連の縮合反応ではじまり，直鎖型のテトラピロールができるとすぐに環化しウロポルフィリノーゲンが合成される．ピロール環に結合した官能基の修飾と，鉄あるいはマグネシウムイオンの導入によりウロポルフィリノーゲンがヘムあるいはクロロフィルに変換され，反応が終了する．

## 13.3　窒素含有化合物の分解

これまで窒素含有化合物の合成のみに焦点をあて，分解経路については述べてこなかった．ヌクレオチドやテトラピロールの分解経路はそれほど複雑ではない．ヌクレオチド分解で放出されたプリンやピリミジン塩基の多くは，サルベージ経路により再利用される．過剰量のアデニンやグアニンは別のプリン塩基である**尿酸**（uric acid）に変換され（図 13.17），排

泄される．ピリミジン塩基であるシトシン，チミン，ウラシルはより徹底的に分解され，窒素はアンモニウムイオンに変換される．過剰のテトラピロールは，**胆汁色素**（bile pigment）とよばれる直鎖状分子に変換される．植物では，この胆汁色素は**フィトクロム**（phytochrome）のような光センサーとして利用され，光に対する生理的および生化学的応答を調節する．一方，動物は胆汁色素を利用できないため，肝臓や脾臓で合成された胆汁色素はさらに分解され排泄される．窒素含有化合物の分解では，排泄は大きな課題である．というのも，ほとんどの生物は過剰な窒素を蓄えることができないため，絶対にそれらを排除しなければならないのである．

　窒素異化（窒素化合物の分解）には二つの重要な役割があり，これについて詳しく学ばなければならない．一つは，アミノ酸分解で，エネルギー産生に用いることができる糖質を生みだす．食事で得られたタンパク質もしくは細胞内のタンパク質を分解して得られたアミノ酸からこのようにして，動物は10〜15%のエネルギーを得ている．ピリミジン塩基の分解で得られたわずかなアンモニアに加えて，アミノ酸中の窒素のほとんどはアンモニアとして放出される．アンモニアはほとんどの生物にとって有害であるため，排泄される必要がある．私たちが学ぶべき窒素異化のもう一つの役割は**尿素回路**（urea cycle）で，アンモニアの解毒および排泄を担っている．

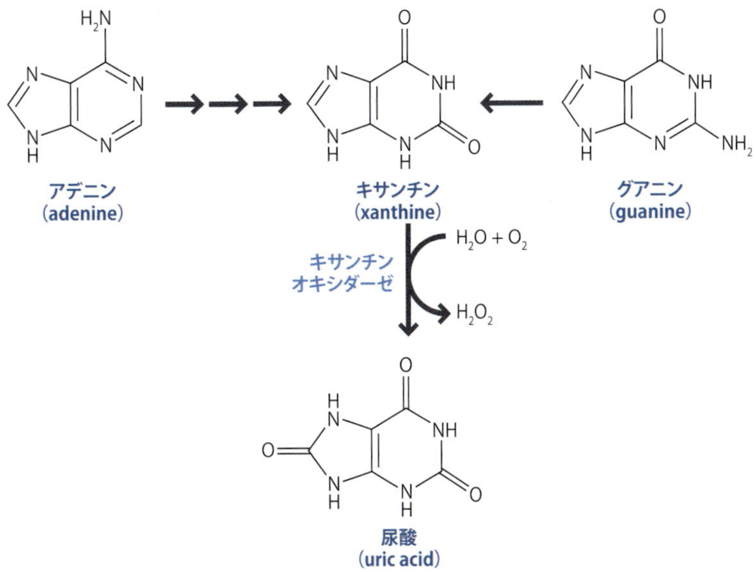

●図 13.17　アデニン，グアニンの尿酸への変換

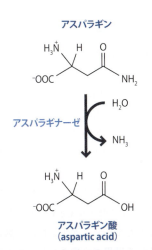

●図 13.18　アスパラギナーゼによるアスパラギンの脱アミド化

### 13.3.1　アミノ酸の分解

　ほとんどのアミノ酸の分解は肝臓で起こり，三つの分岐鎖アミノ酸のイソロイシン，ロイシン，バリンのみが筋肉とエネルギーを多く使う組織で分解される．20種類のアミノ酸はそれぞれ多様な経路で分解されており，その多様性はアミノ酸が最初に合成される経路の複雑さを反映している．ここでは，各アミノ酸の窒素成分の除去とその運命，またその結果生じた炭素骨格の利用経路という，二つの重要な問題に注目することにしよう．

#### アミノ酸中の窒素はアンモニアとして放出される

　アミノ酸中に含まれる窒素は最終的にアンモニアとなり，排泄される．これは，全アミノ酸がもつアミノ基，および何種類かのアミノ基を側鎖にもつ窒素含有基のどちらにおいてもいえる．側鎖の窒素は特定の酵素により処理される．たとえば，**アスパラギナーゼ**（asparaginase）は，アスパラギンからアミド基を除去することでアスパラギン酸とアンモニアを生みだす（図13.18）．アミノ基は，アミノ基転移などの過程で除去される．この過程は，哺乳類ではおもに肝臓で起こる．アミノ基転移により，アミノ基はα-ケトグルタル

酸に移り，グルタミン酸がつくられる．

　アミノ基転移を行う**トランスアミナーゼ**（transaminase）酵素はファミリーを形成し，これらはビタミン$B_6$から得られる**ピリドキサールリン酸**（pyridoxal phosphate）補因子をもつ．この補因子は，はじめはトランスアミナーゼポリペプチド中のリシン残基のアミノ基に結合している．分解されるアミノ酸が活性部位に入ると，リシン残基に結合したピリドキサールリン酸がはずれ，アミノ酸はアミノ基を介して補因子と結合する（図13.19）．結合したアミノ酸は続いて加水分解を受け，アミノ基がはずれてα–ケト酸としてアミノ酸の残りが放出される．

　アミノ基はα–ケトグルタル酸に転移し，グルタミン酸が生成する．グルタミン酸が補因子から切り離され，できたピリドキサールリン酸はもとのリシン残基と再び結合する．グルタミン酸は酸化され，アミノ基をアンモニアとして放出することでα–ケトグルタル酸に戻る．これは，窒素同化の最初の段階の逆向き反応であり（13.2.1項参照），どちらにおいても同じ**グルタミン酸デヒドロゲナーゼ**（glutamate dehydrogenase）が用いられている．唯一の違いは，グルタミン酸分解の際にはその酵素がNADHを合成する一方で，グルタミン酸合成ではその酵素がNADPHを利用するという点である．これは，アミノ酸分解における重要な調節ポイントである．グルタミン酸デヒドロゲナーゼはATPとGTPにより阻害され，ADPとGDPにより活性化される．これは，エネルギー源が少なくADPおよびGDPが多いときに，グルタミン酸デヒドロゲナーゼ活性が高まることを示している．より多くのアミノ酸が酸化され，エネルギー供給源として利用できる炭素骨格が産生される．

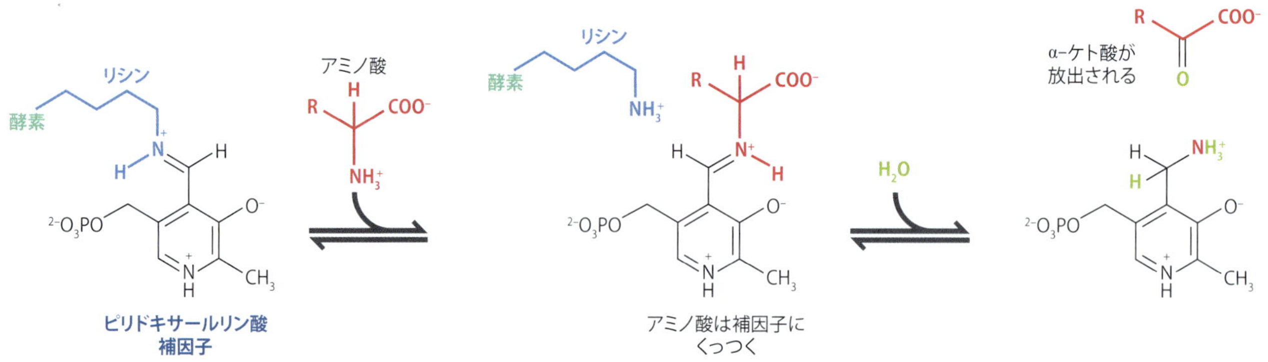

●図13.19　アミノ酸の脱アミノ化におけるピリドキサールリン酸の役割

### アミノ酸由来の炭素骨格はTCA回路に入る生成物に分解される

　それぞれのアミノ酸は多様な分解経路をたどるが，最終的にはTCA回路に入りうる六つの主要な生成物に変換される．生成物とは，ピルビン酸，オキサロ酢酸，α–ケトグルタル酸，スクシニルCoA，フマル酸，アセチルCoAである（図13.20）．分解経路は複雑であるため，一つのアミノ酸でも複数の生成物に分解されうる．

　アミノ酸分解による生成物は，TCA回路に入り直接エネルギー産生にかかわる．一方で，生体のエネルギー貯蓄としても利用できる．これは，最終生成物に応じて2種類の方法で行われる．ピルビン酸，オキサロ酢酸，α–ケトグルタル酸，スクシニルCoA，フマル酸はそれぞれ糖新生の経路に入り，最終的にグルコースに変換される．そのため，これらの最終生成物を生みだすアミノ酸は**糖原性**（glucogenic）とよばれる．

　アセチルCoAを産生するアミノ酸は**ケトン体**（ketone body）合成に寄与し，**ケト原性**（ketogenic）とよばれる．脂肪酸分解はケトン体生成に使われるアセチルCoAの主要源であるが，ケト原性アミノ酸もケトン体産生に重要な役割を果たしている．ケトン体は，過剰量のアセチルCoAから**ケトン体生成**（ketogenesis）とよばれる過程で合成される．ケトン体生成の最初の段階は，コレステロール合成と同様であり，2分子のアセチルCoAが結合

13.3 窒素含有化合物の分解　281

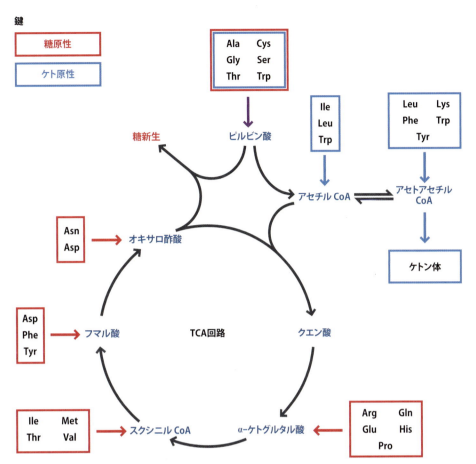

●図 13.20　アミノ酸分解産物の TCA 回路への流入
分解産物が糖新生かケトン体生成のどちらにかかわるかに応じて，アミノ酸はそれぞれ糖原性あるいはケト原性（もしくは両方）に分類できる．ピルビン酸を生みだすアミノ酸は，ピルビン酸の使われ方でどちらにもはたらける．

してアセトアセチル CoA が生成し，さらに三つ目のアセチル CoA が結合して HMG CoA が合成される．コレステロール合成における次の段階は HMG CoA の還元であるが，ケトン体生成では HMG CoA がアセチル CoA を失って，アセト酢酸に変換される．出発基質の一つがアセトアセチル CoA であることを考えると，この過程はややこしく思えるが，これがアセトアセチル CoA から CoA をはずす唯一の生化学的手段である．アセト酢酸の一部は酵素依存的に D-3-ヒドロキシ酪酸に変換され，同時に一部は酵素がかかわることなく脱炭酸され，アセトンに変換される（図 13.21）．ケトン体はアセト酢酸，D-3-ヒドロキシ酪酸，およびアセトンの混合物からなる．ケトン体は，肝臓で合成されたのち心臓と脳へ輸送され，アセト酢酸，D-3-ヒドロキシ酪酸は再びアセチル CoA に変換され，TCA 回路に入ることで

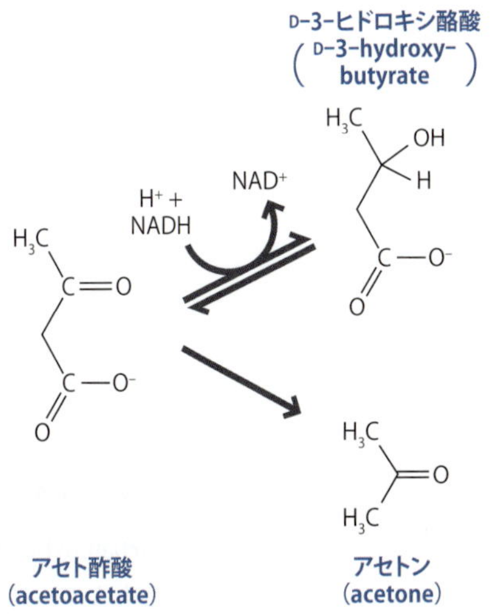

●図 13.21　ケトン体の成分

これらの組織でのエネルギー産生にはたらく．実際，心臓ではエネルギー源としてグルコースよりもケトン体のほうが好まれる．

### 13.3.2 尿素回路

アンモニアは，窒素異化の重要な生成物である．一部は新しい窒素含有化合物の生合成に再利用されるが，残りは排泄されなければならない．どの生物でも過剰のアンモニアを除去するために次の三つのうち，どれか一つの経路を用いている．

- **アンモニア排泄型**（ammonotelic）の種：水生の無脊椎動物が多く含まれ，単に生活環境である水中にアンモニアを排泄する．
- **尿酸排泄型**（uricotelic）生物：窒素を尿酸の形で排泄する．トリ，ヘビ，陸生爬虫類，昆虫などの節足動物が含まれる．
- **尿素排泄型**（ureotelic）生物：哺乳類，両生類，何種かの魚が含まれ，アンモニアを尿素に変換し，尿中に排泄する．

ヒトおよびほかの尿素排泄型生物がアンモニアを尿素に変換する経路は，尿素回路とよばれる．尿素回路の段階を追って，この回路がどのような制御を受けているのかを見ていこう．

**尿素回路は，過剰の窒素を尿素として排泄することを可能にする**

尿素回路は肝臓で行われ，生じた尿素は血流に乗って腎臓まで到達し，尿の形で排泄される．この経路の概要を図13.22に示す．各ステップは次のとおりである．

●図13.22 尿素回路の概要

ステップ1．アンモニアは，炭酸水素イオン，ATPのリン酸基とともにカルバモイルリン酸に変換され，尿素回路に入る．もう一つのATPがエネルギー供給のために必要となる．この反応を触媒する酵素は，**カルバモイルリン酸シンテターゼ**（carbamoyl phosphate synthetase）である．

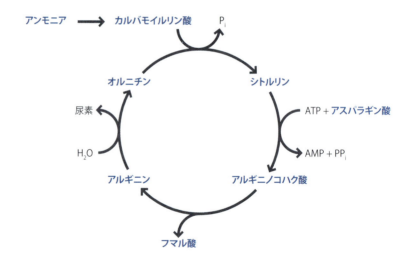

ステップ2．カルバモイル基は，**オルニチンカルバモイルトランスフェラーゼ**（ornithine carbamoyl transferase）（オルニチントランスカルバモイラーゼ，ornithine transcarbamoylase ともよぶ）によりオルニチンに転移され，**シトルリン**（citrulline）が合成される．

オルニチンもシトルリンもともにアミノ酸であるが，タンパク質合成には使われない．**ステップ1**と**ステップ2**はミトコンドリアマトリックス内で起こるが，残りのステップは細胞質中で起こる．そのため，シトルリンはミトコンドリア外へ輸送される．

**ステップ3．** シトルリンとアスパラギン酸の縮合反応により，アルギニノコハク酸が生成する．この反応は，**アルギニノコハク酸シンテターゼ**（argininosuccinate synthetase）により触媒され，ATPがAMPに変換される．

**ステップ4．** アルギニノスクシナーゼ（argininosuccinase）によりアスパラギン酸の炭素骨格はアルギニノコハク酸から除かれ，アルギニンとフマル酸が生成する．

**ステップ3**と**ステップ4**では，アスパラギン酸のアミノ基がシトルリンに転移される．アスパラギン酸は非窒素性炭水化物であるフマル酸に，シトルリンはアルギニンに変換される．

**ステップ5．** アルギナーゼ（arginase）はアルギニンを分解して尿素を産生し，尿素回路のはじめに使われるオルニチンを再生する．

## Box 13.5　窒素代謝欠陥にかかわる病気

いくつかのヒトの病気は，窒素代謝経路の破綻により生じる．

- **フェニルケトン尿症**（phenylketonuria）：白人の1万人に1人が発症する病気であり，フェニルアラニンヒドロキシラーゼの遺伝性欠損により引き起こされる．この酵素は，フェニルアラニンをチロシンへ変換する（図13.9参照）．チロシンの欠乏は食事により補うことができ，またフェニルアラニンの過剰な蓄積も食事制限や薬で抑えることができる．幼少期に適切な治療が施されないと，精神遅滞につながる．しかし，新生児への有効な病気のスクリーニングにより，先進国でこれらの症状が見られることはほとんどない．フェニルアラニンとチロシンの量を比較することでフェニルケトン尿症を罹患しているかを判断し，ただちに適切な治療が施される．
- **ギュンター病**（Gunther disease）：フェニルケトン尿症と比べて患者は少なく，100万人に1人程度である．ヘム合成において，直鎖テトラピロールをウロポルフィリノーゲンに変換する酵素のウロポルフィリノーゲンコシンテターゼの遺伝的変異が原因である（図13.16参照）．ヘムの欠損は貧血につながり，またウロポルフィリノーゲンの代わりに合成される異常なテトラピロールの蓄積により，患者は同時に皮膚疾患を患う．
- **痛風**（gout）：尿酸の血中濃度が過剰になることで引き起こされる．病気に伴って関節，腱，とくに足の親指への尿酸結晶の蓄積がひどい苦痛を引き起こす．痛風は，昔からタンパク質豊富な食事とアルコールに関係があるとされていたが，現在，食事による原因はより複雑であると考えられている．いくつかの遺伝性疾患も同様に痛風になりやすい体質につながる．このような病気の例として，ヒポキサンチン-グアニンホスホリボシルトランスフェラーゼ（HGPRT）遺伝子が欠損したレッシュ・ナイハン症候群があげられる．この酵素はプリンサルベージ経路に関与する．HGPRT が不活化すると，ヌクレオチドから分解され，放出されたアデニン，グアニンが新しいヌクレオチド合成に再利用できず，尿酸に変換される．このようにして生じた過剰量の尿酸は痛風の症状を引き起こす．
- **高アンモニア血症**（hyperammonemia）：血中に過剰なアンモニアが存在するときに起こる．この現象はたいてい，アンモニアを尿素に変換する尿素回路が正常にはたらかなくなって引き起こされる．尿素回路が正常にはたらかない原因は，尿素回路の酵素の遺伝的欠損もしくは肝炎感染などの病気の副作用である．高アンモニア血症は，脳へのダメージ，ひいては死をも引き起こしうる重篤な疾患である．

オルニチンはミトコンドリア内に戻り，尿素回路が再び起こる．

尿素回路では，三つの ATP が消費されるが，ATP の一つが AMP に変換されているため，ATP 四つ分のエネルギー支出と同等であることに注意しよう．

### 尿素回路の制御には代謝の行き止まり産物が使われる

尿素回路の速度は，食事の組成などのいくつかの因子に依存している．タンパク質を豊富に含む食事は，尿素回路を活性化する．これはエネルギー産生に必要な炭素骨格を生みだすためにアミノ酸が分解される過程で，多量のアンモニアが生みだされるからである．

食事の変化などにより起こる尿素回路の活動の長期的な変化は，おもに回路に関与する酵素の合成を阻害することにより起こる．より速い，短期的な尿素回路の制御は，$N$-アセチルグルタミン酸により行われる．$N$-アセチルグルタミン酸は，回路の**ステップ1**を触媒する酵素のカルバモイルリン酸シンテターゼを活性化する．$N$-アセチルグルタミン酸は尿素回路の中間体ではないのに，尿素回路の制御分子になるのはなぜだろう．それは，尿素回路の中間体であるアルギニンが，$N$-アセチルグルタミン酸シンターゼ（$N$-acetylglutamate synthase）の活性を制御するからである．N-アセチルグルタミン酸シンターゼは，アセチルCoAとグルタミン酸からN-アセチルグルタミン酸を合成する．哺乳類においては，これは進化初期，すなわちN-アセチルグルタミン酸合成からはじまる経路により，グルタミン酸からアルギニンが合成できた頃の名残である．植物や細菌ではこの経路は現在でもはたらいているが，哺乳類においては，N-アセチルグルタミン酸合成までで止まっている（図13.23）．N-アセチルグルタミン酸は，いまやカルバモイルリン酸シンテターゼの制御因子としてのみはたらき，尿素回路が活性化する必要がある際にアルギニンが多量産生されると同時に合成が活性化され，カルバモイルリン酸シンセターゼを活性化する．

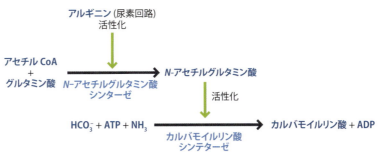

● 図 13.23 尿素回路制御でのN-アセチルグルタミン酸の役割
（A）植物と細菌では，N-アセチルグルタミン酸はアルギニン合成経路の基質である．アルギニンはフィードバック阻害によりN-アセチルグルタミン酸の合成を阻害する．（B）哺乳類やほかの脊椎動物では，N-アセチルグルタミン酸はアルギニンに代謝されない．それでもアルギニンはN-アセチルグルタミン酸シンターゼの活性調節を行っており，しかも阻害ではなく活性化している．N-アセチルグルタミン酸は，続いてカルバモイルリン酸シンテターゼを活性化する．アルギニンが，N-アセチルグルタミン酸シンターゼの阻害ではなく活性化にはたらく理由はわかっていない．

### TCA回路との相互作用により尿素回路で消費されたエネルギーが回復される

尿素回路の中間体の一つであるフマル酸は，TCA回路でも同様に産生される．フマル酸は，二つの回路の相互作用を可能にし，これは**アスパラギン酸-アルギニノコハク酸シャント**（aspartate-argininosuccinate shunt）とよばれる．この相互作用の効果の一つは，尿素回路で消費されたATPの一部を回復することである．

尿素回路とTCA回路は細胞内で物理的に離れている．というのも，TCA回路はミトコンドリア内で起こる一方で，尿素回路は少なくともフマル酸合成に関しては細胞質で起こる．尿素回路で生じたフマル酸は，細胞質内のフマラーゼのアイソザイムによりリンゴ酸に変換され，リンゴ酸-$\alpha$-ケトグルタル酸輸送体を介してミトコンドリア内膜を通過し，ミトコンドリア内に運ばれる．これは，リンゴ酸-アスパラギン酸シャトルの一部である（図13.24）．

> リンゴ酸-アスパラギン酸シャトルについては，9.2.5項で学んだ．

いったんミトコンドリア内に入ると，リンゴ酸は，TCA回路の第8ステップでリンゴ酸デヒドロゲナーゼにより酸化され，オキサロ酢酸およびNADHが産生する．このNADHは，電子伝達系で3分子のATPを産生するのに使われる．先ほど，尿素回路1サイクルで4分子のATPが消費されると述べた．アスパラギン酸-アルギニノコハク酸シャントにより，尿素回路で消費されたエネルギーの3/4が回復できるのである．

シャントが完了するには，細胞質から除かれたフマル酸が補充される必要がある．これは次の手順で達成できる．まず，アスパラギン酸アミノトランスフェラーゼによりオキサロ酢酸にアミノ基が転移され，アスパラギン酸が合成される．アスパラギン酸は，アスパラギン酸-グルタミン酸輸送体によりミトコンドリア外に放出され，細胞質で尿素回路の**ステップ3**，**ステップ4**に入りフマル酸を再生する．

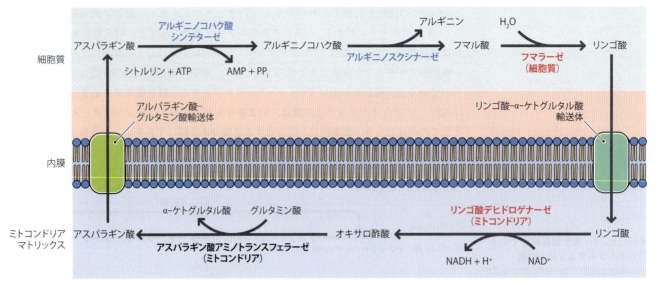

● 図 13.24 アスパラギン酸-アルギニノコハク酸シャントによる尿素回路と TCA 回路のつながり
尿素回路の酵素を青色で，TCA 回路の酵素を赤色で示す．

## ● 参考文献

L. A. Castle, D. L. Siehl, R. Gorton, "Discovery and directed evolution of a glyphosate tolerance gene," *Science*, **304**, 1151（2004）．グリホサート N-アセチルトランスフェラーゼ遺伝子の遺伝子操作．

Q. Cheng, "Perspectives in biological nitrogen fixation research," *Journal of Integrative Plant Biology*, **50**, 786（2008）．

A. C. Eliot, J. F. Kirsch, "Pyridoxal phosphate enzymes: mechanistic, structural, and evolutionary considerations," *Annual Review of Biochemistry*, **73**, 383（2004）．

H. M. Holden, J. B. Thoden, F. M. Raushel, "Carbamoyl phosphate synthetase: an amazing biochemical odyssey from substrate to product," *Cellular and Molecular Life Sciences*, **56**, 507（1999）．

M. Huang, L. M. Graves, "*De novo* synthesis of pyrimidine nucleotides: emerging interfaces with signal transduction pathways," *Cellular and Molecular Life Sciences*, **60**, 321（2003）．

M. J. Jackson, "Mammalian urea cycle enzymes," *Annual Review of Genetics*, **20**, 431（1986）．

H. Kornberg, "Krebs and his trinity of cycles," *Nature Reviews Molecular Cell Biology*, **1**, 225（2000）．尿素回路の発見．

M. Li, C. Li, A. Allen, C. A. Stanley, T. J. Smith, "The structure and allosteric regulation of mammalian glutamate dehydrogenase," *Archives of Biochemistry and Biophysics*, **519**, 69（2012）．

D. B. Longley, D. P. Harkin, P. G. Johnston, "5-Fluorouracil: mechanisms of action and clinical strategies," *Nature Reviews Cancer*, **3**, 330（2003）．

H. Maeda, N. Dudareva, "The shikimate pathway and aromatic amino acid biosynthesis in plants," *Annual Review of Plant Biology*, **63**, 73（2012）．

S. M. Morris, "Regulation of enzymes of the urea cycle and arginine metabolism," *Annual Review of Nutrition*, **22**, 87（2002）．

G. E. D. Oldroyd, J. D. Murray, P. S. Poole, J. A. Downie, "The rules of engagement in the legume-rhizobial symbiosis," *Annual Review of Genetics*, **45**, 119（2011）．

L. Pollegioni, E. Schonbrunn, D. Siehl, "Molecular basis of glyphosate resistance-different approaches through protein engineering," *FEBS Journal*, **278**, 2753（2011）．

L. C. Seefeldt, B. M. Hoffman, D. R. Dean, "Mechanism of Mo-dependent nitrogenase," *Annual Review of Biochemistry*, **78**, 701（2009）．

R. Tanaka, A. Tanaka, "Tetrapyrrole biosynthesis in higher plants," *Annual Review of Plant Biology*, **58**, 321（2007）．

H. E. Umbarger, "Amino acid biosynthesis and its regulation," *Annual Review of Biochemistry*, **47**, 533（1978）．

F. J. van Spronsen, "Phenylketonuria: a 21st century perspective," *Nature Reviews Endocrinology*, **6**, 509（2010）．

Y.-F. Xu, F. Létisse, F. Absalan et al., "Nucleotide degradation and ribose salvage in yeast," *Molecular Systems Biology*, **9**, 665（2013）．

## ● 章末問題

### 四択問題

各質問に対して正しい答えは一つだけである．答えは化学同人 HP：https://www.kagakudojin.co.jp/book/b378577.html にある．

1. 窒素固定を行うことができる生物種は何とよばれるか？
   (a) マメ科植物　(b) ジアゾ栄養生物　(c) 硝化菌
   (d) 共生生物

2. 窒素固定を行う生物を含まないグループはどれか？
   (a) マイコバクテリア　(b) 根粒菌　(c) フランキア
   (d) シアノバクテリア

3. 窒素固定に関する次の記述のうち，正しくないものはどれか？
   (a) 窒素固定細菌は　宿主植物の根から分泌されたフラボノイドを検出する

(b) 窒素固定細菌は，改変された根毛から植物の根に侵入する
(c) 窒素固定細菌の感染は植物の細胞分裂を引き起こし，根粒とよばれる特殊な構造を形成する
(d) 根粒中で窒素固定細菌は死滅し，窒素固定酵素を放出する

4．ニトロゲナーゼ酵素に関する記述はどれか？
(a) 一つの Mo-Fe 活性中心をもつ α サブユニット二つ，β サブユニット二つからなる四量体
(b) 一つの Fe-S クラスターをもち，α サブユニット二つ，β サブユニット二つからなる四量体
(c) 一つの Mo-Fe 活性中心をもつホモ二量体
(d) 一つの Fe-S クラスターをもつホモ二量体

5．ニトロゲナーゼ複合体は，何により酸素から守られているか？
(a) レグヘモグロビン   (b) ミオグロビン
(c) 複合体中に含まれるヘム補欠分子族   (d) カタラーゼ

6．亜硝酸レダクターゼの補欠分子族は何とよばれるか？
(a) レグヘモグロビン   (b) ヘム   (c) ホスホパンテテイン
(d) シロヘム

7．非必須アミノ酸でないのはどれか？
(a) アラニン   (b) アルギニン   (c) ヒスチジン
(d) プロリン

8．必須アミノ酸はどれか？
(a) システイン   (b) グルタミン酸   (c) グリシン
(d) トレオニン

9．アンモニアとα-ケトグルタル酸の反応でできる最初の生成物は何か？
(a) グルタミン酸   (b) グルタミン   (c) アルギニン
(d) オルニチン

10．3-ホスホグリセリン酸から得られる三つのアミノ酸は何か？
(a) アスパラギン酸，アスパラギン，アラニン
(b) アラニン，フェニルアラニン，チロシン
(c) ロイシン，イソロイシン，バリン
(d) セリン，グリシン，システイン

11．ピルビン酸のアミノ基転移で得られるアミノ酸はどれか？
(a) アラニン   (b) アルギニン   (c) バリン
(d) トレオニン

12．細菌におけるフェニルアラニン，トリプトファン，チロシンの合成に関する次の記述のうち，正しくないものはどれか？
(a) 合成は，ホスホエノールピルビン酸の縮合からはじまる
(b) 経路はコリスミン酸で分岐する
(c) チロシンは，フェニルアラニンの酸化により得られる
(d) トリプトファンの側鎖はホスホリボシルピロリン酸からつくられる

13．別のアミノ酸のアロステリック調節を受ける DAHP シンターゼの型は何とよばれるか？
(a) 多量体タンパク質   (b) レギュロン   (c) アイソザイム
(d) アイソログ

14．ヌクレオチド合成のサルベージ経路に関する次の記述のうち，正しくないものはどれか？
(a) 新しいヌクレオチドに使われる糖リン酸は，ホスホリボシルピロリン酸から供給される
(b) AMP はアデニル酸キナーゼにより ADP に変換される
(c) リボヌクレオチドレダクターゼがリボヌクレオチドを還元することにより，デオキシリボヌクレオチドが合成される
(d) この経路では GTP はつくられない

15．新生ヌクレオチド合成において，アスパラギン酸と結合してシトシン，ウラシルをつくりだす分子は何か？
(a) カルバモイルリン酸   (b) オロチン酸   (c) グルタミン
(d) ホスホリボシルピロリン酸

16．テトラピロールの合成に関与しない酵素はどれか？
(a) ALA シンターゼ   (b) ALA デヒドラターゼ
(c) ポルフォビリノーゲンデアミナーゼ
(d) アルギニノスクシナーゼ

17．必要以上のアデニンやグアニンはどの分子に変換されるか？
(a) 尿素   (b) 尿酸   (c) 胆汁色素   (d) フィトクロム

18．過剰量のテトラピロールはどの分子に変換されるか？
(a) 尿素   (b) 尿酸   (c) 胆汁色素   (d) フィトクロム

19．アミノ酸分解にかかわるトランスアミナーゼのもつ補因子はどれか？
(a) シロヘム   (b) ピリドキサールリン酸
(c) ホスホパンテテイン   (d) ヘム

20．糖原性アミノ酸はどれか？
(a) ロイシン   (b) リシン   (c) メチオニン
(d) (a)～(c) すべて

21．ケト原性アミノ酸はどれか？
(a) アルギニン   (b) グルタミン   (c) ヒスチジン
(d) ロイシン

22．水生の無脊椎動物も含み，自らが生活する水中に過剰量のアンモニアを排泄する生物種は何とよばれるか？
(a) アンモニア排泄型   (b) 窒素固定型   (c) 尿素排泄型
(d) 尿酸排泄型

23．尿素回路の中間体でないものはどれか？
(a) シトルリン   (b) アルギニン   (c) オキサロ酢酸
(d) オルニチン

24．尿素回路と TCA 回路をつなぐものはどれか？
(a) アスパラギン酸-アルギニノコハク酸シャント
(b) N-アセチルグルタミン酸シャント
(c) オキサロ酢酸の両回路への関与
(d) 尿素のエネルギー源としての利用

## 記述式問題

これらの質問の答えは本文中に記載されている．

1．"窒素固定"とは何か？　また窒素固定を行う生物をあげ，説明せよ．

2．細菌性ニトロゲナーゼの作用機序を説明せよ．

3．アンモニアのグルタミンへの変換の反応を書け．

4．必須アミノ酸と非必須アミノ酸の違いを説明せよ．また，ヒトの体内で合成される非必須アミノ酸を述べよ．

5．細菌での必須アミノ酸合成経路を概説せよ．また，これらの経路を制御する重要な特徴をわかりやすく示せ．

6．ヌクレオチド合成に関して，サルベージ経路と新生経路の違いを述べよ．

7. ヘムの合成について概説せよ．
8. アミノ酸の分解時にアミノ基がどうなるのかを説明せよ．

9. 糖原性とケト原性アミノ酸の違いを述べよ．また，これらの単語の定義を説明せよ．
10. 尿素回路について小論文を書け．

### 自習用問題

次の質問に答えるためには，自分で計算してみたり，ほかの文献を読んでみたり，あるいはインターネットで調べる必要がある．

1. ヘモグロビンとその関連分子，たとえばレグヘモグロビンなどは動物，植物，細菌に存在している．ヘモグロビンをもたない生物種は古細菌のみである．この情報に基づいて，ヘモグロビンの初期の進化，および惑星内の大気組成の変化とヘモグロビンの由来との関係性についてどのような推察ができるか？

2. レッシュ・ナイハン症候群はまれな病気であるが，精神的欠陥，行動障害を伴う重篤な遺伝性疾患である．レッシュ・ナイハン症候群の患者では，血中および尿中の尿酸量とホスホリボシルピロリン酸量が上昇している．この症候群の生化学的な原理はどのようなものだと考えられるか？

3. アトキンスダイエット（アトキンス博士が提唱した低糖質ダイエット）食品や低糖質食品が"ケト原性"とよばれる理由を説明せよ．

4. TCA回路と尿素回路のあいだのつながりは"クレブス2回路"とよばれることがある．これは，尿素回路が，ハンス・クレブス（Hans Crebs），クルト・ヘンゼライト（Kurt Henseleit）により1932年にはじめて記述されたからである．5年後，クレブスは"クレブス回路"ともよばれるTCA回路を発見した．クレブス2回路を図に描き，実際は2回路というよりも3回路の形をしている理由を説明せよ．

5. 次の（A）（B）（C）三つの生化学的合成過程で，フィードバック制御が起こっていると考えられる点を記せ．また，アイソザイムにより触媒されていると考えられる段階を記せ．

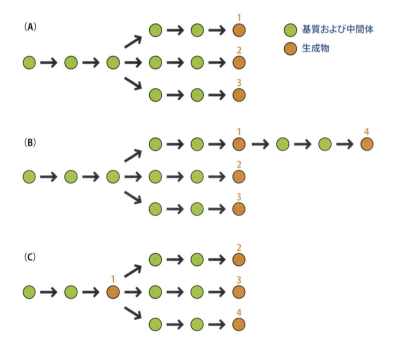

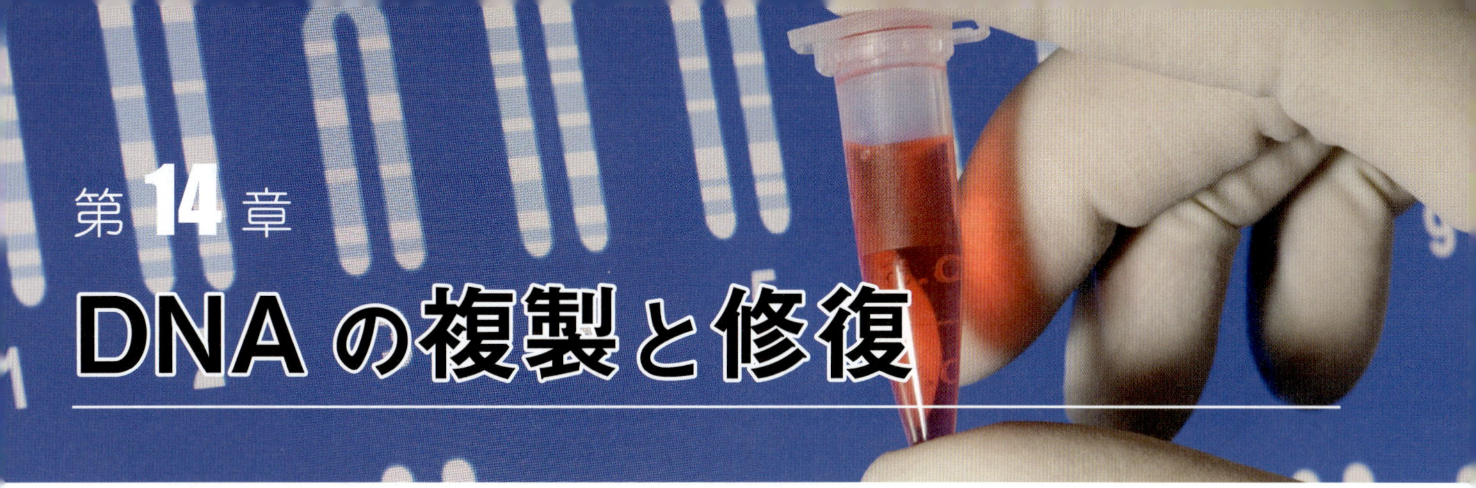

# 第 14 章
# DNA の複製と修復

### ◆ 本章の目標

- 二重らせんを複製して二つの正確なコピーをつくる際の，相補的な塩基対形成の重要性を理解する．
- 大腸菌の複製起点で，プレプライミング複合体がどのように形成されるかを説明できる．
- 酵母とヒトの複製起点がもつ特徴の違いを知る．
- 複製フォークを含まない複製過程について，その重要な特徴を理解する．
- DNA 複製における DNA トポイソメラーゼの役割を説明できる．
- 異なる種類の DNA ポリメラーゼを分離し，DNA 依存性 DNA ポリメラーゼの作用機構を説明できる．
- DNA の 5′→3′ 方向への合成が，DNA のラギング鎖の複製に与える影響を理解する．
- DNA ポリメラーゼがプライマーを要求することを正しく理解するとともに，大腸菌やヒトでこの DNA 鎖合成開始における問題がどのように解決されているかを知る．
- 大腸菌やヒトにおいて，複製フォークで起こっている事象を説明できる．とくに岡崎フラグメントがどのように連結されるかを知る．
- 大腸菌ゲノムを複製する 2 個のレプリソームが，なぜ DNA のある決まった領域で出合うのかを知る．
- 直鎖状の DNA の複製の際に起こりうる DNA の短縮を，テロメラーゼがどのように防いでいるかを説明できる．
- DNA 修復が重要である理由を理解する．
- ミスマッチ修復系が，どのようにして複製の誤りを修正するかを説明できる．とくに娘鎖をどのように識別するかを知る．
- 塩基除去修復およびヌクレオチド除去修復経路のおもな特徴を知る．
- DNA の 1 本鎖切断および 2 本鎖切断が，どのようにして修復されるかを説明できる．
- 複製後修復過程の例をあげることができる．

● 図 14.1　遺伝子発現の概要
遺伝子発現は，時に "DNA が RNA をつくり，RNA がタンパク質をつくる" ともいわれるように，2 段階からなる過程である．遺伝子発現の 1 段階目は転写とよばれ，遺伝子のヌクレオチド配列が RNA にコピーされる．続いて，翻訳とよばれる 2 段階目では，タンパク質をつくるためのアミノ酸を連結する順序が，RNA のヌクレオチド配列によって指示される．

　これまでの章では，細胞内で起こる代謝反応において酵素が果たす重要な役割について述べた．どの代謝反応が起こりうるか，またそれを制御するシグナルに対して代謝反応がどのように応答するかは，それぞれの酵素の個性と活性によって決まる．そして，酵素の触媒としての性質と制御シグナルに対する応答の基盤は，その酵素のアミノ酸配列である．アミノ酸配列は酵素の三次構造を規定し，これにより活性部位や制御分子の結合部位で化学基が正確に配置される．そのため，酵素の触媒活性や制御応答はそのアミノ酸配列によって決まる．この一般則は，酵素以外のタンパク質についてもあてはまる．タンパク質の機能が，構造，運動，輸送，貯蔵，防御，制御など，何にかかわるものであれ，その生物活性はアミノ酸配列によって規定されている．

　したがって，ある決まったアミノ酸配列をもつタンパク質を細胞がつくりだす機構は，生化学においてとくに重要である．個々のタンパク質の合成に必要な情報は細胞の DNA によって保持されているため，これは単にタンパク質だけの問題ではなく，核酸にもかかわるものである．この情報の利用は，**遺伝子発現**（gene expression）とよばれる 2 段階の反応過程を経て行われる（図 14.1）．遺伝子発現の 1 段階目では，まず遺伝子のヌクレオチド配列が RNA に写し取られ，次の 2 段階目ではこの RNA のヌクレオチド配列によってアミノ酸を連結する順序が決められ，タンパク質が合成される．

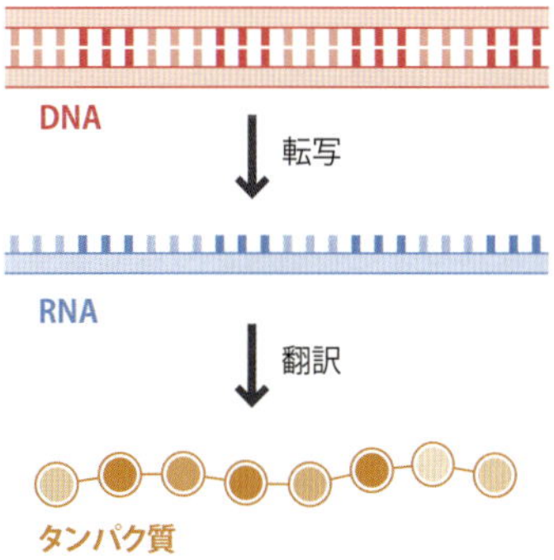

　RNA およびタンパク質合成については，それぞれ第 15 章と第 16 章で学習する．しかしその前に，これらの RNA やタンパク質をつくりだすための情報をヌクレオチド配列として保持している DNA に注意を向ける必要がある．さらに，細胞分裂の際に娘細胞にコピーを

## 14.1 DNAの複製

なぜDNAの二重らせん構造の発見が、生物学における主要なブレークスルーの一つと見なされるのだろうか。その一つの理由は、1個のDNAが複製されて2個のまったく同じコピーがつくりだされるしくみを、この構造が直接的に示しているからである。1953年4月25日付けの *Nature* 誌に掲載された二重らせんに関する論文のなかで、ワトソンとクリックは次のように述べている。

> "遺伝物質がどのような機構でコピーされるのか、われわれが仮定した特異的な塩基対の形成が一つの可能性を直接的に示唆していることを、われわれは見逃さなかった。"

当時、遺伝子がどのようにして自身のコピーをつくりだすのかが生命の大きな謎の一つとされていたことを考えると、この記述は生物学の文献のなかでも最も控えめなコメントの一つであろう。

DNAの複製で鍵となるのは、らせんを構成する2本のポリヌクレオチド鎖間で近接する塩基どうしが形成する対合である。この塩基対形成では、アデニンは必ずチミンと対合し、シトシンは必ずグアニンと対合するという規則がある。この塩基対形成により、二重らせん中の2本のポリヌクレオチド鎖の塩基配列は互いに相補的となり、一方のポリヌクレオチド鎖の配列は他方の配列を反映したものとなる。これはすなわち、2本のポリヌクレオチド鎖を分離し、それぞれを鋳型として用いてDNA合成を行えば、もとの親二重らせんとまったく同じコピーが二つ生じることを意味する（図14.2）。

このようにDNA複製は、少なくとも概略的にはいたって単純明快な過程といえる。もちろん、詳細な反応機構はもっと複雑である。論理的に話を進めるため、以降は反応過程を次の3段階に分けて考える。

- **開始段階**（initiation phase）：DNA内の複製が始まる場所で、複製装置が組み立てられる。
- **伸長段階**（elongation phase）：新生ポリヌクレオチド鎖が合成される。
- **終結段階**（termination phase）：複製過程が完了する。

### 14.1.1 DNA複製の開始

DNAが複製されているあいだは、ごく一部の領域が塩基対を形成していない状態になる。この塩基対の開裂は、**複製起点**（origin of replication）とよばれる特定の場所からはじまる。複製起点に関しては細菌で最も理解が進んでいるため、まず大腸菌について見てみることにする。

#### 大腸菌のDNAは単一の複製起点をもつ

大腸菌ゲノムを構成するのは、464万個の塩基対を含む1個の環状DNAである。このDNAは単一の複製起点をもっており、その長さは約245塩基対に及ぶ。DNAのこの領域には、9ヌクレオチドからなる短い配列が4コピー存在しており、そのそれぞれが **DnaAタンパク質**（DnaA protein）の結合部位としてはたらく。この4カ所すべてにDnaAが結合すると、それによってさらに別のDnaAが複製起点によび込まれ、全部で30個程度のDnaAタンパク質の塊が形成される（図14.3）。DNAがこのタンパク質の塊の周囲に巻きつくことで、この領域の二重らせんにねじれの力が加わる。結果として、2本のポリヌクレオチド鎖間の水素結合が壊れ、塩基対が形成されていない短い領域が生じる。この塩基対の

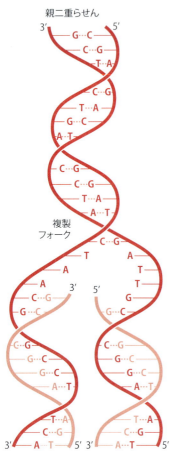

● 図14.2　ワトソンとクリックが予測したDNA複製
濃い赤色で示された親二重らせんのポリヌクレオチド鎖は、ピンク色で示された新生DNA鎖を合成するための鋳型としてはたらく。これらの新生鎖の配列は、塩基対形成の規則によって決まる。結果として、もとの親二重らせんとまったく同じ二つのコピーが生じることになる。親二重らせんと二つの娘二重らせん、いずれにおいても2本のポリヌクレオチド鎖が逆並行になっていることに注意しよう。つまり、一方の鎖が 5′→3′ の向きであればもう一方は 3′→5′ の向きになり、互いに方向性が逆になっている（4.1.2項参照）。

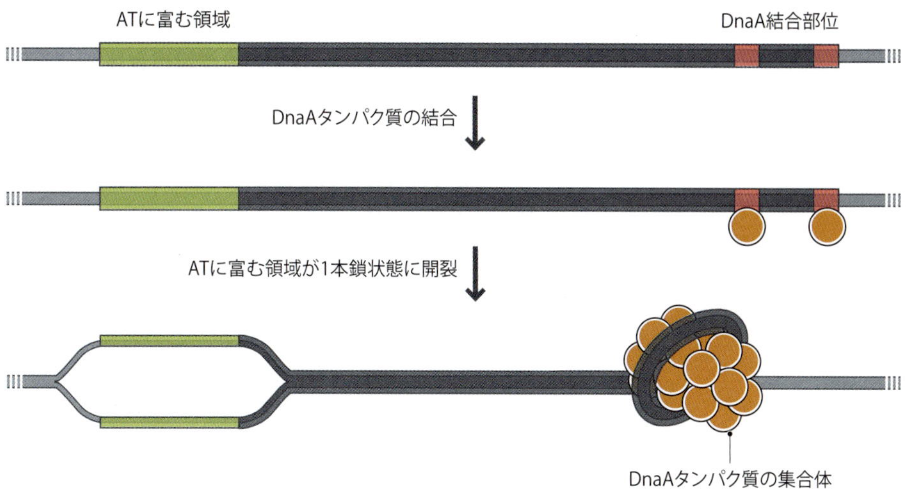

### 14.1 DNAの複製

●図 14.3 大腸菌の複製起点におけるDNAらせんの開裂

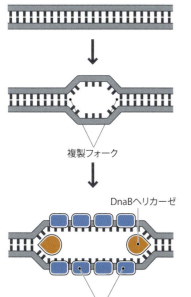

●図 14.4 大腸菌における DNA 複製開始段階の完了
らせんの開裂により，新たな DNA 合成が起こる場である複製フォークが二つ生じる．ポリヌクレオチド鎖の塩基対を形成していない部分に1本鎖 DNA 結合タンパク質が結合し，DnaB ヘリカーゼが塩基対を壊すことで開裂した領域を広げはじめる．これにより，複製フォークは互いに離れていく．

塩基対の構造，および DNA 二重らせんに関するそのほかの重要な特徴については 4.1.2 項を参照．

開裂がはじまるのは，複製起点に存在する **AT に富む**（AT rich）領域，すなわちアデニン－チミンの塩基対の割合が高い領域である．ここで，A－T の塩基対を結びつけている水素結合は 2 個だけなのに対して，G－C の塩基対には 3 個の水素結合があることを思いだそう．つまり，AT に富む領域は GC に富む領域や 2 種類の塩基対を等量含む領域に比べて不安定であり，したがって，DnaA タンパク質の塊によってねじれの力が加わるとより開裂しやすくなるのである．

らせんの開裂によって一連の事象が開始され，その結果，複製起点において 1 対の**複製フォーク**（replication fork）が構築される．複製フォークとは，二重らせんが 2 本の非対合鎖に分かれるところであり，新生ポリヌクレオチド鎖の合成が起こる場所である（図 14.4）．1 対の複製フォークの形成は，まずそれぞれの位置に**プレプライミング複合体**（prepriming complex）が結合することではじまる．最初，個々のプレプライミング複合体には DnaB タンパク質と DnaC タンパク質がそれぞれ 6 個ずつ含まれるが，DnaC の役割は一時的なもので，この複合体が形成されるとすぐに解離してしまう．おそらく DnaC の機能は，単に DnaB の結合を助けているのであろう．

DnaB は塩基対を壊すことができる酵素，**ヘリカーゼ**（helicase）の一種である．すなわち，DnaB が塩基対を壊すことによって 1 本鎖に開いた領域が広がり，これにより 2 個の複製フォークは互いに離れるように動く．塩基対を形成しなくなったポリヌクレオチド領域は **1本鎖 DNA 結合タンパク質**（single strand DNA binding protein，**SSB**）によって覆われるが，このタンパク質には二つの役割があるらしい．一つはポリヌクレオチド鎖どうしがすぐに塩基対を形成してもとに戻らないよう防ぐこと，もう一つは大腸菌の細胞内には 1 本鎖 DNA を分解するヌクレアーゼが存在しており，この酵素の攻撃からポリヌクレオチド鎖を保護することである．

そうして，DNA 複製の伸長段階ではたらく酵素群が結合できるようになる．複製フォークは複製起点から離れるように動きはじめ，DNA の複製が開始される．

#### 真核生物の DNA は複数の複製起点をもつ

真核生物の DNA のほとんどは，環状ではなく直鎖状である．このような直鎖状 DNA の複製は，一方の末端からはじまってもう一方の末端に向かって進む，といった単純な過程により行われるわけではない．実際には，分子の内部に複数の複製起点が存在している．複製起点の頻度は生物種によって異なる．たとえば，出芽酵母には約 400 個の複製起点があり，これはそれぞれの複製フォークがおよそ 15,000 塩基分の DNA を複製することを意味する．一方，ヒトの DNA には約 20,000 個の複製起点があり，それぞれの複製フォークがコピーする DNA の長さはおよそ 80,000 塩基である．

酵母の400個の複製起点それぞれには，200塩基対からなる類似したDNA配列が存在しており，このなかには**複製起点認識複合体**（origin recognition complex）を構成する6種類のタンパク質が結合するための部位がある．これらのタンパク質群は常にDNAに結合しており，複製の開始時以外でも酵母の複製起点に結合し続けていることから，細菌のDnaAとまったく同等のものではなく，それぞれの複製起点における複製フォークの構築に必要なほかのタンパク質の結合を仲介するものと考えられている．

ヒトゲノムにおける複製起点の同定はそれほど容易ではないが，全部で約20,000カ所存在すると信じられている．ヒトやそのほかの哺乳類において，これらの複製起点は**開始領域**（initiation region）とよばれるが，この名称は複製起点がきちんと定義されていないことを示している．実際，一部の研究者は，複製は哺乳類の細胞核内の特定の場所にあるタンパク質構造体によって開始されるもので，核の内部において単にこれらの構造体の近くに存在するDNA部位が開始領域になるのだと信じている．

### ある種の環状DNAの複製では複製フォークが形成されない

1対の複製フォークを介してDNAをコピーする様式は，生細胞において主要なシステムであり，真核生物の核内DNAも原核生物の核様体DNAもこの機構によって複製される．一方，ある種の環状DNAの複製に用いられる別のタイプの複製様式が二つ存在する．

この特殊な複製様式の一つ目は，**鎖置換型複製**（strand displacement replication）とよばれるものである．この機構はある種の**プラスミド**（plasmid；細菌の細胞中にしばしば存在する小さな環状DNA）の複製に用いられるほか，ヒトのミトコンドリアゲノムもこの様式で複製されると長年信じられてきた．これらのDNAで複製がはじまる場所の目印になっているのが**Dループ**（D loop），すなわちRNAが一方のDNA鎖と塩基対を形成することにより二重らせんが壊れた短い領域である．複製がはじまると，このRNAの3′末端にDNAヌクレオチドが付加され，環状DNAの一方の鎖が完全にコピーされるまでこの伸長は続く（図14.5）．こうして置き換えられたもう一方の鎖は，第二の新生ポリヌクレオチド鎖合成の開始点としてはたらく別のRNAが結合することでコピーされる．

> ミトコンドリアゲノムについては，2.1.3項を参照．

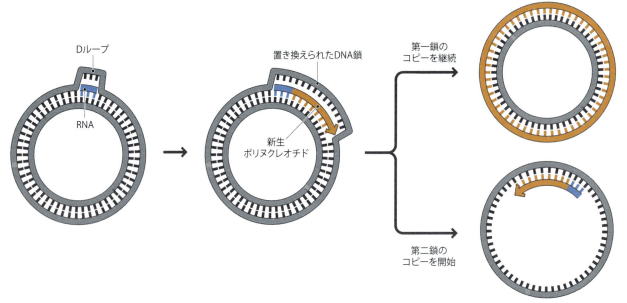

● 図14.5 **鎖置換型複製**
Dループは短いRNA（青色で示す）を含み，これが最初の新生ポリヌクレオチド鎖（オレンジ色で示す）の合成の開始点としてはたらく．このポリヌクレオチド鎖は，環状分子の一方の鎖が完全にコピーされるまで伸長される．結果として，右上のような2本鎖分子が生じる．これにより置き換えられたもう一方の鎖は，第二の新生ポリヌクレオチド鎖合成の開始点としてはたらく第二のRNAが結合することでコピーされる（右下）．

通常の複製フォーク系と比較して，鎖置換型複製にどのような利点があるのかはよくわからない．それに対して，**ローリングサークル型複製**（rolling circle replication）とよばれるもう一つの種類の特殊な複製過程は，迅速に環状DNAのコピーを多く合成したいときに有用である．ローリングサークル型複製は，親のポリヌクレオチド鎖の片方に生じた切れ目（ニック）から開始される．生じた遊離の3′末端が伸長され，これによりポリヌクレオチド鎖の5′末端が置き換えられていく．このDNA合成が続くと，あたかも回転する輪に巻きついたDNAが引きだされるように分子の完全なコピーが遊離し（図14.6），さらに合成が進むと同じDNAが順方向にいくつも連なったものが生じることになる．これらの分子は1本鎖で，しかも直鎖状であるが，相補鎖の合成に続き，境界点での切断と生じたDNA断片の環状化を経て，2本鎖環状分子に変換される．ローリングサークル型複製はさまざまなウイルスで用いられており，その最も良い例が**ラムダ**（lambda）とよばれる細菌のウイルス，**バクテリオファージ**（bacteriophage）の一種である．この方法を用いることで可能になる新生DNAの迅速な生成は，ウイルスが宿主細胞に感染したあと，自身のコピーを素早く大量につくりだすのに有用である．

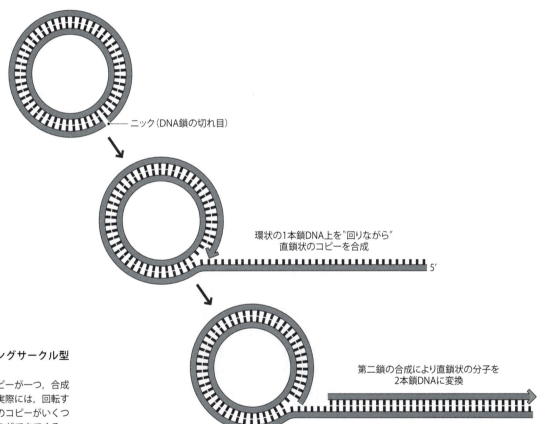

● 図 14.6 ローリングサークル型複製
環状分子の直鎖状のコピーが一つ，合成されるところを示す．実際には，回転する環状分子から直鎖状のコピーがいくつも順方向に連なったものができてくる．

### 14.1.2 DNA複製の伸長段階

次に，複製フォークで起こる事象で，新生ポリヌクレオチド鎖の合成にかかわるものについて見ていこう．まず取り上げなければならない問題は，複製フォークがDNAに沿ってごく短い距離しか進めないことである．これは**位相幾何学的（トポロジー）問題**（topological problem）として知られている．

#### トポロジー問題はDNAトポイソメラーゼによって解消される

DNA複製のトポロジー問題は，二重らせんがらせんであるがゆえに，つまり2本のポリヌクレオチド鎖が互いに巻きつき合って容易には引き離せないために生じる．どのような形

であれ，らせんを巻き戻すには，相当な回数の分子の回転を必要とする．B型の二重らせんは10塩基対ごとに1回転するので，2億5千万塩基対からなるヒト1番染色体のDNAを完全に複製するには2千5百万回の回転が必要となる．直鎖状DNAの巻き戻しは物理的に不可能ではないが，遊離した末端をもたない環状2本鎖分子はまったく回転できない．にもかかわらず，環状のDNAも複製できている．では，トポロジー問題はいかにして解消されているのであろうか．

この問題を解消してくれるのが，**DNAトポイソメラーゼ**（DNA topoisomerase）とよばれる一群の酵素である．これらの酵素は，二重らせんを回転することなく，2本のポリヌクレオチド鎖の分離を可能にしてくれる．DNAトポイソメラーゼには2種類あり，それぞれがわずかに違ったやり方でこの離れ業を成し遂げている．

- **I型DNAトポイソメラーゼ**（type I DNA topoisomerase）：一方のポリヌクレオチド鎖に切れ目を入れ，生じた隙間にもう一方のポリヌクレオチド鎖を通過させる．その後，切断された鎖の両末端が再び連結される（図14.7）．
- **II型DNAトポイソメラーゼ**（type II DNA topoisomerase）：二重らせんの両方の鎖を切断し，生じた隙間に別の部位のらせんを通過させる．通過が完了したら，2本のポリヌクレオチド鎖を再びつなぎ合わせることで隙間が塞がれる（図14.8）．

機構は異なるものの，I型とII型のトポイソメラーゼは最終的に同じ結果をもたらす．すなわち，どちらの酵素もらせんを回転させずに，2本のポリヌクレオチド鎖を分離できるのである（図14.9）．しかし，長いDNAにおいてポリヌクレオチド鎖を完全に分離するために必要となる切断と再連結の反応の繰り返しは，それ自体が別の問題を提起する．1対の切断末端が再び結合するためには，両者が互いに近接した状態に保たれる必要があるが，これらの酵素はどのようにしてそれを保証しているのであろうか．切断された各ポリヌクレオチド鎖の一方の末端に，酵素の活性部位にあるアミノ酸，チロシンが共有結合する，というのがこの問いに対する部分的な答えである．このように，もう一方の遊離末端が（連結するための）操作を受けているあいだ，一方のポリヌクレオチド鎖末端はしっかりと正しい位置に留め置かれる．

I型およびII型のトポイソメラーゼは，ポリヌクレオチド鎖とチロシン間の結合の化学構造の違いによりさらに分類されている．つまり，IA型およびIIA型の酵素では，切断されたポリヌクレオチド鎖の遊離した5′末端のリン酸基がこの結合に含まれるのに対して，IB型およびIIB型の酵素は3′末端のリン酸基を介して結合する．真核生物には両方の型が存在するが，細菌ではIB型とIIB型の酵素はほとんど見られない．大部分のトポイソメラーゼはDNAのらせんを巻き戻すことしかできないのに対して，細菌のDNAジャイレースや古細菌のリバースジャイレースのような原核生物のIIA型酵素は，その逆反応を行ってDNAに余分なねじれを導入できる．

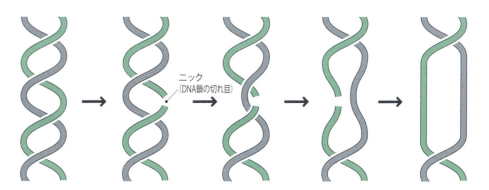

● 図14.7　I型DNAトポイソメラーゼの作用機序

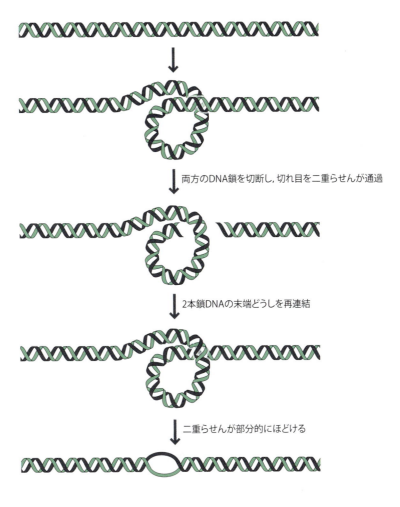

● 図 14.8　II 型 DNA トポイソメラーゼの作用機序

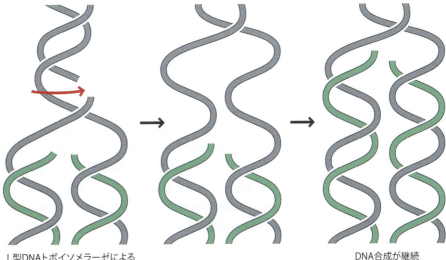

● 図 14.9　DNA 複製における二重らせんの巻き戻し
DNA 複製の際には, DNA トポイソメラーゼによって二重らせんが巻き戻される. これにより, 分子に沿ってらせんを回転させなくても複製フォークは先に進むことができる.

### DNA ポリメラーゼは鋳型依存的な DNA 合成を行う

　DNA 複製において中心的な役割を担うのは, 新生ポリヌクレオチド鎖を合成する酵素である. 既存の DNA 鎖を鋳型として用いて新たな DNA のポリヌクレオチド鎖をつくる（これを鋳型依存性 DNA 合成という）酵素は, **DNA 依存性 DNA ポリメラーゼ**（DNA-dependent DNA polymerase）とよばれる. この名称は, 単純に"DNA ポリメラーゼ"と略すこともできるが, その際には **RNA 依存性 DNA ポリメラーゼ**（RNA-dependent DNA polymerase）も存在するということを認識しておく必要がある. この酵素は RNA から

### ● Box 14.1　超らせん DNA

トポイソメラーゼは，DNA 複製における役割に加えて，**超らせん DNA**（supercoiled DNA）の生成にかかわっている．超らせんは，環状の DNA で 2 本鎖どうしの巻きつきが余分に導入されたとき（正の超らせん），あるいは巻きつきが取り除かれたとき（負の超らせん）に生じる．二重らせんの巻き数の増減により生じるねじれの力のため，環状の分子自身が巻き上げられてよりコンパクトな超らせん構造を形成するのである．超らせん形成により，環状 DNA を小さな空間に収納することが可能になる．たとえば，環状の大腸菌 DNA は 1 周の長さが約 1.6 mm であるが，超らせん構造をとることによってわずか 1 μm × 2 μm の大きさの細胞内に収めることができる（Box 4.5 を参照）．

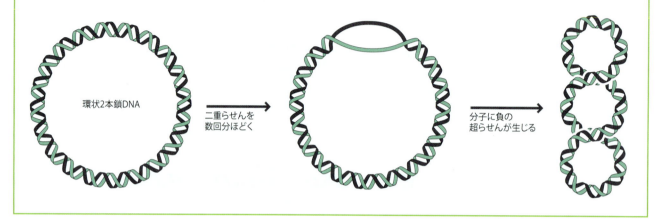

DNA のコピーをつくるもので，ある種のウイルスの複製でとくに重要である．

DNA ポリメラーゼによって触媒される反応を，図 14.10 に詳しく示す．個々のヌクレオチドが付加される際，入ってくるヌクレオチドから β および γ リン酸基が取り除かれるとともに，伸長中のポリヌクレオチド鎖の 3′ 末端ヌクレオチドの 3′ 炭素原子からはヒドロキシ基が除去される．結果として，ホスホジエステル結合が 1 個形成されるごとに，ピロリン酸 1 分子が失われることになる．この化学反応を導くのは，T には A，C には G を対合させるように，個々のヌクレオチドの重合の順序を指定する鋳型 DNA の存在である．このように，新しいヌクレオチドが伸長中の鎖の 3′ 末端に付加されることで，新生ポリヌクレオチド鎖は 5′→3′ 方向に段階的につくり上げられていく．ここで，塩基対を形成するためには，相補的なポリヌクレオチド鎖が互いに逆並行になっていなくてはならないことを思いだそう．これは，鋳型鎖が 3′→5′ 方向に読み取られる必要があるということを意味している．

大腸菌のような細菌は 5 種類の DNA ポリメラーゼ（Ⅰ，Ⅱ，Ⅲ，Ⅳ，Ⅴ）をもつ．このうち，**DNA ポリメラーゼⅢ**（DNA polymerase Ⅲ）は，DNA 複製における鋳型依存性ポリヌクレオチド鎖合成の大部分を担う酵素である．一方，複製でともにはたらく **DNA ポリメラーゼⅠ**（DNA polymerase Ⅰ）の機能はそれに比べて限定的であるが，後述するようにその機能はきわめて重要である．それ以外の 3 種類の DNA ポリメラーゼは，損傷した DNA を修復するのに用いられる．DNA ポリメラーゼⅠが単一のポリペプチドであるのに対して，DNA ポリメラーゼⅢは複数のサブユニットからなり，その分子量は約 900 kDa にもなる．このうち，α とよばれるサブユニットが新生ポリヌクレオチド鎖の合成を担い，そのほかのサブユニットは複製過程において補助的な役割を果たしている．たとえば，ε サブユニットは 3′→5′ エキソヌクレアーゼ活性を担う．つまり，DNA ポリメラーゼⅢが 5′→3′ 方向に DNA を合成するだけでなく，その逆方向に DNA を分解できることを意味する．これは，誤って挿入されたヌクレオチドを取り除いて，ポリメラーゼが自身の誤りを修正できることから，**校正**（proofreading）機能とよばれる（図 14.11）．DNA ポリメラーゼⅢのサブユニットでもう一つ重要なのが β サブユニットである．β サブユニットは，ポリメラーゼ複合体を鋳型鎖上にしっかりと保持する"スライディングクランプ"としてはたらくと同時に，新生ポリヌクレオチド鎖の合成に従って，ポリメラーゼが鋳型鎖に沿って移動するこ

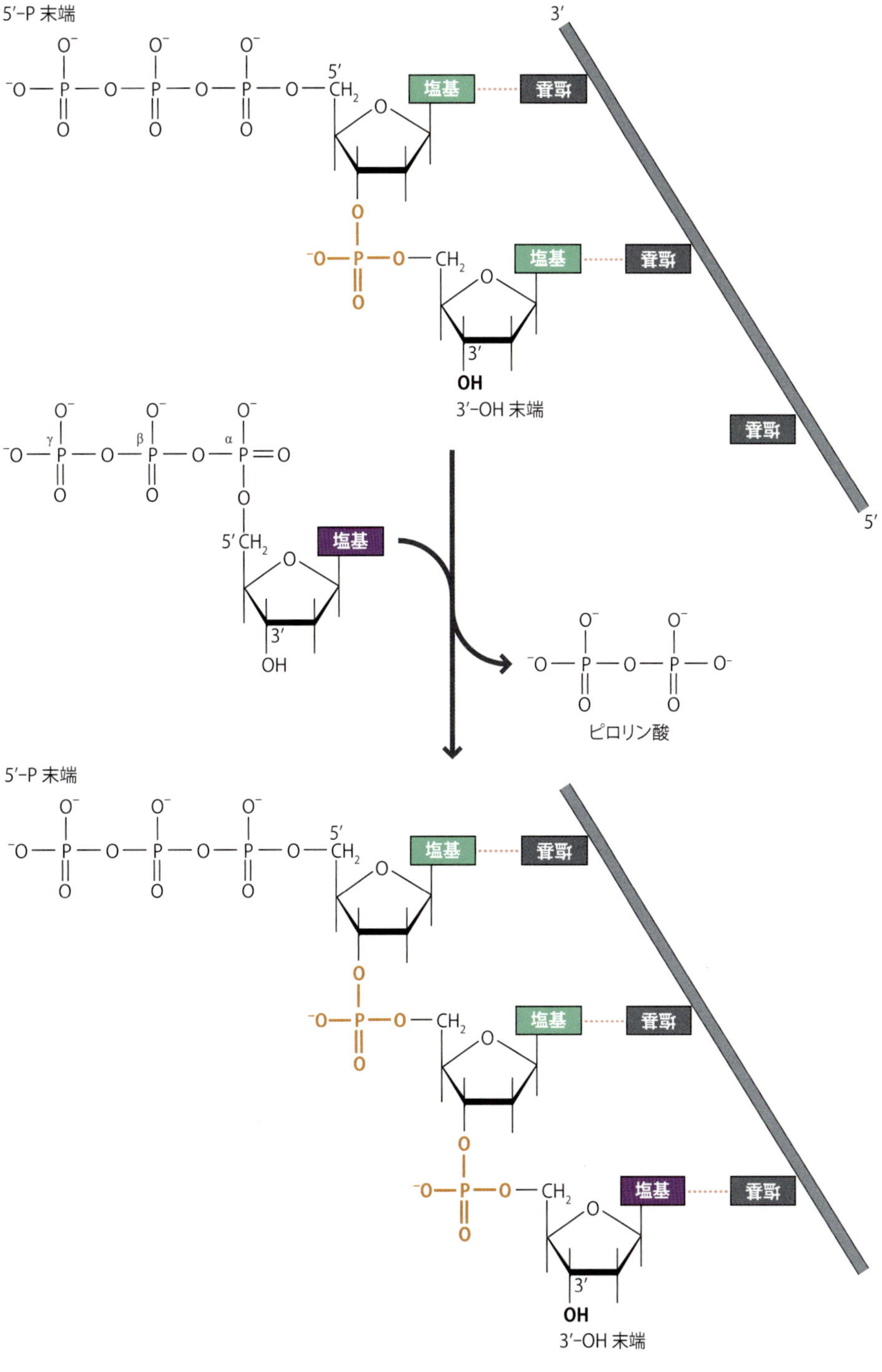

●図 14.10 DNA 依存性 DNA ポリメラーゼによって触媒される反応

とを可能にしている.

　真核生物には少なくとも 15 種類の DNA ポリメラーゼがあり, 哺乳類ではギリシャ文字によって表記される. 主要な複製酵素は **DNA ポリメラーゼδ**（DNA polymerase δ）と **DNA ポリメラーゼε**（DNA polymerase ε）であり, これらは**増殖細胞核抗原**（proliferating cell nuclear antigen, **PCNA**）とよばれる補助タンパク質と協働する. PCNA は大腸菌 DNA ポリメラーゼⅢのβサブユニットに相当し, 複製中の DNA に酵素をしっかりと保持する. **DNA ポリメラーゼα**（DNA polymerase α）も DNA 複製において重要な機能をもち, また **DNA ポリメラーゼγ**（DNA polymerase γ）はミトコンドリアに存在する DNA の複製を担っている. 原核生物の酵素と同様, 真核生物のそのほかの DNA ポリメラーゼのほとんどは損傷 DNA の修復に関与している.

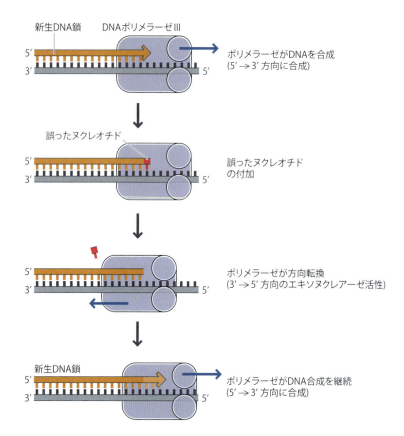

● 図 14.11　DNA 複製における校正
3′→5′ エキソヌクレアーゼ活性によってDNA ポリメラーゼIIIはその向きを反転させ，5′→3′ 方向の DNA 合成により自身が付加した誤ったヌクレオチドを取り除くことができる．

### DNA ポリメラーゼのもつ制約が DNA 複製を複雑にしている

　DNA ポリメラーゼは DNA を複製するために進化してきたが，これらの酵素には二つの制約があり，それによって細胞内で起こる複製の様式は複雑なものになっている．第一に，すべての DNA 依存性 DNA ポリメラーゼは 5′→3′ 方向にしか DNA を合成できない．反対の 3′→5′ 方向に DNA を合成できる酵素は見つかっておらず，おそらくそのような酵素は存在しない．これは，ポリヌクレオチド鎖の合成の際，鋳型鎖は 3′→5′ 方向に読み取られ，その相補的な鎖を DNA ポリメラーゼが 5′→3′ 方向に合成することを意味する．このため，二重らせん中の 2 本のポリヌクレオチド鎖が互いに逆並行であること，つまり一方の鎖の向きに対して他方の鎖が逆向きになっていることで問題が生じるのである．すなわち，親二重らせんを構成する一方の鎖は，複製フォークが分子に沿って進行するのに伴って連続的に複製することが可能である（図 14.12）．これを**リーディング鎖**（leading strand）という．それに対して，**ラギング鎖**（lagging strand）とよばれる，親分子中のもう一方の鎖は連続的にコピーできない．連続的にコピーするためには，3′→5′ 方向のポリヌクレオチド鎖合成が必要となる．この問題を克服するために，ラギング鎖を区画として複製する必要がある．それぞれの区画は，複製フォークで露出したラギング鎖の一部に相当する．複製フォークが親二重らせん上をさらに進むと，ラギング鎖の次の区画が露出して複製される，といった具合である．その結果，ラギング鎖からつくられるコピーは，少なくとも最初のうちは一連の不連続的な断片として存在することになる．このような断片は，その発見者である岡崎令治・恒子夫妻の名をとって**岡崎フラグメント**（Okazaki fragment）とよばれる．これらの断片がどのようにして連結され，1 本の連続したポリヌクレオチド鎖になるかについては後述する．

　複製に伴うもう一つの難点は，**プライマー**（primer）としてはたらく短い 2 本鎖領域があらかじめ存在しなければ，DNA ポリメラーゼはポリヌクレオチド鎖の合成を開始できない，ということである（図 14.13）．では，このプライマーはどのようにしてつくられるのであろうか．答えは，**RNA ポリメラーゼ**（RNA polymerase）によって合成される，である．これは鋳型依存的な RNA 合成を行う酵素であるが，DNA ポリメラーゼとは異なり，すで

## Box 14.2　DNA ポリメラーゼ

　DNA ポリメラーゼは，ヌクレオチドを重合して DNA をつくることができる酵素である．ほとんどの DNA ポリメラーゼは DNA 依存性であり，すなわち，ヌクレオチドを重合する順序を指定するために既存の DNA ポリヌクレオチド鎖を利用する．RNA から DNA のコピーをつくることができる RNA 依存性の DNA ポリメラーゼも少数だが存在するほか，**末端デオキシヌクレオチジルトランスフェラーゼ** (terminal deoxynucleotidyl transferase) とよばれるある種の DNA ポリメラーゼは鋳型に依存せず，既存の DNA の末端にランダムにヌクレオチドを付加できる．

　DNA ポリメラーゼは，多様性をもつ一つの酵素群を形成している．七つのファミリーに分類できるが，同じファミリーに属するメンバーの構造には類似性があり，進化的に共通の起源に由来すると考えられる．それぞれのファミリーは次のとおりである．

- A ファミリー (family A)：細菌の DNA ポリメラーゼ I，真核生物でミトコンドリア DNA を複製する DNA ポリメラーゼγ，および染色体 DNA の 2 本鎖切断の修復を補助する DNA ポリメラーゼθが含まれる．
- B ファミリー (family B)：真核生物の DNA 複製にかかわる主要な酵素である DNA ポリメラーゼα, δ, εが含まれる．そのほかのメンバーとしては，細菌の DNA ポリメラーゼ II，および損傷した DNA の複製で主要な役割を果たす真核生物の DNA ポリメラーゼζがある．
- C ファミリー (family C)：細菌の主要な複製酵素である DNA ポリメラーゼ III のみである．
- D ファミリー (family D)：ある種の古細菌で DNA 複製を担っているポリメラーゼ．
- X ファミリー (family X)：真核生物の DNA 修復酵素である DNA ポリメラーゼβ, σ, λ, μが含まれる．DNA ポリメラーゼβは塩基除去修復に関与し（図 14.26 参照），λとμは 2 本鎖 DNA の切断を修復する．DNA ポリメラーゼσの機能はよくわかっていない．鋳型非依存的 DNA ポリメラーゼである末端デオキシヌクレオチジルトランスフェラーゼもまた，X ファミリーに属する．
- Y ファミリー (family Y)：忠実度の低い（対合するヌクレオチドではないヌクレオチドを重合しやすい）一群の DNA ポリメラーゼで，DNA の損傷した部分を複製する能力をもつが，誤りを起こしやすい．細菌の DNA ポリメラーゼ IV と V，真核生物のポリメラーゼη, ι, κがメンバーとして含まれる．誤りがちな複製は，合成される鎖が鋳型のもとの配列とまったく相補的とはかぎらないため，結果として変異を引き起こす．とはいえ，これが重度の損傷を受けた DNA を複製するための最後にして最善の機会で，さもないと細胞が死ぬという場合であれば，多少の変異は許容されるのである．
- RT ファミリー (family RT)：**逆転写酵素** (reverse transcriptase)，すなわち RNA 依存性 DNA ポリメラーゼである．これらの酵素としては，ヒト免疫不全ウイルスのような**レトロウイルス** (retrovirus) の複製に関与するものが多い．レトロウイルスは RNA のゲノムをもっており，ウイルスが宿主細胞に感染すると，逆転写酵素によってこの RNA が DNA にコピーされる．この DNA 版のゲノムは宿主細胞の染色体の一つに組み込まれ，その染色体 DNA が複製されれば娘細胞に受け継がれていく．こうしてウイルスゲノムは，細胞が何回か分裂するあいだ，染色体中に留まることができる．レトロウイルスの感染サイクルは，その DNA ゲノムが染色体から切りだされ，そこから RNA がコピーされてウイルス粒子のなかに包み込まれることで完了する．

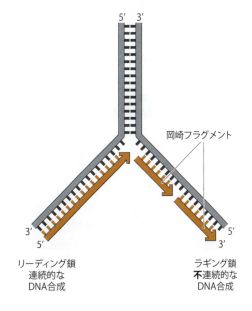

● 図 14.12　リーディング鎖とラギング鎖の違い

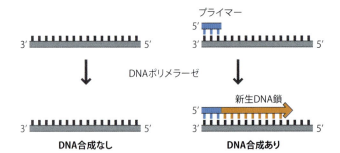

●図14.13 DNAポリメラーゼによるDNA合成の開始にはプライマーを必要とする

にあるポリヌクレオチド鎖を伸長するだけでなく，"裸の"鋳型上でRNAコピーの合成を開始できる．細菌では，このRNAポリメラーゼは**プライマーゼ**（primase）とよばれ，ヌクレオチド4～15個分の長さのプライマーを合成する（図14.14A）．いったんプライマーがつくられれば，DNAポリメラーゼⅢによってポリヌクレオチド鎖の合成が続けられる．真核生物では，プライマーゼはDNAポリメラーゼα酵素の一部である．このプライマーゼは8～12ヌクレオチドのRNAプライマーを合成し，その後，DNAポリメラーゼαが20ヌクレオチド程度のDNAを付加してプライマーを伸長する．このDNA領域では，少数のリボヌクレオチドの混入がしばしば見られる．このようにRNA–DNAプライマーがつくられたあと，リーディング鎖ではDNAポリメラーゼε，ラギング鎖ではDNAポリメラーゼδによって，それぞれDNA合成が継続される（図14.14B）．

このようなDNA合成の開始過程（プライミング）は，リーディング鎖では1回しか起こらない．なぜなら，いったん開始されれば，リーディング鎖のコピーの合成は親分子の複製が完了するまで，もしくは別の複製起点から逆向きに進んでくる複製フォークと出合うまで連続的に行われるからである．それに対してラギング鎖では，新しい岡崎フラグメントの合成がはじまるたびにプライミングが起こらなければならない．大腸菌の岡崎フラグメントの長さは1,000～2,000ヌクレオチドであり，したがって細胞のDNAを複製するたびに約4,000回のプライミングが必要になる．真核生物では岡崎フラグメントははるかに短く，おそらく長さ200ヌクレオチドにも満たないので，プライミングはもっと頻繁に起こる必要がある．

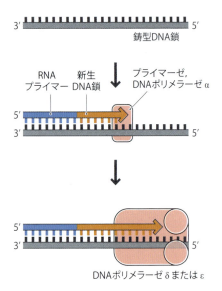

●図14.14 細菌(A)と真核生物(B)におけるDNA合成の開始

### 複製フォークにおいて起こる事象

DNAポリメラーゼが何を行い，何ができないのかがわかったところで，複製フォークで起こるさまざまな事象に目を向けてみよう．これらの事象は，その結果として2本鎖DNAの実際の複製をもたらす．まずは細菌における事象について学び，そのあとで真核生物の複製がもつ特別な性質について概観することにしよう．

大腸菌の複製起点で組み立てられたプレプライミング複合体は，プライマーゼの付加によって**プライモソーム**（primosome）となり，これがただちにリーディング鎖のプライマーを合成する．続いて，DNAポリメラーゼIIIがこのプライマーを1,000～2,000ヌクレオチド伸長することで，リーディング鎖のコピーの作製を開始する．ここでプライマーゼが複製フォークの近傍のラギング鎖上でRNAプライマーをつくり，2個目のDNAポリメラーゼIIIが最初の岡崎フラグメントを合成する．つまり，2分子のDNAポリメラーゼIIIが親DNAに結合し，一方がリーディング鎖，もう一方がラギング鎖のコピーを行うのである．

このように2個のDNAポリメラーゼがプライマーゼとともに結合したものを，**レプリソーム**（replisome）という．2個のDNAポリメラーゼはおそらく同じ方向を向いており，すなわちレプリソームがDNAに沿って移動するとともに，2本の鎖上のDNA合成が並行して進むためにはラギング鎖がループを形成する必要がある（図14.15）．レプリソームが分子に沿って移動する際には，親DNAの鎖を分離するDNAトポイソメラーゼと，塩基対を開裂させるDnaBヘリカーゼが先行する．レプリソームがさらに1,000～2,000塩基対進んだところで，二つ目の岡崎フラグメントの合成が開始される．このような反応過程が，大腸菌のDNA全体のコピーが完了するまで続く．

最後に，もう一つ難題が残されている．レプリソームが通過したあと，隣り合った岡崎フラグメントどうしが連結される必要がある．これは決して単純なことではない．というのも，隣接する1対の岡崎フラグメントの片方には，連結が起こるべき場所にRNAプライマーがついたままになっているからである．このプライマーはそれぞれの岡崎フラグメントの5′末端に位置しており，したがって5′→3′エキソヌクレアーゼ活性をもった酵素によって取り除くことができる．DNAポリメラーゼのなかにはそのような活性をもつものもあるが，DNAポリメラーゼIIIはそうではない．そのため，DNAポリメラーゼIIIは，直近の岡崎フラグメントの5′末端に到達するまでDNAを合成し続ける（図14.16A）．そこでDNAポリメラーゼIIIはラギング鎖から離れ，代わってDNAポリメラーゼIが結合するが，この酵素

---

### ●Box 14.3 DNAポリメラーゼはなぜプライマーを要求するのか？

プライマーの必要性は複製過程を複雑にしている．なぜなら，完全に1本鎖の鋳型上ではDNAポリメラーゼがDNA合成を開始できないからである．RNAポリメラーゼは"裸の"鋳型上で最初のヌクレオチドを配置できるのだから，酵素がこのような機能を果たすことは反応機構上，不可能ではないはずである．それではなぜ，DNAポリメラーゼはこのような能力を進化させなかったのだろうか．

プライマーの要求性は，DNAポリメラーゼの3′→5′エキソヌクレアーゼ活性によって与えられた校正機能と関係がある，という説がある．校正は，伸長途中のDNA鎖の3′末端に誤ったヌクレオチドが挿入されたとき，鎖がさらに伸長される前にそのヌクレオチドを除去して複製の正確性を高めている．つまり，DNA合成は段階的な反応過程として見なせるもので，ポリメラーゼはヌクレオチドを1個付加するごとに，次の二つの反応のうちいずれかを実行できる．

- 3′末端のヌクレオチドが鋳型と塩基対形成していない場合（すなわち，誤りが生じた場合），ポリメラーゼは3′→5′エキソヌクレアーゼ活性を使ってそのヌクレオチドを除去する．
- 3′末端のヌクレオチドが鋳型と塩基対形成している場合（すなわち，それが正しいヌクレオチドの場合），酵素はポリメラーゼ活性を使って次のヌクレオチドを付加する．

つまりDNAポリメラーゼはその校正機能のために，3′末端のヌクレオチドが鋳型と塩基対形成していなければ鎖を合成できない，ということになる．もし鋳型が完全に1本鎖の状態であれば，当然そこには塩基対形成した3′末端のヌクレオチドは存在しない．DNAポリメラーゼが"裸の"鋳型をコピーできない理由は，こういうことなのかもしれない．

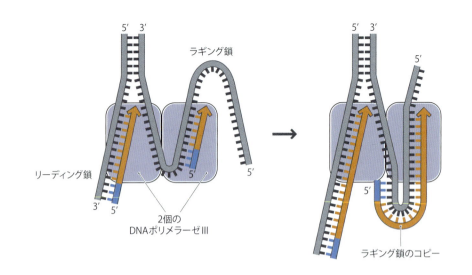

●図 14.15 リーディング鎖とラギング鎖は並行して複製される
2個の DNA ポリメラーゼⅢが，それぞれの鎖に一つずつ配置される．ラギング鎖はポリメラーゼの周囲でループを形成し，これにより2個のポリメラーゼ酵素が親 DNA に沿って同じ方向に移動しながら，リーディング鎖とラギング鎖が並行して複製されると考えられている．

は 5′→3′ エキソヌクレアーゼ活性をもっている．DNA ポリメラーゼⅠはこの活性を用いて，複製が到達したところにある岡崎フラグメントからプライマーを取り除き，これにより露出したラギング鎖領域に向かって隣の岡崎フラグメントの 3′ 末端を伸長する．これで二つの岡崎フラグメントは，末端領域がどちらも完全に DNA になった状態で隣接することになる．あとは，**DNA リガーゼ**（DNA ligase）がホスホジエステル結合を適切に導入するだけで，これにより二つの断片が連結され，ラギング鎖のこの領域の複製は完了となる．

　真核生物でラギング鎖を複製する酵素は DNA ポリメラーゼδであるが，DNA ポリメラーゼⅢと同様に，この酵素も 5′→3′ エキソヌクレアーゼ活性をもたない．あいにく，真核生物の DNA ポリメラーゼでこの活性をもつものはないため，岡崎フラグメントから RNA プライマーを取り除くためには別のやり方でしなければならない．この役割を担う酵素は "フラップエンドヌクレアーゼ"（**FEN1**）とよばれ，DNA ポリメラーゼδが岡崎フラグメントの RNA プライマーに近づくと，そこに FEN1 が結合する．プライマーをラギング鎖につな

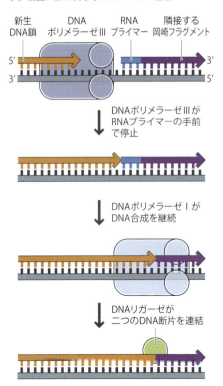
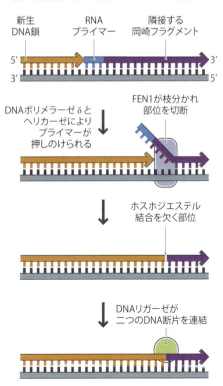

●図 14.16 細菌（A）と真核生物（B）における岡崎フラグメントの連結

ぎ留めている塩基対はヘリカーゼによって壊され，これによりDNAポリメラーゼδがプライマーを押しのけるとともに，露出した領域に向かって隣接する岡崎フラグメントを伸長できるようになる（図14.16B）．結果として生じたフラップ構造がFEN1によって切り取られるが，この酵素のエンドヌクレアーゼ活性はフラップの根元の分岐点でホスホジエステル結合を切断できる．ここでも，隣り合った岡崎フラグメントどうしを連結するのはDNAリガーゼである．

### 14.1.3 複製の終結

親DNAの2本の鎖が完全にコピーされた時点で，複製は終了する．DNAポリメラーゼや複製過程に関与するほかのタンパク質が解離し，娘DNAができあがる．このように，終結はそれほど複雑な事象ではないが，それでも複製のこの段階について検討すべき二つの点がある．一つは，細菌において環状DNAに沿って互いに逆方向に移動する2個のレプリソームが，適切な場所で出合うことを保証する機構である．

**Tusタンパク質は複製フォークを捕捉する**

細菌がもつ環状DNAは，単一の複製起点から両方向にコピーされる（図14.17A）．仮に2個のレプリソームが分子に沿って同じ速度で移動するのであれば，複製起点と正反対の位置で両者が出合うはずである．しかし実際には，DNA上で営まれるほかの活動によって，一方，あるいは両方のレプリソームの進行が遅れるかもしれない．たとえば，遺伝子発現の最初の過程として，遺伝子の配列をRNAにコピーしている最中のRNAポリメラーゼの存在が考えられる．DNA合成はRNA合成の約5倍の速さで起こるため，レプリソームはRNAポリメラーゼを容易に追い越せるように思われるが，おそらくこのようなことは起こっていない．実際には，レプリソームはRNAポリメラーゼの背後でいったん停止し，RNAが完成してRNAポリメラーゼが解離したあとでないと先に進まないと考えられている．

もし一方のレプリソームが，進行中のRNA合成に複数の場所で出合ったために遅れたとすると，もう一方のレプリソームは中間地点を通り過ぎてDNAの反対側まで複製を続けてしまうかもしれない．これがなぜ好ましくないのか，その理由はよくわかっていないが，実際にはこういうことは起こっていない．その代わりに，レプリソームは**終結配列**（terminator sequence）によって区切られた領域内で捕捉されて動けなくなるのである．大腸菌のDNAにはこのような配列が10カ所存在する（図14.17B）．

それぞれの終結配列は，**Tusタンパク質**（terminator utilization substance protein）の結合部位としてはたらく．ある方向から近づいてきたレプリソームはTusタンパク質を乗り

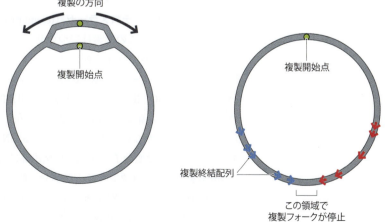

● 図14.17 細菌におけるDNA複製の終結
（A）細菌のDNAは，単一の複製起点から両方向にコピーされる．（B）終結配列は，二つの複製フォークがDNA上のある狭い領域で出合うことを保証している．矢印は，それぞれの終結配列の位置と複製フォークが通過できる方向を示す．

越え，DNA に沿って進行を続けることができる（図 14.18）．一方，逆方向からきたレプリソームの進行は，Tus タンパク質によって阻止される．大腸菌の DNA 上で Tus タンパク質の結合の向きは，両方のレプリソームが比較的短い領域内で捕捉されるようになっている．よって，複製の終結はこの領域内で起こるのである．

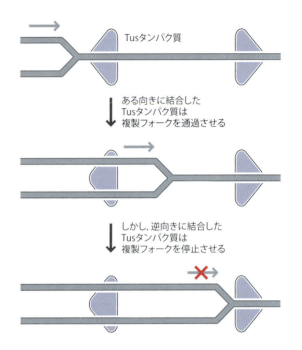

●図 14.18 **Tus タンパク質の役割**
終結配列に結合した Tus タンパク質は，複製フォークがある方向から近づいてきたときには通過させるが，逆方向からは通過させない．

### 直鎖状 DNA の末端では岡崎フラグメントが問題を引き起こす

複製の終結に関して考慮すべきもう一つの側面は，直鎖状の DNA が複製されるたびに短くならないよう，真核細胞がとっている方法である．最後の岡崎フラグメントの合成が開始できないために，ラギング鎖の 3′ 側の最末端部分がコピーされなければ DNA の短小化が起こる．これは，本来の岡崎フラグメントの合成開始部位がラギング鎖の末端を越えてしまった場合に起こると考えられる（図 14.19）．ヒト染色体のラギング鎖の複製において，岡崎フラグメントのプライマーは約 200 塩基対離れたところから合成される．もし，ラギング鎖の 3′ 末端から 200 塩基対も離れていない場所で岡崎フラグメントの合成がはじまったら，次の岡崎フラグメントのための余地がなくなってしまい，その部分のラギング鎖はコピーされないことになる．このように，岡崎フラグメントが欠けることで，ラギング鎖のコピーは本来あるべき姿よりも短くなってしまう．つまり，娘 2 本鎖 DNA は，その末端に短い突出，すなわち一方の鎖が他方の鎖よりも長くなった構造をもつことになるだろう．そして，この短いほうの鎖が次回の複製でコピーされると，もとの親二重らせんに存在していた一部の領域を欠いた孫娘分子が生じることになる．

このような問題は，**テロメラーゼ**（telomerase）とよばれる特殊な酵素のはたらきによって回避されている．この酵素は二つのサブユニットからなっており，そのうちの一つが RNA であるという点で特殊である．ヒトの酵素ではこの RNA の長さは 450 ヌクレオチドで，その 5′ 末端近くに 5′–CUAACCCUAAC–3′ という配列を含んでいる．この配列の中央部分は 5′–TTAGGG–3′ という DNA 配列と相補的になっているが，この配列はヒト染色体 DNA それぞれの末端で多数回繰り返して存在している．テロメラーゼの機能は，岡崎フラグメントが形成されないことによって生じる DNA 末端の短小化を修正することにある．テロメラーゼ RNA は娘分子の 3′ 末端の突出部に結合し，これが鋳型としてはたらくことで，この酵素が突出部をヌクレオチド数個分，伸長できるようになる（図 14.20）．その後，この酵素は DNA に沿って RNA を少しだけ移動させ，この新しい場所で再び短鎖 DNA が付加される．突出部が最後の岡崎フラグメントの合成に十分な長さに達するまで，この反応は

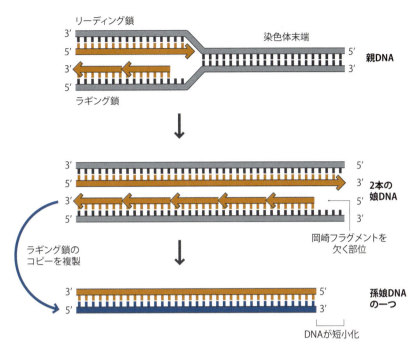

●図 14.19 直鎖状 DNA の末端の複製で起こる問題
親 DNA の複製は通常どおり行われるが、ラギング鎖のコピーは最後の岡崎フラグメントが合成できないために完了しない。結果として生じる娘分子は 3′末端が突出した形になり、これが複製されるともとの親分子よりも短い孫娘分子が生じてしまう。

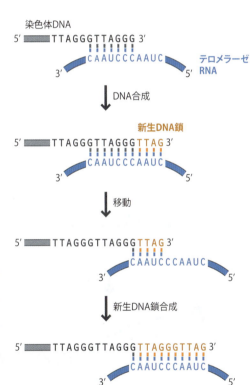

●図 14.20 テロメラーゼによるヒト染色体末端の伸長
ヒト染色体 DNA の 3′末端を示す。この部分の配列は、5′-TTAGGG-3′ というモチーフの繰返しからなる。テロメラーゼ RNA が DNA の末端で塩基対を形成し、この末端を少しだけ伸長する。続いてテロメラーゼ RNA は新しい場所に移動し、DNA がさらにヌクレオチド数個分伸長される。

繰り返される。

## 14.2 DNA の修復

遺伝子発現経路においては、まず遺伝子のヌクレオチド配列が RNA にコピーされ、さらにこの RNA の配列がタンパク質のアミノ酸配列を規定する（図 14.1 参照）。この過程の詳細と、**遺伝暗号**（genetic code）がヌクレオチド配列のアミノ酸配列への翻訳を指令するしくみについては、次の二つの章で取り上げる。しかし、遺伝子発現の詳細を完全に理解して

## ● Box 14.4　Tus タンパク質とレプリソームの相互作用

リサーチ・ハイライト

　終結配列に結合した Tus タンパク質は，レプリソームがある方向から移動してきたときには複製フォークを通過させるが，逆方向からきた場合にはその進行を阻害する．この方向性は二重らせん上での Tus タンパク質の向きによって決まるが，ではこのタンパク質は実際どのようにしてレプリソームの進行を阻止するのであろうか．Tus タンパク質がDnaB ヘリカーゼと結合しており，それによりレプリソームがくる前に塩基対が引き離されている．これによって DNAに沿ってレプリソームが前に進むことができる，というものである．このモデルによれば，DnaB ヘリカーゼが"許容"方向から近づいたときには Tus タンパク質を乗り越えられるが，非許容方向から近づいたときには進行が妨害されるということになる．

　最近の研究では，重要なのは Tus と DnaB ヘリカーゼ，あるいはレプリソームのほかのタンパク質との相互作用ではなく，むしろ複製フォークにおける Tus とポリヌクレオチド鎖との相互作用である，とする別の可能性が支持されている．具体的には，個々の複製フォークの進行が，レプリソームのタンパク質を含まない実験系で調べられた．このようなタンパク質がない状態では，フォークがひとりでに DNA の二重らせんに沿って移動することはないだろう．一方のポリヌクレオチド鎖の末端を磁気ビーズに結合させ，もう一方のポリヌクレオチド鎖の末端は固相担体に結合させて固定化する．そして，**磁気ピンセット**（magnetic tweezer）を使って磁気ビーズを操作することで，2 本のポリヌクレオチド鎖を引き離すことができる．この装置はいくつかの磁石によって構成され，磁気ビーズやそれに結合したポリヌクレオチド鎖を自由に動かせるように，磁石の位置や磁場の強さを変化させられる．磁気ビーズを固相担体から離れるように動かすと，らせんがほどけてフォークがつくりだされ，2 本のポリヌクレオチド鎖の末端をさらに引き離すだけで，このフォークがらせんに沿って移動できるのである．

　このように操作された DNA に，Tus タンパク質が結合した終結配列が含まれていたら何が起こるだろうか．終結配列の向きにより，フォークが許容方向から Tus タンパク質に近づいてくるようになっていれば，そのフォークの移動は阻害されない．それに対して，フォークが非許容方向から接近してきた場合には，Tus タンパク質によって進行が妨げられてしまう．

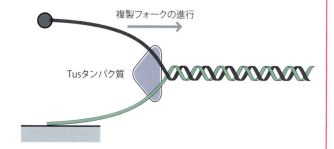

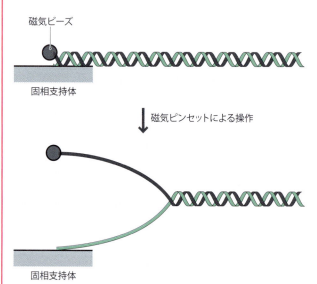

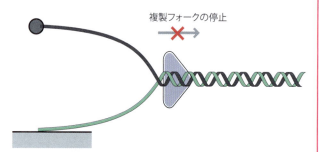

　こうした革新的な実験から，Tus が複製フォークの進行を阻害する能力に関して，少なくともその一部は Tus と複製途中の DNA との相互作用に起因することが示唆される．この結果は，Tus と DnaB とのタンパク質間相互作用の役割を排除するものではないが，そのような相互作用だけで Tus の作用様式を完全に説明できる可能性は低いことを示している．

いなくても，DNA の正確な複製がいかに大切であるかを理解することは可能である．仮に，複製反応によって一方の娘ポリヌクレオチド鎖の配列になんらかの変化が生じると，それによってタンパク質のアミノ酸配列が変わってしまう可能性がある．このような変化は**変異**（mutation）とよばれ，ときにはこれによりタンパク質の活性が変化したり，機能が完全に失われたりすることもある．結果として，細胞が死んでしまうことも考えられる．

　DNA が複製されたあと，1 個または複数個のヌクレオチドの構造変化を起こす化学的も

## Box 14.5　テロメラーゼとがん

　健康な成人において，テロメラーゼの活性をもつのは**幹細胞**（stem cell）だけである．これは，生物の生涯にわたって分裂を続け，器官や組織を維持するために新しい細胞を生みだしている始原細胞である．それ以外の細胞系譜では，DNA複製と細胞分裂の周期を繰り返すことで，それぞれのDNAの末端が次第に短くなっていく．ついには，これがあまりに続くと細胞は**老化**（senescent）し，生きてはいても，それ以上分裂できなくなる．

　老化は，染色体の切断や再編といった欠陥を蓄積しやすいという，細胞系譜がもつ性質に対抗するための防御機構であると考えられている．結局のところ，このような欠陥は細胞の機能異常につながる可能性がある．老化の過程は，危険点に達する前にその系譜を確実に絶つことでこれを防いでいるのである．

　がん化した細胞系譜の典型的な特徴の一つは，細胞が老化せずに分裂し続けることである．ある種のがんでは，この老化の欠損がテロメラーゼの活性化と関連している．そのため，テロメラーゼが抗がん剤の標的となる可能性があるのではないかと，がん生物学者たちは考えた．つまり，テロメラーゼを不活性化するとがん細胞の老化が引き起こされ，それによって増殖を抑えられるだろう，という考えである．この可能性を検証するため，テロメラーゼのタンパク質成分を用いてワクチンが開発された．このワクチンに含まれる抗体は，テロメラーゼ酵素に結合して不活性化する．臨床試験の結果，このような抗テロメラーゼワクチンによって患者の血流中を循環するがん細胞の数が減少し，がんが身体のほかの部位に転移する危険性を減少させることが示された．このワクチンが，たとえば腫瘍の増大といったような，がんの進行にかかわる別の現象に対しても阻害的影響を示すかどうかが，次なる課題である．

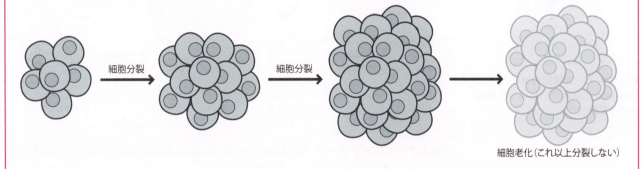

細胞老化（これ以上分裂しない）

しくは物理的要因に曝されることで遺伝子のヌクレオチド配列が変化した場合にも同様の問題が生じる．このような要因は**変異原**（mutagen）とよばれ，環境中に存在するある種の化学物質（人工的なものもあれば，自然由来のものもある）に加え，太陽光に含まれる紫外線など，さまざまな種類の放射線が例としてあげられる．たとえば電離放射線のように，DNAをひどく傷つけるような変異原に関しては，それが引き起こす化学的変化によってDNAの複製が妨げられたり，DNAが二つ，あるいはそれ以上の数の断片に切断されてしまったりすることも考えられる．

　DNA複製の誤り，あるいは変異原の作用による損傷といった好ましくない事象を回避するため，すべての生物は**DNA修復**（DNA repair）機構をもっており，DNAで生じる複製の誤りや化学的変化の大部分はこれによって修正されている．本章の残りの部分では，これらの修復機構について取り上げる．

### 14.2.1　DNA複製の誤りの修正

　DNA複製の際，合成途中の新生DNA鎖の配列は，鋳型ポリヌクレオチド鎖との相補的な塩基対形成によって決まる．複製を行うDNAポリメラーゼは，伸長中のポリヌクレオチド鎖のそれぞれの位置に正しいヌクレオチドを確実に挿入するため，さまざまな手段を使っている．ヌクレオチドが最初にDNAポリメラーゼに結合する際に，それがどのヌクレオチドであるかを確認したうえで，さらにこのヌクレオチドが酵素の活性部位に移動するときに，もう一度確認が行われる．いずれの段階においても，そのヌクレオチドが正しいものではないと酵素が認識した場合には，それを拒絶できる．たとえ，誤ったヌクレオチドがこの監視システムを逃れてポリヌクレオチド鎖の3′末端に結合してしまったとしても，多くのDNA

ポリメラーゼがもつ3′→5′エキソヌクレアーゼ活性による校正機能がはたらいてこれを取り除くことができる（図14.11参照）．このような備えがあっても，忍び寄ってくる誤りはある．それでもなお，ほとんどの細胞はレプリソームが通り過ぎたあとで，そのような複製の誤りを見つけて修正できる修復系をもっているため，すべて台なしとはならないのである．

### 複製の誤りを修正するためには親鎖と娘鎖の識別が必要

複製の誤りは，娘DNA中に**ミスマッチ**（mismatch），すなわち向かい合うヌクレオチドが相補的ではないために塩基対を形成できない部位を生じる（図14.21）．この誤りを修正するには，娘鎖（複製中に合成された新生ポリヌクレオチド鎖）のヌクレオチドを切除して，正しいヌクレオチドで置き換えなければならない．しかし，一見すると2本のDNA鎖は非常によく似ている．それでは，娘鎖はどのようにして認識されているのであろうか．

細菌においては，DNA中の一部のヌクレオチドがメチル基の付加によって修飾されている，というのがその答えである．大腸菌では，DNAにメチル基を付加する酵素が2種類存在する（図14.22）．

● 図14.21　2本鎖DNAにおけるミスマッチ部位

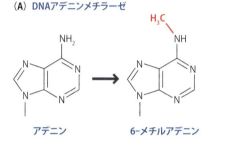
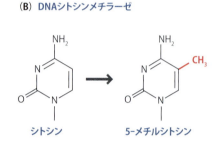

● 図14.22　2種類のメチラーゼDam（A）とDcm（B）によって触媒される反応

- **DNA アデニンメチラーゼ**（DNA adenine methylase，**Dam**）は，5′-GATC-3′配列中のアデニンを6-メチルアデニンに変換する．
- **DNA シトシンメチラーゼ**（DNA cytosine methylase，**Dcm**）は，5′-CCAGG-3′および5′-CCTGG-3′配列中のシトシンを5-メチルシトシンに変換する．

アデニンから6-メチルアデニン，シトシンから5-メチルシトシンへの変換は，変異を引き起こすものではない．なぜなら，これらの変化はヌクレオチドの塩基対形成能に影響を与えないからである．つまり，一方の鎖に存在する6-メチルアデニンはもう一方の鎖のチミンと対合し，5-メチルシトシンはグアニンと対合する．しかし，新たに複製された二重らせんにおいて，これらのメチル基は親鎖の目印としてはたらいている．というのも，合成直後の娘鎖は非メチル化状態にあり，レプリソームが通り過ぎたあとでないとメチル基は付加されないからである．この機会を利用して，修復酵素はメチル化された親鎖とメチル化されていない娘鎖を区別しながら，DNAを走査してミスマッチを探しだすことができるのである（図14.23）．

メチル化は真核生物のミスマッチ修復の指令にも同様に使われていそうに思われるが，これに関してはあまり確かなことはいえない．問題なのは，酵母やショウジョウバエのようなある種の真核生物ではDNAはそれほどメチル化されておらず，DNA全体で親娘のポリヌクレオチド鎖の識別を可能にするには目印の頻度が低すぎるということである．これらの生物では，修復酵素がレプリソームとより密接に結合しており，修復酵素が自動的に娘ポリヌクレオチド鎖のみに作用するように，修復とDNA合成が共役しているのかもしれない．

### ミスマッチ修復では娘ポリヌクレオチド鎖の誤った部分が切除される

ミスマッチ修復は，**除去修復**（excision repair）過程の一例である．除去修復では，本来とは異なるヌクレオチドを含むポリヌクレオチド鎖断片が除去されたあと，DNAポリメラーゼ

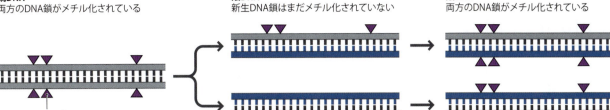

**図 14.23 複製に伴う細菌のDNAのメチル化**
新たに合成された DNA のメチル化は複製後すぐには起こらないため，この機会を利用してミスマッチ修復タンパク質が娘鎖を識別し，複製の誤りを修正する．

ゼによって正しいヌクレオチド配列が再合成される．

大腸菌には，少なくとも3種類のミスマッチ修復系が存在し，それぞれ"ロングパッチ"，"ショートパッチ"，"超ショートパッチ"とよばれる．これらの名称は，修復による DNA 鎖の切りだしおよび再合成される部分の長さを示したものである．ロングパッチ系では，2,000 個ものヌクレオチドの切除と再合成が起こる．この過程にかかわる重要な役者が2種類の Mut タンパク質で，それぞれの役割は次のとおりである（図 14.24）．

- **MutS**：ミスマッチ部位を認識して結合する．
- **MutH**：ミスマッチの片側のメチル化されていない 5′–GATC–3′ 配列に結合して，娘ポリヌクレオチド鎖を識別する．そして，この配列中のグアニンヌクレオチドに隣接するホスホジエステル結合の一つを切断する．

いったんこの切断が起こると，誤りを含むポリヌクレオチド鎖と親鎖のあいだの塩基対を DNA ヘリカーゼⅡが引きはがしはじめる．エキソヌクレアーゼがこのヘリカーゼに追従し，引き剥がされた DNA 鎖はその遊離した末端からヌクレオチド1個ずつ分解されていく．

---

### ● Box 14.6  塩基の互変異性化は複製の誤りを引き起こす可能性がある

DNA 複製はきわめて正確な反応過程であり，その一部は多くの DNA ポリメラーゼがもつ校正活性の寄与によるものである．しかし，たとえポリメラーゼが塩基対形成の規則を正しく適用していても，誤りが起こってしまう可能性がある．これは，それぞれのヌクレオチド塩基が構成原子間の結合の仕方がわずかに異なる異性体構造をとる，**互変異性化** (tautomerism) によるものである．たとえば，チミンにはケト型とエノール型という2種類の互変異性体があり，3位の窒素と4位の炭素の周辺で原子の配置が異なっている．

であるべき場所に G が存在するという複製の誤りを含むことになる．同様の問題は，アデニンやグアニンについても起こりうる．まれに生じるアデニンのイミノ型互変異性体はシトシンと，エノール型のグアニンはチミンとそれぞれ塩基対を形成する．

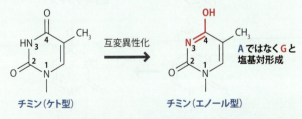

このチミンの2種類の互変異性体は，相互転換が可能である．平衡はケト型のほうに大きく偏っているが，複製フォークが通過する，まさにそのときに鋳型 DNA にエノール型のチミンが生じることもある．これが問題となるのは，エノール型のチミンはアデニンではなくグアニンと塩基対を形成するためである．これにより娘ポリヌクレオチド鎖は，本来 A

シトシンにもアミノ型とイミノ型という互変異性体があるが，どちらもグアニンと対合するため，シトシンの互変異性化は複製の誤りを生じない．

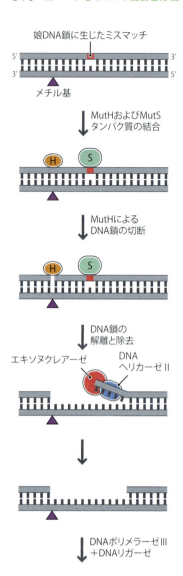

● 図 14.24　大腸菌におけるロングパッチミスマッチ修復

このような切除の結果として，娘鎖にギャップが生じる．これは，ギャップの一方の端を形成するポリヌクレオチド鎖の 3′ 末端を DNA ポリメラーゼⅢが伸長することによって埋められる．今度こそ正しい娘配列が確実に合成されるよう，親鎖との塩基対形成を使いながらギャップが埋められたあとは，DNA リガーゼによって最後のホスホジエステル結合が形成される．

### 14.2.2　損傷したヌクレオチドの修復

化学物質との反応や物理的変異原への曝露によって損傷したヌクレオチドもまた，除去反応によって修復される．このような機構には，単一の損傷したヌクレオチド塩基のみを取り除いて置き換えるものと，より長い損傷 DNA の断片を除去するものがある．

**塩基除去は個々の損傷ヌクレオチドの修復に用いられる**

　**塩基除去修復**（base excision repair）は，たとえば脱アミノ化やアルキル化など，塩基が比較的軽微な損傷を受けたヌクレオチドの修復に用いられる．脱アミノ化を引き起こす環境中の要因としては亜硝酸があげられるが，これは大気中の窒素から生じ，換気の悪い部屋などの閉鎖空間で蓄積する可能性がある．亜硝酸により，アデニンはヒポキサンチンに，シトシンはウラシルに，グアニンはキサンチンに，それぞれ脱アミノ化される（図 14.25）．チミンはアミノ基をもたないため，脱アミノ化されない．損傷によりできたヒポキサンチンとウラシルは本来の塩基対形成能を変化させ，キサンチンはレプリソームの通過を妨げることで複製を阻害する．アルキル化を引き起こす要因としてはハロゲン化メチル化合物があげられるが，そのなかには殺虫剤として用いられてきたものもある．ヌクレオチドの部位によってはメチル基が付加されてもとくに害はないが，ある種のメチル化は DNA の 2 本の鎖間で架橋を引き起こし，これにより当然のことながらレプリソームの進行が妨げられることになる．

　塩基除去反応は，**DNA グリコシラーゼ**（DNA glycosylase）によって開始され，この酵素は，損傷した塩基とそのヌクレオチドの糖の部分をつなぐ β-*N*-グリコシド結合を切断する（図 14.26A）．DNA グリコシラーゼにはさまざまな種類が存在し，それぞれがある決まった特異性をもっている．すなわち，細胞がもつグリコシラーゼの特異性により，この方法で修復できる損傷ヌクレオチドの範囲が決まるのである．ほとんどの生物は，ウラシルやヒポ

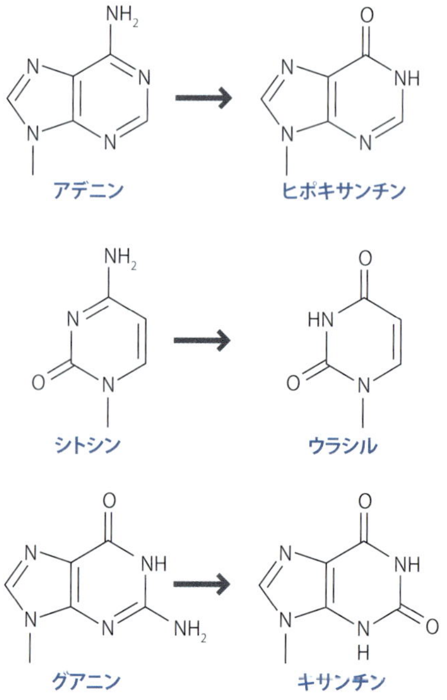

● 図 14.25　アデニン，シトシン，グアニンの脱アミノ化産物

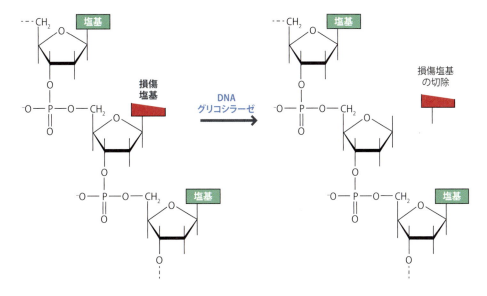

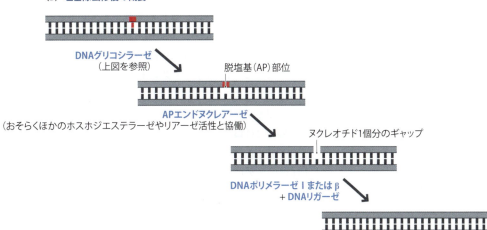

● 図 14.26 　塩基除去修復
(A) DNA グリコシラーゼの役割.
(B) 塩基除去修復経路の概要.

キサンチンのような脱アミノ化塩基，5-ヒドロキシシトシンやチミングリコールなどの酸化反応産物，3-メチルアデニン，7-メチルグアニン，2-メチルシトシンといったメチル化塩基を処理できる．

　DNA グリコシラーゼによって損傷塩基が除去されると，**AP 部位**（脱プリン/脱ピリミジン部位，apurinic/apyrimidinic site）または**脱塩基部位**（baseless site）とよばれる構造が生じる．次に，この AP 部位は，リボースの部分が除去されることでヌクレオチド1個分のギャップに変換される（図 14.26B）．これはほとんどの場合，AP 部位の 5′ 側のホスホジエステル結合を切断する酵素である **AP エンドヌクレアーゼ**（AP endonuclease）によって行われる．この AP エンドヌクレアーゼが 3′ 側のホスホジエステル結合も切断して糖を完全に取り除く可能性があるほか，別の**ホスホジエステラーゼ**（phosphodiesterase，ホスホジエステル結合を切断する酵素）や，真核生物では DNA ポリメラーゼβがもつリアーゼ活性がこの段階ではたらく可能性もある．

　また，DNA グリコシラーゼのなかには自分自身で切断を行い，エンドヌクレアーゼを必要としないものもある．ただし，この切断は AP 部位の 3′ 側で起こる．この場合も，ホスホジエステラーゼや DNA ポリメラーゼβによって糖が除去される．そして，細菌では DNA ポリメラーゼ I，真核生物では DNA ポリメラーゼβによってヌクレオチド 1 個分のギャップが埋められ，DNA リガーゼによって最後のホスホジエステル結合が形成される．

> リアーゼとは，酸化や加水分解とは異なる反応により化学結合を切断する酵素を指す（7.1.3 項参照）．

**より重度な損傷はヌクレオチド除去によって修復される**

　**ヌクレオチド除去修復**（nucleotide excision repair）は，たとえば紫外線への曝露によって生じる**光産物**（photoproduct）など，より重度な DNA 損傷を対象とする主要な修復系である．光産物のなかでも，最もよく見られるのが**シクロブチル二量体**（cyclobutyl dimer）である．これは隣り合ったピリミジン塩基の二量体化により生じるもので，とくに 2 個の塩基が両方ともチミンの場合に起きやすい（図 14.27A）．紫外線によって誘発されるもう一つの光産物として **(6-4)傷害**〔(6-4) lesion〕があるが，これは隣接するピリミジンの 4 位と 6 位の炭素が共有結合によりつながったものである（図 17.27B）．

　ヌクレオチド除去修復は，DNA の損傷部位が特殊な酵素によって認識されたあと，一方のポリヌクレオチド鎖の断片の切りだしと再合成が起こるなど，多くの点でミスマッチ修復と似ている．例として大腸菌の**ショートパッチ**（short patch）経路があげられるが，この名称は切りだしと"継ぎあて（パッチ）"が起こるポリヌクレオチド鎖領域の長さが，通常は 12 ヌクレオチドと比較的短いことによる．ショートパッチ修復は，2 個の UvrA タンパク質と 1 個の UvrB タンパク質からなる三量体が DNA の損傷部位に結合して起こる（図 14.28）．これらの Uvr タンパク質は，決して個別に損傷の種類を見分けているわけではなく，たとえば塩基が二量体を形成したときに生じるような，二重らせんに歪みをもつ領域を探査しているにすぎないと考えられている．ひとたび損傷が見つかると，UvrA の解離と UvrC の結合により，UvrBC 二量体が形成される．UvrC は，おそらく UvrB と協働しながら，損傷部位の両側でポリヌクレオチド鎖を切断する．まず損傷したヌクレオチドの片側で 5 番目のホスホジエステル結合が切断され，次に反対側の 8 番目のホスホジエステル結合が切断されることで，12 個分のヌクレオチドが切りだされる．ここからの反応過程はミスマッチ修復と非常によく似ており，切断された断片が DNA ヘリカーゼ II によって引き剥がされ，生じたギャップが DNA ポリメラーゼ I と DNA リガーゼによって埋められる．

　大腸菌には**ロングパッチ**（long patch）ヌクレオチド除去修復系もあり，ここにも Uvr タンパク質が関与しているが，切除される DNA の長さは 2,000 塩基にも及ぶ．真核生物では 1 種類のヌクレオチド除去経路のみが存在し，ヌクレオチド 24 〜 29 個分の DNA が置き換えられるが，これは細菌のいずれの除去経路とも異なっている．

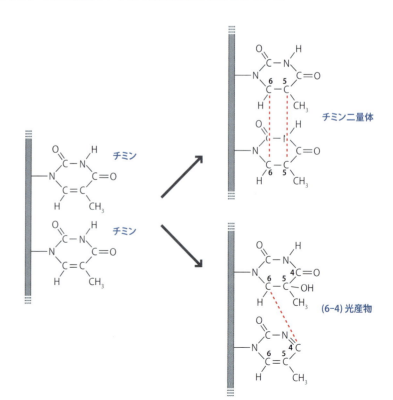

●**図 14.27　DNA の紫外線への曝露によって生じる光産物**
2 個の隣り合ったチミン塩基を含むポリヌクレオチド鎖の領域を示す．チミン二量体は紫外線によって生じた 2 本の共有結合を含み，一方は 5 位，もう一方は 6 位の炭素原子どうしをつないでいる．(6-4)傷害の場合は，隣接するヌクレオチドの 4 位と 6 位の炭素間で共有結合が形成される．

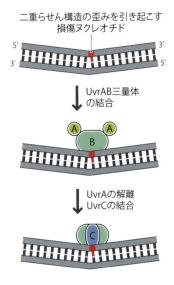

●図 14.28　大腸菌におけるショートパッチヌクレオチド除去修復

### 14.2.3　DNA 切断の修復

最後に，DNA のポリヌクレオチド鎖のうち，片方，または両方が切れたときに何が起こるか考える必要がある．1 本鎖切断は，一方のポリヌクレオチド鎖が部分的に失われるものであるが，ある種の酸化的損傷によって生じる可能性がある．この修復は単純明快である．1 本鎖結合タンパク質（ヒトの場合，**PARP1** タンパク質とよばれる）が無傷の鎖の露出した部分を覆って保護したうえで，切断部位が DNA ポリメラーゼとリガーゼによって埋められる（図 14.29）．

2 本鎖切断は電離放射線やある種の化学的変異原への曝露によって生じるほか，DNA 複製の最中にも切断が起こる可能性がある．1 本鎖切断に比べると，2 本鎖切断はより深刻である．というのも，切断によって分子が二つの断片に分かれてしまい，修復するにはそれらを再びつなぎ直さなければならないからである．2 本鎖切断を修復する一つの方法として，**非相同末端連結**（nonhomologous end-joining，**NHEJ**）がある．この過程には，切断点の両側で DNA 末端に結合する 1 対のタンパク質（Ku とよばれる）が関与している．Ku タンパク質どうしが互いに親和性をもっており，これにより DNA の二つの切断末端が近接し，DNA リガーゼによる再連結が可能になるのである．

DNA の損傷した部分が修復される前に，レプリソームがこれに遭遇した場合にも切断が起こる可能性がある．たとえば，レプリソームがシクロブチル二量体を含む DNA 領域をコピーしようとしているとする．DNA ポリメラーゼはシクロブチル二量体に出合うとその部分の親鎖をコピーできず，直近の損傷していない領域に飛び移って，そこから再び複製反応を開始する．その結果，一方の新生ポリヌクレオチド鎖に 1 本鎖切断が生じてしまう（図 14.30）．この切断は DNA ポリメラーゼによって埋めることはできない．なぜなら，その部分の親鎖が損傷したままでは，コピーできないからである．その代わり，もう一方の娘二重らせんに存在する親ポリヌクレオチド鎖から相当する DNA 断片を置き換えれば，この切断

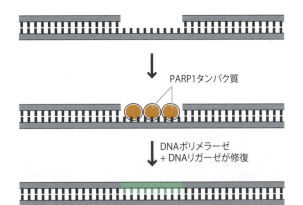

●図 14.29　ヒト DNA における 1 本鎖切断の修復

---

### ●Box 14.7　シクロブチル二量体の光回復修復

紫外線による損傷で生じるシクロブチル二量体は，**光回復**（photoreactivation）とよばれる光依存性のシステムにより直接，修復することも可能である．大腸菌では，**DNA フォトリアーゼ**（DNA photolyase）とよばれる酵素がこの過程にかかわる．この酵素はシクロブチル二量体に結合し，波長 300～500 nm の光の刺激により，この二量体をもとどおりのヌクレオチドに変換する．フォトリアーゼには 2 種類あり，一つは葉酸，もう一つはフラビン化合物を補因子として含んでいる．いずれの補因子も光エネルギーを捕捉し，そのエネルギーを使って FADH を $FADH_2$ に還元する．続いて，$FADH_2$ からシクロブチル二量体への電子の移動が起こり，これにより二量体が 1 対のチミンに復帰する．

光回復は広く普及しているが，普遍的なタイプの修復ではない．その存在は多くの細菌で知られているがすべてというわけではなく，また真核生物でもある種の脊椎動物を含めていくつか例が知られているものの，ヒトやそのほかの有胎盤哺乳類にはない．同様の光回復で，**(6-4) 光産物フォトリアーゼ**〔(6-4) photoproduct photolyase〕が関与し，(6-4) 傷害を修復するものもある．この酵素は大腸菌にもヒトにもないが，ほかのさまざまな生物がもっている．

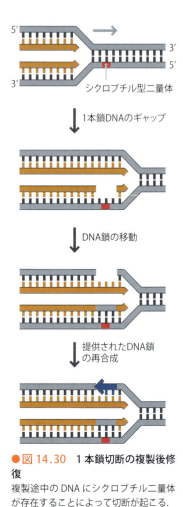

● 図 14.30　1本鎖切断の複製後修復

複製途中のDNAにシクロブチル二量体が存在することによって切断が起こる.

● Box 14.8　DNA修復の欠損は多くの重要なヒト疾患の原因となる

DNA修復は，染色体DNAを無傷の状態で維持するうえで必須の役割を担っている．したがって，一つ，あるいは複数の修復過程の欠損により引き起こされる重篤なヒトの疾患が数多く存在することは，驚きではない．一例として色素性乾皮症があげられるが，これはヌクレオチド除去修復に関与するいくつかのタンパク質の変異によって引き起こされる．この疾患の症状の一つとして紫外線に対する過敏症状があるが，これはヒトの細胞にとってヌクレオチド除去が，シクロブチル二量体や (6-4) 傷害などの紫外線誘発損傷を修復できる唯一の手段だからである．色素性乾皮症の患者では皮膚がんの発症もしばしば見られる.

DNA修復の破綻に起因する第二の疾患として，遺伝性の乳がんや卵巣がんがある．この種のがんは，ともにDNAの切断の修復にかかわるBRCA1およびBRCA2という二つのタンパク質と関連している．BRCA1はミスマッチ修復過程にも関与している.

DNA修復の欠損と関連したほかの疾患としては次のようなものがある.

- 遺伝性非ポリープ性大腸がん（HNPCC）：ミスマッチ修復過程の機能異常により発症する．HNPCCは，大腸がんや子宮内膜がん，そのほかさまざまながんのリスクの増大を伴う疾患である.
- 毛細血管拡張性運動失調症：DNAの損傷部位を検出する過程の障害に起因する．毛細血管拡張性運動失調症の症状には，電離放射線に対する感受性がある.
- ブルーム症候群とウェルナー症候群：DNAヘリカーゼファミリーに属するいくつかのメンバーの不活性化によって発症する．これらのDNAヘリカーゼは，非相同末端連結ではたらいている可能性がある.
- 脊髄小脳失調症：1本鎖切断修復に用いられる経路の欠陥に起因する.

を埋めることができる．これにより第二のらせんに生じたギャップは，このらせん中の無傷の娘ポリヌクレオチド鎖を鋳型に用いてDNAポリメラーゼにより埋められる．これは**複製後修復**（post-replicative repair）過程の一種であり，あるポリヌクレオチド鎖から別のポリヌクレオチド鎖へのDNA断片の移動は**組換え**（recombination）の一例である.

● 参考文献

B. A. Berghuis, D. Dulin, Z.-Q. Xu et al., "Strand separation establishes a sustained lock at the Tus-*Ter* replication fork barrier," *Nature Chemical Biology*, 11, 579 (2015). 分子ピンセットを用いたTusタンパク質とレプリソームの相互作用の研究.

P. M. J. Burgers, "Polymerase dynamics at the eukaryotic DNA replication fork," *Journal of Biological Chemistry*, 284, 4041 (2009).

T. R. Cech, "Beginning to understand the end of the chromosome," *Cell*, 116, 273 (2004). テロメラーゼのあらゆる側面に関する概説.

S. S. David, V. L. O'Shea, S. Kundu, "Base-excision repair of oxidative DNA damage," *Nature*, 447, 941 (2007).

J. W. Drake, B. W. Glickman, L. S. Ripley, "Updating the theory of mutation," *American Scientist*, 71, 621 (1983). 変異に関する一般的な総説.

J. E. Hearst, "The structure of photolyase: using photon energy for DNA repair," *Science*, 268, 1858 (1995).

U. Hübscher, H.-P. Nasheuer, J. E. Syväoja, "Eukaryotic DNA polymerases: a growing family," *Trends in Biochemical Science*, 25, 143 (2000).

A. Johnson, M. O'Donnell, "Cellular DNA replicases: components and dynamics at the replication fork," *Annual Review of Biochemistry*, 74, 283 (2005).

A. Kornberg, "Biologic synthesis of deoxyribonucleic acid," *Science*, 131, 1503 (1960). DNAポリメラーゼIに関する報告.

A. R. Lehmann, "Nucleotide excision repair and the link with transcription," *Trends in Biochemical Science*, 20, 402 (1995).

G.-M. Li, "Mechanisms and functions of DNA mismatch repair," *Cell Research*, 18, 85 (2008).

M. R. Lieber, "The mechanism of double-strand break repair by the nonhomologous DNA end-joining pathway," *Annual Review of Biochemistry*, 79, 181 (2010).

M. L. Mott, J. M. Berger, "DNA replication initiation: mechanisms and regulation in bacteria," *Nature Reviews Microbiology*, 5, 343 (2007).

M. O'Driscoll, "Diseases associated with defective responses to DNA damage," *Cold Spring Harbor Perspectives in Biology*, 4, 411 (2012).

T. Okazaki, R. Okazaki, "Mechanisms of DNA chain growth," *Proceedings of the National Academy of Sciences USA*, 64, 1242

(1969). 岡崎フラグメントの発見.
R. T. Pomerantz, M. O'Donnell, "Replisome mechanics: insights into a twin polymerase machine," *Trends in Microbiology*, 15, 156 (2007).
J. Ruiz-Masó, C. Machón, L. Bordanaba-Ruiseco, M. Espinosa, M. Coll, G. Del Solar, "Plasmid rolling-circle replication," *Microbiology Spectrum*, 3(1), PLAS-0035-2014 (2015).
J. W. Shay, W. E. Wright, "Telomerase therapeutics for cancer: challenges and new directions," *Nature Reviews Drug Discovery*, 5, 577 (2006). テロメラーゼ阻害によるがんの治療法.
J. C. Wang, "Cellular roles of DNA topoisomerases: a molecular perspective," *Nature Reviews Molecular Cell Biology*, 3, 430 (2002).

## ● 章末問題

### 四択問題

各質問に対して正しい答えは一つだけである．答えは化学同人HP：https://www.kagakudojin.co.jp/book/b378577.html にある．

1. 大腸菌の複製起点はどのくらいの長さの領域にわたっているか？
   (a) 25 塩基対　(b) 75 塩基対　(c) 150 塩基対
   (d) 245 塩基対

2. 大腸菌の複製起点で塊状の構造をつくるタンパク質は何とよばれるか？
   (a) DnaA　(b) DnaB　(c) 1 本鎖 DNA 結合タンパク質（SSB）
   (d) ヘリカーゼ

3. 大腸菌のプレプライミング複合体は，最初どのタンパク質によって構成されるか？
   (a) DnaA と DnaB　(b) DnaB と DnaC　(c) DnaB と SSB
   (d) DnaC と SSB

4. ヘリカーゼの機能は何か？
   (a) 二重らせんを巻き戻す
   (b) 2 本の 1 本鎖が塩基対を形成するのを防ぐ
   (c) 塩基対を壊す
   (d) DNA 合成を開始する

5. ヒトの DNA にはどのくらいの数の複製起点があるか？
   (a) 200　(b) 2,000　(c) 20,000　(d) 200,000

6. ローリングサークル型複製に関する次の記述のうち，正しくないものはどれか？
   (a) ヒトミトコンドリアゲノムの複製に用いられる反応過程である
   (b) 一方の親ポリヌクレオチド鎖の切れ目から開始する
   (c) 同じ DNA が順方向にいくつも連なったものを生じる
   (d) さまざまなウイルスによって用いられている

7. DNA トポイソメラーゼの機能は何か？
   (a) 二重らせんを巻き戻す
   (b) 2 本の 1 本鎖が塩基対を形成するのを防ぐ
   (c) 塩基対を壊す
   (d) DNA 合成を開始する

8. 大腸菌の DNA 複製で，鋳型依存的ポリヌクレオチド鎖合成の大部分を担う酵素はどれか？
   (a) DNA ポリメラーゼ I　(b) DNA ポリメラーゼ II
   (c) DNA ポリメラーゼ III　(d) DNA ポリメラーゼ IV

9. DNA ポリメラーゼの校正機能で利用される活性はどれか？
   (a) 3′→5′ エキソヌクレアーゼ
   (b) 5′→3′ エキソヌクレアーゼ
   (c) 3′→5′ ポリメラーゼ　(d) 5′→3′ ポリメラーゼ

10. 真核生物の DNA ポリメラーゼに関する次の記述のうち，正しくないものはどれか？
    (a) 主要な複製酵素は DNA ポリメラーゼ δ と DNA ポリメラーゼ ε である
    (b) DNA ポリメラーゼ α は DNA 合成のプライマーを合成する
    (c) DNA ポリメラーゼ γ はミトコンドリア DNA を複製する
    (d) DNA ポリメラーゼ β はラギング鎖を複製する

11. 大腸菌で DNA 複製のプライマーを合成する酵素は何とよばれるか？
    (a) DNA ポリメラーゼ I　(b) DNA ポリメラーゼ III
    (c) プライマーゼ　(d) リボヌクレアーゼ（RN アーゼ）

12. 大腸菌の岡崎フラグメントの長さはどのくらいか？
    (a) 200 ヌクレオチド未満　(b) 200〜300 ヌクレオチド
    (c) 500〜1,000 ヌクレオチド
    (d) 1,000〜2,000 ヌクレオチド

13. ヒトの岡崎フラグメントの長さはどのくらいか？
    (a) 200 ヌクレオチド未満　(b) 200〜300 ヌクレオチド
    (c) 500〜1,000 ヌクレオチド
    (d) 1,000〜2,000 ヌクレオチド

14. 大腸菌で岡崎フラグメントのプライマーを取り除く酵素は何とよばれるか？
    (a) DNA ポリメラーゼ I　(b) DNA ポリメラーゼ II
    (c) DNA ポリメラーゼ III　(d) DNA リガーゼ

15. 大腸菌の複製終結に関する次の記述のうち，正しくないものはどれか？
    (a) 終結配列が 10 カ所存在する
    (b) それぞれの終結配列は Tus タンパク質の結合部位である
    (c) Tus タンパク質はサブユニットとして RNA を含む
    (d) ある方向から接近してきたレプリソームは Tus タンパク質を乗り越えることができる

16. 次のうち，テロメラーゼ酵素の性質ではないものはどれか？
    (a) 二つのサブユニットからなる
    (b) 長さ 550 ヌクレオチドの RNA をサブユニットとして含む
    (c) ヒトでは 5′−TTAGGG−3′ という配列の繰返しを合成する
    (d) 抗がん剤の標的候補と目されている

17. ミスマッチ修復において娘鎖の識別を可能にしている DNA 修飾は何か？
    (a) アセチル化　(b) メチル化　(c) リン酸化
    (d) 脱アミノ化

18. 大腸菌において，MutS と MutH はどの修復過程に関与しているか？
    (a) 塩基除去修復　(b) ミスマッチ修復
    (c) ヌクレオチド除去修復　(d) 2 本鎖切断修復

19. アデニンの脱アミノ化によって生じるのは何か？
    (a) キサンチン　(b) ウラシル　(c) チミン

(d) ヒポキサンチン
20. 塩基除去修復において，損傷した塩基とヌクレオチドの糖部分のあいだの β–N–グリコシド結合を切断する酵素は何とよばれるか？
   (a) DNA グリコリアーゼ　　(b) DNA グリコシラーゼ
   (c) AP エンドヌクレアーゼ　(d) ホスホジエステラーゼ
21. 次のうち，光産物ではないものはどれか？
   (a) DNA フォトリアーゼ　　(b) チミン二量体
   (c) シクロブチル二量体　　(d) (6-4)傷害

22. 大腸菌で UvrA と UvrB がかかわるのはどの修復過程か？
   (a) 塩基除去修復　　　　(b) ミスマッチ修復
   (c) ヌクレオチド除去修復　(d) 2本鎖切断修復
23. ヒトにおいて修復前の1本鎖領域を保護するタンパク質は何とよばれるか？
   (a) Ku タンパク質　　(b) NHEJ タンパク質
   (c) Mut タンパク質　　(d) PARP1 タンパク質
24. 1本鎖切断の修復過程で，組換えを含むものは何とよばれるか？
   (a) 複製後修復　(b) 複製修復　(c) 非相同末端連結
   (d) 部位特異的組換え

### 記述式問題

これらの質問の答えは本文中に記載されている．

1. ワトソンとクリックが，二重らせん構造が DNA の複製様式を明示していると信じたのはなぜかを説明せよ．
2. 大腸菌，酵母，ヒトにおける複製起点の役割の違いを述べよ．
3. DNA 複製における DNA トポイソメラーゼの役割は何か？ I 型と II 型のトポイソメラーゼで，作用様式はどのように異なるか？
4. DNA のラギング鎖が，フラグメントとして複製される必要があるのはなぜか？ また，大腸菌とヒトでこれらのフラグメントはどのようにして連結されるか？
5. 大腸菌とヒトで，DNA 合成の開始がどのように違うかを述べよ．
6. 直鎖状の DNA の末端が複製されるたびに短くならないのはなぜかを説明せよ．
7. すべての生物が DNA 修復過程を必要とする理由を説明せよ．
8. 複製の誤りがどのように修正されるのか，またこの修復過程がどのようにして娘鎖のみが修復されることを保証しているのかを述べよ．
9. 塩基除去修復経路とヌクレオチド除去修復経路の違いを述べよ．
10. DNA の1本鎖切断を修復する二つの経路について述べよ．

### 自習用問題

次の質問に答えるためには，自分で計算してみたり，ほかの文献を読んでみたり，あるいはインターネットで調べる必要がある．

1. DNA 複製は，それぞれの娘分子の一方のポリヌクレオチド鎖がもとの分子に由来し，もう一方が新たに合成された鎖であることから，半保存的であるとされる．しかしこのほかにも，2種類の複製様式が考えられる．一つは保存的複製で，一方の娘分子がもとのポリヌクレオチド鎖を両方とも含むのに対して，もう一方の娘分子は両方とも新生鎖からなる．もう一つは分散的複製で，それぞれの娘分子のそれぞれの鎖が一部はもとのポリヌクレオチド鎖，一部は新生ポリヌクレオチド鎖からなる．生きた細胞内で，DNA 複製が実際に半保存的な様式で起こっており，保存的でも分散的でもないことを確かめるための実験を考案せよ．
2. DNA トポイソメラーゼが存在しなかったとしたら，生きた細胞内の DNA を複製することは可能だろうか？
3. すべての DNA ポリメラーゼは新生ポリヌクレオチド鎖の合成を開始するためになぜプライマーを必要とするのか，その理由を説明する仮説を構築せよ．その仮説は検証可能だろうか？
4. ある種の真核生物において，ミスマッチ修復機構は，たとえ2本の鎖でメチル化パターンに違いがなくても，二重らせんから娘鎖を識別できる．メチル化の非存在下でも娘鎖の識別を可能にする機構を提案せよ．その仮説の検証は，どのようにすればよいだろうか？
5. DNA 修復の欠損が，しばしばがんを引き起こすのはなぜか？

# 第15章
# RNAの合成

### ◆ 本章の目標

- さまざまなRNAの種類と，細胞におけるそれらの役割を説明できる．
- 転写開始時のプロモーター配列の役割を理解する．
- 細菌と真核生物のプロモーター構造の違いを知る．
- 大腸菌においてどのように転写が開始されるかを説明できる．
- 真核生物における転写開始時の，転写因子とそのほかの関連タンパク質の役割を説明できる．
- RNAがどのように大腸菌RNAポリメラーゼによって合成されるのかを知る．
- 真核生物におけるRNA合成時の伸長因子の役割を理解する．
- 真核生物のmRNAに存在するキャップ構造とその合成様式を知る．
- 大腸菌の転写終結におけるステムループ構造の役割を理解する．
- 大腸菌における内在性転写終結とRho依存的転写終結との違いを説明できる．
- 真核生物のmRNA転写の終結におけるポリアデニル化の役割を理解する．
- rRNAとtRNAが切断とトリミングによってどのようにプロセシングされるかを説明できる．
- 不連続遺伝子の重要な特徴を知り，GU-AGイントロンのスプライシング経路を説明できる．
- 自触媒的なグループIのイントロンがどのようにスプライシングされるのかを知る．
- 細菌と真核生物でtRNAとmRNAがどのように化学的に修飾されるのかを説明できる．

次の二つの章で，DNAのヌクレオチド配列が，どのようにRNAとタンパク質の合成に使われているのかを学ぶ．この過程は遺伝子発現とよばれ，慣例的に二つの段階に分けられる（図14.1参照）．1段階目はRNAの合成であり，**転写**（transcription）とよばれる．転写は複製反応であり，複製される遺伝子のDNA配列により，塩基対法則に従いRNAのヌクレオチド配列が決められている．いくつかの遺伝子にとっては，転写されたRNAは遺伝子発現の最終産物である．ほかの遺伝子にとっては，転写は**翻訳**（translation）とよばれる遺伝子発現の2段階目を決める信号である．翻訳のあいだ，このRNA〔**メッセンジャーRNA**（messenger RNA），**mRNA**とよばれる〕が，mRNAのヌクレオチド配列によってアミノ酸配列が決められるタンパク質の合成を規定する．

この章では，RNAの合成をもたらす遺伝子発現の1段階目を学ぼう．

## 15.1 DNAからRNAへの転写

DNA複製と比べて，転写は論理的に扱うのは簡単で，転写の過程は三つのステージに分類される．

- **転写開始**（initiation of transcription）：転写因子は遺伝子の上流領域に結合する．
- **RNA合成**（RNA synthesis）：転写物がつくられる．
- **転写終結**（termination of transcription）：転写過程が終了し，RNA転写産物が離れる．

転写とともに，RNAの合成後に起きる事象も考慮する必要がある．なぜなら，多くのRNAは細胞内で機能を発現できるようになる前に，プロセシングを受けるからである．

RNAのプロセシングには，いくつかの断片の除去と（または）化学修飾が含まれる．その前にまず，転写でつくられたRNAの種類の違いを理解しなければならない．

### 15.1.1　コーディングRNAとノンコーディングRNA

タンパク質に翻訳されるmRNAは**コーディングRNA**（coding RNA）とよばれ，転写された遺伝子は**タンパク質コーディング遺伝子**（protein-coding gene）とよばれる．そのため私たちはmRNAを最も重要なRNAの種類であると思いがちだが，実際は細胞のRNAのほんのわずかにすぎず，全体の4%にも満たない．残りのRNAは**ノンコーディングRNA**（noncoding RNA）である．これらのRNAはタンパク質に翻訳されないが，細胞のなかで重要な役割を担っている．

最も多いノンコーディングRNAは**リボソームRNA**（ribosomal RNA，**rRNA**）である．ヒトでは4種類の異なるrRNAがあり，それぞれが多くのコピーとして存在し，合わせると活発に分裂している細胞の全RNAの80%以上を占める．リボソームRNAは，タンパク質合成を担う構造体である**リボソーム**（ribosome）の構成因子である．2番目に多いノンコーディングRNAは**トランスファーRNA**（transfer RNA，**tRNA**）である．tRNAはタンパク質合成にかかわる小さな分子で，アミノ酸をリボソームに運び，mRNAのヌクレオチド配列で決められたとおりにアミノ酸を結合させる．多くの生物は30〜50の異なるtRNAを合成している．

リボソームRNAとトランスファーRNAはすべての細胞に存在している．ほかのノンコーディングRNAは真核生物にのみ存在する．これらのうち最も重要なものは次の三つである．

- **核内低分子RNA**（small nuclear RNA，**snRNA**）：名前のとおり核で発見された．15〜20の異なる種類のsnRNAが存在しその大多数は，mRNAから**イントロン**（intron）とよばれる断片を除去するRNAプロセシングに関与している．
- **核小体低分子RNA**（small nucleolar RNA，**snoRNA**）：rRNAが転写される核の領域である核小体で発見された．これらのRNAはRNAプロセシング，とくにrRNAへの化学修飾に関与する．
- **マイクロRNA**（micro RNA，**miRNA**）と**低分子干渉RNA**（small interfering RNA，**siRNA**）：遺伝子発現の制御に関与している．

> ノンコーディングRNAの機能は本書の後半で学ぶ．rRNAは16.2.1項，tRNAは16.1.2項，snRNAは15.2.2項，snoRNAは15.2.3項，miRNAは17.2.1項を参照のこと．

### 15.1.2　転写の開始

DNAのなかで転写されるのは遺伝子の部分だけである．遺伝子と遺伝子のあいだの領域にある**遺伝子間DNA**（intergenic DNA）がRNAにコピーされることは決してない（図15.1）．大腸菌のDNAには約4,400遺伝子が存在し，ヒトのゲノムには45,000を超える遺伝子が存在する．これは，どのDNAにも転写が開始されるべき部分が多く存在し，それらが遺伝子の上流に存在していなければならないことを意味している．私たちが最初に取り組むべき疑問は，酵素やほかのタンパク質がどのように転写に関与し，どのようにこれらの開始点を特定しているのかということである．

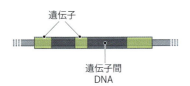

●図15.1　遺伝子間DNAは遺伝子間の転写されない領域をいう

#### 転写開始点はプロモーター配列によって規定されている

転写が開始される場所には，特定のヌクレオチド配列が含まれているために，DNAのほかの領域で起こることはない．これらの配列は**プロモーター**（promoter）とよばれる．

プロモーターは，大腸菌の1,000以上の遺伝子のすぐ上流のヌクレオチド配列を比較することによってはじめて同定された．この解析により，大腸菌プロモーターが−35ボックスと−10ボックスとよばれる二つの異なる構成要素をもつことが明らかになった（図15.2）．これらの名前はRNA合成がはじまる位置との相対的な位置を示し，転写がはじまる位置のヌクレオナトを+1と番号をつける．したがって，−35ボックスは転写がはじまる位置の約

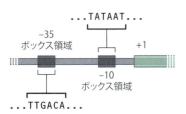

●図15.2　大腸菌プロモーターの二つの構成要素

35 ヌクレオチド上流に位置する．

−35 ボックスの配列は 5′−TTGACA−3′ で，−10 ボックスの配列は 5′−TATAAT−3′ である．これらは大腸菌におけるすべてのプロモーター配列の"平均的な配列"を示していることを意味する**コンセンサス配列**（consensus sequence）とよばれ，それぞれの遺伝子の上流の実際の配列はわずかに異なっている（表 15.1）．これらの多様性はプロモーターの効率に影響し，その効率とは 1 秒あたりの生産的開始数で定義される．また生産的開始とは，全長の転写産物を合成した場合の転写開始のことをいう．最も効率的なプロモーター〔**強プロモーター**（strong promoter）とよばれる〕は最も弱いプロモーターの生産的開始の 1,000 倍である．これらを転写開始の**基礎効率**（basal rate）の違いとよぶ．

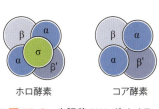

●図 15.3　大腸菌 RNA ポリメラーゼのホロ酵素とコア酵素

●表 15.1　大腸菌プロモーターの配列

| 遺伝子 | タンパク質 | プロモーター配列 | |
|---|---|---|---|
| | | −35 ボックス | −10 ボックス |
| コンセンサス | — | 5′−TTGACA−3′ | 5′−TATAAT−3′ |
| argF | オルニチンカルバモイルトランスフェラーゼ | 5′−TTGTGA−3′ | 5′−AATAAT−3′ |
| can | 炭酸デヒドラターゼ | 5′−TTTAAA−3′ | 5′−TATATT−3′ |
| dnaB | DnaB ヘリカーゼ | 5′−TCGTCA−3′ | 5′−TAAAGT−3′ |
| gcd | グルコースデヒドロゲナーゼ | 5′−ATGCG−3′ | 5′−TATAAT−3′ |
| gltA | クエン酸シンターゼ | 5′−TTGACA−3′ | 5′−TACAAA−3′ |
| ligB | DNA リガーゼ | 5′−GTCACA−3′ | 5′−TAAAAG−3′ |

−35 ボックスと−10 ボックスのあいだの領域は重要である．なぜなら，この領域は二重らせんのなかで二つのボックスを同じ面に向かせて，転写の際に **DNA 依存性 RNA ポリメラーゼ**（DNA-dependent RNA polymerase）の DNA への結合を容易にしているからである．大腸菌にはおよそ 7,000 の RNA ポリメラーゼがあり，それらのうち 2,000〜5,000 の RNA ポリメラーゼが常に転写に関与している．RNA ポリメラーゼは二つの α サブユニットとそれぞれ一つの β，β′，σ サブユニットから構成される $α_2ββ′σ$ と表記される多量体構造をもつ（図 15.3）．σ サブユニットはプロモーター配列の認識に関与しており，DNA と結合するとすぐに酵素複合体から離れる．σ サブユニットが解離すると，RNA ポリメラーゼ（$α_2ββ′σ$）の**ホロ酵素**（holoenzyme，完全な状態の酵素）から RNA 合成を行う**コア酵素**（core enzyme，$α_2ββ′$）に変わる．

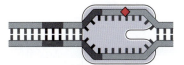

●図 15.4　大腸菌における転写の開始
RNA ポリメラーゼの大きさは正しくない．実際は 2 本鎖 DNA の約 80 塩基対を覆っている．

RNA ポリメラーゼが DNA に結合すると，σ サブユニットがプロモーターの−35 ボックスおよび−10 ボックスと相互作用し，−35 ボックスの上流から−10 ボックスの下流までの約 80 塩基対の領域を覆うように結合し，RNA ポリメラーゼとプロモーター配列が**閉鎖型プロモーター複合体**（closed promoter complex）を形成する（図 15.4）．そして，−10 ボックスから転写開始部位を超えたところまでの領域にまたがる約 13 塩基対の水素結合が切断され，2 本鎖 DNA が開くことで，閉鎖型複合体は**開放型プロモーター複合体**（open promoter complex）へと変換される．−10 ボックスのコンセンサス配列はすべてアデニンとチミンヌクレオチドからなるが，これらは二つの水素結合しか形成しないため，2 本鎖間の結合は比較的弱い．そのため，GC 塩基対が形成されている DNA 鎖のほかの部分よりもこの領域のほうが開きやすくなっている．

開放型プロモーター複合体に変換されたのち，RNA ポリメラーゼはプロモーター領域から下流に動くことによって転写を行う．しかし，ポリメラーゼがプロモーター領域からの移動に失敗して短い RNA が形成されると，それはすぐに分解されてしまう．したがって，RNA ポリメラーゼが DNA と安定に結合し全長の転写がはじまることで，転写の開始段階は完結する．

### 真核生物のプロモーターはより複雑な構造をもつ

真核生物には3種類のRNAポリメラーゼがあり，それぞれ異なる遺伝子の転写を担っている（表15.2）．タンパク質をコードする遺伝子は**RNAポリメラーゼⅡ**（RNA polymerase Ⅱ）によって転写される．これらの遺伝子のプロモーターは大腸菌のプロモーターよりも複雑な構造をしている．すなわち，真核生物のプロモーターはRNAポリメラーゼⅡ結合部位である**コアプロモーター**（core promoter）と，それ以外の短い配列から構成されている．この短い配列は転写開始点より上流にあり，時には数千ヌクレオチドも離れていることがある（図15.5）．転写はこうした上流配列がなくても開始されるが，転写効率はよくない．

RNAポリメラーゼⅡのコアプロモーターには次の二つの主要な配列が存在している．

- −25領域〔または**TATAボックス**（TATA box）〕：5′−TATAWAAR−3′というコンセンサス配列が存在している．この配列のWはAまたはTが同程度の確率で存在していることを示し，Rはプリン塩基のAまたはGを示す．
- **開始配列**〔initiator（Inr）sequence〕：ヌクレオチド+1部分周辺に位置していて，ヒトにおける開始配列のコンセンサス配列は5′−YCANTYY−3′である．この配列のYはピリミジン塩基で，CまたはTであり，Nは四つのヌクレオチドのどれでもよいことを示している．

> 転写開始における上流配列の役割については17.1.2項を参照のこと．

● 表15.2　真核生物における3種類のRNAポリメラーゼのはたらき

| ポリメラーゼ | 転写する遺伝子 |
| --- | --- |
| ポリメラーゼⅠ | 28S, 5.8S, 18S rRNA遺伝子 |
| ポリメラーゼⅡ | タンパク質をコードする遺伝子，ほとんどのsnRNA, miRNA遺伝子 |
| ポリメラーゼⅢ | 5S rRNA, tRNA, いろいろな低分子RNA遺伝子 |

遺伝子のなかには，コアプロモーターの二つの配列のうち一つしかもってないものや，どちらももっていないものも存在する．このどちらももっていない遺伝子は"null"とよばれる．TATAボックスや開始配列をもった遺伝子よりも転写の開始位置は変化しやすいが，それでも転写が行われている．

タンパク質をコードする遺伝子のなかには，二つ以上の**選択的プロモーター**（alternative promoter）が存在しているものもあるため，複雑性がより増す．これは，遺伝子の転写が二つ以上の異なる部位からはじまり，異なる長さのmRNAが生じることを意味している．ジストロフィンタンパク質をコードするヒトの遺伝子が好例である．このタンパク質はジストロフィン遺伝子に変異が生じることで構造が変わり，デュシェンヌ型筋ジストロフィーとよばれる病気になる可能性があるため，これまで広く研究されてきた．ジストロフィン遺伝子はヒト遺伝子のなかで最も長い遺伝子の一つにあげられ，DNA鎖の2.4 Mb以上にわたる．ジストロフィン遺伝子は少なくとも七つの選択的プロモーターをもっており，それぞれ異なる長さのmRNAを合成し，それぞれ異なる数のアミノ酸からなるポリペプチドを合成する

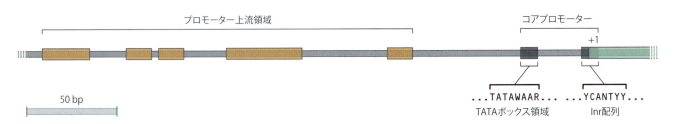

● 図15.5　**RNAポリメラーゼⅡが用いる典型的プロモーター**
コアプロモーターはTATAボックスとInr（転写開始）配列という二つの領域からなる．それぞれのコンセンサス配列を示す．略語は次のとおり；N：四つのヌクレオチドのどれでもよい，R：AまたはG，W：AまたはT，Y：CまたはT．

### ● Box15.1　RNAポリメラーゼⅠおよびRNAポリメラーゼⅢのプロモーター

真核生物の三つのRNAポリメラーゼのプロモーターはそれぞれ異なる特徴をもっていて，それぞれのポリメラーゼが転写する特異的な遺伝子を認識できるようにしている．すでにRNAポリメラーゼⅡのプロモーターの構造については述べたので，ここではほかの二つのRNAポリメラーゼのプロモーターについて見ていこう．脊椎動物におけるこれらプロモーターの詳細を次に示す．

- RNAポリメラーゼⅠのプロモーターは二つの配列領域をもつ．一つはコアプロモーターで，−45〜+20のあいだの転写開始点にまたがっている．もう一つは100塩基ほど上流にある上流調節配列（UCE）である．どちらの配列も上流結合因子（UBF）とよばれる小さなタンパク質によって認識される．UBFはいったんDNAに結合すると，RNAポリメラーゼⅠやこれに必要な転写複合体のほかの構成因子の結合部位としてはたらく．

- RNAポリメラーゼⅢのプロモーターはさまざまで，少なくとも三つのカテゴリーに分類される．このうち二つは，転写される遺伝子の内部にプロモーター配列が存在しているという点で珍しい．これらの配列は50〜100塩基対の長さで，一つまたは二つの領域を含んでいる．三つ目のカテゴリーに分類されるRNAポリメラーゼⅢのプロモーターは，TATAボックス，−45〜−60のあいだに位置する近位配列因子（PSE），および（図にはないが）さらに上流に存在するプロモーター配列で構成されている．その点で，RNAポリメラーゼⅡのプロモーターに似ている．

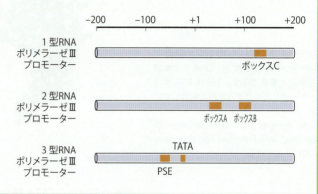

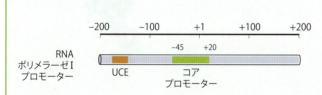

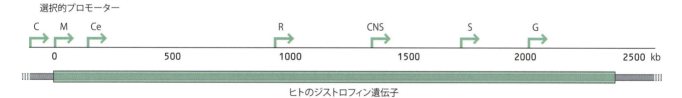

● 図15.6　ヒトのジストロフィン遺伝子の選択的プロモーター
略語はそれぞれのプロモーターが活性化される組織を示す；C：皮膚組織，M：筋肉，Ce：小脳，R：網膜組織（および脳，心臓組織），CNS：中枢神経系（および腎臓），S：シュワン細胞，G：全身（ほかのほとんどの組織）．

（図15.6）．脳や筋肉，網膜など，身体の異なる部分で異なる型のジストロフィンタンパク質をつくるため各臓器，それぞれの選択的プロモーターが活性化される．それぞれのジストロフィンタンパク質の生化学的特質は，それらを合成している細胞の必要性に応じている．

異なるプロモーターが，発生の各段階において関連する複数のタンパク質をつくったり，一つの遺伝子から二つ以上のタンパク質を同時期に同一組織で合成できるように使われていることもある．たとえば，10,500以上のプロモーターがヒトの線維芽細胞で活動しているが，これらのプロモーターは8,000以内の遺伝子の転写にかかわる．これらの細胞では，一つの遺伝子上で二つ以上のプロモーターから同時に発現している遺伝子も多い．

### RNAポリメラーゼⅡはプロモーターを直接には認識していない

大まかにいえば，転写開始において起きることは，細菌と真核生物で同じである．細菌の場合と同様に，RNAポリメラーゼⅡがコアプロモーターに結合すると，転写開始点の周りの塩基対が切断され，閉鎖型プロモーター複合体が開放型プロモーター複合体へと変化する．しかし，真核生物で詳細を調べたところ，重要な違いが見つかった．最も重要な違いは，RNAポリメラーゼⅡ自身がコアプロモーターを認識していないことである．その代わり，

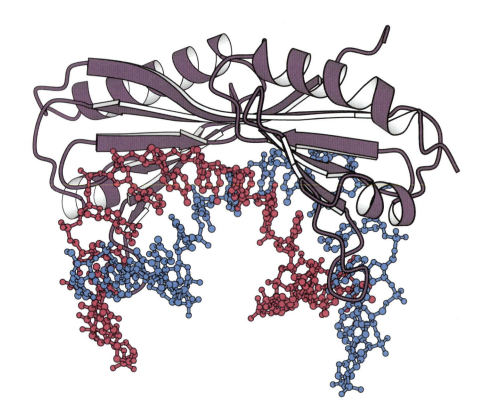

●図15.7 DNAへのTBPの結合
TBPタンパク質を紫色，DNAの2本鎖を赤色と青色で示す．TBPはRNAポリメラーゼⅡが結合する足場を形成している．
J. M. Berg et al., "Biochemistry 8th edition," WH Freeman and Company (2015) より改変.

最初の結合は，**TATA結合タンパク質**（TATA-binding protein，**TBP**）がTATAボックスに結合することにより行われている．TBPは**転写因子ⅡD**（transcription factor ⅡD，**TFⅡD**）とよばれる大きなタンパク質の構成成分であり，TFⅡDはさらに少なくとも12個の**TBP関連因子**（TBP-associated factor，**TAF**）とよばれるサブユニットをもっている．

構造学的研究で，TBPはDNAを部分的に覆うサドルのような形をしており，RNAポリメラーゼⅡが結合する足場を形成することがわかった（図15.7）．この足場の正しい位置へのRNAポリメラーゼⅡの結合は，TFⅡBとTFⅡFの二つの転写因子により促進される．いったんRNAポリメラーゼⅡが正しく位置づけられると，開放型プロモーター複合体が形成される．これにはTFⅡEとTFⅡHが必要である．TFⅡHは転写開始部位の周りの塩基対を切断するヘリカーゼであり，この位置でDNAを開鎖させる．この状態でRNA合成は開始可能であるが，RNA合成はRNAポリメラーゼⅡの活性化後にのみ開始される．これには，**C末端ドメイン**（C-terminal domain，**CTD**）とよばれるRNAポリメラーゼⅡの最も大きいサブユニットのリン酸化が含まれる．リン酸化されるとポリメラーゼが開始複合体から離れ，RNAの合成を開始できるようになる（図15.8）．

ポリメラーゼの解離後も，いくつかの転写因子はプロモーターに結合したままである．したがって，次のRNAポリメラーゼⅡ酵素は，まったく新しい開始複合体の存在を必要とせずに結合できる．これは，いったん遺伝子のスイッチがオンになると，新たなシグナルがスイッチをオフにするまで，プロモーターからの転写を比較的容易にはじめられることを意味する．

> 真核生物では，個々の遺伝子の転写の割合を，さまざまな調節経路に対応させることができるように，より複雑な転写開始機構になっている．17.1.2項でこの調節過程について学ぶ．

### 15.1.3 転写でのRNA合成段階

いったん転写が開始すると，RNAポリメラーゼは転写産物を合成しはじめる．この反応は，複製時のDNA合成と同じであり，伸長中の分子の3′末端へのヌクレオチドの付加によりRNAが合成され，一つの結合ごとにピロリン酸塩が放出される．このヌクレオチドの結合は塩基対法則によって決まり，DNAポリヌクレオチドが鋳型として使われる（図15.9）．

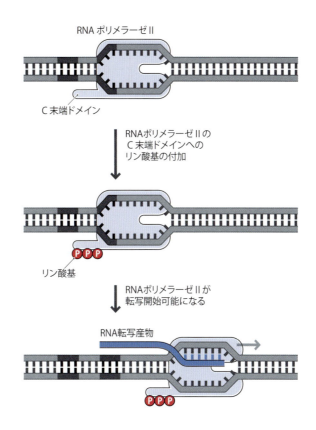

● 図 15.8　C 末端ドメインのリン酸化による RNA ポリメラーゼ II の活性化

### RNA の合成と同様に転写バブル構造は DNA に沿って動く

　RNA の合成中，大腸菌の RNA ポリメラーゼは 30 〜 40 bp の鋳型 DNA を覆っている．この領域は 12 〜 14 bp の**転写バブル**（transcription bubble；部分開裂）を含んでおり，そのなかではヘリカーゼ酵素により一時的に DNA の塩基対が切断されている．転写バブルのなかで，伸長中の転写産物はおよそ 8 個の RNA−DNA 塩基対により DNA の鋳型鎖に保持されている（図 15.10）．構造学的研究により，DNA は，RNA ポリメラーゼの β と β′ サブユニット間に存在し，周囲を囲まれた β′ サブユニットの表面の溝に存在することが明らかとなった．RNA 合成の活性部位もこれらの二つのサブユニット間に存在している．β および β′ サブユニットの両方で形成されるチャネルを経由して，転写産物の RNA はポリメラーゼからでてくる（図 15.11）．

　細菌の RNA ポリメラーゼは，1 分間に数百ヌクレオチドの割合で RNA を合成できる．平均的な大腸菌の遺伝子は，数千ヌクレオチドの長さで，したがって数分で転写される．RNA ポリメラーゼ II の合成速度はより速く，1 分間に 2,000 ヌクレオチドまで合成できるが，多くの真核生物の遺伝子は細菌の遺伝子よりも非常に長いので，1 本の RNA を合成するのに数時間かかる．たとえば，ヒトのジストロフィン遺伝子の 2,400 kb の転写産物は，合成するのに約 20 時間かかる．

　転写は一定の速度では進行しない．速い伸長のあいだに，数ミリ秒続く短い休止をはさんで不連続に進行している．休止のあいだ，ポリメラーゼの活性部位はわずかに立体構造が再構築される．ポリメラーゼはまた，鋳型に沿って数ヌクレオチド分戻ることもあり，これは**あと戻り**（backtracking）とよばれる．休止とあと戻りは，鋳型 DNA の特定の特徴が原因ではなく，ランダムに起こり，DNA 複製における校正と同等の役割をもち，RNA 合成途中の間違いを正しているのかもしれない．しかしながら，RNA ポリメラーゼは $10^4 \sim 10^5$ ヌクレオチドごとに間違いを起こし，これは DNA ポリメラーゼの間違いを起こす割合（一般的には，$10^9$ ヌクレオチドに一つの間違い）に比べてかなり高いので，間違いの校正過程はとりわけ効率がよいわけではない．したがって，ある程度の転写産物は欠損型であり，合成後すぐに分解される．それぞれの遺伝子から間違いのない転写産物が多量につくられるた

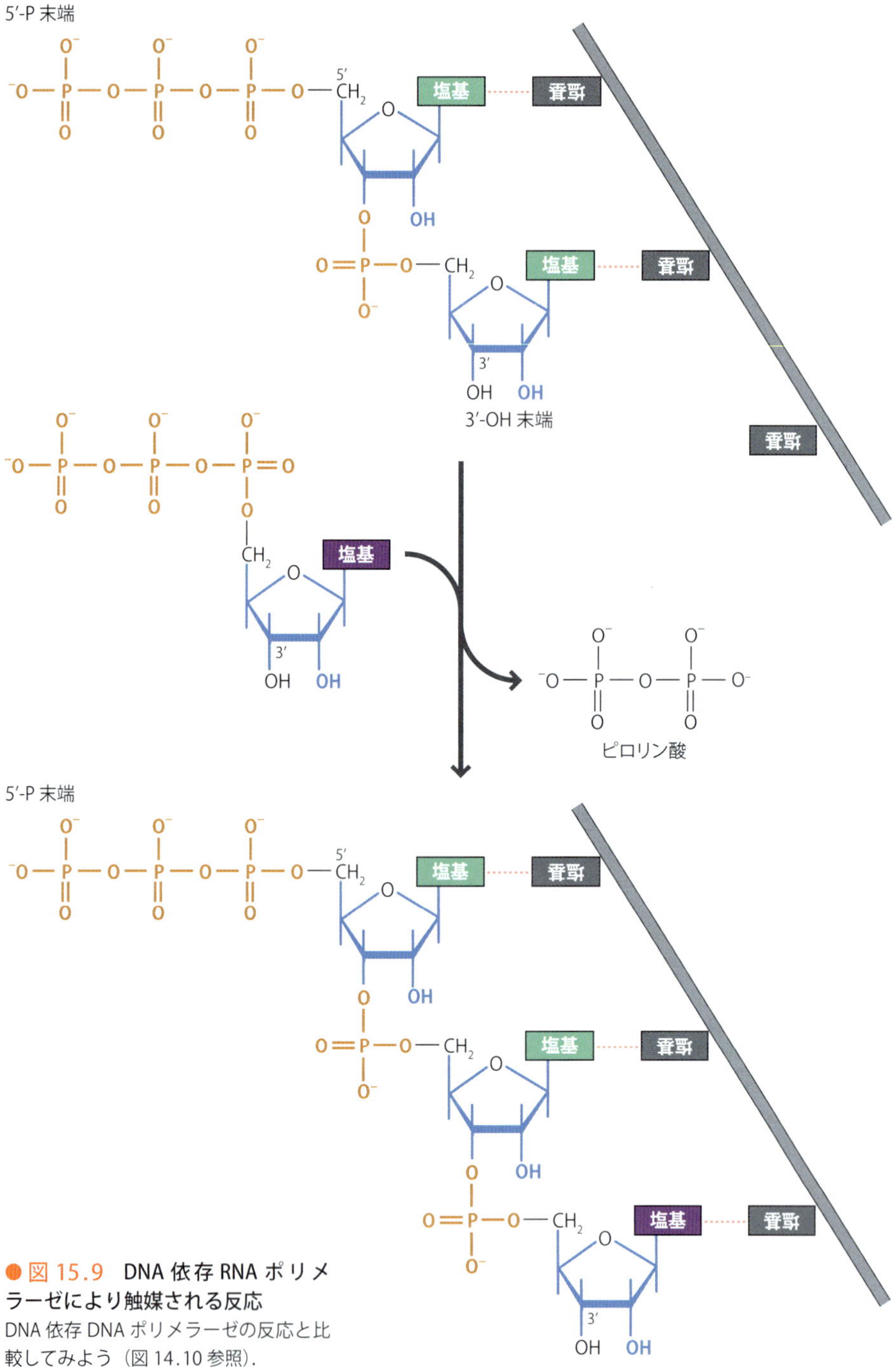

● 図15.9 DNA依存RNAポリメラーゼにより触媒される反応
DNA依存DNAポリメラーゼの反応と比較してみよう（図14.10参照）．

● 図15.10 大腸菌におけるRNA合成
矢印は，ポリメラーゼがDNAに沿って動く方向を示している．

> 異常RNAの分解については17.2.1項で詳細を学ぶ．

め，間違いの生じた転写産物が少量転写されてもあまり問題にはならない．

　真核生物の遺伝子がとても長いことから，転写複合体は非常に安定であると考えられる．そうでなければ，転写が終わる前に分解されてしまうからである．しかし，*in vitro*（試験管内，実験室条件下）でRNAポリメラーゼⅡがRNA合成を行う際，転写複合体は必ずしも安定ではない．重合の速度は1分間に300ヌクレオチド以下にまで低下し，その転写産物は比較的短い．試験管内とは対照的に，核におけるRNA合成は速度も速く，その転写産物も非常に長い．この理由は，核内ではRNAポリメラーゼⅡと鋳型DNA間の結合を**伸長因子**（elongation factor）が安定化するからである．哺乳類細胞における伸長因子は少なくとも13種類あると考えられ，これらの因子はポリメラーゼがプロモーターから移動をはじめたときからRNA合成が終結するときまでポリメラーゼに結合している．

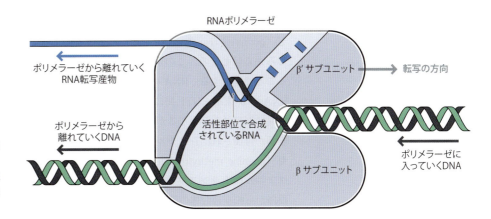

● 図 15.11 大腸菌の RNA ポリメラーゼによる RNA 合成
RNA ポリメラーゼの β および β′ サブユニットを薄い青色，二重らせんを緑色と黒色，RNA の転写産物を青色で示す．

### RNA ポリメラーゼ II による転写産物は 5′ 末端にキャップ構造をもつ

細菌と真核生物の転写伸長は，ある 1 点において根本的に異なっている．大腸菌 RNA ポリメラーゼでつくられる RNA の 5′ 末端には三リン酸が結合しているが，この 5′ 三リン酸は転写開始部位において最初に塩基対を形成したヌクレオチドに由来するものである（図 15.9 参照）．ヌクレオチドの糖－塩基部分を "N"，リン酸基を "$p$" とすると，大腸菌 RNA の 5′ 末端は "$pppNpN\cdots$" と表記される．一方，RNA ポリメラーゼ II によって転写される真核生物の RNA の 5′ 末端は，細菌のものと比べてより複雑な化学的構造をしている．この構造を**キャップ**（cap）とよび，"7-Me$GpppNpN\cdots$" と表記される．"7-MeG" は，メチル修飾された塩基である 7-メチルグアニンを含むヌクレオチドを表している．

キャップ構造は，ポリメラーゼがプロモーター領域を離れてから 30 ヌクレオチドを転写

---

● **Box15.2** リファマイシンは細菌の RNA 合成を阻害する重要な抗生物質である

細菌の RNA ポリメラーゼは，リファンピシンとリファブチンを含む抗生物質のリファマイシンファミリーの標的となる．これらの化合物は，RNA 合成が起こる活性部位の隣にある，酵素の β および β′ サブユニット間のくぼみに結合する．それらは直接ホスホジエステル結合の形成を妨げないが，かわりに転写産物である RNA がポリメラーゼからでてくるチャネルを物理的に阻害する．この "立体的な閉塞" の結果として，合成される RNA の長さは 2, 3 ヌクレオチドに制限される．

リファマイシンファミリーの化合物は，多くの抗生物質の源である土壌細菌のグループである放線菌目のアミコラトプシス・リファマイシニカ（*Amycolatopsis rifamycinica*）によって合成される．化学合成によってつくられるものもある．リファマイシンはとくに結核とハンセン病の原因となるマイコバクテリアに対して有効であり，在郷軍人病といくつかの種類の髄膜炎を治療するためにも使われる．

すべての抗生物質と同様に，細菌の耐性株の出現を避けるために，リファマイシンの使用は注意深く管理されなければならない．RNA ポリメラーゼの β サブユニットをコードする *rpoB* 遺伝子の変異が原因で，耐性株が生じる．結果的に生じる β サブユニットのアミノ酸の変化は RNA ポリメラーゼの触媒活性に影響しないが，抗生物質が結合できないように β サブユニットの構造を変化させる．

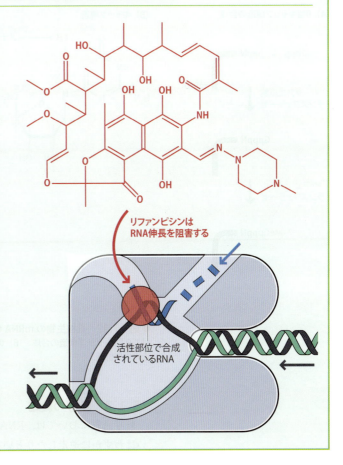

するあいだにRNAの5′末端に付加される．この付加過程は，**グアニル酸トランスフェラーゼ**（guanylyl transferase）とよばれる酵素によってRNAの5′末端にGTPが付加されるところからはじまる．この反応は，RNAの5′末端の三リン酸とGTPの三リン酸とが反応することで進行する．RNAの5′末端のγリン酸，GTPのβおよびγリン酸が解離することで，RNAの5′末端–GTP間に5′–5′結合が形成される（図15.12A）．これによって新しい5′末端はグアノシンとなるが，その後，このグアノシンのプリン環の7番目の窒素原子にメチル基が付加され，7-メチルグアノシンとなる．この修飾は**グアニンメチルトランスフェラーゼ**（guanine methyltransferase）とよばれる酵素によって触媒される．キャッピング酵素のグアニル酸トランスフェラーゼとグアニンメチルトランスフェラーゼは，RNA合成の初期段階から転写複合体の構成成分としてRNAポリメラーゼに結合していると推測される．

キャップ構造のうち，"7-MeG*ppp*N"と表されるものを**0型キャップ構造**（type 0 cap）とよぶ．酵母などの単細胞生物は0型キャップ構造をもつ．ヒトなどの高度な真核生物については，通常，この0型キャップ構造に対して一つもしくは二つの修飾が加えられる．はじめに，RNAの5′末端側から数えて2番目のヌクレオチドのリボースの2′-OH基がメチル化される（図15.12B）．この状態を**1型キャップ構造**（type 1 cap）とよぶ．もしこの2番目のヌクレオチドがアデノシンであった場合は，プリン環の6番目の窒素原子にメチル基が付加される．そのため，1型キャップ構造はリボースおよび塩基のメチル化の両方を含む．さらに，3番目のヌクレオチド位に関してもリボースの2番目の2′-OHがメチル化された場合に生じる構造を**2型キャップ構造**（type 2 cap）とよぶ．

以上のように，RNAポリメラーゼIIによりつくられた転写産物に付加されるキャップ構造はどのような役割をもつのであろうか．転写産物のうちのほとんどはタンパク質発現のためのmRNAであるが，キャップ構造はこれらmRNAを翻訳へ導く役割を果たしていると考えられている．

> タンパク質合成におけるキャップ構造の役割は16.2.2項で述べる．

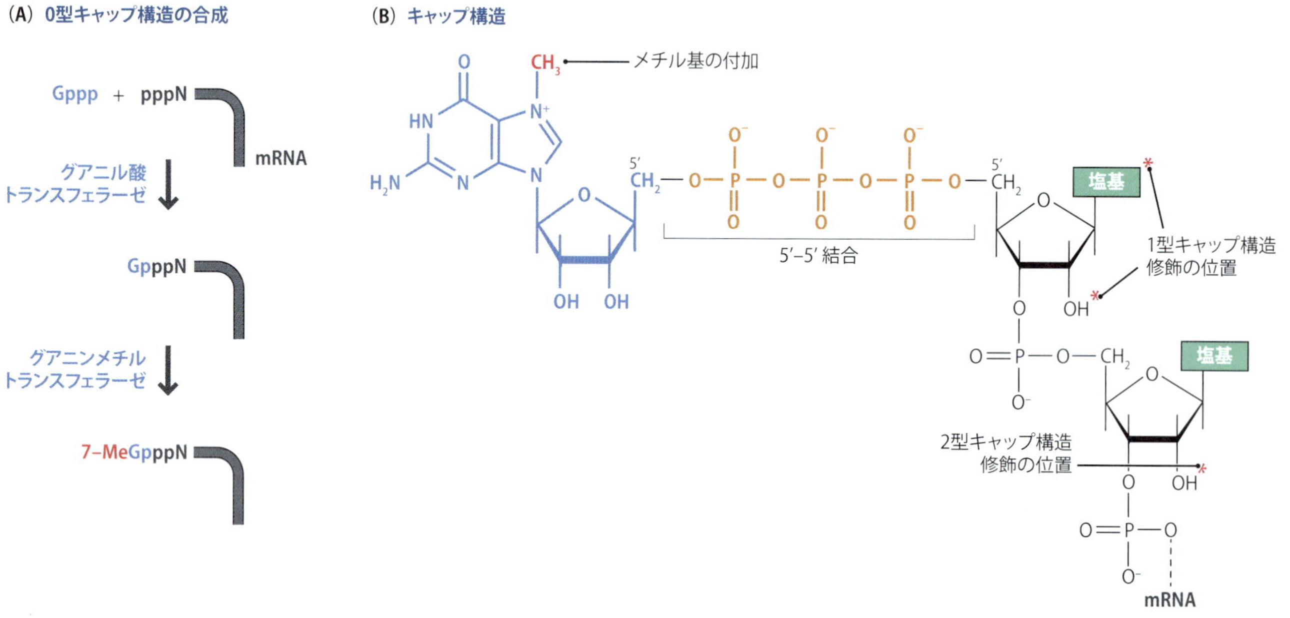

● 図15.12 真核生物のmRNAのキャップ構造
(A) 0型キャップ構造の合成．(B) 0型キャップ構造の詳細と1型および2型キャップ構造の修飾位置．

## 15.1.4 転写の終結

転写過程においては，RNA鎖伸長中にRNAポリメラーゼがしばしば停止したり，あるいはわずかに逆走したりといった現象が生じる．この現象は，RNAの転写を続けるべきか

止めるべきかをRNAポリメラーゼが選択している際に起こると考えられており，この選択は熱力学的な安定性に依存する．つまり，転写中のRNAポリメラーゼについて，鋳型DNAから解離したほうが熱力学的に安定となるときに転写が終結する．

### ステムループ構造がRNA合成終結を促進する

転写過程における熱力学的安定性を変化させる因子の一つとして，RNAの立体構造があげられる．とくに，RNAがステムループ構造（図4.12参照）を形成した際，DNAの鋳型鎖と転写産物間の塩基対形成よりRNA内での塩基対形成のほうが優先される．このとき，RNA合成を続けるよりもRNAが鋳型DNAから解離したほうが熱力学的に安定となるため，結果として転写が終結する．

大腸菌のDNAにおいては，転写終結部位のほとんどに1対の逆方向反復配列が含まれており，これが転写されて安定なRNAのステムループ構造をつくる．この逆方向反復配列が存在する部位のうちの半分ほどには下流にアデニンヌクレオチドが連続して存在しており，これらを合わせて**内因性ターミネーター**（intrinsic terminator）とよぶ（図15.13A）．ステムループ構造が形成されたのち，RNAとDNA間の塩基対がA-Uのとき結合が比較的弱いことから，転写終結部におけるポリアデニル配列が転写複合体の安定性を減少させ，転写終結を誘導していると考えられる（図15.13B）．いくつかの研究は，RNAのステムループ構造がRNAポリメラーゼのβサブユニットの表面に存在するフラップ構造に接触していることを示唆している．合成されたRNAはRNAポリメラーゼのチャネルを通ってでてくるが，フラップ構造はこのチャネルの出口の近傍に位置している（図15.14）．フラップの動きは，活性部位のアミノ酸の位置に影響し，DNA-RNA間の塩基対の切断と転写の終結を促進していると考えられている．

大腸菌DNAのほかの転写終結部位では，逆方向反復配列は内因性終結にかかわるRNAのステムループよりも不安定なステムループを形成している．これらのターミネーターは**Rho依存**（Rho dependent）とよばれ，内因性のものとはまったく異なる方法ではたらく．それらは，RNAの合成途中にRNAに結合する**Rho**とよばれるタンパク質の活性を必要とする．Rhoタンパク質は転写産物に沿ってポリメラーゼに向かって動く（図15.15）．ポリメラーゼが，追いかけてくるRhoよりも前方にいられるならば，転写産物は合成され続けるが，いったんRhoが追いつくと転写は止まる．これは，RhoがヘリカーゼでRNAをDNA鋳型に固定している塩基対を切断することに原因がある．おそらくステムループ構造がポリメラーゼを一時的に遅らせるので，ポリメラーゼが終結部位に達したときのみRhoはポリメラーゼに追いつくことができる．いったん追いつかれると，ポリメラーゼははずれ，転写産物が放出される．

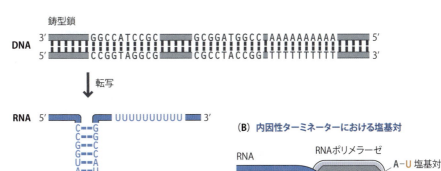

●図15.13 大腸菌における内因性ターミネーターにおける転写の終結
（A）内因性ターミネーターの構造．DNA配列における逆方向繰返し配列の対が，どのように転写されたRNAのステムループを生じるかを示している．（B）内因性ターミネーターにおける塩基対．RNAのステムループの構造から，転写産物が比較的弱いA-U塩基対によりDNAに固定されていることがわかる．

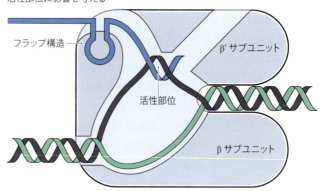

●図 15.14　大腸菌における転写終結における RNA ポリメラーゼのフラップ構造の取りうる役割

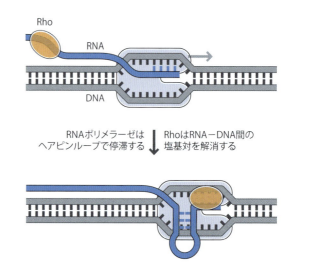

●図 15.15　大腸菌における Rho 依存性ターミネーターにおける転写終結

### 真核生物の mRNA 合成の終結はポリアデニル化と同時に起こる

　真核生物では，RNA ポリメラーゼ II による転写の終結には RNA ステムループ構造は関与しないが，代わりに転写産物へのポリ A 尾部〔poly(A) tail〕の付加が伴う．ポリ A 尾部は RNA の 3′ 末端に位置する最大 250 個のアデニンヌクレオチドの連続である．これらのアデニンヌクレオチドは DNA によって指定されず，**ポリ(A) ポリメラーゼ**〔poly(A) polymerase〕とよばれる鋳型非依存の RNA ポリメラーゼによって転写産物に付加される．

　ポリ(A)ポリメラーゼは転写産物の 3′ 最末端でははたらかないが，ポリ A 尾部が付加される新しい 3′ 末端をつくるために切断される転写産物内の部位ではたらく．哺乳動物では，この切断される部位は，5′-AAUAAA-3′ というシグナル配列の 10 ～ 30 ヌクレオチド下流に位置する（図 15.16）．この配列は，**切断・ポリアデニル化特異的因子**（cleavage and polyadenylation specificity factor, **CPSF**）とよばれる多量体タンパク質の結合部位としてはたらく．**切断促進因子**（cleavage stimulation factor, **CstF**）とよばれる二つ目のタンパク質複合体は，シグナル配列のちょうど下流に結合する．その後，ポリ(A)ポリメラーゼは結合した CPSF と CstF と相互作用し，ポリ A 尾部を合成する．

　ポリアデニル化はかつて "転写後" の反応であると見なされていたが，現在では RNA ポリメラーゼ II による転写終結の一連の機構であることが知られている．CPSF は開始段階でポリメラーゼに結合し，ポリメラーゼとともに鋳型に沿って動く．ポリ A シグナル配列が転写されるとすぐに CPSF がポリメラーゼから離れて RNA に結合し，ポリアデニル化反応を開始する．CPSF と CstF はいずれも RNA ポリメラーゼ II の C 末端ドメインと相互作用するが，この相互作用の性質は RNA ポリメラーゼ II がポリ A シグナル配列に達したときに変化する．これらの変化は RNA ポリメラーゼ II になんらかの形で影響を与え，転写の終

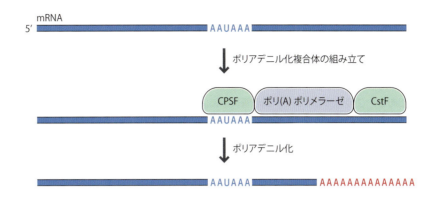

● 図 15.16　真核生物の mRNA の
ポリアデニル化

結が RNA 合成の継続より優先されるようになると考えられている．結果として，転写はポリ A シグナル配列が転写された直後に止まる．

## 15.2　RNA プロセシング

　RNA がどのように合成されるかを理解したのでここでは，どのように**一次転写産物**（primary transcript）とよばれる転写の初期産物が機能的な RNA へとプロセシングされるかを学ぶ．細菌の mRNA のみが，合成された直後に機能する唯一の RNA であり，ほかの種の RNA はすべて，細胞での役割を果たす前にプロセシングを受けるため，プロセシングは重要である．プロセシングには次の 3 種類がある．

- いくつかのノンコーディング RNA は特定の場所で切断され，機能的な分子となる．こうしてできた RNA やほかのノンコーディング RNA では，さらにその末端から短い断片が切りだされるプロセシングもある（"エンドトリミング"）．
- 真核生物のタンパク質をコードする遺伝子の RNA の転写産物は，さまざまなノンコーディング RNA と同様にイントロンとよばれる内部の断片の除去によりプロセシングされる．
- rRNA と tRNA は，特定の位置での新しい化学基の付加により修飾される．

### 15.2.1　切断とエンドトリミングによるノンコーディング RNA のプロセシング

　まず，どのようにノンコーディング RNA の一次転写産物が，内部切断とエンドトリミングの組合せによって，成熟した分子に変わるのかについて考えよう．学ぶにあたって覚えておかなければならない大切なことがある．それは，すべてのプロセシング反応は必ず正確に行われなければならないことである．切断は前駆体分子の厳密に正しい位置で行われなければならない．なぜなら，間違った位置で切断されると，余分な配列をもったり断片が欠けたりした RNA ができてしまうからである．このようなことが起これば，それらの RNA は細胞で必要とされる機能を果たせなくなるだろう．

#### リボソーム RNA は長い前駆体分子として転写される

　細菌は 2,904，1,541，120 ヌクレオチドの長さの，三つの rRNA を合成する．伝統的に，これらの rRNA は**沈降係数**（sedimentation coefficient, S 値）により決められ，これは**密度勾配遠心分離法**（density gradient cetrifugation）の際に高密度の溶液中を移動する RNA の速度を測定したものである．この表記によれば，細菌の rRNA は 23S，16S，5S となる．

　細菌のリボソームは，23S，16S，5S rRNA をそれぞれ一つずつ含んでいる．ここから，細菌がそれぞれの rRNA を同量必要としていることがわかる．これは，三つの rRNA が一つの転写単位としてつなぎ合わされていることによってなされる（図 15.17A）．大腸菌ではこの転写単位が DNA 上に 7 コピー存在している．最初の転写産物はこのように，**rRNA 前**

## ● Box15.3　密度勾配遠心分離法

　密度勾配遠心分離法は高速の遠心機が最初に発明された1920年代に，細胞の構成成分を研究するために考案された技法である．この方法ではまず，遠心管に底にいくほど濃度の高くなるスクロースの濃度勾配層を作製する．細胞抽出物を溶液の一番上に加え，遠心管を500,000 × g以上で数時間，遠心する．このような条件下で，細胞の構成成分が勾配のなかを移動する速度は**沈降係数**（sedimentation coefficient）に依存する．沈降係数は，分子の質量や形に依存しており，スウェーデンの化学者で1920年代前半に超遠心機をはじめて開発したスベドベリ（Svedberg）に由来する，スベドベリ（S）値で表す．

　もう1種類の密度勾配遠心分離法（等密度遠心分離法として知られている）では，S値を測定するのに使用したスクロース溶液より密度の高い8 M塩化セシウムが使用される．最初の溶液は均一であるが，遠心するあいだに自ら勾配を形成する．細胞の構成成分は遠心管を通して下へ移動していくが，DNAやタンパク質は底にたどり着かない．代わりに，これらは**浮遊密度**（buoyant density）が塩化セシウム溶液の密度と一致する場所にとどまる．この手法を用いれば，異なる塩基組成のDNA断片を分離でき，さらに異なる構造のDNA，たとえば環状のスーパーコイル（超らせん）とノンスーパーコイルも分離することができる．

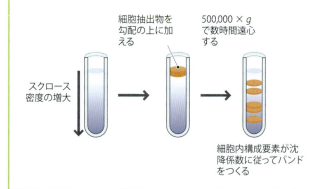

駆体（pre-RNA）とよばれる長いRNA前駆体で，短いスペーサーによって分離されたそれぞれのrRNAを含んでいる．このrRNA前駆体は30Sの沈降係数であり，16S–23S–5Sの順で各rRNAを含んでいる．沈降係数は質量と同様に形にも依存しており，相加的でないため，RNA前駆体が三つの成分の合計とは異なるS値をもつことになる．

　切断とトリミングの一連の過程により成熟型rRNAが産生される．切断はさまざまなエンドリボヌクレアーゼによってなされ，ほとんどのエンドリボヌクレアーゼはRNAの2本鎖領域でRNAを特異的に切断する．すなわち，これらの酵素は，rRNA前駆体の一部が塩基対を形成した2本鎖RNAの短い断片を消化し，rRNA前駆体を切断する（図15.17B）．したがって，RNA前駆体の配列により決定される塩基対は，これらの切断が正しい位置で行われることを保証している．エンドリボヌクレアーゼにより残された末端は，エキソヌク

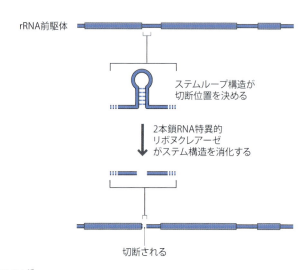

● 図 15.17　大腸菌 rRNA のプロセシング
（A）rRNA前駆体転写産物は，一連の切断とそれに続く切断産物の末端のトリミングによってプロセシングされる．（B）切断される位置はステムループ構造により提示される．

レアーゼによりトリミングを受け，成熟型 rRNA が合成される．

　真核生物には 28S（4,718 ヌクレオチド），18S（1,874 ヌクレオチド），5.8S（160 ヌクレオチド），5S（120 ヌクレオチド）の四つの rRNA が存在する．細菌ではそれぞれのリボソームがそれぞれの rRNA を一つずつ含んでいるが，真核生物では一つの rRNA 前駆体から 5S rRNA 以外の三つの rRNA が合成される．この rRNA 前駆体は 23S, 18S, 5.8S 分子を含み，RNA ポリメラーゼ I により転写され，細菌の rRNA 前駆体とよく似た方法で切断およびトリミングを受けてプロセシングされる．真核生物では，5S rRNA は RNA ポリメラーゼ III によって転写される．

### tRNA も切断および除去によるプロセシングを受ける

　tRNA も最初に前駆体分子として転写され，その後，切断とトリミングを受けて成熟型の分子となる．大腸菌ではいくつかに分けられた tRNA 転写単位が存在していて，あるものは一つの tRNA 遺伝子しか含んでいないが，あるものはクラスター内に七つもの異なる tRNA 遺伝子を含んでいる．また，7 コピーある rRNA 転写単位のそれぞれの，16S と 23S 遺伝子のあいだには一つあるいは二つの tRNA が存在している．

　それぞれの **tRNA 前駆体**（pre-tRNA）は似た方法でプロセシングを受ける（図 15.18）．プロセシングを受ける前，tRNA は塩基対形成によりつくられたクローバーリーフ構造をとる．さらに二つのステムループ構造も tRNA の両端に形成される．リボヌクレアーゼ E または F がヘアピン構造のちょうど一つ上流を切断することにより，ここに新しい 3′ 末端が形成され，プロセシングがはじまる．エキソヌクレアーゼであるリボヌクレアーゼ D は，新しくつくられた 3′ 末端から 7 ヌクレオチドを除去し一端ここで止まる．その後，リボヌクレアーゼ P がクローバーリーフの開始点を切断し成熟型 tRNA の 5′ 末端が形成される．その後，再びリボヌクレアーゼ D がもう二つのヌクレオチドを除去して，成熟型 tRNA 分子の 3′ 末端が形成される．

　すべての tRNA は 5′−CCA−3′ という三つのヌクレオチドをその末端にもっている．いくつかの tRNA では，こうした配列が tRNA 前駆体に存在していて，リボヌクレアーゼ D によって除去されない．しかし，この配列をもっていない tRNA やリボヌクレアーゼのプロセシングによりこの配列が除去された tRNA では，**tRNA ヌクレオチジルトランスフェラーゼ**（tRNA nucleptidyltransferase）などの鋳型非依存型の RNA ポリメラーゼが一つ，または複数はたらいて，この配列をつけ加える．

> tRNA のクローバーリーフ構造は 4.1.2 項を参照のこと．

> リボヌクレアーゼ P は RNA からなる酵素であるリボザイムの一例である．

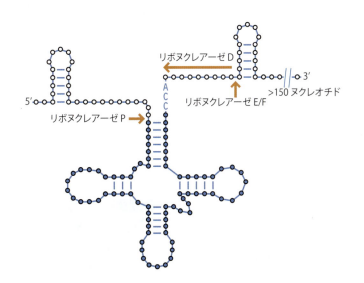

● 図 15.18　大腸菌における tRNA 前駆体のプロセシング

### 15.2.2 真核生物の mRNA 前駆体からイントロンを除去する

次に，RNA プロセシングにおいて最も重要と考えられる事象に注目しよう．最も重要な事象とは，真核生物においてタンパク質をコードする遺伝子の最初の転写産物からイントロンを除くことである．

#### 多くの真核生物の遺伝子は不連続である

古典的な考えでは，遺伝子は一つの連続した DNA 断片で，遺伝子のヌクレオチド配列とその遺伝子が指定するポリペプチド鎖中のアミノ酸配列のあいだには"1 対 1 の関係"（colinear）がある，とされていた（図 15.19A）．1950 年代および 1960 年代には遺伝学者たちが苦心して遺伝子とタンパク質が 1 対 1 の関係性をもつことを証明する実験を設計した．ついに大腸菌を用いた実験が成功し，その結果，それまで正しいとされてきた仮説が確かであったことが発表された．しかし，1970 年代に真核生物における多くの遺伝子がそのタンパク質と 1 対 1 の関係ではないことがわかったとき，遺伝学者たちは驚いた．

タンパク質と 1 対 1 の関係性をもたない遺伝子は**不連続遺伝子**（discontinuous gene）とよばれた．不連続遺伝子（あるいはスプリット遺伝子，モザイク遺伝子ともよばれた）では，ポリペプチド鎖のアミノ酸配列を指定する DNA はいくつかの断片に分けられており，**発現配列**（expressed sequence）あるいは**エキソン**（exon）とよばれる（図 15.19B）．エキソンとエキソンに挟まれた DNA は**介在配列**（intervening sequence）あるいは**イントロン**（intron）とよばれる．イントロンも A，C，T，G からなるにもかかわらず，イントロン内の DNA 配列はその遺伝子によってコードされるタンパク質のアミノ酸配列に寄与しない．こうした不連続遺伝子は真核生物においては一般的である．ヒト遺伝子の 95% 以上が少なくとも一つのイントロンをもっており，1 遺伝子につき平均して 9 個存在している．

タンパク質をコードする遺伝子のイントロンの分布を説明できる法則はほとんどなく，酵母のような下等真核生物ではイントロンがあまり見られないという事実を説明できていない．酵母ゲノムにおける 6,000 の遺伝子をすべて合わせても，たった 239 個のイントロンしか含まれていない．ところが，哺乳類の多くの遺伝子にはそれぞれ 50 以上のイントロンが含まれている．多くの不連続遺伝子では，イントロンはエキソンよりもはるかに長く，最も

> 一つのヌクレオチドの欠失でも，mRNA が翻訳されてタンパク質が産生するときに用いられる遺伝暗号に異常が生じるので，スプライシングは正確に行われなければならない．このことは 16.1.1 項で遺伝暗号を学ぶときに明確になる．

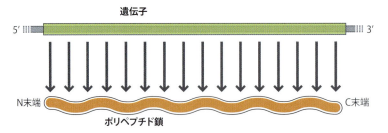

(A) 遺伝子とそのポリペプチド鎖は1対1の関係にある

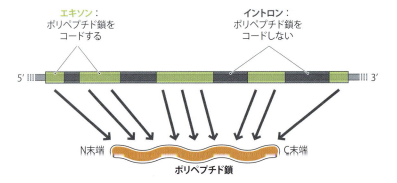

(B) 不連続遺伝子ではそのポリペプチド鎖は1対1の関係にない

●図 15.19 遺伝子とそのポリペプチド鎖の関係
(A) 5′→3′ 方向に読んだときの遺伝子のヌクレオチド配列と，N 末端から C 末端に読んだときのポリペプチド鎖のアミノ酸配列には直接的な関係があるので，遺伝子とそのポリペプチド鎖間に 1 対 1 の関係性がある．(B) 不連続遺伝子なので，遺伝子とそのポリペプチド鎖間に 1 対 1 の関係性はない．

長い遺伝子では，イントロンはその90％をも占めている．

転写のあいだ，イントロンとエキソンを含む遺伝子のすべての領域は転写され，mRNA前駆体が産生される（図15.20）．このRNAがポリペプチド鎖の合成に用いられる前に，イントロンは除かれ，エキソンは互いに結合しなければならない．この過程は**スプライシング**（splicing）とよばれ，きわめて正確に行われなければならない．もし正しいエキソンとイントロンの結合部位からたった1ヌクレオチドでも異なって切断されると，mRNAは正しく機能しないだろう．

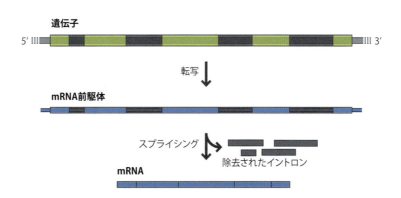

● 図15.20 不連続遺伝子を含むDNAの転写産物であるmRNA前駆体は，スプライシングを受けてはじめてmRNAとしての機能をもつ

### 特異的な配列によってスプライシングの正確性は保証される

mRNA前駆体からイントロンを除去する際の高度な正確性は，エキソンとイントロンの境目に存在する特異的な配列に起因する．mRNA前駆体のイントロンの多くはその配列のはじまりが5′-GU-3′，終わりが5′-AG-3′となっており（図15.21），このようなイントロンを**GU-AGイントロン**（GU-AG intron）とよぶ．

イントロンについての研究がはじまった当初から，保存されたGU-AG配列がスプライシングに関与していることは認識されていた．イントロンの配列がデータベースに蓄積されていくにつれて，このGU-AG配列は実際ほとんどのイントロンの末端に存在する広く保存された配列であることが明らかになった．大腸菌のプロモーター配列同様，これらはすべてのイントロンにおいてまったく同じ配列を示すわけではなく，コンセンサス配列の形をとる．イントロンの上流側の切断位置を**5′スプライス部位**（5′ splice site）または**ドナー部位**（donor site）とよび，この部位に共通する配列は5′-AG↓GUAAGU-3′と表される．矢印はスプライシング時の5′部位でのイントロン切断位置を示している．イントロン下流の切断位置については**3′スプライス部位**（3′ splice site）または**アクセプター部位**（acceptor site）とよぶ．この部位に共通する配列はそれほど明確ではないが，5′-PyPyPyPyPyPyNCAG↓-3′である．"Py"はRNAのヌクレオチドのうちピリミジン塩基（CもしくはU）を，"N"は四つのヌクレオチドのうちのいずれかを表している．

脊椎動物では，5′および3′スプライス部位の配列がイントロンに存在する唯一の保存配列である．しかしながら，イントロンの3′末端の上流にシトシンとウラシルの割合が高い**ポリピリミジン領域**（polypyrimidine tract）が存在している．また，酵母のイントロンにおいては，ゲノム中のすべてのイントロンでは，3′スプライス部位の18〜140ヌクレオチド上流に5′-UACUAAC-3′配列が含まれていることが明らかとなっている．

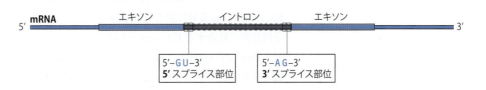

● 図15.21 mRNA前駆体のイントロンにおける5′-GU-3′と5′-AG-3′配列の位置

### 構造上の問題によるスプライシングの複雑化

生化学反応の観点からとらえると，イントロンスプライシングは単純な2段階過程である（図15.22）．

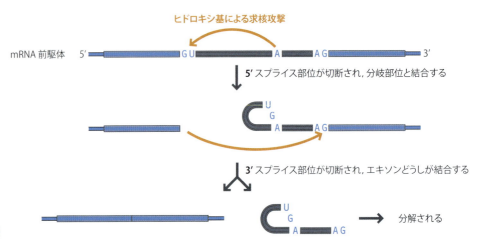

● 図 15.22　スプライシングの概略

- 1段階目は，イントロン配列中のアデノシンヌクレオチドの2′-OH基が介在する**エステル交換反応**（transesterification）によって5′スプライス部位が切断される．酵母においては，5′-UACUAAC-3′配列中の最後のAがこの反応を介する．5′スプライス部位のホスホジエステル結合は切断され，イントロンの5′末端のヌクレオチド（5′-GU-3′配列のG）とイントロン内部のアデノシンが新たな5′-2′ホスホジエステル結合を形成する．これによってイントロンは投げ縄のようなループ構造をとる．
- 2段階目は，上流のエキソンの末端の3′-OH基が介在する2回目のエステル交換反応により，3′スプライス部位が切断される．この3′-OH基は，3′スプライス部位のホスホジエステル結合を攻撃して，投げ縄構造のイントロンを解離させる．こうして上流のエキソンの3′末端と下流の新しくできたエキソンの5′末端が結合し，スプライシングの一連の行程が完了する．

立体構造上の問題でスプライシングはより複雑になる．いくつかのイントロンは数千ヌクレオチドもの長さであり，mRNAが直鎖状の構造を保っていたとすると二つのスプライス部位は100 nm以上も離れてしまうことになる．遠く離れた二つのスプライス部位を近づける方法が必要となるが，この役割を担うのが五つの**核内低分子リボ核タンパク質**（small nuclear ribonucleoprotein，**snRNP**）である．それぞれのsnRNPは一つのノンコーディングsnRNAといくつかのタンパク質を含んでいる．脊椎動物の核は多数の異なるsnRNAをもつが，スプライシングに関与するのはU1，U2，U4，U5，U6である．これらのsnRNAの長さは106〜185ヌクレオチドほどであり，ウラシルの割合が高い．snRNPは補助タンパク質とともにmRNA上の特定の位置に結合して複合体を形成する．このうち最も重要なものは，直接スプライシング反応を担う**スプライソソーム**（spliceosome）とよばれる複合体である．

スプライシングは**複合体A**（complex A）の形成からはじまる（図15.23）．この複合体は，RNA-RNA塩基対に依存して5′スプライス部位に結合するU1-snRNPと，イントロンの分岐部位に結合するU2-snRNAによって成り立っている．U2-snRNAについては，塩基対を形成してmRNAに結合しているわけではなく，U2-snRNAに結合する補助タンパク質と分岐部位の相互作用によって結合が形成されていると考えられている．U1-snRNPとU2-snRNPは互いに親和性があり，5′スプライス部位を分枝部位に近づける．U4-，U5-，およびU6-snRNPがイントロンに結合すると，**複合体B**（complex B）が形成される．こ

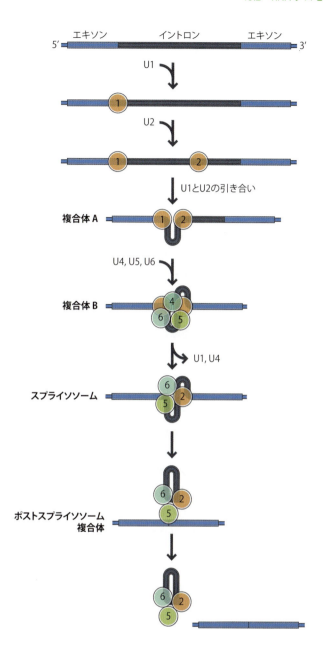

●図 15.23　イントロンスプライシングのそれぞれの段階

れらの因子が結合すると 3′ スプライス部位を，5′ 部位と分枝部位に近づけるようになる．その後，U1 – および U4 – snRNP は複合体から離れ，スプライソソームが形成される．イントロンにある三つの重要な領域は近接することになり，切断と接合反応が起こる状態となり，U2 – および U6 – snRNP がこれを触媒する．スプライシング反応の最初の生成物は**ポストスプライソソーム複合体**（post-spliceosome complex）であり，これがスプライスされた mRNA と投げ縄構造のイントロンを遊離する．このときイントロンは U2 – ，U5 – ，および U6-snRNP にまだ結合している．

### 一部のノンコーディング RNA は自己触媒活性をもつイントロンをもつ

　いくつかの異なる種類のイントロンが存在する．GU – AG イントロン以外にまったく異なる性質をもつイントロンも存在する．**グループ I**（group I）とよばれるファミリーでは，イントロン自身がスプライシング反応を触媒できる点がとくに興味深い．

　グループ I イントロンはおもにミトコンドリアや葉緑体の DNA 中に存在するが，最初に発見されたのは繊毛原生生物のテトラヒメナ（*Tetrahymena*）の核 rRNA のなかであった．グループ I イントロンのスプライシング反応は，二つのエステル交換反応を含む mRNA 前

> **● Box15.4　エステル交換反応**　　　　　　　　　　　　　　　　　　　　　　　化学の原理
>
> エステル交換反応はエステルとアルコールによる反応であり，この反応では二つの反応物がR基を交換する．
>
> ROH + RO-C(=O)-R → ROH + RO-C(=O)-R
> アルコール　エステル　　　　アルコール　エステル
>
> スプライシングの1段階目においては，分岐部位のアデノシンの2′炭素上のヒドロキシ基と，5′スプライス部位のホスホジエステル結合がこの反応を起こす．2段階目では，上流のエキソンの末端の3′ヒドロキシ基がアルコールとして，3′スプライス部位のホスホジエステル結合がエステルとして反応する．

駆体イントロンのものと似ている．5′スプライス部位の切断が起こる一つ目の反応では，GU－AGイントロンの場合はイントロンのヌクレオチドによって引き起こされるのに対し，グループIイントロンでは，ヌクレオシドのグアノシンあるいはヌクレオチドのGMP，GDP，GTPのどれかによって誘発される（図15.24）．これらの3′-OHはイントロンの5′スプライス部位のホスホジエステル結合を攻撃して切断し，イントロンの5′末端にグアノシンを転移させる．2番目のエステル交換反応は，上流エキソンの遊離末端の3′-OHが関与し，3′スプライス部位のホスホジエステル結合を攻撃する．これにより3′部位は切断され，エキソンどうしが結合できる．イントロンは直鎖構造体として遊離されるが，さらにエステル交換反応を受けて環状構造を形成して分解されることがある．

グループIスプライシング反応の驚くべき特徴は，タンパク質がなくても行われる，つまりRNA自身の酵素活性によって行われる自己触媒である．これはRNA酵素またはリボザイムの最初の例であり，1980年代前半に発見された．グループIイントロンの**自己スプライシング**（self-splicing）活性は，RNAがとる塩基対構造に依存する．RNA中に九つの塩基対領域をもち，このうち二つが対をなしてリボザイムの活性部位に存在する．二つのスプライス部位は，ほかの二次構造領域が相互作用することによって接近する．このRNA構造はスプライシングに十分であるが，グループIイントロンのリボザイムの安定性はRNAに結合している酵素作用のないタンパク質によって増強される場合もあると考えられている．

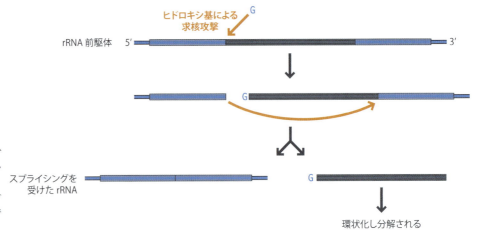

●図15.24　自己触媒作用をもつグループIイントロンのスプライシング反応
スプライシングを開始できる"G"はグアノシン，GMP，GDP，GTPのどれでもよい．

### 15.2.3　ノンコーディングRNA（ncRNA）への化学修飾

一部のノンコーディングRNA（ncRNA）は，切断および結合によるプロセシングだけでなく化学修飾も受ける．これまでに化学修飾の性質やtRNAに与える影響について見てきた．ここでは，rRNA前駆体がプロセシングを受けるあいだに起こるできごとを学ぼう．

tRNAを見ると，幅広い化学修飾があることがわかるが，rRNAでは大部分がウラシルからシュードウラシルに変換されるか，2′-O-メチル化を受ける（図4.15参照）．この反応で

> 化学修飾についてはすでに4.1.3項で学習した．

## Box15.5　マイナースプライソソーム

真核生物のmRNA前駆体イントロンには，GU−AGクラスに分類されないものも少数ある．境界の配列をもとに，これらのイントロンはもともとAU−AC型とよばれていたが，いまではより多くの例が見つかり，境界の配列はさまざまで必ずしもAUとACモチーフを含んでいないことが明らかとなっている．スプライシング反応の生化学はGU−AGとAU−ACイントロンで同じであり，AU−ACイントロンでは二つのエステル交換反応のはじめの反応は5′−UCCUUAAC−3′配列（このタイプのイントロンのほとんどで見られる）の最後のアデノシンの2′−OHによって開始される．

生化学は同じであっても，AU−ACイントロンの配列構造は異なるsnRNPが必要であることを意味している．U5−snRNPだけが両方のスプライシングに関与している．AU−ACイントロンではU11−，U12−snRNPおよびU4atac−，U6atac−snRNPが使われるのに対して，GU−AGイントロンではU1−，U2−snRNPおよびU4−，U6−snRNPが使われる．

AU−ACイントロンはそれほど一般的ではないのでこのスプライシング複合体は**マイナースプライソソーム**（minor spliceosome）とよばれる．

---

はリボースの2′-炭素に結合したOH基の水素がメチル基に置換される（図15.25）．四つのヒトrRNAは95カ所でシュードウリジル化され，別の106カ所がメチル化される．つまり，35ヌクレオチドごとに一つ修飾を受けていることになる．こうした変化は特異的な位置で起きており，rRNAのすべてのコピーで同じように起こる．

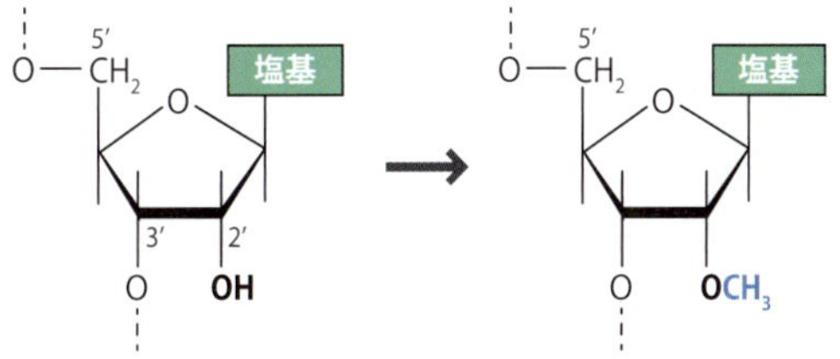

●図15.25　ヌクレオチドの2′-O-メチル化

細菌において，rRNAは酵素によって修飾されるが，その酵素は配列や修飾されるヌクレオチドを含むRNA領域の塩基対構造を直接認識している．真核生物では，修飾位置について，配列および構造において類似性が見られず，特異的な位置を決めるためにはより複雑な過程を必要とする．この過程には核小体低分子RNA（snoRNA）が関与している．

修飾を受けるrRNA上の領域に対してsnoRNAの塩基対形成が必要となる．最初に発見されたsnoRNAはrRNAのメチル化を指示するものであった．これらのsnoRNAはrRNAと数塩基対しか形成しない．snoRNAとrRNAの塩基対は，DボックスとよばれるsnoRNA中の配列のすぐ上流で形成される（図15.26）．さらに，Dボックスから5塩基目の塩基対のrRNA側のヌクレオチドがメチル化される．ウラシルからシュードウラシルへの変換にもsnoRNAが関与している．この場合，snoRNAにはDボックスがないが，それでも修飾を行う酵素によって認識されるような保存されたモチーフをもっているので，rRNAの正しいヌクレオチドを修飾する．

修飾部位が近い場合には同じsnoRNAが関与することもあるが，rRNA前駆体の修飾部位ごとに異なるsnoRNAが存在している．これは，ヒトには約200もの異なるsnoRNAが存在していることを意味している．このうちのいくつかはRNAポリメラーゼⅢによってsnoRNA遺伝子から転写されるが，ほとんどはタンパク質をコードする遺伝子のイントロンのなかの配列によって特定されているので，RNAポリメラーゼⅡによって転写され，スプライシング後にイントロンが切断されることでsnoRNAの配列を放出する．

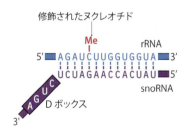

●図15.26　rRNAのメチル化におけるsnoRNAの役割
rRNAとsnoRNA間の相互作用においてはG−U塩基対があることに注目しよう．この塩基対はRNAポリヌクレオチド間では起こりうる．

## Box15.6　選択的スプライシング

　不連続遺伝子がはじめて見つかったとき，一つの**スプライシング経路**（splicing pathway）しかなく，その経路においてすべてのエキソンが結合して一つの mRNA をつくられると考えられていた．しかし，今日では不連続遺伝子には二つ以上の**選択的スプライシング**（alternative splicing）経路があり，その経路において mRNA 前駆体は異なるエキソンの組合せからなるさまざまな mRNA を産生するようなプロセシングを受けることが明らかになっている．これらの mRNA は，関連はあるものの異なるタンパク質を生成する．

　もっている．まったく異なる二つのタンパク質を産生する 2 種類のスプライシング経路をもつヒトカルシトニン/CGRP 遺伝子を例に説明しよう．一つ目の生成物であるカルシトニンは甲状腺で産生される短いペプチドホルモンで，副甲状腺ホルモンと相互作用して血流のカルシウムイオン濃度を調節している．ヒトカルシトニン/CGRP 遺伝子の二つ目の生成物はカルシトニン遺伝子関連ホルモン（CGRP）で，感覚ニューロンの神経伝達活性をもち，痛みの応答にかかわっている．カルシトニン/CGRP 遺伝子には次の六つのエキソンが存在する．

- エキソン 1 は転写開始部位と翻訳開始部位を含む．
- エキソン 2，3 は**シグナルペプチド**（signal peptide）を指定する．これは短いアミノ酸配列であり，タンパク質が小胞体に輸送されるようにする．いったん小胞体内に入ると，シグナルペプチドは切断され，タンパク質はゴルジ体に移動し，細胞から分泌される．タンパク質が目的の場所へ輸送されるしくみ（タンパク質ターゲティング）については 16.4 節で学ぶ．
- エキソン 4 はカルシトニンタンパク質の残りをコードする．
- エキソン 5，6 は CGRP をコードする．

　つまり，カルシトニン/CGRP 遺伝子の mRNA 前駆体は 2 種類の組織特異的なスプライシング経路に従っている．甲状腺では，エキソン 1–2–3–4 がスプライシングされ，シグナルペプチドとペプチドホルモンを含むカルシトニンの前駆体がつくられる．神経組織では，エキソン 1–2–3–5–6 がスプライシングされ，神経伝達物質の CGRP を産生するための mRNA がつくられる．

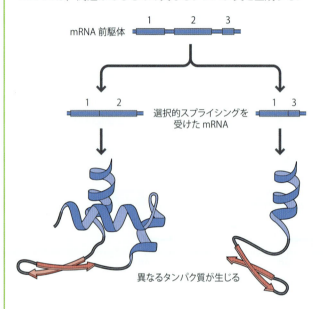

　選択的スプライシングはいくつかの真核生物では珍しいが，脊椎動物では比較的よく見られ，ヒトのタンパク質をコードする遺伝子の約 75％ は二つ以上のスプライシング経路を

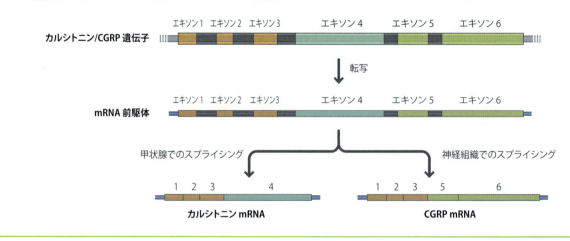

## 参考文献

S. Banerjee, J. Chalissery, I. Bandey, R. Sen, "Rho-dependent transcription termination: more questions than answers," *Journal of Microbiology,* **44**, 11（2006）.

H. Bujard, "The interaction of *E. coli* RNA polymerase with promoters," *Trends in Biochemical Sciences,* **5**, 274（1980）.

S. Buratowski, "Progression through the RNA polymeraseⅡ CTD cycle," *Molecular Cell,* **36**, 541（2009）. 転写中の RNA ポリメラーゼⅡの C 末端ドメインの役割に関する記述.

T. R. Cech, "Self-splicing of group I introns," *Annual Review of Biochemistry*, 59, 543 (1990). イントロンの自己スプライシングについての総説.

N. Cougot, E. van Dijk, S. Babajko, B. Séraphin, "'Cap-tabolism'," *Trends in Biochemical Sciences*, 29, 436 (2004). mRNA キャッピング.

M. R. Green, "TBP-associated factors (TAF II s): multiple, selective transcriptional mediators in common complexes," *Trends in Biochemical Sciences*, 25, 59 (2000).

E. Kandah, S. Trowitzsch, K. Gupta, M. Haffke, I. Berger, "More pieces to the puzzle: recent structural insights into class II transcription initiation," *Current Opinions in Structural Biology*, 24, 91 (2014).

A. Klug, "A marvellous machine for making messages," *Science*, 292, 1844 (2001). 細菌の RNA ポリメラーゼに関する記述.

J. L. Manley, Y. Takagaki, "The end of the message – another link between yeast and mammals," *Science*, 274, 1481 (1996). ポリアデニル化.

A. G. Matera, Z. Wang, "A day in the life of the spliceosome," *Nature Reviews Molecular Cell Biology*, 15, 108 (2014).

R. A. Padgett, P. J. Grabowski, M. M. Konarska, P. A. Sharp, "Splicing messenger RNA precursors: branch sites and lariat RNAs," *Trends in Biochemical Sciences*, 10, 154 (1985). イントロンスプライシングに関する基礎が詳しく書かれた良質の総説.

R. M. Saecker, M. Y. Record, P. L. deHaseth, "Mechanism of bacterial transcription initiation: RNA polymerase-promoter binding, isomerization to initiation-competent open complexes, and initiation of RNA synthesis," *Journal of Molecular Biology*, 412, 754 (2011).

D. Tollervey, "Small nucleolar RNAs guide ribosomal RNA methylation," *Science*, 273, 1056 (1996).

L. Tora, H. T. Timmers, "The TATA box regulates TATA-binding protein (TBP) dynamics *in vivo*," *Trends in Biochemical Sciences*, 35, 309 (2010). TBP による TATA ボックス認識の詳細.

I. Toulokhonov, I. Artsimovitch, R. Landick, "Allosteric control of RNA polymerase by a site that contacts nascent RNA hairpins," *Science*, 292, 730 (2001). RNA ポリメラーゼの外表面にあるフラップ構造を含む原核生物における転写終結のモデル.

A. A. Travers, R. R. Burgess, "Cyclic re-use of the RNA polymerase sigma factor," *Nature*, 222, 537 (1969). σ サブユニットの役割についての最初の説明.

J. Venema, D. Tollervey, "Ribosome synthesis in *Saccharomyces cerevisiae*," *Annual Review of Genetics*, 33, 261 (1999). rRNA プロセシングに関する広範にわたる詳細な総説.

M. C. Wahl, C. L. Will, R. Lührmann, "The spliceosome: design principles of a dynamic RNP machine," *Cell*, 136, 701 (2009). スプライソソームに特化したイントロンスプライシングに関する総説.

## ● 章末問題

### 四択問題

各質問に対して正しい答えは一つだけである. 答えは化学同人 HP : https://www.kagakudojin.co.jp/book/b378577.html にある.

1. ノンコーディング RNA ではないものはどれか？
   (a) rRNA  (b) tRNA  (c) miRNA  (d) mRNA

2. 大腸菌プロモーターの 35 塩基上流に共通して存在する配列はどれか？
   (a) 5′–TTGACA–3′  (b) 5′–TGGAGA–3′
   (c) 5′–TCGACA–3′  (d) 5′–TAGACA–3′

3. 大腸菌プロモーターの 10 塩基上流に共通して存在する配列はどれか？
   (a) 5′–TATTAT–3′  (b) 5′–TAAAAT–3′
   (c) 5′–TATAAT–3′  (d) 5′–TTTAAT–3′

4. 大腸菌の RNA ポリメラーゼの構造を表したものはどれか？
   (a) $\alpha_2\beta\beta'\delta$  (b) $\alpha\beta_2\beta'\delta$  (c) $\alpha_2\beta_2\delta$  (d) $\alpha\beta\beta'\delta$

5. 大腸菌の転写開始に関する次の記述のうち，正しくないものはどれか？
   (a) RNA ポリメラーゼのプロモーターへの結合には，σ サブユニットと，−35 ならびに−10 領域の相互作用が関与する
   (b) RNA ポリメラーゼは 20 塩基対を覆う
   (c) はじめに閉鎖型複合体を形成したあと，開放型複合体を形成する
   (d) σ サブユニットはプロモーター配列を認識し，DNA に RNA ポリメラーゼが結合すると，すぐに酵素から解離する

6. RNA ポリメラーゼ II によって転写される遺伝子の種類は次のうちどれか？
   (a) mRNA，snRNA，miRNA  (b) 28S/5.8S/18S rRNA
   (c) 5S rRNA，tRNA，そのほかさまざまな小分子 RNA
   (d) (a)～(c) すべて

7. 真核生物のタンパク質をコードする遺伝子のプロモーターの+1 塩基近傍に存在する配列の名称として正しいものはどれか？
   (a) 開始コドン  (b) TATA ボックス
   (c) 選択的プロモーター  (d) 開始配列

8. 真核生物のタンパク質をコードする遺伝子のプロモーター中の TATA ボックスを認識および結合するタンパク質の名称は何か？
   (a) TBP  (b) TAF  (c) CTD  (d) RNA ポリメラーゼ II

9. RNA ポリメラーゼ II はどのように活性化されるか？
   (a) 最も小さいサブユニットの C 末端へのリン酸基の付加
   (b) σ サブユニットの解離
   (c) 最も大きいサブユニットの C 末端へのリン酸基の付加
   (d) メディエータータンパク質の解離

10. 大腸菌の転写バブルの大きさはどれくらいか？
    (a) 8～10 塩基対  (b) 12～14 塩基対
    (c) 20～24 塩基対  (d) 80 塩基対

11. RNA ポリメラーゼ II による RNA 合成速度はどれくらいか？
    (a) 毎分 1,000 ヌクレオチド以下
    (b) 毎分 1,000～2,000 ヌクレオチド以下
    (c) 毎分 10,000～50,000 ヌクレオチド以上
    (d) 毎分 50,000 ヌクレオチド以上

12. キャップ構造に関する次の記述のうち，正しいものはどれか？
    (a) グアニンメチルトランスフェラーゼによって RNA の 5′ 末

端に GTP が結合する
(b) RNA の長さが 30 ヌクレオチド以上になってからキャップ構造が形成される
(c) 最初の反応は 5′ 末端の三リン酸と GTP の三リン酸とのあいだで起こる
(d) 5-メチルグアノシンを含む

13. 大腸菌の内因性ターミネーターに含まれるものとして正しいものはどれか？
(a) 逆方向反復配列
(b) 連続したアデニンヌクレオチド
(c) RNA 転写産物がステムループ構造を形成するような配列
(d) (a)〜(c) すべて

14. Rho 依存ターミネーターの"Rho"とは何か？
(a) ヘリカーゼ　(b) RNA ポリメラーゼのサブユニット
(c) ステムループ構造　(d) トポイソメラーゼ

15. 真核生物の mRNA のポリアデニル化に関する次の記述のうち，正しくないものはどれか？
(a) ポリ (A) 鎖は 250 塩基のアデニンヌクレオチドからなり，RNA の 5′ 末端に位置している
(b) アデニンヌクレオチドがポリ A ポリメラーゼによって付加される
(c) mRNA はポリアデニル化に先立って切断される
(d) CPSF と CstF タンパク質がポリアデニル化に関与している

16. 大腸菌の rRNA 前駆体の沈降係数は何か？
(a) 5S　(b) 18S　(c) 23S　(d) 30S

17. 大腸菌 tRNA のプロセシングにおいて，成熟 tRNA の 5′ 末端を形成する切断を行うのは次のうちどれか？
(a) リボヌクレアーゼ D　(b) リボヌクレアーゼ E
(c) リボヌクレアーゼ F　(d) リボヌクレアーゼ P

18. 不連続遺伝子のうち，タンパク質のアミノ酸配列に寄与しない断片を何というか？
(a) エキソン　(b) エキトロン　(c) イントン
(d) イントロン

19. GU−AG イントロンの 5′ スプライス部位に共通する配列はどれか？
(a) 5′–AGG ↓ UAAGU–3′　(b) 5′–AG ↓ GUAAGU–3′
(c) 5′–AGGUAAGU↓–3′　(d) 5′–↓AGGUAAGU–3′

20. GU−AG イントロンのスプライシングの過程で起こる生化学反応はどれか？
(a) 形質転換　(b) 酸化反応　(c) エステル交換反応
(d) 酸化的交換反応

21. スプライシング中に GU−AG イントロンがとる構造は何とよばれるか？
(a) スプライソソーム　(b) イントロン　(c) snRNP
(d) リボソーム

22. グループ I イントロンのスプライシングに関する次の記述のうち，正しくないものはどれか？
(a) 二つのエステル交換反応が関与する
(b) イントロン内のヌクレオチドにより 5′ スプライス部位が切断される
(c) イントロンの RNA が触媒活性をもつ
(d) イントロンは直鎖構造として解離する

23. 二つの化学修飾のうち，rRNA で最も一般的なものはどれか？
(a) ウラシルの 4′-チオウラシルへの変換と 2′-O-メチル化
(b) ウラシルの 4′-チオウラシルへの変換と 3′-O-メチル化
(c) ウラシルのシュードウラシルへの変換と 2′-O-メチル化
(d) ウラシルのシュードウラシルへの変換と 3′-O-メチル化

24. ヒトの snoRNA の大多数はどのようにして合成されるか？
(a) RNA ポリメラーゼ I により転写される
(b) RNA ポリメラーゼ II により転写される
(c) RNA ポリメラーゼ III により転写される
(d) スプライシングされたイントロンの切断による

### 記述式問題

これらの質問の答えは本文中に記載されている．

1. 真核生物の細胞に見られるさまざまなノンコーディング RNA の機能の概論を述べよ．
2. 大腸菌プロモーターの役割と構造を述べよ．
3. 大腸菌の転写開始を図示せよ．この過程における RNA ポリメラーゼの σ サブユニットの役割の記述に気をつけること．
4. 真核生物のタンパク質をコードする遺伝子のプロモーターは大腸菌のものとどのように異なるか？
5. 大腸菌の RNA ポリメラーゼによる RNA の転写伸長における β と β′ サブユニットの役割を述べよ．フラップ構造とは何か，またフラップ構造が転写において果たすと考えられる役割は何か？
6. 真核生物の mRNA にどのようにキャップ構造とポリ A 鎖が付加されるか，図を用いて述べよ．
7. 大腸菌における内因性および Rho 依存の転写終結の違いを述べよ．
8. rRNA と tRNA の転写過程で起きる切断とトリミングの概要を述べよ．
9. GU−AG イントロンのスプライシングの過程を詳しく述べよ．
10. ノンコーディング RNA のプロセシングにおける snoRNA の役割を述べよ．

### 自習用問題

次の質問に答えるためには，自分で計算してみたり，ほかの文献を読んでみたり，あるいはインターネットで調べる必要がある．

1. なぜ真核生物は三つの RNA ポリメラーゼをもつのかを説明する仮説を立てよ．その仮説は検証できるか？
2. 最近，ポリメラーゼが恒常的に一時停止し，さらにヌクレオチドを付加して伸長を継続するか，鋳型からの解離によって終結するかを選択することにより，転写は不連続的に進行すると考

えられている．どちらが選択されるかはどちらが熱力学的観点から優れているかに依存する．この転写に関する見解を評価せよ．

3．不連続遺伝子は高等生物ではよく見られるが，細菌にはほとんど存在しない．この理由を考えよ．

4．AU−AC イントロンの研究から，どの程度の GU−AG イントロンスプライシングの詳細に関する知見が得られたか．

5．tRNA と rRNA が化学的修飾を受ける理由を議論せよ．

# 第16章
# タンパク質の合成

### ◆本章の目標

- いくつかの種間でコードの多様性があることも含めて，遺伝暗号の重要な特徴を理解する．
- アミノ酸がどのように tRNA に結合するか，またどのように間違いを避けるかを知る．
- tRNA へのアミノ酸の付加反応において，その tRNA が特定するアミノ酸ではないアミノ酸をいったん付加してから修正する，特殊な例について説明できる．
- 遺伝暗号の解読におけるコドン－アンチコドンの相互作用の重要性を評価でき，この過程でのゆらぎの役割を理解できる．
- 細菌と真核生物のリボソームの構成を説明できる．
- リボソームの三次構造がどのようにタンパク質合成におけるリボソームの役割にかかわっているかを知る．
- 大腸菌と真核生物での翻訳開始時に起こっているできごとを述べることができ，またとくにさまざまな開始因子の役割を知る．
- 大腸菌と真核生物の翻訳伸長段階で起こっている事象を説明できる．
- 大腸菌と真核生物でどのように翻訳が終結するか理解する．
- タンパク質分解によるタンパク質プロセシングの例をあげることができる．
- さまざまなタンパク質への化学修飾の例をあげることができる．
- シグナル伝達経路とヒストンによる遺伝子発現制御におけるタンパク質の化学修飾の役割を理解する．
- タンパク質ターゲティングにおけるソーティング配列の役割を理解する．
- 分泌タンパク質のエキソサイトーシスの経路を説明でき，リソソームを含む細胞小器官へのタンパク質輸送経路の多様性を知る．

遺伝子発現経路の2段階目では，mRNA が直接タンパク質合成を指令している．mRNA のヌクレオチド配列がアミノ酸配列に翻訳されタンパク質となる過程は**翻訳**（translation）とよばれる．ここではタンパク質合成について四つの点を学ぼう．

- はじめに，ヌクレオチド配列がアミノ酸配列に変換される規則としての**遺伝暗号**（genetic code）を理解する．遺伝暗号の特徴とそれぞれの mRNA の翻訳中に遺伝暗号によって定められた規則がどのように実行されるかについて学ぶ必要がある．
- 次に，アミノ酸がポリペプチド鎖にどのように組み込まれるかを理解するためにタンパク質合成過程の機構を学ぶ．
- 3番目に，いくつかのタンパク質が機能を発現するのに必要となる**翻訳後修飾**（post-translation processing）について学ぶ．これらの反応（過程）にはポリペプチドの両末端または一方の末端断片の除去，大きな分子の小さい断片への切断，ペプチド中のアミノ酸の化学修飾が含まれる．
- 最後に，**タンパク質ターゲティング**（protein targeting）によってどのように，タンパク質が合成された部位から細胞内で機能を発揮する場所へと輸送されるのかを学ぶ．

## 16.1　遺伝暗号

遺伝暗号とは，mRNA のヌクレオチド配列がタンパク質のアミノ酸配列を特定する決まりである．はじめに遺伝暗号の特徴について学び，それから mRNA の翻訳中に暗号がアミ

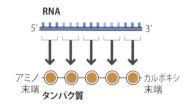

● 図 16.1 mRNA とそのタンパク質との関係
隣接する三つのヌクレオチドは，タンパク質の一つのアミノ酸を指定するコドンである．

ノ酸配列に変換される方法を見ていこう．

### 16.1.1 遺伝子暗号の特徴

1960 年代のはじめ，遺伝暗号の解読は生化学者の最大の関心の一つであった．この研究から，遺伝子とその遺伝子が特定するタンパク質には直列的な関係があることがわかった．つまり遺伝子のヌクレオチド配列は，対応したタンパク質のアミノ酸配列に反映される（図 15.19 参照）．また，mRNA の三つの連続したヌクレオチド（トリプレットコドン）は暗号または**コドン**（codon）を形成し，どのコドンも単一のアミノ酸を指定していることも示された（図 16.1）．徐々に，それぞれのトリプレットコドンの意味が解読され，大腸菌ではたらく遺伝暗号が完全に解読された 1966 年には，この研究は最高潮に達した．

#### 遺伝子コドンは縮重し区切りコドンを含む

4 文字（ATCG）から 3 文字を使用するトリプレットコドンには $4^3 = 64$ 通りの組合せがある（AAA，AAT，TAT，GCA など）．遺伝暗号で指定されているアミノ酸はたった 20 種類しかなく，遺伝暗号が**縮重**（degenerate）しているに違いないと予想でき，いくつかのアミノ酸は一つ以上のコドンによって指定されていると考えられた．実際，そのとおりであった．20 種類のアミノ酸のうち 18 種類は一つ以上のコドンをもつ．二つの例外のうち，メチオニンは AUG だけでコードされ，トリプトファンは UGG だけでコードされている（図 16.2）．よく似たコドンは一つのファミリーに分類され，たとえば GGA，GGU，GGG，GGC はすべてグリシンをコードする．グリシンの実際のコードは GGN で表され，"N" は四つのヌクレオチドのどれでもよい．このようなことは，のちに学ぶように，タンパク質合成時における tRNA による遺伝暗号の認識においても見られる．

64 トリプレットのうち四つは**区切りコドン**（punctuation codon）†としてはたらく．これらのコドンはタンパク質に翻訳されるヌクレオチド配列のはじめと終わりを示している．アミノ酸配列をコードする**オープンリーディングフレーム**（open reading frame）は mRNA の一部であり，mRNA の 1 番目のコドンからはじまるのでも，最後のヌクレオチドで終わるのでもない．そこでオープンリーディングフレームを規定する区切りコドンが必要となる（図 16.3）．mRNA のオープンリーディングフレームの前後には，タンパク質をコードしない**リーダーセグメント**（leader segment）と**トレーラーセグメント**（trailer segment）が存在し，それぞれ **5′- または 3′-非翻訳領域**（untranslated region，**UTR**）とよばれている．したがって，**開始コドン**（initiation codon）と**終止コドン**（termination codon）がオープンリーディングフレームのはじめと終わりを示すのに必要とされる．

トリプレット AUG はほとんどの mRNA の開始コドンである．このトリプレットはメチ

†訳者注：本書では開始コドンと終止コドンを併せてこのように表す．

| | | | | | | | |
|---|---|---|---|---|---|---|---|
| UUU | phe | UCU | ser | UAU | tyr | UGU | cys |
| UUC | | UCC | | UAC | | UGC | |
| UUA | leu | UCA | | UAA | 終止 | UGA | 終止 |
| UUG | | UCG | | UAG | | UGG | trp |
| CUU | leu | CCU | pro | CAU | his | CGU | arg |
| CUC | | CCC | | CAC | | CGC | |
| CUA | | CCA | | CAA | gln | CGA | |
| CUG | | CCG | | CAG | | CGG | |
| AUU | ile | ACU | thr | AAU | asn | AGU | ser |
| AUC | | ACC | | AAC | | AGC | |
| AUA | | ACA | | AAA | lys | AGA | arg |
| AUG | met | ACG | | AAG | | AGG | |
| GUU | val | GCU | ala | GAU | asp | GGU | gly |
| GUC | | GCC | | GAC | | GGC | |
| GUA | | GCA | | GAA | glu | GGA | |
| GUG | | GCG | | GAG | | GGG | |

● 図 16.2 遺伝暗号

●図 16.3 区切りコドンの位置を示す mRNA の構造

オニンをコードするので，新しく合成されるポリペプチドはアミノ酸の N 末端にこのアミノ酸をもつが，メチオニンはタンパク質がつくられたあとに取り除かれることもある．メチオニンのコドンはたった 1 個しかなく，ポリペプチド中にあるメチオニンも AUG コドンで指定されている．のちに，mRNA が翻訳される際の開始コドンとこれらの内部の AUG コドンとを区別する方法を学ぶ．

UAA，UAG，UGA の三つのトリプレットは終止コドンとしてはたらき，このうち一つが翻訳を終えるオープンリーディングフレームの最後に存在する．大腸菌では三つのトリプレットだけがアミノ酸を指定しない．

### 遺伝暗号には多様性がある

1960 年代に大腸菌の遺伝暗号が解明されたとき，どんな生物の遺伝暗号も同じであると考えられた．コドンに新しい意味を与えると，生物間でタンパク質のアミノ酸配列に混乱を与えるので，遺伝子暗号の意味が変わることは想像しにくかった．遺伝暗号は，進化の最も初期に確立され，それが"固定"されることで，すべての現代の生物種においても同じであると考えられていた．

しかし，この推定は誤っているとわかった．図 16.2 に示したコードは，大部分の生物における大部分の遺伝子で正しいが，普遍的ではない．ミトコンドリアに存在する短い DNA の研究において，異なっている例がはじめて発見された．ヒトのミトコンドリア DNA にある遺伝子のいくつかは，オープンリーディングフレームの最後を特定しない UGA コドンをオープンリーディングフレーム内にもっていることが示された．これらの遺伝子では，UGA コドンはトリプトファンをコードしている．ヒトのミトコンドリア遺伝子のヌクレオチド配列と対応するタンパク質のアミノ酸配列を比較すると，ほかに三つの標準的な遺伝暗号から逸脱するパターンが見つかった．通常，アルギニンを指定する AGA と AGG の二つのコドンはミトコンドリア遺伝子においては終止コドンであり，AUA はイソロイシンではなくメチオニンをコードしていた（表 16.1）．同様に，コードの逸脱はほかの生物のミトコンドリア遺伝子でも知られており，原生動物や酵母のような単細胞真核生物の核遺伝子でも見つかっている．逸脱は原核生物では一般的ではないが，マイクロコッカス属やマイコプラズマ属などで知られている．

遺伝暗号の多様性の二つ目のタイプは**配列情報依存的コドン再割り当て**（context-dependent codon reassignment）であり，タンパク質がセレノシステインまたはピロリシンを含むときに起こる（図 3.10 参照）．これらはタンパク質によく見られる 20 種のアミノ酸ではないまれなアミノ酸であるが，いくつかのタンパク質で見られる．ピロリシンを含むタンパク質はまれで，おそらく数種の古細菌とわずかな細菌にしか存在しないが，セレノシステインを含むタンパク質は多くの生物に広く存在している（表 16.2）．その一例として，哺乳動物細胞を酸化的損傷から保護する酵素である**グルタチオンペルオキシダーゼ**（glutathione peroxidase）がある．セレノシステインは UGA でコードされるが，終止コドンとしても使われるため，

●表 16.1 ヒトミトコンドリア遺伝子に見られる標準遺伝暗号からの逸脱

| コドン | コードするはずのもの | 実際にコードするもの |
| --- | --- | --- |
| UGA | 終止 | トリプトファン |
| AGA，AGG | アルギニン | 終止 |
| AUA | イソロイシン | メチオニン |

UGAは二重の意味をもつ．セレノシステインを指定するUGAコドンは，原核生物ではコドンのすぐ下流に，真核生物ではトレーラー領域に位置するmRNAのステムループ構造の存在によって規定される（図16.4）．UGAをセレノシステインコドンと認識するには，このステムループと，これらのmRNAの翻訳にかかわる特定のタンパク質との相互作用を必要とする．同様のシステムはおそらく，終止コドンのUAGによって指定されるピロリシンの場合でもはたらいている．

● 表16.2　セレノシステインを含むタンパク質の例

| 生 物 | タンパク質 | タンパク質の機能 |
|---|---|---|
| 哺乳動物 | グルタチオンペルオキシダーゼ | $H_2O_2$ の $H_2O$ への転換（Box11.6参照） |
|  | チオレドキシンレダクターゼ | カルビン回路調節時など，還元されたチオレドキシンの再生（図10.17参照） |
|  | ヨードチロニン脱ヨード酵素 | 甲状腺ホルモンの活性化と不活性化 |
| 細 菌 | ギ酸デヒドロゲナーゼ | ギ酸の $CO_2$ への酸化 |
|  | グリシンレダクターゼ | 基質レベルのリン酸化に関連するグリシンの還元的脱アミノ化 |
|  | プロリンレダクターゼ | 基質レベルのリン酸化に関連するプロリンの還元 |
| 古細菌 | ホルミルメタノフランデヒドロゲナーゼ | $CO_2$ からメタンへ変換するメタン産生経路中の $CO_2$ の還元 |

● 図16.4　UGAコドンの配列情報依存的再割り当て
セレノシステインを指定するUGAコドンは，原核生物ではここで示されているようにコドンのちょうど下流のmRNAに位置するステムループ構造により，また，真核生物では遺伝子のトレーラー領域に位置するステムループ構造により識別される．

### 16.1.2　遺伝暗号はタンパク質合成時にどのように翻訳されるのか

遺伝暗号の特徴を理解したので，次にmRNAがポリペプチドに翻訳されるときに，遺伝暗号に含まれる情報がどのように翻訳されるのか，という重要な問題へ取り組もう．この鍵を担うのはtRNAであり，tRNAは読み取られるmRNAとつくられるタンパク質のあいだを物理的に連結する（図16.5）．

それぞれのトリプレットコドンは，適切なアミノ酸をポリペプチド鎖の伸長末端へ運ぶtRNAによって認識される．tRNAがどのようにこの役割を担うかを理解するには，次の二つのトピックを学ばなければならない．

- アミノアシル化（aminoacylation）：正しいアミノ酸がtRNAに結合する過程．
- コドン‒アンチコドン認識（codon‒anticodon recognition）：tRNAとmRNA上のコドンの相互作用．

### アミノアシル化の特異性はアミノアシルtRNAシンテターゼにより保証される

アミノアシル化はアミノアシルtRNAシンテターゼ（aminoacyl-tRNA synthetase）によって触媒され，それによりアミノ酸がtRNAのアクセプターアームとよばれるクローバーリーフ構造の一部の3′末端のヌクレオチドに連結する（図16.6）．この3′末端のヌクレオチドは常にアデニンである．アミノアシル化には2ステップある．

> tRNAの構造については4.1.2項で学んだ．

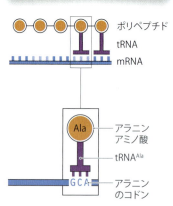

● 図16.5　タンパク質合成におけるtRNAの役割
tRNAを名づける際に使われた命名法についてはBox16.1を参照のこと．

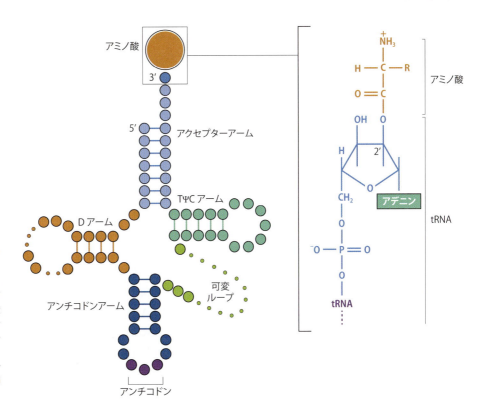

● 図 16.6 アミノ酸の tRNA への結合

tRNA のクローバーリーフ構造を示す．それぞれの塩基対構造に与えられる名前が示されている．この例では，アミノ酸は最後のヌクレオチドの 2′-OH に結合している．これはクラス I アミノアシル tRNA シンテターゼによりもたらされる結合である．クラス II アミノアシル tRNA シンテターゼはアミノ酸を 3′-OH 基に結合させる．

**ステップ 1.** 活性化型のアミノアシル AMP 中間体（図 16.7）は，アミノ酸と ATP 間の反応によって生成する．

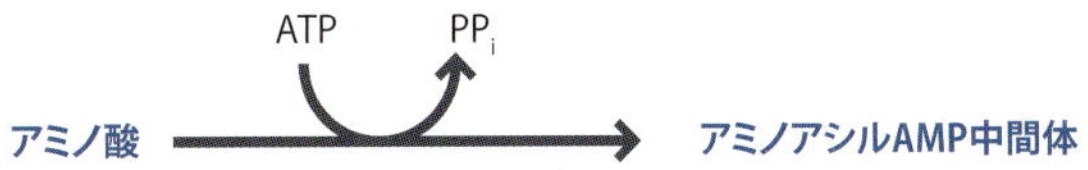

アミノ酸 —（ATP → PP$_i$）→ アミノアシル AMP 中間体

**ステップ 2.** アミノ酸は AMP を放出しながら tRNA の 3′ 末端に転移する．

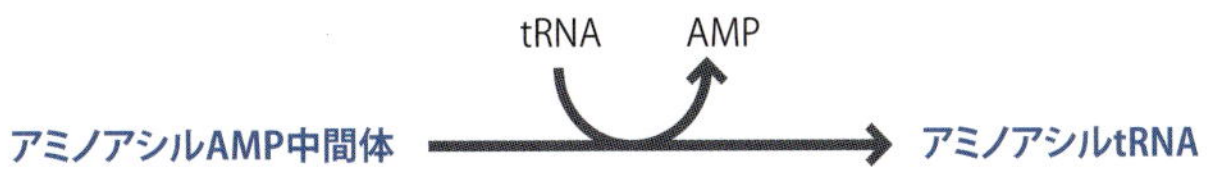

アミノアシル AMP 中間体 —（tRNA → AMP）→ アミノアシル tRNA

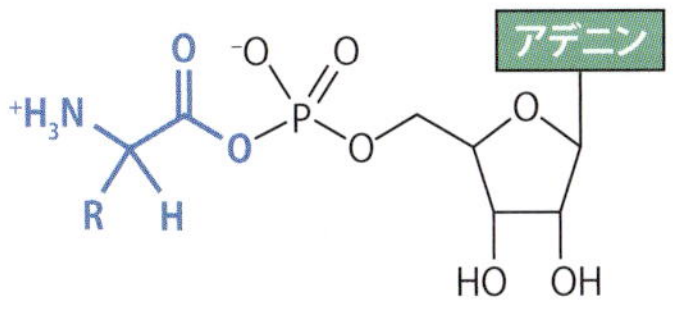

● 図 16.7 アミノアシル AMP 化合物はアミノアシル化反応中間体として形成される

アミノ酸は青字で示されている．

細菌は 30〜45 種類の tRNA をもっており，真核生物では 50 種類にものぼる．しかし，アミノ酸はたった 20 種類しかないので，いくつかの tRNA は同じアミノ酸に対応している．こうした tRNA のグループは**アイソアクセプター tRNA**（isoaccepting tRNA）とよばれる．しかし，ほとんどの生物はそれぞれのアミノ酸に対応した 20 種類のアミノアシル tRNA シンテターゼしかもたない．これは，同じアミノ酸を認識するアイソアクセプター tRNA が単一の酵素によってアミノアシル化されていることを意味している．

驚くべきことに，20 種類のアミノアシル tRNA シンテターゼは，一つの酵素ファミリーを構成しているわけではなく，生化学的性質の異なる二つのグループのアミノアシル tRNA シンテターゼが存在している．それらは，アミノ酸とその tRNA のあいだに形成される結合の性質が明らかに異なっている．クラス I 酵素はアミノ酸を tRNA（図 16.6 に示されているような）の末端ヌクレオチドの 2′-OH 基に結合させる．一方，クラス II 酵素はアミノ酸を 3′-OH 基に結合させる．

遺伝暗号の規則が実行されるためには，正しいアミノ酸が正しい tRNA に結合しなければならない．この正確性は，アミノアシル tRNA シンテターゼと，tRNA のアクセプターアーム，アンチコドンループ，さらに D アームおよび TΨC アームのヌクレオチドなどの多くの相互作用によって確保されている．アミノアシル tRNA シンテターゼとアミノ酸の相互作

> クローバーリーフ構造は tRNA 構造の二次元表記であったことを思いだそう．実際には，それぞれの tRNA は図 4.14 に示されているような，よりコンパクトな三次元立体構造をとっている．

用はそれほど強くない．なぜなら，単純にアミノ酸が tRNA よりはるかに小さいからである．これは，イソロイシンとバリンのような構造的に類似したアミノ酸どうしを区別する新たな問題があることを意味している．そのため，ほとんどのアミノ酸での間違いの頻度は非常に低いが，構造的に類似したアミノ酸どうしでは 80 回のアミノアシル化で 1 回程度の頻度で間違いが生じる可能性がある．異なる tRNA との結合を含むほとんどの間違いは，アミノアシル tRNA シンテターゼが tRNA のほかの部位と相互作用するなどの，アミノアシル化とは別の校正過程によって正される．

### 珍しいタイプのアミノアシル化

前述した二つのステップに違いがある珍しいアミノアシル化が知られている．よく見られる例は，アミノアシル tRNA シンテターゼが最初の反応で誤ったアミノ酸を tRNA に結合させたとき，二つ目の化学反応により，この誤ったアミノ酸を正しいアミノ酸に交換するものである．この方法は，巨大菌（*Bacillus megaterium*）が tRNA$^{Gln}$ をアミノアシル化する際に用いられている．巨大菌にはグルタミンを指定するアミノアシル tRNA シンテターゼがない．その代わりに，tRNA がグルタミン酸をアミノアシル化し，次にアミノトランスフェラーゼによるアミノ基転移反応によってグルタミンに置換する（図 16.8A）．同様の過程がさまざまなほかの細菌（大腸菌類を除く）や古細菌で利用されている．

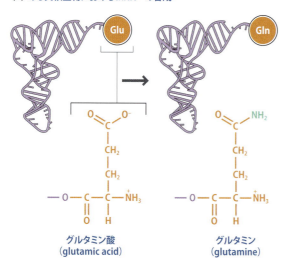

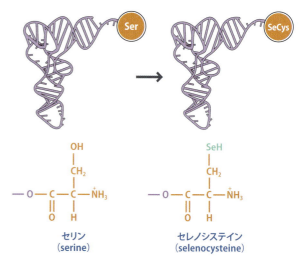

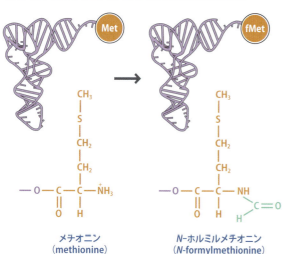

● 図 16.8　珍しい種類のアミノアシル化
(A) ある原核生物での tRNA$^{Gln}$（グルタミンを指定する tRNA）の合成．(B) セレノシステイン（SeCys）でアミノアシル化された tRNA の合成．(C) *N*-ホルミルメチオニン（fMet）でアミノアシル化された tRNA の合成．図中にはアミノアシル tRNA の三次構造が示されている．

## Box 16.1　異なる tRNA を区別する表記法

異なる tRNA を区別する標準的な表記法は次のとおりである.
- 一つの tRNA に対して特異的なアミノ酸は上つき文字で示される. たとえば, tRNA$^{Gly}$ はグリシンを指定する tRNA であり, tRNA$^{Ala}$ はアラニンを指定する tRNA である.
- 異なるアイソアクセプター tRNA を区別するために数字が用いられる. たとえば, 二つのアイソアクセプター tRNA を指定するグリシンは tRNA$^{Gly1}$, tRNA$^{Gly2}$ のように表記される.

似たような反応は, セレノシステインでアミノアシル化された tRNA の合成においても起こる. グルタチオンペルオキシダーゼなどのセレノプロテイン (セレン含有タンパク質) が合成されるときには, mRNA 配列情報依存的に UGA コドンを解読する必要がある. これらのコドンはセレノシステインに対して特異性をもつ特別な tRNA によって認識されるが, この tRNA にセレノシステインを結合させるアミノアシル tRNA シンテターゼは存在しない. その代わりに, この tRNA にはセリル tRNA シンテターゼによってセリンがアミノアシル化される. 付加されたセリンは次に, セリンの−OH 基が−SeH 基へと置換され, セレノシステインが合成される (図 16.8B).

ピロリシンも珍しいアミノ酸で, 配列情報依存的コドン再割り当てによってタンパク質に取り込まれる. しかし, ピロリシンを利用する生物はこのアミノ酸を tRNA に直接結合させる特異的な tRNA シンテターゼをもつので, 特別なアミノアシル化過程を必要としない. ほとんどの細菌において見られる, 特殊なアミノアシル化はほかにもある. その一つとして, AUG 開始コドンをもつ tRNA において, AUG によって指定されたアミノ酸であるメチオニンがまずアミノアシル化を受ける. tRNA に結合したあと, メチオニンはホルミル基 (−CHO) の付加により $N$-ホルミルメチオニンが合成される (図 16.8C). 翻訳開始時の $N$-ホルミルメチオニンの役割については, この章の終盤で再び触れる.

### コドンは tRNA と mRNA 間の塩基対形成によって読み取られる

正しいアミノ酸と tRNA の結合は, 遺伝暗号の翻訳が規則どおりに進む過程の最初の段階である. 翻訳過程を無事に完了するには, tRNA は運搬しているアミノ酸に対応したコドンを認識し結合しなければならない.

コドン認識には, **アンチコドン** (anticodon) とよばれるヌクレオチドのトリプレットが関与しており, この配列は tRNA のアンチコドンループ上に位置する (図 16.6 参照). アンチコドンはコドンに対して相補的であるため, 塩基対形成によって結合する (図 16.9). 特定の tRNA 上に存在するアンチコドンが, その tRNA が運んでいるアミノ酸のコドンと相補的であることで遺伝暗号の規則が守られている.

アミノ酸に対応するコドンは 61 種類存在するが, 真核生物の tRNA は 50 種類程度しかなく, 細菌にいたってはそれよりも少ない. すなわち, いくつかの tRNA は複数のコドンを認識していることになる. それでは, 必要な特異性を保持しつつ, どのようにして複数のコドンを認識しているのだろう. その答えは, **ゆらぎ** (wobble) とよばれる現象によって説明できる. アンチコドンは tRNA のループ内に位置するため, ヌクレオチドのトリプレットはわずかに湾曲している. したがって, アンチコドンはコドンと完全に密着した直線的な結合を形成できない. その結果, コドンの 3 番目のヌクレオチドとアンチコドンの 1 番目のヌクレオチドは "ゆらぎ位置" で, ふつうとは異なる塩基対を形成するようになる (図 16.9 の 34 の位置). しかしながら, ゆらぎ位置においてはどのような塩基どうしでも結合できるわけではなく, いくつかのゆらぎ塩基対だけが許容される. 二つのおもな例を次にあげる (図 16.10).

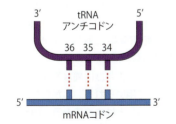

● 図 16.9　コドンとアンチコドン間の相互作用
図中の数字は, tRNA の 5′ 末端のヌクレオチドを 1 として何番目のヌクレオチドに相当するかを表している.

●図16.10　ゆらぎ塩基対の例
（A）G-U塩基対を含むゆらぎの例．これら二つの例では，アラニンをコードする4種類のコドンを2種類のtRNAのみで認識することができる．（B）イノシンを含むゆらぎは，単一のtRNAによってイソロイシンをコードする3種類のコドンを読み取ることができる．図中では，ゆらぎ位置のヌクレオチドを赤色で示す．

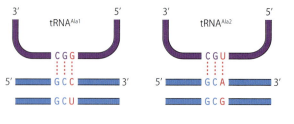
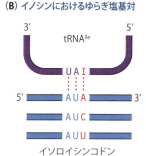

- **G-U塩基対**（G-U base pair）：Gに対してCだけではなくUも結合できるようになり，◆◆G配列をもつアンチコドンは◆◆Cと◆◆Uの両方と塩基対を形成できる．同様に，◆◆Uのアンチコドンは◆◆Aと◆◆Gの両方と塩基対を形成できる．したがって，コドンファミリーの4種類のコドン（例：GCNはすべてアラニンをコードする）は2種類のtRNAによって認識されうる．

- **イノシンを含むアンチコドン**（anticodon containing inosine）：イノシンはtRNAに存在する修飾ヌクレオシドで，A，C，Uと塩基対を形成できる．すなわち，UAIのアンチコドン（"I"はイノシン）はAUA，AUC，AUUのコドンのそれぞれと塩基対を形成できる．これにより，イソロイシンの三つのコドンは1種類のtRNAによって認識される．

ゆらぎ塩基対の存在によって，細胞内で1種類のtRNAが二つあるいは三つのコドンを認識できるようになり，必要とされるtRNAの種類が減る．細菌については30種類程度のtRNAですべてのmRNAを認識できるようになる．真核生物でもゆらぎ塩基対は形成されるが，細菌と比較すると制限が厳しく，ヒトゲノムの場合，48種類存在する全tRNAのうち16種類がゆらぎ塩基対を形成して2種類のコドンを認識し，残りの32種は1種類のコドンのみを認識する．ほかのゲノムの場合，より極端なゆらぎ塩基対が存在している．哺乳類のミトコンドリアmRNAの翻訳では22種類のtRNAしか用いられていない．いくつかのtRNAでは，アンチコドンのゆらぎの位置のヌクレオチドがアミノ酸をコードするコドンの3番目に位置する4種類のヌクレオチドのどれとも塩基対をつくる．したがって，3番目の塩基対は意味がない．このような現象を**超ゆらぎ**（superwobble）とよぶ．

●Box16.2　ゆらぎと非AUG開始コドン

図16.10に示したゆらぎ塩基対の例は，ポリペプチド鎖伸長中に起こる塩基対規則における柔軟性を示している．16.2.1項で見るが，ポリペプチド鎖合成中，連続するアミノアシルtRNAはリボソームのA部位とよばれる部位に入る．この部位において，tRNAのアンチコドンとmRNAのコドン間におけるゆらぎ塩基対の形成が許される．

リボソームはP部位とよばれるもう一つのtRNA結合ポケットをもつが，ここに直接入ることができるのは開始tRNAのみである．この開始tRNAは，真核生物の場合はメチオニン，細菌の場合はN-ホルミルメチオニンを運ぶ．AおよびP部位は立体構造が異なっており，P部位におけるtRNAのアンチコドンとmRNAの開始コドン間ではより特殊なゆらぎ塩基対の形成が可能である．真核生物の開始tRNAは，開始コドンであるAUG配列の三つのヌクレオチドのうち二つが一致していれば開始コドンとして認識できることが，実験で示された．すなわち，AUGに加え，CUG，GUG，UUG，AAG，ACG，AGG，AUA，AUC，AUUのほかの九つについても，開始コドンとして認識されうる．この九つのうち，CUGが最も翻訳開始に寄与しており，AAGとAGGはあまり関与していない．

以上に示したように，実験系では，寄与度は異なるが九つのトリプレットが開始コドンとして用いられる．しかしながら，真核生物でこれらが用いられることはまれである．哺乳類では，AUG以外の開始コドンをもつとわかっているのは20種類強の遺伝子のみである．これらの遺伝子のうちのほとんどがAUG以外の開始コドンの数ヌクレオチド下流にAUGコドンをもっており，AUG以外の開始コドンは常に用いられているわけではないと考えられている．細菌においては，AUG以外の開始コドンは真核生物の場合よりも一般的であり，細菌遺伝子のおよそ20％にGUG，UUGなどの開始コドンが含まれる．これらのなかにはAUGを含まず，特殊な開始コドンのみが含まれているものも存在する．

## 16.2 タンパク質合成の機序

さて，mRNA がポリペプチドに翻訳される過程に移ろう．タンパク質合成は，**リボソーム**（ribosome）とよばれる構造体において行われる．タンパク質合成について知るためには，まずはリボソームとはどのようなもので，どのようにはたらくのかを知るところからはじめなければならない．

### 16.2.1 リボソーム

リボソームはもともと，タンパク質合成の際に mRNA がポリペプチドへ翻訳される場としてはたらく受動的な構造体として考えられてきた．しかし，研究が進むにつれて，タンパク質合成におけるリボソームの二つの重要なはたらきが明らかになった．

- リボソームは，mRNA，アミノアシル tRNA，および関連タンパク質因子などが正しい位置に結合させることでタンパク質合成を統合する．
- タンパク質合成過程で起こる化学反応のうち，少なくともいくつかはリボソームの構成成分によって触媒される．

これらの役割はリボソームの特徴的な構造によるものである．タンパク質がどのように合成されるのかを知るために，まずリボソームの構造について知るところからはじめよう．

#### リボソームは rRNA とタンパク質からなる

大腸菌の細胞質には 1 細胞あたりおよそ 2 万のリボソームが存在する．ヒト細胞の場合，1 細胞あたり平均 100 万以上のリボソームが存在し，細胞質や小胞体の外表面などに分布している．リボソームは光学顕微鏡ではほとんど見えないくらいの小さな微粒子として，20 世紀初頭にはじめてその存在が知られるようになった．1940〜1950 年代に電子顕微鏡が発明され，リボソームが楕円形の構造で，細菌では 29 nm × 21 nm，真核生物では少し大きく，平均 32 nm × 22 nm の大きさであることが明らかになった．

リボソームの詳細な構造についての理解ははじめ，密度勾配遠心分離法による粒子の解析により前進した．これらの研究から真核生物のリボソームの沈降係数は 80S で，細菌のリボソームはそれより少し小さい 70S であることがわかった．それぞれのリボソームの種類はより小さい構成成分に分けることができる（図 16.11）．

> 密度勾配遠心分離法と沈降係数については Box15.3 で述べた．

- リボソームは二つのサブユニットからなる．これらのサブユニットは，真核生物では 60S と 40S，細菌では 50S と 30S である．沈降係数は相加的ではなく，二つのサブユニットの合計が完全なリボソームの S 値より大きくなることを覚えておかなければならない．
- 大サブユニットは，真核生物では三つ（28S, 5.8S, 5S rRNA）の rRNA を含んでいるが，細菌では二つ（23S, 5S rRNA）しか含んでいない．
- 小サブユニットは，真核生物と細菌のいずれも一つの rRNA を含んでいて，真核生物では 18S rRNA，細菌では 16S rRNA である．
- どちらのサブユニットも多様な**リボソームタンパク質**（ribosomal protein）をもっている．真核生物の大サブユニットには 50，小サブユニットには 33，細菌の大サブユニットには 34，小サブユニットには 21 個のリボソームタンパク質が存在している．小サブユニットのリボソームタンパク質は S1, S2 などとよばれ，大サブユニットのものは L1, L2 などとよばれる．一つのリボソームにつき L7 と L12 は二量体として存在し，それ以外はそれぞれ一つずつ存在する．

#### リボソームの三次構造

リボソームの構成成分が同定されると，タンパク質合成でのリボソームの機能の構造的基

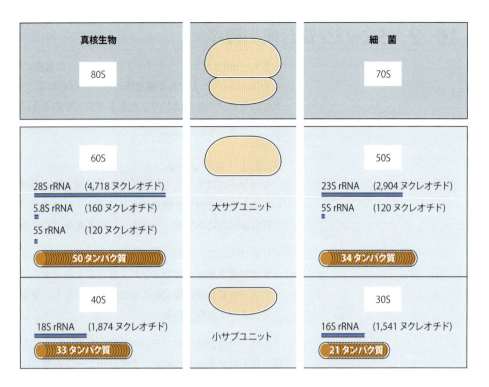

●図16.11 真核生物と細菌のリボソームの構造
種によってリボソームタンパク質の数はさまざまである。ここではヒトのリボソームと大腸菌のリボソームについて詳細を示す。

盤が少し理解できるようになった。これらの構成成分がどのような三次構造を形成するのかを知る必要がある。

リボソームのrRNAと構成タンパク質がどのように組み立てられるかを理解するための1段階目は，rRNAのヌクレオチド配列を調べて，分子内の塩基対形成によってどのように折りたたまれているかを予想することにより行われた。これにより，それぞれのrRNAは，さまざまなステムループによってつくられたコンパクトな構造をとっており，分子内塩基対形成に関与しない領域はわずかであることがわかった。次の段階は，塩基対形成したrRNA構造上へのリボソームタンパク質の結合位置の同定である。これに関する実験から，それぞれのリボソームタンパク質はrRNA構造の二次構造から見るといくらか離れているような領域と結合することがわかった。すなわち，塩基対形成したrRNAは三次構造においては複雑な形に折りたたまれており，リボソームタンパク質も三次構造において特定の位置で結合している。

長年にわたって，リボソームの二次構造から三次構造への解明はなかなか進まなかった。リボソームはとても小さいため電子顕微鏡の解像限界に近く，この手法ができたばかりの頃の最良の方法でも，苛立たしいほど不明瞭な画像からおおよその三次構造しか再構成できなかった。電子顕微鏡が徐々により精巧になり，リボソームのすべての構造がより鮮明に見られるようになったが，**X線回折法**（X-ray diffraction analysis）が精製リボソームの研究に用いられるようになったとき，はじめて大きなブレークスルーがきた。この解析の結果，mRNAやtRNAが結合しているすべてのリボソームの詳細な構造が明らかとなった（図16.12A）。

> X線回折法の詳細な記述は18.1.3項を参照。

この構造からタンパク質合成機構の何がわかったのだろうか。二つのリボソームサブユニットどうしの結合は一時的で，タンパク質合成に関与していないときは，リボソームのサブユニットは解離し，細胞質に存在し，新しい翻訳反応への参加を待っている。細菌では二つのサブユニットが結合すると，アミノアシルtRNAが結合できる二つの部位が形づくられる。これらは**P部位**（P site）または**ペプチジル部位**（peptidyl site）と**A部位**（A site）または**アミノアシル部位**（aminoacyl site）とよばれる。P部位は伸長中のポリペプチドの末端に結合したアミノアシルtRNAが位置し，A部位には次に使われるアミノ酸を運ぶアミノアシルtRNAが入る。また，三つ目の部位として**E部位**（E site）または**出口部位**（exit site) があり，ここを通って，アミノ酸がポリペプチドに結合したあとの tRNA が解離する（図 16.12B）．X 線回折法により明らかになった構造から，これらの部位はリボソームの大サブユニットと小サブユニットのあいだの空洞に位置し，コドン-アンチコドンが小サブユニット上で相互作用し，tRNA のアミノアシル末端が大サブユニットと相互作用している．

　構造研究により，タンパク質合成の動的側面もいくつか明らかになった．mRNA が翻訳されるとき，各コドンが次つぎと二つのサブユニット間の正しい位置につくように，リボソームは一度に 3 ヌクレオチドずつポリヌクレオチド鎖に沿って移動しなければならない．これを**転座**（転位ともいう，translocation）という．転座の中間段階のリボソームを電子顕微鏡で見ると，リボソームは mRNA に沿って動くために，二つのサブユニットを逆方向にわずかに回転させた，コンパクトでない構造をとっていることがわかった．これにより，リボソームと mRNA 間の空間が広がり，リボソームが mRNA に沿って滑り動くことができる．

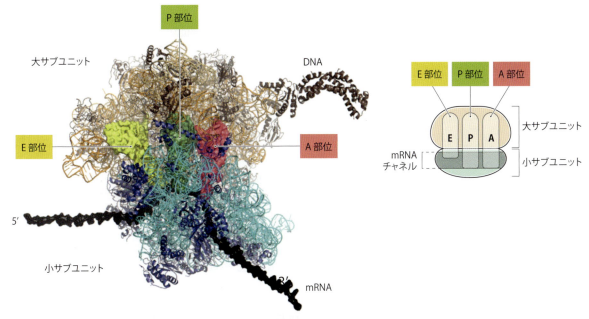

● 図 16.12　細菌のリボソームの詳細な構造
(A) mRNA を翻訳する段階でのリボソームの構造．tRNA は A, P, E 部位に位置し，それぞれ赤，緑，黄色で示す．(B) 図は A, P, E 部位のそれぞれの位置と，mRNA が転座するときに通るチャネルを示す．
(A) は Macmillan Publishers Ltd.：T. Martin et al., *Nature*, 461, 1234 (2009) より．

### 16.2.2　mRNA のポリペプチドへの翻訳

　ここでは，mRNA のポリペプチドへの翻訳に関与する一連の事象を最後まで追いかけよう．これらの事象は，細部では（とくに開始段階では）異なるが，細菌と真核生物でよく似ている．

#### 細菌では，リボソームは開始コドンの上に直接集合する

　細菌では，mRNA の翻訳は小サブユニットが**シャイン・ダルガーノ配列**（Shine-Dalgarno sequence）ともよばれる**リボソーム結合部位**（ribosome binding site）へ結合することではじまる．これは開始コドンの 3〜10 ヌクレオチド上流に位置する mRNA 内の短い配列である（図 16.13）．それぞれの遺伝子の上流に見られる実際の配列に差異はあるが，大腸菌のリボソーム結合部位のコンセンサス配列は 5′-AGGAGGU-3′ である（表 16.3）．リボソーム結合部位は，小サブユニットに存在する rRNA である 16S rRNA の 3′ 末端領域に相補的である．したがって，mRNA と rRNA 間の塩基対形成が小サブユニットのリボソー

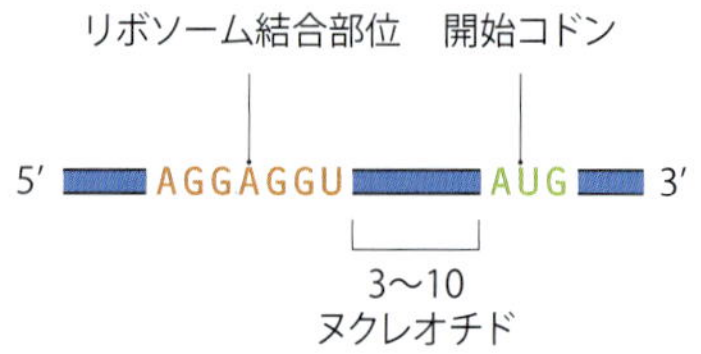

```
                    リボソーム結合部位    開始コドン
        5'━━━AGGAGGU━━━━━AUG━━3'
                         └─┬─┘
                         3～10
                        ヌクレオチド
```

● 図 16.13　細菌のリボソーム結合部位

ム結合部位への最初の結合に関与すると考えられる．小サブユニットのリボソーム結合部位への結合は，**開始因子**（initiation factor）IF-3 によって補助される．開始因子は恒常的なリボソームの構成因子ではない補助的なタンパク質であるが，それぞれの開始因子はその機能を果たすために適切な段階で結合する（表 16.4）．細菌のほかの二つの開始因子である IF-1，IF-2 についても見ていこう．

● 表 16.3　大腸菌におけるリボソーム結合部位配列の例

| 遺伝子 | コードするタンパク質 | リボソーム結合部位配列 | 開始コドンまでのヌクレオチド数 |
| --- | --- | --- | --- |
| 大腸菌コンセンサス | ── | 5'-AGGAGGU-3' | 3～10 |
| ラクトースオペロン | ラクトースを基質とする酵素 | 5'-AGGA-3' | 7 |
| galE | ヘキトース 1-リン酸ウリジルトランスフェラーゼ | 5'-GGAG-3' | 6 |
| rplJ | リボソームタンパク質 L10 | 5'-AGGAG-3' | 8 |

● 表 16.4　細菌と真核生物の開始因子の機能

| 因子 | 機能 |
| --- | --- |
| **細菌** | |
| IF-1 | 不明；おそらく IF-2 が開始複合体に入るのを補助し，大サブユニットの不完全な結合を防ぐ |
| IF-2 | 開始 tRNA$^{Met}$ を開始複合体の正しい位置へ割り当て，大サブユニットの結合に必要なエネルギーを放出するために GTP を加水分解する |
| IF-3 | リボソームの大サブユニットと小サブユニットの再結合を媒介する |
| **真核生物** | |
| eIF-1 | 開始前複合体の構成因子；開始コドンの認識に重要な役割を果たす |
| eIF-1A | 開始前複合体の構成因子；mRNA をスキャンし開始コドンを同定するのを補助する |
| eIF-2 | 開始前複合体の三者複合体構成因子内の開始 tRNA$^{Met}$ へ結合する |
| eIF-2B | eIF-2-GTP 複合体を再生する |
| eIF-3 | 開始前複合体の構成因子；eIF-4G と直接相互作用し，キャップ結合複合体と結びつける |
| eIF-4A | キャップ結合複合体の構成因子；mRNA の分子内塩基対を切断することによってスキャニングを補助するヘリカーゼ |
| eIF-4B | おそらく mRNA の分子内塩基対を切断するヘリカーゼとしてはたらくことによって，スキャニングを補助する |
| eIF-4E | キャップ結合複合体の構成因子．おそらく mRNA の 5' 末端のキャップ構造と直接相互作用する構成因子 |
| eIF-4F | キャップ結合複合体．eIF-4A，eIF-4E，eIF-4G を含み，mRNA の 5' 末端のキャップ構造と相互作用をする |
| eIF-4G | キャップ結合複合体の構成因子；キャップ結合複合体と開始前複合体の eIF-3 間を架橋する；少なくともいくつかの生物では，eIF-4G はポリアデニル化結合タンパク質を介してポリ (A) 尾部と結合する |
| eIF-4H | 哺乳動物では，eIF-4B と似た方法でスキャニングを補助する |
| eIF-5B | GTP を開始複合体へもって行き，開始完了時にほかの開始因子の放出を補助する |
| eIF-6 | リボソームの大サブユニットに結合する；大サブユニットと小サブユニットが細胞質で結合するのを防ぐ |

リボソームは mRNA に比べてかなり大きいので，リボソーム結合部位に結合したあと，

小サブユニットは数十ヌクレオチドを覆う（図16.14）．この領域は開始コドン，私たちがすでに知っているように，ふつうはAUGでメチオニンをコードするコドンを含む．開始コドンは，ホルミル基付加により修飾されたメチオニンを運ぶ特別な開始tRNAによって認識される（図16.8.C参照）．開始tRNAは，GTPと一緒に二つ目の開始因子であるIF-2によって，リボソームの小サブユニットに運ばれる．IF-2の結合はIF-1によって促進されると考えられている．IF-1の正確な役割は明らかでないが，おもな機能として大サブユニットとの不完全な結合を抑制しているのかもしれない．

いったん開始tRNAが正しい位置に来ると，翻訳の開始段階はリボソームの大サブユニットの結合により完了する．この段階はエネルギーを必要とし，それは前にIF-2によって複合体に結合しているGTPの加水分解によって供給される．大サブユニットの結合により，三つの開始因子が遊離する．

### 真核生物において，小サブユニットは開始コドンを見つけるためにmRNAをスキャンする

真核生物では，リボソームの小サブユニットはmRNA内の開始コドンを見つけるために，原核生物とは根本的に異なる方法を用いる．小サブユニットは，開始コドンに直接結合するのではなく，mRNAの5′末端に結合し，開始コドンを見つけるまでmRNAを**スキャン**（scan）する．その際，小サブユニットは頻繁に開始コドンではないAUGトリプレットを飛び越える．開始コドンと見せかけのAUGトリプレットと区別するため，5′-ACCAUGG-3′の短いコンセンサス配列のなかに開始コドンのAUGトリプレットは埋もれている．これによって，正しいAUGトリプレットを認識できる．この配列は**コザック配列**（Kozak consensus）とよばれる．

概略はわかりやすいが，真核生物の開始過程は複雑であり，それはおそらく開始過程が，どれだけ速くポリペプチドがそれぞれのmRNAから翻訳されるのかを決める主要な制御点であるからであろう．最初のステップは次にあげた因子を**開始前複合体**（pre-initiation complex）として組み立てることである（図16.15A）．

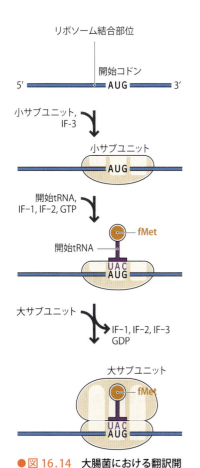

● 図16.14　大腸菌における翻訳開始

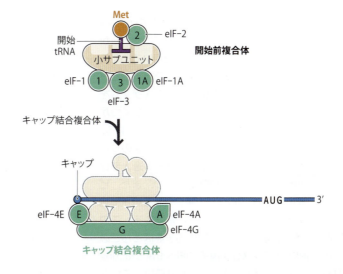

● 図16.15　真核生物における翻訳開始
(A)開始前複合体のmRNAへの結合．(B)開始コドンを探索する開始複合体のスキャニング．わかりやすくするために，複合体が開始コドンに到着するまで加水分解されない開始前複合体の一部であるGTPと同様，いくつかの開始因子を省略している．

- リボソームの小サブユニット
- 開始 tRNA と GTP に結合した開始因子 eIF-2（表 16.4 参照）からなる"三者複合体"．細菌と同様，開始 tRNA は AUG コドンを認識するふつうの tRNA$^{Met}$ と異なるが，細菌とは違って，それは $N$-ホルミル化されていないふつうのメチオニンを運ぶ．
- ほかの三つの開始因子，eIF-1，eIF-1A，eIF-3

複合体形成後，開始前複合体は mRNA の 5′ 末端に結合する．真核生物の mRNA の合成を思いだしてみると，mRNA は RNA ポリメラーゼ II によってつくられ，それはどの mRNA の 5′ 末端にも一つのキャップ構造がついていることを意味する．このキャップは開始前複合体が細胞質中のほかの種類の RNA と mRNA とを区別でき，mRNA の正しい末端を特定できる認識シグナルらしい．

開始前複合体がキャップ構造に結合するには**キャップ結合複合体**（cap binding complex；ときに eIF4 とよばれる）が必要で，開始因子の eIF-4A，eIF-4E，eIF-4G からなり，遠く離れた mRNA の 3′ 末端のポリ(A)尾部の影響を受ける．このキャップ結合複合体とポリ(A)尾部の相互作用は，ポリ(A)尾部に結合する**ポリ(A)結合タンパク質**（polyadenylate-binding protein，**PABP**）によって媒介されていると考えられている．酵母と植物では，PABP は eIF-4G と会合することが示され，この会合には mRNA が湾曲している必要がある．人工的にキャップ構造がない mRNA でも，PABP と mRNA の 5′ 末端にある開始前複合体とは十分に結合できるが，通常の状態ではキャップ構造とポリ(A)尾部はおそらく協働している．ポリ(A)尾部の長さと 1 秒間に翻訳される特定の mRNA の数には相関があるようなので，ポリ(A)尾部には重要な制御機能があるのかもしれない．

mRNA と結合すると，**開始複合体**（initiation complex）とよばれるようになり，開始コドンを検索するために分子上をスキャンしはじめる（図 16.15B）．真核生物の mRNA のリーダー領域は数十あるいは数百ヌクレオチドあり，ステムループやほかの塩基対構造を形成する部分をしばしばもっている．これらの部分はヘリカーゼであり mRNA の分子内塩基対を

> キャップ構造については 15.1.3 項を参照．

---

● **Box 16.3** 内部リボソーム進入部位──スキャニングを必要としない真核生物の翻訳開始

長いあいだスキャニングシステムは，真核生物の mRNA の翻訳を開始する唯一の過程であると考えられていた．しかし，ピコルナウイルスが新しい翻訳開始機構を用いていることがわかった 1980 年代に，この考えは誤りであることが判明した．この"ピコ−RNA−ウイルス"は RNA ゲノムをもつ小さなウイルスである．細胞に感染したのち，いくつかの産物が mRNA としてはたらきながら RNA が複製される．これらの mRNA はキャップ構造をもたないが，細菌のリボソーム結合部位と機能が類似した**内部リボソーム進入部位**（internal ribosome entry site，**IRES**）をもつ．また，ピコルナウイルスの mRNA は，IRES に直接結合する宿主細胞のリボソームの小サブユニットとともに機能する．この IRES への結合は基本的な真核生物の開始因子をほとんど必要としないが，**IRES トランス作用因子**（IRES trans-acting factor，**ITAF**）の補助を必要とする．これは感染していない細胞ではさまざまな機能をもつ RNA 結合タンパク質であるが，ウイルスが感染した際は自身の目的のために集められる．

ウイルス自身のタンパク質には，宿主細胞の生化学反応を混乱させるために細胞のタンパク質を切断し不活化するプロテアーゼ活性をもつものが三つある．プロテアーゼが攻撃する標的には，スキャニング過程で中心的な翻訳開始因子 eIF-4G がある．ピコルナウイルスの mRNA は IRES が存在するため，ピコルナウイルスは自分の mRNA の翻訳に影響せずに宿主細胞のタンパク質合成を止めることができる．

いくつかの哺乳類の mRNA も IRES をもち，スキャニングに依存しない過程で翻訳されうる．IRES にはさまざまな配列があり，mRNA のヌクレオチド配列を調べるだけで同定するのは難しく，どのくらいの遺伝子がこの方法で発現しているかを確かめるのは困難であることがわかった．IRES をもっていることが知られている mRNA の多くは，栄養制限やミスフォールドタンパク質の蓄積などの細胞のストレスへの対応に関与している遺伝子の転写産物である．17.1.3 項で見るように，ストレス応答の一つは，eIF-2 のリン酸化によって開始因子の三量体形成を阻害することによるタンパク質合成の全体的な低下である．それにより，キャップ依存的タンパク質合成は抑制され，IRES 依存的な mRNA の翻訳を利用するストレス応答性タンパク質合成が優先されるようになる．

壊すことができる eIF-4A によって解かれ，開始複合体が速度を落とさずに通過できる．スキャニングに要するエネルギーは ATP 加水分解によって供給され，必要な ATP 量は複合体が開始コドンを見つける前までに壊す必要がある分子内塩基対の数に依存する．

開始複合体中の eIF-1 を介して開始コドンが認識されると，開始複合体は"閉じた"構造に切り替わり，mRNA と強固な結合を形成し，開始 tRNA のアンチコドンが開始コドンと塩基対を形成する．複合体のスキャニングから閉鎖型への変化にはエネルギーが必要で，もとの三者複合体にあった GTP の加水分解によって供給される．

いったん開始複合体が閉鎖型になると，開始段階の最後のステージに進む．ここでは原核生物と同様に，大きいリボソームサブユニットが結合し，さまざまな開始因子が離れる．これには eIF-5B によって複合体に結合している二つ目の GTP の加水分解を要する．

### ポリペプチドの合成

翻訳の開始段階は，リボソームの大サブユニットが小サブユニットに結合し，開始コドンの上に完全なリボソームができたときに終了する．続く反応は細菌と真核生物でよく似ている．これらの反応を理解する鍵は，リボソームの二つのサブユニット間に存在するペプチジル部位とアミノアシル部位の役割にある．

はじめに，P 部位は真核生物ではメチオニンを，細菌では $N$-ホルミルメチオニンを運び，開始コドンと塩基対を形成する開始 tRNA で占められている（図 16.16A）．この段階では，A 部位は空だが，オープンリーディングフレームの 2 番目のコドンを覆っている．次に，大

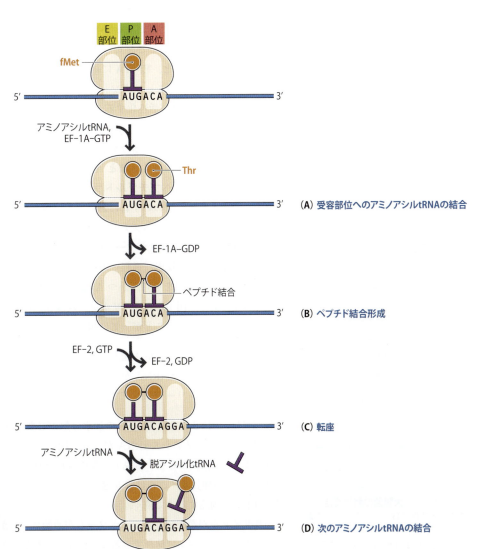

● 図 16.16　大腸菌の翻訳における伸長段階
この例では，ポリペプチドの 2 番目のアミノ酸は ACA によってコードされるトレオニンである．

● 表16.5 細菌と真核生物の伸長因子の機能

| 因子 | 機能 |
|---|---|
| **細菌** | |
| EF-1A | リボソームのA部位へ次のアミノアシル-rRNAを運ぶ |
| EF-1B | **ヌクレオチド交換因子として機能する**；GTPがEF-1Aに結合したのち加水分解され，EF-1BはEF-1Aに結合したGDPを新しいGTPと置き換える |
| EF-2 | 転座を仲介する |
| **真核生物** | |
| eEF-1 | リボソームのA部位へ次のアミノアシル-tRNAを運ぶ．eEF-1の一つのサブユニットは，eEF-1がリボソームから解離する前に，加水分解されてできたGDPをGTPに再生するためのヌクレオチド交換機能をもつ |
| eEF-2 | 転座を仲介する |

細菌の伸長因子は最近になって改名された．現在のEF-1A，EF-1B，EF-2は，かつてはそれぞれEF-Tu，EF-Ts，EF-Gと表記されていた．

腸菌の場合，GTPを結合した**伸長因子**（elongation factor）のEF-1Aによって正しいアミノアシル-tRNAがA部位に運ばれ結合する（表16.5）．EF-1Aの役割の一つに，A部位に入ったtRNAが正しいアミノ酸を運んでいるかを確かめることがある．もしアミノアシル化が間違っていたとしたら，tRNAは間違ったアミノ酸をもっているので，EF-1AはtRNAを受けつけない．tRNAのもう一つの末端において，コドン-アンチコドン相互作用の特異性は，tRNA，mRNAと小サブユニットのrRNAが結合することによって確認されている．この結合によって，三つの塩基対が正しく形成されたコドン-アンチコドン相互作用と，一つ以上の間違った対があるコドン-アンチコドン相互作用を区別でき，後者は間違ったtRNAがA部位にあることを知らせる．いったん正しいアミノアシルtRNAが正しいコドンと塩基対形成すると，EF-1Aに結合していたGTPは加水分解され，GDPが結合したEF-1Aは構造変化を起こしリボソームから解離する．細胞質ではEF-1BがGDPをGTPへと戻し，EF-1Aを再び活性化する．

EF-1Aが離れると，正しいアミノアシルtRNAがA部位に入ったことをリボソームに伝える．そして最初のペプチド結合が形成される（図16.16B）．この段階は，開始tRNAからアミノ酸を遊離し，このアミノ酸とA部位でtRNAと結合しているアミノ酸とのあいだにペプチド結合をつくる**ペプチジルトランスフェラーゼ**（peptidyl transferase）により触媒される．細菌と真核生物のいずれにおいても，ペプチジルトランスフェラーゼはRNA酵素であるリボザイムである．ペプチド結合形成の触媒活性は，このようにタンパク質によってではなくRNA，この場合リボソームの大サブユニットの最も大きいrRNAが担っている．

これまで述べてきた反応（過程）の結果，オープンリーディングフレームの最初の二つのコドンに相当する配列をもち，かつA部位でtRNAに結合したジペプチドができる．次の段階は転座である（図16.16C）．リボソームはmRNAに沿って3ヌクレオチド分移動する．これにより，次の三つのことが一気に起こる．

- tRNAをもつジペプチドがA部位からP部位へ移動する．
- P部位に存在する開始tRNAがE部位へ移動して，脱アシル化される．
- A部位はオープンリーディングフレームの次のコドン上に位置する．

転座には，EF-2を介するGTPの加水分解が必要である．結果的にA部位が空になり，そこに新たなアミノアシルtRNAが入り，次のコドンと塩基対を形成できるようになる．これにより，E部位に存在する脱アシル化されたtRNAがリボソームから取り除かれる（図16.16D）．この伸長サイクルは繰り返され，オープンリーディングフレームの終わりである終止コドンに到達するまで続く．

伸長サイクルが数回続くと，リボソームが開始コドンから遠ざかっていくと，2番目のリボソームが開始コドンに結合できるようになり，新たなタンパク質合成をはじめる．この結

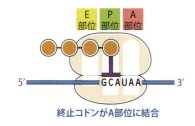

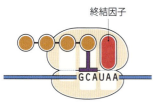

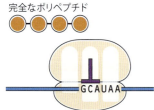

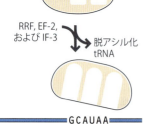

● 図16.17 大腸菌の翻訳終結
ここに示す例では，ポリペプチドの最後のアミノ酸はGCAでコードされるアラニンで，終止コドンはUAAである．

果できる構造は**ポリリボソーム**（polyribosome）または，**ポリソーム**（polysome）とよばれ，一つの mRNA が一度にいくつものリボソームによって翻訳される．

### ポリペプチド合成の終結

伸長サイクルは，オープンリーディングフレームの末端にある終止コドンにリボソームが到達するまで続く．終止コドンと塩基対形成できるアンチコドンをもつ tRNA は存在しない．代わりに，**終結因子**（release factor）が A 部位に入る（図 16.17）．細菌は次の三つの終結因子をもつ．

- UAA および UAG の終止コドンを認識する RF-1．
- UAA および UGA を認識する RF-2．
- 終結後に，GTP 加水分解のエネルギーを必要とする反応である RF-1 と RF-2 のリボソームからの解離を促進する RF-3．

真核生物は二つの終結因子しかもたない．一つは，三つすべての終止コドンを認識する eRF-1 で，もう一つは細菌の RF-3 と同じはたらきをする eRF-3 である．eRF-1 はタンパク質だが，tRNA によく似た形をしており，tRNA を擬態することにより終結因子の A 部位へ結合できるようになる．これは面白いモデルであるが，ほかの研究では終結因子がリボソームと結合すると，tRNA には似ていない構造に変化することも報告されている．

A 部位への終結因子の結合によって，ポリペプチドの合成が終結しリボソームから解離する．この段階では，リボソームはまだ mRNA に結合している．細菌では，翻訳の終了に**リボソームリサイクル因子**（ribosome recycling factor，**RRF**）とよばれるタンパク質を必要とする．eRF-1 のように，RRF は tRNA のような構造をもっているが，これが A 部位と P 部位のどちらに入るかはわかっていない．どちらの作用様式であれ，RRF は mRNA と最後の脱アシル化された tRNA を遊離させ，リボソームのサブユニットを解離させる．この解離には，伸長因子である EF-2 により触媒される GTP 加水分解によるエネルギーと，サブユニットが再結合するのを防ぐ開始因子 IF-3 を必要とする．真核生物では RRF に相当するものはまだ特定されておらず，真核生物の解離には終結因子とほかの補助のタンパク質が協働することが必要であると考えられている．

---

**リサーチ・ハイライト**

### ●Box 16.4　細菌のリボソームを標的とした抗生物質

現在，用いられている重要な抗生物質の多くは，細菌のリボソームに結合し，タンパク質合成のうちの 1 カ所あるいは複数の機構を阻害している．すべての生細胞にとって，タンパク質合成はいうまでもなく必須であるため，リボソームを標的とした抗生物質は細菌の生育を阻害するのに非常に有効である．細菌と真核生物のリボソームの構造は異なっており，これらの抗生物質は真核生物のリボソームには結合しないように設計されているため，ヒトに対しての毒性は限定的である．次にポリペプチド合成の伸長段階に影響を与える抗生物質を示す．

- ストレプトマイシンとテトラサイクリン：アミノアシル tRNA の A 部位への進入を阻害する
- クロラムフェニコールとピューロマイシン：ペプチド結合の形成を阻害する
- ネオマイシンやハイグロマイシン B などのアミノグリコシド系抗生物質やエリスロマイシン：転座反応の阻害

翻訳開始を阻害するアビラマイシン，エデイン，エベルニマイシンなどといった抗生物質も存在するが，これらは患者に対する毒性が高く副作用の可能性があるため有用性は低い．より広い効果をもった抗生物質もいくつか存在しており，フシジン酸は翻訳伸長と翻訳終結をともに阻害し，ブラスチシジン S はペプチド結合の形成とリボソームの再利用をともに阻害する．

タンパク質合成の研究において，抗生物質は重要な役割を果たしてきた．1960 年代の生化学者たちは，タンパク質合成を in vitro で行うことができるよう，細胞抽出液を準備するための方法を模索した．通常，これらの**無細胞翻訳**（cell-free translation）については，出芽したコムギの種やウサギの赤血球細胞など，タンパク質合成がとくに盛んな細胞の抽出液を用いて実験が行われた．この抽出液にはリボソームや tRNA をはじめとして，タンパク質合成に必要なすべての分子が含まれている．ここに mRNA を加えると，無細胞翻

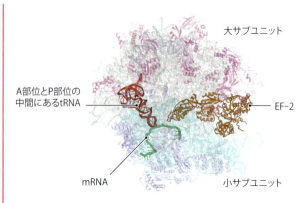

大サブユニット
A部位とP部位の中間にあるtRNA
EF-2
mRNA
小サブユニット

I. Zhou et al., *Science*, **340**, 1236086（2013）より.

訳が活性化され，ポリペプチドが合成される．そこに抗生物質を加えると，タンパク質合成機構が阻害され，翻訳は停止する．このときのリボソームの状態を分析することによって，翻訳機構の詳細が明らかになってきた．たとえば，フシジン酸によってリボソームの転座（転位）を阻害すると，翻訳がその過程で停止し，X線構造解析によって翻訳伸長因子である EF-2 のリボソーム上の正確な結合位置を知ることができるようになった．

このように，抗生物質は研究にとって非常に重要なものであるが，当然ながら細菌感染の抑制にも大きく貢献している．20 世紀後半は"抗生物質の黄金時代"とも称されており，20 世紀前半に多くの人びとが犠牲となったさまざまな疾患が抗生物質の台頭によって沈静化されていった．現代の臨床医学者たちは，抗生物質に耐性をもった変異体の出現によってこの黄金時代が終わることを危惧しているが，実際に感染症は再び拡大しはじめている．細菌のリボソームタンパク質や rRNA の遺伝子に変異が入ることで抗生物質耐性を獲得するのだが，この変異によって，細菌のリボソームタンパク質合成機能には影響を与えない範囲で，薬剤結合部位の構造変化が起こっていると考えられる．耐性獲得のほかの経路としては，抗生物質の細胞内への取込みを阻害したり，抗生物質を分解できるような酵素の産生を促進したりすることなどが考えられる．

抗生物質耐性菌への対抗手段として，新たな抗生物質の合成や自然界に存在する抗生物質の探索などが試みられている．さまざまな土壌細菌による産物が研究されてきており，これらの戦略は有効であると考えられる．近年，4,400 種の細菌と 450 種の真菌の抽出液のスクリーニングによって，オルトホルミマイシンと名づけられた新たな抗生物質が単離された．オルトホルミマイシンは未知の経路で転座を抑制しており，それゆえにまだ耐性菌の存在しない抗生物質としておそらく利用できると考えられる．

自然界における抗生物質の探索の別の方法として，新たな化合物の合成という方法がある．この方法においては，既知の天然抗生物質に化学修飾を行う**半合成**（semi-synthetic）によって，より薬効の高い化合物が得られることがある．1949 年に発見された史上初の天然抗生物質の一つであるエリスロマイシンの半合成産物であり，呼吸器感染症や性感染症の治療薬として用いられているソリスロマイシンを例に見てみよう．これらの抗生物質は，リボソームの表面のポリペプチド鎖の出口付近に結合することで転座を抑制する．ソリスロマイシンの 11 番目と 12 番目の炭素に修飾された側鎖の存在によって，エリスロマイシンと比較するとリボソームとの結合がより安定となり，エリスロマイシン耐性菌に対しても薬効を示す．半合成による抗生物質の合成と同時に，既存の抗生物質と，リボソームの構造やタンパク質合成の詳細な機構などといった既存の知識を用いて，自然界には存在しない新たな抗生物質を合成する試みも行われはじめている．たとえば，真核生物のリボソーム E 部位からの tRNA の解離を抑制するシクロヘキシミドについて，細菌に対して同様の作用を示すような抗生物質の合成が計画されている．この機序でタンパク質合成を阻害するような抗生物質はまだ見つかっていないため，現存する耐性菌に対する対抗策として有効であると考えられる．

エリスロマイシン
（erythromycin）

ソリスロマイシン
（solithromycin）

## 16.3　タンパク質の翻訳後修飾

初期の翻訳産物は，折りたたまれていない線状のポリペプチド鎖の形をとる．活性型となるには，プロセシングを受けて適切な三次構造をとることが必要であるが，場合によってはいくつかのプロセシングが行われることがある．プロセシングには次に示すうちの一つ，または両方が行われる．

- **タンパク質切断**（proteolytic cleavage）：ポリペプチド鎖の末端のうちの片方，または両方が除去される．あるいは，切断によっていくつかのポリペプチド鎖が生じ，そのうちのいくつかまたはすべてがそれぞれ活性を示す．
- **化学修飾**（chemical modification）：ポリペプチド鎖内のアミノ酸が修飾を受ける．

これらのプロセシングはポリペプチド鎖が折たたまれるのと同時に行われているようであり，タンパク質が正しい三次構造を形成するのに必須であると考えられる．あるいは，完全に折りたたまれたタンパク質に対してプロセシングが行われており，不活性型のタンパク質を活性型へと変化させている可能性もある．

### 16.3.1　タンパク質切断による処理

タンパク質切断は真核生物における一般的な翻訳後修飾だが，細菌では頻繁には見られない．不活性型のタンパク質前駆体が活性型タンパク質へと変化したり，**ポリタンパク質**（polyprotein）が分解されて，それらのうちのいくつか，あるいはすべてのタンパク質が活性を示す場合もある．

#### 切断によるタンパク質の活性化

タンパク質切断によるプロセシングは，タンパク質をつくる細胞にとって有害なものとなりうるポリペプチドが分泌されたとき行われる場合が多い．これらのタンパク質ははじめ不活性型として合成され，分泌後にプロセシングを受けて活性型となることによって細胞に対する毒性が抑えられている．例として，ハチ毒の主要タンパク質であるメリチンをあげよう．メリチンは小さなタンパク質で，たった26アミノ酸からなり，短いαヘリックスの対からなる単純な三次構造をもつ（図16.18A）．メリチンのおもな有毒活性は，リン脂質のグリセロールの2位の炭素から脂肪酸を取り除く酵素であるホスホリパーゼA2を亢進させる作用による．このホスホリパーゼが過剰に活性化されると膜の崩壊と細胞溶解につながり，ハチに刺されたときの特徴的な症状を引き起こす．

当然，ハチはメリチンを産生する細胞におけるメリチンの毒性を防ぎたい．そこで，このタンパク質はプロメリチンとよばれる不活性な前駆体として合成される．この前駆体はN末端に22アミノ酸が追加されており，このプレ配列の存在によって活性型構造になることを防いでいる．プレ配列はハチの毒腺に存在する細胞外プロテアーゼによって取り除かれる．

**(A) メリチンの構造**

**(B) プロメリチンのプロセシング部位**

切断部位

↓↓↓↓↓↓↓↓↓↓↓↓↓

APEPEPAPEPEAEADAEADPEA GIGAVLKVLTTGLPALISWIKRKRQQG

● 図 16.18　**メリチンの翻訳後修飾**
(A) メリチンの三次構造．(B) プロメリチン前駆体のプロセシング．(B) では，プレ配列のアミノ酸を赤色，メリチンを青色で示す．

このプロテアーゼは X がアラニン，アスパラギン酸，グルタミン酸のどれかで，Y がアラニンまたはプロリンである配列 X−Y の N 末端のジペプチドを特異的に取り除く．プレ配列はこれらのジペプチド 11 個からなり，ジペプチドずつ取り除かれ活性化メリチンとなる（図 16.18B）．メリチン自体の配列にはジペプチドモチーフがないのでプロテアーゼは作用しない．

タンパク質分解プロセシングは，多くのホルモンの不活性な前駆体を活性型に変化させるのにも使われている．たとえば，インスリンの合成を見てみよう．タンパク質は脊椎動物の膵臓にあるランゲルハンス島でつくられ，血糖値の調節を担っている．インスリンは 105 アミノ酸のプレプロインスリンとして合成される（図 16.19）．プレプロインスリンの N 末端の 24 アミノ酸は**シグナルペプチド**（signal peptide）で，粗面小胞体へタンパク質を導くかなり疎水性の部位である．タンパク質が膜にささり小胞体内腔に移動すると，シグナルペプチドは切断される．タンパク質ターゲティングを学ぶこの章の後半で，シグナルペプチドについてより詳しく見る．

いったん小胞体内腔に入ると，シグナルペプチド切断によって生じたプロインスリンは活性型のインスリンの三次構造に似た構造をとるが，この過程には三つのジスルフィド結合の形成がある．折りたたまれたプロホルモンは，**プロホルモン転換酵素**（prohormone convertase）とよばれる二つのエンドペプチダーゼが存在するゴルジ体へと輸送される．これらは C 鎖（一般的には C ペプチドという）とよばれる中心部位を取り除き，三つのジスルフィド結合のうち二つでつながっている A 鎖と B 鎖に離す．最終プロセシング段階で，カルボキシペプチダーゼ E によって二つの余分なアミノ酸が A 鎖と B 鎖の C 末端から取り除かれる．

三つ目のタンパク質分解切断による酵素活性化の例は，消化酵素**トリプシン**（trypsin）と**キモトリプシン**（chymotrypsin）である．これら二つの酵素は食事タンパク質の分解を助けているプロテアーゼである．ともにトリプシノーゲン，キモトリプシノーゲンとよばれる不活性な前駆体として膵臓で合成され，十二指腸に分泌される．十二指腸の粘膜細胞に分

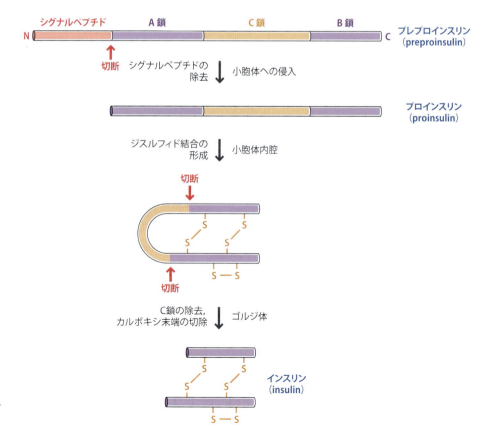

● 図 16.19　プレプロインスリンのプロセシング

泌されるエンテロペプチダーゼ（enteropeptidase）はトリプシノーゲンのはじめの15アミノ酸を取り除き，このタンパク質を活性型トリプシンに変換する．トリプシンはキモトリプシノーゲンの同じ部位を切断し，活性型キモトリプシンとする．膵臓に活性型酵素が存在すると膵臓の細胞を傷つけ，**膵臓自己消化**（pancreatic self-digestion）を生じてしまうので，プロセシングは十二指腸で起きる．

### ポリタンパク質のプロセシング

**ポリタンパク質**（polyprotein）とは連続した成熟タンパク質を含む長いポリペプチドである．ポリタンパク質の切断によって，互いにまったく異なる機能をもついくつかの成熟タンパク質がつくりだされる．

ポリタンパク質は真核生物では一般的でないが，真核生物の細胞に感染するウイルスのいくつかは，ゲノムの長さを減らす方法としてポリタンパク質を用いている．一つのポリタンパク質遺伝子は，プロモーターと転写終結配列を一つずつしかもたないので，それぞれを遺伝子としてもつ場合よりゲノムの長さを必要としないからである．ヒト免疫不全ウイルスHIV-1 はその一例である．複製サイクルのあいだ，HIV-1 は 55 kDa の大きさの Gag ポリタンパク質を合成する．ポリタンパク質は，最も大きいもので 231 アミノ酸のタンパク質を含む四つのタンパク質と二つの短いスペーサーペプチドに切断される（図 16.20）．四つのタンパク質のうち三つは，HIV カプシドの構造成分となり，もう一つはウイルス粒子が細胞から放出されるプロセスにかかわる p6 とよばれるタンパク質である．HIV-1 はまた Gag-Pol とよばれる 160 kDa の大きいタンパク質も合成する．名前が示すように，Gal-Pol は Gal の伸長したもので，伸長した部分はさらにプロセシングにより切断され，Gag と Gag-Pol ポリタンパク質中で切断するプロテアーゼと HIV ゲノムの複製に関与する二つの酵素を生じる．このプロテアーゼの一部の分子は，産生される新しいウイルス粒子のなかに取り込まれている．これが，次のウイルス複製期に合成されるポリタンパク質を切断するのに利用される．

ポリタンパク質はまた脊椎動物のペプチドホルモンの合成にも使われている．例として，プロオピオメラノコルチンを見てみよう．このタンパク質は最初，267 アミノ酸の前駆体としてつくられ，そのうち N 末端の 26 アミノ酸は細胞質から細胞内の分泌小胞まで移動するときに取り除かれるシグナルペプチドである．プロオピオメラノコルチンはプロホルモン転換酵素によって認識されるいくつかの内部切断部位をもっているが，どの組織でもこれらの切断部位がすべて切断されるわけではなく，どのような産物ができるかは組織にどのような

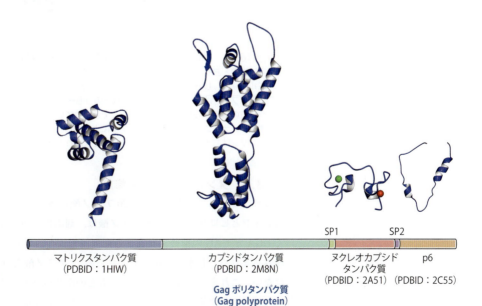

● 図 16.20 HIV-1 の Gag ポリタンパク質
ポリタンパク質に含まれる四つのタンパク質構造が示されている．SP1 と SP2 はポリタンパク質が切断されたあとには何も機能をもたないとされているスペーサーペプチドである．
©PDBj Licensed under CC-BY-4.0 International（PDBID はそれぞれ示してある）

● Box 16.5　**GagとGag–Pol融合ポリタンパク質の合成**

　GagとGag-Pol融合ポリタンパク質は約20：1の割合で産生される．この比は，これらのタンパク質のHIV複製のための相対的な要求量を反映している．Polにコードされる複製酵素よりも，Gagポリタンパク質中のカプシドタンパク質のコピーのほうがより多く必要とされる．Polの伸長鎖がGag-Pol mRNAから翻訳されるために，Gagポリタンパク質をつくるリボソームはGag配列の末端で**フレームシフト**（frameshift）を受ける．これにはリボソームが，Gagポリタンパク質の終止コドンにたどり着いたとき，1ヌクレオチド戻ることが必要である．結果として，新しいコドンの組合せが読まれ，Pol配列が翻訳される．

　フレームシフトはどのmRNAの翻訳中でも起こりうるが，フレームシフト後に合成されるポリペプチドの一部は正しくないアミノ酸配列をもつので，ふつうは有害である．自発的なフレームシフトの頻度はとても低く，この方法でつくられる異常タンパク質は細胞内で容易に分解される．Gal-Pol mRNAで起きるような**プログラムされたフレームシフト**（programmed frameshift）は，ステムループまたはフレームシフト部位のすぐ下流のmRNAで形成されるほかの塩基対構造の存在により引き起こされる．その塩基対構造により，リボソームの進行が停滞してフレームシフトの頻度を高めたり，フレームシフトを制御するタンパク質の結合部位としてはたらいているのかもしれない．プログラム化されたフレームシフトはいくつかの種類のウイルスのタンパク質合成中に起こり，また細菌や真核生物でも知られている．

転換酵素があるかに依存している（図16.21）．たとえば，脳下垂体前葉の副腎皮質刺激性細胞では，副腎皮質刺激ホルモンとリポトロピンが産生される．下垂体中葉のメラニン親和性細胞では，異なる切断部位の組合せが使われ，メラノトロピンが産生する．ポリタンパク質のプロオピオメラノコルチンのタンパク質切断のパターンにより，全部で11種類の異なるペプチドが得られる．

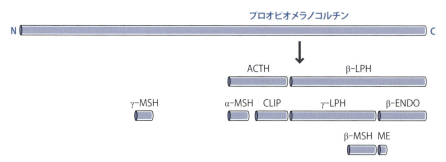

● 図16.21　**プロオピオメラノコルチンポリタンパク質のプロセシング**
略号は次のとおり；ACTH：副腎皮質刺激ホルモン，CLIP：コルチコトロピン様中間ペプチド，ENDO：エンドルフィン，LPH：リポトロピン，ME：メチオニンエンケファリン，MSH：メラノトロピン．ほかの二つのペプチドは示されていない．これらのうち一つはγ-MSHを導くプロセシング反応の中間体であり，もう一方の機能はわかっていない．ここで示されているように，メチオニンエンケファリンは理論的にプロオピオメラノコルチンのプロセシングにより得られるが，ヒトでつくられるほとんどのメチオニンエンケファリンはおそらくプロエンケファリンとよばれる異なるペプチドホルモン前駆体から得られる．

### 16.3.2　タンパク質の化学修飾

　これまで学んできたように，20アミノ酸は遺伝暗号によって指定されており，セレノシステインとピロリシンというアミノ酸は，翻訳のあいだにふつうは終止コドンとしてはたらくUGAとUAGの前後に存在する配列情報依存的コドン再割り当てによりポリペプチドに組み込まれる．しかし，決してこれらの22アミノ酸だけがタンパク質中に見られるわけではない．これら翻訳後修飾といい，もとのポリペプチド鎖内のアミノ酸の一つまたはそれ以上に新しい化学基が付加されることによって複雑な構造に転換される．比較的簡単な修飾は

すべての生物で起きるが，より複雑な修飾は細菌ではまれである．

### 化学修飾はしばしばタンパク質の機能を制御する

最も簡単な化学修飾の種類は，アミノ酸側鎖，またはポリペプチドの末端アミノ酸のアミノ基またはカルボキシ基への小さい化学基（たとえばアセチル基，メチル基，リン酸基）の結合である．これまでに150を超える種類の修飾が見つかっている（表16.6）．

● 表16.6　翻訳後化学修飾の例

| 修飾様式 | 修飾されるアミノ酸 | 例 |
| --- | --- | --- |
| **小さな化学基の付加** | | |
| アセチル化 | リシン | ヒストン |
| メチル化 | リシン | ヒストン |
| リン酸化 | セリン，トレオニン，チロシン | シグナル伝達に関連するタンパク質 |
| ヒドロキシ化 | プロリン，リシン | コラーゲン |
| N-ホルミル化 | N末端のグリシン | メリチン |
| **糖側鎖の付加（6.1.3項を参照）** | | |
| O-結合型グリコシル化 | セリン，トレオニン | 多くの膜タンパク質，分泌タンパク質 |
| N-結合型グリコシル化 | アスパラギン | 多くの膜タンパク質，分泌タンパク質 |
| **脂質側鎖の付加** | | |
| アシル化 | セリン，トレオニン，システイン | 多くの膜タンパク質 |
| N-ミリストイル化 | N末端のグリシン | シグナル伝達に関連したキナーゼタンパク質の一部 |
| **ビオチンの付加** | | |
| ビオチン化 | リシン | さまざまなカルボキシラーゼ酵素 |

いくつかの例では，修飾されるアミノ酸は酵素の活性部位に位置し，その修飾によって酵素が触媒する生化学反応に新しい機能を与える．光合成の暗反応中の炭酸固定における，活性部位でのアミノ酸の修飾を思いだそう．炭酸固定は，リブロースビスリン酸カルボキシラーゼ/オキシゲナーゼ（ルビスコ）によって触媒される．ルビスコの活性部位において，リシン残基がカルボキシ化されカルバモイル体となる．このように修飾されたリシンはマグネシウムイオンを結合し，これによりそれぞれの反応物を，炭酸固定が起こるように正しい相対的位置に置くことができる．したがって，このアミノ酸修飾はルビスコの活性に不可欠である．さらに，リブロース1,5-ビスリン酸は修飾されていないリシンへの結合効率が低いため弱光状態でのルビスコの活性を妨げる．このように，特定のアミノ酸修飾は酵素の活性を調節することができる．

> ルビスコ活性におけるカルバモイルーリシンの役割については，10.3.1項で学んだ．

酵素の活性調節と同様に，化学修飾はシグナル伝達経路の重要な調節役を担っている．しばしば調節シグナルの伝達には酵素修飾のカスケードがかかわっており，タンパク質を標的とする場合は通常，プロテインキナーゼAなどのリン酸化酵素によってリン酸基が結合する．エピネフリンやインスリンはシグナル伝達経路によってグリコーゲンの合成や分解に影響を及ぼすが，このシグナル伝達経路はMAPリン酸キナーゼ経路（図5.28参照）と同様に化学修飾がシグナル伝達の調節を行う良い例である（図11.7，11.8参照）．膜貫通型受容体タンパク質によるシグナル伝達経路にもしばしばリン酸化がかかわる．一例として上皮成長因子受容体（EGFR）があげられる．EGFRが受容体外部表面に結合して，単量体であった受容体が会合して二量体を形成する（図16.22）．二量体の形成により，それぞれの単量体の受容体どうしがリン酸化し合い，受容体内部の一部のチロシンをリン酸化する．受容体に結合する細胞内タンパク質によってチロシンリン酸化が認識されると，シグナル伝達カスケードが開始される．EGFRの場合，このカスケードは細胞の成長，増殖につながる．EGFRにはこうした自己リン酸化活性があるため，**受容体型チロシンキナーゼ**（receptor tyrosine kinase）とよばれる．

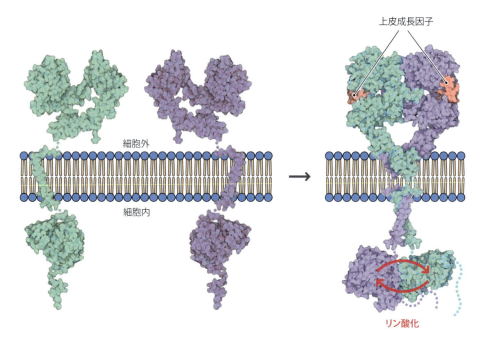

●図 16.22　二量化により EGFR の自己リン酸化が誘導される
上皮成長因子が受容体単量体の組合せのそれぞれに結合して二量化が誘導される.

ヌクレオソームおよび 30 nm クロマチン繊維の構造については 4.2.1 項を参照.

### ヒストンの化学修飾は遺伝子の発現に影響する

　ヒストンタンパク質は,化学修飾による調節作用のなかでもとくに精緻なものである.ヒストンはヌクレオソームの構成因子であり,その構造は真核生物の核内で DNA と結合している.この複合体はパッケージングの程度が最も低く,次にヌクレオソームどうしの相互作用によってパッケージングの程度が上がる(30 nm クロマチン繊維).これらのヌクレオソームどうしの相互作用は,ヒストンタンパク質の N 末端領域のアミノ酸の化学修飾の様式によって決まる.この N 末端領域は,ヌクレオソームの外側に突出している(図 4.19 参照).

　この修飾のなかでも最もよく研究されたのは,各ヌクレオソームどうしの親和性を減少させるリシンのアセチル化である.密にパッケージングされた DNA 中のヒストンは通常,アセチル化されないが,パッケージングの程度が低い領域のヒストンはアセチル化される.ヒストンがアセチル化を受けるかどうかは 2 種類の酵素の活性バランスによる.一つは**ヒストンアセチルトランスフェラーゼ**(histone acetyltransferase,**HAT**)でヒストンにアセチル基を結合する酵素で,もう一つは**ヒストンデアセチラーゼ**(histone deacetylase,**HDAC**)でヒストンからアセチル基を取り除く酵素である.DNA の領域をパッケージングされた立体構造に変換することによって遺伝子のスイッチをオフにすることができ,ヒストンの脱アセチル化はこの過程において重要な役割を果たす.

　ヒストンに対するほかの修飾には,リシンおよびアルギニンのメチル化,セリンのリン酸化,そして C 末端領域のリシンへの**ユビキチン**(ubiquitin)とよばれる普遍的に存在している小さなタンパク質の修飾があげられる.四つのコアヒストン(H2A, H2B, H3, H4)の N および C 末端領域の 29 カ所が,いずれかの化学修飾の標的であることが知られている(図 16.23A).これらの修飾が相互作用することによって,特定の DNA 領域の充填度を決定する.たとえば,ヒストン H3 のリシン 9(N 末端から 9 番目のアミノ酸)のメチル化によって HP1 タンパク質が結合して DNA のパッケージングを上げるが,リシン 4 に二つまたは三つのメチル基が結合すると,こうした現象は起こらなくなる(図 16.23B).したがって,リシン 4 のメチル化は DNA の折りたたみ構造を開き,DNA を発現できるようにする.ヒストン修飾の種類と,これらを介する相互作用によって,**ヒストンコード**(histone code)が描ける.これによって,特定の時期の遺伝子発現のパターンを特定することができる.

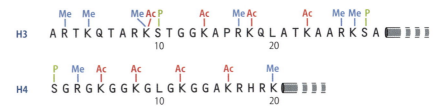

● 図 16.23　ヒストン修飾
（A）ヒトヒストン H3，H4 の N 末端領域で起こることが知られている修飾．略号は次のとおり；Ac：アセチル化，Me：メチル化，P：リン酸化．（B）ヒストン H3 のリシン 4 およびリシン 9 のメチル化により異なる影響を与える．

## 16.4　タンパク質ターゲティング

　タンパク質が合成されたあと，タンパク質は機能を発揮する細胞内の場所へ移動する．真核生物では，タンパク質は細胞質内を自由に浮かぶリボソームか，粗面小胞体の外面に付着しているリボソームによって合成される．一部のタンパク質は細胞質に残るが，ミトコンドリアや葉緑体に輸送されるタンパク質や，はるばる細胞小器官のマトリックスや，これらの細胞小器官を取り巻く生体膜に輸送されるタンパク質もある．また別のタンパク質は核，リソソーム，ペルオキシソームのような細胞小器官のなかに輸送され，さらに核膜や細胞を囲む細胞膜のなかに挿入されるものもある．一方，分泌タンパク質は細胞外に輸送されなければならない．同じようなことが，それほど複雑ではなく，またタンパク質が輸送される行き先が少ない原核生物にも起こっている．

　**タンパク質ターゲティング**（protein targeting）という言葉は，タンパク質が正しい目的地に輸送される過程を表すために使用される．この過程は，遺伝子から機能的なタンパク質をつくりだすまでの長い過程の最後の段階である．

### 16.4.1　タンパク質ターゲティングにおけるソーティング配列の役割

　真核生物細胞でのタンパク質ターゲティングの機構は，細胞内や細胞外のさまざまな場所にタンパク質を輸送する一連の経路によって成り立っている．個々のタンパク質がどの輸送経路をたどるかは，タンパク質内に存在する一つ以上の**ソーティング配列**（sorting sequence）とよばれる，輸送経路を特定するアミノ酸配列に依存する．ほとんどのソーティング配列は，連続したアミノ酸配列であるが，ポリペプチド鎖内に分散して存在し，タンパク質が折りたたまれるときにそれらが一緒になって形成されるものもある．ソーティング配列をもたないタンパク質のみが細胞質に残る．これらは細胞質のリボソームでつくられ，合成される場所付近ではたらく．ほかのすべてのタンパク質はターゲティング経路のどれか一つに従っている．

#### 核，ミトコンドリア，葉緑体のタンパク質は細胞質で合成されている

　細胞質に存在するリボソームは，細胞質に残るタンパク質と同様に，最終的に核やミトコンドリア，葉緑体に運ばれるタンパク質の合成も行う．核に輸送されるタンパク質は，6〜20 のアミノ酸の長さで正に帯電したリシンとアルギニンの割合が高い，**核移行（核局在）シグナル**（nuclear localization signal）を含む．核局在化シグナルが短いアミノ酸配列でできている場合は，正に帯電したアミノ酸が配列全体に分布するが，長い配列の場合，電荷がないか，部分的に電荷をもつ領域を配列内部にもつ（図 16.24）．核移行シグナルは核膜孔

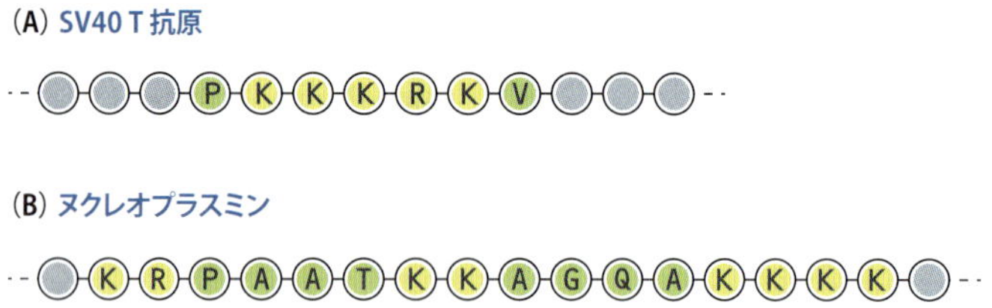

**(A) SV40 T抗原**

--○-○-P-K-K-K-R-K-V-○-○--

**(B) ヌクレオプラスミン**

--○-K-R-P-A-A-T-K-K-A-G-Q-A-K-K-K-K-○--

●図 16.24　SV40 T抗原（A）とヌクレオプラスミン（B）の各局在化シグナル
SV40 T抗原は細胞が SV40 ウイルスに感染したあとに核内に運ばれる．ヌクレオプラスミンは核でさまざまな役割をもつシャペロンタンパク質で，ヌクレオソームとリボソームの集まりを含む．正に帯電したアミノ酸を黄色で示す．

複合体を通って核質へとタンパク質を輸送する**インポーティン**（importin）とよばれるタンパク質により認識される．

　細胞質リボソームは，ミトコンドリアへ輸送されるタンパク質も合成している．タンパク質をミトコンドリア内へ輸送するおもな地点は，**TOM**（translocator outer membrane）と**TIM**（translocator inner membrane）複合体である．しかしミトコンドリアでは，外膜，膜間腔，内膜，ミトコンドリアマトリックスそれぞれに局在するタンパク質のための異なるターゲティング経路を必要とする．さらに，同じ行き先でも，別の経路，たとえば外膜のタンパク質が細胞質から直接挿入できる場合と，いったん膜間腔に入ってから挿入される場合があるなど，より複雑になる．ミトコンドリアタンパク質が進む経路は，そのタンパク質がもつソーティング配列に依存する．外膜や膜間腔が目的地であるタンパク質はアミノ酸配列内部にソーティング配列をもつが，ミトコンドリア内膜に挿入されるタンパク質やミトコンドリアマトリックスへ運ばれるタンパク質は**ミトコンドリアターゲティング配列**（mitochondrial targeting sequence）とよばれる N 末端ソーティングシグナルをもつ．この配列は通常 10〜70 のアミノ酸の長さであり，タンパク質表面に存在する α ヘリックスの一種である**両親媒性ヘリックス**（amphipathic helix）を形づくる，非極性と正に帯電したアミノ酸によりできている．非極性アミノ酸はタンパク質がほかの分子などと接触するヘリックス側に存在し，一方，帯電したアミノ酸は，水性環境にさらされる（図 16.25）．内膜やマトリックスへの輸送は，タンパク質が完全に折りたたまれる前に起こり，Hsp70 シャペロンタンパク質が結合し，タンパク質がまだ細胞質内にいるあいだの折りたたみを阻害し，引き続いてターゲティング配列の切断が起こる．

**(A) シトクロム c のオキシダーゼマトリックスターゲティング配列**

--M-L-S-L-R-Q-S-I-R-F-F-K-P-A-T-R-T-L--

**(B) ターゲティング配列によって両親媒性ヘリックスが形成される**

●図 16.25　シトクロム c オキシダーゼのマトリックスターゲティング配列
(A)マトリックスターゲティング配列内に存在するアミノ酸．(B)α ヘリックスはマトリックスターゲティング配列により形づくられている．帯電したアミノ酸を赤色で，非極性のアミノ酸を黄色で示す．ほかのアミノ酸は青色で示す．帯電したアミノ酸はおもにヘリックスの一方に存在し，非極性アミノ酸は反対側に存在する．

いくつかのソーティング配列の組合せに依存して，ミトコンドリアタンパク質は一つの，または複数の経路をたどって最終目的地に行き着く（図 16.26）．

- ミトコンドリア外膜へ輸送されるタンパク質は，TOM 複合体へ挿入するところで止まり，直接外膜へ運ばれるか，TOM を通って膜間腔に入ったのち外膜へ運ばれる．

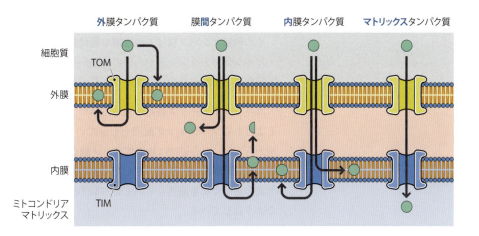

● 図 16.26 ミトコンドリアタンパク質のターゲティング

- いくつかの膜間腔のタンパク質は，TOM を通過して直接目的地へ達する．またほかにマトリックスへ運ばれたのち，一部が膜間腔に突きでる形で内膜に挿入されるものもある．この切断された部分は機能タンパク質としてはたらく．
- ミトコンドリア内膜のタンパク質は，TIM 複合体によって膜に挿入されるか，ミトコンドリアマトリックスに入ったのちに内膜に挿入される．
- マトリックスタンパク質は TOM および TIM 複合体の両方を通過する．

葉緑体タンパク質も同様の方法で行き先へ運ばれる．ソーティング配列は**トランジットペプチド**（transit peptide）とよばれ，それらの組合せでストロマ，内膜，外膜，膜間腔へ特異的な経路で運ばれる．さらにタンパク質をチラコイドに輸送する**内腔標的配列**（luminal targeting sequence）がある．

### 分泌タンパク質は粗面小胞体上でつくられる

細胞から分泌されるタンパク質は，粗面小胞体の外表面上（細胞質側）にあるリボソームによって合成される．これらのタンパク質の輸送機構は**エキソサイトーシス**（exocytosis）とよばれ，次の経路を通る（図 16.27）．

- 合成されたタンパク質は小胞体の膜を通り，内腔に入る．
- 小胞体から小胞が出芽して，タンパク質をゴルジ体のシス面へと運ぶ．

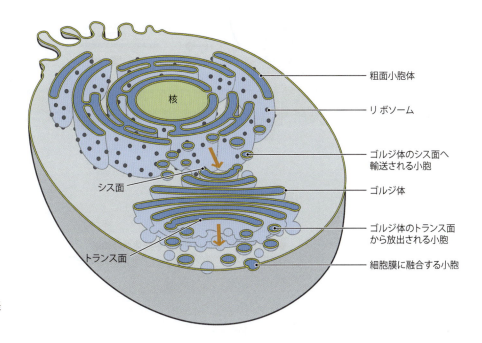

● 図 16.27 エキソサイトーシス経路

- タンパク質はゴルジ体間で輸送され，最終的にゴルジ体のトランス面へと輸送される．多くの輸送タンパク質はこの段階で糖付加を受ける．
- ゴルジ体のトランス面から別の小胞が出芽して，タンパク質を細胞膜へと運ぶ．
- 細胞膜と小胞が融合し，タンパク質は細胞外へ分泌される．

エキソサイトーシス経路へ入るために，タンパク質は**シグナルペプチド**（signal peptide）とよばれるソーティング配列をもっている．これは N 末端の配列で，通常，5～30 アミノ酸からなり，中心領域は疎水性アミノ酸が豊富な α ヘリックスを形成している．このヘリックス領域の前には，正に帯電した一連のアミノ酸が存在することが多い．分泌タンパク質は合成の途中で膜を通過していくが，シグナルペプチドは，タンパク質が小胞体膜を通過させるようにしている．

リボソームははじめ細胞質に存在するが，シグナルペプチドを含むポリペプチドの N 末端が翻訳されるとすぐに小胞体へと移動する（図 16.28）．小胞体への移行は，低分子ノンコーディング RNA と六つのタンパク質から構成される**シグナル認識粒子**（signal recognition particle，**SRP**）が介在する．シグナルペプチドに SRP が結合して翻訳が休止し，小胞体の表面に存在する **SRP 受容体**（SRP receptor）にリボソームを移行させる．その後，シグナルペプチドは**トランスロコン**（translocon）とよばれる小胞体膜上にある細孔に入る．ポリペプチド鎖がトランスロコンを経由して小胞体内腔へと入ると，翻訳が再開される．その後，シグナルペプチドは小胞体膜の内腔表面にある**シグナルペプチダーゼ**（signal peptidase）によって切断され，ポリペプチド鎖は折りたたまれはじめる．

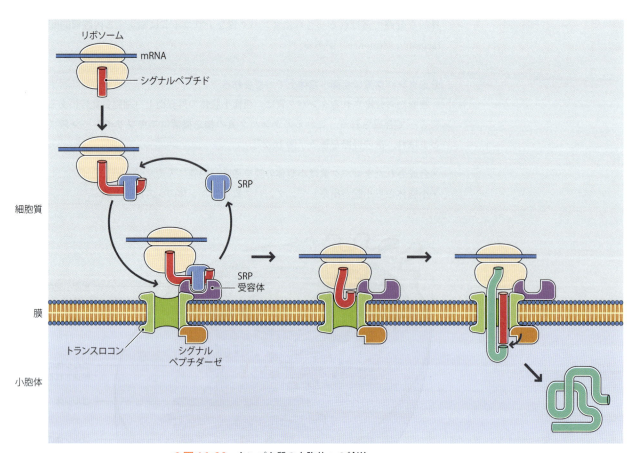

●図 16.28　タンパク質の小胞体への輸送
合成中のタンパク質のシグナルペプチド部分を赤色で，このタンパク質のほかの部分を緑色で示す．

### エキソサイトーシス経路によってタンパク質はほかの行き先へと導かれる

　もし，分泌タンパク質のソーティング配列がシグナルペプチドだけなら，タンパク質はエキソサイトーシス経路を介して細胞外にでる．しかし，ほかのソーティング配列ももっていれば，タンパク質はエキソサイトーシス経路を介して別の場所へ運ばれることがある．たとえば，ポリペプチド鎖のC末端に**残留配列**（retention signal）が存在していると，タンパク質は小胞体内にとどまることになる．リシン-アスパラギン酸-グルタミン酸-ロイシンという残留配列をもっていると，そのタンパク質は小胞体内腔にとどまる．この配列はアミノ酸の1字略語から **KDEL配列**（KDEL sequence）とよばれる．KDEL配列と少し違う配列で，タンパク質を小胞体膜へとどまらせるものもある．残留配列とよばれているが，厳密にいえば，これらのタンパク質は小胞体内に残留しているのではない．これらのタンパク質はシグナルペプチドをもつほかのタンパク質と同様にゴルジ体のシス面へと輸送されるが，KDEL配列を認識するタンパク質によって小胞体へと戻されるのである．

　とくに細胞表面に存在する受容体や輸送体などのタンパク質は，細胞膜に存在している．これらのタンパク質は合成され，トランスロコンを通過しているあいだに小胞体膜中に埋めこまれる．その後，エキソサイトーシス経路をたどるが，ゴルジ体から出芽した小胞が細胞膜と融合するとき，小胞膜に結合しているのでタンパク質は分泌されず，細胞膜の構成成分となる（図16.29）．これらのタンパク質はさまざまなソーティング配列をもっていて，それぞれの配列によって細胞膜中での存在様式が決まる（図16.30）．

- **膜透過停止配列**（stop-transfer sequence）とよばれる疎水性領域がペプチド内に存在すると，ポリペプチドが小胞体膜を通り抜けることなく，タンパク質をそのまま膜に留めるアンカーとして機能する．これらは**Ⅰ型膜タンパク質**（type Ⅰ membrane protein）とよばれ，膜を1回貫通する．
- 複数の膜透過停止配列をもっているタンパク質は，1回以上膜を貫通する．これらは**Ⅲ型膜タンパク質**（type Ⅲ membrane protein）とよばれる．

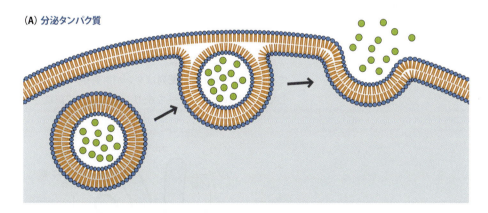

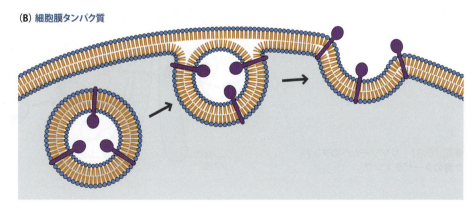

● 図16.29　エキソサイトーシスにおける分泌タンパク質（A）と細胞膜タンパク質（B）の最終段階

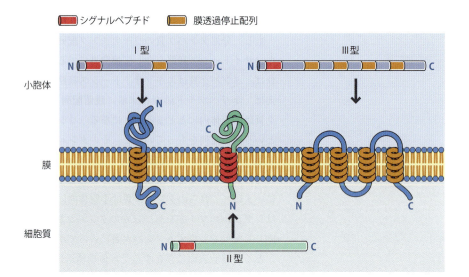

● 図 16.30 小胞体膜へのタンパク質のターゲティング
シグナルペプチドと輸送停止配列の位置を I 型，II 型，III 型膜タンパク質上に示す．エキソサイトーシス経路を経たのち，これらのタンパク質は細胞膜タンパク質の一部となる．

- シグナルペプチダーゼによって切りだされない特徴的なシグナルペプチドを N 末端にもち，この部分が小胞体膜の細胞質側でアンカーとしてはたらき，残りが小胞体の内腔に位置する．これを **II 型膜タンパク質**（type II membrane protein）という．

最後に，不要になったさまざまな物質の分解に関与する細胞小器官であるリソソームへのタンパク質輸送について見てみよう．リソソーム内に含まれる分解酵素は，シグナルペプチドをもっており，最初に小胞体で合成される．その後，ゴルジ体へと輸送され，一つあるいは複数のアスパラギンへマンノース 6-リン酸が付加される．これらのタンパク質は，ゴルジ体のトランス面側のゴルジ層の内腔に向いた**マンノース 6-リン酸受容体**（mannose 6-phosphate receptor）によって認識される（図 16.31）．この領域から出芽した小胞は，内部が酸性となっている**ソーティング小胞**（sorting vesicle）と融合する．小胞内の低 pH 環境において，マンノース 6-リン酸受容体からタンパク質が解離し，さらにホスファターゼによってマンノース 6-リン酸のリン酸基が除去される．その後，ソーティング小胞から，受容体をゴルジ体へと返す小胞と，成熟リソソームタンパク質をリソソームへと輸送する小胞が出芽する．このように，リソソームタンパク質の輸送系は通常のものとはわずかに異なっており，ソーティング配列はタンパク質中のアミノ酸配列によってではなく，翻訳後修飾として付加されたマンノース 6-リン酸によって認識される．

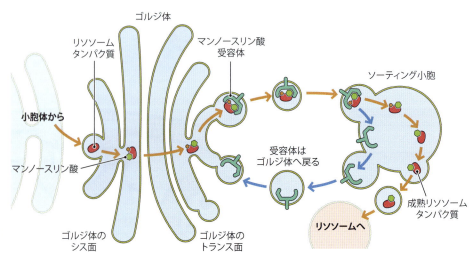

● 図 16.31 リソソームへのタンパク質のターゲティング

## ● Box 16.6　細菌のタンパク質輸送

ほとんどの細菌は膜構造をもつ細胞小器官をもたないが，細胞から分泌されるか細胞膜内へ挿入されるようなタンパク質を多数合成するため，これらのタンパク質を目的地へと正確に輸送する経路が必要となる．これらの経路は，真核生物の小胞体へタンパク質を輸送する経路と類似している．これらのタンパク質は，リボソームを細胞膜へと向かわせる因子である SRP と相互作用するシグナルペプチドをもっている．

その後，タンパク質はトランスロコンを介して膜を通過するか，適切な挿入配列をもっている場合は細胞膜へと取り込まれる．

細菌の場合，一部のタンパク質は細胞膜の外側に存在する細胞壁へと輸送される．これらのタンパク質は C 末端に，膜を通過する際に除去される挿入配列をもっている．

## ● 参考文献

P. F. Agris, F. A. P. Vendeix, W. D. Graham, "tRNA's wobble decoding of the genome: 40 years of modification," *Journal of Molecular Biology*, **366**, 1（2007）. ゆらぎ仮説の進展に関する総説．

D. Akopian, K. Shen, X. Zhang, S. Shan, "Signal recognition particle: an essential protein targeting machine," *Annual Review of Biochemistry*, **82**, 693（2013）.

C. T. Caskey, "Peptide chain termination," *Trends in Biochemical Sciences*, **5**, 234（1980）.

B. Clark, "The elongation step of protein biosynthesis," *Trends in Biochemical Sciences*, **5**, 207（1980）.

B. D. Hall, "Mitochondria spring surprises," *Nature*, **282**, 129（1979）. ミトコンドリア遺伝子における遺伝暗号の多様性についての最初の報告．

C. U. T. Hellen, P. Sarnow, "Internal ribosome entry sites in eukaryotic mRNA molecules," *Genes and Development*, **15**, 1593（2001）.

T. Hunt, "The initiation of protein synthesis," *Trends in Biochemical Sciences*, **5**, 178（1980）.

T. Jacks, M. D. Power, F. R. Masiarz, F. R. Luciw, P. J. Barr, H. E. Varmus, "Characterization of ribosomal frameshifting in HIV-1 *gag-pol* expression," *Nature*, **331**, 280（1988）.

R. J. Jackson, C. U. T. Hellen, T. V. Pestova, "The mechanism of eukaryotic translation initiation and principles of its regulation," *Nature Reviews Molecular Cell Biology*, **11**, 113（2010）.

T. Jenuwein, C. D. Allis, "Translating the histone code," *Science*, **293**, 1074（2001）.

L. D. Kapp, J. R. Lorsch, "The molecular mechanics of eukaryotic translation," *Annual Review of Biochemistry*, **73**, 657（2004）.

J. Ling, N. Reynolds, M. Ibba, "Aminoacyl-tRNA synthesis and translational quality control," *Annual Review of Microbiology*, **63**, 61（2009）. アミノアシル化の精度がどのように保証されているかについて焦点をあてたアミノアシル tRNA シンテターゼの役割についての記述．

U. L. RajBhandary, "Once there were twenty," *Proceedings of the National Academy of Sciences USA*, **94**, 11761（1997）. 珍しいタイプのアミノアシル化についての総説．

T. M. Schmeing, V. Ramakrishnan, "What recent ribosome structures have revealed about the mechanism of translation," *Nature*, **461**, 1234（2009）.

A. I. Smith, J. W. Funder, "Proopiomelanocortin processing in the pituitary, central nervous system, and peripheral tissues," *Endocrine Reviews*, **9**, 159（1988）.

D. Stojanovski, M. Bohnert, N. Pfanner, M. van der Laan, "Mechanisms of protein sorting in mitochondria," *Cold Spring Harbor Perspectives in Biology*, **4**:a011320（2015）.

D. N. Wilson, "Ribosome-targeting antibiotics and mechanisms of bacterial resistance," *Nature Reviews Microbiology*, **12**, 35（2014）.

D. N. Wilson, J. H. D. Cate, "The structure and function of the eukaryotic ribosome," *Cold Spring Harbor Perspectives in Biology*, **4**:a011536（2015）.

J. Zhou, L. Lancaster, J. P. Donohue, H. F. Noller, "Crystal structures of EF-G-ribosome complexes trapped in intermediate states of translocation," *Science*, **340**（6140）:1236086（2013）.

## ● 章末問題

### 四択問題

各質問に対して正しい答えは一つだけである．答えは化学同人 HP：https://www.kagakudojin.co.jp/book/b378577.html にある．

1. 遺伝暗号における"縮重"という表現は何を意味するか？
   (a) いくつかのコドンが二つ以上の読み方をもつこと
   (b) 遺伝情報の普遍化
   (c) 複数のコドンによってコードされるアミノ酸が存在すること
   (d) 遺伝情報中に区切りコドンが存在すること

2. 標準的な遺伝暗号における終止コドンの組合せとして正しいものは，次のうちどれか？
   (a) UAA, UAG, UGA　(b) UAA, UAG, UAC
   (c) UAG, UGA, UGG　(d) UGA, UGC, UGG

3. ヒトのミトコンドリアにおける特殊なコドンの読み方として正しくないものは，次のうちどれか？
   (a) UGA-トリプトファン　(b) AGA-終止コドン
   (c) CCA-終止コドン　(d) AUA-メチオニン

4. I 型アミノアシル-tRNA シンテターゼはアミノ酸を tRNA 末端ヌクレオチドの何番目の炭素に付加するか？
   (a) $2'$　(b) $3'$　(c) $4'$　(d) $5'$

5. 巨大菌（*Bacillus megaterium*）において，tRNA$^{Gln}$ は最初に何

のアミノ酸でアミノアシル化を受けるか？
(a) セリン　(b) メチオニン　(c) グルタミン酸
(d) グルタミン

6. ゆらぎによって UAI（I：イノシン）のアンチコドンはどのコドンと塩基対を形成できるか？
(a) AUA, AUC, AUG　(b) AUC, AUG, AUU
(c) AUA, AUG, AUU　(d) AUA, AUC, AUU

7. 大腸菌のリボソーム大サブユニットの構成成分を示しているのは，次のうちどれか？
(a) 三つの rRNA と 50 個のタンパク質
(b) 一つの rRNA と 21 個のタンパク質
(c) 二つの rRNA と 34 個のタンパク質
(d) 一つの rRNA と 33 個のタンパク質

8. 細菌のリボソームの E 部位の機能はどれか？
(a) 伸長中のポリペプチド鎖に結合したばかりのアミノ酸を輸送したアミノアシル tRNA によって占められている
(b) 次にポリペプチド鎖に結合するアミノ酸を輸送するアミノアシル tRNA が入る部位である
(c) アミノ酸がポリペプチド鎖に結合したのち，tRNA が mRNA から解離する部位である
(d) ペプチド結合が形成される部位である

9. 大腸菌のリボソーム結合部位のコンセンサス配列は何か？
(a) AGGGGGU　(b) AGGAGGU　(c) TATAAT
(d) AGCGCGCA

10. リボソームの大サブユニットおよび小サブユニットの結合を媒介する大腸菌の開始因子は何とよばれるか？
(a) IF–1　(b) IF–2　(c) IF–3　(d) IF–4

11. 真核生物の翻訳開始に関する次の記述のうち，正しくないものはどれか？
(a) 開始前複合体は mRNA のキャップ構造に結合する
(b) キャップ結合複合体は，eIF–4A，eIF–4E，eIF–4G からなる
(c) スキャン中，ステムループ構造は eIF–4A によって開かれる
(d) 開始コドンの認識は eIF–2 によって媒介される

12. 大腸菌のポリペプチド合成中，伸長因子 EF–1A の役割は，次のうちどれか？
(a) ヌクレオチド交換因子としてはたらく
(b) 転座を媒介する
(c) 次のアミノアシル tRNA をリボソームの A 部位へ導く
(d) ペプチド結合を合成する

13. 大腸菌のリボソームリサイクル因子の役割は何か？
(a) 翻訳完了後の，リボソームのサブユニットへの分離
(b) リボソーム分離に必要な GTP 加水分解
(c) 伸長中のポリペプチドの最後のペプチド結合の合成
(d) リボソームの，新しい mRNA の開始点までの移動

14. メリチンのプロセシングにおいて何個のアミノ酸をもつペプチドを切りだしているか？
(a) 2　(b) 3　(c) 5　(d) 9

15. プロホルモンをプロセシングするエンドペプチダーゼは何とよばれるか？
(a) 制限エンドペプチダーゼ
(b) ポリタンパク質
(c) プロホルモン転換酵素
(d) エンテロペプチダーゼ

16. HIV–1 の Gag ポリタンパク質よりも Gag–Pol の合成を担うのはどの過程か？
(a) リボソームが Gag 配列の末端でフレームシフトする
(b) HIV–1 の mRNA がスプライシングされる
(c) mRNA でステムループが形成する
(d) Gag–Pol タンパク質がエンドペプチダーゼにより切断される

17. プロオピオメラノコルチンのプロセシングにより得られないのは，次のうちどれか？
(a) リポトロピン　　　　(b) エンドルフィン
(c) 副腎皮質刺激ホルモン　(d) 甲状腺刺激ホルモン

18. 上皮成長因子受容体は何の例か？
(a) プロホルモン転換酵素
(b) チロシンキナーゼ受容体
(c) ヒストンアセチルトランスフェラーゼ
(d) ヒストンデアセチラーゼ

19. ユビキチンはヒストンタンパク質のどのアミノ酸に結合するか？
(a) C 末端領域リシン　(b) N 末端領域リシン
(c) N 末端領域リシンとセリン
(d) N 末端領域リシンとアルギニン

20. 核に輸送されるタンパク質上に存在する核局在化シグナルに関する次の記述のうち，正しくないものはどれか？
(a) 6〜20 アミノ酸の長さ
(b) 正に帯電したアミノ酸のリシンとアルギニンの割合が高い
(c) タンパク質が核膜を通過するときに切断される
(d) インポーティンタンパク質によって認識される

21. TOM 複合体はどこに局在しているか？
(a) ミトコンドリアの外膜　(b) 細胞膜
(c) 小胞体　　　　　　　　(d) 核膜

22. 低分子ノンコーディング RNA と六つのタンパク質からなり，タンパク質の小胞体への移動を促進する構造の名前は何か？
(a) シグナル認識分子　(b) SRP 受容体
(c) トランスロコン　　(d) シグナルペプチド

23. KDEL 配列の役割は何か？
(a) タンパク質を形質膜へ導く　(b) SRP 受容体の認識配列
(c) タンパク質を小胞体膜へ導く
(d) タンパク質をミトコンドリア内膜へ導く

24. タンパク質をリソソームへ導く標識は何か？
(a) シグナルペプチド　(b) マンノース 6–リン酸
(c) ユビキチン　　　　(d) 輸送停止配列

### 記述式問題

これらの質問の答えは本文中に記載されている．

1. 遺伝暗号の重要な特徴について，特定の遺伝システムで見られる多様性を含めて記述せよ．

2. "アミノアシル化" の意味するものは何か，またこの過程の正確さはどのように保証されているか？

3. ほとんどの種で tRNA は 64 種より少ないのはなぜかを説明せよ．

4. 現在のリボソームの構造に関する知識の概要を述べ，この構造がどのようにタンパク質合成におけるリボソームの機能に関係するのかを記述せよ．

5. (A) 大腸菌，(B) 真核生物において，開始コドンがどのように位置するのかと，開始因子の役割にとくに注意を払い，mRNA の翻訳開始の詳細を記述せよ．

6. 翻訳終結中に起こるできごとを，大腸菌と真核生物で比較せよ．

7. 大腸菌 mRNA の翻訳のどの段階でエネルギーが必要とされるか，またこのエネルギーはどのように供給されるか？

8. (A) タンパク質分解性切断，および (B) 化学修飾によりプロセシングされるタンパク質の例をあげよ．

9. タンパク質ターゲティングにおいて，ソーティング配列の役割を記述せよ．

10. リソソームタンパク質のターゲティング経路を詳細に記述せよ．

### 自習用問題

次の質問に答えるためには，自分で計算してみたり，ほかの文献を読んでみたり，あるいはインターネットで調べる必要がある．

1. ほとんどの生物では，遺伝子にコドンの明確な偏りが見られる．たとえば，ロイシンは遺伝子コードで六つのコドン（TTA, TTG, CTT, CTC, CTA, CTG）によって指定されるが，ヒト遺伝子では，ロイシンはほとんど CTG によってコードされ，TTA または CTA によって指定されることは滅多にない．使われにくいコドンを多く含む遺伝子は，ゆっくりと翻訳される可能性が提唱された．この仮説を支持する考えを説明し，それから派生する結果について議論せよ．

2. 生物界に見られるアミノ酸は遺伝暗号によって指定される 20 アミノ酸だけではない．なぜ 20 アミノ酸のみが遺伝暗号によって指定されているかを説明する仮説を考案せよ．その仮説は検証できるか？

3. 遺伝暗号のゆらぎと縮重の関係を議論せよ．

4. mRNA の仲介なしで，DNA ポリヌクレオチドが直接タンパク質に翻訳されない生物学的な理由はないように思われる．真核生物細胞が mRNA の存在から得られる利点は何か？

5. 真核生物 mRNA のポリ(A)尾部が mRNA の翻訳開始に関与する理由について考察せよ．

# 第17章
# 遺伝子発現の制御

### ◆本章の目標

- プロテオームのリモデリングおよび分化と発達における遺伝子発現の制御を理解する．
- 細菌における転写開始の制御におけるいくつかの種類のσサブユニットの役割を理解する．
- 大腸菌のラクトースオペロンの発現が，どのようにラクトースリプレッサーとカタボライト活性化タンパク質によって調節されるかについて説明できる．
- 調節タンパク質が真核生物における転写開始をどのように制御するか，とくにメディエータータンパク質の役割を理解する．
- シグナル伝達経路およびステロイドホルモンが，真核生物における遺伝子発現をどのように制御するかを説明できる．
- 大腸菌トリプトファンオペロンの発現は，転写減衰によってどのように調節されるかを理解する．
- 細菌および真核生物においてどのようにして翻訳の包括的および転写産物特異的調節が起こるかを知る．
- 遺伝子発現経路の調節におけるmRNAとタンパク質の代謝回転の重要性を理解する．
- 細菌および真核生物におけるmRNAの非特異的代謝回転経路を説明できる．
- 真核生物のサイレンシング複合体が，特定のmRNAをどのように分解するかを理解する．
- タンパク質の分解におけるユビキチンとプロテアソームの役割を説明できる．

　細胞のなかでかぎられた遺伝子だけが常に発現している．これらはいわゆる**ハウスキーピング遺伝子**（housekeeping gene）であり，細胞が常に必要とするRNAまたはタンパク質産物を指す．たとえば，ほとんどの細胞はリボソームを常に合成している．そのため，rRNAおよびリボソームタンパク質遺伝子の継続的な転写が必要とされる．同様に，RNAポリメラーゼや酵素をコードする基本的な代謝経路（たとえば糖分解）に関係している遺伝子は，事実上すべての細胞において常に活性化している．

　そのほかの遺伝子がコードするタンパク質はより特異的な役割を担い，これらの遺伝子は特定の状況下でのみ発現される．それらのタンパク質が必要でないとき，その遺伝子のスイッチはオフにされる．したがって，すべての生物は，それらの遺伝子の発現を調節でき，その結果，それらのタンパク質のうち必要とされるものだけが特定の時点で活性化される．さらに，スイッチがオンとなった遺伝子の発現レベルは，その遺伝子がコードするタンパク質の合成速度が細胞が必要とするものと合致するように調節されている．

　遺伝子発現が調節されうるという考えは単純な概念であるが，それは多くの意味をもつ（図17.1）．

- 遺伝子発現は，一つの細胞に発現するタンパク質の全体である**プロテオーム**（proteome）の変化に応答して調節される．最も単純な単細胞生物でさえも，環境の変化によってプロテオームがリモデリングされる．これによって，単細胞生物では，発現している酵素の生化学的能力が，利用可能な栄養供給や，まわりの物理的および化学的環境と絶えず調和されている．多細胞生物の細胞も，細胞外環境の変化に同様に反応するが，唯一の違いは，主要な刺激として栄養のほかにホルモンや成長因子が含まれることである．
- 特定の遺伝子群の不活性化は，細胞が特別な生理機能をもつようになること，すなわち細胞の**分化**（differentiation）を誘導する．その生理機能を果たすための遺伝子だけがはた

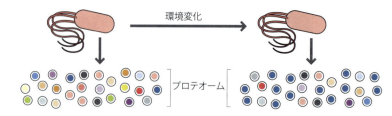

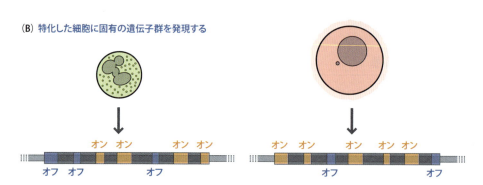

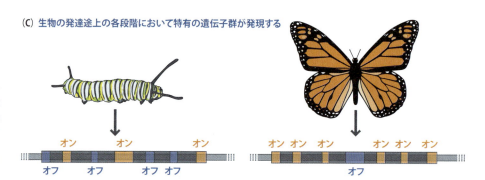

● 図 17.1 遺伝子調節の結果
(A) 細菌および真核細胞は，変化する環境に応答してそれらのプロテオームのリモデリングが起こる．この例では，環境変化により，青色のタンパク質の遺伝子の発現増大が起こる．(B) 特化した細胞はそれぞれ固有の遺伝子を発現する．(C) 異なる遺伝子が，生物の異なる発達段階で発現する．

らいている．私たちは通常，分化を多細胞の組織と関連して連想する．多くの特殊な細胞（ヒトでは 250 種類以上）が組織化されて組織あるいは臓器をつくる．分化は，たとえばバチルス（*Bacillus*）属のような細菌による胞子細胞の産生など，多くの単細胞生物においても起こる．

- 生物の**発達**（development）の根底に遺伝子発現の調節がある．複雑な多細胞体を構築したり生物全体をつくりあげたりするには，異なる細胞間の協調的な遺伝子発現を必要とするだけでなく，単一細胞または関連する細胞集団における遺伝子の発現パターンが時間とともに変化する．

個々の生物は，遺伝子の発現を制御するために多くの異なる方法を使用しており，生物界のいたるところで遺伝子からタンパク質までの経路のあらゆる事象に利用されている．この章では，これらの制御機構の最も重要な点について見ていこう．

## 17.1 遺伝子発現経路の調節

遺伝子発現経路における多くの段階が調節されるが，とりわけ重要なステップがある．それは，遺伝子の転写を開始する最初のステップ，すなわち RNA ポリメラーゼが DNA に結合することである．遺伝子のスイッチをオンまたはオフに切り替えるかどうかを決定する重要な事象は，転写の開始時に起こる．遺伝子発現の後半の経路で，スイッチがオンとなった遺伝子の発現速度を変化させることもできるが，転写の開始が主要な制御点であるので，最

も詳細に研究すべきは転写の開始である．

### 17.1.1 細菌における転写開始の調節

まず，大腸菌のような細菌で転写開始がどのように調節されるかを見てみよう．これにより，真核細胞で起こるより複雑な調節過程を見ていく際に役立つ，いくつかの重要な原則を理解できる．

細菌においては，転写の開始は二つの異なる方法で調節される．

- RNAポリメラーゼのサブユニット組成を変える．
- ポリメラーゼが遺伝子の上流のDNAに結合できるかを決定する調節タンパク質を使う．

#### σサブユニットの種類によって，遺伝子発現パターンが異なる

細菌のRNAポリメラーゼは$\alpha_2\beta\beta'\sigma$のマルチサブユニット構造をもち，σサブユニットはプロモーター配列の認識に関与する．プロモーター配列は，転写を開始するために酵素がDNAに結合しなければならない場所を特定する遺伝子上流の一連の短いヌクレオチドである．RNAポリメラーゼを結合させる重要な要因は，プロモーターの−35ボックスと，**ヘリックス-ターン-ヘリックスモチーフ**（helix-turn-helix motif）とよばれる二次構造を形成するσサブユニットの20アミノ酸断片との相互作用である．名前が示唆するように，このモチーフは，βターンで分けられた二つのαヘリックスを含む（図17.2）．αヘリックスの一つは**認識ヘリックス**（recognition helix）とよばれ，σサブユニットの表面上に存在し，DNAの主溝の内側に収まる．主溝内で，ヘリックスはヌクレオチドの塩基中の原子と接触する．これらの接触の特異性のために，σサブユニットは，ヌクレオチドの特定の組合せ，すなわちプロモーターの−35ボックスの配列に見られるものにのみ結合できる．したがって，σサブユニットは**配列特異的DNA結合タンパク質**（sequence-specific DNA-binding protein）であり，その配列特異性によってRNAポリメラーゼは遺伝子の上流のプロモーターによび寄せられる．

大腸菌の標準的なσサブユニットは$\sigma^{70}$とよばれ，コンセンサス配列5′−TTGACA−3′をもつ−35ボックスを認識し，"70"は分子量のキロダルトンを意味する．大腸菌は，さまざまなほかのσサブユニットをつくることもでき，それぞれは異なる−35配列に特異的である．その例として，$\sigma^{32}$サブユニットがあり，これは細菌が熱ショックにさらされたときに合成される．このサブユニットは，タンパク質を熱分解から保護する特別なシャペロンおよび細菌が高温に遭遇したときに必要とされるDNA修復酵素をコードする遺伝子の上流に見いだされる−35配列を認識する（図17.3, p.380）．したがって細菌は，そのRNAポリメラーゼの一つのサブユニットを変えることによって，新しい遺伝子の一群をスイッチオンできる．ほかのσサブユニットも栄養飢餓および窒素制限時に使用され，これらの特定の条件下で必要とされる一連の遺伝子のスイッチをオンにする．

このタイプの遺伝子調節はまた，バチルス種における細胞分化過程の基礎となる．悪条件に対応して，これらの細菌は物理的および化学的極限に対する非常に耐性の強い胞子を産生し，数年間生存でき，環境条件が好都合になったときにのみ発芽する（図17.4, p.380）．正常な成長から胞子形成への転換は，分化の各段階で必要とされる遺伝子のスイッチをオンにする異なるσサブユニットによって制御される．胞子形成していないバチルス菌の細胞で用いられるσサブユニットは$\sigma^A$および$\sigma^H$とよばれる．胞子形成がはじまると，細胞は二つの区画に分かれ，そのうちの一つは胞子となり，もう一つは母細胞になる．胞子が放出されたときに母細胞は死滅する（図17.5, p.380）．$\sigma^A$および$\sigma^H$サブユニットは二つの新しいサブユニット，すなわち前胞子の$\sigma^F$および母細胞の$\sigma^E$によって置き換えられる．これらはそれぞれの−35配列を認識する．これらの配列は，胞子または母細胞の発生を規定する遺伝子産物の上流にある．のちの胞子形成過程において，これらのサブユニットは，胞

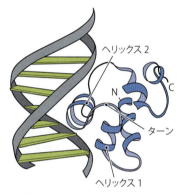

● 図17.2 ヘリックス-ターン-ヘリックスモチーフ
この図は，DNA二重らせんの主溝内のDNA結合タンパク質のヘリックス-ターン-ヘリックスモチーフ（青色）の配向を示す．

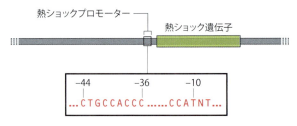

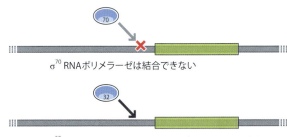

● 図17.3 大腸菌の $\sigma^{32}$ サブユニットによる遺伝子発現の調節
(A) 大腸菌の熱ショック応答に関与する遺伝子上流のプロモーターの配列.
(B) 熱ショックプロモーターは $\sigma^{70}$ サブユニットを含む正常な大腸菌RNAポリメラーゼによって認識されないが, $\sigma^{32}$ サブユニットによって認識される.

子および母細胞形成の後期段階で必要とされる遺伝子のスイッチをオンにする $\sigma^G$ および $\sigma^K$ に代わる. したがって, それぞれの $\sigma$ サブユニットは, 細菌の胞子への分化の基盤となる遺伝子発現に時間依存的な変化をもたらす.

### リプレッサータンパク質はポリメラーゼがプロモーターに結合するのを防ぐ

$\sigma$ サブユニットごとの異なる特異性は, 環境の変化に応答して遺伝子の発現を新しい組合せに切り替える方法であるが, この調節システムはオンとオフとのあいだの中間的な変化には対応できない. プロモーターが特定の $\sigma$ サブユニットによって認識される遺伝子は活発に転写されるが, 認識されない遺伝子は転写されない. そのときの状況に応じて遺伝子発現を細かく調節するには, それらの遺伝子の転写開始に影響を与える調節タンパク質によって

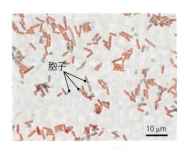

● 図17.4 胞子形成枯草菌
Wikimedia.org, CC BY-SA 3.0 より.

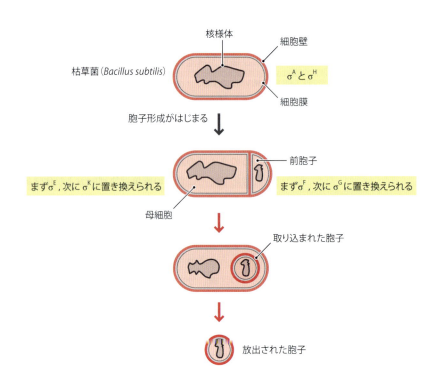

● 図17.5 枯草菌胞子形成におけるいくつかの種類の $\sigma$ サブユニットの役割

行われている.

　この種の調節タンパク質の存在は，2人のフランス人遺伝学者，フランソワ・ヤコブ（François Jacob）とジャック・モノー（Jacob Monod）によって1961年に最初に提唱された．ヤコブとモノーは，大腸菌**ラクトースオペロン**（lactose operon）の調節を研究した．これはエネルギー源としてラクトースを利用するために細菌によって必要とされる三つの酵素をコードする三つの遺伝子の組合せである．これら三つの酵素は，次のとおりである（図17.6）.

- **ラクトースパーミアーゼ**（lactose permease）：内膜に存在し，ラクトースを細胞内に輸送する．
- **β-ガラクトシダーゼ**（β-galactosidase）：ラクトースをグルコースとガラクトースに分解する作用を示す．ブドウ糖分子は解糖系に入ることができる，そしてガラクトースはグルコースに変換されたのち，解糖系に入ることができる．
- **β-ガラクトシドトランスアセチラーゼ**（β-galactoside transacetylase）：酵素の機能はアセチルCoAからβ-ガラクトシドへのアセチル基の移動である．β-ガラクトシドはラクトースを含む一つの大きな糖のグループを指す．それらの多くはラクトースオペロン中に存在するこの酵素によって代謝されうる．ラクトース代謝におけるトランスアセチラーゼの正確な役割はわかっていない．

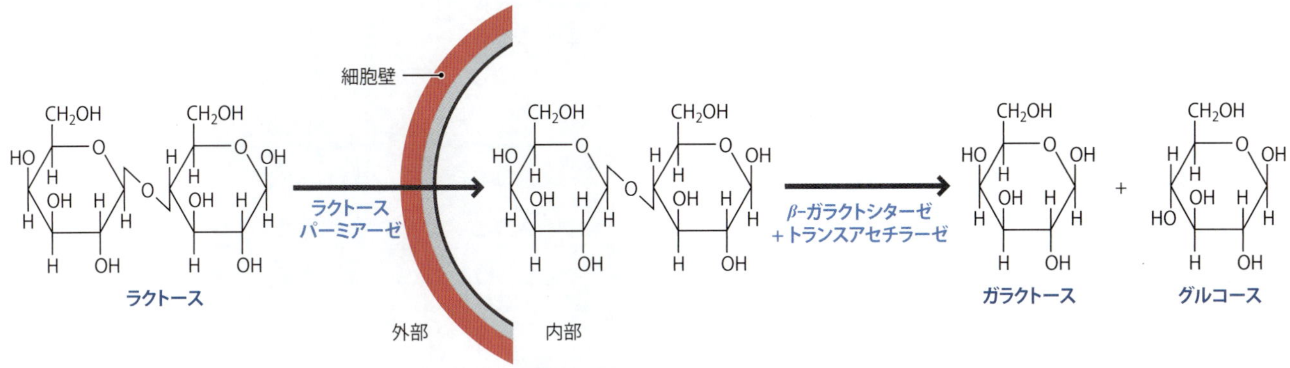

● **図17.6**　大腸菌によるラクトースの利用

　ラクトースが存在しない場合，細胞内に各酵素のコピーは5個程度しか存在しないが，細菌がラクトースに遭遇すると，この数は5,000超まで急速に増加する．三つの酵素の誘導は協調的であり，それぞれが同時に，同程度に誘導される．これは，三つの酵素の遺伝子が単一のプロモーターの制御下で一つの転写ユニットとして存在しているからである．したがって，三つの遺伝子は一つのmRNAに転写される（図17.7）．三つの遺伝子の発現は，一つのプロモーターで起こる事象を調節すれば一度に制御できる．

　ラクトースオペロンのプロモーターに隣接して，**オペレーター**（operator）とよばれる第2の配列があり，オペロンの発現調節を行う（図17.8A）．オペレーターは，**ラクトースリプレッサー**（lactose repressor）とよばれる調節タンパク質の結合部位である．リプレッサーがオペレーターに結合すると，RNAポリメラーゼのDNAへの接近を遮断することによっ

● **図17.7**　三つのラクトースオペロン遺伝子が単一のmRNAへと転写される

遺伝子名；*lacZ*：β-ガラクトシダーゼ，*lacY*：ラクトースパーミアーゼ，*lacA*：β-ガラクトシドトランスアセチラーゼ．

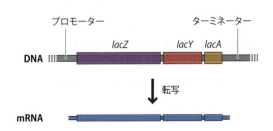

## ●Box 17.1　トランスクリプトミクス——遺伝子発現パターンの変化に関する研究

リサーチ・ハイライト

遺伝子発現の制御過程を理解することに加えて，それらの過程の結果を研究することもたいてい重要である．つまり，特定の時間に特定の組織で発現している遺伝子を同定し，生理学的条件が変化したときや組織が病気になったときに，その遺伝子発現パターンがどのように変化するかを調べることは有用である（たとえば，組織がホルモンに応答する場合）．活性化された遺伝子とそうでない遺伝子との大きな違いは，前者はRNAに転写される点である．したがって，組織のRNA含量を調べることは，どの遺伝子が発現しているかを同定する最も直接的な方法である．組織のRNA含量は**トランスクリプトーム**（transcriptome），トランスクリプトームの研究は**トランスクリプトミクス**（transcriptomics）とよばれている．トランスクリプトミクスには何が関係していて，私たちに何を伝えてくれるのだろうか？

トランスクリプトームは通常，**マイクロアレイ分析**（microarray analysis）によって研究される．マイクロアレイは，多数のDNAが決まった配置で小さな点として塗布された小さなガラスプレートである．

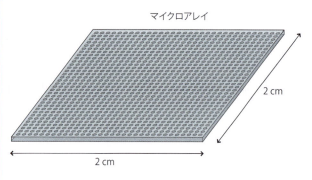

通常，DNAは，100〜150ヌクレオチド長の1本鎖オリゴヌクレオチドであり，それぞれマイクロアレイ中で化学合成によって作製されている．最新の技術により，一つのマイクロアレイ上に50万個の区画をつくることができ，各区画は特定のオリゴヌクレオチドの複数のコピーを含む．

アレイ中のオリゴヌクレオチド配列は，トランスクリプトームを研究する生物中の遺伝子の配列のどれかと一致する．これは，各オリゴヌクレオチドがその標的遺伝子のRNA転写物に対して塩基対を形成できることを意味する．

RNAは分解されやすいので，実際にはRNAはマイクロアレイに直接使われない．代わりに，逆転写酵素とよばれるRNA依存性DNAポリメラーゼと4種のデオキシヌクレオチドを混合して作製されるDNAのコピーがマイクロアレイに使われる．これらのヌクレオチドの一つは化学的に修飾され，蛍光シグナルを発する．この修飾は，ヌクレオチドがDNAに取り込まれる能力に影響を与えないが，これらの分子が**標識されている**（labeled）ので，蛍光シグナルを発する．

このようにして標識されたDNAを，マイクロアレイに加える．標識されたDNAと塩基対を形成するオリゴヌクレオチドの区画，すなわち，研究対象の組織で発現している遺伝子は，マイクロアレイを蛍光検出器で走査すれば明らかになる．RNAが豊富になると蛍光シグナルがより多く出現し，トランスクリプトーム内のさまざまなRNAの相対量も多くなると計算される．

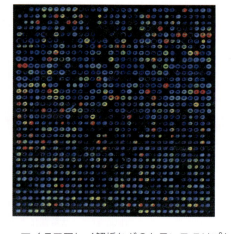 

マイクロアレイ解析などのトランスクリプトーム解析方法は，がん研究においてとくに価値がある．たとえば結腸がんまたは乳房がんはさまざまな異なるサブタイプから構成され，患者のがんがどのサブタイプに属するかを知ることは，適切な治療方針を決定するうえで重要である．トランスクリプトーム解析から得られた遺伝子発現パターンから，がんがどのサブタイプか明らかになる．場合によっては，いくつかの特定の遺伝子の発現パターンからサブタイプを診断し，がんのバイオマーカーとして使用できる．がんの進行を阻止する可能性の高いとき，そのバイオマーカーには早期診断のツールとしてとりわけ有用である．「トリプルネガティブ」とよばれるタイプの乳がんが良い例である．この名称は，ほかのタイプの乳がんにおいて活性なホルモンや成長因子に対する三つの受容体の遺伝子発現が欠落していることに由来する．トリプルネガティブは死亡率の高い乳がんのとくに悪性の種類で，なるべく早期に治療をはじめるには，トランスクリプトーム解析による迅速で正確な診断が重要である．

(A) ラクトースオペレーター

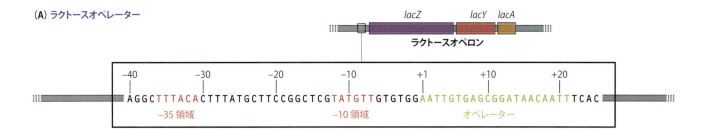

(B) リプレッサーと誘導物質

● 図 17.8　大腸菌のラクトースオペロンの調節
(A) オペレーター配列はラクトースオペロンのプロモーターのすぐ下流に位置する.
(B) ラクトースオペロンのプロモーターへの RNA ポリメラーゼの接近を制御する際の，ラクトースリプレッサータンパク質およびアロラクトース（誘導物質）の役割.

てプロモーターに結合するのを阻止する.

　ラクトースが存在しない場合，リプレッサーはオペレーターに結合して三つのラクトース関連遺伝子はスイッチがオフとなる（図 17.8B）．細菌がラクトース供給源に遭遇すると，リプレッサーは分離し，遺伝子のスイッチがオンとなる．リプレッサーはどのようにラクトースの存在に反応するのだろうか．最初に，少量のラクトースが細胞内に輸送され，常に存在する少量の酵素によって代謝される．ラクトースのグルコースおよびガラクトースへの変換に加えて，β-ガラクトシダーゼもまたラクトースの異性体である**アロラクトース**（allolactose）を合成する．アロラクトースは，ラクトースオペロンの**誘導物質**（inducer）である．アロラクトースが存在する場合，それはラクトースリプレッサーに結合し，リプレッサーがオペレーターを認識するのを妨げるわずかな構造変化を引き起こす．したがって，アロラクトース−リプレッサー複合体はオペレーターに結合できずに，RNA ポリメラーゼはプロモーターに接近できる.

　ラクトースの供給が使い果たされ，リプレッサーに結合するアロラクトースが残っていない場合，リプレッサーはオペレーターに再び結合し，転写を妨げる．したがって，ラクトースはその代謝に必要な遺伝子の発現を間接的に調節する.

### グルコースは，ラクトースオペロンの正の調節因子として作用する

　代謝の研究から私たちは，代謝経路はその基質および生成物の双方によって調節されうるという概念をよく知っている．基質は代謝経路の流れを促進し，生成物は代謝経路の流れを阻害する．ラクトースオペロンの調節も同じ生物学的論理に従う．いま見たように，ラクトースはラクトースオペロンによって特定される代謝経路の基質であり，これら三つの遺伝子の発現を刺激する．一方，経路の生成物の一つであるグルコースは，ラクトースオペロンの発現を阻害する機能がある．これは，たとえラクトースが環境内で利用できるとしても，細菌がそのエネルギー需要を満たすのに十分なグルコースをもっているならば，ラクトースオペロンの発現スイッチが入らないことを意味する（図 17.9）.

　グルコースは，**カタボライト活性化タンパク質**（異化代謝物活性化タンパク質，catabolite activator protein，**CAP**）とよばれる調節タンパク質を介して，間接的にラクトースオペロ

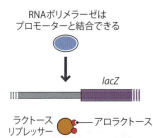

● 図 17.9　グルコースが存在する場合，ラクトースの供給がある場合でも，ラクトースオペロンはスイッチがオフになる.

## ●Box 17.2　アロラクトースの逆説

ラクトースではなくアロラクトースがラクトースオペロンの誘導物質である理由は，大腸菌におけるラクトース利用の詳細が最初に研究された1960年代以来，生化学者によって議論されてきた．アロラクトースは，ラクトースのようにD-ガラクトースおよびD-グルコースを含むが，β(1→4)結合ではなくβ(1→6)を含む二糖類である．

**アロラクトース（allolactose）**

β-ガラクトシダーゼ反応機構の構造研究から，ラクトースをガラクトースおよびグルコースに切断すると，酵素のポリペプチド鎖における537位のグルタミン酸とガラクトースのC1とのあいだに一時的な共有結合が形成されることが示されている．通常，この共有結合はガラクトースを放出するために加水分解によって破壊されるが，たまに，ガラクトースはラクトース基質から切断されたばかりのグルコースのC6に移動する．この反応の結果，アロラクトースとなる．

構造研究はβ-ガラクトシダーゼによってアロラクトースがどのように合成されるのかを示したが，なぜラクトースではなく，アロラクトースがオペロンの誘導因子であるのかは教えてはくれない．ラクトースオペロンの機能は，従来はラクトースの利用と考えられていたが，これはその主要な役割ではないという仮説などいくつかの提案がなされている．自然環境（哺乳動物の腸）では，大腸菌（E.coli）はラクトースにほとんど遭遇しないということが議論となる．これは，母乳がラクトースの唯一の供給源であり，すべての非ヒト哺乳動物と，多くのヒトが離乳時まで母乳を消費するだけである．β-ガラクトシドは，ガラクトースにβ-グリコシド結合によって第2の化合物が結合した分子である．さまざまなβ-ガラクトシドがβ-ガラクトシダーゼの基質となるが，これらのほとんどはオペロンの直接誘導物質である．その一例がβ-ガラクトシルグリセロールであるが，これは植物の膜の成分であり，したがって哺乳類の食事の重要な成分である．つまり，オペロンがラクトース以外のβ-ガラクトシドを利用できるように大腸菌を進化させたことが，ラクトースがオペロンの誘導因子ではない理由と考えられる．この仮説が正しければ，ラクトース分解時の副生成物であるアロラクトースがオペロンのスイッチをオンにし，ラクトースが代謝されるのは偶然にすぎない．

この仮説はかなり普及しているが，最近の研究はその妥当性に疑問を投げかけている．すべての種の細菌がアロラクトースを合成できるβ-ガラクトシダーゼ酵素をもっているわけではないし，ラクトースリプレッサーをもつのはさらに少数である．1,087種の細菌の系統発生学的研究により，これらのうち53種がアロラクトース合成に必要な構造的特徴をもつβ-ガラクトシダーゼをもち，同じ1,087種のなかにはラクトースリプレッサーを保有する33種または株が存在することが明らかになった．ラクトースリプレッサーをもつ33の細菌のうちの一つを除いて，アロラクトースを産生する能力をもっていた．つまり，ラクトースリプレッサーとアロラクトースを合成する能力とのあいだには，密接な共進化が存在する．この知見は，アロラクトース合成はβ-ガラクトシダーゼ活性の偶然の副生成物ではなく，調節系の不可欠な部分としてリプレッサーとともに進化してきたことを示唆している．アロラクトースの逆説に関する議論はまだ終わっていない．

---

ンの発現を阻害する．ラクトースリプレッサーと同様にCAPは，オペロンのプロモーターに隣接する位置のDNAに結合するDNA結合タンパク質である．リプレッサーとは異なり，CAPの結合はポリメラーゼがプロモーターに接近するのを妨げない．むしろCAPはポリメラーゼのαサブユニットと相互作用し，RNAポリメラーゼの結合を促進して閉鎖型プロモーター複合体を形成する．したがってDNAに結合すると，CAPはラクトースオペロンの転写開始を刺激する．

グルコースは，CAPの結合を妨げて，ラクトースオペロンを負に制御する．CAPが存在しない場合，ラクトースが存在していてリプレッサーも離れていても，ラクトースオペロンの発現は起こらない．グルコースは，この糖が細胞に輸送されたときにはじまる一連の事象を介してその影響を発揮する．内膜を通過したグルコースは，$IIA^{Glc}$ とよばれる膜結合タンパク質の脱リン酸化をもたらす（図17.10）．$IIA^{Glc}$ の脱リン酸化型は，ATPをcAMPに変換するアデニル酸シクラーゼの活性を阻害する．これは，CAPがcAMPの存在下でのみDNAに結合できるため重要である．間接的に細胞中のcAMPレベルを低下させることにより，グルコースの存在はCAPの脱離およびラクトースオペロンの不活性化をもたらす．グルコースレベルが低下し，一連の事象が逆転したときにのみ，細菌が利用可能なラクトース

(A) IIA$^{Glc}$ のグルコース輸送に対する応答

(B) cAMP の結合している CAP に対する効果

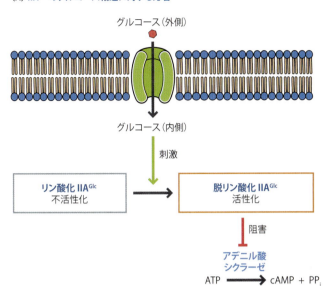
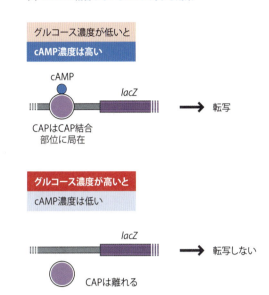

● 図 17.10　CAP の細菌 DNA への結合に及ぼすグルコースの影響
(A) グルコース輸送は IIA$^{Glc}$ の脱リン酸化およびアデニレートシクラーゼ活性の阻害をもたらす．(B) cAMP は CAP 結合に影響を及ぼす．

源をもつ場合には，CAP が再結合し，オペロンを発現させられるようにする．

CAP はラクトースオペロンを調節するだけではない．このタンパク質の結合部位は，糖の利用などの異化経路に関与する酵素をコードするほかの大腸菌オペロンの上流にも存在する．いくつかのプロモーターでは，ラクトースオペロンで起こるように閉鎖型プロモーター複合体の形成を促進することに加えて，CAP は RNA ポリメラーゼとも結合して開放型複合体の形成および転写の開始を促進する．CAP 作用の機序が何であれ，cAMP は，細胞内のグルコースレベルによりグルコースの代わりになる糖源を利用できるようにする必須の補助因子である．

### 17.1.2　真核生物における転写開始の調節

ラクトースリプレッサーおよび CAP の研究から，遺伝子の発現が，DNA に結合し RNA ポリメラーゼのプロモーターへの結合および転写能力に影響を及ぼすさまざまな調節タンパク質によって制御されるという，重要な概念がもたらされた．この概念は，細菌と同様に真核生物にもあてはまる．

#### 真核生物プロモーターはいろいろな調節タンパク質のための結合部位を含む

遺伝子調節における細菌と真核生物とのおもな違いは，真核生物遺伝子がより多様な制御シグナルに応答する点である．これはほとんどの真核生物遺伝子のプロモーター領域が，一連の調節タンパク質の結合部位を含むことを意味する．これらの調節タンパク質が，さまざまな因子による遺伝子発現への影響を介在する．ヒトのインスリン遺伝子はその良い例である．この遺伝子の TATA ボックスに隣接する 350 bp の DNA 中に，少なくとも 14 の異なるタンパク質の結合部位が存在する（図 17.11）．

真核生物遺伝子の上流の結合部位の機能を同定することはかなり困難であるが，部位は大きく二つに分けられる．一つ目は**基本プロモーター配列**（basal promoter element）である．これは，細胞の内側または外側のいずれからのシグナルにも応答しない遺伝子の転写の基礎速度を決定する．この基礎速度は，遺伝子の発現がほかの制御機構によって正や負の影響を受けないときの，単位時間あたりの完全な mRNA を合成する転写開始数である．したがって，遺伝子のスイッチがオンのときに，遺伝子発現が増大また減少しないかぎりにおいては基本

●図17.11　ヒトのインスリン遺伝子のプロモーターにおけるタンパク質結合部位
14の結合部位を示す．これらは基本および細胞特異的プロモーター配列を含み，後者は本文に記載された二つのCRE部位を含む．

プロモーター配列に結合するタンパク質によって適切な速度で転写が行われる．

基本プロモーター配列と同様に，多くの真核生物遺伝子は**細胞特異的プロモーター配列**（cell-specific promoter element）をもち，遺伝子は正しい組織で発現され，適切な調節シグナルに応答する．インスリンプロモーターの例として二つの **cAMP 応答配列**（cAMP response element, **CRE**）があげられる．CRE は，**cAMP 応答因子結合タンパク質**〔cAMP response element binding（**CREB**）protein〕の結合部位である．これは細胞の cAMP レベルに応答してインスリン遺伝子の発現を調節する．レチノイン酸と甲状腺ホルモンに反応する二つの部位もある．これらはインスリン遺伝子の転写開始部位から約 1,000 bp 上流の，"インスリンキロベース上流"または"ink"ボックス内にある．

いくつかの細胞特異的因子は，一つもしくは少数の遺伝子に特異的であるが，ある種の条

## ●Box 17.3　抑制オペロン

　ラクトースオペロンは，**誘導性オペロン**（inductive operon）の一例であり，制御性分子（この場合はアロラクトース）によってスイッチが入れられる．通常，誘導物質は，オペロンで指定される酵素によって触媒される経路の基質，または類似体である．

　ほかのオペロンには，オペロンによって制御される経路の基質ではなく，生成物に応答するリプレッサータンパク質がある．一例はトリプトファンオペロンであり，コリスミ酸をトリプトファンに変換するのに必要な酵素群をコードする五つの遺伝子を含む（図 17.15 参照）．このオペロンの調節分子は，**コリプレッサー**（co-repressor）として作用するトリプトファンである．トリプトファンがトリプトファンリプレッサーに結合すると，後者はオペレーターに結合し，RNA ポリメラーゼが結合するのを防ぐ．トリプトファンレベルが低い場合，コリプレッサーはリプレッサーとオペレーターから乖離し，RNA ポリメラーゼがオペロンを転写することを可能にする．したがって，トリプトファンオペロンはトリプトファンの存在下ではスイッチがオフとなり，トリプトファンが必要な場合にはスイッチがオンとなる．これは**抑制オペロン**（repressible operon）の例である．

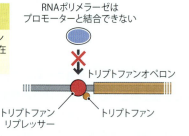

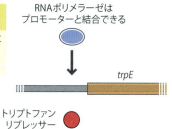

　ラクトースとトリプトファンのリプレッサーのあいだには，もう一つ興味深い違いがある．ラクトースリプレッサーは，ラクトースオペロンの発現を調節するのみであり，一方，トリプトファンオペロンは，大腸菌ゲノム上にもう一つの結合部位をもつ．トリプトファンオペロンと同様に，このリプレッサーはフェニルアラニン，チロシン，およびトリプトファンの合成につながる経路の決定段階で，ホスホエノールピルビン酸およびエリトロース 4-リン酸の縮合を触媒する酵素である DAHP シンターゼをコードする aroH 遺伝子の発現を制御する（図 13.11 参照）．DAHP シンターゼは三つのアイソザイムとして存在し，それぞれがこの経路の産物である三つのアミノ酸の一つによってフィードバック阻害される（図 13.13B 参照）．驚くことではないが，aroH はトリプトファンによって制御されるアイソザイムをコードする．したがって，トリプトファンによる決定段階のフィードバック制御と，トリプトファンリプレッサーによって及ぼされるこの段階を触媒する酵素の合成調節との相互関係が見られる．

件下で同時に必要とされる遺伝子群を調節するのに必要な細胞特異的因子もある．ヒトにおける後者の例は，熱ショックタンパク質 HSP70 によって認識される**熱ショックモジュール**（heat shock module）である．HSP70 は，熱ショックのようなストレスによって引き起こされる細胞の損傷を検出すると考えられている．そのような損傷を検出すると，HSP70 は損傷を修復し，細胞をさらなるストレスからの保護に必要な遺伝子プロモーター内にある熱ショックモジュールに結合する．ある種の発生段階で遺伝子発現を媒介する**発生プロモーター配列**（developmental promoter element）も存在する．

### メディエータータンパク質の役割

　転写に影響を及ぼすためには，調節タンパク質がプロモーター配列に結合して，RNA ポリメラーゼの活性を調節しなければならない．大腸菌ラクトースリプレッサーは，リプレッサーがプロモーターに対するポリメラーゼの接近を単に阻止するという形で RNA ポリメラーゼ活性を調節する．CAP は，調節タンパク質とポリメラーゼが直接接触して転写開始を促進するという二つ目の可能性を説明する．

　ほとんどの真核生物の調節タンパク質は，タンパク質をコードする遺伝子の転写開始に関与する RNA ポリメラーゼ II を含むタンパク質の複合体と相互作用する**活性化ドメイン**（activation domain）をもつ．構造的研究により，活性化ドメインはさまざまであるが，それらの多くは次の三つのカテゴリーの一つに分類されることが示されている．

- **酸性ドメイン**（acidic domain）：アスパラギン酸とグルタミン酸が比較的豊富．活性化ドメインの最も一般的なカテゴリー．
- **グルタミンリッチドメイン**（glutamine-rich domain）．
- **プロリンリッチドメイン**（proline-rich domains）：一般的ではない．

　活性化ドメインと RNA ポリメラーゼ複合体とのあいだの接触は直接的ではない．代わりに，**メディエーター**（mediator）とよばれる中間タンパク質を介している．メディエータータンパク質は，出芽酵母において最初に同定された．出芽酵母では，メディエーターは 25 個のサブユニットで構成され，頭部，中間部，および尾部よりなる構造をもつ．尾部は調節タンパク質の活性化ドメインと接触し，中間部および頭部はポリメラーゼ複合体と相互作用する（図 17.12）．ヒトでは，メディエーターは 30 を超えるサブユニットでより大きく，調節タンパク質と RNA ポリメラーゼとの相互作用における作用様式は同じである．

　メディエーターは，転写開始にどのように影響するのだろう．RNA ポリメラーゼ II は，RNA の合成を開始する前に活性化されなければならない．転写活性化には，ポリメラーゼ

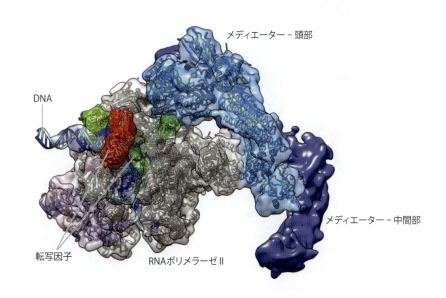

●**図 17.12　転写開始複合体に結合した酵母メディエータータンパク質**
メディエータータンパク質の頭部および中間部の成分をそれぞれ，明るい青色および濃い青色で示す．RNA ポリメラーゼを銀色，転写因子を赤色，緑色，および紫色で示す．
Macmillan Publishers Ltd, C. Plaschka et al., *Nature*, 518, 376（2015）より．

†訳者注：RNAポリメラーゼⅡの基本転写因子の一つで，複合体形成の最後に結合する．

の最も大きなサブユニットのC末端ドメイン（CTD）へのリン酸化が関与する．一時は，メディエーターがCTDをリン酸化すると考えられていたが，実際は，このキナーゼ活性は，TFⅡH†のサブユニットの一つであるKin28タンパク質によって担われている．しかし，メディエーターが間接的にリン酸化を引き起こす可能性はまだ残されている．つまり，メディエーターはRNAポリメラーゼ複合体と多様な相互作用をするので，転写開始に対するその効果はおそらく多面的である．たとえば，メディエーターはTBPがTATAボックスに結合するときに存在しており，残りのRNAポリメラーゼ複合体が構築される際のプラットフォームの一部を形成する可能性もある．

---

### ●Box 17.4　ジンクフィンガー

核内受容体スーパーファミリーは，それらが制御する遺伝子の上流の特異的部位でDNAに直接結合する調節タンパク質群である．細菌RNAポリメラーゼのσサブユニットや多くのほかのDNA結合タンパク質とも異なり，核内受容体はヘリックス-ターン-ヘリックス構造を介してはDNAに結合しない．代わりに，これらのタンパク質は，**ジンクフィンガー**（zinc finger）とよばれる異なるタイプのDNA結合モチーフをもつ．これらの構造は細菌タンパク質ではまれであるが，真核生物では一般的である．おそらく哺乳動物細胞によって産生された全タンパク質の1％がジンクフィンガーをもっている．

ジンクフィンガーにはいくつかの種類がある．最も一般的なものの一つは**Cys₂His₂**構造で，これは12個程度のアミノ酸からなり，そのうち二つはシステイン，二つはヒスチジンである．これらの12アミノ酸は「フィンガー」を形成し，短い2本鎖βシートとそれに続くαヘリックスをもち，タンパク質の表面から突出している．構造の名称からわかる亜鉛原子は，シートとヘリックス間に保持され，二つのシステインおよびヒスチジンに配位される．

の糖リン酸骨格と相互作用する）と亜鉛原子（互いに関連する適切な位置にβシートおよびαヘリックスを保持する）によって決まるようになっている．したがって，Cys₂His₂フィンガーのαヘリックスは，ヘリックス-ターン-ヘリックス構造の2個目のヘリックスに似たDNA認識ヘリックスである．

ジンクフィンガーには，異なる構造をもつものもある．核内受容体タンパク質の一種の「**ト音記号の指**（treble clef finger）」はその例である．それらはβシート成分を欠き，代わりに二つのαヘリックスと二つの亜鉛原子をもつ一連のループをもち，それぞれが四つのシステインとの接触によって所定の位置に保持される．Cys₂His₂フィンガーと同様に，ヘリックスの一つは，DNAの主溝内に位置するDNA認識ヘリックスである．

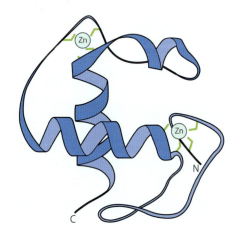

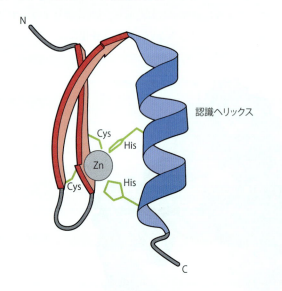

ジンクフィンガーの全体的な構造は，αヘリックスがDNAの主溝内で接触し，その正確な位置はβシート（DNA

ほとんどのDNA結合タンパク質は，DNA中の特定の配列を認識してそこに結合する．この特異性によって発現に影響を及ぼす遺伝子の近傍にのみ結合し，ゲノム上のほかの場所には結合しない．ジンクフィンガーまたはほかのタイプのDNA結合ドメインの構造が配列特異性をどのように付与するかは不明であるが，特異性は認識ヘリックスにおけるアミノ酸の位置に由来すると考えられる．ヌクレオチドの配列は，主溝内の原子の配列から同定でき，おそらく結合タンパク質の認識ヘリックスにおける原子とDNA中の原子とのあいだの相互作用があると考えられる．

### 調節タンパク質は細胞外シグナルに応答する

私たちはここまでに，ホルモン，成長因子，またはほかの調節分子などの細胞外シグナルが真核細胞内の生化学的活性に影響を与えるさまざまな機構を見てきた．遺伝子発現は，これらの細胞外シグナルに応答しなければならない生化学的反応の一つである．さまざまな酵素の活性化および不活性化は，遺伝子発現パターンにも影響を与える．たとえばMAPキナーゼ経路は，転写の調節に関与するタンパク質のリン酸化を誘導する．リン酸化はこれらのタンパク質を活性化し，DNA結合部位に結合してそれらの標的遺伝子に対する効果を発揮する．また，cAMPに代表されるセカンドメッセンジャーは，CREBタンパク質を介してインスリン遺伝子やそのほかの多くの遺伝子の発現を調節する．

これまでに学んできたシグナル伝達経路は，細胞外シグナル伝達物質から遺伝子発現を調節するタンパク質までのあいだにいくつかの段階があった．一方，いくつかの細胞外シグナル伝達物質は，より直接的に遺伝子調節を行っている．一例は**ステロイドホルモン**（steroid hormone）である．これらには，性ホルモン（女性の性発達のためのエストロゲン，男性の性発達のためのテストステロンなどのアンドロゲン），グルココルチコイドおよびミネラルコルチコイドホルモン（それぞれの例としてコルチゾールおよびアルドステロン）が含まれる（図12.29参照）．ステロイドは疎水性であるため，細胞表面タンパク質を介してシグナルを伝達するのではなく，細胞膜を直接通過できる．細胞内に入ると，各ホルモンは特異的な**ステロイド受容体**（steroid receptor）タンパク質に結合する．次いで，ホルモン-受容体複合体は核内に移動し，そこで標的遺伝子のプロモーター領域内の**ホルモン応答配列**（hormone response element）に結合する調節タンパク質としてはたらく．

すべてのステロイド受容体は構造的に似ている．また，ステロイド受容体と類似性をもつ，別の受容体タンパク質群が存在する．それは**核内受容体スーパーファミリー**（nuclear receptor superfamily）で，活性化物質はステロイドではない．その名称が示唆するように，これらの受容体は細胞質ではなく核内に存在する．それらには，インスリン遺伝子の調節に関与するレチノイン酸および甲状腺ホルモンの受容体，ならびに骨の発達の調節に関与するビタミン$D_3$の受容体が含まれる．

インターロイキンやインターフェロンなどのサイトカインは，細胞の成長や分裂を制御する細胞外タンパク質であり，シグナルは比較的短い経路で伝達され遺伝子発現に影響を与える．サイトカインは細胞膜を通過できず，細胞表面受容体に結合することによって細胞内の現象に影響を及ぼす．これらの事象は，サイトカイン受容体と連関する細胞内タンパク質の**ヤヌスキナーゼ**（Janus kinase，**JAK**）によって，受容体あたり二つのJAKを用いて媒介される（図17.13）．サイトカインの結合により受容体の立体構造が変化し，互いをリン酸化できるように二つのJAKが近接してくる．リン酸化によりJAKは活性化され，**STAT**（signal transducers and activators of transcription，**シグナル伝達兼転写活性化因子**）とよばれる転写因子をリン酸化する．STATはリン酸化されると二量体を形成し，次に核に移動し，さまざまな遺伝子の発現を活性化する．

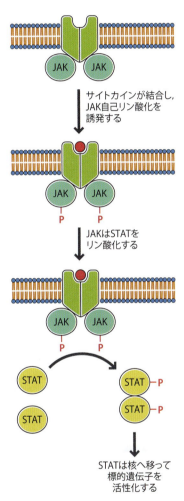

> 私たちが学んできたシグナル伝達経路の重要な例に，MAPキナーゼ経路（5.2.2項）およびエピネフリンとインスリンがグリコーゲン合成および分解に影響を与える経路（11.1.2項）がある．

● 図 17.13 　JAK-STAT 経路

### 17.1.3 転写開始後の遺伝子調節

転写開始はほとんどの遺伝子発現の主要な制御点であるように思われるが，遺伝子発現経路のほかの段階でも調節が行われることが知られている．ここでは，これらの過程のなかで最も重要な二つについて見ていこう．

### 細菌は転写の終結を調節できる

真核生物では，転写が核内で起こり，細胞質内で翻訳されるので，これらが直接結びつくことはない．RNAが完全に合成されたら，それが翻訳される前に細胞質に輸送されなければならない．一方，細菌は膜構造をもつ核がないため，遺伝子発現の二つの段階は同じ細胞内区画で行われる．したがって，RNAポリメラーゼによって転写されているmRNAにリ

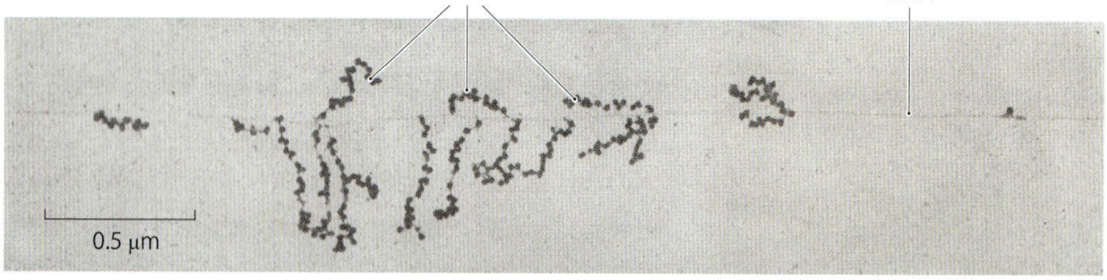

●図 17.14　細菌でつながっている転写と翻訳
この電子顕微鏡写真は，大腸菌 DNA から転写されるいくつかの mRNA を示す．これらの mRNA それぞれにリボソームが付着しており，小さな黒い点として見える．mRNA はまだ完全に転写されていなくても翻訳が進められている．
O. L. Miller et al., *Science*, 169, 392（1970）より．

ボソームを付着させて翻訳を開始することができる（図 17.14）．この転写と翻訳の連関は，**転写減衰**（attenuation）において利用されている．転写減衰とは，いくつかの細菌がオペロンの発現よりも精密に転写制御するための調節過程である．

転写減衰は，アミノ酸生合成に関与する酵素を特定するオペロンで使用される．一例は，コリスミ酸をトリプトファンに変換するのに必要な一群の酵素をコードする五つの遺伝子を含む大腸菌のトリプトファンオペロンである（図 17.15）．これらの五つの遺伝子の前に，二つのトリプトファンを含む 14 アミノ酸からなるペプチドをコードする短いオープンリーディングフレーム（ORF）がある．このペプチドは細胞内で機能をもたないが，その合成はトリプトファンオペロンの制御系の基盤となる．ORF の直後には，二つのステムループ構造を形成できる領域が存在するが，その両方が同時に形成されることはない．これらのステムループのうち，小さいものが形成されると終結シグナルとして作用するが，大きいステムループは転写開始点に近く，また多くの塩基対をもつので安定である．この情報をもとに，転写減衰過程の各段階を見ていこう．

> 13.2.1 項でトリプトファンの合成経路を学んだ．

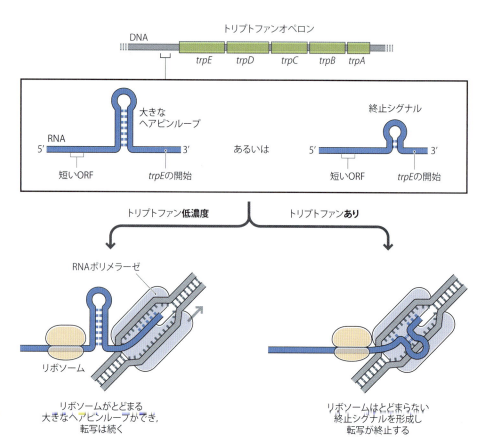

●図 17.15　大腸菌トリプトファンオペロンの転写減衰制御

- 転写がはじまると，RNA ポリメラーゼは ORF が RNA に転写される点まで進行する．
- リボソームが RNA に結合し，14 アミノ酸ペプチドをコードする短い ORF を翻訳する．
- ORF を翻訳するためには，リボソームは二つのトリプトファンを必要とする．細胞内のトリプトファンレベルが低い場合，リボソームは ORF 内に保持され，利用可能なトリプトファン 2 分子がリボソームの近傍に来るのを待つ．リボソームがこのようにとどまり，ポリメラーゼが先に行ってしまうと，大きいステムループが形成され転写が継続する．
- トリプトファンレベルが高い場合，リボソームは ORF を遅滞なく翻訳し，RNA ポリメラーゼに遅れをとらない．これにより大きなステムループを壊して，終止シグナル構造が形成される．したがって転写が停止する．

要約すると，トリプトファンレベルが低い場合，転写減衰が起こらずオペロンが転写され，より多くのトリプトファンが産生されるが，トリプトファンレベルが高い場合，転写減衰が起こり，転写は早めに終結し，追加のトリプトファンは産生されない．

大腸菌トリプトファンオペロンは，トリプトファンが存在する場合にオペロンのスイッチをオフにするリプレッサータンパク質によっても制御される．リプレッサーは基本的なオン/オフスイッチであると考えられ，転写減衰はオペロンのスイッチがオンになったときに発現の速度を調節する．したがって，転写減衰によって転写される mRNA の量は，細胞内トリプトファンを適切なレベルで維持するのに十分な酵素を翻訳するように制御されている．

### 翻訳は細菌および真核生物において制御されている

翻訳には二つの異なる調節がある．第一は，包括的な調節であり，キャップ構造をもつすべての真核生物 mRNA に関与する．**包括的な調節**（global regulation）は，開始因子 eIF-2 のリン酸化によって行われる．リン酸化された eIF-2 は，開始 tRNA をリボソームの小サブユニットに輸送するために必要な GTP を結合できない．eIF-2 のリン酸化は，大部分の mRNA（キャップ構造をもつすべて）の翻訳が抑制される熱ショックのようなストレス下において生じる．HSP70 のような特殊な熱ショックタンパク質の mRNA はキャップ構造をもたず，この調節の影響を受けない代わりに，通常どおり翻訳される．

> 内部リボソーム進入部位についての説明は Box 16.3 を参照．

より直接的な**転写産物特異的調節**（transcript-specific regulation）もいくつかの mRNA で可能であり，細菌と真核生物の両方で例が知られている．大腸菌では，リボソームタンパク質をコードするいくつかのオペロンの mRNA の翻訳は，細胞内の一つあるいは複数のタンパク質の量によって調節される．これらの mRNA にはリボソームタンパク質の結合部位を含むリーダー領域があり，リボソームが結合すると，このタンパク質は mRNA のリボソームへの付着を阻害して翻訳を妨げる．L11-L1 オペロンは，L1 によってこのようにして調節される．L1 は，オペロンによってコードされる二つのリボソームタンパク質のうちの二つ目のタンパク質である（図 17.16A）．L1 は，リボソームの大サブユニットの 23S rRNA 上に結合するか，または mRNA に結合してさらなる翻訳を阻害できる．rRNA への結合はより安定であり，これらの部位が空いている場合に起こる．結合部がすべて埋まると，L1 は mRNA に結合して翻訳を阻止し，L1 および L11 のさらなる合成を停止させる．

哺乳類における転写産物特異的な翻訳調節として，鉄貯蔵タンパク質であるフェリチンの mRNA がある（図 17.16B）．鉄レベルが低い場合，調節タンパク質 IRP-1 はフェリチン mRNA 上の**鉄応答配列**（iron response element）に結合し，mRNA に沿ったリボソームの動きを阻止する．IRP-1 はそれ自体が鉄結合タンパク質であり，鉄が結合するとタンパク質は鉄応答配列を認識しないように立体構造変化をさせる．すなわち，鉄の存在下で IRP-1 が mRNA から切り離され，mRNA が翻訳されて細胞内のフェリチン量が増加できるようになる．この調節システムは，どんなときでも細胞に利用可能な量の鉄を貯蔵するのに十分なフェリチンを供給することを保証する．

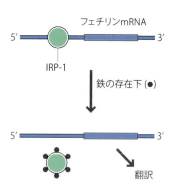

● 図17.16 翻訳の転写産物特異的調節の二つの例
(A) 細菌におけるリボソームタンパク質合成の調節. (B) 哺乳動物におけるフェリチンタンパク質合成の調節.

## 17.2 mRNAとタンパク質の分解

　遺伝子のスイッチが入っておらず，あるmRNAおよびその翻訳タンパク質が存在しない細胞において，その遺伝子のスイッチを入れると，その遺伝子に由来するmRNAおよびタンパク質レベルが上昇する．すなわち，遺伝子発現の上昇は，mRNAおよびタンパク質量の発現上昇をもたらす．しかし，遺伝子のスイッチが再びオフになったときに何が起こるだろうか．遺伝子発現の抑制により，細胞のmRNAおよびタンパク質の発現量が抑制されることが予想される．しかしこれは，既存のmRNAとタンパク質が分解された場合にのみ可能である．そうでなければ，タンパク質やその合成活性は依然として残るだろう．

　したがって，細胞内のmRNAまたはタンパク質の量は，その合成速度（単位時間あたりに作製される分子の数）とその分解速度（単位時間あたりに分解される分子数）とのバランスで決まる．このバランスは定常状態の濃度をもたらし，合成速度または分解速度のいずれかを変化させることで定常状態に影響を与える．これまでmRNAおよびタンパク質の合成速度の制御機構を学んできた．遺伝子調節の機構を完全に理解をするためには，mRNAおよびタンパク質が分解される過程も調べなければならない．

### 17.2.1 RNAの分解

最初にRNA分解を調べるが，まず非特異的なRNA代謝回転の過程からはじめる．この過程は，個々の遺伝子の転写物を区別することなく，すべてのmRNAおよび場合によってはノンコーディングRNAにあてはまる．

#### 非特異的mRNA代謝回転についていくつかの過程が知られている

　細菌では，非特異的なmRNAの分解は，**デグラドソーム**（degradosome）によって行われる．デグラドソームはタンパク質複合体で次の成分を含む．

- **ポリヌクレオチドホスホリラーゼ**（polynucleotide phosphorylase，**PNPアーゼ**）：mRNAの3′末端からヌクレオチドを連続的に除去するが，真のヌクレアーゼとは異なり，基質として無機リン酸を必要とする．
- **RNアーゼE**（RNase E）：RNAの内部切断を行うエンドヌクレアーゼ．
- **RNAヘリカーゼB**（RNA helicase B）：RNAステムループのステムの二重らせん構造を解いて分解を助ける．

　細菌の5′→3′方向にRNAを分解できる酵素は細菌中で同定されておらず，細菌RNAのおもな分解過程はPNPアーゼのような酵素による3′末端からのヌクレオチドの除去である．ほとんどの細菌のmRNAは，3′末端の近くに転写終了を指示するステムループ構造をもっ

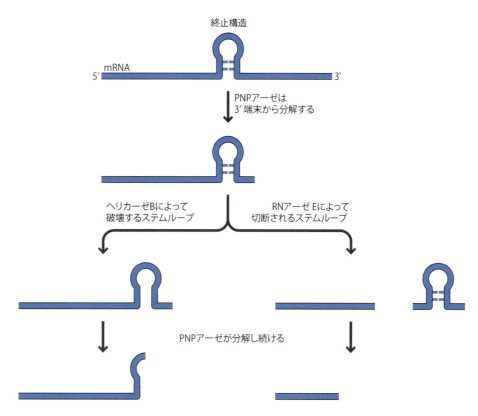

●図 17.17 細菌のデグラドソームによる mRNA 分解機構

ており，PNP アーゼの進行を妨げる（図 17.17）．そこで，ステムループは PNP アーゼがやってくる前に RNA ヘリカーゼによって壊されるか，またはステムループを含む領域が RN アーゼ E によって切断されると考えられる．いずれの場合でも，PNP アーゼは残りの RNA を分解できる．

　真核生物は，**エキソソーム複合体**（exosome complex）とよばれる，デグラドソームと同等の複合体をもつ．エキソソームは，それぞれがリボヌクレアーゼ活性を示す六つのタンパク質からなる環状構造をしており，三つの RNA 結合タンパク質が環の頂部に結合している．ほかのリボヌクレアーゼは，一時的にエキソソームと会合する．分解されるべき RNA は，まずエキソソームの RNA 結合タンパク質によって捕捉され，リングの真ん中のチャネルを通って環を形成するタンパク質のリボヌクレアーゼ活性に曝されると考えられている（図 17.18）．

　エキソソームは細胞質と核の両方に存在する．核内のエキソソームは，誤った転写またはプロセシングされた RNA の代謝回転を行う役割を担う．これらのエラーは，**mRNA サーベイランス**（mRNA surveillance）機構によって検出される．この機構は，終止コドンを欠いた mRNA（DNA が不正確にコピーされた場合に起こりうる），あるいは予想外の位置に終止コドンをもつ mRNA（イントロンスプライシングのあいだに不正確にエキソンが結合し

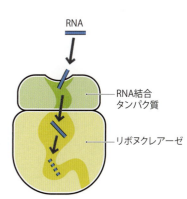

●図 17.18 真核生物のエキソソーム複合体における RNA 分解のモデル
RNA は，最初にエキソソームの頂部にある RNA 結合タンパク質によって捕捉され，次にリボヌクレアーゼの環内のチャネルに通される．チャネル内では，RNA はエキソヌクレアーゼ活性およびエンドヌクレアーゼ活性の組合せによって分解される．

た場合に起こる）を見つけだす．サーベイランスには，これらのエラーを起こしたmRNAをスキャンし，異常な転写物をエキソソームまたはほかの分解経路に導くタンパク質複合体などが関与する．

### 真核生物サイレンシング複合体は，特異的mRNAを分解する

数年前まで，生化学者は個々のmRNAの分解過程に関する情報をほとんどもっていなかった．このようなmRNAの代謝回転は遺伝子調節において重要な役割を果たす可能性がある．**RNA誘導サイレンシング複合体**（RNA-induced silencing complex，**RISC**）の発見によって飛躍的進歩がもたらされた．これは真核生物においてのみ知られているタンパク質－RNA複合体であり，個々のmRNAを切断して不活性化する．分解されるmRNAは，RISC中の**マイクロRNA**（micro RNA, **miRNA**）とよばれる20～25ヌクレオチドと塩基対を形成して結合する．次いで，mRNAは，**アルゴノート**（argonaute）タンパク質とよばれるエンドリボヌクレアーゼによって切断される（図17.19）．

したがって，RISCの作用機構は単純である．重要な問題は，RISCがどのようにして分解の標的となるmRNAに相補的なmiRNAを得るかである．miRNAはRNAポリメラーゼⅡによって遺伝子から，最初は長さが数百ヌクレオチドの前駆体分子として転写されるが，このRNA前駆体は成熟miRNAを6個まで含むことができる．各miRNAは，前駆体のなかに形成されるステムループ構造のステムの一部よりつくられる（図17.20）．ステムループは，2本鎖RNAを切断するリボヌクレアーゼである**ダイサー**（dicer）によって前駆体から切断され，miRNAの2本鎖型はさらなる切断によって放出される．各2本鎖miRNAの一方の鎖は分解され，他方はRISCに組み込まれる．miRNA前駆体の遺伝子の転写ではなく，タンパク質をコードする遺伝子のmRNAから切りだされたイントロンから得られるmiRNAもある．イントロンRNAの一部は折りたたまれてステムループ構造を形成し，その後，上記のようにダイサーによって処理される．

ヒト細胞は約1,000種類のmiRNAを生合成でき，これらは10,000個以上の遺伝子のmRNAを標的にできる．おそらく異なる遺伝子のmRNAが同じmiRNA結合配列を共有しているため，あるいは，miRNAとmRNAの正確な塩基対形成がmRNAがRISCによって補足されるために必ずしも必要ではないからであろう．いくつかのmiRNA遺伝子は，miRNAによって標的とされるタンパク質をコードする遺伝子の近くに存在している．この場合，同じ調節タンパク質がmRNAとmiRNAの両方の合成を制御する可能性がある．これにより，miRNAの合成がタンパク質をコードする遺伝子の抑制と直接的に協調することができる．したがって，mRNAは，その合成が停止されたらすぐに分解されるであろう．しかし，多くの場合において，miRNAとタンパク質の遺伝子は近くには存在せず，mRNA合成および分解を制御する機構は明確ではない．この領域は毎年，重要な新たな発見が続いており，これらの謎はそう遠くない将来に解明されるだろう．

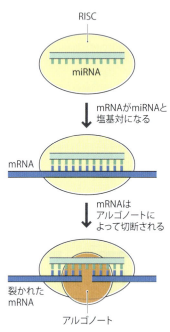

●図17.19　アルゴノートタンパク質によるRISCのmRNAの切断

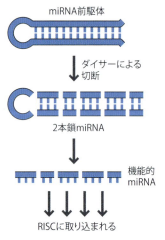

●図17.20　ダイサーによるmiRNA前駆体のプロセシング

### 17.2.2　タンパク質の分解

ミスフォールドタンパク質および機能的寿命が終わったタンパク質の分解経路については理解が進んでいる．また，これらの分解経路が遺伝子のスイッチがオフとなった個々のタンパク質を標的とする仕組みもわかりはじめている．

### 分解されるべきタンパク質は，ユビキチンで標識される

**ユビキチン**（ubiquitin）は，ヒトでは長さが76アミノ酸で豊富に存在する"ユビキタス（普遍的な）"タンパク質であり，分解されるべきタンパク質の目印としてはたらき，タンパク質分解において中心的役割を果たしている．

ユビキチンのタンパク質への結合は，**ユビキチン化**（ubiquitination）とよばれる．ユビキチンは，大部分の生物種においてはC末端のアミノ酸はグリシンである．ユビキチン化

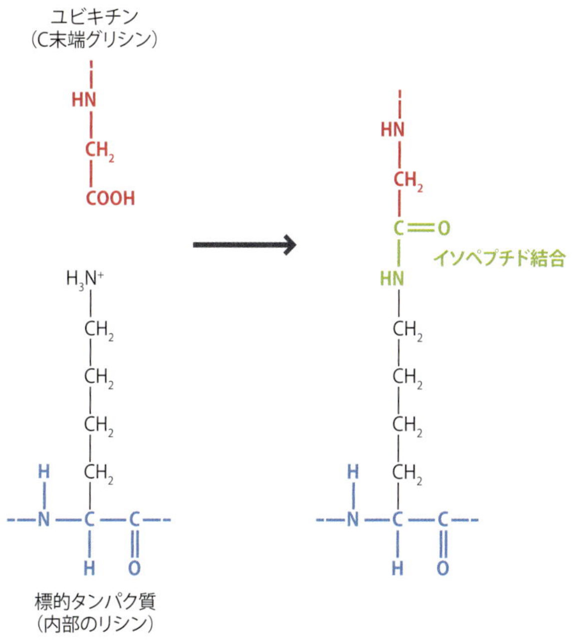

● 図 17.21 標的タンパク質内部のリシンへのユビキチンの結合

では，ユビキチンのC末端アミノ酸のカルボキシ基と，分解されるタンパク質内に位置するリシンの側鎖のアミノ基とで**イソペプチド結合**（isopeptide bond）とよばれる結合を生じる（図17.21）．ユビキチン化は三つの段階よりなる過程である．最初にユビキチンがアクチベータータンパク質にATPの加水分解で生じるエネルギー依存的に結合する．次いで，ユビキチンを結合酵素に移し，最後に三つ目の酵素である**ユビキチンリガーゼ**（ubiquitin ligase）がユビキチンを標的タンパク質に転移させる．

ユビキチン化には，分解のためにタンパク質を標識すること以外に，多くの機能がある．たとえば，タンパク質を目的の場所に移動させるためのシグナルであり，また，ゲノムの領域を抑制または活性化する手段としてヒストンタンパク質に対して付加される化学修飾の一つでもある．ユビキチン化がどのような機能を果たすかは，標的タンパク質上に形成されるユビキチンの構造の違いによって区別されるようである．分解のための標識として作用するには，結合したユビキチンの鎖が標的タンパク質上に構築されなければならない．これらのポリユビキチン鎖は一連のユビキチンからなるが，それぞれが鎖中の前のユビキチン内のリシンの一つに結合している（図17.22）．各ユビキチンは七つのリシンをもつので，多種多様で複雑なポリユビキチン鎖を組み立てることができる．タンパク質分解を担う大部分のポリユビキチン化は，ユビキチンのN末端から2番目および6番目のリシン，アミノ酸配列では11番目および48番目が次のユビキチンのC末端のカルボキシ基とのイソペプチド結合に関与する．

ユビキチン化ではどのようにして分解されるべき標的タンパク質を認識しているのだろう．その答えは，これらの標的タンパク質にユビキチンを付加させる酵素の特異性にあるようである．大部分の生物種は，ただ一つのユビキチンアクチベータータンパク質と，多くの種類のユビキチン結合酵素およびユビキチンリガーゼをもっている．たとえばヒトには，35個のユビキチン結合酵素と数百個のユビキチンリガーゼが存在する．異なるユビキチン結合酵素とユビキチンリガーゼの組合せにより，ユビキチン化されるタンパク質の特異性やタンパク質上に形成されるユビキチン鎖の性質が決まる．細胞内または細胞外シグナルにより異なる結合酵素-リガーゼが活性化されることで，特定のタンパク質あるいはタンパク質群の分解が規定されているのであろう．

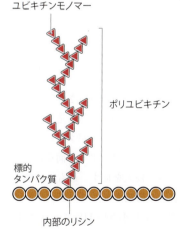

● 図 17.22 分解の対象となるタンパク質に結合したポリユビキチン鎖

### プロテアソームはタンパク質の分解を担う

ユビキチン化は分解されるタンパク質を標識するが，それ自体はタンパク質の分解を行わ

## ● Box 17.5　タンパク質と mRNA の半減期

　タンパク質および mRNA は，細胞内で絶えず入れ替わっている．すなわち，いまある分子は分解され，新しい分子が合成される．分解速度は，分子の新しい合成がないと仮定して，個々のタンパク質または mRNA の量が初期値の半分に低下するのに必要な時間を**半減期**（half-lives）として表す．

　半減期は，**パルスラベル**（pulse labeling）によって測定できる．細胞に"重い"窒素 $^{15}N$ 同位体を含むアミノ酸，または炭素に結合した酸素ではなく，$^{35}S$ 原子をもつ放射性 4-チオウラシルなどを一過的に供給（パルス）するとタンパク質や mRNA を標識できる．パルス標識の期間中に合成されたタンパク質および mRNA には，標識されたアミノ酸またはヌクレオチドが含まれるが，パルス前または後に合成されたタンパク質および mRNA には含まれない．したがって，パルスラベル期間中に生合成された分子の分解速度は，パルス期間後，一定時間ごとに，全タンパク質あるいは全 mRNA のラベル，または個々のタンパク質あるいは mRNA のラベル量を測定すれば求めることができる．

　このような研究によって，ほとんどの細菌タンパク質および mRNA の半減期がわずか数分であることが示された．これは，活発に増殖する細菌で起こりうる遺伝子発現パターンの急速な変化を反映している．真核生物の分子は，半減期がより長い（右図を参照）．マウス線維芽細胞におけるタンパク質の半減期は 46 時間で，mRNA の半減期は 9 時間である．

　これらのヒストグラムは，異なるタンパク質および mRNA の分解速度に顕著な差があることを示している．一般には，個々の分子の半減期に影響を与える因子についての情報はほとんど得られていない．プロリン，グルタミン酸，セリン，およびトレオニンが豊富なタンパク質は，しばしば半減期が短い．この **PEST 配列**（PEST sequence；四つのアミノ酸の略語にちなんで命名）は，ユビキチン化と関係があり，これらのタンパク質を迅速に代謝回転させている可能性がある．真核生物の mRNA 分解は，機構は不明であるが，ポリ(A)尾部の長さと関連していると考えられてきた．一つの可能性は，長寿命の mRNA がウラシルに富む配列をもち，ポリ(A)尾部が塩基対を形成し，$3' \rightarrow 5'$ エキソヌクレアーゼによる分解を妨げるステムループを形成することである．

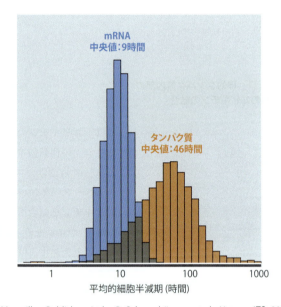

Macmillan Publishers Ltd., B. Schwanhäusser et al., *Nature*, **473**, 337 (2011) より．

---

ない．分解されるためには，ユビキチン化タンパク質を**プロテアソーム**（proteasome）にもっていかなければならない．

　真核生物のプロテアソームは，26S の沈降係数をもつ大きな多量体構造をしている（図 17.23）．主成分は，沈降係数が 20S の中央の環状構造であり，それぞれが七つのタンパク質から四つの環状構造を形成する．二つの環内に存在するタンパク質はプロテアーゼであり，その活性部位は環内表面に位置する．これは，ユビキチン化タンパク質が分解されるためには，環内に入っていなければならないことを意味する．それ以外の二つの環状構造を構成するタンパク質はプロテアーゼ活性を示さないが，代わりにユビキチン化タンパク質のプロテアソームシリンダーへの侵入を媒介する．これらのタンパク質は，シリンダーの両端に一つずつあるキャップ構造を連結してここを介してシリンダーへの侵入を促す．最も一般的なキャップ構造は，19S の沈降係数をもち，19 のタンパク質から構成され，プロテアソームへの全長タンパク質の進入を媒介する．タンパク質が 7 個のより小さい 11S キャップは，より短いペプチドの分解に関与する．

　ユビキチン化タンパク質は，プロテアソームの 19S キャップ構造と直接相互作用するか，または相互作用が，**ユビキチン受容体タンパク質**（ubiquitin-receptor protein）を介して起こる可能性がある．プロテアソームに入る前に，分解すべきタンパク質を少なくとも部分的に折りたたみを解いて，結合していたユビキチンを解離しなければならない．これらの過程

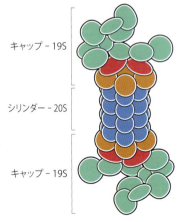

● 図 17.23　真核生物のプロテアソーム
二つのキャップ構造のタンパク質成分を，緑，橙，および赤色で，シリンダー構造のタンパク質成分を青色で示す．

は，キャップ構造内に存在するタンパク質によって触媒される．ATPの加水分解から得られるエネルギーを必要とする．次いで，タンパク質はプロテアソームに移行し，そこで，通常4～10アミノ酸の長さのペプチドに分解される．これらは細胞質に放出され，そこでほかのプロテアーゼによって個々のアミノ酸に分解される．

　真核生物においてタンパク質分解のためのユビキチンおよびプロテアソーム系が発見されたが，類似の系が少なくともいくつかの細菌および古細菌に存在することがわかっている．細菌分解の目印は，64アミノ酸の「ユビキチン様タンパク質」であり，これは，真核生物ユビキチン化と同様に標的タンパク質のリシンに結合される．古細菌もまた，真核生物型とほぼ同じ大きさのプロテアソームをもつが，これらはあまり複雑ではなく，ただ二つのタンパク質の多量体である．一方，細菌プロテアソームはより小さく，真核生物および古細菌の両方に存在するキャップ構造をもっていない．

## ● 参考文献

S. C. Harrison, A. K. Aggarwal, "DNA recognition by proteins with the helix-turn-helix motif," *Annual Review of Biochemistry*, **59**, 933 (1990).

T. M. Henkin, "Control of transcription termination in prokaryotes," *Annual Review of Genetics*, **30**, 35 (1996). 転写減衰についての詳細な説明．

C. M. Horvath, "STAT proteins and transcriptional responses to extracellular signals," *Trends in Biochemical Sciences*, **25**, 496 (2000).

Y-J. Kim, J. T. Lis, "Interactions between subunits of *Drosophila* mediator and activator proteins," *Trends in Biochemical Sciences*, **30**, 245 (2005).

D. Lopez, H. Vlamakis, R. Kolter, "Generation of multiple cell types in *Bacillus subtilis*," *FEMS Microbiology Letters*, **33**, 152 (2008). 異なるサブユニットが胞子形成にどのようにかかわるかについての説明．

R. L. Losick, A. L. Sonenshein, "Turning gene regulation on its head," *Science*, **293**, 2018 (2001). 転写減衰システムについての説明．

J. P. Mackay, M. Crossley, "Zinc fingers are sticking together," *Trends in Biochemical Science*, **23**, 1 (1998).

D. Melloui, S. Marshak, E. Cerasi, "Regulation of insulin gene transcription," *Diabetologia*, **45**, 309 (2002).

A. J. Pratt, I. J. MacRae, "The RNA-induced silencing complex: a versatile gene-silencing machine," *Journal of Biological Chemistry*, **264**, 17687 (2009).

M. Ptashne, W. Gilbert, "Genetic repressors," *Scientific American*, **222** (6), 36 (1970). リプレッサーの作用様式およびタンパク質の単離に使用される方法．

M.-J. Tsai, B. W. O'Malley, "Molecular mechanisms of action of steroid/thyroid receptor superfamily members," *Annual Review of Biochemistry*, **63**, 451 (1994). ステロイドホルモンによる遺伝子発現の制御．

S. Vanacova, R. Stefl, "The exosome and RNA quality control in the nucleus," *EMBO Reports*, **8**, 651 (2007).

A. Varshavsky, "The ubiquitin system," *Trends in Biochemical Sciences*, **22**, 383 (1997).

D. Voges, P. Zwickl, W. Baumeister, "The 26S proteasome: a molecular machine designed for controlled proteolysis," *Annual Review of Biochemistry*, **68**, 1015 (1999).

R. C. Wek, H.-Y. Jiang, T. G. Anthony, "Coping with stress: eIF2 kinases and translational control," *Biochemical Society Transactions*, **34** (1), 7 (2006). 翻訳の包括的な制御．

R. W. Wheatley, S. Lo, L. J. Jancewicz, M. L. Dugdale, R. E. Huber, "Structural explanation for allolactose (*lac* operon inducer) synthesis by *lacZ* β-galactosidase and the evolutionary relationship between allolactose synthesis and the *lac* repressor," *Journal of Biological Chemistry*, **288**, 12993 (2013).

G. Zubay, D. Schwartz, J. Beckwith, "Mechanisms of activation of catabolite-sensitive genes: a positive control system," *Proceedings of the National Academy of Sciences USA*, **66**, 104 (1970). CAPシステムの初期の説明．

## ● 章末問題

**四択問題**

　各質問に対して正しい答えは一つだけである．答えは化学同人HP：https://www.kagakudojin.co.jp/book/b378577.html にある．

1. 大腸菌RNAポリメラーゼのσサブユニットは，どのタイプのDNA結合構造を含むか？
   (a) ヘリックス–ヘリックス–ターン
   (b) ヘリックス–ターン–ヘリックス
   (c) ジンクフィンガー　(d) 熱ショックドメイン

2. 大腸菌RNAポリメラーゼの標準的なσサブユニットは何か？
   (a) $\sigma^{32}$　(b) $\sigma^{70}$　(c) $\sigma^{76}$　(d) $\sigma^{90}$

3. 熱ショック中に使用される大腸菌RNAポリメラーゼのσサブユニットは何か？
   (a) $\sigma^{32}$　(b) $\sigma^{70}$　(c) $\sigma^{76}$　(d) $\sigma^{90}$

4. 胞子形成経路のあいだに，どの細菌が代替σサブユニットを使用するか？
   (a) 大腸菌　(b) バチルス種
   (c) 結核菌　(d) スポロバクテリア

5. 大腸菌のラクトースパーミアーゼの役割は何か？
   (a) ラクトースオペロンの誘導物質
   (b) ラクトースオペロンの転写に対するグルコースの影響を媒介する
   (c) ラクトースをガラクトースとグルコースに分割する
   (d) ラクトースを細胞内に輸送する

6. ラクトースが存在する状況を説明している記述はどれか？
   (a) リプレッサーは誘導物質に結合し，ラクトースオペロンの転写を妨げる
   (b) リプレッサーは誘導物質に結合せず，ラクトースオペロンの転写を妨げる
   (c) リプレッサーは誘導物質に結合し，ラクトースオペロンの転写を可能にする
   (d) リプレッサーは誘導物質に結合せず，ラクトースオペロンの転写を可能にする

7. リプレッサー結合部位は何とよばれるか？
   (a) プロモーター　(b) オペレーター　(c) CAP 結合部位
   (d) オペロン

8. 大腸菌の $IIA^{Glc}$ タンパク質の役割は何か？
   (a) ラクトースオペロンの誘導物質
   (b) ラクトースオペロンの転写に対するグルコースの影響を媒介する
   (c) ラクトースをガラクトースとグルコースに分割する
   (d) ラクトースを細胞内に輸送する

9. グルコースとラクトースが存在する状況を説明している記述はどれか？
   (a) CAP およびリプレッサーが結合すると，ラクトースオペロンが転写される
   (b) CAP およびリプレッサーが結合すると，ラクトースオペロンは転写されない
   (c) CAP もリプレッサーも結合しておらず，ラクトースオペロンは転写されない
   (d) CAP は結合していてリプレッサーは結合していないが，ラクトースオペロンは転写されない

10. 真核生物のタンパク質コード遺伝子の上流に見いだされる基本プロモーター配列とは何か？
    (a) メディエータータンパク質の結合部位
    (b) cAMP 応答因子結合（CREB）タンパク質の結合部位
    (c) アップレギュレーションまたはダウンレギュレーションの対象とならない場合の遺伝子の転写速度を決定する部位
    (d) 熱ショックモジュールの一部

11. 活性化ドメインではないものはどれか？
    (a) 酸性領域　　　　　　(b) 基本ドメイン
    (c) グルタミンリッチドメイン　(d) プロリンリッチドメイン

12. メディエータータンパク質に関する次の記述のうち，正しくないものはどれか？
    (a) 酵母（Saccharomyces cerevisiae）において最初に同定された
    (b) メディエータータンパク質の尾部は，調節タンパク質の活性化ドメインと接触する
    (c) 中間部分および頭部部分はポリメラーゼ複合体と相互作用する
    (d) ヒトでは 25 のサブユニットで構成されている

13. ステロイドホルモンでないものはどれか？
    (a) エストロゲン　(b) アンドロゲン
    (c) ミネラルコルチコイドホルモン
    (d) 副腎皮質刺激ホルモン

14. 大腸菌トリプトファンオペロンの転写減衰制御に関する次の記述のうち，トリプトファンの存在する状況を表しているのはどれか？
    (a) リボソームがとどまり，終止シグナル構造ができ，転写が終結する
    (b) リボソームがとどまり，終止シグナル構造が形成されず，転写が終結する
    (c) リボソームはとどまらず，終止シグナル構造ができ，転写が終結する
    (d) リボソームはとどまらず，終止シグナル構造ができず，転写が終結する

15. 真核生物の翻訳の全体的な調節はどの開始因子のリン酸化により媒介されるか？
    (a) eIF-2　(b) eIF-3　(c) eIF-4　(d) eIF-4A

16. 哺乳動物におけるフェリチン合成の転写産物特異的制御に関する次の記述のうち，正しいものはどれか？
    (a) 鉄レベルが低い場合，調節タンパク質 IRP-1 は，フェリチン mRNA 上の基本プロモーター配列に付着する
    (b) IRP-1 は鉄結合タンパク質であり，鉄原子の結合は立体配置に変化をもたらし，その結果，タンパク質は基本プロモーター配列を認識する
    (c) 鉄の存在下では，IRP-1 は mRNA から脱離する
    (d) IRP-1 の脱離は，フェリチン mRNA の翻訳を妨げる

17. 細菌デグラドソームの成分ではないものはどれか？
    (a) ポリヌクレオチドホスホリラーゼ　(b) RN アーゼ E
    (c) RN アーゼ P　(d) RNA ヘリカーゼ B

18. 真核生物におけるデグラドソームの相当物は何とよばれているか？
    (a) RNA 誘発サイレンシング複合体　(b) プロテアソーム
    (c) mRNA サーベイランス粒子　(d) エキソソーム

19. RNA 誘導サイレンシング複合体中の mRNA を切断するエンドリボヌクレアーゼとは何か？
    (a) RN アーゼ E　(b) アルゴノート　(c) RN アーゼ P
    (d) ダイサー

20. 前駆体分子から miRNA を切断するエンドリボヌクレアーゼとは何か？
    (a) RN アーゼ E　(b) アルゴノート　(c) RN アーゼ P
    (d) ダイサー

21. ヒト細胞は，およそいくつの miRNA をつくるか？
    (a) 1,000　(b) 5,000　(c) 10,000　(d) 50,000

22. マウス線維芽細胞のタンパク質の半減期の中央値はどれか？
    (a) 45 分　(b) 9 時間　(c) 24 時間　(d) 46 時間

23. ユビキチン化に関する次の記述のうち，正しくないものはどれか？
    (a) ユビキチンのタンパク質への結合は，イソペプチド結合を介する
    (b) その結合には，ほとんどの種においてグリシンであるユビキチンの N 末端アミノ酸が関与する
    (c) ユビキチンは，最初に活性化タンパク質に結合する
    (d) ユビキチンリガーゼがユビキチンを標的タンパク質に転移

する

## 記述式問題

これらの質問の答えは本文中に記載されている．

1. 生物における遺伝子発現を制御する役割の概要を述べよ．
2. 代替 σ サブユニットが大腸菌における遺伝子発現をどのように調節するかを例をあげて説明せよ．
3. (A) ラクトースリプレッサー，および (B) カタボライト活性化タンパク質による大腸菌ラクトースオペロンの制御の詳細を述べよ．
4. 真核生物のタンパク質をコードする遺伝子のプロモーターに見いだされるさまざまな種類の調節配列を要約せよ．
5. 真核生物における遺伝子発現におけるメディエータータンパク質の役割は何か？
6. ステロイドホルモンがどのようにヒト細胞の遺伝子発現を調節するのかを記述せよ．
7. 真核生物における翻訳の包括的および転写物特異的な制御の例をあげよ．
8. 大腸菌および真核生物における非特異的 mRNA 代謝回転の経路を概説せよ．
9. 真核生物における mRNA 代謝回転における miRNA の役割を詳細に説明せよ．
10. タンパク質分解におけるユビキチンとプロテアソームの役割を説明せよ．

24. ユビキチンには何個のリシンが存在しているか？
    (a) 1  (b) 5  (c) 7  (d) 10

## 自習用問題

次の質問に答えるためには，自分で計算してみたり，ほかの文献を読んでみたり，あるいはインターネットで調べる必要がある．

1. いくつかの種類のウイルスでは，宿主の遺伝子の転写は感染直後に終了する．代わりに細胞の RNA ポリメラーゼ酵素はすべてウイルス遺伝子の転写を開始する．この現象の根底にあると考えられる事象を議論せよ．
2. オペロンは，関連する遺伝子の発現の協調的制御を達成するための非常に便利なシステムである．オペロンは細菌では一般的であるが，真核生物には存在しない理由を議論せよ．
3. 大腸菌のトリプトファンオペロンは，リプレッサータンパク質と転写減衰の両方によって調節される．アミノ酸生合成酵素をコードするほかのオペロンは，転写減衰によってのみ制御される．このことを議論せよ．
4. 大腸菌は，真核生物の転写開始の調節のためにどのくらい優れたモデルであるか？ 真核生物の転写開始過程を解明するのに大腸菌での知見がどのように役に立つのか，あるいは役に立たないのか，具体的な例をあげて，あなたの正しいと思う意見を述べよ．
5. いくつかのポリ (A) 尾部の長さはどのようにして真核生物の mRNA の半減期に影響するか？

# 第18章
# タンパク質，脂質，糖質を研究する

### ◆本章の目標

- ポリクローナル抗体とモノクローナル抗体の違いを理解する．
- 抗原-抗体反応で生じる沈殿が免疫測定法（イムノアッセイ）に使われるようになった経緯を知り，さまざまな免疫測定法について説明できる．
- 酵素免疫測定法がどのように行われるのか，またこの技術の利点を理解する．
- タンパク質プロファイリングに先立って，プロテオーム（全タンパク質）内から特定のタンパク質を分離するためのさまざまな方法を説明できる．
- タンパク質プロファイリングにおける質量分析の役割を理解する．
- 同位体で標識したタグを二つのプロテオーム成分の比較に用いる方法について説明できる．
- タンパク質の二次構造を研究するために円二色性がどのように用いられるのか理解する．
- 核磁気共鳴（NMR）スペクトルがどのように発生するのか，またNMR法の長所と限界がわかる．
- X線回折パターンが詳細な立体構造を決めるのにどのように使われるのか理解する．
- ガスクロマトグラフィーの原理と，これを利用して脂質を分離する方法を説明できる．
- 質量分析が脂質の構造研究にどのように使用されているかがわかる．
- 免疫学的手法，レクチンおよび糖鎖シークエンシングが糖鎖の構造研究にどのように用いられているかを理解する．

　本書の最後では，生体分子を研究するために開発されたさまざまな方法のなかで最も重要なものについて学ぶ．これらの方法は生化学の進歩の基礎をなしてきた．また，これらは研究キャリアを生物学の分野で積んでいくと決めたときに使うことになる方法でもある．

　この章では，タンパク質，脂質，および糖質の研究法を，次の章では，DNAおよびRNAのための研究法について学ぶ．タンパク質，脂質，糖質を一つの章にまとめることができるのは，これらの3種類の生体分子を研究するために用いられる手法に共通点が多いからである．一方，DNAおよびRNAではヌクレオチド配列決定に特化した技術がある．

## 18.1 タンパク質の研究方法

　タンパク質を研究する方法は数多くある．それらの方法を羅列することは避けて，次の三つの疑問に限定することにしよう．

- 細胞や組織内に特定のタンパク質が存在するかどうかはどうやって決めるのだろうか？
- 細胞や組織内に存在する全タンパク質（プロテオーム）からどのようにして個々のタンパク質を同定するのだろうか？
- タンパク質の立体構造はどのようにして調べるのだろうか？

　これらの疑問に対する答えを探ることによって，タンパク質の研究法に精通できるようになるだろう．

### 18.1.1 特定のタンパク質の存在を検出する方法

　まず，細胞または組織抽出液中に存在するタンパク質混合物から個々のタンパク質を検出

する方法を見てみよう．この中心となるのは，哺乳動物やほかの動物がもともともっている免疫応答に基づく**免疫学的手法**（immunological method）である．

### 免疫学的手法は，抗体と抗原とのあいだの反応を利用する

免疫応答は，**抗原**（antigen）とよばれる有害物質から身を守るために動物が使っている生理的な現象である．単純にいえば，抗原とは免疫応答を誘発する物質のことである．免疫応答の一つに，血液およびリンパ系に存在するBリンパ球による**抗体**（antibody）の合成がある．抗体は**免疫グロブリン**（immunoglobulin）とよばれる一群のタンパク質である．抗体は抗原に特異的に結合し，その後，免疫系のほかの成分によって抗原は壊される（図18.1A）．たとえば，体内に侵入しつつある細菌の表面へ抗体が結合すると，一連の酵素および非酵素タンパク質から構成される**補体系**（complement system）が活性化されて細菌の細胞膜を破壊して細菌を殺す．

多くのタンパク質は抗原となりうる．とくに，身体に対して異物であったり，体内で合成されても正常なタンパク質として認識されなかったタンパク質が抗原となる．この免疫系の特性をタンパク質を検出するのに生化学者が利用してきた．精製したタンパク質をウサギのような実験動物に注射すると，そのタンパク質に特異的に結合する抗体が合成される（図18.1B）．ウサギの血液中に存在する抗体の量は，精製するのに十分な量を数日にわたって保っている．精製後でも，抗体は動物が曝された抗原タンパク質に結合する能力を維持している．

ほとんどのタンパク質に対して，単一の抗体だけでなく，タンパク質の表面上の異なる特徴，すなわち**エピトープ**（epitope）を認識するさまざまな抗体を合成する．それぞれの抗体をまとめて**ポリクローナル抗体**（polyclonal antibody）とよぶ．それぞれの抗原タンパク質に特異的であるためには，免疫グロブリンはそのタンパク質に特有のエピトープを認識しなければならない．大部分のポリクローナル抗体は，あるタンパク質に特異的な免疫グロブリンを多く含むが，異なるタンパク質間表面で共通のエピトープを認識する免疫グロブリンもある．すなわち，ポリクローナル抗体は抗原タンパク質に対して完全に特異的ではない．一方，**モノクローナル抗体**（monoclonal antibody）は1種類のみの免疫グロブリンからなる．モノクローナル抗体がほかの抗原には存在しない一つのエピトープを認識するならば，標的となる抗原に完全に特異的であるといえる．モノクローナル抗体は通常，ウサギではなくマウスで調製される．抗原をマウスに注射したあと，Bリンパ球を含む脾臓を取りだし，リンパ球をマウス骨髄腫細胞と混合する．次に，リンパ球と骨髄腫細胞を融合させ，Bリンパ球の免疫グロブリンを産生する能力と骨髄腫細胞の無限に増殖する能力の両方をもつ**ハイブリドーマ**（hybridoma）を作製する．したがって，このハイブリドーマの培養を続ければ，B

**(A)** 抗体は抗原と結合する

**(B)** 抗体の精製

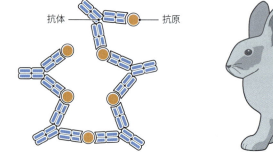
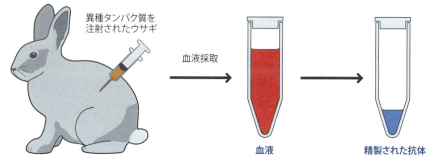

●図18.1　抗　体
(A) 抗体は抗原と結合する．(B) 精製された抗体は，外来タンパク質を注射されたウサギから採取した血液より得られる．

● Box 18.1　免疫グロブリンと抗体の多様性

免疫グロブリンはBリンパ球によって合成され，形質膜の表面に結合するか血流に分泌される．各免疫グロブリンは4本のポリペプチドからなる四量体であり，**重鎖**（heavy chain）とよばれる2本の大きな分子と**軽鎖**（light chain）とよばれる2本の小さい分子とからなる．軽鎖はジスルフィド結合で重鎖とつながっている．重鎖および軽鎖全体の複合体の形はフォーク型である．

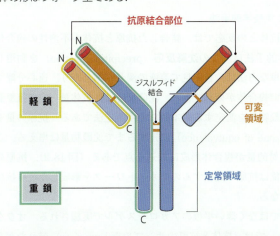

生体が遭遇するすべての抗原について，異なる免疫グロブリンが合成される．免疫グロブリンのなかで，特異的な抗原結合特性を付与する**可変領域**（variable region）は，重鎖および軽鎖のN末端領域に位置する．各鎖の残りの部分はすべての免疫グロブリンで類似のアミノ酸配列をもつ**定常領域**（constant region）を形成する．

重鎖には免疫グロブリンの異なるクラスを区別するさまざまなファミリーおよびサブファミリーが存在する．ヒトでは五つのおもな種類がある．

- **免疫グロブリンM**（immunoglobulin M，**IgM**）：ヒト血液中で五量体として存在し，新しい抗原に遭遇したときに合成される最初の抗体である．この免疫グロブリンは，細菌およびほかの病原体上の抗原性エピトープに強く結合する．補体系を作動させ，また，**食作用**（phagocytosis）とよばれる過程によって病原体を包み込んで分解するマクロファージを活性化する．IgMはμ型の重鎖をもつ．
- **免疫グロブリンG**（immunoglobulin G，**IgG**）：γ型の重鎖をもつ．IgGの重鎖にはIgG1，IgG2，IgG3などのサブクラスがある．免疫応答の後期にIgGが合成される．また，IgGには母親が胎児および新生児に免疫をつけさせるという特別な役割もある．IgGは，胎盤を通過できる唯一の免疫グロブリンであり，母乳中にも分泌される．
- **免疫グロブリンA**（immunoglobulin A，**IgA**）：α型重鎖をもつ．IgAは涙と唾液中に含まれる免疫グロブリンのなかで主要なものである．
- **免疫グロブリンE**（immunoglobulin E，**IgE**）と**免疫グロブリンD**（immunoglobulin D，**IgD**）：IgEはマラリア原虫の *Plasmodium falciparum* など，真核生物の寄生虫から身体を保護するうえで重要である．IgEはε重鎖，IgDはδ重鎖をもつ．

軽鎖にもκとλとよばれる二つの型がある．いずれの免疫グロブリンも，2本のκ鎖，2本のλ鎖，またはそれぞれの鎖の組合せでできる．

ヒトはおよそ$10^8$の異なる免疫グロブリンを生合成でき，それらは異なる抗原エピトープに特異的である．この膨大な可変性は，重鎖ポリペプチドおよび軽鎖ポリペプチドのmRNAが合成される際のしくみによって実現される．脊椎動物ゲノムには，重鎖または軽鎖の完全な遺伝子はない．代わりに，重鎖は，定常領域の一つの領域（$C_H$）および可変領域の異なる三つの領域（$V_H$，$D_H$，および$J_H$）の四つの遺伝子領域からできている．各遺伝子領域に複数のコピーが存在し，各コピーはわずかに異なるアミノ酸配列をもっている．これらの領域が一緒になって完全な重鎖mRNAができるには2段階の過程を必要とする．

- 最初に，可変領域全体をコードするエキソンが，DNA組換えによって$V_H$，$D_H$，$J_H$遺伝子領域から一つずつ抜きだされて組み立てられる．

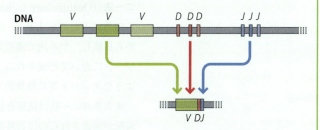

- 2段階目で，このV-D-Jエキソンが転写され，スプライシングによって$C_H$領域転写物に連結される．

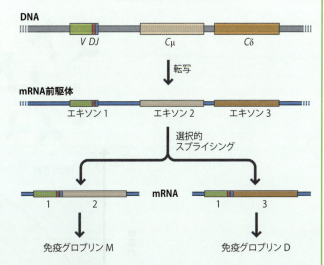

このような過程により完全な重鎖mRNAがつくられる．軽鎖のmRNAも同様に産生されるが，違いは軽鎖にはJ領域がない点である．

リンパ球で産生される抗体を大量に得られる．この抗体は，単一のエピトープを認識し，ハイブリドーマ細胞の単一クローンから調製されるため，「単一クローン（モノクローナル）」である．

これまでに，さまざまな免疫学的方法が開発されているが，抗原－抗体反応の検出方法がそれぞれ異なる．免疫学的方法には，単に標的タンパク質が存在するかどうかを示すだけの定性的な方法がある．その一方，**免疫測定法（イムノアッセイ**，immunoassay）とよばれる方法では抗原の量を定量化できる．これらの免疫学的方法のなかで最も重要なものを見ていこう．

### 抗原-抗体複合体の沈殿に基づく免疫学的手法

通常，抗原とポリクローナル抗体との反応では，結合した抗原と抗体が不溶性の複合体となって沈殿する．多くの免疫学的手法は，この**沈降反応**（precipitin reaction）を利用して抗原の存在を検出する．最も簡単な方法は，目で見て溶液の濁りが増したり，遠心分離で不溶性沈殿物が見えたりすることで複合体が確認できる．沈降反応は，抗体量一定で抗原量を増やしていったときに生じる沈殿物量を測定する基本的な免疫測定法である．抗原の量を増加させていくと，**等価ゾーン**（zone of equivalence）に達するまで沈殿物量は増える．この等価ゾーンが，抗原と抗体の相対的量が複合体形成に最適な点である（図18.2）．抗原の量をさらに増やすと，抗体結合部位は抗原で飽和するのでネットワークを形成した抗原抗体複合体が壊れて沈殿物量は少なくなる．

沈殿試験は，ふつうは溶液中ではなく薄い平板のアガロースゲルで実施される．**オクタロニー法**（Ouchterlony technique）では，抗体と抗原のサンプルを1 cm くらい離れたゲルのくぼみにそれぞれ入れる（図18.3）．抗体と抗原を含むそれぞれの溶液はくぼみ（ウェル）から拡散し，ゲル内で濃度勾配を形成する．沈殿物は，二つの重なり合う濃度勾配内の等価ゾーンにおいて形成される．時には沈殿物を目視できる．あるいはゲルをクマシーブルーのようなタンパク質に特異的な色素で染色すれば，沈殿物の位置を帯として明確に目視できる．

オクタロニー法は抗原と抗体が自然拡散によってゲル内を動いていくので進行が遅く，濃度勾配が形成されるのに数時間または数日かかることがある．**免疫電気泳動法**（immunoelectrophoresis）は，ゲル内の抗原および抗体の移動速度を速めることによって，反応の進行を加

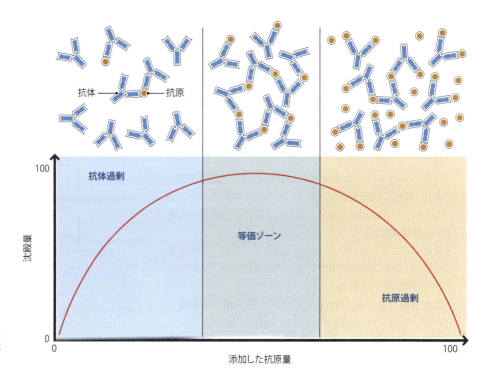

● 図 18.2　**沈降反応**
グラフは，抗体の量を一定に保ちながら抗原の量を増やしたときの沈殿物の生成量を示す．

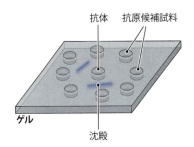

● 図 18.3 オクタロニー法の一例
中央のくぼみ（ウェル）に抗体，外側のウェルに抗原を含む溶液を添加する．クマシーブルーで染色すると2カ所で沈殿反応が観察でき，左上と下のウェルに入れた抗原が抗体と交差反応（結合）していることがわかる．沈殿ができないほかの試料はこの抗体に認識される抗原がないか非常に少ない．

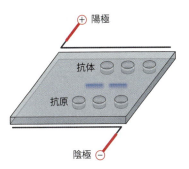

● 図 18.4 クロスオーバー免疫電気泳動
沈降反応が観察された2カ所で用いた抗原が抗体と交差反応していることがわかる．

速している．ほとんどのタンパク質は pH8.0 で負電荷をもっているので，電場がかかったなかに置かれると陽極に向かって移動する．このとき，移動速度はタンパク質の大きさおよび電荷に依存する．免疫グロブリンはタンパク質では珍しく中性の電荷をもっているが，**電気浸透**（electroendosmosis）の原理によって反対方向，すなわち陰極に向かって移動する．この現象は，ゲルを形成するアガロースに電場がかかったときわずかに電気陰性になるために起こる．アガロースは固定されているので陽極に向かって移動できないが，その偏った電荷は正に帯電した水分子が陰極に向かうことで相殺される．抗体分子は，この陰極への水の流れに沿って運ばれ，ゲル内に抗体の濃度勾配ができる．

**クロスオーバー免疫電気泳動**（crossover immunoelectrophoresis, **CIP** または **CIEP**）法では，抗原と抗体をそれぞれの電極に隣接するウェルに入れる（図 18.4）．電流を流すと，抗原および抗体分子はそれぞれの電極に向かって移動する．抗原タンパク質は単一の鋭いバンドとしてゲル内を移動するが，抗体は電気浸透の原理で濃度勾配を形成する．沈殿は，抗体の濃度勾配内の等価ゾーンで生じる．オクタロニー法よりも免疫電気泳動法のほうがはるかに迅速であるばかりでなく，感度も高い．これは，抗原が自然拡散で希釈されるのではなく，単一バンドで移動することで抗原濃度を高いまま維持できるためである．

### 酵素免疫測定法は高感度かつ定量的である

抗原−抗体複合体の量は抗原の濃度を増やすにつれて増加するが，沈降反応を定量的に行うには反応を溶液中で行う必要がある．つまり，オクタロニー法やさまざまな免疫電気泳動法は，タンパク質抗原の存在を検出して試料中の抗原量に関するおおよその情報は与えるが，基本的には定性的である．真に定量的な免疫測定法は，抗原と抗体間の反応を測定するさまざまな方法に基づいている．

最も一般的に使用される免疫測定法は，設置が容易で迅速に結果がでる **ELISA**（**酵素結合免疫吸着測定法**, enzyme-linked immunosorbent assay）である．この方法では，酵素活性を容易に測定できる**レポーター酵素**（reporter enzyme）を結合した抗体を用いる．ホースラディッシュペルオキシダーゼ（HRP）は，その酵素活性が単純な呈色反応で観察できるので，使いやすいレポーター酵素の一例である．この酵素は，テトラメチルベンジジンなどの基質を酸化できる（図 18.5）．よって，色の変化を解析することで HRP 量を定量できる．

ELISA を実施するために，まず抗原をマイクロタイタープレートのウェル表面に吸着させる．ELISA 直接法では，抗体−HRP 複合体をウェルに添加し，抗原に結合させる（図 18.6A）．その後，結合していない抗体−HRP 複合体を洗い流し，ウェル表面上の抗原に結合した HRP 活性を測定することで抗原−抗体複合体量を測定する．

あるいは，ELISA は間接的な方法でも行うことができる．ここでも，抗原はマイクロタイタープレートに吸着させるが，抗原を検出するために使用される**一次抗体**（primary antibody）とよばれる抗体には HRP は結合していない．代わりに，一次抗体を認識する**二次抗体**（secondary antibody）に HRP を結合させてから添加することで，結合した二次抗体の量を測定する（図 18.6B）．二次抗体は，一次抗体を調製したものとは異なる種の動物に一次抗体を作製した免疫グロブリンを注射することによって調製される．たとえば，一次

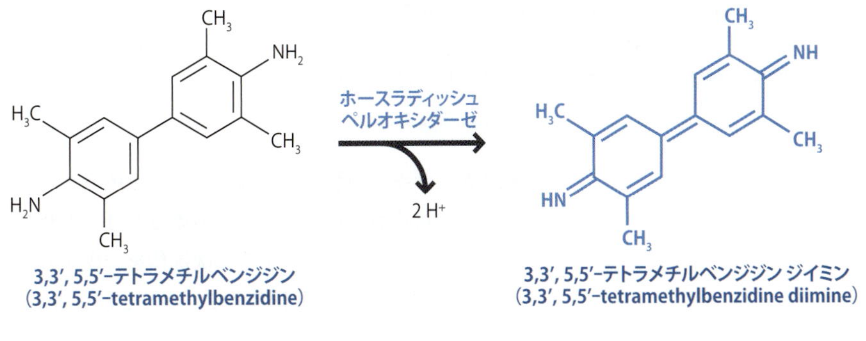

● 図 18.5 ホースラディッシュペルオキシダーゼの生化学反応に基づく呈色試験

3,3′, 5,5′-テトラメチルベンジジン
(3,3′, 5,5′-tetramethylbenzidine)

3,3′, 5,5′-テトラメチルベンジジン ジイミン
(3,3′, 5,5′-tetramethylbenzidine diimine)

## ● Box 18.2　電気泳動

**電気泳動**（electrophoresis）とは，電場中で電荷をもった分子が移動する現象である．負に帯電した分子は陽極に，正に帯電した分子は陰極に向かって移動する．

生化学において，電気泳動は通常，**アガロース**（agarose）または**ポリアクリルアミド**（polyacrylamide）のいずれかで作製されたゲル中で行われる．アガロースは，D-ガラクトースと3,6-アンヒドロ-L-ガラクトピラノース（ガラクトース）が交互に結合した多糖類であり，溶液状態で加熱したあとにゲルを形成する．ゲルは，直径 100～300 nm からなる小さな孔（ポア）のネットワークからなり，その孔のサイズはアガロースの濃度で決まる．ポリアクリルアミドは，アクリルアミド（$CH_2=CH-CO-NH_2$）単量体を $N,N$-メチレンビスアクリルアミド（一般に「ビス」とよばれる；$CH_2=CH-CO-NH-CH_2-NH-CO-CH=CH_2$）で架橋した鎖からできたゲルで，こちらも 20～150 nm の小さい孔をもつ．アガロースゲルは，ガラスまたはプラスチックを支持体とした平板（スラブ）または毛細管（キャピラリー）チューブ中で調製する．ポリアクリルアミドゲルもスラブとキャピラリーの両方でつくるが，スラブの場合は通常 2 枚のガラス板で挟んだなかでゲルをつくる．

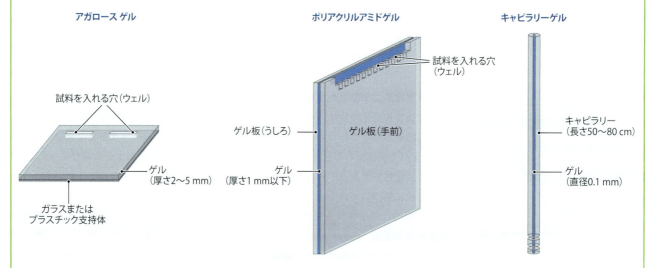

電気泳動がゲルではなく水溶液中で行われる場合，移動速度に影響を及ぼす因子は分子の形状およびその電荷である．**ゲル電気泳動**（gel electrophoresis）では，分子を分離するために多様な化学的および物理的特性を利用する．タンパク質および DNA の研究で重要なゲル電気泳動はおもに次の 3 種類である．

- ドデシル硫酸ナトリウム（SDS）を含むポリアクリルアミドゲルを用いると，分子量に応じてタンパク質を分離できる．イオン性界面活性剤の SDS はタンパク質を変性させるとともに，タンパク質を負に帯電させる．電場がかかると，タンパク質はその大きさに比例した速度で陽極に向かって移動する．小さいタンパク質ほど速く移動する．なぜなら，小さいタンパク質は大きいタンパク質よりも速くゲルの孔を通って移動できるからである．この技術は，**SDS-ポリアクリルアミドゲル電気泳動**（SDS-polyacrylamide gel electrophoresis，**SDS-PAGE**）とよばれる．分離できるタンパク質の範囲は孔の大きさに依存し，小さいタンパク質を分離するには小さな孔のゲルを用いる．孔の大きさは，モノマー（アクリルアミド＋ビス）の総濃度とアクリルアミドとビスの比によって設定されるので，必要な条件に合わせてゲルの孔の大きさを調整できる．

- DNA は分子量に応じて分離できる．ポリアクリルアミドゲルは約 1,000 bp までの DNA に使用され，それより長い DNA ではアガロースゲルが使われる．DNA にはホスホジエステル結合内に $O^-$ 基があって，長さに比例する負電荷をもっているので，SDS を加える必要はない．

- SDS で処理されていないタンパク質は，**等電点電気泳動**（isoelectric focusing）とよばれる方法によって，そのタンパク質が本来もっている電荷の違いに応じて分離できる．ゲルには**固定化 pH 勾配**（immobilized pH gradient）ができているので，ゲルの位置によって pH が違う．pH 勾配は，ゲルをつくる際に弱酸性または塩基性化合物をさまざまな濃度で加えることでつくる．このようなゲルを使うと，タンパク質は正味電荷がゼロとなる pH のある位置，つまり等電点に移動して止まる．

---

抗体がウサギで調製された場合，ウサギ免疫グロブリンをヤギに注射すれば一次抗体を認識する二次抗体が得られる．ヤギの免疫系は，ウサギの免疫グロブリンを外来タンパク質抗原と見なして，それに結合する二次抗体を合成する．

ELISA 間接法は手順が増えていることになるが，利点はあるのだろうか．利点の一つは，

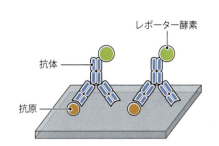
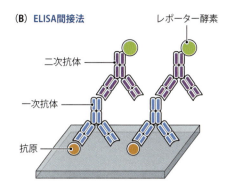

● 図 18.6 ELISA 直接法(A) と間接法(B)

レポーター酵素が結合している二次抗体が多くの異なる ELISA に使用できることである．この二次抗体は，単に「抗ウサギ免疫グロブリン」であり，ウサギから得られたものであれば，どんな一次抗体にでも使用できる．すなわち，一次抗体それぞれでレポーター酵素との複合体をつくる面倒がなくなる．研究者は一次抗体さえ調製すればよく，HRP を結合した二次抗体は試薬業者から購入すればよい．間接法のもう一つの利点は，より高い感度を可能にすることである．これは，二次抗体がポリクローナルであると仮定すると，一次抗体の表面上の異なるエピトープを認識するためである．その結果，二つ以上の二次抗体が一つの一次抗体に結合する．二次抗体はレポーター酵素をもっているので，より高いシグナル量をもたらし，したがってより高い感度が可能となる．

### 18.1.2 プロテオームの研究

プロテオームは細胞または組織中に存在するタンパク質全体を指す用語である．プロテオームの組成は細胞の生化学的能力を規定するので，プロテオームのそれぞれのタンパク質の同定やそれぞれのタンパク質の相対量を決めることは，多くの研究プロジェクトで大きな目標となっている．

プロテオームを研究するための方法論は**プロテオミクス**（proteomics）とよばれる．広い意味でのプロテオームには，プロテオーム中のタンパク質を同定するための方法だけでなく，それぞれのタンパク質の機能，細胞内の局在，タンパク質間の相互作用を理解するためのより高度な技術も含まれる．このあと学ぶ方法は，プロテオームの成分を同定するためのもので**タンパク質プロファイリング**（protein profiling）または**発現プロテオミクス**（expression proteomics）とよばれている．

#### プロテオーム内のタンパク質は同定前に分離しなければならない

タンパク質プロファイリングは，2 段階で実施される．

- 1 段階目では，プロテオーム中のそれぞれのタンパク質を分離する．
- 2 段階目では，それぞれのタンパク質を同定する．

組織によっては 2 万種類ものタンパク質が含まれるヒトのプロテオーム成分を分離するのは困難な作業である．実際，プロテオーム中のすべてのタンパク質を完璧に分離するのは現実的とはいえない．最も一般的に行われるプロテオーム中のタンパク質の分離法は，ポリアクリルアミドゲルで行う**二次元電気泳動**（two-dimensional electrophoresis）である．一次元目では，等電点電気泳動でタンパク質をその電荷に応じて分離する．二次元目では SDS-PAGE で分子量に従ってタンパク質を分離する（図 18.7）．電気泳動後，タンパク質用色素でゲルを染色すると，それぞれ異なるタンパク質からなる複雑なスポットのパターンが現れる．この二次元電気泳動による手法では，単一のゲル中で数千のタンパク質を分離できる．

プロテオームがいつもヒト細胞ほど複雑というわけではない．細菌では，常時合成されているタンパク質が 1,000 種類未満のこともある．真核生物であっても，特定の細胞内画分（た

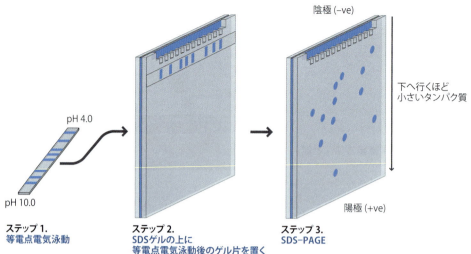

● 図 18.7　二次元ポリアクリルアミドゲル電気泳動

ステップ 1.
等電点電気泳動

ステップ 2.
SDSゲルの上に
等電点電気泳動後のゲル片を置く

ステップ 3.
SDS-PAGE

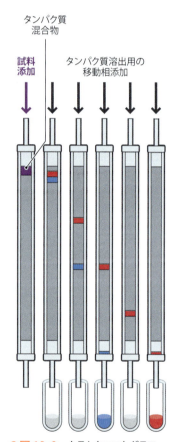

● 図 18.8　カラムクロマトグラフィー
図は混合物が 2 種類のタンパク質だけを含む単純な状況を示している．実際には，出発物質が複数のタンパク質を含む場合，数十～数百の画分を集めることもある．

†訳者注：デキストラン，アガロースも同様に使われている．

とえば，ミトコンドリア）を単離して研究している場合などは，分離すべきタンパク質の種類は比較的少ないこともある．これらの場合，SDS-PAGE または等電点電気泳動を使った一次元での電気泳動でタンパク質を分離するのに十分なこともある．あるいは，**カラムクロマトグラフィー**（column chromatography）を用いることもある．

カラムクロマトグラフィーでは，ある種の固体マトリックスが充填されたカラムにタンパク質の混合物を通過させる．混合物中の個々のタンパク質は，異なる速度でマトリックスを通過するので，帯（バンド）となって分離する．カラムからでてくる溶液は一連の画分として集められ，それぞれのタンパク質は異なる画分に回収される（図 18.8）．

いろいろな種類のカラムクロマトグラフィーが開発されており，混合物中のタンパク質を分離するためにさまざまなクロマトグラフィーを用いる．クロマトグラフィーで重要なのは次の三つの方法である．

- **ゲルろ過クロマトグラフィー**（gel filtration chromatography）：このクロマトグラフィーでは，デキストラン，ポリアクリルアミドまたはアガロースでできた小さな多孔質ビーズで満たされたカラムを用いる．タンパク質がカラムを通過するとき，タンパク質はビーズの孔に出入りする．小さいタンパク質はその孔に入りやすいので，カラムを通過するのに時間がかかる．すなわち小さい分子ほど多くの移動相を使うことになる（Box 18.3 参照）．これは，溶出するまでにカラム内に長く滞在することを意味する．大きなタンパク質は，ビーズの孔にはまらずすり抜けるので速くカラムを通過する．したがって，混合物中のタンパク質は大きさによって分離される．カラムから最初に溶出するのは分子量が最も大きいタンパク質，最後に最も小さいタンパク質が溶出される．

- **イオン交換クロマトグラフィー**（ion exchange chromatography）：タンパク質をその正味の電荷に応じて分離する．マトリックスは，正電荷または負電荷のいずれかをもつポリスチレンなど†のビーズからなる．ビーズが正に帯電している場合，負電荷をもったタンパク質がビーズに結合し，逆もまた同様である．タンパク質は，カラムに通す緩衝液中の塩濃度を徐々に増加させることでできる**塩濃度勾配**（salt gradient）により溶出できる．塩イオンは，ビーズに結合したタンパク質と競合するので，低い電荷のタンパク質は低塩濃度で溶出し，高い電荷のタンパク質は高塩濃度で溶出する．このように，塩濃度の勾配によってタンパク質を正味の電荷に応じて分離できる．あるいは，pH 勾配も使用できる．タンパク質の正味電荷は pH に依存するので，移動相の pH を徐々に変化させると，タンパク質は電荷に応じて溶出し，分離できる．

- **逆相クロマトグラフィー**（reverse phase chromatography）：マトリックスは，表面が炭化水素などの非極性基で覆われているシリカなどの粒子である．移動相は水とメタノール

またはアセトニトリルなどの有機溶媒との混合物を用いる．ほとんどのタンパク質は，疎水性領域をもち，これを介して非極性マトリックスに結合するが，液相の有機溶媒含量が増加するにつれて，結合は低下する．したがって，移動相の有機溶媒成分と水性成分との比を徐々に変化させれば，タンパク質の疎水性の程度に応じてタンパク質が溶出される．

カラムクロマトグラフィーとして，内径1 mmに満たないキャピラリーチューブに高圧で溶液を送液することもある．これは**高性能液体クロマトグラフィー**（high performance liquid chromatography, **HPLC**）とよばれ，高い分離能を達成するために設計されている（図18.9）．場合によっては，異なる種類のカラムをつないで，あるカラムから分画された試料を別の原理のカラムでさらに分離することもある．このようにして，かなり複雑なタンパク質の混合物を分離することができる．

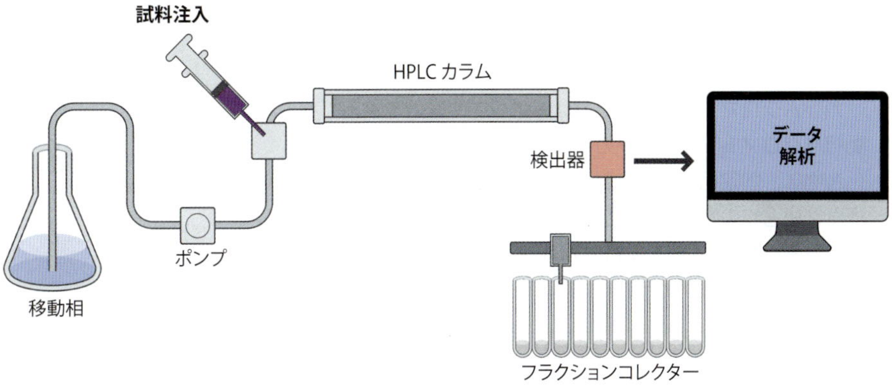

● **図 18.9 HPLC**
図は典型的なHPLC装置を示す．タンパク質混合物を系内に注入し，ポンプを使って移動相溶液を流す．カラムからのタンパク質の溶出は通常，210〜220 nmのUV吸収を測定して検出する．複数の分画（フラクション）を集める．集め方は等容積ずつでもいいし，検出器からのデータを用いて各タンパク質を含む分画の容積を最小にするように収集することもできる．

### 分離されたタンパク質を同定するために質量分析法が用いられる

タンパク質プロファイリングの次の段階は，タンパク質混合物から分離されたそれぞれのタンパク質を同定することである．これは，3段階の過程からなる．

- まず，特定の部位でポリペプチド鎖を切断するプロテアーゼにより各タンパク質を処理する．これには，アルギニンもしくはリシン残基のすぐうしろを切断するトリプシンがよく使われる．トリプシン処理によってほとんどのタンパク質が5〜75アミノ酸長のペプチド混合物となる．
- 次に各ペプチドの分子量を決定する．
- 最後に，それぞれのペプチドの分子量を，既知のタンパク質のアミノ酸配列を含むデータベースと比較する．プロテアーゼの特異性のおかげで，アミノ酸配列が既知のタンパク質の切断から生じるペプチドの質量を予測できる．したがって，質量分析で得られた実際のペプチドの分子量とデータベースから予測されたペプチドの分子量が一致するかどうかでペプチドに由来するタンパク質を同定できる．さらに，それぞれのアミノ酸のリン酸化など，翻訳後修飾のペプチド質量への影響も予測できる．この方法を使えば，たとえば，シグナル伝達経路におけるタンパク質の活性化型と非活性化型とを区別できる．

この手法の最初と最後のステップは生化学者にとってとりたてて難しいわけではない．プロテアーゼでタンパク質を切断するのはたやすいし，質量分析で決定したペプチドの分子量を，すべての既知タンパク質を仮想的にプロテアーゼ処理して得られた予測ペプチド分子量と比較することも，オンライン検索ツールのおかげで容易になっている．

しかし，この方法の2段階目，すなわち各ペプチドの分子量を決めるのは容易ではなかった．実際，2000年代半ばまでに**ペプチドマスフィンガープリント法**（peptide mass fingerprinting）とよばれる手法が開発されるまで非常に難しかった．この方法では，**マトリックス支援レーザー脱離イオン化-飛行時間型**（matrix-assisted laser desorption ionization time of flight,

## ●Box 18.3　クロマトグラフィー

クロマトグラフィーは，**移動相**（mobile phase）と**固定相**（stationary phase）における分配の違いに基づいて化合物を分離する方法の総称である．

- 移動相は通常，化合物が溶解した液体または気化した気体である．
- 固定相は通常，なんらかの固体マトリックス，または固体マトリックスに吸着された液体であり，移動相が通過するカラムまたはキャピラリー管に含まれる．

しかし生化学研究においては，固定相にろ紙を用いる**ペーパークロマトグラフィー**（paper chromatography）や，プラスチックシートに塗布された固体材料を用いる**薄層クロマトグラフィー**（thin layer chromatography）も重要である．

カラムクロマトグラフィーでは，ポンプや重力を使って移動相をクロマトグラフィーカラムに通す．移動相に含まれる化合物は，固定相と相互作用しながら通過する．相互作用の程度は化合物の物理的および/または化学的性質に依存する．本文に記されている3種類のカラムクロマトグラフィーでは，分子サイズ（ゲルろ過），電荷（イオン交換），または疎水性の程度（逆相）によってさまざまに分配される．本章の後半で学ぶガスクロマトグラフィーでは，分配はガス状の移動相と液体の固定相間で起こり，分離はこの二つの相での化合物の相対的な揮発性や溶解度に基づいている．

物質の固定相との相互作用の程度は**分配係数**（partition coefficient）とよばれる．「分配係数」はクロマトグラフィーの中心となる用語であるが，それは気相と液相間の化合物の分配，または二つの非混和性の液相（たとえば水溶液と有機溶媒）の分配にのみ関係するので，生化学で用いられるクロマトグラフィーの際には厳密には使われない．

混合物がクロマトグラフィーカラム（またはろ紙や薄層プレート）を通過するとき，個々の化合物はそれぞれの分配係数に依存した速度でマトリックスに吸着したり解離したりする．つまり，ある化合物はカラムを比較的速やかに通過するが，別のある化合物はゆっくりと通過するということである．したがって，化合物は異なる時間にカラムから溶出する帯（バンド）を形成し，別べつの画分として回収できる（図18.8参照）．

---

MALDI-TOF）とよばれる**質量分析法**が用いられる．質量分析は，化合物がなんらかの高エネルギー状態に曝されたときに生成するイオン化物の**質量電荷比**（mass-to-charge ratio, $m/z$ と表記）から化合物を同定する手段である．質量分析の種類によっては，イオン化の方法が分子にとって強烈すぎるために分子を断片化してしまうことがある．このとき，特定の化合物が特異的に断片化されるならば，**フラグメントイオン**（fragment ion）の分子量を解析することで出発物質の同定に必要な情報が得られるので解析に使える．ただ，ペプチドマスフィンガープリンティング法では，ペプチドをプロテアーゼで切断した以上には分解したくないので，"ソフト"なイオン化法であるマトリックス支援レーザー脱離によるイオン化が使用される．ペプチドの混合物を有機結晶質マトリックス（しばしばシナピン酸とよばれるフェニルプロパノイド化合物が使用される）に吸着し，UVレーザーで励起する．励起は最初にマトリックスをイオン化し，プロトンをペプチド分子に与えたり，もしくは除去したりして，それぞれ**イオン化分子**（molecular ion）である $[M + H]^+$ および $[M - H]^-$ を生成する．"M"は出発物質であるペプチドの一つを指す（図18.10）．

さらに，イオン化によりペプチドは蒸発するようになり，イオン化されたペプチドは質量分析計内のフライトチューブに沿った電場によって加速される（図18.11）．イオンの「飛行時間」（検出器に到達するのに要する時間）は，その質量電荷比に依存する．電荷は常に+1または-1であるため，飛行時間は容易に質量に変換され，特定のペプチド組成を同定するためのデータベース検索に使われる．飛行経路は，イオン化源から検出器まで直接届くようにもできるが，多くの場合，イオンは最初にイオンビームを検出器に向けて反射させる**リフレクトロン**（reflectron）とよばれる装置（リフレクターともよばれる）に向けられる．リフレクトロンを使ってより長い飛行経路を設定した質量分析装置を使うことによって，質量が非常に近いペプチドの分離能を改善できる．

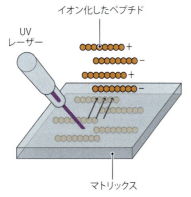

●図18.10　マトリックス支援レーザー脱離法でのペプチドのイオン化

### 二つのプロテオームの構成成分を直接比較できる

研究者は，プロテオーム内の全タンパク質の同定ではなく，2種類のプロテオームのタンパク質組成の違いを知りたいことも多い．がんなどの疾患に応答して，組織の生化学がどの

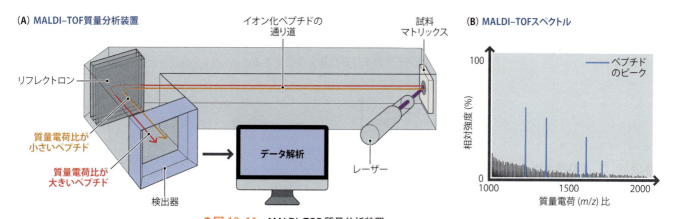

● 図 18.11　MALDI-TOF 質量分析装置
(A) リフレクトロンを含む典型的な MALDI-TOF 質量分析装置の概要．(B) ペプチドの MALDI-TOF スペクトル．ペプチドのピークが x 軸の m/z 比で示されている．

ように変化するかを理解することが目的の場合にはとくに重要である．

　もし，ある特定のタンパク質が，あるプロテオームには豊富に存在するが，別のプロテオームには存在しない場合，二次元電気泳動後に染色されたゲルを見るだけで違いがわかる．しかし，異なるタンパク質間の相対量がわずかに変化するだけでも，組織の生化学的特性が顕著に変化する可能性があり，このような微妙な変化はゲルを見るだけではわからない．これらの微妙な変化を検出するには，より洗練されたプロテオーム解析法が必要である．一つには，**同位体コードアフィニティータグ法**（isotope-coded affinity tags，**ICAT**）がある．この方法では，タグとして用いる有機化合物に 2 種類を用い，片方は自然界に豊富に存在する炭素原子である $^{12}C$ 同位体を含み，もう一つは安定同位体の $^{13}C$（図 18.12）を含む．これらのタグはポリペプチド中のシステインに結合させることができる．

　ICAT を使ってどのように二つのプロテオームの違いを定量化するのだろうか．それぞれのプロテオーム中のタンパク質を通常の方法で分離，回収したあと，プロテアーゼで処理する．次いで，片方のペプチドを $^{12}C$ タグで標識し，他方を $^{13}C$ タグで標識する．システインをもたないペプチドもあるので，すべてのペプチドが標識されるわけではない．システイン残基がタグで標識されたペプチドをなんらかの方法で精製して解析に回す．標識されたタンパク質を精製する方法はさまざまだが，タグの末端に導入したビオチン基を使うことがある．ビオチンは，**アビジン**（avidin：ニワトリ卵白タンパク質）とよばれるタンパク質に非常に強く結合するため，アビジンを結合させたカラムにペプチド溶液を流すと，ビオチンで標識されたペプチドとされていないペプチドを分けることができる．標識されたペプチドのビオチン基はカラム上のアビジンに結合するので，これらのペプチドはカラムに保持されるが，ビオチン基のないものは素通りするからである．次いで，アビジン-ビオチン複合体を高温ではずして，標識されたペプチドをカラムから回収する．$^{12}C$ および $^{13}C$ タグは質量が異なるので，$^{12}C$ タグで標識されたペプチドと $^{13}C$ タグで標識された同一ペプチドの m/z 比は異なる．したがって，二つのプロテオーム由来のペプチドを質量分析で一緒に解析したとき，

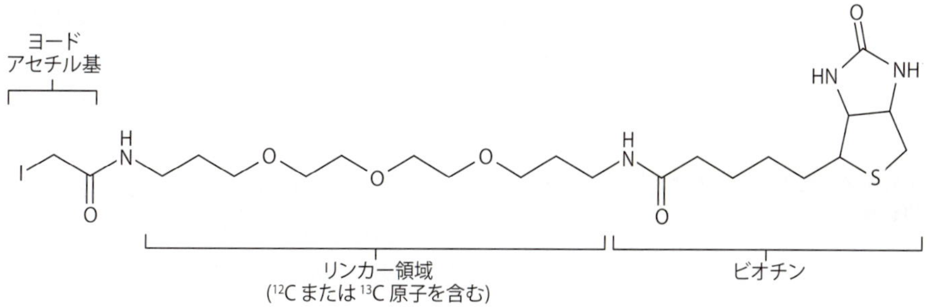

● 図 18.12　プロテオーム研究で使われる同位体を含んだ親和性タグ
ヨードアセチル基はシステインと反応するのでペプチドと結合する．リンカー領域は，$^{12}C$ または $^{13}C$ の原子のどちらかを含み，同位体標識できる．末端のビオチン基は，アフィニティクロマトグラフィーによりタグが結合したペプチドと，タグなしのものとを分離できる．

各プロテオームからのペプチドはそれぞれ特徴的な $m/z$ 比をもつために，質量スペクトル上でわずかに異なる位置にピークを示す（図18.13）．この2種類のピークの高さを比較すれば，各ペプチドの相対存在量を推定できる．

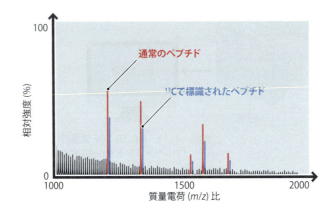

● 図 18.13　ICAT法を使った二つのプロテオームの比較
MALDI-TOF スペクトルで，$^{12}C$ 原子を含むペプチドピークは赤色，$^{13}C$ を含むペプチドピークは青色で示されている．このピーク高さを比較して，$^{12}C$ で標識されたタンパク質は，$^{13}C$ で標識されたタンパク質よりも約1.5倍豊富に存在することがわかる．

### 18.1.3　タンパク質の構造の研究

本書全体を通して，タンパク質の生化学的活性がその三次構造によって決まる例を数々見てきた．骨や腱においてコラーゲンの繊維構造がどのような構造的役割を果たすか，どのようにしてリボヌクレアーゼなどの球状タンパク質の活性が変性で失われ三次構造がもとに戻ったときに回復するか，酵素の活性部位の正確なコンホメーションが酵素の特異的な触媒能にどのように影響するかを見てきた．よって，タンパク質の構造決定法が生化学の研究ツールのなかで最も重要なものであることは驚きではない．

タンパク質の構造情報を得るために次の三つの方法を学ぶ．
- **円二色性**（circular dichroism，**CD**）：タンパク質中の異なる二次構造を解析できる．
- **核磁気共鳴分光法**〔nuclear magnetic resonance（**NMR**）spectroscopy〕：小さなタンパク質の詳細な構造情報を得ることができる．
- **X線結晶構造解析**（X-ray crystallography）：結晶化さえできれば，実質的にあらゆるタンパク質の構造を解くことができる．

#### 円二色性（CD）によってタンパク質の二次構造の組成を推定できる

円二色性ではタンパク質の三次構造に関する詳細な情報を得ることはできないが，αヘリックス，βシートおよびβターンのような異なる二次構造成分の相対量を推定できる．この推定はタンパク質の構造の特徴を調べる第一歩として役立つこともあるが，CDのおもな用途ではない．実際には，CDはタンパク質がさまざまな物理的または化学的条件にさらされたときに起こる構造変化を評価するために頻繁に使用される．良い例は，タンパク質フォールディングの研究である．なぜなら，CDはタンパク質の二次構造が徐々に形成する様子をモニターできるからである．CDは酵素への基質や阻害剤の結合など，酵素反応中に生じる構造変化を同定するためにも使用される．CDは動的な変化を明らかにできるという点で，生化学研究における貴重な技術となっている．

CDによって得られたデータは，タンパク質構造内不斉（キラル）中心と関係する．たとえば，アミノ酸のα炭素，ジスルフィド結合や芳香族側鎖のようにタンパク質内でキラルな性質をもつコンホメーションがCDで測定可能である．CDはキラル中心の存在を特定するだけでなく，それらが互いにどういう位置関係にあるのかに関する情報も与えてくれる．たとえば，αヘリックス内のα炭素は，βシートやβターンのα炭素と区別できる．したがって，これらの二次構造の相対量を推定できる．

不斉中心の重要な特徴は光学活性を示すことである．CDはタンパク質などの分子内不斉

> 不斉炭素の定義については3.1.2項を参照．

中心が円偏光をもつ効果のことである．不斉中心は，その種類や環境に応じて，異なる波長の時計回りや反時計回りの偏光を吸収する．CD 分光計は，円偏光のビームがタンパク質の溶液を通過したとき，どのように影響を受けるかを分析することで，それぞれの不斉中心ではなくタンパク質全体の吸収を測定する（図 18.14A）．ペプチド結合でつながった α 炭素については，おもにスペクトルの紫外領域 160 〜 240 nm の波長で吸収が起こる．この領域内では，α ヘリックス，β シート，およびランダムコイルから生じる CD スペクトルに特徴がある（図 18.14B）．もちろん，ほとんどのタンパク質では異なる二次構造が混じっているので，得られるスペクトルはさまざまなヘリックス，シート，およびコイルの混ぜ合わせの吸光度を示す．よって CD スペクトルを解釈するには，さまざまな二次構造の寄与を分離してタンパク質の二次構造の組成を明らかにする "デコンボリューション" ソフトウェアが必要となる．

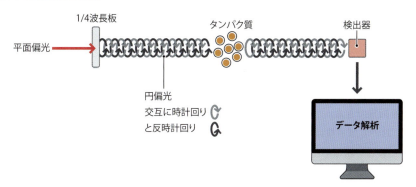
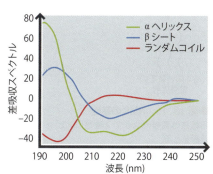

● 図 18.14　円二色性（CD）
(A) タンパク質溶液を測定するための CD 装置の概要．(B) α ヘリックス，β シート，ランダムコイルを示す差吸収スペクトル．

● Box 18.4　円 偏 光

　光はほかの電磁波と同様，互いに直角に振動する電場と磁場とで構成されており，これは**横波**（transverse wave）とよばれる．自然光では異なる光子の電場は異なる方向に振動するので，その光は**非偏光**（unpolarized）である．ある種の光学フィルター（ある種のサングラスのレンズを含む）は，特定方向に沿って振動する電場をもった光のみを通過する．この光は**平面偏光**（plane-polarized light）として知られている．

　生化学では，アミノ酸などの光学活性化合物の D- および L- 異性体を区別するために平面偏光が使用されることがある（図 3.5 参照）．

　**円偏光**（circularly polarized light）では，電場ベクトルは時計回りまたは反時計回りのいずれかに回転している．

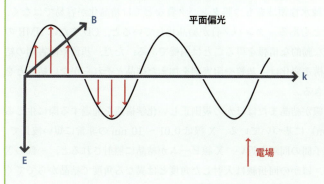
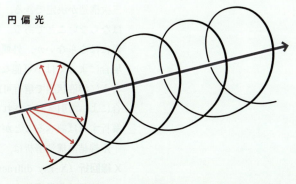

円偏光は平面偏光を 1/4 波長板とよばれる装置に通すことによってつくりだせる．

### NMR 分光法を用いて，小さなタンパク質の構造を研究する

核磁気共鳴（NMR）分光法は，タンパク質の構造を調べるための方法として次に重要な方法である．CDと同様，溶液中で研究できるので，NMRはタンパク質のフォールディングなど動的な事象を研究できる．NMRはCDよりもはるかに高い構造分解能をもち，化学基の正確な位置や三次構造について詳細に解析できる．このあとでも説明するが，NMRでは比較的小さなタンパク質しか研究できないというのがおもな欠点である．

NMRの基本原理は，原子核の回転が磁気モーメントを生成することである．この磁気効果は，回転する核が電磁場に置かれたときに二つの配向のいずれかをとることから生じる（図18.15）．この配向はαおよびβとよばれ，αのスピン状態は磁場の方向に沿う並び方なので，磁場に逆らって並んでいるβスピン状態よりもわずかに低い安定なエネルギーとなる．NMR分光計は，**共鳴周波数**（resonance frequency）とよばれるそれぞれの核のαおよびβスピン状態間のエネルギー差を測定する．ここで各核種（たとえば，$^1H$，$^{13}C$，$^{15}N$）は固有の共鳴周波数をもつが，測定される周波数は標準値とはわずかに異なること（典型的には10 ppm未満）が多いのが重要である．この**化学シフト**（chemical shift）は，回転する核の近傍の電子が磁場からある程度遮蔽されるために起こる．したがって，化学シフトの性質は核の環境を推定し，それによりタンパク質の構造をつくり上げるために必要なデータが得られる．ある種の分析（COZYおよびTOCSYとよばれる）では回転核に化学結合した原子を同定できる．ほかにも，たとえばNOESYでは，空間中の回転核に近いが直接結合していない原子を同定できる．

NMRにおいて原子核は，奇数の陽子および/または中性子をもっている必要がある．奇数でないとスピン状態をとれないからである．つまり，NMRは奇数の陽子と中性子をもつ原子核でのみ使用できることを意味する．タンパク質構造研究では，最初に$^1H$核が標的とされ，その目的はあらゆる水素原子の化学的環境を解析することである．得られたデータは，炭素原子および/または窒素原子の一部を，自然界でまれな同位体$^{13}C$および$^{15}N$で置換したタンパク質の分析によって補われることが多い．構造がよほど複雑でないかぎり，これらの分析データを組み合わせればタンパク質構造を完成させることが十分可能である．NMRでの問題は，二つ以上の原子核がたまたま非常に似通った化学シフトをもつ場合に起こる．それら二つの原子核の環境を区別することは難しく，構造情報は得られない．タンパク質が大きければ大きいほど，原子核の組合せおよびグループが同様の化学シフトをもつ可能性が高くなり，NMRで立体構造に関する有用な情報は得られない．

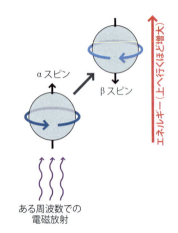

●図18.15　**NMRの基礎**
回転核は電場のなかで2種類のスピン状態をとる．

### X線結晶構造解析により結晶化可能なあらゆるタンパク質の正確な構造データが得られる

X線結晶構造解析は，タンパク質の構造を調べる方法のなかで最も強力な方法である．この方法を用いれば，タンパク質内の化学基の位置に関する詳細な情報が得られる．これにより，アミノ酸側鎖の位置を含むポリペプチド鎖の正確なコンホメーションが決まり，詳細な三次構造が決定できる．欠点は，この方法を適用するためにはタンパク質を結晶化しなければならないことである．多くのタンパク質では過飽和溶液から良質の結晶が得られるので問題にはならないが，外側に疎水性領域をもつ膜タンパク質などでは結晶化が容易ではなく，場合によっては不可能なこともある．タンパク質が結晶化していると，CDまたはNMRのように溶液状態で解析可能な動的な情報を得ることは困難である．ただ，基質や阻害剤の結合によって引き起こされる構造変化は，基質や阻害剤を加えた結晶とそれらがない結晶とを解析すれば調べることができる．

X線結晶構造解析は，X線が結晶またはほかの規則正しい化学構造を通過する際に生じる**X線回折**（X-ray diffraction）に基づいている．X線は0.01〜10 nmの非常に短い波長で，この波長は化学構造中の原子間の間隔と近い．X線ビームが結晶に照射されると，一部のX線はまっすぐに通過するが，ほかの回折線は入射した角度とは異なる角度で結晶からでてくる（図18.16）．結晶内のタンパク質は規則的な配列に配置されているので，それぞれのX

## Box 18.5 NMRスペクトルの解釈

NMRデータがどのように解釈されるかを説明するために，化学式が $C_4H_8O_2$ の既知化合物の $^1H$ スペクトルを例に説明しよう．

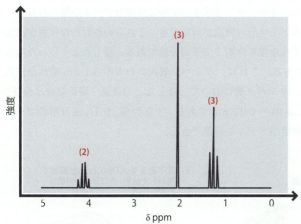

www.chemguide.co.uk. より改変．

これは $^1H$ スペクトルなので，各ピークは一つか複数の水素原子を表す．$x$ 軸上のピーク位置は水素原子の化学シフトを示し，通常 δ ppm（百万分率）で表される．1 ppm の化学シフトは水素の共鳴周波数が標準値より百万分の 1 だけ小さいことを示す．

スペクトルを次のように段階的に分析する．

- ピークが三つのクラスターに分かれているのは，この化合物の水素原子が置かれる「環境」が 3 種類あることを意味している．化学式から，各環境は水素が結合した異なる炭素原子によるものである可能性が高いと考えられる．ここで，炭素は水素に直接結合していなくてもよい．
- 各クラスターのピークの高さを足し合わせた総和はスペクトル上の赤色の数字で示されるように，2 : 3 : 3 の比率になる．この比率は，各環境における水素の数に関係している．合計 8 個の水素があるので，$-CH_2$ 基が一つと $-CH_3$ 基が二つ存在すると結論づけることができる．
- クラスター内のピークの数は，隣接する炭素原子中の水素の数より 1 多い．したがって，
  - 4.1 ppm の $-CH_2$ は四つのピークを示し，三つの水素，すなわち $-CH_3$ 基をもつ炭素に隣接する．
  - 1.3 ppm の $-CH_3$ 基は三つのピークを示し，$-CH_2$ に隣接している．したがって，1.3 ppm と 4.1 ppm のクラスターはエチル基 $-CH_2CH_3$ ということがわかる．
  - 2.0 ppm の $-CH_3$ 基はピークが一つしかないため，水素が結合した炭素に隣接していない．

以上より，この化合物は酢酸エチルであると結論づけられる．

酢酸エチルはタンパク質よりもはるかに単純な化学構造である．典型的なタンパク質の NMR によるスペクトルははるかに複雑であり，より多くのピークのクラスターをもつ．さらに，水素の化学シフトは複数の隣接する環境の影響を受けることも多い．それらには，ヒドロキシ基およびアミノ基のような $-CH_2$ や $-CH_3$ ではない水素を含む基も含まれ，よりスペクトルは複雑になる．こういった複雑さにもかかわらず，NMR はタンパク質やほかの生体分子の研究に不可欠なツールとして発展し，1,000 kDa までの大きさの分子の構造を明らかにしてきた．

---

線が同様の方法で回折される．結晶からでてきたビームを捉えるように置かれた X 線用写真フィルムまたは電子検出器に，**X 線回折パターン**（X-ray diffraction pattern）とよばれ

**(A) 回折パターンの生成**　　　　　　**(B) リボヌクレアーゼのX線回折パターン**

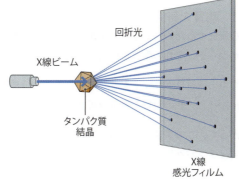
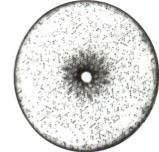

● 図 18.16　**X 線回折**
(A) タンパク質結晶に X 線ビームを当てて X 線回折パターンを得る様子．(B) リボヌクレアーゼ結晶で得られた回折パターン．

る一連のスポットが記録される．スポットの強度および相対位置を用いて X 線の偏光角を割りだしたうえで，これらのデータからタンパク質構造を推定できる．

予想できるように，X 線結晶構造解析での課題は，タンパク質のような大きな分子で得られる回折パターンの複雑さである．計算機の助けを借りても，分析は困難で時間がかかる．ここでの目的は，X 線回折パターンのスポットの強度と相対位置を**電子密度マップ**（electron density map）に変換することである（図 18.17）．電子密度マップは，タンパク質内で折りたたまれたポリペプチドのコンホメーションを示す．十分に詳細なデータが得られれば，電子密度マップから，それぞれのアミノ酸の側鎖が同定でき，それらの相対的な位置が決定されうる．さらに，水素結合のような相互作用まで予測可能である．最もうまくいった場合には，0.1 nm 分解能まで可能である．これは，タンパク質内のわずか 0.1 nm 離れた構造でも区別できることを意味する．タンパク質において，ほとんどの炭素－炭素結合は長さ 0.1 〜 0.2 nm，炭素－水素結合は 0.08 〜 0.12 nm である．すなわち，0.1 nm 分解能でタンパク質の非常に詳細な三次元立体構造モデルを構築できる．

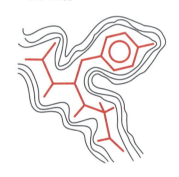

●図 18.17　電子密度マップ
（A）リボヌクレアーゼ結晶から得られた電子密度マップの一部．（B）電子密度マップを 0.2 nm 分解能で解析して，チロシンの側鎖がわかった例．

## 18.2　脂質と糖質の研究

脂質と糖質を研究するための方法は，常に生化学において重要であったが，近年さらなる重要性を帯びるようになった．なぜなら個々の生体分子の研究から離れて，細胞の内容物全体を調べようとする大規模な研究によりそれらに焦点が置かれるようになったからである．プロテオミクスは，この研究領域の一例であり，細胞の生化学的能力を理解するため，またその能力が疾病などの難局に対しどのように応答するかを調べるために細胞のそれぞれのタンパク質含量を調べる手法である．プロテオミクスによって提供される情報を補完するには，脂質と糖質の含量を調べる方法も必要となる．これらの方法はそれぞれ，**リピドミクス**（lipidomics），**グライコミクス**（glycomics）とよばれる．この章の残りの部分では，これらの二つの研究分野を支える技術を見ていこう．

### 18.2.1　脂質を研究するための手法

脂質を研究するために多くの方法が開発されてきたが，現在最も有用なのは，脂質の混合物のなかからそれぞれの脂質を同定して定量化するものである．これは次のようになされる．

- 混合物中の脂質はクロマトグラフィーによって分離される．
- その後，それぞれの脂質を質量分析法によって同定する．

したがって，この手法はタンパク質のプロファイリングで使用されるものと類似しているが，脂質はタンパク質とはまったく違うので細部においては異なっている．

#### ガスクロマトグラフィーは脂質混合物を分離するのに汎用される

脂肪酸やステロールの場合，分離は通常，**ガスクロマトグラフィー**（gas chromatgraphy）によって行われる．脂質は多くの場合水素またはヘリウムといったキャリアガス内で揮発する．このキャリアガスは移動相であり，クロマトグラフィーカラムに沿って流れる．カラムは非常に細く（直径 0.1 ～ 0.7 mm），長さは最大 100 m にもおよぶ．カラムの内面は，ポリシロキサンなどの有機溶媒で被覆されており，不活性シリカマトリックス内に固定化されているため動かない（固定相：図 18.18）．

脂質がカラムを通過する速度はその分配係数に依存するが，これはクロマトグラフィーカラムの液体および気体相に対する脂質の相対的な溶解度と揮発度（気体相に対する溶解度）に依存する．脂質が液相に不溶の場合は，カラムをそのまま通過する．そうでないほかの脂質は，液相への吸着とガス相への再放出の繰り返しサイクルを受ける．このサイクルの動態は分配係数によって決定され，各化合物がカラムを通過する速度を決める．したがって，脂質混合物中のそれぞれの脂質はその分配係数に従って分離され，分離・精製された画分としてカラムからでてくる．

クロマトグラフィーカラム中のそれぞれの脂質の移動率は温度に依存する．複雑な混合物の最適な分離は温度を徐々に増大させることで達成できる．たとえば，1 分あたり 5℃ の速度で 40℃ から 300℃ まで温度変化させる．分析の開始時の温度が比較的低ければ，カラムを最も速く通る脂質は，それぞれの脂質が分離されるための十分な時間保持される．温度が高くなるにつれて，脂質の移動速度が加速されるので，これらの脂質は，適度な時間内に回収される．したがって，非常に異なる分配係数をもつさまざまな脂質を，一度に分離できる．

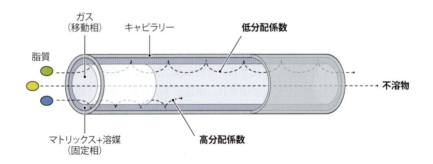

●図 18.18 **ガスクロマトグラフィー**
三つの脂質のキャピラリーカラムの通過経路が示されている．一つの脂質（黄色）は固定相に不溶性であり吸着しないので，カラムを素通りする．ほかの二つの脂質は，固定相へ繰り返し吸着することによって遅延している．その通過速度はそれぞれの分配係数に依存しており，より低い分配係数をもつ脂質（緑色）はより速く通過する．

---

### ●Box 18.6　メタボロミクス

ゲノミクス（ゲノムの研究），トランスクリプトミクス（細胞または組織中の全 RNA の研究），プロテオミクス（タンパク質の網羅的研究），リピドミクス（脂質の網羅的研究），およびグライコミクス（糖質の網羅的研究）と同様，生化学者は**メタボロミクス**（metabolomics）にも関心がある．**メタボローム**（metabolome）は，細胞または組織内の代謝物の集合であり，代謝産物は通常，代謝経路の基質，中間体，生成物と定義される．

メタボロミクスの目的は，単に存在しているそれぞれの化合物を同定することだけでなく（ほかの種類のオミクスでもしばしばそうであるように），それぞれの経路を介した基質の移動速度を示す**代謝フラックス**（metabolic flux）を測定することでもある．代謝フラックスは，細胞や組織の生化学的活性の詳細な情報を与えるため，有益な概念である．代謝フラックスの研究では，異なる経路の相互接続性を探索でき，とくに制御点を同定できるという点で重要である．疾患に伴って起こる代謝フラックスの変化から，疾患の状態に対する生化学的応答に関して有益な情報が得られ，疾患の治療法の開発に役立つことがある．細胞内の代謝産物は異なる種類の化合物を含んでいるので，それぞれを識別し，定量化するためにさまざまな検出方法を使用する必要がある．それらの方法のなかで最も重要なのは，ガスクロマトグラフィーとHPLC であり，それに続いてソフトイオン化とハードイオン化の両方の技術を用いた質量分析がある．

メタボロミクスは，個々の生物の研究と同様に，環境試料へも適用されてきている．たとえば，植物の根の周りの土壌のメタボローム研究では，細菌や土壌に生息するほかの生物の生化学的な活性を明らかにし，また，植物によって分泌されている分泌物を同定できる．これらの生化学的な特性は，栄養循環や植物の生産性などと関連している．

クロマトグラフィーカラムからの脂質の逐次的な溶出は**クロマトグラム**（chromatogram）として描かれ、そのなかでピークの高さは元の混合物試料中のそれぞれの脂質の相対比率を示す（図18.19）。各脂質は特徴的な保持時間を示すので、クロマトグラムはまた、元の試料の成分の同定にも使用できる。これは実際には、試料中の組成が単純で、可能性のある組成がすでに知られている場合にのみ可能である。それ以外の場合、クロマトグラムのみから化合物を同定するのに十分な情報がない場合、それぞれの脂質は質量分析によってさらに分析される。

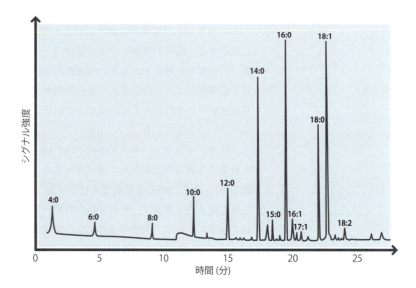

●図18.19　ミルク中の脂肪酸のガスクロマトグラム
各ピークに対応する脂肪酸の分子種は、M：N命名法（5.1.1項を参照）を用いて示している。
AOCS Lipid Library（http://lipidlibrary.aocs.org）より。

### 質量分析法による脂質の同定

ガスクロマトグラフィーのカラムからでてくる脂質は、しばしば電子衝突によってイオン化され、その結果、$M^+$ 分子イオンを生じる。また、いくつかの脂質分子は、電子ビーム中で壊され、構造が予測可能である一連のフラグメントイオンを生じる。したがって、分子イオンおよびそのフラグメントイオン（娘イオン）の質量電荷比（$m/z$）の値は、特徴的な**質量スペクトル**（mass spectrum）を示し、化合物を同定できる（図18.20）。しかし、電子イオン化ではしばしば起こるように、分子イオンが存在しないほどに脂質が断片化した場合、同定は困難である。したがって、よりソフトな化学イオン化手法も使用されている。化学イオン化では、イオン化気体プラズマと脂質との混合が必要で、イオン化気体プラズマには通常、メタン、アンモニアまたはイソブテンが用いられる。この方法は $[M + H]^+$ 分子イオンを生じさせ、断片化は大幅に少なくなる。

質量分析計にはいくつかの種類があり、$m/z$ 値に応じて分子を分離する装置の一部である質量分析部の構成がそれぞれ異なる。脂質の研究で最も頻繁に使用される種類は次の二つである（図18.21）。

- **磁気セクター質量分析装置**（magnetic sector mass spectrometer）：質量分析部が単一または一連の磁石でできており、そこをイオン化分子が通過する。各イオンの分析部の壁への衝突を避けるため、イオンが湾曲した軌道に従うように磁石が配置されている。磁場がイオンを湾曲させる程度は、イオンの $m/z$ 値に依存するので、ほとんどのイオンは壁に衝突し、わずか2、3のイオンが磁石を通り検出器へ向かう。したがって、特定の $m/z$ のイオンだけが検出器に到達するように磁場を設定したり、1回の分析中に異なる $m/z$ 値のイオンを別べつの時間に収集できるように磁場を徐々に変更したりすることができる。
- **四重極質量分析装置**（quadrupole）：四つのマグネットロッドを互いに平行に配置し、イオンが通過する中央の経路を囲む。振動電場がロッドにかけられると、イオンは複雑に偏向し、イオンが振動するような軌道を描きながら四重極を通過する。ここでも、特定の

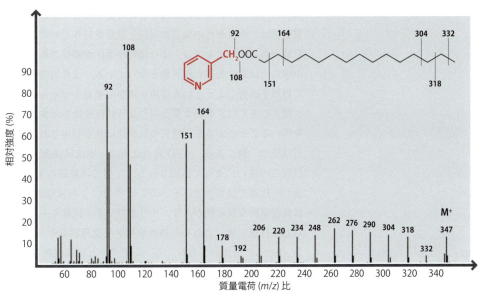

● 図 18.20 パルミチン酸（16：0 ヘキサデカン酸）の質量スペクトル
イオン化する前に，脂肪酸には 3-ピリジルカルビノール基（赤色で示されている）を付加し，誘導体化した．この基の窒素は優先的にイオン化されるので，スペクトル解釈のための基準点となる．各ピークは m/z 値で標識され，また分子イオンは M⁺ で標識されている．フラグメントイオンをもたらす分断点は，分子構造に示している．178 ～ 290 までの m/z 値をもつ一連のイオンは，−CH₂ 基の数が異なるフラグメントである．
AOCS Lipid Library（http://lipidlibrary.aocs.org）より．

$m/z$ 値のイオンだけが通過して検出されるように電場を設定したり，またはすべてのイオンが検出されるように電場を徐々に変更したりすることができる．

上記の方法は脂肪酸やステロールに適しているが，ほかの種類の脂質を分析する場合には装置の改変が必要になることが多い．第一の改変は，ガスクロマトグラフィーから HPLC への変更である．HPLC の基礎は，図 18.9 で見たように，移動相が液体であり，固定相がしばしばシリカなどの固体であること以外は，ガスクロマトグラフィーと同様である．HPLC では，分離する化合物は単に液相に溶解し，クロマトグラフィーは室温で行う．したがってこの方法は，簡便に揮発させるには親水性すぎて，高温のクロマトグラフィーには不安定なトリアシルグリセロール，グリセロリン脂質，スフィンゴ脂質，およびイコサノイドにとってはより良い選択となる．

不安定な脂質に対しては，非常に小さいフラグメントイオンに断片化することを避けるために，イオン化方法も変更しなければならない．電子線への直接曝露や化学イオン化によってイオンを生成するのではなく，**エレクトロスプレーイオン化**（electrospray ionization）とよばれるより緩やかな方法が用いられる．これは，HPLC から溶出してくる溶液に高電圧をかけて，蒸発する帯電液滴のエアロゾルを生成し，それらのなかで溶解した分子に電荷を移す，というものである．

非常に似通った化合物をより精密に区別するために，質量分析の部分も変更される．**タンデム質量分析法**（tandem mass spectrometry）では，質量分析装置は直列に二つ以上の質量分析部を連結している．連結される質量分析部は，磁気セクター分析部のあとに四重極分析部が続くなど，互いに異なる形式であることが多い．各質量分析部に入る前に，イオンはさらに断片化されて，出発分子の構造についての詳細情報が得られる．したがって，複雑な分子や非常に似通った化合物群中のそれぞれの分子を同定できる．

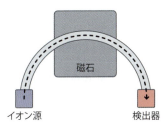

● 図 18.21 磁気セクター型質量分析計（A）と四重極型質量分析計の構造（B）

### 18.2.2 糖質の研究

糖質は最も研究の難しい生体分子である．その理由の一つは，異なる単糖どうしで構造が

類似しており，異なる化合物として特定することが難しいからである．食品産業における糖質研究は，それぞれの糖質の同定と定量を行うための手法開発を初期の段階で促進した点で意義があった．近年では，より精巧な手法が開発され，タンパク質に付加した糖鎖の糖組成や構造を決定することが可能となっている．また同時に，これらの手法は細胞や組織レベルで糖鎖を研究しようという糖鎖生物学の基盤をつくった．

　糖質の多くはタンパク質と同じように抗原性を示すので，糖質の同定には免疫学的な手法を用いることができる．糖質の抗原性は長年利用されており，たとえば古典的な血液型の判定はその一例である．ABO式血液型は，赤血球表面上に存在するタンパク質に付加した糖鎖構造の違いによって区別される．A型では糖鎖の末端に $N$-アセチルガラクトサミンが存在し，B型ではガラクトースが，O型ではこの末端の糖は存在しない（図18.22）．糖質には免疫学的な反応性があり，ポリクローナル抗体やモノクローナル抗体をそれぞれの糖鎖に対して作成でき，これらの抗体を用いて沈降試験やELISAが行える．同様の手法が**レクチン**（lectin）を用いても行える．レクチンとは特異的な糖との結合性をもつ植物あるいは動物由来のタンパク質の総称である．たとえば，ジャックマメ（*Canavalis ensiformis*）の種子中に含まれる**コンカナバリンA**（concanavalin A）は，$N$型糖鎖のコア構造あるいは高マンノース型糖鎖を認識し，$O$型糖鎖には結合しない．そのため，異なる糖結合特異性をもつレクチンは，糖鎖の組成などを特定するのに有用なツールである．

　一般に，糖タンパク質から糖鎖を遊離させることより，糖鎖の構造をより詳細に解析できる．$O$型糖鎖も$N$型糖鎖もヒドラジン分解によって遊離でき，$O$型糖鎖は水素化ホウ素イオンによって選択的にペプチド部分から除去できる．残った糖鎖の混合物をHPLCによって分離し，それぞれのピークを質量分析や核磁気共鳴によって分析して，それらの構造を特定する．糖鎖中に存在する特定のグリコシド結合を切断できるさまざまなグリコシダーゼも存在する．また，非還元末端の糖を一つずつ加水分解するエキソグリコシダーゼもあれば，糖鎖の内側を切断するエンドグリコシダーゼもある．特異性の異なる一連のエキソグリコシダーゼを用いて糖鎖を処理すれば，糖鎖中にどのような単糖がどのような順番で並んでいるかを知ることもできる．この方法は**糖鎖シークエンシング**（glycan sequencing）とよばれている．

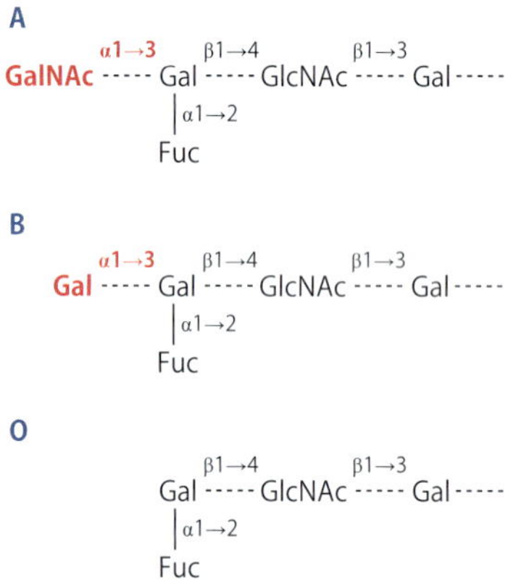

**A**
GalNAc $\xrightarrow{\alpha1\to3}$ Gal $\xrightarrow{\beta1\to4}$ GlcNAc $\xrightarrow{\beta1\to3}$ Gal
　　　　　　　　$\Big|\alpha1\to2$
　　　　　　　　Fuc

**B**
Gal $\xrightarrow{\alpha1\to3}$ Gal $\xrightarrow{\beta1\to4}$ GlcNAc $\xrightarrow{\beta1\to3}$ Gal
　　　　　　　$\Big|\alpha1\to2$
　　　　　　　Fuc

**O**
　　　　　Gal $\xrightarrow{\beta1\to4}$ GlcNAc $\xrightarrow{\beta1\to3}$ Gal
　　　　　　　$\Big|\alpha1\to2$
　　　　　　　Fuc

●図18.22 **A，B，およびO型の血液における糖鎖構造**
略号；Gal：ガラクトース，GalNAc：$N$-アセチルガラクトサミン，GlcNAc：$N$-アセチルグルコサミン，Fuc：フコース．三つの抗原を区別する糖単位を赤色で示す．

## ●参考文献

F. W. Alt, T. K. Blackwell, G. D. Yancopoulos, "Development of the primary antibody repertoire," *Science*, **238**, 1079 (1987). 免疫グロブリンの多様性の創出．

R. D. Beger, "A review of the applications of metabolomics in cancer," *Metabolites*, **3**, 552 (2013).

S. J. Blanksby, T. W. Mitchell, "Advances in mass spectrometry for lipidomics," *Review of Analytical Chemistry*, **3**, 433 (2010).

J. Cavanagh, W. J. Fairbrother, A. G. Palmer, N. J. Skelton, "*Protein NMR Spectroscopy: Principles and Practice*," Academic Press (1995).

S. F. de St Groth, D. Scheidegger, "Production of monoclonal antibodies: strategy and tactics," *Journal of Immunological Methods*, **35**, 1 (1980).

J. B. Fenn, M. Mann, C. K. Meng, S. F. Wong, C. M. Whitehouse, "Electrospray ionization-principles and practice," *Mass Spectrometry Reviews*, **9**, 37 (1990).

E. F. Garman, "Developments in X-ray crystallographic structure determination of biological macromolecules," *Science*, **343**, 1102 (2014).

A. Görg, W. Weiss, M. J. Dunn, "Current two-dimensional electrophoresis technology for proteomics," *Proteomics*, **4**, 3665 (2004).

S. P. Gygi, B. Rist, S. A. Gerber, F. Turecek, M. H. Gelb, R. Aebersold, "Quantitative analysis of complex protein mixtures using isotope-coded affinity tags," *Nature Biotechnology*, **17**, 994 (1999).

R. M. Lequin, "Enzyme immunoassay (EIA)/enzyme-linked immunosorbent assay (ELISA)," *Clinical Chemistry*, **24**, 15 (2005).

R. C. Murphy, J. Fiedler, J. Hevko, "Analysis of non-volatile lipids by mass spectrometry," *Chemical Reviews*, **101**, 479 (2001).

E. Phizicky, P. I. H. Bastiaens, H. Zhu, M. Snyder, S. Fields, "Protein analysis on a proteomics scale," *Nature*, **422**, 208 (2003). プロテオミクスのあらゆる視点からの総説．

R. Raman, S. Raguram, G. Venkataraman, J. C. Paulson, R. Sasisekharan, "Glycomics: an integrated systems approach to structure-function relationships of glycans," *Nature Methods*, **2**, 817 (2005).

B. Ranjbar, P. Gill, "Circular dichroism techniques: biomolecular and nanostructural analyses-a review," *Chemical Biology and Drug Design*, **74**, 101 (2009).

A. Shevchenko, K. Simons, "Lipidomics: coming to grips with lipid

diversity," *Nature Reviews Molecular Biology*, 11, 593 (2010).
H. F. Walton, "Ion exchange and liquid column chromatography," *Analytical Chemistry*, 48, 52R (1976).

## ●章末問題

### 四択問題

各質問に対して正しい答えは一つだけである．答えは化学同人HP：https://www.kagakudojin.co.jp/book/b378577.html にある．

1. 抗体はどの細胞によって合成されるか？
   (a) B細胞 (b) 骨髄腫細胞 (c) 赤血球細胞
   (d) マクロファージ

2. ヒト血液中に五量体として存在するのはどの種類の免疫グロブリンか？
   (a) 免疫グロブリン A (b) 免疫グロブリン E
   (c) 免疫グロブリン G (d) 免疫グロブリン M

3. 抗体によって認識される抗原の表面の特徴は何とよばれるか？
   (a) 補集体 (b) エピトープ (c) 軽鎖 (d) ハイブリドーマ

4. 抗原および抗体の相対的量が複合体形成に最適な沈降反応の位置を何というか？
   (a) 等価ゾーン (b) 補充点 (c) 沈殿点
   (d) オクタロニー点

5. ゲル内での免疫グロブリンの負電極側への移動を何とよぶか？
   (a) 電気泳動 (b) 拡散 (c) 電気浸透 (d) 分割

6. ELISA に関する次の記述のうち，正しくないものはどれか？
   (a) 免疫電気泳動よりは定量性に欠ける
   (b) 抗体の一つがレポーター酵素と複合体を形成する
   (c) 免疫電気泳動よりも迅速である
   (d) 一次抗体と二次抗体を用いた間接的な反応を利用している

7. タンパク質プロファイリングでは使われない手法はどれか？
   (a) 二次元ゲル電気泳動 (b) カラムクロマトグラフィー
   (c) ガスクロマトグラフィー (d) 質量分析法

8. マトリックスに小さな多孔質ビーズを用いるのはどの種類のクロマトグラフィーか？
   (a) 逆相 (b) ゲルろ過 (c) ガス (d) イオン交換

9. マトリックスに正か負に帯電したポリスチレンビーズを用いて行うのはどの種類のクロマトグラフィーか？
   (a) 逆相 (b) ゲルろ過 (c) ガス (d) イオン交換

10. マトリックスに炭化水素のような非極性化学基で覆われた表面をもつシリカもしくはほかの粒子を用いて行うのはどの種類のクロマトグラフィーか？
    (a) 逆相 (b) ゲルろ過 (c) ガス (d) イオン交換

11. 同位体コードアフィニティータグ（ICAT）の使用に関する次の記述のうち，正しくないものはどれか？
    (a) ICAT はタンパク質に結合できる化学基である
    (b) 一つの系のなかで，ICAT の組合せは $^{12}C$ と $^{13}C$ 標識によって区別される
    (c) 通常，ICAT は末端にビオチン基をもつ
    (d) $^{12}C$ で標識された ICAT は $^{13}C$ 標識よりも $m/z$ 比が大きい

12. 円二色性によっては決定されないのは次のうちどれか？
    (a) タンパク質の二次構造成分の相対量の違い
    (b) ほかのものと相対的な不斉炭素の位置
    (c) 酵素反応中に起こる構造変化
    (d) αヘリックスにおけるアミノ酸の配列

13. NMR スペクトルをつくるのに使うのできない核種はどれか？
    (a) $^1H$ (b) $^{12}C$ (c) $^{13}C$ (d) $^{15}N$

14. NMR の一種でないのはどれか？
    (a) COSY (b) NOESY (c) NOSEY (d) TOCSY

15. タンパク質の研究において，X線結晶構造解析ではできないのは次のうちどれか？
    (a) 化学基の相対的位置 (b) ポリペプチド鎖の立体構造
    (c) アミノ酸側鎖の位置
    (d) リアルタイムでのタンパク質フォールディングの追跡

16. X線結晶構造解析が最もうまくいった場合の分解能はどれか？
    (a) 0.1 nm (b) 0.5 nm (c) 1.0 nm (d) 10 nm

17. それぞれの経路を通過する基質の移動速度は何とよばれるか？
    (a) 代謝フラックス (b) メタボロミクス (c) 代謝制御
    (d) 代謝分画

18. ガスクロマトグラフィーでは固定相は何か？
    (a) 気体 (b) カラムの内部表面の固体マトリックス
    (c) 液体 (d) (a)〜(c)のいずれでもない

19. 化学イオン化はどのような分子イオンの種類を与えるか？
    (a) $[M+H]^+$ (b) $[M+H]^-$ (c) $[M-H]^+$ (d) $[M-H]^-$

20. 四重極質量分析装置の特徴ではないのは次のうちどれか？
    (a) 振動電場
    (b) イオンは，振動しながら四重極を通過する
    (c) 電場は徐々に変更できるので，異なる $m/z$ 値をもつイオンが検出される
    (d) 質量分析部は単一の磁石である

21. 不安定な脂質の分析において，HPLC とともに使用される穏やかなイオン化法は何とよばれるか？
    (a) エレクトロスプレーイオン化法 (b) 化学イオン化法
    (c) 電子イオン化法 (d) レーザー支援イオン化法

22. ABO 式血液型を規定する糖鎖抗原は，どのような構造をしているか？
    (a) A型では糖鎖の一部が D-ガラクトースであり，B型では N-アセチルガラクトサミン，O型ではこの糖が存在しない
    (b) A型：N-アセチルガラクトサミン，B型：D-ガラクトース，O型：この糖が存在しない
    (c) A型：N-アセチルガラクトサミン，B型：D-グルコース，O型：この糖が存在しない
    (d) A型：D-グルコース，B型：D-ガラクトース，O型：この糖が存在しない

23. コンカナバリンA はどの糖鎖に結合するか？
    (a) 末端に α グルコースまたは α マンノースをもつ O 型糖鎖および N 型糖鎖
    (b) 末端に α グルコースまたは α マンノースをもつ N 型糖鎖，ただし O 型糖鎖には結合しない
    (c) 末端に α グルコースまたは α マンノースをもつ O 型糖鎖，ただし N 型糖鎖には結合しない

(d) (a)～(c)のいずれにも結合しない
24. 次の処理のうち，特異的に O 型糖鎖を除去するのはどれか？
　　(a) 過酸化水素　(b) 水素化ホウ素イオン　(c) ヒドラジン
　　(d) エンドグリコシダーゼ

### 記述式問題
これらの質問の答えは本文中に記載されている．

1. ポリクローナル抗体とモノクローナル抗体のおもな違いを記述せよ．モノクローナル抗体はどのようにして調製されるか？

2. タンパク質の混合物のなかから，特異的なタンパク質の存在を同定するために抗体─抗原沈殿物を使う手法について概説せよ．

3. "ELISA" とは何か，またこの手法がゲルで行う免疫測定法よりも感度が高く正確なのはなぜか？

4. タンパク質プロファイリングの前段階のさまざまなタンパク質分離法について述べよ．

5. 質量分析法をタンパク質プロファイリングに用いる方法について詳細に説明せよ．二つのプロテオームの成分を比較する手法の要約を解答に含めること．

6. 円二色性の基礎となるものは何か，またこの手法によりタンパク質構造について何がわかるか？

7. タンパク質の構造研究における (A) NMR，および (B) X 線結晶構造解析の長所と短所を述べよ．

8. 質量分析計による解析の前に，脂質をイオン化するために使用されるさまざまな方法の違いを述べよ．

9. 典型的な (A) 磁気セクター型質量分析計および (B) 四重極型質量分析計の構造を，図を用いて説明せよ．タンデム質量分析とは何か？

10. 糖鎖の研究に用いる手法について概説せよ．

### 自習用問題
次の質問に答えるためには，自分で計算してみたり，ほかの文献を読んでみたり，あるいはインターネットで調べる必要がある．

1. 18.1.1 項で述べた免疫測定法のそれぞれの種類について，ポリクローナル抗体およびモノクローナル抗体の相対的な長所は何か？

2. 混合物試料から精製したタンパク質をトリプシンで分解して得られた六つのペプチドについて，MALDI-TOF により分子量を測定した．五つのペプチドでデータベースにあるタンパク質と合致する抽出物を得たが，六つ目のペプチドは合致しなかった．このタンパク質のアミノ酸配列によればこのペプチドは SLYSSTIDK で，分子量は 994 である．MALDI-TOF により検出されたペプチドは 1,072 の分子量をもっていた．このペプチドの抽出物と実際の分子量とのあいだの相違について，もっともらしい説明としてどのようなものが考えられるか？

3. NMR によって達成される分解能は，用いられる磁場の強度に直接関連する．この関連性が，これまで 20 年以上 NMR の発展にどのように影響を与えてきたか，またこの手順の将来の可能性について説明せよ．

4. DNA は結晶をつくらないが，X 線回折分析は二重らせん構造の発見を導いた研究にとって非常に重要なものであった．X 線回折分析がどのように DNA の構造研究に用いられたかを説明せよ．

5. ある脂肪酸を 3-ピリジルカルビノール基を付加させることにより誘導体化し，電子衝突によってイオン化した．得られた質量スペクトルを次に示す．脂質の構造は何か？

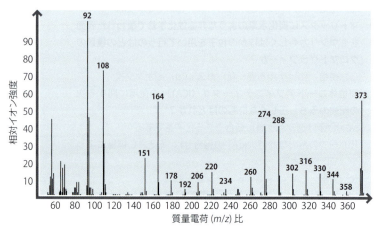

*Biological Mass Spectrometry*, **9**, 33（1982）より．

# 第19章 DNAとRNAの解析

### ◆本章の目標

- DNAおよびRNAの操作に用いるさまざまなヌクレアーゼについて説明できる．
- 制限酵素の重要な特色について詳細に説明できる．
- DNAリガーゼがDNAをどのようにつなげるかを知る．
- リアルタイムPCRポリメラーゼ連鎖反応，および定量的リアルタイムPCRについて詳細に説明できる．
- なぜPCRが生化学研究に不可欠となってきたかを理解する．
- DNAシークエンスについて，ジデオキシチェーンターミネーション法およびパイロシークエンシング法がどんなものかを説明できる．
- 次世代シークエンスの方法論の重要な特色を知る．
- DNAクローニング方法の概要およびpUC8クローニングベクターのなかにどのようにDNAがクローン化されるかを説明できる．
- 真核生物のDNAをクローニングするさまざまな方法の概略を説明できる．
- 組換えタンパク質の合成に用いるクローニングベクターの機構を理解する．
- 細菌が組換えタンパク質合成の理想的な宿主であるとはかぎらない理由を理解する．
- 組換えタンパク質の合成において真核生物細胞を用いることの長所や短所を理解する．

　生化学者や遺伝学者はDNAおよびRNAの研究法を独創的に開発してきた．現在，多くの手法が，個々の遺伝子の発現パターンを調べたり操作したり，ある生物からほかの生物への遺伝子の伝播や，遺伝子のヌクレオチド配列に変異を入れるのに利用されている．重要なのは，DNAおよびRNAのヌクレオチドの配列を解明するための，"シークエンシング"とよばれる技術で，1970年代にはじめて実用的な手法が考案され，さらにそれが改良されてきた．

　この章では，生化学者にとってきわめて重要なDNAおよびRNA研究のための手法について見ていく．はじめに，生化学者が *in vitro* でDNAおよびRNAを操作するために酵素を用いた方法から見ていこう．それから，どのようにDNAおよびRNAの配列決定がなされてきたか，またどのようにこれらの配列が解明されてきたか学ぼう．最後に，ある生物からほかの生物種へ遺伝子を移す**DNAクローニング**（DNA cloning）法について詳細に見ていこう．この方法により，微生物を用いてヒトインスリンのような重要な医薬用タンパク質が合成できるようになった．

## 19.1　精製酵素によるDNAとRNAの操作

　DNAおよびRNA研究の多くの手法が精製酵素を利用している．細胞内では，これらの酵素はDNAの複製や修復などの過程に関与している．精製しても，酵素は適切に基質が供給されれば本来の反応を行い続ける．これらの酵素に触媒される反応は単純であることが多いが，そのほとんどが化学反応で行うことは不可能である．このように，DNAとRNAの研究に精製酵素は不可欠で中心的である．ここでは，生化学研究の領域で使用されているさまざまな種類の酵素に着目することからはじめよう．それから，DNAとRNAを操作する特徴的な手法の一つである**ポリメラーゼ連鎖反応**（polymerase chain reaction, **PCR**）につ

いて考察する．単に DNA や RNA の断片を複製するにすぎない PCR ではあるが，生化学を含む生物学研究の広い領域でとても重要な手法である．

### 19.1.1　DNA および RNA 研究に使用されている酵素の種類

DNA および RNA 研究に使用されている酵素のうち，最も大切な 3 種類を次にあげる．

- ヌクレアーゼ（nuclease）：核酸分子を切断し，短くしたり，分解したりする酵素．
- リガーゼ（ligase）：核酸分子どうしを結合させる酵素．
- ポリメラーゼ（polymerase）：核酸分子を複製する酵素．

#### ヌクレアーゼは DNA および RNA の切断に使用される

ヌクレアーゼは，ポリヌクレオチド内で隣接したヌクレオチドどうしをつなぐホスホジエステル結合を分解することにより，DNA および RNA を切断する．2 種類の異なるヌクレアーゼがある（図 19.1）．

- エキソヌクレアーゼ（exonuclease）：分子の末端から一度に一つずつヌクレオチドを除去する．
- エンドヌクレアーゼ（endonuclease）：分子内のホスホジエステル結合を切断する．

ヌクレアーゼには 2 本鎖分子のうち 1 本鎖しか分解しない酵素や，2 本鎖とも分解する酵素がある．麹菌（*Aspergillus oryze*）からつくられる S1 エンドヌクレアーゼは，1 本鎖デオキシリボヌクレアーゼの一例であり，これは DNA ポリヌクレオチドの 1 本鎖しか切断しない（図 19.2）．対照的に，ウシの膵臓でつくられるデオキシリボヌクレアーゼ I（DN アーゼ I）は，DNA の 1 本鎖および 2 本鎖 DNA のどちらも切断する．

DN アーゼ I は DNA 内のあらゆるホスホジエステル結合を切断するため，DN アーゼ I 処理の時間を長くするとモノヌクレオチドや，非常に短いオリゴヌクレオチドができる．しかし，タンパク質が DNA に結合している場合，その断片は分解されない．なぜなら，エンドヌクレアーゼは DNA を切断するために DNA に接近しなければならず，また，タンパク質に覆われていないホスホジエステル結合しか攻撃できないからである．このように，DN アーゼ I は，タンパク質が結合していても露出している DNA 領域を分解する．タンパク質が結合していた DNA 領域は，ヌクレアーゼ処理後にも分解されず，ヌクレアーゼを失活させ，結合しているタンパク質を取り除くことでこの DNA 領域を同定できる．この"ヌクレアーゼ保護"とよばれる手法は，クロマチン構造において DNA がヌクレオソームとどのように会合しているかを調べているときにでてきた（図 4.16 参照）．ヌクレアーゼ保護実験は，遺伝子発現を制御する DNA 結合タンパク質の DNA 結合部位の同定に重要である．

ここまでは，DNA 上ではたらくヌクレアーゼについて考えてきた．同様に，一連の精製

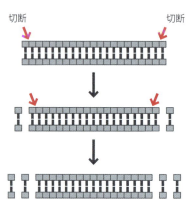
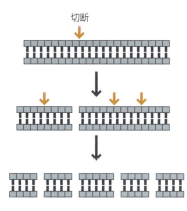

● 図 19.1　異なる 2 種類のヌクレアーゼにより触媒される反応
（A）エキソヌクレアーゼは DNA の末端からヌクレオチドを除去する．（B）エンドヌクレアーゼは内部のホスホジエステル結合を切断する．

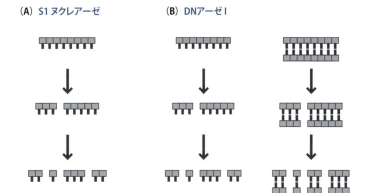

● 図 19.2　異なる種類のエンドヌクレアーゼにより触媒される反応
(A) S1 ヌクレアーゼは DNA の 1 本鎖のみを切断する．(B) DN アーゼ I は 1 本鎖および 2 本鎖 DNA のどちらも切断する．

リボヌクレアーゼも利用できる．その一つに，大腸菌由来の RN アーゼ I がある．この酵素は 1 本鎖 RNA を分解するエンドヌクレアーゼであり，塩基対を形成する（2 本鎖）領域には作用しない．RN アーゼ I はこのように，一つ以上のステムループ構造をもつ分子の 2 本鎖領域を同定するのに使用される（図 19.3）．ほかに RN アーゼ V1 のようなエンドリボヌクレアーゼは 2 本鎖 RNA しか切断しないものもある．

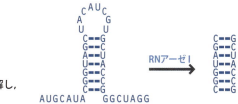

● 図 19.3　RN アーゼ I は RNA の 1 本鎖を分解し，RNA の 2 本鎖領域を同定するのに使用できる

### 制限酵素は配列特異的な DNA エンドヌクレアーゼである

最も有用なヌクレアーゼは，特定のヌクレオチド配列の部分のみ 2 本鎖 DNA を切断するものである．DNA 配列がわかっていることを前提として，DNA のどこで切断されるかは予測できる．一つあるいは複数の配列特異的エンドヌクレアーゼを用いることで，たとえば一つの遺伝子を含む特定の DNA 断片を切りだすことができる．**制限酵素**（restriction endonuclease）はこの能力をもっており，当然のことだが，生化学研究において最も広く使用されているヌクレアーゼである．

厳密にいうと，制限酵素は特殊なヌクレオチド配列に結合する．I 型と III 型のエンドヌクレアーゼでは，結合した酵素に近接した DNA 領域をランダムに切断する（図 19.4）．この性質は，II 型の酵素の作用様式ほど有用ではない．II 型の制限酵素は認識配列内かそれに近いところで決まった配列の場所で切断する．たとえば，大腸菌から得られる *Eco*RI とよばれる II 型酵素は，ヘキサヌクレオチド GAATTC でのみ切断する．

---

### ●Box 19.1　"制限"の意味するところは何か？

"制限酵素"に使われる"制限"という用語の意味とは何だろうか．1950 年代のはじめ，いくつかの種類の細菌がバクテリオファージの感染に耐性があることが発見された．この過程は，細菌（宿主）がバクテリオファージの成長を制限できることを指して，"宿主制限"とよばれた．続いて，バクテリオファージが複製して新たなバクテリオファージ粒子を生みだすまでのあいだに，細菌がバクテリオファージ DNA を切断する酵素を合成することによって，宿主制限が起こることが示された．これらの切断酵素は"制限酵素"とよばれ，さらに詳しい研究によって，特殊な DNA 配列を認識するその酵素の特異性が明らかになった．制限酵素のこの性質は今日，DNA クローニングや DNA を *in vitro* で操作するほかの手法でも非常に役立っている．

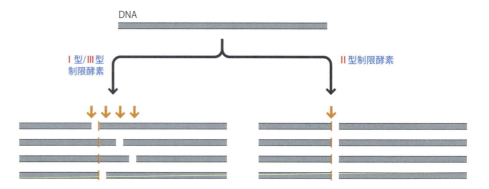

●図 19.4 異なる制限酵素による切断の種類
認識配列の位置を橙色の線で示す．

4,000 種類もの II 型酵素が知られているが，特定の DNA 配列を認識する数百種類の酵素は研究室での実験用に試薬メーカーから購入できる．これらの酵素のいくつかは，EcoRI と同様にヘキサヌクレオチドを標的部位とするが，ほかの制限酵素はそれより短かったり長かったりする配列を認識する（表 19.1）．また，少数ではあるが，縮重配列を認識するものもある．それは，認識配列のなかの一部のヌクレオチドが異なっていても切断できることを意味する．一例は HinfI で，GANTC を認識し，その際，"N" はどんなヌクレオチドでもよく，GAATC，GACTC，GAGTC，および GATTC で切断する．

制限酵素は二つの異なる方法で，2 本鎖 DNA を切断する（図 19.5）．

- いくつかの酵素は**平滑末端**（blunt end, flush end）を生じる単純な 2 本鎖切断を行う．
- 別のものは，2 または 4 ヌクレオチド離れた位置で二つの DNA 鎖を切断する．そのため，できた DNA 断片はそれぞれの末端で数個のヌクレオチドの 1 本鎖が突出している．これらは**粘着末端**（sticky end, cohesive end）とよばれ，再び塩基対形成して DNA をつなぎ戻すことができる．粘着末端には 5′ 末端を突出しているものもある（たとえば，BamHI, Sau3AI, HinfI など）．

粘着末端をつくりだす酵素（カッター）により残った突出部は，認識配列より短いことが多い．たとえば，BamHI は GGATCC を認識するが，ちょうど GATC の突出部が残る（図 19.5B 参照）．これは，異なる認識配列をもつ別べつの酵素が，同一の粘着末端をつくる可能性があることを意味する．たとえば BglII もまた，GATC 突出部を与えるが，その認識配

●表 19.1 最もよく使われる制限酵素の認識配列

| 酵 素 | 生 物 | 認識配列 | 末端の種類 |
|---|---|---|---|
| EcoRI | Escherichia coli | GAATTC | 粘着末端 |
| BamHI | Bacillus amyloliquefaciens | GGATCC | 粘着末端 |
| BglII | Bacillus globigii | AGATCT | 粘着末端 |
| PvuI | Proteus vulgaris | CGATCG | 粘着末端 |
| PvuII | Proteus vulgaris | CAGCTG | 平滑末端 |
| HindIII | Haemophilus influenzae $R_d$ | AAGCTT | 粘着末端 |
| HinfI | Haemophilus influenzae $R_f$ | GANTC | 粘着末端 |
| Sau3A | Staphylococcus aureus | GATC | 粘着末端 |
| AluI | Arthrobacter luteus | AGCT | 平滑末端 |
| HaeIII | Haemophilus aegyptius | GGCC | 平滑末端 |
| NotI | Nocardia otitidis-caviarum | GCGGCCGC | 粘着末端 |
| SfiI | Streptomyces fmbriatus | GGCCNNNNNGGCC | 粘着末端 |

認識配列は 5′→3′ 方向の 1 本鎖である．"N" はどんなヌクレオチドでもよい．ほとんどすべての認識配列が回文であることに注目しよう．逆方向の読み取りの際，二つの鎖はたとえば次のような同じヌクレオチド配列となる．

EcoRI
```
5′-GAATTC-3′
   ||||||
3′-CTTAAG-5′
```

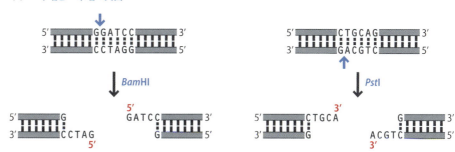

● 図 19.5　II型制限酵素による異なる切断の種類
(A) 平滑末端と粘着末端の違い．(B) 粘着末端の二つの種類：5′ 突出部と 3′ 突出部．

列は AGATCT であり，*Bam*HI の認識配列と異なる．三つ目の酵素 *Bcl*I は TGATCA を認識するが，*Bam*HI や *Bgl*II と同じ突出部を残す．それは，認識部位がテトラヌクレオチドの GATC である *Sau*3AI でも同様である（図 19.6）．この章の後半で DNA クローニングを学ぶときに，異なる認識配列をもった酵素から同一の粘着末端をもった断片をつくる技術が，DNA を用いた研究でどれだけ重要であるかを理解するだろう．

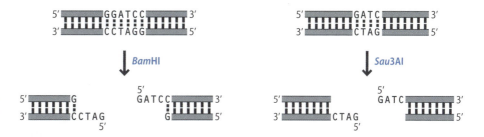

● 図 19.6　異なる配列を認識する二つの制限酵素は同一の突出末端をつくる

### DNA リガーゼは DNA どうしをつなげる

制限酵素によって生じた DNA 断片は，DNA リガーゼによって再びつなぎ戻されるか，または別の DNA 断片と結合させることができる．その反応には，使われるリガーゼの種類によって，ATP か NAD のどちらかにより供給されるエネルギーが必要である．

最も広く用いられている DNA リガーゼは，T4 とよばれるウイルスが感染した大腸菌から得られたものである．このリガーゼのもともとの役割は，ウイルス DNA の複製中に岡崎フラグメントどうしをつなげることである．この本来の役割において，結合しようとする二つの岡崎フラグメントは複製過程の鋳型 DNA 鎖と塩基対を形成している．つまり，2 分子の末端が互いに近いということである（図 19.7）．これは，粘着末端をもつ二つの制限酵素断片が一つに結合する場合と同様である．粘着末端をもつ制限酵素断片が反応混合物中でははじめは分散していても，ランダムな拡散運動によって分子どうしが一過性に近づく．いったん近づくと互いの粘着末端どうしで一過性の塩基対を形成する．これらの塩基対はしばらく維持されるので，そこに DNA リガーゼが結合して，二つの断片を結びつける二つのホスホジエステル結合を形成できる．

分子が平滑末端をもっている場合，連結効率は著しく低い．平滑末端は突出部分がないため，二つの断片間で一時的にすら塩基対を形成できない．連結が起こるのは，反応混合物中でたまたま近づいた二つの末端に対してリガーゼが接近したときのみである．こうした状況を起こしやすくするために，高濃度のDNAを用いる必要がある．

(A) 通常のDNAリガーゼの役割

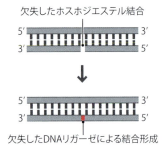

(B) 粘着末端の結合

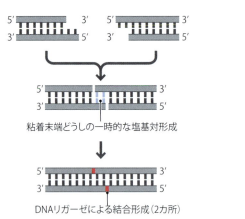

(C) 平滑末端の結合

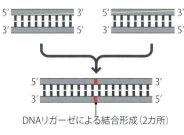

● 図 19.7　DNA リガーゼ
(A) DNAリガーゼの元来の役割．切断されたDNA鎖の結合にDNAリガーゼが用いられている．(B) 粘着末端，(C) 平滑末端．

## DNAのコピーをつくるためにポリメラーゼが利用される

ポリメラーゼは3種類あり，DNAおよびRNAの操作に用いられる．ポリメラーゼが触媒するDNA合成は，PCRや塩基配列決定法の基盤となっている．

> DNA複製におけるポリメラーゼIやほかのDNAポリメラーゼの役割はすでに14.1.2項で学んだ．

最も広く使われている酵素は細菌のDNAポリメラーゼIである．この酵素はDNAを合成できて，5'→3'エキソヌクレアーゼ活性ももっている．つまり，この酵素はおもに2本鎖DNAのなかの1本鎖領域に結合して，完全に新しいDNA鎖を合成するとともに，もともと存在していたDNAを分解していく．この反応は，DNAに標識したヌクレオチドを取り込ませるために用いられる．こうして標識されたDNAはその後，追跡できる（図19.8）．

DNAポリメラーゼIは大腸菌から得られるが，PCRなどのいくつかの手法ではこの酵素のうち，サーマス・アクアチクス（*Thermus aquaticus*）という温泉のなかに生息する細菌から得られる特殊な種類を使う必要がある．この細菌がもっているDNAポリメラーゼなどの多くの酵素は至適温度が70〜80℃のため熱安定性があり，熱処理による変性にも耐えられる．サーマス・アクアチクスのDNAポリメラーゼIは **Taq ポリメラーゼ**（*Taq* polymerase）とよばれる（*Taq* は *Thermus aquaticus* 由来）．

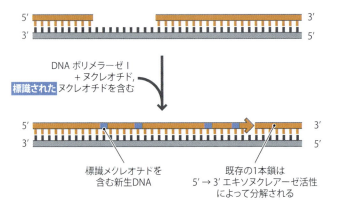

● 図 19.8　DNAポリメラーゼIによる標識されたDNA鎖の合成

逆転写酵素（reverse transcriptase）はRNAを操作する重要なポリメラーゼである．この酵素はゲノムがRNAで構成されているウイルスなどの複製に関与している．これらのウイルスゲノムの複製過程では，RNAはDNAにコピーされる．この特徴は，実験室でRNAからDNAのコピー〔**相補的DNA**（complementary DNA，**cDNA**）〕を作製するのに用いられ，この手法は**cDNA合成**（cDNA synthesis）として知られる．

### 19.1.2 ポリメラーゼ連鎖反応

PCRでは約40 kbまでならDNAとして繰り返しコピーできるので，目的のDNA領域を大量に得られる．はじめに，PCRがどのような工程で行われているかについて見ていこう．次に，なぜこんなにも単純な手法が生化学的だけでなく，生物学の多くの分野で重要であるかを考える．

#### PCRによってDNAの目的の領域の複数コピーが合成される

PCRの重要な二つの要素は，耐熱性の*Taq*ポリメラーゼと二つの短いオリゴヌクレオチドである．この短いオリゴヌクレオチドが，標的となるDNAの2本鎖のそれぞれに一つずつ結合する．DNA合成反応のプライマーとしてはたらくこれらのオリゴヌクレオチドは，増幅される領域を定める．そのため，これらのプライマーはDNA上でコピーしようとする断片の両端と相補的でなければならない．プライマーDNAは化学合成によって得られる．

反応をはじめるために，DNAを*Taq*ポリメラーゼ，二つのプライマー，ヌクレオチドと混ぜ，反応は**サーマルサイクラー**（thermal cycler）にセットされた小さなプラスチック試験管やマイクロタイタープレートのウェル内で行う．サーマルサイクラーは，反応中にプログラムにより設定された温度に加熱および冷却できる装置である．混合物を94℃に加熱することで一連の工程がはじまる．この温度では，二重らせんの2本のポリヌクレオチド鎖間で水素結合が切断されるので，DNAは1本鎖へと変性する（図19.9）．次に，50〜60℃まで温度を下げると，プライマーが標的DNAの結合部位に結合する．そして，温度を*Taq*ポリメラーゼの至適範囲にある74℃に上げることで，DNA合成を開始できる．このPCRの最初の段階で，1対の"長い産物"はそれぞれの標的DNA鎖から合成される．これらの長い産物は一定の5′末端をもっているが，3′末端はDNA合成が偶然に終わる場所で決まるのでランダムである．

続いて，変性-アニーリング-合成サイクルを繰り返し行う（図19.10）．第2サイクルにおいて，長い産物は変性すると4本のDNA鎖となる．次にDNA合成を行うと，四つの2本鎖分子が得られ，このうち二つが標的DNAを鋳型とする最初のサイクルと同じ長い産物で，新しく合成されたDNAを鋳型としてつくられる．第3サイクルにおいて，これらの5′および3′末端はプライマーが規定する場所になるので，結果的に"短い産物"となる．続くサイクルでは，反応の材料の一つが枯渇するまで短い産物が指数関数的に累積する（各サイクルで倍増する）．つまり，30サイクル後では，最初の分子から1億3,000万を超える短い産物がつくられることになる．これは，数 ng あるかないかの標的DNAから，PCR産物が数 μg になることを意味する．

したがって，PCRはプライマーで決められたDNA断片を指数関数的にコピーすることになる．これはRNAの増幅にも使われ，RNAはまず逆転写酵素によってcDNAに変換される．

PCRには二つだけ制約がある．一つは，コピーされるDNAおよびRNA断片の末端配列がわかっていなければならない．この情報は，標的分子の適切な場所に接着するオリゴヌクレオチドプライマーをつくるのに必要である．配列がわからなかったり，予想できなかったりする場合には，その分子を研究するのにPCRを使うことができない．

もう一つは増幅されうるDNAの長さである．これは鋳型DNAから酵素が離れる前までに，重合するヌクレオチドの平均数で表す*Taq*ポリメラーゼの**連続的合成能**（processivity）

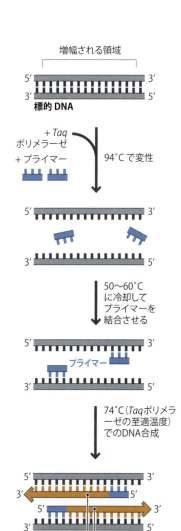

● 図 19.9　PCR の最初の段階

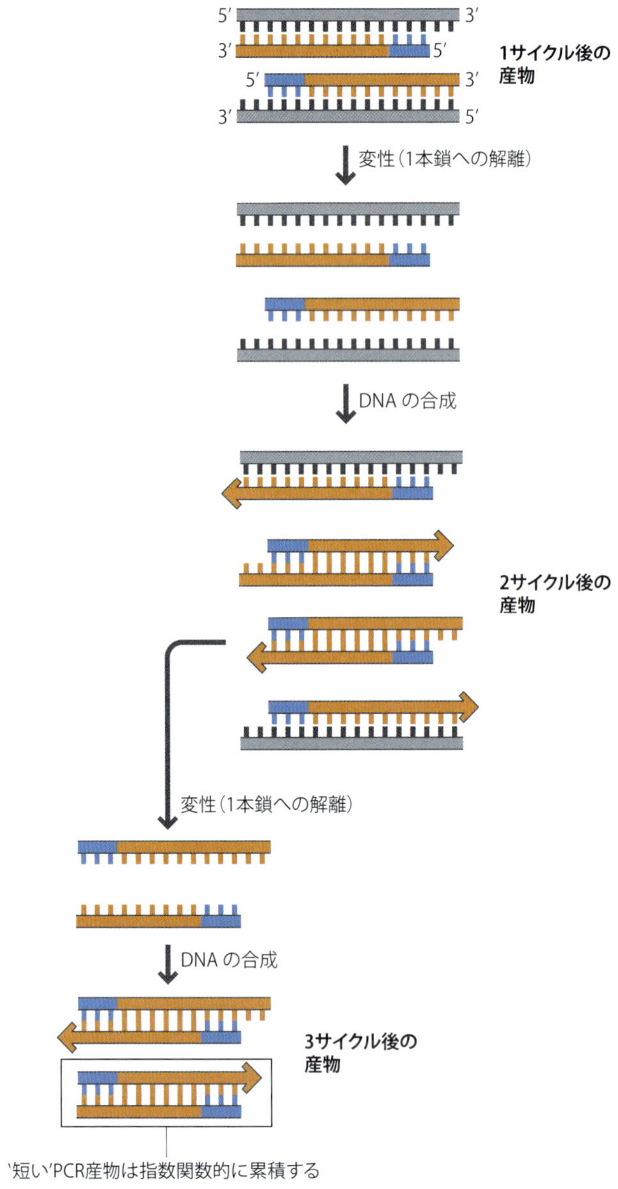

●図 19.10 最初の短い生成物が合成される PCR の 2 回目および 3 回目のサイクル

1サイクル後の産物

↓ 変性（1本鎖への解離）

↓ DNA の合成

2サイクル後の産物

↓ 変性（1本鎖への解離）

↓ DNA の合成

3サイクル後の産物

'短い'PCR産物は指数関数的に累積する

で決まる．PCR において 5 kb の DNA は適切に効率よくコピーされ，40 kb を超える DNA は特別な技法を用いればコピーできる．しかし，多くの真核生物遺伝子は 40 kb より長いので，一つの遺伝子のコピーは，一つの PCR 産物としてではなく一連の断片として増幅する必要がある．

### PCR の進行はリアルタイムで追跡できる

PCR の終了後に，十分な増幅 DNA が生成したか調べることができる．具体的には，PCR の終了後，DNA 結合色素を加えて染色し，さらにアガロース電気泳動すると，増幅バンドが確認できる．

あるいは，次のような方法で PCR の進行を追跡できる．反応をリアルタイムに追うことができるので，この手法は**リアルタイム PCR**（real-time PCR）とよばれる．リアルタイム PCR には二つの方法がある．

- 二重らせん DNA に結合したときに蛍光シグナルを発する化合物を PCR 混合物に含める．これによって，PCR 中に DNA が合成されるにつれて蛍光シグナルの量は増大する．
- **レポータープローブ**（reporter probe）とよばれる短いオリゴヌクレオチドを使う．レポー

ターブローブの配列は，PCR 産物の鎖の 1 本と塩基対を形成するように設計する．蛍光化学基をオリゴヌクレオチドの一方の末端につけ，蛍光シグナルを阻害する（"消す"）もう一つの化学基（消光化合物）をもう一方の末端につける．オリゴヌクレオチドは二つの末端近くのヌクレオチドが塩基対を形成して消光化合物の近くに蛍光基がくるように設計されている（図 19.11）．これにより，溶液中でオリゴヌクレオチドのみ存在するときはまったく蛍光を発しない．しかし，PCR 産物と塩基対を形成するほうがよりエネルギー的に安定化するので，PCR 産物が存在するとオリゴヌクレオチドプローブが開き，PCR 産物に結合する．その結果，消光化合物は蛍光基から離れているので，蛍光基が発する蛍光を消光できない．そのため，PCR の進行に伴い，蛍光が増大していく．

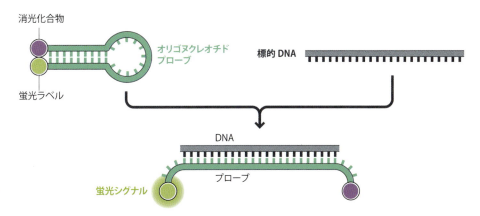

● 図 19.11　リアルタイム PCR の一つに使われるレポータープローブ

リアルタイム PCR はよく **定量的 PCR 法**（quantitative PCR，**qPCR**）ともよばれており，それぞれの PCR サイクル後の蛍光強度を測定することによって合成された PCR 産物量を推測できる．この合成量は PCR の最初に存在していた鋳型 DNA 量に依存する．試料中の鋳型 DNA 量は，既知の量の鋳型 DNA での PCR 反応産物との比較によって推測できる．通常，この比較は，蛍光強度があらかじめ設定された値に達する PCR サイクルの回数で行う（図 19.12）．より早くこの値を超えたほうが，最初の混合物に含まれていた鋳型 DNA 量が多かったということになる．

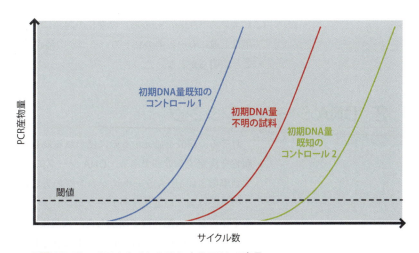

● 図 19.12　リアルタイム PCR による DNA の定量
グラフは鋳型 DNA 量の異なる三つの PCR について示している．PCR 中，その産物は指数関数的に累積していくため，PCR のサイクルを特定の回数繰り返した時点での産物量は最初の鋳型 DNA 量に比例する．鋳型 DNA 量は青色の曲線が最も多く，緑色の曲線が最も少ない．もしこれら二つの鋳型 DNA 量が既知であるならば，赤色の曲線の鋳型 DNA 量はこれらのコントロールとの比較で推測できる．グラフ中に点線で示した閾値を超えた時点での PCR のサイクル数によって比較が行われる．

#### PCRのさまざまな応用

生化学者たちにとって，DNAやRNAの断片を増幅する技術は，核酸の研究を行っていくための出発点である．この章の後半では，DNA配列の解析におけるPCRの貢献についてふれる．さらに，PCRによって遺伝子中のあるコドンを特異的に変化させられるようになり，新たな生化学的特性をもったタンパク質を合成できるようになった．

PCRは近代の生化学におけるさまざまな場面で応用されている．臨床現場では，PCRは遺伝子検査に用いられ，患者や胎児などの特定の疾患にかかりやすい性質を評価できる．たとえば，ヒトのグロビン遺伝子を対象としたPCR産物は，血液の疾患であるサラセミアの原因となるような変異の有無の検査に用いられている．ヒトのグロビン遺伝子の配列は既知であり，そのなかで全人類に共通する領域がすでに同定されていることから，上記のようなPCR産物のプライマー設計は容易である．共通領域に結合するプライマーを設計できれば，二つのプライマー間の配列が不明であったとしても，どのようなDNA検体に対してもPCR法が適用できる．PCR後，その産物の配列を特定し，サラセミアの原因となる変異の有無が確認できる．

そのほかのPCRの臨床応用例として，ウイルス感染の早期発見があげられる．この検査で陽性となった場合，検体にウイルスが含まれていることを示しているので，患者に対して適切な治療が行える．PCRの感度は非常に高く，最初の反応溶液中に標的となるDNAが1コピー含まれているだけで反応が進行する．すなわち，感染初期のウイルス数が少ない段階でもウイルスを検出でき，治療が奏効する可能性が上がる．qPCR法を用いれば，感染のどの段階にあるのかという情報が得られ，ウイルスを検出できなくなった段階で患者は"完治した"と見なせる．

PCRは科学捜査の分野でも非常に重要な手法である．毛髪や血痕中に存在するわずかなDNAを増幅できれば，**遺伝子プロファイル**（genetic profile）が可能となるためである．遺伝情報は個々人によって特有のものであるため，犯罪現場に残された検体のPCR産物と容疑者のDNA配列が一致すれば判決のための証拠となる．近年，ごく微量のDNAを増幅するためのより感度の高いPCR法が研究されている．そのおかげで歴史的な犯罪現場から採取された証拠の遺伝子プロファイルが可能となり，1990年代やそれ以前の"未解決事件"を有罪判決へと導いた．

同様の手法は，絶滅した人類の骨といった考古学上の物質における**古代DNA**（ancient DNA）の研究にも使われる．PCRにより，ネアンデール人のゲノム配列がわかり，ホモサピエンス（*Homo sapiens*）の進化の起源についての情報が得られた．この研究により，4万年以上前に有史以前のヒトのいくつかの種が，現代人につながるネアンデール人と交配したことが明らかとなった．

## 19.2 DNAシークエンシング

おそらく核酸を研究するのに使われる最も重要な手法は，DNAのヌクレオチドの正確な順番を決定する方法である，**DNAシークエンシング**（DNA sequencing）であろう．迅速で効率のよいDNAシークエンシングの方法は，1970年代にはじめて開発された．最初はこの手法は個々の遺伝子のシークエンシングに利用されたが，1990年代初頭以降，得られる全体のゲノム配列数が増加した．大規模シークエンシングは，**次世代シークエンシング**（next generation sequencing）とよばれる新しい自動化された方法の発明により，2000年〜2010年頃にははるかに簡単になった．最初に，研究室で短いDNA断片の配列を得るのにいまでも使われる従来の方法を見よう．それから，次世代シークエンシングで使われるより特殊な方法を見よう．

## ● Box 19.2　PCRによる遺伝子中のコドン組換え

　PCRによって遺伝子配列を組み換えるには，2組のプライマーが必要となる．1組は遺伝子配列に完全一致するもの，もう1組は組み換えたい部分を目的に応じたヌクレオチドに置き換えたものを用いる．

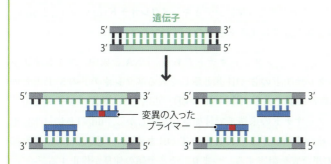

　PCR後，下図に示すように，二つのそれぞれの増幅産物にはプライマーに変異が加わる．

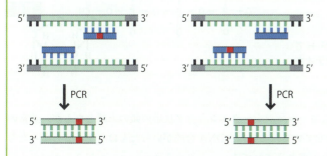

　二つのPCR産物を混ぜ，最後にもう1サイクルPCRを行う．このサイクルでは，それぞれの産物由来の相補的な1本鎖どうしがもう1本のほかの鎖と2本鎖を形成し，ポリメラーゼによって伸長されて配列中に変異を含んだ全長DNAが合成される．

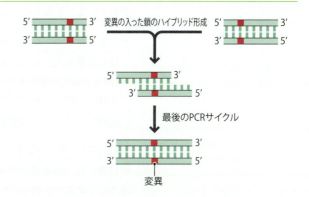

　この手法は**インビトロ変異導入**（*in vitro* mutagenesis）の一種（部位特異的変異導入）である．試験管内で反応が行われるため"インビトロ（生体外）"，結果としてDNAに変異が生じるため"変異導入"という言葉が用いられた．この変異はどんな場所にでも生じさせられるので，遺伝子中のあらゆるコドンを思うままに組み換えることが可能である．生化学の分野では，インビトロ変異導入はさまざまな場面で応用されている．例として次のようなものがある．

- 変異を生じさせた遺伝子をクローニングによってもとの生体内へ戻し，その遺伝子によってコードされているタンパク質の機能が変異によってどのような影響を受けるかを観察できる（19.3.1項参照）．
- 変異を生じさせた遺伝子を大腸菌内で発現させ，遺伝子組換えタンパク質として生成物を得る．このタンパク質を精製し，変異による構造や活性の変化を観察できる（19.3.2項参照）．

　インビトロ変異導入は生物工学的な目的で用いられる新たな酵素の開発など，タンパク質工学の基礎にもなっている．タンパク質工学の一例としては，Box7.5で見たような，生物燃料の産生に利用される熱力学的に安定な酵素の開発などがあげられる．また，別の例として生物学的な洗剤の開発があげられる．これらの洗浄剤はサブチリシンなどのプロテアーゼを含んでおり，清潔にされるべき物質に付着した食物残渣やタンパク質などを分解できる．生物学的洗浄力を強力にするために，洗浄機内で熱や酸化的漂白剤によるストレス耐性をもった新たな修飾型サブチリシンが開発されたが，この際にインビトロ変異導入の手法が用いられた．

† 訳者注：サンガー法ともよばれる．

### 19.2.1　DNAシークエンシングの方法論

　DNAシークエンスの従来の手法は**ジデオキシチェーンターミネーション法**（dideoxy chain termination method）†とよばれる．この手順はフレドリック・サンガー（Frederick Sanger）とその同僚によって1970年代に発明され，今日でも広く使われている．

**チェーンターミネーションシークエンシングは修飾されたヌクレオチドを利用する**

　チェーンターミネーションシークエンシングにはいくつかの方法があり，最もよく使われ

る方法はPCRによく似た反応を含む．耐熱性DNAポリメラーゼが使われ，反応のステップは，二重鎖分離，プライマー結合，DNA合成の繰り返しが，温度サイクルによって制御されている．しかしながら，PCRと比べて次の二つの決定的な違いがある．

- プライマーが一つだけ使われる．これは，反応が標的DNAの2本鎖のうち，片方の鎖だけを多数コピーすることを意味する．
- DNA合成の通常のヌクレオチド基質（dATP，dCTP，dGTP，dTTP）だけでなく，その反応は，2′,3′-ジデオキシヌクレオチドまたは単にジデオキシヌクレオチド（dideoxynucleotide，**ddNTP**）とよばれる修飾されたヌクレオチドも含む．

ddNTPはチェーンターミネーションヌクレオチドである．DNA合成中，ヌクレオチドの付加には，鎖の最後のヌクレオチドの3′-OH基と新しく入るヌクレオチドの5′-P基とのホスホジエステル結合の形成が必要である（図14.10参照）．ddNTPは通常の5′-P基をもっているので伸長中のポリヌクレオチドの末端まで付加される．しかし，ddNTPには次に取り込まれるヌクレオチドと結合を形成するのに必要な3′-OH基がない（図19.13）．これにより，ddNTPがこれ以上の鎖合成を阻害する．つまり，そこで鎖の伸長が停止する．

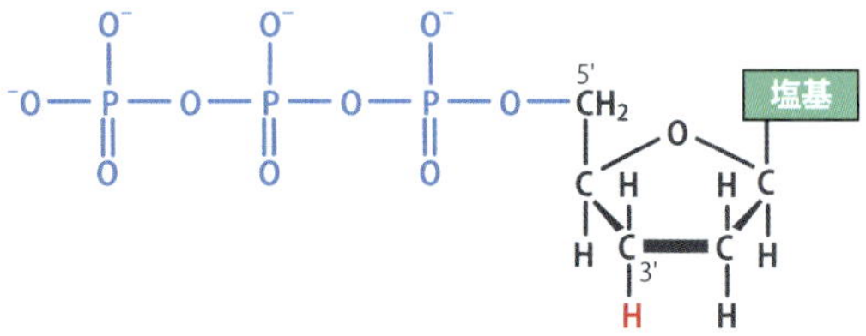

● 図19.13　dNTPの-OHが-Hで置換されている場所を示すジデオキシヌクレオチドの構造

ddNTPはチェーンターミネーションシークエンシング反応の鎖の末端となるが，通常のヌクレオチドが過剰に存在している．これは，DNA合成がいったんはじまってしまったらすぐには止まらず，ddNTPが取り込まれてチェーンターミネーションが起こるまで長く続けられることを意味する．PCR様のサイクルごとに，新しくチェーンターミネーションされたDNAが生まれる．DNA合成の最後には，異なる長さのどれも最後がddNTPで終わる1本鎖産物の混合物が得られる．

これがどのように鋳型DNAの配列を解読するのに役立つのだろうか．重要なポイントは，鋳型DNAにおけるヌクレオチドの位置に相当するddNTPの同定であろう．たとえば，末端ddNTPがddAである場合，鋳型DNAのその位置はTであるはずである（図19.14）．鋳型DNAの配列を解読するには，次の二つのことをする必要がある．

- まず，チェーンターミネーションした1本鎖産物の長さによる分離で，短いものが最初に，長いものがあとになる．これはポリアクリルアミドゲルの薄いキャピラリーを介した電気泳動により行われる．適切な条件下では，たった1ヌクレオチドしか長さが異ならないポリヌクレオチドでも見分けることができる．
- 次に，どのddNTPがそれぞれのチェーンターミネーションした1本鎖の末端に存在しているかを識別する．これは，基質として使用されるddNTPが蛍光マーカーで標識されているときでも可能で，四つのddNTPそれぞれでマーカーが異なる．

このように，キャピラリーゲルを通ったそれぞれのチェーンターミネーションした1本鎖により放出されたシグナルを識別する蛍光検出器により配列が読まれる（図19.15）．実際，1回の実験で最大1,000ヌクレオチドを読み取ることができる．

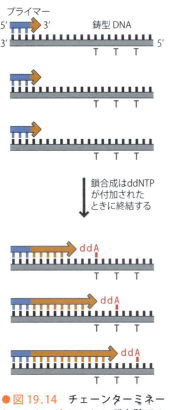

● 図19.14　チェーンターミネーションシークエンシング実験でのddNTPの役割

## パイロシークエンシングによりDNA配列を直接読み取ることができる

パイロシークエンシング（pyrosequencing）は，短いDNAの断片の配列を決めるための

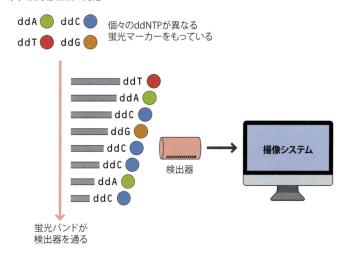

● 図 19.15 チェーンターミネーション実験によるシークエンスの結果
(A) それぞれの鎖についた蛍光マーカーによる反応停止鎖の同定．(B) 画像解析による出力．配列は，それぞれのヌクレオチドにつき一つの色の一連のピークにより示される．この例では，緑色のピークが A，青色が C，茶色が G，赤色が T を示している．

代替手法である．この方法の利点は，電気泳動やほかの断片分離操作を必要としない点で，ジデオキシチェーンターミネーション法より速く配列を決定できる．

ジデオキシチェーンターミネーション法と同様に，パイロシークエンシングも，鋳型 DNA の決められた場所に結合するプライマーからの新しい DNA 鎖の合成を行う．ジデオキシチェーンターミネーション法とは異なり，ddNTP を加えずに，鋳型は通常の方法で DNA ポリメラーゼによってコピーされる．新しい鎖が合成されると，どのヌクレオチドが組み込まれるかの順番が検出される．配列はこのように反応が進みながら読まれていく．

この直接的な読み取りは次の方法により実現した．DNA の伸長鎖へのヌクレオチドの付加はピロリン酸の放出に伴って生じる．パイロシークエンシングのあいだ，ピロリン酸はアデノシン 5′-ホスホ硫酸と結合し，**ATP スルフリラーゼ**（ATP sulfurylase）により反応が触媒される ATP を供給する（図 19.16）．この ATP は，二つ目の酵素である**ルシフェラーゼ**（luciferase）が酸化ルシフェリンになる反応に使用される．ルシフェリンは単一の化合物ではなく有機分子群であり，酸化されたときどれかが化学発光する．この反応の結果として，伸長中のポリヌクレオチドにヌクレオチドが付加するごとに化学発光する．

どのように連続した化学発光がヌクレオチド配列の解読に役に立つのだろうか．答えは，ヌクレオチドを，A，C，G，T の順に加えることである（図 19.17）．**ヌクレオチダーゼ**（nucleotidase）も反応混合物に加えておき，ヌクレオチドがポリヌクレオチドに組み込まれない場合，次のヌクレオチドが付加される前に素早く分解されるようにする．特定のヌクレオチドを加えたときに化学発光すれば，そのヌクレオチドが伸長中のポリヌクレオチドに付加されたことを意味し，そのヌクレオチドに相補的な鋳型 DNA のヌクレオチドが判明する．

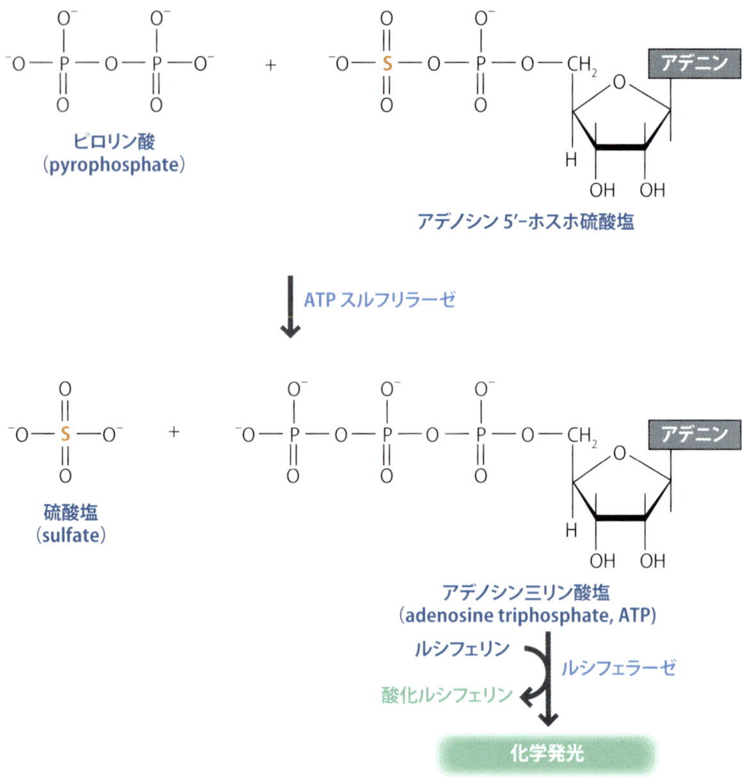

● 図 19.16 パイロシークエンシングの化学的基礎

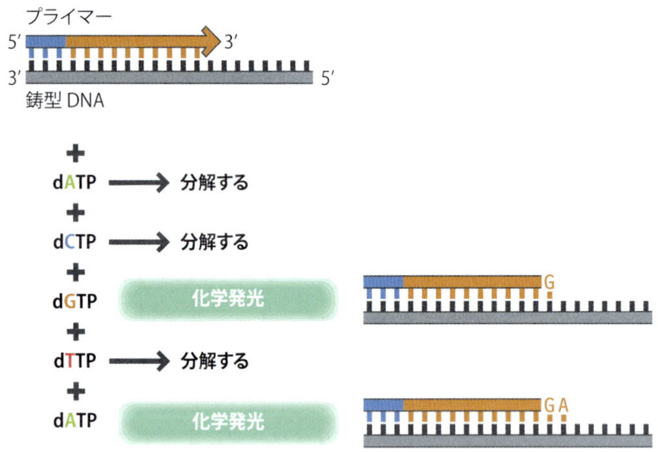

● 図 19.17 パイロシークエンシング
この例では四つのヌクレオチドについて，ヌクレオチドの添加とヌクレオチダーゼによる分解を繰り返して，配列が GA であることが明らかになっている．

　手順は複雑に感じるが，反応液にヌクレオチド溶液を加える操作の繰り返しなので，この操作は簡単に自動化できる．
　パイロシークエンシングは 1 回の実験で最大 700 bp しか読むことができず，ジデオキシチェーンターミネーション法よりも少ない．この利点は自動化が簡単なことであり，これは 2000 年代中頃に考案された最初の"次世代"シークエンシング法の一つとして使われている．これは私たちが注目している新しい手法である．

### 19.2.2　次世代シークエンシング

　最近まで，1 回の実験で 1,000 bp 以上の長さの配列を読むことができるシークエンス解析の方法は一つもなかった．これは，ヒトゲノムの全長をシークエンスするのに 300 万回以上の実験を要することを意味している．このため，シークエンス解析技術の発展は，同時に多くのシークエンス解析を行える自動化システムの構築に重点を置いてきた〔この自動化システムは"大規模並列"システム（massively parallel system）として知られている〕．自動

### ● Box 19.3　ネアンデルタール人と近代人は出会って異種交配したのか？

　次世代シークエンシングの偉業の一つは，シベリアのアルタイ山脈からでてきた骨の小さなかけらに保存されていた昔のDNAから得られたネアンデルタール人のゲノムの完全な配列解読であろう．ネアンデルタール人は20万〜3万年前にヨーロッパとアジアの一部で生きていた，絶滅種のヒトである．この時代には，私たちの祖先である"解剖学的にいう近代人"またはホモサピエンスはアフリカだけに存在していた．しかし7万年前，近代人がアフリカの外にでて移住をはじめ，そして最終的に地球のあちこちに分散した．およそ4万5千年前，近代人はヨーロッパに到着し，1万5千年間ネアンデルタール人と共存した．

　ヨーロッパは大きい大陸で，当時人口が比較的少なく，とくにネアンデルタール人は寒い気候，近代人は暖かい気候に適していたため，ネアンデルタール人と近代人が出会うことはほとんどなかった．しかしこのことはネアンデルタール人と近代人が異種交配したという人類学者の考えを必ずしも否定しない．私たちはネアンデルタール人がホモサピエンスの亜種であると信じているため，異種交配は可能であると考えている．

　私たち自身のゲノムとネアンデルタール人のゲノムの比較から，異種交配が起こったことが示唆された．近代ヨーロッパ人のゲノムは近代アフリカ人のゲノムに比べ，わずかにネアンデルタール人のゲノムに似ている．ここから一部のネアンデルタール人のDNAに，近代ヨーロッパ人のゲノムが入っていることが示唆される．もし異種交配が起きていなかったら，近代ヨーロッパ人と近代アフリカ人はネアンデルタール人と比較したときに区別できないはずである．

　異種交配が起こっていたとしたら，ネアンデルタール人で進化した遺伝子変異が，初期のヨーロッパ人集団へ伝播していたかもしれない．ネアンデルタール人がヨーロッパの比較的厳しい気候に適応したのと同様に，もしかしたら遺伝子変異がタンパク質を変え，近代人が最近の氷河時代を生き残るのを助け，最終的にヨーロッパが栄えたのだろうか？遺伝学者は，世界中の異なる場所から得られたネアンデルタール人と近代人に存在する遺伝子変異の詳細な比較によって，この魅力的な考えを探索しはじめた．近代ヨーロッパ人がもつケラチンタンパク質の特徴的な種類はネアンデルタール人から遺伝したかもしれないと考えられ，これが髪や皮膚を変化させ，やがて近代ヨーロッパ人は寒い気温に耐えられるようになった可能性がある．しかし，ネアンデルタール人から受け継いだものをほかの視点で見ると，利点が少なく，近代人に受け継がれた遺伝子の一部ではクローン病や，肝硬変，自己免疫性狼瘡のような病気にかかわるものもある．

　絶滅したもう一つヒトである，北アジアでネアンデルタール人と同時期に生きていたデニソワ人も異種交配を介して近代人の遺伝子に寄与していたことが明らかになっている．最近，アフリカ以外の近代人の1.5〜2.1%のDNAはネアンデルタール人由来で，近代のオセアニアの住人の3.0〜6.0%のゲノムはデニソワ人由来であると推計されている．また，ネアンデルタール人とデニソワ人の異種交配や，デニソワ人と特定されていないヒトの絶滅種との異種交配の証拠も存在している．

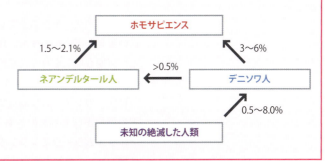

これらの大規模並列法のうち，最もうまくいったものでは，1回の運転で1日もかからずに10億回のシークエンス結果を得られる．

　これらの大規模並列法のうち，初期につくられたものの一つはパイロシークエンシングを基本的なシークエンス法として利用していた．解析されるDNAは300〜500 bpの断片に切断され，生じた断片は油と水の混合液中で乳化される．その結果，それぞれの水滴に異なる断片が含まれる（図19.18）．次に，それぞれのエマルジョン（油乳濁液）は一連のシークエンサーにかけられ，パイロシークエンシングが行われる．そして，小型化された検出器でそれぞれの断片からでる化学発光シグナルが検出される．

　もう一つの次世代シークエンシングは，ジデオキシチェーンターミネーション法に似た方法を用いている．反応には3′炭素への攻撃を阻害する官能基と蛍光ラベルとをもつ，**蛍光ラベルターミネーターヌクレオチド**（terminator-dye nucleotide）を利用したヌクレオチドの**ダイターミネーター**（dye-terminator）を用いる（図19.19）．ジデオキシチェーンターミネーション法とは異なり，ヌクレオチドとしてダイターミネーターしか存在しないので，DNA鎖の合成はごくはじめのヌクレオチドを付加する段階で停止する．しかし，阻害を行う官能基と蛍光ラベルは除去できるようになっているので，いったん蛍光シグナルが検出され，四つのヌクレオチドのうちどれが取り込まれたかがわかれば，ダイターミネーターの官

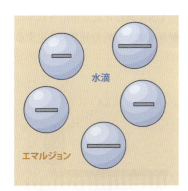

● 図 19.18　次世代シークエンシングの一つの手法に使用される油−水エマルジョン（油乳濁液）
それぞれの液滴が一つのDNA断片を含んでいる．

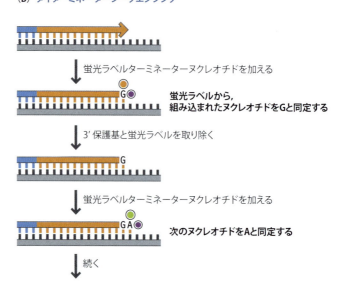

●図 19.19 ダイターミネーターシークエンシング
(A) ダイターミネーターヌクレオチドの構造. (B) ダイターミネーターシークエンシング実験の一部.

能基と蛍光ラベルを除去する．そして次のヌクレオチドが DNA 鎖に付加できるようになり，次の蛍光シグナルの検出と修飾の除去が繰り返される．このシステムは，スライド上に固定して何度も反応を行う大規模並列法で運用されている．

　DNA のシークエンシングの世界では，これらの次世代的な方法もいまや"第二世代"，"第三世代"のシステムに取って代わられている．これらのシステムには 3 万以上のヌクレオチドの解析が行えるものがあり，ほかのどんな方法よりも大幅に長い．この方法は **1 分子リアルタイムシークエンシング**（single molecule real-time sequencing）とよばれる．1 本の鋳型 DNA の複製を観察するために，**ZMW 法**（zero-mode waveguide）とよばれる高機能の光学装置を用いている（図 19.20）．各ヌクレオチドの付加は，ヌクレオチドに結合した蛍光ラベルにより検出される．この光学システムが非常に正確なため，ヌクレオチドの 3′ 炭素への攻撃を置換基で阻害する必要がない．ヌクレオチドの取り込み後，蛍光シグナルが検出されて，すぐに蛍光ラベルと保護基は除去されるので，DNA 鎖の合成は停止されずに進行できる．これはつまり，ポリメラーゼの鎖伸長能力が解析可能な配列の長さを決定する要因となることを意味している．

●図 19.20　単一分子のリアルタイム DNA シークエンシング
それぞれのヌクレオチド付加が ZMW で検出される.

## 19.3　DNAのクローニング

　DNAのクローニングは，制限酵素やDNAリガーゼなどの精製された酵素がはじめて使えるようになった1970年代に考案された．制御可能な方法でDNAを切断し，これらの断片を異なる順番で一つにしたり，完全に異なる種から得られたDNA断片を一つにしたりする技術は，一般に**遺伝子工学**（genetic engineering）とよばれる**組換えDNA技術**（recombinant DNA technology）の発達につながった．組換えDNA技術を応用して，細菌や酵母などの微生物にヒト由来の医薬品として重要なタンパク質の遺伝子を導入することが可能となった．この遺伝子から発現した**組換えタンパク質**（recombinant protein）は微生物内で多量に発現させることができて，糖尿病や成長障害などの疾患の治療に用いられるインスリンや成長因子などといったタンパク質を得られるようになった．

　DNAクローニングでは多様で複雑な技術が発展してきたが，原理自体は単純である．ここでは，DNAクローニングの原理と，組換えタンパク質合成時にこの手法がどのように用いられているかについて学ぼう．

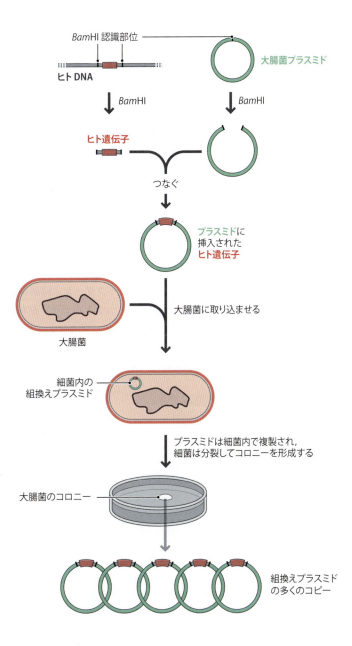

●図19.21　クローニングの概略図

### 19.3.1 DNA クローニングの手法

DNA 組換えにおいては，制限酵素と DNA リガーゼを用いて通常では隣接していない DNA 断片どうしを結合させる．これらの組換え DNA は宿主細胞内で複製されるため，DNA クローニングによって多量の組換え DNA が得られる．

#### DNA クローニングの概要

DNA クローニングがどのように行われているか，大腸菌細胞内で複製できる組換え DNA の構築を例に，典型的な一連の操作を通して見ていこう（図 19.21）．

- はじめに，あるヒト遺伝子は制限酵素 *Bam*HI によって切断される単一の断片を含むとしよう．この断片は GATC の突出末端をもつ．
- 大腸菌から**プラスミド**（plasmid）を精製する．プラスミドとは，細菌内で複製が可能な環状 DNA である．
- プラスミド中に単一の *Bam*HI の認識配列が存在すれば，環状のプラスミドを制限酵素 *Bam*HI で切断し，直鎖状にできる．この直鎖状 DNA も GATC の突出末端をもつ．
- ヒト DNA 断片と直鎖状となったプラスミドを混合し，DNA リガーゼを加えて混ぜる．これによってさまざまなライゲーション産物が合成されるが，そのうちの一つに *Bam*HI 認識部位にヒト遺伝子が挿入された環状の**組換えプラスミド**（recombinant plasmid）が生じる．
- 生じた組換えプラスミドを大腸菌に再導入する．いったん細胞に導入すると，プラスミドはプラスミド固有の**コピー数**（copy number）にいたるまで複製され続ける．多くの場合，コピー数は 1 細胞あたり 40～50 ほどである．
- 大腸菌が分裂する際，組換えプラスミドのいくつかのコピーが二つの娘細胞に受け継がれる．娘細胞内においても，プラスミドは固有のコピー数にいたるまで複製を続ける．
- 大腸菌の分裂とプラスミドの複製を繰り返すことで，遺伝子組換え大腸菌のコロニーが形成される．それぞれの大腸菌はヒト遺伝子を含むプラスミドのコピーを多数保有しており，ヒト遺伝子のクローニングが完了となる．

以上の実験において，プラスミドは**クローニングベクター**（cloning vector）としての役割を果たしている．次に，クローニングベクターの性質についてより理解を深めよう．

#### 多くのクローニングベクターが大腸菌のプラスミドをもとに設計されている

どのようにクローニングベクターが利用されているかを理解するために，pUC8 とよばれる単純な大腸菌プラスミドベクターを例にとる．pUC8 は 1980 年代初期に設計され，現在でも広く用いられているベクターである．この長さ 2.7 kb の環状 DNA のベクターは，三つの野生型プラスミドの断片をつなぎ合わせて構成されており，次の二つの大腸菌遺伝子を

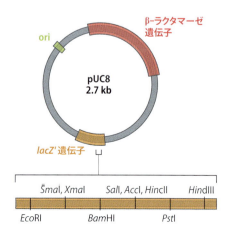

●図 19.22　クローニングベクター pUC8
図中に β-ガラクトシダーゼ遺伝子，*lacZ'* 遺伝子，複製開始起点（ori），*lacZ'* 中の制限酵素部位を示す．

含む（図 19.22）．

- 抗生物質であるアンピシリンの毒性に耐性を与える酵素の **β-ラクタマーゼ**（β-lactamase）をコードする遺伝子．この遺伝子は pUC8 の**選択マーカー**（selective marker）としてはたらく．つまり，pUC8 を含む大腸菌は，培地にアンピシリンが含有していても死なず"選択"できる．
- ラクトース代謝に関与する酵素の一つである β-ガラクトシダーゼの最初の 90 アミノ酸をコードする *lacZ′* 遺伝子．*lacZ′* 遺伝子によりコードされる酵素の断片は，α ペプチドとよばれる．

pUC8 は *lacZ′* 遺伝子内に *Bam*HI 認識配列を一つもち，さらにその近くにほかの制限酵素の認識配列をもつ．新しい DNA をこれらの部位のどれかに挿入することにより，*lacZ′* 遺伝子は二つに分断される．これにより，プラスミドが β-ガラクトシダーゼ α ペプチドを合成できなくなる．

pUC8 を使ってクローニングするとき，ヒト DNA 断片と直鎖状 pUC8 ベクターを含むライゲーション混合物を準備する．ライゲーション後にはいくつかの DNA が存在するが，それらのなかで必要なものは，ヒト遺伝子が挿入された環状 pUC8 ベクターだけである．どうすればこの環状ベクターをもつ大腸菌を識別できるだろうか．答えは次にある．

- どの DNA も取り込まない細菌は β-ラクタマーゼ遺伝子を獲得しないので，アンピシリンに感受性となる．
- pUC8 DNA に入っていない直鎖状または環状のライゲーション産物は，細菌に取り込まれていないか，または取り込まれても複製されずに分解されることになる．これらの大腸菌もアンピシリン感受性となる．
- リガーゼにより環状化されたが，ヒト遺伝子が挿入されていない pUC8 ベクターを取り込んだ大腸菌は，機能的 β-ラクタマーゼと *lacZ′* 遺伝子をもつことになる．それはアンピシリン耐性であり，ラクトースも代謝できる†．
- 挿入されたヒト遺伝子をもつ環状 pUC8 ベクターを取り込んだ大腸菌は，機能的 β-ラクタマーゼ遺伝子をもつが，不活性化された *lacZ′* 遺伝子をもつことになる．それはアンピシリン耐性であるがラクトースを代謝できない．

微生物学者にとって，これらの性質を利用することは大きな問題ではない．大腸菌を，アンピシリンと，β-ガラクトシダーゼによって青色の産物に変換される X-gal（5-ブロモ-4-

† 訳者注：α ペプチド自体には β-ガラクトシダーゼ活性はない．宿主の大腸菌は β-ガラクトシダーゼの α ペプチド部分を欠いた遺伝子のみをもつようにしておき，ベクター由来の α ペプチドと宿主由来の β-ガラクトシダーゼ断片の両方が発現したときにはじめて活性をもつようになる．

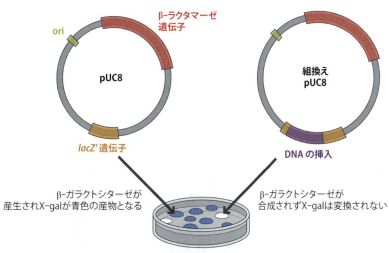

● 図 19.23　組換え pUC8 プラスミドの同定

クロロ-3-インドリル-β-D-ガラクトピラノシド）とよばれるラクトースアナログを含む寒天培地上にまく（図19.23）．pUC8プラスミドを含み，したがってアンピシリン耐性をもつ大腸菌のみがこの培地上で育つ．挿入されたヒト遺伝子を含まずpUC8プラスミドを含む大腸菌は（β-ガラクトシダーゼが産生されるので）X-galを青色の産物に変換し，それにより寒天の表面上に青色のコロニーが形成される．複製されたヒト遺伝子をもつ組換えプラスミドを含む大腸菌は，β-ガラクトシダーゼを合成できず白色のままとなる．無菌のワイヤーループを使って，寒天からそれらの白いコロニーを取り除く．こうしてヒト遺伝子がクローニングできる．

### 遺伝子は真核生物でもクローニングできる

細菌だけが，DNAクローニングによって新しい遺伝子を導入できる唯一の生物種ではない．ベクターはほとんどの種の真核生物で外来性DNAの伝播により進化してきた．

自然に存在するプラスミドは真核生物ではまれであるが，プラスミドが自然に存在する種では，そのプラスミドがクローニングシステムとして活用されている．例として，出芽酵母（*Saccharomyces cerevisiae*）があり，それらのいくつかの株では **2 μm サークル**（2 μm circle）とよばれる小さなプラスミドをもつ．**酵母エピソームプラスミド**（yeast episomal plasmid）とよばれるクローニングベクターは，2 μm サークルプラスミドから開発された．これは，pUC8を用いた大腸菌でのクローニングと類似の手法を使って，ベクターをもつ酵母細胞を選択寒天培地上で培養することにより選択できる遺伝子を2 μm サークルプラスミドに加えて作製された．

この種のベクターの名前に含まれる"エピソームの"という言葉は，pUC8やほとんどのほかの細菌のプラスミドベクターに見られるような，独立したDNA環として複製することを意味する．このエピソームの伝播形式は，とくに細胞でもともとのベクターのコピー数がかなり少ない場合，娘酵母細胞が親から出芽するときにプラスミドのコピーを含まない可能性がある，という不利な点がある．これは，時間が経過するとクローニングされた遺伝子を含む細胞の数が減少することを意味する．**酵母組込みプラスミド**（yeast integrative plasmid）とよばれる*S.cerevisiae*で使われるもう一つのベクターは，酵母染色体の一つに組み込まれることによりこの不安定性の問題を避けるように設計されている．宿主酵母の染色体DNAにいったん組み込まれると，クローニングされたDNAは酵母ゲノムの（恒常的な）一部分となり，多くの細胞分裂後でもほとんど失われない．

染色体DNAへの組込みは，植物で使われるクローニングシステムの特徴でもある．植物のクローニングベクターは**Tiプラスミド**（Ti plasmid）に由来する．これは，土壌中にすみ，植物の茎に感染したときに根頭がん腫病とよばれる病気を引き起こすアグロバクテリウム菌

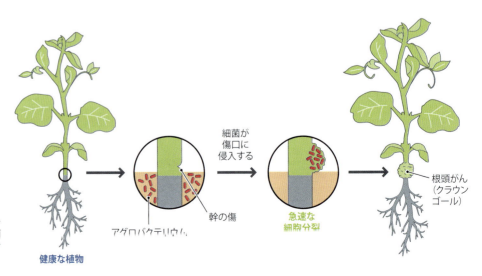

●図19.24 根頭がん腫病
この病気は，茎の基部の近くの傷を通して植物に入るアグロバクテリウム菌（*Agrobacterium tumefaciens*）によって引き起こされる．

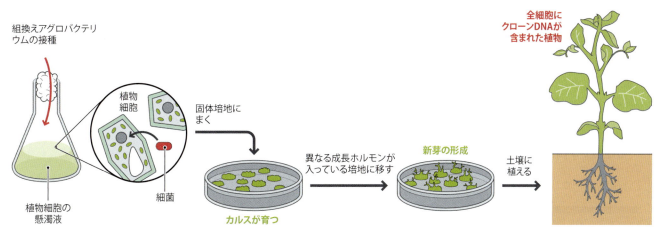

● 図 19.25 Ti プラスミドのクローニング
植物細胞切片は組換えアグロバクテリウム菌を接種される．これらは複製したい挿入遺伝子を含む Ti プラスミドをもった細菌である．植物細胞は，未分化の植物組織の一部であるカルスに成長させるため寒天培地にまかれる．さまざまな植物ホルモン濃度の培地へ再播種すると小さな新芽が形成され，土壌に植えられるようになる．もともとの懸濁液中の一つの細胞から受け継がれた植物は，植物のそれぞれの細胞で Ti プラスミドと挿入遺伝子をもっている．

(*Agrobacterium tumefaciens*) 由来の細菌プラスミドである（図 19.24）．感染中，Ti プラスミドの一部は植物染色体に組み込まれる．この断片は，植物細胞のなかで，細菌に有益なさまざまな生理的変化を生じさせるいくつかの遺伝子をもっている．植物クローニングベクターは，この自然の遺伝子工学系をまねた Ti プラスミドに基づいている．しかし，クローニングには，この細菌の感染過程を利用しない．なぜなら，細菌は茎の傷ついた部位しか感染せず，この周りの細胞にのみ DNA が取り込まれるからである．むしろ，このベクターは培地で培養される植物細胞に利用されている．プラスミドを取り込んだ細胞はその後，植物全体をつくりだす．このようにして，すべての細胞にクローン化された DNA をもつ植物が得られる（図 19.25）．

　プラスミドは動物には非常にまれで，そのため改変されたウイルスゲノムがクローニングベクターとして利用される．ヒト細胞には，**アデノウイルス**（adenovirus）が使われる．これらは染色体には組み込まれずに，感染細胞の核内に半永久的に残るが，細胞分裂時に失われる可能性がある．アデノウイルスとはまったく異なるが，**アデノ随伴ウイルス**（adeno-associated virus）は染色体にそれらの DNA が組込まれる．これもクローニングに利用される．ベクターなしに遺伝子のクローニングも可能であり，動物細胞によく使われる手法である．この場合，DNA を細胞核に直接，顕微注入するが，この DNA の一部はゲノムに組み込まれる（図 19.26A）．あるいは，DNA を**リポソーム**（liposome）とよばれる膜小胞に取り込ませる方法がある．この小胞が標的細胞の細胞膜と融合する（図 19.26B）．ただし，

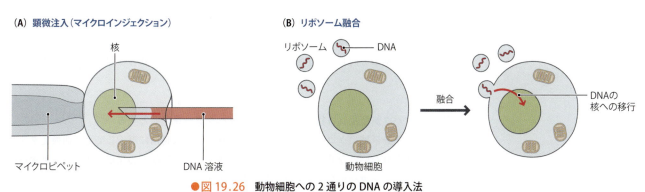

● 図 19.26　動物細胞への 2 通りの DNA の導入法
(A) 核への DNA の顕微注入．(B) 細胞膜と DNA を含むリポソームの融合．

## ●Box 19.4　酵母プラスミドの染色体への取り込み

　酵母のプラスミドが染色体DNAに挿入される過程は**相同組換え**（homologous recombination）とよばれる．これは二つのDNAが，ヌクレオチド配列がまったく同じかよく似ている断片をもつときに生じる．似た領域のそれぞれのDNAの切断に続き，切断された鎖が再び結合することで二つのDNA分子間で交換が起こる．

　分子の一方が線状でもう一方が環状だった場合，相同組換えは線状の分子に環状の分子が取り込まれる．これは，環状の酵母プラスミドが酵母染色体の線状DNAに取り込まれるときに生じる．

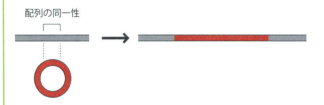

　酵母のプラスミドと染色体DNAの似た領域は，プラスミドに挿入された酵母遺伝子によって供給される．それは，一般的なベクターのYlp5と，酵母遺伝子のピリミジンヌクレオチドの新生合成中にオロチジン-リン酸をウリジン-リン酸に変換する酵素，オロチジン-5'リン酸デカルボキシラーゼをコードする URA3（13.2.2項参照）である．使われる酵母株には変異があり，URA3が不活型で，生き残るにはウラシルが供給されるべき細胞であることを意味している．相同組換えのあと，染色体DNAは一方が不活でもう一方が活性のURA3の二つのコピーをもつ．

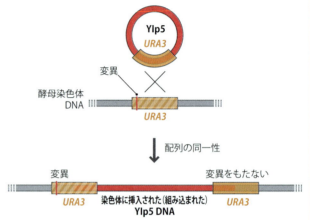

　URA3のプラスミドのコピーには二つの役割がある．それは，組換えを起こし，プラスミドをもつ酵母細胞の選抜マーカーとしてはたらく．選抜には，ウラシルがない寒天培地に酵母をまけばよい．ウラシルがなければ，プラスミド由来の機能的URA3遺伝子をもつ酵母だけがピリミジン塩基をつくることができ，プラスミド含有酵母だけが分裂してコロニーを形成する．

---

DNAが宿主DNAに取り込まれると，数日～数週間だけ保持される．通常，リポソーム融合で細胞に取り込まれたDNAは安定でない．

### 19.3.2　DNAクローニングを用いて組換えタンパク質を得る

　DNAクローニングの利用の一つに，クローン化された遺伝子の発現によって得られるタンパク質，すなわち組換えタンパク質の合成がある．構造研究のためにヒトやほかの動物のタンパク質を，大腸菌や酵母などの真核微生物において，クローン化された遺伝子から合成させている．微生物は液体培地中で高密度に育てられるので，ヒトや動物の組織から直接精製するよりも多くのタンパク質を得られる．産業の場では，商用目的で，数千リットルの巨大培養システムが，インスリンなどの製薬用の組換えタンパク質の産生に使われている．

　組換えタンパク質の産生にはDNAクローニング操作をいくつか変える必要があり，また，タンパク質が本来と同じ活性をもつようにする必要がある．これらの問題を考察して，この章を終えよう．

#### 組換えタンパク質産生には特殊なクローニングベクターを必要とする

　動物遺伝子を単純にクローニングベクターへ挿入し，大腸菌に導入しても，組換えタンパク質は合成されない．なぜなら，もともとの宿主における遺伝子の発現を規定する動物遺伝子の上流プロモーター配列は大腸菌RNAポリメラーゼに認識されないからである．この例として，大腸菌と真核生物におけるタンパク質をコードする遺伝子のプロモーター領域のコ

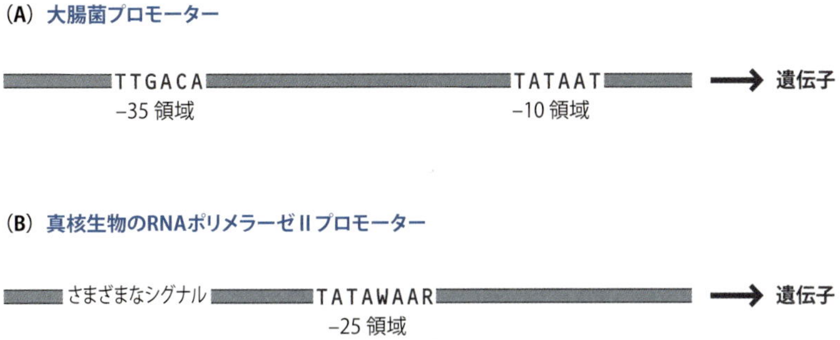

## 19.3 DNAのクローニング

(A) 大腸菌プロモーター

```
━━━━━ TTGACA ━━━━━━━━━━ TATAAT ━━━━▶ 遺伝子
       −35領域              −10領域
```

(B) 真核生物のRNAポリメラーゼIIプロモーター

```
━━ さまざまなシグナル ━━ TATAWAAR ━━▶ 遺伝子
                        −25領域
```

● 図 19.27 **大腸菌および真核生物のタンパク質をコードする遺伝子のプロモーターの比較**
略号は次のとおり；R：AまたはG，W：AまたはT．

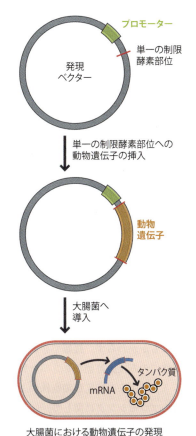

● 図 19.28 **大腸菌における動物タンパク質の合成を指示する発現ベクターの使用**

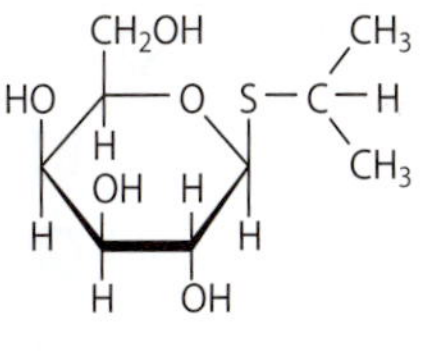

● 図 19.29 **イソプロピル-β-D-チオガラクトシド**
Box17.2で示したアロラクトースの構造と比較しよう．

ンセンサス配列を比較してみよう（図19.27）．これらのプロモーター配列には類似性はあるが，大腸菌RNAポリメラーゼは真核生物のプロモーターには結合できない．ほとんどの動物遺伝子は大腸菌では不活性である．

この問題を解決すべく，特殊なクローニングベクターが使われる．これらの**発現ベクター**（expression vector）の一つは，組み込まれる動物遺伝子を組み込むための制限酵素認識部位が大腸菌プロモーター配列のすぐ下流に位置する（図19.28）．オープンリーディングフレームはどのコドンも切り落とさずに，動物遺伝子のプロモーターだけを切り落とすために，動物遺伝子を注意深く操作しなければならない．遺伝子工学者はさまざまな制限酵素を用いることができるので，これはそれほど難しいことではない．

大腸菌プロモーターは注意深く選択しなければならない．可能なかぎり大量のタンパク質産生を望む場合，細菌が生きた生物であるという事実から生じる制約がある．産生されたタンパク質は細菌に有害であるかもしれず，その場合は毒性レベルに達しないようにその合成を制限しなければならない．たとえタンパク質に有害性がなかったとしても，高レベルの転写が続けば，プラスミドの複製を阻害し，クローン化された遺伝子がすべての娘細胞に継承されないだろう．つまり，タンパク質を産生するための培養液の全体的能力が低下する．

理想的なプロモーターは高効率な転写を調節できて，必要ならば転写効率をより低くにも制御できるものである．ラクトースオペロンのプロモーターはこれらの基準を満たしており，よく使われる．それは強力なプロモーターで，高効率転写を実現でき，また，制御もしやすい．通常，リプレッサータンパク質がオペレーター配列に結合していてプロモーターへの接近を邪魔しているので，ラクトースオペロンはいつもスイッチがオフになっていて，RNAポリメラーゼが結合できない（図17.8参照）．誘導物質を加えると，リプレッサーがはずれ，転写が起こる．ラクトースプロモーターや隣接したオペレーター配列を発現ベクターに移しても，この制御系には影響を与えない．つまり，クローン化された動物遺伝子の発現は，ラクトースプロモーターの制御によって調節される．すなわち，誘導物質を培地に加えるまでクローニングしたタンパク質は発現しない．

自然界でのラクトースプロモーター誘導物質は，もともとアロラクトースであった．この化合物は非常に不安定で，スイッチがオフの状態になってしまい，クローン化された遺伝子の発現を妨げるために新たなアロラクトースを継続的に加える必要がある．代わりに，イソプロピル-β-D-チオガラクトシド（IPTC）などの人工の誘導物質が使われている（図19.29）．IPTCはβ-ガラクトシドで，その構造はアロラクトースとは異なるが，リプレッサーに結合できる．それはアロラクトースよりも安定で，そのため動物遺伝子の発現維持のために継続的な補充を必要としない．

### 細菌は組換えタンパク質産生にとって常に最高の宿主ではない

真核生物と細菌のプロモーターの違いだけが，組換えタンパク質合成の宿主として細菌を使おうとする際の問題ではない．ほとんどの動物のタンパク質は細菌のより大きく，より複雑な三次構造をもつ．これらのタンパク質の多くは大腸菌では正確に折りたたまれず，細菌内の**封入体**（inclusion body）とよばれる中途半端に折りたたまれた凝集体を形成する．封

入体を細菌抽出物から回収し，そのタンパク質を可溶化することが可能な場合もある．しかし，タンパク質を正しい折りたたみ構造へ戻すことは通常，不可能である．二つ目の問題は，細菌には，動物のタンパク質に見られる翻訳後修飾のいくつかを行う能力がないことである．とくに，グリコシル化は細菌ではきわめて珍しく，大腸菌における組み換えタンパク質合成では決して正確なグリコシル化はできない．グリコシル化できなくともタンパク質の機能を損なわないかもしれないが，その安定性が低下し，タンパク質を薬剤に使用したり患者の血流に注射したりするときに，アレルギー反応を引き起こす可能性もある．

これらの問題に対して，真核生物の宿主で組換えタンパク質を産生する方法が研究されてきた．酵母や糸状菌のような微生物真核生物は，それらがちょうど細菌と同じように培地で育てることができるので代替物としては魅力的だが，達成できる細胞密度は低くなる．これらの下等な真核生物において動物遺伝子のプロモーターやほかの発現シグナルは概して効率よくはたらかないため，発現ベクターは依然として必要である．エピソーム性および組み込み型のプラスミドを用いた非常に優れたクローニングシステムがあることや，また医薬品や食品に使用されるタンパク質生産に対する安全な生物であると認められていることから，出芽酵母はよく用いられる．ガラクトースエピメラーゼをコードする遺伝子由来の Gal プロモーターは，培地のなかのガラクトースレベルによって制御でき，タンパク質発現によく用いられる．

出芽酵母から組換え動物タンパク質が比較的高収率で得られ，通常，そのタンパク質は正しく折りたたまれているが，この酵母におけるクローニングはグリコシル化の問題を完全に解決したわけではない．組換えタンパク質はグリコシル化されすぎており，本来のタンパク質よりも多くの糖ユニットを糖鎖にもつ（図 19.30）．酵母のもう一つの種類のピキア酵母（*Pichia pastoris*）は，より正確にグリコシル化を行う．糖鎖は天然の動物タンパク質のものとは同じではないが，それらのタンパク質はアレルギー反応を引き起こさない点で十分に類似している．ピキア酵母は，細胞の全タンパク質の 30% に及ぶ組換えタンパク質を大量に合成できる．また，これらのタンパク質のほとんどは培地に分泌されるタイプである．培地からタンパク質を精製することは，細胞抽出物から精製するよりもはるかに容易なうえ，安価である．ピキア酵母では，メタノールで誘導がかかるアルコールオキシダーゼプロモーターが，クローニングした遺伝子の発現によく用いられる．

真核微生物を宿主として用いたタンパク質産生が進歩したにもかかわらず，複雑で必要不可欠な糖鎖構造をもつタンパク質が典型例であるが，動物細胞でのみ産生可能なタンパク質が存在する．こうしたタンパク質を得る際には，ヒトやハムスター由来の哺乳類細胞株がよく用いられる．これらにはプロモーターの構造やタンパク質のプロセシングに関して，ほとんど問題がない．また，用いられる発現ベクターは，収量を最大にすることと，タンパク質合成を制御できるようにすることが必要である．これらは活性をもつタンパク質の合成において最も重要な手法であるが，最も費用のかかる手法でもある．というのも，培養システム

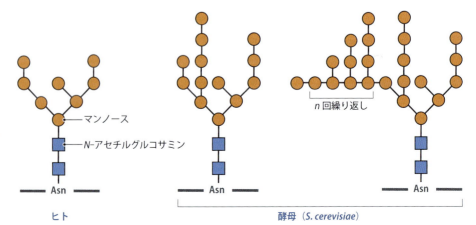

● 図 19.30　ヒトおよび出芽酵母の N 型糖鎖
"高マンノース型" 糖鎖の典型的な構造を示す．右の構造は，出芽酵母によってときどきつくられる数百のマンノースユニットをもてる高度にグリコシル化された糖鎖．

### ●Box 19.5　組換え第Ⅷ因子タンパク質の合成

リサーチ・ハイライト

　組換えタンパク質の産生における特有の課題を，ヒト第Ⅷ因子の組換え型の合成の研究で示す．このタンパク質は血液凝固の中心を担い，血友病の最も一般的な型ではこのタンパク質が欠損している．最近まで血友病の治療は，ドナー（提供者）のヒト血液から得られる精製された第Ⅷ因子タンパク質の注射によってなされていた．第Ⅷ因子の精製は手順が複雑で，処理には高額な費用がかかる．もっと深刻なのは，この手法で得られた第Ⅷ因子は，血液中に存在するかもしれないウイルス粒子を含む可能性があり，精製過程では厳密に排除できない場合，脅威となる．肝炎ウイルスやヒト免疫不全ウイルスは，第Ⅷ因子注射を通して血友病患者の体内に入りうる．細菌または真核生物の宿主内で合成された第Ⅷ因子の組換え型の二つの大きな利点は，製造費用が比較的安く，ウイルスの混入を回避できる点である．

　第Ⅷ因子遺伝子は，26 のエキソンと 25 のイントロンからなる 186 kb にも及ぶ非常に大きい遺伝子で，多くのヒト遺伝子と同様，エキソンは不連続である．イントロンの存在は問題である．大腸菌では遺伝子は不連続ではなく，mRNA 前駆体からイントロンを取り除くために必要な RNA やタンパク質をもっていない．しかし，この問題は第Ⅷ因子 mRNA の相補的 DNA（cDNA）をつくる逆転写酵素によって解決された．スプライシング後，mRNA はイントロンを含んでおらず，そのため cDNA は細菌遺伝子の構造に似た連続した一連のコドンを含む．

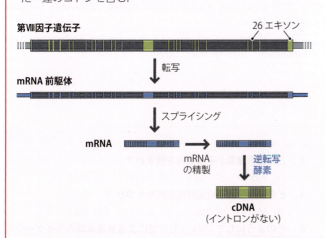

　これによって，イントロンをもつ多くの真核生物の遺伝子について細菌に適したコピーができ，しばしば組換えタンパク質の合成にも成功している．しかし成功は，タンパク質が活性となるための大規模な処理を必要としない場合のみに，とくにグリコシル化される必要のないときにもたらされる．ヒトでは，第Ⅷ因子の最初の翻訳産物は，二つの断片に切断され，6 カ所に N 結合型糖類が結合し二量体タンパク質である．これらの過程は大腸菌では起こらず，活性をもつタンパク質は第Ⅷ因子 cDNA から生成されないので，代わりの宿主を見つけなければならない．

　理想的な代替宿主は哺乳類の細胞培養である．なぜならヒト細胞でなくても哺乳類の細胞なら正確にヒトタンパク質を産生することが期待できるからである．現在，動物細胞の大規模な培養系が利用でき，成長速度や最大限の細胞密度は細菌や酵母よりは低いかもしれないが，哺乳類の細胞培養は活性型タンパク質を得る唯一の方法であるので，低収率であっても許容される．最初の実験ではハムスターの細胞が使われたが，合成された第Ⅷ因子はほんの少量だった．おそらく原因は最初の翻訳産物が正しく切断されなかったためであろう．第二の試みでは，第Ⅷ因子 cDNA を，一つは大サブユニットをコードする断片，もう一つは小サブユニットをコードする断片の二つに分けた．二つの cDNA の上流には，Ag プロモーター（トリの β-アクチンとウサギの β-グロビン遺伝子に対するプロモーターとのハイブリッド）をつなぎ，SV40 ウイルスのポリアデニル化シグナルを下流につけた発現ベクターを用意した．

　ハムスター細胞にこのベクターをクローニングすると，最初の実験で得られたときより効率良く，10 倍以上の第Ⅷ因子タンパク質を合成した．重要なことに，このタンパク質は天然型と同様の活性をもっていた．

　最近では，第Ⅷ因子合成の新しい手法が開発された．これはファーミング（pharming）とよばれ，家畜によるタンパク質産生を利用する．ファーミングは，受精卵細胞に，たとえば顕微注射によって遺伝子を導入し，その後，代理母に着床させる．卵細胞は分裂し，その胚は，からだの全細胞にクローン化された遺伝子を含む動物へと発達する．ファーミングによって第Ⅷ因子を得るには，ヒト cDNA をブタの乳清酸性タンパク質遺伝子のプロモーターの下流につなげる．このプロモーターは乳房でのみ活性化され，その結果，乳清酸性タンパク質はブタミルクの主要な成分となる．したがって，このプロモーターを上流にもつのでヒト第Ⅷ因子はブタ乳房組織によって合成され，ブタミルクから精製される．この方法で合成された第Ⅷ因子は，本来のヒト第Ⅷ因子とまったく同じであり，血液凝固アッセイにおいても完全に活性型である．

が微生物のときよりも複雑で，タンパク質の収量も少ないからだ．最終的なタンパク質精製品まで残留する可能性のあるウイルスが，培養系中に絶対に混入しないように細心の注意を払う必要があるため，品質管理はより厳格に行われる．

## ● 参考文献

J. R. Broach, "The yeast 2 µm circle," *Cell*, **28**, 203 (1982).

E. Çelik, P. Çelik, "Production of recombinant proteins by yeast cells," *Biotechnology Advances*, **30**, 1108 (2012).

M. D. Chilton, "A vector for introducing new genes into plants," *Scientific American*, **248** (June), 50 (1983). Ti プラスミド．

A. Colosimo, K. K. Goncz, A. R. Holmes et al., "Transfer and expression of foreign genes in mammalian cells," *Biotechniques*, **29**, 314 (2000).

R. G. Crystal, "Adenovirus: the first effective *in vivo* gene delivery vector," *Human Gene Therapy*, **25**, 3 (2014).

R. Higuchi, G. Dollinger, P. S. Walsh, R. Griffith, "Simultaneous amplification and detection of specific DNA sequences," *Biotechnology*, **10**, 413 (1992). リアル PCR に関する最初の記述．

C-J. Huang, H. Lin, X. Yang, "Industrial production of recombinant therapeutics in *Escherichia coli* and its recent advancements," *Journal of Industrial Microbiology and Biotechnology*, **39**, 383 (2012).

R. J. Kaufman, L. C. Wasley, A. J. Dorner, "Synthesis, processing, and secretion of recombinant human factor VIII expressed in mammalian cells," *Journal of Biological Chemistry*, **263**, 6352 (1988).

L-Y. Lee, S. B. Gelvin, "T-DNA binary vectors and systems," *Plant Physiology*, **146**, 325 (2008).

D. I. Păcurar, H. Thordal-Christensen, M. L. Păcurer, D. Pamfil, C. Botez, C. Bellini, "*Agrobacterium tumefaciens*: from crown gall tumors to genetic transformation," *Physiological and Molecular Plant Pathology*, **76**, 76 (2011).

R. K. Paleyanda, W. H. Velander, T. K. Lee et al., "Transgenic pigs produce functional human factor VIII in milk," *Nature Biotechnology*, **15**, 971 (1997).

S. A. Parent, C. M. Fenimore, K. A. Bostian, "Vector systems for the expression, analysis and cloning of DNA sequences in *S. cerevisiae*," *Yeast*, **1**, 83 (1985).

A. Pingoud, M. Fuxreiter, V. Pingoud, W. Wende, "Type II restriction endonucleases: structure and mechanism," *Cellular and Molecular Life Sciences*, **62**, 685 (2005).

M. Ronaghi, M. Uhlén, P. Nyrén, "A sequencing method based on real-time pyrophosphate," *Science*, **281**, 363 (1998). パイロシークエンス．

R. K. Saiki, D. H. Gelfand, S. Stoffel et al., "Primer-directed enzymatic amplification of DNA with a thermostable DNA polymerase," *Science*, **239**, 487 (1988). Taq ポリメラーゼによる PCR に関する最初の記述．

F. Sanger, S. Nicklen, A. R. Coulson, "DNA sequencing with chain-terminating inhibitors," *Proceedings of the National Academy of Sciences of the USA*, **74**, 5463 (1977).

H. O. Smith, K. W. Wilcox, "A restriction enzyme from *Haemophilus influenzae*," *Journal of Molecular Biology*, **51**, 379 (1970). 制限酵素の最初の詳細な解説の一つ．

E. L. van Dijk, H. Auger, Y. Jaszczyszyn, C. Thermes, "Ten years of next-generation sequencing technology," *Trends in Genetics*, **30**, 418 (2014).

J. Zhu, "Mammalian cell protein expression for biopharmaceutical production," *Biotechnology Advances*, **30**, 1158 (2012).

## ● 章末問題

### 四択問題

各質問に対して正しい答えは一つだけである．答えは化学同人HP：https://www.kagakudojin.co.jp/book/b378577.html にある．

1．S1 エンドヌクレアーゼの作用は何か？
  (a) 1本鎖および2本鎖 DNA ポリヌクレオチド鎖を切断する
  (b) 1本鎖および2本鎖の DNA および RNA ポリヌクレオチド鎖を切断する
  (c) 1本鎖 DNA ポリヌクレオチド鎖のみを切断する
  (d) 2本鎖 DNA ポリヌクレオチド鎖のみを切断する

2．RN アーゼ V1 の作用は何か？
  (a) 1本鎖および2本鎖 DNA ポリヌクレオチド鎖を切断する
  (b) 1本鎖および2本鎖の DNA および RNA ポリヌクレオチド鎖を切断する
  (c) 2本鎖 RNA ポリヌクレオチド鎖のみを切断する
  (d) 1本鎖 RNA ポリヌクレオチド鎖のみを切断する

3．どの制限酵素が 3′ 突出部を残すか？
  (a) *Hinf*I  (b) *Pvu*II  (c) *Bam*HI  (d) *Pst*II

4．どの制限酵素が平滑末端を残すか？
  (a) *Hinf*I  (b) *Pvu*II  (c) *Bam*HI  (d) *Pst*II

5．どの制限酵素が縮重認識配列をもつか？
  (a) *Hinf*I  (b) *Pvu*II  (c) *Bam*HI  (d) *Pst*II

6．どのようにして DNA リガーゼによる平滑末端のライゲーションの頻度を高くするか？
  (a) より多くの ATP を加える  (b) 温度を高くする
  (c) DNA 濃度を高くする  (d) 沈殿剤を加える

7．相補的 DNA はどの DNA ポリメラーゼによって合成されるか？
  (a) DNA ポリメラーゼ I  (b) Taq ポリメラーゼ
  (c) cDNA シンターゼ  (d) 逆転写酵素

8．PCR において，増幅される標的 DNA の領域は何によって定められているか？
  (a) DNA 合成に使われる時間の長さ
  (b) 短い産物と長い産物の割合
  (c) レポータープローブの独自性
  (d) プライマーのアニール部位

9. リアルタイム PCR に使われるレポータープローブに関する次の記述のうち，正しくないものはどれか？
   (a) 蛍光化学基がプローブの片側の末端に結合する
   (b) プローブが PCR 産物の一方の鎖と塩基対を形成できるように配列を設計する
   (c) オリゴヌクレオチドが溶液に含まれていないとき，蛍光を発する
   (d) PCR が進むにつれて蛍光の量が増える

10. DNA シークエンシングに使われるチェーンターミネーションヌクレオチドは何か？
    (a) 2′,3′-ジデオキシヌクレオチド
    (b) 3′,4′-ジデオキシヌクレオチド
    (c) 2′,4′-ジデオキシヌクレオチド
    (d) 2′,5′-ジデオキシヌクレオチド

11. 1 回のチェーンターミネーションシークエンシング実験でどのくらいの数のヌクレオチドが読まれるか？
    (a) 100 まで  (b) 1,000 まで  (c) 少なくとも 1,000
    (d) 5,000 を超える

12. 次の酵素のうち，パイロシークエンシングで使われないのはどれか？
    (a) ATP スルフリラーゼ  (b) DNA リガーゼ
    (c) ルシフェラーゼ  (d) ヌクレオチダーゼ

13. 次世代シークエンス法として使われないのはどれか？
    (a) ダイターミネーターヌクレオチド
    (b) 油-水エマルジョン
    (c) 超並列配列  (d) キャピラリーゲル電気泳動

14. pUC8 プラスミドに存在するアンピシリン耐性を示す酵素の遺伝子はどれか？
    (a) β-ガラクトシダーゼ  (b) β-ラクタマーゼ
    (c) オロチジン 5′-リン酸デカルボキシラーゼ
    (d) lacZ′ 遺伝子

15. pUC8 を使ったとき，組換えプラスミドをもった細菌はどのように認識されるか？
    (a) アンピシリン感受性，ラクトースを代謝できる
    (b) アンピシリン耐性，ラクトースを代謝できる
    (c) アンピシリン感受性，ラクトースを代謝できない
    (d) アンピシリン耐性，ラクトースを代謝できない

16. 酵母のベクターを染色体 DNA に挿入する過程を何とよぶか？
    (a) エピソーム転写  (b) 相同組換え
    (c) 非相同組換え  (d) 形質転換

17. Ti プラスミドはどの生体の遺伝子のクローン化に使われるか？
    (a) 酵母  (b) 植物  (c) 昆虫  (d) 動物細胞

18. 組換えタンパク質産生に使われるベクターは何とよばれるか？
    (a) 組込みプラスミド  (b) Ti ベクター  (c) 発現ベクター
    (d) エピソーム

19. なぜ組換えタンパク質を大腸菌でつくるときに高い転写効率が望めないのか？
    (a) 基質が急速に消費されるから
    (b) つくられたタンパク質はヒトで使うには安全といえないから
    (c) 高い転写レベルはプラスミドの複製を干渉するから
    (d) 細菌が変異するから

20. 組換えタンパク質産生に使うラクトースオペロンの発現を誘導するものは何か？
    (a) アロラクトース  (b) ラクトース
    (c) 5-ブロモ-4-クロロ-3-インドール-β-D-ガラクトピラノシド
    (d) イソプロピル-β-D-チオガラクトシダーゼ

21. 大腸菌で蓄積する組換えタンパク質で中途半端に折りたたまれた凝集体をなんというか？
    (a) 封入体  (b) 斑点  (c) タンパク質結晶  (d) 集積点

22. 大腸菌に動物遺伝子をクローン化して組換えタンパク質を産生するのに cDNA を用いるのはなぜか？
    (a) 比較的短いので，より短時間で転写できるから
    (b) グリコシル化を阻害しないから
    (c) 培地への誘導剤の添加により発現を制御できるから
    (d) イントロンがないから

23. 組換えタンパク質産生にピキア酵母が使われるとき，アルコーオキシダーゼプロモーターの誘導に使われる化学物質は何か？
    (a) メタノール  (b) エタノール  (c) ブタノール
    (d) アセトン

24. ブタの乳房組織で第Ⅷ因子の合成を活発にする遺伝子由来のプロモーターは何か？
    (a) トリの β-アクチン  (b) SV40 ウイルス
    (c) ガラクトースエピメラーゼ  (d) 乳清酸性タンパク質

### 記述式問題
これらの質問の答えは本文中に記載されている．

1. DNA および RNA を切断できるヌクレアーゼの違いを図で示せ．
2. 制限酵素の重要な特徴を例示しながら記述せよ．
3. DNA および RNA の研究に使われるさまざまな種類の DNA ポリメラーゼの役割について概要を述べよ．
4. PCR 中に起こっている反応を長い産物と短い産物の合成の違いに注意しながら，図で示せ．リアルタイム PCR を行うためのどんな方法が追加されたか？
5. DNA シークエンスのジデオキシチェーンターミネーション法を示せ．
6. パイロシークエンスとダイターミネーター法が次世代シークエンスにどのように使われるかを説明せよ．
7. 遺伝子のクローニングがどのように行われるのか，概略図を描いて説明せよ．
8. 大腸菌を用いた動物遺伝子のクローン化において，pUC8 がどのように用いられるのかを詳しく述べよ．
9. (A) 出芽酵母，(B) 植物，(C) 動物のそれぞれの細胞に用いられる，クローニングベクターの重要な特徴を述べよ．
10. 組換えタンパク質の合成の際，宿主に大腸菌を用いるのが常に最適であるとはかぎらないのはなぜか？ また，その際に代わりに用いられるものを述べよ．

## 自習用問題

次の質問に答えるためには，自分で計算してみたり，ほかの文献を読んでみたり，あるいはインターネットで調べる必要がある．

1. 長さ 48.5 kb の直鎖状 DNA について，一つまたは複数の制限酵素で処理を行った．生じた断片の数と長さを次の表に示す．

   | 酵 素 | 断片の数 | 断片の長さ（kb） |
   | --- | --- | --- |
   | *Xba*I | 2 | 24.0, 24.5 |
   | *Xho*I | 2 | 15.0, 33.5 |
   | *Kpn*I | 3 | 1.5, 17.0, 30.0 |
   | *Xba*I + *Xho*I | 3 | 9.0, 15.0, 24.5 |
   | *Xba*I + *Kpn*I | 4 | 1.5, 5.0, 17.0, 24.0 |

   以上の情報から，三つの制限酵素の切断部位を推測せよ．上記の情報のみでは切断部位を確定することのできない制限酵素が存在する場合は，"制限酵素地図"を完成させるのにどのような追加情報が必要かを述べよ．

2. PCR において，20，25，30 サイクル後のそれぞれの短い産物，長い産物の存在量を計算せよ．

3. 長さ 155 bp の DNA を無造作に切断した断片について考える．それぞれの断片の配列は重なり合っている．シークエンスの"読み取り"の結果を次に示す．
   CATGCGCCGATCGAGCGAGC
   GCGAGCATCTACTACGTACGTA
   CATCGATGCTACTACGTACAGGC
   GATGCTACGATGCTGCATGCG
   GTACAGGCATGCGCCGATCGAG
   CGAGCACTACGATCGATCATCG
   TACGTACGTAGCATGCATCGT
   CATGCGCCGATCGAGCGAG
   ATCGATGCATCGATGCTAC
   TACGTAGCATCTACGTACGTAG

   断片どうしの重なり合った配列から推測して，もとの DNA の配列を得ることはできるだろうか？ もしできないのであれば，それはどのような問題点によるもので，どのようにして解決できるかを述べよ．[この例においてもとの DNA やその断片はとても短いにもかかわらず，この問題は真核生物の長い DNA（> 100 kb）とその断片（> 1000 bp）を取り扱った際に起こる問題を再現している点に着目しよう．]

4. pUC8 を用いて DNA をクローンニングしたとき，組換え細菌（挿入された DNA 断片を含む環状 pUC8 分子をもつもの）はアンピシリン，またはラクトースの相同体である X-gal を含む寒天培地上にまくことで見分けることができる．旧式のクローニングベクターである pBR322 もアンピシリン耐性遺伝子をもつが，*lacZ'* 遺伝子はもたない．その代わりに，pBR322 はテトラサイクリン耐性をもつが，今回のクローニングにおいて DNA はテトラサイクリン耐性遺伝子中に挿入されている．組み換え pBR322 をもつ細菌と，新たに DNA が挿入されずに環化した pBR322 をもつ細菌を見分ける手順を説明せよ．

5. ファーミングの発展に伴って進化していくタンパク質の組換えの手段について，考えられる倫理的な問題点を議論せよ．

# 用語集

## 数字

**0型キャップ構造**（type 0 cap）：mRNA の 5′末端に結合した 7-メチルグアノシンからなる基本的なキャップ構造.

**1型キャップ構造**（type 1 cap）：基本的な 5′末端キャップと二つ目のヌクレオチドのリボースにもう一つのメチル化を含むキャップ構造.

**1分子リアルタイムシークエンシング**（single molecule real-time sequencing）：進化した光学系を用いて個々のヌクレオチドが成長ポリヌクレオチドへ付加するのを観察する，第3世代DNAシークエンシング法.

**1本鎖DNA結合タンパク質**（single strand DNA binding protein, SSB）：複製フォークの領域内の1本鎖DNAに結合し，複製される前に両親鎖間に塩基対を形成するのを阻害するタンパク質の一つ.

**2 μm サークル**（2 μm circle）：酵母 Saccharomyces cerevisiae で見つかったプラスミドで，クローニングベクターの基本として用いられる.

**2型キャップ構造**（type 2 cap）：基本的な 5′末端キャップと二つ目および三つ目のヌクレオチドのリボースにメチル基をもつキャップ構造.

**3′スプライス部位**（3 splice site）：イントロンの 3′末端にあるスプライス部位.

**3′-非翻訳領域**（3′-untranslated region）：mRNA の終止コドンの下流にあるタンパク質に翻訳されない領域.

**3′末端**（3′ terminus）または **3′-OH末端**（3′-OH terminus）：糖の 3′位の炭素に結合しているヒドロキシ基で終わるポリヌクレオチドの末端.

**5′スプライス部位**（5′ splice site）：イントロンの 5′末端にあるスプライス部位.

**5′-非翻訳領域**（5′-untranslated region）：mRNA の開始コドンの上流にあるタンパク質に翻訳されない領域.

**5′末端**（5′ terminus）または **5′-P末端**（5′-P terminus）：糖の 5′位の炭素に結合している一リン酸，二リン酸，または三リン酸基で終わるポリヌクレオチドの末端.

**(6-4)傷害**〔(6-4) lesion〕：紫外線照射により生成される，ポリヌクレオチド中の二つの隣接するピリミジンが結合した二量体.

**(6-4)光産物フォトリアーゼ**〔(6-4) photoproduct photolyase〕：光回復によって DNA 修復に関与する酵素.

**7回膜貫通ヘリックス**（seven-transmembrane-helix）または **7TMタンパク質**（7TM protein）：膜を貫通する α ヘリックスを七つもつタンパク質の一種で，例としてグルカゴン受容体タンパク質があげられる.

**30 nm 繊維**（30 nm fiber）：直径が約 30 nm の繊維状のヌクレオソームのらせん配列からなる比較的コンパクトでないクロマチン.

**I型DNAトポイソメラーゼ**（type I DNA topoisomerase）：2本鎖 DNA 中で 1 本鎖切断を行う DNA トポイソメラーゼ.

**I型膜タンパク質**（type I membrane protein）：1 回膜を貫通する内在性膜タンパク質（N 末端が細胞質，C 末端が内腔）.

**IIA$^{Glc}$**：グルコースが取り込まれると脱リン酸化され，供給可能なグルコース量と細胞中の cAMP レベルとの関係を結びつける細菌の膜結合タンパク質.

**II型DNAトポイソメラーゼ**（type II DNA topoisomerase）：2本鎖 DNA 中で 2 本鎖切断を行う DNA トポイソメラーゼ.

**II型膜タンパク質**（type II membrane protein）：1 回膜を貫通する内在性膜タンパク質（N 末端が内腔，C 末端が細胞質）.

**III型膜タンパク質**（type III membrane protein）：1 回以上膜を貫通する内在性膜タンパク質.

## 欧文

**α-アミラーゼ**（α-amylase）：三つ以上のグルコース単位を含む多糖類中の α(1→4) 結合を加水分解する唾液中に存在する酵素.

**α(1→6)グルコシダーゼ**〔α(1→6) glucosidase〕：グリコーゲンなどの分枝状多糖中の α(1→6) グリコシド結合を加水分解する酵素.

**α-ケトグルタル酸デヒドロゲナーゼ**（α-ketoglutarate dehydrogenase）：TCA 回路のなか（ステップ 4）で，α-ケトグルタル酸をスクシニル CoA に変換する酵素.

**αヘリックス**（α-helix）：タンパク質二次構造の一つ.

**ααモチーフ**（αα motif）：二つの α ヘリックスが逆平行方向に並んで，それらの側鎖が互いに絡み合っているタンパク質モチーフ.

**βアドレナリン受容体**（β-adrenergic receptor）：エピネフリンの細胞表面受容体タンパク質.

**βαβループ**（βαβ loop）：α ヘリックスをはさんだ β シートの 2 本の平行な鎖からなるタンパク質モチーフ.

**β-ガラクトシダーゼ**（β-galactosidase）：ラクトースをグルコースとガラクトースに分解する酵素.

**β-ガラクトシドトランスアセチラーゼ**（β-galactoside transacetylase）：アセチル CoA から β-ガラクトシドへアセチル基を転移する酵素.

**β-カロテン**（β-carotene）：植物中に見いだされる集光性色素.

**β-N-グリコシド結合**（β-N-glycosidic bond）：ヌクレオチド中の塩基と糖のあいだの結合.

**β-ケトアシル-ACP レダクターゼ**（β-ketoacyl-ACP reductase）：脂肪酸合成経路のなか（ステップ 2）で，アセトアセチル ACP を D-3-ヒドロキシブチリル ACP に変換する酵素.

**β-ケトチオラーゼ**（β-ketothiolase）：脂肪酸分解経路のなか（ステップ 4）で，3-ケトアシル CoA をアシル CoA とアセチル CoA に変換する酵素.

**β酸化**（β-oxidation）：脂肪酸の分解経路.

**βシート**（β-sheet）：タンパク質の一般的な二次構造の一つ.

**βラクタマーゼ**（β-lactamase）：多くのクローニングベクターの選択マーカーとして使用される，アンピシリン耐性を付与する遺伝子.

**ADP-グルコース**（ADP-glucose）：グルコースの活性化型.

**ALA シンターゼ**（ALA synthase）：テトラピロール合成中にグリシンおよびスクシニル CoA を δ-アミノレブリン酸（ALA）に変換する酵素.

**ALA デヒドラターゼ**（ALA dehydratase）：テトラピロール合成中に二つの δ-アミノレブリン酸をポルフォビリノーゲンの一つに変換する酵素.

**ALDP**：長鎖脂肪酸を分解する前にペルオキシソームに輸送する膜タンパク質.

**AMP 活性化プロテインキナーゼ**（AMP-activated protein kinase）：脂肪酸合成を制御する調節過程の一部としてアセチル CoA カル

ボキシラーゼをリン酸化して不活性化する酵素.

**AP エンドヌクレアーゼ**（AP endonuclease）：塩基除去修復に関与する酵素.

**AP 部位**（AP site）：ヌクレオチドの塩基成分が欠失している DNA 中の位置.

**ATP 結合カセット輸送体**〔ATP-binding cassette（ABC）transporter〕：膜を横切ってさまざまな小分子を輸送する P 型ポンプのグループ.

**ATP スルフリラーゼ**（ATP sulfurylase）：アデノシン $5'$-ホスホ硫酸にピロリン酸を付加して ATP を合成する酵素.

**AT に富む**（AT rich）：アデニン-チミン塩基対の割合が高い DNA 配列.

**A 型**（A-form）：存在するが細胞の DNA では一般的でない, 二重らせんの構造的立体配座.

**B 型**（B-form）：生細胞における DNA 二重らせんの最も一般的な立体配座.

**$C_3$ 植物**（$C_3$ plants）：ルビスコが最初の炭素固定を行う際に, 三炭素化合物の 3-ホスホグリセリン酸を生成する植物種.

**$C_4$ 植物**（$C_4$ plants）：二酸化炭素を四炭素化合物のオキサロ酢酸として最初に固定することからこうよばれる. 維管束鞘細胞を構成する特殊な組織においてカルビン回路反応を実行する植物のグループ.

**cAMP**：$5'$ 炭素および $3'$ 炭素をつなぐ分子内ホスホジエステル結合をもつ AMP の修飾様式.

**cAMP 応答因子結合タンパク質**〔cAMP response element binding (CREB) protein〕：細胞内の cAMP レベルに応答して標的遺伝子の発現レベルを調節するタンパク質.

**cAMP 応答配列**（cAMP response element, CRE）：真核生物タンパク質コーディング遺伝子の上流にある, CREB タンパク質の結合部位.

**CAM 植物**（CAM plants）：夜間に二酸化炭素をリンゴ酸として固定し, 日中カルビン回路の反応を行う, 典型的な植物種のグループ.

**cDNA 合成**（cDNA synthesis）：RNA を 1 本鎖 DNA または 2 本鎖 DNA への変換.

**cGMP**：$5'$ 炭素と $3'$ 炭素をつなぐ分子内ホスホジエステル結合をもつ GMP.

**COOH-末端**（COOH- terminus）または **C 末端**（C terminus）：遊離のカルボキシル基をもつポリペプチドの末端.

**$CoQH_2$-シトクロム $c$ レダクターゼ複合体**（$CoQH_2$-cytochrome $c$ reductase complex）：電子伝達系の複合体Ⅲ.

**$Cys_2His_2$ 構造**（$Cys_2His_2$ structure）：ジンクフィンガー DNA 結合ドメインの一種.

**C 末端ドメイン**（C-terminal domain, CTD）：ポリメラーゼの活性に重要な, RNA ポリメラーゼⅡの大サブユニットの一部.

**DAHP シンターゼ**（DAHP synthase）：ホスホエノールピルビン酸およびエリスロース 4-リン酸を DAHP に変換する酵素で, 経路のなかの決定段階でコリスミ酸を生じる.

**DNA**：デオキシリボ核酸. 細胞内の核酸の一つで, すべての細胞生命体および多くのウイルスにとっての遺伝物質.

**DnaA タンパク質**（DnaA protein）：細菌の複製起点に結合し, この領域の塩基対を壊す手助けをするタンパク質.

**DNA アデニンメチラーゼ**（DNA adenine methylase, Dam）：DNA のメチル化に関与する酵素.

**DNA 依存性 DNA ポリメラーゼ**（DNA-dependent DNA polymerase）：鋳型 DNA の DNA コピーを合成する酵素.

**DNA 依存性 RNA ポリメラーゼ**（DNA-dependent RNA polymerase）：鋳型 DNA の RNA コピーを合成する酵素.

**DNA グリコシラーゼ**（DNA glycosylase）：塩基切除およびミスマッチ修復過程の一部として, ヌクレオチドの塩基と糖間の $\beta$-$N$-グリコシド結合を切断する酵素.

**DNA クローニング**（DNA cloning）：クローニングベクターへの DNA 断片の挿入, およびそれに続く宿主生物における組換え DNA の増殖.

**DNA シークエンシング**（DNA sequencing）：DNA 中のヌクレオチドの順序を決定する技術.

**DNA シトシンメチラーゼ**（DNA cytosine methylase, Dcm）：DNA のメチル化に関与する酵素.

**DNA シャッフリング**（DNA shuffling）：PCR を用いて DNA 配列をある方向に進化させる手法.

**DNA 修復**（DNA repair）：複製エラーおよび突然変異誘発剤により生じる突然変異を修正する生化学的過程.

**DNA トポイソメラーゼ**（DNA topoisomerase）：一方または両方のポリヌクレオチドの切断や再結合によって二重らせんからターンを導入または除去する酵素.

**DNA フォトリアーゼ**（DNA photolyase）：光活性化修復にかかわる細菌酵素.

**DNA ポリメラーゼ**（DNA polymerase）：DNA を合成する酵素.

**DNA ポリメラーゼⅠ**（DNA polymerase Ⅰ）：ゲノム複製中に岡崎フラグメントを合成し, またある種の DNA 修復に関与する細菌酵素.

**DNA ポリメラーゼⅢ**（DNA polymerase Ⅲ）：細菌のおもな DNA 複製酵素.

**DNA ポリメラーゼ $\alpha$**（DNA polymerase $\alpha$）：真核生物において DNA 複製を開始する酵素.

**DNA ポリメラーゼ $\beta$**（DNA polymerase $\beta$）：真核生物におけるある種の DNA 修復にかかわる酵素.

**DNA ポリメラーゼ $\gamma$**（DNA polymerase $\gamma$）：ミトコンドリアの DNA を複製する酵素.

**DNA ポリメラーゼ $\delta$**（DNA polymerase $\delta$）：真核生物における DNA のラギング鎖の複製を担う酵素.

**DNA ポリメラーゼ $\varepsilon$**（DNA polymerase $\varepsilon$）：真核生物における DNA のラギング鎖の複製を担う酵素.

**DNA リガーゼ**（DNA ligase）：DNA 複製, 修復, および組換え過程においてホスホジエステル結合を合成する酵素.

**D ループ**（D loop）：DNA 二重らせんに, 別の 1 本鎖 DNA または RNA が入ってきて二重らせんの DNA のどちらかと塩基対をつくる構造.

**EC 番号**（EC number）：国際生化学・分子生物学連合（International Biochemistry and Molecular Biology）が定める命名法に従って, 酵素の活性を説明する 4 桁の数字.

**ELISA**（酵素結合免疫吸着測定法, enzyme-linked immunosorbent assay）：酵素活性を利用した免疫測定法.

**FEN1**：真核生物のラギング鎖の複製にかかわるフラップエンドヌクレアーゼ.

**$F_0F_1$ ATP アーゼ**（$F_0F_1$ ATPase）：ミトコンドリア内膜にあり, 膜内外の電気化学的ポテンシャルを利用して ATP を合成する多量体タンパク質.

**GroEL/GroES 複合体**（GroEL/GroES complex）：シャペロニンの一種.

**GU–AG イントロン**（GU–AG intron）：真核生物の遺伝子におけるイントロンの最も一般的な種類. イントロンの最初の二つのヌクレオチドは $5'$–GU–$3'$ であり, 最後の二つは $5'$–AG–$3'$.

**G タンパク質**（G protein）：GDP または GTP の分子のいずれかを結合する小さなタンパク質で, 一般的に GDP から GTP に置き換わると, そのタンパク質が活性化される.

Gタンパク質共役型受容体（G-protein coupled receptor）：細胞外シグナルに応答して細胞内Gタンパク質を活性化する細胞表面受容体タンパク質.

HMG CoA レダクターゼ（HMG CoA reductase）：コレステロール合成経路中でHMG CoA分子をメバロン酸に変換する酵素.

Hsp70 タンパク質（Hsp70 protein）：タンパク質の折りたたみを助けるために，タンパク質の疎水性領域に結合するタンパク質.

IRES トランス作用因子（IRES trans-acting factor, ITAF）：さまざまな機能をもつRNA結合タンパク質．ウイルス感染時に内部リボソーム進入部位においてタンパク質合成開始を助ける役割などをもつ.

KDEL 配列（KDEL sequence）：小胞体内腔にタンパク質を戻すための挿入配列.

kJ mol$^{-1}$（kilojoules per mole）：SI単位における物質量あたりのエネルギー量.

MAP キナーゼ経路（MAP kinase system）：シグナル伝達経路の一種.

mRNA サーベイランス（mRNA surveillance）：真核生物におけるRNA分解過程.

mRNA 前駆体（pre-mRNA）：真核生物mRNAのスプライシングされていない型.

MutH：細菌のミスマッチ修復系の構成成分.

MutS：細菌のミスマッチ修復系の構成成分.

Na$^+$/Ca$^{2+}$ 交換タンパク質（Na$^+$/Ca$^{2+}$ exchange protein）：細胞からのCa$^{2+}$イオンの排出にかかわる対向輸送体.

NADH-CoQ レダクターゼ複合体（NADH-CoQ reductase complex）：電子伝達系の複合体I.

NADH-シトクロム $b_5$ レダクターゼ（NADH-cytochrome $b_5$ reductase）：脂肪酸合成中に二重結合を炭化水素鎖に導入する酵素複合体の一部.

NADP-リンゴ酸酵素（NADP-linked malate enzyme）：C$_4$植物の維管束鞘細胞でリンゴ酸をピルビン酸と二酸化炭素に変換する酵素.

NADP-リンゴ酸デヒドロゲナーゼ（NADP-linked malate dehydrogenase）：C$_4$およびCAM植物においてオキサロ酢酸をリンゴ酸に変換する酵素.

NADP$^+$ レダクターゼ（NADP reductase）：NADP$^+$をNADPHに変換する酵素．光合成電子伝達系の構成成分.

Na$^+$/K$^+$ ATPアーゼ（Na$^+$/K$^+$ ATPase）：哺乳動物細胞内の高カリウムおよび低ナトリウムイオン濃度を維持するためのP型ポンプ.

Na$^+$/グルコース共輸送体（Na$^+$/glucose transporter）：腸細胞によるグルコース摂取にかかわる共輸送体.

NH$_2$ 末端（NH$_2$-terminus）またはN末端（N terminus）：遊離アミノ酸をもつポリペプチドの末端.

N型糖鎖修飾（N-linked glycosylation）：ポリペプチド中のアスパラギンへの糖鎖の結合.

O型糖鎖修飾（O-linked glycosylation）：ポリペプチド中のセリンまたはトレオニンへの糖鎖の結合.

O-グリコシド結合（O-glycosidic bond）：二糖，オリゴ糖，または多糖中の単糖どうしの結合.

P680：光化学系IIの反応中心.

P700：光化学系Iの反応中心.

PARP1：DNAの1本鎖切断の修復を行う保護用1本鎖結合タンパク質.

PEST 配列（PEST sequence）：プロリン，グルタミン酸，セリン，およびトレオニンが存在するアミノ酸配列で，タンパク質の分解を引き起こす.

pH：溶液のヒドロニウムイオン濃度の逆数.

pI：等電点．分子が正味の電荷をもたないときのpH.

p$K_a$：ある分子中でイオン化可能な化学基の帯電型および非帯電型が同数存在するときのpH.

P型ポンプ（P-type pump）：ATPの加水分解によって放出されたリン酸塩と一時的な結合を形成するATP依存性輸送タンパク質.

Rho：ある種の細菌遺伝子の転写終結にかかわるタンパク質.

Rho 依存性終結（Rho dependent terminator）：Rhoの関与により転写の終結が起こる細菌DNAの位置.

RNA：リボ核酸．細胞の核酸の一つで，いくつかのウイルスの遺伝物質.

RNアーゼ E：mRNAの分解にかかわるデグラドソームの構成成分.

RNA 依存性 DNA ポリメラーゼ（RNA-dependent DNA polymerase）：RNAを鋳型にしてDNAコピーをつくる逆転写酵素.

RNA 酵素（RNA enzyme）：触媒活性をもつRNA.

RNA ヘリカーゼ B（RNA helicase B）：mRNAの分解にかかわるデグラドソームの構成成分.

RNA ポリメラーゼ（RNA polymerase）：RNA合成酵素.

RNA ポリメラーゼ II（RNA polymerase II）：タンパク質をコードする遺伝子，およびほとんどのsnRNA遺伝子およびmiRNA遺伝子を転写する真核生物RNAポリメラーゼ.

RNA 誘導サイレンシング複合体（RNA-induced silencing complex, RISC）：標的mRNAを切断して不活性化する，真核生物におけるタンパク質-RNA複合体.

RNA ワールド（RNA world）：RNAを中心とした進化の初期段階.

rRNA 前駆体（pre-rRNA）：rRNAを特定する遺伝子または遺伝子群の一次転写物.

R基（R group）：アミノ酸の構造における可変基（側鎖）.

SDS-ポリアクリルアミドゲル電気泳動（SDS-polyacrylamide gel electrophoresis, SDS-PAGE）：分子量に従ってポリペプチドを分離するために使用される，ドデシル硫酸ナトリウム（SDS）を含有するポリアクリルアミドゲル中での電気泳動.

SRP 受容体（SRP receptor）：タンパク質の小胞体への輸送を助ける小胞体表面に局在するタンパク質.

STAT（signal transducers and activators of transcription）：細胞外シグナル伝達化合物の細胞表面受容体への結合によって転写を活性化するタンパク質の一種.

Taq ポリメラーゼ（Taq polymerase）：PCRに使用される熱安定性DNAポリメラーゼ.

TATA 結合タンパク質（TATA-binding protein, TBP）：RNAポリメラーゼIIのプロモーター配列のTATAボックス認識部位．転写因子TFIIDの構成成分.

TATA ボックス（TATA box）：RNAポリメラーゼIIのコアプロモーターの配列.

TBP 関連因子（TBP-associated factor, TAF）：TATAボックスの認識で補助的役割を果たしている，転写因子TFIIDのいくつかの構成成分.

TIM（translocator inner membrane）：ミトコンドリア内膜を横切るタンパク質輸送体.

Ti プラスミド（Ti plasmid）：ある種の植物で根頭がん腫病を形成するアグロバクテリウム細胞中の大きなプラスミド.

TOM（translocator outer membrane）：ミトコンドリア外膜を横切るタンパク質輸送体.

tRNA 前駆体（pre-tRNA）：tRNAを特定する遺伝子または遺伝子群の一次転写物.

tRNA ヌクレオチジルトランスフェラーゼ（tRNA nucleotidyltransferase）：tRNAの3'末端へのトリプレット5'-CCA-3'の連結を担う酵素.

Tus タンパク質（terminator utilization substance protein）：細菌

の末端配列に結合し，DNA複製の終結を媒介するタンパク質．

**UDP-ガラクトース4-エピメラーゼ**（UDP-galactose 4-epimerase）：ガラクトース-グルコース相互変換経路のなか（ステップ3）で，UDP-ガラクトースをUDP-グルコースに変換する酵素．

**UDP-グルコースピロホスホリラーゼ**（UDP-glucose pyrophosphorylase）：スクロース合成中にグルコース1-リン酸をUDP-グルコースに変換する酵素．

$V_{max}$：酵素触媒反応の最大速度．

**X線回折**（X-ray diffraction）：結晶またはほかの規則正しい化学構造を通過する際に生じるX線の回折．

**X線回折法**（X-ray diffraction analysis）：大きな分子の三次構造を決定する手段としてのX線回折パターンの分析．

**X線回折パターン**（X-ray diffraction pattern）：結晶を通るX線の回折後に得られるパターン．

**X線結晶構造解析**（X-ray crystallography）：結晶またはほかの規則正しい化学構造を通過する際に生じるX線の回折に基づいて分子の構造を研究する方法．

**ZMW法**（zero-mode waveguide）：高機能の光学装置を用いて，ヌクレオチドの伸長を蛍光により検出する方法．

**Z型DNA**：二つのポリヌクレオチドが左巻きらせんになっているDNAの立体配座．

**Zスキーム**（Z scheme）：光合成電子伝達系において生じる酸化還元電位の変化を示すグラフ．

### あ

**アイソアクセプター tRNA**（isoaccepting tRNA）：同じアミノ酸をアミノアシル化する二つ以上のtRNA．

**アイソザイム**（isozyme）：同じ生化学反応を触媒する，密接に関連しているが異なる酵素．

**アガロース**（agarose）：D-ガラクトースと3,6-アンヒドロ-L-ガラクトピラノース単位を繰り返した多糖類で，水中で加熱してゲルを形成する．

**アクセプター部位**（acceptor site）：イントロンの3′末端にあるスプライス部位．

**アコニターゼ**（aconitase）：TCA回路のなか（ステップ2）でクエン酸をイソクエン酸に変換する酵素．

**亜硝酸レダクターゼ**（nitrite reductase）：亜硝酸塩をアンモニアに変換する酵素．

**アシルCoAシンテターゼ**（acyl CoA synthetase）：脂肪酸を分解する前に脂肪酸をアシルCoAに変換する酵素．

**アシルCoAデヒドロゲナーゼ**（acyl CoA dehydrogenase）：脂肪酸分解経路でアシルCoAを $trans$-$\Delta^2$-エノイルCoAに変換し，また不飽和脂肪酸の分解中に$\Delta^4$-ジエノイルCoAを$\Delta^{2,4}$-ジエノイルCoAに変換する酵素．

**アシルキャリヤータンパク質**（acyl carrier protein, ACP）：脂肪酸が合成される際にはたらく低分子量タンパク質．

**アシル-マロニルACP縮合酵素**（acyl-malonyl-ACP condensing enzyme）：脂肪酸合成経路のなか（ステップ1）で，アセチルACPとマロニルACPをアセトアセチルACPに変換する酵素．

**アスコルビン酸**（ascorbic acid）：ビタミンC．コラーゲン合成に関する酵素などいくつかの酵素に対する補因子．

**アスパラギナーゼ**（asparaginase）：アスパラギンをアスパラギン酸とアンモニアに変換して分解する酵素．

**アスパラギン酸-アルギニノコハク酸シャント**（aspartate-argininosuccinate shunt）：TCA回路と尿素回路間の接続．

**アスパラギン酸カルバモイルトランスフェラーゼ**（aspartate carbamoyl transferase）：ピリミジンおよびウラシルの新生合成中に，アスパラギン酸とカルバモイルリン酸を，直鎖状の中間体で

あるオロチン酸に変換する酵素．

**アスパラギン酸トランスアミナーゼ**（aspartate transaminase）：リンゴ酸アスパラギン酸シャトルの構成成分．

**アセチルCoA**（acetyl CoA）：ピルビン酸の分解における生成物で，TCA回路の基質となる．

**アセチルCoAカルボキシラーゼ**（acetyl CoA carboxylase）：脂肪酸合成のはじめにアセチルCoAをマロニルCoAに変換する酵素．

**$N$-アセチルグルタミン酸シンターゼ**（$N$-acetylglutamate synthase）：アセチルCoAとグルタミン酸から尿素回路の制御にかかわる$N$-アセチルグルタミン酸を合成する酵素．

**アセチルコリンエステラーゼ**（acetylcholinesterase）：神経細胞に存在するアセチルコリンを分解する酵素．

**アセチルトランスフェラーゼ**（acetyl transferase）：脂肪酸合成中にアセチルCoAからACPにアセチル基を転移する酵素．

**アセトアセチルCoA**（acetoacetyl CoA）：ステロール化合物およびケトン体合成の中間体．

**アカウキグサ属**（Azolla）：窒素固定を行う小さな水生シダ．

**アデニル酸キナーゼ**（adenylate kinase）：2分子のADPを，1分子のATPと1分子のAMPに変換する酵素．

**アデニン**（adenine）：DNAおよびRNA中のプリン塩基の一つ．

**アデノウイルス**（adenovirus）：動物ウイルスで，その修飾体は哺乳動物細胞における遺伝子のクローニングに使用されている．

**$S$-アデノシルメチオニン**（$S$-adenosyl methionine, SAM）：いくつかの生化学反応においてメチル基の供与体としてはたらく補因子．

**アデノシン5′-三リン酸**（adenosine 5′-triphosphate, ATP）：ヌクレオチドであり，(1) RNA合成のための基質の一つ，(2) エネルギー供与分子．

**アデノ随伴ウイルス**（adenovirus associated virus）：複製サイクルを完了するためにアデノウイルスによって合成されたタンパク質の一部を利用することから，アデノウイルスとは無関係であるが，同じ感染組織でしばしば見られるウイルス．

**アテローム性動脈硬化症**（atherosclerosis）：低密度リポタンパク質のコレステロールやほかの脂質が血管内皮下に沈着することによって促進されると考えられている，「動脈硬化」として一般に知られている疾患．

**あと戻り**（backtracking）：DNA鋳型鎖に沿ったRNAポリメラーゼの短距離の逆転．

**アドレナリン**（adrenaline）：エピネフリンの別名．

**アノマー**（anomer）：光学的性質がわずかに異なり，化学的に同じである二つ以上の化合物．

**アビジン**（avidin）：ビオチンに対して高い親和性をもち，ビオチン化プローブの検出システムに使用されるタンパク質．

**アポC-Ⅱ**（apoC-Ⅱ）：キロミクロンの表面上のタンパク質の一つで，リポタンパク質リパーゼの活性化作用をもつ．

**アポ酵素**（apoenzyme）：補因子の添加によって活性化できる不活性型酵素．

**アポタンパク質**（apoproteins）または**アポリポタンパク質**（apolipoprotein）：リポタンパク質のタンパク質成分．

**アミノアシル部位**（aminoacyl）または**A部位**（A site）：翻訳においてアミノアシルtRNAが結合するリボソーム上の部位．

**アミノアシルtRNAシンテターゼ**（aminoacyl tRNA-synthetase）：一つ以上のtRNAのアミノアシル化を触媒する酵素．

**アミノアシル化**（aminoacylation）：tRNAのアクセプターアームへのアミノ酸の結合．

**アミノ基転移**（transamination）：ある化合物から別の化合物へのアミノ基の移動．

**アミノ酸**（amino acid）：ポリペプチド中の単位モノマー．

アミノ末端（amino terminus）：遊離アミノ基をもつポリペプチドの末端.

アミラーゼ（amylase）：最初に発見された酵素で，デンプンの糖への分解を触媒する.

アミロース（amylose）：デンプンの成分で，α(1→4) グリコシド結合によって連結された D-グルコース単位の直鎖状ポリマー.

アミロプラスト（amyloplast）：植物中に貯蔵されたデンプンの合成部位である葉緑体に似た構造.

アミロペクチン（amylopectin）：デンプンの成分で，α(1→4) 鎖と α(1→6) 分岐点からなる分枝状ポリマー.

アルギナーゼ（arginase）：尿素回路のなか（ステップ5）で，アルギニンをオルニチンと尿素に変換する酵素.

アルギニノコハク酸シンテターゼ（argininosuccinate synthetase）：尿素回路のなか（ステップ3）で，シトルリンとアスパラギン酸をアルギニノコハク酸に変換する酵素.

アルギニノスクシナーゼ（argininosuccinase）：尿素回路のなか（ステップ4）で，アルギニノコハク酸をアルギニンとフマル酸に変換する酵素.

アルゴノート（argonaute）：RNA 誘導サイレンシング複合体中の mRNA を切断するエンドヌクレアーゼ.

アルコールデカルボキシラーゼ（alcohol decarboxylase）：アルコール発酵のなか（ステップ2）で，アセトアルデヒドをエタノールに変換する酵素.

アルコール発酵（alcoholic fermentation）：ピルビン酸からエタノールへの変換を含む，嫌気性条件下で NADH を再生するための生化学的経路.

アルデヒド（aldehyde）：官能基が−CHO 構造をもつ有機化合物.

アルドース（aldose）：末端炭素がホルミル基となっている糖.

アルドステロン（aldosterone）：血漿中のイオン含有量および血圧の制御に関与するステロイドホルモン.

アルドテトロース（aldotetrose）：四つの炭素原子をもつアルドース.

アルドトリオース（aldotriose）：三つの炭素原子をもつアルドース.

アルドヘキソース（aldohexose）：六つの炭素原子をもつアルドース.

アルドペントース（aldopentose）：五つの炭素原子をもつアルドース.

アルドラーゼ（aldolase）：解糖系のなか（ステップ4）で，フルクトース 1,6-ビスリン酸をグリセルアルデヒド 3-リン酸およびジヒドロキシアセトンリン酸に変換する酵素.

アロステリック酵素（allosteric enzyme）：アロステリックエフェクターが活性部位とは別の位置に結合することによって活性が調節される酵素.

アロステリック阻害（allosteric inhibition）：非競合的可逆的阻害.

アロステリック部位（allosteric site）：非競合的可逆的阻害剤の酵素上の結合部位.

アロラクトース（allolactose）：ラクトースオペロンの誘導物質.

アンチコドン（anticodon）：mRNA 中のコドンと塩基対を形成する tRNA 中の 34〜36 位のトリプレットヌクレオチド.

アンテナ複合体（antenna complex）：光エネルギーを取り込んで光合成の反応中心に導く光化学系の一部.

暗反応（dark reaction）：ATP と NADPH のエネルギーを利用して，二酸化炭素と水から炭水化物を合成する光合成の一部.

アンモニア排泄型（ammonotelic）：アンモニアを生息地の水中に排出する種.

イオノホア（ionophore）：プロトンを結合して膜を通過させる脂溶性化合物.

イオン（ion）：帯電した原子または分子.

イオン化（ionization）：無電荷の原子または分子に電荷をもたせること.

イオン交換クロマトグラフィー（ion exchange chromatography）：帯電したビーズを充填したカラムを用いて化合物を正味の電荷に応じて分離するクロマトグラフィーの一種.

異化（catabolism）：エネルギーを生みだすために化合物を分解する代謝反応の一部.

鋳型依存的 DNA 合成（template-dependent DNA synthesis）：鋳型の配列に従って DNA を合成すること.

維管束鞘細胞（bundle sheath cells）：$C_4$ 植物においてカルビン回路反応が起こる細胞.

イコサノイド（icosanoid）：ホルモン様活性をもつアラキドン酸由来の化合物.

異性化（isomerization）：分子内の原子の再配置.

異性体（isomer）：構造の異なる同じ化学組成をもつ分子群.

位相幾何学的（トポロジー）問題（topological problem）：DNA 複製が起こるため二重らせんを解く必要性および DNA の回転が引き起こすであろうという問題をいう.

イソクエン酸デヒドロゲナーゼ（isocitrate dehydrogenase）：TCA 回路のなか（ステップ3）で，イソクエン酸を α-ケトグルタル酸に変換する酵素.

イソクエン酸リアーゼ（isocitrate lyase）：グリオキシル酸回路で，イソクエン酸をコハク酸とグリオキシル酸に変換する酵素.

イソプレン（isoprene）：小さな炭化水素で，テルペンのモノマー単位.

イソペプチド結合（isopeptide bond）：タンパク質中のリシンの側鎖のアミノ基と，もう一つのタンパク質の C 末端のカルボキシ基とのあいだのアミド結合.

イソペンテニルピロリン酸（isopentenyl pyrophosphate）：ステロール化合物の合成中間体.

イソメラーゼ（isomerase）：分子内の原子を再配置させる酵素.

一次構造（primary structure）：ポリペプチド中のアミノ酸配列.

一次抗体（primary antibody）：間接 ELISA 法において抗原と結合する抗体.

一次生産者（primary producer）：光エネルギーまたは化学的エネルギーを利用して無機化合物を有機化合物に変換する生物.

一時的なデンプン合成〔transient (transitory) starch synthesis〕：葉緑体中に生じる短命デンプン分子の合成.

一次転写産物（primary transcript）：遺伝子または遺伝子群の転写における初期産物で，続くプロセシングにより成熟転写物となる.

一重項酸素（singlet oxygen）：$O^*$ で示される，過酸化水素のような活性酸素種を生じさせることができる励起状態の酸素.

遺伝暗号（genetic code）：トリプレットヌクレオチドがタンパク質合成中のアミノ酸をコードするという法則.

遺伝子間 DNA（intergenic DNA）：遺伝子を含まないゲノムの領域で，遺伝子と遺伝子の間のヌクレオチド配列.

遺伝子工学（genetic engineering）：新しい遺伝子または遺伝子の新しい組合せをもつ DNA を作製する実験技術.

遺伝子治療（gene therapy）：遺伝子またはほかの DNA 配列を疾患の治療を目的に使用する臨床的手法.

遺伝子発現（gene expression）：遺伝子中の生物学的情報が，細胞に利用可能になる一連の事象.

遺伝子プロファイル（genetic profile）：マイクロサテライト遺伝子座の範囲を対象とした PCR 産物を電気泳動して得られたバンドパターン．個々人特有の遺伝情報を含む.

移動相（mobile phase）：通常は化合物が溶解した液体または気化した気体を用いる，クロマトグラフィー装置の移動相.

糸に通したビーズ（beads-on-a-string）：DNA 鎖上のヌクレオソームビーズからなる，クロマチンのあまり凝集されていない形.

イノシトール 1,4,5-トリスリン酸〔inositol-1,4,5-trisphosphate,

Ins(1,4,5)P$_3$）：シグナル伝達経路のセカンドメッセンジャーの一つで，細胞内への Ca$^{2+}$ の流入を引き起こす．

イノシン（inosine）：アンチコドンのゆらぎ位置で見いだされるアデノシンの類縁体．

インスリン（insulin）：血流中のグルコース濃度を低下させる，膵臓で合成されるホルモン．

インスリン応答性プロテインキナーゼ（insulin-responsive protein kinase）：細胞外のインスリンレベルに応答してプロテインホスファターゼを活性化する肝臓細胞の酵素．

イントロン（intron）：遺伝子内の不連続な非コード領域．

インビトロ変異導入（in vitro mutagenesis）：DNA における所定の位置に特定の突然変異を起こさせるために使用される技術の一つ．

インポーティン（importin）：核膜孔複合体を介してほかのタンパク質が核内に移動するのを助けるタンパク質．

ウイルス（virus）：複製のために宿主細胞に寄生しなければならない，タンパク質および核酸からなる感染性粒子．

ウイルソイド（virusoid）：ヘルパーウイルスのカプシド内で細胞から細胞へと移動する代わりに，自身のカプシドタンパク質をコードしない約 320〜400 ヌクレオチド長の感染性 RNA．

ウイロイド（viroid）：遺伝子を含まず，決してカプシドに包まれることのない，240〜375 ヌクレオチド長の感染性の RNA．裸の RNA として細胞間に拡散されている．

ウラシル（uracil）：RNA 中に見いだされるピリミジン塩基の一つ．

ウレアーゼ（urease）：尿素を二酸化炭素とアンモニアへ変換する，最初に精製された酵素．

エキソサイトーシス（exocytosis）：分泌タンパク質の輸送過程．

エキソソーム複合体（exosome complex）：それぞれがリボヌクレアーゼ活性を示す六つのタンパク質からなる環状複合体で，三つの RNA 結合タンパク質が環の頂部に結合している．

エキソヌクレアーゼ（exonuclease）：核酸分子の一端または両端からヌクレオチドを加水分解する酵素．

エキソン（exon）：遺伝子内の不連続なコード領域．

エステル交換反応（transesterification）：エステルとアルコール間の反応の種類．

エストラジオール（estradiol）：女性の生殖周期の制御にかかわるステロイドホルモン．

エストロゲン（estrogen）：女性の性的発達を制御するステロイドホルモン．

エストロン（estrone）：女性の生殖周期の制御にかかわるステロイドホルモン．

エナンチオマー（enantiomer）：構造が互いに鏡像である異性体．

エネルギー共役（energy coupling）：エネルギーを生成する反応と吸熱反応とのカップリング．

エネルギー論（energetics）：化学反応中のエネルギー変換についての研究．

エノイル ACP レダクターゼ（enoyl-ACP reductase）：脂肪酸合成経路のなか（ステップ 4）で，クロトニル ACP をブチリル ACP に変換する酵素．

エノイル CoA ヒドラターゼ（enoyl CoA hydratase）：脂肪酸分解経路のなか（ステップ 2）で，trans-Δ$^2$-エノイル CoA を 3-ヒドロキシアセチル CoA に変換する酵素．

エノラーゼ（enolase）：解糖系のなか（ステップ 9）で，2-ホスホグリセリン酸をホスホエノールピルビン酸に変換する酵素．

エピトープ（epitope）：抗体によって認識される抗原表面の特徴．

エピネフリン（epinephrine）："闘争か逃走" 反応の一部としてさまざまな細胞活性を制御する副腎で生産されるホルモン（アドレナリンともよばれる）．

エピマー（epimer）：複数の不斉炭素のうち，一つのみが構造的に異なるジアステレオマー．

エフェクター（effector）：酵素に結合し，その酵素の活性を調節する小分子．

エレクトロスプレーイオン化（electrospray ionization）：不安定な脂質の質量分析において使用される穏やかなイオン化法．

塩基（base）：溶液のヒドロニウムイオン濃度を低下させる化合物．また，ヌクレオチドのプリンまたはピリミジンにも使う．

塩基除去修復（base excision repair）：異常な塩基の切除および置換を伴う DNA 修復過程．

塩基対（base pair）：二つの相補的なヌクレオチドによって形成される水素結合の構造．1 塩基対(bp)は 2 本鎖 DNA の最短単位長．

塩基対形成（base pairing）：塩基対による，あるポリヌクレオチドと別のポリヌクレオチドの結合，または一つのポリヌクレオチド内の二つの領域の結合．

塩基の積み重なり（スタッキング）（base stacking）：2 本鎖 DNA 中の隣接する塩基対間に生じる疎水性相互作用．

エンテロペプチダーゼ（enteropeptidase）：トリプシノーゲンをトリプシンに，キモトリプシノーゲンをキモトリプシンに変換するプロテアーゼ．

エンドヌクレアーゼ（endonuclease）：核酸分子内のホスホジエステル結合を切断する酵素．

エントロピー（entropy）：系の乱雑さを表す尺度．

円二色性（circular dichroism）：分子の構造情報を得るための基本的な手法として用いられる，時計回りや反時計回りの偏光の差分吸収．

塩濃度勾配（salt gradient）：イオン交換クロマトグラフィー中の正味の電荷に従って化合物を溶出するために使用される，移動相の徐々に増大する塩濃度．

円偏光（circularly polarized light）：円形軌道に従う電場における光．

黄体ホルモン（progesterone）：ステロイドホルモンの一群．

岡崎フラグメント（Okazaki fragment）：二重らせんのラギング鎖の複製中に，RNA をプライマーとして合成される短い断片の DNA 鎖．

オキサロ酢酸（oxaloacetate）：TCA 回路の基質であり生成物である四炭素ジカルボン酸．

オキシドレダクターゼ（酸化還元酵素，oxidoreductase）：酸化反応または還元反応を触媒する酵素．

オクタロニー法（Ouchterlony technique）：アガロースゲルを用いた免疫測定法．

オープンリーディングフレーム（open reading frame）：開始コドンではじまり，終止コドンで終わる一連のコドン．タンパク質に翻訳されるタンパク質コード遺伝子を含む．

オペレーター（operator）：リプレッサータンパク質が結合して遺伝子またはオペロンの転写を妨げるヌクレオチド配列．

オメガ系（omega system）：脂肪酸の命名規則．

オリゴ糖（oligosaccharide）：短い糖鎖構造の化合物．

オリゴペプチド（oligopeptide）：短いアミノ酸のポリマー．

オルニチン（ornithine）：尿素回路およびグルタミン酸からアルギニンを合成する過程における中間体．

オルニチンカルバモイルトランスフェラーゼ（ornithine carbamoyl transferase）：尿素回路のなか（ステップ 2）で，カルバモイルリン酸およびオルニチンをシトルリンに変換する酵素．

介在配列（intervening sequence）：イントロン．

開始因子（initiation factor）：翻訳の開始時に補助的な役割を果た

すタンパク質.

**開始コドン**（initiation codon）：遺伝子のコード領域の開始点に見いだされるコドンで，通常は 5′−AUG−3′.

**開始配列**〔initiator（Inr）sequence〕：RNA ポリメラーゼⅡコアプロモーターの成分.

**開始複合体**（initiation complex）：転写を開始するタンパク質の複合体．また，翻訳を開始する複合体.

**開始前複合体**（pre-initiation complex）：タンパク質合成中，mRNA と最初に結合する．リボソームの小サブユニット，開始 tRNA，および補助因子からなる構造物.

**開始領域**（initiation region）：明確に位置が確定されていないが複製を開始する真核生物の染色体 DNA の領域.

**解糖系**（glycolysis）：1 分子のグルコースから 2 分子のピルビン酸へ分解することによってエネルギーを生成する異化経路.

**開放型プロモーター複合体**（open promoter complex）：2 本鎖 DNA の塩基対が開かれたあと，プロモーターに結合した RNA ポリメラーゼおよび/または補助タンパク質からなる転写開始複合体.

**界面活性剤**（detergent）：脂質二重層を破壊できる，疎水性尾部および強い親水性頭部基をもつ脂肪酸誘導体などの界面活性をもった化合物群.

**化学シフト**（chemical shift）：核の近傍にある電子の存在を表す核の共鳴周波数の変化.

**化学浸透圧説**（chemiosmotic theory）：プロトンがミトコンドリア内膜を通過することにより ATP 合成が駆動するという理論.

**化学量論**（stoichiometry）：化学反応において，生成されたそれぞれの生成物の分子数との比較に用いられる，それぞれの反応物の分子数.

**鍵と鍵穴モデル**（lock and key model）：酵素はその表面に，形状が基質の形状と一致する結合ポケットをもっているとする酵素活性のモデル.

**可逆的阻害剤**（reversible inhibitor）：酵素の活性に非永久的効果をもつ阻害剤.

**核**（nucleus）：染色体が含まれる真核細胞の膜をもつ構造体.

**核移行（局在）シグナル**（nuclear localization signal）：タンパク質を核に輸送する 6 〜 20 アミノ酸配列.

**核酸**（nucleic acid）：真核細胞の核から単離された酸性化合物を記述するため用いられた最初の用語．いまでは DNA および RNA のようなヌクレオチドからなる高分子を表すために使用される.

**核磁気共鳴分光法**〔nuclear magnetic resonance（NMR）spectroscopy〕：回転する核によって生みだされる磁気モーメントに基づく分子構造の研究手法.

**核質**（nucleoplasm）：真核細胞の核内に存在する細胞質と同等の成分.

**核受容体スーパーファミリー**（nuclear receptor superfamily）：ホルモンによるゲノム活性の調節における中間段階として，ホルモンに結合する受容体タンパク質の一群.

**核小体**（nucleolus）：rRNA 合成が起こる真核細胞核内の領域.

**核内低分子 RNA**（small nuclear RNA, snRNA）：rRNA の化学修飾にかかわる核内の短い RNA の一種.

**核内低分子リボ核タンパク質**（small nuclear ribonucleoprotein, snRNP）：GU−AG および AU−AC イントロンのスプライシング，およびほかの RNA プロセシングにかかわる，タンパク質と snRNA からなる複合体.

**核膜**（nuclear envelope）：真核細胞の核を囲む二重膜.

**核膜孔複合体**（pore complex）：核膜を横切る小さなチャネル.

**核様体**（nucleoid）：原核細胞の DNA が集積している領域.

**ガスクロマトグラフィー**（gas chromatography）：移動相に気体で，固定相に固体マトリックスに吸収された液体を用いたクロマトグラフィー法.

**カタボライト活性化タンパク質**（catabolite activator protein, CAP）：細菌ゲノムのさまざまな部位に結合し，下流のプロモーターで転写開始を活性化する調節タンパク質.

**カタラーゼ**（catalase）：過酸化水素水を水と酸素に変換する酵素で，時にフェノールやアルコールなどの解毒作用と共役する.

**活性化エネルギー**（activation energy, $\Delta G^{\ddagger}$）：ある反応における基質と遷移状態との自由エネルギーの差.

**活性化担体分子**（activated carrier molecule）：自由エネルギーの一時的貯蔵所としてはたらく分子.

**活性化ドメイン**（activation domain）：開始複合体と接触する調節タンパク質の部分.

**活性酸素種**（reactive oxygen species）：膜を損傷したり，酵素を不活性化したりすることによって細胞機能を阻害する有害な酸化剤.

**活性部位**（active site）：酵素において基質が結合し生化学反応が起こる位置.

**活動電位**（action potential）：軸索に沿って移動し，神経インパルスの伝達をもたらす脱分極の波.

**滑面小胞体**（smooth endoplasmic reticulum）：外表面にリボソームをもたない小胞体の領域.

**カプシド**（capsid）：ウイルスの DNA または RNA ゲノムを取り囲む外殻タンパク質.

**ガラクトキナーゼ**（galactokinase）：ガラクトースーグルコース相互変換経路のなか（ステップ 1）で，ガラクトースをガラクトース 1-リン酸に変換する酵素.

**ガラクトース-グルコース相互変換経路**（galactose-glucose interconversion pathway）：不斉炭素周辺の基を再配置しガラクトースをグルコースへ変換する経路.

**ガラクトース 1-リン酸ウリジリルトランスフェラーゼ**（galactose 1-phosphate uridylyl transferase）：ガラクトースーグルコース相互変換経路のなか（ステップ 2）で，ウリジン基を UDP-グルコースからガラクトース 1-リン酸へ転移する酵素.

**カラムクロマトグラフィー**（column chromatography）：金属やガラス，あるいはプラスチックカラムに充塡された粒子を用いて行うクロマトグラフィー.

**加硫**（vulcanization）：ゴムのそれぞれのポリマー間に架橋を形成する化学的工程.

**カルシトリオール**（calcitriol）：ビタミン D．さまざまな生理的および生化学的役割をもったステロイド誘導体の一群.

**カルニチン**（carnitine）：長鎖の不飽和脂肪酸をミトコンドリア内膜に輸送するためにそれらに付加する小さな極性分子.

**カルニチン/アシルカルニチントランスロカーゼ**（carnitine/acylcarnitine translocase）：ミトコンドリア内膜を通過してアシルカルニチン分子を輸送する膜貫通タンパク質.

**カルニチンアシルトランスフェラーゼ**（carnitine acyltransferase）：長鎖の不飽和脂肪酸がミトコンドリア内膜に輸送される前にそれらにカルニチンを付加する酵素.

**カルバモイル**（carbamoyl）：カルボキシ化リシンのようにアミノ基にカルボキシ基が結合した化合物.

**カルバモイルリン酸**（carbamoyl phosphate）：シトシンとウラシルの新生経路の前駆体.

**カルバモイルリン酸シンテターゼ**（carbamoyl phosphate synthetase）：尿素回路のなか（ステップ 1）で，炭酸水素イオンをカルバモイルリン酸に変換する酵素.

**カルビン回路**（Calvin cycle）：光合成の暗反応として，二酸化炭素 3 分子からグリセルアルデヒド 3-リン酸 1 分子を合成する反応回

路.

カルボキシ末端（carboxyl terminus）：遊離のカルボキシ基をもつポリペプチドの末端.

カルモジュリン（calmodulin）：$Ca^{2+}$イオンによって活性化され，細胞内のさまざまな酵素を調節するタンパク質.

カロテノイド（carotenoid）：いくつかの集光性色素を含む脂質のグループ.

間期（interphase）：細胞分裂のあいだの期間.

桿菌（bacilli）：棒状の原核生物.

ガングリオシド（ganglioside）：複合糖鎖頭部をもつスフィンゴ脂質.

還元電位（redox potential）：化合物の電子に対する親和性の値.

還元糖（reducing sugar）：末端アルデヒド基の存在によって還元活性をもつ直鎖状の糖.

幹細胞（stem cell）：生物の生存期間を通して連続的に分裂し，分裂した一方の細胞が，1種類もしくは複数種類の特殊細胞に分化する前駆細胞.

3′, 5′-環状 AMP（3′, 5′-cyclic AMP, cAMP）：5′および3′炭素をつなぐ，分子内ホスホジエステル結合をもつ AMP.

キサントフィル（xanthophyll）：植物に見いだされる集光性色素.

キサントフィル回路（xanthophyll cycle）：エネルギー消去系を誘導するため，ある種のカロテノイドを化学修飾する一連の生化学反応.

基質（substrate）：化学反応のあいだに消費される化合物.

基質レベルのリン酸化（substrate-level phosphorylation）：反応の基質の一つであるリン酸化中間体のリン酸を用いた，ADPからATP（またはGDPからGTP）への変換.

キチン（chitin）：一部の節足動物で見られる，全体が N-アセチルグルコサミン単位でできている多糖類の構造体.

軌道（orbital）：特定の電子が見つかる可能性のある原子核の周りの空間の領域.

ギブズの自由エネルギー（Gibbs free energy, $G$）：一定の温度と体積で仕事に変換できる系がもっているエネルギー量.

基本プロモーター配列（basal promoter element）：多くの真核生物プロモーターに存在し，遺伝子の転写の基礎速度を決定する配列モチーフ.

キモトリプシン（chymotrypsin）：膵臓から分泌され，十二指腸でタンパク質を分解する酵素.

逆相クロマトグラフィー（reverse phase chromatography）：化合物をその表面の疎水性によって分離する，非極性ビーズを使用したカラムクロマトグラフィーの一種.

逆転写酵素（reverse transcriptase）：1本鎖 RNA の鋳型上で相補的な DNA を合成できる，RNA 依存性 DNA ポリメラーゼ.

逆反応（reverse reaction）：可逆反応の方向の一つ.

逆平行（antiparallel）：二重らせん中のポリヌクレオチドの配置を指し，それらは互いに逆方向を向いている.

逆平行βシート（antiparallel β-sheet）：隣接するポリペプチド鎖が互いに反対方向を向いているβシート.

キャップ結合複合体（cap-binding complex）：真核生物において翻訳開始のスキャニング段階でキャップ構造に最初に結合する複合体.

キャップ構造（cap structure）：ほとんどの真核生物の mRNA の 5′末端における化学修飾.

吸エルゴン反応（endergonic）：エネルギーを必要とする化学反応.

球菌（cocci）：球状の原核生物.

球状タンパク質（globular protein）：ポリペプチド鎖が三次構造に折りたたまれて全体的に球形なタンパク質.

ギュンター病（Gunther disease）：ウロポルフィリノーゲンコシンテターゼの欠損によって起こる病気.

競合的可逆的阻害（competitive reversible inhibition）：酵素の活性部位へ侵入して基質と競合する可逆的阻害剤.

1対1の関係（colinearity）：エキソンのヌクレオチド配列とそのエキソンによって指定されるタンパク質のアミノ酸配列とのあいだの関係.

協奏モデル（concerted model）：基質分子が酵素サブユニットの一つへ結合すると，すべてのサブユニットが新しい立体配座へ速やかに変換する，協同的基質結合のモデル.

協同的基質結合（cooperative substrate binding）：一つの活性部位へ基質分子が結合すると，酵素中のほかの活性部位での基質結合を容易にする立体配座変化を誘導する状況.

共鳴（resonance）：隣接する分子内の原子間における電子の再分布.

共鳴エネルギー移動（resonance energy transfer）：エネルギーが一つのクロロフィル分子から別のクロロフィル分子に移されて，受容クロロフィルが励起され，供与クロロフィルは基底状態に戻るという，光化学系におけるエネルギーの移動.

共鳴周波数（resonance frequency）：核のαスピンとβスピン状態のエネルギー差.

共有結合（covalent bond）：二つの原子が電子を共有するときに形成される結合.

共輸送体（symporter）：濃度勾配に従った一つの分子またはイオン輸送と共役して，同方向に濃度勾配に逆らった別のイオンを輸送するタンパク質.

強力プロモーター（strong promoter）：比較的速い速度で RNA 転写を行うことができる効率的なプロモーター.

極限環境生物（extremophile）：物理的および/または化学的条件がほかの生物に適さない環境に住むことができる生物.

極性（polarity）：化学基の周りに電子が均一に分布していない状況.

キロダルトン（kiloDalton）：1,000ダルトン.

キロミクロン（chylomicron）：小腸から組織へ食事中のトリアシルグリセロールとコレステロールを運ぶ，最も大きい種類のリポタンパク質.

キロミクロンレムナント（chylomicron remnant）：キロミクロン中のトリアシルグリセロールを分解したあとに残るコレステロール豊富なキロミクロン代謝物.

筋小胞体（sarcoplasmic reticulum）：神経インパルスに応答して$Ca^{2+}$イオンを放出する筋細胞内の滑面小胞体の特殊構造.

金属酵素（metalloenzyme）：金属イオンを含む酵素.

金属タンパク質（metalloprotein）：金属イオンを含むタンパク質.

グアニル酸トランスフェラーゼ（guanylyl transferase）：キャッピング反応中に真核生物 mRNA の 5′末端に GTP を結合する酵素.

グアニン（guanine）：DNA と RNA に見いだされるプリン塩基の一つ.

グアニンメチルトランスフェラーゼ（guanine methyltransferase）：キャッピング反応中に真核生物の mRNA の 5′末端にメチル基を結合する酵素.

クエン酸回路（citric acid cycle）：TCA 回路の別名.

クエン酸シンターゼ（citrate synthase）：TCA 回路のなか（ステップ1）で，オキサロ酢酸とアセチル CoA をクエン酸に変換する酵素.

クエン酸輸送タンパク質（citrate carrier）：ミトコンドリア内膜を通過してクエン酸を輸送するタンパク質.

クオラムセンシング（quorum sensing）：細菌が互いに通信する過程.

区切りコドン（punctuation codon）：遺伝子の開始または終止コドンのいずれかを指定するコドン.

組換え（recombination）：大きな範囲にわたる DNA の再編成.

組換えDNA技術（recombinant DNA technology）：組換えDNAの構築，研究，および使用にかかわる技術．

組換えタンパク質（recombinant protein）：クローン化された遺伝子を発現した細胞において合成されたタンパク質．

組換えプラスミド（recombinant plasmid）：遺伝子工学技術により新しいDNA断片が挿入されたプラスミド．

グラナ（grana）：葉緑体ストロマ内のチラコイドの積み重なり構造．

グリオキシソーム（glyoxysome）：グリオキシル酸回路が起こる植物の細胞小器官．

グリオキシル酸回路（glyoxylate cycle）：TCA回路に類似しているが，イソクエン酸からリンゴ酸への反応を回避する，植物および微生物において起こる生化学反応回路．

グリコゲニン（glycogenin）：グリコーゲン合成を開始する酵素．

グリコーゲン（glycogen）：動物から見いだされた，D-グルコース単位のみでつくられた貯蔵多糖類．

グリコーゲンシンターゼ（glycogen syntase）：伸長中のグリコーゲン分子の非還元末端に活性化グルコース単位を付加する酵素．

グリコーゲン脱分枝酵素（glycogen debranching enzyme）：グリコーゲン分子の分岐部位からグルコース単位を除去する酵素．

グリコーゲン分枝酵素（glycogen branching enzyme）：グリコーゲン分子の分岐点でα(1→6)結合を合成する酵素．

グリコーゲンホスホリラーゼ（glycogen phosphorylase）：グリコーゲン分子の非還元末端からグルコース単位を一つずつ除去する酵素．

グリココール酸（glycocholate）：胆汁酸．食事中の脂肪を乳化させるのに役立つコール酸の誘導体．

グリコサミノグリカン（glycosaminoglycan）：多糖類の細胞外マトリックスの一つ．

グリコシダーゼ（glycosidase）：グリコシド結合を分解する酵素．

グリコシル化（glycosylation）：タンパク質への糖鎖の結合．

グリコーム（glycome）：細胞や組織中の糖質の全体．

クリステ（cristae）：ミトコンドリア内のひだ状の膜の折りたたみ構造．

グリセルアルデヒド3-リン酸デヒドロゲナーゼ（glyceraldehyde 3-phosphate dehydrogenase）：解糖系のなか（ステップ6）で，グリセルアルデヒド3-リン酸を1,3-ビスホスホグリセリン酸に変換し，カルビン回路のなか（ステップ3）で逆反応も行う酵素．

グリセロリン脂質（glycerophospholipid）：トリアシルグリセロールに似ているが，ホスホジエステル結合によってグリセロールに結合した親水性基，および脂肪酸をもつ脂質．

グリセロールキナーゼ（glycerol kinase）：肝臓でグリセロールをグリセロール3-リン酸，次いでジヒドロキシアセトンリン酸へと変換する酵素．

グリセロール3-リン酸アシルトランスフェラーゼ（glycerol 3-phosphate acyltransferase）：トリアシルグリセロールおよびリン脂質合成経路において，グリセロール3-リン酸に第1の脂肪酸鎖を付加する酵素．

グリセロール3-リン酸シャトル（glycerol 3-phosphate shuttle）：ミトコンドリアATP合成に細胞質NADHを使用できるようにする経路．

グリセロール3-リン酸デヒドロゲナーゼ（glycerol 3-phosphate dehydrogenase）：トリアシルグリセロール合成経路のなか（ステップ1）で，ジヒドロキシアセトンリン酸をグリセロール3-リン酸に変換する酵素で，またグリセロール3-リン酸シャトルの一部でもある．

グルカゴン（glucagon）：血流中のグルコースレベルを上昇させる，膵臓で合成されるホルモン．

グルコキナーゼ（glucokinase）：肝臓細胞でグルコースをグルコース6-リン酸に変換する酵素．

グルココルチコイド（glucocorticoids）：ステロイドホルモンの一群．

グルコース（glucose）：ヘキソース単糖化合物．

グルコース6-ホスファターゼ（glucose 6-phosphatase）：肝臓でグルコース6-リン酸をグルコースに変換する酵素．

グルコース6-リン酸デヒドロゲナーゼ（glucose 6-phosphate dehydrogenase）：ペントースリン酸経路のなか（ステップ1）で，グルコース6-リン酸を6-ホスホグルコノ-δ-ラクトンに変換する酵素．

グルコース6-リン酸デヒドロゲナーゼ欠損症（glucose 6-phosphate dehydrogenase deficiency）：ソラマメ中毒として知られる遺伝的疾患．

グルタチオン（glutathione）：最初の二つのアミノ酸間が独特の結合をしているグルタミン酸，システイン，およびグリシンからなるトリペプチド．

グルタチオンペルオキシダーゼ（glutathione peroxidase）：還元型グルタチオンを酸化型に変換することによって，過酸化水素を水へ変換する酵素．

グルタチオンレダクターゼ（glutathione reductase）：酸化型から還元型のグルタチオンを再生する酵素．

グルタミン酸デヒドロゲナーゼ（glutamate dehydrogenase）：グルタミン酸およびグルタミン合成経路のなか（ステップ1）で，α-ケトグルタル酸からグルタミン酸へ変換し，またアミノ酸分解中に逆反応も行う酵素．

グルタミンシンテターゼ（glutamine synthetase）：グルタミン酸およびグルタミン合成経路のなか（ステップ2）で，グルタミン酸をグルタミンに変換する酵素．

グルタミンリッチドメイン（glutamine-rich domain）：グルタミンの割合が多い活性化ドメインの一種．

くる病（rickets）：骨の軟化または弱化を特徴とする子どものビタミンD欠損症．

グループIイントロン（group I intron）：おもに細胞小器官遺伝子に見られるイントロンの一種．

クレブス回路（Krebs cycle）：TCA回路の別名．

クロスオーバー免疫電気泳動（crossover immunoelectrophoresis, CIPまたはCIEP）：免疫電気泳動法の一つ．

クローニングベクター（cloning vector）：宿主細胞中で複製できるため，さまざまなDNA断片のクローン化に利用できるDNA分子．

クローバーリーフ（cloverleaf）：tRNAの二次構造の表記法．

グローバルな調節（global regulation）：さまざまな信号に応答して生じるタンパク質合成の全般的な制御．

クロマチン（chromatin）：染色体中に見つかるDNAおよびヒストンタンパク質の複合体．

クロマトグラム（chromatogram）：クロマトグラフィー実験における物質の時間依存的な溶出をグラフで示したもの．

クロマトフォア（色素胞，chromatophore）：光合成の光化学反応が起こる紅色細菌の原形質膜の陥入部位．

クロロフィル（chlorophyll）：植物葉緑体のおもな集光性色素として作用する化合物．

軽鎖（light chain）：免疫グロブリン中の二つの短いポリペプチド鎖．

形質膜（plasma membrane）：原核細胞または真核細胞を囲む脂質二重層よりなる膜．

結合エネルギー（bond energy）：共有結合の強さを示す，結合を破壊するのに必要なエネルギー量．

結合回転機構（binding-change mechanism）：$F_0F_1$ ATPアーゼの作用機構のモデル．γサブユニットの回転によって起こる立体配置の変化がβサブユニットの構造変化を引き起こし，これによっ

てATPが産生される.
決定段階（commitment step）：その経路に特有の中間体を生成する，酵素触媒経路を決定する最初の不可逆的な段階.
ケト原性（ketogenic）：ケトン体の合成に寄与するアミノ酸.
ケトース（ketose）：末端炭素にカルボニル基をもつ糖.
ケトテトロース（ketotetrose）：四つの炭素原子のケトース.
ケトトリオース（ketotriose）：三つの炭素原子のケトース.
ケトヘキソース（ketohexose）：六つの炭素原子のケトース.
ケトペントース（ketopentose）：五つの炭素原子のケトース.
ケトン（ketone）：カルボニル基を含む有機化合物.
ケトン体（ketone body）：肝臓において脂肪酸やアミノ酸の分解から生成されるアセト酢酸，D-3-ヒドロキシ酪酸，アセトンの総称.
ケトン体生成（ketogenesis）：ケトン体の合成.
ゲノム（genome）：細胞内の遺伝子の全体.
ゲル電気泳動（gel electrophoresis）：ゲル中で行う電気泳動.
ゲルろ過クロマトグラフィー（gel filtration chromatography）：分子の大きさによって分離できる，多孔性ビーズを用いたカラムクロマトグラフィーの一種.
ケン化（saponification）：アルカリを用いたトリアシルグリセロールの加熱による分解．セッケンが生成される.
原核生物（prokaryote）：細胞が明確な核をもたない生物.
原子価（valency）：単純にいえば，原子が形成できる単結合数．具体的には，原子が化合物を形成するときに結合または置換できる水素原子数.
原子番号（atomic number）：元素の核内の陽子数.
コアオクタマー（core octamer）：傷害を受けたDNAの周りに形成されるヌクレオソームの中心的構造体で，ヒストンH2A，H2B，H3，およびH4をそれぞれ2分子ずつサブユニットとしてもつ.
コア酵素（core enzyme）：活性を発揮するために必要なサブユニットのみの酵素．たとえば，大腸菌RNAポリメラーゼのα₂ββ′複合体は，RNA合成を行えるが，それだけでは効率的にプロモーターに結合することはできない.
コアプロモーター（core promoter）：開始複合体が形成される真核生物プロモーター内の位置.
コイルドコイル（coiled coil）：二つ以上のαヘリックスが互いに巻きついてスーパーヘリックスを形成するタンパク質の構造.
高アンモニア血症（hyperammonemia）：尿素回路の欠陥などが原因で，血中に過剰なアンモニアが存在することによって起こる病状.
光化学系（photosystem）：光合成生物における集光を担うタンパク質複合体.
光化学系Ⅰ（photosystem Ⅰ）：高等植物の二つの光化学系のうちの一つ.
光化学系Ⅱ（photosystem Ⅱ）：高等植物の二つの光化学系のうちの一つ.
光学異性体（optical isomers）：構造が互いに鏡像である異性体.
高血糖（hyperglycemia）：血糖値が異常に高いレベルの状態.
抗原（antigen）：免疫応答を誘発する物質.
光合成（photosynthesis）：太陽光のエネルギーを，デンプンなどの糖質として化学エネルギーに変換する過程.
紅色細菌（purple bacteria）：光合成細菌の一つ.
校正（proofreading）：誤って組み込まれたヌクレオチドを置換するいくつかのDNAポリメラーゼのもつ3′→5′エンドヌクレアーゼ活性.
高性能液体クロマトグラフィー（high performance liquid chromatography, HPLC）：液相を高圧で圧送し，内径1 mm未満のキャピラリーチューブ内で行うカラムクロマトグラフィー.
抗生物質（antibiotic）：細菌の破壊または増殖を阻害する化合物.
酵素（enzyme）：生化学反応を触媒するタンパク質をいう．あまり一般的ではないが，RNAもある.
酵素反応速度論（enzyme kinetics）：基質濃度と反応速度間の関係にとくに焦点を置いた酵素触媒反応の研究.
抗体（antibody）：抗原に結合する免疫グロブリンタンパク質．免疫応答の一部として，抗体の結合と免疫系のほかの成分の助けにより抗原を破壊する.
高分子（macromolecule）：1 kDaを超える質量をもつ大きな生体分子.
酵母エピソームプラスミド（yeast episomal plasmid, YEp）：2 μmの複製起点をもつ酵母ベクター.
酵母組込みプラスミド（yeast integrative plasmid, YIp）：宿主染色体へ組込まれて複製する酵母ベクター.
高密度リポタンパク質（high density lipoprotein, HDL）：末梢組織から肝臓にコレステロールを輸送するリポタンパク質.
光リン酸化（photophosphorylation）：光駆動性ATP合成.
コエンザイムA（coenzyme A）：エネルギー生成や脂質代謝にかかわるいくつかの酵素の補酵素の一つ.
コエンザイムQ（coenzyme Q, CoQ）：電子伝達系における複合体Ⅰ，ⅡまたはⅢからの電子移動にかかわる中間担体分子．ユビキノンともよばれる.
呼吸（respiration）：酸素を使って二酸化炭素を生成する，ミトコンドリアで起こる生化学反応.
呼吸制御（respiratory control）：呼吸調節ともいう．細胞内ADP量に応じた電子伝達系の制御.
古細菌（Archaea）：原核生物の二つの主要なグループの一つ.
コザック配列（Kozak consensus）：真核生物mRNAの開始コドン周囲のヌクレオチド配列.
古代DNA（ancient DNA）：考古学的または化石標本に保存されたDNA.
骨軟化症（osteomalacia）：骨の軟化または弱化を特徴とする成人のビタミンD欠損症.
固定化pH勾配（immobilized pH gradient）：等電点電気泳動に使用される弱酸性または塩基性化合物の混合によってつくられる電気泳動ゲル内のpH勾配.
固定相（stationary phase）：一般的には，固体マトリックス，または固体マトリックスに吸着された液体の，クロマトグラフィー装置における非移動相.
コーディングRNA（coding RNA）：タンパク質をコードするmRNA.
コドン（codon）：特定のアミノ酸をコードするトリプレットヌクレオチド.
コドン-アンチコドン認識（codon-anticodon recognition）：mRNA上のコドンとtRNA上の対応するアンチコドン間の相互作用.
コハク酸-CoQレダクターゼ複合体（succinate-CoQ reductase complex）：電子伝達系の複合体Ⅱ.
コハク酸デヒドロゲナーゼ（succinate dehydrogenase）：TCA回路のなか（ステップ6）で，コハク酸CoAをフマル酸に変換する酵素.
コピー数（copy number）：単一細胞内のプラスミドの分子数.
互変異性化（tautomerism）：構造異性体分子間の自発的な構造変化.
コラーゲンフィンガープリント（collagen fingerprinting）：コラーゲン構造を調べて骨の断片から種を同定する方法.
コリ回路（cori cycle）：筋肉細胞における解糖と乳酸生成と連関して，肝臓でこの乳酸がピルビン酸とグルコースを再生する経路.
コリスミ酸（chorismate）：トリプトファン，そしてフェニルアラニンおよびチロシンなどの芳香族アミノ酸を合成する反応の分岐

点における基質.

**コリプレッサー**（co-repressor）：DNA への結合，またはタンパク質-タンパク質結合を介して転写開始を抑制するタンパク質.

**コリル CoA**（cholyl CoA）：胆汁酸合成の中間体.

**コール酸**（cholic acid）：最も単純な胆汁酸.

**ゴルジ体**（Golgi apparatus）：タンパク質のプロセシングにかかわる真核生物の細胞小器官.

**ゴルジ嚢**（cisternae）：ゴルジ体をつくる板状の膜の積み重なり構造.

**コルチゾール**（cortisol）：血糖値の調節，免疫系や骨成長に関与するステロイドホルモン.

**コレカルシフェロール**（cholecalciferol）：ビタミン $V_3$．ビタミン D の一つの化合物.

**コレステロール**（cholesterol）：動物ステロールで，膜の成分.

**コンカナバリン A**（concanavalin A）：O-結合グリカン中の末端 α-グルコースおよび α-マンノースに結合するレクチン.

**混合トリアシルグリセロール**（complex triacylglycerol）：三つの脂肪酸鎖のうち少なくとも二つが異なるトリアシルグリセロール.

**コンジュゲーション**（**接合**, conjugation）：狭義で，DNA の移動に関連する二つの細菌間の物理的接触.

**コンセンサス配列**（consensus sequence）：関連するが同じではない一連の配列を記載するために使われるヌクレオチド配列．実際の配列中で共通に見いだされるヌクレオチド配列を表す.

**根粒**（root nodule）：窒素固定が行われる根の特殊構造.

**根粒菌**（rhizobia）：窒素固定細菌群.

**根粒形成植物**（actinorhizal plant）：窒素固定植物の一つ.

## さ

**細菌**（bacteria）：原核生物の二つの主要なグループのうちの一つ.

**サイトカイン**（cytokine）：細胞シグナル伝達にかかわるタンパク質.

**細胞エンベロープ**（cell envelope）：形質膜（すべての種），細胞壁（ほとんどの種），および外膜（一部の種）からなる細菌細胞を囲む全体構造.

**細胞外間隙**（extracellular space）：組織のなかの細胞間の空間.

**細胞呼吸**（cellular respiration）：ミトコンドリアで起こる，酸素を消費して二酸化炭素を生成する生化学反応.

**細胞質**（cytoplasm）：細胞内部の核以外の細胞小器官と溶層部分（サイトゾル，cytosol）を合わせたもの.

**細胞特異的プロモーター配列**（cell-specific promoter element）：真核生物遺伝子のプロモーターで，組織特異的に発現するための配列モチーフ.

**細胞内共生説**（endosymbiont theory）：真核生物細胞の葉緑体とミトコンドリアが原核生物の共生で生じたとされる説.

**細胞小器官**（**オルガネラ**, organelle）：真核細胞内の膜でできた構造体.

**細胞壁**（cell wall）：多くは多糖の強固な層からなる，細胞における形質膜の外表面にある囲み構造.

**細胞膜**（cell membrane）：原核生物または真核生物の細胞を囲む膜.

**鎖置換型複製**（strand displacement replication）：複製の一形態．最初の娘鎖の合成が完了したあとに，もう一方の鎖を連続的にコピーする.

**サテライト RNA**（satellite RNA）：長さ約 320～400 ヌクレオチドの感染性 RNA で，このなかにカプシドタンパク質をコードする遺伝子をもたないが，代わりにヘルパーウイルスのカプシドを使って細胞から細胞へ移動する.

**サブウイルス粒子**（subviral particle）：ウイルスとして分類するには不十分であると考えられるタンパク質および/または核酸からなる，いくつかのタイプの感染性粒子.

**サーマルサイクラー**（thermal cycler）：あらかじめ設定された温度での反応を行うために加温および冷却をプログラム化した装置.

**サーモゲニン**（thermogenin）：電子伝達系の脱共役剤として作用する，褐色脂肪細胞のミトコンドリア内膜に存在するプロトン輸送タンパク質.

**サルベージ経路**（salvage pathway）：ヌクレオチドが分解され，放出されたプリンおよびピリミジンが新しいヌクレオチド合成に再利用される経路.

**酸**（acid）：水溶液中で $H^+$ イオンを放出する物質で，それにより溶液のヒドロニウムイオン濃度が増大する.

**酸化的脱炭酸反応**（oxidative decarboxylation）：基質の酸化（1 対の電子の脱離）と脱カルボキシル化（$CO_2$ の脱離）の同時反応.

**酸化的リン酸化**（oxidative phosphorylation）：電子伝達系を介した ADP と無機リン酸から ATP の生成.

**三次構造**（tertiary structure）：タンパク質の全体的な三次元立体配置.

**三重らせん**（triple helix）：3 本鎖のスーパーヘリックス.

**酸性ドメイン**（acidic domain）：タンパク質中の酸性アミノ酸の豊富なドメイン．活性化ドメインの一種.

**1,2-ジアシルグリセロール**（1,2-diacylglycerol, **DAG**）：$Ca^{2+}$ の細胞への流入ではじまる，セカンドメッセンジャーとよばれるシグナル伝達物質の一つ.

**ジアシルグリセロールアシルトランスフェラーゼ**（diglyceride acyltransferase）：トリアシルグリセロール合成経路のなか（ステップ 5）で，ジアシルグリセロールをトリアシルグリセロールに変換する酵素.

**ジアステレオマー**（diastereomer）：1 対以上のキラル炭素をもつ化合物.

**ジアゾ栄養生物**（diazotroph）：窒素固定を行うことができる生物.

**シアノバクテリア**：光合成細菌の一種.

**シアン耐性呼吸**（cyanide-resistant respiration）：電子がユビキノンから酸素に直接渡される電子伝達系の一種.

**$\Delta^{2,4}$-ジエノイル CoA レダクターゼ**（$\Delta^{2,4}$-dienoyl CoA reductase）：不飽和脂肪酸の分解中に，$\Delta^{2,4}$-ジエノイル CoA を $\Delta^3$-ジエノイル CoA に変換する酵素.

**磁気セクター質量分析装置**（magnetic sector mass spectrometer）：イオン化された分子が通過する．質量分析部が単一または一連の磁石でできた質量分析計.

**磁気ピンセット**（magnetic tweezer）：磁気ビーズを自由自在に動かせるように，磁石の位置や磁場の強さを変化させられる 1 組の磁石からなる装置.

**シグナル伝達**（signal transduction）：外部信号に応答する細胞表面受容体などを介した細胞内の生化学的活性の制御.

**シグナル認識粒子**（signal recognition particle, **SRP**）：タンパク質を小胞体へ輸送させるのを助ける RNA-タンパク質複合体.

**シグナルペプチダーゼ**（signal peptidase）：シグナルペプチドをタンパク質から除去する酵素.

**シグナルペプチド**（signal peptide）または**シグナル配列**（signal sequence）：小胞体の膜内へタンパク質を輸送する 5～30 アミノ酸の挿入配列.

**シクラーゼ**（cyclase）：ATP または GTP からそれぞれ cAMP または cGMP を合成する酵素.

**シクロブチル二量体**（cyclobutyl dimer）：ポリヌクレオチド中の二つの隣接するピリミジン塩基間の二量体で，紫外線照射によって形成される.

**指向進化**（directed evolution）：改良された特性をもつ新規なタン

パク質を合成する一連の実験技術.

**自己スプライシング**（self-splicing）：タンパク質非存在下でスプライシングするグループIイントロンの能力．RNAのイントロンが触媒活性をもつことを示す．

**自己誘導物質**（autoinducer）：狭義で，細菌クオラムセンシングに関与するシグナル伝達化合物.

**脂質**（lipid）：脂肪，油，ワックス，ステロイドなど，さまざまな樹脂を含む化合物のグループ.

**脂質修飾タンパク質**（lipid-linked protein）：膜脂質との共有結合を形成する表在性膜タンパク質.

**脂質ラフト**（lipid raft）：膜内の比較的安定なドメイン．一緒に機能する一群のタンパク質を膜のなかの同じ位置に配置すると考えられている．

**四重極質量分析装置**（quadrupole mass spectrometer）：イオンが通過する中央チャネルを取り囲む，互いに平行に配置された四つの磁石ロッドからなる質量検出部をもつ質量分析計.

**ジスルフィド結合**（disulfide bond）：二つのシステイン間に形成される共有結合.

**次世代シークエンシング**（next generation sequencing）：大規模並列法を含む一連の新しいDNAシークエンシング法.

**シチジル酸シンテターゼ**（cytidylate synthetase）：ヌクレオチド新生合成中にUTPをCTPに変換する酵素.

**質量数**（mass number）：原子核の陽子と中性子の総数.

**質量スペクトル**（mass spectrum）：質量分析法によって分離されたイオンの$m/z$値のグラフ表示.

**質量電荷比**（mass-to-charge ratio）：質量分析法におけるイオンの質量と電荷の比.

**質量分析法**（mass spectrometry）：イオンが質量電荷（$m/z$）比に従って分離される分析法.

**ジデオキシヌクレオチド**（dideoxynucleotide, ddNTP）：3′ヒドロキシ基を欠くヌクレオチドであり，そのため成長中のポリヌクレオチドに取り込まれたときにさらなる鎖伸長を止める.

**至適pH**（pH optimum）：化学反応に最適なpH.

**至適温度**（temperature optimum）：化学反応に最適な温度.

**シトクロム**（cytochrome）：一つあるいは複数のヘム補欠分子族を含み，電子伝達活性をもつタンパク質.

**シトクロム$b_5$**（cytochrome $b_5$）：一つの代表的な機能として，脂肪酸合成中に炭化水素鎖に二重結合を導入する酵素複合体の一部.

**シトクロム$b_6f$複合体**（cytochrome $b_6f$ complex）：二つの鉄含有シトクロムおよび鉄-硫黄タンパク質を含む複合体で，光合成電子伝達系の成分.

**シトクロム$c$**（cytochrome $c$）：電子伝達系における複合体IIIから複合体IVへの電子移動のための中間輸送体分子.

**シトクロム$c$オキシダーゼ複合体**（cytochrome $c$ oxidase complex）：電子伝達系の複合体IV.

**シトクロムP450**（cytochrome P450）：ステロイドホルモン合成に関与する酵素など，ヘム含有酵素の一群.

**シトシン**（cytosine）：DNAおよびRNAに見られるピリミジン塩基の一つ.

**シトルリン**（citrulline）：尿素回路の中間体.

**シナプス**（synapse）：二つの隣接する神経細胞間の接合部.

**2,4-ジニトロフェノール**（2,4-dinitrophenol）：電子伝達系の脱共役剤.

**ジヒドロリポ酸デヒドロゲナーゼ**（dihydrolipoyl dehydrogenase）：ピルビン酸デヒドロゲナーゼ複合体の一部.

**ジヒドロリポ酸トランスアセチラーゼ**（dihydrolipoyl transacetylase）：ピルビン酸デヒドロゲナーゼ複合体の一部.

**脂肪細胞**（adipocyte）：脂肪組織に見られる脂肪貯蔵細胞.

**脂肪酸**（fatty acid）：4～36個の炭素原子が結合した水素原子と末端カルボキシ基をもつ単純な炭化水素鎖.

**脂肪酸シンターゼ**（fatty acid synthase）：哺乳動物の脂肪酸合成を担う酵素複合体.

**脂肪分解**（lipolysis）：トリアシルグリセロールおよび脂肪酸を分解する過程.

**シャイン・ダルガーノ配列**（Shine-Dalgarno sequence）：大腸菌の遺伝子上流のリボソーム結合配列.

**シャペロニン**（chaperonin）：ほかのタンパク質のフォールディングを助けるタンパク質複合体.

**自由エネルギー**（free energy）：仕事に変換できる系が保有するエネルギー量.

**終結因子**（release factor）：翻訳の終結を助けるタンパク質.

**終結配列**（terminator sequence）：細菌ゲノム上の，DNA複製の終結にかかわる配列の一つ.

**重鎖**（heavy chain）：免疫グロブリン分子中の二つの大きなポリペプチド.

**終止コドン**（termination codon）：mRNAの翻訳を指定する三つのコドン.

**縮合**（condensation）：水分子の放出を伴う化学反応.

**縮重**（degenerate）：一つのアミノ酸に対して二つ以上のコドンをもつことを指す.

**主溝**（大きい溝，major groove）：B型DNAの表面にある二つの溝のうちの大きいほうの溝.

**主細胞**（chief cell）：胃壁にあるペプシンを分泌する細胞.

**シュードムレイン**（pseudomurein）：古細菌の細胞壁に見いだされる修飾多糖類.

**受容体型チロシンキナーゼ**（receptor tyrosine kinase）：細胞外シグナルに反応して，もう一つまたは複数の別のタンパク質のチロシン残基をリン酸化する膜タンパク質．リン酸化されるタンパク質は多くの場合，もう一つの同じ受容体である.

**受容体制御**（acceptor control）：細胞内ADPレベルによる電子伝達系の制御.

**受容体タンパク質**（receptor protein）：外部信号に応答して，細胞に生化学的変化を引き起こす細胞膜に存在するタンパク質.

**ジュール**（Joule）：作用点が力の方向に1メートルの距離を移動するとき，1ニュートンの力で行われる仕事.

**循環的光リン酸化**（循環的電子伝達，cyclic photophosphorylation）：プラストシアニンからの電子を用いてP700反応中心を基底状態に戻す光合成電子伝達系の一つ.

**硝酸還元**（nitrate reduction）：硝酸塩のアンモニアへの生物学的変換.

**硝酸レダクターゼ**（nitrate reductase）：硝酸塩を亜硝酸塩に変換する酵素.

**小胞**（vesicle）：細胞内の小さな膜構造体.

**小胞体**（endoplasmic reticulum）：真核生物の細胞の細胞質に広がる管とプレートの網目状構造をもつ小器官.

**除去修復**（excision repair）：ポリヌクレオチドの領域を切除し再合成することにより，さまざまなDNA損傷を修復するDNA修復過程.

**食作用**（phagocytosis）：マクロファージなどによる病原体や細菌の摂食および分解.

**触媒**（catalyst）：化学反応速度を増大するが，それ自体は反応によって変化することのない化合物.

**食物網**（food web）：光または化学エネルギーが生態系において直接的または間接的にどのように利用されるかを表すネットワーク.

**食物連鎖**（food chain）：食物網内の生物によるエネルギー獲得のための経路を表す．光合成種またはほかの種類の独立栄養生物が

下位にきて，捕食者が上位にくる系譜．

初速度（initial velocity, $V_0$）：酵素触媒反応の初期直線的速度．

ショートパッチ修復（short patch repair）：約12ヌクレオチドのDNAの切除および再合成をもたらす，大腸菌のヌクレオチド修復過程．

シロヘム（siroheme）：いくつかの酵素に対する補因子として使用される，窒素および硫黄含有化合物の還元にかかわるヘム．

真核生物（eukaryote）：細胞が膜構造で包まれた核をもつ生物．

心筋梗塞（myocardial infarction）：血管内皮下へのコレステロールの沈着によって引き起こされると考えられる心臓の病気．

ジンクフィンガー（zinc finger）：タンパク質をDNAに結合させるための構造モチーフ．

親水性の（hydrophilic）：水と弱い結合性を示すため可溶性となる化学基または分子．

新生合成（de novo synthesis）：単純な化合物から複雑な分子への合成．

新生ヌクレオチド合成（de novo nucleotide synthesis）：より小さな化合物からのヌクレオチドの合成．

心臓発作（heart attack）：コレステロールが血管内部へ沈着したことにより起こりうる病状．

伸長因子（elongation factor）：転写または翻訳の伸長過程において補助的な役割を果たすタンパク質．

膵臓自己消化（pancreatic self-digestion）：トリプシンとキモトリプシンが，膵臓から分泌される前に活性化された場合に生じる状況．

水素結合（hydrogen bond）：極性基のわずかに電気的に陽性な水素原子と電気的に陰性な原子のあいだに形成される相互作用．

スキャニング（scanning）：開始前複合体がmRNAの5′末端キャップ構造に結合し，次いでそれが開始コドンに達するまで分子に沿って走査する，真核生物の翻訳開始時に使用される系．

スクアレンエポキシド（squalene epoxide）：ステロール化合物の合成における中間体．

スクシニルCoAシンテターゼ（succinyl CoA synthetase）：TCA回路のなか（ステップ5）で，スクシニルCoAをコハク酸に変換する酵素．

スクロースリン酸シンターゼ（sucrose phosphate synthase）：スクロース合成においてフクロース6-リン酸をスクロース6-リン酸に変換する酵素．

スティグマステロール（stigmasterol）：植物ステロールの一種．

ステムループ（stem-loop）：ポリヌクレオチドで形成されうるヘアピン構造で，塩基対を形成したステムおよび塩基対を形成していないループからなる．

ステレオマー（stereomer）：原子が互いに同じ配列で結合しているが，不斉炭素のように一つか複数の不斉中心周りの原子の配置が異なる異性体．

ステロイド（steroid）：ステロール誘導体の総称．

ステロイド受容体（steroid receptor）：ステロイドホルモンが細胞に入ったあと，ゲノム活性調節をするために結合するタンパク質．

ステロイドホルモン（steroid hormone）：ホルモン活性を示すステロイド．

ステロール（sterol）：スクアレンの環化によって形成される脂質．

ストロマ（stroma）：葉緑体内の内部領域．

スフィンゴ脂質（sphingolipid）：スフィンゴシンを骨格とする両親媒性の脂質．

スフィンゴシン（sphingosine）：内部にヒドロキシ基をもつ長鎖炭化水素誘導体．

スプライシング（splicing）：不連続遺伝子の一次転写産物からのイントロンを除去する過程．

スプライシング経路（splicing pathway）：不連続なmRNA前駆体を機能的mRNAに変換する一連の経路．

スプライソソーム（spliceosome）：GU–AGまたはAU–ACイントロンのスプライシングにかかわるタンパク質-RNA複合体．

生化学（biochemistry）：生細胞およびそれらの化学反応に関与する化合物で起こる化学過程の研究．

制限酵素（restriction endonuclease）：かぎられた数の特定のヌクレオチド配列でのみDNAを切断するエンドヌクレアーゼ．

生成物（product）：化学反応によって生成される化合物．

静電結合（electrostatic bond）：正と負に帯電した化学基間の相互作用．

正二十面体型（icosahedral）：プロトマーが三次元幾何学的構造に配置され，内部に核酸を含むバクテリオファージまたはウイルスカプシド．

正のアロステリック調節（positive allosteric control）：エフェクター分子の結合による酵素活性の刺激．

正反応（forward reaction）：可逆反応の方向の一つ．

生物学（biology）：生物の研究．

生物学的な情報（biological information）：生物のゲノムに含まれ，その生物の発生と維持を指示する情報．

生命科学（life sciences）：「生物学」の別名．生物の研究．

セカンドメッセンジャー（second messenger）：シグナル伝達経路を仲介する分子．

切断促進因子（cleavage stimulation factor, CstF）：真核生物のmRNAのポリアデニル化で補助的な役割を担うタンパク質．

切断・ポリアデニル化特異的因子（cleavage and polyadenylation specificity factor, CPSF）：真核生物のmRNAのポリアデニル化で補助的な役割を担うタンパク質．

セルロース（cellulose）：植物に見られる，全体がD-グルコース単位でできた構造的なホモ多糖類．

セレブロシド（cerebroside）：一つの糖をもつスフィンゴ脂質．

繊維状（filamentous）：プロトマーがらせん状に配列され，棒状構造をつくるバクテリオファージまたはウイルスカプシド．

遷移状態（transition state）：化学反応の過程で最高の自由エネルギーをもつ状態．

繊維状タンパク質（fibrous protein）：三次構造に折りたたまれていない，コラーゲンなどのような直接的なタンパク質．

染色体（chromosome）：真核生物の核ゲノムの一部を含むDNA–タンパク質構造の一つ．正確ではないが，原核生物のDNAにも用いられる．

染色体領域（chromosome territory）：個々の染色体によって占められている核の領域．

選択的障壁（selective barrier）：一部の分子のみが通過することを可能にする，生体膜などの障壁．

選択的プロモーター（alternative promoter）：同じ遺伝子に作用する二つ以上の異なるプロモーターの一つ．

選択マーカー（selectable marker）：ベクターにある遺伝子で，ベクターまたはベクター由来の組換えDNAをもつ細胞を識別する性質を与えるもの．

繊毛（fimbriae）：細胞を固体表面に付着させることができる，いくつかの細菌の表面に存在する構造物．

線毛（pili）：コンジュゲーション（接合）によるDNAの受け渡しにかかわると考えられている，いくつかの細菌表面に存在する繊維状の構造．

双極子（dipole）：原子の片側がわずかに陽性で反対側がわずかに陰性のために，不均一な電子雲をもつ原子．

造血幹細胞移植（hematopoietic stem cell transplant）：他者の造血幹細胞を移植することによるいくつかの遺伝的疾患の治療法．

双性イオン（zwitterion）：正味の電荷をもたないが，負および正にイオン化された基の両方をもつ分子．

相同組換え（homologous recombination）：二つの非常にヌクレオチド配列の似た2本鎖DNA分子間の組換え．

相同酵素（homologous enzyme）：同じ機能をもつ2種以上の酵素．

相補的（complementary）：塩基対で2本鎖分子を形成することができる二つのポリヌクレオチド．

相補的DNA（complementary DNA, cDNA）：mRNA分子の相補配列をもつ2本鎖DNA．

相利共生（mutualism）：共生する種に対する相互利益の協力関係．

阻害剤（inhibitor）：酵素活性を妨害し，その触媒速度を低下させる化合物．

属（genus）：種の集合を構成する分類学的な位置づけの一つ．

促進拡散（facilitated diffusion）：特定のタンパク質が，分子を濃度の高い膜の側から濃度の低い側に移動させる輸送過程．

速度定数（rate constant）：酵素触媒反応のそれぞれの段階に関連する速度を決定する表記．

疎水性の（hydrophobic）：水にはじかれる不溶性の化学基または分子．

ソーティング小胞（sorting vesicle）：リソソームなどの小器官へタンパク質を輸送するための小胞．

ソーティング配列（sorting sequence）：タンパク質がどのような輸送経路をとるべきかを指定するアミノ酸配列．

粗面小胞体（rough endoplasmic reticulum）：リボソームを外表面上にもつ小胞体．

ソラマメ中毒（favism）：グルコース6-リン酸デヒドロゲナーゼ欠損症．

## た

大規模並列システム（massively parallel system）：個々の配列を並行して解析するハイスループットDNAシークエンシング．

対向輸送体（antiporter）：一つの分子またはイオンを濃度勾配に逆らって，別のイオンの逆方向への輸送と同時に行う能動輸送タンパク質．

ダイサー（dicer）：miRNA前駆体分子のプロセシングに関与する，2本鎖RNAを切断するリボヌクレアーゼ．

代謝（metabolism）：生体内で起こる化学反応．

ダイターミネーター（dye-terminator）：3′保護基をもち，伸長中のポリヌクレオチドに取り込まれた場合，さらなる鎖伸長を妨げる蛍光標識ヌクレオチド．

耐熱性（thermostable）：比較的高い温度で活性を維持できる（酵素）．

タウロコール酸（taurocholate）：胆汁酸の一つ．食事中の脂肪の乳化を助けるコール酸の誘導体．

多細胞（multicellular）：多くの細胞からなる（生物）．

脱塩基部位（baseless site）：DNA中のヌクレオチドの塩基部分が欠損している位置．

脱共役剤（uncoupler）：NADHとFADH$_2$の酸化とATP産生を脱共役させることによって電子伝達系を阻害する化合物．

多糖（polysaccharide）：単糖類の重合体．

ダルトン（dalton）：分子量の測定単位で，1ダルトンは$^{12}$Cの単一原子の質量の12分の1．

炭化水素（hydrocarbon）：全体が炭素原子と水素原子からなる有機化合物．

単結合（single bond）：1対の電子を共有する二つの原子からなる共有結合．

単細胞（unicellular）：単一細胞のみからなる（生物）．

胆汁酸（bile acid）：側鎖かカルボキシ基で終わるステロールで，肝臓でコレステロールからつくられる．

胆汁色素（bile pigments）：テトラピロールの誘導体で，それがさらに代謝されて分泌されたもの．

単純トリアシルグリセロール（simple triacylglycerol）：三つの脂肪酸鎖が同一であるトリアシルグリセロール．

炭酸固定（carbon fixation）：光合成の暗反応において起こる，無機物の炭素から有機物への変換．炭素固定ともいう．

タンデム質量分析法（tandem mass spectrometry）：二つ以上の質量検出器を直列に使用する質量分析法の一種．

単糖（monosaccharide）：多糖中の単量体単位の個々の糖化合物．

タンパク質（protein）：単一または複数のポリペプチドからなる生体分子．

タンパク質工学（protein engineering）：タンパク質分子の意図的な改変を行うさまざまな技術．しばしば工業プロセスで使用される酵素の特性を向上させるために用いられる．

タンパク質ターゲティング（protein targeting）：タンパク質ができた場所からその機能を発揮する細胞内の場所に輸送する過程．

タンパク質プロファイリング（protein profiling）：プロテオーム中のタンパク質を同定するために用いられる方法．

タンパク質をコードする遺伝子（protein-coding gene）：mRNAに転写される遺伝子．

単輸送体（uniporter）：膜を横切って分子またはイオンを移動させる，促進拡散を媒介する輸送タンパク質．

地衣類（lichens）：真菌と，光合成細菌または藻類，場合によっては窒素固定を行うシアノバクテリアからなる共生生物．

チェーンターミネーションシークエンシング（chain termination sequencing）：特定のヌクレオチド位置でポリヌクレオチド鎖の酵素的合成を停止させるシークエンス法．

チオエステラーゼ（thioesterase）：ACPから完成した脂肪酸を切断する酵素．

チオ開裂（thiolysis）：結合の開裂がチオール（−SH）基によって駆動される化学反応．

チオラーゼ（thiolase）：コレステロール合成経路において，二つのアセチルCoA分子を一つのアセトアセチルCoAに変換する酵素．

チオレドキシン（thioredoxin）：とくにジスルフィド結合の開裂をもたらす，いくつかの細胞の酸化還元反応にかかわる小さなタンパク質．

逐次モデル（sequential model）：基質分子が酵素の一つのサブユニットに結合すると，隣のサブユニットの立体構造が変わり，基質が協調的に結合するモデル．

窒素固定（nitrogen fixation）：大気中の窒素のアンモニアへの生物学的変換．

チミジル酸シンターゼ（thymidylate synthase）：新生ヌクレオチド合成においてウラシルをチミンに変換する酵素．

チミン（thymine）：DNA中に見いだされるピリミジン塩基の一つ．

中間比重リポタンパク質（intermediate density lipoprotein, IDL）：血液中に存在する超低密度リポタンパク質の誘導体．VLDLの代謝中間体．

調節タンパク質（regulatory protein）：代謝経路を介した代謝産物の流れを含む，一つ以上の細胞活性を制御するタンパク質．

超低密度リポタンパク質（very low density lipoprotein, VLDL）：肝臓で合成され，さまざまな脂質を筋肉および脂肪組織に輸送するリポタンパク質．

腸内細菌叢（microbiome）：体内もしくは体表に生きている微生物．

超ゆらぎ（superwobble）：脊椎動物のミトコンドリアにおいて起こるゆらぎの極端な形態．

超らせんDNA（supercoiled DNA）またはスーパーコイル（supercoiling）：二重らせんDNAが，さらにらせん構造がとれるように，ねじれを加えた，または除いた状態．

直接電子移動（direct electron transfer）：高エネルギー状態の（励起した）電子を隣接したクロロフィル分子に渡し，低エネルギー状態の電子を別の分子から奪い取ってもとに戻る，光化学系におけるエネルギー移動．

貯蔵デンプン合成（stored starch synthesis）：アミロプラスト中に保存される長寿命デンプンの合成．

チラコイド（thylakoid）：葉緑体のストロマ内部の互いに結合した膜構造．

チラコイド内腔（thylakoid space）：チラコイド内の内部領域．

沈降係数（sedimentation coefficient）：高密度溶液中で遠心分離したときの分子または構造物の移動速度を表すのに使用される値．

沈降反応（precipitin reaction）：溶液中で実施される免疫測定法．

通性嫌気性菌（facultative anaerobe）：ATPをつくるのに酸素を使用することができるが，酸素がなくても生育できる生物．

痛風（gout）：血中の尿酸過多によって引き起こされる病状．

低血糖（hypoglycemia）：血糖値が異常に低いレベルに達したときに生じる状態．

定常状態（steady state）：酵素-基質複合体の合成速度がその分解速度と等しくなるときに生じる状態．

低分子干渉RNA（small interfering RNA, siRNA）：遺伝子発現の制御にかかわる短い真核生物RNAの一種．

低密度リポタンパク質（low density lipoprotein, LDL）：いくつかのアポタンパク質を欠く中間密度リポタンパク質（IDL）の代謝産物．

定量的PCR法（quantitative PCR, qPCR）：既知量のDNAで開始したPCRで合成された量と，試料をもとにPCRで合成された生成物の量を比較して定量する方法．

デオキシリボ核酸（deoxyribonucleic acid）：生細胞内の二つの核酸の形態のうちの一つで，すべての細胞生命体および多くのウイルスにとっての遺伝物質．

出口部位（exit site）またはE部位（E site）：脱アシル化の直後にtRNAが移動するリボソーム内の位置．

デグラドソーム（degradosome）：細菌のmRNA分解にかかわる多酵素複合体．

デシクラーゼ（decyclase）：cAMPまたはcGMPからそれぞれATPまたはGTPを合成する酵素．

テストステロン（testosterone）：骨や筋肉合成の調節にかかわるステロイドホルモン．

鉄-硫黄クラスター（iron-sulfur cluster）またはFe-Sクラスター（Fe-S cluster）：無機硫黄原子およびシステイン側鎖の硫黄と配位した鉄原子のクラスター．

鉄-硫黄タンパク質（iron-sulfur protein）またはFe-Sタンパク質（Fe-S protein）：鉄-硫黄クラスターを含むタンパク質．

鉄応答配列（iron response element）：鉄の取込みまたは貯蔵にかかわる遺伝子の上流にある調節配列．

テトラピロール（tetrapyrrole）：四つのピロール単位をもつ化合物．

テトラループ（tetraloop）：ステム内に四つの塩基対があるステムループ構造．

テルペン（terpene）：イソプレンとよばれる基本骨格をもつ小さな炭化水素に基づく多様な脂質化合物群．

テロメラーゼ（telomerase）：テロメア反復配列を合成することによって真核生物の染色体の末端を維持する酵素．

電位依存性イオンチャネル（voltage-gated ion channel）：膜を隔てる電荷に応じてその立体構造を変化させることができる膜貫通型タンパク質．

電気泳動（electrophoresis）：電場中で帯電した分子が移動する現象．

電気化学的勾配（electrochemical gradient）：電気化学ポテンシャルの勾配で，通常，膜の両側におけるイオンの濃度差から生じる．

電気浸透（electroendosmosis）：電場によって誘導される，ゲル中の緩衝液などの液体の移動．

転座（転位，translocation）：翻訳中のmRNAに沿ったリボソームの動き．

電子伝達系（electron transport chain）：電子を供与体から受容体化合物に移動させる酸化還元反応を引き起こす一連の反応過程とその構造体．通常，膜を横切るプロトンの移動と共役する．

電子密度マップ（electron density map）：X線回折パターンから推測される，分子内の異なる位置での電子密度のプロット．

転写因子ⅡD（transcription factor ⅡD, TFⅡD）：RNAポリメラーゼⅡによって転写される遺伝子のコアプロモーターを認識するTATA結合タンパク質を含むタンパク質複合体．

転写減衰（attenuation）：いくつかの細菌において，細胞内のアミノ酸レベルに応じて，アミノ酸生合成オペロンの発現を調節する過程．

転写産物（transcript）：遺伝子を鋳型としてつくられたRNA．

転写産物特異的調節（transcript-specific regulation）：単一の転写物または関連するタンパク質をコードする転写産物の一部のグループに作用することで，タンパク質合成を調節する制御機構．

転写の基礎効率（basal rate of transcription）：特定のプロモーターで単位時間あたりに起こる生産的な転写開始数．

転写バブル（transcription bubble）：RNAポリメラーゼによって転写が起こる，二重らせんの塩基対が開裂した領域．

デンプン（starch）：植物で見られる貯蔵ホモ多糖で，すべてD-グルコース単位でできている．

デンプンシンターゼ（starch synthase）：伸長中のデンプン分子の末端にADP-グルコースを付加する酵素．

デンプン分枝酵素（starch branching enzyme）：デンプンのアミロペクチン型の分枝構造をもたらす，$\alpha(1\rightarrow 6)$結合を合成する酵素．

糖（sugar）：単糖類またはほかの短鎖の炭水化物．

同位体（isotope）：陽子数は同じだが中性子数が異なる核種．

同位体コードアフィニティータグ法（isotope-coded affinity tags, ICAT）：質量分析による分析前の標識されたそれぞれのプロテオームに使われる，$^1H$と$^2H$（あるいは$^{12}C$と$^{13}C$）を含むマーカー．

同化（anabolism）：より小さな分子からより大きな分子を構築する生化学反応．

等価ゾーン（zone of equivalence）：抗原と抗体の相対量が複合体形成に最適となる点．

糖原性（glucogenic）：分解産物がグルコースを合成するために使用することのできるアミノ酸．

糖鎖（glycan）：糖タンパク質におけるグリコシル化位置にあるオリゴ糖．

糖鎖シークエンシング（glycan sequencing）：糖鎖中の糖の配列を決定するための異なる特異性をもつエキソグリコシダーゼによる糖鎖処理．

糖脂質（glycolipid）：グリコシル化脂質．

糖質（carbohydrate）：一般的に炭水化物や糖質化合物といわれる，水素：酸素が2:1の割合で含まれる，炭素，水素，酸素でできた化合物．

糖新生（gluconeogenesis）：ピルビン酸をグルコースへ変換する経路．

透析（dialysis）：化合物の膜を通過する能力の差に基づいて液体中の化合物を分離させる方法．

糖タンパク質（glycoprotein）：グリコシル化されたタンパク質．

等電点（isoelectric point）：分子が正味の電荷をもたないpH．

等電点電気泳動（isoelectric focusing）：等電点に従ってタンパク質を分離するゲル電気泳動技術．

糖尿病（diabetes mellitus）：異常に高い血糖値を特徴とする疾患

の一群.

糖パッカー（sugar pucker）：糖の環構造の立体構造の異なる形.

頭部と尾部型（head-and-tail）：核酸を含む正二十面体の頭部と，核酸の宿主細胞への侵入を容易にする繊維状の尾部からなるバクテリオファージカプシド.

糖輸送体（glucose transporter）：哺乳動物の赤血球にグルコースを輸送する単輸送体タンパク質.

ト音記号の指（treble clef finger）：βシート成分を欠くジンクフィンガーの一種.

独立栄養生物（autotrophs）：無機化合物を，エネルギーを含む有機化合物に変換するために光や化学エネルギーを使える生物.

ドナー部位（donor site）：イントロンの5′末端のスプライス部位.

ドメイン（domain）：タンパク質の三次構造における別べつのセグメント．また，細菌，古細菌，真核生物の三つの生物グループの一つ.

トランジットペプチド（transit peptide）：タンパク質を葉緑体のそれぞれの区画に輸送する挿入配列.

トランスアミナーゼ（transaminase）：アミノ基転移反応を触媒する酵素.

トランスアルドラーゼ（transaldolase）：ペントースリン酸経路のなか（ステップ7）で，グリセルアルデヒド3-リン酸とヘプツロース7-リン酸を，フルクトース6-リン酸とエリスロース4-リン酸に変換する酵素.

トランスクリプトミクス（transcriptomics）：トランスクリプトーム研究に使われるさまざまな手法.

トランスクリプトーム（transcriptome）：細胞内または組織におけるRNAの集合.

トランスケトラーゼ（transketolase）：ペントースリン酸経路のステップ6（または8）で，キシルロース5-リン酸とリボース5-リン酸（またはエリトロース4-リン酸）を，グリセルアルデヒド3-リン酸とセドヘプツロース7-リン酸（またはフルクトース6-リン酸）に変換する酵素.

トランスファーRNA（transfer RNA, tRNA）：翻訳中にアダプターとして機能し，遺伝暗号の解読を担う小さなRNA.

トランスフェラーゼ（transferase）：ある分子からほかの分子に基を転移させる酵素.

トリアシルグリセロール（triacylglycerol）またはトリアシルグリセリド（triacylglyceride）：グリセロールに三つの脂肪酸が結合した脂質.

トリアシルグリセロールシンテターゼ（triacylglycerol synthetase）：トリグリセロール合成経路（ステップ4およびステップ5）を触媒する，ジアシルグリセロールアシルトランスフェラーゼとホスファチジン酸ホスファターゼとの酵素複合体.

トリオースキナーゼ（triose kinase）：フルクトース1-リン酸経路（ステップ3）で，グリセルアルデヒドをグリセルアルデヒド3-リン酸に変換する酵素.

トリオースリン酸イソメラーゼ（triose phosphate isomerase）：解糖系（ステップ5）で，ジヒドロキシアセトンリン酸をグリセルアルデヒド3-リン酸に変換する酵素.

トリカルボン酸回路〔tricarboxylic acid（TCA）cycle〕：解糖系で生じるピルビン酸を分解する反応回路.

トリプシン（trypsin）：食事中のタンパク質の分解を助ける，膵臓で合成されるプロテアーゼ.

トリプトファンシンターゼ（tryptophan synthase）：インドール-3-グリセロールリン酸をインドールに変換し，次いでトリプトファンに変換する，トリプトファンを合成する経路の最後の二つの段階を触媒する酵素.

トレオニンデヒドラターゼ（threonine dehydratase）：イソロイシン合成の決定段階で，トレオニンをα-ケト酪酸に変換する酵素.

トレーラーセグメント（trailer segment）：終止コドンの下流にあるmRNAの非翻訳領域.

トロポニン（troponin）：筋収縮にかかわるタンパク質.

トロンビン（thrombin）：血液凝固にかかわるタンパク質.

トロンボキサン（thromboxane）：イコサノイドの一種.

ナイアシン（niacin）：補因子$NAD^+$と$NADP^+$の前駆体のビタミン$B_3$.

内因性ターミネーター（intrinsic terminator）：Rhoの関与なしに転写の終結が起こる細菌DNA中の位置.

内腔標的配列（luminal targeting sequence）：葉緑体内のチラコイドにタンパク質を誘導するソーティング配列.

内在性膜タンパク質（integral membrane protein）：脂質二重層に埋まって存在し，脂質二重層を破壊することによってのみ取りだせるタンパク質.

内部リボソーム進入部位（internal ribosome entry site, IRES）：いくつかの真核生物mRNAの内部位置でリボソームを直接結合させることができるヌクレオチド配列.

ニコチンアミドアデニンジヌクレオチド（nicotinamide adenine dinucleotide, $NAD^+$）：エネルギー生成にかかわるいくつかの酵素の補因子.

ニコチンアミドアデニンジヌクレオチドリン酸（nicotinamide adenine dinucleotide phosphate, $NADP^+$）：同化反応にかかわるいくつかの酵素の補因子.

二次元電気泳動（two-dimensional electrophoresis）：とくにプロテオームの研究に用いられるタンパク質分離法.

二次構造（secondary structure）：ポリペプチドの異なる部分に存在しうるヘリックス，シート，およびターンなどの立体構造.

二次抗体（secondary antibody）：一次抗体を認識する抗体で，間接的ELISA法でレポーター酵素に結合させて使用する.

二重結合（double bond）：2対の電子を共有する二つの原子から生じる共有結合.

二重層（bilayer）：一般的には脂質分子の二重層.

二重膜（double membrane）：内膜と外膜からなる二つの膜.

二重らせん（double helix）：細胞内DNAの天然の形態である，塩基対をなした2本鎖構造.

二糖（disaccharide）：二つの単糖が結合してできる糖.

ニトロゲナーゼ複合体（nitrogenase complex）：窒素をアンモニアへ還元する二つの酵素の複合体.

二名法（binomial nomenclature）：生物種の命名法.

乳酸デヒドロゲナーゼ（lactate dehydrogenase）：ピルビン酸を乳酸に変換する酵素.

ニューロン（neuron）：神経細胞.

尿酸（uric acid）：アデニンおよびグアニンから変換されるプリン塩基で排泄される.

尿酸排泄型（uricotelic）：尿酸の形で窒素を尿中に排泄する種.

尿素回路（urea cycle）：ヒトおよびほかの尿素排泄型生物が使用する，アンモニアを尿素に変換する経路.

尿素排泄型（ureotelic）：アンモニアを尿素に変換し，尿中に排泄する種.

認識ヘリックス（recognition helix）：標的ヌクレオチド配列の認識に関与する，DNA結合タンパク質のαヘリックス.

ヌクレアーゼ（nuclease）：核酸分子を分解する酵素.

ヌクレアーゼ保護（nuclease protection）：ヌクレアーゼ分解を用いてDNAまたはRNA上のタンパク質の結合位置を決定する技術.

ヌクレオシド（nucleoside）：五炭糖に結合したプリンまたはピリミジン塩基.

ヌクレオシド一リン酸キナーゼ（nucleoside monophosphate kinase）：ヌクレオチド合成のサルベージ経路において，AMP 以外のヌクレオシド一リン酸をその二リン酸に変換する酵素.

ヌクレオシド二リン酸キナーゼ（nucleoside diphosphate kinase）：ヌクレオチド合成のサルベージ経路において，ヌクレオシド二リン酸をその三リン酸に変換する酵素.

ヌクレオソーム（nucleosome）：クロマチンの基本構造単位であるヒストンと DNA の複合体.

ヌクレオチダーゼ（nucleotidase）：ヌクレオチドをヌクレオシドとリン酸基に変換する酵素.

ヌクレオチド（nucleotide）：一リン酸，二リン酸，または三リン酸が結合した五炭糖を結合しているプリンまたはピリミジン塩基で，DNA および RNA の単量体単位.

ヌクレオチド交換因子（nucleotide exchange factor）：タンパク質に結合したヌクレオチド二リン酸をヌクレオチド三リン酸に置換するタンパク質.

ヌクレオチド除去修復（nucleotide excision repair）：ポリヌクレオチドの領域を切除して再合成することによってさまざまな種類の DNA 損傷を修正する修復過程.

熱ショックモジュール（heat shock module）：熱損傷からの細胞の保護にかかわる遺伝子の上流の調節配列.

粘着末端（cohesive end または sticky end）：突出した 1 本鎖が存在する 2 本鎖 DNA の末端.

能動輸送（active transport）：エネルギーを必要とする過程による分子またはイオンの膜を横切る移動.

囊胞性線維症膜貫通調節因子（cystic fibrosis transmembrane regulator, CFTR）：ABC 輸送体で，細胞外へ $Cl^-$ イオンを輸送する役割を担い，欠陥の場合には囊胞性線維症を引き起こす.

ノッド因子（nod factor）：脂肪酸側鎖をもつ短いオリゴ糖で，窒素固定細菌から分泌され，適した宿主植物に細菌の存在を知らせる.

ノルエピネフリン（norepinephrine）：さまざまな生理学および生化学的活動を制御するホルモン.

ノンコーディング RNA（noncoding RNA）：タンパク質をコードしない RNA.

## は

配位結合（coordinate bond）：金属タンパク質において，金属イオンとアミノ酸側鎖のあいだで結合を形成する二つの原子の一方からのみ電子が提供される共有結合.

配位圏（coordination sphere）：金属イオンおよびそれが結合しているアミノ酸側鎖を含む金属タンパク質内の構造.

配位中心（coordination center）：配位圏内の金属イオン.

バイオフィルム（biofilm）：固体表面に付着した細菌が互いに接着した集まりで，通常は粘りの強いマトリックスに埋め込まれている.

ハイブリドーマ（hybridoma）：モノクローナル抗体を合成するリンパ球とマウスメラノーマ細胞との融合物.

配列（sequence）：ポリマー中の構成単位の順序．たとえばポリペプチド中のアミノ酸の順序.

配列情報依存性コドン再割り当て（context-dependent codon reassignment）：コドン周辺の DNA 配列がそのコドンの意味を変化させる状況.

配列特異的 DNA 結合タンパク質（sequence-specific DNA-binding protein）：しばしば隣接する遺伝子の転写速度に影響を与える，DNA 上の特定の配列を認識して結合するタンパク質.

パイロシークエンシング（pyrosequencing）：遊離したピロリン酸の化学発光への変換によって，伸長中のポリヌクレオチドの末端へのヌクレオチドの付加を直接的に検出する DNA 配列決定法.

ハウスキーピング遺伝子（housekeeping gene）：多細胞生物の全細胞または少なくとも大部分の細胞で絶え間なく発現しているタンパク質をコードする遺伝子.

薄層クロマトグラフィー（thin layer chromatography）：固定相がプラスチックシート上に積層されたクロマトグラフィー.

バクテリオクロロフィル（bacteriochlorophyll）：光合成細菌で集光性色素として作用するクロロフィルに関連するポルフィリン.

バクテリオファージ（bacteriophage）またはファージ（phage）：宿主が細菌であるウイルス.

バクテロイド（bacteroid）：根粒内の窒素固定細菌の分化型.

発エルゴン反応（exergonic）：エネルギーを放出する化学反応.

発現配列（expressed sequence）：エキソン.

発現プロテオミクス（expression proteomics）：プロテオーム中のタンパク質の同定に使われる手法.

発現ベクター（expression vector）：ベクターに挿入された外来遺伝子が宿主生物において発現するように設計されたクローニングベクター.

発生プロモーター配列（developmental promoter element）：特定の発生段階で活性である遺伝子の発現を調節するタンパク質に結合する真核生物プロモーター内の配列.

発達（development）：細胞または生物の生活史で起こる組織的な一過性および永続的な一連の変化.

ハーバー法（Haber process）：窒素をアンモニアに還元するための非生物学的過程.

パルスラベル（pulse labeling）：細胞内である分子の合成，分解過程を調べるために，ある一定時間だけ標識された前駆体分子を取り込ませる実験技術.

半減期（half-life）：試料中の原子や分子の半分が崩壊または分解するのに必要な時間.

半合成抗生物質（semi-synthetic antibiotic）：天然抗生物質の化学修飾によって得られる抗生物質.

パントテン酸（pantothenic acid）：補酵素 A の前駆体であるビタミン $B_5$.

反応中心（reaction center）：太陽光からのエネルギーが変換される，光化学系の中心的構成要素.

ハンマーヘッド型構造（hammerhead）：いくつかのウイルソイドやウイロイドに見いだされるリボザイム活性をもつ RNA 構造.

ヒアルロン酸（hyaluronic acid）：$N$-アセチルグルコサミンと D-グルクロン酸が交互に結合してできるヘテロ多糖.

ビオチン（biotin）：ビタミン $B_7$. いくつかのカルボキシラーゼ酵素の補酵素.

光回復（photoreactivation）：シクロブチル二量体および（6-4）光産物が光活性化酵素により修復される DNA 修復過程.

光呼吸（photorespiration）：2-ホスホグリコール酸を 3-ホスホグリセリン酸に変換し，これを用いてカルビン回路を阻害する 2-ホスホグリコール酸の蓄積を防止する一連の反応.

光産物（photoproduct）：DNA の紫外線照射処理による修飾ヌクレオチド.

光ピンセット（optical tweezer）：個々の分子を操作するために使用できるレーザー装置.

光防御（photoprotection）：強光条件下での損傷を避けるために光化学系を保護する過程.

光捕捉（light harvesting）：光合成生物による太陽光からのエネルギーの吸収.

非競合的可逆的阻害（non-competitive reversible inhibition）：酵

素の活性部位から離れた場所に結合するため，基質と競合しない可逆阻害剤．

**非光化学的消光**（non-photochemical quenching, **NPQ**）：励起されたクロロフィル分子からクエンチング化合物へのエネルギーの移動と，エネルギーの熱としての散逸．

**非酸素発生型光合成**（anoxygenic photosynthesis）：水を電子供与体として使用せず，したがって酸素を生成しない細菌の光合成．

**ヒストン**（histone）：ヌクレオソームに見られる塩基性タンパク質の一つ．

**ヒストンアセチルトランスフェラーゼ**（histone acetyltransferase, **HAT**）：アセチル基をコアヒストンに結合させる酵素．

**ヒストンコード**（histone code）：ヒストンタンパク質における化学的修飾の様式が，特定の時期にどの遺伝子が発現されるかを指定することにより，さまざまな細胞活性に影響を与えるという仮説．

**ヒストンデアセチラーゼ**（histone deacetylase, **HDAC**）：コアヒストンからアセチル基を除去する酵素．

**非相同末端連結**（nonhomologous end-joining, **NHEJ**）：DNA の 2 本鎖切断の修復過程の一つ．

**ビタミン D**（vitamin D）：さまざまな生理学的および生化学的役割をもつステロイド誘導体の一群．

**ビタミン $D_3$**（vitamin $D_3$）：ビタミン D 群の一つ．

**必須アミノ酸**（essential amino acid）：種によっては合成することができないために食餌から摂取しなければならないアミノ酸．

**ヒドロキシアシル CoA デヒドロゲナーゼ**（hydroxyacyl CoA dehydrogenase）：脂肪酸分解経路のなか（ステップ 3）で，3-ヒドロキシアシル CoA を 3-ケトアシル CoA に変換する酵素．

**3-ヒドロキシアシル-ACP デヒドラターゼ**（3-hydroxyacyl-ACP dehydratase）：脂肪酸合成経路のなか（ステップ 3）で，D-3-ヒドロキシブチリル ACP をクロトニル ACP に変換する酵素．

**3-ヒドロキシ-3-メチルグルタリル CoA**（3-hydroxy-3-methylglutaryl CoA, **HMG CoA**）：ステロール化合物合成の中間体．

**ヒドロニウムイオン**（hydronium ion）：プロトンと水分子が結合した生成物．$H_3O^+$．

**ヒドロラーゼ**（**加水分解酵素**, hydrolase）：加水分解反応により化学結合を切断する酵素．

**非偏光**（unpolarized）：自然光のこと．異なる光子の電場は異なる方向に振動する．

**表在性膜タンパク質**（peripheral membrane protein）：膜表面に比較的緩やかに結合し，脂質二重層を溶解することなく取りだせるタンパク質．

**標識**（**ラベル**, labeling）：核酸分子などへのマーカーの結合．マーカーは多くの場合，放射性または蛍光物質である．

**標準酸化還元電位**（standard redox potential, $E^{0'}$）：ボルトで表す，標準条件下での化合物の酸化還元電位の尺度．

**標準自由エネルギー変化**（standard free energy change, $\Delta G^{0'}$）：pH 7.0 の標準条件下，モル量あたりの反応物が反応するときの $\Delta G$ の尺度．

**ピリドキサールリン酸**（pyridoxal phosphate）：ビタミン $B_6$ 誘導体で，トランスアミナーゼ酵素の補因子．

**ピリミジン**（pyrimidine）：ヌクレオチドに見られる 2 種類の窒素含有塩基のうちの一つ．

**ピルビン酸**（pyruvate）：解糖系の生成物である三炭糖．

**ピルビン酸カルボキシラーゼ**（pyruvate carboxylase）：糖新生の過程およびミトコンドリアから細胞質へのアセチル CoA の輸送過程において，ピルビン酸をオキサロ酢酸に変換する酵素．

**ピルビン酸キナーゼ**（pyruvate kinase）：解糖経路のなか（ステップ 10）で，ホスホエノールピルビン酸をピルビン酸にする変換する酵素．

**ピルビン酸-$P_i$ ジキナーゼ**（pyruvate-$P_i$ dikinase）：$C_4$ 植物の葉肉細胞において，ピルビン酸をホスホエノールピルビン酸に変換する酵素．

**ピルビン酸デカルボキシラーゼ**（pyruvate decarboxylase）：アルコール発酵のなか（ステップ 1）で，ピルビン酸をアセトアルデヒドに変換する酵素．

**ピルビン酸デヒドロゲナーゼ**（pyruvate dehydrogenase）：ピルビン酸を二酸化炭素と酢酸に変換する酵素．ピルビン酸デヒドロゲナーゼ複合体の一部．

**ピルビン酸デヒドロゲナーゼキナーゼ**（pyruvate dehydrogenase kinase）：ピルビン酸デヒドロゲナーゼ複合体をリン酸化して，不活性化する酵素．

**ピルビン酸デヒドロゲナーゼ複合体**（pyruvate dehydrogenase complex）：ピルビン酸をアセチル CoA に変換する，三つの酵素の複合体．

**ピルビン酸デヒドロゲナーゼホスファターゼ**（pyruvate dehydrogenase phosphatase）：ピルビン酸デヒドロゲナーゼ複合体を脱リン酸化し，活性化する酵素．

**ファーミング**（pharming）：組換え医薬用タンパク質を乳房で合成させて，ミルク中に放出できるようにする家畜の遺伝子改変．

**ファンデルワールス力**（van der Waals forces）：二つの双極子原子間の引力を含む弱い相互作用．

**フィコビリン**（phycobilin）：多くの光合成細菌に見られる集光性色素の一種．

**フィッシャー投影式**（Fischer projection）：炭素原子周辺の化学基の四面体配置の二次元表記法．

**フィトクロム**（phytochrome）：植物の生理学的および光に対する生化学的応答を調整する，哺乳類の胆汁酸色素に相当する植物色素．

**フィードバック制御**（feedback regulation）：最終生成物がその経路の初期段階を触媒する酵素の可逆的阻害剤として作用することにより，それ自身の合成速度を制御すること．

**封入体**（inclusion body）：一般的には，大量の不溶性タンパク質を含有する，細胞内の結晶性または準結晶性の凝固物．

**フェニルケトン尿症**（phenylketonuria）：フェニルアラニンヒドロキシラーゼ遺伝子の欠損に起因する疾患．

**フェレドキシン**（ferredoxin）：Fe-S タンパク質．光合成の電子伝達系の成分．

**フェレドキシン-チオレドキシンレダクターゼ**（ferredoxin-thioredoxin reductase）：チオレドキシンを還元する酵素．

**フォールディング経路**（folding pathway）：折りたたまれていないタンパク質が正しい三次構造に達する一連の事象．

**フォールディングファネル**（folding funnel）：タンパク質が徐々にその最終的構造をとる一連のイベントを説明するのに用いられる概念．

**不可逆的阻害剤**（irreversible inhibitor）：酵素の活性に永続的に影響を与える阻害剤．

**副溝**（**小さい溝**, minor groove）：B 形 DNA の表面にある二つの溝のうちの小さいほうの溝．

**複合体 A**（complex A）：mRNA および U1-snRNP および U2-snRNP を含むスプライシング中間体．

**複合体 B**（complex B）：mRNA および U1, U2, U4, U5, U6-snRNP を含むスプライシング中間体．

**副腎白質ジストロフィー**（adrenoleukodystrophy, **ALD**）：長鎖脂肪酸をペルオキシソームに輸送できず分解できないために引き起こされる遺伝的疾患．

**副腎皮質刺激ホルモン**（adrenocorticotropic hormone）：下垂体前葉によって合成され，さまざまな生理活性および生化学活性を制

御するホルモン.

**複製起点**（origin of replication）：複製が開始する DNA 上の部位.

**複製起点認識複合体**（origin recognition complex）：酵母 DNA の複製起点に結合するタンパク質群.

**複製後修復**（post-replicative repair）：複製過程における異常の結果として生じる切断された娘 DNA を修復する過程.

**複製フォーク**（replication fork）：DNA 複製が起こるのを可能にするために塩基対が開かれた 2 本鎖 DNA の領域.

**フコキサンチン**（fucoxanthin）：褐藻類に見られる集光性色素.

**負のアロステリック調節**（negative allosteric control）：エフェクター分子の結合による酵素活性の阻害.

**不飽和**（unsaturated）：一つまたはそれ以上の C＝C 二重結合をもつこと.

**不飽和化酵素**（desaturase）：脂肪酸合成中に二重結合を炭化水素鎖に導入する酵素複合体の一部.

**フマラーゼ**（fumarase）：TCA 回路（ステップ 7）で，フマル酸をリンゴ酸に変換する酵素.

**浮遊密度**（buoyant density）：塩または糖の水溶液に懸濁させたときの，分子または粒子密度.

**プライマー**（primer）：DNA およびいくつかの多糖類の合成において，より長いポリマーの合成を開始するために少数のモノマーを連結したもの.

**プライマーゼ**（primase）：細菌 DNA 複製中に RNA プライマーを合成する RNA ポリメラーゼ酵素.

**プライモソーム**（primosome）：ゲノム複製にかかわるタンパク質複合体.

**フラグメントイオン**（fragment ion）：質量分析のイオン化段階のあいだの，分子の断片化により生じるイオン.

**プラストキノン**（plastoquinone, PQ）：光合成電子伝達系の成分の，修飾されたベンゼン環を含む脂溶性化合物.

**プラストシアニン**（plastocyanin, PC）：光合成電子伝達系の成分の，銅含有タンパク質.

**プラスミド**（plasmid）：おもに宿主染色体とは独立した，細菌およびほかの種類の細胞にしばしば見られる，通常は環状の DNA 分子.

**フラノース**（furanose）：リボースのような五炭糖の環状構造.

**フラビンアデニンジヌクレオチド**（flavin adenine dinucleotide, FAD）：エネルギー生成にかかわるいくつかの酵素に対する補因子.

**フラビンモノヌクレオチド**（flavin mononucleotide, FMN）：エネルギー生成にかかわるいくつかの酵素に対する補因子.

**フラボノイド**（flavonoid）：窒素固定細菌の誘引物質として作用する植物の根によって分泌される有機化合物.

**プリオン**（prion）：タンパク質のみからなる異常な病原体.

**プリン**（purine）：ヌクレオチドに見られる 2 種類の窒素含有塩基のうちの一つ.

**フルクトキナーゼ**（fructokinase）：フルクトース 1-リン酸経路（ステップ 1）で，フルクトースをフルクトース 1-リン酸に変換する酵素.

**フルクトース 1,6-ビスホスファターゼ**（fructose 1,6-bisphosphatase）：スクロース合成中および糖新生時に，フルクトース 1,6-ビスリン酸をフルクトース 6-リン酸に変換する酵素.

**フルクトースビスホスファターゼ 2**（fructose bisphosphatase 2）：解糖系の基質レベルの調節において，フルクトース 2,6-ビスリン酸をフルクトース 6-リン酸に変換する酵素.

**フルクトース 1-リン酸アルドラーゼ**（fructose 1-phosphate aldolase）：フルクトース 1-リン酸経路（ステップ 2）で，フルクトース 1-リン酸をグリセルアルデヒドおよびジヒドロキシアセトンリン酸に変換する酵素.

**フルクトース 1-リン酸経路**（fructose 1-phosphate pathway）：肝細胞において，フルクトースが解糖系へ入るための代謝経路.

**プレグネノロン**（pregnenolone）：ステロールおよびステロイドホルモン合成の前駆体.

**プレビタミン $D_3$**（previtamin $D_3$）：ビタミン D の合成における中間体.

**プレプライミング複合体**（prepriming complex）：細菌における複製の開始前に一過性に形成されたタンパク質の複合体.

**フレームシフト**（frameshift）：遺伝子内で，あるリーディングフレームから別のリーディングフレームとしてリボソームが認識すること.

**不連続遺伝子**（discontinuous gene）：エキソンとイントロンをもつ遺伝子.

**プログラムされたフレームシフト**（programmed frameshifting）：遺伝子内で一つのリーディングフレームから別のリーディングフレームへリボソームを移すように人工的に改変すること.

**プロゲステロン**（progesterone）：妊娠，月経，および胚発生の制御にかかわるステロイドホルモン.

**プロスタグランジン**（prostaglandin）：イコサノイドの一種.

**プロテアソーム**（proteasome）：タンパク質の分解にかかわる多量体タンパク質.

**プロテインキナーゼ A**（protein kinase A）：細胞の cAMP レベルの上昇に応答して活性化されるリン酸化酵素.

**プロテインホスファターゼ**（protein phosphatase）：タンパク質に結合したリン酸基を除去する酵素．たとえば，グリコーゲン代謝を制御するグリコーゲンホスホリラーゼやグリコーゲンシンターゼが脱リン酸化される.

**プロテインホスファターゼ 2A**（protein phosphatase 2A）：一つの機能は，脂肪酸合成を制御する調節過程の一部として，アセチル CoA カルボキシラーゼを脱リン酸化して活性化する酵素.

**プロテオミクス**（proteomics）：プロテオームにかかわる研究.

**プロテオーム**（proteome）：生細胞によって合成されたタンパク質の総体.

**プロトマー**（protomer）：ウイルスのタンパク質被膜をつくるために結合するポリペプチドサブユニットの一つ.

**プロピオニル CoA カルボキシラーゼ**（propionyl CoA carboxylase）：炭素数が奇数の脂肪酸の分解中，プロピオニル CoA からメチルマロニル CoA へ変換する酵素.

**プロホルモン転換酵素**（prohormone convertase）：プロホルモンを活性ホルモンに変換するためのエンドペプチダーゼ.

**プロモーター**（promoter）：RNA ポリメラーゼ結合のためのシグナルとして作用する，遺伝子の上流にあるヌクレオチド配列.

**プロリンリッチドメイン**（proline-rich domain）：アミノ酸の二次配列のなかでプロリンを多くもつ領域で，活性化ドメインの一種.

**分化**（differentiation）：特殊な生化学的および/または生理学的役割を細胞が獲得すること.

**分子イオン**（molecular ion）：質量分析前のソフトイオン化によりイオン化された分子.

**分子シャペロン**（molecular chaperone）：ほかのタンパク質の折りたたみを助けるタンパク質.

**分子量**（molecular mass）：分子を構成する個々の原子の質量の和として算出される分子の質量.

**分配係数**（partition coefficient）：クロマトグラフィーにおける固定相と物質の相互作用の度合い.

**平滑末端**（blunt end または flush end）：突出した 1 本鎖のない，どちらの鎖も同じヌクレオチド位置で終結する DNA の末端.

**平行 β シート**（parallel β-sheet）：複数の β シートが同じ方向を向

いた構造.

**閉鎖型プロモーター複合体**（closed promoter complex）：転写開始複合体の会合の最初のステップで形成される構造．塩基対の開裂によって DNA が開く前にプロモーターに結合する．RNA ポリメラーゼおよび/または補助的タンパク質からなる．

**平面偏光**（plane-polarized light）：特定方向に沿って振動する電場をもつ光．

**ヘキソキナーゼ**（hexokinase）：解糖系のなか（ステップ 1）で，グルコースをグルコース 6-リン酸に変換する酵素．

**ヘキソース-リン酸経路**（hexose monophosphate shunt）：ペントースリン酸経路の別名．

**ヘテロ多糖**（heteropolysaccharide）：複数種の単糖が結合した多糖類．

**ペーパークロマトグラフィー**（paper chromatography）：固定相が紙の薄片であるクロマトグラフィー．

**ペプチジルトランスフェラーゼ**（peptidyl transferase）：翻訳中にペプチド結合を合成する酵素．

**ペプチジル部位**（peptidyl site）または **P 部位**（P site）：翻訳中に成長中のポリペプチドに結合した tRNA によって占有されるリボソーム中の部位．

**ペプチド**（peptide）：長さが 50 アミノ酸未満の短いポリペプチド．

**ペプチド基**（peptide group）：2 個の α 炭素および C, O, N, および H 原子からなる二つのアミノ酸間の結合部分．

**ペプチドグリカン**（peptidoglycan）：タンパク質-糖複合体よりなる細菌細胞壁の主要な構成成分．

**ペプチド結合**（peptide bond）：ポリペプチド中の隣接アミノ酸間の化学結合．

**ペプチドマスフィンガープリント法**（peptide mass fingerprinting）：配列特異的プロテアーゼ処理によって生成されるペプチドの質量分析によるタンパク質の同定．

**ヘリカーゼ**（helicase）：2 本鎖 DNA の塩基対を解裂する酵素．

**ヘリックス-ターン-ヘリックスモチーフ**（helix–turn–helix motif）：特定のタンパク質を結合させる DNA の共通の構造モチーフ．

**変異**（mutation）：DNA のヌクレオチド配列の変化．

**変異原**（mutagen）：DNA 中の突然変異を引き起こしうる化学的または物理的物質．

**変性**（denaturation）：タンパク質および核酸の二次および高次構造を維持する，水素結合のような非共有結合を化学的または物理的手段により破壊すること．

**偏性嫌気性菌**（obligate anaerobe）：酸素をまったく必要としない生物．

**偏性好気性菌**（obligate aerobe）：生きるために必ず酸素を必要とする生物．

**変旋光**（mutarotation）：二つのアノマー間の相互変換．

**ペントース**（pentose）：五つの炭素原子を含む糖．

**ペントースリン酸イソメラーゼ**（phosphopentose isomerase）：ペントースのリン酸経路のなか（ステップ 4）で，リブロース 5-リン酸をリボース 5-リン酸に変換する酵素．

**ペントースリン酸エピメラーゼ**（phosphopentose epimerase）：ペントースリン酸経路のなか（ステップ 5）で，リブロース 5-リン酸をキシルロース 5-リン酸に変換する酵素．

**ペントースリン酸経路**（pentose phosphate pathway）：NADPH を生成する一連の生化学反応．

**鞭毛**（flagella）：ある種の細胞に運動能力を与える構造．

**補因子**（cofactor）：酵素がその生化学反応を行うために必要とするイオンまたは分子．

**放線菌**（actinomycetes）：糸状性細菌の一つ．

**飽和**（saturated）：C=C 二重結合を欠くこと．

**補欠分子族**（prosthetic group）：酵素と永続的にまたは一過的に結合する有機または無機化合物の補因子．

**補酵素**（coenzyme）：酵素的反応で補因子として作用する有機化合物．

**保持配列**（retention signal）：タンパク質を小胞体にとどめておくための配列．

**補助色素**（accessory pigment）：光合成組織のクロロフィル以外の集光性色素．

**ポストスプライソソーム複合体**（post-spliceosome complex）：mRNA のスプライシング反応の初期段階における複合体．

**ホスファターゼ**（phosphatase）：ほかのタンパク質からリン酸基を除去する酵素．

**ホスファチジルイノシトール 4,5-ビスリン酸**〔phosphatidylinositol-4,5-bisphosphate, $PtdIns(4,5)P_2$〕：セカンドメッセンジャーシグナル伝達にかかわる細胞膜脂質の一つ．

**ホスファチジルグリセロール**（phosphatidylglycerol）：頭部基がグリセロールのグリセロリン脂質．

**ホスファチジルセリン**（phosphatidylserine）：頭部基がセリンのグリセロリン脂質．

**ホスファチジン酸**（phosphatidic acid）：頭部基がリン酸のみのグリセロリン脂質．

**ホスファチジン酸ホスファターゼ**（phosphatidate phosphatase）：トリアシルグリセロール合成経路のなか（ステップ 4）で，ホスファチジン酸をジアシルグリセロールに変換する酵素．

**ホスホエノールピルビン酸カルボキシキナーゼ**（phosphoenolpyruvate carboxykinase）：糖新生でオキサロ酢酸をホスホエノールピルビン酸に変換する酵素．

**ホスホエノールピルビン酸カルボキシラーゼ**（phosphoenolpyruvate carboxylase）：$C_4$ および CAM 植物において二酸化炭素およびホスホエノールピルビン酸をオキサロ酢酸に変換する酵素．

**ホスホグリセリン酸キナーゼ**（phosphoglycerate kinase）：解糖系のなか（ステップ 7）およびカルビン回路のなか（ステップ 2）での逆反応で，1,3-ビスホスホグリセリン酸を 3-ホスホグリセリン酸に変換する酵素．

**ホスホグリセリン酸ムターゼ**（phosphoglycerate mutase）：解糖系のなか（ステップ 8）で，3-ホスホグリセリン酸を 2-ホスホグリセリン酸に変換する酵素．

**ホスホグルコイソメラーゼ**（phosphoglucoisomerase）：解糖系のなか（ステップ 2）で，6-リン酸をフルクトース 6-リン酸に変換する酵素．

**ホスホグルコムターゼ**（phosphoglucomutase）：ガラクトース-グルコース相互変換経路のなか（ステップ 4）およびグリコーゲン分解中に，グルコース 1-リン酸をグルコース 6-リン酸に変換し，スクロース合成経路で逆反応を行う酵素．

**ホスホグルコン酸経路**（phosphogluconate pathway）：ペントースリン酸経路の別名．

**6-ホスホグルコン酸デヒドロゲナーゼ**（6-phosphogluconate dehydrogenase）：ペントース-リン酸経路のなか（ステップ 3）で，6-ホスホグルコン酸をリブロース 5-リン酸に変換する酵素．

**ホスホジエステラーゼ**（phosphodiesterase）：ホスホジエステル結合を分解する酵素．

**ホスホジエステル結合**（phosphodiester bond）：ポリヌクレオチド中のヌクレオチド間の化学結合のように，リン酸の二つのヒドロキシ基がかかわる結合．

**ホスホパンテテイン**（phosphopantetheine）：ビタミン $B_5$ 由来の補欠分子族．

**ホスホフルクトキナーゼ**（phosphofructokinase）：解糖系のなか（ステップ 3）で，フルクトース 6-リン酸をフルクトース 1,6-ビスリ

ン酸に変換する酵素.

**ホスホフルクトキナーゼ2**（phosphofructokinase 2）：基質レベルの解糖の調節にかかわる，フルクトース6-リン酸からの2,6-ビスホスフェートを合成する酵素.

**ホスホリボシルピロリン酸**（phosphoribosyl pyrophosphate, **PPRP**）：芳香族アミノ酸の合成中間体で，リボースの炭素1にピロリン酸および炭素5にリン酸をもつ.

**ホスホリラーゼキナーゼ**（phosphorylase kinase）：リン酸基の付加によって，グリコーゲンホスホリラーゼ $b$ をグリコーゲンホスホリラーゼ $a$ に変換してグリコーゲンホスホリラーゼを活性化する酵素.

**補体系**（complement system）：免疫反応の一部で，細菌の細胞膜を破壊して細菌の死をもたらす，酵素とほかのいくつかのタンパク質群.

**ホモ多糖**（homopolysaccharide）：すべて同じ単糖からなる多糖類.

**ポリ(A)尾部**〔poly(A)tail〕：真核生物のmRNAの3′末端に直列に結合した一連のアデニン.

**ポリ(A)ポリメラーゼ**〔poly(A)polymerase〕：真核生物のmRNAの3′末端にポリ(A)尾部をつける酵素.

**ポリアクリルアミド**（polyacrylamide）：$N, N$-メチレンビスアクリルアミド単位で架橋されたアクリルアミドの鎖からなるゲル.

**ポリアデニル酸結合タンパク質**（polyadenylate-binding protein, **PABP**）：真核生物mRNAのポリアデニル化過程で，ポリ(A)ポリメラーゼを助け，合成後にポリ(A)尾部を維持する役割を担うタンパク質.

**ポリクローナル抗体**（polyclonal antibody）：複数のエピトープを認識する免疫グロブリンの混合物.

**ポリソーム**（polysome）：同時に複数のリボソームによって翻訳されているmRNAとリボソームの複合体.

**ポリタンパク質**（polyprotein）：一連の成熟タンパク質が限定分解によって生成する前のタンパク質前駆体.

**ポリヌクレオチド**（polynucleotide）：1本鎖DNAまたはRNA.

**ポリヌクレオチドホスホリラーゼ**（polynucleotide phosphorylase, **PNPase**）：デグラドソームの成分.

**ポリピリミジン領域**（polypyrimidine tract）：GU-AGイントロンの3′末端に近いピリミジンが豊富な領域.

**ポリペプチド**（polypeptide）：アミノ酸がアミド結合でつながった重合体.

**ポリマー**（**重合体**, polymer）：同一または類似の化学単位の鎖からなる化合物.

**ポリメラーゼ連鎖反応**（polymerase chain reaction, **PCR**）：標的DNA配列の酵素を用いた増幅によって，DNAのコピーを複数生みださせる技術.

**ポリリボソーム**（polyribosome）：ポリソームと同義.

**ポーリン**（porin）：バレル様構造をもってチャネルを形成する膜貫通型タンパク質.

**ポルフィリン**（porphyrin）：ヘムとクロロフィルを含む化合物の種類.

**ポルフォビリノーゲンデアミナーゼ**（porphobilinogen deaminase）：テトラピロール合成中，四つのポルフォビリノーゲン分子を一つのウロポルフィリノーゲンに変換する酵素.

**ホルモン**（hormone）：動物の循環系に分泌され，遠隔組織における生化学的活性に影響を及ぼすシグナル伝達分子.

**ホルモン応答配列**（hormone response element）：ホルモンの調節効果を媒介する遺伝子のプロモーター領域内のヌクレオチド配列.

**ホロ酵素**（holoenzyme）：酵素と補因子の複合体.また，コア酵素と補助的なタンパク質サブユニットとの複合体.たとえば，プロモーター配列を認識できるサブユニット組成 $\alpha_2\beta\beta'\sigma$ の大腸菌RNAポリメラーゼ.

**翻訳**（translation）：遺伝コードの規則に従ってmRNAのヌクレオチド配列によってアミノ酸配列が決定されるポリペプチドの合成.

**翻訳後修飾**（post-translational processing）：タンパク質がmRNAの翻訳によって合成されたあとに起こる物理的および/または化学的タンパク質修飾.

**マイクロRNA**（microRNA, **miRNA**）：真核生物の遺伝子発現にかかわる短いRNA.

**マイクロアレイ分析**（microarray analysis）：トランスクリプトーム研究における解析法の一つ．すべての遺伝子をカバーするDNAが塗布された小さな穴のなかで試料中のmRNAを検出する方法.

**マイナースプライソソーム**（minor spliceosome）：AU-ACイントロンのスプライソソーム.

**膜間腔**（intermembrane space）：ミトコンドリア外膜と内膜のあいだの空間.

**膜貫通タンパク質**（transmembrane protein）：脂質二重層全体にまたがる内在性膜タンパク質.

**膜電位**（membrane potential）：膜を隔てた電荷の偏り.

**末端デオキシヌクレオチジルトランスフェラーゼ**（terminal deoxynucleotidyl transferase）：DNAの3′末端に一つまたはそれ以上のヌクレオチドを付加する酵素.

**マトリックス支援レーザー脱離イオン化-飛行時間型**（matrix-assisted laser desorption ionization time of flight, **MALDI-TOF**）：プロテオミクスで使用される質量分析の一種.

**マメ科植物**（legume）：窒素固定できる植物の一群.

**マロニルトランスフェラーゼ**（malonyl transferase）：脂肪酸合成中にマロニルCoAからACPにマロニル基を転移させる酵素.

**マンノース6-リン酸受容体**（mannose 6-phosphate receptor）：マンノース6-リン酸が結合したタンパク質を認識するゴルジ体のトランス側の嚢の内面に存在するタンパク質.

**ミカエリス定数**（Michaelis constant, $K_m$）：酵素触媒反応の速度が最大値の半分である基質濃度で，酵素の基質に対する親和性の尺度.

**ミカエリス・メンテン式**（Michaelis-Menten equation）：酵素触媒反応における基質濃度 $V_{max}$ と $K_m$ との関係を表す式.

**ミスマッチ**（mismatch）：ヌクレオチドが相補的ではないため塩基対形成が起こらない，2本鎖DNAまたはRNA中で，複製の誤りなどに起因する非塩基対.

**ミセル**（micelle）：親水性基は水に面し，疎水性基は内部に埋め込まれている両親媒性分子の球状集合体.

**密度勾配遠心法**（density gradient cetrifugation）：密度勾配を形成した媒体を介して細胞画分などを遠心分離し，個々の成分を分離する技術.

**ミトコンドリア**（mitochondria）：mitochondrionはミトコンドリアの単数形．真核細胞のエネルギー生成を担う細胞小器官.

**ミトコンドリア外膜**（outer mitochondrial membrane）：二つのミトコンドリア膜の外側の膜.

**ミトコンドリアシャトル**（mitochondrial shuttle）：化合物がミトコンドリア内膜を通過することを可能にする輸送タンパク質.

**ミトコンドリアターゲティング配列**（mitochondrial targeting sequence）：タンパク質をミトコンドリアマトリックスに輸送する10～70アミノ酸の挿入配列.

**ミトコンドリア内膜**（inner mitochondrial membrane）：二つのミ

トコンドリア膜の内側の膜.

ミトコンドリアピルビン酸輸送体（mitochondrial pyruvate carrier）：ピルビン酸をミトコンドリア内膜を介して輸送する内在性膜タンパク質.

ミトコンドリアマトリックス（mitochondrial matrix）：ミトコンドリア内膜に囲まれたミトコンドリア内空間.

無益回路（futile cycle）：基質が生成物に変換され，次いで逆反応で基質に戻り，エネルギーの浪費が生じるという，二つの代謝経路がある場合に発生する回路.

無細胞翻訳系（cell-free translation system）：タンパク質合成に必要なすべて（リボソームサブユニット，tRNA，アミノ酸，酵素，および補酵素）を含み，mRNA からタンパク質を翻訳できる細胞抽出物.

明反応（light reactions）：太陽光からのエネルギーを用いて ATP と NADPH を生成する光合成の反応.

メソソーム（mesosome）：原核細胞の細胞膜の小さな膜の陥入部位.

メタボローム（metabolome）：特定の条件下で細胞に存在する代謝物の総体.

メチルマロニル CoA ムターゼ（methylmalonyl CoA mutase）：炭素数が奇数の脂肪酸の分解中に，メチルマロニル CoA からスクシニル CoA へ変換する酵素.

メッセンジャー RNA（messenger RNA, mRNA）：タンパク質をコードする遺伝子の転写産物.

メディエーター（mediator）：さまざまなアクチベーターと RNA ポリメラーゼ II の最大サブユニットの C 末端ドメインとを結合させたタンパク質複合体.

免疫学的手法（immunological method）：抗体を使用する実験的方法.

免疫グロブリン（immunoglobulin）：抗体として作用する一群のタンパク質.

免疫グロブリン A（immunoglobulin A）：涙と唾液に含まれる免疫グロブリン.

免疫グロブリン D（immunoglobulin D）：免疫系における役割が不明確な免疫グロブリン.

免疫グロブリン E（immunoglobulin E）：寄生虫から身体を保護する免疫グロブリン.

免疫グロブリン G（immunoglobulin G）：免疫応答の後期段階で合成され，胎児や新生児の免疫学的防御にも寄与する免疫グロブリン.

免疫グロブリン M（immunoglobulin M）：新しい抗原に遭遇したときに合成される最初の種類の抗体で，補体系やマクロファージを活性化する.

免疫測定法（immunoassay）：試料中に存在する抗原の量を，抗体を使用して定量する試験.

免疫電気泳動法（immunoelectrophoresis）：免疫測定法を電気場に置かれたゲル中で実施する場合に使用される手法.

モータータンパク質（motor protein）：それ自体の構造を変えることで，細胞を動かすことができるタンパク質.

モチーフ（motif）：タンパク質中の特定の二次構造配列.

モデル構築（model-building）：生体分子の可能な構造を非実験的な手法で構築することによって評価する手法.

モデル生物（model organism）：研究が困難なより高等な生物の生物学に関する情報を得るために使用される研究が比較的容易な生物.

モノクローナル抗体（monoclonal antibody）：免疫細胞のクローンによって作製された単一のエピトープを認識する，1 種類の免疫グロブリン.

モノマー（monomer）：ポリマー鎖中の単位の一つ.

モリブデン-鉄活性中心（molybdenum-iron）または Mo-Fe 活性中心（Mo-Fe center）：電子結合補因子の一つ.

モルテングロビュール（molten globule）：タンパク質のフォールディングの過程で，ポリペプチドの構造が一端壊れて，最終タンパク質よりは少し大きく密度が低い中間体構造.

ヤヌスキナーゼ（Janus kinase, JAK）：STAT を含むいくつかの種類のシグナル伝達において仲介的役割を担うキナーゼの一種.

誘導性オペロン（inducible operon）：リプレッサーがその DNA 結合部位に結合するのを妨げる誘導物質によって，スイッチがオンとなるオペロン.

誘導適合モデル（induced fit model）：酵素結合部位を可動的構造とみなし，基質が結合するとその形状が変化する酵素活性のモデル.

誘導物質（inducer）：リプレッサータンパク質に結合し，リプレッサーがオペレーターに結合するのを妨げることにより，遺伝子またはオペロンの発現を誘導する分子.

輸送停止配列（stop-transfer sequence）：タイプ I の膜タンパク質がもっている挿入配列.

ユビキチン（ubiquitin）：別のタンパク質へ結合してそのタンパク質を分解させるタグとして作用する，76 アミノ酸のタンパク質.

ユビキチン化（ubiquitination）：タンパク質へのユビキチンの結合.

ユビキチン受容体タンパク質（ubiquitin-receptor protein）：ユビキチン化タンパク質のプロテアソームへの移動を助けるプロテアソームのキャップ構造に存在するタンパク質.

ユビキチンリガーゼ（ubiquitin ligase）：分解の標的となるタンパク質にユビキチン分子を結合させる酵素.

ユビキノール（ubiquinol, $CoQH_2$）：ユビキノンの還元型.

ユビキノン（ubiquinone）：電子伝達系における複合体 I または複合体 II から複合体 III へ電子を移動させる中間輸送分子．コエンザイム Q（CoQ）ともよばれる.

ゆらぎ（wobble）：単一の tRNA が複数のコドンを解読できる過程.

葉肉細胞（mesophyll cell）：光合成の明反応が起こる細胞を含む葉の細胞.

葉緑体（chloroplast）：光合成を行う細胞小器官.

抑制オペロン（repressible operon）：コリプレッサー分子が結合したリプレッサーによってスイッチがオフになるオペロン.

横波（transverse wave）：振動が移動およびエネルギー伝達の方向に対して直角に発生する，光およびほかの電磁波の波形.

四次構造（quaternary structure）：複数のサブユニットタンパク質が会合した構造.

ラインウィーバー・バークプロット（Lineweaver-Burk plot）：基質濃度と酵素触媒反応の初期速度とのあいだの関係のグラフ表示.

ラギング鎖（lagging strand）：ゲノム複製中に不連続にコピーされる二重らせんの鎖.

ラクトースオペロン（lactose operon）：大腸菌におけるラクトースの利用にかかわる酵素をコードする三つの遺伝子のクラスター.

ラクトース寛容（lactose tolerance）またはラクターゼ持続（lactase persistence）：離乳後のラクターゼの継続的な合成と，それに伴うラクトースの消化能力.

ラクトースパーミアーゼ（lactose permease）：ラクトースを細菌細胞内に輸送するタンパク質.

ラクトースリプレッサー（lactose repressor）：環境中のラクトースの有無に応答してラクトースオペロンの転写を制御するタンパ

ク質.

ラクトナーゼ (lactonase): ペントースリン酸経路のなか (ステップ2) で，6-ホスホグルコノ-δ-ラクトンを6-ホスホグルコン酸に変換する酵素.

らせん菌 (spirilla): コイルのような形をした原核生物.

ラテックス (latex): 創傷に応じて分泌される樹木の滲出液.

ラノステロール (lanosterol): ステロール化合物の合成における中間体.

ラマチャンドランプロット (Ramachandran plot): ポリペプチド内で起こりうる psi と phi の結合角の可能な組合せを表示したグラフ.

ラムダ (lambda): クローニングベクターとして改変された，大腸菌に感染するバクテリオファージ.

リアーゼ (lyase): 酸化および加水分解以外の反応によって化学結合を分解する酵素.

リアルタイム PCR (real-time PCR): 標準的な PCR 技術の改変版で，1 サイクルごとに PCR 産物量が測定される.

リガーゼ (ligase): 分子どうしを結合する酵素.

リソソーム (lysosome): 低密度リポタンパク質など，さまざまな物質の分解を担う細胞小器官.

リーダーセグメント (leader segment): mRNA の開始コドンより上流の非翻訳領域.

立体障害 (steric effect): 二つの原子が互いに接近しすぎるのを防ぎ，分子がとりうる可能性のある立体配座を制限する効果.

リーディング鎖 (leading strand): ゲノム複製中に連続的にコピーされる二重らせんの鎖.

リパーゼ (lipase): トリアシルグリセロールから脂肪酸鎖を除去する酵素.

リピドーム (lipidome): 細胞または組織の脂質総体.

リフレクトロン (reflectron): ある種の質量分析装置で使われるイオンミラー．イオンミラーをもつ質量分析装置を提供するのにもつかわれる.

リブロースビスリン酸カルボキシラーゼ/オキシゲナーゼ〔ribulose bisphosphate carboxylase/oxigenase, ルビスコ (Rubisco)〕: 光合成の暗反応において，二酸化炭素とリブロース 1,5-ビスリン酸を結合させて，2 分子の 3-ホスホグリセリン酸を生成する酵素.

リブロース 5-リン酸キナーゼ (ribulose 5-phosphate kinase): カルビン回路のなか (ステップ 5) で，リブロース 5-リン酸をリブロース 1,5-ビスリン酸に変換する酵素.

リボ核酸 (ribonucleic acid): 生細胞の核酸の二つの形態のうちの一つで，いくつかのウイルスの遺伝物質.

リボザイム (ribozyme): 触媒活性をもつ RNA.

リボソーム (ribosome): 翻訳が行われるタンパク質-RNA 複合体の一つ.

リポソーム (liposome): 内部に水性空間をもつ脂質二重層からなる小胞．動物または植物細胞に DNA を導入するために使用されることがある.

リボソーム RNA (ribosomal, rRNA): リボソームの成分である RNA.

リボソーム結合部位 (ribosome binding site): 細菌における翻訳開始のあいだ，リボソームの小サブユニットの結合部位として作用するヌクレオチド配列.

リボソームタンパク質 (ribosomal protein): リボソームのタンパク質成分.

リボソームリサイクル因子 (ribosome recycling factor, RRF): 細菌におけるタンパク質合成終了時に，リボソームの解離にかかわるタンパク質.

リポタンパク質 (lipoprotein): トリアシルグリセロールおよびコレステロール分子を含有する疎水性コアを取り囲むリン脂質と，そこに埋まったさまざまなタンパク質で形成される球形のミセル様粒子.

リポタンパク質リパーゼ (lipoprotein lipase): 筋肉や脂肪組織に存在し，リポタンパク質中のトリアシルグリセロールを分解する酵素.

リボヌクレアーゼ A (ribonuclease A): ホスホジエステル結合の一つを切断することによって，RNA を二つのより短い RNA へ変換する酵素.

リボヌクレアーゼ P (ribonuclease P): 触媒活性がリボザイムである，tRNA 前駆体のプロセシングにかかわる酵素.

リボヌクレオチドレダクターゼ (ribonucleotide reductase): ヌクレオチド合成のためのサルベージ経路において，リボヌクレオチドをデオキシリボヌクレオチドに変換する酵素.

リボフラビン (riboflavin): 補因子 FAD および FMN の前駆体であるビタミン $B_2$.

流動モザイクモデル (fluid mosaic model): 二次元的流体として膜を想定したモデル.

両親媒性物質 (amphiphile): 親水性および疎水性の両方の性質をもつ化合物.

両親媒性ヘリックス (amphipathic helix): α ヘリックスの円柱の半面が非極性，もう半面が極性をもつ α ヘリックス.

両性 (amphoteric): 一つの化合物のなかで弱酸と弱塩基の両方をもつこと.

緑色細菌 (green bacteria): 光合成細菌の一つ.

リンカー DNA (linker DNA): ヌクレオソームを連結する DNA．クロマチン構造の「糸に通したビーズ」モデルの「糸」.

リンカーヒストン (linker histone): ヌクレオソームのコアオクタマーの外側に位置する H1 のようなヒストン.

リンゴ酸-アスパラギン酸シャトル (malate-aspartate shuttle): ミトコンドリア ATP 合成に細胞質 NADH を使用する経路.

リンゴ酸シンターゼ (malate synthase): グリオキシル酸およびアセチル CoA をグリオキシル酸回路でリンゴ酸に変換する酵素.

リンゴ酸デヒドロゲナーゼ (malate dehydrogenase): TCA 回路のなか (ステップ 8) で，リンゴ酸をオキサロ酢酸に変換し，リンゴ酸アスパラギン酸シャトルの一部として逆反応も行う酵素.

ルシフェラーゼ (luciferase): ルシフェリンを酸化して化学発光を生じる酵素.

ルシフェリン (luciferin): 酸化されると化学発光を発するさまざまな有機化合物の一群.

ルビスコアクチベース (Rubisco activase): 光強度に応じたリブロースビスリン酸カルボキシラーゼ/オキシゲナーゼ活性の制御にかかわる酵素.

励起 (excited): 電子がエネルギーを得ることをいう.

励起子移動 (exciton transfer): エネルギーが一つのクロロフィル分子から別のクロロフィル分子に移動し，エネルギーを受け取ったクロロフィルは励起され，エネルギーを供与したクロロフィルは基底状態に戻るという光化学系におけるエネルギー移動.

レヴィンタールパラドックス (Levinthal's paradox): 正しい三次構造はランダム探索によって単純に求めるだけでは導きだせないという矛盾.

レクチン (lectin): 特定の単糖類結合特性をもつ植物または動物タンパク質.

レグヘモグロビン (leghemoglobin): 高い酸素親和性をもっており，酸素による障害からニトロゲナーゼ複合体を保護する根粒にあるタンパク質.

レスピラソーム (respirasome): 電子伝達系の複合体Ⅰ，Ⅱ，Ⅳとそれらの中間キャリア分子を含む，ミトコンドリア内膜の複合体.

**レドックス反応**（redox reaction）：一つの化合物が酸素を失い，もう一つの化合物が酸素を獲得する酸化還元反応．

**レトロウイルス**（retrovirus）：RNAゲノムをもつウイルス．DNAコピーがその宿主細胞のゲノムに組み込まれる．

**レプリソーム**（replisome）：ゲノム複製に関与するタンパク質複合体．

**レポーター酵素**（reporter enzyme）：活性が容易に検出できる酵素で，たとえば抗体に連結され，免疫測定法に使用される．

**レポータープローブ**（reporter probe）：標的DNAとハイブリダイズしたときに蛍光シグナルを発するように，蛍光化合物などで修飾された短いオリゴヌクレオチド．

**連続的合成能**（processivity）：鋳型鎖から解離する前に，次のDNAポリメラーゼによりDNA合成が開始できること．

**ローリングサークル型複製**（rolling circle replication）：環状2本鎖DNAから1本鎖DNAが引きだされるように，環状鋳型分子のポリヌクレオチドの連続合成を可能にする複製過程．

**ロングパッチ**（long patch）：最大2 kbのDNAの切除および再合成を可能にする大腸菌のヌクレオチド切除修復過程．

# 索　引

## 数字

| | |
|---|---|
| 0型キャップ構造 | 326, 451 |
| 1型キャップ構造 | 326, 451 |
| 1対1の関係 | 332, 458 |
| 1分子リアルタイムシークエンシング | 438, 451 |
| 1本鎖DNA結合タンパク質 | 291, 451 |
| 1モルあたりのキロジュール | 146 |
| 2 μmサークル | 442, 451 |
| 2型キャップ構造 | 326, 451 |
| 3′→5′エキソヌクレアーゼ活性 | 296 |
| 3′-OH末端 | 64, 451 |
| 3′スプライス部位 | 333, 451 |
| 3′-非翻訳領域 | 344, 451 |
| 3′末端 | 64, 451 |
| 5′→3′エキソヌクレアーゼ活性 | 301 |
| 5′-P末端 | 63, 451 |
| 5S rRNA | 329, 331, 351 |
| 5′スプライス部位 | 333, 451 |
| 5′-非翻訳領域 | 344, 451 |
| 5′末端 | 63, 451 |
| 5.8S rRNA | 331, 351 |
| (6-4)傷害 | 312, 451 |
| (6-4)光産物フォトリアーゼ | 313 |
| 7TMタンパク質 | 162, 451 |
| 7回膜貫通ヘリックス | 162, 451 |
| 16S rRNA | 329 |
| 18S rRNA | 331 |
| 23S rRNA | 329, 351 |
| 28S rRNA | 331, 351 |
| 30 nm繊維 | 73, 451 |
| 30S | 351 |
| 40S | 351 |
| 50S | 351 |
| 60S | 351 |
| Ⅰ型DNAトポイソメラーゼ | 294, 451 |
| Ⅰ型膜タンパク質 | 371, 451 |
| ⅡA$^{Glc}$ | 384, 451 |
| Ⅱ型DNAトポイソメラーゼ | 294, 451 |
| Ⅱ型膜タンパク質 | 372, 451 |
| Ⅲ型膜タンパク質 | 371, 451 |

## 欧文

| | |
|---|---|
| αα モチーフ | 50, 451 |
| α-アミラーゼ | 5, 127, 451 |
| α(1→6)グルコシダーゼ | 216, 451 |
| α-ケトグルタル酸 | 171 |
| ──デヒドロゲナーゼ複合体 | 172, 451 |
| α炭素 | 34 |
| αヘリックス | 45, 455 |
| α-リノレン酸 | 240 |
| βαβループ | 50, 451 |
| βアドレナリン受容体 | 451 |
| β-アミラーゼ | 112, 127 |
| β-ガラクトシダーゼ | 381, 451 |
| β-ガラクトシドトランスアセチラーゼ | 381, 451 |
| β-カロテン | 195, 451 |
| β-N-グリコシド結合 | 62, 451 |
| β-グルコシダーゼ | 135 |
| β-ケトアシルACPレダクターゼ | 237, 451 |
| β-ケトチオラーゼ | 248, 451 |
| β酸化 | 244, 247, 451 |
| βシート | 451 |
| β-メルカプトエタノール | 53 |
| β-ラクタマーゼ | 440, 451 |
| $\Delta G^{\ddagger}$ | 129, 457 |
| $\Delta G^{0\prime}$ | 175, 468 |
| ABC | 97 |
| ABO式血液型 | 420 |
| ACP | 237 |
| ADP-グルコース | 206, 451 |
| *Agrobacterium tumefaciens* | 442 |
| ALAシンターゼ | 277, 451 |
| ALAデヒドラターゼ | 278, 451 |
| ALD | 252, 468 |
| ALDP | 252, 451 |
| AMP活性化プロテインキナーゼ | 241, 451 |
| APエンドヌクレアーゼ | 311, 452 |
| AP部位 | 311, 452 |
| ATP | 21, 167, 174, 249, 454 |
| ──結合カセット輸送体 | 97, 452 |
| ──スルフリラーゼ | 435, 452 |
| ATに富む | 452 |
| ──領域 | 291 |
| A型DNA | 68, 452 |
| A部位 | 352, 454 |
| biological chemistry | 1 |
| bp | 70 |
| B型DNA | 66, 452 |
| C$_3$植物 | 210, 452 |
| C$_4$植物 | 207, 208, 210, 452 |
| cAMP | 98, 452, 458 |
| ──応答因子結合タンパク質 | 386, 452 |
| ──応答配列 | 386, 452 |
| CAM植物 | 207, 208, 210, 452 |
| CAP | 383, 457 |
| CD | 412 |
| cDNA | 429, 464 |
| ──合成 | 429, 452 |
| CFTR | 96, 467 |
| cGMP | 98, 452 |
| CIEP | 405, 459 |
| CIP | 405, 459 |
| COOH末端 | 42, 452 |
| CoQ | 177, 460 |
| CoQH$_2$ | 179, 472 |
| ──-シトクロム *c* レダクターゼ複合体 | 179, 452 |
| CPSF | 328, 463 |
| CRE | 386, 452 |
| CREB | 386 |
| CstF | 328, 463 |
| CTD（C-terminal domain） | 322, 452 |
| Cys$_2$His$_2$構造 | 388, 452 |
| C末端 | 42, 452 |
| ──ドメイン | 322, 452 |
| Da | 4 |
| DAG | 99, 461 |
| DAHPシンターゼ | 275, 452 |
| Dam | 308, 452 |
| Dcm | 308, 452 |
| ddNTP | 434, 462 |
| DNA | 6, 61, 452 |
| ──アデニンメチラーゼ | 308, 452 |
| ──依存性DNAポリメラーゼ | 295, 452 |
| ──依存性RNAポリメラーゼ | 319, 452 |
| ──グリコシラーゼ | 310, 452 |
| ──クローニング | 11, 423, 452 |
| ──シークエンシング | 11, 432, 452 |
| ──シークエンス | 423 |
| ──シトシンメチラーゼ | 308, 452 |
| ──ジャイレース | 294 |
| ──シャッフリング | 274, 452 |
| ──修復 | 307, 452 |
| ──トポイソメラーゼ | 294, 452 |
| ──フォトリアーゼ | 313, 452 |
| ──リガーゼ | 302, 423, 427, 440, 452 |
| DnaAタンパク質 | 290, 452 |
| DNA複製 | |
| ──の位相幾何学的（トポロジー）問題 | 293 |
| ──の開始段階 | 290 |
| ──の終結段階 | 290 |
| ──の伸長段階 | 290 |
| DNAポリメラーゼ | 452 |
| ──Ⅰ | 120, 296, 428, 452 |
| ──Ⅲ | 296, 452 |
| ──α | 297, 452 |
| ──β | 311, 452 |
| ──γ | 297, 452 |
| ──δ | 297, 452 |
| ──ε | 297, 452 |
| DNA依存性── | 295, 452 |
| DNアーゼⅠ | 424 |
| Dループ | 292, 452 |
| $E^{0\prime}$ | 176 |
| EC番号 | 125, 452 |
| EF-1A | 358 |
| EF-1B | 358 |
| EGF | 51 |
| eIF-2 | 356 |
| eIF-4A | 356, 357 |
| eIF-4E | 356 |
| eIF-4G | 356 |
| eIF-5B | 357 |
| ELISA | 405, 452 |
| E部位 | 352, 465 |
| F$_0$F$_1$ ATPアーゼ | 181, 452 |
| FAD | 123 |
| FADH$_2$ | 167, 174 |
| favism | 231 |
| FEN1 | 302, 452 |
| Fe-Sクラスター | 177, 465 |
| Fe-Sタンパク質 | 178, 465 |

| | | | | | |
|---|---|---|---|---|---|
| FMN | 123, 469 | $O$-結合型グリコシル化 | 365 | $Taq$ ポリメラーゼ | 428, 453 |
| $G$ | 458 | $2'$-$O$-メチル化 | 336 | TATA 結合タンパク質 | 322, 453 |
| G6PD | 231 | P680 | 195, 453 | TATA ボックス | 320, 453 |
| GLUT1 輸送体 | 151, 152 | P700 | 195, 453 | TBP | 322, 453 |
| GroEL/GroES 複合体 | 56, 452 | PABP | 356, 453 | ——関連因子 | 322, 453 |
| GU–AG イントロン | 333, 452 | PARP 1 タンパク質 | 313 | TCA | 147, 466 |
| G–U 塩基対 | 350 | PC | 196, 469 | ——回路 | 8, 167 |
| G タンパク質 | 162, 452 | PCNA | 297 | TFⅡB | 322 |
| ——共役受容体 | 162, 453 | PCR | 423, 471 | TFⅡD | 322, 465 |
| HAT | 366 | PEST 配列 | 396, 453 | TFⅡF | 322 |
| HDAC | 366, 468 | pH | 39, 453 | TIM | 368, 453 |
| HDL | 243, 460 | $phi$ | 44 | ——複合体 | 369 |
| HMG CoA | 254, 468 | pI | 37 | Ti プラスミド | 442, 453 |
| ——レダクターゼ | 254, 453 | p$K_a$ | 37, 453 | TOM | 368, 453 |
| HPLC | 409, 460 | PNP アーゼ | 392 | ——複合体 | 368 |
| Hsp70 タンパク質 | 55, 453 | PQ | 196, 469 | tRNA | 69, 318, 466 |
| ICAT | 411, 465 | PRPP | 271, 471 | ——前駆体 | 331, 453 |
| IDL | 243, 464 | $psi$ | 43 | ——ヌクレオチジルトランスフェラーゼ | |
| IgA | 403 | PtdIns(4,5)P$_2$ | 99, 470 | | 331, 453 |
| IgD | 403 | P 型ポンプ | 97, 453 | Tus タンパク質 | 303, 453 |
| IgE | 403 | P 部位 | 352 | UDP-ガラクトース 4-エピメラーゼ | 157, 454 |
| IgG | 403 | qPCR | 431, 465 | UDP-グルコースピロホスホリラーゼ | 205, 454 |
| IgM | 403 | Rho | 327, 453 | UTR | 344 |
| Inr | 320 | ——依存 | 327 | Uvr タンパク質 | 312 |
| Ins(1,4,5)P$_3$ | 99, 456 | ——性終結 | 453 | $V_0$ | 133, 463 |
| IRES | 356 | RISC | 394 | VLDL | 243, 464 |
| ——トランス作用因子 | 356, 453 | RNA | 6, 61, 453 | $V_{max}$ | 133, 454 |
| ITAF | 356, 453 | ——依存性 DNA ポリメラーゼ | 295, 453 | X 線回折 | 414, 454 |
| JAK | 389, 472 | ——合成 | 317 | ——パターン | 415, 454 |
| kDa | 5 | ——酵素 | 336, 453 | ——法 | 67, 352, 454 |
| KDEL 配列 | 371, 453 | ——ヘリカーゼ B | 392, 453 | X 線結晶構造解析 | 11, 45, 70, 412, 454 |
| kJ mol$^{-1}$ | 146, 453 | ——誘導サイレンシング複合体 | 394, 453 | YEp | 460 |
| $K_m$ | 133, 471 | ——ワールド | 122, 453 | YIp | 460 |
| LDL | 243, 465 | RNA ポリメラーゼ | 300, 317, 323, 327, 453 | ZMW 法 | 438, 454 |
| MALDI-TOF | 410, 471 | ——Ⅰ | 321 | Z 型 DNA | 68, 454 |
| MAP キナーゼ経路 | 97, 453 | ——Ⅱ | 320, 321, 453 | Z スキーム | 199, 454 |
| miRNA | 70, 318, 394, 471 | ——Ⅲ | 321 | | |
| Mo-Fe 活性中心 | 266, 472 | DNA 依存性—— | 319, 452 | **あ** | |
| mRNA | 10, 317 | RN アーゼ Ⅰ | 425 | アイソアクセプター tRNA | 347, 454 |
| ——サーベイランス | 393, 453 | RN アーゼ E | 392, 453 | アイソザイム | 173, 275, 454 |
| ——前駆体 | 453 | RRF | 359, 473 | アカウキグサ属 | 265 |
| MutH | 309, 453 | rRNA | 318, 473 | アガロース | 406, 454 |
| MutS | 309, 453 | ——前駆体 | 330, 453 | アクセプター部位 | 333, 454 |
| Na$^+$/Ca$^{2+}$ 交換タンパク質 | 97, 453 | 5S —— | 329, 331, 351 | アグロバクテリウム菌 | 442 |
| NAD$^+$ | 123, 466 | 5.8S —— | 331, 351 | アコニターゼ | 169, 454 |
| NADH | 167, 174 | 16S —— | 329 | 亜硝酸レダクターゼ | 267, 454 |
| ——-CoQ レダクターゼ複合体 | 179, 453 | 18S —— | 331 | アシル CoA シンテターゼ | 246, 454 |
| ——-シトクロム $b_5$ レダクターゼ | 239, 453 | 23S —— | 329, 351 | アシル CoA デヒドロゲナーゼ | 247, 454 |
| NADP-リンゴ酸酵素 | 208, 453 | 28S —— | 331, 351 | アシル化 | 365 |
| NADP-リンゴ酸デヒドロゲナーゼ | 208, 453 | R 基 | 34, 453 | アシルキャリヤータンパク質 | 237, 454 |
| NADP$^+$ | 123, 466 | $Saccharomyces\ cerevisiae$ | 442 | アシル-マロニル ACP 縮合酵素 | 237, 454 |
| ——レダクターゼ | 453 | SAM | 124, 454 | アスコルビン酸 | 123, 454 |
| Na$^+$/K$^+$ ATP アーゼ | 97, 453 | SDS | 406 | アスパラギナーゼ | 279, 454 |
| Na$^+$/グルコース共輸送体 | 97, 453 | ——-PAGE | 406, 453 | アスパラギン酸アミノトランスフェラーゼ | |
| NH$_2$ 末端 | 42, 453 | ——-ポリアクリルアミドゲル電気泳動 | | | 186, 285 |
| NHEJ | 313, 468 | | 406, 453 | アスパラギン酸-アルギニノコハク酸シャント | |
| NMR | 11, 55, 412, 457 | siRNA | 318, 465 | | 285, 454 |
| NPQ | 468 | snoRNA | 318 | アスパラギン酸カルバモイルトランスフェラーゼ | |
| $N$ 型糖鎖修飾 | 110, 453 | snRNA | 318, 334, 457 | | 276, 454 |
| $N$-結合型グリコシル化 | 365 | snRNP | 457 | アスパラギン酸トランスアミナーゼ | 454 |
| $N$-ホルミル化 | 365 | SRP | 370, 461 | アセチル CoA | 147, 168, 236, 454 |
| N 末端 | 42, 453 | ——受容体 | 370, 453 | ——カルボキシラーゼ | 237, 454 |
| $N$-ミリストイル化 | 365 | SSB | 291 | アセチル化 | 365 |
| $O$ 型糖鎖修飾 | 110, 453 | STAT | 389, 453 | $N$-アセチルグルタミン酸シンテターゼ | 284, 454 |
| $O$-グリコシド結合 | 108, 453 | TAF | 322, 453 | アセチルコリン | 138 |

# 索　引

| | |
|---|---|
| ──エステラーゼ | 138, 454 |
| アセチルトランスアシラーゼ | 237 |
| アセチルトランスフェラーゼ | 454 |
| アセトアセチル CoA | 254, 454 |
| アセトアルデヒド | 154 |
| アデニル酸キナーゼ | 160, 276, 454 |
| アデニン | 62, 454 |
| アデノウイルス | 443, 454 |
| S-アデノシルメチオニン | 124, 454 |
| アデノシン 5′-三リン酸 | 21, 454 |
| アデノ随伴ウイルス | 443, 454 |
| アテローム性動脈硬化症 | 454 |
| あと戻り | 323, 454 |
| アドレナリン | 217, 454 |
| アノマー | 107, 454 |
| アビジン | 411, 454 |
| アポ C-II | 243, 454 |
| アポ酵素 | 124, 454 |
| アポタンパク質 | 243, 454 |
| アポリポタンパク質 | 243, 454 |
| 亜ミトコンドリア粒子 | 181 |
| アミノアシル tRNA シンテターゼ | 346, 347, 348, 454 |
| アミノアシル化 | 346, 348, 454 |
| アミノアシル部位 | 352, 454 |
| アミノ基 | 34 |
| ──転移 | 186, 269, 279, 454 |
| アミノ酸 | 6, 33, 454 |
| ──配列 | 289 |
| アミノ末端 | 42, 455 |
| アミラーゼ | 118, 455 |
| アミロース | 111, 455 |
| アミロプラスト | 206, 207, 455 |
| アミロペクチン | 111, 455 |
| アラキドン酸 | 239 |
| アルギナーゼ | 283, 455 |
| アルギニノコハク酸シンテターゼ | 283, 455 |
| アルギニノスクシナーゼ | 283, 455 |
| アルキル化 | 310 |
| アルゴノート | 394, 455 |
| アルコールデカルボキシラーゼ | 455 |
| アルコールデヒドロゲナーゼ | 154 |
| アルコール発酵 | 154, 455 |
| アルデヒド | 104, 455 |
| アルドース | 104, 455 |
| アルドステロン | 258, 455 |
| アルドテトロース | 104, 455 |
| アルドトリオース | 104, 455 |
| アルドヘキソース | 106, 455 |
| アルドペントース | 104, 455 |
| アルドラーゼ | 148, 149, 204, 455 |
| アロステリック・エフェクター | 141 |
| アロステリック酵素 | 141, 455 |
| アロステリック阻害 | 139, 455 |
| アロステリック調節 | 141 |
| 　正の── | 141 |
| 　負の── | 141 |
| アロステリック部位 | 139, 455 |
| アロラクトース | 383, 455 |
| アンカップラー | 185 |
| アンチコドン | 349, 455 |
| ──ループ | 347 |
| アンテナ複合体 | 195, 455 |
| 暗反応 | 192, 455 |
| アンピシリン | 440 |
| アンモニア排泄型 | 282, 455 |
| 硫黄置換 | 71 |
| イオノホア | 185, 455 |
| イオン | 37, 455 |
| ──化 | 36, 455 |
| ──分子 | 410 |
| ──方法 | 419 |
| ──交換クロマトグラフィー | 408, 455 |
| 異化 | 8, 117, 455 |
| 鋳型依存的 DNA 合成 | 66, 455 |
| 維管束鞘細胞 | 208, 455 |
| イコサノイド | 89, 455 |
| 異性化 | 125, 455 |
| ──酵素 | 125 |
| 異性体 | 35 |
| 位相幾何学的問題 | 293, 455 |
| イソクエン酸 | 169 |
| ──デヒドロゲナーゼ | 171, 455 |
| ──リアーゼ | 250, 455 |
| イソプレン | 86, 455 |
| イソペプチド結合 | 395, 455 |
| イソペンテニルピロリン酸 | 253, 455 |
| イソメラーゼ | 125, 455 |
| 一次構造 | 42, 455 |
| 一次抗体 | 405, 455 |
| 一次生産者 | 191, 455 |
| 一時的なデンプン合成 | 207, 455 |
| 一次転写物 | 329, 455 |
| 一重項酸素 | 198, 455 |
| 遺伝暗号 | 6, 40, 305, 343, 344, 364, 455 |
| 遺伝子間 DNA | 318, 455 |
| 遺伝子工学 | 439, 455 |
| 遺伝子治療 | 96, 455 |
| 遺伝子発現 | 10, 289, 455 |
| 遺伝子プロファイル | 432, 455 |
| 移動相 | 410, 455 |
| 糸に通したビーズ | 73, 455 |
| イノシトール 1,4,5-トリスリン酸 | 99, 456 |
| イノシン | 456 |
| ──を含むアンチコドン | 350 |
| イノムアッセイ | 404 |
| インスリン | 217, 241, 456 |
| ──応答性プロテインキナーゼ | 220, 456 |
| イントロン | 317, 318, 332, 456 |
| インビトロ変異導入 | 433, 456 |
| インポーティン | 368, 456 |
| ウイルス | 456 |
| ウイルソイド | 25, 122, 456 |
| ウイロイド | 25, 122, 456 |
| ウラシル | 62, 456 |
| ウレアーゼ | 118, 456 |
| エキソサイトーシス | 369, 456 |
| ──経路 | 371 |
| エキソソーム複合体 | 393, 456 |
| エキソヌクレアーゼ | 120, 331, 424, 456 |
| エキソン | 332, 456 |
| エステラーゼ | |
| 　アセチルコリン── | 138, 454 |
| 　チオ── | 239, 464 |
| 　ホスホジ── | 311, 470 |
| エステル交換反応 | 334, 456 |
| エストラジオール | 259, 456 |
| エストロゲン | 235, 456 |
| ──類 | 258 |
| エストロン | 456 |
| エタノール | 154 |
| エナンチオマー | 35, 104, 105, 107, 456 |
| エネルギー共役 | 131, 456 |
| エネルギー準位 | 197 |
| エネルギー論 | 456 |
| エノイル ACP レダクターゼ | 238, 456 |
| エノイル CoA ヒドラターゼ | 247, 456 |
| エノラーゼ | 148, 151, 456 |
| エピトープ | 402, 456 |
| エピネフリン | 217, 241, 456 |
| エピマー | 107, 456 |
| エフェクター | 141, 456 |
| エラー修復機構 | 120 |
| エレクトロスプレーイオン化 | 419, 456 |
| 塩基 | 39, 456 |
| ──除去修復 | 310, 456 |
| ──転位 | 71 |
| ──の積み重なり | 65, 66, 456 |
| 塩基対 | 70, 456 |
| ──形成 | 65, 456 |
| エンテロペプチダーゼ | 363, 456 |
| エンドグルカナーゼ | 135 |
| エンドヌクレアーゼ | 72, 424, 456 |
| エンドリボヌクレアーゼ | 331 |
| エントロピー | 129, 456 |
| 円二色性 | 55, 412, 456 |
| 塩濃度勾配 | 408, 456 |
| 円偏光 | 413, 456 |
| 黄体ホルモン | 88, 456 |
| 大きい溝 | 65, 462 |
| 岡崎フラグメント | 298, 456 |
| オキサロ酢酸 | 169, 236, 456 |
| オキシドレダクダーゼ | 125, 456 |
| オクタロニー法 | 404, 456 |
| オープンリーディングフレーム | 344, 445, 456 |
| オペレーター | 381, 456 |
| オメガ系 | 82, 456 |
| オリゴ糖 | 103, 110, 456 |
| オリゴペプチド | 18 |
| オルガネラ | 461 |
| オルドビス紀-シルル紀の大量絶滅 | 29 |
| オルニチン | 269, 456 |
| ──カルバモイルトランスフェラーゼ | 282, 456 |

## か

| | |
|---|---|
| 価 | 35 |
| 壊血病 | 123 |
| 介在配列 | 332, 456 |
| 開始 tRNA | 355, 356, 357 |
| 開始因子 | 343, 354, 456 |
| 開始コドン | 344, 355, 457 |
| 開始配列 | 320, 457 |
| 開始複合体 | 356, 457 |
| 開始前複合体 | 355, 356, 457 |
| 開始領域 | 292, 457 |
| 解糖系 | 9, 147, 457 |
| 開放型プロモーター複合体 | 319, 457 |
| 外膜 | 368 |
| 界面活性剤 | 92, 457 |
| 化学 | 4 |
| ──シフト | 414, 457 |
| ──修飾 | 361, 364, 365 |
| 化学浸透圧説 | 180, 457 |
| 化学量論 | 202, 457 |

| | | | | | |
|---|---|---|---|---|---|
| 鍵と鍵穴モデル | 131, 457 | 還元反応 | 265, 268 | 極性 | 39, 458 |
| 可逆的阻害剤 | 139, 457 | 幹細胞 | 307, 458 | キラル | 36 |
| 可逆反応 | 130 | 3′,5′-環状 AMP | 98, 458 | キロダルトン | 5, 458 |
| 核 | 14, 19, 457 | 3′,5′-環状 GMP | 98 | キロミクロン | 243, 458 |
| 核移行シグナル | 367, 457 | キサントフィル | 195, 458 | ——レムナント | 243, 458 |
| 核酸 | 6, 457 | ——回路 | 198, 458 | 筋小胞体 | 221, 458 |
| 核磁気共鳴分光法 | 412, 457 | 基質 | 128, 458 | 金属酵素 | 123, 458 |
| 核質 | 20, 457 | ——特異性 | 131 | 金属タンパク質 | 125, 458 |
| 核小体 | 21, 457 | ——レベルのリン酸化 | 153, 458 | グアニル酸トランスフェラーゼ | 326, 458 |
| ——低分子 RNA | 318, 337 | 奇数脂肪酸 | 251 | グアニン | 62, 458 |
| 核内受容体 | 388 | 基礎効率 | 319 | ——メチルトランスフェラーゼ | 326, 458 |
| ——スーパーファミリー | 389, 457 | キチン | 6, 112, 458 | クエン酸 | 167, 236, 241 |
| 核内低分子 RNA | 318, 457 | 軌道 | 41, 197, 458 | ——回路 | 167, 458 |
| 核内低分子リボ核タンパク質 | 334, 457 | キナーゼ | | ——シンターゼ | 169, 458 |
| 核膜 | 20, 457 | アデニル酸—— | 160, 276, 454 | ——輸送 | 236 |
| ——孔複合体 | 20, 457 | インスリン応答性プロテイン—— | 220, 456 | ——タンパク質 | 458 |
| 核様体 | 14, 457 | ガラクト—— | 156, 457 | クオラムセンシング | 18, 458 |
| 加水分解酵素 | 125, 457, 468 | グリセロール—— | 225, 245, 459 | 区切りコドン | 344, 458 |
| ガスクロマトグラフィー | 417, 457 | グルコ—— | 155, 459 | 組換え | 314, 458 |
| カタボライト活性化タンパク質 | 383, 457 | 受容体型チロシン—— | 365, 462 | ——DNA 技術 | 439, 459 |
| カタラーゼ | 249, 457 | トリオース—— | 156, 466 | ——タンパク質 | 423, 439, 459 |
| 活性化エネルギー | 129, 457 | ヌクレオシド一リン酸—— | 276, 467 | ——プラスミド | 440, 459 |
| 活性化担体分子 | 145, 457 | ヌクレオシド二リン酸—— | 276, 467 | グライコミクス | 416 |
| 活性化ドメイン | 387, 457 | ピルビン酸—— | 148, 151, 222, 468 | グラナ | 23, 192 |
| 活性酸素種 | 198, 457 | ピルビン酸-$P_i$ ジ—— | 209, 468 | グリオキシソーム | 250, 459 |
| 活性部位 | 119, 457 | ピルビン酸デヒドロゲナーゼ—— | 174, 468 | グリオキシル酸回路 | 250, 459 |
| 活動電位 | 95, 221, 457 | フルクト—— | 155, 469 | グリコゲニン | 214, 459 |
| 滑面小胞体 | 23, 457 | ヘキソ—— | 148, 149, 222, 470 | グリコーゲン | 6, 112, 213, 459 |
| カプシド | 24, 457 | ホスホエノールピルビン酸カルボキシ—— | 223 | ——合成 | 214 |
| 可変領域 | 403 | ホスホグリセリン酸—— | 148, 150, 202, 203, 470 | ——シンターゼ | 214, 459 |
| ガラクトキナーゼ | 156, 457 | ホスホフルクト—— | 148, 149, 160, 222, 471 | ——代謝 | 213 |
| ガラクトース | 156 | ホスホリラーゼ—— | 218, 471 | ——の制御 | 217 |
| ——1-リン酸 | 156 | ヤヌス—— | 389, 472 | ——脱分枝酵素 | 215, 459 |
| ——ウリジリルトランスフェラーゼ | 157, 457 | リブロース 5-リン酸—— | 204, 473 | ——分解 | 214 |
| ——-グルコース相互変換経路 | 156, 457 | ギブズの自由エネルギー | 128, 458 | ——分枝酵素 | 214, 459 |
| カラムクロマトグラフィー | 408, 457 | 基本プロモーター配列 | 385, 458 | ——ホスホリラーゼ | 214, 459 |
| 加硫 | 86, 457 | キモトリプシン | 137, 362, 458 | グリココール酸 | 88, 256, 459 |
| カルシトリオール | 256, 457 | 逆相クロマトグラフィー | 408, 458 | グリコサミノグリカン | 113, 459 |
| カルニチン | 246, 457 | 逆転写酵素 | 299, 429, 458 | グリコシダーゼ | 126, 459 |
| ——/アシルカルニチントランスロカーゼ | 247, 457 | 逆反応 | 130, 458 | グリコシド結合 | 126 |
| ——アシルトランスフェラーゼ | 247, 457 | 逆平行 | 64, 458 | グリコシル化 | 23, 110, 446, 459 |
| カルバモイル | 201, 457 | ——βシート | 46, 458 | グリコーム | 10, 459 |
| ——化 | 201 | キャップ | 325 | クリステ | 21, 459 |
| ——リン酸 | 276, 457 | ——結合複合体 | 356, 458 | グリセルアルデヒド | 36 |
| ——シンテラーゼ | 282, 457 | ——構造 | 325, 326, 356, 458 | ——3-リン酸 | 148 |
| カルビン回路 | 199, 202, 203, 457 | キャプシド | 51 | ——デヒドロゲナーゼ | 148, 150, 202, 459 |
| カルボキシ基 | 34 | 吸エルゴン反応 | 128, 191, 266, 458 | グリセロリン脂質 | 84, 459 |
| カルボキシソーム | 209 | 球菌 | 15, 458 | グリセロール 3-リン酸 | 242 |
| カルボキシ末端 | 42, 458 | 球状 | 47 | ——アシルトランスフェラーゼ | 242, 459 |
| カルボキシラーゼ | | ——タンパク質 | 47, 458 | ——シャトル | 186, 251, 459 |
| アセチル CoA —— | 237, 454 | ギュンター病 | 284, 458 | ——デヒドロゲナーゼ | 187, 225, 242, 459 |
| ピルビン酸—— | 223, 236, 468 | 競合的可逆的阻害 | 139, 458 | グリセロールキナーゼ | 225, 245, 459 |
| プロピオニル CoA —— | 252 | 協奏モデル | 141, 458 | クリック，フランシス | 67 |
| ホスホエノールピルビン酸—— | 208 | 協同的 | 141 | グリホサート | 274 |
| カルボニックアンヒドラーゼ | 209 | ——基質結合 | 141, 458 | グルカゴン | 161, 217, 241, 459 |
| カルモジュリン | 99, 458 | 強プロモーター | 319 | グルコキナーゼ | 155, 459 |
| カロテノイド | 195, 458 | 共鳴 | 45, 458 | グルココルチコイド | 235, 459 |
| 間期 | 75, 458 | ——エネルギー移動 | 195, 458 | グルコース | 6, 148, 459 |
| 環境変化 | 378 | ——周波数 | 414, 458 | ——6-ホスファターゼ | 216, 224, 459 |
| 桿菌 | 15, 458 | 共有結合 | 41, 458 | ——6-リン酸 | 148 |
| ガングリオシド | 86, 458 | 共輸送体 | 97, 458 | ——デヒドロゲナーゼ | 228, 459 |
| 還元電位 | 176, 458 | 強力プロモーター | 458 | ——欠損症 | 231, 459 |
| 還元糖 | 113 | 極限環境生物 | 458 | グルタチオン | 231, 459 |
| | | | | ——パルオキシダーゼ | 231, 345, 459 |
| | | | | ——レダクターゼ | 231, 459 |

|  |  |
|---|---|
| グルタミン酸デヒドロゲナーゼ | 267, 280, 459 |
| グルタミンシンテターゼ | 268, 459 |
| グルタミンリッチドメイン | 387, 459 |
| くる病 | 256, 459 |
| グループI | 335 |
| ——イントロン | 335, 336, 459 |
| クレブス回路 | 167, 459 |
| クレブス，ハンス | 167 |
| クロスオーバー免疫電気泳動 | 405, 459 |
| クローニングベクター | 423, 440, 459 |
| クローバーリーフ | 69, 459 |
| ——構造 | 331 |
| グローバルな調節 | 459 |
| クロマチン | 72, 459 |
| クロマトグラム | 418, 459 |
| クロマトフォア | 192, 459 |
| クロモソーム | 75 |
| クロロフィル | 23, 193, 194, 200, 459 |
| 蛍光基 | 431 |
| 蛍光強度 | 431 |
| 軽鎖 | 403, 459 |
| 形質膜 | 15, 459 |
| 結合エネルギー | 41, 459 |
| 結合回転機構 | 182, 459 |
| 結合タンパク質 | |
| 1本鎖DNA—— | 291, 451 |
| TATA—— | 322, 453 |
| 配列特異的DNA—— | 379, 467 |
| ポリアデニル酸—— | 356, 471 |
| 決定段階 | 140, 460 |
| 血糖 | 217 |
| ケト原性 | 280, 460 |
| ケトース | 104, 460 |
| ケトテトロース | 106, 460 |
| ケトトリオース | 104, 460 |
| ケトヘキソース | 106, 460 |
| ケトペントース | 106, 460 |
| ケトン | 104, 460 |
| ——体 | 280, 460 |
| ——生成 | 280, 460 |
| ゲノム | 10, 20, 460 |
| ケラチン | 47 |
| ゲル電気泳動 | 406, 460 |
| ゲルろ過クロマトグラフィー | 408, 460 |
| ケン化 | 84, 460 |
| 原核生物 | 14, 460 |
| 原子価 | 460 |
| 原子番号 | 8, 460 |
| コアオクタマー | 73, 460 |
| コア酵素 | 319, 460 |
| コアプロモーター | 320, 460 |
| コイルドコイル | 48, 460 |
| 高アンモニア血症 | 284, 460 |
| 光化学系 | 195, 460 |
| ——I | 195, 460 |
| ——II | 195, 460 |
| 光学異性体 | 35, 460 |
| 好極限性細菌 | 17 |
| 高血糖 | 217, 460 |
| 抗原 | 402, 460 |
| 光合成 | 15, 22, 191, 192, 460 |
| ——色素 | 193 |
| 紅色細菌 | 192, 460 |
| 校正 | 120, 296, 323, 460 |
| ——過程 | 323, 348 |
| ——機能 | 301 |
| 高性能液体クロマトグラフィー | 409, 460 |
| 抗生物質 | 15, 360, 440, 460 |
| 酵素 | 6, 117, 289, 460 |
| ——結合免疫吸着測定法 | 405 |
| ——反応速度論 | 133, 460 |
| 抗体 | 402, 403 |
| 高分子 | 5, 460 |
| 酵母エピソームプラスミド | 442, 460 |
| 酵母組込みプラスミド | 442, 460 |
| 高マンノース型 | 110, 446 |
| 高密度リポタンパク質 | 243, 460 |
| 光リン酸化 | 196, 460 |
| コエンザイムA | 123, 460 |
| コエンザイムQ | 177, 460 |
| 呼吸 | 147, 460 |
| ——鎖超複合体 | 178 |
| ——制御 | 184, 460 |
| 古細菌 | 14, 460 |
| コザック配列 | 355, 460 |
| 古代DNA | 432, 460 |
| 骨軟化症 | 256, 460 |
| 固定化pH勾配 | 406, 460 |
| 固定相 | 410, 460 |
| コーディングRNA | 318, 460 |
| コドン | 344, 460 |
| ——-アンチコドン | 343, 349 |
| ——認識 | 346, 460 |
| コハク酸 | 172, 250 |
| ——-CoQレダクターゼ複合体 | 180, 460 |
| ——デヒドロゲナーゼ | 168, 172, 460 |
| コピー数 | 440, 460 |
| 互変異性化 | 309, 460 |
| コラーゲン | 42, 47, 49, 123 |
| ——フィンガープリント法 | 49, 460 |
| コリ回路 | 153, 460 |
| コリスミ酸 | 121, 460 |
| コリプレッサー | 386, 461 |
| コリルCoA | 256, 461 |
| コール酸 | 88, 460 |
| ゴルジ体 | 14, 19, 369, 461 |
| ゴルジ嚢 | 23, 461 |
| コルチゾール | 258, 461 |
| コレカルシフェロール | 256, 461 |
| コレステロール | 88, 253, 461 |
| コンカナバリンA | 50, 420, 461 |
| 混合トリアシルグリセロール | 82, 461 |
| コンジュゲーション | 16, 461 |
| 混成型 | 110 |
| コンセンサス配列 | 319, 461 |
| コンホメーション | 42 |
| 根粒 | 265, 461 |
| ——菌 | 264, 461 |
| ——形成 | 264 |

### さ

|  |  |
|---|---|
| 細菌 | 14 |
| ——のリボソーム | 329 |
| 最大反応速度 | 133 |
| サイトカイン | 18, 97, 461 |
| 細胞エンベロープ | 16, 461 |
| 細胞外間隔 | 461 |
| 細胞外マトリックス | 23 |
| 細胞呼吸 | 21, 461 |
| 細胞質 | 16, 461 |
| 細胞小器官 | 14, 19, 461 |
| 細胞特異的プロモーター配列 | 386, 461 |
| 細胞内共生説 | 22, 461 |
| 細胞培養 | 447 |
| 細胞壁 | 16, 461 |
| 細胞膜 | 15, 461 |
| 細胞老化 | 307 |
| 鎖置換型複製 | 292, 461 |
| サテライトRNA | 461 |
| ——ウイルス | 25 |
| サブウイルス粒子 | 25, 461 |
| サブユニット | 51, 351 |
| サーマルサイクラー | 429, 461 |
| サーモゲニン | 185, 461 |
| サルベージ経路 | 275, 461 |
| 酸 | 39, 461 |
| 酸化還元酵素 | 125 |
| 酸化還元電位 | 176, 199 |
| 酸化還元反応 | 126 |
| 酸化的脱炭酸反応 | 169, 461 |
| 酸化的ペントースリン酸経路 | 227 |
| 酸化的リン酸化 | 153, 461 |
| ——反応 | 176 |
| 三次構造 | 42, 47, 49, 461 |
| 三者複合体 | 356 |
| 三重らせん | 48, 461 |
| 三畳紀-ジュラ紀の大量絶滅 | 29 |
| 酸性ドメイン | 387, 461 |
| 残留配列 | 371 |
| ジアシルグリセロール | 242 |
| ——アシルトランスフェラーゼ | 244, 461 |
| 1,2—— | 99, 461 |
| ジアスターゼ | 118 |
| ジアステレオマー | 104, 107, 461 |
| ジアゾ栄養生物 | 264, 461 |
| シアノバクテリア | 23, 192, 265, 461 |
| シアン化合物 | 184 |
| シアン耐性呼吸 | 187, 461 |
| ジイソプロピルフルオロリン酸 | 136 |
| $\Delta^{24}$-ジエノイルCoAレダクターゼ | 251, 461 |
| 磁気セクター質量分析装置 | 418, 461 |
| 色素胞 | 192, 459 |
| 磁気ピンセット | 306, 461 |
| シグナル伝達 | 94, 461 |
| ——兼転写活性化因子 | 389 |
| シグナル認識粒子 | 370, 461 |
| シグナル配列 | 461 |
| シグナルペプチダーゼ | 370, 461 |
| シグナルペプチド | 338, 362, 370, 461 |
| シクラーゼ | 98, 461 |
| シクロブチル二量体 | 312, 461 |
| 指向進化 | 136, 461 |
| 自己触媒 | 336 |
| 自己スプライシング | 336, 462 |
| 自己誘導物質 | 18, 462 |
| 脂質 | 6, 462 |
| ——修飾タンパク質 | 93, 462 |
| ——ラフト | 93, 462 |
| 四重極質量分析装置 | 418, 462 |
| ジスルフィド結合 | 48, 205, 462 |
| 次世代シークエンシング | 432, 462 |
| シチジル酸シンテターゼ | 277, 462 |
| 質量数 | 8, 462 |
| 質量スペクトル | 418, 462 |
| 質量電荷比 | 410, 462 |

| | | | | | |
|---|---|---|---|---|---|
| 質量分析法 | 410, 462 | 除草剤 | 274 | 正二十面体型 | 24, 463 |
| ジデオキシチェーンターミネーション法 | 433 | 初速度 | 133, 463 | 正のアロステリック調節 | 141, 463 |
| ジデオキシヌクレオチド | 434, 462 | ショ糖 | 108 | 正反応 | 130, 463 |
| 至適 pH | 132, 462 | ショートパッチ | 312 | 生物学 | 1, 463 |
| 至適温度 | 132, 462 | ——修復 | 312, 463 | ——的な情報 | 10, 463 |
| シトクロム | 178, 462 | シルク | 47 | 生命科学 | 1, 463 |
| —— $a$ | 178 | シロヘム | 267, 463 | 生命情報学者 | 34 |
| —— $a_3$ | 178 | 真核生物 | 14, 463 | セカンドメッセンジャー | 98, 463 |
| —— $b_5$ | 239, 462 | 心筋梗塞 | 243, 463 | 接合 | 16, 461 |
| —— $b_{562}$ | 178 | ジンクフィンガー | 388, 463 | 切断促進因子 | 328, 463 |
| —— $b_{566}$ | 178 | 神経インパルス | 138 | 切断・ポリアデニル化特異的因子 | 328, 463 |
| —— $b_6f$ 複合体 | 196, 462 | 神経伝達物質 | 138 | セルロース | 6, 112, 463 |
| —— $c$ | 177, 462 | 親水 | 50 | セレノシステイン | 345 |
| ——オキシダーゼ複合体 | 179, 462 | ——性 | 40, 463 | セレブロシド | 86, 463 |
| —— $c_1$ | 178 | 新生合成 | 276, 463 | セロビオヒドロラーゼ | 135 |
| シトクロム P450 | 258, 462 | 新生ヌクレオチド合成 | 276, 463 | 繊維状 | 24, 47, 463 |
| シトシン | 62, 462 | 心臓発作 | 243, 463 | ——タンパク質 | 47, 463 |
| シトルリン | 283, 462 | シンターゼ | | 遷移状態 | 129, 463 |
| シナプス | 138, 462 | $N$-アセチルグルタミン酸—— | 284, 454 | 染色質 | 72 |
| 2,4-ジニトロフェノール | 185, 462 | クエン酸—— | 169, 458 | 染色体 | 20, 75, 463 |
| ジヒドロキシアセトンリン酸 | 148, 225 | グリコーゲン—— | 214, 459 | ——領域 | 20, 463 |
| ジヒドロリポ酸デヒドロゲナーゼ | 169, 462 | 脂肪酸—— | 240, 462 | 選択的な障壁 | 93, 463 |
| ジヒドロリポ酸トランスアセチラーゼ | 169, 462 | スクロースリン酸—— | 206, 463 | 選択的スプライシング | 338 |
| 脂肪細胞 | 83, 244, 462 | チミジル酸—— | 277, 464 | 選択的プロモーター | 320, 463 |
| 脂肪酸 | 80, 81, 235, 462 | デンプン—— | 206, 465 | 選択マーカー | 440, 463 |
| ——合成 | 235 | トリプトファン—— | 120, 466 | 繊毛 | 16, 463 |
| ——シンターゼ | 240, 462 | 伸長因子 | 324, 358, 463 | 線毛 | 16, 463 |
| ——分解 | 246 | シンテターゼ | | 双極子 | 42, 463 |
| 脂肪分解 | 244, 462 | アシル CoA —— | 246, 454 | 造血幹細胞移植 | 252, 463 |
| シャイン・ダルガーノ配列 | 353, 462 | アミノアシル tRNA —— | 346, 347, 348, 454 | 増殖細胞核抗原 | 297 |
| シャペロニン | 56, 462 | アルギニノコハク酸—— | 283, 455 | 双性イオン | 37, 464 |
| シャルガフ，エルヴィン | 68 | カルバモイルリン酸—— | 282, 458 | 相同組換え | 444, 464 |
| シャルガフの塩基比 | 67 | グルタミン—— | 268, 459 | 相同酵素 | 463 |
| 自由エネルギー | 128, 462 | シチジル酸—— | 277, 462 | 相同性 | 127 |
| 終結因子 | 359, 462 | スクシニル CoA —— | 172, 173, 463 | 相補的 | 65, 464 |
| 終結配列 | 303, 462 | トリアシルグリセロール—— | 244, 466 | —— DNA | 429, 464 |
| 重合体 | 471 | 膵臓自己消化 | 363, 463 | 相利共生 | 265, 464 |
| 重鎖 | 403, 462 | 水素結合 | 41, 463 | 阻害剤 | 134, 202, 274, 464 |
| 終止コドン | 344, 359, 462 | スキャニング | 355, 463 | 属 | 15, 464 |
| 縮合 | 42, 462 | スキャン | 355 | 側鎖 | 34 |
| 縮重 | 344, 462 | スクアレンエポキシド | 254, 463 | 促進拡散 | 94, 464 |
| 主溝 | 65, 462 | スクシニル CoA | 172 | 速度定数 | 137, 464 |
| 主細胞 | 23, 462 | ——シンテターゼ | 172, 173, 463 | 疎水 | 50 |
| 出芽酵母 | 442 | スクロース | 108, 205, 206 | ——性の | 40, 464 |
| シュードムレイン | 17, 462 | ——リン酸シンターゼ | 206, 463 | ソーティング小胞 | 372, 464 |
| 受容体型チロシンキナーゼ | 365, 462 | ——リン酸ホスファターゼ | 206 | ソーティング配列 | 367, 464 |
| 受容体制御 | 184, 462 | スタッキング | 66, 456 | 粗面小胞体 | 23, 464 |
| 受容体タンパク質 | 18, 94, 218, 462 | スティグマステロール | 88, 463 | ソラマメ中毒 | 231, 464 |
| ユビキチン—— | 396, 472 | ステムループ | 70, 463 | | |
| ジュール | 146, 462 | ステレオマー | 107, 463 | **た** | |
| 循環的光リン酸化 | 198, 462 | ステロイド | 88, 463 | 大規模並列システム | 436, 464 |
| ——経路 | 199 | ——受容体 | 389, 463 | 対向輸送体 | 97, 464 |
| 循環的電子伝達 | 198, 462 | ——ホルモン | 235, 389, 463 | ダイサー | 394, 464 |
| ——経路 | 199 | ステロール | 87, 463 | 大サブユニット | 355 |
| 消光化合物 | 431 | ストロマ | 22, 192, 463 | 代謝 | 8, 117, 464 |
| 小サブユニット | 355 | スーパーコイル | 464 | ——フラックス | 417 |
| 硝酸還元 | 264, 266, 462 | スフィンゴ脂質 | 84, 463 | ダイターミネーター | 437, 438, 464 |
| 硝酸レダクターゼ | 267, 462 | スフィンゴシン | 85, 463 | 大腸菌 RNA ポリメラーゼ | 444 |
| 小胞 | 23, 462 | スプライシング | 317, 333, 463 | 耐熱性 | 464 |
| ——体 | 19, 98, 224, 351, 369, 462 | ——経路 | 338, 463 | ——酵素 | 132 |
| 除去修復 | 308, 462 | スプライソソーム | 334, 463 | タウロコール酸 | 88, 256, 464 |
| 食作用 | 403, 462 | 生化学 | 1, 463 | 多細胞 | 464 |
| 触媒 | 8, 127, 462 | 制限酵素 | 423, 425, 438, 463 | ——生物 | 13 |
| 食物網 | 2, 191, 462 | 生成物 | 120, 463 | 脱アミノ化 | 71, 310 |
| 食物連鎖 | 3, 192, 462 | 静電結合 | 41, 463 | 脱塩基部位 | 311, 464 |

| | | | | | |
|---|---:|---|---:|---|---:|
| 脱共役剤 | 184, 185, 464 | 調節タンパク質 | 56, 464 | ——開始 | 317, 378 |
| 脱離酵素 | 125 | 超低密度リポタンパク質 | 243, 464 | ——減衰 | 390, 460 |
| 多糖 | 103, 111, 464 | 腸内細菌叢 | 19, 464 | ——産物 | 465 |
| ——類 | 6 | 超ゆらぎ | 350, 464 | ——特異的調節 | 391, 465 |
| タバコモザイクウイルス | 51 | 超らせん | 47 | ——終結 | 317 |
| ダルトン | 4, 464 | ——DNA | 296, 464 | ——部位 | 327 |
| 炭化水素 | 80, 464 | ——形成 | 74 | ——の基礎効率 | 465 |
| 単結合 | 41, 464 | 直接電子移動 | 195, 465 | ——バブル | 323, 465 |
| 単細胞 | 13, 464 | 貯蔵デンプン合成 | 207, 465 | デンプン | 5, 6, 111, 206, 465 |
| 炭酸固定 | 199, 464 | チラコイド | 22, 192, 465 | ——シンターゼ | 206, 465 |
| 炭酸脱水酵素 | 50 | ——内腔 | 192, 465 | ——分枝酵素 | 207, 465 |
| 単純トリアシルグリセロール | 82, 464 | 沈降係数 | 329, 330, 465 | 糖 | 5, 465 |
| 胆汁酸 | 88, 243, 256, 464 | 沈降反応 | 404, 465 | 同位体 | 8, 465 |
| 胆汁色素 | 279, 464 | 通性嫌気性菌 | 154, 465 | ——コードアフィニティータグ法 | 411, 465 |
| 炭水化物 →糖質を見よ | | 痛風 | 284, 465 | 同化 | 8, 117, 465 |
| タンデム質量分析法 | 419, 464 | 低血糖 | 217, 465 | 等価ゾーン | 404, 465 |
| 単糖 | 103, 464 | 定常状態 | 137, 465 | 糖原性 | 280, 465 |
| タンパク質 | 6, 464 | 定常領域 | 403 | 糖鎖 | 110, 465 |
| ——工学 | 136, 464 | 低分子干渉 RNA | 318, 465 | ——シークエンシング | 420, 465 |
| ——コーディング遺伝子 | 318, 464 | 低密度リポタンパク質 | 243, 465 | ——修飾 | 110 |
| ——切断 | 361 | 定量的 PCR 法 | 431, 465 | 糖脂質 | 94, 465 |
| ——ターゲティング | 343, 367, 464 | デオキシリボ核酸 | 6, 61, 465 | 糖質 | 8, 22, 94, 103, 191, 213, 416, 465 |
| ——の折りたたみ | 52 | 出口部位 | 352, 465 | 糖新生 | 153, 213, 222, 465 |
| ——プロセシング | 363 | デグラドソーム | 392, 465 | 透析 | 53, 465 |
| ——プロファイリング | 407, 464 | デシクラーゼ | 98, 465 | 糖タンパク質 | 23, 94, 465 |
| 7TM —— | 162, 451 | テストステロン | 88, 258, 465 | 糖転移酵素 | 216 |
| DnaA —— | 290, 452 | 鉄-硫黄クラスター | 177, 465 | 等電点 | 37, 465 |
| Fe-S —— | 178 | 鉄-硫黄タンパク質 | 178, 465 | ——電気泳動 | 406, 465 |
| Hsp70 —— | 55, 453 | 鉄応答配列 | 391, 465 | 糖尿病 | 217, 465 |
| Na$^+$/Ca$^{2+}$ 交換—— | 97, 453 | テトラピロール | 263, 277, 465 | 糖パッカー | 66, 68, 466 |
| PARP1 —— | 313 | テトラループ | 70, 465 | 糖付加 | 370 |
| Tus —— | 303, 454 | デヒドロゲナーゼ | | 頭部と尾部型 | 24, 466 |
| Uvr —— | 312 | アシル CoA —— | 247, 454 | 動脈硬化 | 243 |
| アシルキャリヤー—— | 237, 454 | アルコール—— | 154 | 糖輸送体 | 94, 466 |
| アポ—— | 243, 454 | イソクエン酸—— | 171, 455 | ト音記号の指 | 388, 466 |
| 核内低分子リボ核—— | 334, 457 | グリセルアルデヒド 3-リン酸—— | | 独立栄養生物 | 191, 466 |
| カタボライト活性化—— | 383, 457 | | 148, 150, 202, 459 | ドデシル硫酸ナトリウム | 406 |
| 球状—— | 47, 458 | グリセロール 3-リン酸—— | | ドナー部位 | 333, 466 |
| 金属—— | 125, 458 | | 187, 225, 242, 459 | トポロジー問題 | 293 |
| 組換え—— | 423, 439, 459 | グルコース 6-リン酸—— | 228, 459 | ドメイン | 15, 51, 466 |
| 脂質修飾—— | 93, 462 | グルタミン酸—— | 267, 280, 459 | トランジットペプチド | 369, 466 |
| 繊維状—— | 47, 463 | コハク酸—— | 168, 172, 460 | トランスアミナーゼ | 280, 465 |
| 調節—— | 56, 465 | ジヒドロリポ酸—— | 169, 462 | トランスアルドラーゼ | 230, 466 |
| 鉄-硫黄—— | 178, 465 | 乳酸—— | 152, 466 | トランスクリプト | 10 |
| 糖—— | 23, 94, 466 | ヒドロキシアシル CoA —— | 248, 468 | トランスクリプトミクス | 382, 466 |
| ヒストン—— | 366 | ピルビン酸—— | 169, 468 | トランスクリプトーム | 10, 382, 466 |
| ポリ—— | 361, 363, 471 | 6-ホスホグルコン酸—— | 228, 470 | トランスケトラーゼ | 204, 229, 466 |
| 膜貫通—— | 92, 471 | リンゴ酸—— | 173, 185, 473 | トランスファー RNA | 318, 466 |
| モーター—— | 56, 472 | デボン紀後期の大量絶滅 | 29 | トランスフェラーゼ | 125, 466 |
| リボソーム—— | 351, 473 | テルペン | 465 | アスパラギン酸アミノ—— | 186, 285 |
| 単輸送体 | 94, 464 | ——類 | 79 | アスパラギン酸カルバモイル—— | 276, 454 |
| 小さい溝 | 65 | テロメラーゼ | 304, 465 | アセチル—— | 454 |
| 地衣類 | 265, 464 | 転位 | 353, 358, 465 | オルニチンカルバモイル—— | 282, 456 |
| チェーンターミネーションシークエンシング | | 転移 RNA | 69 | ガラクトース 1-リン酸ウリジリル—— | |
| | 433, 464 | 電位依存性イオンチャネル | 95, 465 | | 157, 457 |
| チオエステラーゼ | 239, 464 | 転移酵素 | 125 | カルニチンアシル—— | 247, 457 |
| チオ開裂 | 248, 464 | 電気泳動 | 406, 465 | グアニル酸—— | 326, 458 |
| チオラーゼ | 254, 464 | 電気化学的勾配 | 180, 197, 465 | グアニンメチル—— | 326, 458 |
| チオレドキシン | 205, 464 | 電気浸透 | 405, 465 | グリセロール 3-リン酸アシル—— | 242, 459 |
| 逐次モデル | 141, 464 | 転座 | 353, 358, 465 | ジアシルグリセロールアシル—— | 244, 461 |
| 窒素固定 | 264, 464 | 電子軌道 | 197 | ヒストンアセチル—— | 366, 468 |
| チミジル酸シンターゼ | 277, 464 | 電子伝達系 | 8, 147, 167, 174, 196, 465 | ペプチジル—— | 358, 470 |
| チミン | 62, 464 | 電子密度マップ | 416, 465 | 末端デオキシヌクレオチジル—— | 299, 471 |
| 中間体構造 | 129 | 転写 | 10, 20, 317 | マロニル—— | 471 |
| 中間比重リポタンパク質 | 243, 464 | ——因子 IID | 465 | リゾホスファチジン酸アシル—— | 242 |

| | | | | | |
|---|---|---|---|---|---|
| トランスロコン | 370, 371 | ――膜貫通調節因子 | 96, 467 | | 254, 468 |
| トリアシルグリセロール | 82, 235, 241, 466 | ノッド因子 | 264, 467 | 3-ヒドロキシアシル ACP デヒドラターゼ | |
| トリアシルグリセロールシンテターゼ | 244, 466 | ノルエピネフリン | 245, 467 | | 238, 468 |
| トリオースキナーゼ | 156, 466 | ノンコーディング RNA | 318, 467 | ヒドロキシアシル CoA デヒドロゲナーゼ | |
| トリオースリン酸イソメラーゼ | 148, 150, 466 | | | | 248, 468 |
| トリカルボン酸回路 | 147, 167, 466 | **は** | | ヒドロキシ化 | 365 |
| トリグリセリド | 82 | ハーバー法 | 266, 467 | 4-ヒドロキシプロリン | 40, 48 |
| トリプシン | 362, 409, 466 | 配位結合 | 125, 467 | ヒドロニウムイオン | 39, 468 |
| トリプトファンシンターゼ | 120, 466 | 配位圏 | 125, 467 | ヒドロラーゼ | 125 |
| トリプルネガティブ | 382 | 配位中心 | 125, 467 | 非偏光 | 413 |
| トレオニンデヒドラターゼ | 273, 466 | バイオ燃料 | 135 | 表在性膜タンパク質 | 92, 468 |
| トレハロース | 108 | バイオフィルム | 16, 467 | 標識 | 382, 468 |
| トレーラーセグメント | 344, 466 | ハイブリドーマ | 402, 467 | 標準酸化還元電位 | 176, 468 |
| トロポニン | 221, 466 | 配列 | 34, 467 | 標準自由エネルギー変化 | 175, 468 |
| トロンビン | 5, 466 | ――情報依存的コドン再割り当て | 345, 467 | 表皮成長因子 | 51 |
| トロンボキサン | 89, 466 | ――特異的 DNA 結合タンパク質 | 379, 467 | ピラノース | 107 |
| | | パイロシークエンシング | 434, 436, 467 | ピリドキサールリン酸 | 280, 468 |
| **な** | | ――法 | 423 | ピリミジン | 62, 468 |
| ナイアシン | 123, 466 | ハウスキーピング遺伝子 | 377, 467 | 微量元素 | 123 |
| 内因性ターミネーター | 327, 466 | 白亜紀-第四紀の大量絶滅 | 29 | ピルビン酸 | 147, 148, 468 |
| 内腔標的配列 | 369, 466 | 薄層クロマトグラフィー | 410, 467 | ――-P$_i$ ジキナーゼ | 209, 468 |
| 内在性膜タンパク質 | 92, 466 | バクテリオクロロフィル | 193, 194, 200, 467 | ――カルボキシラーゼ | 223, 236, 468 |
| 内部リボソーム進入部位 | 356, 466 | バクテリオファージ | 6, 24, 293, 467 | ――キナーゼ | 148, 151, 222, 468 |
| 内膜 | 368 | バクテロイド | 265, 467 | ――デカルボキシラーゼ | 154, 468 |
| ニコチンアミドアデニンジヌクレオチド | | 発エルゴン反応 | 128, 467 | ――デヒドロゲナーゼ | 169, 468 |
| | 123, 466 | 発現配列 | 332, 467 | ――キナーゼ | 174, 468 |
| ――リン酸 | 123, 466 | 発現プロテオミクス | 407, 467 | ――複合体 | 169, 468 |
| 二次元電気泳動 | 407, 466 | 発現ベクター | 445, 467 | ――ホスファターゼ | 174, 468 |
| 二次構造 | 42, 466 | 発生プロモーター配列 | 387, 467 | ピロリン酸 | 435 |
| 二次抗体 | 405, 466 | 発達 | 378, 467 | ファージ | 467 |
| 二重結合 | 41, 466 | パルスラベル | 396, 467 | ファミリー | 299 |
| ――の飽和 | 71 | パルミチン酸 | 249 | ファーミング | 447, 468 |
| 二重層 | 91, 466 | パルミトイル CoA | 241 | ファンデルワールス力 | 41, 48, 468 |
| 二重膜 | 20, 466 | 半減期 | 396, 467 | フィードバック制御 | 139, 468 |
| 二重らせん | 61, 466 | 半合成 | 360 | フィコビリン | 195, 468 |
| 二糖 | 103, 108, 466 | ――抗生物質 | 467 | フィッシャー投影式 | 105, 468 |
| ニトロゲナーゼ | 266 | パントテン酸 | 123, 467 | フィトクロム | 279, 468 |
| ――複合体 | 266, 466 | 反応中心 | 195, 467 | フィブロイン | 49 |
| 二名法 | 15, 466 | 反応のエネルギー論 | 127 | 封入体 | 445, 468 |
| 乳酸 | 152 | ハンマーヘッド型構造 | 122 | フェニルケトン尿症 | 284, 468 |
| ――デヒドロゲナーゼ | 152, 466 | ヒアルロン酸 | 113, 467 | フェレドキシン | 196, 205, 468 |
| ニューロン | 138, 466 | ビオチン | 224, 411, 467 | ――-NADP$^+$ レダクターゼ | 197 |
| 尿酸 | 278, 466 | 光回復 | 313, 467 | ――-チオレドキシン | 204 |
| ――排泄型 | 282, 466 | 光呼吸 | 207, 467 | ――レダクターゼ | 205, 468 |
| 尿素 | 52 | 光産物 | 312, 467 | フォールディング | 50, 52 |
| ――回路 | 269, 279, 466 | 光ピンセット | 55, 467 | ――経路 | 54, 468 |
| ――排泄型 | 282, 466 | 光防御 | 198, 467 | ――ファネル | 54, 468 |
| 認識配列 | 425 | 光捕捉 | 193, 467 | 不可逆的阻害剤 | 136, 468 |
| 認識ヘリックス | 379, 466 | 非競合的可逆の阻害 | 139, 467 | 副溝 | 65, 468 |
| ヌクレアーゼ | 424, 466 | ――剤 | 139 | 複合型 | 110 |
| ――保護 | 72, 424, 466 | 非光化学的消光 | 198, 468 | 複合体 I | 179 |
| ヌクレオシド | 62, 467 | 非酸化的ペントースリン酸経路 | 229 | 複合体 II | 180 |
| ――一リン酸キナーゼ | 276, 467 | 非酸素発生型光合成 | 200, 468 | 複合体 III | 179 |
| ――二リン酸キナーゼ | 276, 467 | ヒストン | 20, 72, 468 | 複合体 IV | 179 |
| ヌクレオソーム | 73, 366, 467 | ――アセチルトランスフェラーゼ | 366, 468 | 複合体 A | 334, 468 |
| ヌクレオチダーゼ | 435, 467 | ――コード | 366, 468 | 複合体 B | 334, 468 |
| ヌクレオチド | 61, 467 | ――タンパク質 | 366 | 副腎白質ジストロフィー | 252, 468 |
| ――交換因子 | 358, 467 | ――デアセチラーゼ | 366, 468 | 副腎皮質刺激ホルモン | 245, 468 |
| ――除去修復 | 312, 467 | 1,3-ビスホスホグリセリン酸 | 148 | 複製起点 | 290, 469 |
| ――配列 | 289 | 非相同末端連結 | 313, 468 | ――認識複合体 | 292, 469 |
| 熱ショックモジュール | 387, 467 | ビタミン C | 123 | 複製後修復 | 314, 469 |
| 粘着末端 | 426, 427, 467 | ビタミン D | 256, 468 | 複製フォーク | 291, 469 |
| 嚢 | 23 | ビタミン D$_3$ | 256, 468 | フコキサンチン | 195, 469 |
| 能動輸送 | 96, 467 | 必須アミノ酸 | 267, 468 | フロログ酸 | 300 |
| 嚢胞性線維症 | 96 | 3-ヒドロキシ-3-メチルグルタリル CoA | | 不斉炭素 | 104, 156 |

|  |  |
|---|---|
| プソイドウリジル化 | 337 |
| 負のアロステリック調節 | 141, 469 |
| 不飽和 | 80, 469 |
| ――化酵素 | 239, 469 |
| ――脂肪酸 | 251 |
| フマラーゼ | 172, 469 |
| フマル酸 | 172 |
| 浮遊密度 | 330, 469 |
| プライマー | 214, 298, 469 |
| プライマーゼ | 300, 469 |
| プライモソーム | 301, 469 |
| フラグメントイオン | 410, 469 |
| プラストキノン | 196, 469 |
| プラストシアニン | 196, 469 |
| プラスミド | 292, 440, 469 |
| Ti―― | 442, 453 |
| 組換え―― | 440, 459 |
| 酵母エピソーム―― | 442, 460 |
| 酵母組込み―― | 442, 460 |
| フラップエンドヌクレアーゼ | 302 |
| フラノース | 106, 469 |
| フラビンアデニンジヌクレオチド | 123, 469 |
| フラビンモノヌクレオチド | 123, 469 |
| フラボノイド | 264, 469 |
| フランクリン, ロザリンド | 67 |
| プリオン | 25, 469 |
| プリン | 62, 469 |
| フルクトキナーゼ | 155, 469 |
| フルクトース | 155 |
| ――1-リン酸 | 155 |
| ――アルドラーゼ | 155, 156, 469 |
| ――経路 | 155, 469 |
| ――1,6-ビスホスファターゼ | 205, 224, 469 |
| ――1,6-ビスリン酸 | 148, 160, 222 |
| ――6-リン酸 | 148 |
| ――ビスホスファターゼ2 | 160, 469 |
| プレグネノロン | 258, 469 |
| プレビタミン $D_3$ | 256, 469 |
| プレプライミング複合体 | 291, 469 |
| フレームシフト | 364, 469 |
| 不連続遺伝子 | 332, 338, 469 |
| プログラムされたフレームシフト | 364, 469 |
| プロゲステロン | 235, 258, 469 |
| プロスタグランジン | 89, 469 |
| プロセシング | 317 |
| プロテアーゼ | 362 |
| プロテアソーム | 396, 469 |
| プロテインキナーゼA | 162, 218, 469 |
| プロテインホスファターゼ | 218, 469 |
| ――2A | 241, 469 |
| プロテオミクス | 407, 469 |
| ――解析 | 11 |
| プロテオーム | 11, 377, 407, 469 |
| プロトマー | 24, 469 |
| プロトン輸送 | 179, 180, 192 |
| プロピオニルACP | 239, 469 |
| プロピオニルCoAカルボキシラーゼ | 252 |
| プロホルモン転換酵素 | 362, 469 |
| プロモーター | 317, 318, 444, 469 |
| プロリンリッチドメイン | 387, 469 |
| 分化 | 377, 469 |
| 分子イオン | 52, 418, 469 |
| 分子シャペロン | 55, 469 |
| 分子量 | 4, 469 |
| 分配係数 | 410, 469 |
| 平滑末端 | 426, 428, 469 |
| 平行βシート | 46, 469 |
| 閉鎖型プロモーター複合体 | 319, 470 |
| 平面偏光 | 36, 413, 470 |
| ヘキソキナーゼ | 148, 149, 222, 470 |
| ヘキソースリン酸側路 | 227, 470 |
| ヘテロ多糖 | 111, 470 |
| ペニシリン | 114 |
| ペーパークロマトグラフィー | 68, 410, 470 |
| ペプチジルトランスフェラーゼ | 358, 470 |
| ペプチジル部位 | 352, 470 |
| ペプチド | 33, 470 |
| ――基 | 42, 470 |
| ――グリカン | 16, 114, 470 |
| ――結合 | 42, 470 |
| ――マスフィンガープリント法 | 409, 470 |
| ヘム | 125 |
| ヘモグロビン | 51 |
| ヘリカーゼ | 291, 470 |
| ヘリックス-ターン-ヘリックスモチーフ | 379, 470 |
| ペルオキシソーム | 246, 249 |
| ペルム紀の大量絶滅 | 29 |
| 変異 | 55, 306, 470 |
| ――原 | 307, 470 |
| 変性 | 53, 470 |
| 偏性嫌気性菌 | 154, 470 |
| 偏性好気性菌 | 154, 470 |
| 変旋光 | 108, 470 |
| ペントース | 62, 470 |
| ――リン酸イソメラーゼ | 228, 470 |
| ――リン酸エピメラーゼ | 229, 470 |
| ――リン酸経路 | 213, 227, 236, 470 |
| 鞭毛 | 16, 470 |
| 補因子 | 123, 470 |
| 包括的な調節 | 391 |
| 放射菌 | 264, 470 |
| 飽和 | 80, 470 |
| 補欠分子族 | 124, 470 |
| 補酵素 | 124, 470 |
| 保持配列 | 470 |
| 補助色素 | 193, 194, 470 |
| ポストスプライソソーム複合体 | 335, 470 |
| ホスファターゼ | 162, 470 |
| グルコース6-―― | 216, 224, 459 |
| スクロースリン酸―― | 206 |
| ピルビン酸デヒドロゲナーゼ―― | 174, 468 |
| フルクトース1,6-ビス―― | 205, 224, 160, 469 |
| プロテイン―― | 218, 241, 469 |
| ホスファチジン酸―― | 242, 470 |
| ホスファチジルイノシトール4,5-ビスリン酸 | 98, 470 |
| ホスファチジルグリセロール | 85, 470 |
| ホスファチジルセリン | 85, 470 |
| ホスファチジン酸 | 85, 242, 470 |
| ――ホスファターゼ | 242, 470 |
| ホスホエノールピルビン酸 | 148, 222 |
| ――カルボキシキナーゼ | 223 |
| ――カルボキシラーゼ | 208 |
| 2-ホスホグリセリン酸 | 148 |
| 3-ホスホグリセリン酸 | 148 |
| ホスホグリセリン酸キナーゼ | 148, 150, 202, 203, 470 |
| ホスホグリセリン酸ムターゼ | 148, 150, 470 |
| ホスホグルコイソメラーゼ | 148, 149, 470 |
| 6-ホスホグルコノ-δ-ラクトン | 228 |
| ホスホグルコムターゼ | 157, 205, 216, 470 |
| ホスホグルコン酸経路 | 227, 470 |
| 6-ホスホグルコン酸デヒドロゲナーゼ | 228, 470 |
| ホスホジエステラーゼ | 311, 470 |
| ホスホジエステル結合 | 63, 470 |
| ホスホパンテテイン | 237, 470 |
| ホスホフルクトキナーゼ | 148, 149, 222, 470 |
| ――2 | 160, 471 |
| ホスホリボシルピロリン酸 | 271, 471 |
| ホスホリラーゼキナーゼ | 218, 471 |
| ホースラディッシュペルオキシダーゼ | 405 |
| 補体系 | 402, 471 |
| ホモ多糖 | 111, 471 |
| ポリ(A)尾部 | 328, 471 |
| ポリ(A)ポリメラーゼ | 328, 471 |
| ポリアクリルアミド | 406, 471 |
| ポリアデニル化 | 317 |
| ポリアデニル酸結合タンパク質 | 356, 471 |
| ポリクローナル抗体 | 402, 471 |
| ポリソーム | 359, 471 |
| ポリタンパク質 | 361, 363, 471 |
| ポリヌクレオチド | 61, 471 |
| ――ホスホリラーゼ | 392, 471 |
| ポリピリミジン領域 | 333, 471 |
| ポリペプチド | 33, 351, 471 |
| ポリマー | 6, 471 |
| ポリメラーゼ | 380, 424 |
| ――連鎖反応 | 423, 471 |
| ポリリボソーム | 359, 471 |
| ポーリン | 168, 471 |
| ポーリング, ライナス | 67 |
| ポルフィリン | 193, 471 |
| ポルフォビリノーゲンデアミナーゼ | 278, 471 |
| ホルモン | 6, 18, 471 |
| ――応答配列 | 389, 471 |
| ホロ酵素 | 124, 319, 471 |
| 翻訳 | 10, 317, 343, 471 |
| ――因子ⅡD | 322 |
| ――後修飾 | 40, 343, 364, 445, 471 |

## ま

|  |  |
|---|---|
| マイクロRNA | 70, 318, 394, 471 |
| マイクロアレイ | 382 |
| ――分析 | 382, 471 |
| マイナースプライソソーム | 337, 471 |
| 膜間腔 | 21, 368, 471 |
| 膜貫通タンパク質 | 92, 471 |
| 膜タンパク質 | |
| Ⅰ型―― | 371, 451 |
| Ⅱ型―― | 372, 451 |
| Ⅲ型―― | 371, 451 |
| 内在性―― | 92, 466 |
| 表在性―― | 92, 468 |
| 膜電位 | 95, 471 |
| 膜透過停止配列 | 371 |
| 末端デオキシヌクレオチジルトランスフェラーゼ | 299, 471 |
| マトリックス支援レーザー脱離イオン化-飛行時間型 | 409, 471 |
| マメ科植物 | 264, 471 |
| マルトース | 108 |
| マロニルCoA | 241 |
| マロニルトランスアシラーゼ | 237 |
| マロニルトランスフェラーゼ | 471 |

| | | | | | |
|---|---|---|---|---|---|
| マンノース 6-リン酸受容体 | 372, 471 | ユビキノール | 179, 472 | 中間比重―― | 243, 464 |
| ミオグロビン | 50 | ユビキノン | 177, 472 | 超低密度―― | 243, 464 |
| ミカエリス定数 | 133, 137, 471 | ゆらぎ | 349, 349, 472 | 低密度―― | 243, 465 |
| ミカエリス・メンテン式 | 134, 137, 471 | 葉肉細胞 | 208, 472 | リボヌクレアーゼ | 52 |
| ミスマッチ | 70, 308, 471 | 葉緑体 | 19, 22, 192, 472 | ――A | 118, 473 |
| ――修復 | 308 | 抑制オペロン | 386, 472 | ――D | 331 |
| ミセル | 84, 471 | 横波 | 413, 472 | ――P | 121, 331, 473 |
| ミッチェル，ピーター | 180 | 四次構造 | 42, 49, 472 | リボヌクレオチドレダクターゼ | 276, 473 |
| 密度勾配遠心分離法 | 329, 471 | ラインウィーバー・バークプロット | | リボフラビン | 123, 473 |
| ミトコンドリア | 14, 19, 471 | | 134, 137, 472 | リモデリング | 377 |
| ――外膜 | 21 | ラギング鎖 | 298, 472 | 流動モザイクモデル | 91, 473 |
| ――シャトル | 185, 471 | ラクトース | 108 | 両親媒性 | 84 |
| ――ターゲティング配列 | 368, 471 | ――オペロン | 381, 472 | ――物質 | 88, 473 |
| ――内膜 | 21, 471 | ――寛容 | 109, 472 | ――ヘリックス | 368, 473 |
| ――ピルビン酸輸送体 | 168, 472 | ――持続 | 109, 472 | 両性 | 37, 473 |
| ――マトリックス | 21, 369, 472 | ――パーミアーゼ | 381, 472 | 緑色細菌 | 192, 473 |
| 無益回路 | 219, 472 | ――リプレッサー | 381, 472 | リンカー DNA | 73, 473 |
| 無細胞翻訳 | 359 | ラクトナーゼ | 228, 473 | リンカーヒストン | 73, 473 |
| ――系 | 472 | らせん菌 | 15, 473 | リンゴ酸 | 172 |
| 明反応 | 192, 472 | ラテックス | 86, 473 | ――-アスパラギン酸シャトル | 185, 473 |
| メソソーム | 15, 472 | ラノステロール | 254, 473 | ――シンターゼ | 250, 473 |
| メタボロミクス | 417 | ラマチャンドランプロット | 44, 473 | ――デヒドロゲナーゼ | 173, 185, 473 |
| メタボローム | 10, 417, 472 | ラムダ | 293, 473 | リン酸化 | 365 |
| メチル化 | 71, 365 | リアーゼ | 125, 473 | ルシフェラーゼ | 435, 473 |
| $2'$-$O$-―― | 336 | リアルタイム PCR | 430, 473 | ルシフェリン | 435, 473 |
| メチルマロニル CoA ムターゼ | 252, 472 | リガーゼ | 125, 424, 473 | ルビスコ | 200, 201, 202, 209, 473 |
| メッセンジャー RNA | 10, 317, 472 | リソソーム | 243, 372, 473 | ――アクチベース | 201, 473 |
| メディエーター | 387, 472 | リゾチーム | 114 | 励起 | 197, 473 |
| 免疫学的手法 | 402, 472 | リゾホスファチジン酸 | 242 | 励起子移動 | 195, 473 |
| 免疫グロブリン | 402, 403, 472 | ――アシルトランスフェラーゼ | 242 | レヴィンタールのパラドックス | 53, 473 |
| ――A | 403, 472 | リーダーセグメント | 344, 473 | レクチン | 420, 473 |
| ――D | 403, 472 | 立体障害 | 44, 473 | レグヘモグロビン | 266, 473 |
| ――E | 403, 472 | 立体配座 | 53, 35 | レスピラソーム | 178, 473 |
| ――G | 403, 472 | リーディング鎖 | 298, 473 | レダクターゼ | 266 |
| ――M | 403, 472 | リノール酸 | 239 | $\beta$-ケトアシル ACP ―― | 237, 470 |
| 免疫測定法 | 404, 472 | リバースジャイレース | 294 | 亜硝酸―― | 267, 454 |
| 免疫電気泳動法 | 404, 472 | リパーゼ | 244, 473 | エノイル ACP ―― | 238, 456 |
| モータータンパク質 | 56, 472 | リピドミクス | 416 | オキシド―― | 125, 456 |
| モチーフ | 50, 472 | リピドーム | 10, 473 | グルタチオン―― | 231, 459 |
| モデル構築 | 45, 472 | リフレクトロン | 410, 473 | $\Delta^{2,4}$-ジエノイル CoA ―― | 251, 461 |
| モデル生物 | 15, 472 | リプレッサー | 380, 381 | 硝酸―― | 267, 462 |
| モノクローナル抗体 | 402, 472 | リブロース 5-リン酸キナーゼ | 204, 473 | フェレドキシン-NADP$^+$ ―― | 197 |
| モノマー | 6, 472 | リブロースビスリン酸カルボキシラーゼ/オキシゲナーゼ | 200, 473 | フェレドキシン-チオレドキシン―― | |
| モリブデン-鉄活性中心 | 266, 472 | | | | 205, 468 |
| モルテングロビュール | 54, 472 | リボ核酸 | 61, 473 | リボヌクレオチド―― | 276, 473 |
| | | リボザイム | 121, 473 | レドックス反応 | 126, 474 |

## や・ら・わ

| | | | | | |
|---|---|---|---|---|---|
| | | リボソーム | 23, 318, 351, 473 | レトロウイルス | 299, 474 |
| ヤヌスキナーゼ | 389, 472 | ――RNA | 318, 473 | レプリソーム | 301, 474 |
| 誘導性オペロン | 386, 472 | ――結合部位 | 353, 473 | レポーター酵素 | 125, 405 |
| 誘導適合モデル | 131, 472 | ――タンパク質 | 351, 473 | レポータープローブ | 431, 474 |
| 誘導物質 | 383, 445, 472 | ――リサイクル因子 | 359, 473 | 連続的合成能 | 430, 474 |
| 輸送停止配列 | 472 | リポソーム | 170, 443, 473 | ローリングサークル型複製 | 293, 474 |
| ユビキチン | 256, 366, 394, 472 | リポタンパク質 | 243, 244, 473 | ロングパッチ | 312, 474 |
| ――化 | 394, 472 | ――リパーゼ | 243, 473 | ワトソン，ジェームズ | 67 |
| ――受容体タンパク質 | 396, 472 | アポ―― | 243 | ワールブルグ，オットー | 171 |
| ――リガーゼ | 395, 472 | 高密度―― | 243, 460 | | |

【監訳者紹介】

## 新井　洋由（あらい　ひろゆき）

東京大学大学院薬学系研究科衛生化学教室教授.

1955 年埼玉県生まれ. 1984 年東京大学薬学系大学院博士課程修了.

薬学博士.

東京大学薬学部助手, 同助教授を経て, 2000 年より現職.

専門は生化学（脂質生物学）.

## ブラウン生化学

2019年3月10日　第1版　第1刷　発行

監　訳　者　新井洋由
発　行　者　曽根良介
発　行　所　（株）化学同人

検印廃止

JCOPY　〈出版者著作権管理機構委託出版物〉

本書の無断複写は著作権法上での例外を除き禁じられています. 複写される場合は, そのつど事前に, 出版者著作権管理機構（電話 03-5244-5088, FAX 03-5244-5089, e-mail: info@jcopy.or.jp）の許諾を得てください.

本書のコピー, スキャン, デジタル化などの無断複製は著作権法上での例外を除き禁じられています. 本書を代行業者などの第三者に依頼してスキャンやデジタル化することは, たとえ個人や家庭内の利用でも著作権法違反です.

〒600-8074　京都市下京区仏光寺通柳馬場西入ル
編集部　TEL 075-352-3711　FAX 075-352-0371
営業部　TEL 075-352-3373　FAX 075-351-8301
振替　01010-7-5702

E-mail　webmaster@kagakudojin.co.jp
URL　https://www.kagakudojin.co.jp

印刷・製本　西濃印刷株式会社

Printed in Japan　© H. Arai 2019　無断転載・複製を禁ず　　ISBN978-4-7598-1982-3